中国国家标准汇编

2008年修订-33

中国标准出版社　编

中国标准出版社

北京

图书在版编目（CIP）数据

中国国家标准汇编：2008年修订.33/中国标准出版社编.—北京：中国标准出版社，2009
ISBN 978-7-5066-5515-6

Ⅰ.中… Ⅱ.中… Ⅲ.国家标准-汇编-中国-2008
Ⅳ.T-652.1

中国版本图书馆CIP数据核字（2009）第185927号

中国标准出版社出版发行
北京复兴门外三里河北街16号
邮政编码:100045
网址 www.spc.net.cn
电话:68523946 68517548
中国标准出版社秦皇岛印刷厂印刷
各地新华书店经销
*
开本 880×1230 1/16 印张 37.5 字数 1 132 千字
2009年11月第一版 2009年11月第一次印刷
*
定价 200.00 元

出 版 说 明

1.《中国国家标准汇编》是一部大型综合性国家标准全集。自1983年起，按国家标准顺序号以精装本、平装本两种装帧形式陆续分册汇编出版。它在一定程度上反映了我国建国以来标准化事业发展的基本情况和主要成就，是各级标准化管理机构，工矿企事业单位，农林牧副渔系统，科研、设计、教学等部门必不可少的工具书。

2.《中国国家标准汇编》收入我国每年正式发布的全部国家标准，分为"制定"卷和"修订"卷两种编辑版本。

"制定"卷收入上年度我国发布的、新制定的国家标准，顺延前年度标准编号分成若干分册，封面和书脊上注明"20××年制定"字样及分册号，分册号一直连续。各分册中的标准是按照标准编号顺序连续排列的，如有标准顺序号缺号的，除特殊情况注明外，暂为空号。

"修订"卷收入上年度我国发布的、被修订的国家标准，视篇幅分设若干分册，但与"制定"卷分册号无关联，仅在封面和书脊上注明"20××年修订-1，-2，-3，……"字样。"修订"卷各分册中的标准，仍按标准编号顺序排列(但不连续)；如有遗漏的，均在当年最后一分册中补齐。需提请读者注意的是，个别非顺延前年度标准编号的新制定的国家标准没有收入在"制定"卷中，而是收入在"修订"卷中。

读者配套购买《中国国家标准汇编》"制定"卷和"修订"卷则可收齐上一年度我国制定和修订的全部国家标准。

3. 由于读者需求的变化，自1996年起，《中国国家标准汇编》仅出版精装本。

4. 2008年制修订国家标准共5946项。本分册为"2008年修订-33"，收入新制修订的国家标准49项。

中国标准出版社

2009年10月

目　录

ICS 13.180
A 25

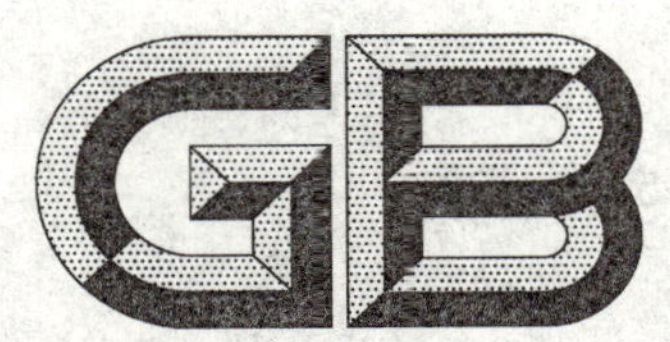

中华人民共和国国家标准

GB/T 5700—2008
代替 GB/T 5700—1985, GB/T 15240—1994

照明测量方法

Measurement methods for lighting

2008-07-16 发布　　2009-01-01 实施

中华人民共和国国家质量监督检验检疫总局
中国国家标准化管理委员会　发布

前　言

本标准代替 GB/T 5700—1985《室内照明测量方法》与 GB/T 15240—1994《室外照明测量方法》。

本标准与 GB/T 5700—1985 和 GB/T 15240—1994 相比主要变化如下：

——测量仪器部分增加了光谱辐射计、功率计、电压仪表和电流仪表；

——照明测量方法部分增加了现场色温、显色指数和照明电参数的测量方法；

——将建筑照明测量划分为居住建筑、公共建筑、工业建筑和公用场所照明测量；

——道路照明部分增加了交会区、人行道和人行地道的照明测量；

——体育照明测量直接引用 JJG 153—2007《体育场馆照明设计及检测方法》标准；

——增加建筑夜景照明测量；

——增加室外作业区照明测量；

——在相关的照明测量项目中增加了现场色温、显色指数和照明电参数的测量。

本标准的附录 A 为规范性附录，附录 B 为资料性附录。

本标准由全国人类工效学标准化技术委员会提出并归口。

本标准起草单位：中国建筑科学研究院、中国标准化研究院、江苏省产品质量监督检验中心、北京海兰齐力照明设备安装工程有限公司、北京平年照明技术有限公司、欧司朗（中国）照明有限公司、北京彗光半导体照明科技有限公司、北京星光影视设备科技股份有限公司。

本标准主要起草人：张绍纲、张欣、张建平、赵跃进、陈向阳、王书晓、曹卫东、李继平、刘剑平、殷红斌、严峰、冉令华、刘太杰。

本标准所代替标准的历次版本发布情况为：

——GB/T 5700—1985。

——GB/T 15240—1994。

照 明 测 量 方 法

1 范围

本标准规定了室内外照明场所的照明测量仪器、测量方法和测量内容。

本标准适用于室内照明的测量、道路、广场、室外作业区等室外照明场所的测量和建筑夜景照明的测量。

2 规范性引用文件

下列文件中的条款通过本标准的引用而成为本标准的条款。凡是注日期的引用文件，其随后所有的修改单(不包括勘误的内容)或修订版均不适用于本标准，然而，鼓励根据本标准达成协议的各方研究是否可使用这些文件的最新版本。凡是不注日期的引用文件，其最新版本适用于本标准。

GB/T 5697 人类工效学照明术语

GB/T 5702 光源显色性评价方法

GB/T 7922 照明光源颜色的测量方法

GB 50034 建筑照明设计标准

CJJ 45 城市道路照明设计标准

JGJ/T 119 建筑照明术语标准

JGJ 153 体育照明设计及检测方法

JGJ 163 城市夜景照明设计规范

JJG 34 交流数字电压表检定规程

JJG 35 交流数字电流表检定规程

JJG 211 亮度计

JJG 245 光照度计

JJG 780 交流数字功率表检定规程

JJG 1032 光辐射计量名词术语及定义

3 术语和定义

GB/T 5697,JGJ/T 119,JJG 1032 中确立的以及下列术语和定义适用于本标准。

3.1

(光)照度 illuminance

E

表面上一点处的光照度是入射在包含该点的面元上的光通量($d\phi$)除以该面元面积(dA)之商，单位为勒克斯(lx)。

$$E=\frac{d\phi}{dA}$$

3.2

(光)亮度 luminance

L

由公式 $L=\frac{d\phi}{dA\cdot\cos\theta\cdot d\Omega}$ 定义的量，单位为坎德拉每平方米(cd/m^2)。

式中：

$d\phi$——由指定点的光束元在包含指定方向的立体角元 $d\Omega$ 内传播的光通量，单位为流明(lm)；

dA——包括给定点的光束截面积，单位为平方米(m^2)；

θ——光束截面法线与光束方向间的夹角，单位为度(°)；

$d\Omega$——指定方向的立体角元，单位为球面度(sr)。

3.3

反射比　reflectance

ρ

在入射光线的光谱组成、偏振状态和几何分布指定条件下，反射的光通量与入射光通量之比。

3.4

色温(度)　colour temperature

T_c

当某一光源的色品与某一温度下的完全辐射体(黑体)的色品完全相同时，该完全辐射体(黑体)的绝对温度为此光源的色温度，单位为开尔文(K)。

3.5

相关色温　correlated colour temperature

T_{cp}

当光源的色品点不在完全辐射体(黑体)轨迹上时，光源的色品与某一温度下的完全辐射体(黑体)的色品最接近时，该完全辐射体(黑体)的绝对温度为此光源的相关色温，单位为开尔文(K)。

3.6

(色刺激的)三刺激值　tristimulus values (of a colour stimulus)

X、Y、Z 和 X_{10}、Y_{10}、Z_{10}

在给定的三色系统中，与所考虑刺激达到色匹配所需要的三参比色刺激量。

注：在 CIE 1931 标准色度系统中用符号 X、Y、Z 表示三刺激值；在 CIE 1964 标准色度系统中用符号 X_{10}、Y_{10}、Z_{10} 表示三刺激值。

3.7

色品　chromaticity

用 CIE 标准色度系统所表示的颜色性质。

注：由色品坐标定义的色刺激性质。

3.8

色品坐标　chromaticity coordinates

x、y、z

每个三刺激值与其总和之比。

注：在 CIE 1931 标准色度系统中，由三刺激值 X、Y、Z 可计算出色品坐标 x、y、z；在 CIE 1964 标准色度系统中由三刺激值 X_{10}、Y_{10}、Z_{10} 可计算出色品坐标 x_{10}、y_{10}、z_{10}。

3.9

显色指数　colour rendering index

R_0

光源显色性的度量。

注：以被测光源下物体颜色和参考标准光源下物体颜色的相符合程度来表示。

3.10

CIE 一般显色指数　CIE general colour rendering index

R_a

光源对 CIE 规定的八种标准颜色样品特殊显色指数的平均值。

注：通称显色指数。

3.11

照明功率密度 **lighting power density(LPD)**

LPD

单位面积上照明实际消耗的功率(包括光源、镇流器或变压器等),单位为瓦特每平方米(W/m^2)。

3.12

照度均匀度 **uniformity ratio of illuminance**

U_1,U_2

通常指规定表面上的最小照度与最大照度之比,符号为 U_1;也用最小照度与平均照度之比,符号为 U_2。

3.13

道路路面亮度总均匀度 **overall uniformity of road surface luminance**

U_0

路面上最小亮度与平均亮度比值。

3.14

道路路面亮度纵向均匀度 **longitudinal uniformity of road surface luminance**

U_L

同一条车道中心线上最小亮度与最大亮度的比值。

3.15

交会区 **conflict areas**

道路的出入口、交叉口、人行横道等区域。

注：在这种区域,机动车之间、机动车和非机动车及行人之间、车辆与固定物体之间的碰撞有增加的可能。

4 一般要求

4.1 测量目的

以保障视觉工作要求和有利工作效率与安全,节约能源和保护环境,确定维护和改善照明的措施为下列目的进行测量。

4.1.1 检验照明设施所产生的照明效果与各照明设计标准的符合情况(如 GB 50034、CJJ 45、JGJ 153、JGJ 163 等)。

4.1.2 检验照明设施所产生的照明效果与设计要求的符合情况。

4.1.3 进行各种照明设施的实际照明效果的比较。

4.1.4 测定照明随时间变化的情况。

4.2 测量条件

4.2.1 在现场进行照明测量时,现场的照明光源宜满足下列要求：

a) 白炽灯和卤钨灯累计燃点时间在 50 h 以上；

b) 气体放电灯类光源累计燃点时间在 100 h 以上。

4.2.2 在现场进行照明测量时,应在下列时间后进行：

a) 白炽灯和卤钨灯应燃点 15 min；

b) 气体放电灯类光源应燃点 40 min。

4.2.3 宜在额定电压下进行照明测量。在测量时,应监测电源电压;若实测电压偏差超过相关标准规定的范围,应对测量结果做相应的修正。

4.2.4 室内照明测量应在没有天然光和其他非被测光源影响下进行。室外照明测量应在清洁和干燥的路面或场地上进行，不宜在明月和测量场地有积水或积雪时进行。

4.2.5 应排除杂散光射入光接受器，并应防止各类人员和物体对光接受器造成遮挡。

4.3 测量内容

4.3.1 室内照明测量内容应包括：

a) 有关面上的照度；

b) 各表面上的反射比；

c) 各表面和设备的亮度；

d) 照明现场的色温、相关色温和显色指数；

e) 照明的电气参数。

4.3.2 室外照明测量内容应包括：

a) 地面或作业面上的照度；

b) 地面或作业面和构筑物表面的反射比；

c) 地面或作业面和构筑物表面的照明的亮度；

d) 照明现场的色温、相关色温和显色指数；

e) 照明的电气参数。

5 测量仪器

5.1 （光）照度计

5.1.1 照明的照度测量，应采用不低于一级的光照度计，对于道路和广场照明的照度测量，应采用分辨力≤0.1 lx的光照度计。

5.1.2 照明测量用光照度计的计量性能应满足以下条件：

a) 相对示值误差绝对值：≤±4%；

b) $V(\lambda)$匹配误差绝对值：≤6%；

c) 余弦特性(方向性响应)误差绝对值：≤4%；

d) 换挡误差绝对值：≤±1%；

e) 非线性误差绝对值：≤±1%。

5.1.3 光照度计的检定应符合JJG 245的规定。

5.2 （光）亮度计

5.2.1 亮度测量应采用不低于一级的亮度计。

5.2.2 在道路照明测量中只要求测量平均亮度时，可采用积分亮度计；除测量平均亮度外，还要求得出亮度总均匀度和亮度纵向均匀度时，宜采用带望远镜头的光亮度计，其在垂直方向的视角应小于或等于2′，在水平方向的视角应为2′～20′。

5.2.3 照明测量用亮度计的计量性能应满足以下条件：

a) 相对示值误差绝对值：≤±5%(0.02)；

b) $V(\lambda)$匹配误差绝对值：≤5.5%；

c) 稳定度绝对值：≤1.5%；

d) 换挡误差绝对值：≤±1.0%；

e) 非线性误差绝对值：≤±1.0%。

5.2.4 亮度计的检定应符合JJG 211的规定。

5.3 光谱辐射计

5.3.1 照明现场测量色温、显色指数和色度参数检测仪器应采用光谱辐射计。

5.3.2 在照明现场测量色温、显色指数的光谱辐射计应满足以下条件：

a) 波长范围为380 nm～780 nm，测光重复性应在1%以内；

b) 波长示值绝对误差：≤±2.0 nm；

c) 光谱带宽：≤8 nm；

d) 光谱测量间隔：≤5 nm；

e) 对 A 光源的色品坐标测量误差：$|\Delta x| \leqslant 0.0015$，$|\Delta y| \leqslant 0.0015$。

5.4 功率计

5.4.1 电功率测量应采用精度不低于 1.5 级的数字功率计，并应有谐波测量功能。

5.4.2 功率计的检定应符合 JJG 780 的规定。

5.5 电压表

5.5.1 电压测量应采用精度不低于 1.5 级电压仪表。

5.5.2 电压仪表检定应符合 JJG 34 的规定。

5.6 电流表

5.6.1 电流测量应采用精度不低于 1.5 级电流仪表。

5.6.2 电流仪表检定应符合 JJG 35 的规定。

6 测量方法

6.1 照度的测量

6.1.1 中心布点法

6.1.1.1 在照度测量的区域一般将测量区域划分成矩形网格，网格宜为正方形，应在矩形网格中心点测量照度，如图 1 所示。该布点方法适用于水平照度、垂直照度或摄像机方向的垂直照度的测量，垂直照度应标明照度的测量面的法线方向。

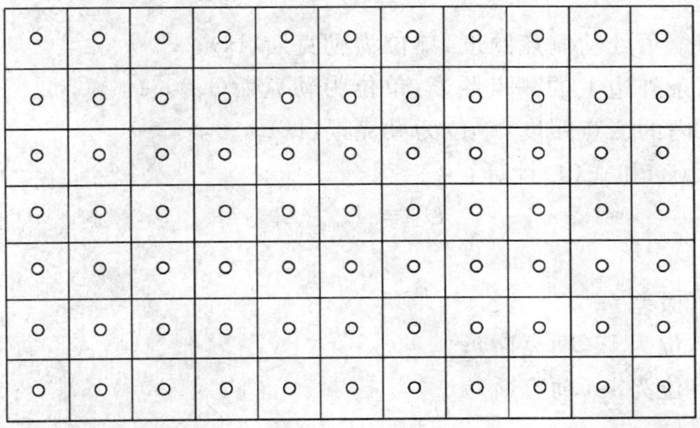

○——测点。

图 1 在网格中心布点示意图

6.1.1.2 中心布点法的平均照度按式(1)计算：

$$E_{av} = \frac{1}{M \cdot N} \sum E_i \qquad (1)$$

式中：

E_{av}——平均照度，单位为勒克斯(lx)；

E_i——在第 i 个测点上的照度，单位为勒克斯(lx)；

M——纵向测点数；

N——横向测点数。

6.1.2 四角布点法

6.1.2.1 在照度测量的区域一般将测量区域划分成矩形网格，网格宜为正方形，应在矩形网格 4 个角点上测量照度，如图 2 所示。该布点方法适用于水平照度、垂直照度或摄像机方向的垂直照度的测量，垂直照度应标明照度测量面的法线方向。

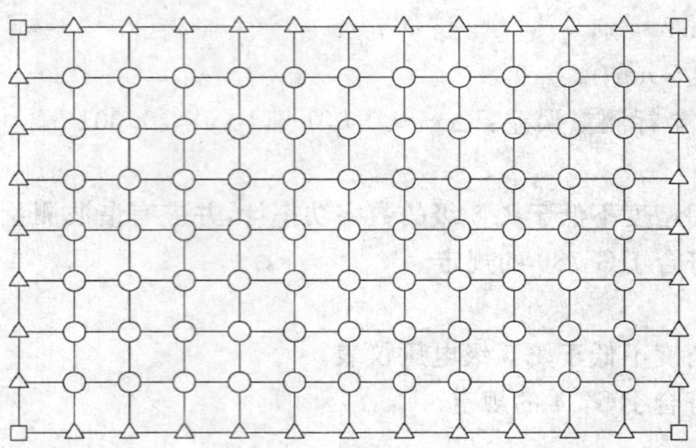

○——场内点；

△——边线点；

□——四角点。

图 2 在网格四角布点示意图

6.1.2.2 四角布点法的平均照度按式(2)计算：

$$E_{av}=\frac{1}{4MN}(\sum E_{\theta}+2\sum E_{0}+4\sum E) \quad \cdots\cdots(2)$$

式中：

E_{av}——平均照度，单位为勒克斯(lx)；

M——纵向网格数；

N——横向网格数；

E_{θ}——测量区域四个角处的测点照度，单位为勒克斯(lx)；

E_{0}——除 E_{θ} 外，四条外边上的测点照度，单位为勒克斯(lx)；

E——四条外边以内的测点照度，单位为勒克斯(lx)。

6.1.3 照度均匀度按式(3)和式(4)计算：

$$U_1=E_{min}/E_{max} \quad \cdots\cdots(3)$$

式中：

U_1——照度均匀度(极差)；

E_{min}——最小照度，单位为 lx(勒克斯)；

E_{max}——最大照度，单位为 lx(勒克斯)。

$$U_2=E_{min}/E_{av} \quad \cdots\cdots(4)$$

式中：

U_2——照度均匀度(均差)；

E_{min}——最小照度，单位为勒克斯(lx)；

E_{av}——平均照度，单位为勒克斯(lx)。

6.2 亮度的测量

亮度的测量一般应采用亮度计直接测量亮度，对于受条件限制的地方可采用间接方法测量亮度。当采用亮度计直接测量亮度时，亮度计的放置高度以观察者的眼睛高度为宜，通常站姿为 1.50 m，坐姿为 1.20 m，特殊场合，应按实际要求确定。

6.2.1 室内工作区亮度测量应选择工作面或主要视野面，选择有代表性的点，同一代表面上的测点不得少于 3 点。

6.2.2 道路亮度的测量按 8.1.2 执行。

6.2.3 建筑夜景立面的亮度测点应选择代表建筑特征的表面，同一代表面上的测点不得少于 3 点。

6.3 反射比的测量

6.3.1 照明现场反射比的测量可采用便携式反射比测量仪器直接测量，也可采用间接方法，即用亮度计加标准白板或亮度计加照度计单独使用照度计的方法测量现场反射比。每个被测表面一般选取3～5个测点的测量值，再求其算术平均值，作为该被测面的反射比。

6.3.2 亮度计加标准白板的方法测量反射比。将标准白板放置被测表面，用亮度计读出标准白板的亮度，保持亮度计位置不动，移去标准白板，用亮度计读出被测表面上的亮度后，按式(5)求出反射比。

$$\rho = \frac{L_{被测}}{L_{白板}} \times \rho_{白板} \qquad \cdots\cdots(5)$$

式中：

ρ——反射比；

$L_{被测}$——被测表面的亮度，单位为坎德拉每平方米(cd/m²)；

$L_{白板}$——标准白板的亮度，单位为坎德拉每平方米(cd/m²)；

$\rho_{白板}$——标准白板的反射比。

6.3.3 用照度计和亮度计的方法测量反射比。对漫反射表面，分别用亮度计和照度计测出被测表面的亮度和照度后，由式(6)求出反射比：

$$\rho = \frac{\pi L}{E} \qquad \cdots\cdots(6)$$

式中：

ρ——反射比；

L——被测表面的亮度，单位为坎德拉每平方米(cd/m²)；

E——被测表面的照度，单位为勒克斯(lx)。

6.3.4 用照度计测量漫反射表面的反射比，应选择不受直接光影响的被测表面位置。将照度计的接收器紧贴被测表面的某一位置，测其入射照度 E_R，然后将接收器的感光面对准同一被测表面的原来位置，逐渐平移离开，待照度值稳定后，读取反射照度 E_f，测量示意图如图3所示。按式(7)求出反射比：

$$\rho = \frac{E_f}{E_R} \qquad \cdots\cdots(7)$$

式中：

ρ——反射比；

E_f——反射照度，单位为勒克斯(lx)；

E_R——入射照度，单位为勒克斯(lx)。

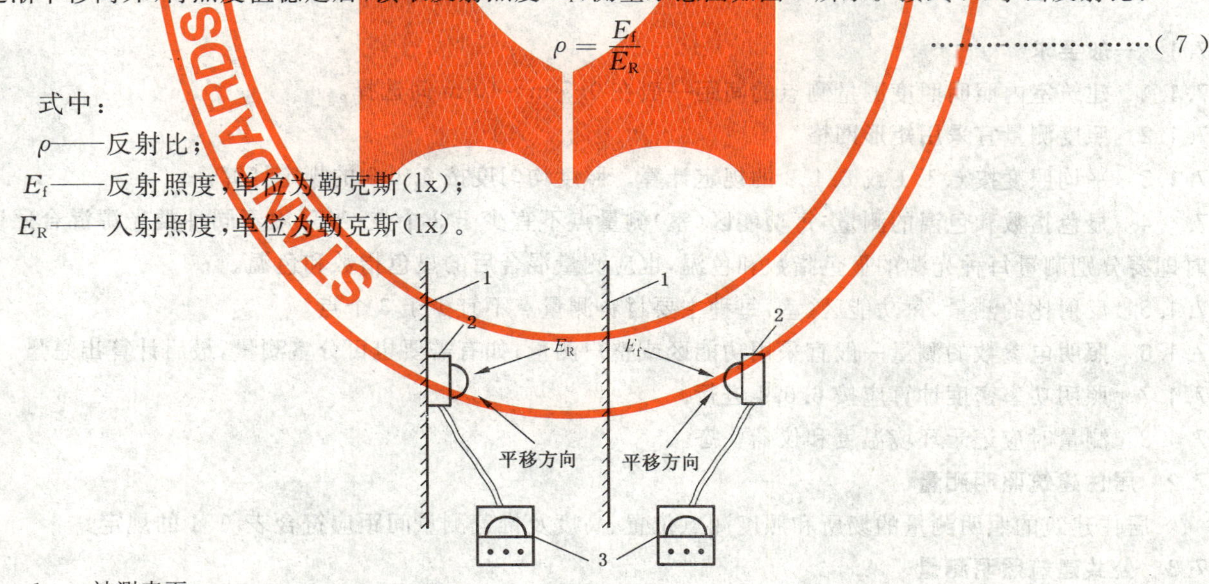

1——被测表面；

2——接收器；

3——照度计。

图3 采用照度计间接测量反射比方法示意图

6.4 现场的色温和显色指数测量

6.4.1 现场的色温和显色指数测量应采用光谱辐射计，每个场地测量点的数量不应少于9个测点(住宅单个房间可不少于 3 个），然后求其算术平均值作为该被测照明现场的色温和显色指数。

6.4.2 测量同时应监测电源电压，对于实测电压偏离光源额定电压较大时，应对测量结果进行修正。照明现场的色温和显色指数测量应符合 GB/T 7922 的规定，计算应符合 GB/T 5702 的规定。

6.5 照明的电参数测量

6.5.1 照明现场的电参数测量应包括以下内容：

a) 单个照明灯具的电气参数，如工作电流、输入功率、功率因数、谐波含量等；

b) 照明系统的电气参数，如电源电压、工作电流、线路压降、系统功率、功率因数、谐波含量等。

测量宜采用有记忆功能的数字式电气测量仪表。

6.5.2 单个照明灯具电参数的测量

单个照明灯具电参数的测量，采用量程适宜、功能满足要求的单相电气测量仪表。

6.5.3 照明系统的电参数的测量

照明系统的电气参数的测量，宜采用量程适宜、功能满足要求的三相测量仪表；也可采用单相电气测量仪表分别测量，再用分别测量数值计算出总的数值，作为照明系统电气参数数据。

6.6 照明功率密度的计算

照明功率密度由式(8)求出：

$$LPD = \frac{\sum P_i}{S} \qquad \cdots\cdots (8)$$

式中：

LPD——照明功率密度，单位为瓦特每平方米（W/m^2）；

P_i——被测量照明场所中的第 i 单个照明灯具的输入功率，单位为瓦特（W）；

S——被测量照明场所的面积，单位为平方米（m^2）。

7 建筑室内照明测量

7.1 一般要求

7.1.1 建筑室内照明照度测量测点的间距一般在 0.5 m～10 m 间选择。

7.1.2 照度测量宜采用矩形网格。

7.1.3 平均照度按 6.1.1 或 6.1.2 的规定计算。照度均匀度按 6.1.3 的规定计算。

7.1.4 显色指数和色温的测量，每功能区（室）测量点不宜少于 3 个点；当采用不同种类光源混合照明时即要分别测量每种光源的显色指数和色温，也应测量混合后的显色指数和色温。

7.1.5 反射比的测量，每功能区（室）每种主要材料测量点不宜少于 3 个点。

7.1.6 照明电参数的测量一般宜采用功能区或整户测量；如有需要也可分室测量，最后计算出总量。

7.1.7 照明功率密度计算应按 6.6.4 进行。

7.1.8 测量时应记录环境温度和仪器状态。

7.2 居住建筑照明测量

居住建筑的照明测量的场所和照度测点位置、高度及推荐测量间距应符合表 A.1 的规定。

7.3 公共建筑照明测量

7.3.1 图书馆建筑、办公建筑、商业建筑、影剧院（礼堂）建筑、旅馆建筑、医院建筑、博物馆及展览馆建筑、交通建筑的照明测量场所和照度测点位置、高度及推荐测量间距应符合表 A.2～表 A.10 的规定。

7.3.2 体育建筑照明测量应执行 JGJ 153 的规定。

7.4 工业建筑照明测量

工业建筑照明测量的场所和照度测点位置、高度及推荐测量间距应符合表 A.11 的规定。

7.5 公用区照明测量和应急照明测量

7.5.1 公用区照明测量的场所和照度测点位置、高度及推荐测量间距应符合表 A.12 的规定。

7.5.2 应急照明的照度测量点高度为地面，测量网格根据场地大小从 1.0 m～10.0 m 选取；并应检查设置位置状况、应急工作时间和应急工作方式。

7.5.3 对应急照明标志，应测量标志亮度、对比度、色品坐标、视距，检查设置位置状况、应急工作时间和应急工作方式。

8 室外照明测量

8.1 道路照明测量

8.1.1 测量的路段和范围

8.1.1.1 测量路段的选择

宜选择在灯具的间距、高度、悬挑、仰角和光源的一致性等方面能代表被测道路的典型路段。

8.1.1.2 照度测量的路段范围

在道路纵向应为同一侧两根灯杆之间的区域。在道路横向，当灯具采用单侧布灯时，应为整条路宽；对称布灯、中心布灯和双侧交错布灯时，宜取二分之一的路宽。

8.1.1.3 道路亮度测量的路段范围

在道路纵向应为从一根灯杆起 100 m 距离以内的区域，至少应包括同一侧两根灯杆之间的区域；对于交错布灯，应为观测方向左侧灯下开始的两根灯杆之间区域。在道路横向应为整条路宽。

8.1.2 测量的布点方法

8.1.2.1 道路照度测量的布点方法

应将测量路段划分为若干大小相等的矩形网格。

a) 当路面的照度均匀度比较差或对测量的准确度要求较高时，划分的网格数可多些。当两根灯杆间距小于或等于 50 m 时，宜沿道路(直道和弯道)纵向将间距 10 等分；当两灯杆间距大于 50 m 时，宜按每一网格边长小于或等于 5 m 的等间距划分。在道路横向宜将每条车道三等分。

b) 当路面的照度均匀度较好或对测量的准确度要求较低时，划分的网格数可少些。纵向网格边长可按 8.1.2.1a)的规定取值，而道路横向的网格边长可取每条车道的宽度。

8.1.2.2 亮度测量的布点方法

若仅用积分亮度计测量路面平均亮度时，则无需布点，若用亮度计测量各测点亮度时，则应布点。

a) 在道路纵向，当同一侧两灯杆间距小于或等于 50 m 时，通常应在两灯杆间按等间距布置 10 个测点；当两灯杆间距大于 50 m 时，应按两测点间距小于或等于 5 m 的原则确定测点数；在道路横向，在每条车道横向应布置 5 个测点，其中间一点应位于车道的中心线上，两侧最外面的两个点应分别位于距每条车道两侧边界线的 1/10 车道宽处。

b) 当亮度均匀度较好或对测量的准确度要求较低时，在每条车道横向可布置 3 个点，其中间一点应位于每条车道中心线上，两侧的两个点应分别位于距每条车道两侧边界线的 1/6 车道宽处。

8.1.2.3 同时测量照度和亮度时的布点方法

应按 8.1.2.2 的亮度测量的布点方法测量照度和亮度。

8.1.3 照度和亮度的测量

8.1.3.1 照度测量

照度测量的测点高度应为路面。

a) 四角布点法：测点应布置在网格的四角(见图 4)，测量网格四角点上的照度。

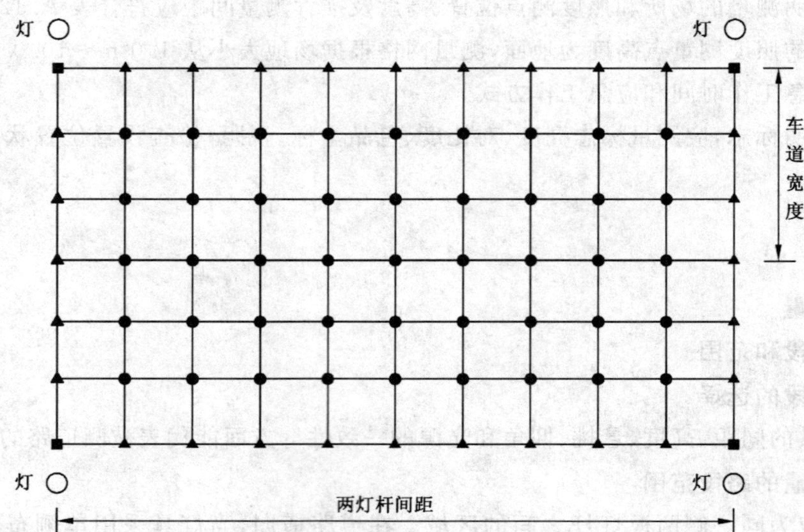

■——四角点；

▲——边线点；

●——场内点。

图 4　道路路面四角布点法测量照度示意图

b)　中心布点法：测点应布置在每个网格的中心点(见图 5)，测量网格中心点上的照度。

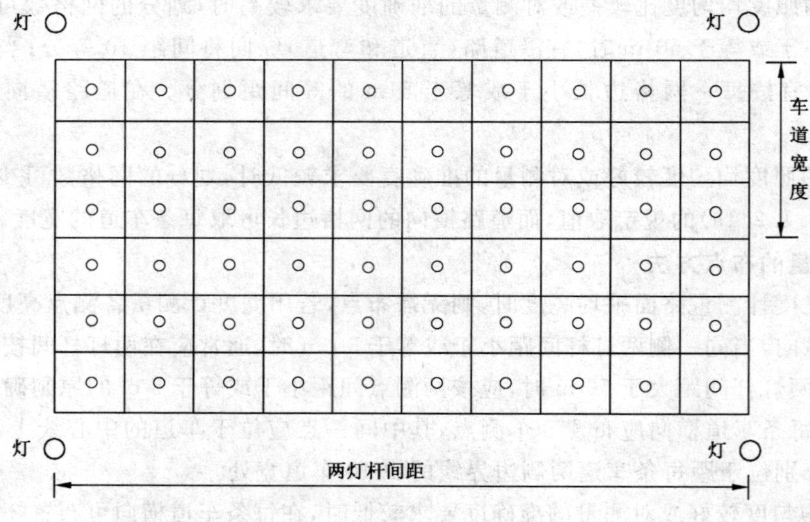

○——测点。

图 5　道路路面中心布点法测量照度示意图

8.1.3.2　亮度测量

a)　亮度计的观测点的高度应距路面 1.5 m。

b)　亮度计的观测点的纵向位置应距第一排测量点为 60 m，纵向测量长度为 100 m(见图 6)。

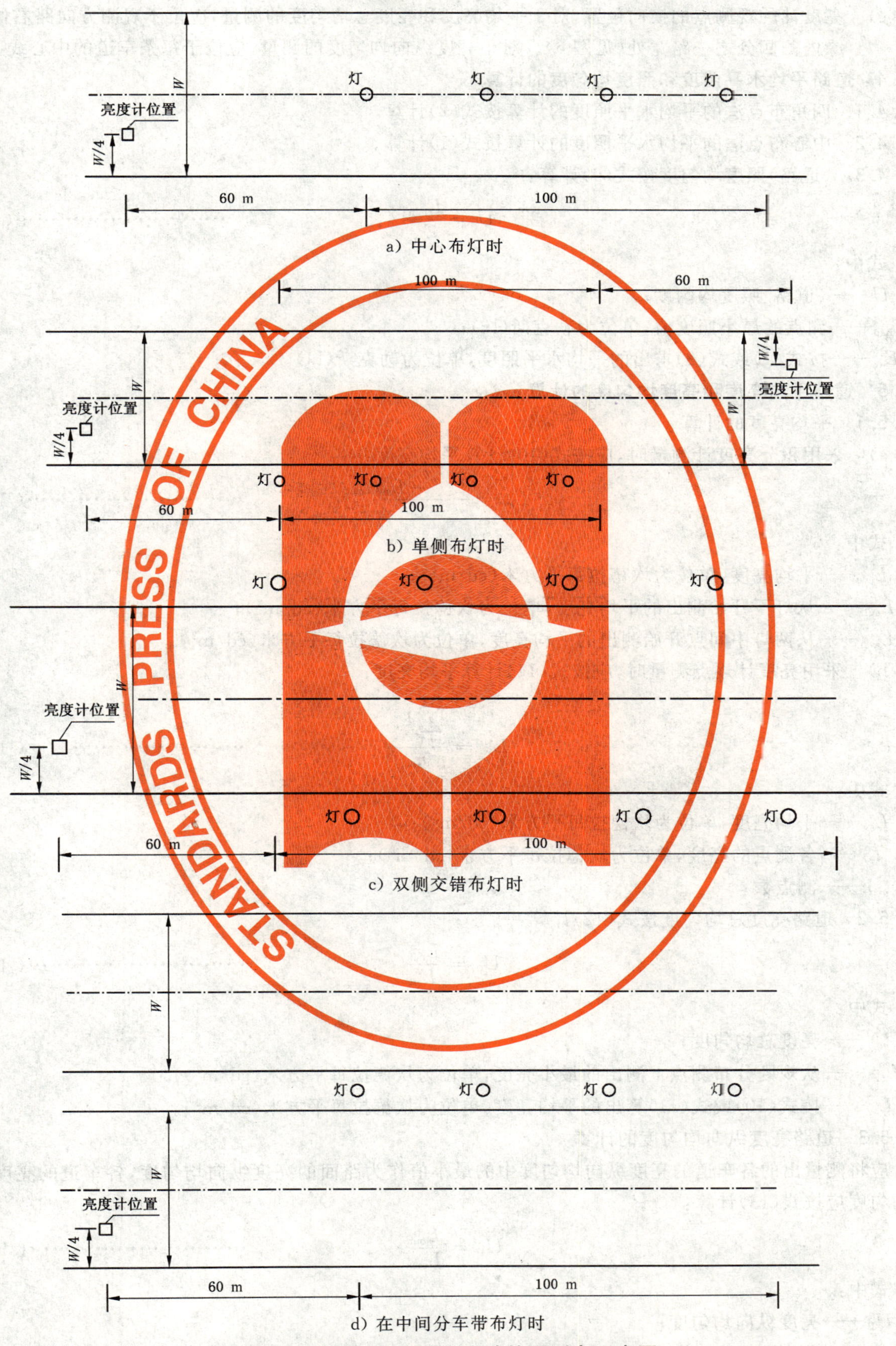

图 6 道路亮度测量-亮度计的观测点示意图

c) 亮度计的观测点的横向位置，对于平均亮度和亮度总均匀度的测量，应位于观测方向路右侧路缘内侧四分之一路宽处(见图6)。对于亮度纵向均匀度的测量，应位于每条车道的中心线上。

8.1.4 道路平均水平照度和照度均匀度的计算

8.1.4.1 四角布点法的平均水平照度的计算按式(2)计算。

8.1.4.2 中心布点法的平均水平照度的计算按式(1)计算。

8.1.4.3 (道路)照度均匀度按式(9)计算：

$$U=\frac{E_{\min}}{E_{\mathrm{av}}} \qquad \cdots\cdots(9)$$

式中：

U——(道路)照度均匀度；

$E_{\min}$——测点的最小照度值，单位为勒克斯(lx)；

E_{av}——按式(1)或式(2)求出的平均水平照度，单位为勒克斯(lx)。

8.1.5 道路平均亮度和亮度均匀度的计算

8.1.5.1 平均亮度的计算

a) 采用积分亮度计测量时，应按式(10)计算平均亮度：

$$L_{\mathrm{av}}=\frac{L_{\mathrm{av1}}+L_{\mathrm{av2}}}{2} \qquad \cdots\cdots(10)$$

式中：

L_{av}——平均亮度，单位为坎德拉每平方米(cd/m²)；

L_{av1}——从灯下开始测出的平均亮度，单位为坎德拉每平方米(cd/m²)；

L_{av2}——从两灯中间点开始测出的平均亮度，单位为坎德拉每平方米(cd/m²)。

b) 采用亮度计逐点测量时，应按式(11)计算平均亮度：

$$L_{\mathrm{av}}=\frac{\sum_{i=1}^{i=n}L_i}{n} \qquad \cdots\cdots(11)$$

式中：

L_{av}——平均亮度，单位为坎德拉每平方米(cd/m²)；

L_i——各测点的亮度，单位为坎德拉每平方米(cd/m²)；

n——测点数。

8.1.5.2 道路亮度总均匀度按式(12)计算：

$$U_0=\frac{L_{\min}}{L_{\mathrm{av}}} \qquad \cdots\cdots(12)$$

式中：

U_0——亮度总均匀度；

$L_{\min}$——从规则分布测点上测出的最小亮度，单位为坎德拉每平方米(cd/m²)；

L_{av}——按式(10)或式(11)算出的平均亮度，单位为坎德拉每平方米(cd/m²)。

8.1.5.3 道路亮度纵向均匀度的计算

应将测量出的各车道的亮度纵向均匀度中的最小值作为路面的亮度纵向均匀度，各车道的亮度纵向均匀度应按式(13)计算：

$$U_{\mathrm{L}}=\frac{L_{\min}}{L_{\max}} \qquad \cdots\cdots(13)$$

式中：

U_{L}——亮度纵向均匀度；

$L_{\min}$——分别测出的每条车道的最小亮度，单位为坎德拉每平方米(cd/m²)；

L_{max}——分别测出的每条车道的最大亮度，单位为坎德拉每平方米(cd/m^2)。

8.1.6 交会区的照明测量

8.1.6.1 交会区的照明测量测点可按车道宽度均匀布点，车道未经过的区域上的测点可由车道上的测点均匀外延形成，照度测量应测量地面水平照度。

8.1.6.2 同一交会区同一种类照明光源的现场显色指数和色温测点不应少于9个。

8.1.6.3 照明功率密度的测量与计算应按整个交会区测量和计算，照明功率密度计算应按6.6进行。

8.1.7 人行道的照明测量

8.1.7.1 人行道的照明测量应测量地面水平照度和1.5 m高度上的垂直照度、显色指数、色温和照明功率密度。

8.1.7.2 人行道的照明测量应选择能代表该条道路的路段，根据照明布置测量2灯杆间距，当车行道的照明对人行道的照明有影响时，照明测量路段应关联考虑。

8.1.7.3 照度测点宜在道路横向将道路两等分，在道路纵向将2灯杆间距距离10等分，但测点间隔不应大于5 m。

8.1.7.4 照明功率密度的测量区域应与照度测量区域相对应，计算应按6.6进行。

8.1.7.5 同一测量路段的现场显色指数和色温测点不应少于9个。

8.1.8 人行地道的照明测量

8.1.8.1 人行地道的水平路段照明测量应测量地面水平照度和1.5 m高度上的垂直照度，测点间距按2 m～5 m选择均匀布点。

8.1.8.2 上下台阶通道或坡道应测量台阶面水平照度和台阶踢板垂直照度或坡道面的照度；测点在上下台阶通道或坡道横向两等分或三等分，纵向宜将上下台阶通道或坡道间距距离5～10等分。

8.1.8.3 照明功率密度的测量与照度测量区域相对应，计算按6.6进行。

8.1.8.4 现场显色指数和色温每个场所测点不应少于9个。

8.2 建筑夜景照明测量

8.2.1 亮度的测量应按设计分近(正)视点亮度，中(正)视点亮度和远(正)视点亮度的测量；一般建筑应根据建筑高度和体量确定：

——近：10 m～30 m或$2H$；

——中：30 m～100 m或$3H$；

——远：100 m～300 m或$5H$。

注：H——建筑高度。

8.2.2 亮度测点应根据设计要求选择测试点，测量宜采用带望远镜头的彩色亮度计或光谱辐射亮度计。

8.2.3 照度的测量仅在亮度指标不能反映设计意图时采用，测点应按设计要求选择，测点间距可按计算间距的2倍考虑。

8.2.4 灯光颜色的测量宜采用光谱辐射计，测量现场灯光的光谱，按GB/T 7922测量，计算出色度参数。

8.2.5 照明功率密度的测量与照明测量区域相一致，计算按6.6进行。

8.2.6 测量夜景照明设施在居住建筑(含住宅、公寓、旅馆和医院病房楼等)外窗表面由夜间照明产生的光污染，应测量居室外窗表面的垂直照度。测量应在居室外窗洞面上均匀选择6～9个测点，取其平均值作为夜景照明设施光污染的测量值。

8.3 广场照明测量

8.3.1 广场的照度测量

应选择典型区域或整个场地进行照度测量，对于完全对称布置照明装置的规则场地，可只测量二分之一或四分之一的场地。

8.3.2 照度测量的布点方法

宜将场地划分为边长 5 m～10 m 的矩形网格，网格形状宜为正方形，可在网格中心或网格四角点上测量照度。

8.3.3 照度测量的平面和高度应在已划分网格的测量场地地面上测量照度，也可根据广场实际情况确定所需测量平面的高度。

8.3.4 平均水平照度的计算应按式(1)或式(2)进行。

8.3.5 水平照度均匀度的计算应按式(3)和式(4)进行。

8.3.6 照明功率密度的测量与照度测量区域相对应，计算按式(8)进行。

8.4 室外作业区照明测量

室外作业区照明测量的照度测点间距、高度及其他测量内容应符合表 1 的规定。

表 1 室外作业区照明测量

<table>
<tr><th>房间或场所</th><th>照度测点高度</th><th>照度测点间距</th><th>显色指数
和色温</th><th>照明电参数</th><th>反射比</th></tr>
<tr><td>一般工业加工区域
物品的存放区
车辆停放区</td><td>地面</td><td rowspan="6">5.0 m×5.0 m
10.0 m×10.0 m</td><td rowspan="6">每区域测量点不宜少于 3 个点</td><td rowspan="6">一般采用功能区域分别测量，最后计算出总量</td><td rowspan="6">每种主要材料测量点不宜少于 3 个点</td></tr>
<tr><td>建筑工地
铁路室外作业区
电厂、水厂、污水处理厂室外作业区</td><td>地面和设计要求的工作面</td></tr>
<tr><td>石化工业和其他危险工业</td><td>地面和设计要求的工作面</td></tr>
<tr><td>港口、船坞和船闸室外作业区</td><td>地面、水面</td></tr>
<tr><td>保安照明室外作业区</td><td>地面水平面
1.5 m 垂直面</td></tr>
<tr><td>机场停机坪</td><td>地面水平面
2.5 m 垂直面</td></tr>
<tr><td colspan="6">注 1：照明功率密度的测量与照度测量区域相对应，计算按 6.6 进行。
注 2：平均照度按 6.1.1 或 6.1.2 计算，照度均匀度按 6.1.3 计算。
注 3：照度测量宜采用矩形网格，测点间隔应根据面积的大小选择。对于有工艺要求的作业区按工艺设计要求选择测点和间隔。</td></tr>
</table>

附 录 A
（规范性附录）
建筑照明各场所照明测量的测点布置

建筑室内照明测量的场所和照度测点位置、高度及推荐测量间距应符合表 A.1～表 A.12 的规定。

表 A.1 居住建筑的照明测量

房间或场所		照度测点高度	照度测点间距
起居室	一般活动	地面水平面	1.0 m×1.0 m
	书写、阅读	0.75 m 水平面	
卧室	一般活动	地面水平面	1.0 m×1.0 m
	床头、阅读	0.75 m 水平面	
餐厅		0.75 m 水平面	1.0 m×1.0 m
厨房	一般活动	地面水平面	1.0 m×1.0 m
	操作台	台面	0.5 m×0.5 m
卫生间		0.75 m 水平面	1.0 m×1.0 m

表 A.2 图书馆建筑照明测量

房间或场所	照度测点高度	照度测点间距
阅览室	0.75 m 水平面	2.0 m×2.0 m 4.0 m×4.0 m
陈列室、目录室、出纳室	0.75 m 水平面	2.0 m×2.0 m
书库	地面水平面 书架垂直面	2.0 m×2.0 m 4.0 m×4.0 m
工作间	0.75 m 水平面	2.0 m×2.0 m

表 A.3 办公建筑照明测量

房间或场所	照度测点高度	照度测点间距
办公室	0.75 m 水平面	2.0 m×2.0 m 4.0 m×4.0 m
会议室	0.75 m 水平面	2.0 m×2.0 m
接待室、前台	0.75 m 水平面	2.0 m×2.0 m 4.0 m×4.0 m
营业厅	0.75 m 水平面	2.0 m×2.0 m
设计室	0.75 m 水平面	2.0 m×2.0 m
文件整理复印发行	0.75 m 水平面	2.0 m×2.0 m
资料档案	0.75 m 水平面	2.0 m×2.0 m
注：大会议室和大会堂的主席台水平照度测量高度 0.75 m，垂直照度测量高度 1.2 m。		

表 A.4 商业建筑照明测量

房间或场所		照度测点高度	照度测点间距
营业厅（传统的大面积）		0.75 m 水平面	2.0 m×2.0 m 4.0 m×4.0 m 5.0 m×5.0 m 10.0 m×10.0 m
仓储式营业厅	通道	地面	通道中心线，间隔 2.0 m～4.0 m
	货柜	垂直面	间距与通道测点对应，上、中、下各一点
收款台		台面	0.5 m×0.5 m

表 A.5 影剧院（礼堂）建筑照明测量

房间或场所		照度测点高度	照度测点间距
观众厅		1.10 m～1.20 m[a]	2.0 m×2.0 m 4.0 m×4.0 m 5.0 m×5.0 m
观众休息厅		0.0 m 水平面	2.0 m×2.0 m 4.0 m×4.0 m 5.0 m×5.0 m
排演厅		0.75 m 水平面	2.0 m×2.0 m 4.0 m×4.0 m 5.0 m×5.0 m
化妆室	一般活动	0.75 m 水平面	2.0 m×2.0 m
	化妆台	台面	0.5 m×0.5 m
卫生间		0.75 m 水平面	2.0 m×2.0 m
（礼堂）主席台		0.75 m 水平面 1.20 m 垂直面	2.0 m×2.0 m

[a] 观众厅照度测点高度应等于或高于座椅背，表中测点高度为推荐高度，可适当调整。

表 A.6 旅馆建筑照明测量

房间或场所		照度测点高度	照度测点间距
客房	一般活动	0.75 m 水平面	1.0 m×1.0 m
	床头		0.5 m×0.5 m
	写字台	台面	0.5 m×0.5 m
	卫生间	0.75 m 水平面	1.0 m×1.0 m
餐厅		0.75 m 水平面	2.0 m×2.0 m 4.0 m×4.0 m
多功能厅	一般活动	0.75 m 水平面	1.0 m×1.0 m
	主席台	0.75 m 水平面 1.20 m 垂直面	2.0 m×2.0 m
总服务台		0.75 m 水平面	1.0 m×1.0 m
门厅、休息厅		地面	2.0 m×2.0 m 4.0 m×4.0 m

表 A.6（续）

房间或场所		照度测点高度	照度测点间距
客房层走廊		地面	走廊中心线，间隔 2.0 m
厨房	一般活动	0.75 m 水平面	2.0 m×2.0 m
	操作台	台面	0.5 m×0.5 m
洗衣房		0.75 m 水平面	2.0 m×2.0 m 4.0 m×4.0 m

表 A.7 医院建筑照明测量

房间或场所		照度测点高度	照度测点间距
诊室、治疗室、化验室、手术室		0.75 m 水平面	1.0 m×1.0 m 2.0 m×2.0 m
门厅、通道		地面	2.0 m×2.0 m 4.0 m×4.0 m
挂号厅 收费厅	一般活动	0.75 m 水平面	2.0 m×2.0 m
	收银台	台面	1.0 m×1.0 m
候诊厅		0.75 m 水平面	2.0 m×2.0 m 4.0 m×4.0 m
病房	一般活动	地面	1.0 m×1.0 m 2.0 m×2.0 m
	床头	0.75 m 水平面	
护士站		0.75 m 水平面	1.0 m×1.0 m 2.0 m×2.0 m
药房		0.75 m 水平面	

表 A.8 学校建筑照明测量

房间或场所	照度测点高度	照度测点间距
教室、实验室、美术教室	桌面 地面	2.0 m×2.0 m 4.0 m×4.0 m
多媒体教室	0.75 m 水平面	2.0 m×2.0 m 4.0 m×4.0 m
教室黑板	黑板面（垂直面）	0.5 m×0.5 m
走廊、楼梯	地面	中心线，间隔 2.0 m～4.0 m

表 A.9 博物馆、展览馆建筑照明测量

房间或场所		照度测点高度	照度测点间距
中央大厅、展厅		地面	5.0 m×5.0 m 10.0 m×10.0 m
文物整理室		0.75 m 水平面	2.0 m×2.0 m
文物库房	通道	地面	中心线，间隔 2.0 m
	文物柜	柜（垂直）面	每间隔 2 m，按上、中、下各取一点

注 1：展厅除测量地面照度，还应根据展出内容测量展柜立面、展品和画面的垂直照度。

注 2：对于光敏感的展品还应测量展品处的紫外照度及紫外光、可见光照度比例。

表 A.10　交通建筑照明测量

<table>
<tr><th colspan="2">房间或场所</th><th>照度测点高度</th><th>照度测点间距</th></tr>
<tr><td colspan="2">中央大厅、售票大厅；行李认领大厅；
到达、出发大厅；候车（机、船）大厅；
站台、通道、连接区</td><td>地面</td><td>5.0 m×5.0 m
10.0 m×10.0 m</td></tr>
<tr><td colspan="2">扶梯</td><td>踏板（水平面）
踢板（垂直面）</td><td>中心线，2.0 m 间隔</td></tr>
<tr><td rowspan="2">安全检查</td><td>通道</td><td>地面</td><td>2.0 m</td></tr>
<tr><td>护照检查</td><td>工作面</td><td>0.5 m×0.5 m</td></tr>
<tr><td colspan="2">问讯处、换票、行李托运</td><td>0.75 m 水平面
地面</td><td>2.0 m×2.0 m</td></tr>
<tr><td colspan="2">售票台</td><td>台面</td><td>0.5 m×0.5 m</td></tr>
</table>

表 A.11　工业建筑照明测量

<table>
<tr><th colspan="2">房间或场所</th><th>照度测点高度</th><th>照度测点间距</th></tr>
<tr><td rowspan="2">工业厂房</td><td>局部照明</td><td>工作面</td><td>按工艺要求确定</td></tr>
<tr><td>一般照明</td><td>地面</td><td rowspan="2">2.0 m×2.0 m
5.0 m×5.0 m
10.0 m×10.0 m</td></tr>
<tr><td colspan="2">通道、连接区、动力站、加油站</td><td>地面</td></tr>
<tr><td rowspan="2">控制室、配电装置室</td><td>控制柜
仪表盘</td><td>柜面、盘面的立面</td><td>0.5 m×0.5 m
2.0 m×2.0 m</td></tr>
<tr><td>一般照明</td><td>0.75 m 水平面</td><td>2.0 m×2.0 m
4.0 m×4.0 m</td></tr>
<tr><td colspan="2">试验室、检验室、计量室、电话站、网络中心、计算站</td><td>0.75 m 水平面</td><td>2.0 m×2.0 m
4.0 m×4.0 m</td></tr>
<tr><td colspan="2">仓库</td><td>1.00 m 水平面</td><td>5.0 m×5.0 m
10.0 m×10.0 m</td></tr>
<tr><td colspan="2">热处理、铸造、精密铸造的制模脱壳、锻工</td><td>地面～0.50 m 水平面</td><td>5.0 m×5.0 m
10.0 m×10.0 m</td></tr>
</table>

表 A.12　公用区照明测量

<table>
<tr><th>房间或场所</th><th>照度测点高度</th><th>照度测点间距</th></tr>
<tr><td>门厅、流动区域</td><td>地面</td><td>5.0 m×5.0 m
2.0 m×2.0 m</td></tr>
<tr><td>走廊、楼梯、自动扶梯</td><td>地面</td><td>中心线，间隔
2.0 m～4.0 m</td></tr>
<tr><td>休息室、洗漱室、卫生间、浴室</td><td>0 m 地面
0.75 m 台面
1.5 m 镜前（垂直）</td><td rowspan="2">1.0 m×1.0 m
2.0 m×2.0 m
4.0 m×4.0 m</td></tr>
<tr><td>电梯前厅、储藏室</td><td>地面</td></tr>
<tr><td>车库、仓库</td><td>地面</td><td>2.0 m×2.0 m
4.0 m×4.0 m</td></tr>
</table>

附　录　B
（资料性附录）
测量记录表格

表 B.1　室内照明一般情况记录表

检验编号　　　　　　　　　　　　　　　　　　　　　　　　　　　　共　页第　页

委托单位				检验项目	
工程名称				检验日期	
检验依据				环境温度/℃	
检验设备 名称、编号				检验前设备状况	
				检验后设备状况	
场所名称		光源种类	一般照明	灯具悬挂高度 （距工作面）	
			局部照明		
视觉内容		光源功率/W	一般照明	灯具污染情况	
			局部照明		
房间尺寸 长×宽×高		光源个数	一般照明	灯具擦洗情况	
			局部照明		
照明方式		总功率/W		遮挡情况	
灯具类型		照明功率 密度/(W/m^2)		房间污染情况	
灯具台数				灯具点燃情况	
灯具和测点平面及剖面布置图(注明尺寸)					

校核：　　　　　　　　　　　　　　　　记录：　　　　　　　　　　　　　　　　检验：

表 B.2　各表面反射系数比记录表

检验编号　　　　　　　　　　　　　　　　　　　　　　　　　　　　共　页第　页

委托单位		检验项目	
工程名称		检验日期	
检验依据		环境温度/℃	
检验设备 名称、编号		检验前设备状况	
		检验后设备状况	
场所名称			

表面名称	材料	颜色	反射比					亮度/(cd/m²)
墙面		x	白板					
		y	墙面					
顶棚		x	白板					
		y	顶棚					
地面		x	白板					
		y	地面					
工作面		x	白板					
		y	工作面					
家具		x	白板					
		y	家具					
		x	白板					
		y						
		x	白板					
		y						
		x	白板					
		y						
采用亮度计和标准白板测量反射比的记录表								

校核：　　　　　　　　　　　　记录：　　　　　　　　　　　　检验：

表 B.3 室内外照明照度检验记录表（单位：lx）

共 页第 页

检验编号						检验日期						检验项目		照度		照度均匀度
场地名称						环境温度/℃										
检验设备名称、编号	照度计					电压/V	测前			检验前设备状况						
							测后			检验后设备状况						
测量点	1	2	3	4	5	6	7	8	9	10	11	12	13	14	15	16
实测值																
修正值																
实测值																
修正值																
实测值																
修正值																
实测值																
修正值																
实测值																
修正值																
照度最大值				照度最小值				照度平均值				照度均匀度		$U_1=$ $U_2=$		

校核： 记录： 检验：

表 B.4 亮度和色品坐标检验记录表（单位：cd/m^2）

检验编号 共 页第 页

场所名称			仪器名称 规格型号			电压/V	测前 测后		环境温度/℃		检验时间	
	测量点		1	2	3	4	5	6	7	8	9	10
	亮度值											
	色度值	x										
		y										
	数据号											
	亮度值											
	色坐标	x										
		y										
	数据号											
	亮度值											
	色坐标	x										
		y										
	数据号											

校核： 记录： 检验：

表 B.5 广场照明检验情况记录表

检验编号　　　　　　　　　　　　　　　　　　　　　　　　　　　　共　页第　页

<table>
<tr><td>委托单位</td><td colspan="2"></td><td colspan="2">检验项目</td><td></td></tr>
<tr><td>工程名称</td><td colspan="2"></td><td colspan="2">检验日期</td><td></td></tr>
<tr><td>检验依据</td><td colspan="2"></td><td colspan="2">环境温度/℃</td><td></td></tr>
<tr><td rowspan="2">检验设备
名称、编号</td><td colspan="2" rowspan="2"></td><td colspan="2">检验前设备状况</td><td></td></tr>
<tr><td colspan="2">检验后设备状况</td><td></td></tr>
<tr><td colspan="6">场地照明</td></tr>
<tr><td rowspan="3">场地尺寸</td><td>长度/m</td><td></td><td rowspan="7">灯具</td><td>类型</td><td></td></tr>
<tr><td>宽度/m</td><td></td><td>型号</td><td></td></tr>
<tr><td>面积/m²</td><td></td><td>布置方式</td><td></td></tr>
<tr><td rowspan="4">光源</td><td>种类</td><td></td><td>安装高度/m</td><td></td></tr>
<tr><td>功率/W</td><td></td><td>数量</td><td></td></tr>
<tr><td>数量</td><td></td><td>维护情况</td><td></td></tr>
<tr><td>生产厂</td><td></td><td>生产厂</td><td></td></tr>
<tr><td colspan="2">照明功率密度/(W/m²)</td><td></td><td colspan="2">灯具污染情况</td><td></td></tr>
<tr><td colspan="6">应急照明</td></tr>
<tr><td>光源类型功率</td><td colspan="2"></td><td colspan="2">布置方式</td><td></td></tr>
<tr><td>灯具型号</td><td colspan="2"></td><td colspan="2">安装高度/m</td><td></td></tr>
<tr><td>灯具数量</td><td colspan="2"></td><td colspan="2">灯具生产厂</td><td></td></tr>
<tr><td colspan="6">测量场地布点平面示意图和灯具布置平面图

</td></tr>
</table>

校核：　　　　　　　　　　　　　记录：　　　　　　　　　　　　　检验：

表 B.6　道路照明检验记录表

检验编号　　　　　　　　　　　　　　　　　　　　　　　　　　　　　　　　　共　页第　页

委托单位			检验项目		
工程名称			检验日期		
检验依据			环境温度/℃		
检验设备 名称、编号			检验前设备状况		
			检验后设备状况		
场地名称					
道路条件	道路类型		灯具	排列方式	
	路面宽度			安装高度	
	分车带宽度			灯间距	
	机动车道宽度			臂长	
				仰角/(°)	
	路面材料			类型	
光源	种类			型号	
	功率/W			数量	
	数量			维护情况	
	生产厂			生产厂	
照明功率密度/(W/m^2)			灯具污染情况		
测点示意图					

校核：　　　　　　　　　　　　　　　　记录：　　　　　　　　　　　　　　　　检验：

ICS 13.180
A 25

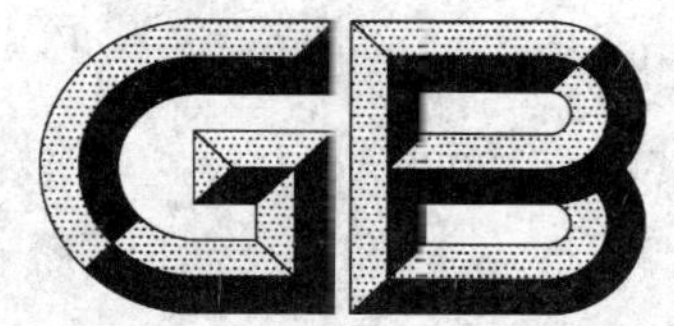

中华人民共和国国家标准

GB/T 5701—2008
代替 GB/T 5701—1985

室内热环境条件

Thermal environmental conditions for human occupancy

2008-07-16 发布　　2009-01-01 实施

中华人民共和国国家质量监督检验检疫总局
中国国家标准化管理委员会　发布

前言

本标准参考采用美国 ANSI/ASHRAE55—2004《室内热环境条件》，一致性程度为非等效。

本标准代替 GB/T 5701—1985《室内空调至适温度》。与 GB/T 5701—1985 相比，主要变化如下：

——扩大了适用范围，使其既适用于原标准规定的条件，也适用于其他复杂情况；

——依据标准的内容更改了名称；

——技术内容更为详细；

——在规范性引用文件中增加了 GB/T 18048 和 GB/T 18049。

本标准的附录 A 为资料性附录。

本标准由全国人类工效学标准化技术委员会提出并归口。

本标准主要起草单位：清华大学、中国标准化研究院。

本标准主要起草人：张伟、肖惠、冉令华、张欣。

本标准所代替标准的历次版本发布情况为：

——GB/T 5701—1985。

室内热环境条件

1 范围

本标准规定了能为多数人群所接受的室内热环境条件。

本标准适用于在海拔 3 000 m 以下的室内停留 15 min 以上的健康成年人。

2 规范性引用文件

下列文件中的条款通过本标准的引用而成为本标准的条款。凡是注日期的引用文件，其随后所有的修改单(不包括勘误的内容)或修订版均不适用于本标准，然而，鼓励根据本标准达成协议的各方研究是否可使用这些文件的最新版本。凡是不注日期的引用文件，其最新版本适用于本标准。

GB/T 18048 热环境人类工效学 代谢率的测定(GB/T 18048—2008,ISO 8996:2004,IDT)

GB/T 18049 中等热环境 PMV 和 PPD 指数的测定及热舒适条件的规定(GB/T 18049—2000,eqv ISO 7730:1994)

ISO 7726 热环境人类工效学 物理量测量仪器

3 术语和定义

下列术语和定义适用于本标准。

3.1

适应模型 adaptive model

将室内设计温度或者接受温度区间与室外气象学或者气候学参数进行关联的模型。

3.2

空气速度 air speed

某一点空气的运动速度，不考虑方向性。

3.3

克罗 clo

用于表达服装隔热性能的单位，1 clo=0.155 m^2·℃/W。

3.4

热舒适 thermal comfort

表示对于热环境的主观满意程度，通过主观评价进行评定。

3.5

涡动气流 draft

引起身体局部不同程度寒冷感的空气流动。

3.6

涡动气流不适率 draft rate

DR

由于涡动气流造成的不满意人群的百分数。

3.7

热环境 thermal environment

影响人体散热的环境特性。

3.8

可接受热环境　acceptable thermal environment

显著多数人群感觉可接受的热环境。

3.9

单服　garment

一件衣服。

3.10

湿度比例　humidity ratio

一定体积空气中水蒸气与干空气的质量比。

3.11

相对湿度　relative humidity

RH

空气中水蒸气压(或质量)与在同样气压条件和温度条件下饱和蒸汽压之比。

3.12

服装保暖性　clothing(ensemble)insulation

I_{cl}

一套服装对于热传递的阻值,单位为克罗(clo)。

注:服装的隔热性与整个人体表面的热传递有关,因此也包括不被服装覆盖的身体部分,如头和手。

3.13

着装保暖性　garment insulation

I_{clu}

裸露人体穿上单服所增加的热传递的阻值,单位为克罗(clo)。

3.14

代谢产热量单位　metaboloic rate unit

MET

表示人体内部代谢活动所产能量的单位,定义为 58.2 W/m²,这一单位等于一般人在静坐时单位身体表面所产能量的平均值。人的身体表面积平均为 1.8 m²。

3.15

代谢率　metabolic rate

M

表示人体某一器官通过代谢将化学能转化为热能和机械能的速率,通常用人体单位面积的代谢率表示。

3.16

可控的自然调节空间　occupant controlled naturally conditioned spaces

基本由使用者通过开关窗户来调节的热环境空间。

3.17

适中热环境条件　thermal neutrality

与人群感觉中性(至适的感觉)相对应的室内热指标。

3.18

不满意比例　percent dissatisfied

PD

由于局部不舒适,预计不满意的人群比例。

3.19

预计平均热感觉指数 predicted mean vote

PMV

大样本人群通过 7 点热感觉量表进行表决的平均值。

3.20

预计不满意率 predicted percentage of dissatisfied

PPD

由 PMV 决定的对热环境感觉不满意的定量预计比例指标。

3.21

不对称辐射温度 radiant temperature asymmetry

微小平面两侧平面辐射温度的差异。

3.22

响应时间 response time（90％）

当温度发生特定阶变时，测量传感器达到最终实际测量值 90％的时间。对于只包含指数响应特性的测量系统，该时间等于指数常量的 2.3 倍。

3.23

热感觉 thermal sensation

一种感觉，通常分为冷、凉、较凉、适中、较暖、暖、热七个等级，需要通过主观评价得到。

3.24

阶变 step change

某一变量的变化，或者设定的变化或者是测量之间的变化；控制设置点的变化是典型的阶变。

3.25

空气温度 air temperature

$\boldsymbol{T}_{\mathrm{a}}$

人周围空气的温度。

3.26

露点温度 dew point temperature

$\boldsymbol{T}_{\mathrm{dp}}$

在恒定气压条件下进行冷却时，空气中的蒸汽压饱和（$p_{\mathrm{sdp}}=p_{\mathrm{a}}$），相对湿度达到 100％时的温度。

3.27

月平均室外温度 mean monthly outdoor air temperature

$\boldsymbol{T}_{\mathrm{a(out)}}$

当作为图 8 适应模型的输入变量时，该温度为所考查月份一个月之内每天最低室外气温（干球温度）和最高气温的算术平均值。

3.28

平均辐射温度 mean radiant temperature

$\boldsymbol{T}_{\mathrm{r}}$

假想的黑色包围体均匀表面的温度，人在该包围体中的辐射换热量与在实际非均匀空间的换热量相同。测量位置见 7.2。

3.29

作业温度 operative temperature

$\boldsymbol{T}_{\mathrm{o}}$

假想的黑色包围体的均匀温度，人在该包围体中的辐射换热及对流换热量与在实际非均匀环境的换热量相同,人在该假想包围体中的位置见7.2。

3.30

平面辐射温度　plane radiant temperature

T_{pr}

包围体的均匀温度,在该包围体中某一小平面单元一侧的入射辐射热流量与实际环境中的相同。

3.31

时间常数　time constant

当温度发生阶变时,测量传感器达到最终测量值的63%的时间。

3.32

紊流强度　turbulence intensity

T_u

空气速度标准差(S_{Dv})与空气速度平均值($\bar{v}$)的比值。紊流强度也可以用百分数表示(如 $T_u=[S_{Dv}/\bar{v}]\times100$)。

3.33

蒸汽压　water vapor pressure

p_a

在相同温度下湿润空气中的水蒸气单独占有相同空间体积时所产生的压力。

3.34

饱和露点蒸汽压　saturated dew point water vapor pressure

p_{sdp}

饱和温度条件下在没有水液相存在的情况下水蒸气的压力。

3.35

空气平均速度　mean velocity

$\bar{v}$

在一定时间段内空气瞬时速度的平均值。

3.36

空气速度标准差　velocity standard deviation

S_{Dv}

描述空气瞬时速度在平均速度附近离散程度的量,定义为瞬时速度与平均速度差值的均方根。每一样本的瞬时速度用2 s以内的速度平均值表示。

3.37

占有区域　occupied zone

一般由人占有的区域,通常考虑地面到1.8 m高度之间、离开外墙面/窗户或者固定暖气、通风机或者空调机1 m以上、离开内墙面0.3 m以上的区域。

4　一般要求

4.1　本标准所说的环境因素为温度、热辐射、湿度和空气流动速度,人的因素为活动强度和着装。本标准对于可能影响舒适和健康的非热环境因素,如空气质量、声音、照明或者其他物理的、化学的或者生物的空间污染未做出规定。

4.2　由于室内热环境非常复杂,所以使用本标准应该将标准中的所有准则一起考虑。

4.3　在使用本标准时,需要针对具体的空间和空间中的人进行考虑,需要明确指出本标准所针对的空间,而如果不是应用于整个空间,则需要明确指出空间中具体针对的区域。使用本标准还必须明确指出所针对的使用人群情况(那些在考虑空间中停留15 min以上的人群)。

4.4 使用本标准时需要考虑人的活动情况和着装情况，当实际空间中人的体力活动情况或者着装情况存在显著差异时，这种差异需要予以考虑。

4.5 由于空间中人群个体之间的差异性，包括活动情况和着装情况，有时不可能实现一个所有人都能接受的热环境。如果本标准的要求对于一些人无法予以满足，则需要明确指出这些人来。

4.6 本标准所要求的热环境条件由5.2或5.3规定。使用本标准需要清楚地指出是基于其中哪一条的规定，这两条中有关的要求都应满足。

5 热舒适条件

5.1 概述

热舒适是描述人们对于热环境条件满意情况的。由于个体之间存在较大的差异性，既包括生理性差异也包括心理性差异，因此难以使得某一空间环境中的每一个人都满意，每一个人的舒适热环境条件是不一样的。然而，基于所收集的大量实验室数据和现场数据，可以确定一个能使得一定百分比的人群感觉热舒适的热环境条件。本章对满足空间中一定百分比人群热舒适要求的热环境条件进行了定义。在定义热舒适条件时需要说明六个基本因素，其他一些次要因素在特定条件下也会影响热舒适。下面列出了这六个基本因素。

——代谢率；

——着装隔热性；

——空气温度；

——辐射温度；

——空气速度；

——湿度。

5.4中和GB/T 18048、GB/T 18049对这六个因素进行了完整的描述。

这六个因素会随着时间发生变化，然而本标准只对稳态情况进行说明（5.2.5对一定限度的温度变化进行了规定），因此如果一个人刚刚从另外一个不同热环境进入到本标准规定的热环境中，则他可能在短时间内并不能对新环境感到舒适，在前一个热环境中的暴露情况和活动情况可能对人在新热环境条件下的热舒适感觉造成大约1个小时的影响。除此之外的另外五个因素对于人体各部位的影响可能是不均匀的，而这一不均匀性在决定热舒适时可能是一个重要考虑因素，5.2.4对于不均匀性进行了说明。

绝大多数的热舒适数据都是针对静坐或者接近静坐活动的办公室工作条件的，本标准主要针对这些条件，然而也可以用于确定中等体力活动条件下的热环境。本标准不适用于睡眠或者卧床休息的情况。目前的已有数据不包括儿童、残疾人或者体弱人员的热舒适需求数据，然而如果应用得当，本标准的信息也可以用于这些人群，例如教室热环境。

5.2中包含用于多数应用情况的方法，然而在自然调节情况下的空间热舒适条件可能会与其他室内情况不尽相同，现场试验表明在能通过窗户进行自然温度调节的情况下，人们的热舒适主观感觉与封闭环境下不同，这是由不同的经验、可控制性和人们的期望转变造成的。

5.3中规定了认定自然调节环境的条件要求，其方法可以用于符合这些条件要求的场合，而不能用于其他场合。

5.4中详细描述了一些变量，为了有效地使用第5章，需要清楚地理解这些变量。

5.2 可接受热环境的确定方法

5.2.1 总则

在使用5.2确定热舒适条件时，5.2.2～5.2.6的所有要求都应满足。本标准推荐一定的人群比例来构成热环境的可接受性以及与此比例相关的数值。

5.2.2 作业温度

5.2.2.1 一般要求

在给定湿度条件、空气速度、代谢率和着装条件的情况下，可以确定热舒适范围。热舒适范围定义为能提供可接受的热环境条件的作业温度区间，或者定义为可接受的空气温度和平均辐射温度组合。

本节描述了可以用于确定舒适区间温度范围的方法。5.2.2.1 使用简化的图示方法来确定舒适区间，这一方法可以用于很多典型应用场合。5.2.2.2 基于热平衡模型使用计算机程序来确定舒适区间，这一方法可以用于更大范围的应用场合。对于给定的一系列条件，运用这两种方法所得出的结果是一致的，因此只要每一方法所规定的使用条件能够满足，可以使用两种方法中的任何一种。

可以参照附录 A 确定作业温度，在附录 A 描述的一些条件下也可以把干球温度作为作业温度的近似。

5.2.2.2 用于典型室内环境的图示方法

图 1 的使用条件为：空间中人的体力活动对应于代谢率在 1.0 MET～1.3 MET 之间，人的着装隔热值在 0.5 clo～1.0 clo 之间。可参照 GB/T 18048 估算代谢率，参照 GB/T 18049 估算服装隔热值。多数办公空间处于这一范围。图 1 所给出的作业温度区间代表 80% 的人群接受性，这一接受性基于 PMV-PPD 指标假设：10% 的人因为一般热舒适要求（全身）感到不满意，再加上平均 10% 的人因为局部不舒适（身体的部分）而感到不满意。GB/T 18049 提供了 PMV-PPD 计算机程序中的一系列输入和输出来生成该图。

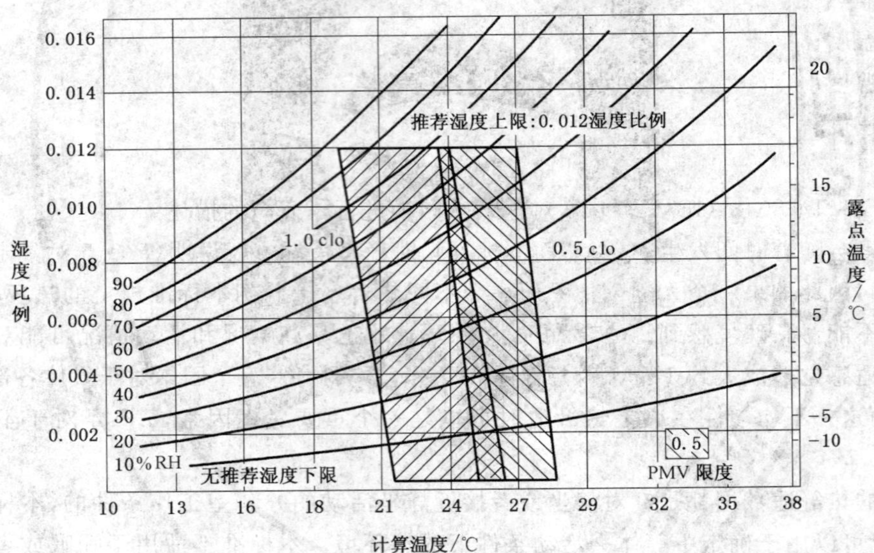

注：数据基于 GB/T 18049。

图 1 典型室内环境下可接受的作业温度和湿度范围

图 2 规定了满足上述条件并且空气速度不大于 0.20 m/s 情况下的环境的热舒适范围。图中绘出了两个区域：一个为 0.5 clo 着装情况，另一个为 1.0 clo 着装情况，这两个是在室外环境分别为“暖”和“凉”时比较典型的着装情况。中间着装情况下的作业温度范围可以通过 0.5 clo 和 1.0 clo 情况下的数值运用下面公式进行线性插值获得

$$\begin{cases} T_{\mathrm{min,Icl}} = [(I_{\mathrm{cl}} - 0.5\ \mathrm{clo})T_{\mathrm{min,1.0\ clo}} + (1.0\ \mathrm{clo} - I_{\mathrm{cl}})T_{\mathrm{min,0.5\ clo}}]/0.5\ \mathrm{clo} \\ T_{\mathrm{max,Icl}} = [(I_{\mathrm{cl}} - 0.5\ \mathrm{clo})T_{\mathrm{max,1.0\ clo}} + (1.0\ \mathrm{clo} - I_{\mathrm{cl}})T_{\mathrm{max,0.5\ clo}}]/0.5\ \mathrm{clo} \end{cases} \quad \cdots\cdots\cdots\cdots (1)$$

式中：

$T_{\mathrm{max,Icl}}$——着装条件为 I_{cl} 时的作业温度上限；

$T_{\mathrm{min,Icl}}$——着装条件为 I_{cl} 时的作业温度下限；

I_{cl}——着装的隔热值，单位为克罗（clo）。

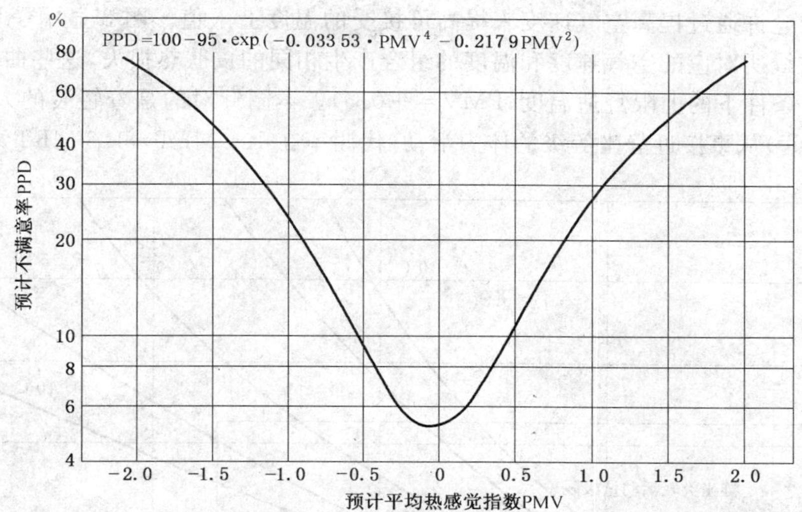

图 2　预计不满意率 PPD 与预计平均热感觉指数 PMV 之间的函数关系

在某些情况下可以使用大于 0.20 m/s 的空气速度来提高作业温度的上限，5.2.4 说明了这些调整方法并规定了这些调整的必要条件。

5.2.2.3　通用室内应用场合的计算机模型方法

本模型方法的使用条件为：空间中人的体力活动对应于代谢率在 1.0 MET～2.0 MET 之间，人的着装隔热值在 1.5 clo 以下。可参照 GB/T 18048 来估算代谢率，参照 GB/T 18049 估算服装隔热值。人的热感觉的量化定义如下：

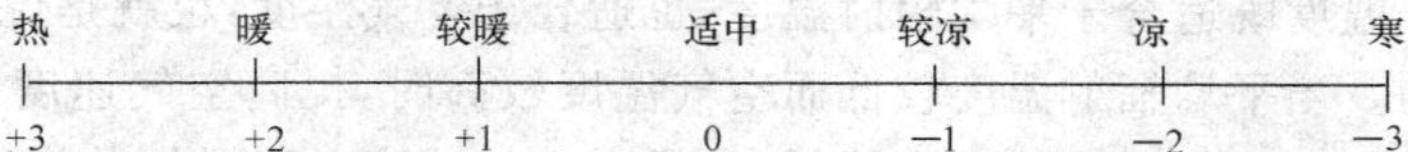

预计平均热感觉指数 PMV 方法使用热平衡原理将 5.1 中的六个热舒适关键因素与人们依据上述量表的响应联系起来。如图 2 所定义，预计不满意率 PPD 指数与 PMV 相关。它假设在热感觉量表中选择＋2，＋3，－2 或者－3 的人是感觉不满意的，而且简单地认为 PPD 在适中 PMV 两侧是对称的。对于典型应用场合，一般舒适的可接受热环境要求：PPD＜10，－0.5＜PMV＜＋0.5，这是图 1 所示方法的基础。

热舒适范围定义为：空气温度与平均热辐射温度的组合效果使得 PMV 处于上述规定的推荐限度以内。PMV 模型运用问题中的空气温度和平均辐射温度，以及相关的代谢率、着装隔热值、空气速度和湿度进行计算。如果运用模型计算出的 PMV 值处于推荐限度以内，则环境条件处于热舒适范围。

使用本标准中的 PMV 模型需要限定空气速度不大于 0.20 m/s，在某些情况下可以使用大于 0.20 m/s的空气速度来提高作业温度的上限，5.2.4 描述了这些调整方法并规定了这些调整的必要条件。5.2.4 的调整针对的是在空气速度为 0.20 m/s 时采用 PMV 模型计算出的热舒适范围的上限。

有多个计算机程序代码可以预计 PMV-PPD，本标准采用 GB/T 18049 中的程序代码。如果使用别的代码版本，使用者需要负责验证所使用的代码版本与 GB/T 18049 中的代码产生的结果相同。

5.2.3　湿度限度

所设计的湿度控制系统应该能将湿度控制在 0.012 以下，这一湿度对应于标准气压下的水蒸气压 1.910 kPa 或者露点温度 16.8 ℃。

热舒适没有最低湿度极限，相应地本标准不规定最低湿度水平。然而，一些非热舒适因素，如皮肤干燥、过敏反应、眼睛干燥、产生静电等可能会对过低的湿度环境设置湿度下限。

5.2.4　提高空气速度

目前没有关于提高空气速度与改善热舒适之间的精确关系数据，然而只要受影响的人能够控制空气速度的话，本标准允许通过提高空气速度来提高可接受的温度上限值。图 3 显示了可以提高的温度数值，图中每一条曲线所对应的空气速度和温度的组合产生相同的皮肤热损失，这些曲线的参照点是空气速度为 0.20 m/s 条件下的上限舒适温度(PMV=+0.5)。本图针对的是着轻装的人(着装隔热值在 0.5 clo～0.7 clo 之间)从事接近静坐等级的体力活动(代谢率在 1.0 MET～1.3 MET 之间)。

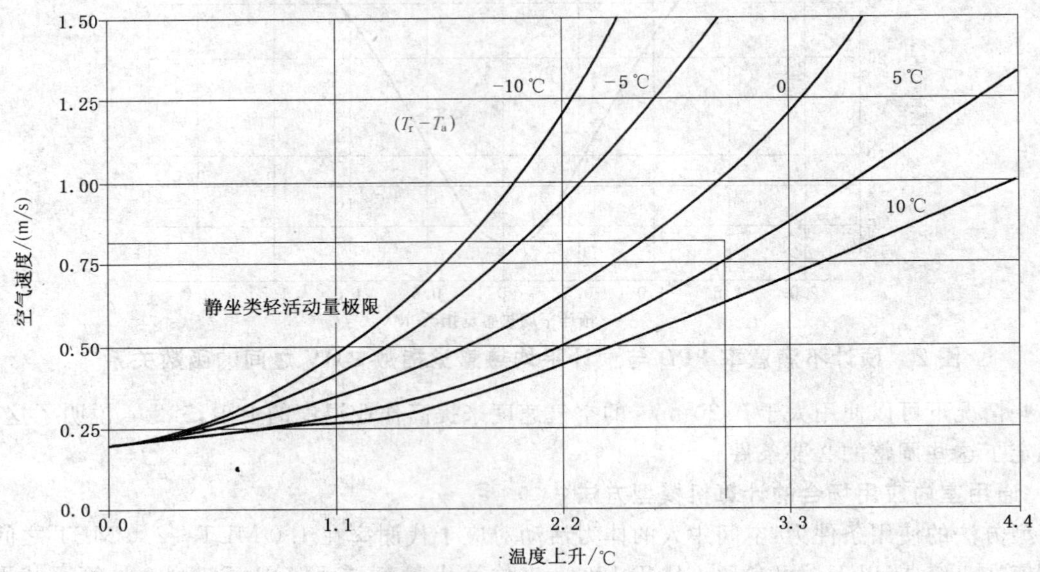

图 3　抵消温度上升所需要的空气速度

图 3 中所指的上升温度既适合于平均辐射温度，也适合于空气温度，也就是说两个温度相对于起点的上升幅度都是相同的。当平均辐射温度较低而空气温度较高时，提高空气速度对于增加散热不太有效；相反地，当平均辐射温度较高而空气温度较低时，提高空气速度对于增加散热比较有效。因此，如果空气温度与平均辐射温度存在相对差异时，应该使用图 3 中不同的对应曲线，可以采用插值的办法来求取中间值。

可以通过提高空气速度的办法来补偿空气温度和平均辐射温度的升高，但是这一温度升高值相对于未提高空气速度时的舒适温度值不应超过 3 ℃，所需要的空气速度不应高于 0.8 m/s。由于人群个体之间对于期望的空气速度差别很大，因此空气速度增加幅度必须处于相关有关个体的控制之内，空气速度调节步长范围不应大于 0.15 m/s。提高空气速度可以获得的好处依赖于人们的着装情况和体力活动情况，人们从事较高的活动时比静坐时皮肤湿润程度增加，因此提高空气速度的效果更大。类似地，人们着轻装时体表皮肤裸露面积更大，因此提高空气速度的效果也更大。所以，图 3 对于体力活动高于 1.3 MET、着装隔热小于 0.5 clo 的情况是保守的，因此可以使用。

人们着厚装时体表皮肤覆盖面积加大，从而使得提高空气速度的效果变小，因此图 3 对于着装隔热大于 0.7 clo 的情况会低估所需的空气速度，相应地不可使用本图数据。

5.2.5　局部热不舒适

5.2.5.1　总则

下列因素会导致人的头至脚之间的垂直空气温度差异，这一差异会引起身体局部不舒适，在确定可接受热舒适条件时需要予以考虑：

——不对称的辐射场；

——局部对流制冷(涡动气流)；

——接触热的或者冷的地面。

本条规定了对这些因素的要求。本条规定的要求适用于着轻装的人(着装隔热值在 0.5 clo～0.7 clo之间)从事近似静坐体力活动(代谢率在 1.0 MET～1.3 MET 之间)的情况。

当代谢率更高或者着装更保暖时，人们对局部冷却不太敏感，因此身体局部不舒适感会降低，因此本节的要求也可以用于代谢率高于 1.3 MET、着装隔热值高于 0.7 clo 的情况，只是要求更保守而已。

人在全身比较凉时会比全身适中时对局部不舒适更为敏感，而在全身适中时会比全身比较暖时对局部不舒适更为敏感，本条的要求是基于环境温度处于舒适范围中心情况时给出的，这些要求可以适用于整个舒适范围，只是在接近舒适温度上限时可能趋于保守，而在接近舒适温度下限时可能低估可接受性。

表 1 针对 5.2.5.2～5.2.5.5 中所描述的每一局部热不舒适因素的预计不满意率(PD)作出了规定。表 1 中所有局部热不舒适因素的条件都必须同时得到满足，所规定的热环境水平符合本标准要求。

表 1　涡动气流引起的局部热不舒适 DR 和其他因素引起的不满意率 PD

涡动气流引起的 DR	垂直温度差异引起的 PD	地板冷热引起的 PD	辐射不对称性引起的 PD
20%	5%	10%	5%

5.2.5.2　辐射温度不对称性

由于冷热表面和太阳光直射，人体周围的热辐射场可能并不均匀，这一不对称性可能引起局部不舒适和降低空间热环境的可接受性。一般地，人们对于由暖屋顶引起的不对称辐射比由垂直冷热面引起的不对称辐射更为敏感。图 4 给出了由下列因素引起的辐射温度不对称性和所引起的预计不满意率之间的函数关系：热屋顶、凉墙面、凉屋顶、暖墙面。

表 2 规定了辐射温度不对称性的限度，也可以同时用图 4 和表 1 规定的 PD 限度来确定允许的辐射不对称性。

表 2　允许的温度不对称性

单位为摄氏度

辐射温度不对称性			
暖屋顶	凉墙面	凉屋顶	暖墙面
5	10	14	23

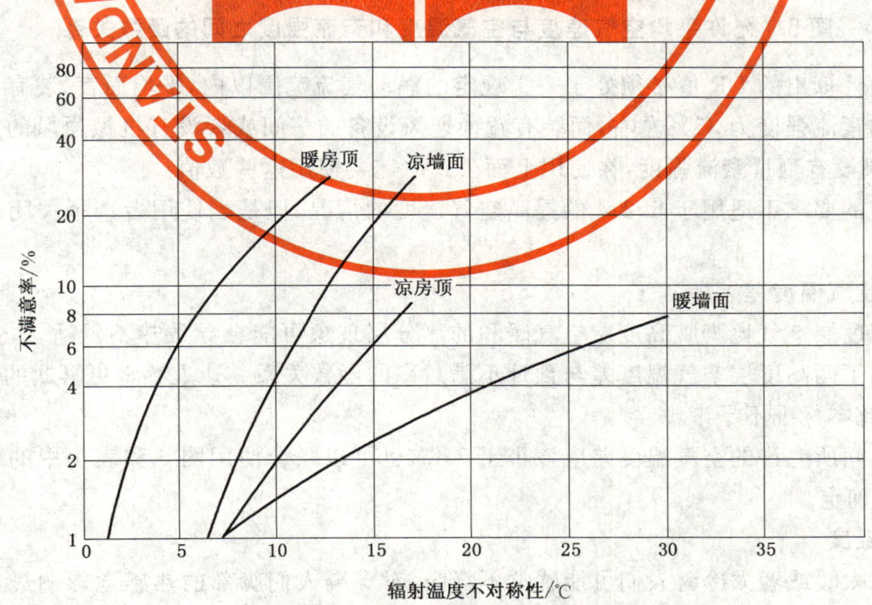

图 4　辐射温度不对称性引起的局部热不舒适

5.2.5.3 **涡动气流**

涡动气流是由空气流动引起的不希望的身体局部寒冷感。涡动气流的感觉取决于空气速度、空气温度、紊流强度、体力活动情况和着装情况。没有被衣服覆盖的皮肤，特别是包括头、颈和肩的头部区域和包括踝、脚和腿的腿部区域，对于涡动气流的感觉是最敏感的。本条的要求是基于从后面来风时头部区域的敏感性给出的，对于吹向身体其他部位和来自其他方向的气流，本要求可能显得保守。

图5规定了最大允许空气速度与空气温度、紊流强度之间的函数关系，也可以使用下面的公式来确定最大允许空气速度。下面公式给出了涡动气流引起的不满意率DR：

$$DR = [34 - T_a][v - 0.05]_{0.62}(0.37v \cdot T_u + 3.14) \quad \cdots\cdots (2)$$

式中：

DR——由于涡动气流引起的不满意率；

T_a——局部空气温度，单位为摄氏度(℃)；

v——局部平均空气速度，单位为米每秒(m/s)，基于平均速度 $\bar{v}$；

T_u——局部紊流强度，%。

如果空气速度 $v < 0.05$ m/s，使用 $v = 0.05$ m/s。如果结果 DR>100%，使用 DR=100%。

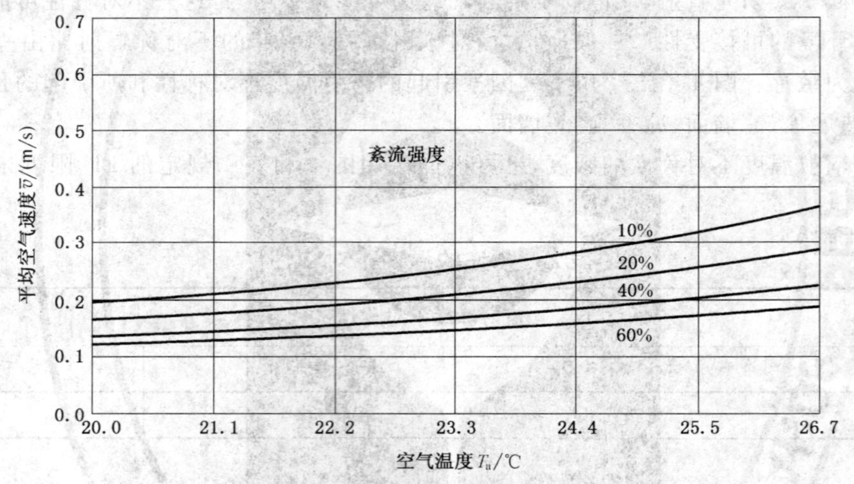

图5 允许平均空气速度与空气温度和紊流强度之间的函数关系

使用本公式计算出的DR值必须处于表1规定的涡动气流范围以内，平均而言，装有混风设备的房间大部分地方的紊流强度为35%左右，而装有置换通风设备的房间或者没有机械通风的房间的紊流强度为20%。如果没有测量紊流强度，在使用上面公式时需要使用这些数值。

本条所规定的要求不适用于5.2.4的提高空气速度的情况，但是当使用者选择关闭高风速时这些要求可以适用。

5.2.5.4 **垂直空气温度差**

导致头部高度层空气比脚腕高度层空气暖和的热分层现象可能会导致热不舒适，本条对此进行了规定。图6给出了两高度层空气温度差与预计不满意率的函数关系。让人感觉更喜欢的反向热分层情况是罕见的，因此本标准不予考虑。

两高度层之间所允许的空气温度差应该小于3℃，也可以联合使用图6和表1中的垂直温度差所致PD限度进行确定。

5.2.5.5 **地面温度**

当地面温度太暖或者太冷时人们可能感觉不舒服，对穿鞋人们脚部的热感觉影响最重要的因素是地面温度而不是地板覆盖材料的温度。图7给出了地面温度与预计不满意率之间的函数关系，它是基于人们穿轻便室内鞋的情况给出的，当然也可以应用于穿厚鞋的情况，只是这种情况下显得保守。本标准对于不穿鞋的情况不予考虑,也不考虑人们坐在地板上面的情况。

地面极限温度为 19 ℃～29 ℃,也可以联合使用图 7 和表 1 中的地板温度所致 PD 限度进行确定。

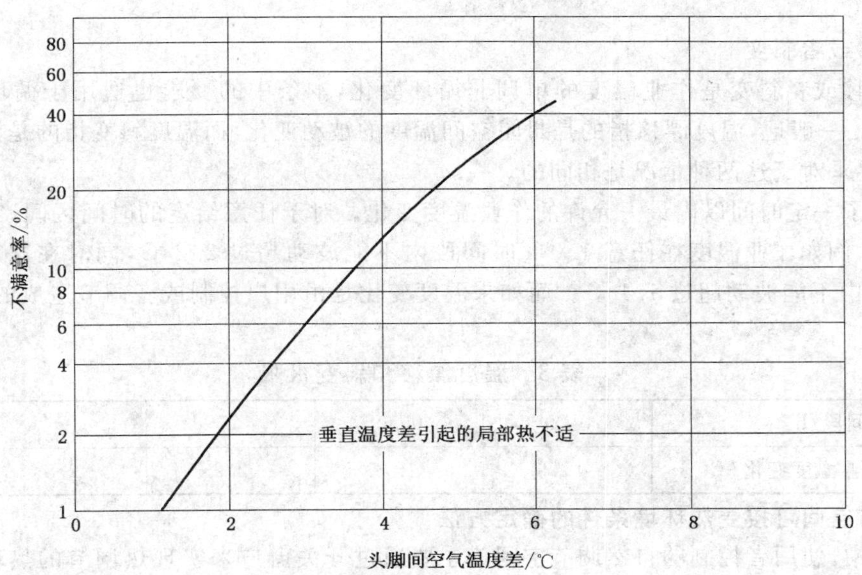

图 6　由于垂直温度差引起的局部热不适

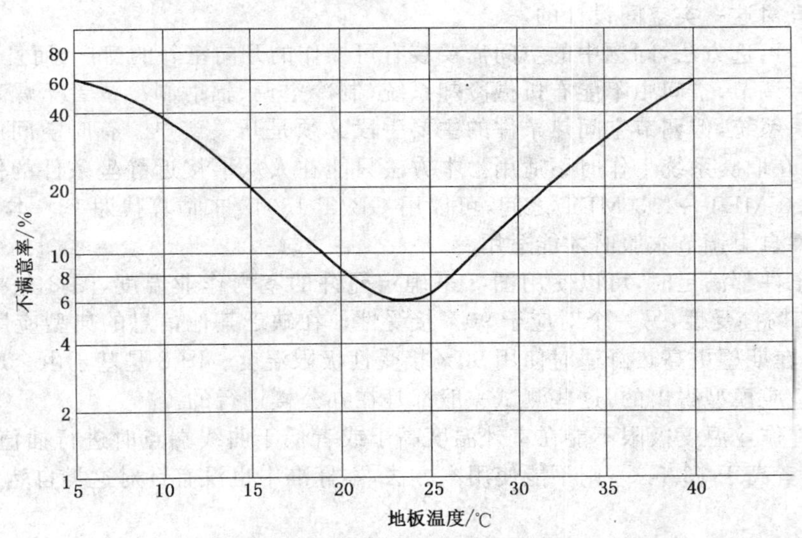

图 7　凉、暖地板所引起的局部不舒适

5.2.6　温度的时变

5.2.6.1　总则

空气温度或者平均辐射温度的波动会影响人们的热舒适。如果这些波动处于个体的直接独立控制之下则不会对热舒适造成负面影响,本条所提的要求不是针对这类波动情况的。如果引起波动的因素不处于个体的直接独立控制之下就会对热舒适造成负面影响,本条所提的要求王是针对这类波动情况的。人们在热环境条件不同的地方移动从而感受到温度波动是允许的,只要这些热环境都处于热舒适范围。

5.2.6.2　周期性波动

这里的周期性波动指的是作业温度重复地上升和下降,而波动周期不长于 15 min。如果波动周期超过 15 min,则这类波动可以当作作业温度的漂移或者斜变,这时应采用 5.2.5.3 的要求。在一些情况下，温度的波动是不长于15 min的波动叠加到一个更长周期的波动之上，在这类情况下，短于15 min的波动部分使用5.2.5.2的要求，而长周期部分使用5.2.5.3的要求。作业温度的最大峰-峰周期性波动量规定为1.1 ℃。

5.2.6.3 漂移或者斜变

温度的漂移或者斜变是作业温度的单调非循环变化，本条中的要求也适用于循环变化周期长于15 min的情况。一般地，温度漂移指的是封闭空间温度的被动变化，而温度斜变指的是温度的主动控制变化，本条的要求对于这两种情况是相同的。

表3规定了一定时间以内最大允许的作业温度变化。对于任意给定的时间区间，需要使用表3中最严格的要求，例如作业温度在任意1.0 h时间段内不能波动超过2.2 ℃，同时在这1 h以内的任意0.25 h时间段内不能波动超过1.1 ℃。而如果温度变化是由用户控制或者调节造成的，则可以接受更高的数值。

表3 温度漂移和斜变极限

时间段/h	0.25	0.50	1	2	4
最大允许作业温度变化/℃	1.1	1.7	2.2	2.8	3.3

5.3 自然调节空间可接受热环境条件的确定方法

在本标准中，使用者控制的自然调节空间为主要通过开关窗户来实现热调节的热环境。现场实验显示：在这类空间中人的热响应部分取决于室外气候条件，而且可能与在使用中央空调系统的楼内人的热响应不同，这是由不同的热经历、着装的变化、温度的可控性以及人们期望值的变化引起的。这一可选用的方法正是针对这一类空间设计的。

为了使用这一可选方法，问题中的空间需要装有可操作的开向室外的窗户，而且这些窗户随时可以被使用者打开或者调节，空间中不能有机械冷却系统（制冷空调、辐射制冷或者干燥），可以使用没有制冷功能的机械通风系统，但调节空间热条件的主要手段必须是开关窗户。有时空间中可能装有取暖系统，但本可选方法在取暖系统工作时不适用。本方法只能在人从事接近静坐条件的体力活动时才能适用，即代谢率在1.0 MET～1.3 MET之间，可以用GB/T 18048来估算代谢率。本方法只能在人可以根据室内外热条件自由调节衣服时才能适用。

在上述这些条件都满足时，可以使用图8来确定允许的室内作业温度，图8包括两个作业温度极限，一个对应于80％接受性，另一个对应于90％接受性。在缺乏其他信息的典型应用场合下使用80％接受性极限温度，在期望更高热舒适时使用90％接受性极限温度。图8是基于由全球21 000个测试数据推出的热舒适适应模型得出的，这些测试一般都是在办公楼进行的。

图8中的允许作业温度极限不能在室外温度高于或者低于曲线端点时进行插值，如果月平均室外温度低于10 ℃或者高于33.5 ℃，则不能使用本方法，本标准中也没有针对这类自然调节空间相对应的指导原则。

图8已经考虑了典型楼内的局部热不舒适效应，因此采用本方法时不再需要考虑局部不舒适性因素。然而当确信局部不舒适是个问题时，也可以使用5.2.5中的准则来处理。

图8也考虑了人们在这类自然调节空间中根据室内温度和室外气候条件调节衣服的问题，因此也不用再单独考虑着装的隔热值问题。

在使用本方法时不需要湿度和空气速度。

5.4 热环境变量描述

下面关于热环境变量的描述意在帮助理解它们在第5章中的使用，而不是作为测量指标。第7章规定了测量要求，如果本条的描述与第7章的测量要求有不一致的地方，则在用于测量时应该依据第7章的规定。在第5章中，热环境是针对里面的人员而言的。

空气温度为围绕个体的空气的平均温度，这里平均的概念是针对位置和时间而言的。针对位置平均，最低要求是计算人员脚腕、手腕和头部位置温度的算术平均值，这些部位的高度对于坐姿的人分别是0.1 m、0.6 m和1.1 m，而对于站姿的人分别是0.1 m、1.1 m和1.7 m；也可以将这三个位置中间等

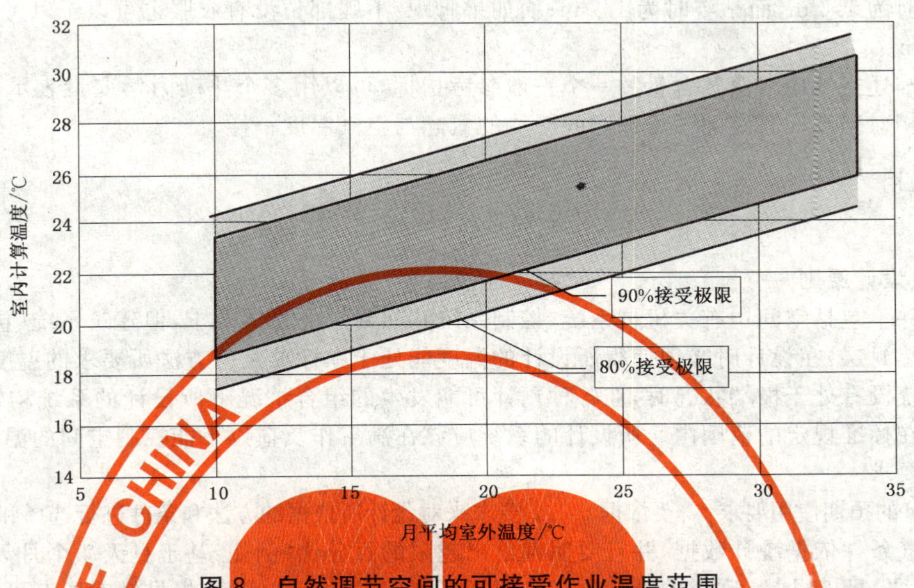

图 8　自然调节空间的可接受作业温度范围

间距的温度值用于求算术平均值的计算中。当个体处于直射气流中时，应该采用上游温度。针对时间平均，最低要求是 3 min 时间段以内最少 18 个时间点的算术平均值，然而如果需要，这一时间段也可以延长到15 min来均化周期性的温度波动。时间平均针对所有空间平均中的测量位置。

局部空气温度与空气温度概念相同，只是仅针对一个高度(如头部高度)，至少需要在这一高度测量一点，但围绕身体测量多个点可以获得更好的平均值。

平均辐射温度为一个黑色包围体的均匀温度，该包围体与个体的热辐射传热与其所处的实际环境相同。它对于个体的整个身体是一个单值，可以认为是人员周围表面温度的加权平均值，权重系数考虑这些面的入射视角。本章中，这一数值也是时间平均值，最低要求是 3 min 时间段以内最少 18 个时间点的算术平均值，然而如果需要，这一时间段也可延长到 15 min 来平均周期性的温度波动。

作业温度为空气温度和平均辐射温度的加权平均值，权重系数取决于与人员有关的对流换热系数和线性化热辐射系数。对于从事接近静坐条件活动(代谢率在 1.0 MET～1.3 MET 之间)、不受阳光直接照射、空气速度不大于 0.20 m/s 的人员，可以使用下面公式获得满意精度的近似：

$$T_o = (T_a + T_r)/2 \qquad \cdots\cdots(3)$$

式中：

T_o——作业温度；

T_a——空气温度；

T_r——平均辐射温度。

辐射不对称性为平面两个相反方向上的辐射温度差。平面辐射温度的定义与平均辐射温度类似，只是它是针对平面某方向表面向一个小平面单元所发出的热辐射。垂直辐射不对称性针对平面上下表面的辐射温度，而水平辐射不对称性针对水平方向上所有平面中正反面辐射温度的最大差异。辐射不对称性采用手腕高度，对于坐姿的人为 0.6 m，而对于站姿的人为 1.1 m，辐射不对称性的时间平均与平均辐射温度的定义一样。

地板与人的鞋直接接触时定义为地板表面温度(T_f)。由于地板温度很少快速变化，因此不需要考虑时间平均。

月平均室外温度为一个月每天平均最低室外空气温度(干球温度)和最高室外空气温度的平均值。

空气速度为人身体周围空气的平均速度。平均相对于位置和时间而言，这里的时间平均和位置平均都跟空气温度中的规定一样，然而这里的时间段只能为 3 min，如果波动的时间超过 3 min 则认为是多个不同的空气速度。

紊流强度为空气速度相对于时间的标准差与时间平均速度的比值。紊流强度主要考虑身体的头/

肩部分坐姿时为1.1 m，而站姿时为1.7 m；而如果脚踝/下腿部位没有衣服也可以予以考虑坐姿和站姿时都是0.1 m。

湿度为描述空气中水蒸气含量的一个一般参考指标，可以用多个热动力学变量表示，包括蒸汽压、露点温度和相对湿度。其空间平均和时间平均的概念与空气温度一样。

6 标准的采用

6.1 设计

6.1.1 一般设计原则

本标准并不包括空间中有关机械系统、控制系统和热封层的具体要求，但建筑系统（包括机械系统、控制系统和热封层）在设计时必须使得所设计的温度能处于本标准某一方法所要求的温度范围，另外在上述各子系统没有处于极端状况时，在各种预计可能发生的组合情况下所设计的系统均需要能将空间的温度保持在标准规定的范围内。所设计的系统应该在满工作负荷以下能控制空间的温度达到标准所规定的舒适要求。

针对建筑的预期使用要求，需要依据6.1.2要求来对设计所依据的方法和条件进行选择和编制文档。

设计天气条件依据统计数据，并且要明确给出越限的百分比（例如：基于夏天4个月天气条件，设定1%的越限水平，即29 h）。这样的设计原则体现了下列情况的不现实性：提供针对所有可能遇到的负荷条件、在所有天气条件或者运行条件下都能终生满足要求的温度调节系统。因此在实际中，当实际情况偏离设计条件时，第5章的要求有可能得不到满足。另外由于其他极限设计负荷很少会与极限天气负荷同时出现，因此基于天气的越限值往往低于设计越限值。

由于个体之间代谢率的差异和相应的对热环境反应的差异，建筑物的实际运行温度无法在本标准中进行规定。

6.1.2 文档

需要提供并维护好建筑系统的完整规划、描述、部件、运行和维护指南等一系列文档，这些文档包括（但不限于）建筑系统如下的设计指标和设计内容：

——需要说明系统的设计准则，包括室内温度和湿度以及它们的公差或范围，设计所基于的室外环境条件和室内总负荷，需要清楚地说明在计算设计温度时舒适参数的假定值。

——需要说明在室外环境条件下为了获得所设计的室内条件，所必须的系统输入和输出容量，所安装系统能提供的输入输出满容量也必须给出。

——需要说明控制环境的范围限度指标是基于温度的、湿度的、通风的、周时间的、日时间的还是季节的。

——需要显示系统控制总体空间的分布图，图中所有的区域需要一一标出。所有通风调节装置和终端单元都要绘出并且用种类和流向/辐射值标出。

——如果重要结构或者装饰会影响室内热舒适，则也要绘出。需要注明空间中的哪些地方、通风调节装置、终端单元、散风格子或者控制传感器附近哪些位置不能遮挡以免影响室内舒适。

——需要标出空间中哪些地方处于舒适控制范围之外，人们不能长期在那里。

——需要标出所有能为使用者调节的控制器位置，每一控制器处都要用符号标出它控制哪一区域、有哪些控制功能、如何调节、影响范围多大，以及一天或者季节中不同时间段或者不同容纳人数的推荐设置。

——需要用原理简图精确标出传感器、调节器和执行器所对应的区域。如果各个区域控制系统相互独立并且雷同，则只要标出每一个所对应的区域，给出一个系统的实例就足够。而如果各控制系统相互依赖或者相互影响，则需要在总体简图中用点来标出它们之间的联系。

——需要说明建筑系统的一般维护、运行和性能，并且要针对自动控制或者手动调节控制给出其维护和运行的详细推荐意见以及系统响应情况。如果需要，还要说明特定季节的手动调节设置，并且标出需要由专业服务机构来提供的更换工作。

——需要说明手动调节控制的具体范围，并且说明各个季节的推荐设置值，以及为了精确调节需要一次性调节的调节量或者需要多次调节的间隔时间。需要给出所有与热环境相关的建筑系统的维护和检查时间表。

——需要将在计算热调节系统负荷时所假定的照明用和设备用电气负荷值归档.这一负荷还应当包含其他重要的热负荷或者湿度负荷,以及其他在计算负荷时的假设。

注:上述条目对于自然调节的建筑系统不一定适用。

6.2 验证

需要按照第7章的要求进行验证工作,以便证明该建筑系统能针对设计要求,在6.1.2设计所规定的非极限条件下满足第5章的要求运行。

7 热环境的评价

7.1 测量装置要求

所使用的测量仪器需要在测量范围和测量精度方面满足ISO 7726标准。

7.2 测量位置

7.2.1 测量地点

测量应该选在建筑物中人员已知所处或者预期所处的位置进行。依据空间的用途不同,这些地点可能是工作单元位置或者座位位置。在有人的房间,测量需要在工作区域所有地方选择有代表性的地点进行;在无人的房间,评估者需要较好地预估未来最重要的地点进行测量。

如果使用者的空间分布无法估计,则可以使用下面办法进行测量:

——在房间或者区域的中心位置;

——房间每一面墙1.0 m以内。如果是有窗户的外墙,则测量位置为最大窗户中心1.0 m以内。

在上述任何一种条件下,都是选择估计或者观测到出现极端热参数的地方进行测量,典型的情况可能包括:窗户附近、出口扩散处、角落和入口处。进行测量时要离开房间边界和墙面足够远以便使传感器附近的空气循环比较充分。

只要能证明房间或者热调节区域内绝对湿度不会出现显著差异,则对于每一房间或者区域只需要测量一点的绝对湿度就可以了,否则需要在上述每一测量点处测量绝对湿度。

7.2.2 距地测量高度

按照7.2.1的要求,坐姿情况下温度和空气速度的测量高度分别为0.1 m,0.6 m和1.1 m;而站姿情况下分别为0.1 m,1.1 m和1.7 m。作业温度或者PMV-PPD则在0.6 m高度(坐姿)或者1.1 m(站姿)高度进行测量或者计算。

辐射不对称性在坐姿时测量高度取0.6 m,而在站姿时取1.1 m。如果桌类家具挡住了强烈的热辐射或者散热,则测量高度取桌面以上。地面温度在安装预期地面覆盖物的情况下测量。如果只需要一个测量点,则湿度测量可以在区域内任何高度测量,否则在坐姿时测量高度取0.6 m,而在站姿时取1.1 m。

7.3 测量时长

7.3.1 空气速度

在每一测量点为求取平均值,测量空气速度的时间均为3 min。测量紊流强度时也是采用相同的时间,将速度标准差除以平均速度得到(见第3章的响应时间定义及其与时间常数的定义)。

7.3.2 温度循环和漂移

使用作业温度的变化率来确定实际情况是否符合第5章中规定的非稳态要求。作业温度变化率指的是同一波动循环中测得的最高与最低温度的差值除以时间长度(单位为min)。

$$变化率\ (℃/h) = 60 \times (T_{o,max} - T_{o,min})/时间\ (min)$$

为了描述温度循环的确切情况,需要连续测量至少2 h,期间每5 min或者更短时间测量一次。最好使用自动测量和记录方法,当然也可以使用本条的规定进行非自动测量。

7.3.3 着装与活动

在建筑物里面,也许需要测量人们的着装和活动情况,这些测量应该在进行热参数测量前半个小时至一个小时以内,而且使用这一时间段内的测量平均值。

7.4 测量条件

为了确定建筑系统满足本标准规定的环境条件的性能，需要按照下述条件进行测量。

在采暖期间(冬季条件)测试时，需要在室内外温差不小于设计温差的50%，而且多云或者少云天气条件下进行测量。如果这一天气条件罕见而且不代表设计时所设定的天气条件，则使用设计时所设定的天气条件进行测量。

在制冷期间(夏季条件)测试时，需要在室内外温差和湿度不小于设计温差和湿度的50%，而且晴或者少云天气条件下进行测量。如果这一天气条件罕见而且不代表设计时所设定的天气条件，则使用设计时所设定的天气条件进行测量。

在测试大型建筑的内部区域时，如果调节系统不是比例控制的，则需要在区域负荷不小于设计负荷50%，而且调节系统工作至少一个完整周期条件下进行测量。对于室内人的产热则推荐使用模拟产热法代替。

7.5 机械设备工作条件

在使用本标准分析环境时，为了确定适当的修正量，机械系统的下列运行情况需要与环境数据同时测量：测量空间的空气供给率、室内与供给空气的温度差、室内混合器或者出气口的类型和位置、流出空气速度、周边热源类型位置和状态、回风格子窗位置和尺寸、空气供给系统类型、加热或者冷却面的表面温度、液体循环系统的进出水温度。

7.6 新建筑和装置的热环境验证

7.6.1 定义指标

在验证一个热环境是否满足本标准要求之前，需要首先定义初始设计规定的指标。根据这一定义，验证小组可以评估系统满足和维持期望舒适水平的能力。舒适指标包括(但不限于)温度(空气、辐射、表面)、湿度、空气速度。

还需要确定初始时规定的环境条件，以确保所进行的测量能正确地与设计参数相对应。环境条件包括(还是不限于)室外温度设计条件、室外湿度设计条件、着装(季节性)和期望的体力活动。

7.6.2 选择验证方法

为了衡量热环境符合上述7.6.1描述的要求的能力，可以采用两种方法(一个在7.6.2.1描述，另一个在7.6.2.2描述)。第一种验证方法通过调查结果评价来对热环境的人群满意性进行统计确定，第二种验证方法通过环境变量分析对舒适条件进行技术确定。

7.6.2.1 人群调查

本标准的目的在于确保房间、建筑物等对于大多数(至少80%)人群是舒适的，因此人群调查是评价环境条件的有效方法。这一调查需要在每一种运行模式下针对每一种设计条件进行，因此需要由负责进行空间热环境验证的小组给出一个调查表，这一调查表至少需要被调查者填写如下数据：被调查者姓名、日期和时间，室外大致的空气温度，晴天/阴天(如果是)，季节条件，被试的着装，被试的活动水平，有关的设备，一般热舒适水平，被试的位置。

除了被调查者信息，调查表还应该留出一定空间供调查者编号、概括结果和签名。

7.6.2.2 分析环境变量

第二种评价舒适条件的方法是分析具体环境数据与本标准要求之间的符合性。每一个验证热环境的应用场合都是各不相同的，因此需要一个具体的测试计划来对应项目的范围。

当需要评估待验证环境的舒适条件，确定验证地板表面温度、垂直温度差和辐射温度不对称性等时，确保采用波动的最大可能值至关重要(例如在晴天情况下读取辐射不对称温度值)。

在各种可以预期的运行条件下校验空气速度、空气温度和湿度。

——通过一组在空间中选定位置测得的空气速度值来校验其是否满意。对于空调换风系统，测量点选择在通风量最大而温度最低的地方。

——确定测量空气温度和湿度的最佳位置。空气温度和空气湿度的性能需要看趋势数据。

当变量出现趋向性时，成功的舒适控制是稳态性能的函数。稳态需要趋向变量值处于特定范围而且没有周期波动性。周期性指的是在每15 min或者更短时间内波动超过容许范围50%的情况。趋向变量的验证需要在每一季节条件下超过一个循环周期。当区域内的热环境条件对一天内的时间或者天气条件具有高敏感性时，需要测量热参数在高极限和低极限条件下的数值。

7.6.3 **提供文档**

验证工作还包括完整的归档过程。不管使用哪一种验证热环境的方法，这一过程都需要较好地归档。

7.6.3.1 **建立调查文档**

当按照7.6.2.1方法对建筑内的人群进行调查时，需要开发、撰写、推敲调查方法，准备调查表样本，然后交由相关方面进行评价和批准。

7.6.3.2 **建立变量分析文档**

当按照7.6.2.2方法对环境变量进行分析时，需要准备趋势日志和数据分析，另外如果验证前没有提供该分析，则需要提交趋势方法报批准。

附 录 A
（资料性附录）
作业温度的计算

当以下四个条件都满足时可以近似假定作业温度等于空气温度：

——没有辐射加热或者辐射冷却系统；

——室外窗户/墙面的平均 U 因素由式（A.1）确定：

$$U_w < \frac{50}{t_{d,i} - t_{d,e}} \qquad \cdots\cdots\cdots\cdots\cdots\cdots\cdots\cdots\cdots\cdots\text{（A.1）}$$

式中：

U_w——窗户（墙面）的平均 U 因素，单位为瓦每平方米开（$W/m^2 \cdot K$）；

$T_{d,i}$——内部设计温度，单位为摄氏度（℃）；

$T_{d,e}$——外部设计温度，单位为摄氏度（℃）。

——窗户太阳吸热系数（SHGC）小于 0.48；

——空间中没有主要的产热设备。

根据空气温度和平均辐射温度求取作业温度。

在空气相对速度比较小（<0.2 m/s）或者平均辐射温度与空气温度差异比较小（<4 ℃）的多数实际情况下，作业温度用平均辐射温度和空气温度的平均值来近似具有足够的精度。为了获得更高的近似精度或者对于其他情况，可以使用式（A.2）计算：

$$T_{op} = A \cdot T_a + (1 - A) T_r \qquad \cdots\cdots\cdots\cdots\cdots\cdots\cdots\cdots\cdots\cdots\text{（A.2）}$$

式中：

T_{op}——作业温度，单位为摄氏度（℃）；

T_a——空气温度，单位为摄氏度（℃）；

T_r——平均辐射温度，单位为摄氏度（℃）。

A 可以作为空气相对速度的函数在表 A.1 中得到。

表 A.1 A 取值表

v_r/(m/s)	<0.2	0.2～0.6	0.6～1.0
A	0.5	0.6	0.7

参 考 文 献

[1] 2001 ASHRAE Handbook-Fundamentals.
[2] ASHRAE Thermal Comfort Tool CD (ASHRAE Item Code 94030).
[3] ASHRAE Standard 70-1991, Method of Testing for Rating the Performance of Air Outlets and Inlets.
[4] ASHRAE Standard 113-1990,Method of testing for Room Air Diffusion.

ICS 13.180
A 25

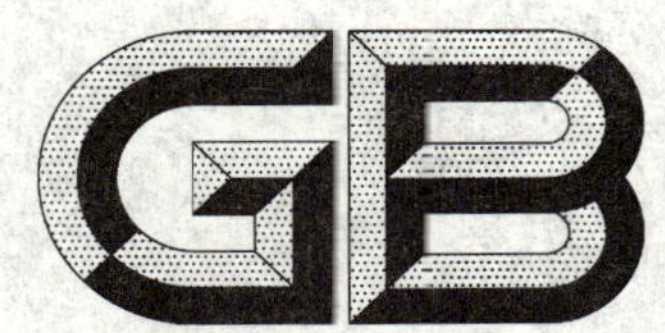

中华人民共和国国家标准

GB/T 5704—2008
代替 GB/T 5704.1～5704.4—1985

人体测量仪器

Measuring instruments for anthropometry

2008-07-16 发布　　　　2009-01-01 实施

中华人民共和国国家质量监督检验检疫总局
中国国家标准化管理委员会　发布

前　言

本标准是对 GB/T 5704.1～5704.4—1985 的整合修订。

本标准与 GB/T 5704.1～5704.4—1985 相比，主要变化如下：

——将原标准的 4 个部分合并，并对标准的结构和格式进行了调整；

——将原标准的规范性引用文件更新为 JJG 30—2002《通用卡尺检定规程》；

——更新了原标准中出现的某些过时的提法或称谓；

——完善了原标准中人体测高仪主尺杆及活动尺座的部分内容；

——统一调整了原标准中产品包装与标志的内容。

本标准由中国标准化研究院提出。

本标准由全国人类工效学标准化技术委员会归口。

本标准起草单位：中国标准化研究院，清华大学，北京服装学院，总装装甲兵装备技术研究所等。

本标准主要起草人：刘太杰、肖惠、李志忠、张欣、郑嵘、吴圣钰、冉令华。

本标准所代替标准的历次版本发布情况为：

——GB/T 5704.1～5704.4—1985。

人体测量仪器

1 范围

本标准规定了直接测量法常用人体测量仪器的结构、测量范围、技术要求、检定规程以及包装与标志。

本标准适用于人体测高仪、直角规、弯脚规、三脚平行规的设计和研制。

2 规范性引用文件

下列文件中的条款通过本标准的引用而成为本标准的条款。凡是标注日期的引用文件,其随后所有的修改单(不包括勘误的内容)或修订版均不适用于本标准,然而,鼓励根据本标准达成协议的各方研究是否可使用这些文件的最新版本。凡是不标注日期的引用文件,其最新版本适用于本标准。

JJG 30—2002 通用卡尺检定规程

3 结构与型式

3.1 人体测高仪

3.1.1 人体测高仪由直尺、固定尺座、活动尺座、弯尺、主尺杆和底座组成(见图1)。

3.1.2 主尺杆由相互连接的四节金属管(每节长500 mm)及固定装配在第一节金属管顶端的固定尺座组成。各金属管末端可加注适当标记,以便连接。

3.1.3 固定尺座为被固定安装在第一节金属管顶端的尺座,第一节金属管与固定尺座装配固定后的总长度为510 mm,固定尺座内可插入直尺或弯尺。

3.1.4 活动尺座为可以沿主尺杆作上、下活动的尺座,可插入直尺或弯尺。活动尺座上有一管形尺框,其上开有一长方形小窗,小窗上缘与插在活动尺座中的直尺或弯尺的下缘处于同一水平面,小窗上缘是用直尺测量的读数(测量值)位置。为了便于读数,在靠近固定尺座一端的小窗上缘可漆成红色。

3.1.5 直尺共两支,若将一支直尺插入活动尺座内,则可用于测量人体的各种高度;若将两支直尺分别插入固定尺座及活动尺座内,与第一、二节金属管配合使用时,即构成圆杆直脚规,可测量人体各种宽度。

3.1.6 弯尺共两支,若将两支弯尺分别插入固定尺座和活动尺座内,与第一、二节金属管配合使用时,即组成圆杆弯脚规,可测量人体各种宽度和厚度。

3.1.7 底座为使主尺杆保持与地面相垂直的辅助构件。

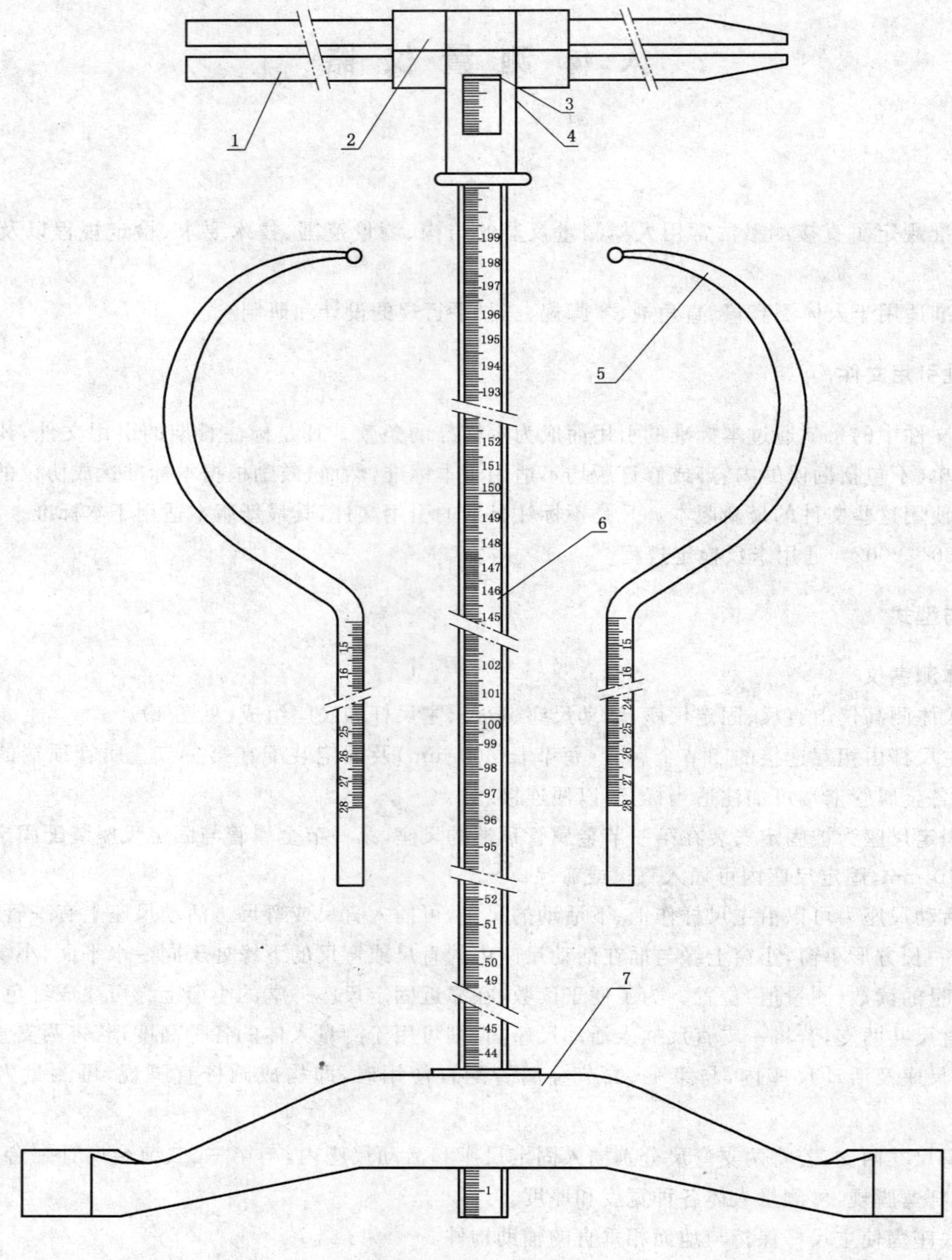

1——直尺；
2——固定尺座；
3——管型尺框；
4——活动尺座；
5——弯尺；
6——主尺杆；
7——底座。

图1 人体测高仪示意图

3.2 直脚规

3.2.1 直脚规由固定直脚、活动直脚、主尺和尺框等组成。

3.2.2 直脚规根据有、无游标读数分为两种型式。Ⅰ型无游标读数，Ⅱ型有游标读数。Ⅰ型直脚规又根据测量范围不同，分为ⅠA及ⅠB型两种。直脚规结构、型式见图2和表1。

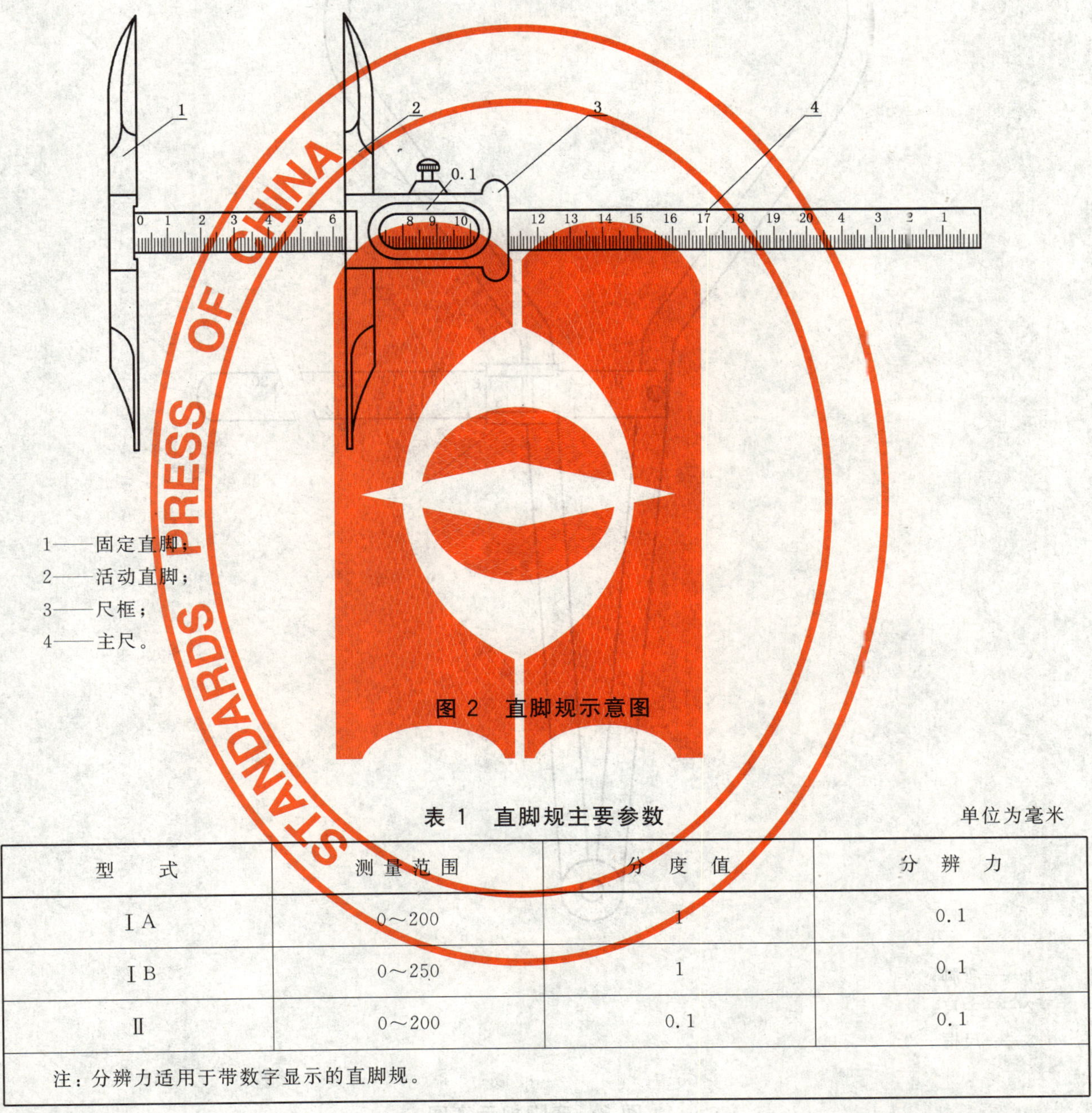

1——固定直脚；
2——活动直脚；
3——尺框；
4——主尺。

图2 直脚规示意图

表1 直脚规主要参数

单位为毫米

型 式	测量范围	分度值	分辨力
ⅠA	0～200	1	0.1
ⅠB	0～250	1	0.1
Ⅱ	0～200	0.1	0.1
注：分辨力适用于带数字显示的直脚规。			

3.3 弯脚规

3.3.1 弯脚规的型式按量脚的端部形状的不同分为椭圆体型（Ⅰ型）、椰尖端型（Ⅱ型）两种，示意图见图3。其测量范围均为0 mm～300 mm。

3.3.2 弯脚规的分度值为1 mm。

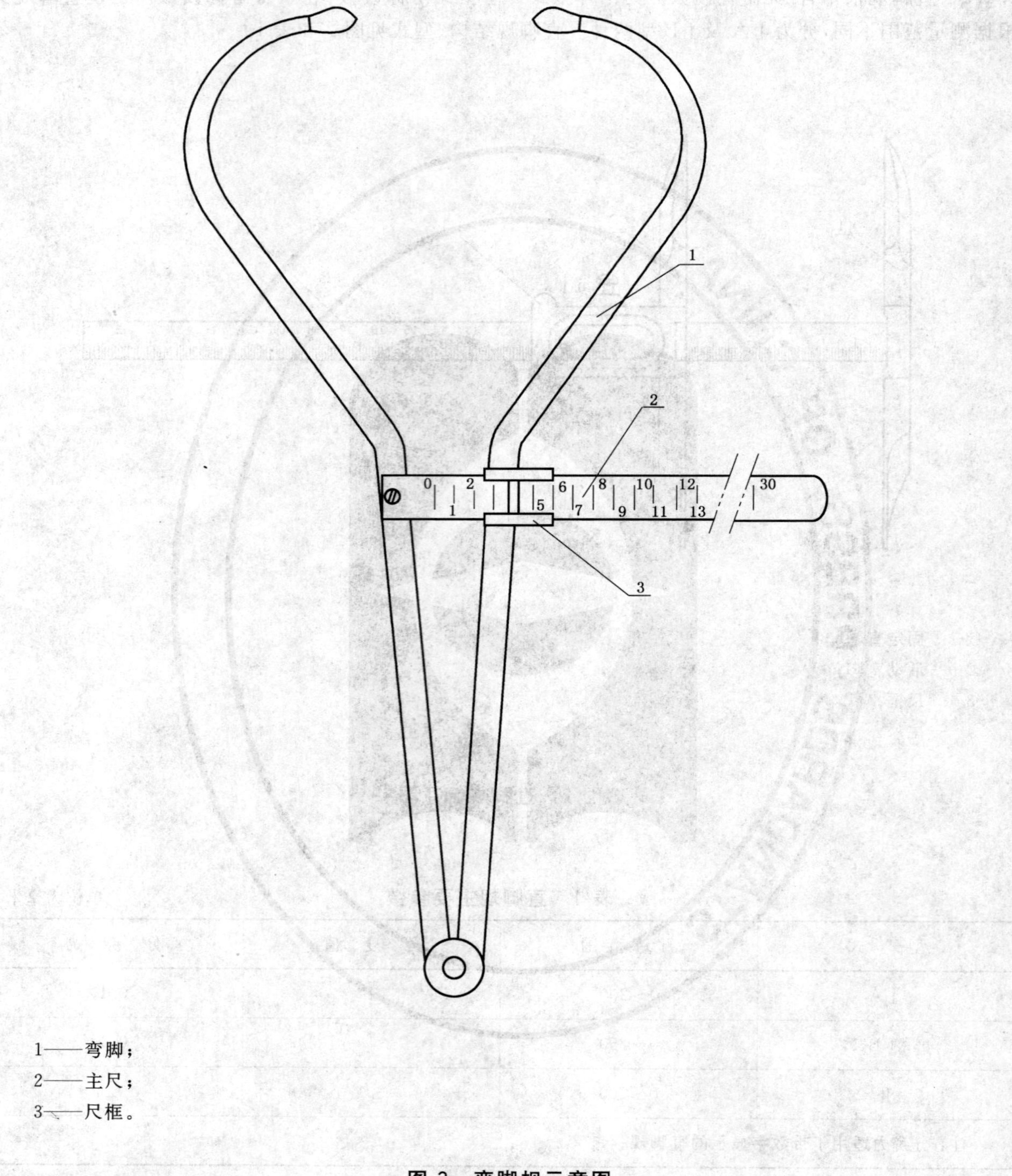

1——弯脚；

2——主尺；

3——尺框。

图 3　弯脚规示意图

3.4　三脚平行规

3.4.1　三脚平行规的型式，按量脚形状的不同，分为Ⅰ型（直角型）和Ⅱ型（弯脚型）两种（图 4 和图 5），其测量范围和游标分度值应符合表 2 的规定。

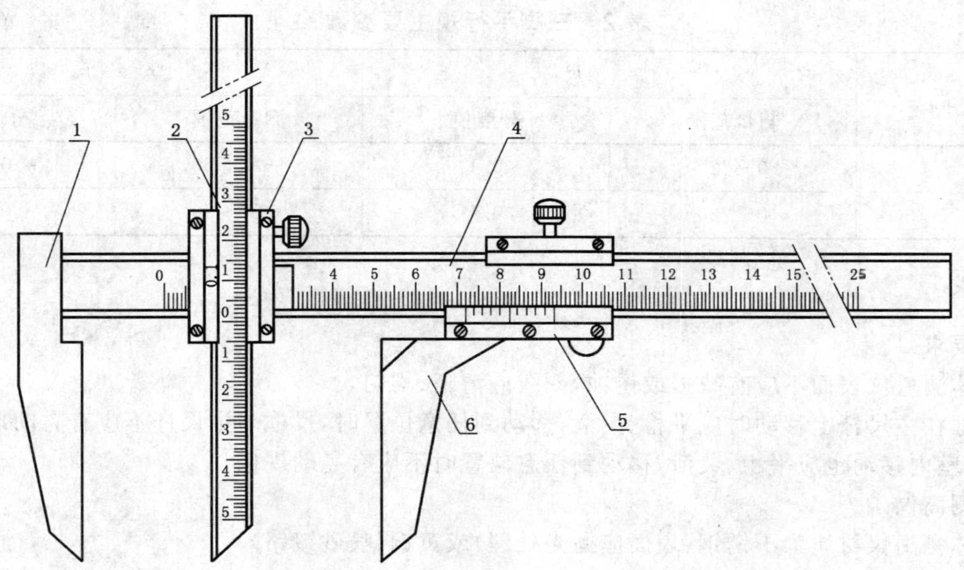

1——固定量脚；
2——竖尺；
3——活动尺框；
4——主尺；
5——尺框；
6——活动量脚。

图 4　Ⅰ型三脚平行规示意图

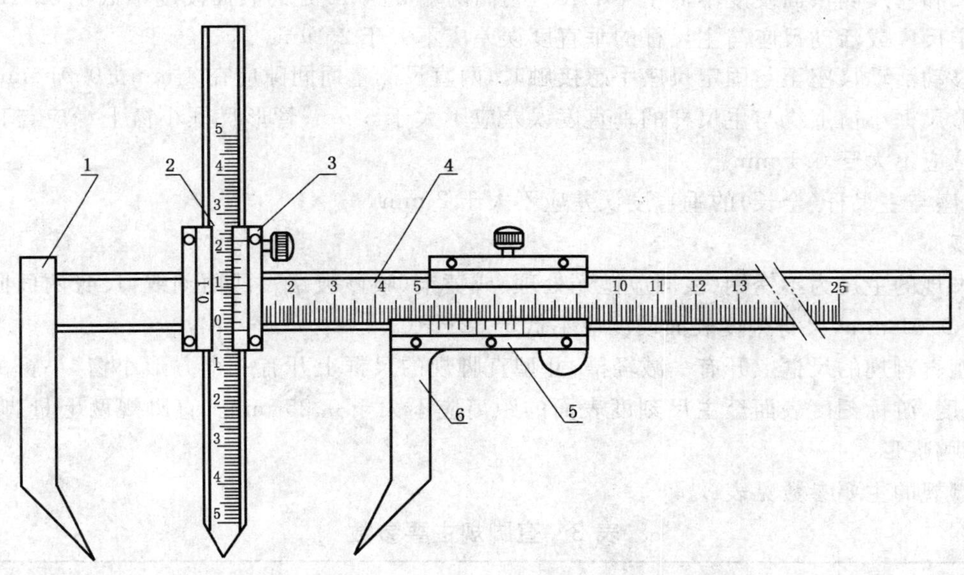

1——固定量脚；
2——竖尺；
3——活动尺框；
4——主尺；
5——尺框；
6——活动量脚。

图 5　Ⅱ型三脚平行规示意图

表 2　三脚平行规主要参数

单位为毫米

型　式	主　　尺		竖　　尺	
	测量范围	分度值	测量范围	分度值
Ⅰ	0～220	0.1	－50～50	0.1
Ⅱ	0～220	0.1	－50～50	0.1

4　技术要求

4.1　一般要求

4.1.1　人体测量仪表面不应有缺损或锈蚀，刻线应清晰、均匀。

4.1.2　尺框在主尺杆上移动时应平稳、灵活，移动到任意位置时，尺框与主尺杆不应有晃动现象。直尺或弯尺在尺座内移动也应平稳、灵活，移动到任意位置时不应有晃动现象。

4.2　人体测高仪

4.2.1　人体测高仪材质为不锈钢(表面应抛光处理)或黄铜(喷砂镀铬)。

4.2.2　人体测高仪的标记宽度为 0.08 mm～0.20 mm，标记宽度差为 0.05 mm。

4.2.3　主尺杆总长为 2 010 mm，金属管相互连接时，间隙允差应不大于 0.03 mm。

4.2.4　主尺杆上有两列刻线：主刻线位于固定尺座的一侧(见图 1)，自第四节金属管的末端起始，测量范围为 0 mm～1 996 mm，测量读数为 1 mm；辅助刻线位于固定尺座侧的第一、二节金属管的另一侧，刻线自第一节金属管的顶端起始，测量范围为 0 mm～1 000 mm，分度值为 1 mm。主尺杆第一、二节上两面刻线错位应不大于 0.01 mm。测量面硬度应不低于 32HRC。

4.2.5　直尺总长为 280 mm，宽 10 mm，弯尺自弯尺圆端至另一端的总长为 280 mm。直尺上的刻线自 30 mm 刻至 250 mm，弯尺上的刻线自 150 mm 刻至 250 mm，分度值均为 1 mm。

4.2.6　直尺和弯尺测量面硬度不低于 40HRC，它们两端 25 mm 处的表面硬度不低于 32HRC。

4.2.7　固定尺座或活动尺座与主尺杆的垂直度误差应不大于 25 μm。

4.2.8　当移动活动尺座至与固定尺座手感接触时，两直尺测量面间隙应在 4 mm±0.01 mm 范围内。

4.2.9　管形尺框小窗上缘与主尺杆的垂直度误差应不大于 5 μm；管形尺框小窗上缘应与直尺下缘平齐，两者错位应不大于 0.1 mm。

4.2.10　底座与主尺杆(全长)的垂直度误差应不大于 2 mm。

4.3　直脚规

4.3.1　直脚规的主尺为不锈钢(表面应抛光处理)或黄铜(喷砂镀铬)，两面刻线，尺身两面同一刻度的错位不大于 0.01 mm，尺身刻度表面硬度应不低于 32HRC。

4.3.2　Ⅰ型直脚规的尺框上开有一减轻槽；Ⅱ型直脚规的尺框上开有一个方形小窗，小窗的下边缘上刻有游标刻度，游标刻度表面至主尺刻度表面的距离应不大于 0.25 mm。直脚规两上量脚为刀口形，两下量脚为鸭嘴形。

4.3.3　直脚规的主要参数见表 3。

表 3　直脚规主要参数

型　式		ⅠA	ⅠB	Ⅱ
主尺	总长/mm	258	308	258
	宽度/mm	12	12	12
标尺标记	刻线范围/mm	250	300	250
	标记宽度/mm	0.08～0.20	0.08～0.20	0.08～0.20
	标记宽度差/mm	0.05	0.05	0.05

表 3（续）

型式		ⅠA	ⅠB	Ⅱ
量脚	固定量脚长/mm	132	132	132
	活动量脚长/mm	132	132	132
量脚测量面	硬度/HRC	≥40	≥40	≥40
	表面粗糙度/μm	*Ra*0.32	*Ra*0.32	*Ra*0.32
	平面度误差/μm	5	5	5
量脚与主尺的垂直度误差/μm		12	12	12

4.3.4　移动尺框使两量脚至手感接触时，无论尺框紧固与否，量脚测量面间的间隙应不大于0.01 mm。

4.3.5　移动尺框使两量脚至手感接触时，Ⅱ型直脚规游标上的零刻线和尾线与其主尺相应刻线的重合度误差应符合下述规定：

——零刻线重合度误差不大于±0.01 mm；

——尾线重合度误差不大于±0.01 mm。

4.3.6　活动量脚可拆下反装。

4.4　弯脚规

4.4.1　弯脚规的主尺材质为不锈钢(表面应抛光处理)或黄铜(喷砂镀铬)，主尺采用一面刻线，实际刻线距离为 150 mm，刻线范围 0 mm～300 mm。

4.4.2　弯脚规的主要参数见表 4。

表 4　弯脚规主要参数

型式		Ⅰ、Ⅱ
主尺	总长/mm	180
	宽度/mm	10
	标尺标记范围/mm	0～300
	标记宽度/mm	0.08～0.20
	标记宽度差/mm	0.05
	表面硬度/HRC	≥32
弯脚	总长/μm	258
	表面硬度/HRC	≥32
	表面粗糙度/μm	*Ra*0.32

4.4.3　两弯脚厚度应相同。

4.4.4　尺框开口宽度应不挡住尺面刻线与数字。

4.4.5　移动尺框使两弯角端至手感接触时，尺框上的示数标线与主尺上的零刻线重合度误差应不大于0.1 mm。

4.5　三脚平行规技术要求

4.5.1　主尺和竖尺的材质均采用碳钢或不锈钢，且均采用一面刻线。

4.5.2　三脚平行规的主要参数见表 5。

表 5 三脚平行规主要参数

主尺	总长/mm	330
	宽度/mm	15
	标尺标记范围/mm	250
	表面硬度/HRC	≥32
竖尺	总长/mm	142
	刻线范围/mm	−50～50
	表面硬度/HRC	≥32
	与主尺的垂直度偏差/μm	≥20
刻线	宽度/mm	0.08～0.20
	宽度差/mm	0.05
量脚	总长/mm	81
	测量端硬度(范围 25mm)/HRC	≥40
	测量面粗糙度/μm	*Ra*0.32
	平面度误差/μm	5
	与主尺的垂直度误差/μm	12

4.5.3 活动量脚的厚度与固定量脚相同。

4.5.4 移动Ⅰ型三脚平行规的主尺尺框使两量脚测量面至手感接触时，无论主尺尺框紧固与否，两量脚测量面间的间隙应不大于 0.01 mm。

4.5.5 移动主尺尺框使两量脚测量面至手感接触时，主尺游标上的零刻线和尾线与主尺尺身相应刻线的重合度误差应符合下述规定：

——零刻线的重合度误差不超过±0.01 mm；

——尾线的重合度误差不超过±0.03 mm。

4.5.6 主尺或竖尺的游标刻线表面至主尺尺身刻线表面的距离均应不大于 0.25 mm。

4.5.7 三脚平行规的材质为不锈钢(表面应抛光处理)或黄铜(喷砂镀铬)。

5 检定规程

5.1 外观及各部分连接的要求见 4.1。

5.2 测高仪主尺杆示值误差：用五等量块，一级检验平板或一级平面平晶进行检验，检定点应不少于六个点均匀地分布在主尺杆刻线上，最大示值误差不超过 0.5 mm。

5.3 弯角规及三脚平行规主尺杆示值误差：用五等量块，一级检验平板或一级平面平晶进行检验，检定点应不少于三个点均匀地分布在主尺杆刻线上，最大示值误差不超过±0.1 mm。

5.4 直脚规示值误差的检定按 JJG 30—2002 进行。

6 标志与包装

6.1 人体测量仪上应标志：

——制造厂名或商标；

——出厂编号；

——分度值。

6.2 人体测量仪包装盒上应标志：

——制造厂名或商标；

——产品名称；

——测量范围；

——出厂日期。

6.3 人体测量仪应经防锈处理，并妥善包装。

6.4 人体测量仪应有产品合格证和使用说明书。

ICS 83.140.50
G 43

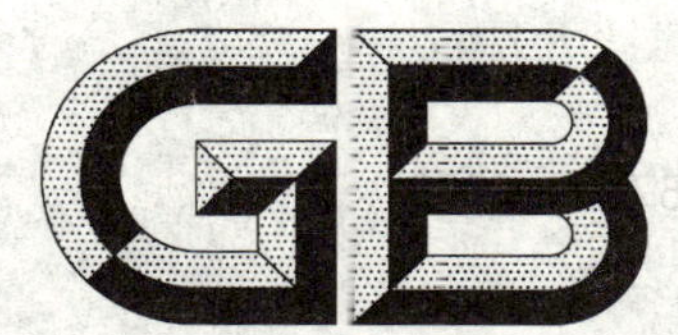

中华人民共和国国家标准

GB/T 5720—2008
代替 GB/T 5720—1993

O形橡胶密封圈试验方法

Test methods for rubber O-rings

2008-06-04 发布　　2008-12-01 实施

中华人民共和国国家质量监督检验检疫总局
中国国家标准化管理委员会　发布

前 言

本标准代替 GB/T 5720—1993《O 形橡胶密封圈试验方法》。

本标准与 GB/T 5720—1993 的主要差异有：

——删除附录 A《O 形橡胶密封圈的标准试样》；

——增加低温性能试验；

——删除拉伸永久变形的测定；

——将耐液体试验用 O 形圈片段试样的长度由(90±2)mm 改为至少为 50 mm；

——5.4.1.2 条将“限制器的高度为试样截面直径的 75%”改为“试样的硬度在(10～80)IRHD 时，限制器的高度为试样截面直径的 75%，试样的硬度在(81～89)IRHD 时，限制器的高度为试样截面直径的 85%，试样的硬度在(90～95)IRHD 时，限制器的高度为试样截面直径的 90%。”；

——增加耐腐蚀试样和夹具的图示以及结果判定的图示。

本标准由中国石油和化学工业协会提出。

本标准由全国橡胶与橡胶制品标准化技术委员会密封制品分技术委员会(SAC/TC 35/SC 3)归口。

本标准起草单位：西北橡胶塑料研究设计院、浙江省质量技术监督检测研究院。

本标准主要起草人：高静茹、沈振、曹元礼。

本标准所代替标准的历次版本发布情况为：

——GB/T 5720—1985，GB/T 5720—1993。

O 形橡胶密封圈试验方法

1 范围

本标准规定了实心硫化 O 形橡胶密封圈的尺寸测量、硬度、拉伸性能、热空气老化、恒定形变压缩永久变形、腐蚀试验、耐液体、密度、收缩率、低温试验和压缩应力松弛的试验方法。

本标准适用于实心硫化 O 形橡胶密封圈(以下简称 O 形圈)。

2 规范性引用文件

下列文件中的条款通过本标准的引用而成为本标准的条款。凡是注日期的引用文件,其随后所有的修改单(不包括勘误的内容)或修订版均不适用于本标准,然而,鼓励根据本部分达成协议的各方研究是否可使用这些文件的最新版本。凡是不注日期的引用文件,其最新版本适用于本标准。

GB/T 528—1998 硫化橡胶或热塑性橡胶拉伸应力应变性能的测定(eqv ISO 37:1994)

GB/T 533—1991 硫化橡胶或热塑性橡胶密度的测定(ISO 2781:2007,IDT)

GB/T 1690—1992 硫化橡胶耐液体试验方法(neq ISO 1817)

GB/T 2941—2006 橡胶物理试验方法试样制备和调节通用程序(ISO 23529:2004,IDT)

GB/T 3452.2—2007 液压气动用 O 形橡胶密封圈 第 2 部分:外观质量检验规范(ISO 3601-3:2005,IDT)

GB/T 3512—2001 硫化橡胶或热塑性橡胶 热空气加速老化和耐热试验(eqv ISO 188:1998)

GB/T 6031—1998 硫化橡胶或热塑性橡胶硬度的测定(10～100 IRHD)(idt ISO 48:1994)

GB/T 7758—2002 硫化橡胶 低温性能的测定 温度回缩法(TR 试验)(ISO 2927:1997,IDT)

GB/T 7759—1996 硫化橡胶、热塑性橡胶 常温、高温和低温下压缩永久变形的测定(eqv ISO 815:1991)

GB/T 13643—1992 硫化橡胶或热塑性橡胶 压缩应力松弛的测定(环状试样)(eqv ISO 6059:1987)

HG/T 2369—1992 橡胶塑料拉力试验机技术条件

3 试样要求及试验条件

3.1 试样要求

3.1.1 试样制备按照 GB/T 2941—2006 的规定进行。

3.1.2 试样的外观质量应符合 GB/T 3452.2—2007 中 N 级的规定。

3.1.3 硬度、拉伸性能、热空气老化、恒定形变压缩永久变形、腐蚀试验、耐液体、密度、收缩率、低温试验和压缩应力松弛的试样分别见 5.1.2、5.2.2、5.3.2、5.4.2、5.5.2、5.6.2、5.7.2、5.8.2、5.9.2 和 GB/T 13643—1992 的4.1.3。

3.2 试验条件

试样环境调节和试验的温度及时间应按照 GB/T 2941—2006 规定执行。

4 试样尺寸的测量

试样尺寸的测量应按 GB/T 2941—2006 第 7 章的规定进行,截面直径采用方法 A 测量,内径采用方法 D 测量。

5 试验程序

5.1 硬度的测定

5.1.1 试验仪器

微型硬度计应符合 GB/T 6031—1998 中的有关规定。

5.1.2 试样

试样应是完整的 O 形圈或是 O 形圈上切取的片段，试样数量 3 个。

5.1.3 试验步骤

按 GB/T 6031—1998 的规定测量微型硬度。

5.1.4 试验结果的表示

测量结果为 3 个，取其中位数，取整数位。

5.2 拉伸性能的测定

5.2.1 试验仪器

5.2.1.1 拉力试验机

拉力试验机应符合 HG/T 2369—1992 有关规定。

5.2.1.2 试验夹具

完整的 O 形圈试验夹具是由上、下两个直径至少为 12 mm 的带滚珠轴承的轴轮组成，当两个轮彼此靠近时，其中心距为 25 mm 以内。

直线型试样夹具采用通用拉伸试验的夹具，但需保证试验过程中试样不断在夹持处。

5.2.2 试样

5.2.2.1 试样应是一个完整的 O 形圈。

5.2.2.2 下面情况下，应采用从 O 形圈上切取的直线形试样：

——O 形圈内径太大以至于不能在拉力试验机的最大行程内拉断时；

——O 形圈内径太小无法用拉力试验机试验时；

——试样已被事先裁断进行老化试验时；

——未老化试样要与事先裁断的老化试样进行对比时。

5.2.2.3 试样数量 5 个

5.2.3 试验步骤

5.2.3.1 按第 4 章的规定测量试样的截面直径及内径。若是直线型试样则只测量截面直径。其工作部分标线间距为 25 mm。

5.2.3.2 将 O 形圈套在尽可能靠近的上、下夹具的轴轮上，使试样不受拉伸应力，连接好伸长测量系统，并调整零点（即确定 O 形圈内周长的伸长等于零时，两轴轮的中心距 S_0），由式(2)计算值 S_0。

5.2.3.3 开动机器以(500±50)mm/min 的速度拉伸试样，记录试样拉伸到规定伸长时的负荷，拉断时的负荷及伸长量。

5.2.3.4 若试样为直线形试样，则按 GB/T 528—1998 中 13.1 进行拉伸试验。

5.2.4 试验结果的计算

5.2.4.1 两轴轮的中心距按式(1)计算：

$$S = \frac{1}{2}[(eC_0/100) + C_0 - G] \quad \cdots\cdots(1)$$

式中：

S——两轴轮中心间的距离，单位为毫米(mm)；

e——试样的伸长率，%；

C_0——O 形圈的初始内周长，单位为毫米(mm)；

G——一个轴轮的圆周长，单位为毫米(mm)。

当式(1)中的 $e=0$ 时，则得

$$S_0=\frac{1}{2}(C_0-G) \qquad (2)$$

5.2.4.2 定伸应力和拉伸强度按式(3)和式(4)计算：

a) O形圈试样：

$$T=\frac{F}{2A}=\frac{F}{1.57d^2} \qquad (3)$$

b) 直线形试样：

$$T=\frac{F}{A}=\frac{F}{0.785d^2} \qquad (4)$$

式中：

T——定伸应力或拉伸强度，单位为兆帕(MPa)；

F——试样所受的负荷，单位为牛顿(N)；

A——试样的横截面积，单位为平方毫米(mm^2)；

d——试样的横截面直径，单位为毫米(mm)。

5.2.4.3 拉断伸长率按式(5)和式(6)计算：

a) O形圈试样：

$$E=\frac{2S_1+G-C_0}{C_0}\times 100 \qquad (5)$$

式中：

E——拉断伸长率，%；

S_1——O形圈拉断时两轴轮的中心间距，单位为毫米(mm)；

G——一个轴轮的圆周长，单位为毫米(mm)；

C_0——O形密封圈的初始内周长，单位为毫米(mm)。

b) 直线形试样：

$$E=\frac{L_1-L_0}{L_0}\times 100 \qquad (6)$$

式中：

E——拉断伸长率，%；

L_1——试样拉断时两标线间的距离，单位为毫米(mm)；

L_0——试样两标线间的原始距离，单位为毫米(mm)。

5.2.5 试验结果的表示

测量结果为5个，试验结果取计算结果的中位数，拉断伸长率取整数位，定伸应力和拉伸强度取一位小数。

5.3 热空气老化试验

5.3.1 试验装置

老化箱应符合 GB/T 3512—2001 中第4章的规定。

5.3.2 试样

拉伸强度变化率和拉断伸长率变化率的试样同5.2.2，硬度变化试样同5.1.2。

5.3.3 试验步骤

5.3.3.1 按5.2.3测量老化前的拉伸强度、拉断伸长率；按5.1.3测定老化前的硬度。

5.3.3.2 按 GB/T 3512—2001 的规定，将试样放入规定温度的老化箱中并开始计时。

5.3.3.3 到达规定时间后，立即从老化箱中取出试样，在实验室温度下停放至少16 h，但不得超过6 d。

5.3.3.4 按5.2.3测量老化后的拉伸强度、拉断伸长率;按5.1.3测定老化后的硬度。

5.3.4 **试验结果的计算**

5.3.4.1 拉伸强度变化率,按式(7)计算:

$$\Delta T_1 = \frac{T_1 - T_0}{T_0} \times 100 \qquad \cdots\cdots(7)$$

式中:

ΔT_1——试样热空气老化后的拉伸强度变化百分率,%;

T_0——试样老化前的拉伸强度,单位为兆帕(MPa);

T_1——试样热空气老化后的拉伸强度,单位为兆帕(MPa)。

5.3.4.2 拉断伸长率变化百分率按式(8)计算:

$$\Delta E_1 = \frac{E_1 - E_0}{E_0} \times 100 \qquad \cdots\cdots(8)$$

式中:

ΔE_1——试样热空气老化后的拉断伸长率变化百分率,%;

E_0——试样老化前的拉断伸长率,%;

E_1——试样热空气老化后的拉断伸长率,%。

5.3.4.3 硬度的试验结果以硬度的变化值表示,按式(9)计算:

$$\Delta H_1 = H_1 - H_0 \qquad \cdots\cdots(9)$$

式中:

ΔH_1——热空气老化后硬度的变化值,单位为微型硬度(IRHD);

H_1——试样热空气老化后的硬度,单位为微型硬度(IRHD);

H_0——试样老化前的硬度,单位为微型硬度(IRHD)。

5.3.5 **试验结果的表示**

5.3.5.1 拉伸强度,拉断伸长率老化试验的结果按式(7)和式(8)计算的结果表示,取整数位。

5.3.5.2 硬度老化试验的结果按式(9)计算的结果表示,取整数位。

5.4 **恒定形变压缩永久变形的测定**

5.4.1 **试验装置**

5.4.1.1 压缩夹具见GB/T 7759—1996的图1,也可采用图1所示夹具。

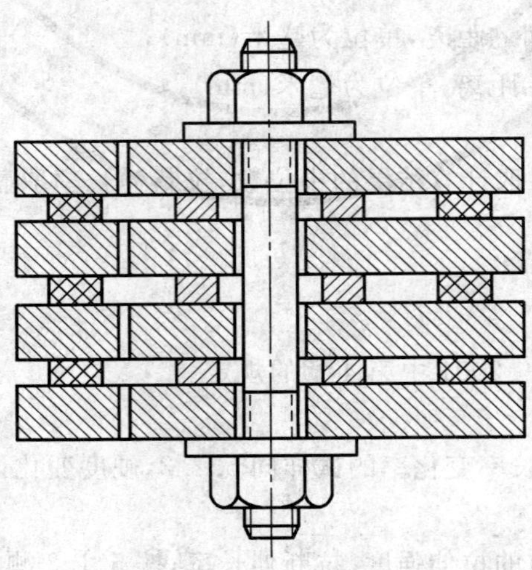

图1 压缩夹具示意图

5.4.1.2 试样的硬度在(10～80)IRHD时,限制器的高度为试样截面直径的75%,试样的硬度在(81～89)IRHD时,限制器的高度为试样截面直径的85%,试样的硬度在(90～95)IRHD时,限制器的高度为试样截面直径的90%,限制器的高度公差为+0.05 mm。

注:限制器可由薄金属片叠合到所需高度。

5.4.1.3 用于在液体中进行压缩永久变形试验的浸泡容器一般为钢质密封罐也可以采用其他材质的耐高温、耐液体、耐压的密封容器,其尺寸以能容纳压缩夹具、足够的试验液体及便于操作为宜。

5.4.1.4 加热装置为老化箱、水浴或油浴。

5.4.2 试样

试样应是O形圈或从O形圈上切取的片段,长度小于3 mm以下的片断不能作为压缩试样,试样数量3个。

5.4.3 试验液体

5.4.3.1 试验液体用量,应在试验过程中保证试验夹具始终浸没在液面15 mm以下。

5.4.3.2 试验液体只限使用一次,不同配方的试样不得同时在同一容器中试验。

5.4.4 试验步骤

5.4.4.1 按第4章测量O形圈或O形圈片段的轴向截面直径。

5.4.4.2 将试样依次放入夹具的各压板间。试样与限制器不得互相接触,并保证压缩后试样与限制器互相不接触。

5.4.4.3 将装入试样的夹具进行压缩,使压板与限制器紧密接触,拧紧螺母,试样不得扭转。

5.4.4.4 若进行耐液体试验,将装好试样的夹具在实验室温度下停放30 min,然后放入盛有试验液体的容器中,将容器放入规定温度的老化箱中,并开始计时。

5.4.4.5 若进行热空气老化试验,则将装好试样的夹具在实验室温度下停放30 min后,放入规定温度的老化箱中,并开始计时。

5.4.4.6 到达规定时间,从老化箱中取出浸泡容器或夹具。

a) 对高温不挥发液体,取出的是浸泡容器,则需在室温下冷却30 min,然后打开容器取出夹具,立即松开夹具取出试样进行洗涤,每个试样的洗涤时间不超过30 s,并将试样置于平整的木板上,在实验室温度下恢复30 min。

b) 对室温挥发性液体,到达规定时间后从容器中取出夹具,并立即松开夹具,取出试样置于平整的木板上,在实验室温度下恢复30 min。

c) 对高温热空气情况取出夹具,则应立即松开夹具,取出试样置于平整的木板上,在实验室温度下恢复30 min。

d) 按第4章测量O形圈或O形圈片段的轴向截面直径。

5.4.5 试验结果的计算

压缩永久变形按式(10)计算:

$$C_1=\frac{d_1-d_2}{d_1-h_s}\times 100 \qquad \cdots\cdots(10)$$

式中:

C_1——热空气老化后,或液体浸泡后试样的压缩永久变形率,%;

d_1——试样的初始轴向截面直径,单位为毫米(mm);

d_2——试样恢复后的轴向截面直径,单位为毫米(mm);

h_s——限制器的高度,单位为毫米(mm)。

5.4.6 试验结果的表示

测量结果为3个,试验结果取计算结果的算术平均值,取整数位。

5.5 腐蚀试验

5.5.1 试验装置

5.5.1.1 试验装置由任何一种耐腐蚀可密封并且工作尺寸适当的容器组成。

注：一般采用试验室用干燥器。

5.5.1.2 除非另有规定，试验夹具压板应由45号钢制成，表面镀镍(厚0.000 2 mm～0.004 mm)，粗糙度 Ra 为0.16 μm～0.25 μm。尺寸应以合适夹住试样，并能置于5.6.1.1的容器中为宜。推荐的试验夹具及尺寸见图2。

5.5.1.3 将体积比为15：85的丙三醇、水溶液注入5.6.1.1条的容器中，以保持100%的相对湿度。混合液的深度至少宜在容器深度的20%以上。

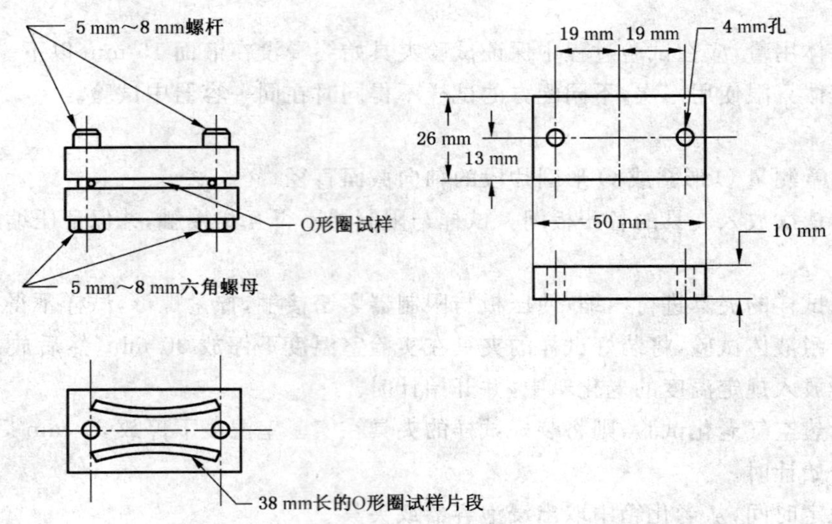

图2 耐腐蚀试验夹具及尺寸

5.5.1.4 用一种耐腐蚀的搁板在容器中支撑夹具，使在溶液上方接近但不接触溶液。

5.5.2 试样

试样应由从O形圈上裁取的38 mm的片断组成，如果O形圈周长小于38 mm，可采用完整的O形圈为试样，试样数量2个。

5.5.3 试验步骤

5.5.3.1 用无水乙醇或别的合适溶剂清洗试验板，并进行干燥。

5.5.3.2 按第4章的规定测量试样的轴向截面直径。

5.5.3.3 取下干燥器盖，将试样和试验压板放入容器中不加盖停放1 h。

5.5.3.4 将试样装入试验夹具中，施加压力使试样的轴向横截面直径产生15%的变形，并保持这一变形。

5.5.3.5 把组装好的夹具放在一块平板玻璃上，然后将玻璃板放入试验容器中的搁板上，盖好容器的盖子保持密封。

5.5.3.6 将容器在(23±2)℃的温度下保持96 h。

注：也可以用别的试验温度，但应在试验报告中说明。

5.5.3.7 取出试样，用滤纸吸干试验板上的水渍，用肉眼观察试样在试验板上留下的痕迹。

5.5.3.8 试验结果用无腐蚀、中等腐蚀(可见的浅色印痕)和严重腐蚀(深色斑纹或锈蚀斑纹)评定腐蚀等级，见图3。

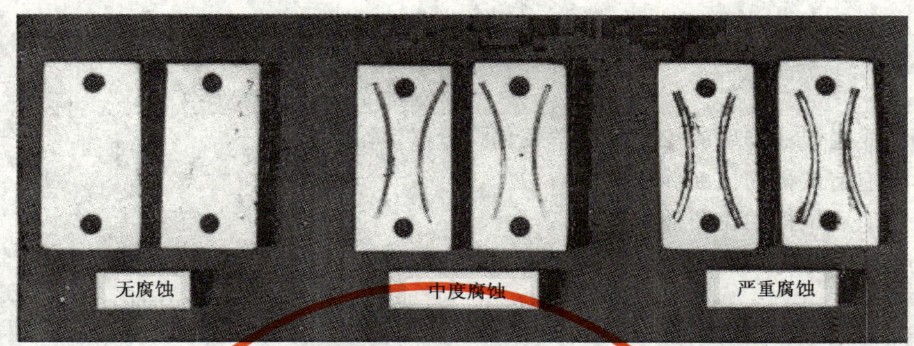

图 3 耐腐蚀试验结果评定

5.6 耐液体试验

5.6.1 试验液体的容量

5.6.1.1 液体的体积应不少于试样的总体积的 15 倍，并确保试验过程中试样始终完全浸泡在液面 15 mm 以下。

5.6.1.2 试验液体只限使用一次，不同配方的试样不得同时在同一液体中进行浸泡试验。

5.6.2 试样

试样应是完整的 O 形圈或是从 O 形圈上切取长度至少为 50 mm 的片段，试样数量 3 个。

5.6.3 试验步骤

5.6.3.1 质量、体积变化试验按 GB/T 1690—1992 的步骤进行。

5.6.3.2 浸泡前后的拉伸性能试验按 5.2.3 的步骤进行。浸泡前后的硬度试验按 5.1.3 规定进行。

5.6.4 试验结果的计算

5.6.4.1 质量变化百分率按式(11)计算：

$$\Delta m = \frac{m_3 - m_1}{m_1} \times 100 \qquad \cdots\cdots(11)$$

式中：

Δm——质量变化百分率，%；

m_1——浸泡前试样在空气中的质量，单位为克(g)；

m_3——浸泡后试样在空气中的质量，单位为克(g)。

5.6.4.2 体积变化百分率按式(12)计算：

$$\Delta V = \frac{(m_3 - m_4) - (m_1 - m_2)}{m_1 - m_2} \times 100 \qquad \cdots\cdots(12)$$

式中：

ΔV——体积变化百分率，%；

m_2——浸泡前试样在水中的质量，单位为克(g)；

m_4——浸泡后试样在水中的质量，单位为克(g)；

m_1、m_3——同公式(11)。

5.6.4.3 拉伸强度变化百分率按公式(13)计算：

$$\Delta T_2 = \frac{T_2 - T_0}{T_0} \times 100 \qquad \cdots\cdots(13)$$

式中：

ΔT_2——试样浸泡液体后的拉伸强度变化百分率，%；

T_0——浸泡前试样的拉伸强度，单位为兆帕(MPa)；

T_2——浸泡后试样的拉伸强度，单位为兆帕(MPa)。

5.6.4.4 拉断伸长率变化百分率按式(14)计算：

$$\Delta E_2 = \frac{E_2 - E_0}{E_0} \times 100 \qquad (14)$$

式中：

ΔE_2——试样浸泡液体后的拉断伸长率变化百分率，%；

E_0——浸泡前试样的拉断伸长率，%；

E_2——浸泡后试样的拉断伸长率，%。

5.6.4.5 硬度变化按式(15)计算：

$$\Delta H_2 = H_2 - H_0 \qquad (15)$$

式中：

ΔH_2——试样浸泡液体后的硬度变化值，单位为微型硬度(IRHD)；

H_0——试样浸泡前的硬度，单位为微型硬度(IRHD)；

H_2——试样浸泡液体后的硬度，单位为微型硬度(IRHD)。

5.6.5 试验结果的表示

5.6.5.1 质量、体积变化

测量结果为3个，试验结果取按式(11)或式(12)计算结果的算术平均值，取一位小数。

5.6.5.2 拉伸性能

耐液体试验的试验结果，按式(13)或式(14)计算的结果表示，取中位数的整数位。

5.6.5.3 硬度变化

试样浸泡液体后的硬度变化按式(15)计算的结果表示，取中位数的整数位。

5.7 密度的测定

5.7.1 试验仪器

试验仪器应符合GB/T 533—2008的有关规定。

5.7.2 试样

采用任意规格的O形圈或其片段，其质量应不少于0.5 g，如不足0.5 g时，允许用质量总和达到0.5 g以上的几个O形圈或片段作试样，试样数量为3个。

5.7.3 试验步骤

试验步骤按GB/T 533—2008中有关规定进行。

5.7.4 试验结果的计算

5.7.4.1 试样在试验温度下的密度按式(16)计算：

$$\rho_R = \frac{m_1}{m_1 - m_2}\rho_0 \qquad (16)$$

使用坠子时，按式(17)计算：

$$\rho_R = \frac{m_1}{m_1 + m_5 - m_6}\rho_0 \qquad (17)$$

式中：

ρ_R——试样的密度，单位为兆克每立方米(Mg/m^3)；

m_1——试样在空气中的质量，单位为克(g)；

m_2——试样在水中的质量，单位为克(g)；

m_5——坠子在水中的质量，单位为克(g)；

m_6——试样和坠子在水中的质量，单位为克(g)；

ρ_0——蒸馏水在试验温度下的密度，单位为兆克每立方米(Mg/m^3)。

5.7.5 试验结果的表示

测量结果为3个，试验结果取计算结果的中位数，取两位小数。

5.8 收缩率的测定

5.8.1 试验仪器

工具显微镜。

5.8.2 试样

采用制造内径为(25±0.22)mm，截面直径为(3.55±0.10)mm O 形圈的合格模具制备试样，亦可采用其他尺寸的模具制备试样，试验模具应尽可能接近生产模具的截面尺寸，试样数量 3 个。

5.8.3 试验步骤

5.8.3.1 沿 O 形圈均匀分布的至少四个位置上，用工具显微镜测量内径和径向截面直径，分别取算术平均值。

5.8.3.2 沿相应模具型腔均匀分布的至少四个位置上，用工具显微镜测量两半模具腔的内径和径向宽度，取两半模具型腔内径的平均值和径向宽度的平均值，分别作为型腔的内径和径向截面直径。

5.8.4 试验结果的计算

5.8.4.1 内径收缩率按式(18)计算：

$$K_1 = \frac{D_0 - D}{D_0} \times 100 \qquad (18)$$

式中：

K_1——O 形圈内径收缩率，%；

D_0——模腔的内径，单位为毫米(mm)；

D——O 形圈的内径，单位为毫米(mm)。

5.8.4.2 截面直径收缩率按式(19)计算：

$$K_2 = \frac{d_0 - d_3}{d_0} \times 100 \qquad (19)$$

式中：

K_2——O 形圈截面直径收缩率，%；

d_0——模腔的截面直径，单位为毫米(mm)；

d_3——O 形圈的截面直径，单位为毫米(mm)。

5.8.5 试验结果的表示

测量结果为 3 个，试验结果取计算结果的平均值，取两位小数。

5.9 低温试验

5.9.1 试验仪器

采用 GB/T 7758—2002 中规定的试验仪器。

5.9.2 试样

试样应为截面直径为 1.5 mm～3.8 mm 的 O 形圈，或是从 O 形圈上裁取的直线形试样，其长度应足以保证使夹持器两端夹持住试样，试样数量 3 个。

5.9.3 试验步骤

按 GB/T 7758—2002 进行试验，试样按标准拉伸 50%。如果采用较大或较小的拉伸率时，应报告实际的拉伸率。

5.9.4 试验结果的表示

应按 GB/T 7758—2002 的规定表示。

5.10 压缩应力松弛的测定

按照 GB/T 13643—1992 进行。

6 试验报告

试验报告应包括下列内容：

a） 试验样品的名称或代号；
b） 试验依据的标准名称或标准号；
c） 试验室温度；
d） 试验条件；
e） 试样规格；
f） 试验结果；
g） 试验者、审核者；
h） 试验日期。

ICS 47.020.20
U 44

中华人民共和国国家标准

GB/T 5741—2008
代替 GB/T 5741—1985

船用柴油机排气烟度测量方法

Measure method for exhaust smoke of marine diesel engine

2008-08-04 发布　　　　2009-02-01 实施

中华人民共和国国家质量监督检验检疫总局
中国国家标准化管理委员会　发布

前　言

本标准代替 GB/T 5741—1985《船用柴油机排气烟度测量方法》。

本标准与 GB/T 5741—1985 相比主要技术变化如下：

——修改了“排烟”的定义，增加了“碳烟”、“滤纸式烟度值”等定义；

——增加了试验原理；

——删去了取样软管中关于死容积的要求；

——修改了取样探头安装的要求；

——删去了抽气泵泄漏量要求；

——增加了试验报告要求。

本标准由中国船舶工业集团公司提出。

本标准由全国船用机械标准化技术委员会柴油机分技术委员会归口。

本标准起草单位：中国船舶工业综合技术经济研究院、大连海事大学、潍柴动力股份有限公司、中国船舶重工集团公司第七一一研究所、中国船级社青岛分社。

本标准主要起草人：李斌、李云强、季文、李军、胡光富、张德联。

本标准所代替标准的历次版本发布情况为：

——GB/T 5741—1985。

船用柴油机排气烟度测量方法

1 范围

本标准规定了船用柴油机(以下简称“柴油机”)排气烟度的测量方法。

本标准适用于船用柴油机排气烟度的测量。

2 规范性引用文件

下列文件中的条款通过本标准的引用而成为本标准的条款。凡是注日期的引用文件,其随后所有的修改单(不包括勘误的内容)或修订版均不适用于本标准,然而,鼓励根据本标准达成协议的各方研究是否可使用这些文件的最新版本。凡是不注日期的引用文件,其最新版本适用于本标准。

GB 9804 烟度卡标准

3 术语和定义

下列术语和定义适用于本标准。

3.1

排烟 exhaust gas smoke

由燃烧或热解而成的、悬浮在排气中的可见固体和/或液体颗粒。

[GB/T 8190.3—2003,定义 3.1]

注:根据颗粒物的来源一般可分为黑烟、蓝烟和白烟。黑烟(碳烟)主要由碳粒组成,蓝烟通常自燃料或润滑油不完全燃烧产生的微粒形成,白烟通常由水蒸气或液体燃料蒸气凝聚而成。

3.2

烟度 smoke number

表征柴油机排气中颗粒物浓度的参量,用滤纸烟度(S_F)表示。

3.3

碳烟 soot

所有包含在排气中使滤纸变黑的组分。

[GB/T 8190.3—2003,定义 3.6]

3.4

滤纸式烟度值 filter smoke number(FSN)

用以度量排气烟度的特性。表示某一规定排气烟柱在通过滤纸时其所含碳烟使清洁滤纸染黑的程度的值。

[GB/T 8190.3—2003,定义 3.7]

注:现已作为烟度的单位(FSN),见 GB 9804。

3.5

滤纸式烟度计 filter-type smokemeter

使某一规定量的排气通过一定面积的清洁滤纸,用滤纸的染黑程度确定滤纸烟度值的仪器。

[GB/T 8190.3—2003,定义 3.10]

4 测量原理

用取样管从排气管抽出排气气样,使其通过一已知面积的滤纸。该滤纸被有效长度为 L_V 的气柱所含碳烟染黑，其黑度即可用以度量排气中的碳烟含量。滤纸的黑度可根据染黑滤纸相对于清洁滤纸对光的反射率通过计算来评定。

5 测量仪器

测量柴油机排气烟度应采用滤纸式烟度计，它适用于测量排烟中的黑烟，不适用于测量排烟中的蓝烟和白烟。所使用的滤纸式烟度计须经国家规定机构检验合格并在有效期内。

6 测量条件

6.1 柴油机烟度测量应在工况稳定后进行。

6.2 柴油中不应为测量烟度而特意添加消烟剂。

7 测量方法

7.1 取样探头的安装

7.1.1 取样探头应安装在柴油机排气连接管直管段的轴心线上，并应逆气流方向安装。

7.1.2 取样探头前端距柴油机排气总管法兰应不小于 6 *D*(*D* 为排气连接管的内径)，其后方直管段长度应不小于 3 *D*。如探头实际安装位置不能满足上述要求时，应保证同一工况下各次烟度测量之差不大于 0.93 FSN，并应注明探头的实际安装位置。

7.1.3 安装取样探头处管内压力应不大于制造厂规定的柴油机最大排气背压，但不应出现负压。

7.2 取样软管

连接取样探头的取样软管的内径应不小于 4 mm。

7.3 滤纸

滤纸白度为(85±2.5)%，当量孔径为 4.5 μm。在环境温度为 20 ℃、相对湿度为 55%～65%、滤纸前后压差为(2.0～4.0)kPa 的条件下，滤纸的透气度应为 3 000 mL/cm^2·min。滤纸的厚度应不大于 0.18 mm。

7.4 测量要求

7.4.1 测量前应使用符合 GB 9804 要求的标准烟度卡对烟度计进行校准。

7.4.2 对每一测量点应连续测量烟度三次，相邻两次测量的时间间隔不应超过 1min。以三次测量值的算术平均值作为烟度测量结果。若三次测量值相差超过 0.93 FSN 时，则应进行重测。

7.4.3 在烟度测量过程中，应防止冷凝水流入抽气泵，也应避免碳烟和冷凝水附着在取样探头和取样软管壁上，必要时可用压缩空气吹净。

8 试验报告

试验报告至少应包括下列五个部分：

a) 柴油机说明：
- ——制造厂；
- ——型式和名称；
- ——产品编号；
- ——额定功率；
- ——额定转速。

b) 烟度计说明：
- ——制造厂；
- ——使用仪器的型式和型号。

c) 测量时的环境状况：

——温度；

——压力；

——湿度。

d） 试验时的柴油机工况：

——功率；

——转速；

——探头进口处的排气温度（如适用）；

——探头进口处的排气压力（如适用）。

e） 试验结果：

——应给出滤纸式烟度值（FSN）。对于测量结果是波许烟度的，应按下式换算成滤纸烟度值：

$$S_F = A + B \times R_b$$

其中 $A=0.650$；

$B=0.935$。

参 考 文 献

[1] GB/T 8190.3—2003 往复式内燃机 排放测量 第3部分:稳态工况排气烟度的定义和测量方法(ISO 8178-3:1994,IDT)

ICS 47.020.30
U 52

中华人民共和国国家标准

GB/T 5744—2008
代替 GB/T 5744—1993

船用快关阀

Marine quick-closing valves

2008-02-14 发布　　2008-09-01 实施

中华人民共和国国家质量监督检验检疫总局
中国国家标准化管理委员会　发布

前言

本标准代替 GB/T 5744—1993《船用快关阀》。

本标准与 GB/T 5744—1993 相比，主要有下列变化：

——修改了材料引用标准及材料牌号；

——修改了标记方式；

——修改了加工要求。

本标准由中国船舶工业集团公司提出。

本标准由全国船用机械标准化技术委员会管系附件分技术委员会归口。

本标准起草单位：沪东中华造船(集团)有限公司、中国船舶工业综合技术经济研究院、通州世发船舶机械有限公司。

本标准主要起草人：贺慧琼、罗发元、唐钰明、耿海平、蒋健、俞伟海。

本标准所代替标准的历次版本发布情况为：GB/T 5744—1985、GB/T 5744—1993。

船用快关阀

1 范围

本标准规定了法兰连接尺寸按 GB/T 569、GB/T 2501 的船用快关阀(以下简称快关阀)的分类和标记、要求、试验方法、检验规则、包装和贮存。

本标准适用于燃油及其他油类船舶管路系统用快关阀的设计、制造和验收。

2 规范性引用文件

下列文件中的条款通过本标准的引用而成为本标准的条款。凡是注日期的引用文件,其随后所有的修改单(不包括勘误的内容)或修订版均不适用于本标准,然而,鼓励根据本标准达成协议的各方研究是否可使用这些文件的最新版本。凡是不注日期的引用文件,其最新版本适用于本标准。

GB/T 569　船用法兰　连接尺寸和密封面

GB/T 600　船舶管路阀件通用技术条件(GB/T 600—1991,neq ISO 5208:1982)

GB/T 699—1999　优质碳素结构钢

GB/T 700—2006　碳素结构钢

GB/T 1176—1987　铸造铜合金技术条件

GB/T 1184—1996　形状和位置公差　未注公差值(eqv ISO 2768-2:1989)

GB/T 1220—2007　不锈钢棒

GB/T 1804—2000　一般公差　未注公差的线性和角度尺寸的公差(eqv ISO 2768-1:1989)

GB/T 1958　产品几何量技术规范(GPS)　形状和位置公差　检测规定

GB/T 2501　船用法兰连接尺寸和密封面(四进位)

GB/T 3032　船舶管路附件的标志

GB/T 4423—2007　铜及铜合金拉制棒

GJB 150.16—1986　军用设备环境试验方法　振动试验

CB/T 772—1998　碳钢和碳锰钢铸件技术条件

HG/T 2579—1994　O 形圈橡胶材料　第 1 部分:用于普通液压系统

YB/T 5318—2006　合金弹簧钢丝

3 分类和标记

3.1 型式

快关阀分为如下 8 种型式:

a) AS 型——法兰连接尺寸和密封面按 GB/T 569 规定的直通手动快关阀;

b) AQ 型——法兰连接尺寸和密封面按 GB/T 569 规定的直通气动快关阀;

c) ASS 型——法兰连接尺寸和密封面按 GB/T 2501 规定的直通手动快关阀;

d) AQS 型——法兰连接尺寸和密封面按 GB/T 2501 规定的直通气动快关阀;

e) BS 型——法兰连接尺寸和密封面按 GB/T 569 规定的直角手动快关阀;

f) BQ 型——法兰连接尺寸和密封面按 GB/T 569 规定的直角气动快关阀;

g) BSS型——法兰连接尺寸和密封面按GB/T 2501规定的直角手动快关阀；

h) BQS型——法兰连接尺寸和密封面按GB/T 2501规定的直角气动快关阀。

3.2 基本参数

快关阀的基本参数见表1。

表1 快关阀的基本参数

型式	公称压力PN/MPa	公称通径DN/mm	工作温度 t/℃	气缸工作压力 p/MPa
AS、AQ、ASS、AQS	0.25	20～150	≤120℃	0.3～0.7
BS、BQ、BSS、BQS				

3.3 结构和基本尺寸

3.3.1 AS型、AQ型、BS型和BQ型快关阀的结构和基本尺寸见图1、图2和表2。

单位为毫米

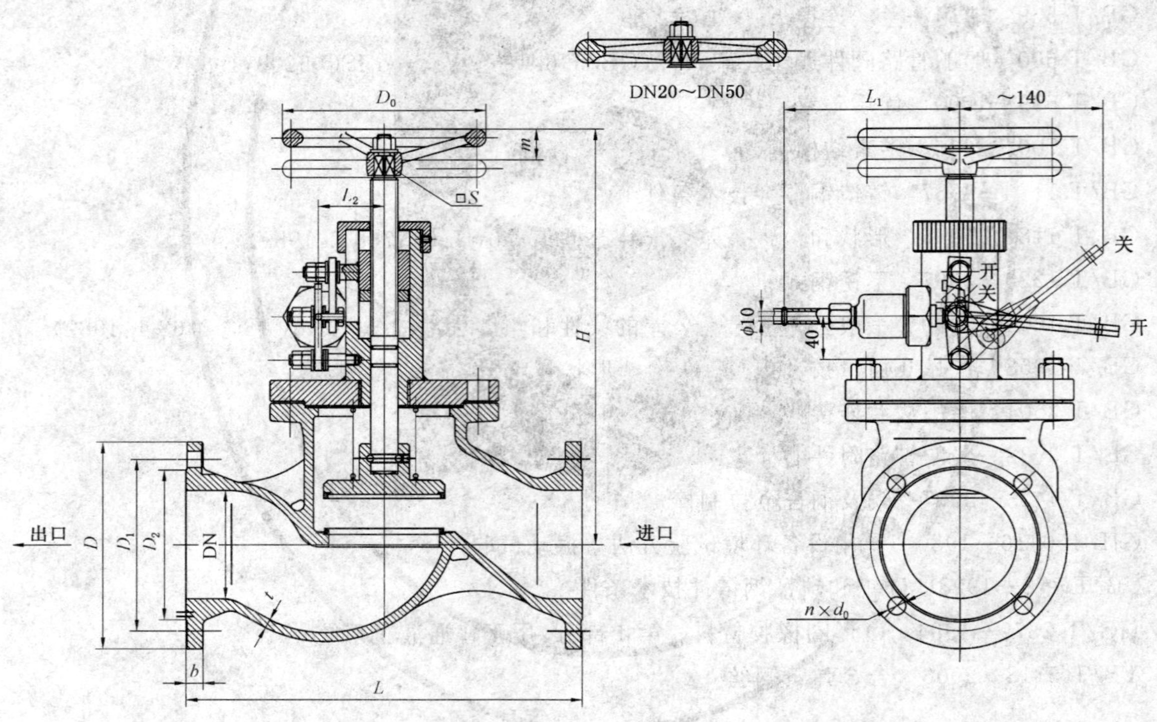

图1 AS型、AQ型、ASS型和AQS型快关阀

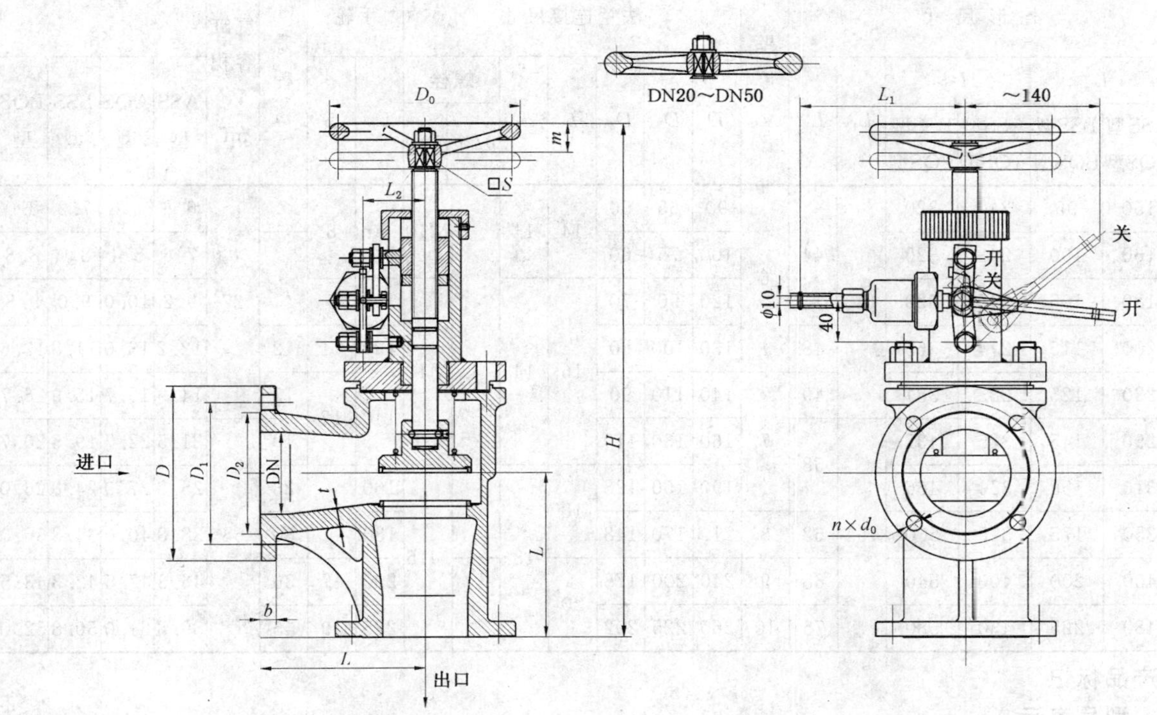

图 2　BS 型、BQ 型、BSS 型和 BQS 型快关阀

表 2　AS 型、AQ 型、BS 型和 BQ 型快关阀的基本尺寸

单位为毫米

<table>
<tr><th rowspan="3">公称通径 DN</th><th colspan="6">外形尺寸</th><th rowspan="3">壁厚 t</th><th colspan="7">法兰连接尺寸</th><th colspan="2">手轮</th><th rowspan="3">升程 m</th><th rowspan="3">气缸容积 V/ mL</th><th colspan="4">重量/ kg</th></tr>
<tr><th colspan="2">L</th><th colspan="2">H≈</th><th rowspan="2">L_1</th><th rowspan="2">L_2</th><th rowspan="2">D</th><th rowspan="2">D_1</th><th rowspan="2">D_2</th><th rowspan="2">b</th><th rowspan="2">d_0</th><th colspan="2">螺栓</th><th rowspan="2">D_0</th><th rowspan="2">S</th><th rowspan="2">AS 型</th><th rowspan="2">AQ 型</th><th rowspan="2">BS 型</th><th rowspan="2">BQ 型</th></tr>
<tr><th>AS型 AQ型</th><th>BS型 BQ型</th><th>AS型 AQ型</th><th>BS型 BQ型</th><th>n/个</th><th>Th.</th></tr>
<tr><td>20</td><td>150</td><td>95</td><td>240</td><td>320</td><td rowspan="7">143</td><td rowspan="3">44</td><td rowspan="4">6</td><td>95</td><td>68</td><td>48</td><td>11</td><td rowspan="2">13</td><td rowspan="2">4</td><td rowspan="2">M12</td><td rowspan="2">80</td><td rowspan="2">8</td><td>7</td><td rowspan="5">27</td><td>5.8</td><td>6.7</td><td>6.2</td><td>7.1</td></tr>
<tr><td>25</td><td>160</td><td>100</td><td>242</td><td>325</td><td>105</td><td>73</td><td>56</td><td>12</td><td rowspan="2">9</td><td>6.6</td><td>7.5</td><td>6.8</td><td>7.7</td></tr>
<tr><td>32</td><td>180</td><td>105</td><td>245</td><td>330</td><td>115</td><td>83</td><td>64</td><td rowspan="3">13</td><td rowspan="8">15</td><td rowspan="4">6</td><td rowspan="8">M14</td><td>100</td><td>9</td><td>7.1</td><td>8.0</td><td>7.0</td><td>7.9</td></tr>
<tr><td>40</td><td>200</td><td>115</td><td>274</td><td>365</td><td>48</td><td>125</td><td>93</td><td>74</td><td>120</td><td>11</td><td>12</td><td>10.1</td><td>11.0</td><td>9.6</td><td>10.5</td></tr>
<tr><td>50</td><td>230</td><td>125</td><td>283</td><td>381</td><td>49</td><td rowspan="3">7</td><td>135</td><td>103</td><td>84</td><td rowspan="2">140</td><td rowspan="2">12</td><td>15</td><td>11.6</td><td>12.5</td><td>12.6</td><td>13.5</td></tr>
<tr><td>65</td><td>290</td><td>145</td><td>325</td><td>437</td><td rowspan="2">58</td><td>155</td><td>123</td><td>104</td><td rowspan="5">14</td><td>19</td><td rowspan="5">58</td><td>18.7</td><td>20.0</td><td>16.7</td><td>18.0</td></tr>
<tr><td>80</td><td>310</td><td>155</td><td>350</td><td>466</td><td>170</td><td>138</td><td>118</td><td rowspan="2">8</td><td>160</td><td rowspan="2">14</td><td>23</td><td>23.7</td><td>25.0</td><td>22.7</td><td>24.0</td></tr>
<tr><td>100</td><td>350</td><td>175</td><td>375</td><td>500</td><td rowspan="3">155</td><td>62</td><td>8</td><td>190</td><td>158</td><td>138</td><td>180</td><td>30</td><td>31.8</td><td>33.0</td><td>27.8</td><td>29.0</td></tr>
<tr><td>125</td><td>400</td><td>200</td><td>400</td><td>540</td><td>68</td><td>9</td><td>215</td><td>183</td><td>164</td><td>10</td><td>200</td><td>17</td><td>36</td><td>37.8</td><td>39.0</td><td>33.8</td><td>35.0</td></tr>
<tr><td>150</td><td>480</td><td>225</td><td>430</td><td>580</td><td>75</td><td>10</td><td>240</td><td>208</td><td>190</td><td>12</td><td>225</td><td>19</td><td>45</td><td>47.8</td><td>49.0</td><td>38.8</td><td>40.0</td></tr>
</table>

3.3.2 ASS 型、AQS 型、BSS 型、BQS 型快关阀的结构和基本尺寸见图 1、图 2 和表 3。

表 3 ASS 型、AQS 型、BSS 型和 BQS 型快关阀的基本尺寸

单位为毫米

<table>
<tr><th rowspan="3">公称通径 DN</th><th colspan="6">外形尺寸</th><th rowspan="3">壁厚 t</th><th colspan="7">法兰连接尺寸</th><th colspan="2">手轮</th><th rowspan="3">升程 m</th><th rowspan="3">气缸容积 V/mL</th><th colspan="4">重量/kg</th></tr>
<tr><th colspan="2">L</th><th colspan="2">H≈</th><th rowspan="2">L_1</th><th rowspan="2">L_2</th><th rowspan="2">D</th><th rowspan="2">D_1</th><th rowspan="2">D_2</th><th rowspan="2">b</th><th rowspan="2">d_0</th><th colspan="2">螺栓</th><th rowspan="2">D_0</th><th rowspan="2">S</th><th rowspan="2">ASS型</th><th rowspan="2">AQS型</th><th rowspan="2">BSS型</th><th rowspan="2">BQS型</th></tr>
<tr><th>ASS型
AQS型</th><th>BSS型
BQS型</th><th>ASS型
AQS型</th><th>BSS型
BQS型</th><th>n/个</th><th>Th.</th></tr>
<tr><td>20</td><td>150</td><td>95</td><td>240</td><td>320</td><td rowspan="5">143</td><td rowspan="3">44</td><td rowspan="4">6</td><td>90</td><td>65</td><td>50</td><td rowspan="2">14</td><td rowspan="2">11</td><td rowspan="8">4</td><td rowspan="2">M10</td><td rowspan="2">80</td><td rowspan="2">8</td><td>7</td><td rowspan="5">27</td><td>6.8</td><td>7.6</td><td>7.2</td><td>8.0</td></tr>
<tr><td>25</td><td>160</td><td>100</td><td>242</td><td>325</td><td>100</td><td>75</td><td>60</td><td rowspan="2">9</td><td>7.6</td><td>8.4</td><td>8.0</td><td>8.8</td></tr>
<tr><td>32</td><td>180</td><td>105</td><td>245</td><td>330</td><td>120</td><td>90</td><td>70</td><td rowspan="4">16</td><td rowspan="4">14</td><td rowspan="4">M12</td><td>100</td><td>9</td><td>9.2</td><td>10.0</td><td>9.0</td><td>9.8</td></tr>
<tr><td>40</td><td>200</td><td>115</td><td>274</td><td>365</td><td>48</td><td>130</td><td>100</td><td>80</td><td>120</td><td>11</td><td>12</td><td>12.2</td><td>13.0</td><td>11.8</td><td>12.6</td></tr>
<tr><td>50</td><td>230</td><td>125</td><td>283</td><td>381</td><td>49</td><td rowspan="3">7</td><td>140</td><td>110</td><td>90</td><td rowspan="2">140</td><td rowspan="2">12</td><td>15</td><td>14.9</td><td>15.7</td><td>15.9</td><td>16.7</td></tr>
<tr><td>65</td><td>290</td><td>145</td><td>325</td><td>437</td><td rowspan="5">155</td><td rowspan="2">58</td><td>160</td><td>130</td><td>110</td><td>19</td><td rowspan="5">58</td><td>21.5</td><td>22.7</td><td>19.5</td><td>20.7</td></tr>
<tr><td>80</td><td>310</td><td>155</td><td>350</td><td>466</td><td>190</td><td>150</td><td>128</td><td rowspan="2">18</td><td rowspan="4">18</td><td rowspan="4">M16</td><td>160</td><td rowspan="2">14</td><td>23</td><td>25.8</td><td>27.0</td><td>24.8</td><td>26.0</td></tr>
<tr><td>100</td><td>350</td><td>175</td><td>375</td><td>500</td><td>62</td><td>8</td><td>210</td><td>170</td><td>148</td><td>180</td><td>30</td><td>38.8</td><td>40.0</td><td>34.8</td><td>36.0</td></tr>
<tr><td>125</td><td>400</td><td>200</td><td>400</td><td>540</td><td>68</td><td>9</td><td>240</td><td>200</td><td>178</td><td rowspan="2">20</td><td rowspan="2">8</td><td>200</td><td>17</td><td>36</td><td>46.3</td><td>47.5</td><td>42.3</td><td>43.5</td></tr>
<tr><td>150</td><td>480</td><td>225</td><td>430</td><td>580</td><td>75</td><td>10</td><td>265</td><td>225</td><td>202</td><td>225</td><td>19</td><td>45</td><td>59.8</td><td>61.0</td><td>50.8</td><td>52.0</td></tr>
</table>

3.4 产品标记

3.4.1 型号表示

快关阀的型号表示方法为：

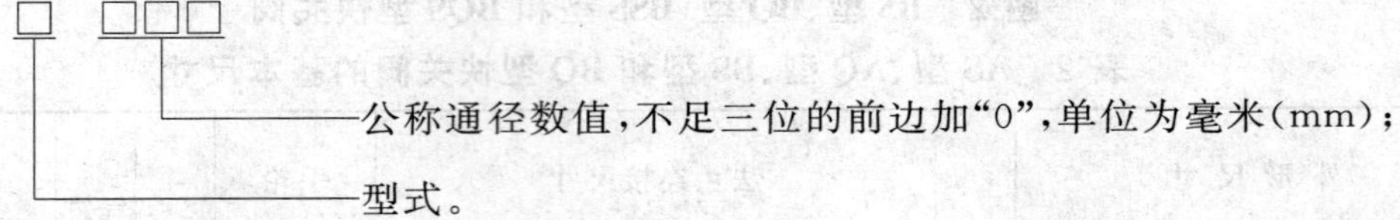

3.4.2 标记示例

公称通径为 50 mm，法兰连接尺寸和密封面按 GB/T 569 规定的直通手动快关阀标记为：

快关阀 GB/T 5744—2008 AS050

公称通径为 125 mm，法兰连接尺寸和密封面按 GB/T 2501 规定的直角气动快关阀标记为：

快关阀 GB/T 5744—2008 BQS125

4 要求

4.1 材料

快关阀主要零件的材料见表 4。

表 4 快关阀主要零件的材料

<table>
<tr><th colspan="2" rowspan="2">零件名称</th><th colspan="3">材料</th></tr>
<tr><th>名称</th><th>牌号</th><th>标准号</th></tr>
<tr><td colspan="2">阀体</td><td rowspan="2">铸钢</td><td rowspan="2">ZG 230-450C</td><td rowspan="2">CB/T 772—1998</td></tr>
<tr><td colspan="2">阀盖</td></tr>
<tr><td rowspan="2">阀盘</td><td>阀盘本体</td><td>优质碳素钢</td><td>45</td><td>GB/T 699—1999</td></tr>
<tr><td>密封面</td><td>堆焊不锈钢</td><td>20Cr13</td><td>GB/T 1220—2007</td></tr>
</table>

表 4（续）

零件名称		材料		
		名称	牌号	标准号
套筒		碳素结构钢	Q235A	GB/T 700—2006
阀杆		不锈钢	20Cr13	GB/T 1220—2007
弹簧		弹簧钢	60Si2Mn	YB/T 5318—2006
O形密封圈		耐油橡胶	YⅡ 7444	HG/T 2579—1994
气动部分	气缸体	铸铝青铜	ZCuAl9Mn2	GB/T 1176—1987
	活塞	黄铜	H62	GB/T 4423—2007
	活塞杆	不锈钢	2Cr13	GB/T 1220—1992

4.2 铸件

每炉铸件至少有三根带有炉号的备查试棒，保存期不应少于 3 a。

4.3 强度

阀体在 0.375 MPa 液压下应无渗漏。

4.4 密封性

快关阀阀盘密封面在 0.275 MPa 液压下应无渗漏。

4.5 尺寸公差

4.5.1 快关阀的壁厚公差应符合 GB/T 600 的要求。

4.5.2 快关阀的线性尺寸未注公差应符合 GB/T 1804—2000 中 m 级的要求。

4.6 形位公差

快关阀的未注形位公差应符合 GB/T 1184—1996 中 H 级的要求。

4.7 灵活性

4.7.1 快关阀在压力为 0.3 MPa 的空气压下关闭时应不卡滞。

4.7.2 快关阀开关不应有卡滞现象。

4.8 振动要求

快关阀应符合 GJB 150.16—1986 中 2.3.11 规定的振动要求。

4.9 外观

快关阀外观应符合 GB/T 600 的要求。

4.10 重量

快关阀重量的正偏差应不超过理论重量的 4%。

4.11 标志

快关阀的标志应符合 GB/T 3032 的要求。

5 试验方法

5.1 材料

快关阀铸件的化学成分和力学性能试验按 GB/T 699—1999、GB/T 700—1988 和 CB/T 772—1998 规定的方法进行。结果应符合 4.1 的要求。

5.2 强度

快关阀强度试验按 GB/T 600 中规定的方法进行。结果应符合 4.3 的要求。

5.3 密封性

快关阀的密封性试验按 GB/T 600 中规定的方法进行。结果应符合 4.4 的要求。

5.4 尺寸公差

快关阀的线性尺寸公差应用相应等级的量具进行测量与检查。结果应符合 3.3 和 4.5.1、

4.5.2 的要求。

5.5 形位公差

快关阀的形位公差按 GB/T 1958 规定的方法进行。结果应符合 4.6 的要求。

5.6 灵活性

快关阀的灵活性用手动方法检查，结果应符合 4.7 的要求。

5.7 振动

快关阀的振动试验按 GJB 150.16—1986 规定的方法进行。结果应符合 4.8 要求。

5.8 外观

快关阀的外观用目测的方法进行检查。结果应符合 4.9 的要求。

5.9 重量

将快关阀放在分度值不大于 0.1 kg 的衡器上进行称重。结果应符合 4.10 的要求。

5.10 标志

快关阀的标志用目测的方法进行检查。结果应符合 4.11 的要求。

6 检验规则

6.1 检验分类

快关阀的检验分类如下：

a) 型式检验；

b) 出厂检验。

6.2 型式检验

6.2.1 检验时机

有下列情况之一时，快关阀应进行型式检验：

a) 新产品首次投产或定型；

b) 生产工艺发生重大变化，足以影响产品性能或质量；

c) 质量检验部门提出要求。

6.2.2 检验项目和顺序

快关阀的型式检验项目和顺序见表 5。

表 5 快关阀的检验项目和顺序

序号	检验项目	型式检验	出厂检验	要求的章、条号	试验方法的章、条号
1	材料	●	●	4.1	5.1
2	强度	●	●	4.3	5.2
3	密封性	●	●	4.4	5.3
4	尺寸公差	●	—	3.3、4.5.1	5.4
		●	—	3.3、4.5.2	
5	形位公差	●	—	4.6	5.5
6	灵活性	●	●	4.7	5.6
7	振动试验	●	—	4.8	5.7
8	外观	●	●	4.9	5.8
9	重量	●	—	4.10	5.9
10	标志	●	●	4.11	5.10
注：“●”必检项目；“—”不检项目。					

6.2.3　**检验样品数量**

快关阀型式检验的样品数量为3个。

6.2.4　**判定规则**

快关阀所有样品全部检验项目符合要求，判为型式检验合格。若材料检验不符合要求，判为型式检验不合格。若有不符合要求的其他项目，允许加倍取样复验。若复验符合要求，则仍判定快关阀型式检验合格；若复验仍有不符合要求的项目，则判定快关阀型式检验不合格。

6.3　出厂检验

6.3.1　**检验项目和顺序**

快关阀的出厂检验项目和顺序见表5。

6.3.2　**检验样品数量**

快关阀铸件的材料同一炉号为一批，按批次检验，其他检验项目应逐个产品进行。

6.3.3　**判定规则**

全部检验项目符合要求的快关阀判定为出厂检验合格。若有材料检验不符合要求的快关阀，则判该批快关阀出厂检验不合格。其他项目的检验，若有不符合要求的快关阀，允许返修后进行复验。若复验符合要求，则仍判该快关阀出厂检验合格；若复验仍不符合要求，则判定该快关阀出厂检验不合格。

7　包装和贮存

快关阀的包装和贮存应按GB/T 600的规定。

ICS 53.040.20
G 42

中华人民共和国国家标准

GB/T 5753—2008/ISO 7590:2001
代替 GB/T 5753—1994

钢丝绳芯输送带总厚度和覆盖层厚度的测定方法

Steel cord conveyor belts—Methods for the determination of total thickness and cover thickness

(ISO 7590:2001,IDT)

2008-03-31 发布 2008-09-01 实施

中华人民共和国国家质量监督检验检疫总局
中国国家标准化管理委员会 发布

前　言

本标准等同采用 ISO 7590:2001《钢丝绳芯输送带　总厚度和覆盖层厚度的测定方法》(英文版)。

本标准代替 GB/T 5753—1994《钢丝绳芯输送带覆盖层厚度的测定》,因为国际上的发展,原标准在技术上已过时。

本标准等同翻译 ISO 7590:2001。

为便于使用本标准进行下列编辑性修改:

a) "本国际标准"一词改为"本标准";

b) 删除国际标准的前言和引言。

本标准与 GB/T 5753—1994 相比主要变化如下:

——增加了钢丝绳芯输送带总厚度的测定方法(见 5.3.1.1,5.3.2.1);

——增加了仅用于测定覆盖层厚度的光学试验法(见 5.3.3);

——增加了术语和定义(见第 2 章);

——增加了光学试验法测量装置的要求(见 4.2);

——删除了用刀切除覆盖层图,增加了用于方法 A1 的没有横向件和带有横向件的两个试样横截面图(1994 年版的 4.1.2,本版的 5.3.1.2);

——增加了用于方法 A2 的带有横向件的试样横截面图,并明确了横向件厚度不包括在覆盖层厚度内的测定方法(见 5.3.2.2)。

本标准由中国石油和化学工业协会提出。

本标准由化学工业胶带标准化技术归口单位归口。

本标准起草单位:浙江双箭橡胶股份有限公司、青岛橡胶工业研究所。

本标准主要起草人:沈会民、高长勇、尤剑威、韩德深、朱汉华、许喆。

本标准于 1994 年 12 月首次发布。

钢丝绳芯输送带
总厚度和覆盖层厚度的测定方法

1 范围

本标准规定了两个用于测定钢丝绳芯输送带总厚度和覆盖层厚度的试验方法。

方法A(厚度计法)用于测定所有的钢丝绳芯输送带的总厚度和覆盖层厚度。

方法B(光学法)被推荐仅用于测定覆盖层厚度。本法不适应于带有织物或金属横向件或者在切割时钢丝绳端面发生扭曲的情况。

2 术语和定义

下列术语和定义适用于本标准。

2.1

缓冲层 breaker

包含在覆盖层内的增强层。

2.2

横向件 weft

用于加强带芯,不视为覆盖层部分的横向层。

3 原理

按带宽在规定点数用厚度计测量总厚度。

覆盖层厚度可任选下列一种方法测定:

a) 在除去上、下覆盖层之前和之后,按规定的若干点上测定试样的厚度,然后用减法计算覆盖层厚度;

b) 用光学仪器直接测量覆盖层厚度。

4 装置

4.1 方法A

转动指针式厚度计,测量精度为0.1 mm,平型圆压头的直径为10 mm,压头对试样施加的压力为(22±5)kPa。

4.2 方法B

光学测量装置,该测量装置是一手提式放大镜,测量精度为0.1 mm,放大率应至少为8倍。

5 程序

5.1 试样

垂直于带边按下列尺寸从全宽度的带上切取一块矩形试样。

5.1.1 对于方法A1,试样长度应约为150 mm,在5.2所述的各测量点切取三个或五个试样,每个试样包含两根钢丝绳。即:

宽度:等于包含两根钢丝绳的宽度(见图1);

长度：大约 150 mm。

5.1.2 对于方法 A2，试样长度应不小于 50 mm，即：

a) 长度：大约 50 mm；

b) 宽度：等于输送带的全宽度。

按 5.2 所述在试样上标出测量点。

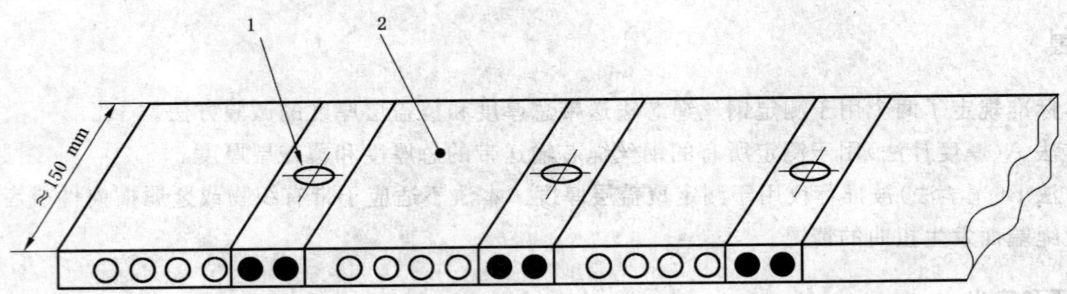

1——测量点；

2——试样。

图 1 在全宽度样品带测定点切取的试样

5.1.3 对于方法 B，试样长度应不小于 50 mm，或者试验可在原地在输送带的端部上进行。两种情况都要使试样的切边垂直于带面，而且能清楚地看见钢丝绳并不被污染，如果需要可清洁钢丝绳端部。

按 5.2 所述标出测量点。

5.2 测量点

两种方法中，应在下列点上测量厚度：

a) 带宽：$B \leqslant 1\ 000$ mm 时测 3 个点（见图 2）；

b) 带宽：$B > 1\ 000$ mm 时测 5 个点（见图 2）。

5.3 厚度的测量

5.3.1 方法 A1

5.3.1.1 总厚度的测量

在按带宽规定的每一测量点上测定试样的总厚度 d（见图 2）。

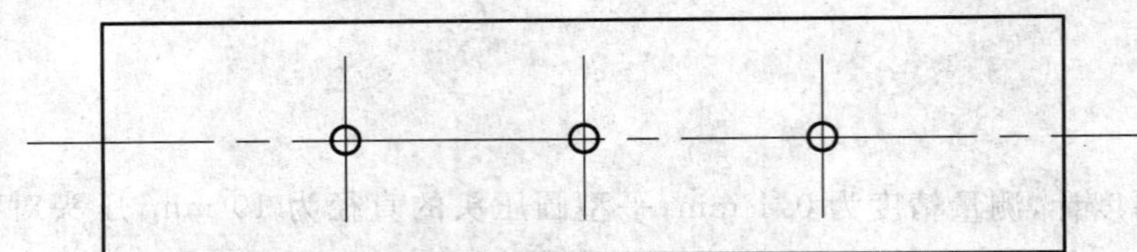

$B \leqslant 1\ 000$ mm

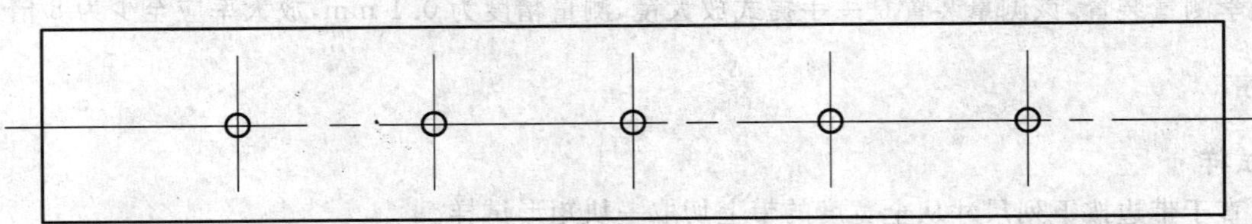

$B > 1\ 000$ mm

图 2 测量点的位置

5.3.1.2 **上覆盖层厚度的测量**

除去两根绳上方的上覆盖层[见图 3a)和图 3b)],在图 2 所示的同一点测量厚度 d_1,测量应正好在钢丝绳的垂直上方进行,并应保证厚度计测足与钢丝绳表面接触[见图 3a)],或与横向缓冲层表面接触[见图 3b)]。

按下式计算每个测量点上的上覆盖层的厚度 e_1:

$$e_1 = d - d_1$$

5.3.1.3 **下覆盖层厚度的测量**

按 5.3.1.2 所述方法除去下覆盖层。

按 5.3.1.2 所述方法测量厚度 d_2,检查测量点刚好在绳的垂直上方。

按下式计算每个测量点的下覆盖层厚度 e_2:

$$e_2 = d_1 - d_2$$

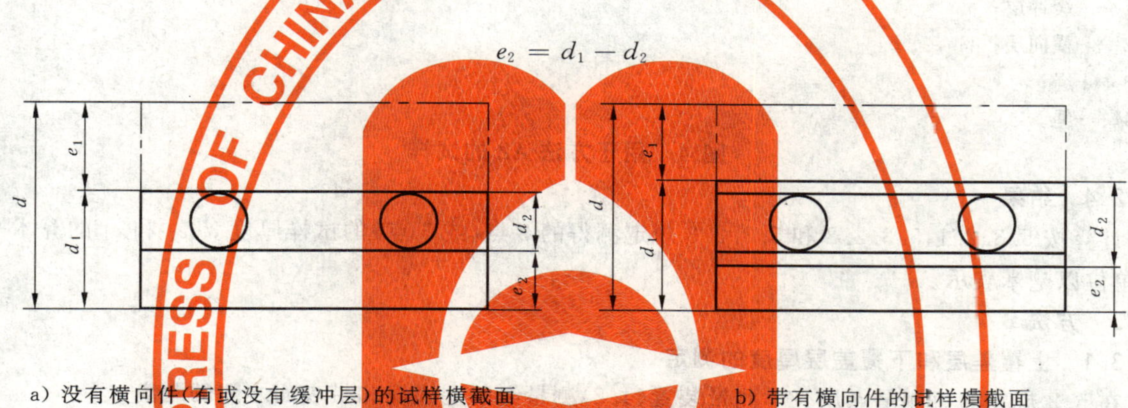

a) 没有横向件(有或没有缓冲层)的试样横截面　　b) 带有横向件的试样横截面

图 3 用于方法 A1 的试样

5.3.1.4 **结果**

计算按 5.3.1.1、5.3.1.2 和 5.3.1.3 规定测得的 3 点(或 5 点)的试样厚度 d、e_1 和 e_2 的算术平均值,结果以毫米表示。

5.3.2 **方法 A2**

5.3.2.1 **总厚度的测量**

测量试样按带宽规定的每一测量点的总厚度 d(见图 2)。

5.3.2.2 **上覆盖层厚度的测量**

在试样整个长度上除去宽为 20 mm 的上覆盖面层[见图 4a)和图 4b)],在相同点上测量厚度 d_1,测量应正好在钢丝绳的垂直上方进行,并应保证厚度计测足与钢丝绳表面接触[见图 4a)]或与横向缓冲层表面接触[见图 4b)]。

按下式计算每一测量点的上覆盖层厚度 e_1:

$$e_1 = d - d_1$$

5.3.2.3 **下覆盖层厚度的测量**

按 5.3.2.2 所述方法除去下覆盖层。

按 5.3.2.2 所述方法测量厚度 d_2,检查测量点刚好在绳的垂直上方。

按下式计算每个测量点的下覆盖层厚度 e_2:

$$e_2 = d_1 - d_2$$

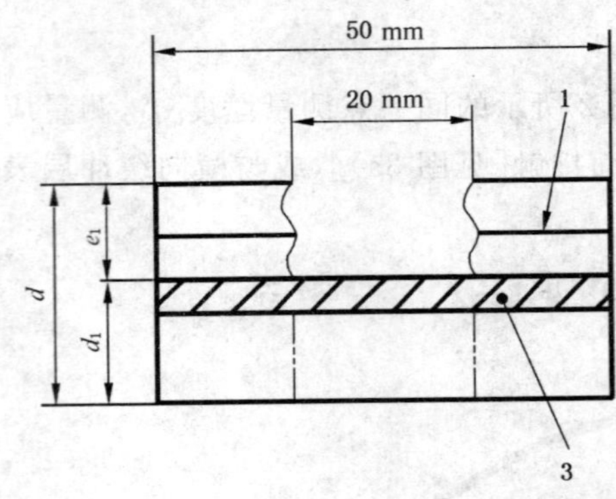

a）没有横向件（有或没有缓冲层）的试样横截面

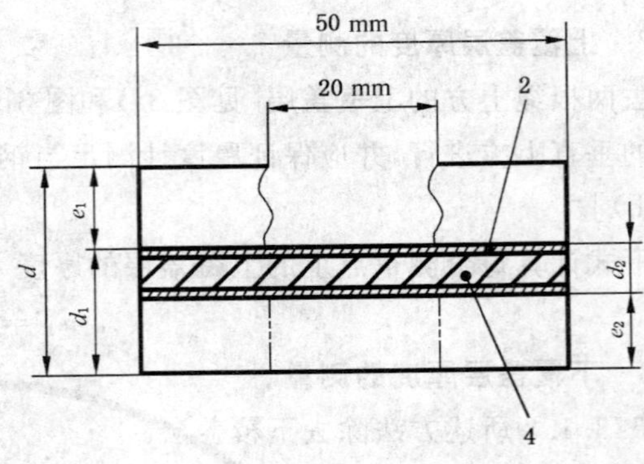

b）带有横向件的试样横截面

1——缓冲层；

2——横向层；

3——绳；

4——绳。

图 4　用于方法 A2 的试样

5.3.2.4　结果

计算按 5.3.2.1，5.3.2.2 和 5.3.2.3 规定测得的 3 点（或 5 点）的试样厚度 d、e_1 和 e_2 的算术平均值，单位以毫米表示。

5.3.3　方法 B

5.3.3.1　上覆盖层和下覆盖层厚度的测定

在 5.2 规定的每测量点用光学测量装置（4.2）测量绳的上边缘和带表面之间的距离。

e_1 为上覆盖层厚度，e_2 为下覆盖层厚度。

保证测量刻度盘和带直接接触。

5.3.3.2　结果

计算按 5.3.3.1 规定测得的 3 点（或 5 点）的上、下覆盖层厚度 e_1 和 e_2 的算术平均值，结果以毫米表示。

6　试验报告

试验报告应包含下列内容：

a）　测量按本标准进行；

b）　注明所用的方法：方法 A1、方法 A2 或方法 B；

c）　被测带的标记；

d）　测量点数；

e）　方法 A1（5.3.1.4）或方法 A2（5.3.2.4）或方法 B（5.3.3.2）获得的测量结果；

f）　测定日期。

ICS 83.080.01
G 31

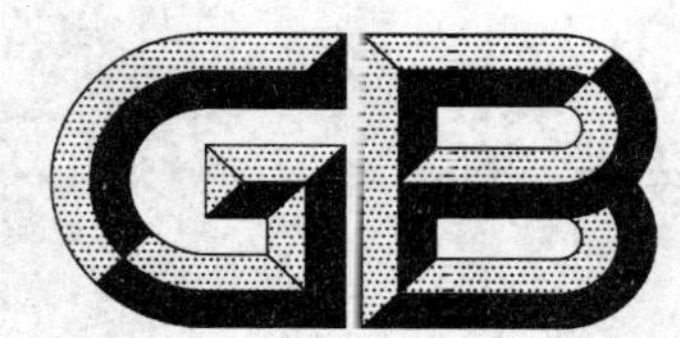

中华人民共和国国家标准

GB/T 5757—2008
代替 GB/T 5757—1986

离子交换树脂含水量测定方法

Determination of moisture holding capacity of ion exchange resins

2008-06-30 发布　　　　2009-02-01 实施

中华人民共和国国家质量监督检验检疫总局
中国国家标准化管理委员会　发布

前言

本标准代替 GB/T 5757—1986《离子交换树脂含水量测定方法》。

本标准与 GB/T 5757—1986 相比，对文字等进行了编辑性修改。

本标准由中国石油和化学工业协会提出。

本标准由全国塑料标准化技术委员会通用方法和产品分会(SAC/TC 15/SC 4)归口。

本标准主要起草单位：西安热工研究院有限公司、浙江争光实业股份有限公司、淄博东大化工股份有限公司、江苏苏青水处理工程集团公司、国家合成树脂质检中心。

本标准主要起草人：王广珠、崔焕芳、沈建华、胡锦强、翟静华、钱平、王建东。

本标准所代替标准的历次版本发布情况为：

——GB/T 5757—1986。

离子交换树脂含水量测定方法

1 范围

本标准规定了离子交换树脂的含水量的测定方法。

本标准适用于在(105～110)℃下连续干燥而不发生化学变化的离子交换树脂含水量的测定。

2 规范性引用文件

下列文件中的条款通过本标准的引用而成为本标准的条款。凡是注日期的引用文件，其随后所有的修改单(不包括勘误的内容)或修订版均不适用于本标准，然而，鼓励根据本标准达成协议的各方研究是否可使用这些文件的最新版本。凡是不注日期的引用文件，其最新版本适用于本标准。

GB/T 5475 离子交换树脂取样方法

GB/T 5476 离子交换树脂预处理方法

3 方法概要

将吸收了平衡水量的离子交换树脂样品，用离心法除去颗粒外部水分后，称取一定量的样品，用烘干法除去内部水分，由质量的减少计算树脂的含水量。

4 仪器和设备

4.1 玻璃离心过滤管：如图 1。

单位为毫米

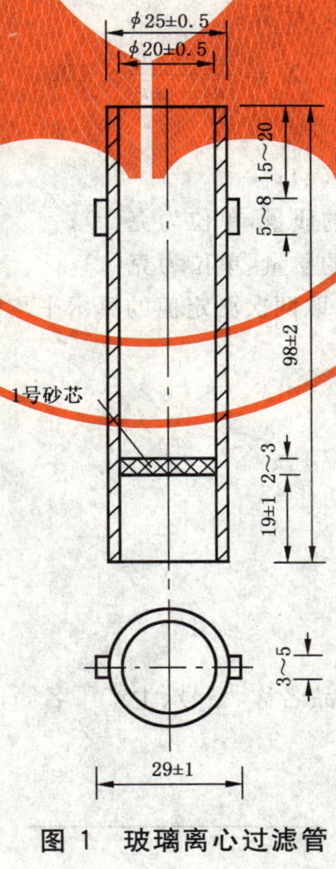

ϕ25±0.5
ϕ20±0.5
15～20
5～8
98±2
1号砂芯
2～3
19±1
3～5
29±1

图 1 玻璃离心过滤管

4.2 电动离心沉淀机：(0～4 000)r/min(可调)；50 mL 离心管 4 支。

4.3 烘箱：温度波动±2℃。

4.4 架盘天平：精度 0.1 g。

4.5 干燥器：ϕ250 mm，内放硅胶干燥剂。

4.6 称量瓶：ϕ50 mm×30 mm。

4.7 秒表：分度 0.02 s。

4.8 分析天平：精度 0.1 mg。

5 操作步骤

5.1 取样按 GB/T 5475 进行。

5.2 试样的预处理按 GB/T 5476 进行。需要将树脂转为某一型态时，可将相应的电解质溶液通过上述预处理后的样品。

5.3 将预处理好的树脂样品(5～15)mL 装入离心过滤管内，在另一对称管内装入某一样品或水，然后放在架盘天平两边称量，用少量纯水调整至两管质量相同。

5.4 将离心过滤管放至电动离心沉淀机内，在(2 000±200)r/min 下离心 5 min，用秒表计时。

5.5 取出离心过滤管，将样品倒入称量瓶内，盖严。

注：取出离心过滤管时，应防止分离出来的游离水重新进到树脂层中。

5.6 在已恒重的两个称量瓶中分别称入上述树脂样品(0.9～1.3)g，精确至 0.1 mg。

5.7 将称量瓶敞盖放入烘箱中，在(105±3)℃下烘 2 h。

5.8 在烘箱中，将称量瓶盖严，取出置于干燥器内，冷却至室温(约 20 min～30 min)，在分析天平上称量。

6 结果表示

离子交换树脂含水量 X(%)按式(1)计算：

$$X = \frac{m_2 - m_3}{m_2 - m_1} \times 100 \qquad (1)$$

式中：

m_1——空称量瓶的质量，单位为克(g)；

m_2——烘干前称量瓶和树脂样品的质量，单位为克(g)；

m_3——烘干后称量瓶和树脂样品的质量，单位为克(g)。

两次测定值之差不得大于 0.29%，取两次测定值的算术平均值为测定结果。

7 精密度

重复性限(r)：0.29%；

再现性限(R)：1.09%。

8 试验报告

试验报告应包括下列各项：

a) 试验方法和标准号；

b) 受检产品的完整标识：包括产品名称、型号、生产厂名等；

c) 测量结果；

d) 试验人员和试验日期。

ICS 43.040.40
Q 69

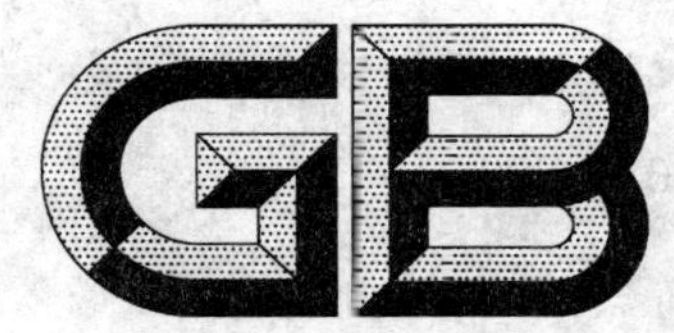

中华人民共和国国家标准

GB 5763—2008
代替 GB 5763—1998

汽车用制动器衬片

Brake linings for automobiles

2008-09-18 发布　　　　2009-09-10 实施

中华人民共和国国家质量监督检验检疫总局
中国国家标准化管理委员会　发布

前　言

本标准的5.3、5.4为强制性的，其余为推荐性的。

本标准与JIS D4411—1993(2006确认)《汽车用制动器衬片和衬块》的一致性程度为非等效。

本标准代替GB 5763—1998《汽车用制动器衬片》。

本标准与GB 5763—1998相比，主要作了如下修改：

——增加了术语、定义；

——对5.3摩擦性能的表3、表4、表5、表6中的技术指标进行了修改，具体如下：

a) 将表3中指定摩擦系数的允许偏差“±0.12”修改为“±0.10”、磨损率“2.00、3.00”分别修改为“1.50、2.00”；

b) 将表4中摩擦系数“0.15～0.70”修改为“0.20～0.70”、指定摩擦系数的允许偏差“±0.12”修改为“±0.10”、磨损率“2.00”修改为“1.50”；

c) 将表5中摩擦系数“0.15～0.70”修改为“0.20～0.70”、指定摩擦系数的允许偏差“±0.12、±0.14”分别修改为“±0.10、±0.12”、磨损率“3.00”修改为“2.00”；

d) 将表6中摩擦系数“0.20～0.70”修改为“0.25～0.70”、指定摩擦系数的允许偏差“±0.12、±0.14”分别修改为“±0.10、±0.12”、磨损率“2.50、3.50”分别修改为“2.00、2.50”；

——增加了剪切强度、冲击强度、热膨胀率、压缩应变等技术要求及相应的试验方法；

——检验规则重新编写，增加了型式检验内容和检验项目。

本标准由中国建筑材料联合会提出。

本标准由全国非金属矿产品及制品标准化技术委员会(SAC/TC 406)归口。

本标准负责起草单位：咸阳非金属矿研究设计院。

本标准参加起草单位：山东金麒麟集团有限公司、杭州杭城摩擦材料有限公司、福建冠良汽车配件工业有限公司、东营信义汽车配件有限公司、湖北飞龙摩擦密封材料股份有限公司。

本标准主要起草人：石志刚、王广兴、黄顺民、张世绍、杜东升、张文强、雷建斌、尚兴春、侯立兵。

本标准于1986年首次发布，1998年第一次修订，本次为第二次修订。

汽车用制动器衬片

1 范围

本标准规定了汽车用制动器衬片的术语和定义、分类、技术要求、试验方法、检验规则、标志、包装、运输与贮存等。

本标准适用于汽车用制动器衬片(以下简称衬片)。

2 规范性引用文件

下列文件中的条款通过本标准的引用而成为本标准的条款。凡是注日期的引用文件,其随后所有的修改单(不包括勘误的内容)或修订版均不适用于本标准,然而,鼓励根据本标准达成协议的各方研究是否可使用这些文件的最新版本。凡是不注日期的引用文件,其最新版本适用于本标准。

GB/T 2828.1 计数抽样检验程序 第1部分:按接收质量限(AQL)检索的逐批检验抽样计划(GB/T 2828.1—2003,ISO 2859-1:1999,IDT)

GB/T 22309 道路车辆 制动衬片 盘式制动块和鼓式制动蹄总成剪切强度试验方法(GB/T 22309—2008,ISO 6312:2001,IDT)

GB/T 22310 道路车辆 制动衬片 盘式制动块受热膨胀量试验方法(GB/T 22310—2008,ISO 6313:1980,IDT)

GB/T 22311 道路车辆 制动衬片 压缩应变试验方法(GB/T 22311—2008,ISO 6310:2001,IDT)

JB/T 7498 涂附磨具砂纸

JC/T 1065 定速式摩擦试验机

3 术语和定义

下列术语和定义适用于本标准。

3.1

摩擦系数(μ)　coefficient of friction

摩擦力(f)与加在试片上的法向力(F)的比值。

3.2

指定摩擦系数(μ_a)　coefficient appointed

由衬片的供需双方共同确认商定的摩擦系数值。

3.3

磨损率(V)　wear

衬片在规定的条件下体积磨损量与摩擦功的比值。

3.4

剪切强度　shear strength

平行于盘式制动块背板或鼓式制动蹄缘面,使衬片材料与背板或蹄板完全剪断的力与衬片材料的受剪几何面积之比值。

3.5

热膨胀率　swell

衬片受热厚度增加量与衬片初始厚度的比值。

3.6

冲击强度　impact strength

试样断裂所消耗的冲击能量与试样断裂处横截面积的比值。

4　分类

衬片按用途分为四类,见表1。

表1　衬片分类

类别	用途	类别	用途
1类	驻车制动器用	3类	中、重型车鼓式制动器用
2类	微、轻型车鼓式制动器用	4类	盘式制动器用

5　技术要求

5.1　外观质量

衬片不允许有裂纹、起泡、缺边、掉角、凹凸不平、翘曲、扭曲等影响使用的缺陷。

5.2　尺寸公差

衬片的基本尺寸由需方确定,其宽度和厚度的尺寸公差应符合表2的规定。

表2　尺寸公差　　单位为毫米

衬　片		基本尺寸	公差
1类 2类 3类	宽度	≤30	0.6
		＞30～60	1.0
		＞60～100	1.4
		＞100	2.0
	厚度	≤6.5	0.3
		＞6.5～10	0.4
		＞10	0.5
4类	厚度	≤10	0.6
		＞10～20	0.8
		＞20～30	1.0
		＞30	1.2
注:需方有特殊要求时,可不采用此公差。			

5.3　摩擦性能

5.3.1　衬片摩擦系数及其允许偏差和磨损率,应符合表3～表6的规定。

5.3.2　试验后试片不得出现裂纹、凸起等影响使用的缺陷,试片对圆盘摩擦面不得有明显划伤。

表 3 1类摩擦性能

项目	试验温度[a]		
	100 ℃	150 ℃	200 ℃
摩擦系数[b](μ)	0.30～0.70	0.25～0.70	0.20～0.70
指定摩擦系数的允许偏差($\Delta\mu$)	±0.10	±0.10	±0.10
磨损率(V)/[10^{-7} cm^3/(N·m)]	0～1.00	0～1.50	0～2.00

[a] 试验温度指试验机圆盘摩擦面温度。

[b] 摩擦系数范围包括允许偏差在内。

表 4 2类摩擦性能

项目	试验温度[a]			
	100 ℃	150 ℃	200 ℃	250 ℃
摩擦系数[b](μ)	0.25～0.65	0.25～0.70	0.25～0.70	0.20～0.70
指定摩擦系数的允许偏差($\Delta\mu$)	±0.08	±0.10	±0.10	±0.10
磨损率(V)/[10^{-7} cm^3/(N·m)]	0～0.50	0～0.70	0～1.00	0～1.50

[a] 试验温度指试验机圆盘摩擦面温度。

[b] 摩擦系数范围包括允许偏差在内。

表 5 3类摩擦性能

项目	试验温度[a]				
	100 ℃	150 ℃	200 ℃	250 ℃	300 ℃
摩擦系数[b](μ)	0.25～0.65	0.25～0.70	0.25～0.70	0.20～0.70	0.20～0.70
指定摩擦系数的允许偏差($\Delta\mu$)	±0.08	±0.10	±0.10	±0.10	±0.12
磨损率(V)/[10^{-7} cm^3/(N·m)]	0～0.50	0～0.70	0～1.00	0～1.50	0～2.00

[a] 试验温度指试验机圆盘摩擦面温度。

[b] 摩擦系数范围包括允许偏差在内。

表 6 4类摩擦性能

项目	试验温度[a]					
	100 ℃	150 ℃	200 ℃	250 ℃	300 ℃	350 ℃
摩擦系数[b](μ)	0.25～0.65	0.25～0.70	0.25～0.70	0.25～0.70	0.25～0.70	0.25～0.70
指定摩擦系数的允许偏差($\Delta\mu$)	±0.08	±0.10	±0.10	±0.10	±0.12	±0.12
磨损率(V)/[10^{-7} cm^3/(N·m)]	0～0.50	0～0.70	0～1.00	0～1.50	0～2.00	0～2.50

[a] 试验温度指试验机圆盘摩擦面温度。

[b] 摩擦系数范围包括允许偏差在内。

5.4 剪切强度

5.4.1 2类(粘结型)衬片总成在室温下的剪切强度不小于1.5 MPa;

5.4.2 4类(粘结型)衬片在室温下的剪切强度不小于2.5 MPa。

5.5 冲击强度

3类衬片的冲击强度不小于0.3 J/cm²。

5.6 热膨胀率

4类衬片的热膨胀率400 ℃±10 ℃时不大于2.5%。

5.7 压缩应变

4类衬片的压缩应变在室温下时不大于2%,400 ℃±10 ℃时不大于5%。

6 试验方法

6.1 外观质量检查

外观质量用目测、敲音方法检查。

6.2 尺寸测量

宽度和厚度尺寸用精度0.02 mm的游标卡尺测量。

6.3 摩擦性能试验

6.3.1 试片

6.3.1.1 试片从同一衬片的工作面制取两个。

6.3.1.2 试片尺寸为25 mm×25 mm,允许偏差为−0.2 mm～0 mm。

6.3.1.3 试片厚度为5 mm～7 mm,两个试片的厚度差在0.2 mm以下。若制品厚度小于5 mm,则按其原厚度。

6.3.2 试验设备

试验设备应符合JC/T 1065标准规定。

6.3.3 试验条件

6.3.3.1 试片的压力为0.98 MPa。

6.3.3.2 圆盘材质应符合JC/T 1065标准规定。其表面应用JB/T 7498中粒度为P240砂纸处理,使圆盘表面无明显划痕、锈蚀和凹坑等缺陷。

6.3.3.3 摩擦方向与衬片的摩擦方向相同。

6.3.4 试验步骤

将2个试片装入试片支承臂内,按下列顺序进行试验:

6.3.4.1 试片在100 ℃以下进行磨合,至接触面达95%以上。用精度0.01 mm的千分尺测量试片厚度,厚度测定应待试片冷至室温后进行。每个试片测5个点,取其算术平均值。

6.3.4.2 在试验温度100 ℃时,按6.3.3要求测定圆盘旋转5 000转期间的摩擦力。摩擦试验后按6.3.4.1测量试片的厚度。

6.3.4.3 在各个试验温度150 ℃、200 ℃、250 ℃、300 ℃、350 ℃时,按6.3.4.2进行同样试验。但各类衬片的最高试验温度应符合表3～表6的规定。在各个温度试验期间,圆盘温度应在1 500转以内升至规定的试验温度;圆盘温度的上升主要靠试片的摩擦热,当在1 500转以内达不到规定的试验温度时,可用辅助加热装置。

6.3.4.4 在最高试验温度测定结束后,从最高试验温度起每降50 ℃时,测定圆盘1 500转期间的摩擦力,一直测至100 ℃。温度从上一阶段下降至下一阶段时应在500转以内完成。

6.3.4.5 试验后试片和圆盘摩擦面的外观用目测。

6.3.5 **计算**

6.3.5.1 各个试验温度时的摩擦系数按式(1)计算。

$$\mu = \frac{f}{F} \qquad \cdots\cdots(1)$$

式中：

μ——摩擦系数；

f——摩擦力(总摩擦距离的后半部分稳定的摩擦力的平均值)，单位为牛顿(N)；

F——加在试片上的法向力，单位为牛顿(N)。

6.3.5.2 各个试验温度时的磨损率按式(2)计算。

$$V = \frac{1}{2\pi R} \times \frac{A}{n} \times \frac{d_1 - d_2}{f_m} = 1.06 \times \frac{A}{n} \times \frac{d_1 - d_2}{f_m} \qquad \cdots\cdots(2)$$

式中：

V——磨损率，单位为立方厘米每牛顿米[$cm^3/(N \cdot m)$]；

R——试片中心与圆盘旋转轴中心的距离(0.15 单位为米，m)；

n——试验时圆盘的总转数；

A——试片摩擦面的总面积，单位为平方厘米(cm^2)；

d_1——试验前试片的平均厚度，单位为厘米(cm)；

d_2——试验后试片的平均厚度，单位为厘米(cm)；

f_m——试验时总平均摩擦力，单位为牛顿(N)。

6.4 **剪切强度试验**

剪切强度试验按 GB/T 22309 进行。

6.5 **冲击强度试验**

6.5.1 **试样**

6.5.1.1 试样应在产品中部垂直于摩擦方向取样，每次试验用 5 根试样。

6.5.1.2 试样长度 55 mm±0.5 mm，宽度 10 mm±0.2 mm，厚度 6 mm±0.2 mm，试样宽度方向的面为产品受压面，试样尺寸如图 1 所示。

单位为毫米

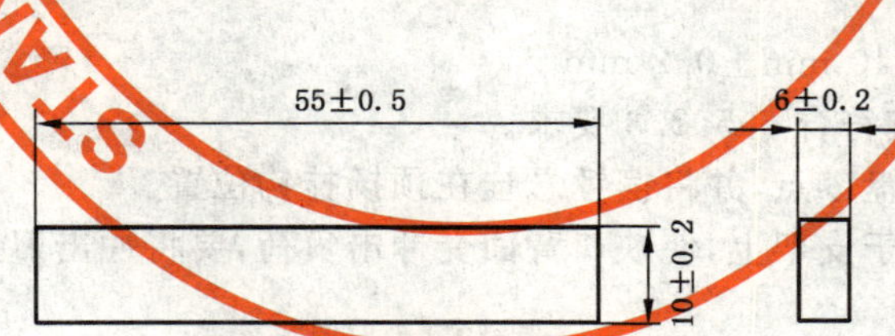

图 1 试样尺寸

6.5.1.3 试样宽度应用精度 0.01 mm 的千分尺测量试样中间部位三点，取其算术平均值。试样的厚度应用精度 0.02 mm 的游标卡尺测量试样中间部位三点，取其算术平均值。

6.5.2 **试验设备**

6.5.2.1 采用简支梁式摆锤冲击试验机，其冲击能量分为 0.980 7J 与 3.922 8J 两级。冲击速度为 2.9 m/s。

6.5.2.2 摆锤、试样、支座三者的尺寸及其相互关系，见图 2。

单位为毫米

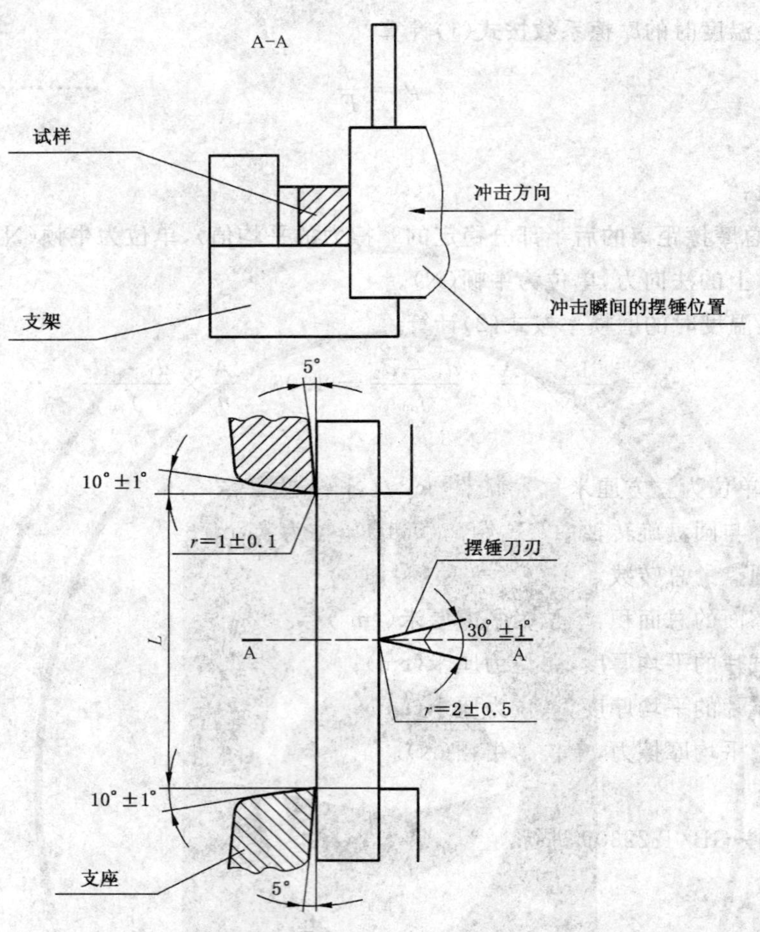

L——支点间距离。

图 2 摆锤、试样和支座的相互关系

6.5.2.3 试验中消耗自身贮存的能量值在每级表盘满量程的 10%～80%内。

6.5.3 试验步骤

6.5.3.1 调节支点间距离为 40 mm±0.2 mm 。

6.5.3.2 选择适当摆锤，使其符合 6.5.2.3 要求。

6.5.3.3 校正试验机的刻度盘零点，并将摆锤悬挂在预扬挂钩位置。

6.5.3.4 试样应水平地放置于支架上，使缺口背面受冲击负荷，要将冲击刀刃打在试样整个宽度线上，并对准试样中心线。

6.5.3.5 测试时仔细松开锁钩，让摆锤自由落下，使试样受到冲击负荷，由刻度盘读取所消耗的功。

6.5.4 计算

试样的冲击强度按式(3)计算：

$$\alpha_k = \frac{A_k}{b \cdot d} \quad \cdots\cdots(3)$$

式中：

α_k——试样冲击强度，单位为焦尔每平方厘米(J/cm^2)；

A_k——试样所消耗的冲击能量，单位为焦尔(J)；

b——试样中间部位宽度，单位为厘米(cm)；

d——试样的厚度，单位为厘米(cm)。

取五根试样试验结果的算术平均值为试验结果。

6.6 热膨胀率试验

热膨胀量试验按 GB/T 22310 进行，热膨胀率按式(4)计算：

$$S_w = \frac{\Delta d_{400}}{d_m} \times 100 \qquad \cdots\cdots(4)$$

式中：

S_w——热膨胀率，%；

Δd_{400}——400 ℃时的热膨胀量，单位为毫米(mm)；

d_m——试样厚度平均值，单位为毫米(mm)。

6.7 压缩应变试验

压缩应变试验按 GB/T 22311 进行。

7 检验规则

7.1 检验分类

7.1.1 出厂检验

出厂检验项目见表 7。

表 7 检验项目

产品分类	出厂检验项目	型式检验项目
1类	外观、尺寸、摩擦性能	外观、尺寸、摩擦性能
2类	外观、尺寸、摩擦性能	外观、尺寸、摩擦性能、剪切强度(粘结型)
3类	外观、尺寸、摩擦性能、冲击强度	外观、尺寸、摩擦性能、冲击强度
4类	外观、尺寸、摩擦性能、剪切强度(粘结型)	外观、尺寸、摩擦性能、剪切强度(粘结型)、热膨胀率、压缩应变

7.1.2 型式检验

型式检验项目见表 7。

有下列情况之一时应进行型式检验：

a) 产品长期停产后，恢复生产时；

b) 材料、工艺有较大变动，可能影响产品性能时；

c) 出厂检验与上次型式检验有较大差异时；

d) 国家质量监督检验机构提出进行型式检验的要求时；

e) 企业正常连续生产一年时；

f) 新产品投产时。

7.2 组批和抽样

7.2.1 组批原则

以同材质同规格的衬片的实际交货量为一批。当批量过大时，也可分成若干小批。

7.2.2 抽样方案

衬片的外观与尺寸偏差的检查采用随机抽样方法，按 GB/T 2828.1 使用正常检查一次抽样方案，取特殊检查水平 S-4，AQL 值为 2.5。不同批量所需的抽样量、合格批或不合格批的判定，应符合表 8 的规定。

表 8 抽样数量与判定规则

单位为片

批量	样本大小	合格判定数	不合格判定数
≤150	8	0	1
151～500	13	1	2
501～1 200	20	1	2
1 201～10 000	32	2	3
>10 000	50	3	4

7.3 结果判定

7.3.1 摩擦性能、剪切强度(粘结型)、热膨胀率、压缩应变、冲击强度按表 9 规定随机抽样。摩擦性能、冲击强度每个样本均符合本标准要求，则判定该批产品该项合格；剪切强度(粘结型)、热膨胀率、压缩应变所有样本的算术平均值符合标准要求，则判定该批产品该项合格。

7.3.2 以上检验项目若有任何一项不合格，再加倍取样复验，复验结果均符合本标准要求，则仍判定该项目合格，如仍有一项不合格，则判定该批产品该项为不合格。

表 9 抽样数量

单位为片

批量	摩擦性能	剪切强度(粘结型)	冲击强度	热膨胀率	压缩应变
≤10 000	1	5	1	2	5
>10 000	2	10	2	4	10

7.3.3 所有检验项目全部合格，则判定该批产品合格。若有任何一项不合格，则判定该批产品不合格。

8 标志、包装、运输、贮存

8.1 标志

8.1.1 衬片的非工作面上应印有制造厂名或商标、生产年月或批号。

8.1.2 衬片包装箱(盒)的四周侧面应分别印有产品名称、型号规格、制造厂名和/或商标、地址、产品数量、指定摩擦系数、检验包装日期及本标准号。

8.2 包装

8.2.1 衬片应紧密整齐地装入清洁干燥、坚固耐用的箱(盒)内。

8.2.2 每个包装箱(盒)内应装入型号规格相同的衬片；当用户需要时，也可装入成套供应的衬片。

8.2.3 每个包装箱(盒)内应附有产品合格证。

8.3 运输

在运输过程中应做到不使衬片受到损坏和被油、水沾污。

8.4 贮存

衬片应贮存在通风干燥、地面平坦的室内。

ICS 27.020
J 94

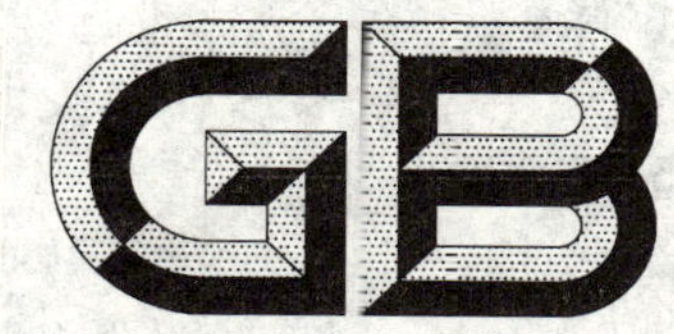

中华人民共和国国家标准

GB/T 5770—2008
代替 GB/T 5770—1997

柴油机柱塞式喷油泵总成技术条件

Technical requirements for jerk fuel injection pump

2008-04-22 发布 2008-10-01 实施

中华人民共和国国家质量监督检验检疫总局
中国国家标准化管理委员会 发布

前　言

本标准是对 GB/T 5770—1997《柴油机柱塞式喷油泵总成　技术条件》的修订。

由于 JB/T 51169—2000《柴油机柱塞式喷油泵总成　产品质量分等》目前不再使用，而产品质量的抽样检查和合格判定规则在喷油泵总成的生产、流通及检测中仍然需要，故在本标准的修订中纳入了 JB/T 51169 的相关内容。

本标准按 GB/T 1.1—2000 的规定编写，并对有些技术内容作了编辑性修改。

本标准与 GB/T 5770—1997 相比，主要技术内容变化如下：

——在标准全文中，用“多缸喷油泵”代替原标准“多缸合成式喷油泵”；

——在第 2 章中增加了引用标准 GB/T 19147 车用柴油；

——在 3.2 中，用 GJB 3075 军用柴油规范代替了 GB 2021 军用柴油，增加了 GB/T 19147 车用柴油；

——在 3.4 中，“喷油泵的供油预行程”修改为“喷油泵基准缸的供油预行程极限偏差”；

——在 3.5 中，夹角的极限偏差，增加了“允许按用户协议”；

——增加了 3.7，多缸喷油泵标定工况供油量恢复性偏差率的要求；

——3.8 是将原标准中 3.7 和 3.8 的修改合并，并增加了喷油泵供油量特性及其偏差的具体内容；

——增加了 3.11，柱塞偶件带顶隙的喷油泵要求；

——增加了 3.12，对用于国Ⅱ、国Ⅲ排放指标的喷油泵许用泵端压力的要求；

——增加了 3.16.1，喷油泵外观质量的有关内容；

——在 3.17 中，增加了喷油泵可靠性和使用寿命的具体内容；

——在 4.2.3.3 中，带调速器的多缸喷油泵“后一次对前一次的各缸平均供油量偏差应……”修改为“基准缸后一次对前一次的供油量偏差应符合本标准 3.7 的规定”；

——4.2.4 为原标准 4.2.5 的内容，4.2.5 为原标准 4.2.4 的内容；

——在 4.2.4.1 中，供油量测量点由“按用户与制造厂的协议规定”修改为“按本标准 3.8 的规定”；增加了在测试时，喷油泵转速由低向高按一定间隔递增，不得停止喷油泵运转的规定；

——增加了 4.2.5.1，明确该测试与 4.2.4 的试验同时进行；

——增加了 4.2.10 喷油泵的使用寿命考核规定；

——删除了原标准中 5.3 用户验收的内容；

——增加了 5.4 经销单位和配套单位验收依据的规定；

——增加了 5.5 喷油泵产品质量抽样检查及合格判定规则的要求；

——增加了附录 A《喷油泵产品质量抽样检验及合格判定规则》。

本标准的附录 A 为规范性附录。

本标准代替 GB/T 5770—1997。

本标准由中国机械工业联合会提出并归口。

本标准主要起草单位：无锡油泵油嘴研究所、无锡威孚集团有限公司、山东鑫亚工业股份有限公司。

本标准主要起草人：朱锡芬、刘必柱、杜红光。

本标准所代替标准的历次版本发布情况为：

——GB 5770—1986，GB/T 5770—1997。

柴油机柱塞式喷油泵总成 技术条件

1 范围

本标准规定了中小功率柴油机用带或不带调速器的柱塞式喷油泵总成(以下简称喷油泵)产品的技术要求、试验方法、检验规则、标志、包装、运输和贮存要求。

2 规范性引用文件

下列文件中的条款通过本标准的引用而成为本标准的条款。凡是注日期的引用文件,其随后所有的修改单(不包括勘误的内容)或修订版均不适用于本标准,然而,鼓励根据本标准达成协议的各方研究是否可使用这些文件的最新版本。凡是不注日期的引用文件,其最新版本适用于本标准。

GB 252—2000 轻柴油

GB/T 2828.1—2003 计数抽样检验程序 第1部分:按接收质量限(AQL)检索的逐批检验抽样计划(ISO 2859-1:1999,IDT)

GB/T 2829—2002 周期检验计数抽样程序及表(适用于对过程稳定性的检验)

GB/T 8029—1987 柴油机喷油泵校泵油(neq ISO 4113:1978)

GB/T 19147—2003 车用柴油

GJB 3075—1997 军用柴油规范

JB/T 6291.1—2004 活塞式输油泵总成 技术条件

JB/T 6291.2—2004 活塞式输油泵总成 性能试验方法

JB/T 7173.1—2004 柴油机喷油泵柱塞偶件 技术条件

JB/T 7174.1—2004 柴油机喷油泵出油阀偶件 技术条件

JB/T 7661—2004 柴油机油泵油嘴 产品清洁度限值及测定方法

JB/T 8121 柴油机喷油泵试验台用高压油管组件

JB/T 9734 喷油泵试验台 技术条件

JB/T 9735 喷油泵试验台用标准喷油器总成 技术条件

JB/T 51178—2000 合成式喷油泵总成可靠性考核 评定方法、台架试验方法、故障分类及判定规则

3 技术条件

3.1 喷油泵应按经规定程序批准的产品图样及技术文件制造,并符合本标准的要求。

3.2 喷油泵使用GB 252、GB/T 19147、GJB 3075规定的燃油时,应能保证正常工作。

3.3 多缸喷油泵各缸供油顺序按用户与制造厂的协议规定。

注:若用户与制造厂之间没定协议,就按制造厂的有关文件规定。

3.4 喷油泵基准缸的供油预行程极限偏差按用户与制造厂的协议规定。

注:若用户与制造厂之间没定协议,就按制造厂的有关文件规定。

3.5 多缸喷油泵各缸供油始点与指定的基准缸供油始点之间夹角的极限偏差为±30′凸轮轴转角,允许按用户协议。

3.6 喷油泵的油量调节机构应灵活无阻。

3.7 多缸喷油泵标定工况供油量恢复性偏差率β为±3%。β按公式(1)计算。

$$\beta=\frac{Q_b-Q_a}{Q_a}\times 100 \qquad \cdots\cdots(1)$$

式中：

β——标定工况下的供油量恢复性偏差率，单位为百分率(%)；

Q_a——升速前基准缸的标定供油量，单位为毫升(mL)；

Q_b——降速到标定转速时基准缸的供油量，单位为毫升(mL)。

3.8 喷油泵的供油量特性及其偏差

3.8.1 多缸喷油泵和多缸柴油机用单缸喷油泵，在标定工况下的各缸平均供油量对标定值的偏差率 γ 为±3%。γ 按公式(2)计算。

$$\gamma=\frac{Q-Q_c}{Q_c}\times 100 \qquad \cdots\cdots(2)$$

式中：

γ——各缸平均供油量对标定值的偏差率，单位为百分率(%)；

Q——各缸平均供油量，单位为毫升(mL)；

Q_c——标定供油量，单位为毫升(mL)。

3.8.2 多缸柴油机用的单缸喷油泵在油量调节杆上应有表示标定供油量位置的刻线。

3.8.3 喷油泵的下列供油量特性及其偏差率按用户与制造厂的协议规定。其中 3.8.3.2～3.8.3.4 检测与否也按用户与制造厂的协议规定。

3.8.3.1 单缸喷油泵在标定转速时的最大供油量及偏差率。

3.8.3.2 柴油机最大扭矩转速时的平均供油量偏差率。

3.8.3.3 30%～50%标定转速时的平均供油量偏差率。

3.8.3.4 柴油机允许最高空载转速下的平均供油量偏差率。

3.8.3.5 断油转速。

3.8.3.6 柴油机怠速时的平均供油量偏差率。

3.8.3.7 柴油机起动转速时的平均供油量偏差率。

3.9 多缸喷油泵在喷油泵试验台上检验时，各缸供油量不均匀度 δ 按表 1 的规定。其他工况各缸供油量不均匀度如有特殊要求时，按用户与制造厂的协议规定。

多缸喷油泵各缸供油量不均匀度 δ 按公式(3)计算。

$$\delta=\frac{2(Q_{max}-Q_{min})}{Q_{max}+Q_{min}}\times 100 \qquad \cdots\cdots(3)$$

式中：

δ——各缸供油量不均匀度，单位为百分率(%)；

Q_{max}——各缸中供油量最大的一个缸的供油量，单位为毫升(mL)；

Q_{min}——各缸中供油量最小的一个缸的供油量，单位为毫升(mL)。

表 1 多缸喷油泵各缸供油量不均匀度

喷油泵缸数	各缸供油量不均匀度 δ/%	
	标定工况(或最大扭矩工况)	怠速工况
2	6	25
3,4		30
5,6		35
8,10		40
≥12	8	45

3.10 喷油泵柱塞上止点或供油始点的记号标志方式和部位按用户与制造厂的协议或有关技术文件的

规定。

3.11 对于柱塞偶件带顶隙的喷油泵，其技术要求按企业与主机厂确定的供货技术协议执行。

3.12 用于满足国Ⅱ、国Ⅲ排放标准的多缸喷油泵，其许用泵端压力推荐值分别为100 MPa和120 MPa。

3.13 喷油泵各密封处不得有渗漏油现象。

3.14 喷油泵的清洁度应符合JB/T 7661中的规定。

3.15 喷油泵所安装的输油泵总成应符合JB/T 6291.1的有关规定。其他附件按用户与制造厂的协议或有关技术文件规定。

3.16 喷油泵调试结束后应铅封或漆封。

3.16.1 喷油泵外观不应有明显的碰伤、碰毛、生锈、划痕、凹坑等缺陷。凡有涂漆的表面不得有开裂、脱落现象。标牌标志应清晰。

3.16.2 在用户与制造厂取得协议的条件下，允许在柴油机上对喷油泵作个别调整后铅封或漆封。

3.17 喷油泵可靠性考核的评定方法应符合JB/T 51178的规定。在用户遵守使用说明书规定的条件下，喷油泵的可靠性和使用寿命按表2规定。

表2 喷油泵的可靠性和使用寿命

单位为小时

配套柴油机	平均故障间隔时间(MTBF)	使用寿命
多缸柴油机	2 000	5 000
单缸柴油机	2 200	4 000

3.18 在用户遵守使用说明书的规定及喷油泵铅封或漆封完好的情况下，喷油泵的保用期为自出厂之日起一年内，且累计运转时间不超过2 000 h，如因制造不良而损坏的零件、部件，制造厂应予以更换(柱塞偶件和出油阀偶件的保用期按JB/T 7173.1及JB/T 7174.1中的规定)。

4 试验方法

4.1 试验条件

4.1.1 喷油泵试验台应符合JB/T 9734的有关规定。

4.1.2 喷油泵试验台用标准喷油器总成应符合JB/T 9735的有关规定。

4.1.3 喷油泵试验台用高压油管组件应符合JB/T 8121的规定。

4.1.4 喷油泵试验用油应符合GB/T 8029规定的柴油机喷油泵校泵油。

4.2 试验方法

4.2.1 供油预行程的测定

喷油泵不带出油阀弹簧及出油阀，在喷油泵进油口处通入压力为0.015 MPa的试验油，试验油通过出油阀座中孔，从溢流管(内径为2，长为100)流出。转动喷油泵凸轮轴使柱塞由下止点缓慢地上升，当试验油从溢流管口流出量为每10滴8 s～12 s时，测定柱塞从下止点到此位置的距离。

4.2.2 各缸供油始点与基准缸供油始点间隔角的测定

松开喷油泵试验台标准喷油器溢流阀，从喷油泵进油口输入具有一定压力的试验油(其压力按出油阀开启压力规定)，使其经出油阀紧座由喷油泵试验台上的喷油器溢流管流出。缓慢地转动喷油泵试验台飞轮，以溢流管口处的油停止流出的瞬间确定其供油始点。以基准缸的供油始点为基点，按供油顺序依次测定各缸供油始点与基准缸始点之间的间隔角。

4.2.3 喷油泵油量调节机构灵活性试验

4.2.3.1 单缸泵：当喷油泵柱塞处于上止点和下止点之间的任何位置时，拉动油量调节杆(或调节臂)应无任何阻滞感觉。

4.2.3.2 不带调速器的多缸喷油泵：喷油泵呈静止状态，将油量调节杆置于水平位置，在全行程范围内使油量调节杆缓慢地往燃油增加和减少的方向移动，测定其阻力值，其阻力值范围应符合经一定程序批准的技术文件的规定。

4.2.3.3 带调速器的多缸喷油泵：在喷油泵试验台上，将喷油泵调速器操纵手柄固定在全负荷位置，使喷油泵转速从标定转速逐渐增加到停油转速，再逐渐降至标定转速，测定前后两次标定转速时的供油量。基准缸后一次对前一次的供油量偏差应符合本标准3.7的规定。

4.2.4 供油量特性试验

4.2.4.1 将调速器操纵手柄分别固定在全负荷位置和怠速位置上，测定喷油泵全负荷和怠速供油量特性。供油量测量点按本标准3.8的规定。在测试时，喷油泵转速由低向高按一定间隔递增，不得停止喷油泵运转。

4.2.4.2 允许采用用户与制造厂商定的样泵作比较的方法来评价喷油泵的供油特性。

4.2.4.3 每次测量的延续时间应保证供油量不小于20 mL，测量怠速供油量时，应不小于5 mL 。

4.2.4.4 高速断油转速时，经喷油器喷出的试验油油量应不大于怠速供油量的1/4。

4.2.5 各缸供油量不均匀度试验

4.2.5.1 在进行4.2.4的试验时，同时测定标定工况和怠速工况的各缸供油量不均匀度。

4.2.5.2 以规定压力的试验油供给喷油泵，在喷油泵调节到指定的拉杆（齿杆）位置及转速下测定一定循环数从喷油泵流出的流量。

4.2.5.3 读数前量筒内的油应有30 s下沉时间，读取油量时以量筒中盛油的弯月面底部读取数值。倒油时量筒架应倾斜45°，并维持30 s。

4.2.6 喷油泵密封性试验

4.2.6.1 在喷油泵进油口处通入压力为0.5 MPa的压缩空气（对柱塞偶件与喷油泵体之间采用O型密封圈密封的喷油泵，在喷油泵进油口处通入压力为0.4 MPa的压缩空气），关闭出油阀紧座出油口，然后将喷油泵浸在柴油中，保持15 s，应不漏气（允许柱塞偶件径部有少量漏气）。

4.2.6.2 在调速器或喷油泵通气孔处通入压力为0.02 MPa的压缩空气，然后将喷油泵浸在柴油中，保持15 s，应不漏气。允许油量调节杆（齿条）中心线以上部位有一处微量漏气。

4.2.6.3 在喷油泵性能试验过程中，不允许有渗漏油现象。

4.2.7 喷油泵清洁度的测定

喷油泵清洁度限值及测定方法按JB/T 7661的规定。

4.2.8 喷油泵上所安装的输油泵吸油真空度和手压泵性能的试验方法按JB/T 6291.2的规定。

4.2.9 喷油泵可靠性考核的台架试验方法按JB/T 51178的规定。

4.2.10 喷油泵的使用寿命按用户跟踪试验进行考核。

5 检验规则

5.1 每台喷油泵必须经制造厂质量检验部门按本标准进行检验，合格后方可出厂。

5.2 出厂检验项目一般为3.5、3.6、3.8、3.9。

5.3 出厂检验抽样规则及合格与否的判定，按GB/T 2828.1的有关规定；型式检验抽样规则及合格与否的判定，按GB/T 2829的有关规定。

5.4 经销单位和配套单位验收应符合本标准的规定，也可按供需双方协议。

5.5 喷油泵产品质量抽样检查及合格判定规则，按附录A的规定。

6 标志、包装、运输和贮存

6.1 标志

每台喷油泵应在显著部位标明以下内容，并在使用期限内应保持标志清晰可认：

a) 制造厂名；

b) 产品名称；

c) 商标；

d) 产品型号或标记；

e） 制造日期或生产批号(单缸泵除外)；

f） 其他内容按用户协议标注。

6.2 包装

6.2.1 喷油泵上应装有各种防护零件(护罩、护帽等)，以防止内腔被污染。

6.2.2 喷油泵总成应装入衬有防潮材料的坚固包装箱内，箱内应有经检验人员签章的产品合格证及出厂文件。包装箱外表面应标明：

a） 产品名称；

b） 产品型号；

c） 产品标准号；

d） 制造厂的厂标或商标；

e） 装箱数量；

f） 制造厂名；

g） 装箱日期；

h） 运输保护标志。

6.3 运输

包装应充分保证喷油泵在运输途中不受到损伤和受潮。

6.4 贮存

喷油泵应贮存在干燥的仓库内，不得与酸、碱及其他能引起腐蚀的化学药品存放在一起。在正常保管情况下，自出厂之日起，制造厂应保证产品一年内不发生锈蚀。

附　录　A
（规范性附录）
喷油泵产品质量抽样检验及合格判定规则

A.1　总则

本附录给出了中小功率柴油机用带或不带调速器的柱塞式喷油泵总成(以下简称喷油泵)产品质量抽样检验及合格判定规则。

本附录适用于喷油泵产品的质量检验和合格评定。

A.2　抽样检验规则及抽样方案

抽样检验规则及抽样方案按 GB/T 2828.1 的规定。

A.2.1　不合格分类

A.2.1.1　按照 GB/T 2828.1 规定受检产品的质量特性不符合标准或图样规定称为不合格，按其对产品质量的重要性分类，一般将不合格分为：A 类不合格、B 类不合格、C 类不合格。

A 类不合格：产品的极重要质量特性不符合规定。

B 类不合格：产品的重要质量特性不符合规定。

C 类不合格：产品的一般质量特性不符合规定。

A.2.1.2　多缸喷油泵不合格分类见表 A.1。

表 A.1　多缸喷油泵不合格分类

不合格分类		质量特性
类	项	
A	1	清洁度
	2	平均故障间隔时间(MTBF)
	3	使用寿命
B	1	密封性
	2	断油转速
	3	油量调节机构灵活性
	4	标定工况(或最大扭矩工况)各缸供油量不均匀度
	5	输油泵手压性能
C	1	基准缸供油预行程偏差
	2	各缸供油始点对基准缸供油始点夹角偏差
	3	标定工况下各缸平均供油量对标定值偏差
	4	30%～50%标定转速时各缸平均供油量偏差
	5	柴油机最大扭矩转速时各缸平均供油量偏差
	6	调速器起作用转速
	7	怠速工况供油量不均匀度[a]
	8	柴油机允许最高空载转速下的供油量[b]
	9	怠速工况时各缸平均供油量偏差
	10	起动转速时各缸平均供油量偏差
	11	标定转速下输油泵的吸油真空度
	12	外观质量

[a] 车用时按 B 类考核。

[b] 发电用时按 B 类考核。

A.2.1.3 单缸喷油泵不合格分类见表 A.2。

表 A.2 单缸喷油泵不合格分类

不合格分类		质量特性
类	项	
A	1	平均故障间隔时间(MTBF)
	2	使用寿命
	3	清洁度
B	1	密封性
	2	齿杆(或调节臂)灵活性
	3	断油
C	1	标定转速时的最大供油量
	2	供油预行程偏差
	3	外观质量

A.2.2 抽样方案和检验结果评定

A.2.2.1 多缸喷油泵抽样方案和检验结果评定见表 A.3。

表 A.3 多缸喷油泵抽样方案和检验结果评定

不合格分类	A	B	C
项数	3	5(6)	12(11、10、9)
检验水平	S-1	Ⅰ	Ⅰ
样本量字码	B	D	D
检验批量 N	100	100	100
样本量 n	3	8	8
AQL	4	15	65
Ac,Re	0,1	3,4	10,11

A.2.2.2 单缸喷油泵抽样方案和检验结果评定见表 A.4。

表 A.4 单缸喷油泵抽样方案和检验结果评定

不合格分类	A	B	C
项数	3	3	3
检验水平	S-1	Ⅰ	Ⅰ
样本量字码	B	E	E
检验批量 N	200	200	200
样本量 n	3	13	13
AQL	4	10	15
Ac,Re	0,1	3,4	5,6

A.2.3 检验批量 *N*

规定每批次检验批量多缸喷油泵为 100 台,单缸喷油泵为 200 台。交验批不得小于规定批的数量,如大于规定批的数量,则应将产品批分成若干批,随机抽取其中一批供抽样检查。在用户或销售机构抽样时,批量大小不限。

A.2.4 检验水平

对喷油泵,A 类不合格采用特殊检验水平 S-1,B、C 类不合格采用一般检验水平Ⅰ。

A.2.5 样本量字码

根据检验批量及检验水平,在 GB/T 2828.1 中的表 1 查出相应的样本量字码。

A.2.5.1 抽样方案

采用正常检验一次抽样方案。根据样本量字码和 AQL 值,在 GB/T 2828.1 中的表 2-A 查出相应的正常检验一次抽样方案(n,Ac,Re),见表 A.3 和表 A.4。

A.3 样本的抽取

样本应在用户单位、商业部门或配件公司随机抽取,此时可不受批量范围下限值限制。如上述单位无货,经有关部门同意,可在生产线上或近期(6 个月之内)入库的产品中抽取,此时必须严格执行 A.2.3所规定的批量范围。

A.4 合格与否的判定

A.4.1 样本检验

样本应按表 A.1、表 A.2 规定的不合格分类和表 A.3、表 A.4 规定的抽样方案,并按本标准的规定进行检验。

A.4.2 批合格与否的评定

A.4.2.1 样本经全数检验后,把结果填入汇总表(表 A.5、表 A.6),按各类的抽样方案分别作出检验结论,判定合格与否,然后作出最终评定。

A.4.2.2 根据样本检验的结果,若在样本中发现某类的不合格项数小于或等于合格判定数 Ac 值时,则判该类为合格。若在样本中发现某类的不合格项数大于或等于不合格判定数 Re 值时,则判该类为不合格。当各类不合格项数全部为合格时,该批产品才能最终被判为合格。

A.4.3 产品合格与否的评定

A.4.3.1 样本经全数检验后,当样本中各类的不合格项数均小于或等于合格判定数 Ac 值时,评被检产品为合格。若在样本中某类的不合格项数大于或等于不合格判定数 Re 值时,则评被检产品为不合格。

A.4.3.2 如产品被评为不合格,允许 6 个月以后再补检一次。如补检合格,仍可评为合格。

表 A.5 多缸喷油泵检测结果汇总表

项目类别	合格判定数		按类判定	最终判定
	Ac 值	实测		
A 类不合格项目	0			
B 类不合格项目	≤3			
C 类不合格项目	10			

表 A.6 单缸喷油泵检测结果汇总表

项目类别	合格判定数		按类判定	最终判定
	Ac 值	实测		
A 类不合格项目	0			
B 类不合格项目	≤3			
C 类不合格项目	≤5			

ICS 77.040.20
H 26

中华人民共和国国家标准

GB/T 5777—2008
代替 GB/T 5777—1996

无缝钢管超声波探伤检验方法

Seamless steel pipe and tubing methods for ultrasonic testing

(ISO 9303:1989(E),MOD)

2008-08-05 发布　　　　2009-04-01 实施

中华人民共和国国家质量监督检验检疫总局
中国国家标准化管理委员会　发布

前 言

本标准修改采用 ISO 9303:1989(E)《承压无缝和焊接(埋弧焊除外)钢管纵向缺陷的全周向超声波检测》。

本标准根据 ISO 9303:1989(E)重新起草。在附录 A 中列出了本标准章条编号与 ISO 9303:1989(E)章条编号对照一览表。

本标准在采用国际标准时做了一些修改。有关技术性差异用垂直单线标识在它们所涉及的条款的页边空白处。在附录 B 中给出了技术性差异及其原因的一览表以供参考。

为便于使用,对于 ISO 9303:1989(E)还做了下列编辑性修改:

——“本国际标准”一词改为“本标准”;

——删除 ISO 9303:1989(E)的前言和引言。

本标准代替 GB/T 5777—1996《无缝钢管超声波探伤检验方法》,与 GB/T 5777—1996 相比主要变化如下:

——范围增加“电磁超声探伤可参照此标准执行”(见第 1 章);

——增加了对斜向缺陷的检验及检验方法(见第 4 章和附录 B);

——修改了管端人工槽位置的限制(GB/T 5777—1996 中的第 5 章;本标准的第 5 章);

——修改了人工缺陷的尺寸和代号(GB/T 5777—1996 中的第 5 章;本标准的第 5 章和附录 E);

——探头工作频率由 2.5 MHz～10 MHz 修改为 1 MHz～15 MHz(GB/T 5777—1996 中的第 6 章;本标准的第 6 章)。

本标准的附录 A、附录 B 和附录 E 是资料性附录。附录 C、附录 D 是规范性附录。

本标准由中国钢铁工业协会提出。

本标准由全国钢标准化技术委员会归口。

本标准主要起草单位:湖南衡阳钢管(集团)有限公司、冶金工业信息标准研究院、宝山钢铁股份有限公司特殊钢分公司。

本标准主要起草人:左建国、张黎、彭善勇、黄颖、邓世荣、赵斌、刘志琴、赵海英。

本标准所代替标准的历次版本发布情况为:

——GB/T 5777—1986、GB/T 5777—1996;

——GB/T 4163—1984。

无缝钢管超声波探伤检验方法

1 范围

本标准规定了无缝钢管超声波探伤的探伤原理、探伤方法、对比试样、探伤设备、探伤条件、探伤步骤、结果评定和探伤报告。

本标准适用于各种用途无缝钢管纵向、横向缺陷的超声波检验。本标准所述探伤方法主要用于检验破坏了钢管金属连续性的缺陷，但不能有效地检验层状缺陷。

本标准适用于外径不小于 6 mm 且壁厚与外径之比不大于 0.2 的钢管。壁厚与外径之比大于 0.2 的钢管的检验，经供需双方协商可按本标准附录 C 执行。

电磁超声探伤可参照此标准执行。

2 规范性引用文件

下列文件中的条款通过本标准的引用而成为本标准的条款。凡是注日期的引用文件，其随后所有的修改单(不包括勘误的内容)或修订版均不适用于本标准，然而，鼓励根据本标准达成协议的各方研究是否可使用这些文件的最新版本。凡是不注日期的引用文件，其最新版本适用于本标准。

GB/T 9445 无损检测 人员资格鉴定与认证

YB/T 4082 钢管自动超声探伤系统综合性能测试方法

JB/T 10061 A 型脉冲反射式超声波探伤仪通用技术条件

3 探伤原理

超声波探头可实现电能和声能之间的相互转换以及超声波在弹性介质中传播时的物理特性是钢管超声波探伤原理的基础。定向发射的超声波束在管中传播时遇到缺陷时产生波的反射。缺陷反射波经超声波探头拾取后，通过探伤仪处理获得缺陷回波信号，并由此给出定量的缺陷指示。

4 探伤方法

4.1 采用横波反射法在探头和钢管相对移动的状态下进行检验。自动或手工检验时均应保证声束对钢管全部表面的扫查。自动检验时对钢管两端将不能有效地检验，此区域视为自动检验的盲区，制造方可采用有效方法来保证此区域质量。

4.2 检验纵向缺陷时声束在管壁内沿圆周方向传播；检验横向缺陷时声束在管壁内沿管轴方向传播。纵向、横向缺陷的检验均应在钢管的两个相反方向上进行。

4.3 在需方未提出检验横向缺陷时供方只检验纵向缺陷。经供需双方协商，纵向、横向缺陷的检验均可只在钢管的一个方向上进行。

4.4 经供需双方协商，可对斜向缺陷进行超声波检验。无缝钢管中斜向缺陷的超声波检验见附录 D。

4.5 自动或手工检验时均应选用耦合效果良好并无损于钢管表面的耦合介质。

5 对比试样

5.1 用途

对比试样用于探伤设备的调试、综合性能测试和使用过程中的定时校验。对比试样上的人工缺陷是评定自然缺陷当量的依据，但不应理解为被检出的自然缺陷与人工缺陷的信号幅度相等时二者的尺寸必然相等，也不能理解为该设备所能检出的最小缺陷尺寸。

5.2 材料

制作对比试样用钢管与被检验钢管应具有相同的公称尺寸并具有相近的化学成分、表面状况、热处理状态和声学性能。

制作对比试样用钢管上不应有影响校准的自然缺陷。

5.3 长度

对比试样的长度应满足探伤方法和探伤设备的要求。

5.4 人工缺陷

5.4.1 形状

检验纵向缺陷和横向缺陷所用的人工缺陷应分别为平行于管轴的纵向槽口和垂直于管轴的横向槽口，其断面形状均可为矩形或V形，人工缺陷断面示意图见图1，横向人工缺陷示意图见图2。矩形槽口的两个侧面应相互平行且垂直于槽口底面。当采用电蚀法加工时，允许槽口底面和底面角部略呈圆形。V形槽的夹角应为60°。

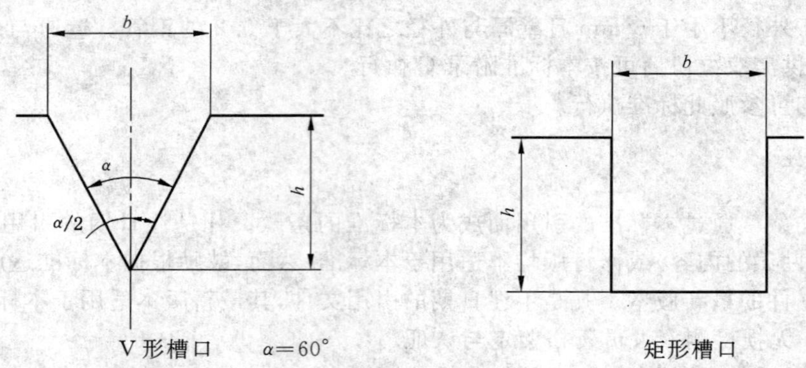

h——人工缺陷深度，单位为毫米(mm)；

b——人工缺陷宽度，单位为毫米(mm)。

图1　人工缺陷断面示意图

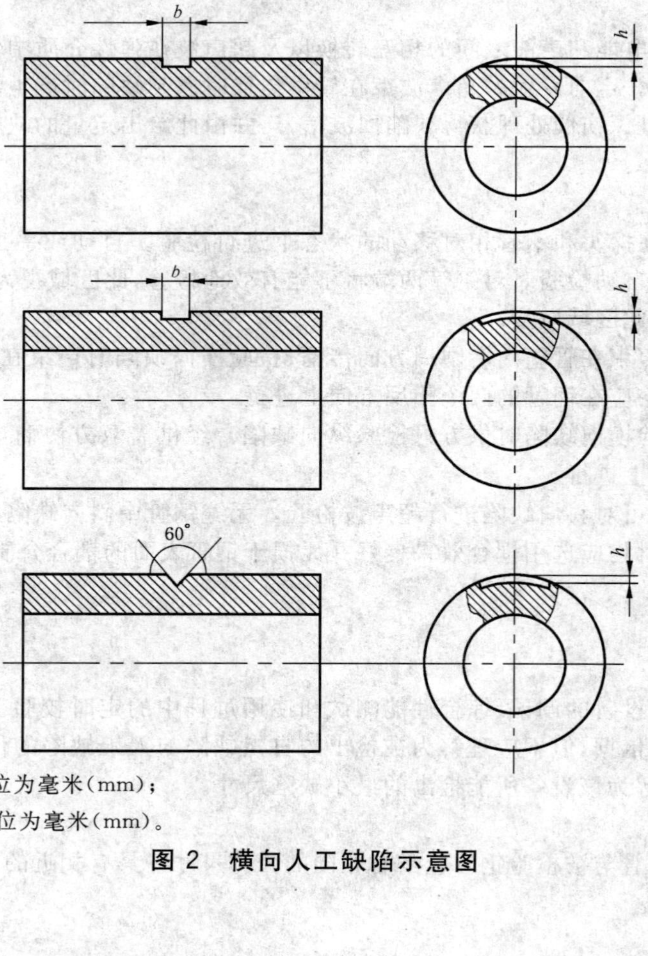

h——人工缺陷深度，单位为毫米(mm)；

b——人工缺陷宽度，单位为毫米(mm)。

图2　横向人工缺陷示意图

5.4.2 **位置**

纵向槽应在试样的中部外表面和两端盲区内、外表面处各加工一个，3个槽口的公称尺寸相同。航空用和其他重要用途的不锈钢管，当内径小于12 mm时可不加工内壁纵向槽。除此之外的其他钢管，当内径小于25 mm时可不加工内壁纵向槽。

横向槽应在试样的中部外表面和两端盲区内、外表面处各加工一个，3个槽口的名义尺寸相同。当内径小于50 mm时可不加工内壁横向槽。

5.4.3 **尺寸**

人工缺陷的尺寸按表1分为五级，人工缺陷级别的对应关系见附录E。具体级别按有关的钢管产品标准规定执行。如产品标准未作规定应由供需双方商定。

表1 人工缺陷尺寸

级别	深度			宽度	长度		推荐适用范围
	h/t/%	最小/mm	允许偏差		规定值/mm	允许偏差/mm	
L1	3	0.05	±10%	不大于深度的二倍，最大1.5 mm	5	±0.3	航空不锈钢管
L2	5	0.07	±10%		7	±0.5	
		0.15	±10%		10～25	±2.0	其他不锈钢管
		0.20	±15%		20～40	±2.0	高压锅炉管
L2.5	8	0.15	±10%		10～25	±2.0	其他不锈钢管
		0.40	±15%		20～40	±2.0	高压锅炉管
L3	10	0.40	±15%		20～40	±2.0	其他用途钢管
L4	12.5	0.40	±15%		20～40	±2.0	
注：各级别的最大深度均为1.5 mm。当管壁厚度大于50 mm时，经供需双方同意，最大深度可增加到3.0 mm。							

5.4.4 **制作与测量**

人工缺陷可采用电蚀、机械或其他方法加工。人工缺陷的几何尺寸和形状，应按国家计量管理规定进行验证。人工缺陷深度可用光学方法、覆形方法或其他方法测量。

对比试样上应有明显的标识或编号。

6 探伤设备

探伤设备可由探伤仪、探头、检测装置、传动装置、分选装置和其他辅助装置组成。

6.1 **探伤仪**

6.1.1 探伤仪应为脉冲反射式多通道或单通道超声波探伤仪，性能应符合JB/T 10061的规定，其衰减器(增益)精度、垂直线性和动态范围等应校准合格。

6.1.2 探伤仪重复频率的可调范围应满足探伤工艺要求。

6.1.3 探伤仪应具有自动报警或缺陷信号输出功能。

6.2 **探头**

6.2.1 压电超声探头的工作频率可在1 MHz～15 MHz之间选择，单个探头的晶片长度或直径应不大于25 mm，但人工缺陷长度小于20 mm时应不大于12 mm。

6.2.2 压电超声探伤可使用线聚焦或点聚焦探头。

6.3 **检测装置**

检测装置应具有探头相对钢管位置的高精度调整机构并能可靠地锁紧或能实现良好的机械跟踪，以保证动态下声束对钢管的入射条件不变。

6.4 传动装置

传动装置应使钢管以均匀的速度通过检测装置并能保证在检验中钢管与检测装置具有良好的同心度。

6.5 分选装置

分选装置应能可靠地分开探伤合格与探伤不合格的钢管。

7 探伤条件

7.1 被检验钢管的内外表面应光滑洁净、端部无毛刺并具有良好的平直度，以保证检验结果的可靠性。

7.2 探伤人员资质应符合 GB/T 9445 相关规定。

8 探伤步骤

8.1 设备调试

8.1.1 每次重新使用探伤设备时或变换检验规格时须用本标准规定的对比试样对探伤设备进行调试。

8.1.2 设备调试后应使对比试样上同一个人工缺陷在圆周方向不同位置的信号幅度接近一致。

8.1.3 当内、外壁人工缺陷信号使用同一个报警闸门时，探伤仪的报警灵敏度应按照内、外壁的信号中以及周向不同位置的信号中较低幅度的信号进行设定。当内、外壁人工缺陷信号使用两个不同的报警闸门时，探伤仪的报警灵敏度应按照内、外壁人工缺陷在周向不同位置中较低幅度的信号分别进行设定。同时，两个闸门的宽度应满足管壁内各部位缺陷信号的报警要求。

8.2 设备测试

8.2.1 设备调试完成后，应参照 YB/T 4082 测试探伤设备的周向灵敏度差和内外壁灵敏度差，测试结果应符合该标准规定。

8.2.2 设备测试时的运转速度应与正常检验的运转速度相同，多通道探伤设备如每个通道单独测试，测试速度可等于正常探伤速度与设备的通道数之比。

8.3 探伤

8.3.1 设备测试结果合格后方可进行检验。检验应逐批逐根进行。

8.3.2 在检验过程中必须由Ⅱ级探伤人员对缺陷指示信号采取可靠的监控措施，以防止缺陷漏检。

8.4 设备校验

8.4.1 在同规格钢管连续检验期间应利用对比试样对探伤设备进行定时校验，校验时间间隔应不大于 4 h。校验内容与设备测试项目相同，但多通道设备可对个别通道抽测，其余通道则要求检出人工缺陷的重复性良好。

在同规格钢管连续检验的开始和结束时以及连续检验中设备操作人员更换时也应对设备进行校验。

8.4.2 如校验结果不能满足 YB/T 4082 中关于稳定性的要求，则应对设备重新调试和测试，达到要求后应对上一次校验后所检验的钢管重新进行检验。

9 结果评定

9.1 整根钢管经检验未产生缺陷信号或信号幅度低于预先设定的报警电平，则认为此项检验合格。

9.2 整根钢管经检验如产生等于或大于预先设定的报警电平的信号，则认为钢管是可疑的。

9.3 对可疑的钢管可采用下列任意一种方法进行处理：

a) 按本标准规定的方法进行重新检验，如未产生缺陷信号或信号幅度低于预先设定的报警电平，则认为此项检验合格；

b) 对可疑部位的缺陷进行清除后，如钢管尺寸在允许公差范围之内，此钢管应按本标准规定的方法(自动或手动超声波)重新检验。如未产生缺陷信号或信号幅度低于预先设定的报警电平，则认为此项检验合格；

c) 按供需双方商定的方法和验收标准对可疑部位进行其他非破坏性检验；

d) 可疑部位应予标识并确保切除；

e) 可疑钢管被评定为此项检验不合格。

10 探伤报告

钢管检验后，应向有关部门和需方(需方需要时)提供由持有权威部门认可的超声探伤Ⅱ级以上(含Ⅱ级)技术资格证书的人员签发的探伤报告。探伤报告应包括下列内容：

a) 炉批号、牌号(或钢级)、规格、探伤根数；

b) 产品标准编号、本标准编号、对比试样人工缺陷的形状和级别；

c) 探伤仪型号，探头种类与规格、探伤方法；

d) 检验重要参数；

e) 探伤结果、探伤日期、签发报告日期；

f) 操作者和报告签发者姓名及其技术资格等级。

附 录 A
（资料性附录）
本标准章条编号与 ISO 9303:1989(E)章条编号对照

表 A.1 给出了本标准章条编号与 ISO 9303:1989(E)章条编号对照一览表。

表 A.1 本标准章条编号与 ISO 9303:1989(E)章条编号对照

本标准章条编号	对应的国际标准章条编号
1	1
2	—
3	—
4.1	3.1 和 3.2
4.2	3.3
4.3	—
4.4	—
4.5	—
5.1	4.1
5.2	4.3
5.3	—
5.4.1	4.5
5.4.2	4.2 和 4.4
5.4.3	5.1～5.3
5.4.4	4.6 和 5.4
6.1.1	—
6.1.2	—
6.1.3	3.5
6.2.1	3.4
6.2.2	—
6.3	—
6.4	—
6.5	3.5
7	2
8.1.1	6.4
8.1.2	—
8.1.3	6.1
8.2.1	—
8.2.2	6.2
8.3	—

表 A.1（续）

本标准章条编号	对应的国际标准章条编号
8.4.1	6.3
8.4.2	6.5
9	7
10	8
附录 A	—
附录 B	—
附录 C	附录 A
附录 D	—
附录 E	—

附　录　B
（资料性附录）
本标准与 ISO 9303：1989(E)技术性差异及其原因

表 B.1 给出了本标准与 ISO 9303：1989(E)的技术性差异及其原因的一览表。

表 B.1　本标准与 ISO 9303：1989(E)技术性差异及其原因

本标准的章条编号	技术性差异	原　因
1	删除 ISO 9303：1989(E)第 1 章中对焊接（埋弧焊除外）钢管的规定。 将 ISO 9303：1989(E)对钢管外径的适用范围延伸到 6 mm。 增加了“电磁超声探伤可参照此标准执行”	本标准未涉及焊接（埋弧焊除外）钢管的探伤，只对无缝钢管探伤进行规定。 本标准适用于不锈管，不锈管管径有 6 mm。 目前我国许多钢管制造厂都采用电磁超声探伤设备，但电磁超声探伤标准尚未出台，且电磁超声探伤与压电超声探伤原理上有一定的相似处，本标准对规范电磁超声探伤有较好作用
2	引用了有关的我国标准，而非国际标准	以适应我国国情
3	增加了超声波探伤原理	让采用本标准的各类人员对超声波形成及探伤有一基本的了解
4.1	增加了“此区域视为自动检测的盲区，制造方可采用有效方法来保证此区域质量。”	对该区域进行定义，使各类人员知道自动探伤时，钢管两端有一段盲区存在，以便制造方可采用合适的探伤设备、探伤方法或其他措施来保证钢管质量
4.2～4.4、附录 D	增加了横向、斜向探伤的简单描述，由供需双方协商决定是否采用	增加可操作性。由供需双方协商决定的横向、斜向探伤与各制造厂的探伤设备结构功能有关
5.4.2	将是否加工内壁伤的管径按钢管的种类进行划分	钢管的种类决定了钢管的重要程度，程度不同则对钢管的质量要求也就不同
5.4.3	将 ISO 9303：1989(E)中规定的 4 种不同验收等级修改为 5 种不同验收等级。进一步细化了各等级的加工精度	增加可操作性。L2.5 级在我国使用较多，故在本标准中增加该级。 各等级适用的钢管种类不一样，钢管的种类决定了钢管的重要程度，程度不一样则对钢管的质量要求也就不同
5.4.4	增加了“对比试样上应有明显的标识或编号”	探伤人员在现场选择对比试样时既方便又不会出现错误
6.1.1 和 6.1.2	增加了对探伤仪有关性能指标的要求	探伤仪性能的好坏直接影响探伤结果的正确
6.2.1 和 6.2.2	增加了超声探头工作频率范围限制和提倡使用聚焦式探头	不是所有频率的超声波都适于钢管探伤，因此要对超声波的频率进行规定。 采用聚焦式超声探头可提高对缺陷的检出率
6.3 和 6.4	增加了对检测装置和传动装置的性能要求	检测装置和传动装置的性能直接影响探伤结果的正确

表 B.1（续）

本标准的章条编号	技术性差异	原　因
8.1.2	强调了同一人工缺陷在圆周方向不同位置的信号幅度接近一致的要求	只有信号幅度接近一致，才能避免漏报和误报的情况发生
8.2.1	增加了对周向灵敏度差和内外壁灵敏度差的规定	以适应我国国情。周向灵敏度差和内外壁灵敏度差直接影响探伤质量
8.2.2	明确了多通道探伤设备测试速度与检测速度的关系	便于制造厂在保证探伤质量的前提下尽可能提高检测效率
8.3	增加了探伤过程中探伤人员的工作事项	探伤人员的工作情况直接影响到钢管的出厂实物质量
9.3	将 ISO 9303:1989(E)中 7.3 的内容安排在本标准的 9.3a)	7.3 段实际上就是对可疑品的一种处理方法
附录 C	将 ISO 9303:1989(E)中外径与壁厚之比更改为壁厚与外径之比	两者的含义完全一样，只是后者已被大家接受，符合我国国情
附录 E	叙述了人工缺陷级别的对应关系	将我国对人工缺陷级别的表示方式与 ISO 对人工缺陷级别的表示方式作一对比，有助于各类人员选择合适探伤级别

附　录　C
（规范性附录）
壁厚与外径之比大于0.2的钢管的检验

当钢管的壁厚与外径之比大于0.2时，应由供需双方按C.1或C.2协商确定其中一种特殊的检验方法。

C.1　当钢管的壁厚与外径之比大于0.2而小于或等于0.25时，外壁人工缺陷深度应符合表1的规定，内壁人工缺陷深度与外壁人工缺陷深度的比值应符合表C.1的规定。

表C.1　壁厚外径之比与人工缺陷深度的对应关系

壁厚/外径	内壁人工缺陷深度/外壁人工缺陷深度
0.200	1.0
0.201～0.210	1.6
0.211～0.222	1.9
0.223～0.235	2.2
0.236～0.250	2.5

C.2　当钢管的壁厚与外径之比大于0.2而小于0.3时，可利用管内的折射纵波检验外壁缺陷，而利用波型转换后的反射横波检验内壁缺陷(见图C.1)。采用此种检验方法时，应由供需双方商定内壁人工缺陷深度与外壁人工缺陷深度的比例，但不应超出表C.1所列数值范围。

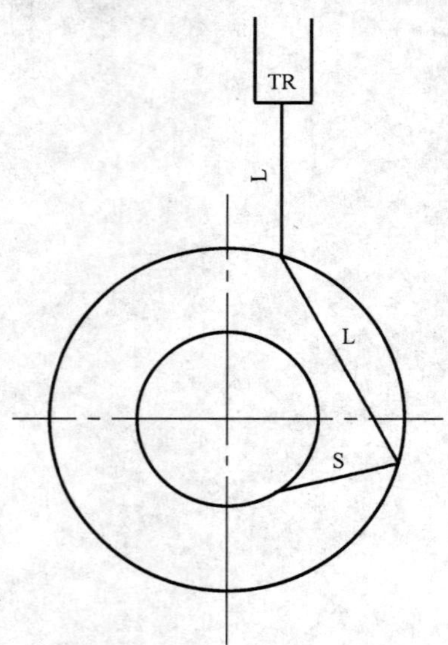

TR——探头；
L——纵波；
S——横波。

图C.1　纵波转换为横波的检验方法

附　录　D
（规范性附录）
无缝钢管中斜向缺陷的超声波检验

经供需双方协商，可对无缝钢管中斜向缺陷进行超声波检验。

D.1　检验斜向缺陷时声束在管壁内呈螺旋传播。

D.2　斜向槽应在试样的外表面加工，或内外表面各加工一个，内外槽口的名义尺寸相同。斜向槽只适合于公称外径大于 133 mm 的钢管，斜向槽与钢管轴线角度应不大于 45°。

D.3　斜向槽的人工缺陷尺寸参照表 1 人工缺陷尺寸执行。

附 录 E
(资料性附录)
人工缺陷级别的对应关系

表 E.1 给出人工缺陷级别的对应关系的一览表。

表 E.1 人工缺陷级别的对应关系

序号	GB/T 5777—1996 级别	GB/T 5777—2008 级别
1	C3	L1
2	C5	L2
3	C8	L2.5
4	C10	L3
5	C12	L4

ICS 91.060.50
Q 70

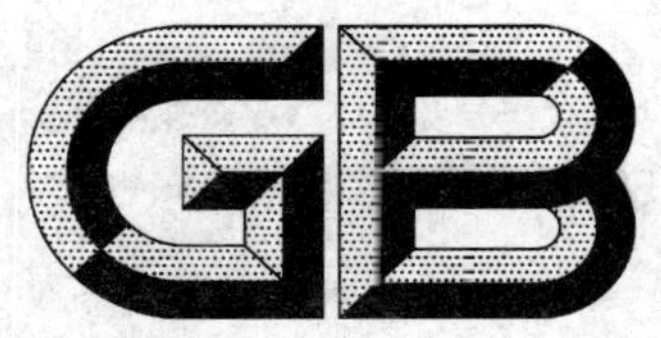

中华人民共和国国家标准

GB/T 5823—2008
代替 GB/T 5823—1986

建筑门窗术语

Terminology for building windows and doors

2008-07-30 发布 2009-03-01 实施

中华人民共和国国家质量监督检验检疫总局
中国国家标准化管理委员会 发布

前言

本标准参考 ISO 1804:1972《门　术语》、EN 12519:2004《窗和人行门　术语》、ANSI/AAMA/NWWDA 101/I. S. 2-97《铝合金、聚氯乙烯(PVC)塑料和木窗及玻璃门的推荐性规范》和 ISO 6707-1:2004《建筑和土木工程　词汇　第1部分:一般术语》。

本标准代替 GB/T 5823—1986《建筑门窗术语》。

本标准与 GB/T 5823—1986 相比主要变化如下:

——修改和调整了标准的总体结构和编排格式;

——增加了第1章范围和第2章门窗共用术语;

——本标准第3章和第4章增加了图示;

——将 GB/T 5823—1986 的第6章门、窗洞口及洞口尺寸的内容调整为本标准的第7章洞口和第8章尺寸;

——增加了中文索引和英文索引;

——删去了 GB/T 5823—1986 第5章;

——删去了 GB/T 5823—1986 附录 A(参考件);

——删去了 GB/T 5823—1986 附录 B(参考件);

——删去了 GB/T 5823—1986 附录 C(参考件)。

本标准由中华人民共和国住房和城乡建设部提出。

本标准由住房和城乡建设部建筑制品与构配件产品标准化技术委员会归口。

本标准负责起草单位:广东省建筑科学研究院、中国建筑标准设计研究院。

本标准参加起草单位:中国建筑科学研究院、广东省建筑工程集团有限公司、深圳市新山幕墙技术咨询有限公司、中国建筑金属结构协会、中国建筑装饰协会幕墙工程委员会、清华大学建筑学院建筑技术科学系、上海市建筑科学研究院有限公司、河南省建筑科学研究院、深圳市泰然铝合金工程有限公司、福建省南平铝业有限公司、北京金易格幕墙装饰工程有限责任公司、杭州之江有机硅化工有限公司、广东省东莞市坚朗五金制品有限公司。

本标准主要起草人:杨仕超、石民祥、庄国伟、王洪涛、杜继予、廖学权、张士翔、黄圻、宋协昌、林波荣、徐勤、刘宏奎、粟曙、谢光宇、班广生、刘明、杜万明。

本标准所代替标准的历次版本发布情况为:

——GB/T 5823—1986。

建筑门窗术语

1 范围

本标准规定了建筑用窗和人行门的通用术语和定义。

本标准适用于建筑墙体开口处的窗和门，以及屋顶上开口处所用的窗。

2 门窗共用术语

2.1

门窗 windows and doors

建筑用窗和人行门的总称。

2.2

门窗洞口 structural opening

墙体上安设**门窗**(2.1)的预留开口。

2.3

框 frame

用于安装**门窗**(2.1)活动扇和固定部分(固定扇、玻璃或镶板)，并与**门窗洞口**(2.2)或附框连接固定的**门窗**(2.1)杆件系统。

2.4

附框 appendent frame

预埋或预先安装在**门窗洞口**(2.2)中，用于固定**门窗**(2.1)的杆件系统。

2.5

活动扇 operable leaf

安装在**门窗**(2.1)**框**(2.3)上的可开启和关闭的组件。

2.5.1

先开扇 active leaf

多扇门或窗中的一扇，在开启门或窗时首先开启的扇。

2.5.2

后开扇 inactive leaf

多扇门或窗中的一扇，**先开扇**(2.5.1)开启后才能开启的扇。

2.6

固定扇 fixed leaf

安装在**门窗**(2.1)**框**(2.3)上不可开启的组件。

2.7

平口扇 unrebated leaf

周边没有企口凸边的扇(见图1)。

2.8

企口扇 rebated leaf

单边或多边有企口凸边的扇。

2.8.1

单企口扇　unilateral rebated leaf

单边或多边有一个企口凸边的扇(见图 2)。

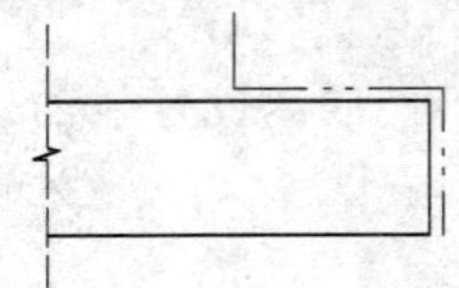

图 1　平口扇

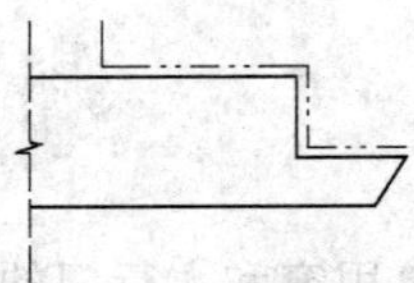

图 2　单企口扇

2.8.2

双企口扇　bilateral rebated leaf

单边或多边有两个企口凸边的扇(见图 3)。

2.8.3

多企口扇　multilateral rebated leaf

单边或多边有两个以上企口凸边的扇(见图 4)。

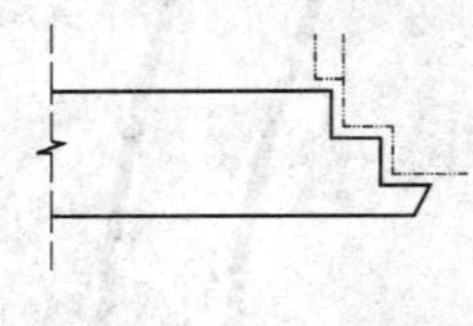

图 3　双企口扇

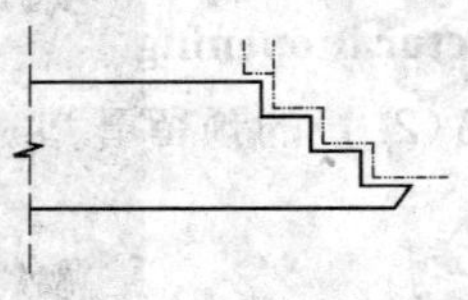

图 4　多企口扇

2.9

可开启部分　active part of window and door

门或窗中的**活动扇**(2.5)的总称。

2.10

固定部分　fixed part of window and door

门窗(2.1)的**固定扇**(2.6)、玻璃、镶板及**框**(2.3)等不可开启部件的总称。

2.11

镶板　panel;infill

镶嵌在**门窗**(2.1)扇构架或**框**(2.3)构架开口中的板或组件(除玻璃外)(见图 84)。

2.12

筒子板　lining

门窗**洞口**(2.2)侧面和顶面的墙面装饰板。

2.13

贴脸板　trim；architrave

筒子板(2.12)侧面的墙面装饰板。

3　门[1)]

3.1　基本术语和定义

3.1.1

门　door

围蔽墙体**门窗洞口**(2.2),可开启关闭,并可供人出入的建筑部件。

1)　本章中具有立面示意图(图 5～图 41)表示的定义,是基于人位于室外面对门确定的开启形式,相应的示意图均为外视图。

3.1.2

整樘门　door set

安装好的门组合件,包括**门框**(3.1.5)和一个或多个门扇以及五金配件,需要时**门**(3.1.1)上部还带有亮窗。

3.1.3

活动门　operable door

具有**可开启部分**(2.9)的**门**(3.1.1)。

3.1.4

固定门　fixed door

只带有**固定扇**(2.6)的**门**(3.1.1)。

3.1.5

门框　door frame

安装门扇、玻璃或**镶板**(2.11),并与**门窗洞口**(2.2)或**附框**(2.4)连接固定的门杆件系统。

3.1.6

门扇　door leaf

整樘门(3.1.2)中**活动扇**(2.5)与**固定扇**(2.6)的总称。

3.2　按用途分类

3.2.1

外门　external door

分隔建筑物室内、外空间的**门**(3.1.1)。

3.2.2

阳台门　terrace door

供人出入阳台用的**门**(3.1.1)。

3.2.3

风雨门　storm door

安装在**外门**(3.2.1)外侧或内侧的**次门**(3.4.10.2)。

3.2.4

内门　internal door

分隔建筑物两个室内空间的**门**(3.1.1)。

3.2.5

安全门　exit door

逃生门　escape door

用于疏散人员的**门**(3.1.1)。

3.3　按开启分类

3.3.1

平开门　side-hung door

转动轴位于门侧边,**门扇**(3.1.6)向**门框**(3.1.5)平面外旋转开启的**门**(3.1.1)。

3.3.1.1

单扇平开门　single side-hung door

只有一个**活动扇**(2.5)的**平开门**(3.3.1)。

3.3.1.1.1

左开[单扇]外平开门　single side-hung door, opening outward left

室外面对门时,转动轴在门的左侧,顺时针向室外旋转开启的**单扇平开门**(3.3.1.1)(见图5)。

3.3.1.1.2

左开[单扇]内平开门　single side-hung door, opening inward left

室外面对门时,转动轴在门的左侧,逆时针向室内旋转开启的**单扇平开门**(3.3.1.1)(见图6)。

3.3.1.1.3

右开[单扇]外平开门　single side-hung door, opening outward right

室外面对门时,转动轴在门的右侧,逆时针向室外旋转开启的**单扇平开门**(3.3.1.1)(见图7)。

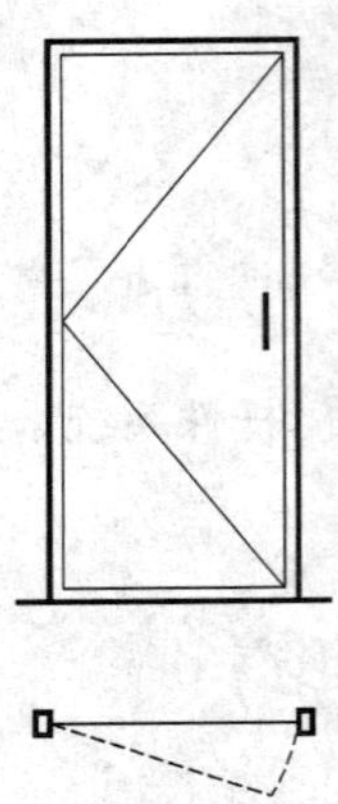

图5　左开[单扇]外平开门

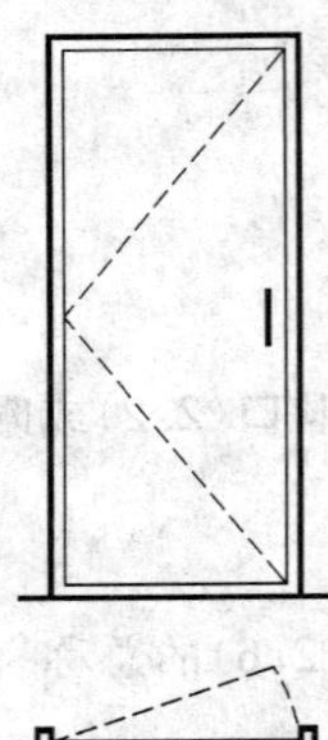

图6　左开[单扇]内平开门

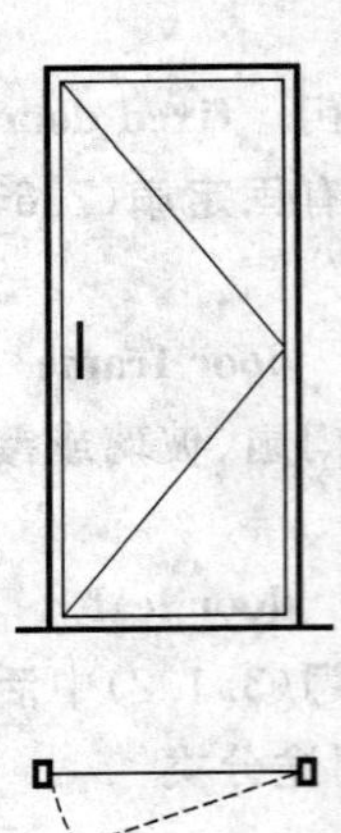

图7　右开[单扇]外平开门

3.3.1.1.4

右开[单扇]内平开门　single side-hung door, opening inward right

室外面对门时,转动轴在门的右侧,顺时针向室内旋转开启的**单扇平开门**(3.3.1.1)(见图8)。

3.3.1.1.5

左开[单扇]双向弹簧门　single leaf double swing door, opening left

室外面对门时,弹簧合页(铰链)转动轴在门左侧,可顺时针和逆时针双向旋转开启的**单扇平开门**(3.3.1.1)。(见图9)

3.3.1.1.6

右开[单扇]双向弹簧门　single leaf double swing door, opening right

室外面对门时,弹簧合页(铰链)转动轴在门右侧,可顺时针和逆时针双向旋转开启的**单扇平开门**(3.3.1.1)(见图10)。

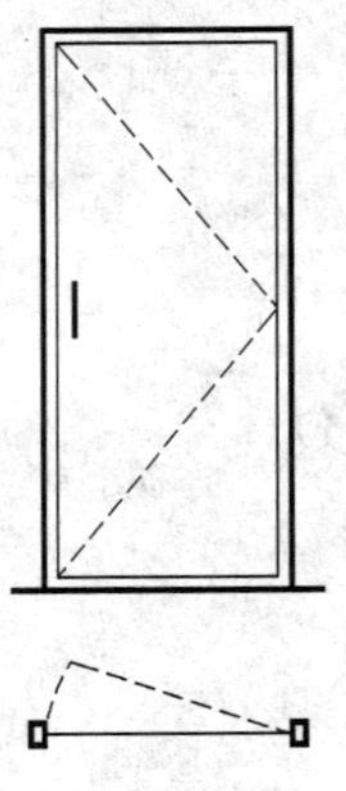

图8　右开[单扇]内平开门

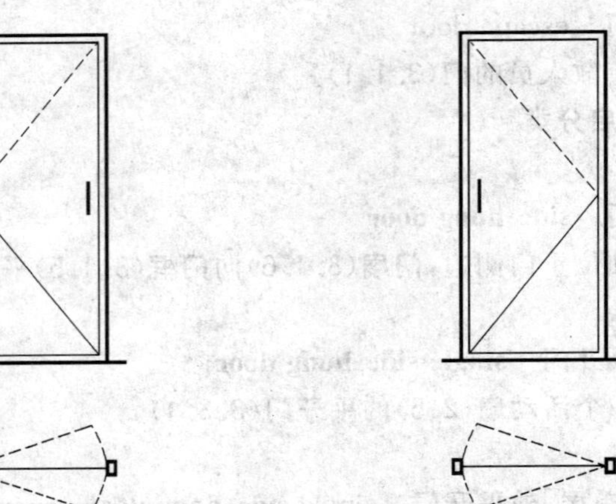

图9　左开[单扇]双向弹簧门　　图10　右开[单扇]双向弹簧门

3.3.1.1.7

左开[单扇]双向地弹簧门　single leaf double swing door with land spring, opening left

室外面对门时，地弹簧转动轴在门左侧，可顺时针和逆时针双向旋转开启的单扇平开门(3.3.1.1)(见图 11)。

3.3.1.1.8

右开[单扇]双向地弹簧门　single leaf double swing door with land spring, opening right

室外面对门时，地弹簧转动轴在门右侧，可顺时针和逆时针双向旋转开启的单扇平开门(3.3.1.1)(见图 12)。

3.3.1.2

双扇平开门　double side-hung door

有二个门扇(3.1.6)的平开门(3.3.1)。

3.3.1.2.1

左开双扇外平开门　double side-hung door with left active leaf, opening outward

室外面对门时，左侧为左开单扇外平开先开扇(2.5.1)，右侧为右开单扇外平开后开扇(2.5.2)(见图 13)。

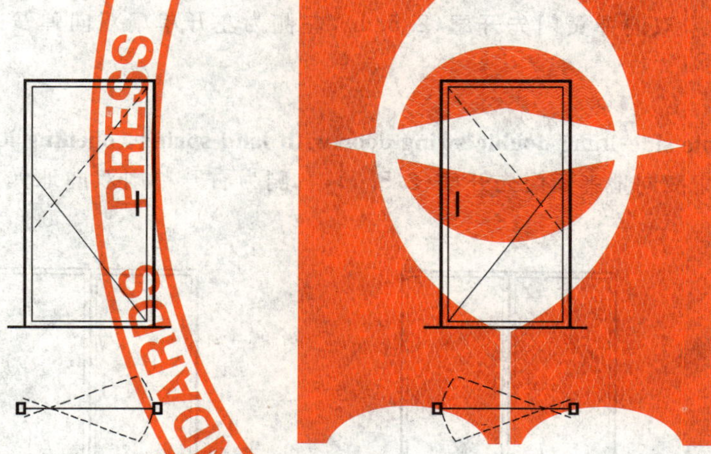

图 11　左开[单扇]双向地弹簧门　图 12　右开[单扇]双向地弹簧门

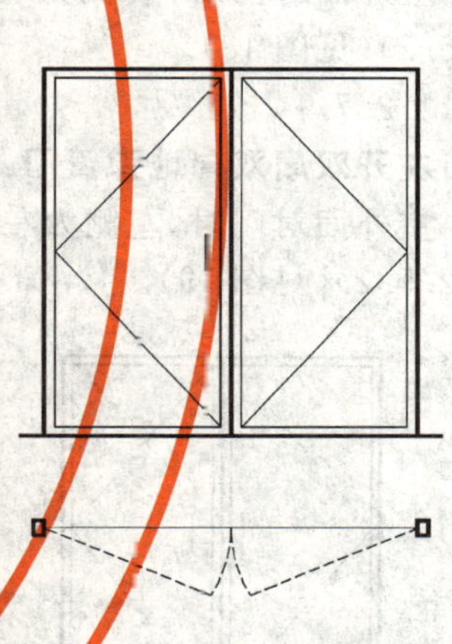

图 13　左开双扇外平开门

3.3.1.2.2

左开双扇内平开门　double side-hung door with left active leaf, opening inward

室外面对门时，左侧为左开单扇内平开先开扇(2.5.1)，右侧为右开单扇内平开后开扇(2.5.2)(见图 14)。

3.3.1.2.3

右开双扇外平开门　double side-hung door with right active leaf, opening outward

室外面对门时，右侧为右开单扇外平开先开扇(2.5.1)，左侧为左开单扇外平开后开扇(2.5.2)(见图 15)。

3.3.1.2.4

右开双扇内平开门　double side-hung door with right active leaf, opening inward

室外面对门时，右侧为右开单扇内平开先开扇(2.5.1)，左侧为左开单扇内平开后开扇(2.5.2)(见图 16)。

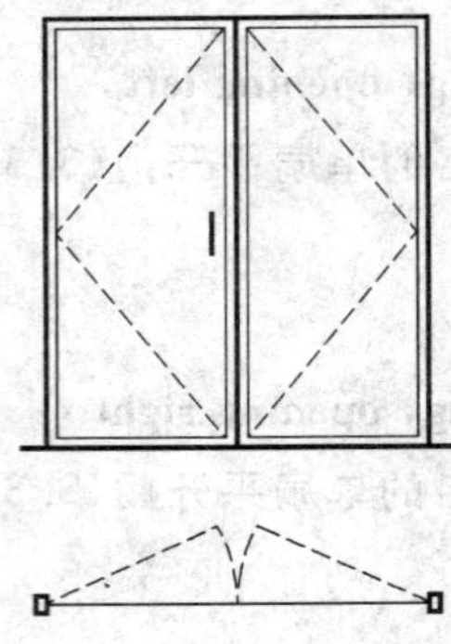

图 14 左开双扇内平开门

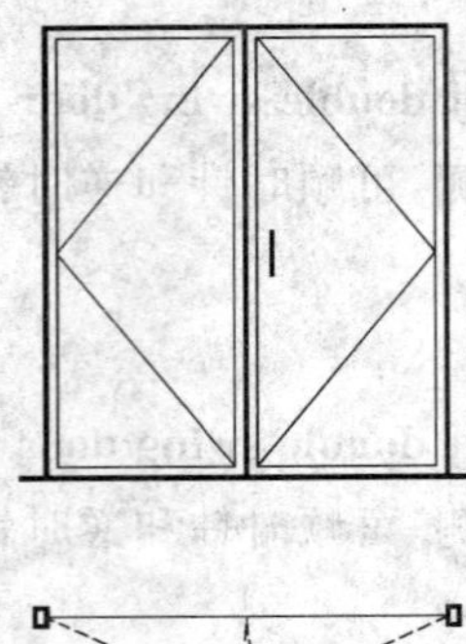

图 15 右开双扇外平开门

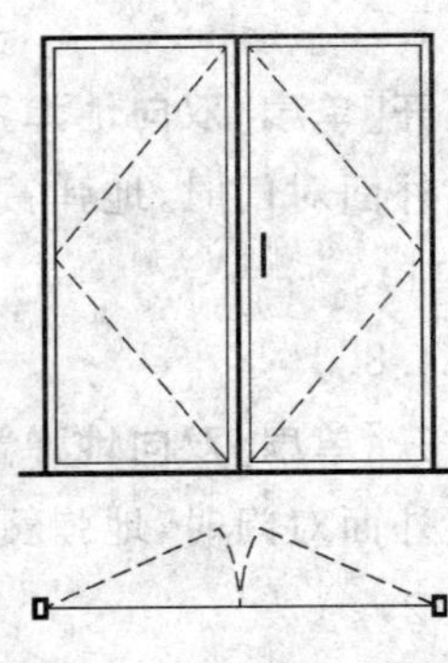

图 16 右开双扇内平开门

3.3.1.2.5

左开双扇双向弹簧门 double side-hung double swing door, opening left

室外面对门时,左侧为左开单扇双向弹簧门先开扇(2.5.1),右侧为右开单扇双向弹簧门后开扇(2.5.2)(见图 17)。

3.3.1.2.6

右开双扇双向弹簧门 double side-hung double swing door, opening right

室外面对门时,右侧为右开单扇双向弹簧门先开扇(2.5.1),左侧为左开单扇双向弹簧门后开扇(2.5.2)(见图 18)。

3.3.1.2.7

左开双扇双向地弹簧门 double side-hung double swing door with land spring, opening left

室外面对门时,左侧为左开单扇双向地弹簧门先开扇(2.5.1),右侧为右开单扇双向地弹簧门后开扇(2.5.2)(见图 19)。

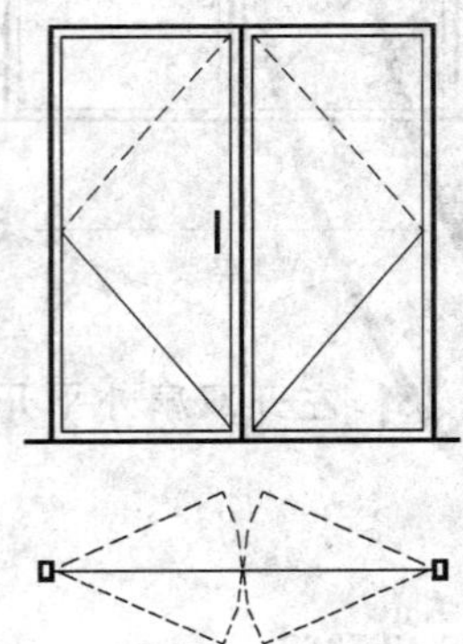

图 17 左开双扇双向弹簧门

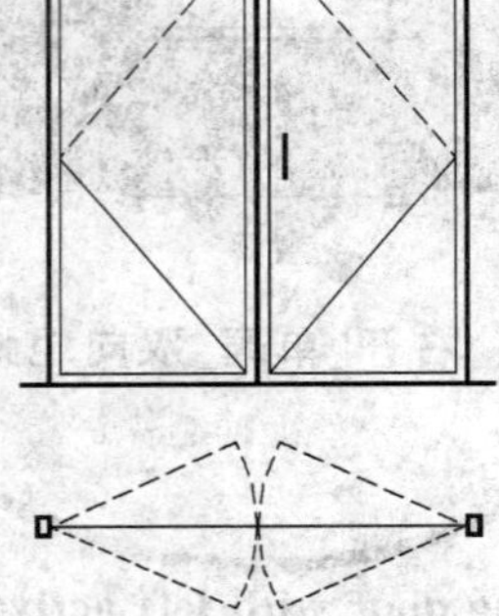

图 18 右开双扇双向弹簧门

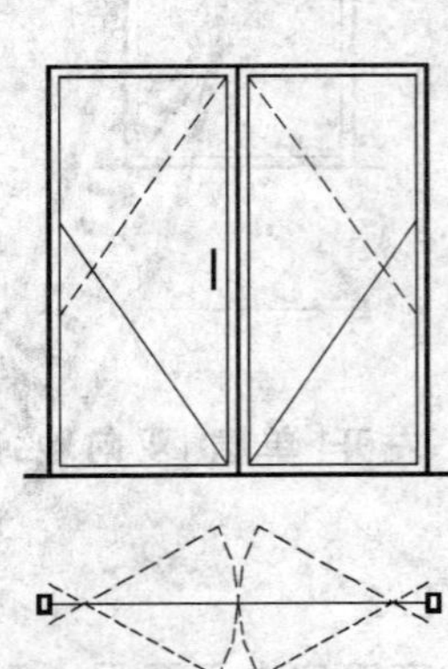

图 19 左开双扇双向地弹簧门

3.3.1.2.8

右开双扇双向地弹簧门 double side-hung double swing door with land spring, opening right

室外面对门时,右侧为右开单扇双向地弹簧门先开扇(2.5.1),左侧为左开单扇双向地弹簧门后开扇(2.5.2)。(见图 20)

3.3.2

推拉门 sliding door

门扇(3.1.6)在平行门框(3.1.5)的平面内沿水平方向移动启闭的门(3.1.1)。

3.3.2.1

单扇推拉门 single sliding door

只有一个活动扇(2.5)的推拉门(3.3.2)。

3.3.2.1.1

墙外单扇左推拉门　left sliding door

室外面对门时，向左侧推动**活动扇**(2.5)平移开启的**推拉门**(3.3.2)(见图21)。

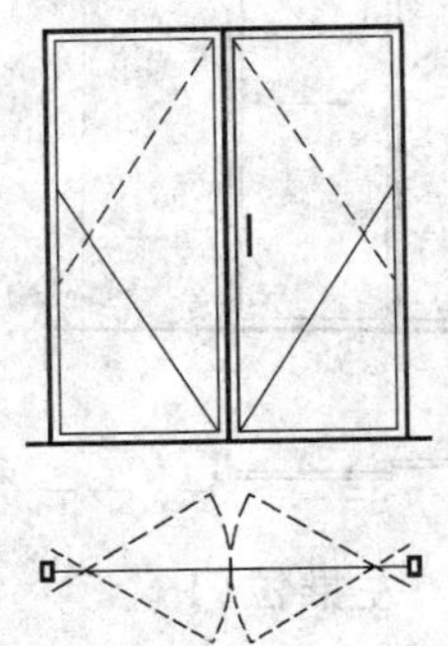

图20　右开双扇双向地弹簧门

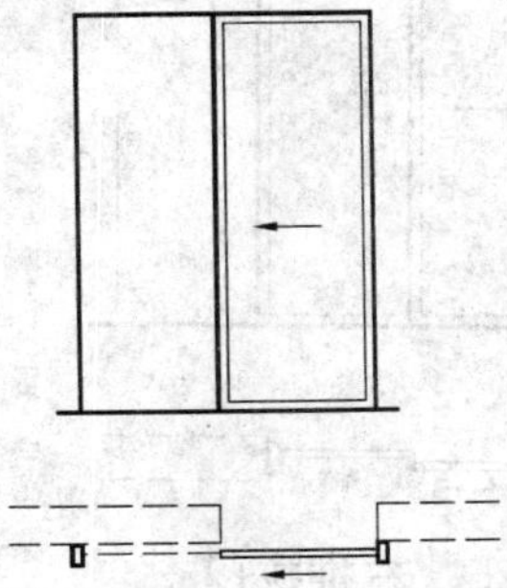

图21　墙外单扇左推拉门

3.3.2.1.2

墙外单扇右推拉门　right sliding door

室外面对门时，向右侧推动**活动扇**(2.5)平移开启的**推拉门**(3.3.2)(见图22)。

3.3.2.1.3

墙中单扇左推拉门　left sliding into wall cavity door

室外面对门时，向左侧推动**活动扇**(2.5)平移入墙槽开启的**推拉门**(3.3.2)(见图23)。

3.3.2.1.4

墙中单扇右推拉门　right sliding into wall cavity door

室外面对门时，向右侧推动**活动扇**(2.5)平移入墙槽开启的**推拉门**(3.3.2)(见图24)。

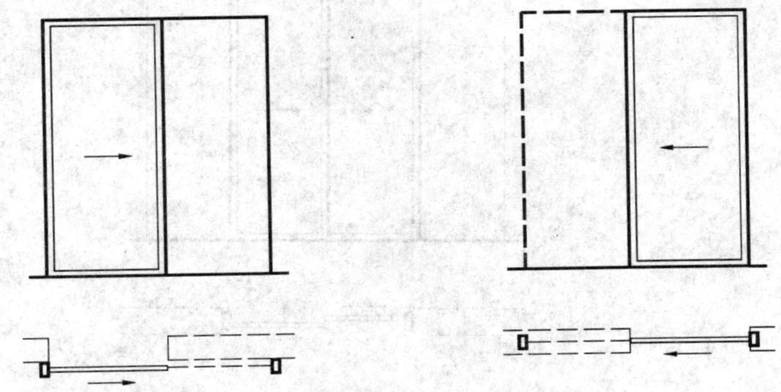

图22　墙外单扇右推拉门　　图23　墙中单扇左推拉门

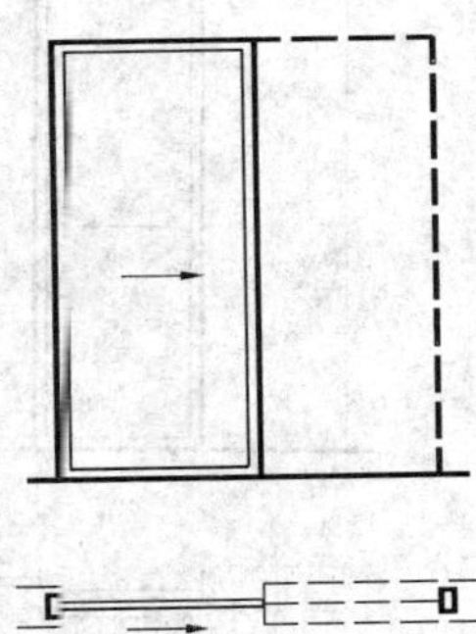

图24　墙中单扇右推拉门

3.3.2.2

双扇推拉门　two leaves sliding door

具有二个**门扇**(3.1.6)的**推拉门**(3.3.2)。

3.3.2.2.1

单推拉门　two leaves sliding door with one operable leaf

具有一个**活动扇**(2.5)的**双扇推拉门**(3.3.2.2)。

3.3.2.2.1.1

左推拉门　two leaves sliding door with right operable leaf

室外面对门时，右门扇为**活动扇**(2.5)、左门扇为**固定扇**(2.6)的**单推拉门**(3.3.2.2.1)(见图26)。

3.3.2.2.1.2

右推拉门　two leaves sliding door with left operable leaf

室外面对门时，左门扇为**活动扇**(2.5)、右门扇为**固定扇**(2.6)的**单推拉门**(3.3.2.2.1)(见图25)。

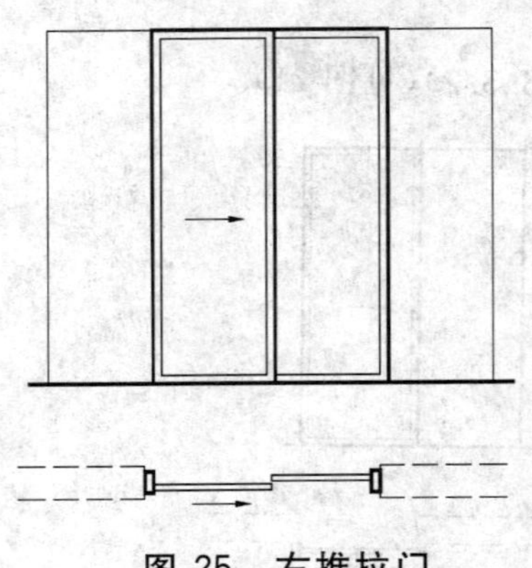

图 25　右推拉门

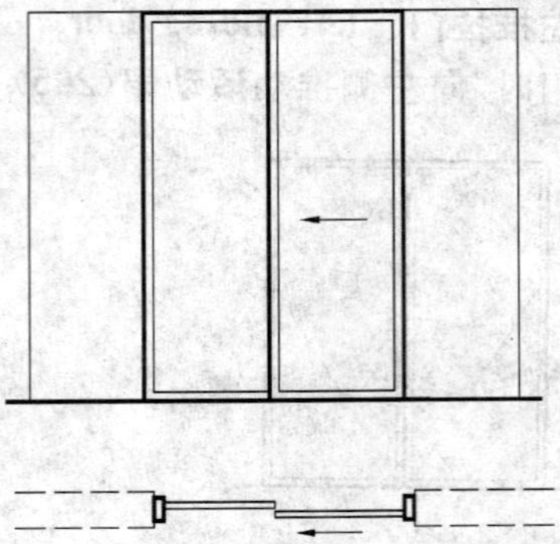

图 26　左推拉门

3.3.2.2.2

双推拉门　double sliding door

具有两个**活动扇**(2.5)的**双扇推拉门**(3.3.2.2)。

3.3.2.2.2.1

左外扇双推拉门　double sliding door with left leaf along the front of right leaf

室外面对门时,左门扇靠近室外侧、右门扇靠近室内侧的**双推拉门**(3.3.2.2.2)(见图 27)。

3.3.2.2.2.2

右外扇双推拉门　double sliding door with right leaf along the front of left leaf

室外面对门时,右门扇靠近室外侧、左门扇靠近室内侧的**双推拉门**(3.3.2.2.2)(见图 28)。

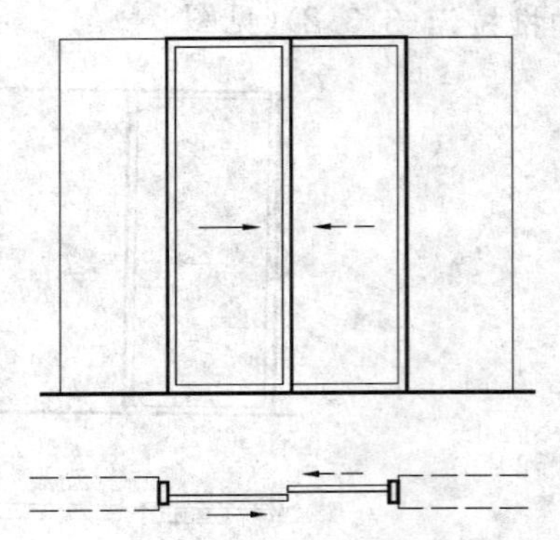

图 27　左外扇双推拉门

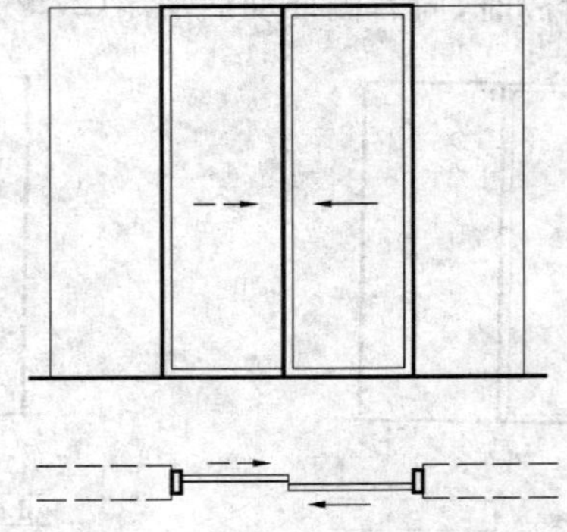

图 28　右外扇双推拉门

3.3.2.2.2.3

墙外左外扇推拉门　double sliding door with left leaf along the front of right leaf outdide of wall

室外面对门时,左门扇靠近室外侧、右门扇靠近室内侧的**双扇推拉门**(3.3.2.2)(见图 29)。

3.3.2.2.2.4

墙外右外扇推拉门　double sliding door with right leaf along the front of left leaf outdide of wall

室外面对门时,左门扇靠近室内侧、右门扇靠近室外侧的**双扇推拉门**(3.3.2.2)(见图 30)。

3.3.2.2.2.5

墙中左外扇推拉门　double sliding into wall cavity door with left leaf along the front of right leaf

室外面对门时,左门扇靠近室外侧、右门扇靠近室内侧的平移入墙槽开启的**双扇推拉门**(3.3.2.2)(见图 31)。

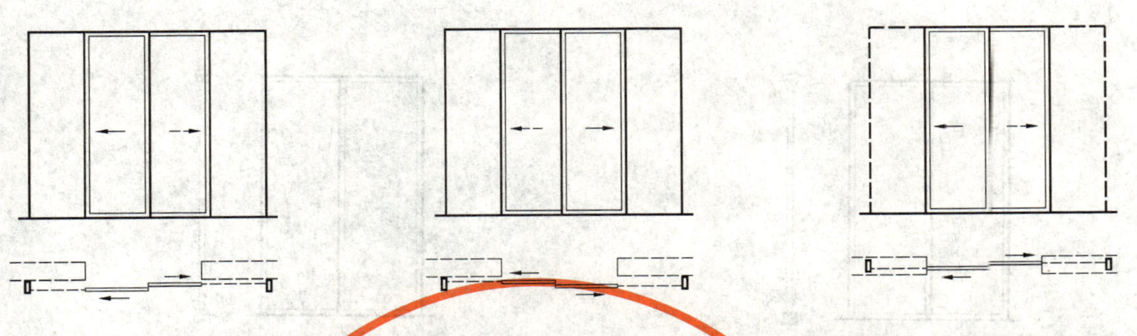

图 29 墙外左外扇推拉门　　图 30 墙外右外扇推拉门　　图 31 墙中左外扇推拉门

3.3.2.2.2.6

墙中右外扇推拉门　double sliding into wall cavity door with right leaf along the front of left leaf

室外面对门时，右门扇靠近室外侧、左门扇靠近室内侧的平移入墙槽开启的**双扇推拉门**(3.3.2.2)(见图 32)。

3.3.3

提升推拉门　lifting sliding door

开启扇需先垂直向上升起一定高度后再水平移动开启的**推拉门**(3.3.2)。

3.3.3.1

提升右推拉门　lifting sliding right door

室外面对门时，开启扇提升后向右侧平移开启的**推拉门**(3.3.2)(右侧门扇为固定扇)(见图 33)。

3.3.3.2

提升左推拉门　lifting sliding left door

室外面对门时，开启扇提升后向左侧平移开启的**推拉门**(3.3.2)(左侧门扇为固定扇)(见图 34)。

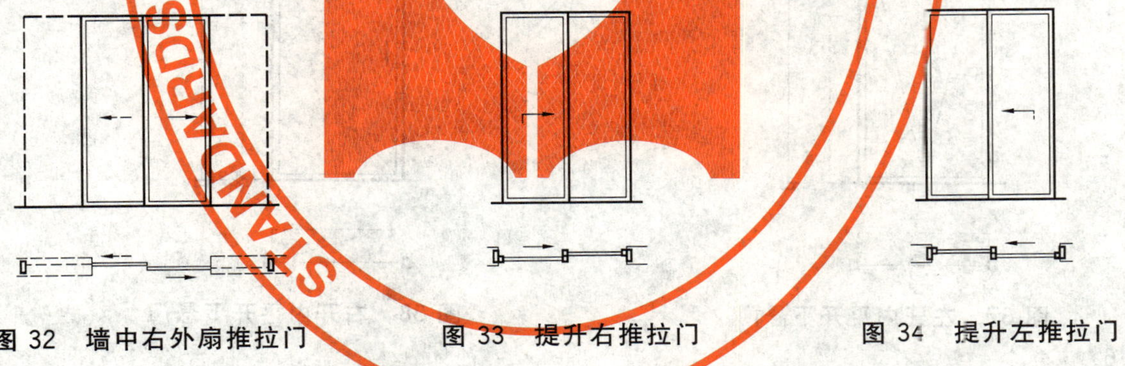

图 32 墙中右外扇推拉门　　图 33 提升右推拉门　　图 34 提升左推拉门

3.3.4

推拉下悬门　double tilting sliding door

开启扇可分别采取下悬和水平移动二种开启形式的**推拉门**(3.3.2)。

3.3.4.1

右推拉下悬门　double tilting sliding door with service hatch sliding to right

室外面对门时，开启扇向右侧平移开启的**推拉下悬门**(3.3.4)(见图 35)。

3.3.4.2

左推拉下悬门　double tilting sliding door with service hatch sliding to left

室外面对门时，开启扇向左侧平移开启的**推拉下悬门**(3.3.4)(见图 36)。

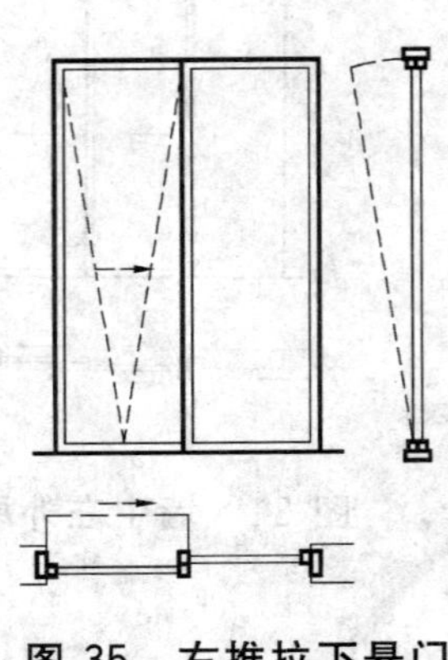

图 35 右推拉下悬门

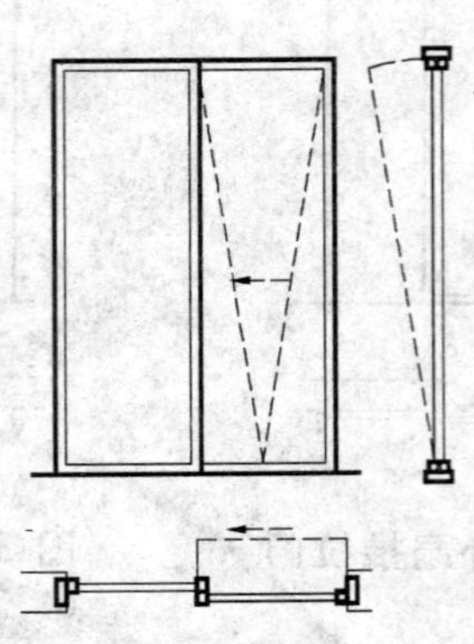

图 36 左推拉下悬门

3.3.5

内平开下悬门 tilting and turning door, opening inward

开启扇可分别采取内平开和下悬开启形式的门(3.1.1)。

3.3.5.1

左开内平开下悬门 tilting and turning door, opening inward left

室外面对门时,转动轴在门(3.1.1)的左侧,逆时针向室内旋转开启的平开下悬门(见图 37)。

3.3.5.2

右开内平开下悬门 tilting and turning door, opening inward right

室外面对门时,转动轴在门(3.1.1)的右侧,顺时针向室内旋转开启的平开下悬门(见图 38)。

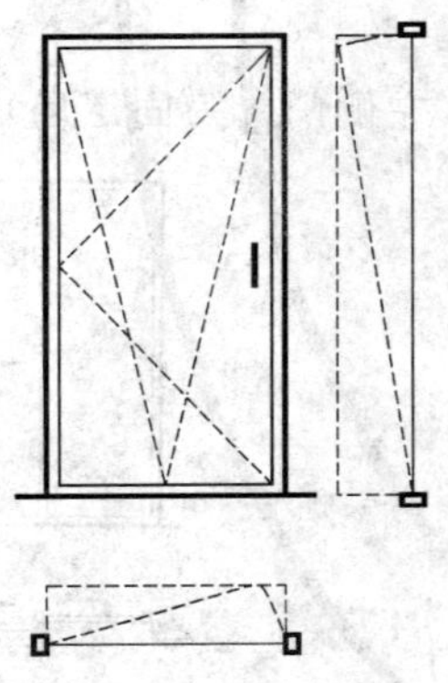

图 37 左开内平开下悬门

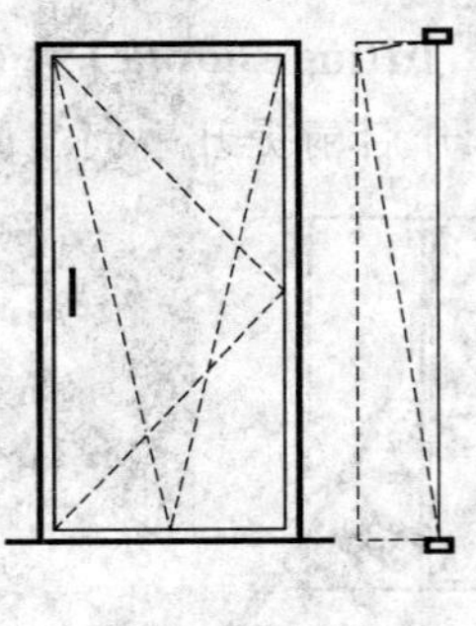

图 38 右开内平开下悬门

3.3.6

转门 right revolving door

单扇或多扇沿竖轴逆时针转动的门(3.1.1)(见图 39)。

3.3.7

折叠门 folding door

用合页(铰链)连接的多个门扇(3.1.6)折叠开启的门(3.1.1)。

3.3.7.1

折叠平开门 side hung folding door

对开折叠门

多个用合页(铰链)连接的门扇,向门框平面外折叠旋转开启的门(3.1.1)(见图 40)。

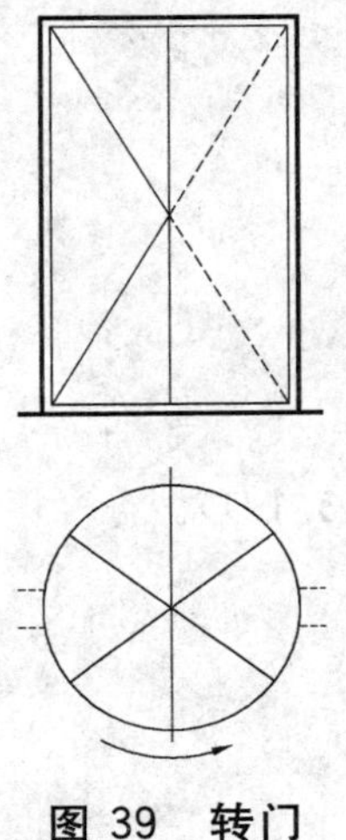
图 39 转门

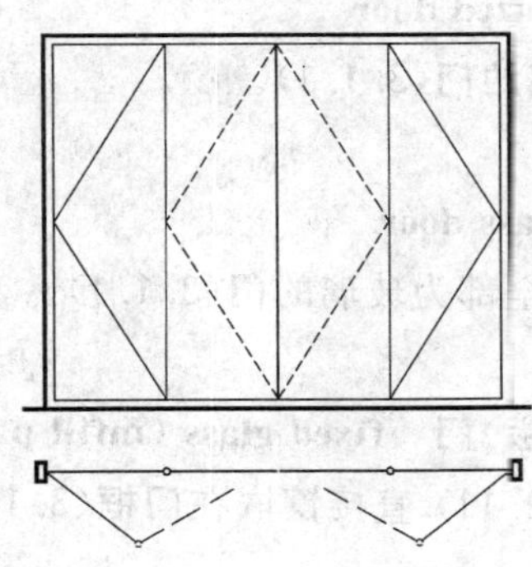
图 40 折叠平开门

3.3.7.2

扇侧导向折叠推拉门 side guide sliding folding door

多个用合页(铰链)连接的门扇,其导轮在门扇的侧边,沿导轨在水平方向折叠移动开启的门(3.1.1)(见图 41)。

3.3.7.3

扇中导向折叠推拉门 middle guide sliding folding door

多个用合页(铰链)连接的门扇,其导轮在门扇的中间,沿导轨在水平方向折叠移动开启的门(3.1.1)(见图 42)。

3.3.8

卷门 rolling door

卷帘门

用页片、栅条、网格组成,可向左右、上下卷动开启的门(3.1.1)(见图 43)。

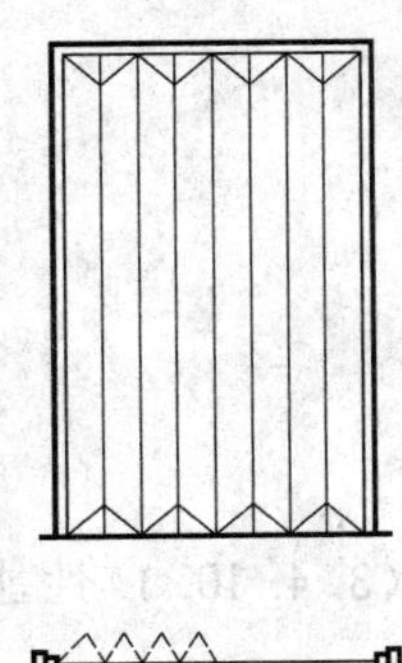
图 41 扇侧导向折叠推拉门

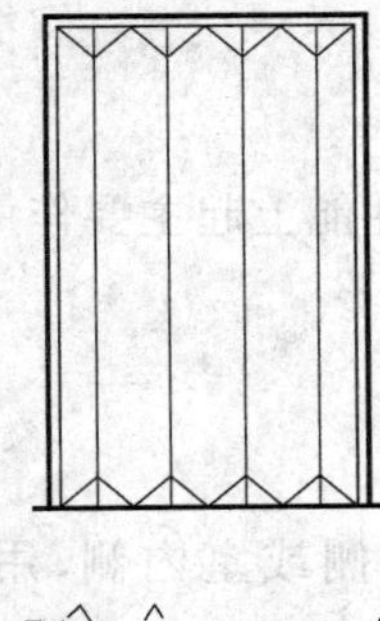
图 42 扇中导向折叠推拉门

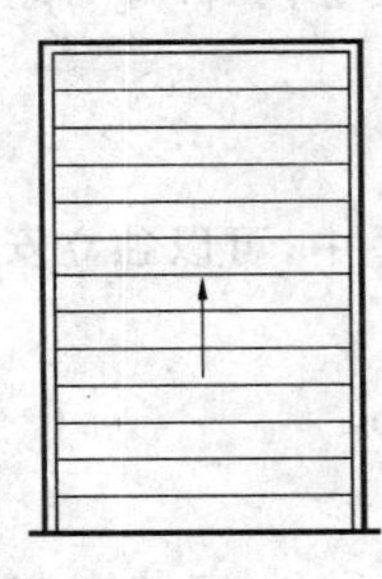
图 43a 卷门

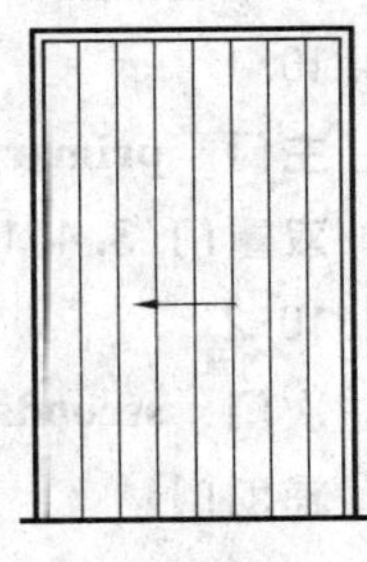
图 43b 卷门

3.4 按构造分类

3.4.1

夹板门 flush door

门梃两侧贴各类板材的门(3.1.1)。

3.4.2

镶板门 paneled door

门梃间镶板的门(3.1.1)。

3.4.3

镶玻璃门　glazed door

门梃间镶玻璃的门(3.1.1)。

3.4.4

全玻璃门　glass door

门扇(3.1.6)全部为玻璃的门(3.1.1)。

3.4.5

固定玻璃(镶板)门　fixed glass (infill panel) door

玻璃或镶板(2.11)直接镶嵌在门框(3.1.5)上的、不能开启的门(3.1.1)。

3.4.6

格栅门　grille door

由多片(根)栅条制作的门(3.1.1)。

3.4.7

百叶门　shutter door

由多片百叶片制作的门(3.1.1)。

3.4.8

带纱扇门　door with screen sash

带有纱门扇的门(3.1.1)。

3.4.9

连窗门　door with side window

带有窗的门(3.1.1)。

3.4.10

双重门　dual door

双层门　double door

由相互独立安装的两套门(3.1.1)组成的两层外门(3.2.1)。

3.4.10.1

主门　primary door

双重门(3.4.10)体系中,可以独立安装使用、性能上起主要作用的门(3.1.1)。

3.4.10.2

次门　secondary door

辅助门

双重门(3.4.10)体系中,安装在主门的室外侧或室内侧、用于加强主门(3.4.10.1)性能的门(3.1.1)。次门不能单独使用。

3.4.11

同侧双重门　doors hung on the same jamb

门扇(3.1.6)安装在同一侧边框上的双重门(3.4.10)(见图44)。

3.4.12

对边双重门　doors hung on the opposite jambs

门扇(3.1.6)安装在相对的两侧边框上的双重门(3.4.10)(见图45)。

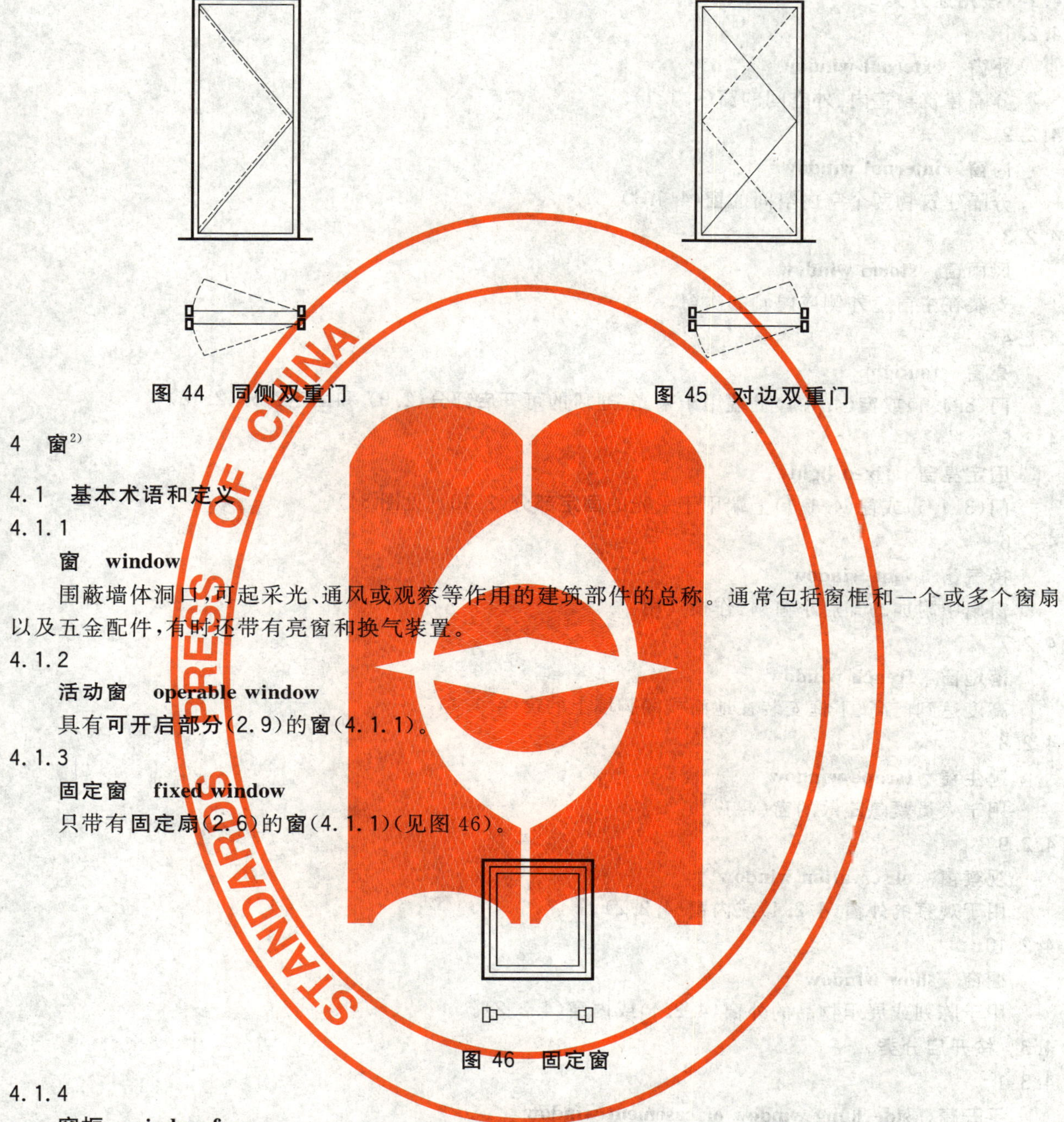

图 44　同侧双重门　　　　图 45　对边双重门

4　窗[2)]

4.1　基本术语和定义

4.1.1

窗　window

围蔽墙体洞口，可起采光、通风或观察等作用的建筑部件的总称。通常包括窗框和一个或多个窗扇以及五金配件，有时还带有亮窗和换气装置。

4.1.2

活动窗　operable window

具有**可开启部分**(2.9)的**窗**(4.1.1)。

4.1.3

固定窗　fixed window

只带有**固定扇**(2.6)的**窗**(4.1.1)(见图 46)。

图 46　固定窗

4.1.4

窗框　window frame

安装窗扇、玻璃或**镶板**(2.11)，并与**门窗洞口**(2.2)或**附框**(2.4)连接固定的窗杆件系统。

4.1.5

平开窗扇　casements

带有合页(铰链)或旋转轴的**窗**(4.1.1)组件。

4.1.6

推拉窗扇　sashes

可沿垂直或水平方向平移的**窗**(4.1.1)组件。

---

2)　本章中具有立面示意图(图 46～图 83)表示的定义，是基于人位于室内面对窗确定的开启形式，相应的示意图均为内视图。

4.2 按用途分类

4.2.1

外窗 **external window**

分隔建筑物室内、外空间的**窗**(4.1.1)。

4.2.2

内窗 **internal window**

分隔建筑物两个室内空间的**窗**(4.1.1)。

4.2.3

风雨窗 **storm window**

安装在主窗室外侧或内侧的次窗。

4.2.4

亮窗 **fanlight**

门(3.1.1)或**窗**(4.1.1)上端用于采光、通风的**可开启部分**(2.9)和**固定部分**(2.10)。

4.2.5

固定亮窗 **fixed light**

门(3.1.1)或**窗**(4.1.1)上端用于采光的**固定部分**(2.10)(见图84)。

4.2.6

换气窗 **vent window**

窗扇中附加的开启小窗扇,作换气用。

4.2.7

落地窗 **french window**

高度达到门高、下框安装在地面或踢脚墙上的**窗**(4.1.1)。

4.2.8

逃生窗 **escape window**

用于人员紧急疏散的**窗**(4.1.1)。

4.2.9

观察窗 **observation window**

用于观察的**外窗**(4.2.1)或**内窗**(4.2.2)。

4.2.10

橱窗 **show window**

用于陈列或展示物品的**外窗**(4.2.1)或**内窗**(4.2.2)。

4.3 按开启分类

4.3.1

平开窗 **side-hung window or casement window**

合页(铰链)装于窗侧边,**平开窗扇**(4.1.5)向内或向外旋转开启的**窗**(4.1.1)。

4.3.1.1

单扇内平开窗 **single side-hung casement, opening inward**

只有一个向室内开启窗扇的**平开窗**(4.3.1)。

4.3.1.1.1

左开单扇内平开窗 **single side-hung casement, opening inward left**

室内面对窗时,转动轴在左侧,顺时针向室内旋转开启的**单扇内平开窗**(4.3.1.1)(见图47)。

4.3.1.1.2

右开单扇内平开窗 **single side-hung casement, opening inward right**

室内面对窗时,转动轴在右侧,逆时针向室内旋转开启的**单扇内平开窗**(4.3.1.1)(见图48)。

4.3.1.2

单扇外平开窗　single side-hung casement, opening outward

只有一个向室外开启窗扇的**平开窗**(4.3.1)。

4.3.1.2.1

左开单扇外平开窗　single side-hung casement, opening outward left

室内面对窗时,转动轴在左侧,逆时针向室外旋转开启的**单扇外平开窗**(4.3.1.2)(见图49)。

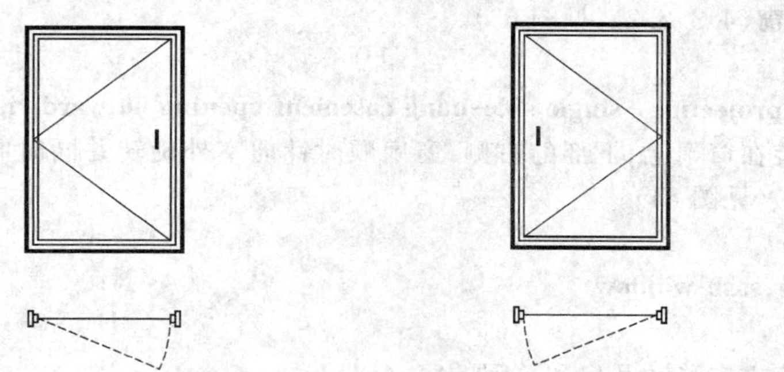

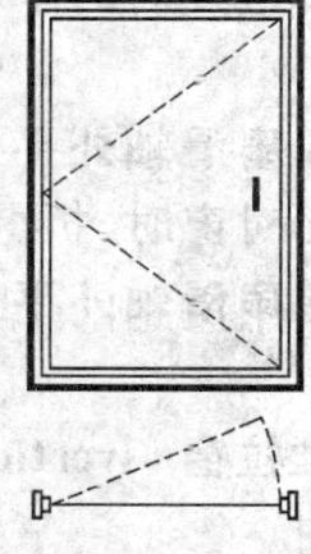

图47　左开单扇内平开窗　　图48　右开单扇内平开窗　　图49　左开单扇外平开窗

4.3.1.2.2

右开单扇外平开窗　single side-hung casement, opening outward right

室内面对窗时,转动轴在右侧,顺时针向室外旋转开启的**单扇外平开窗**(4.3.1.2)(见图50)。

4.3.2

滑轴平开窗　sliding projecting, side-hung casement

窗扇上下装有折叠合页(滑撑),向室外或室内产生旋转并同时平移开启的**平开窗**(4.3.1)。

4.3.2.1

单扇滑轴内平开窗　sliding projecting, single side-hung casement opening inward

只有一个向室内开启**平开窗扇**(4.1.5)的**滑轴平开窗**(4.3.2)。

4.3.2.1.1

左开单扇滑轴内平开窗　sliding projecting, single side-hung casement opening inward left

室内面对窗时,折叠合页(滑撑)装在**平开窗扇**(4.1.5)上、下部的左侧,窗扇顺时针向室内旋转并同时向右侧平移开启的**单扇滑轴内平开窗**(4.3.2.1)。(见图51)

4.3.2.1.2

右开单扇滑轴内平开窗　sliding projecting, single side-hung casement opening inward right

室内面对窗时,折叠合页(滑撑)装在**平开窗扇**(4.1.5)上、下部的右侧,窗扇逆时针向室内旋转并同时向左侧平移开启的**单扇滑轴内平开窗**(4.3.2.1)(见图52)。

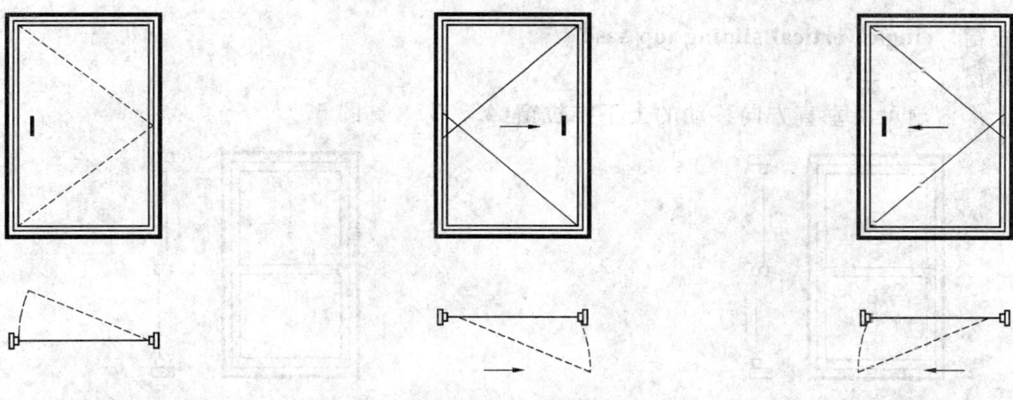

图50　右开单扇外平开窗　　图51　左开单扇滑轴内平开窗　　图52　右开单扇滑轴内平开窗

4.3.2.2

单扇滑轴外平开窗　sliding projecting, single side-hung casement opening outward

只有一个向室外开启窗扇的**滑轴平开窗**(4.3.2)。

4.3.2.2.1

左开单扇滑轴外平开窗　sliding projecting, single side-hung casement opening outward left

室内面对窗时,折叠合页(滑撑)装在**平开窗扇**(4.1.5)上、下部的左侧,窗扇逆时针向室外旋转并同时向右侧平移开启的**单扇滑轴外平开窗**(4.3.2.2)(见图53)。

4.3.2.2.2

右开单扇滑轴外平开窗　sliding projecting, single side-hung casement opening outward right

室内面对窗时,折叠合页(滑撑)装在窗扇上、下部的右侧,窗扇顺时针向室外旋转并同时向左侧平移开启的**单扇滑轴外平开窗**(4.3.2.2)(见图54)。

4.3.3

上下推拉窗　vertical sliding sash; sash window

提拉窗

窗扇在**窗框**(4.1.4)平面内沿垂直方向移动开启和关闭的**窗**(4.1.1)。

4.3.3.1

上下双推拉窗　double vertical sliding sashes

双提拉窗

两窗扇均可沿垂直方向移动的**上下推拉窗**(4.3.3)(见图55)。

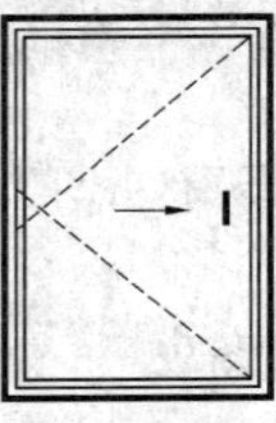

图53　左开单扇滑轴外平开窗

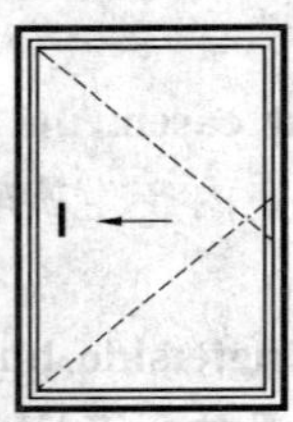

图54　右开单扇滑轴外平开窗

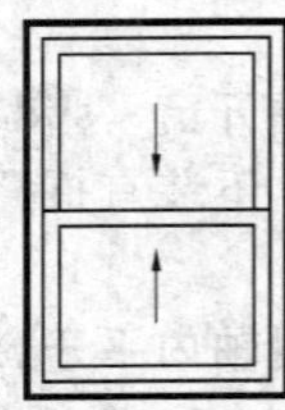

图55　上下双推拉窗

4.3.3.2

下推拉窗　single vertical sliding bottom sash

下提拉窗

只有下部窗扇可沿垂直方向移动的**上下推拉窗**(4.3.3)(见图56)。

4.3.3.3

上推拉窗　single vertical sliding top sash

上提拉窗

只有上部窗扇可沿垂直方向移动的**上下推拉窗**(4.3.3)(见图57)。

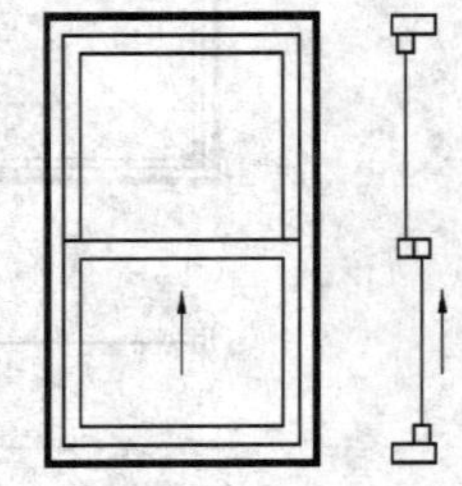

图56　下推拉窗

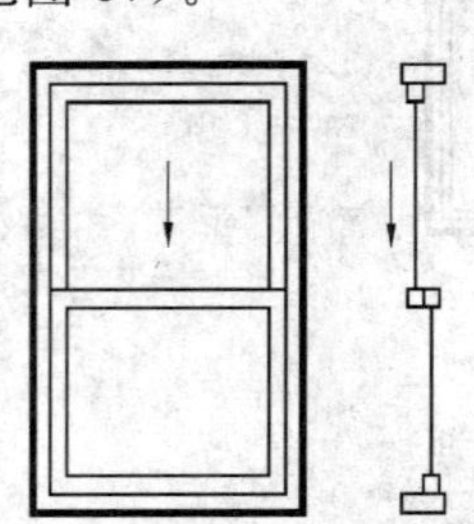

图57　上推拉窗

4.3.4

推拉窗　horizontal sliding sash

窗扇在**窗框**(4.1.4)平面内沿水平方向移动开启和关闭的**窗**(4.1.1)。

4.3.4.1

单轨推拉窗　single track sliding sash

窗扇在**窗框**(4.1.4)平面内沿单条轨道水平移动开启和关闭的**推拉窗**(4.3.4)。

4.3.4.1.1

单[凸]轨推拉窗　single convex track sliding sash

窗扇在**窗框**(4.1.4)平面内沿单条凸轨水平移动开启和关闭的**推拉窗**(4.3.4)。

4.3.4.1.2

单槽轨推拉窗　single concave track sliding sash

窗扇在**窗框**(4.1.4)平面内沿单条凹轨水平移动开启和关闭的**推拉窗**(4.3.4)。

4.3.4.2

双轨推拉窗　double- track sliding sash

窗扇在**窗框**(4.1.4)平面内沿两条轨道水平移动开启和关闭的**推拉窗**(4.3.4)。

4.3.4.2.1

双推拉窗　double horizontal sliding sash

二窗扇均可沿水平方向移动的**双轨推拉窗**(4.3.4.2)。

4.3.4.2.1.1

左内扇双推拉窗　left sash along the front of right sash

室内面对窗时,左窗扇靠近室内侧、右窗扇靠近室外侧的**双推拉窗**(4.3.4.2.1)(见图58)。

4.3.4.2.1.2

右内扇双推拉窗　right sash along the front of left sash

室内面对窗时,右窗扇靠近室内侧、左窗扇靠近室外侧的**双推拉窗**(4.3.4.2.1)(见图59)。

4.3.4.2.2

单推拉窗　single horizontal sliding sash

只有一个窗扇可沿水平方向移动的**双轨推拉窗**(4.3.4.2)(另一窗扇为固定扇)。

4.3.4.2.2.1

左推拉窗　single sash left

室内面对窗时,向左侧推动窗扇平移开启的**单推拉窗**(4.3.4.2.2)(左侧窗扇为固定扇)(见图60)。

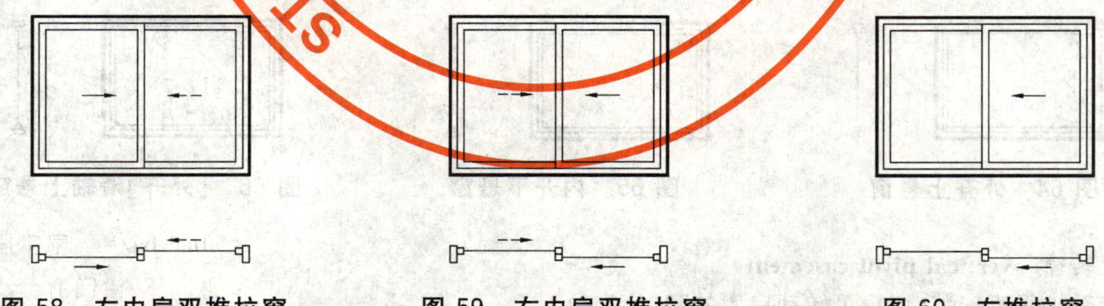

图58　左内扇双推拉窗　　图59　右内扇双推拉窗　　图60　左推拉窗

4.3.4.2.2.2

右推拉窗　single sash right

室内面对窗时,向右侧推动窗扇平移开启的推拉窗(右侧窗扇为固定扇)(见图61)。

4.3.4.2.3

无[扇]梃推拉窗　stileless sliding sash

窗扇不具有扇梃的推拉窗。

4.3.4.3

三轨推拉窗　three- track sliding sash

窗扇在窗框(4.1.4)平面内沿三条轨道水平移动开启和关闭的**推拉窗**(4.3.4)。

4.3.5

提升推拉窗　lifting sliding sash

开启扇需先垂直向上升起一定高度后再水平移动开启的**推拉窗**(4.3.4)。

4.3.5.1

提升右推拉窗　lifting sliding right sash

室内面对窗时，开启扇提升后向右侧平移开启的**提升推拉窗**(4.3.5)(右侧窗扇为固定扇)(见图62)。

4.3.5.2

提升左推拉窗　lifting sliding left sash

室内面对窗时，开启扇提升后向左侧平移开启的**提升推拉窗**(4.3.5)(左侧窗扇为固定扇)(见图63)。

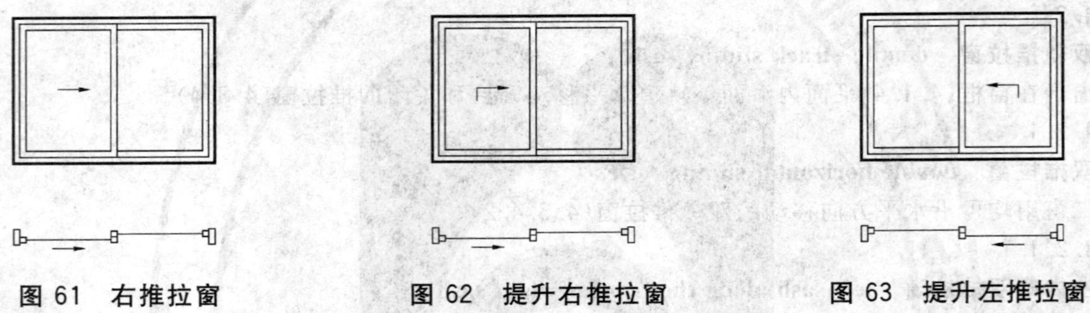

图61　右推拉窗　　图62　提升右推拉窗　　图63　提升左推拉窗

4.3.6

外开上悬窗　top-hung casement opening outwards

合页(铰链)装于窗上侧，向室外方向开启的上悬窗(见图64)。

4.3.7

内开下悬窗　bottom-hung casement opening inwards

合页(铰链)装于窗下侧，向室内方向开启的窗(见图65)。

4.3.8

[外开]滑轴上悬窗　sliding projecting, top-hung casement

窗扇左右两侧上部装有折叠合页(滑撑)，向室外产生旋转并同时平移开启形式的**窗**(4.1.1)(见图66)。

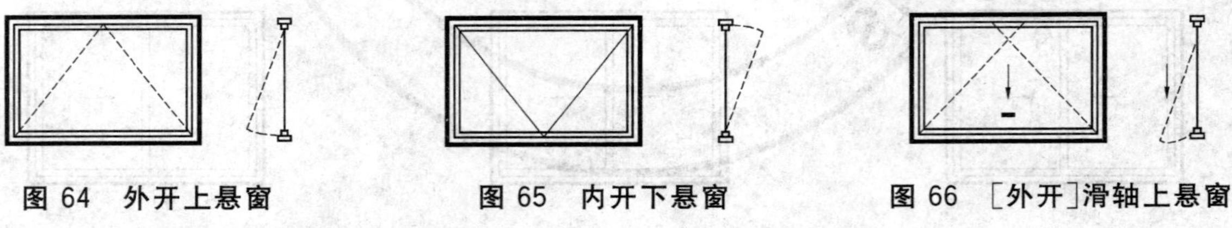

图64　外开上悬窗　　图65　内开下悬窗　　图66　[外开]滑轴上悬窗

4.3.9

立转窗　vertical pivot casement

旋转轴垂直安装，窗扇可转动启闭的**窗**(4.1.1)。

4.3.9.1

中轴立转窗　vertical centre pivot casement

垂直旋转轴位于窗扇中心线的**立转窗**(4.3.9)。

4.3.9.1.1

左开中轴立转窗　vertical centre pivot casement, turning left

窗扇顺时针旋转开启的**中轴立转窗**(4.3.9.1)(见图67)。

4.3.9.1.2

右开中轴立转窗　**vertical centre pivot casement, turning right**

窗扇逆时针旋转开启的**中轴立转窗**(4.3.9.1)(见图68)。

4.3.9.2

偏心轴立转窗　**vertical off-centre pivot casement**

垂直旋转轴偏离窗扇竖向中心线的**立转窗**(4.3.9)。

4.3.9.2.1

左开偏心轴立转窗　**vertical off-centre pivot casement, turning left**

室内面对窗时,垂直旋转轴位于窗扇中心线的右侧,窗扇顺时针旋转开启的**立转窗**(4.3.9)(见图69)。

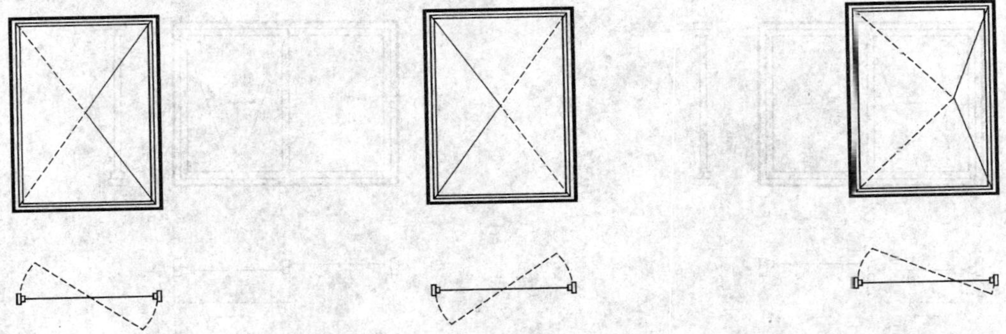

图67　左开中轴立转窗　　图68　右开中轴立转窗　　图69　左开偏心轴立转窗

4.3.9.2.2

右开偏心轴立转窗　**vertical off-centre pivot casement, turning right**

室内面对窗时,垂直旋转轴位于窗扇中心线的左侧,窗扇逆时针旋转开启的**立转窗**(4.3.9)(见图70)。

4.3.10

水平旋转窗　**horizontal pivot casement**

中悬窗

旋转轴水平安装,窗扇可转动启闭的**窗**(4.1.1)。

4.3.10.1

中轴水平旋转窗　**horizontal centre pivot casement**

中轴中悬窗

水平旋转轴位于窗扇横向中心线的**水平旋转窗**(4.3.10)(见图71)。

4.3.10.2

偏心轴水平旋转窗　**horizontal off-centre pivot casement**

偏心轴中悬窗

水平旋转轴位于窗扇横向中心线上方,窗扇下部向室外转动开启的**水平旋转窗**(4.3.10)(见图72)。

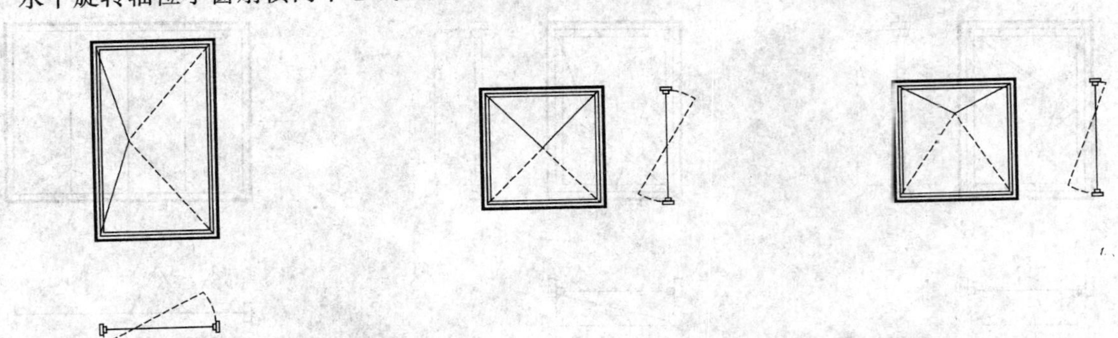

图70　右开偏心轴立转窗　　图71　中轴水平旋转窗　　图72　偏心轴水平旋转窗

4.3.11

推拉下悬窗　double tilting sliding sash

开启扇可分别采取下悬和水平移动二种开启形式的推拉窗。

4.3.11.1

右推拉下悬窗　double tilting sliding sash with service hatch sliding to right

室内面对窗时，开启扇向右侧平移开启的**推拉下悬窗**(4.3.11)(见图73)。

4.3.11.2

左推拉下悬窗　double tilting sliding sash with service hatch sliding to left

室内面对窗时，开启扇向左侧平移开启的**推拉下悬窗**(4.3.11)(见图74)。

图73　右推拉下悬窗　　图74　左推拉下悬窗

4.3.12

内平开下悬窗　tilting and turning sash, opening inward

开启扇可分别采取内平开和下悬开启形式的**窗**(4.1.1)。

4.3.12.1

左开内平开下悬窗　tilting and turning sash, opening inward left

室内面对窗时，转动轴在**窗**(4.1.1)的左侧，顺时针向室内旋转开启的**内平开下悬窗**(4.3.12)(见图75)。

4.3.12.2

右开内平开下悬窗　tilting and turning sash, opening inward right

室内面对窗时，转动轴在**窗**(4.1.1)的右侧，逆时针向室内旋转开启的**内平开下悬窗**(4.3.12)(见图76)。

4.3.13

折叠推拉窗　sliding folding window

多个用合页(铰链)连接的窗扇沿水平方向折叠移动开启的**窗**(4.1.1)(见图77)。

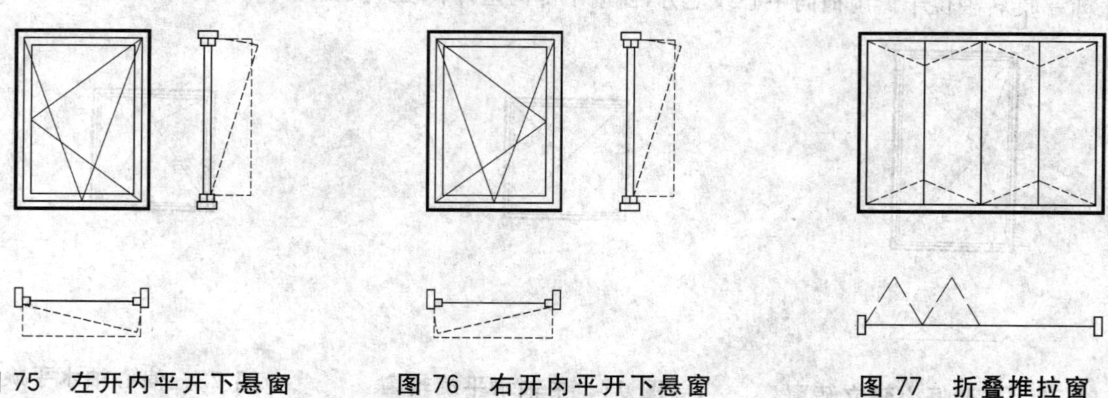

图75　左开内平开下悬窗　　图76　右开内平开下悬窗　　图77　折叠推拉窗

4.4 按构造分类

4.4.1

单层窗 **single window**

只有一层窗扇的**窗**(4.1.1)。

4.4.2

双层扇窗 **coupled window**

一套**窗框**(4.1.4)内装有二层窗扇的**窗**(4.1.1)。

4.4.3

双重窗 **dual window**

双层窗 double window

由相互独立安装的两套**窗**(4.1.1)组成的窗户体系。

4.4.3.1

主窗 **primary window**

双重窗(4.4.3)体系中,可以独立安装使用、性能上起主要作用的**窗**(4.1.1)。

4.4.3.2

次窗 **secondary window**

辅助窗

双重窗(4.4.3)体系中,安装在**主窗**(4.4.3.1)的室外侧或室内侧,用于加强**主窗**(4.4.3.1)性能的**窗**(4.1.1)。次窗不能单独使用。

4.4.4

固定玻璃窗 **fixed glass window**

窗框(4.1.4)洞口内直接镶嵌玻璃的不能开启的**窗**(4.1.1)(见图78)。

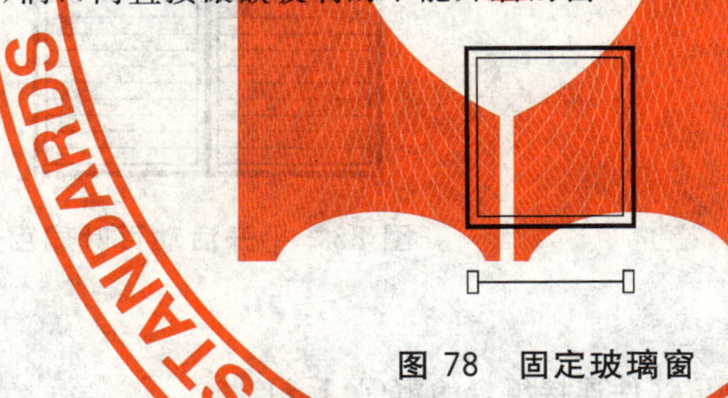

图78 固定玻璃窗

4.4.5

百叶窗 **louvered window**;jalousie window

由一系列在**窗框**(4.1.4)内重叠(搭接)式布置的平行百叶板组成的**窗**(4.1.1),可通风、采光并可遮挡视线。

4.4.5.1

固定百叶窗 **louvered window with fixed leaves**

窗框内装有固定百叶片的**百叶窗**(4.4.5)(见图79)。

4.4.5.2

活动百叶窗 **louvered window with active leaves**

窗框(4.1.4)内装有可(旋转)活动百叶片的**百叶窗**(4.4.5)。

4.4.5.2.1

垂直中轴百叶窗 **louvered window with intermediate vertical axis**

垂直旋转轴位于百叶片中心线的**活动百叶窗**(4.4.5.2)(见图80)。

4.4.5.2.2

水平中轴百叶窗　louvered window with intermediate horizontal axis

水平旋转轴位于百叶片中心线的**活动百叶窗**(4.4.5.2)(见图 81)。

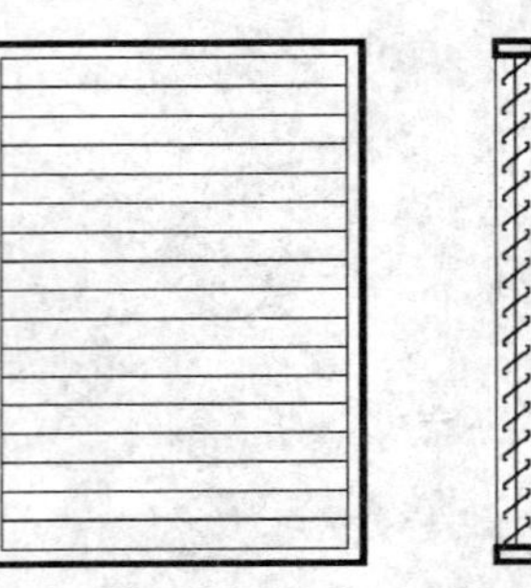
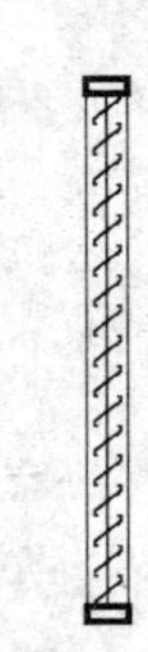

图 79　固定百叶窗

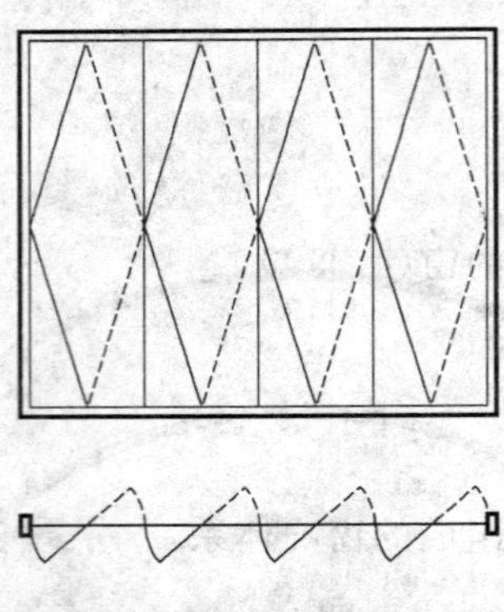

图 80　垂直中轴百叶窗

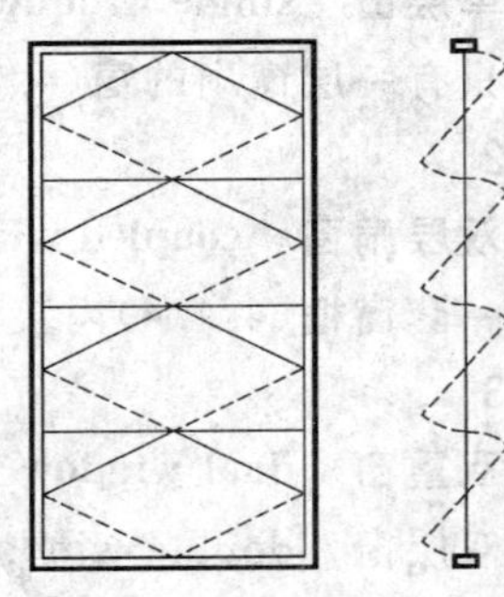

图 81　水平中轴百叶窗

4.4.5.3

平开固定百叶扇窗　side hung shutter window with fixed leaves

由装有固定百叶片的平开窗扇与**窗框**(4.1.4)组成的**窗**(4.1.1)(见图 82)。

4.4.5.4

平开活动百叶扇窗　side hung shutter window with active leaves

由装有活动百叶片的平开窗扇与**窗框**(4.1.4)组成的**窗**(4.1.1)(见图 83)。

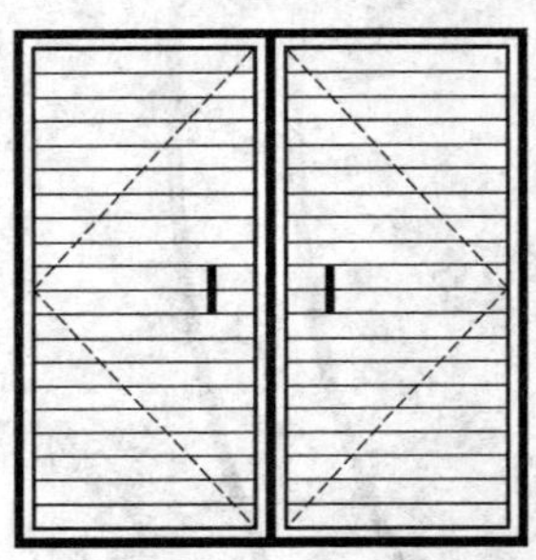

图 82　平开固定百叶扇窗

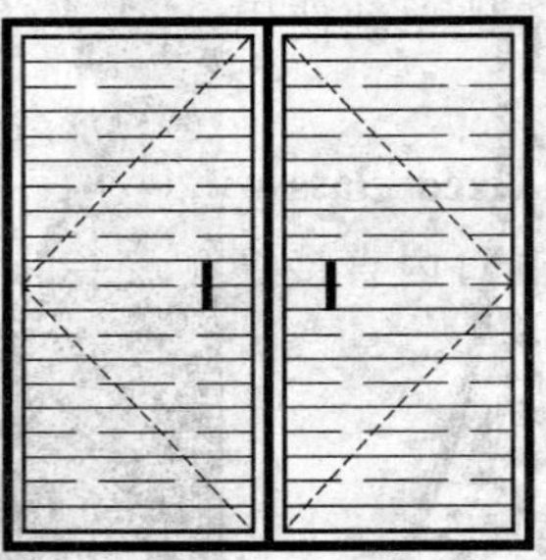

图 83　平开活动百叶扇窗

4.4.6

组合窗　combination window

由两樘或两樘以上的单体窗采用拼樘杆件连接组合的**窗**(4.1.1)。

4.4.6.1

带形窗　ribbon window

多樘单体窗(4.1.1)在水平方向上连续拼接装配的**组合窗**(4.4.6)。

4.4.6.2

条形窗　strip window

多樘单体窗(4.1.1)在垂直方向上连续拼接装配的**组合窗**(4.4.6)。

4.4.7

凸窗　bay window

折线形凸窗

突出于所安装的墙体表面、垂直投影为折线形的单体窗或**组合窗**(4.4.6)。

4.4.8

弓形窗　bow window

弧形凸窗　compass window

突出于所安装的墙体表面、垂直投影为圆弧形的单体窗或**组合窗**(4.4.6)。

4.4.9

凸肚窗　oriel window

突出于所安装的墙面，支承在牛腿或悬臂梁上的**凸窗**(4.4.7)或**弓形窗**(4.4.8)。

4.4.10

隐框窗　hidden frame window

窗框(4.1.4)构架或窗扇构架与玻璃采用结构胶粘结装配，不显露于玻璃室外侧的**窗**(4.1.1)。

5　天窗和屋顶窗

5.1　天窗

5.1.1

天窗　skylight

平行于屋面的可采光或通风的**窗**(4.1.1)，其安装位置比一般窗和斜屋顶窗高，人不能直接触及和操纵窗，并不需要从室内清洁窗的外表面。

5.1.2

平天窗　beat skylight

水平屋面上的**天窗**(5.1.1)。

5.1.3

斜天窗　sloped skylight

斜屋面上的**天窗**(5.1.1)。

5.1.4

垂直天窗　lantern light

塔式天窗

安装在平屋顶的表面之上或坡屋顶的屋脊之上，周边装有侧向玻璃的**天窗**(5.1.1)。

5.1.5

固定天窗　fixed skylight

不能开启的**天窗**(5.1.1)。

5.1.6

百叶天窗　louvered skylight

装设百叶片的**天窗**(5.1.1)。

5.2　屋顶窗

5.2.1

屋顶窗　roof window

安装在屋顶倾斜部位的**窗**(4.1.1)，人可以直接触及和操纵窗，并可以从室内清洁窗的外表面。

5.2.2

斜屋顶窗　sloping roof window

安装在斜屋顶上，平行于屋面的**屋顶窗**(5.2.1)。

5.2.3

垂直屋顶窗　vertical roof window

老虎窗　dormer window

安装在斜屋顶上，窗正立面为垂直方向或与屋面垂直且可开启的**屋顶窗**(5.2.1)。

6 门窗框扇杆件及相关附件

6.1 框

6.1.1

上框 head

门窗(2.1)框(2.3)构架的上部横向杆件(见图 84)。

6.1.2

边框 jamb

门窗(2.1)框(2.3)构架的两侧边部竖向杆件(见图 84)。

6.1.3

中横框 transom

门窗(2.1)框(2.3)构架的中部横向杆件。

6.1.4

中竖框 mullion

门窗(2.1)框(2.3)构架的中间竖向杆件。

6.1.5

下框 sill

门槛、下槛、窗槛(拒用术语)

门窗(2.1)框(2.3)构架的底部横向杆件(见图 84)。

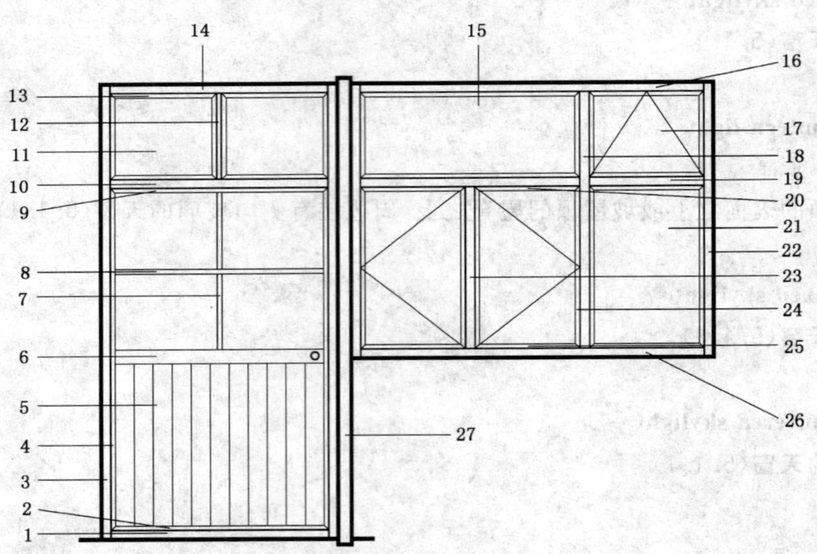

1——门下框；
2——门扇下梃；
3——门边框；
4——门扇边梃；
5——镶板；
6——门扇中横梃；
7——竖芯；
8——横芯；
9——门扇上梃；
10——门中横框；
11——亮窗；
12——亮窗中竖框；
13——玻璃压条；
14——门上框；
15——固定亮窗；
16——窗上框；
17——亮窗；
18——窗中竖框；
19——窗中横框；
20——窗扇上梃；
21——固定窗；
22——窗边框；
23——窗中竖梃；
24——窗扇边梃；
25——窗扇下梃；
26——窗下框；
27——拼樘框。

图 84 门窗框扇示意

6.1.6

拼樘框(包括横向和竖向)　combination transom and mullion

两樘及两樘以上门(3.1.1)之间、或窗(4.1.1)之间或门与窗之间组合时的**框**(2.3)构架的横向和竖向连接杆件(见图84)。

6.2　扇

6.2.1

上梃　toprail

门窗(2.1)扇构架的上部横向杆件(见图84)。

6.2.2

中横梃　middle rail

门窗(2.1)扇构架的中部横向杆件(见图84)。

6.2.3

边梃　stile

门窗(2.1)扇构架的两侧边部竖向杆件(见图84)。

6.2.4

带勾边梃　hooked stile

勾企(拒用术语)

不在一个平面内的两推拉窗扇(在相邻两平行导轨上)关闭时,重叠相邻的带有互相配合密封构造的**边梃**(6.2.3)杆件。

注:采用带勾边梃的推拉窗扇的另一侧边梃所对应的拒用术语为"**光企**"。

6.2.5

下梃　bottom rail

门窗(2.1)扇构架的底部横向杆件(见图84)。

6.2.6

封口边梃　weather stile

附加边梃　appendent stile

在同一平面内两相邻的**边梃**(6.2.3)之间接合密封所用的型材杆件。

6.2.7

横芯　horizontal muntin;horizontal glazing bar

门窗(2.1)扇构架的横向玻璃分格条(见图84)。

6.2.8

竖芯　vertical muntin;vertical glazing bar

门窗(2.1)扇构架的竖向玻璃分格条(见图84)。

6.3　相关附件

6.3.1

玻璃压条　glazing bead

镶嵌固定**门窗**(2.1)玻璃的可拆卸的杆状件(见图84)。

6.3.2

披水条　weather strip

挡风雨条

门窗(2.1)扇之间、**框**(2.3)与扇之间以及框与**门窗洞口**(2.2)之间横向缝隙处的挡风及排泄雨水的型材杆件。

6.3.3

固有披水条　inherent weather strip

门窗(2.1)本身所带有的**披水条**6.3.2)。

6.3.4

附加披水条　appendent weather strip

门窗(2.1)上所装配的披水条(6.3.2)。

6.3.5

披水板　weather board

门窗洞口(2.2)底面窗(4.1.1)室外侧下框(6.1.5)下部设置的带有倾斜坡度的排水板。

6.3.6

窗台板　window board

门窗洞口(2.2)底面窗(4.1.1)室内侧下框(6.1.5)处设置的水平板件。

7　洞口

7.1

平口洞口　structural opening with non-rebated reveal

门窗洞口(2.2)周边为平口者。

7.2

槽口洞口　structural opening with rebated reveal

门窗洞口(2.2)周边带有凹凸槽者。

7.3

洞口顶面　soffit

门窗洞口(2.2)周边的上口面。

7.4

洞口侧面　vertical side

门窗洞口(2.2)周边的两侧墙面。

7.5

洞口底面　sill

门窗洞口(2.2)周边的下口面。

7.6

槽口　structural rebate

门窗洞口(2.2)所带有的凹凸槽。

7.7

槽口深度　depth of rebate

槽口(7.6)垂直于门窗洞口(2.2)平面方向的尺寸。

7.8

槽口宽度　width of rebate

槽口(7.6)平行于门窗洞口(2.2)平面方向的尺寸。

8　尺寸

8.1　高度　height

A　洞口高度标志尺寸　co-ordinating height between opening and frame of window and door

A_1　洞口高度构造尺寸　height of structural reveal

A_2　门窗高度构造尺寸　height of window and door frame

d　门窗扇高度标志尺寸　co-ordinating height between frame and leaf of window and door

d_2　门窗框槽口高度　window and door frame reveal height

d_2'　**门窗框洞口净高度　clear opening height of window and door frame**

d_3　**门窗扇高度**(在门窗框内)　**height of window and door leaf** (inside window and door frame)

d_3'　**门窗扇高度**(包括企口凸边)　**window and door leaf height overall lipping**

门及门洞口的高度尺寸代号图示见图 85。

窗及窗洞口的高度尺寸代号图示见图 86。

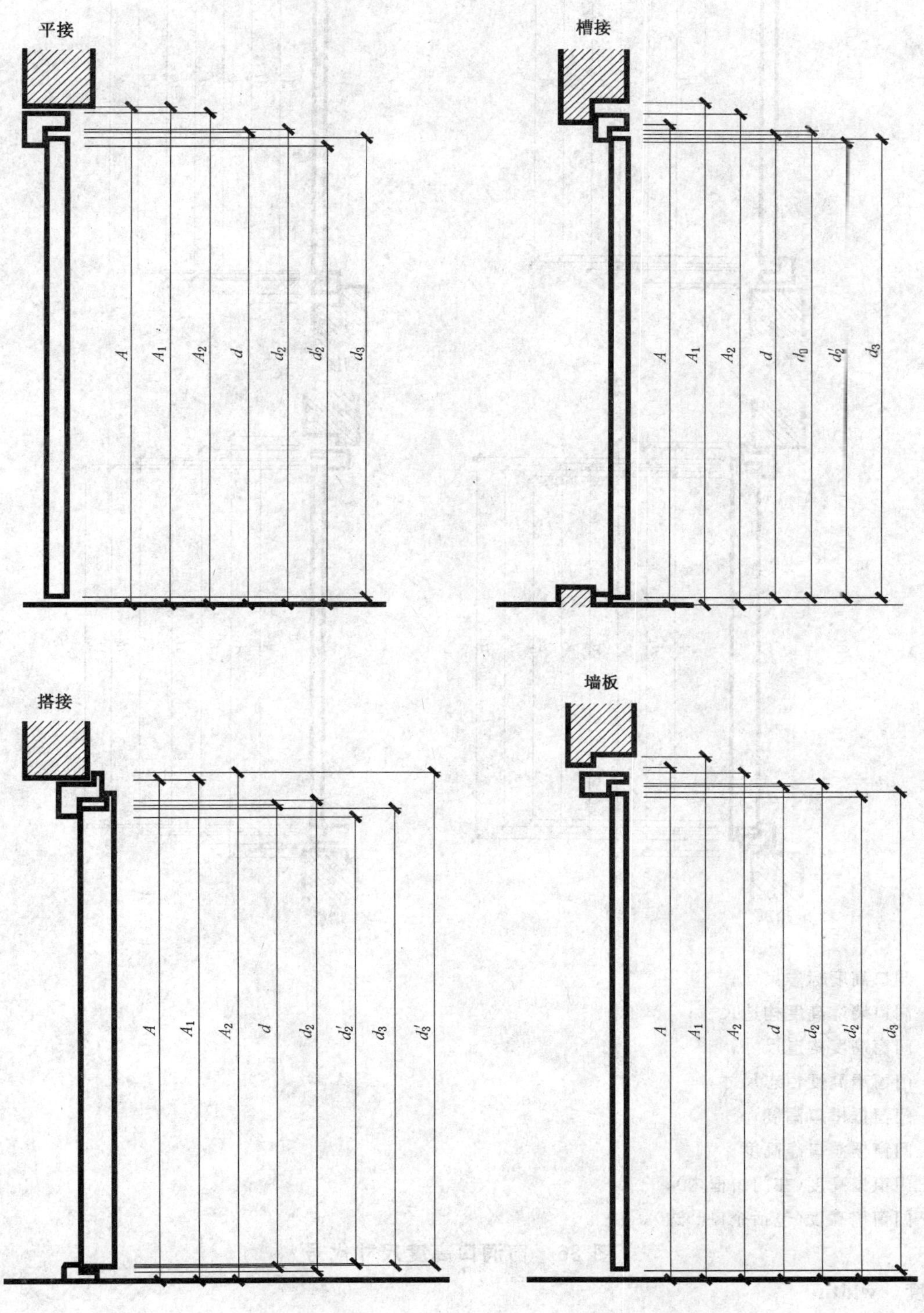

图 85　门洞口高度尺寸代号

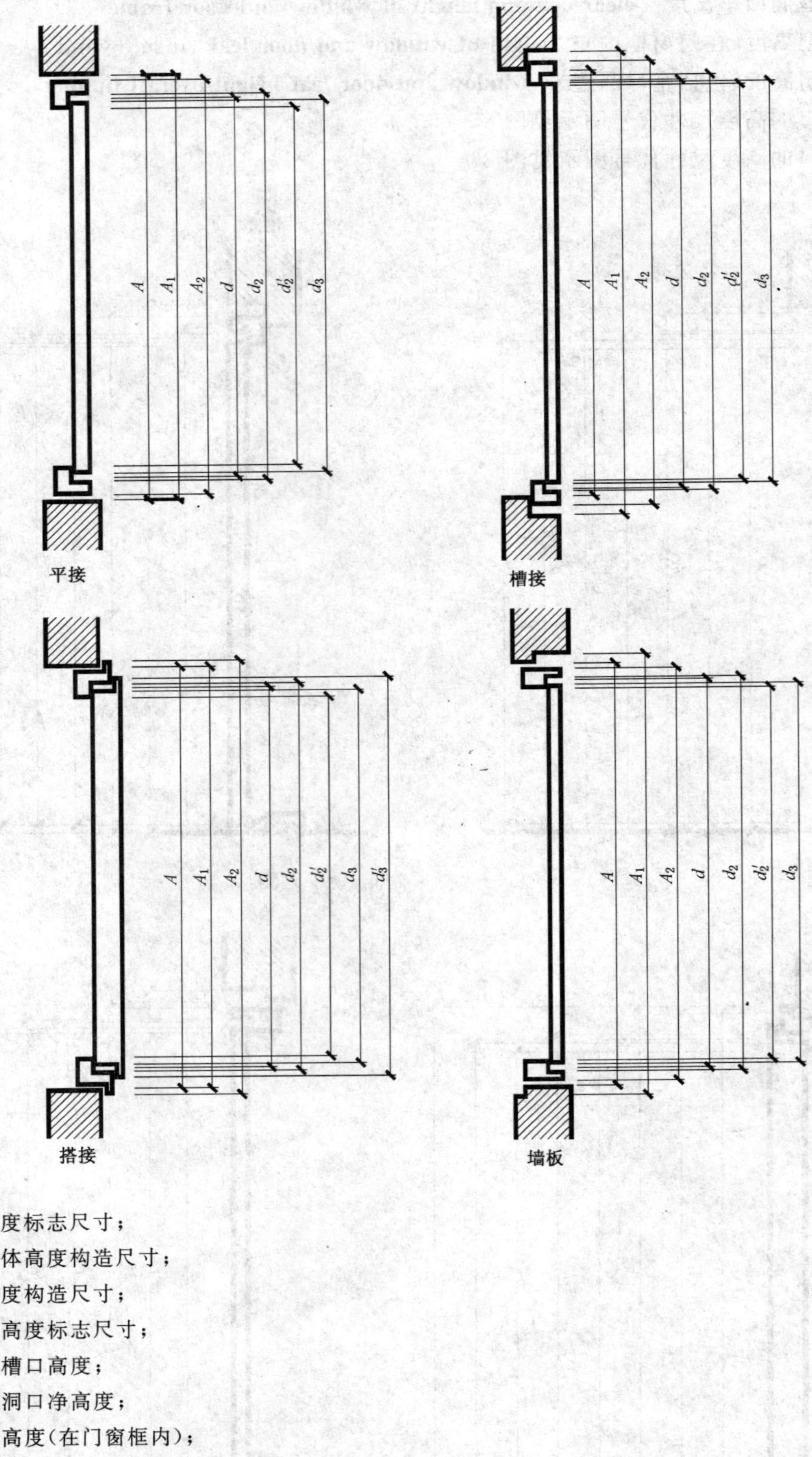

A——洞口高度标志尺寸；

A_1——洞口墙体高度构造尺寸；

A_2——门窗高度构造尺寸；

d——门窗扇高度标志尺寸；

d_2——门窗框槽口高度；

d_2'——门窗框洞口净高度；

d_3——门窗扇高度(在门窗框内)；

d_3'——门窗扇高度(包括企口凸边)。

图 86 窗洞口高度尺寸代号

8.2 宽度 width

B 洞口宽度标志尺寸 **co-ordinating width between opening and frame of window and door**

B_1 洞口宽度构造尺寸 **width of structural reveal**

B_2 门窗宽度构造尺寸 width of window and door frame

e 门窗扇宽度标志尺寸 co-ordinating width between frame and leaf of window and door

e_2 门窗框槽口宽度 window and door frame reveal width

e_2' 门窗框洞口净宽度 clear opening width of window and door frame

e_3 门窗扇宽度(在门窗框内) **width of window and door leaf** (inside window and door frame)

e_3' 门窗扇宽度(包括企口凸边) **window and door leaf width overall lipping**

g 门窗框槽口宽度 width of rebate(of the frame)

门窗及洞口的宽度尺寸代号图示见图87。

B——洞口宽度标志尺寸；

B_1——洞口墙体宽度构造尺寸；

B_2——门窗宽度构造尺寸；

e——门窗扇宽度标志尺寸；

e_2——门窗框槽口宽度；

e_2'——门窗框洞口净宽度；

e_3——门窗扇宽度(在门窗框内)；

e_3'——门窗扇高度(包括企口凸边)；

g——门窗框槽口宽度。

图87 门窗洞口宽度尺寸代号

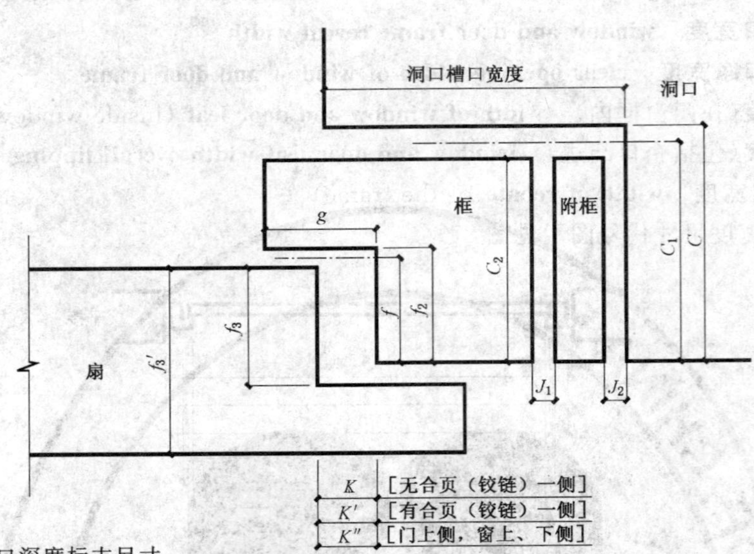

c——墙体或其槽口深度标志尺寸；
c_1——墙体或其槽口深度构造尺寸；
c_2——门窗框厚度构造尺寸；
f——门窗扇与门窗框间槽口的深度标志尺寸；
f_2——门窗扇与门窗框间槽口的深度构造尺寸；
f_3——门窗扇槽口深度；
f_3'——门窗扇厚度；
J_1——门窗框与附框接缝间隙；
J_2——门窗框与洞口接缝间隙；
K——门窗框与扇间无合页(铰链)一侧的缝隙；
K'——门窗框与扇间有合页(铰链)一侧的缝隙；
K''——门框与门扇间上侧缝隙或窗框与窗扇间上、下侧缝隙。

图 88 洞口深度——厚度尺寸代号

8.3 深度——厚度 depth-thickness

c 墙体或其槽口深度标志尺寸 co-ordinating thickness between opening and frame of window and door

c_1 墙体或其槽口深度构造尺寸 depth of structural reveal and rebate

c_2 门窗框厚度构造尺寸 window and door frame thickness

f 门窗扇与门窗框间槽口的深度标志尺寸 co-ordinating depth between frame and leaf of window and door

f_2 门窗框槽口的深度构造尺寸 window and door frame reveal rebate depth

f_3 门窗扇槽口深度 window and door leaf reveal rebate depth

门窗扇厚度(在门窗框内) **thickness of window and door leaf** (inside window and door frame)

f_3' 门窗扇厚度(包括企口凸边) **window and door leaf thickness overall lipping**

门窗及洞口的深度尺寸代号图示见图 73。

8.4 缝隙宽度 gap width

J_1 门窗框与附框接缝间隙 joint clearance between door frame and appendent frame

J_2 附框与洞口接缝间隙 joint clearance between appendent frame and structural opening

K **门窗框与扇间无合页(铰链)一侧的缝隙** vertical **clearance between door frame and leaf of window and door**(at the side of no hinge)

K′ **门窗框与扇间有合页(铰链)一侧的缝隙** vertical **clearance between door frame and leaf of window and door**(at the side of hinge)

K″ **门框与门扇间上侧缝隙或窗框与窗扇间上、下侧缝隙** **horizontal upside clearance between door frame and door leaf;or horizontal upside and underside clearance between window frame and sash**

K‴ **门扇与地面间的缝隙** **clearance between door leaf and finished floor**

门窗及洞口的缝隙宽度尺寸代号图示见图 88。

汉 语 索 引

T

W

X

Y

Z

英 语 索 引

A

B

C

D

T

U

V

W

ICS 91.060.50
Q 70

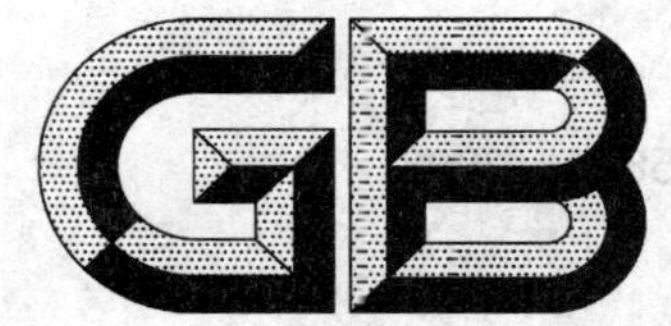

中华人民共和国国家标准

GB/T 5824—2008
代替 GB/T 5824—1986

建筑门窗洞口尺寸系列

Size system of opening for windows and doors in building

2008-07-30 发布　　　　2009-03-01 实施

中华人民共和国国家质量监督检验检疫总局
中国国家标准化管理委员会　发布

前言

本标准代替 GB/T 5824—1986《建筑门窗洞口尺寸系列》。

本标准与 GB/T 5824—1986 相比主要变化如下：

——删除 GB/T 5824—1986 第 1 章前的悬置段文字；

——GB/T 5824—1986 第 1 章名称“适用范围”改为本标准的第 1 章名称“范围”，并对内容进行了修改，适用范围取消了构筑物，并删除了 GB/T 5824—1986 中 1.2 的内容；

——本标准增加了第 2 章“规范性引用文件”；

——将 GB/T 5824—1986 第 2 章名称“名词解释”改为本标准第 3 章名称“术语和定义”，增加“门窗洞口标志尺寸”、“门窗洞口宽、高基本参数”、“门窗洞口宽、高辅助参数”、“门窗洞口标志尺寸基本规格”、“门窗洞口标志尺寸高辅助规格”、“基本门”和“基本窗”的定义；

——将门窗洞口的规格型号由四位数字表示，改为六位数字表示(GB/T 5824—1986 的 2.2；本标准的 3.10)；

——GB/T 5824—1986 第 4 章、第 5 章的内容修改后调整到本标准第 7 章选用要求中；

——本标准表 1 建筑门洞口尺寸系列中，取消标志洞宽 600 mm 系列的 3 个基本规格；增加标志洞宽 1 600 mm 辅助参数系列；增加标志洞高 2 200 mm、2 300 mm 两个辅助参数系列；

——本标准表 1 建筑窗洞口尺寸系列中，标志洞宽 600 mm～2 400 mm 的 3M 系列基本参数中，插入 1M 模数参数级差形成的 10 个标志洞宽辅助参数系列；标志洞高 600 mm～1 500 mm 的 3M 系列基本参数中，插入 1M 模数参数级差形成的 5 个标志洞宽辅助参数系列；

——取消 GB/T 5824—1986 的附录 A 选用须知(补充件)，将其中部分内容调整到本标准第 5 章门窗洞口和门窗的宽、高构造尺寸的确定、第 6 章门窗洞口宽、高定位线的确定；其余内容修改后列入本标准第 7 章选用要求中。

本标准由中华人民共和国住房和城乡建设部提出。

本标准由住房和城乡建设部建筑制品与构配件产品标准化技术委员会归口。

本标准负责起草单位：广东省建筑科学研究院　中国建筑标准设计研究院。

本标准参加起草单位：中国建筑科学研究院、广东省建筑工程集团有限公司、深圳市新山幕墙技术咨询有限公司、广东金刚幕墙工程有限公司、广州铝质装饰工程有限公司、中国建筑金属结构协会、中国建筑装饰协会幕墙工程委员会、清华大学建筑学院建筑技术科学系、上海市建筑科学研究院有限公司、河南省建筑科学研究院、北京金易格幕墙装饰工程有限责任公司、广东省东莞市坚朗五金制品有限公司、福建省南平铝业有限公司、深圳市泰然铝合金工程有限公司、杭州之江有机硅化工有限公司。

本标准主要起草人：张士翔、石民祥、顾泰昌、王洪涛、庄平江、窦铁波、廖学权、谭国湘、黄圻、宋协昌、林波荣、陆津龙、刘宏奎、班广生、杜万明、谢光宇、粟曙、刘明。

本标准所代替标准的历次版本发布情况为：

——GB/T 5824—1986。

建筑门窗洞口尺寸系列

1 范围

本标准规定了建筑门窗洞口宽度、高度尺寸的术语和定义、尺寸系列及选用要求。

本标准适用于工业与民用建筑各类材料内、外墙体的门和窗洞口。

2 规范性引用文件

下列文件中的条款通过本标准的引用而成为本标准的条款。凡是注日期的引用文件，其随后所有的修改单(不包括勘误的内容)或修订版均不适用于本标准，然而，鼓励根据本标准达成协议的各方研究是否可使用这些文件的最新版本。凡是不注日期的引用文件，其最新版本适用于本标准。

GB/T 5823 建筑门窗术语

GBJ 2 建筑模数协调统一标准

3 术语和定义

GB/T 5823 和 GBJ 2 确立的以及下列术语和定义适用于本标准。

3.1

门窗洞口(宽度、高度)标志尺寸 coordinating size between opening and frame of windows and doors

符合门窗洞口宽、高模数数列的规定，用以标注门窗洞口水平、垂直方向定位线的垂直距离，是门窗宽、高构造尺寸与洞口宽、高构造尺寸的协调尺寸，简称门窗洞口标志宽度(B)、标志高度(A)尺寸，单位为毫米。

3.2

门窗洞口宽、高定位线 width and height position lines of opening for windows and doors

门窗洞口宽、高标志尺寸的位置线，是协调门窗与洞口之间相互位置的基准(见图 1、图 2)。

3.3

门窗洞口宽、高构造尺寸 width and height of structural reveal

门窗洞口宽度、高度的设计尺寸，是指洞口的净宽(B_1)、净高(A_1)尺寸。

3.4

门窗宽、高构造尺寸 width and height of windows and doors

门窗宽度、高度的设计尺寸，是指门窗外形的宽度(B_2)、高度(A_2)尺寸。

3.5

门窗洞口尺寸系列 size system of opening for windows and doors

按 GBJ 2 规定的建筑模数数列所选定的建筑门窗洞口宽、高的的一系列标志尺寸和由它们组成的指定规格。

3.6

门、窗洞口高、宽度基本参数 basic height and width parameter of opening for windows and doors

符合门窗洞口宽度、高度采用的水平、竖向扩大模数数列并经指定的标志宽度、高度尺寸。

3.7

门、窗洞口高、宽度辅助参数 auxiliary height and width parameter of opening for windows and doors

在门窗洞口宽度、高度采用的水平、竖向扩大模数数列中，插入小于该数列模数基数的模数参数级差，形成并经指定的标志宽度、高度尺寸。

3.8

门、窗洞口标志尺寸基本规格　coordinating basic specification of opening for windows and doors

门窗洞口的宽度、高度均为基本参数的洞口标志尺寸规格。

3.9

门、窗洞口标志尺寸辅助规格　coordinating auxiliary specification of opening for windows and doors

门窗洞口的宽度、高度中至少有一个为辅助参数的洞口标志尺寸规格。

3.10

门窗洞口的规格型号　ordinance of opening for windows and doors

以门窗洞口标志宽度和高度的千、百、十位数字，前后顺序排列组成的六位数字表示，如不足1 000 mm的则前面加0。

示例1：门洞口的标志宽度为900 mm、标志高度为2 100 mm时，其型号为090210。

示例2：窗洞口的标志宽度为1 200 mm、标志高度为1 500 mm时，其型号为120150。

3.11

基本门　elementary door

符合门洞口尺寸系列基本规格的单樘门。

3.12

基本窗　elementary window

符合窗洞口尺寸系列基本规格的单樘窗。

3.13

门窗安装构造缝隙尺寸　size of structural gap for installing windows and doors

门窗宽、高构造尺寸和门窗洞口宽、高构造尺寸分别与洞口宽、高定位线之间装配空间尺寸的总称，符号为J。为区分门窗洞口定位线与门窗构造尺寸和洞口构造尺寸之间的不同情况的缝隙尺寸，分别以缝隙分尺寸符号J_1、J_2、……、J_8表示（见图1、图2）。

4　建筑门窗洞口尺寸系列

4.1　建筑门洞口尺寸系列应符合表1的规定。

4.2　建筑窗洞口尺寸系列应符合表2的规定。

5　门窗洞口和门窗的宽、高构造尺寸的确定

5.1　门窗洞口和门窗的宽、高构造尺寸，分别以门窗洞口宽、高定位线为基准，按门窗的安装形式、安装方法和安装构造缝隙确定（见图2）。

5.2　门窗洞口和门窗的宽、高构造尺寸，根据洞口宽、高定位线的不同位置，分别有大于、等于或小于门窗洞口宽、高标志尺寸三种情况。

5.3　门窗洞口和门窗的宽、高构造尺寸，应按门窗与洞口之间平接、槽接、搭接三种不同安装方法，以及洞口墙体表面装饰层材料尺寸和门窗安装构造缝隙尺寸确定。

6　门窗洞口宽、高定位线的确定

6.1　门窗洞口横向定位线间的距离（即门窗洞口宽度标志尺寸）包括等于、大于或小于门窗洞口宽度构造尺寸三种情况（见图2a、图2c）。

6.2　门窗洞口高度标志尺寸的上定位线与洞口顶面（一般为各类墙体、梁的底面）或各类墙板的定位线相重合，或高于门窗与墙体同期浇筑的墙体底面（见图2b）。

6.3　门洞口（包括落地窗洞口）高度标志尺寸的下定位线与楼地面标高相重合，或高于该标高（见图2d）。

6.4 窗洞口高度标志尺寸的下定位线(一般为窗台高度定位线)高于各类墙体顶面,或与各类墙体顶面和各类墙板的定位线相重合,或低于窗与墙体同期浇筑的墙体顶面。

7 选用要求

7.1 建筑设计

7.1.1 建筑设计时应贯彻模数协调原则,在同一地区、同一建筑物内,优先选用本标准门窗洞口尺寸系列的基本规格,其次选用辅助规格,并减少规格数量,使其相对集中。如本标准的规格不能满足需要时,可按本标准门窗洞口标志宽、高基本参数、辅助参数的数列,参照邻近门窗洞口规格规律,自行确定。

7.1.2 建筑设计根据实际情况采用有关门窗产品设计时,应核实确认其中某一安装形式、安装方法以及安装构造缝隙尺寸,并作出必要的补充设计要求。

7.1.3 建筑设计需采用组合门窗时,宜优先选用基本门窗组合的条形窗、带形窗及连窗门等。

7.2 建筑门窗产品设计

7.2.1 编制门窗产品设计文件时,应根据所设计门窗的材质、性能、质量标准等因素,选用本标准门窗洞口尺寸系列。应表示出门窗宽、高构造尺寸与门窗洞口定位线的关系,以及所能适应的各类不同材质墙体的安装形式、方法及其安装构造缝隙尺寸,并提出相应技术措施。

7.2.2 应按门窗框或横、竖拼樘料的规格及其构造要求,确定一定范围内基本门、窗和基本门、窗扇的宽、高构造尺寸。组合门窗应符合本标准门窗洞口尺寸系列。

7.3 其他门窗洞口的参照选用

7.3.1 垂直天窗和垂直屋顶窗洞口尺寸,可参照窗洞口的标志宽、高参数选用。

7.3.2 非矩形门窗的外接矩形门窗洞口标志宽、高参数,可参照门窗洞口的标志宽、高参数选用(见图 1e)。

7.3.3 斜屋顶窗的洞口尺寸可参照相关产品标准。

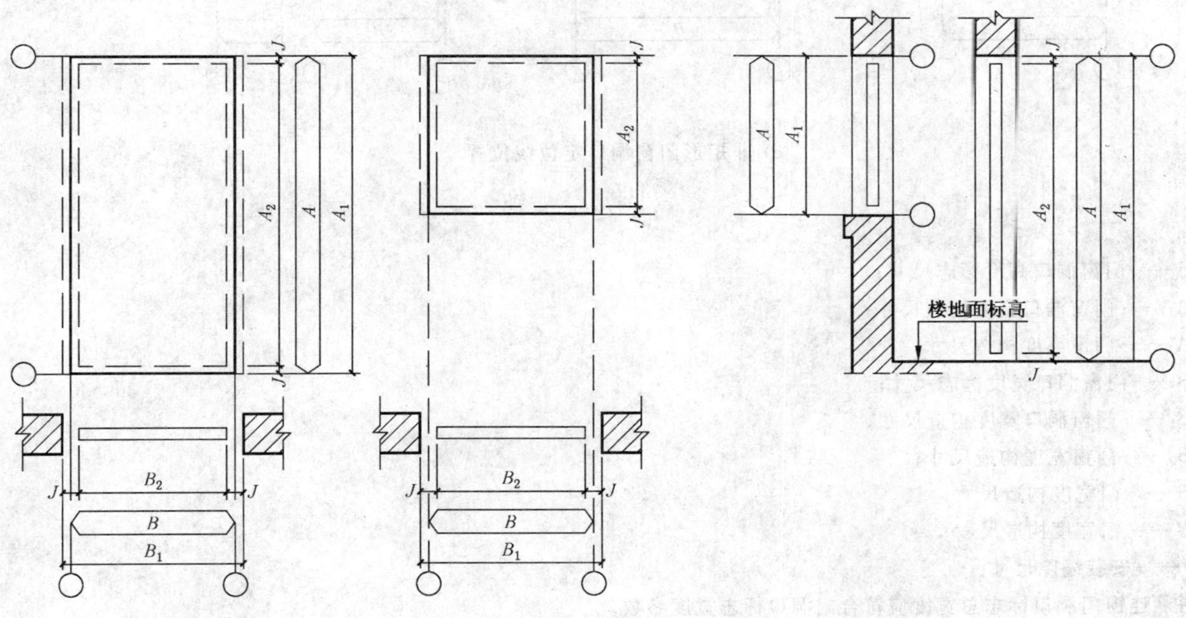

a) 门窗洞口定位线位置

b) 门窗洞口竖向定位线位置
(砖墙、门有下框)

图 1 门窗洞口定位线位置示意

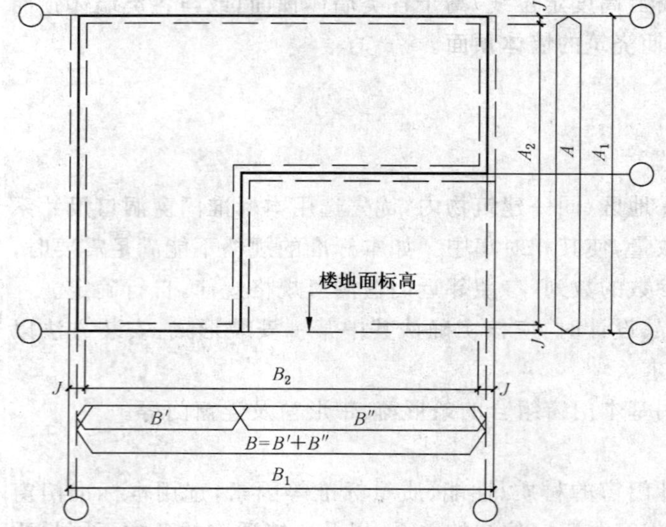

c) 连窗门洞口定位线位置

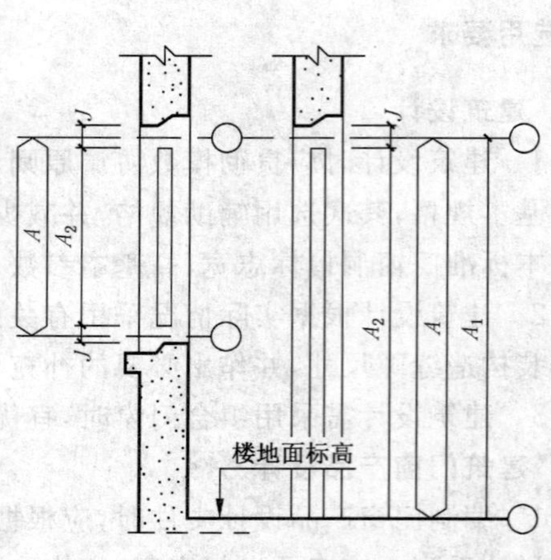

d) 门窗洞口竖向定位线位置

（墙板、门无下框）

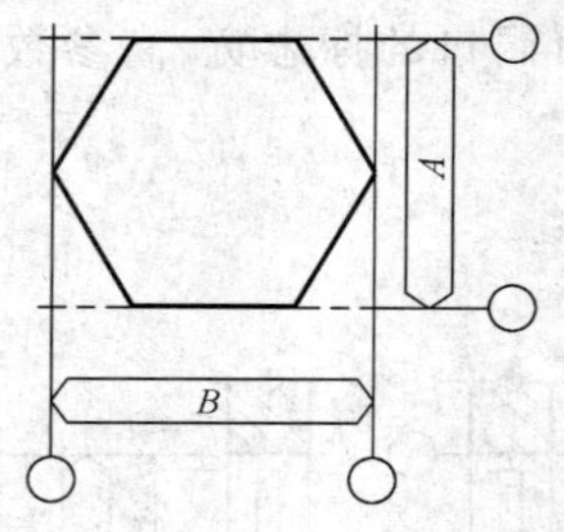

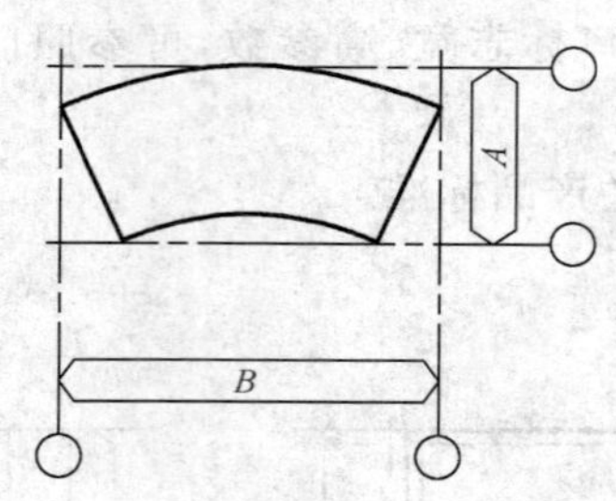

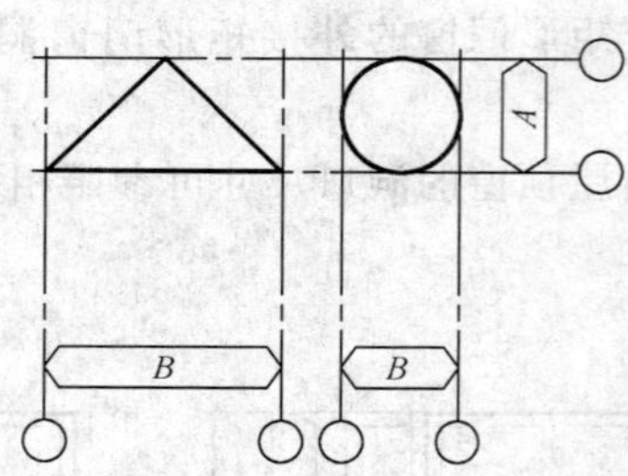

e) 非矩形门窗洞口定位线位置

A——门窗洞口高度标志尺寸；

A_1——门窗洞口高度构造尺寸；

A_2——门窗高度构造尺寸；

B——门窗洞口宽度标志尺寸；

B_1——门窗洞口宽度构造尺寸；

B_2——门窗宽度构造尺寸；

B'——门宽度构造尺寸；

B''——窗宽度构造尺寸；

J——安装缝隙尺寸。

注：连窗门洞口标志总宽度应符合门洞口标志宽度参数。

图 1（续）

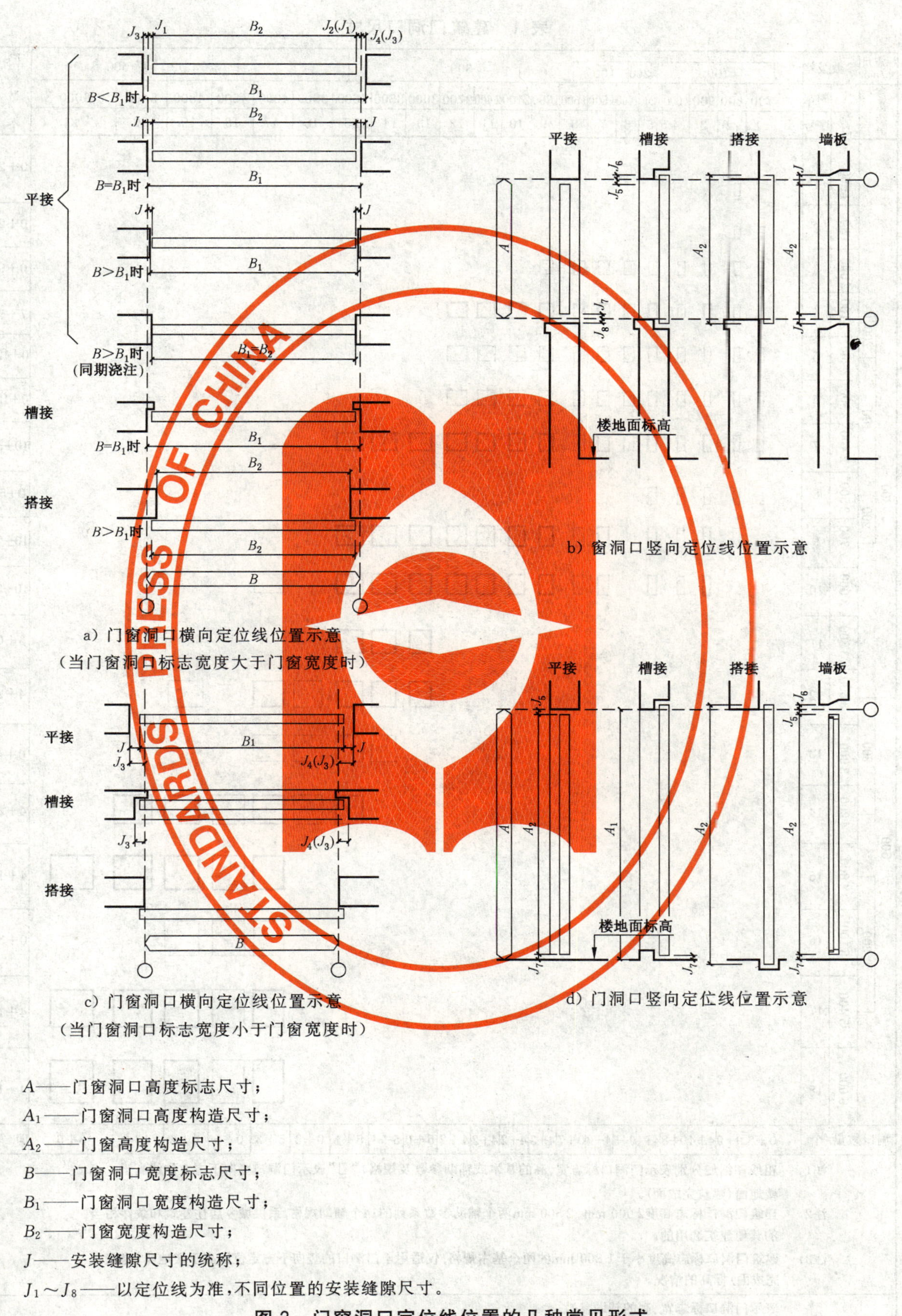

A——门窗洞口高度标志尺寸；

A_1——门窗洞口高度构造尺寸；

A_2——门窗高度构造尺寸；

B——门窗洞口宽度标志尺寸；

B_1——门窗洞口宽度构造尺寸；

B_2——门窗宽度构造尺寸；

J——安装缝隙尺寸的统称；

$J_1 \sim J_8$——以定位线为准，不同位置的安装缝隙尺寸。

图2　门窗洞口定位线位置的几种常见形式

表 1　建筑门洞口尺寸

标志尺寸/mm 参数级差		参数级差	100				200	100			300								600					洞口数量/个
参数级差	洞高	洞宽	700*	800*	900	1000*	1200	1400*	1500	1600*	1800	2100	2400	2700	3000	3300	3600	3900*	4200	4500*	4800	5400	6000	
		序号	1	2	3	4	5	6	7	8	9	10	11	12	13	14	15	16	17	18	19	20	21	
	1500	1	□̲	□̲																				0+2
	1800	2	□	□																				0+2
	2000*	3	□	□	□	□	□	□	□	□	□													0+9
200	2100	4	□	□	**□**	□	**□**	□	**□**	□	**□**	**□**	**□**	**□**										7+5
	2200*	5	□	□	□	□	□	□	□	□	□	□	□	□										0+12
100	2300*	6	□	□	□	□	□	□	□	□	□	□	□	□										0+12
	2400	7	□	□	**□**	□	**□**	□	**□**	□	**□**	**□**	**□**	**□**	**□**	**□**	**□**							10+5
300	2500*	8	□	□	□	□	□																	0+5
200	2700	9		□	**□**	□	**□**		**□**	□	**□**	**□**	**□**	**□**	**□**	**□**	**□**							10+3
	3000	10			**□**	□	**□**		**□**	□	**□**	**□**	**□**	**□**	**□**	**□**	**□**		□					10+3
	3300	11													**□**	**□**	**□**							3+0
	3600	12													**□**	**□**	**□**	□	**□**		□			4+2
300	3900*	13														□	□	□	□					0+4
600	4200	14															**□**	□	**□**	□	**□**	**□**		4+2
	4800	15																	**□**	□	**□**	**□**	**□**	4+1
300	5100*	16																	□	□	□			0+3
	5400	17																	**□**	□	**□**	**□**	**□**	4+1
	6000	18																	**□**	□	**□**	**□**	**□**	4+1
洞口数量/个			0+8	0+9	4+4	0+8	4+4	0+5	4+3	0+7	4+3	4+2	4+2	4+2	5+0	5+1	6+1	0+3	5+3	0+5	4+2	4+0	3+0	60+72

注1：　粗线和细线分别表示门洞口标志宽、高的基本或辅助参数及规格，“□̲”表示门洞口竖向下方定位线高于楼地面（建筑完成面）。

注2：　建筑门洞口标志高度2 000 mm，2 500 mm两个辅助参数系列的14个辅助规格，系供城乡居住建筑和条件相当的其他建筑选用的。

注3：　建筑门洞口标志高度小于1 800 mm的两个基本规格，仅适用于门洞口的竖向下方定位线高于楼地面（建筑完成面）标高的情况。

*　　表示门洞口标志宽、高的辅助参数。

表 2 建筑窗洞口尺寸系列

标志尺寸/mm	参数级差		100																	300		600			300					洞口数量/个
参数级差	洞高	洞宽	600	700*	800*	900	1 000*	1 100*	1 200	1 300*	1 400*	1 500	1 600*	1 700*	1 800	1 900*	2 000*	2 100	2 200*	2 300*	2 400	2 700	3 000	3 600	4 200	4 500*	4 800	5 400	6 000	
		序号	1	2	3	4	5	6	7	8	9	10	11	12	13	14	15	16	17	18	19	20	21	22	23	24	25	26	27	
100	600	1																												13+14
	700*	2																												0+27
	800*	3																												0+27
	900	4																												13+14
	1 000*	5																												0+27
	1 100*	6																												0+27
	1 200	7																												13+14
	1 300*	8																												0+27
	1 400*	9																												0+19
	1 500	10																												13+14
	1 600*	11																												0+19
	1 700*	12																												0+27
300	1 800	13																												13+14
	2 100	14																												13+14
	2 400	15																												13+14
	2 700	16																												11+12
	3 000	17																												11+12
600	3 600	18																												11+12
	4 200	19																												9+5
	4 800	20																												7+1
	5 400	21																												7+1
	6 000	22																												7+1
洞口数量/个			7+8	0+16	0+15	7+8	0+18	0+18	10+8	0+18	0+18	10+8	0+18	0+18	11+8	0+19	0+19	11+8	0+19	0+19	14+8	0+20	14+6	14+6	14+6	0+16	14+6	14+6	14+6	154+342

注1：粗线和细线分别表示窗洞口标志宽、高的基本或辅助参数及规格。

注2：建筑窗洞口标志高度1 400 mm，1 600 mm两个辅助参数系列的38个窗洞口辅助规格，系供城乡居住建筑和条件相当的其他建筑选用的。

注3：建筑窗洞口标志宽度4 500 mm 辅助参数系列的16个辅助规格，系供工业等建筑纵、横外墙适当部位选用的。

* 表示窗洞口标志宽、高的辅助参数。

ICS 71.040.40
G 86

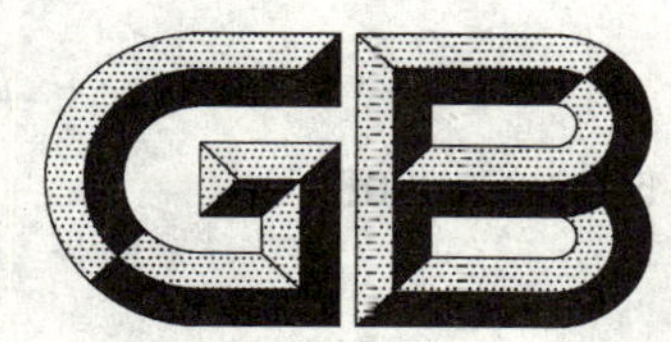

中华人民共和国国家标准

GB/T 5832.2—2008
代替 GB/T 5832.2—1986

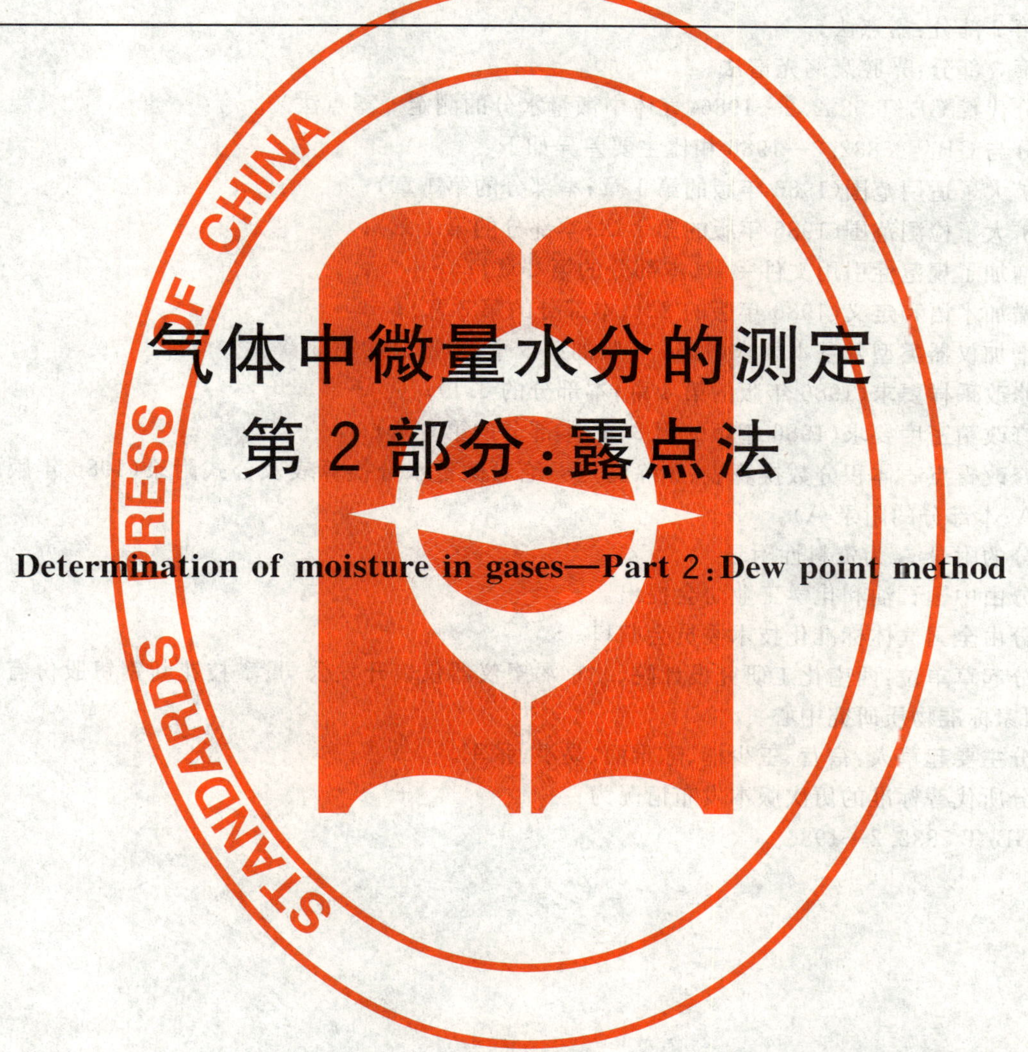

气体中微量水分的测定 第2部分：露点法

Determination of moisture in gases—Part 2: Dew point method

2008-06-04 发布　　　　2008-12-01 实施

中华人民共和国国家质量监督检验检疫总局
中国国家标准化管理委员会　发布

前　言

GB/T 5832《气体中微量水分的测定》分为多个部分，目前暂分为3部分：

——第1部分：电解法；

——第2部分：露点法；

——第3部分：光腔衰荡光谱法。

本部分代替GB/T 5832.2—1986《气体中微量水分的测定　露点法》。

本部分与GB/T 5832.2—1986相比主要差异如下：

——扩大了适用范围(1986年版的第1章；本部分的第1章)；

——扩大了检测范围(1986年版的第1章；本部分的第1章)；

——增加了规范性引用文件一章(本部分的第2章)；

——增加术语和定义(1986年版的2.1；本部分的第3章)；

——增加仪器类型及基本要求(1986年版的第3章；本部分的第5章)；

——修改采样要求(1986年版的第4章；本部分的6.1)；

——修改精密度要求(1986年版的第8章；本部分的第8章)；

——修改露点—体积分数换算表、删除露点—绝对微量水分换算表及公式附录(1986年版的附录A；本部分的附录A)。

本部分的附录A为资料性附录。

本部分由中国石油和化学工业协会提出。

本部分由全国气体标准化技术委员会归口。

本部分起草单位：西南化工研究设计院、北京渴望仪器仪表开发公司、攀枝花新钢钒股份有限公司氧气厂、国家标准物质研究中心。

本部分主要起草人：宿营、王少楠、陈雅丽、易洪、张军。

本部分所代替标准的历次版本发布情况为：

——GB/T 5832.2—1986。

气体中微量水分的测定
第2部分:露点法

1 范围

本部分规定了通过测定气体露点来测定气体中微量水分的方法。

本部分适用于氢、氧、氮、氦、氖、氩、氪、氙、氧化亚氮、六氟化硫等气体以及由它们能够组成的混合气体中微量水分的测定,不适用于在水分冷凝前就冷凝的气体以及能与水分发生反应的气体。

本部分适用于0℃～－120℃气体露点的测定。

2 规范性引用文件

下列文件中的条款通过本部分的引用而成为本部分的条款。凡是注日期的引用文件,其随后所有的修改单(不包括勘误的内容)或修订版均不适用于本部分,然而,鼓励根据本部分达成协议的各方研究是否可使用这些文件的最新版本。凡是不注日期的引用文件,其最新版本适用于本部分。

GB/T 3723　工业用化学产品采样安全通则(GB/T 3723—1999,idt ISO 3165:1976)

GB/T 5832.1　气体湿度的测定　第1部分:电解法

GB/T 6681　气体化工产品采样通则

3 术语和定义

下列术语和定义适用于本部分。

3.1

微量水分　humidity

气体中水分含量的量度,有绝对微量水分、相对微量水分和露点等多种表示方法。

3.2

露点　dew point

在恒定的压力下,气体中所含水分达到饱和并凝结成露或霜(冰)时的温度。

3.3

死体积　dead volume

取样和露点仪气路系统中不能被气流所置换的体积。

3.4

露点法　dew point method

通过测定气体的露点来测定气体中微量水分的方法。

3.5

冷壁效应　condensate effect off mirror

仪器气路系统除镜面外的温度相近或低于待测气体的露点时,水分在仪器除镜面外的气路系统中凝结的现象。

4 方法原理

当一定体积的气体在恒定的压力下均匀降温时,气体和气体中水分的分压保持不变,直至气体中的水分达到饱和状态,该状态下的温度就是气体的露点。通常是在气体流经的测定室中安装镜面及其附件，通过测定在单位时间内离开和返回镜面的水分子数达到动态平衡时的镜面温度来确定气体的露点。一定的气体水分含量对应一个露点温度；同时一个露点温度对应一定的气体水分含量。因此测定气体的露点温度就可以测定气体的水分含量。由露点值可以计算出气体中微量水分含量，由露点和所测气体的温度可以得到气体的相对水分含量。

5 仪器

5.1 概述

仪器可以采用不同的方法设计，主要不同在于镜面的设计、冷却镜面的方法、控制镜面温度的方法、确定露(霜或冰)形成的方法、测定镜面温度的方法等。

5.2 仪器一般要求

5.2.1 能够把流经测定室的气体以及镜面冷却到所需温度，降温速率和样气流速可以控制。

5.2.2 能确定露(霜或冰)的形成并能测定镜面温度。

5.2.3 测定室内的气压不能超过仪器允许的最大压力。

5.2.4 仪器应具有如下标志：仪器名称、型号、制造商、出厂日期及编号，国内制造的仪器应具有计量器具制造许可证的标志。

5.2.5 仪器的准确性可以溯源，仪器需经计量检定合格。

5.3 镜面及其降温方法

5.3.1 镜面应当选择憎水、导热性好、耐腐蚀、高硬度、光学性能好的材料制作。常用材料有铑合金、金、铜、不锈钢及其他合金钢等。

5.3.2 半导体制冷法

通常采用一级或多级冷堆来获得所需的温度。

5.3.3 液化气体制冷法

通常采用加热使液化气体汽化后使镜面制冷，也可以采用压缩气体通过液化气体浸泡的盘管冷却后制冷。

5.3.4 机械制冷法

采用小型冷冻机，通过介质的循环制冷，该方法通常和半导体制冷法联合使用。

5.3.5 绝热膨胀制冷法

采用高压气体节流膨胀产生冷量来冷却镜面。

5.3.6 溶剂蒸发制冷法

用挥发性液体与镜子背面接触，向挥发性液体内通入低压气体使液体挥发来冷却镜面。

5.3.7 其他等效的降温方法。

5.4 露(霜或冰)层的确定

5.4.1 利用光的散射，采用光电系统来确定。

5.4.2 利用目视确定，包括利用放大镜或者显微镜来确定。

5.4.3 利用射线散射(α或β射线)来确定。

5.4.4 利用石英的压电现象来确定。

5.4.5 通过图像识别技术来确定。

5.5 露点的测量

5.5.1 基本要求

测量露点温度时要使结露状态尽量保持一致，测温元件安装点的温度应尽量和镜面温度保持一致。

5.5.2 镜面温度的测量

测量露点的元件有铂电阻、热电偶、热敏电阻、水银温度计等。高精度的露点仪几乎都采用铂电阻元件。

5.6 气路系统

5.6.1 气路系统应无死体积或尽量减小死体积。气路连接管和取样管道应采用不锈钢管、铜管或壁厚不小于1 mm的聚四氟乙烯管,不允许使用乳胶管、普通橡胶管或尼龙管等。取样管道应该采用尽可能短的小口径管。

5.6.2 气路系统应进行检漏试验以确定其气密性良好。仪器的气密性应该达到仪器的检测要求。

6 试验步骤

6.1 采样

6.1.1 采样中的安全要求应符合GB/T 3723中的规定。

6.1.2 气态样品的采样原则及一般规定应符合GB/T 6681中的规定。

6.1.3 瓶装气体的采样用耐压针形阀。至少采用三次升、降压法吹洗采样阀及其他气路系统。

6.1.4 管道气体的采样应使用管道上的根部采样阀,并用尽可能短的连接管将样品气直接通入露点仪。

6.2 流量校正

按照仪器说明书规定的气体流速,用皂膜流量计或其他方法来确定适当的样品气流速。

6.3 测量

当整个气路系统充分置换后就可以开始测量,手动制冷的露点仪当镜面温度离露点约5℃时(对不知道露点范围的气体,可先进行一次粗测)应该缓慢地降低镜面温度,以尽量减小降温的惯性影响。到露点出现时,记录露点值。

消露(霜)后重复测定一次,当两次平行测定的误差满足仪器规定的要求时即可停止测定。

6.4 停机

待测定室温度恢复至室温后,卸下样品气,关闭仪器的气路进出口。

7 影响测定的主要因素

7.1 干扰物质

7.1.1 水溶性物质,例如水溶性的盐类。这些物质会使镜面提前结露(霜或冰)。

7.1.2 不溶于水的物质,如灰尘、油污等。这些物质会干扰露点的测量,因此,有这些干扰物存在时,应在取样系统增设气体过滤装置,该装置应不影响水分含量的测定。

7.1.3 如果气体中含有在水分冷凝前就凝结的气态杂质,此时应采用其他方法测定气体微量水分。

7.2 冷壁效应

冷壁效应会影响测定结果。应设法消除冷壁效应,否则应采用其他方法进行测定。

7.3 制冷速率

如果气体的微量水分很低,镜面的制冷速率应尽量缓慢。以减小过冷现象的影响。

7.4 样气流速

气体微量水分的测定通常在室温下进行,当气流通过测定室时会影响体系的传热和传质过程。因此当其他条件固定时,加大流速将有利于气流和镜面之间的传质,但流速过大会造成过热问题而影响体系的热平衡。为了减小传热影响,样气流速应当控制在一定范围内。

8 精密度

对重复性和再现性的要求应符合GB/T 5832.1的有关规定。

9 结果处理

9.1 取两次平行测定结果的算术平均值作为露点值。两次平行测定的结果应小于本部分第8章中对重复性的规定。

9.2 露点与体积分数(*V*/*V*)的对应关系参见附录 A。

10 报告

报告应包括下列内容：

——测定日期、环境温度、大气压；

——采样地点、样品编号、容器内压力；

——样品名称；

——测定结果；

——测定时观察到的任何异常现象；

——本部分中未包括的其他内容；

——分析员和审核员姓名。

附　录　A
（资料性附录）
露点—体积分数的换算

A.1　露点—体积分数(V/V)的对应关系按式(A.1)计算：

$$V_r = \frac{fe_d}{p - fe_d} \times 10^6 \qquad \text{(A.1)}$$

式中：

V_r——体积比，单位为微升每升(μL/L)；

e_d——在露点温度下的饱和水蒸气压，单位为帕(Pa)；

p——大气压，单位为帕(Pa)；

f——增强因子。

计算结果见表A.1、表A.2。

表A.1　露点(0℃～－79.9℃)—体积分数换算表

单位：μL/L

露点 t/℃	0.0	0.1	0.2	0.3	0.4	0.5	0.6	0.7	0.8	0.9
−0	6 092.22	6 046.96	5 997.01	5 947.45	5 898.26	5 849.44	5 800.99	5 752.92	5 705.20	5 657.86
−1	5 606.20	5 564.24	5 517.96	5 472.04	5 426.47	5 381.25	5 336.37	5 291.84	5 247.64	5 203.79
−2	5 155.95	5 117.09	5 074.23	5 031.71	4 989.51	4 947.64	4 906.09	4 864.86	4 823.95	4 783.35
−3	4 739.08	4 703.10	4 663.44	4 624.08	4 585.03	4 546.28	4 507.83	4 469.68	4 431.83	4 394.27
−4	4 353.30	4 320.02	4 283.33	4 246.93	4 210.81	4 174.97	4 139.41	4 104.13	4 069.12	4 034.39
−5	3 996.52	3 965.74	3 931.82	3 898.17	3 864.78	3 831.65	3 798.78	3 766.17	3 733.81	3 701.72
−6	3 666.71	3 638.28	3 606.93	3 575.84	3 544.98	3 514.38	3 484.01	3 453.89	3 424.00	3 394.36
−7	3 362.03	3 335.77	3 306.82	3 278.10	3 249.62	3 221.36	3 193.32	3 165.51	3 137.92	3 110.55
−8	3 080.71	3 056.47	3 029.76	3 003.25	2 976.96	2 950.89	2 925.02	2 899.36	2873.90	2848.65
−9	2 821.12	2 798.76	2 774.12	2 749.68	2 725.43	2 701.38	2 677.52	2 653.86	2 630.39	2 607.11
−10	2 581.73	2 561.11	2 538.40	2 515.86	2 493.52	2 471.35	2 449.36	2 427.56	2 405.93	2 384.48
−11	2 361.09	2 342.10	2 321.17	2 300.41	2 279.82	2 259.41	2 239.16	2 219.07	2 199.15	2 179.40
−12	2 157.86	2 140.38	2 121.11	2 102.00	2 083.04	2 064.25	2 045.61	2 027.12	2 008.79	1 990.61
−13	1 970.80	1 954.70	1 936.97	1 919.39	1 901.95	1 884.66	1 867.52	1 850.51	1 833.65	1 816.93
−14	1 798.71	1 783.91	1 767.61	1 751.44	1 735.41	1 719.51	1 703.75	1 688.12	1 672.62	1 657.25
−15	1 640.51	1 626.91	1 611.93	1 597.07	1 582.34	1 567.74	1 553.26	1 538.90	1 524.66	1 510.55
−16	1 495.16	1 482.68	1 468.92	1 455.28	1 441.75	1 428.34	1 415.05	1 401.87	1 388.80	1 375.84
−17	1 361.73	1 350.26	1 337.64	1 325.12	1 312.71	1 300.41	1 288.21	1 276.12	1 264.13	1 252.25
−18	1 239.30	1 228.79	1 217.21	1 205.73	1 194.35	1 183.07	1 171.89	1 160.81	1 149.82	1 138.92
−19	1 127.05	1 117.42	1 106.81	1 096.29	1 085.87	1 075.53	1 065.29	1 055.13	1 045.06	1 035.09
−20	1 024.22	1 015.39	1005.68	996.04	986.50	977.03	967.65	958.36	949.14	940.01
−21	930.06	921.99	913.09	904.28	895.54	886.89	878.31	869.80	861.37	853.02

表 A.1（续）

单位：μL/L

露点 t/℃	0.0	0.1	0.2	0.3	0.4	0.5	0.6	0.7	0.8	0.9
−22	843.92	836.53	828.40	820.34	812.36	804.44	796.60	788.82	781.12	773.48
−23	765.17	758.42	750.99	743.62	736.32	729.09	721.93	714.83	707.79	700.81
−24	693.22	687.06	680.27	673.55	666.89	660.28	653.74	647.26	640.84	634.47
−25	627.54	621.92	615.73	609.59	603.52	597.49	591.53	585.61	579.76	573.95
−26	567.63	562.51	556.86	551.27	545.73	540.24	534.80	529.41	524.07	518.79
−27	513.03	508.36	503.21	498.12	493.07	488.07	483.12	478.21	473.35	468.54
−28	463.29	459.04	454.36	449.72	445.13	440.58	436.07	431.61	427.19	422.80
−29	418.04	414.17	409.91	405.69	401.51	397.38	393.28	389.22	385.20	381.22
−30	376.88	373.36	369.49	365.66	361.87	358.11	354.38	350.69	347.04	343.42
−31	339.49	336.29	332.78	329.30	325.85	322.44	319.06	315.71	312.40	309.11
−32	305.54	302.64	299.45	296.30	293.17	290.07	287.01	283.97	280.96	277.99
−33	274.75	272.12	269.23	266.37	263.53	260.73	257.95	255.20	252.47	249.78
−34	246.84	244.46	241.84	239.25	236.68	234.14	231.63	229.13	226.67	224.23
−35	221.57	219.41	217.04	214.70	212.38	210.08	207.80	205.55	203.32	201.11
−36	198.70	196.76	194.61	192.49	190.39	188.31	186.26	184.22	182.20	180.21
−37	178.04	176.28	174.34	172.42	170.53	168.65	166.79	164.95	163.13	161.33
−38	159.37	157.78	156.03	154.30	152.59	150.90	149.22	147.56	145.92	144.29
−39	142.52	141.09	139.52	137.96	136.41	134.88	133.37	131.88	130.40	128.93
−40	127.34	126.05	124.63	123.22	121.83	120.46	119.09	117.75	116.41	115.10
−41	113.66	112.50	111.22	109.96	108.70	107.47	106.24	105.03	103.83	102.64
−42	101.35	100.31	99.16	98.02	96.90	95.78	94.68	93.59	92.51	91.45
−43	90.29	89.35	88.32	87.30	86.28	85.29	84.30	83.32	82.35	81.39
−44	80.35	79.51	78.58	77.66	76.76	75.86	74.97	74.10	73.23	72.37
−45	71.44	70.68	69.85	69.03	68.21	67.41	66.61	65.83	65.05	64.28
−46	63.44	62.77	62.02	61.28	60.56	59.84	59.12	58.42	57.72	57.03
−47	56.29	55.68	55.01	54.35	53.70	53.06	52.42	51.79	51.17	50.55
−48	49.88	49.34	48.75	48.16	47.57	47.00	46.43	45.87	45.31	44.76
−49	44.16	43.68	43.15	42.62	42.10	41.59	41.08	40.58	40.08	39.59
−50	39.05	38.62	38.15	37.68	37.22	36.76	36.30	35.86	35.41	34.97
−51	34.50	34.11	33.69	33.27	32.86	32.45	32.05	31.65	31.26	30.87
−52	30.44	30.10	29.72	29.35	28.98	28.62	28.26	27.91	27.55	27.21
−53	26.83	26.53	26.19	25.86	25.53	25.21	24.89	24.58	24.26	23.96
−54	23.62	23.35	23.05	22.76	22.47	22.18	21.90	21.62	21.34	21.07
−55	20.77	20.53	20.27	20.01	19.75	19.50	19.24	19.00	18.75	18.51

表 A.1（续）

单位：μL/L

露点 t/℃	0.0	0.1	0.2	0.3	0.4	0.5	0.6	0.7	0.8	0.9
−56	18.24	18.03	17.80	17.57	17.34	17.11	16.89	16.67	16.45	16.24
−57	16.01	15.82	15.61	15.41	15.20	15.00	14.81	14.61	14.42	14.23
−58	14.02	13.86	13.67	13.49	13.32	13.14	12.96	12.79	12.62	12.46
−59	12.27	12.13	11.96	11.80	11.65	11.49	11.34	11.19	11.04	10.89
−60	10.73	10.60	10.46	10.31	10.18	10.04	9.903	9.769	9.637	9.506
−61	9.365	9.250	9.125	9.001	8.878	8.758	8.638	8.520	8.404	8.289
−62	8.165	8.064	7.954	7.844	7.737	7.630	7.526	7.422	7.320	7.219
−63	7.109	7.021	6.924	6.828	6.733	6.640	6.548	6.457	6.367	6.278
−64	6.182	6.104	6.019	5.935	5.852	5.770	5.689	5.609	5.531	5.453
−65	5.369	5.301	5.226	5.152	5.079	5.008	4.937	4.867	4.798	4.730
−66	4.656	4.596	4.531	4.466	4.403	4.340	4.278	4.217	4.156	4.097
−67	4.032	3.980	3.923	3.867	3.811	3.756	3.702	3.649	3.596	3.544
−68	3.487	3.442	3.392	3.343	3.294	3.246	3.199	3.152	3.106	3.061
−69	3.012	2.972	2.929	2.886	2.843	2.802	2.761	2.720	2.680	2.640
−70	2.598	2.563	2.525	2.488	2.451	2.415	2.379	2.343	2.309	2.274
−71	2.237	2.207	2.174	2.141	2.109	2.078	2.047	2.016	1.986	1.956
−72	1.924	1.897	1.869	1.841	1.813	1.785	1.758	1.732	1.706	1.680
−73	1.652	1.629	1.604	1.580	1.556	1.532	1.508	1.485	1.463	1.440
−74	1.416	1.396	1.375	1.354	1.333	1.312	1.292	1.272	1.252	1.233
−75	1.212	1.195	1.177	1.158	1.140	1.123	1.105	1.088	1.071	1.054
−76	1.036	1.021	1.005	0.990	0.974	0.959	0.944	0.929	0.914	0.900
−77	0.884	0.871	0.858	0.844	0.831	0.817	0.804	0.792	0.779	0.767
−78	0.753	0.742	0.730	0.719	0.707	0.696	0.685	0.674	0.663	0.652
−79	0.641	0.631	0.621	0.611	0.601	0.591	0.582	0.572	0.563	0.554

表 A.2 露点(－80℃～－120℃)—体积分数换算表

单位:nL/L

露点 t/℃	0.0	0.1	0.2	0.3	0.4	0.5	0.6	0.7	0.8	0.9
－80	543.96	535.97	527.22	518.60	510.12	501.77	493.55	485.45	477.48	469.63
－81	461.14	454.29	446.80	439.43	432.17	425.02	417.98	411.05	404.23	397.52
－82	390.26	384.41	378.00	371.70	365.50	359.39	353.38	347.46	341.64	335.90
－83	329.71	324.71	319.25	313.87	308.57	303.36	298.24	293.19	288.23	283.34
－84	278.06	273.80	269.15	264.57	260.06	255.62	251.26	246.96	242.74	238.58
－85	234.09	230.46	226.50	222.61	218.78	215.01	211.30	207.65	204.06	200.52
－86	196.71	193.63	190.27	186.96	183.71	180.51	177.37	174.27	171.23	168.23
－87	165.00	162.39	159.54	156.74	153.98	151.27	148.61	145.99	143.41	140.88
－88	138.14	135.93	133.52	131.15	128.82	126.53	124.28	122.06	119.89	117.74
－89	115.43	113.57	111.54	109.53	107.57	105.63	103.73	101.87	100.03	98.22
－90	96.27	94.70	92.99	91.30	89.65	88.02	86.42	84.84	83.30	81.78
－91	80.14	78.82	77.37	75.96	74.56	73.19	71.85	70.53	69.23	67.95
－92	66.57	65.46	64.25	63.06	61.89	60.74	59.62	58.51	57.42	56.35
－93	55.19	54.26	53.25	52.25	51.27	50.31	49.37	48.44	47.53	46.63
－94	45.66	44.89	44.04	43.21	42.39	41.58	40.79	40.02	39.26	38.51
－95	37.70	37.05	36.35	35.65	34.97	34.30	33.64	32.99	32.36	31.73
－96	31.06	30.52	29.93	29.35	28.78	28.23	27.68	27.14	26.61	26.10
－97	25.54	25.09	24.60	24.12	23.64	23.18	22.73	22.28	21.84	21.41
－98	20.95	20.58	20.17	19.77	19.38	18.99	18.62	18.25	17.89	17.53
－99	17.15	16.84	16.50	16.17	15.85	15.53	15.22	14.91	14.61	14.32
－100	14.00	13.75	13.47	13.20	12.93	12.67	12.41	12.16	11.91	11.67
－101	11.41	11.20	10.97	10.75	10.53	10.31	10.10	9.89	9.69	9.49
－102	9.274	9.101	8.913	8.729	8.548	8.371	8.197	8.027	7.860	7.696
－103	7.520	7.379	7.225	7.073	6.925	6.780	6.638	6.498	6.362	6.228
－104	6.084	5.968	5.842	5.718	5.597	5.478	5.362	5.248	5.137	5.027
－105	4.910	4.815	4.712	4.611	4.512	4.416	4.321	4.228	4.137	4.048
－106	3.952	3.875	3.791	3.709	3.629	3.550	3.473	3.398	3.324	3.251
－107	3.173	3.111	3.043	2.976	2.911	2.847	2.784	2.723	2.663	2.605
－108	2.541	2.491	2.436	2.382	2.329	2.277	2.227	2.177	2.128	2.081
－109	2.030	1.989	1.945	1.901	1.858	1.817	1.776	1.736	1.697	1.658
－110	1.617	1.584	1.548	1.513	1.479	1.445	1.412	1.380	1.349	1.318
－111	1.285	1.258	1.229	1.201	1.174	1.147	1.120	1.094	1.069	1.044
－112	1.018	0.997	0.974	0.951	0.929	0.907	0.886	0.865	0.845	0.825
－113	0.804	0.787	0.769	0.751	0.733	0.716	0.699	0.682	0.666	0.651

表 A.2（续）

单位：nL/L

露点 t/℃	0.0	0.1	0.2	0.3	0.4	0.5	0.6	0.7	0.8	0.9
−114	0.634	0.620	0.605	0.591	0.577	0.563	0.550	0.537	0.524	0.511
−115	0.498	0.487	0.475	0.464	0.453	0.442	0.431	0.421	0.410	0.401
−116	0.390	0.381	0.372	0.363	0.354	0.345	0.337	0.329	0.321	0.313
−117	0.304	0.298	0.290	0.283	0.276	0.269	0.263	0.256	0.250	0.244
−118	0.237	0.232	0.226	0.220	0.215	0.209	0.204	0.199	0.194	0.189
−119	0.184	0.180	0.175	0.171	0.166	0.162	0.158	0.154	0.150	0.146
−120	0.142									

ICS 23.100.99
J 19

中华人民共和国国家标准

GB/T 5837—2008
代替 GB/T 5837—1993

液力偶合器　型式和基本参数

Fluid coupling—Types and basic specifications

2008-08-11 发布　　　　2009-02-01 实施

中华人民共和国国家质量监督检验检疫总局
中国国家标准化管理委员会　发布

前言

本标准是对 GB/T 5837—1993《液力偶合器 型式和基本参数》的修订。

本标准与 GB/T 5837—1993 相比,主要变化如下:

——将第 2 章"型式"改为"型式和类别"。

——将原 2.1"基本型式"改为"型式",并在 2.1.1、2.1.2 中分别列出"基本型式"和"派生型式","派生型式"中增加"可同步液力偶合器"、"液力变矩偶合器"。

——将原 2.2"派生型式" 改为"类别",并在 2.2.1、2.2.2、2.2.3、2.2.4、2.2.5 中分别列出"普通型液力偶合器类别"、"限矩型液力偶合器类别" 、"调速型液力偶合器类别"、"液力偶合器传动装置类别"、"液力减速器(液力制动器)类别",各类别下又按照不同的分类方法分成若干小类,从而较全面地反映出产品的信息;"可同步液力偶合器"、"液力变矩偶合器"在此次修订时暂不分类别。

——在原 2.3 型号表示图中"结构特征代号"改为"类别代号",可有多项,并用下沉字符。在"循环圆有效直径"后增加符号"/",并增加"工作轮许用最高转速(r/min)"和"使用介质代号",取消原"更新代号"。

——将原 2.3 中表 1(型式代号和结构特征代号)分为"液力偶合器型式与代号、普通型液力偶合器类别与代号、限矩型液力偶合器类别与代号、调速型液力偶合器类别与代号、液力偶合器传动装置类别与代号、液力减速器类别与代号"共计 6 个表格,各液力元件类别代号按一定的字母体系编排,避免重复;实际表示时按表列顺序书写,有些类别代号为选择性表示,见表格附注说明。

——在 2.4 中详细列出限矩型液力偶合器、调速型液力偶合器及液力偶合器传动装置的标记示例。

——将原 3.1 中"表 2"改为"表 7",删去表中"125、140、160、1 800、2 060"五个几乎不用的规格;并增加"600、1 250"两个规格。

——将原表 3 改为表 9、原表 4 改为表 8,并将普通型液力偶合器、限矩型液力偶合器列于同一表格中;将表中泵轮力矩系数"λ_β"改为"泵轮转矩系数 λ_B"。将原表 4(现表 8)中泵轮转矩系数栏中 1.3×10^{-6} 改为 1.45×10^{-6},1.45×10^{-6} 改为 1.55×10^{-6},1.55×10^{-6} 改为 1.65×10^{-6},并将调速型液力偶合器及液力偶合器传动装置一栏中 1.65×10^{-6} 改为 1.8×10^{-6};并将表 8 中充液率代号由 q_c 改为 q_v。

——将附录 A 中"(参考件)"改为"(资料性附录)",并置于"附录 A"下,并将"泵轮力矩"改为"泵轮转矩"。

本标准附录 A 为资料性附录。

本标准由中国机械工业联合会提出。

本标准由北京起重运输机械研究所归口。

本标准负责起草单位:北京起重运输机械研究所。

本标准参加起草单位:大连液力机械有限公司、广东中兴液力传动有限公司、上海交大南洋机电科技有限公司、沈阳市煤机配件厂、长沙第三机床厂。

本标准主要起草人:邹铁汉。

本标准参加起草人:邓菲、李艳芳、闫德志、林新、吴立平。

本标准所代替标准的历次版本发布情况为:

——GB/T 5837—1993。

液力偶合器 型式和基本参数

1 范围

本标准规定了液力偶合器的型式和类别、循环圆有效直径与基本性能参数。

本标准适用于冶金、矿山、电力、起重运输、工程建筑、造船、石油、化工、轻工和建材等行业设备用的各类液力偶合器。

2 型式和类别

2.1 型式

2.1.1 基本型式

液力偶合器的基本型式为：

a) 普通型液力偶合器；

b) 限矩型液力偶合器；

c) 调速型液力偶合器。

2.1.2 派生型式

液力偶合器的派生型式为：

a) 液力偶合器传动装置；

b) 液力减速器(液力制动器)；

c) 可同步液力偶合器；

d) 液力变矩偶合器。

2.2 类别

2.2.1 普通型液力偶合器类别

2.2.1.1 按传动结构特征分为：

a) 简单直联式普通型液力偶合器；

b) 带皮带轮式普通型液力偶合器(平行传动)。

2.2.1.2 按安装型式分为：

a) 卧式普通型液力偶合器；

b) 立式普通型液力偶合器。

2.2.2 限矩型液力偶合器类别

2.2.2.1 按腔型结构特征分为：

a) 静压泄液式限矩型液力偶合器；

b) 动压泄液式限矩型液力偶合器；

c) 复合泄液式限矩型液力偶合器；

d) 阀控延充式限矩型液力偶合器。

2.2.2.2 按传动结构特征分为：

a) 简单直联式限矩型液力偶合器；

b) 带制动轮式限矩型液力偶合器；

c) 带皮带轮式限矩型液力偶合器。

2.2.2.3 按使用联轴器分为：

a) 梅花型弹性联轴器式限矩型液力偶合器；

b) 弹性套柱销联轴器式限矩型液力偶合器(易拆卸式);

c) 膜片式联轴器式限矩型液力偶合器;

d) 齿型联轴器式限矩型液力偶合器。

2.2.2.4 按驱动型式分为:

a) 外轮驱动限矩型液力偶合器;

b) 内轮驱动限矩型液力偶合器。

2.2.2.5 按工作腔数量分为:

a) 单工作腔限矩型液力偶合器;

b) 双工作腔限矩型液力偶合器。

2.2.2.6 按安装型式分为:

a) 卧式限矩型液力偶合器;

b) 立式限矩型液力偶合器。

2.2.3 调速型液力偶合器类别

2.2.3.1 按调节方式分为:

a) 进口调节式调速型液力偶合器;

b) 出口调节式调速型液力偶合器;

c) 复合调节式调速型液力偶合器。

2.2.3.2 按调节机构分为:

a) 伸缩导管式调速型液力偶合器;

b) 泵控式调速型液力偶合器;

c) 阀控式调速型液力偶合器。

2.2.3.3 按箱体结构分为:

a) 安装板式调速型液力偶合器;

b) 水平剖分式调速型液力偶合器;

c) 侧装式调速型液力偶合器;

d) 圆筒式调速型液力偶合器;

e) 回转壳体式调速型液力偶合器。

2.2.3.4 按安装型式分为:

a) 卧式调速型液力偶合器;

b) 立式调速型液力偶合器。

2.2.4 液力偶合器传动装置类别

2.2.4.1 按齿轮布置特点分为:

a) 前置齿轮式液力偶合器传动装置;

b) 后置齿轮式液力偶合器传动装置;

c) 复合齿轮式液力偶合器传动装置。

2.2.4.2 按齿轮增速、减速分为:

a) 增速型液力偶合器传动装置;

b) 减速型液力偶合器传动装置。

2.2.4.3 按安装型式分为:

a) 卧式液力偶合器传动装置;

b) 立式液力偶合器传动装置。

2.2.5 液力减速器(液力制动器)类别

液力减速器(液力制动器)分为:

a) 车辆用液力减速器；

b) 固定设备用液力减速器。

2.2.6 可同步液力偶合器类别

可同步液力偶合器不分类别。

2.2.7 液力变矩偶合器类别

液力变矩偶合器不分类别。

2.3 型号

液力偶合器型号表示如下：

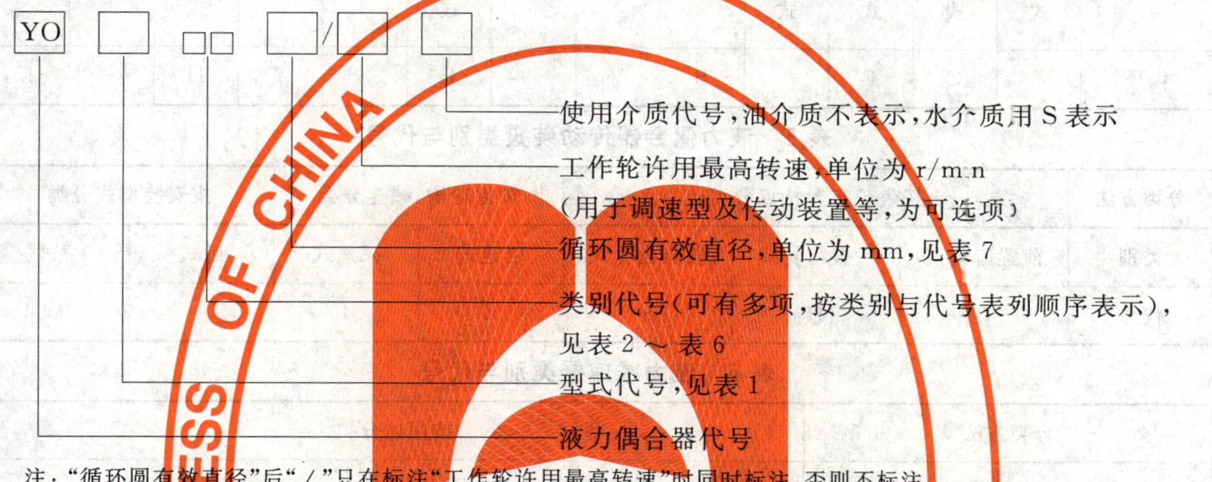

注："循环圆有效直径"后"/"只在标注"工作轮许用最高转速"时同时标注，否则不标注。

表1 液力偶合器型式与代号

型式	普通型液力偶合器	限矩型液力偶合器	调速型液力偶合器	液力偶合器传动装置	液力减速器	可同步液力偶合器	液力变矩偶合器
代号	P	X	T	C	J	K	B

表2 普通型液力偶合器类别与代号

分类方法	按传动结构特征分类		按安装型式分类	
类别	简单直联式	带皮带轮式	卧式	立式
代号	—	P	—	L

表3 限矩型液力偶合器类别与代号

分类方法	按腔型结构分类				按传动结构特征分类			按使用联轴器分类				按驱动型式分类		按工作腔数量分类		按安装型式分类	
类别	静压泄液式	动压泄液式	复合泄液式	阀控延充式	简单直联式	带制动轮式	带皮带轮式	梅花型弹性联轴器式	弹性套柱销联轴器式	膜片联轴器式	齿型联轴器式	外轮驱动	内轮驱动	单工作腔	双工作腔	卧式	立式
代号	J	D	F	V	—	Z	P	—	E	M	C	—	N	—	S	—	L

注：按传动结构特征分类、按工作腔数量分类、按安装型式分类必须在型号中表示，其他为可选项，根据需要表示。

表 4 调速型液力偶合器类别与代号

分类方法	按调节方式分类			按调节机构分类			按箱体结构分类					按安装型式分类	
类别	进口调节式	出口调节式	复合调节式	伸缩导管式	泵控式	阀控式	安装板式	水平剖分式	侧装式	圆筒式	回转壳体式	卧式	立式
代号	J	C	F	—	B	V	—	P	S	Y	H	—	L

表 5 液力偶合器传动装置类别与代号

分类方法	按齿轮布置特点分类			按齿轮增、减速分类		按安装型式分类	
类别	前置齿轮式	后置齿轮式	复合齿轮式	增速式	减速式	卧式	立式
代号	Q	H	F	Z	J	—	L

表 6 液力减速器类别与代号

分类方法	按用途分类	
类 别	车辆用	固定设备用
代 号	C	G

2.4 标记示例

a) 循环圆有效直径 560 mm、复合泄液式、带制动轮的水介质限矩型液力偶合器,表示为:

液力偶合器 $YOX_{FZ}560S$ GB/T 5837

b) 循环圆有效直径 560 mm、出口调节式、伸缩导管调节式、水平剖分式、泵轮最高转速为 3 000 r/min 的调速型液力偶合器,表示为:

液力偶合器 $YOT_{CP}560/3\ 000$ GB/T 5837

c) 循环圆有效直径 560 mm、前置齿轮式、增速型液力偶合器传动装置,表示为:

液力偶合器传动装置 $YOC_{QZ}560$ GB/T 5837

3 基本参数

3.1 循环圆有效直径

液力偶合器循环圆有效直径应符合表 7 的规定。

表 7 液力偶合器循环圆有效直径系列

单位为毫米

180	200	220	250	280	320	360	400	450	(487)	500
560	(600)	650	750	(800)	875	1 000	1 150	(1 250)	1 320	1 550
注:括弧中数值不推荐选用。										

3.2 基本性能参数

在雷诺数 $Re \geqslant 5 \times 10^6$ 条件下,液力偶合器的基本性能参数应符合表 8 与表 9 的规定。

表 8 普通型与限矩型液力偶合器的基本性能参数

型 式	工作腔有效直径/mm	q_v=80%时泵轮转矩系数 λ_B/($min^2 \cdot m^{-1}$)	额定转差率 S/%
普通型液力偶合器 限矩型液力偶合器	$D \leqslant 320$	$\geqslant 1.45 \times 10^{-6}$	4
	D=360～560	$\geqslant 1.55 \times 10^{-6}$	
	$D \geqslant 650$	$\geqslant 1.65 \times 10^{-6}$	
注 1：q_v——充液率，液力元件的工作液体体积与腔体容积之比。雷诺数 Re 与泵轮转矩系数 λ_B 的计算参见附录A； 注 2：液力偶合器使用介质为油介质。			

表 9 其他几种液力偶合器的基本性能参数

型 式	额定泵轮转矩系数 λ_B/($min^2 \cdot m^{-1}$)	额定转差率 S/%
调速型液力偶合器 液力调速传动装置	$\geqslant 1.80 \times 10^{-6}$	3
液力减速器	$\geqslant 17.0 \times 10^{-6}$	100
注：液力偶合器使用介质为油介质。		

附 录 A
（资料性附录）
雷诺数 *Re* 与泵轮转矩系数 λ_B 的计算

A.1 雷诺数按式(A.1)计算。

$$Re = \frac{n_B D^2}{\nu} \qquad \text{(A.1)}$$

式中：

n_B——泵轮转速，单位为转每分钟(r/min)；

D——循环圆有效直径，单位为米(m)；

ν——工作液体运动黏度，单位为二次方米每秒(m^2/s)。

A.2 泵轮转矩系数按式(A.2)计算。

$$\lambda_B = \frac{M_B}{\rho g n_B^2 D^5} \qquad \text{(A.2)}$$

式中：

M_B——泵轮转矩，单位为牛[顿]米(N·m)；

ρ——工作液体密度，单位为千克每立方米(kg/m^3)；

g——重力加速度，单位为米每秒方(m/s^2)；

n_B——泵轮转速，单位为转每分钟(r/min)；

D——循环圆有效直径，单位为米(m)。

ICS 03.220.20
P 51

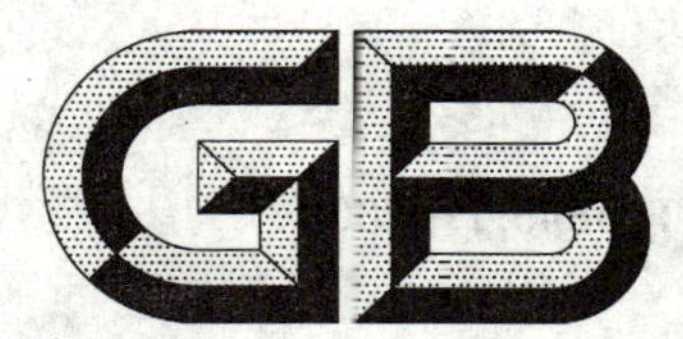

中华人民共和国国家标准

GB/T 5845.1—2008
代替 GB/T 5845.1—1986,GB/T 5845.2—1986,GB/T 5845.3—1986,GB/T 5845.6—1986,
GB/T 5845.7—1986,GB/T 5845.8—1986

城市公共交通标志 第1部分:总标志和分类标志

Urban public transport sign—
Part 4:General signs and category signs

2008-12-23 发布 2009-06-01 实施

中华人民共和国国家质量监督检验检疫总局
中国国家标准化管理委员会 发布

前　言

GB/T 5845《城市公共交通标志》分为以下部分：

——第 1 部分：总标志和分类标志；

——第 2 部分：一般图形符号和安全标志；

——第 3 部分：公共汽电车站牌和路牌；

——第 4 部分：运营工具、站(码头)和线路图形符号；

……。

本部分为 GB/T 5845 的第 1 部分。

本部分代替 GB/T 5845.1—1986《城市公共交通标志　公共交通总标志》、GB/T 5845.2—1986《城市公共交通标志　公共汽车标志》、GB/T 5845.3—1986《城市公共交通标志　无轨电车标志》、GB/T 5845.6—1986《城市公共交通标志　缆车(索道)标志》、GB/T 5845.7—1986《城市公共交通标志　城市出租汽车标志》、GB/T 5845.8—1986《城市公共交通标志　城市轮渡标志》。

本部分与 GB/T 5845.1—1986、GB/T 5845.2—1986、GB/T 5845.3—1986、GB/T 5845.6—1986、GB/T 5845.7—1986、GB/T 5845.8—1986 相比，主要区别为：

——合并上述标准，本部分名称改为《城市公共交通标志　第 1 部分：总标志和分类标志》；

——删除了快速有轨电车标志及其相关的内容；

——增加了各类标志的制作图；

——标志的颜色取消了金色，基本色颜色为蓝色和红色。

本部分由中华人民共和国住房和城乡建设部提出。

本部分由住房和城乡建设部城镇建设标准技术归口单位城市建设研究院归口。

本部分主要起草单位：城市建设研究院、北京市出租汽车公司、上海市出租汽车公司、广州市出租汽车公司、武汉市轮渡公司。

本部分主要起草人：吕士健、杨健、赵荫寿、董烈、冯汉、欧阳权。

本部分所代替标准的历次版本发布情况为：

——GB/T 5845.1—1986；

——GB/T 5845.2—1986；

——GB/T 5845.3—1986；

——GB/T 5845.6—1986；

——GB/T 5845.7—1986；

——GB/T 5845.8—1986。

城市公共交通标志
第1部分：总标志和分类标志

1 范围

GB/T 5845的本部分规定了城市公共交通总标志和公共汽车、无轨电车、缆车（索道）、出租汽车、轮渡的公共交通分类标志。

本部分适用于城市公共交通企业办公地点、建筑物；车辆、进出站口；站牌、路牌、后方机构（如修理车间、停车场等）、公共交通服务行业的帽徽、纽扣胸卡、臂章、办公用品（如公文纸、信封等）、票据、纪念品等使用标志。

2 规范性引用文件

下列文件中的条款通过GB/T 5845的本部分的引用而成为本部分的条款。凡是注日期的引用文件，其随后所有的修改单（不包括勘误的内容）或修订版均不适用于本部分，然而，鼓励根据本部分达成协议的各方研究是否可使用这些文件的最新版本。凡是不注日期的引用文件，其最新版本适用于本部分。

GB/T 20501（所有部分） 公共信息导向系统 要素的设计原则与要求

3 标志图形

3.1 图形

标志图形见表1。

表1 标志图形

序号	名 称	图 形
1	公共交通总标志	

表 1（续）

序号	名　称	图　形
2	公共汽车标志	
3	无轨电车标志	
4	出租汽车标志	
5	缆车(索道)标志	

表 1（续）

序号	名　称	图　形
6	轮渡标志	

3.2　标志图形的颜色

图形颜色不应超过两种，宜采用蓝色或红色，底色为白色。

3.3　图形的制作

3.3.1　标志图形可按实际需要，按比例制作。

在使用本部分的图形符号设计要素时，应符合 GB/T 20501（所有部分）的要求。

3.3.1.1　公共交通总标志的制作图见图 1。

图 1　公共交通总标志制作图

3.3.1.2 公共汽车标志的制作图见图 2。

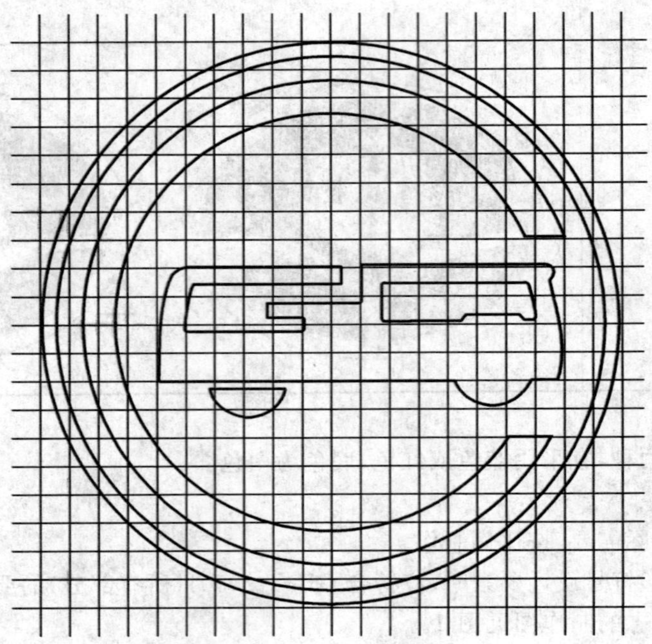

图 2 公共汽车标志制作图

3.3.1.3 无轨电车标志的制作图见图 3。

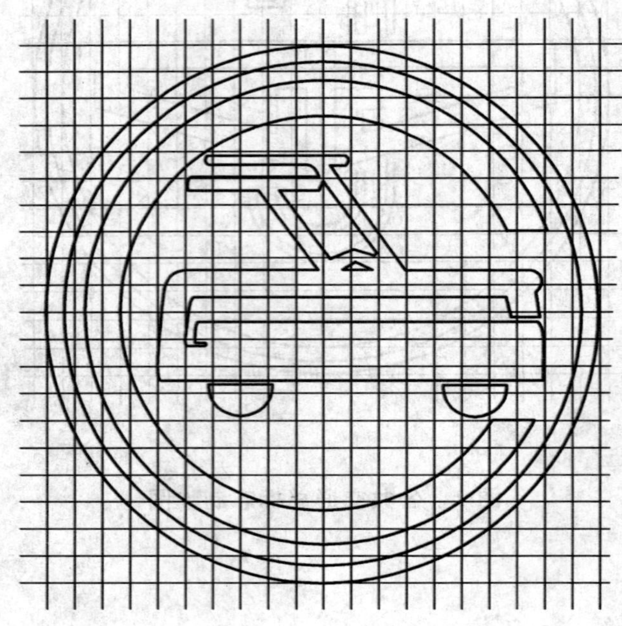

图 3 无轨电车标志制作图

3.3.1.4 出租汽车标志的制作图见图 4。

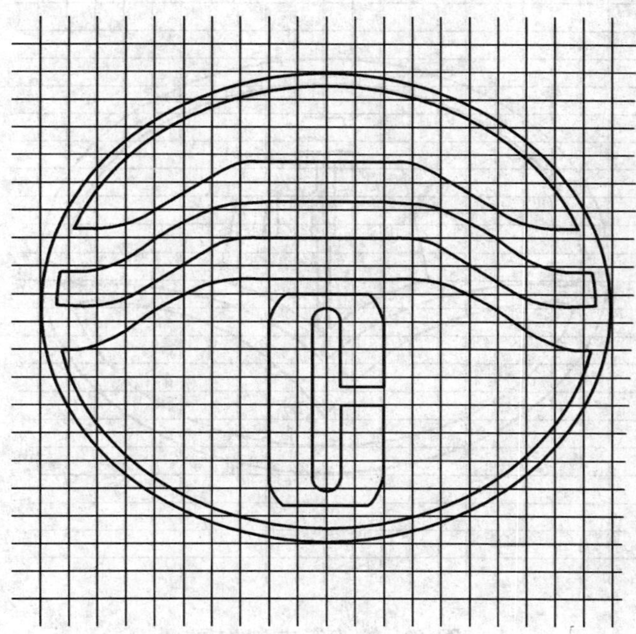

图 4 出租汽车标志制作图

3.3.1.5 缆车(索道)标志的制作图见图 5。

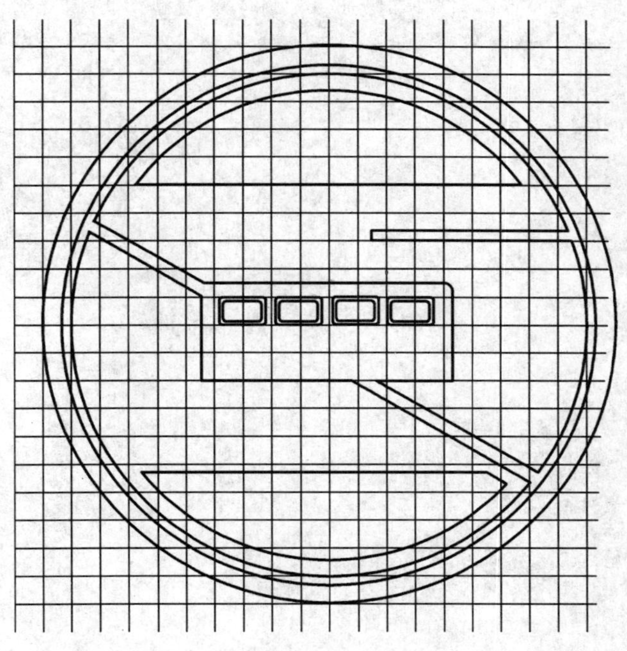

图 5 缆车(索道)标志制作图

3.3.1.6 轮渡标志的制作图见图 6。

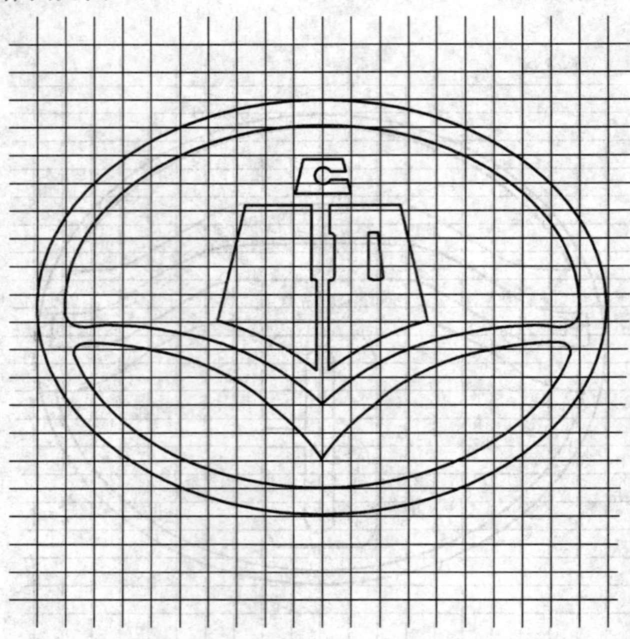

图 6 轮渡标志制作图

ICS 03.220.20
P 51

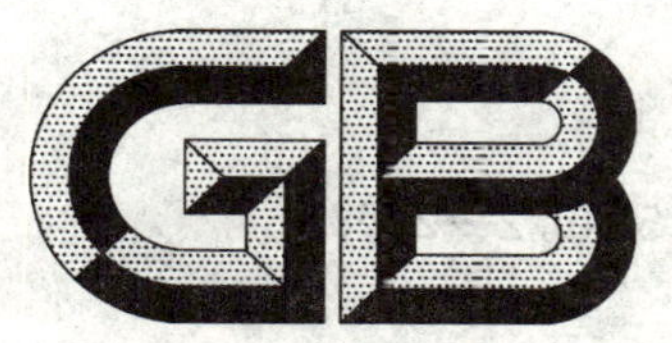

中华人民共和国国家标准

GB/T 5845.2—2008
代替 GB/T 5845.10—1986

城市公共交通标志
第2部分：一般图形符号和安全标志

**Urban public transport sign—
Part 2: General graphic symbols and safety signs**

2008-12-23 发布　　　　2009-06-01 实施

中华人民共和国国家质量监督检验检疫总局
中国国家标准化管理委员会　发布

前言

GB/T 5845《城市公共交通标志》分为以下部分：

——第1部分：总标志和分类标志；

——第2部分：一般图形符号和安全标志；

——第3部分：公共汽电车站牌和路牌；

——第4部分：运营工具、站(码头)线路图形符号；

……。

本部分为GB/T 5845的第2部分。

本部分代替GB/T 5845.10—1986《城市公共交通标志　禁令和一般标志》，与GB/T 5845.10—1986的主要区别为：

——增加48个符号：方向、在此排队、上车/船入口、下车/船出口、无障碍设施、自动售票、投币乘车、刷卡乘车、楼梯、老人专座、带小孩乘客专座、孕妇专座、病残专座、抓住扶手、废物箱、下车按钮、紧急破窗锤、船用救生衣、紧急呼救设施、紧急呼救电话、急救箱、饮用水、空调、IC卡充值站、保管好自己物品、卫生间、紧急出口、灭火器、紧急开门阀、请勿吸烟、请勿通过、请勿携带宠物、请勿触摸、请勿躺卧、请勿翻越栏杆、请勿向窗外扔东西、请勿开窗、请勿餐饮、请勿穿旱冰鞋、请勿乱扔废弃物、当心滑倒、当心碰头、禁止跨越、禁止跳下、禁止携带托运易燃及易爆物品、禁止携带武器及仿真武器、禁止携带托运剧毒物品及有害液体、禁止向窗外扔东西；

——修改10个符号：禁止与驾驶员谈话、禁止吸烟、禁止靠门(禁止倚靠)、禁止坐栏杆(请勿坐栏杆)、禁止头手伸窗外、当心落水、当心夹手、入口、出口、请勿越线(候车请勿越线)；

——删去5个符号：禁止危险品上车(船)、禁止入内、老幼病残孕座席、上楼楼梯、下楼楼梯；

——原标准共有16个符号。本标准共有59个符号。

本部分由中华人民共和国住房和城乡建设部提出。

本部分由住房和城乡建设部城镇建设标准技术归口单位城市建设研究院归口。

本部分起草单位：天津师范大学、城市建设研究院、上海奥丽光电科技有限公司。

本部分主要起草人：牟跃、王昊、吕士健、刘宝顺、高翔、朱正朝、史冬梅、孙泽宇、门薇薇、温海容、汤婷、许稚菲、杨青、郝然。

本部分所代替标准的历次版本发布情况为：

——GB/T 5845.10—1986。

城市公共交通标志
第2部分:一般图形符号和安全标志

1 范围

GB/T 5845的本部分规定了城市公共交通标志的一般图形符号和安全标志(以下简称图形符号)。

本部分适用于城市公共交通场所、服务设施及运输工具等,也适用于出版物及其他信息载体。

2 规范性引用文件

下列文件中的条款通过GB/T 5845的本部分的引用而成为本部分的条款。凡是注日期的引用文件,其随后所有的修改单(不包括勘误的内容)或修订版均不适用于本部分,然而,鼓励根据本标准达成协议的各方研究是否可使用这些文件的最新版本,凡是不注日期的引用文件,其最新版本适用于本部分。

GB/T 10001(所有部分) 标志用公共信息图形符号

GB/T 10001.1—2006 标志用公共信息图形符号 第1部分:通用符号(ISO 7001:1990,NEQ)

GB/T 10001.3—2004 标志用公共信息图形符号 第3部分:客运与货运

GB/T 10001.10—2007 标志用公共信息图形符号 第10部分:铁路客运服务符号

GB 13495—1992 消防安全标志

GB/T 15565 图形符号 术语

GB/T 20501 公共信息导向系统 要素的设计原则与要求

3 术语和定义

GB/T 15565确立的术语和定义适用于GB/T 5845的本部分。

4 图形符号

一般图形符号见表1,安全标志见表2。

5 应用

5.1 本部分在应用中,当需要使用其他符号时,应从GB/T 5845的其他部分或GB/T 10001(所有部分)中选取。

5.2 在使用本部分的图形符号设计要素时,应符合GB/T 20501的要求。

5.3 表1图形符号栏中的角标及正方形边线不是图形符号的组成部分,仅是制作图形标志的依据,应用时,带有角标的图形符号可仅用该符号,带有正方形边线的图形符号则应使用由该符号形成的图形标志。

5.4 本部分中图形符号的含义仅为该图形符号的广义概念。应用时,可根据所要表达的具体对象给出相应名称,如:含义为“自动售票”的图形符号,可给出“无人售票”、“磁卡购票”、“货币购票”等具体名称。

5.5 本部分表示方向的图形符号,可根据实际需要转换成镜像图形符号使用。

表 1　一般图形符号

序号	图形符号	含　义	说　明
01		方向 Direction	表示方向。 符号方向视情况设置。 采用 GB/T 10001.1—2006(01)
02		入口 Way In;Entrance	表示交通场所入口位置或指明进去的通道应根据实际情况使用本符号，或旋转 90°或 180°后的符号。 采用 GB/T 10001.1—2006(02)
03		出口 Way Out;Exit	表示交通场所出口位置或指明出去的通道应根据实际情况使用本符号，或旋转 90°或 180°后的符号。 采用 GB/T 10001.1—2006(03)
04		候车请勿越线 No Crossing of Line While Waiting	表示候车必须站线外

表1(续)

序号	图形符号	含　义	说　明
05		在此排队 Line up Here	表示乘客在此处排队， 按顺序上车/船。 采用GB/T 10001.1—2006(73)
06		上车/船门入口 Entrance Door	表示乘用公共交通工具时 上车/船入口门的位置。
07		下车/船门出口 Exit Door	表示乘用公共交通工具时 下车/船出口门的位置。
08		无障碍设施 Accessible Facility	表示供残疾人使用的交通工具。 采用GB/T 10001.1—2006(19)

表 1（续）

序号	图形符号	含　义	说　明
09		自动售票 Automatic Ticket	表示自动售票的设备或提供自动售票服务。 采用 GB/T 10001.10—2007(14)
10		投币乘车 Insert Coins	表示在乘用公共交通工具时，使用投币机的付费方式。
11		刷卡乘车 Swipe Your Card Here	表示在乘用公共交通工具时，使用 IC 卡或磁卡的付费方式。
12		楼梯 Stairs	表示上、下共用的楼梯，包括候车室或公共交通工具中的楼梯。 采用 GB/T 10001.1—2006(04)

表 1（续）

序号	图形符号	含　义	说　明
13		老人专座 Seat for Old Person	表示供老年人使用的座位。 可与符号“带小孩乘客专座”、“孕妇专座”和“病残专座”组合使用，表示“老幼病残孕专座”。 采用 GB/T 10001.3—2004(46)
14		带小孩乘客专座 Seat for Passenger with Small Children	表示供母婴使用的座位。 可与符号“老人专座”、“孕妇专座”和“病残专座”组合使用，表示“老幼病残孕专座”。 采用 GB/T 10001.3—2004(47)
15		孕妇专座 Seat for Pregnant Woman	表示供孕妇使用的座位。 可与符号“老人专座”、“带小孩乘客专座”和“病残专座”组合使用，表示“老幼病残孕专座”。 采用 GB/T 10001.3—2004(48)
16		病残专座 Priority Seat	表示供病残使用的座位。 可与符号“老人专座”、“带小孩乘客专座”和“孕妇专座”组合使用，表示“老幼病残孕专座”。

表 1（续）

序号	图形符号	含　义	说　明
17		抓住扶手 Hold the Handrails	表示在乘用公共交通工具时，要抓住扶手。
18		废物箱 Rubbish Receptacle	表示供人们扔废弃物的设施。采用 GB/T 10001.1—2006(79)
19		下车按钮 Press to Exit	表示乘用公共交通工具时，乘客提示驾驶员到站下车的按钮。
20		紧急破窗锤 Emergency Hammer	表示紧急情况下，乘客或救援人员使用的破窗工具。

表 1（续）

序号	图形符号	含　义	说　明
21		船用救生衣 Marine Lifejacket	表示救生衣。
22		紧急呼救设施 Emergency Signal	表示紧急情况下，供人们发出警报，以请求救援或帮助的设施。 采用 GB 10001.10—2007(33)
23		紧急呼救电话 Emergency Call	表示紧急情况下， 需要他人救援或帮助时使用的电话。
24	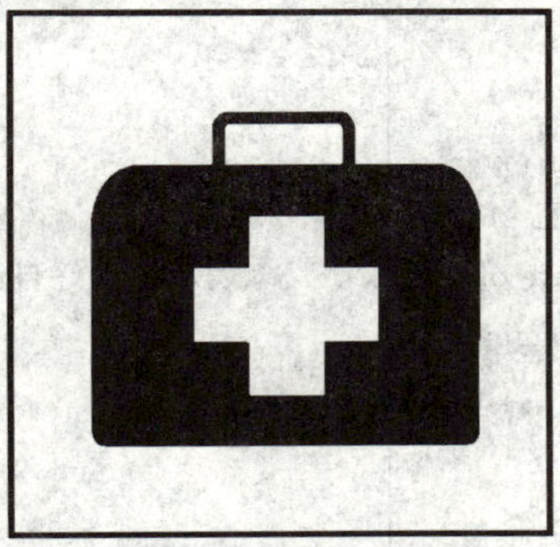	急救箱 First-aid Box	表示医用急救用品和药品。

表 1（续）

序号	图形符号	含　义	说　明
25		饮用水 Drinking Water	表示可以饮用的水。 采用 GB/T 10001.1—2006(77)
26		空调 Air Conditioner	表示空调设施或该空间内有空调设施，可对空气进行调解。 采用 GB/T 10001.10—2007(25)
27	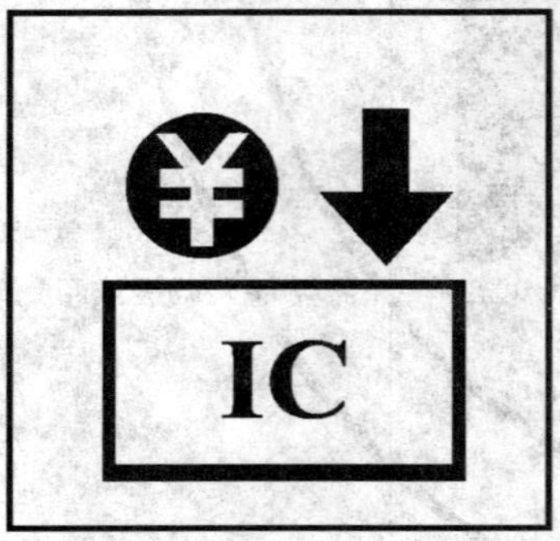 ¥ IC	IC 卡充值站 IC Card Recharging Station	表示 IC 卡充值站。
28		保管好自己物品 Take Care of Your Belongings	表示保管好自己物品。

表 1（续）

序号	图形符号	含　义	说　明
29		卫生间 Toilet	表示卫生间。 应根据男、女卫生间的实际位置使用本符号或镜像符号。 采用 GB/T 10001.1—2006(18)
30		紧急出口 Emergency Exit	表示紧急情况下安全疏散的出口或通道。
31		灭火器 Fire Extinguisher	表示灭火器。
32		紧急开门阀 Emergency Opening Valve	表示紧急情况下使用的开门阀。

表 1（续）

序号	图形符号	含　义	说　明
33		请勿吸烟 No Smoking	表示该处不允许吸烟。 采用 GB/T 10001.1—2006(81)
34		请勿通过 No Thoroughfare	表示该处不允许进入、通行或穿越。 采用 GB/T 10001.1—2006(82)
35		请勿携带宠物 No Pets Allowed	表示不允许携带宠物乘用交通工具。 采用 GB/T 10001.1—2006(86)
36		请勿触摸 No Touching	表示该处不允许触摸， 如车门旁的传动轴等。 采用 GB/T 10001.1—2006(84)

表 1（续）

序号	图形符号	含　义	说　明
37		请勿躺卧 No Lying Down	表示该处不允许躺卧， 如候车亭和车厢座椅等。 采用 GB/T 10001.10—2007(37)
38		请勿翻越栏杆 Don't Cross the Handrail	表示该处不允许翻越栏杆。 采用 GB/T 10001.10—2007(38)
39		请勿向窗外扔东西 Don't Throw Anything Out of the Window	表示不允许向窗外扔东西。 采用 GB/T 10001.10—2007(35)
40		请勿开窗 Don't Open the Window	表示该车窗不允许打开， 如空调车厢的窗户等。 采用 GB/T 10001.10—2007(36)

表 1（续）

序号	图形符号	含　义	说　明
41		请勿餐饮 No Eating, No Drinking	表示不允许乘客在乘用公共交通工具时餐饮。
42		请勿穿旱冰鞋 No Rollerblading	表示不允许穿旱冰鞋乘用交通工具。
43		请勿坐栏杆 Don't Sit on the Handrail	表示不允许坐栏杆。
44		请勿乱扔废弃物 Don't Throw Rubbish	表示该处不允许乱扔废弃物。 采用 GB/T 10001.1—2006(91)

表2　安全标志

序号	图形符号	含　义	说　明
45		当心落水 Caution, Risk of Falling into Water	警告人们有落水的危险。 防止渡船离岸时乘客落水。 采用 GB/T 10001.3—2004(A-02)
46		当心夹手 Caution, Risk of Pinching Hand	警告乘客有夹手的危险。 防止关门时夹手。 采用 GB/T 10001.3—2004(A-01)
47		当心滑倒 Caution, Slippery When Wet	警告乘客防止滑倒。
48		当心碰头 Mind Your Head	警告乘客防止碰头。 采用 GB/T 10001.10—2007(A-03)

表 2（续）

序号	图形符号	含　义	说　明
49		禁止跨越 Striding Prohibited	表示禁止跨越轨道路基等公共交通设施。
50		禁止跳下 Jumping Down Prohibited	表示禁止跳下候车站台等公共交通设施。 采用 GB/T 10001.10—2007(A-01)
51		禁止与驾驶员谈话 Speaking to the Driver Prohibited	表示车辆行驶时，禁止与驾驶员闲谈。
52		禁止携带托运易燃及易爆物品 Carrying Flammable and Explosive Material Prohibited	表示禁止携带易燃、易爆及其他危险品乘用公共交通工具。 采用 GB/T 10001.3—2004(A-04)

表 2（续）

序号	图形符号	含　义	说　明
53		禁止携带武器及仿真武器 Carrying Weapons and Emulating Weapons Prohibited	表示禁止携带和托运武器、凶器及仿真武器。 采用 GB/T 10001.3—2004(A-03)
54		禁止携带托运剧毒物品及有害液体 Carrying Poisonous Materials and Harmful Liquid Prohibited	表示禁止携带和托运剧毒物品、有害液体物品。 采用 GB/T 10001.3—2004(A-05)
55		禁止吸烟 Smoking Prohibited	表示该处禁止吸烟。 采用 GB 13495—1992(3.4.5)
56		禁止倚靠 Leaning on the Door Prohibited	表示禁止倚靠车门等公共交通设施。 采用 GB/T 10001.3—2004(A-07)

表 2（续）

序号	图形符号	含　义	说　明
57		禁止头手伸出窗外 Head and Hand Out of the Window Prohibited	表示禁止将头、手伸出交通工具窗外。 采用 GB/T 10001.3—2004(A-08)
58		禁止编织 Knitting Prohibited	表示禁止在乘用交通工具时编织衣物。
59		禁止向窗外扔东西 Throwing Anything Out of the Window Prohibited	表示禁止向窗外扔东西。

索　引

ICS 03.220.20
P 51

中华人民共和国国家标准

GB/T 5845.3—2008
代替 GB/T 5845.11—1986,GB/T 5845.13—1989

城市公共交通标志
第3部分:公共汽电车站牌和路牌

**Urban public transport sign—
Part 3:Stop board and line number plate of bus and trolley bus**

2008-12-23 发布　　2009-06-01 实施

中华人民共和国国家质量监督检验检疫总局
中国国家标准化管理委员会　发布

前言

GB/T 5845《城市公共交通标志》分为以下部分：

——第1部分：总标志和分类标志；

——第2部分：一般图形符号和安全标志；

——第3部分：公共汽电车站牌和路牌；

——第4部分：运营工具、站(码头)和线路图形符号；

……。

本部分为GB/T 5845的第3部分。

本部分代替GB/T 5845.11—1986《城市公共交通标志　公共汽车、无轨电车、有轨电车站牌》和GB/T 5845.13—1989《城市公共交通标志　公共汽车、无轨电车、有轨电车路牌》。

本部分与GB/T 5845.11—1986和GB/T 5845.13—1989的主要区别为：

——上述标准，本部分名称改为《城市公共交通标志　第3部分：公共汽电车站牌和路牌》；

——增加了集合站牌、灯箱式站牌、电子站牌、电子显示路牌的内容；

——增加了站牌设置形式及有关安全要求内容；

——增加了路牌颜色辨认和辨认距离要求；

——修改了站牌和路牌的定义、分类、要求等内容；

——删除了有轨电车站牌、有轨电车路牌内容。

本部分的附录A、附录B、附录C、附录D为资料性附录。

本部分由中华人民共和国住房和城乡建设部提出。

本部分由住房和城乡建设部城镇建设标准技术归口单位城市建设研究院归口。

本部分主要起草单位：住房和城乡建设部科学技术委员会城市车辆专家委员会、北京市公共交通(控股)集团有限公司、天津市公共交通集团(控股)有限公司、上海巴士实业(集团)股份有限公司、重庆市公共交通控股(集团)有限公司、杭州市公共交通集团有限公司、济南市公共交通总公司、郑州市公共交通总公司、成都市公共交通集团公司、深圳巴士集团有限公司、大连市公共交通集团有限公司、河南少林汽车股份有限公司、南昌瑞峰实业有限公司、大连德成金属制品有限公司。

本部分主要起草人：李世豪、叶东强、张炳荣、赵家琳、李道新、蔡夏英、王定坚、黄志耀、杨永长、李成玉、杨波、薛国山、隋荣生、季新潮、高云峰、褚茂荣。

本部分所代替标准的历次版本发布情况为：

——GB/T 5845.11—1986；

——GB/T 5845.13—1989。

城市公共交通标志
第3部分：公共汽电车站牌和路牌

1 范围

GB/T 5845 的本部分规定了城市公共汽电车站牌和路牌的术语和定义、分类、要求、组装和安置及检查和维护。

本部分适用于公共汽电车的站牌、路牌。

2 规范性引用文件

下列文件中的条款通过 GB/T 5845 的本部分的引用而成为本部分的条款。凡是注日期的引用文件，其随后所有的修改单(不包括勘误的内容)或修订版均不适用于本部分，然而，鼓励根据本部分达成协议的各方研究是否可使用这些文件的最新版本。凡是不注日期的引用文件，其最新版本适用于本部分。

GB/T 3181 漆膜颜色标准

GB/T 5655 城市公共交通常用名词术语

GB 7000.1 灯具 第1部分：一般要求与试验(GB 7000.1—2007,IEC 60598-1:2003,IDT)

GB/T 18030 信息技术 中文编码字符集

GB 19517 国家电气设备安全技术规范

GB 50054 低压配电设计规范

GB 50057 建筑物防雷设计规范

3 术语和定义

GB/T 5655 及下列术语和定义适用于本部分。

3.1

独立和单元站牌 Stop board

在车站设置，向乘客提供乘车服务信息的指示牌。

3.2

集合站牌 Collection stop board

在车站设置，由若干单元站牌组合的的指示牌。

3.3

灯箱站牌 Lamp box collection stop board

采用透光式灯箱照明，具有 3.1 或 3.2 功能的指示牌。

3.4

电子站牌 Electric stop board

在车站设置，向乘客显示本线路来车方向、运营车的动态位置及预计候车时间等信息的电子显示指示牌。

3.5

路牌 Line number plate

安装在车厢内部或外部，向车外指示线路名、起始和终点站名等信息的指示牌。

3.6

电子显示路牌 Electric display line number plate

安装在车厢内部,可自动变更,向车外指示线路名、起始和终点站名等信息的指示牌。

4 分类

4.1 站牌

按种类和功能分为公共汽电车站牌、临时站牌和公交旅游专线车站牌。

4.2 路牌

按安装在车辆位置分为前路牌、后路牌和侧路牌。

5 要求

5.1 基本信息

5.1.1 站牌

5.1.1.1 独立站牌

应包括本站名称及汉语拼音、线路名、沿线各站名称及站号(分段计价票制公交车)、车辆种类(公共汽车或无轨电车)、行驶方向、票制、票价及始发站首末车发车时间等信息。

5.1.1.2 单元站牌

应包括本站名称及汉语拼音、线路名、沿线各站名称及站号(分段计价票制公交车)、行驶方向、票制、票价及始发站首末车发车时间等信息。

5.1.1.3 集合站牌

应有顶牌,顶牌应包括本站名称及汉语拼音。

5.1.1.4 电子站牌

应符合 5.1.1.1 的要求。

5.1.1.5 公交旅游专线车站牌

应包括公交旅游专线车的中文和英文名称、始发站和终点站名称及汉语拼音、线路名、沿线各站名称、发车时间间隔、始发站发车时间、票制和票价及始发站首末车发车时间等信息。

5.1.1.6 临时站牌

应包括临时站的中文名称、本站名称及汉语拼音、线路名及始发站首末车发车时间等信息。

5.1.2 路牌

应包括线路名、始发站、终点站等信息。

5.2 扩展信息

5.2.1 站牌

5.2.1.1 站牌可包含运营企业标识、站牌附近简要地图等信息。

5.2.1.2 电子站牌可包含相关车辆动态位置或到达本站时间等信息。

5.2.2 路牌

路牌可包含空调车标志、行驶方向、线路特征(如支线、双层、区间)等信息。

5.3 规格

5.3.1 站牌

5.3.1.1 独立站牌、集合站牌的顶牌和单元站牌形状应为带小圆角的矩形。

独立站牌的长宽比应为 1:0.618 或 1:0.5,可根据需要按比例制作。

集合站牌的单元站牌的长宽比宜为 1:0.4,单列式集合站牌的顶牌的长宽比宜为 1:0.4,并列式集合站牌的顶牌的长宽比宜为 1:0.2,可根据需要按比例制作。

5.3.1.2 集合站牌中的各单元站牌的组合形式宜为单列或并列,单列单元站牌牌数不宜超过 6 块,并列不宜超过2列，见附录A。

5.3.1.3 灯箱站牌应为顶牌、单元站牌和灯箱框架组合成的长方体，长、宽尺寸和牌面组合形式参照5.3.1.1和5.3.1.2，箱体厚度不宜大于200 mm。参见附录A。

5.3.1.4 集合站牌、灯箱站牌、电子站牌的造型应简洁，与站台建筑风格相协调。

5.3.2 路牌

5.3.2.1 路牌的最小尺寸参见表1。

表1 路牌最小尺寸表

种类	车辆长度 $L \leqslant 7$ m	车辆长度 7 m$<L\leqslant$10 m	车辆长度 $L>10$ m
前路牌(长×高)	800 mm×180 mm	1 000 mm×220 mm	1 200 mm×260 mm
后路牌(长×高)	600 mm×180 mm	900 mm×220 mm	1 200 mm×260 mm
侧路牌(长×高)	600 mm×180 mm	900 mm×220 mm	1 100 mm×260 mm

5.3.2.2 电子显示路牌

电子显示路牌显示区域最小尺寸参见表2。

表2 电子显示路牌显示区域最小尺寸表

种类	车辆长度 $L \leqslant 7$ m	车辆长度 7 m$<L\leqslant$10 m	车辆长度 $L>10$ m
前路牌(长×高)	800 mm×180 mm	1 000 mm×220 mm	1 200 mm×260 mm
后路牌(长×高)	600 mm×180 mm	900 mm×220 mm	1 200 mm×260 mm
侧路牌(长×高)	600 mm×180 mm	900 mm×220 mm	1 100 mm×260 mm

5.4 材料

5.4.1 站牌

5.4.1.1 独立站牌、集合站牌的顶牌和单元站牌应采用金属薄板。

5.4.1.2 灯箱站牌骨架宜采用不锈钢型材，面板应采用安全环保的透光材料。

5.4.2 路牌

5.4.2.1 外置式路牌宜采用金属材料，内置式路牌宜采用金属或塑料材料。

5.4.2.2 电子显示路牌的显示屏宜采用LED。

5.5 颜色

5.5.1 站牌

5.5.1.1 站牌牌面颜色总数不应超过4种。

5.5.1.2 站牌牌面各种颜色的搭配不应影响色盲和色弱者对文字和图形的辨认。

5.5.1.3 站牌的底板色为白色，集合站牌顶牌的底板色为白色或金属底色。

5.5.1.4 正面和背面图形、文字的推荐颜色见表3。

表3 站牌正面和背面图形、文字的推荐颜色表

内容	独立站牌		组合站牌的顶牌和单元站牌信息面	临时站牌信息面	公交旅游专线车站牌信息面
	正面	背面			
线路名	黑	黑	白或黑	黑	黑
本站站名、站号	红	—	红或黑	黑	—
全线站名	—	黑或白	白	—	黑

表 3（续）

内　容	独立站牌		组合站牌的顶牌和单元站牌信息面	临时站牌信息面	公交旅游专线车站牌信息面
	正面	背面			
全线站名中的本站站名	—	红	红或黑	—	红
站名的汉语拼音	红	—	红	黑	红
下站装饰线	黑	—	—	—	—
下站站名	黑	—	—	—	—
色　带	红或绿	—	红或绿	红或绿	红或绿
开往终点站站名	白	—	—	—	—
首末车时间	—	红或绿	黑	黑	黑
票价、票制	—	红或绿	红或黑	—	黑
始发站、终点站站名	—	—	绿或黑	白	红
行进方向箭头	—	红或绿	红或黑	—	黑
本站标记	—	红	红或黑	—	红
“临时站”、“旅游专线车站”名称	—	—	—	红	白
旅游专线站英文名称	—	—	—	—	白
注：本表中的白色是指采用红、绿底色时的镂空底板色。					

5.5.1.5　电子站牌的显示颜色宜为红色或橘黄色。

5.5.2　路牌

5.5.2.1　路牌牌面颜色总数不应超过 3 种。

5.5.2.2　路牌牌面颜色底色宜为白色，线路名宜为红色，起始站和终点站名宜为黑色。在考虑辨认色差条件下，颜色可作适当调整。

5.5.2.3　电子路牌底色宜为黑色，线路名宜为红色，起始站和终点站文字颜色宜为黄色。在考虑辨认色差条件下，颜色可作适当调整。

5.5.3　站牌、路牌的颜色色样按 GB/T 3181 的规定。

5.5.4　站牌和路牌颜色的选择和搭配，可考虑当地地域特点和民族习惯。

5.6　牌面图形和制作图

5.6.1　站牌

站牌、集合站牌的单元站牌牌面布置示意图参见附录 B。集合站牌的顶牌牌面布置示意图参见附录 A。公交旅游专线车站牌、临时站牌的正面和反面的文字、图形均应一致，牌面布置示意图参见附录 B。

5.6.2　路牌

路牌牌面文字、符号布置示意图参见附录 C。

5.7　版面文字

5.7.1　站牌

5.7.1.1　各种站牌牌面中的汉字、数字、汉语拼音字母和英文字母，分别用仿宋体和粗等线体。

5.7.1.2　采用国家正式公布的简化字和中国地名汉语拼音字母拼写规则。应字体端正、清晰，排列整齐、均匀。

5.7.1.3　站牌的最小文字尺寸不应小于 10 mm×10 mm。

5.7.1.4 少数民族自治地区宜采用汉字、汉语拼音和当地少数民族文字标注站名。

5.7.2 **路牌**

5.7.2.1 路牌牌面文字用仿宋体，阿拉伯数字用黑体。

5.7.2.2 电子显示路牌文字和数字的字体应符合 GB/T 18030 的规定。

5.8 显示方式和辨认距离

5.8.1 灯箱站牌

5.8.1.1 灯箱站牌文字、图形和底纹应有较强的对比度。

5.8.1.2 灯箱照度不低于 300 lx。

5.8.2 电子站牌和电子显示路牌

5.8.2.1 电子站牌宜采用 LED 点阵发光显示。

5.8.2.2 电子站牌和电子显示路牌显示亮度不应低于 40 cd/m²。

5.8.3 站牌的辨认距离

站牌表示的主要信息，正常或矫正 1.0 视力白天辨认距离不应小于 2 m。

5.8.4 路牌的辨认距离

5.8.4.1 路牌的线路名，正常或矫正 1.0 视力白天辨认距离不应小于 60 m。

5.8.4.2 电子显示路牌线路名，正常或矫正 1.0 视力昼夜辨认距离不应小于 60 m。

5.9 安全

5.9.1 站牌固定应结合本地最大主导风力，进行抗风载验算。

5.9.2 灯箱站牌、电子站牌的电路、电器绝缘性应符合 GB 19517、GB 50054、GB 7000.1 的要求。

5.9.3 站牌防范雷电应符合 GB 50057 要求。

6 组装和安置

6.1 站牌

6.1.1 独立站牌的组装宜采用紧固件连接形式，应牢固可靠。见附录 A。

6.1.2 集合站牌、灯箱站牌组装宜采用可拆卸的联结方式，应牢固可靠，便于站牌的更换。

6.1.3 站牌与地面的固定应牢固可靠。

6.1.4 站牌牌面与车行道成垂直角度或与车行道平行。

6.1.5 独立站牌底边距地面不应小于 1 700 mm；集合站牌最上面单元站牌顶边距地面的距离不应大于 2 200 mm，最下面单元站牌的底边距地面的距离不应小于 400 mm。

6.1.6 在站台上设置的站牌应符合站台的限界要求和安置位置要求。在路边设置的站牌，牌面与车行道成垂直角度站牌，其侧边距路缘石距离应大于 300 mm；牌面与车行道平行的站牌，牌面距路缘石距离应大于 600 mm。

6.2 路牌

前路牌的安装位置应位于车辆前风窗上部，后路牌的安装位置不宜低于后风窗下沿，双层车宜安装在后围中部，侧路牌安装在乘客门一侧。前、后、侧路牌安装位置参见附录 D。

7 检查和维护

对站牌、路牌的检查维护每季度不应少于一次，保持站牌、路牌设施的齐全完好和整洁，发现缺损、变形、图形和字号脱落、退色、不正常显示等，应及时修整或更换。

附　录　A
（资料性附录）
站牌规格及组合、固定示意图

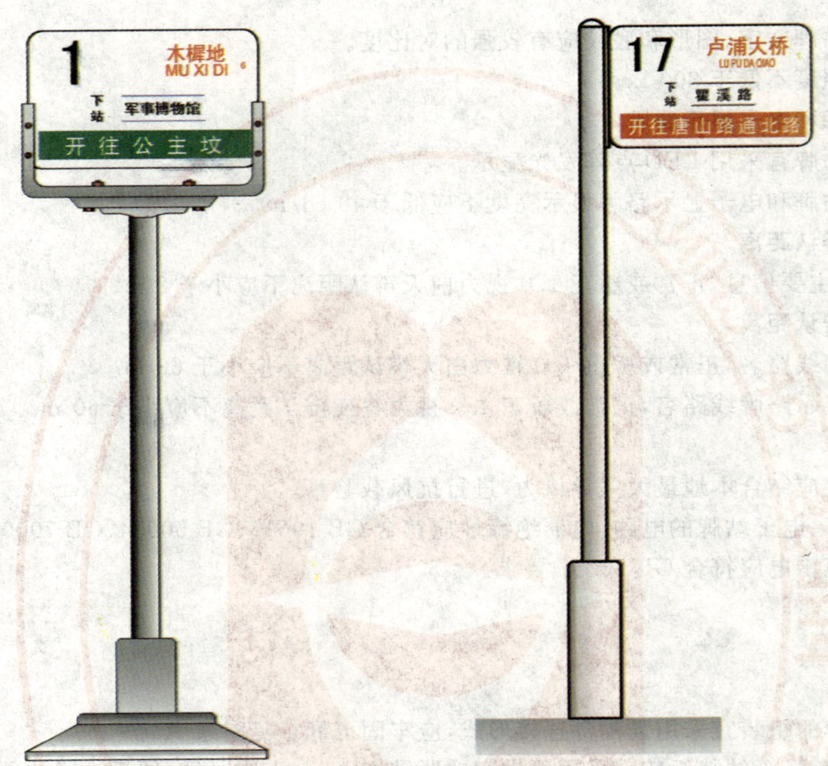

图 A.1　独立站牌组合、固定示意图（绿色基调、红色基调）

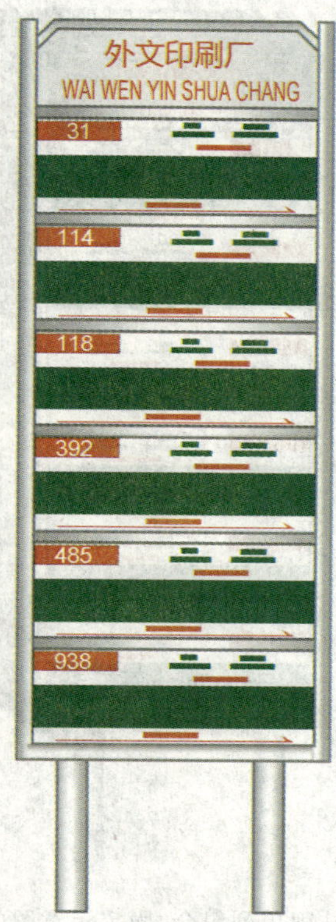

a）集合站牌单列组合、固定示意图(绿色基调)

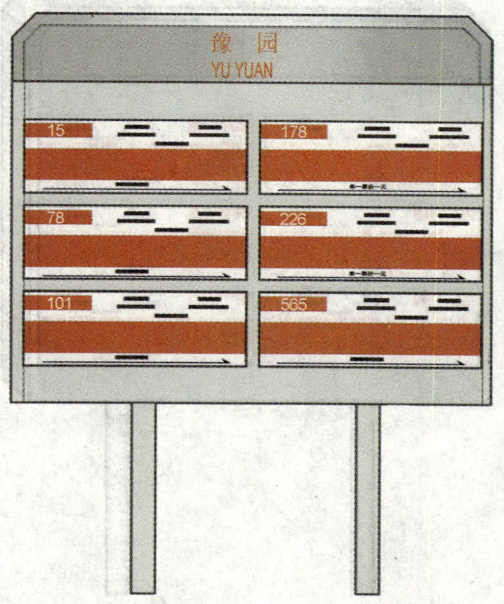

b）集合站牌并列组合、固定示意图(红色基调)

图 A.2 集合站牌

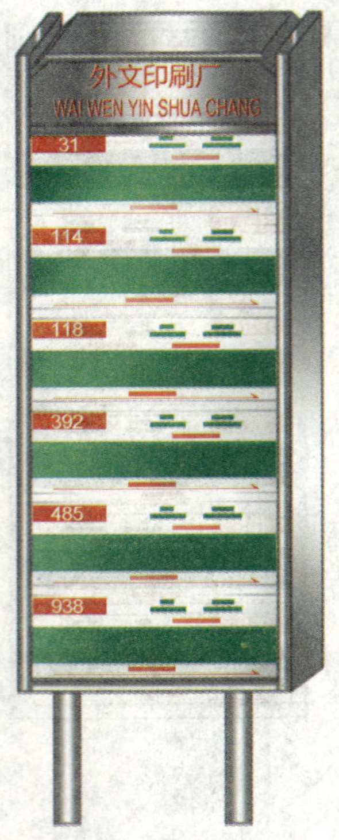

a）灯箱式站牌单列组合、固定示意图（绿色基调）

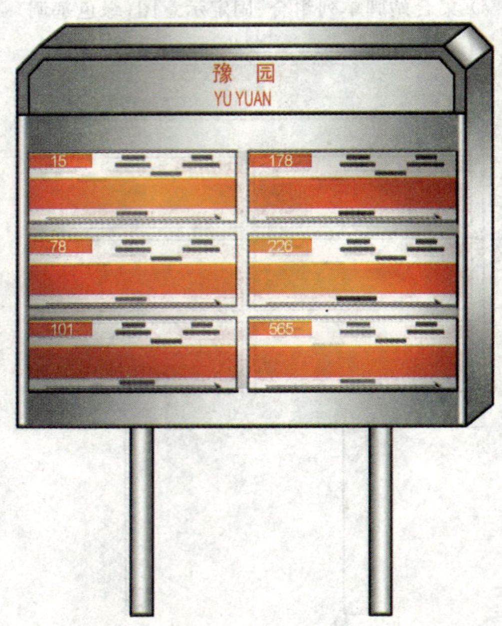

b）灯箱式站牌并列组合、固定示意图（红色基调）

图 A.3 灯箱式站牌

附　录　B
（资料性附录）
站牌版面图形及文字布置示意图

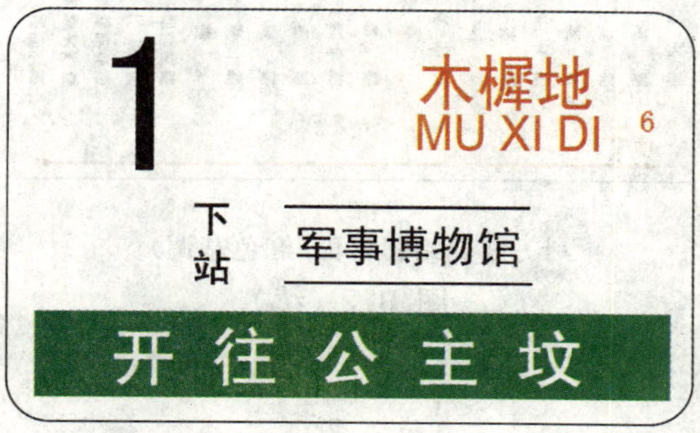
1
木樨地
MU XI DI
6
下站
军事博物馆
开往公主坟

a）独立站牌正面（绿色基调）

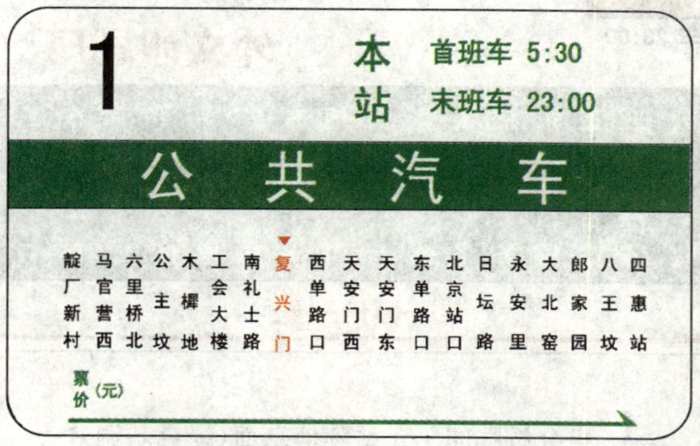
1
本站
首班车 5:30
末班车 23:00
公共汽车
靛厂新村
马官营西
六里桥北
公主坟
木樨地
工会大楼
南礼士路
复兴门
西单路口
天安门西
天安门东
东单路口
北京站口
日坛路
永安里
大北窑
郎家园
八王坟
四惠站
票价（元）

b）独立站牌背面（绿色基调）

图 B.1　独立站牌（绿色基调）

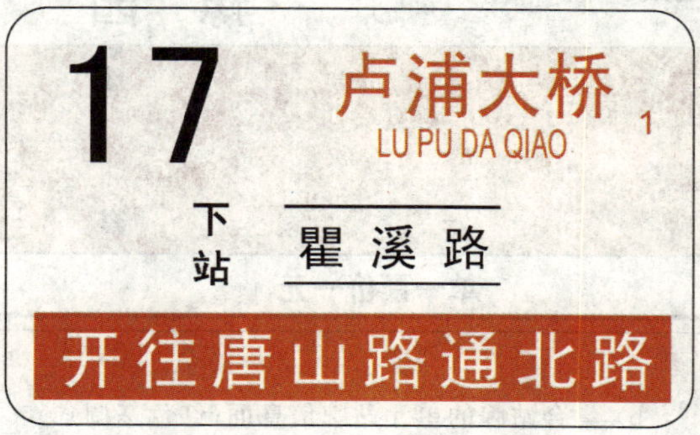
17
卢浦大桥
LU PU DA QIAO
1
下站
瞿溪路
开往唐山路通北路

a）独立站牌正面（红色基调）

图 B.2　独立站牌（红色基调）

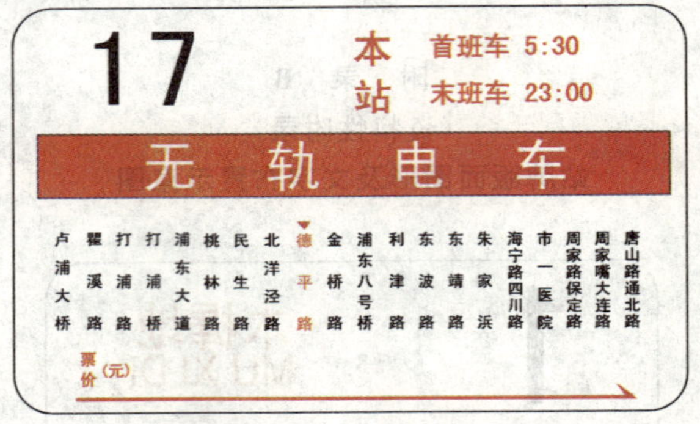

b）独立站牌背面（红色基调）

图 B.2（续）

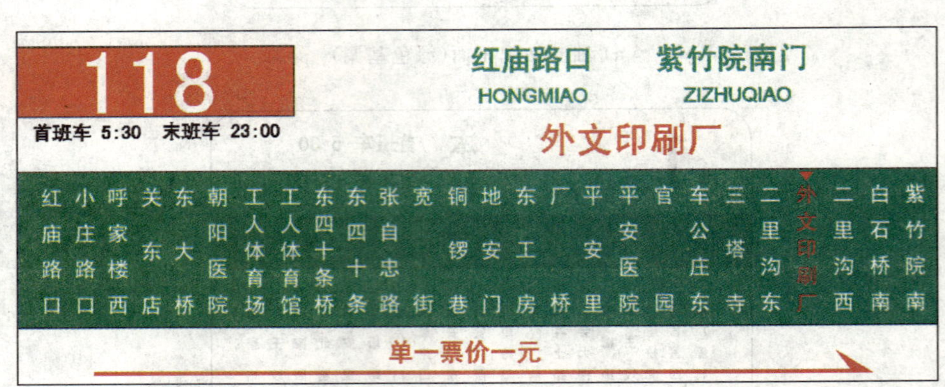

a）集合站牌的单元站牌信息面（绿色基调）

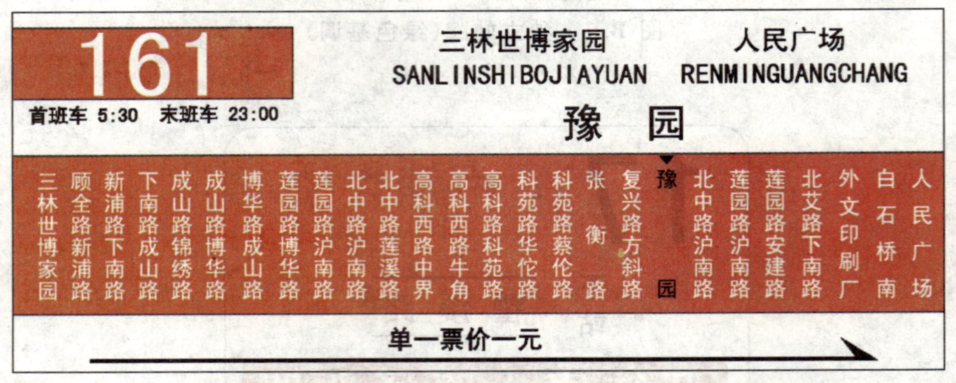

b）集合站牌的单元站牌信息面（红色基调）

图 B.3 集合站牌

a) 带站号集合站牌的单元站牌信息面(绿色基调)

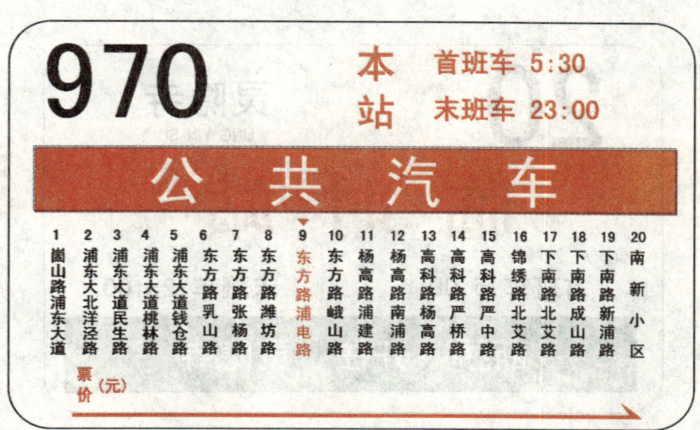

b) 带站号独立站牌背面(红色基调)

图 B.4 带站号站牌

a) 公交旅游专线车站牌正、背面(绿色基调)

图 B.5 公交旅游专线车站牌

b) 公交旅游专线车站牌正、背面(红色基调)

图 B.5(续)

a) 临时站牌正、背面(绿色基调)

b) 临时站牌正、背面(红色基调)

图 B.6 临时站牌

附 录 C
（资料性附录）
路牌版面图形及文字布置示意图

图 C.1 电子显示前路牌（基本信息）

图 C.2 电子显示后路牌（基本信息和扩展信息带行驶方向标志）

图 C.3 电子显示侧路牌（基本信息和扩展信息带空调标志）

附　录　D
（资料性附录）
路牌安装位置示意图

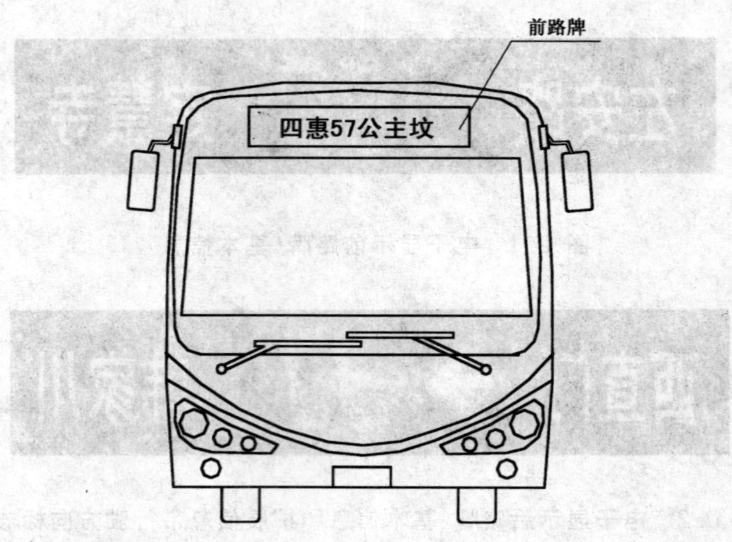

a）公交车前路牌安装位置

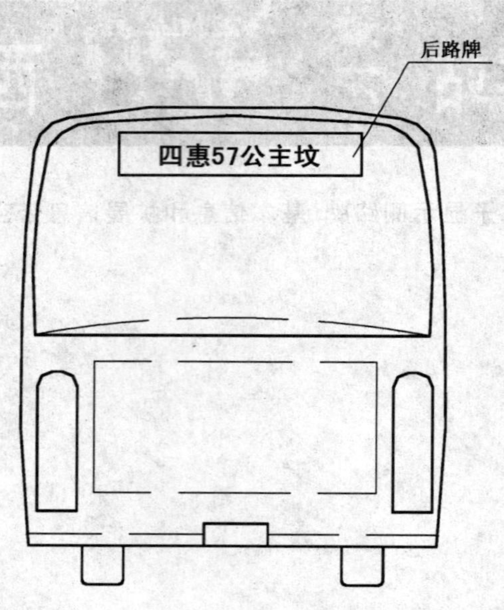

b）公交车后路牌安装位置

图 D.1　公交车路牌安装位置

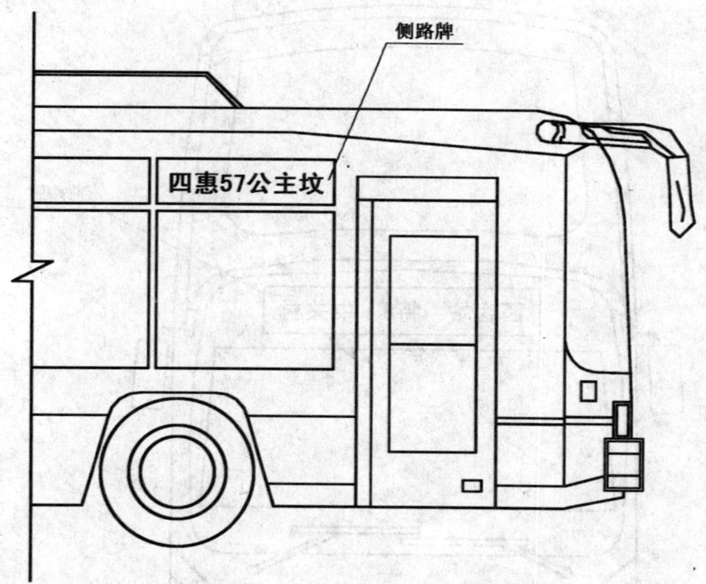

c) 公交车侧路牌安装位置 1

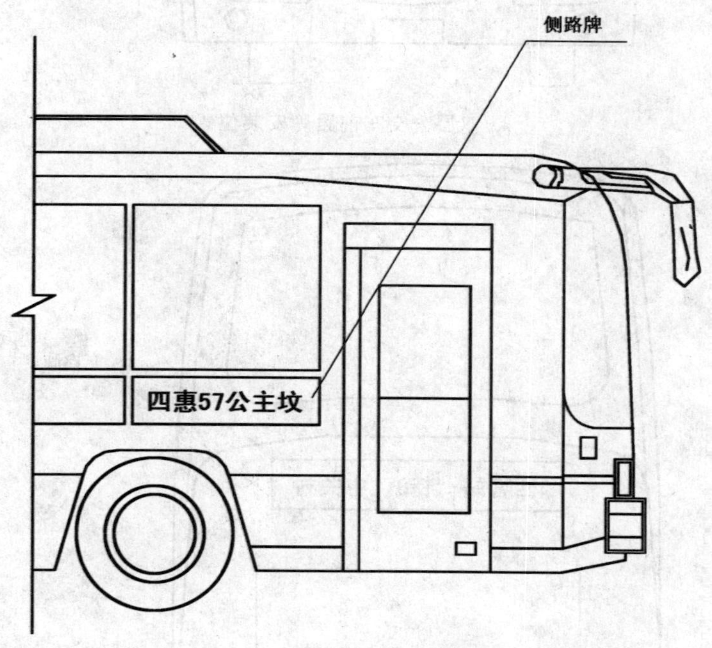

d) 公交车侧路牌安装位置 2

图 D.1（续）

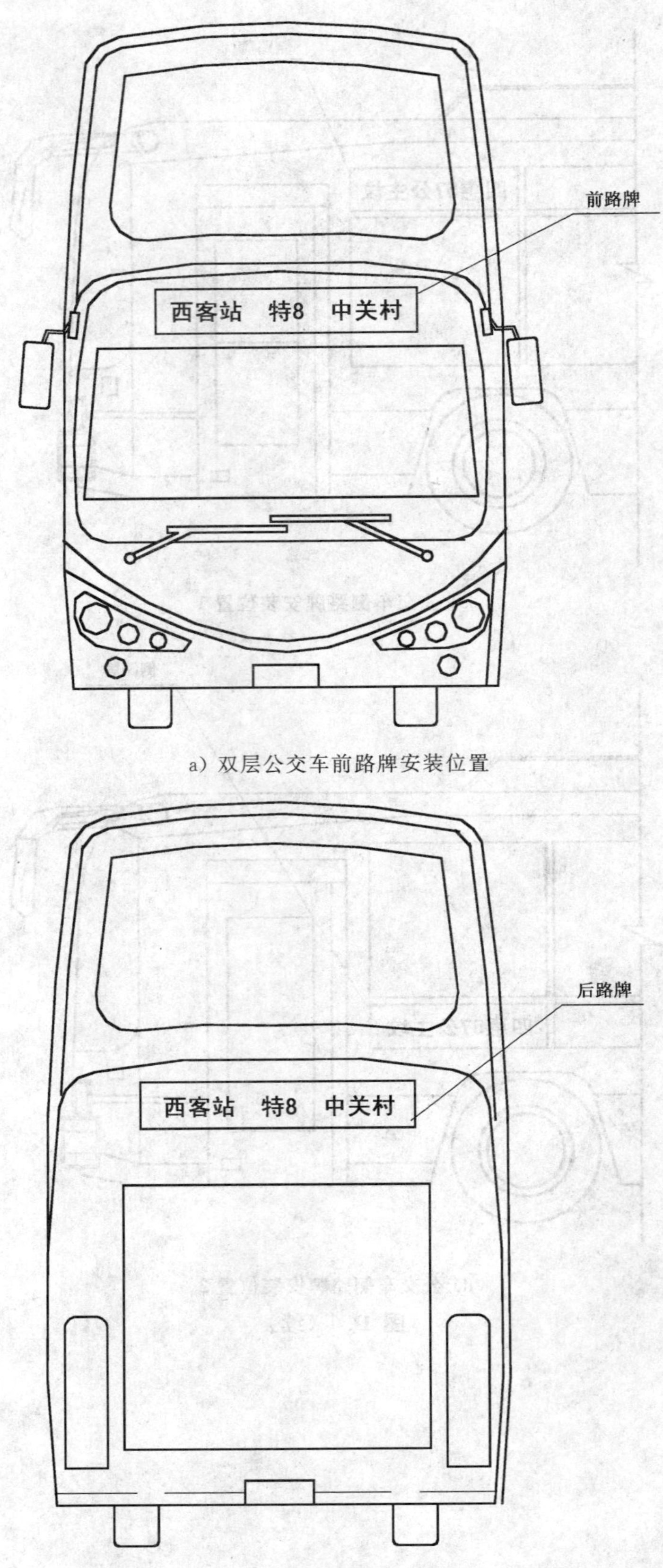

a）双层公交车前路牌安装位置

b）双层公交车后路牌安装位置

图 D.2　双层公交车路牌安装位置

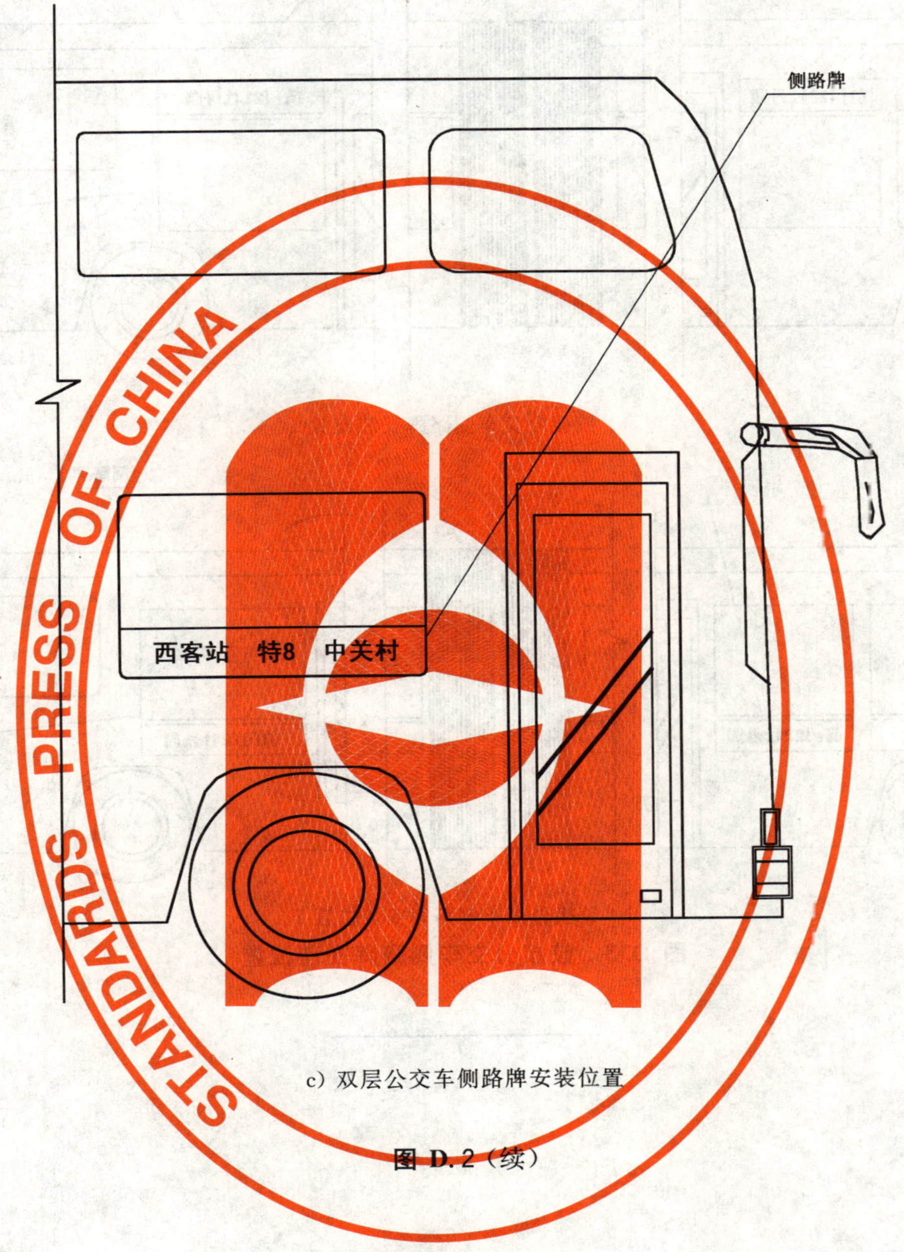

c）双层公交车侧路牌安装位置

图 D.2（续）

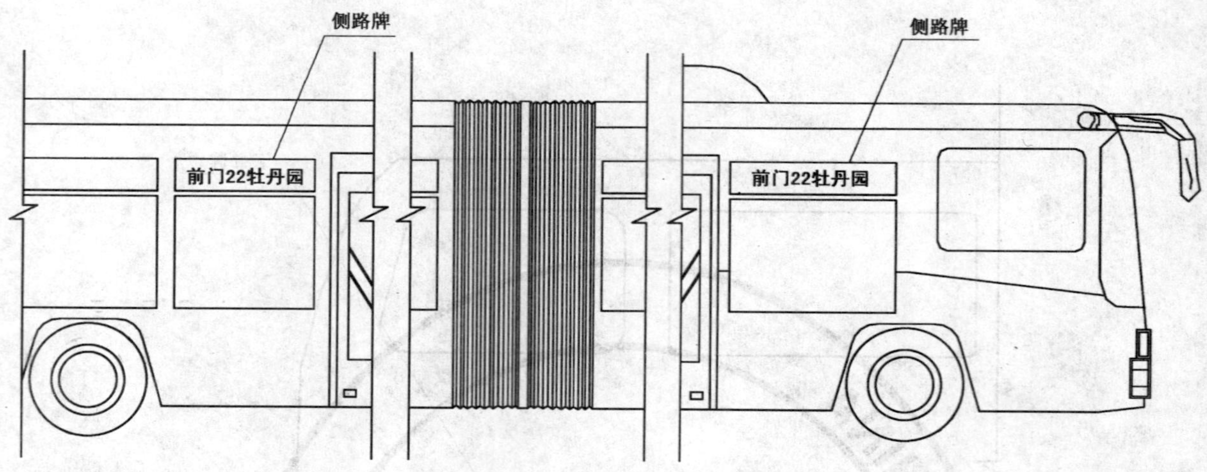

a）铰接公交车侧路牌安装位置 1

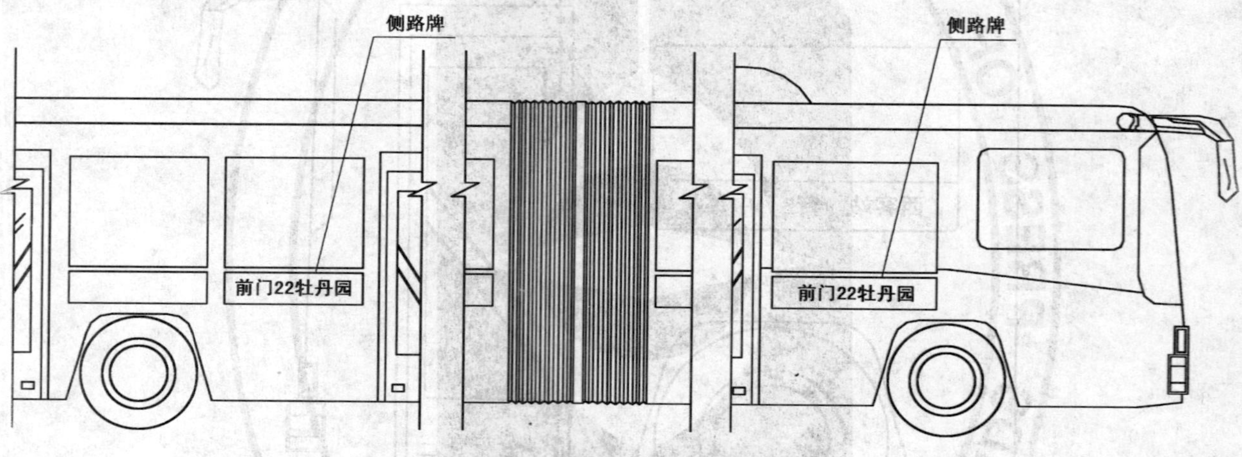

b）铰接公交车侧路牌安装位置 2

图 D.3 铰接公交车侧路牌安装位置

ICS 03.220.20
P 51

中华人民共和国国家标准

GB/T 5845.4—2008
代替 GB/T 5845.9—1986

城市公共交通标志
第4部分:运营工具、站(码头)和线路图形符号

Urban Public transport sign—
Part 4:Graphic symbols for transport means,stop and circulation line

2008-12-23 发布　　　　2009-06-01 实施

中华人民共和国国家质量监督检验检疫总局
中国国家标准化管理委员会　发布

前言

GB/T 5845《城市公共交通标志》分为以下部分：

——第 1 部分：总标志和分类标志；

——第 2 部分：一般图形符号和安全标志；

——第 3 部分：公共汽电车站牌和路牌；

——第 4 部分：运营工具、站(码头)和线路图形符号；

……。

本部分为 GB/T 5845 的第 4 部分。

本部分代替 GB/T 5845.9—1986《城市公共交通标志　运行线路图形符号》，与 GB/T 5845.9—1986 的主要区别为：

——增加 15 个符号：快速公共汽车系统、快速公共汽车系统始发站终点站、轻轨系统、轻轨系统始发站终点站、单轨系统、单轨系统始发站终点站、磁浮系统、磁浮系统始发站终点站、城市客(车)渡始发站终点站、客运索道、客运索道始发站终点站、客运扶梯、客运电梯、客运缆车运行线路、客运索道运行线路；

——修改 12 个符号：公共汽车(常规公共汽车)、公共汽车始发站终点站(常规公共汽车始发站终点站)、地铁、地铁始发站终点站、客运缆车(客运索道)、客运缆车始发站终点站(客运索道始发站终点站)、出租汽车、出租汽车站、轮渡[城市客(车)渡]、中途站(车站)、城市航道运行线路、轮渡航线[城市客(车)渡]运行航线；

——删去 7 个符号：快速有轨电车、快速有轨电车始发站终点站、高架电车、高架电车始发站终点站、快速有轨电车运行线路、地铁运行线路、有轨电车运行线路；

——原标准共有 27 个符号。本标准共有 35 个符号。

本部分由中华人民共和国住房和城乡建设部提出。

本部分由住房和城乡建设部城镇建设标准技术归口单位城市建设研究院归口。

本部分起草单位：天津师范大学、城市建设研究院、上海奥丽光电科技有限公司。

本部分主要起草人：牟跃、吕士健、王俊琪、张海林、高翔、朱正朝、温海容、汤婷、门薇薇、孙世圃、尚金凯、孙永祥、吕钢、樊秋伟。

本部分所代替标准的历次版本发布情况为：

——GB/T 5845.9—1986。

城市公共交通标志
第4部分：运营工具、站(码头)和线路图形符号

1 范围

GB/T 5845的本部分规定了城市公共交通标志的运营工具、站(码头)和线路图形符号(以下简称图形符号)。

本部分适用于公共场所信息栏、平面交通导向图及交通图、旅游图、城市地图等信息载体。

2 规范性引用文件

下列文件中的条款通过GB/T 5845的本部分的引用而成为本部分的条款。凡是注日期的引用文件，其随后所有的修改单(不包括勘误的内容)或修订版均不适用于本部分，然而，鼓励根据本部分达成协议的各方研究是否可使用这些文件的最新版本。凡是不注日期的引用文件，其最新版本适用于本部分。

GB/T 10001(所有部分) 标志用公共信息图形符号

GB/T 10001.1—2006 标志用公共信息图形符号 第1部分：通用符号(ISO 7001:1990,NEQ)

GB/T 10001.3—2004 标志用公共信息图形符号 第3部分：客运与货运

GB/T 15565.1 图形符号 术语 第1部分：通用

GB/T 20501 公共信息导向系统 要素的设计原则与要求

3 术语和定义

GB/T 15565确立的术语和定义适用于GB/T 5845的本部分。

4 图形符号

运营工具、站(码头)和线路图形符号见表1。

5 应用

5.1 在应用中，当需要使用其他图形符号时，应从GB/T 5845的其他部分、GB/T 10001(所有部分)或相关标准中选取。

5.2 图形符号的颜色应符合GB/T 20501的要求。

5.3 表1图形符号栏中的正方形边线不是图形符号的组成部分，仅是制作图形标志的依据。应用时，带有正方形边线的图形符号应使用由该符号形成的图形标志。在使用本部分的图形符号设计导向要素时，应符合GB/T 20501的要求。

5.4 本部分图形符号的含义仅为该图形符号的广义概念。应用时，可根据所要表达的具体对象给出相应名称，如：含义为“常规公共汽车”的图形符号，可给出“小型公共汽车”、“中型公共汽车”、“大型公共汽车”、“特大型公共汽车”和“双层公共汽车”等具体名称。

表 1 运营工具、站(码头)和线路图形符号

序号	图形符号	含 义	说 明
01		常规公共汽车 Bus	表示各类公共汽车交通设施，包括小型公共汽车、中型公共汽车、大型公共汽车、特大型公共汽车和双层公共汽车。 采用 GB/T 10001.3—2004(09)
02		常规公共汽车始发站、终点站 Bus Station	表示各类公共汽车的始发站、终点站。
03		快速公共汽车系统(BRT) Bus Rapid Transit	表示快速公共汽车交通系统设施。
04		快速公共汽车系统始发站、终点站 BRT Station	表示快速公共汽车系统的始发站、终点站。

表 1（续）

序号	图形符号	含　义	说　　明
05		无轨电车 Trolleybus	表示无轨电车交通设施。 包括中型无轨电车、大型无轨电车、特大型(铰接)无轨电车。 采用 GB/T 10001.3—2004(10)
06		无轨电车始发站、终点站 Trolleybus Station	表示无轨电车的始发站、终点站。
07	 TAXI	出租汽车 Taxi	表示出租汽车交通设施。 采用 GB/T 10001.3—2004(08)
08	 TAXI	出租汽车站 Taxi Stop	表示出租汽车站。

表 1（续）

序号	图形符号	含　义	说　明
09		地铁系统 Subway	表示地铁系统交通设施。 采用 GB/T 10001.3—2004(06)
10		地铁系统始发站、终点站 Subway Station	表示地铁系统的始发站、终点站。
11	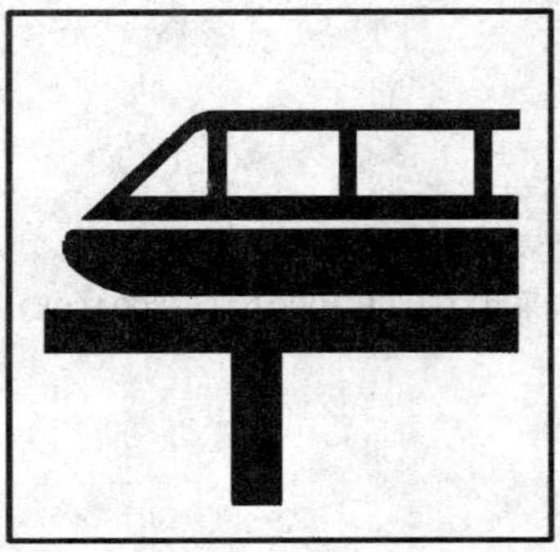	轻轨系统 Light Railway	表示轻轨系统交通设施。 采用 GB/T 10001.3—2004(07)
12		轻轨系统始发站、终点站 Light Railway Station	表示轻轨系统的始发站、终点站。

表 1（续）

序号	图形符号	含　义	说　　明
13		单轨系统 Monorail System	表示单轨系统交通设施。
14		单轨系统始发站、终点站 Monorail Station	表示单轨系统的始发站、终点站。
15		有轨电车 Streetcar	表示有轨电车交通设施。 采用 GB/T 10001.3—2004(11)
16		有轨电车始发站、终点站 Streetcar Station	表示有轨电车的始发站、终点站。

表 1（续）

序号	图形符号	含　义	说　　明
17		磁浮系统 Magnetically Levitated Train	表示磁浮系统交通设施，包括中低速磁浮和高速磁浮车辆。
18		磁浮系统始发站、终点站 Magnetically Levitated Train Station	表示磁浮系统的始发站、终点站。
19		城市客（车）渡 Ferry	表示城市公共交通客（车）渡轮服务设施，包括常规渡轮、快速渡轮、旅游观光轮和车渡轮。 采用 GB/T 10001.3—2004(03)
20		城市客（车）渡始发站、终点站 Ferry Station	表示城市客（车）渡始发站、终点站。

表 1（续）

序号	图形符号	含　义	说　　明
21		客运索道 Passenger Ropeway	表示城市客运索道公共交通设施，包括往复式索道和循环式索道。 采用 GB/T 10001.3—2004(15)
22		客运索道始发站、终点站 Ropeway Station	表示城市客运索道公共交通始发站、终点站。
23		客运缆车 Cable Railway; Ratchet Railway	表示城市客运缆车公共交通设施。 采用 GB/T 10001.3—2004(14)
24		客运缆车始发站、终点站 Cable Railway Station	表示城市客运缆车公共交通的始发站、终点站。

表 1（续）

序号	图形符号	含　　义	说　　明
25		客运扶梯 Escalator	表示城市客运扶梯公共交通设施，包括水平和斜面踏板扶梯。 采用 GB/T 10001.1—2006(09)
26		客运电梯 Elevator	表示城市客运电梯公共交通设施。 采用 GB/T 10001.1—2006(13)
27	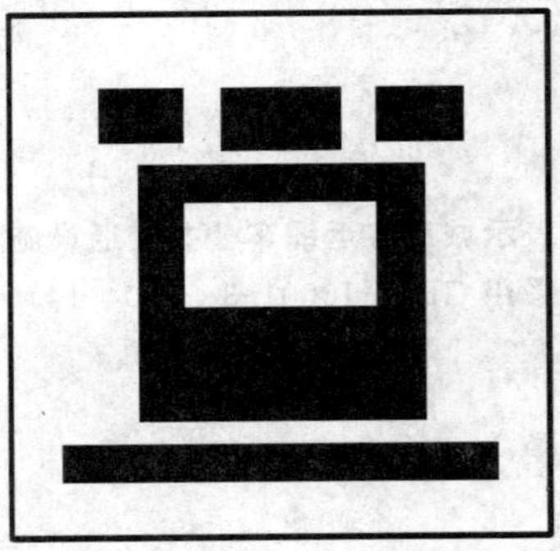	调度站 Control Station	表示城市公共交通调度场所。
28		车站 Intermediate Station	表示城市公共交通运行线路的中途站。可在圈内标线路号。

表 1（续）

序号	图形符号	含　义	说　明
29		换乘站 Transfer Station	表示城市公共交通换乘站。 可根据换乘线路的数量，在本标志内、外注明换乘线路的编号。
30		公共汽车运行线路 Bus Line	表示公共汽车的运行线路，包括常规公共汽车和快速公共汽车系统。
31		无轨电车运行线路 Trolleybus Line	表示无轨电车的运行线路。
32		城市轨道交通运行线路 Subway Line	表示城市轨道交通的运行线路，包括地铁、轻轨、单轨、有轨电车、磁浮、自动导向轨道和市域快速轨道系统。

表 1（续）

序号	图形符号	含　义	说　明
33		客运缆车运行线路 Cable Car Line	表示客运缆车的运行线路。
34		城市客（车）渡航运行航线 Ferry Line	表示城市客（车）渡航运行航线。
35		客运索道运行线路 Ropeway Line	表示客运索道运行线路。

索 引

ICS 21.100.20
J 11

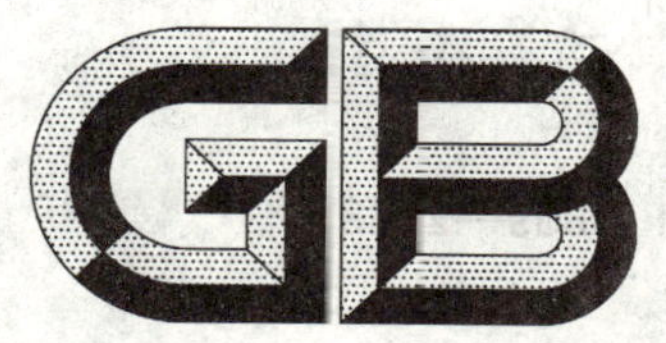

中华人民共和国国家标准

GB/T 5859—2008
代替 GB/T 5859—1994

滚动轴承 推力调心滚子轴承 外形尺寸

Rolling bearings—
Self-aligning thrust roller bearings—Boundary dimensions

2008-02-28 发布 2008-08-01 实施

中华人民共和国国家质量监督检验检疫总局
中国国家标准化管理委员会 发布

前　言

本标准代替 GB/T 5859—1994《滚动轴承　推力调心滚子轴承　外形尺寸》。

本标准与 GB/T 5859—1994 相比，主要变化如下：

——修改了适用范围(1994 年版和本版的第 1 章)；

——修改了规范性引用文件(1994 年版和本版的第 2 章)；

——修改了符号定义(1994 年版和本版的第 3 章)；

——增加了对最大倒角的规定(见第 4 章)；

——扩大了表 1～表 3 的尺寸范围(1994 年版和本版的表 1～表 3)；

——删除了附录“新旧轴承代号对照”(1994 年版的附录 A)。

本标准由中国机械工业联合会提出。

本标准由全国滚动轴承标准化技术委员会(SAC/TC 98)归口。

本标准起草单位：瓦房店轴承集团有限责任公司。

本标准主要起草人：燕萍、吴林、孙振生、韩超。

本标准所代替标准的历次版本发布情况为：

——GB 5859—86、GB/T 5859—1994。

滚动轴承
推力调心滚子轴承　外形尺寸

1　范围

本标准规定了外形尺寸符合 GB/T 273.2—2006 的推力调心滚子轴承外形尺寸。

本标准适用于球面滚子型单向推力调心滚子轴承，供轴承制造厂设计和用户选型。

2　规范性引用文件

下列文件中的条款通过本标准的引用而成为本标准的条款。凡是注日期的引用文件，其随后所有的修改单(不包括勘误的内容)或修订版均不适用于本标准，然而，鼓励根据本标准达成协议的各方研究是否可使用这些文件的最新版本。凡是不注日期的引用文件，其最新版本适用于本标准。

GB/T 273.2—2006　滚动轴承　推力轴承　外形尺寸总方案(ISO 104:2002,IDT)

GB/T 274—2000　滚动轴承　倒角尺寸最大值(idt ISO 582:1995)

GB/T 7811—2007　滚动轴承　参数符号(ISO 15241:2001,IDT)

3　符号(见图 1)

GB/T 7811—2007 确立的以及下列符号适用于本标准。

A:座圈滚道表面曲率中心到轴圈背面的距离

B:轴圈与轴配合处的公称高度

B_{min}:B 的最小尺寸

C:座圈公称高度

D:轴承座圈公称外径

D_1:轴承轴圈公称外径

D_{1max}:D_1 的最大尺寸

d:轴承轴圈公称内径

d_1:轴承座圈公称内径

d_{1max}:d_1 的最大尺寸

r:轴圈、座圈背面公称倒角尺寸

r_{smin}:r 的最小单一倒角尺寸

T:轴承公称高度

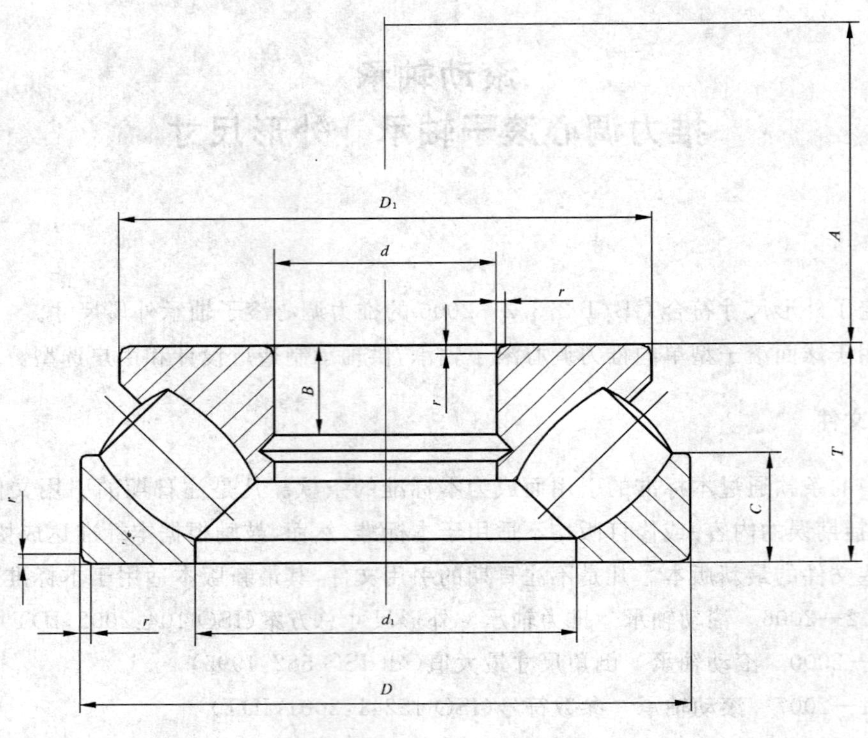

图 1

4 外形尺寸

92、93 和 94 尺寸系列轴承的外形尺寸分别按表 1～表 3 的规定。

表 1 92 系列

单位为毫米

轴承型号	外形尺寸								
	d	D	T	d_{1max}	D_{1max}	B_{min}	C[a]	A	r_{smin}[b]
29230	150	215	39	178	208	14	19	82	1.5
29232	160	225	39	188	219	14	19	86	1.5
29234	170	240	42	198	233	15	20	92	1.5
29236	180	250	42	208	243	15	20	92	1.5
29238	190	270	48	223	262	15	24	104	2
29240	200	280	48	236	271	15	24	108	2
29244	220	300	48	254	292	15	24	117	2
29248	240	340	60	283	330	19	30	130	2.1
29252	260	360	60	302	350	19	30	139	2.1
29256	280	380	60	323	370	19	30	150	2.1
29260	300	420	73	353	405	21	38	162	3
29264	320	440	73	372	430	21	38	172	3
29268	340	460	73	395	445	21	37	183	3
29272	360	500	85	423	485	25	44	194	4
29276	380	520	85	441	505	27	42	202	4
29280	400	540	85	460	526	27	42	212	4
29284	420	580	95	489	564	30	46	225	5

表 1(续)

单位为毫米

轴承型号	外形尺寸								
	d	D	T	d_{1max}	D_{1max}	B_{min}	C[a]	A	r_{smin}[b]
29288	440	600	95	508	585	30	49	235	5
29292	460	620	95	530	605	30	46	245	5
29296	480	650	103	556	635	33	55	259	5
292/500	500	670	103	574	654	33	55	268	5
292/530	530	710	109	612	692	35	57	288	5
292/560	560	750	115	644	732	37	60	302	5
292/600	600	800	122	688	780	39	65	321	5
292/630	630	850	132	728	830	42	67	338	6
292/670	670	900	140	773	880	45	74	354	6
292/710	710	950	145	815	930	46	75	380	6
292/750	750	1 000	150	861	976	48	81	406	6
292/800	800	1 060	155	915	1 035	50	81	426	7.5
292/850	850	1 120	160	966	1 095	51	82	453	7.5
292/900	900	1 180	170	1 023	1 150	54	84	477	7.5
292/950	950	1 250	180	1 081	1 220	58	90	507	7.5
292/1000	1 000	1 320	190	1 139	1 290	61	98	540	9.5
292/1060	1 060	1 400	206	1 208	1 370	66	108	566	9.5
292/1120	1 120	1 460	206	1 272	1 385	72	101	601	9.5
292/1180	1 180	1 520	206	1 331	1 450	83	101	625	9.5

a 系参考尺寸。

b 对应的最大倒角尺寸规定在 GB/T 274—2000 中。

表 2　93 系列

单位为毫米

轴承型号	外形尺寸								
	d	D	T	d_{1max}	D_{1max}	B_{min}	C[a]	A	r_{smin}[b]
29317	85	150	39	114	143.5	13	19	50	1.5
29318	90	155	39	117	148.5	13	19	52	1.5
29320	100	170	42	129	163	14	20.8	58	1.5
29322	110	190	48	143	182	16	23	64	2
29324	120	210	54	159	200	18	26	70	2.1
29326	130	225	58	171	215	19	28	76	2.1
29328	140	240	60	183	230	20	29	82	2.1
29330	150	250	60	194	240	20	29	87	2.1
29332	160	270	67	208	260	23	32	92	3
29334	170	280	67	216	270	23	32	96	3
29336	180	300	73	232	290	25	35	103	3
29338	190	320	78	246	308	27	38	110	4
29340	200	340	85	261	325	29	41	116	4
29344	220	360	85	280	345	29	41	125	4
29348	240	380	85	300	365	29	41	135	4
29352	260	420	95	329	405	32	45	148	5

表 2(续)

单位为毫米

轴承型号	外形尺寸								
	d	D	T	d_{1max}	D_{1max}	B_{min}	C[a]	A	r_{smin}[b]
29356	280	440	95	348	423	32	46	158	5
29360	300	480	109	379	460	37	50	168	5
29364	320	500	109	399	482	37	53	180	5
29368	340	540	122	428	520	41	59	192	5
29372	360	560	122	448	540	41	59	202	5
29376	380	600	132	477	580	44	63	216	6
29380	400	620	132	494	596	44	64	225	6
29384	420	650	140	520	626	48	68	235	6
29388	440	680	145	548	655	49	70	245	6
29392	460	710	150	567	685	51	72	257	6
29396	480	730	150	590	705	51	72	270	6
293/500	500	750	150	611	725	51	74	280	6
293/530	530	800	160	648	772	54	76	295	7.5
293/560	560	850	175	690	822	60	85	310	7.5
293/600	600	900	180	731	870	61	87	335	7.5
293/630	630	950	190	767	920	65	92	345	9.5
293/670	670	1 000	200	813	963	68	96	372	9.5
293/710	710	1 060	212	864	1 028	72	102	394	9.5
293/750	750	1 120	224	910	1 086	76	108	415	9.5
293/800	800	1 180	230	965	1 146	78	112	440	9.5
293/850	850	1 250	243	1 024	1 205	85	118	468	12
293/900	900	1 320	250	1 086	1 280	86	120	496	12
293/950	950	1 400	272	1 150	1 360	93	132	525	12
293/1000	1 000	1 460	276	1 192	1 365	100	137	561	12

a 系参考尺寸。

b 对应的最大倒角尺寸规定在 GB/T 274—2000 中。

表 3 94 系列

单位为毫米

轴承型号	外形尺寸								
	d	D	T	d_{1max}	D_{1max}	B_{min}	C[a]	A	r_{smin}[b]
29412	60	130	42	89	123	15	20	38	1.5
29413	65	140	45	96	133	16	21	42	2
29414	70	150	48	103	142	17	23	44	2
29415	75	160	51	109	152	18	24	47	2
29416	80	170	54	117	162	19	26	50	2.1
29417	85	180	58	125	170	21	28	54	2.1
29418	90	190	60	132	180	22	29	56	2.1
29420	100	210	67	146	200	24	32	62	3
29422	110	230	73	162	220	26	35	69	3
29424	120	250	78	174	236	29	37	74	4
29426	130	270	85	189	255	31	41	81	4

表 3(续)

单位为毫米

轴承型号	外形尺寸								
	d	D	T	d_{1max}	D_{1max}	B_{min}	C[a]	A	r_{smin}[b]
29428	140	280	85	199	268	31	41	86	4
29430	150	300	90	214	285	32	44	92	4
29432	160	320	95	229	306	34	45	99	5
29434	170	340	103	243	324	37	50	104	5
29436	180	360	109	255	342	39	52	110	5
29438	190	380	115	271	360	41	55	117	5
29440	200	400	122	286	380	43	59	122	5
29444	220	420	122	308	400	43	58	132	6
29448	240	440	122	326	420	43	59	142	6
29452	260	480	132	357	460	48	64	154	6
29456	280	520	145	387	495	52	68	166	6
29460	300	540	145	402	515	52	70	175	6
29464	320	580	155	435	555	55	75	191	7.5
29468	340	620	170	462	590	61	82	201	7.5
29472	360	640	170	480	610	61	82	210	7.5
29476	380	670	175	504	640	63	85	230	7.5
29480	400	710	185	534	680	67	89	236	7.5
29484	420	730	185	556	700	67	89	244	7.5
29488	440	780	206	588	745	74	100	260	9.5
29492	460	800	206	608	765	74	100	272	9.5
29496	480	850	224	638	810	81	108	280	9.5
294/500	500	870	224	661	830	81	107	290	9.5
294/530	530	920	236	700	880	87	114	309	9.5
294/560	560	980	250	740	940	92	120	328	12
294/600	600	1 030	258	785	990	92	127	347	12
294/630	630	1 090	280	830	1 040	100	136	365	12
294/670	670	1 150	290	880	1 105	106	138	387	15
294/710	710	1 220	308	925	1 165	113	150	415	15
294/750	750	1 280	315	983	1 220	116	152	436	15
294/800	800	1 360	335	1 040	1 310	120	163	462	15
294/850	850	1 440	354	1 060	1 372	126	168	494	15
294/900	900	1 520	372	1 168	1 460	138	180	518	15
294/950	950	1 600	390	1 209	1 470	153	191	546	15

[a] 系参考尺寸。

[b] 对应的最大倒角尺寸规定在 GB/T 274—2000 中。

5 标记示例

滚动轴承　29230　GB/T 5859—2008

ICS 65.060.10
T 62

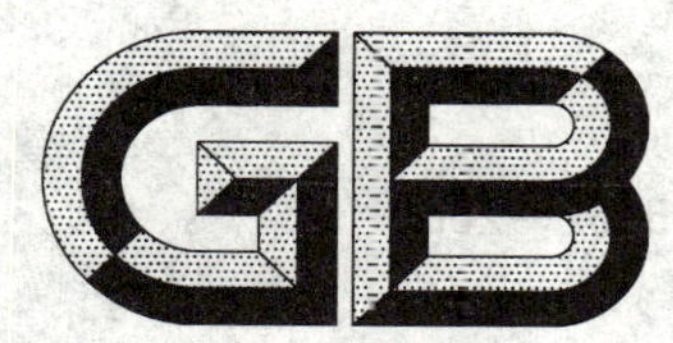

中华人民共和国国家标准

GB/T 5862—2008
代替 GB/T 5862—2004

农业拖拉机和机具通用液压快换接头

Agricultural tractors and machinery—General purpose quick-action hydraulic couplers

2008-06-03 发布　　　　2009-01-01 实施

中华人民共和国国家质量监督检验检疫总局
中国国家标准化管理委员会　发布

前　言

本标准是对GB/T 5682—2004《农业拖拉机和机具　通用液压快换接头》的修订。

本标准与GB/T 5682—2004相比主要变化如下：

——本标准将GB/T 5862—2004和JB/T 8302—2000两个标准合并；

——对“范围”进行了重新编辑；

——增加了快换接头阳接头连接螺纹规格等基本参数；

——增加了球阀阳接头的图示；

——对原标准工作要求的内容进行了重新编辑；

——增加了快换接头的性能要求、试验方法、检验规则、标志、包装与贮存的要求；

——取消了原标准第2章中的表1。

本标准自实施之日起代替GB/T 5862—2004。

本标准由中国机械工业联合会提出。

本标准由全国拖拉机标准化技术委员会归口。

本标准负责起草单位：张家口瑞图液压有限公司。

本标准参加起草单位：诸暨市亚中汽拖配件厂、江苏盐城市钜峰液压设备有限公司、约翰·迪尔天拖有限公司、洛阳拖拉机研究所。

本标准主要起草人：王安、金万良、秦正国、孟宪强、徐世蓓、尚项绳、金鑫。

本标准所代替标准的历次版本发布情况为：

——GB/T 5862—2004。

农业拖拉机和机具
通用液压快换接头

1 范围

本标准规定了农业拖拉机和机具用液压快换接头(以下简称接头)的术语和定义、型式尺寸和基本参数、要求、试验方法、检验规则和标志、包装与贮存。

本标准适用于将拖拉机的液压动力,通过管接头频繁地连接和断开的方式传递到机具上的接头。

2 规范性引用文件

下列文件中的条款通过本标准的引用而成为本标准的条款。凡是注日期的引用文件,其随后所有的修改单(不包括勘误的内容)或修订版均不适用于本标准,然而,鼓励根据本标准达成协议的各方研究是否可使用这些文件的最新版本。凡是不注日期的引用文件,其最新版本适用于本标准。

GB/T 2828.1 计数抽样检验程序 第1部分:按接收质量限(AQL)检索的逐批检验抽样计划(GB/T 2828.1—2003,ISO 2859-1:1999,IDT)

GB/T 5860—2003 液压快换接头 尺寸和要求(ISO 7241-1:1987,IDT)

GB/T 5861—2003 液压快换接头 试验方法(ISO 7241-2:2000,IDT)

GB/T 8606—2003 液压快换接头 螺纹连接尺寸及技术要求

3 术语和定义

下列术语和定义适用于本标准。

3.1

阴快换接头(简称阴接头) female coupler

具有一个可以插入阳接头的孔座。

3.2

阳快换接头(简称阳接头) male coupler

能插入并锁定在阴接头座孔中的接头。

4 型式尺寸和基本参数

4.1 型式尺寸

接头型式分锥阀式和球阀式,如图1所示,其尺寸应符合GB/T 5860—2003中A系列的规定。阳接头的螺纹连接型式均采用GB/T 8606—2003中Ⅱ型(内螺纹)连接型式。

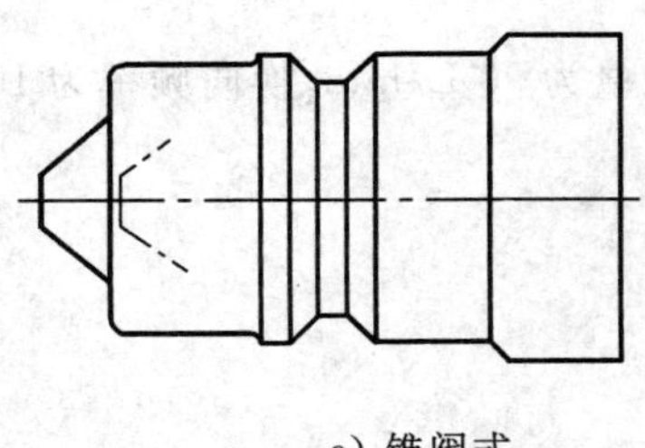

a) 锥阀式

b) 球阀式

图 1

4.2 基本参数

接头的基本参数应符合表1的规定。

表 1

公称通径 mm	额定工作压力 MPa	最大工作压力 MPa	额定流量 L/min	连接螺纹 规格
12.5	16	25	45	M22×1.5-6H
20			70	M27×2-6H

5 要求

5.1 一般要求

5.1.1 接头应按照经规定程序批准的产品图样和技术文件制造。

5.1.2 装配后的接头总成装拆应灵活、可靠。配合表面无碰伤、划痕。镀层表面质量应符合相关标准的要求。

5.1.3 接头分离后阴接头和阳接头均应有防尘装置。

5.1.4 接头在－20℃～100℃液体介质的温度范围内应能可靠地工作。

5.2 性能要求

5.2.1 接头的插拔寿命:在正常压力工作后,接头分开连接时插拔次数不低于600次。

5.2.2 渗漏性:低压试验和最大工作压力下试验时,接头总成、阳接头、阴接头不允许有渗漏。拆开时最大泄漏量:ϕ12.5通径的接头应不大于2.5 mL,ϕ20通径的接头应不大于6 mL。

5.2.3 压力降:接头在45 L/min流量下,ϕ12.5通径的接头压降均应不大于0.35 MPa,在70 L/min流量下,ϕ20通径的接头压降均应不大于0.175 MPa。

5.2.4 静压性能:在最大工作压力的1.5倍时,接头总成、阳接头、阴接头不允许有渗漏。

5.2.5 爆破性能:在最小爆破压力(最大工作压力的4倍)下,接头总成、阳接头、阴接头不允许有损坏。

5.2.6 可靠性:快换接头经过10 000次脉冲试验后应无故障。

6 试验方法

6.1 接头的插拔寿命试验:常温下插入快换接头,将试验压力调整至20 MPa,保压3 s卸压,拔出接头,再插入接头。以此作为一个循环。

6.2 渗漏性试验按GB/T 5861—2003中第9章和第17章的规定进行。

6.3 压力降试验按GB/T 5861—2003中第14章的规定进行。

6.4 静压性能试验按GB/T 5861—2003中第18章的规定进行。

6.5 爆破性能试验按GB/T 5861—2003中第21章的规定进行。

6.6 压力脉冲试验:在油温为90℃＋5℃,试验压力为4 MPa,流量为90 L/min,换向频率为15次/min的试验条件下进行。

7 检验规则

7.1 出厂检验

7.1.1 每个产品在出厂前应经制造厂质量部门检验合格,并附有合格证方可出厂。

7.1.2 出厂检验项目见表2。

7.2 型式检验

表 2

不合格分类	项目名称	项目序号	出厂检验	型式检验
A	爆破性能	5.2.5	—	★
	压力降	5.2.3	—	★
	静压性能	5.2.4	—	★
	可靠性	5.2.6	—	★
B	插拔寿命	5.2.1	—	★
	渗漏性	5.2.2	★	—
	产品制造要求	5.1.1	★	—
	产品总成要求	5.1.2	★	—
	防尘要求	5.1.3	★	—
	温度要求	5.1.4	★	—

7.2.1 国家质量监督检验部门提出型式检验要求或有下列情况之一时，应进行型式检验：

a) 正常情况下，每年进行一次型式检验；

b) 研制的新产品和变型产品的试验定型鉴定；

c) 产品结构、材料或工艺等有重大改变，影响产品性能时；

d) 产品长期停产后，恢复生产时；

e) 出厂检验结果与上次型式检验有较大差异时。

7.2.2 型式检验项目见表 2。

7.3 不合格分类

凡不符合第 5 章规定的各项要求，按其对产品质量影响程度分为 A、B 两类，见表 2 的规定。

7.4 抽样方案

7.4.1 按 GB/T 2828.1 的规定，采取一次正常抽样，一般检验水平Ⅰ。

7.4.2 样本应在合格的产品中随机抽取，检验批量 N 为 100 个样本量 n 为 5 个，接受质量限(AQL)见表 3。

表 3

不合格类别	A	B
接受质量限(AQL)	2.5	10
Ac Re	0 1	1 2

7.5 判定规则

小于或等于 Ac 为不合格接受数，大于或等于 Re 为不合格拒收数。

8 标志、包装与贮存

8.1 标志

接头上至少应标明：

——制造商标识；

——工程通径；

——螺纹连接规格。

8.2 **包装与贮存**

8.2.1 **包装**

接头包装形式及要求应由供需双方协定。

8.2.2 **贮存**

产品应存放在通风、干燥和无酸碱气体侵蚀的库房中。在正常保管情况下，产品应保证有12个月的有效防锈期。

ICS 17.140.20
J 04

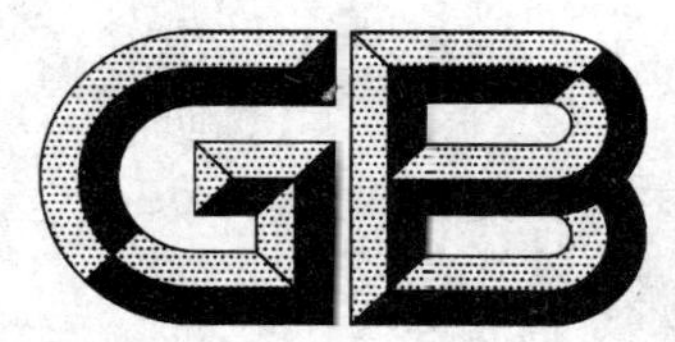

中华人民共和国国家标准

GB/T 5898—2008/ISO 15744:2002
代替 GB/T 5898—2004

手持式非电类动力工具 噪声测量方法 工程法(2级)

Hand-held non-electric power tools—Noise measurement code—Engineering method(grade 2)

(ISO 15744:2002,IDT)

2008-07-09 发布　　2009-02-01 实施

中华人民共和国国家质量监督检验检疫总局
中国国家标准化管理委员会 发布

ICS 17.140.20

中华人民共和国国家标准

GB/T 5898—2008/ISO 15744:2002
代替 GB/T 5898—1986

手持式非电类动力工具 噪声测量方法 工程法(2级)

Hand-held non-electric power tools—
Noise measurement code—Engineering method(grade 2)

(ISO 15744:2002,IDT)

2008-07-09 发布　　2009-02-01 实施

中华人民共和国国家质量监督检验检疫总局
中国国家标准化管理委员会　发布

前　言

本标准等同采用 ISO 15744:2002《手持式非电类动力工具　噪声测量方法　工程法(2 级)》(英文版)。

本标准等同翻译 ISO 15744:2002。为便于使用,本标准做了下列编辑性修改:

——“本国际标准”一词改为“本标准”;

——用小数点“.”代替作为小数点的逗号“,”;

——删除了国际标准的前言。

本标准代替 GB/T 5898—2004《凿岩机械与气动工具　噪声测量方法　工程法》。

本标准与 GB/T 5898—2004 相比,主要变化如下:

——为了与国际标准名称统一,将名称改为“手持式非电类动力工具　噪声测量方法　工程法(2 级)”;

——增加了“引言”部分;

——本标准的适用范围有所扩大;

——标准结构和技术内容(包括附录内容)发生了很大的变化。

本标准的附录 A、附录 B 和附录 C 为资料性附录。

本标准由中国机械工业联合会提出。

本标准由全国凿岩机械与气动工具标准化技术委员会(SAC/TC 173)归口。

本标准起草单位:天水凿岩机械气动工具研究所。

本标准主要起草人:孙必武、朱洵慧。

本标准所代替标准的历次版本发布情况为:

——GB 5898—1986、GB/T 5898—2004。

引　言

本标准提出的噪声试验方法给出了手持式非电类动力工具噪声辐射值的测定和标示方法，即用声功率级和辐射声压级表示动力工具在工作位置的总噪声级。采用这些方法得出的结果用于比较各类动力工具的声学性能。

动力工具既可在无负荷状态下运转，也可在加载状态下运转。无负荷运转时要给定一个典型值，加载运转时要对过程噪声进行消声处理，以使加载过程产生的噪声远低于动力工具本身产生的噪声级。之所以选择这两种方法，是因为这两种方法以现行的工业实践为基础，且试验结果具有良好的复现性。

对于许多实际作业条件下的动力工具来说，来自作业过程的噪声超过了实际使用时动力工具本身产生的总噪声辐射。作业过程噪声在很宽的范围内变化，而且是不可预测的，因此，警告用户，环境因素超出了本标准的控制范围，使用本方法测得的辐射声压级可能不是实际操作者的典型暴露级，而是特殊应用场合的唯一特性。

手持式非电类动力工具
噪声测量方法　工程法(2级)

1　范围

本标准规定了手持式非电类动力工具噪声辐射值的测量、确定和标示方法,规定了如下加载和运转条件下能测定的项目:

a)　在规定加载条件下的噪声辐射,用声功率级表示;

b)　在规定加载条件下、工作位置上的辐射声压级。

本标准适用于典型的手持式非电类动力工具,包括回转式工具、有轨迹和无轨迹磨光机、带回转和不带回转的往复式和冲击式工具以及各种装配工具。

本标准不适用于弹药驱动工具、夹持驱动工具(如自动打钉机、订书机等)以及所有用内燃机作动力的工具,也不适用于破碎机或要求满足法定试验方法的条款而出售的、并对噪声辐射加以强制限定的其他动力工具,例如露天使用的设备。

注:本标准规定的噪声测量方法可能也适用于其他一些以气动或液压设备工作原理工作的设备,诸如绞车、气动马达、自动进给钻孔机和攻丝机、泵、液压马达和螺旋丝杆推进器等。

2　规范性引用文件

下列文件中的条款通过本标准的引用而成为本标准的条款。凡是注日期的引用文件,其随后所有的修改单(不包括勘误的内容)或修订版均不适用于本标准,然而,鼓励根据本标准达成协议的各方研究是否可使用这些文件的最新版本。凡是不注日期的引用文件,其最新版本适用于本标准。

GB/T 3767　声学　声压法测定噪声源声功率级　反射面上方近似自由场的工程法(GB/T 3767—1996,eqv ISO 3744:1994)

GB/T 3785—1983　声级计的电、声性能及测试方法

GB/T 5621　凿岩机械与气动工具　性能试验方法(GB/T 5621—2008,ISO 2787:1984,Rotary and percussive pneumatic tools—Performance tests,MOD)

GB/T 6247　凿岩机械与气动工具　术语(GB/T 6247—2004,ISO 3857-3:1989 Compressors, pneumatic tools and machines—Vocabulary—Part 3:Pneumatic tools and machines,ISO 5391:1988 Pneumatic tools and machines—Vocabulary,MOD)

GB/T 8910.2—2004　手持便携式动力工具　手柄振动测量方法　第2部分:铲和铆钉机(ISO 8662-2:1992,IDT)

GB/T 8910.3—2004　手持便携式动力工具　手柄振动测量方法　第3部分:凿岩机和回转锤(ISO 8662-3:1992,IDT)

GB/T 14574—2000　声学　机器和设备噪声发射值的标示和验证(eqv ISO 4871:1996)

GB/T 15706.2—1995　机械安全　基本概念与设计通则　第2部分:技术原则与规范(eqv ISO 12100-2:1992)

GB/T 17181　积分平均声级计(GB/T 17181—1997,idt IEC 60804:1985)

GB/T 17248.4—1998　声学　机器和设备发射的噪声　由声功率级确定工作位置和其他指定位置的发射声压级(eqv ISO 11203:1995)

ISO 8662-7 手持便携式动力工具 手柄振动测量方法 第7部分:气扳机、气螺刀和具有冲击、脉冲或棘轮机构的螺母扳手[1)]

ISO 8662-8 手持便携式动力工具 手柄振动测量方法 第8部分 抛光机、回转式有轨迹和无轨迹磨光机[2)]

ISO 8662-14 手持便携式动力工具 手柄振动测量方法 第14部分 采石用工具和针束除锈器[3)]

3 术语、定义和符号

GB/T 6247 确立的以及下列术语和定义适用于本标准,其符号见表1。

3.1

用双参数表示的噪声辐射值 declared dual-number noise emission value

L 和 *K*

L 表示噪声辐射的测量值,*K* 表示相关的不确定度,两者都化整到(或四舍五入到)最接近的分贝值(见 GB/T 14574—2000)。

3.2

辐射 emisson

意义明确的噪声源(例如在试验期间的机器)发射到空气中的噪声(见 GB/T 17248.4—1998)。

注:辐射值可编写在产品标牌或产品说明书中,或者两者中都有。基本的噪声辐射描述为产品自身的声功率级和在工作位置及邻近产品其他指定位置的辐射声压级。

3.3

辐射声压 emission sound pressure

p

声压指靠近噪声源规定位置上的声压,用 p 表示,单位为帕斯卡(Pa)。当噪声源以规定的运转方式和安装条件在一个反射面上运转时,可认为已排除了背景噪声和来自这个反射平面以及试验所允许的其他平面的反射噪声的影响。

3.4

辐射声压级 emission sound pressure level

L_p

辐射声压的平方$[p^2(t)]$与基准声压的平方 p_0^2之比值,取以10为底的对数的10倍,用 L_p表示,单位为分贝(dB)。采用 GB/T 3785—1983 中定义的时间计权和频率计权来测量。

注1:基准声压为 20 μPa。

注2:引用自 GB/T 17248.4—1998。

3.5

手持式动力工具 hand-held power tool

用压缩空气、液压、汽油或液体燃料、电或贮能装置(如弹簧)等做机械功来驱动回转式或直线往复式马达工作的动力工具,这种马达和动力装置上设计了一个部件(即手柄),能较容易地携带到工作场地。

注:这种动力工具能用单手或双手握持操作。

3.6

插入工具 inserted tool

插入手持式动力工具,用于完成预期工作的作业工具。

1) 该国际标准将被转化为我国的国家标准 GB/T 8910.7。

2) 该国际标准将被转化为我国的国家标准 GB/T 8910.8。

3) 该国际标准将被转化为我国的国家标准 GB/T 8910.14。

3.7

加载装置　loading device

在试验条件下，为手持式动力工具提供的模拟工作装置。

3.8

噪声辐射标示　noise emission declaration

由制造商或供应商在其技术文件或其他包含噪声辐射值的文献中给出的有关机器辐射噪声的信息。

注1：噪声辐射可以用单参数的噪声辐射值表示，也可以用双参数噪声辐射值表示。

注2：引用自 GB/T 14574—2000。

3.9

空载速度　no-load speed

自由速度　free speed

空转速度　idling speed

未安装插入工具、没有外部负载、以制造商规定的最大能量运转时，输出轴的转速，用转每分(r/min)表示。

3.10

法向声强级　normal sound intensity level

$\overline{L_{\mathrm{In}}}$

正交(垂直)于测量表面方向上的声强分量与基准声强之比，取以10为底的对数的10倍，单位为分贝(dB)。

注：基准声强取 10^{-12} W/m²。

3.11

工作位置　work station

操作者的位置　operator's position

在被检机器附近、专为操作人员指定的操作位置(见 GB/T 17248.4—1998)。

3.12

声强　sound intensity

在声学的质点速度方向上，单位面积通过的声能的时间平均值，单位为瓦每平方米(W/m²)。

3.13

声功率　sound power

W

噪声源在单位时间内发射到空气中的声能用 W 表示，单位为瓦(W)(见 GB/T 3767)。

3.14

声功率级　sound power level

L_W

检测时噪声源发射的声功率与基准声功率的比值，取以10为底的对数的10倍，用 L_W 表示，单位为分贝(dB)。

注1：使用的频率计权或频带宽要加以说明，例如A计权声功率级用 L_{WA} 表示；

注2：基准声功率为 1 pW(10^{-12} W)；

注3：引用自 GB/T 3767。

3.15

可复现性标准偏差　standard deviation of reproducibility

σ_R

在可复现性条件下获得的噪声辐射值的标准偏差，即对相同的噪声源在不同时间、不同条件(不同的试验室、不同的操作者、不同的仪器)下重复应用相同的噪声辐射测量方法，所包含的可再现的标准偏差。

注：引用自 GB/T 14574—2000。

3.16

表面声压级 surface sound pressure level

$\overline{L_{pf}}$

用背景噪声修正值 K_1 和环境修正值 K_2 修正的、在测量表面上所有传声器位置的时间平均声压级的能量平均值，单位为分贝(dB)(见 GB/T 3767)。

注 1：等效的 A 计权符号见表 1。

注 2：背景噪声修正值 K_1 和环境修正值 K_2 的定义见 GB/T 3767。

3.17

时间平均辐射声压级 time-averaged emission sound pressure level

L_{peqT}

在一定测量时间(T)区间内，连续平稳噪声的辐射声压级，因为考虑了时间的变化，所以具有相同的均方值声压(见 GB/T 17248.4—1998)。

注：等效的 A 计权符号见表 1。

3.18

不确定度 uncertainty

K

与实测噪声辐射值有关的测量不确定度的值，用 K 表示，单位为分贝(dB)(见 GB/T 14574—2000)。

表 1 符号

符 号	说 明
D	吸能器直径
F_A	推力
K_1, K_{1A}	背景噪声修正值，A 计权背景噪声修正值
K_2, K_{2A}	环境修正值，A 计权环境修正值
$K_{WA}, K_{pA}, K_{pC,peak}$	测量不确定度
L	噪声辐射值
$\overline{L}$	噪声辐射值的算术平均值
$\overline{L_{In}}$	法向声强级
L_p	辐射声压级
L_{peqT}	时间平均辐射声压级
L_{pAeqT}	A 计权时间平均辐射声压级(通常缩写为 L_{pA})[a]
$L_{pC,peak}$	C 计权峰值辐射声压级
$\overline{L_{pf}}, \overline{L_{pfA}}$	表面声压级，A 计权表面声压级
L'_{pAi}	在第 i 个传声器位置上测得的 A 计权声压级
L_W, L_{WA}	声功率级，A 计权声功率级
Q	L_{WA} 和 L_{pA} 之间的差值
R	测量表面的半球半径和圆柱半径
S	测量表面的面积
h	插入工具的自由高度
σ_R	可复现的标准偏差

[a] 应使用符合 GB/T 17181 规定要求的仪器测量。

4 机器种类

4.1 本标准的应用范围

本标准所述的手持式非电类动力工具由基于相似机器部件、相似技术和设计并具有相似声学性能的一类典型样式的动力工具组成，这些动力工具可划分为下列类型，分类见表 2。

a) 回转式工具，包括气钻、攻丝机、砂轮机、砂带磨光机、抛光机、旋转式锉刀、旋转式抛光机、模具砂轮机和圆片式锯等。

b) 有轨迹和无轨迹磨光机。

c) 回转往复式工具，包括带有回转驱动的细锯条机锯、冲剪机、摆式锯、往复式锯、往复式锉刀和往复式剪切机。

d) 纯往复式工具，包括不带回转装置的往复式锯、往复式锉刀、往复式刮刀、往复式摆动锯和往复式摆动锉刀等。

e) 纯冲击式工具，包括：

——工具的活塞和作业工具分为两部分(不为整体)，如气铲和铆钉机；

——活塞本身就是作业工具，如夯实机、捣固机和冲击式除锈器；

——针束除锈器。

f) 冲击回转式工具，包括凿岩机、二次爆破小孔凿岩机、回转锤等。

g) 纯扭式装配工具，无棘轮装置的螺丝刀和纯扭式气扳机。

h) 棘轮式装配工具，如棘轮式气螺刀、棘轮式气扳机和棘爪式棘轮气扳机。

i) 冲击式装配工具，如冲击式气扳机、冲击式气螺刀、气-液脉冲式气扳机和气-液脉冲式气螺刀。

4.2 其他设备

本标准的应用范围可扩宽到没有专门的噪声测试方法、以气动和液压设备的工作原理运转的其他设备。例如：绞车、气动马达、自动进给钻孔机和攻丝机、泵、液压马达和螺旋丝杆推进器等。

表 2 手持式非电类动力工具的分类及其运转条件

动力工具分类		转速	加载装置	推力 F_A/N
回转式工具(如气钻、攻丝机、砂轮机、旋转式抛光机、砂带磨光机、抛光机、模具砂轮机、圆片式气锯等)		空载	无	无
有轨迹和无轨迹磨光机			见 8.2	30±5
回转往复式工具(如摆式锯、往复式锯、剪切机、冲剪机等)		空载	无	无
纯往复式工具[如往复式(带式)锯、往复式锉刀、往复式刮刀、往复式(带式)摆动锯、往复式摆动刮刀)]		空载	无	无
纯冲击式工具	活塞和作业工具不为整体(如气铲和铆钉机)		见 8.3	80～200
	活塞本身是作业工具(如单头和多头除锈器、夯实机和捣固机)	空载	无	无
针束除锈器			见 8.4	动力工具质量的 20 倍(kg)
回转冲击式工具(如凿岩机、回转锤等)			见 8.5	80～200
用于螺纹紧固件的纯扭式装配工具(如无棘轮装置的螺丝刀、纯扭式气扳机)		空载	无	无
棘轮式螺纹紧固件装配工具	棘轮式螺丝刀	a) 空载和 b) ＜50 r/min	a) 无 b) 见 8.6	a) 无 b) 见 8.6
	棘轮棘爪型气扳机	空载	无	无
冲击式螺纹紧固件装配工具	冲击式气螺刀和冲击式气扳机 脉冲式气螺刀和脉冲式气扳机	a) 空载和 b) ＜50 r/min	a) 无 b) 见 8.6	a) 无 b) 见 8.6

5 声功率级的测量

5.1 总则

5.1.1 声学环境、检测仪器、测量和测定的量以及测量过程应符合 GB/T 3767 的规定。

5.1.2 声功率级应给出 A 计权声功率级(单位为 dB),基准声功率为 1 pW(10^{-12} W)。由于要测定声功率,所以,应直接测量 A 计权声压级,而不应用频带数据计算。

5.2 测量表面

5.2.1 对于所有的手持式非电类动力工具,其声功率级应在由半球面/圆柱面组成的测量表面上进行测量,半球置于圆柱基座之上(见图 1)。选择这种测量表面的技术合理性见附录 C。

单位为米

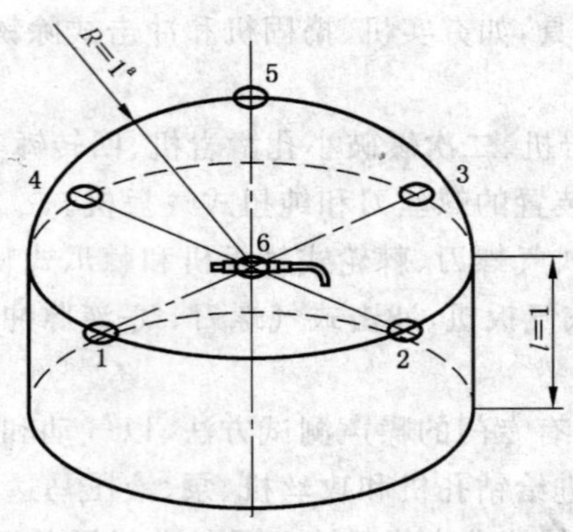

1~5——传声器位置;

6——动力工具几何中心。

ª 半球面和圆柱面半径。

图 1 动力工具和位于半球/圆柱测量表面上传声器的位置

5.2.2 测量应在一个反射面之上的自由声场中进行。

5.2.3 5 个传声器的位置均应位于距动力工具几何中心 1 m 处,其中 4 个传声器的位置应以对称间距位于通过动力工具几何中心且与反射平面平行的空间平面上,第 5 个传声器应位于动力工具几何中心以上距离为 1 m 的位置上,如图 1 所示。

5.3 计算

5.3.1 总则

A 计权声功率级 L_{WA} 应用式(1)计算(见 GB/T 3767),单位为分贝:

$$L_{WA} = \overline{L_{pfA}} + 10\lg\frac{S}{S_0} \quad \cdots\cdots(1)$$

其中,$\overline{L_{pfA}}$ 由式(2)确定,单位为分贝:

$$\overline{L_{pfA}} = 10\lg\left(\frac{1}{5}\sum_{i=1}^{5}10^{0.1L'_{pAi}}\right) - K_{1A} - K_{2A} \quad \cdots\cdots(2)$$

式中:

$\overline{L_{pfA}}$——A 计权表面声压级(根据 GB/T 3767),单位为分贝(dB);

L'_{pAi}——在第 i 个传声器位置测得的 A 计权声压级,单位为分贝(dB);

K_{1A}——A 计权背景噪声修正值,单位为分贝(dB);

K_{2A}——A 计权环境修正值,单位为分贝(dB);

S——测量表面面积,单位为平方米(m^2);

$S_0 = 1\ m^2$。

5.3.2 半球/圆柱面测量表面积

半球/圆柱测量表面的面积 S 用式(3)计算，单位为平方米(m^2)：

$$S = 2\pi(R^2 + R \cdot l) \quad \cdots\cdots(3)$$

式中：

l——动力工具几何中心距反射面的距离，$l=1$ m；

R——组成测量表面的半球/圆柱体的半径，$R=1$ m。

结果为：

$$S = 4\pi \quad (m^2)$$

所以，由等式(1)得：

$$L_{WA} = \overline{L_{pfA}} + 11 \text{ dB} \quad \cdots\cdots(4)$$

6 辐射声压级的测量

6.1 工作位置的 A 计权辐射声压级

工作位置的 A 计权辐射声压级 L_{pA} 应用下式计算(见 GB/T 17248.4—1998)，单位为分贝：

$$L_{pA} = L_{WA} - Q \quad \cdots\cdots(5)$$

式中的 $Q=11$ dB。

注 1：在试验研究期间，已经确定的 Q 值，适用于手持式动力工具。工作位置的 A 计权辐射声压级等于距动力工具 1 m 处的表面声压级。这个距离能保证良好的结果复现性，并能比较不同手持式动力工具的声学性能，一般不用定义唯一的工作位置。在自由声场条件下，可能要求在距动力工具几何中心的特殊距离上估计辐射声压级 L_{pA1}，这时可应用以分贝为单位的如下公式：

$$L_{pA1} = L_{pA} + 20\lg\frac{1}{r_1} \quad \cdots\cdots(6)$$

这里的 r_1 是距动力工具几何中心的距离，单位为米(m)。

注 2：对于某特殊机器和特定的安装及运转条件，在典型工作间里，用本标准规定的方法测定的辐射声压级，一般情况下要低于距相同机器 1 m 处直接测得的声压级。这是由于噪声反射面影响的结果，也有来自现场其他机器的影响。计算工作间里某机器噪声辐射声压级的方法，在 ISO/TR 11690-3[1] 中给出。通常，差别在 1 dB～5 dB之间，但在极个别情况下，这个差别可能还要大。

6.2 工作位置的 C 计权峰值辐射声压级

如果要求测量 C 计权峰值辐射声压级，就应在本标准 5.2 规定的 5 个测量位置的每一点上进行测量。工作位置的 C 计权峰值辐射声压级(用于按第 12 章的条款说明噪声辐射)是从 5 个传声器位置上测得的 C 计权峰值声压级中的最高值，此值不允许修正。

7 噪声检测期间动力工具的安装与固定

7.1 总则

7.1.1 测量工作位置的声功率级和辐射声压级时，动力工具的安装与固定状态应当是相同的。

7.1.2 待试验的动力工具应当是全新的，并且应装有制造厂推荐的、用于改善声学性能的附件。开始检测之前，动力工具(包括任何所需的附助设备)应根据制造厂的安全使用说明稳定地安装。

7.1.3 动力工具应是正常使用的典型的手持式工具，另有规定的除外。如果动力工具通常在垂直和水平方向都能使用，应优先给定能产生最简单加载装置和声学环境的状态(或方向)。

7.1.4 如果动力工具通常在水平方向上使用，则其轴线方向应位于与传声器 1、4 和 2、3 之间成 45°夹角的位置，其几何中心应在地面(反射面)以上 1 m 处。但如果这些必要条件(或要求)行不通或不能满足，所采用的位置应在试验报告中予以记录和描述(见第 11 章)。

7.1.5 从气动工具排出的排气或加载装置排出的冷却空气应避免指向传声器位置。

7.1.6 操作者不应位于传声器与动力工具之间，在试验过程中的确需要这样操作的除外。

7.2 加载装置

7.2.1 所需的加载装置应符合第 8 章的要求。

7.2.2 加载装置发出的噪声，应至少比被检动力工具发出的噪声低 10 dB。否则，在每个倍频带都会影响 A 计权值。为此，有必要用图 2 所示的声学隔声罩封闭加载装置。

注：关于噪声控制罩的设计指南在 GB/T 19886—2005[2] 中给出。加载装置噪声降低的程度可在一般的检测条件下通过测量噪声来确定，但动力工具和加载装置一起要装入声学隔声罩里，排气管要远离测量区域。进一步的指导见 GB/T 18699.2—2002[3]。

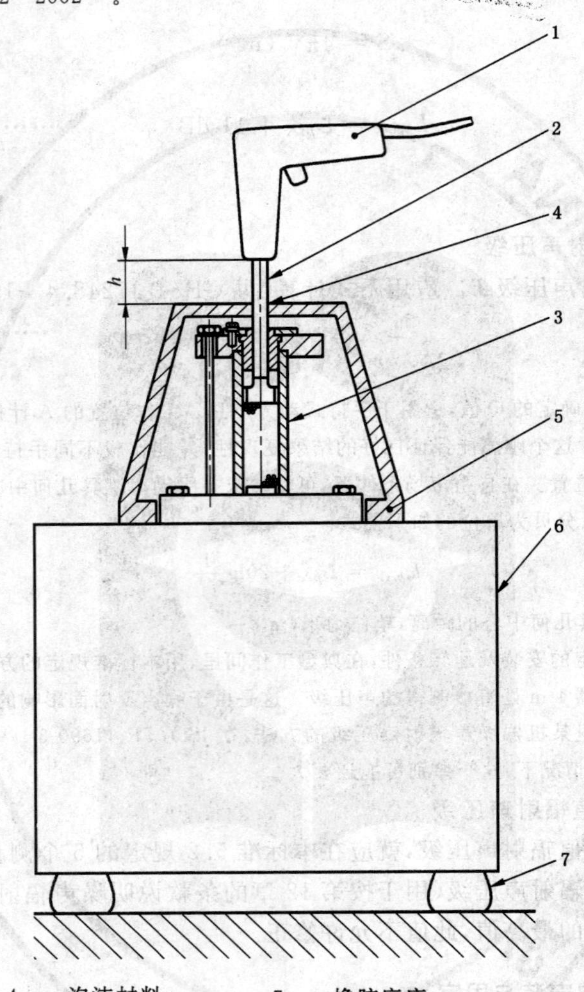

1——动力工具；
2——插入工具；
3——钢球吸能器；
4——泡沫材料；
5——声学隔声罩；
6——混凝土块；
7——橡胶底座。

图 2 带降噪装置的加载装置实例(声学隔声罩)

8 加载和操作条件

8.1 总则

8.1.1 加载和操作条件应当对测量工作位置的声功率级和辐射声压级都是相同的。

8.1.2 动力工具的操作者应有能力、并经过适当的培训、教育和指导，并应为其提供检测的安全措施(可能需要的噪声监控器、人身保护装置等)，如同在相关车间要求的健康和安全规则。

8.1.3 在试验期间，动力工具应在制造厂说明书中提供的额定能量下平稳运转。气动工具的气压应按 GB/T 5621 的规定测量；对于液压工具，在测试之前应允许预热至少 5 min。液压流量应用电子流量计(精度等级为流量读数的±2.5%)进行测量。

8.1.4 当噪声辐射平稳后，在规定的动力工具运转条件下，测量的时间间隔应不少于 15 s。当测量是在倍频程或 1/3 倍频程进行时，对中心频率低于或等于 160 Hz 的，实测的最少时间间隔应为 30 s，对中心频率高于或等于 200 Hz 时，实测的最少时间间隔应为 15 s。

注：要模拟实际使用的所有状态是不可能的。正因为如此，在个别情况下处理噪声的某些陈述可能使人误解，并可能引起有风险的错误评价，阻碍低噪声动力工具的发展，要么降低测量的复现性。因此，在验证已发布的噪声级时可能产生问题，或者难以比较不同工具之间的噪声辐射。

8.2 有轨迹和无轨迹磨光机

噪声试验应在打磨期间进行，并由熟练的操作者完成。磨光机应装有 180 粒度的砂纸并在水平刚性平钢板上运行，垂直向下的推力应为 30 N±5 N。根据 ISO 8662-8 的规定，在试验期间，动力工具应在钢板平面上以"8"字形移动，完成每个"8"字形的运动大约需要 4 s。

8.3 纯冲击式工具

8.3.1 无回转的纯冲击式工具(指活塞和作业工具分为两部分，即不为整体)应在图 3 所示的加载装置上运行，钢块 1 应固定在质量至少为 300 kg 的混凝土块上。插入工具和吸能器的活塞应制做成一体。加载装置更详细地说明见 GB/T 8910.2—2004。

单位为毫米

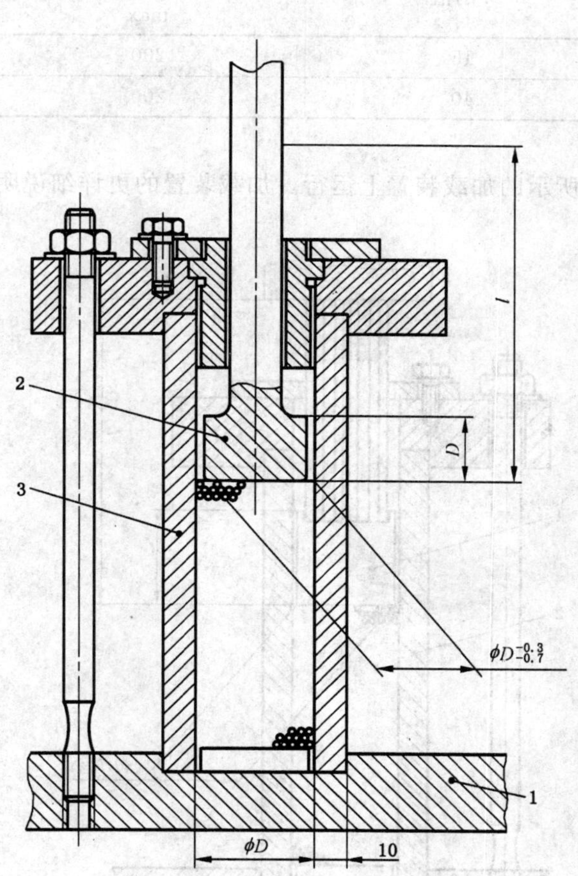

1——钢块；

2——硬度为 55 HRC±2 HRC 的淬火钢；

3——硬度为 62 HRC±2 HRC 的淬火钢；

l——插入工具的长度。

图 3 用于冲击式动力工具的钢球吸能器

8.3.2 吸能器的布置应使操作者在操作被检动力工具时能保持直立的姿势。插入工具的自由长度取决于吸能器的直径和被测动力工具的型式，其值应按表 3 确定。

表 3　用于冲击式动力工具的吸能器直径和插入工具的长度

单位为毫米

动力工具型式	吸能器直径 D	插入工具的自由长度 h[a]
铆钉机	20	10±4
	40	
其他冲击式工具	20	40±15
	40	60±20
	60	80±20

[a] 见图 2。

8.3.3　用于增加动力工具重量的推力应确保动力工具在正常性能水平下运行，这就意味着操作要平稳，使插入工具不与固定插入工具的套筒相接触。当推力 F_A（牛顿，N）为动力工具质量的 n 倍时，一般就能达到上述要求。n 按表 4 选择。F_A 的最大值和最小值也在表 4 中给出。该表中数值仅作为参考。

注：试验期间的 F_A 可借助操作者站在一个测力称盘上的办法进行控制，推力就是操作者自身的体重减去称的读数。

表 4　冲击式动力工具的推力参考值

产品型式	n 的值	推力 F_A/N	
		max	min
凿岩机	15	200	80
气铲和铆钉机	40	200	80

8.4　针束除锈器

8.4.1　针束除锈器应在图 4 所示的加载装置上运行。加载装置的更详细说明见 ISO 8662-14。

单位为毫米

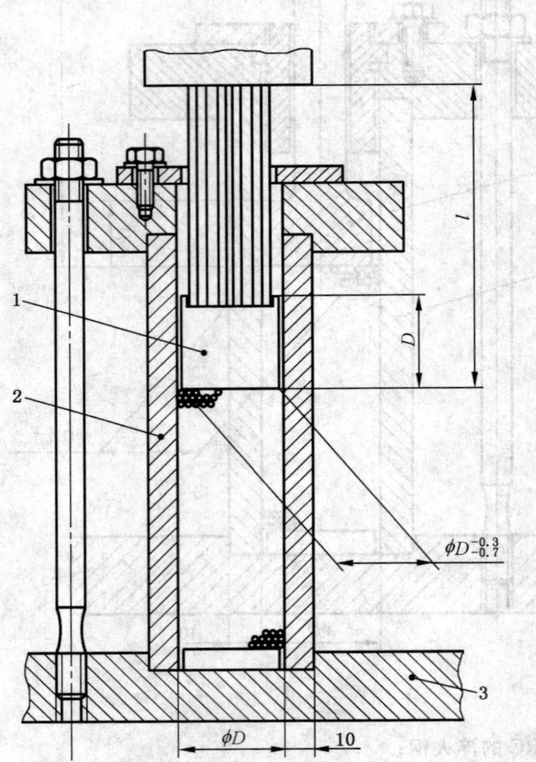

1——安装针束的铁砧表面；
2——钢管；
3——底板；
l——插入工具的长度。

图 4　用于针束除锈器的钢球吸能器

8.4.2 吸能器的布置应使操作者能以直立的姿势操作被测动力工具。

8.4.3 除被测动力工具的重量外，所施加的推力应确保被测动力工具在正常的性能水平下运转，这意味着操作要平稳，活塞不撞击针束除锈的前端。当 F_A（牛顿，N）为动力工具质量的 20 倍时，一般能达到上述要求。

注：试验期间，推力 F_A 由操作者站在一个测力称盘上进行控制。推力就是操作者自身的体重减去称的读数。

8.5 回转冲击式工具

8.5.1 回转冲击式动力工具应在图 3 所示的加载装置上运行，插入工具和吸能器活塞应制成整体。加载装置的更详细说明见 GB/T 8910.3—2004。

8.5.2 吸能器的布置应使操作者在操作被测动力工具时能保持直立的姿势（见图 5），插入工具的自由长度取决于吸能器的直径和被测动力工具的型式，其值应按表 3 选取。

1～5——传声器位置；

6——钢球吸能器；

l——动力工具的几何中心（反射面以上 1 m 处）。

[a] 表示操作者站在测力称盘上（见 8.3、8.4 和 8.5 的注）。

图 5 测量凿岩机时的操作者工作位置和传声器位置

8.5.3 除被测动力工具的重量外，所施加的推力应确保动力工具在正常的性能水平上运行，这意味着操作要平稳，动力工具运行时不与插入工具的固定套筒相接触。当 F_A（牛顿，N）为动力工具质量的 n 倍时，一般可达到上述要求。n 按表 4 选取，F_A 的最大值和最小值也在表 4 中给定。该表中的数值仅供参考。

注：试验期间，推力 F_A 由操作者站在一个测力称盘上进行控制。推力就是操作者自身的体重减去称的读数。

8.6 棘轮式气螺刀、冲击式气扳机和脉冲式气扳机

8.6.1 棘轮式气螺刀和棘轮式纯扭气扳机(棘爪式除外)、冲击式气扳机和脉冲式气扳机要进行如下a)和b)两种试验。这两种试验结果中,应将工作位置辐射声压级的较高值作为基数表示噪声辐射值。

a) 动力工具在空转状态下运行。

b) 将动力工具加载在制动系统上,使套筒驱动制动器在低于 50 r/min 的试验转速下旋转,并使棘轮式、冲击式或脉冲式机器能连续运转。图 6 为一个适宜的制动器(参见 ISO 8662-7)。当将制动器封闭在声学隔音罩里时,需要加长套筒的长度。在试验期间,操作者应施加等于动力工具重量±50%的推力 F_A。对于压启式动力工具,施加的推力应足以使动力工具在制造厂使用说明书规定的状态下运转。

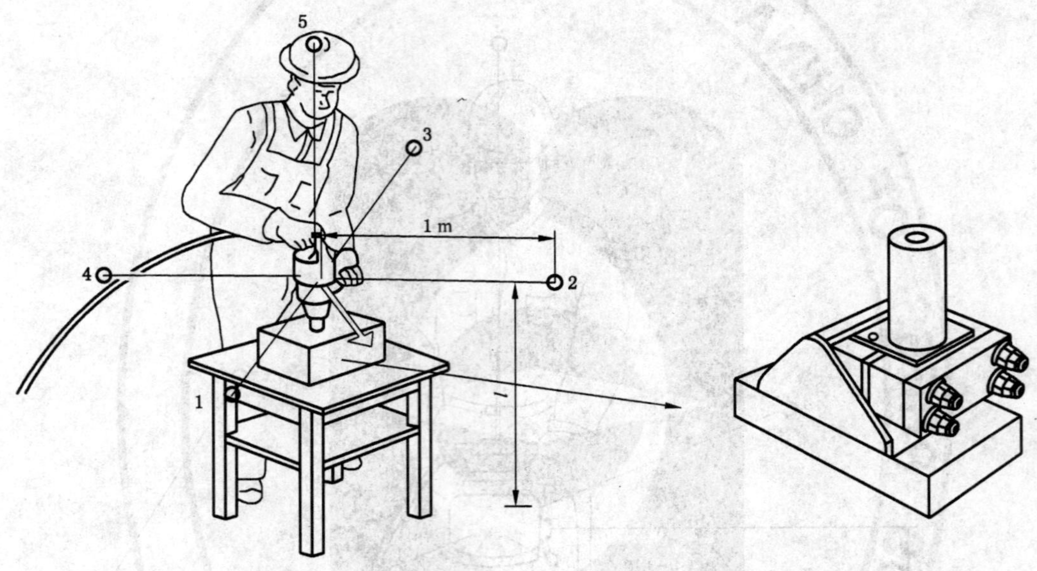

1～5——传声器位置;

l——动力工具几何中心的高度(反射面以上 1 m 处)。

图 6 用于冲击式和脉冲式气扳机的操作者工作位置和传声器位置

8.6.2 带自动关闭装置的冲击式和脉冲式动力工具,如不能以顺时针方向在试验台上运转的,应以逆时针方向运转。

8.6.3 棘爪型棘轮气扳机不能在制动器上稳定地运转,因此,应仅做空转试验。

9 测量不确定度

进行三次测量,将三次测量的平均值作为测量值。按本噪声测量方法测量工作位置的 A 计权声功率级和 A 计权辐射声压级,将产生可再现性的标准偏差 σ_R,其值为 $\sigma_R \leqslant 1.5$ dB。

10 记录的信息

10.1 要记录的信息涵盖本噪声测试方法的所有技术要求,包括:

——参照和引用的标准;

——对全部遵循本标准以及 GB/T 3767 和 GB/T 17248.4—1998 所做的、精度等级为 2 的试验结果陈述。

10.2 如恰当的话,应记录制造厂的补充说明。

10.3 与本标准或其他基础标准的任何偏差都应记录,同时还要记录这些偏差的技术合理性。

10.4　下列信息也要记录：

a)　动力工具

——制造厂；

——型号、型式、机器的分类；

——产品编号；

——生产日期；

——额定功率；

——冲击频率(如相关的话)；

——插入工具；

——附件。

b)　加载和运转条件

——动力工具加载和运转条件的描述，包括本方法未规定的任何内容；

——工作压力(如相关的话)；

——流速(如相关的话)；

——推力(如相关的话)；

——试验速度(如相关的话)。

c)　声学环境

——试验环境的描述；

——环境温度、大气压力、相对湿度和风速。

d)　检测仪器

——所用设备的详细说明，包括名称、型号、编号和制造厂；

——所用传声器和其他系统元件的校准方法；

——校准日期和地点以及校准结果；

——防风罩的特性(如果使用的话)。

e)　检测方案

——用草图表示检测布局和传声器的位置，在图中适当地表明在检测区域内距大型物体的方向和距离；

——传声器数量；

——动力工具几何中心距反射面的高度；

——操作者的姿势示意图；

——动力工具的取向；

——排气方向(针对气动工具)。

f)　声学数据

——测量的全部声压级数据；

——工作位置的A计权辐射声压级；

——工作位置的C计权峰值辐射声压级(如有要求的话)；

——A计权声功率级；

——GB/T 3767要求的其他声学数据；

——进行测量的日期、地点以及检测负责人。

11　检测报告

11.1　检测报告中包含的信息至少应是准备发布或验证噪声值所要求的内容，至少应包括：

——对动力工具的描述；

——引用本噪声检测方法和所引用的基础噪声辐射标准；

——固定和运转条件；

——测得的辐射声压级和声功率级。

11.2 检测报告中，应确认试验过程已满足本噪声试验方法的所有要求，否则，任何未满足的要求应作标识，并应陈述与标准要求之间的偏差和这些偏差的技术合理性。

附录A给出的是检测报告格式的实例。

12 噪声辐射值的标示和验证

12.1 按照GB/T 14574—2000的规定，标示的噪声辐射值应由双参数噪声辐射组成。根据GB/T 15706.2—1995和本标准的规定，应表示为噪声辐射值 L（L_{pA}、$L_{pC,peak}$ 和 L_{WA}）和相应的不确定度 K（K_{pA}、$K_{pC,peak}$ 和 K_{WA}）。

12.2 不确定度 K_{pA}、$K_{pC,peak}$ 和 K_{WA} 的合理值按给出的基础标准相应列于表5中。

表5 不确定度

基础标准[a]	不确定度	不确定度的值/dB
GB/T 17248.4—1998	K_{pA}	3
	$K_{pC,peak}$	
GB/T 3767	K_{WA}	

[a] 2级（$K_{2A} \leqslant 2$dB）。

12.3 标示噪声应陈述噪声辐射值是按本标准的噪声测量方法和GB/T 3767及GB/T 17248.4—1998的规定进行测量的，否则，应清楚地指出与这些标准间的差异。

注1：如果测量值是严格抽样的三台动力工具中一台样品的平均值，不确定度 K 一般为3 dB。有关抽样检验和不确定度条款的更详细说明见GB/T 14574—2000和GB/T 14573.4—1993[4]。

注2：附加的噪声辐射参数也可在噪声标示中给出。

12.4 如果接受的话，应按GB/T 14574—2000的规定对一批动力工具进行验证。验证工作应在与起初测量噪声辐射值时使用的相同固定、安装和运转条件下进行。

附录B中给出了一个噪声标示格式的例子。

附　录　A
（资料性附录）
典型试验报告格式

本试验按 GB/T 5898、GB/T 17248.4—1998 和 GB/T 3767 的规定进行。	
总　则	
检 测 者： 检测日期：	报 告 人： 报告日期：
被检动力工具	
制造厂： 型　　号： 型　　式： 编　　号： 生产日期：	插入工具： 空转转速(r/min)： 额定功率： 冲击频率(Hz)：
运转条件	
工作气压(bar)： 试验速度(r/min)：	推力 F_A： 流量(L/s)：
试验布局	
试验位置，包括邻近被检动力工具的大型建筑物的方向和距离，以及排气方向： 用草图表示传声器的位置和数量(如图 1)： 动力工具几何中心距反射面的高度：	
声学数据	
每个传声器位置的 A 计权声压级：	dB(基准声压为 20 μPa)
每个传声器位置的 A 计权背景声压级：	dB(基准声压为 20 μPa)
背景噪声修正值 K_{1A}：	dB
工作位置的 A 计权辐射声压级：	dB(基准声压为 20 μPa)
A 计权声功率级：	dB(基准声功率为 1 pW)
如适用的话，C 计权峰值辐射声压级：	dB(基准声压为 20 μPa)

附 录 B
（资料性附录）
标示噪声辐射值的典型格式

<table>
<tr><td colspan="2">按 GB/T 14574—2000 的规定，标示为双参数的噪声辐射值</td></tr>
<tr><td>被检动力工具：
制 造 厂：
型　　号：
型　　式：
编　　号：
生产日期：</td><td>插入工具：
空转转速(r/min)：
额定功率：
冲击频率(Hz)：</td></tr>
<tr><td>依据 GB/T 5898 的运转条件：</td><td>空载/加载
（与规定的一样时删除）</td></tr>
<tr><td>A 计权声功率级 L_{WA}：
不确定度，K_{WA}</td><td>dB(基准声功率为 1 pW)
dB</td></tr>
<tr><td>工作位置的 A 计权辐射声压级 L_{pA}：
不确定度 K_{pA}：</td><td>dB(基准声压为 20 μPa)
dB</td></tr>
<tr><td>C 计权峰值辐射声压级 $L_{pC,peak}$：
不确定度 $K_{pC,peak}$：</td><td>dB(基准声压为 20 μPa)
dB</td></tr>
<tr><td colspan="2">注 1：按噪声检测方法 GB/T 5898 测得的值，其用途同基础标准 GB/T 3767 和 GB/T 17248.4—1998。
注 2：测得的噪声辐射值的大小和与之相关联的不确定度表示测量中可能存在的范围值的上限。</td></tr>
</table>

附　录　C
（资料性附录）
选择测量表面和声功率级计算方法的技术合理性

在自由声场或在一个反射面之上的自由声场里，当选择了适宜的测量表面时，声功率级可用下式计算确定：

$$L_W = \overline{L_{pf}} + 10\lg \frac{S}{S_0} \mathrm{dB}$$

式中：

L_W——声功率级，单位为分贝（dB），基准声功率为 1 pW；

$\overline{L_{pf}}$——表面平均声压级，单位为分贝（dB），基准声压为 20 μPa；

S——测量表面面积，单位为平方米（m^2）；

$S_0 = 1\ m^2$。

这个关系式基于均方声压和声强间比值的假设，具体要求是$\overline{L_{pf}}$等于$\overline{L_{In}}$。这里的法向声强级$\overline{L_{In}}$（单位为 dB，基准声强为 1 pW/m^2）是声强矢量正交（垂直）于测量表面的分量在测量表面上求得的平均值。

在本标准中使用的 5 个位置上测得的声压级对气动工具的制造厂和用户是有用处的。最理想的用途是保留这些位置来确定声功率。如表 C.1 所示，用于确定声功率的测量表面面积取决于假设的 5 点位置所决定的表面。

表 C.1　测量表面

测量表面	S/m^2	$\lg \frac{S}{S_0}$/dB
边长为 2 m 的正六面体，测量位置在 5 个面的中心	20	13.0
边长为$\sqrt{2}$ m 的正三角形围成的正八面体，测量点位于 5 个顶点	$4\sqrt{3}\approx 6.9$	8.4
半径为 1 m、高为 2 m 的圆柱休	$5\pi\approx 15.7$	12.0
半径为 1 m 的球体	$4\pi\approx 12.6$	11.0
半径为 1 m 的半球体在高为 1 m 的圆柱体基座上	$4\pi\approx 12.6$	11.0

在测量位置确定了许多表面时，只要当测得的$\overline{L_{pf}}$等于这个表面实际的$\overline{L_{Ir}}$时，声功率级才是准确的。

在自由声场条件下，$\overline{L_{pf}}$等于在本标准的 5 点上的平均声强矢量的级。这 5 点上的平均声强矢量的级是否等于法向声强级$\overline{L_{In}}$，取决于声强矢量与测量表面之间的几何关系。当声源与测量表面之间的平均距离与本标准中噪声源到 5 点的距离相同，且本身的声强矢量处处正交（垂直）于测量表面时，平均声强级和$\overline{L_{pf}}$接近于法向声强级$\overline{L_{In}}$。

正六面体表面是 GB/T 3767 中优先选用的测量表面，然而，在采用 GB/T 3767 的规定进行性能测试时，要求在正六面体定义的 9 个点上测量声压，即本标准规定的 5 点加上 4 个顶角位置。由于这个几何图形含混不清的原因，显然，在本标准的 5 点上测得的$\overline{L_{pf}}$将明显高于 9 点平均值和实际的$\overline{L_{In}}$，从本质上说，正六面体的表面积过大了。

通过相同的几何论证，显然，圆柱体的表面积太大，等边八面体的表面积又太小。

如果噪声源在自由声场中，且 5 个测量点都充分满足声源的方向性要求，那么，球面应是理论上的理想表面。由于噪声源位于球体的原点，球面上所有的点到声源是等距的，所有的声强矢量都在半径方向上，从而，都垂直于球面。由于反射面的引入，类似理想的表面应是半球面，其中心位于噪声源（的几何中心——译者加)在反射面上的投影点上,其半径比声源在反射面以上的高度大。然而,这样的半球面并不通过本标准的5个测量位置。

由于要求测量点到声源的距离与声源到反射面的距离相同,则不可能有这样的半球面,那么,半球面与圆柱面组成的表面就成为理想的表面,有趣的是,半球/圆柱的表面积与相关的球面积是相等的。

参 考 文 献

[1] ISO/TR 11690-3:1997 声学 低噪声机器工作间设计的推荐实用规程 第3部分:工作室中的声传播和噪声控制.

[2] GB/T 19886—2005 声学 隔声罩和隔声间噪声控制指南(ISO 15667:2000,IDT).

[3] GB/T 18699.2—2002 隔声罩隔声性能测定 第2部分:现场测量(验收和验证用)(eqv ISO 11546-2:1995).

[4] GB/T 14573.4—1993 声学 确定和检验机器设备规定的噪声辐射值的统计学方法 第4部分:成批机器标牌值的确定和检验方法(neq ISO 7574-4:1985).

ICS 25.060.20
J 50

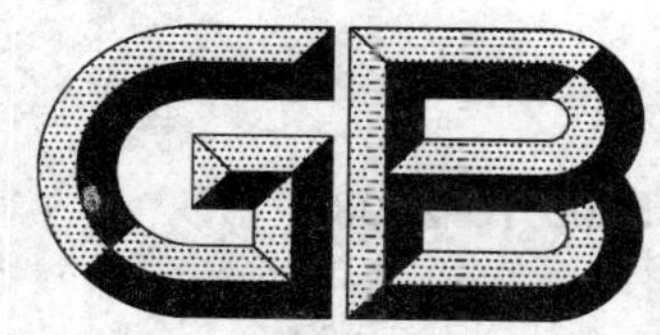

中华人民共和国国家标准

GB/T 5900.1—2008
代替 GB/T 5900.1—1997

机床　主轴端部与卡盘连接尺寸 第1部分:圆锥连接

Machine tools—Connecting dimensions of spindle noses and work holding chucks—Part 1:Conical connection

(ISO 702-1:2001,MOD)

2008-08-11 发布　　　　2009-02-01 实施

中华人民共和国国家质量监督检验检疫总局
中国国家标准化管理委员会　发布

前　言

GB/T 5900《机床　主轴端部与卡盘连接尺寸》分为以下四个部分：

——第1部分：圆锥连接；

——第2部分：凸轮锁紧型；

——第3部分：卡口型；

——第4部分：圆柱连接。

本部分为GB/T 5900的第1部分。

本部分修改采用ISO 702-1：2001《机床—主轴端部与卡盘连接尺寸　第1部分：圆锥连接》（英文版）。

本部分与ISO 702-1：2001的主要差异如下：

——增加了附录A、附录B，以方便与相应卡盘、花盘的连接。

本部分是对GB/T 5900.1—1997《机床　主轴端部与花盘　互换性尺寸　第1部分：A型》的修订。与GB/T 5900.1—1997相比，主要修改内容如下：

——根据ISO 702-1：2001修改了原标准名称。

——第1章范围中删除了1997版的“本标准适用于卧式车床、自动车床，其他机床亦可参照使用”。增加了“注：凸轮锁紧型、卡口型和圆柱型分别在ISO 702-2：2007、ISO 702-3：2007和ISO 702-4中作出规定”。

——增加了“参考文献”。

本部分的附录A和附录B为资料性附录。

本部分由中国机械工业联合会提出。

本部分由全国金属切削机床标准化技术委员会（SAC/TC 22）归口。

本部分起草单位：安阳鑫盛机床股份有限公司、北京机床研究所、天水星火机床有限责任公司。

本部分主要起草人：吕安相、李运生、李慧芳、何爱军、张维、李祥文、王惠芳。

本部分所代替标准的历次版本发布情况为：

——GB/T 5900.1—1986、GB/T 5900.1—1997。

机床 主轴端部与卡盘连接尺寸
第1部分：圆锥连接

1 范围

本部分规定了车床主轴锥端(A型)与花盘或卡盘相对应连接面间的互换性尺寸。

注："凸轮锁紧型"、"卡口型"和"圆柱型"分别在ISO 702-2：2007、ISO 702-3：2007和ISO 702-4中作出规定。

2 互换性

本部分中所有线性尺寸和公差单位均以毫米(mm)表示。

尽管尺寸值和装配螺栓有公、英制区别，表1和表2中的连接尺寸能够保证公、英制卡盘的互换性(表2注中也有说明)。

3 互换性尺寸

3.1 主轴端部

见图1和表1。

A_1型：螺孔分布在直径分别为D_1和D_2的两个分布圆上。

A_2型：螺孔分布在直径D_2的外分布圆上。

(A_2型包括3号和4号、A_1型和A_2型包括5号至28号)

表1 主轴端部尺寸

尺寸		代号								
		3	4	5	6	8	11	15	20	28
D	基本尺寸	53.975	63.513	82.563	106.375	139.719	196.869	285.775	412.775	584.225
	极限偏差	$^{+0.008}_{0}$		$^{+0.010}_{0}$		$^{+0.012}_{0}$	$^{+0.014}_{0}$	$^{+0.016}_{0}$	$^{+0.020}_{0}$	$^{+0.023}_{0}$
D_1		—		61.9	82.6	111.1	165.1	247.6	368.3	530.2
D_2		70.6	82.6	104.8	133.4	171.4	235.0	330.2	463.6	647.6
D_3		92	108	133	165	210	280	380	520	725
d		M10			M12	M16	M20	M24		M30
d_1(H8/h8)		—	14.25	15.90	19.05	23.80	28.60	34.90	41.30	50.80
E_1($^{0}_{-0.025}$)	A_1型	—		14.288	15.875	17.462	19.050	20.638	22.225	25.400
E_2	A_2型	11		13	14	16	18	19	21	24
F		16	20	22	25	28	35	42	48	56
h		—	5			6	8			
h_1		14	17	19	22	25	32	37	42	50
h_2		—	5	6	8	10	12		16	20
d_2		—	M6		M8		M10	M12		
W和X		0.2						0.3		
注：未注尺寸偏差：±0.4。										

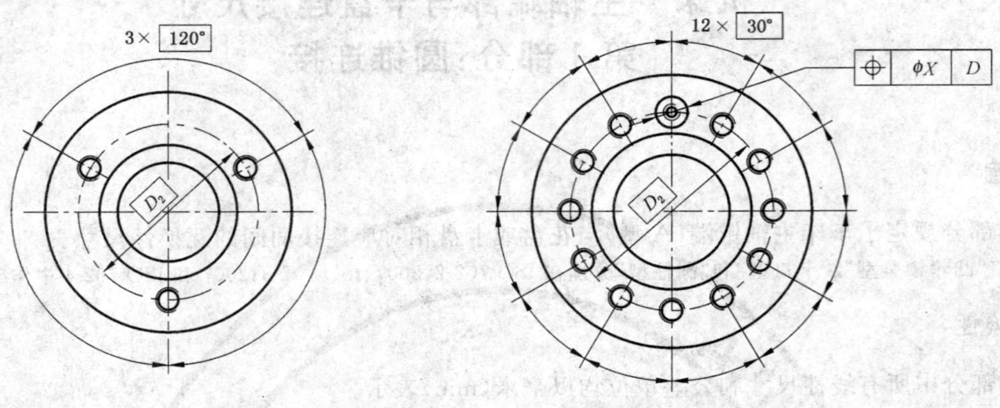

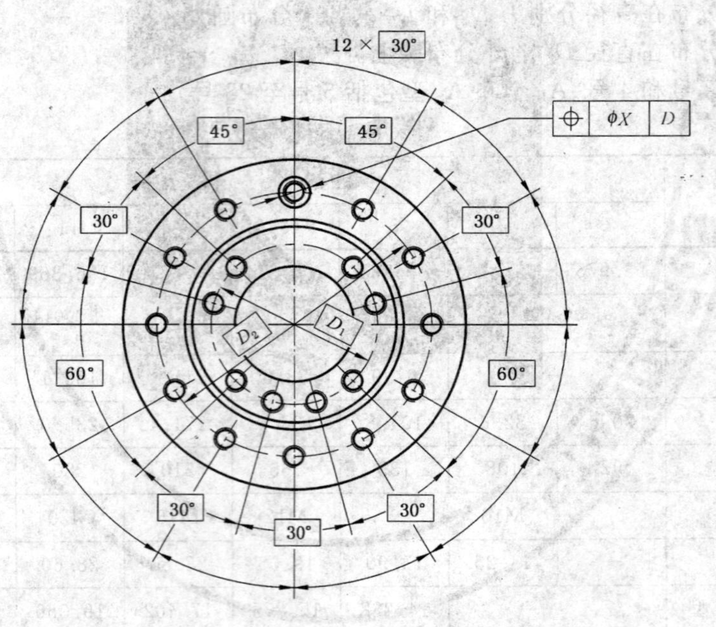

3× 120°
D_2
12 × 30°
⌖ ϕX D
D_2
3号
4号

12 × 30°
45°
45°
⌖ ϕX D
30°
30°
D_2
D_1
60°
60°
30°
30°
30°
5号至11号

图 1 主轴端部

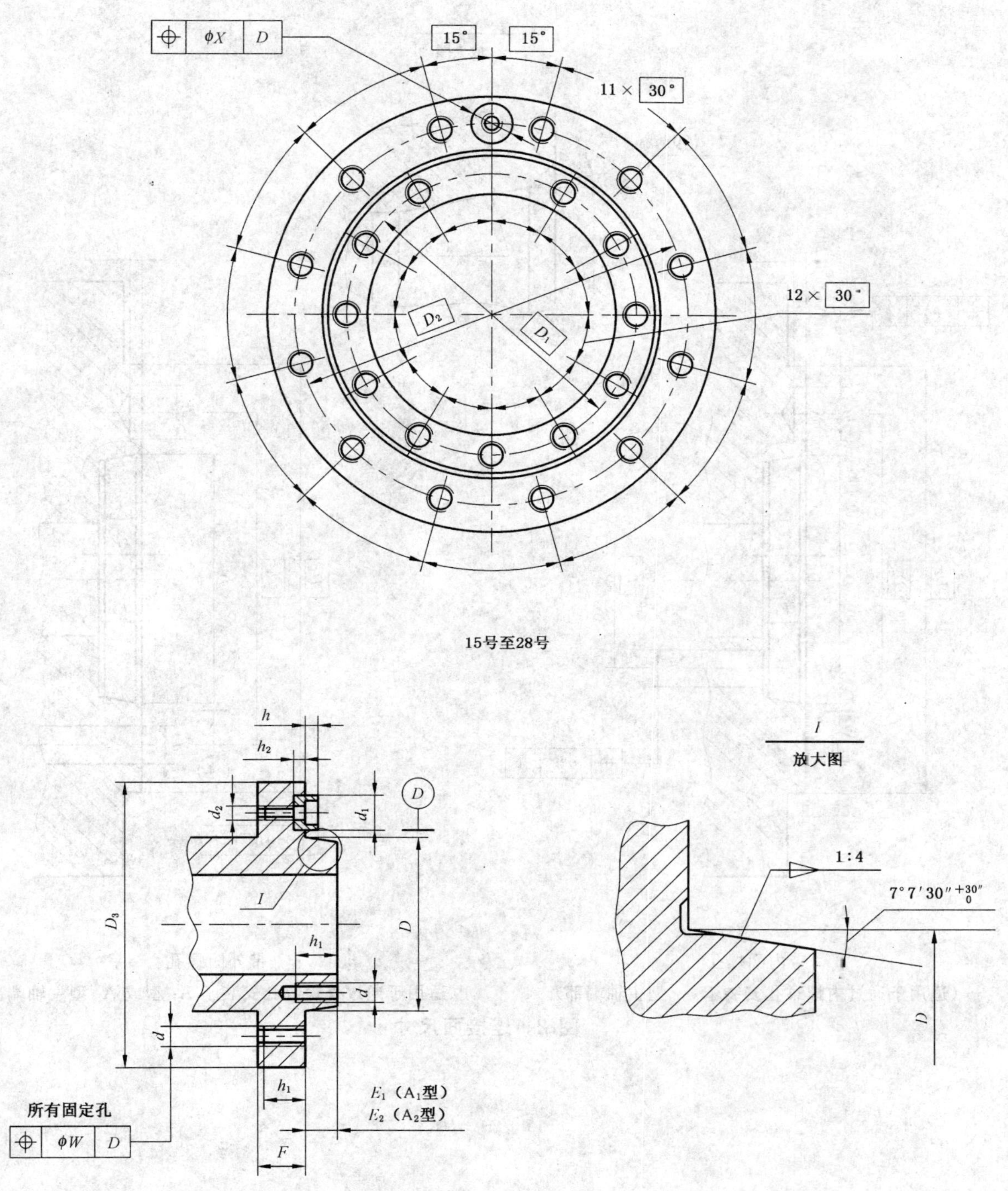

图 1（续）

3.2 连接面尺寸

见图 2 和表 2。

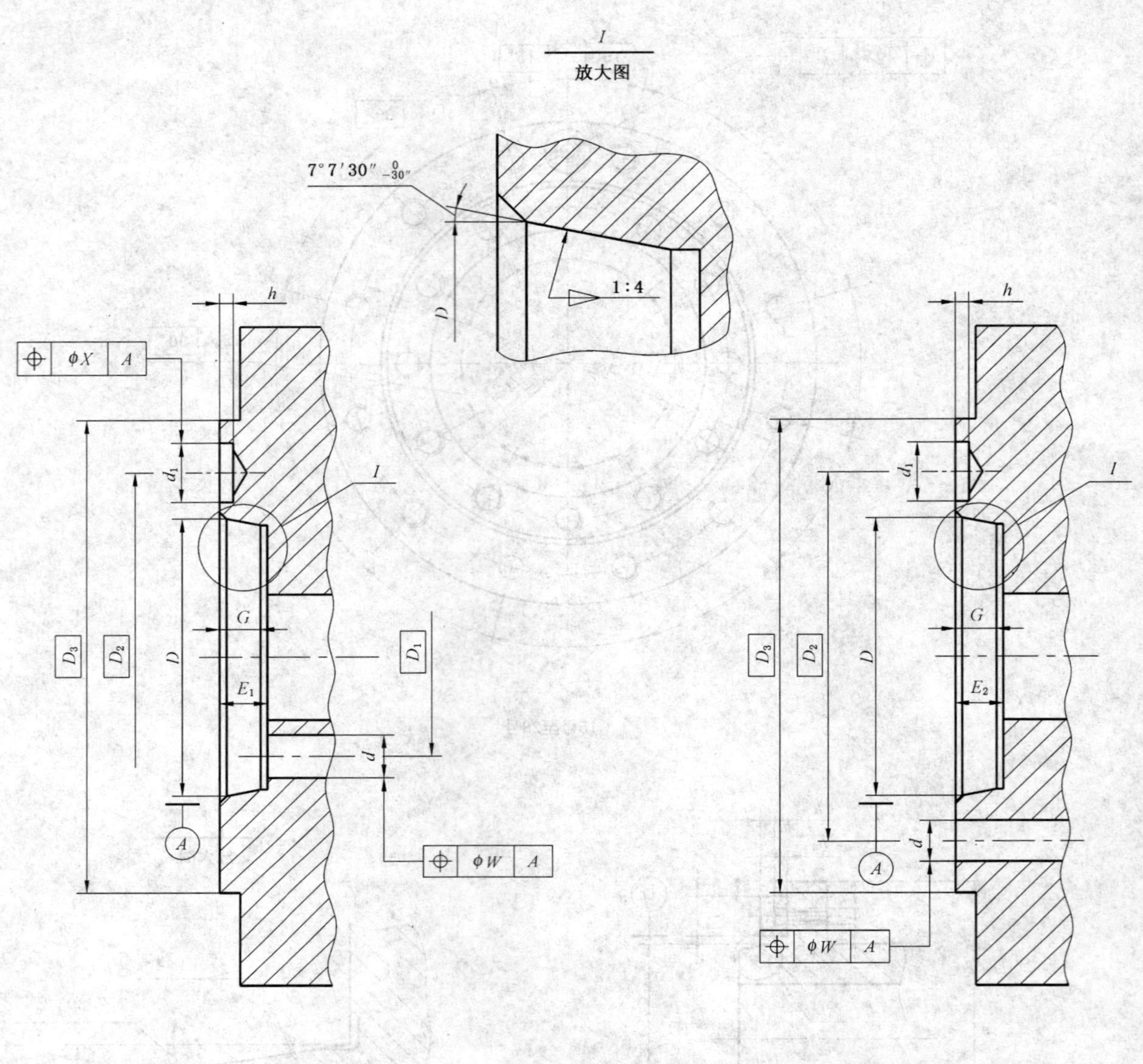

带内圈螺孔
（适用于通过内螺纹孔安装于 A_1 型主轴端部）

带外圈螺孔
（适用于通过外螺纹孔安装于 A_1 型或 A_2 型主轴端部）

图 2　连接面尺寸

表 2 连接面尺寸

<table>
<tr><td colspan="2" rowspan="2">尺　寸</td><td colspan="9">代　号</td></tr>
<tr><td>3</td><td>4</td><td>5</td><td>6</td><td>8</td><td>11</td><td>15</td><td>20</td><td>28</td></tr>
<tr><td rowspan="2">D</td><td>基本尺寸</td><td>53.975</td><td>63.513</td><td>82.563</td><td>106.375</td><td>139.719</td><td>196.869</td><td>285.775</td><td>412.775</td><td>584.225</td></tr>
<tr><td>极限偏差</td><td colspan="2">+0.003
−0.005</td><td colspan="2">+0.004
−0.006</td><td>+0.004
−0.008</td><td>+0.004
−0.010</td><td>+0.004
−0.012</td><td>+0.005
−0.015</td><td>+0.006
−0.017</td></tr>
<tr><td colspan="2">D_1</td><td colspan="2">—</td><td>61.9</td><td>82.6</td><td>111.1</td><td>165.1</td><td>247.6</td><td>368.3</td><td>530.2</td></tr>
<tr><td colspan="2">D_2</td><td>70.6</td><td>82.6</td><td>104.8</td><td>133.4</td><td>171.4</td><td>235.0</td><td>330.2</td><td>463.6</td><td>647.6</td></tr>
<tr><td colspan="2">D_3</td><td>92</td><td>108</td><td>133</td><td>165</td><td>210</td><td>280</td><td>380</td><td>520</td><td>725</td></tr>
<tr><td colspan="2">d</td><td colspan="3">12</td><td>14</td><td>18</td><td>22</td><td>25.5[a]</td><td>27[a]</td><td>33</td></tr>
<tr><td colspan="2">d_1 ($^{+0.1}_{0}$)</td><td>—</td><td>14.7</td><td>16.3</td><td>19.45</td><td>24.2</td><td>29.4</td><td>35.7</td><td>42.1</td><td>51.6</td></tr>
<tr><td>E_1 ($^{+0.025}_{0}$)</td><td>A_1 型</td><td colspan="2" rowspan="2">—</td><td>14.288</td><td>15.875</td><td>17.462</td><td>19.050</td><td>20.638</td><td>22.225</td><td>25.400</td></tr>
<tr><td>E_2 min[b]</td><td>A_2 型</td><td>15</td><td>16</td><td>18</td><td>20</td><td>21</td><td>23</td><td>26</td></tr>
<tr><td colspan="2">G</td><td colspan="2">10</td><td>12</td><td>13</td><td>14</td><td>16</td><td>17</td><td>19</td><td>22</td></tr>
<tr><td colspan="2">h</td><td>—</td><td colspan="3">6.5</td><td>8.0</td><td colspan="4">10.0</td></tr>
<tr><td colspan="2">W 和 X</td><td colspan="6">0.2</td><td colspan="3">0.3</td></tr>
<tr><td colspan="11">注：未注尺寸偏差：±0.4。</td></tr>
<tr><td colspan="11">a 这些都是中间尺寸以保证公、英制卡盘的互换性。
b 只有当花盘有足够刚性，内圈螺孔分布圆上紧固螺栓而不至产生弯曲时，才可用 E_2 替代 E_1。</td></tr>
</table>

附 录 A
（资料性附录）
A_0 型主轴端部与卡盘连接尺寸

A.1 A_0 型主轴端部与花盘的规格只包括 2 号。型式代号为 $A_0$2。

A.2 $A_0$2 型主轴端部与花盘的型式和基本尺寸应符合图 A.1 和图 A.2 的规定。

A.3 $A_0$2 型主轴端部与花盘连接装配示意图见图 A.3。

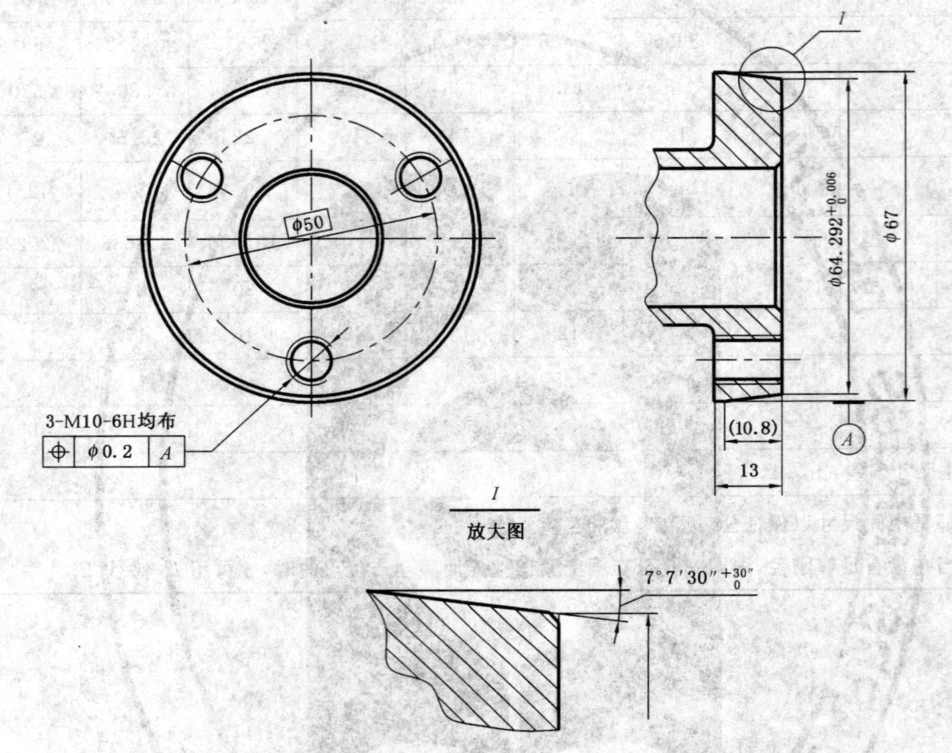

图 A.1

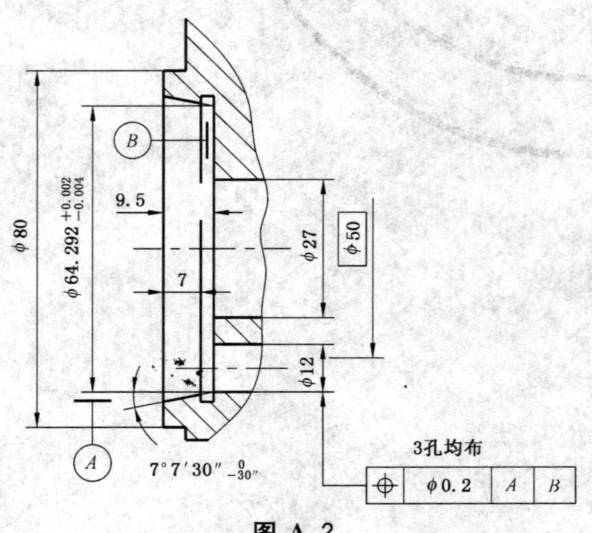

图 A.2

2

图 A.3

附　录　B
（资料性附录）
A 型主轴端部与花盘连接装配示意图

A 型主轴端部与花盘连接装配示意图及相关数据见图 B.1 及表 B.1。

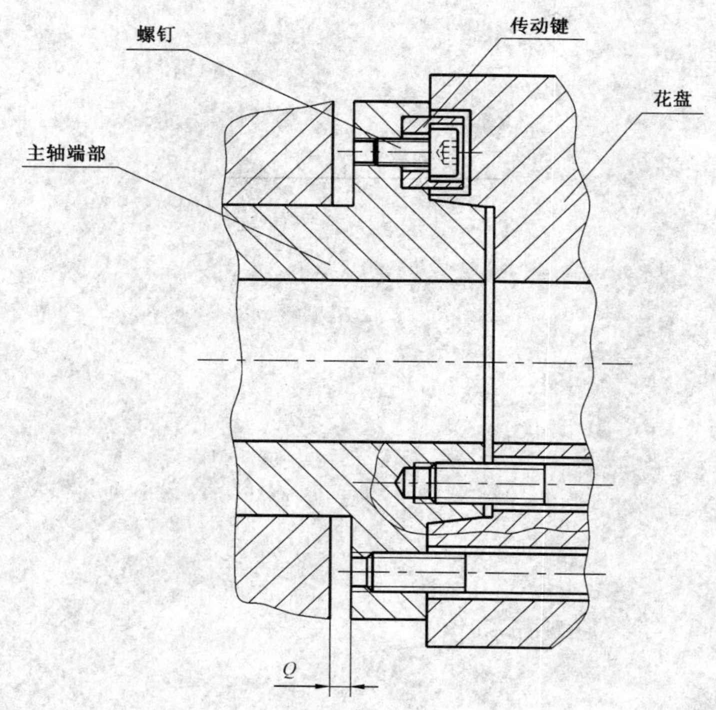

图 B.1

表 B.1

<table>
<tr><td colspan="3">代号</td><td>3</td><td>4</td><td>5</td><td>6</td><td>8</td><td>11</td><td>15</td><td>20</td><td>28</td></tr>
<tr><td rowspan="4">主轴孔</td><td rowspan="2">圆锥孔</td><td>莫氏号</td><td colspan="2">4</td><td>5</td><td>6</td><td colspan="5">—</td></tr>
<tr><td>公制</td><td colspan="4">—</td><td rowspan="2">80</td><td>100</td><td>120</td><td colspan="2">—</td></tr>
<tr><td rowspan="2">直孔</td><td>A_1 型</td><td colspan="2">—</td><td>40</td><td>56</td><td>125</td><td>200</td><td rowspan="2">315</td><td rowspan="2">460</td></tr>
<tr><td>A_2 型</td><td>32</td><td>40</td><td>50</td><td>70</td><td>100</td><td>150</td><td>220</td></tr>
<tr><td colspan="3">Q</td><td colspan="2">3</td><td colspan="3">5</td><td colspan="3">8</td><td>10</td></tr>
</table>

参 考 文 献

[1] ISO 702-2:2007 机床 主轴端部与卡盘连接尺寸 第2部分:凸轮锁紧型卡
[2] ISO 702-3:2007 机床 主轴端部与卡盘连接尺寸 第3部分:卡口型
[3] ISO 702-4:[1] 机床 主轴端部与卡盘连接尺寸 第4部分:圆柱连接

1) 待出版。

ICS 65.120
B 46

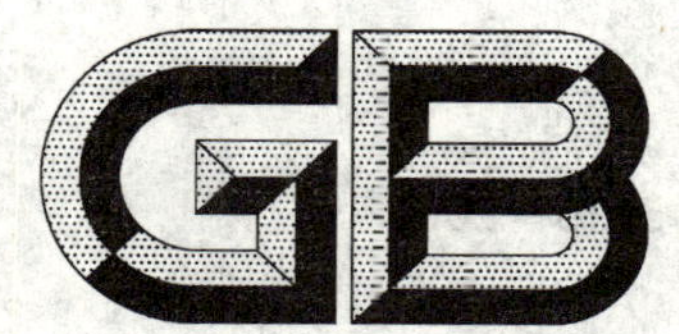

中华人民共和国国家标准

GB/T 5915—2008
代替 GB/T 5915—1993

仔猪、生长肥育猪配合饲料

Formula feeds for starter and growing-finishing pigs

2008-11-04 发布　　2009-02-01 实施

中华人民共和国国家质量监督检验检疫总局
中国国家标准化管理委员会　发布

前 言

本标准代替 GB/T 5915—1993《仔猪、生长肥育猪配合料》。

本标准与 GB/T 5915—1993 相比主要变化如下：

——标准的英文名称改为“Formula feeds for starter and growing-finishing pigs”；

——增加了前言部分；

——修改了产品名称的不同阶段；

——修改了营养成分指标；

——修改了试验方法、检验规则和判定规则；

——卫生指标后增加“3.6 饲料中药物和药物饲料添加剂的使用”，“3.7 营养性饲料添加剂和一般饲料添加剂的使用”；

——删除了附录 A 中各项营养成分的分析允许误差，各项营养成分检测结果判定的允许误差按 GB/T 18823 执行。

本标准由全国饲料工业标准化技术委员会提出。

本标准由全国饲料工业标准化技术委员会归口。

本标准起草单位：农业部饲料工业中心、河南工业大学、河南广安生物科技有限公司。

本标准主要起草人：王凤来、张彩云、高天增、李忠建、李振田。

本标准所代替标准的历次版本发布情况为：

——GB 5915—1986、GB/T 5915—1993。

仔猪、生长肥育猪配合饲料

1 范围

本标准规定了仔猪、生长肥育猪配合饲料的要求、试验方法、检验规则以及标签、包装、运输和贮存的要求。

本标准适用于加工、销售、贮存和使用的瘦肉型仔猪、生长肥育猪配合饲料。

2 规范性引用文件

下列文件中的条款通过本标准的引用而成为本标准的条款。凡是注日期的引用文件，其随后所有的修改单(不包括勘误的内容)或修订版均不适用于本标准，然而，鼓励根据本标准达成协议的各方研究是否可使用这些文件的最新版本。凡是不注日期的引用文件，其最新版本适用于本标准。

GB/T 5917.1 饲料粉碎粒度测定 两层筛筛分法

GB/T 5918 饲料产品混合均匀度的测定

GB/T 6432 饲料中粗蛋白测定方法

GB/T 6433 饲料中粗脂肪的测定(GB/T 6433—2006,ISO 6492:1999,IDT)

GB/T 6434 饲料中粗纤维的含量测定 过滤法(GB/T 6434—2006,ISO 6865:2000,IDT)

GB/T 6435 饲料中水分和其他挥发性物质含量的测定(GB/T 6435—2006,ISO 6496:1999,IDT)

GB/T 6436 饲料中钙的测定

GB/T 6437 饲料中总磷的测定 分光光度法

GB/T 6438 饲料中粗灰分的测定(GB/T 6438—2007,ISO 5984:2002,IDT)

GB/T 6439 饲料中水溶性氯化物的测定(GB/T 6439—2007,ISO 6495:1999,IDT)

GB 10648 饲料标签

GB 13078 饲料卫生标准

GB/T 14699.1 饲料 采样(GB/T 14699.1—2005,ISO 6497:2002,IDT)

GB/T 16764 配合饲料企业卫生规范

GB/T 16765 颗粒饲料通用技术条件

GB/T 18246 饲料中氨基酸的测定

GB/T 18634 饲用植酸酶活性的测定 分光光度法

GB/T 18823 饲料检测结果判定的允许误差

GB/T 19371.2 饲料中蛋氨酸羟基类似物的测定 高效液相色谱法

《饲料药物添加剂使用规范》(农业部公告)

《禁止在饲料和动物饮用水中使用的药物品种目录》(农业部公告)

《食品动物禁用的兽药及其它化合物清单》(农业部公告)

《饲料添加剂目录》(农业部公告)

3 要求

3.1 感官

无霉变、结块及异味、异嗅。

3.2 水分

不高于 14.0%。

3.3 加工质量

3.3.1 粒度

a) 粉料:99%通过 2.80 mm 编织筛,但不得有整粒谷物;1.40 mm 编织筛筛上物不得大于 15%。

b) 颗粒饲料:应符合 GB/T 16765 的要求。

3.3.2 混合均匀度

配合饲料应混合均匀,其变异系数应小于等于 10%。

3.4 营养成分指标

见表 1。

表 1 仔猪、生长肥育猪配合饲料主要营养成分含量

%

产品名称		粗蛋白质 ≥	粗脂肪 ≥	粗纤维 ≤	粗灰分 ≤	钙	总磷 ≥	食盐	赖氨酸 ≥	蛋氨酸 ≥	苏氨酸 ≥
仔猪饲料	前期(3 kg～10 kg)	18	2.5	4.0	7.0	0.70～1.00	0.65	0.30～0.80	1.35	0.40	0.86
	后期(10 kg～20 kg)	17	2.5	5.0	7.0	0.60～0.90	0.60	0.30～0.80	1.15	0.30	0.75
生长肥育猪饲料	前期(20 kg～40 kg)	15	1.5	7.0	8.0	0.60～0.90	0.50	0.30～0.80	0.90	0.24	0.58
	中期(40 kg～70 kg)	14	1.5	7.0	8.0	0.55～0.80	0.40	0.30～0.80	0.75	0.22	0.50
	后期(70 kg 至出栏)	13	1.5	8.0	9.0	0.50～0.80	0.35	0.30～0.80	0.60	0.19	0.45

注 1:添加植酸酶的仔猪、生长肥育猪配合饲料,总磷含量可以降低 0.1%,但生产厂家应制定企业标准,在饲料标签上注明添加植酸酶,并标明其添加量。

注 2:添加蛋氨酸羟基类似物的仔猪、生长肥育猪配合饲料,蛋氨酸含量可以降低,但生产厂家应制定企业标准,在饲料标签上注明添加蛋氨酸羟基类似物,并标明其添加量。

3.5 卫生指标

饲料的卫生指标应符合 GB 13078 的要求。

3.6 饲料中药物和药物饲料添加剂的使用

饲料中添加药物饲料添加剂时,应符合《饲料药物添加剂使用规范》的规定,不得使用《禁止在饲料和动物饮用水中使用的药物品种目录》和《食品动物禁用的兽药及其它化合物清单》中的药品及化合物。

3.7 营养性饲料添加剂和一般饲料添加剂的使用

仔猪、生长肥育猪配合饲料配制中添加营养性饲料添加剂、一般饲料添加剂时,应依据《饲料添加剂目录》规定,使用国家许可生产和经营的饲料添加剂和添加剂预混合饲料产品。

4 试验方法

4.1 感官指标:采用目测及嗅觉检验。

4.2 水分:按 GB/T 6435 执行。

4.3 粒度:按 GB/T 5917 执行。

4.4 混合均匀度:按 GB/T 5918 执行。

4.5 粗蛋白质:按 GB/T 6432 执行。

4.6 粗脂肪:按 GB/T 6433 执行。

4.7 粗纤维:按 GB/T 6434 执行。

4.8 粗灰分:按 GB/T 6438 执行。

4.9 钙:按 GB/T 6436 执行。

4.10 总磷:按 GB/T 6437 执行。

4.11 蛋氨酸:蛋氨酸按 GB/T 18246 执行,蛋氨酸羟基类似物按 GB/T 19371.2 执行。

4.12　赖氨酸:按 GB/T 18246 执行。

4.13　食盐:按 GB/T 6439 执行。

4.14　植酸酶活性:按 GB/T 18634 执行。

4.15　卫生指标:按 GB 13078 执行。

4.16　药物饲料添加剂:按相应的检测方法执行。

5　检验规则

5.1　采样方法

按 GB/T 14699.1 执行。

5.2　出厂检验

5.2.1　批

以同班、同原料的产品为一批,每批产品进行出厂检验。

5.2.2　出厂检验项目

感官性状、水分、细度、粗蛋白质和粗灰分含量。

5.2.3　判定方法

以本标准的有关试验方法和要求为依据,对抽取样品按出厂检验项目进行检验。检验结果中如有一项指标不符合本标准要求时,应重新加倍抽样进行复检,复检结果如仍有一项指标不符合本标准要求,则该批产品不合格。各项成分指标判定合格或验收的界限根据 GB/T 18823 执行。

5.3　型式检验

5.3.1　型式检验项目为第 3 章规定的全部项目。

5.3.2　有下列情况之一,应进行型式检验:

a)　改变配方或生产工艺;

b)　正常生产每半年或停产半年后恢复生产;

c)　国家技术监督部门提出要求时。

5.3.3　判定方法:以本标准的有关试验方法和要求为依据。检验结果中如有一项指标不符合本标准要求时,应重新加倍抽样进行复检,复检结果如仍有一项指标不符合本标准要求,则该周期产品不合格。各项成分指标判定合格或验收的界限根据 GB/T 18823 执行。微生物指标不得复检。如型式检验不合格,应停止生产至查明原因。

6　标签、包装、运输和贮存

6.1　标签应符合 GB 10648 的要求。

6.2　包装、贮存和运输应符合 GB/T 16764 中的要求。

ICS 65.120
B 46

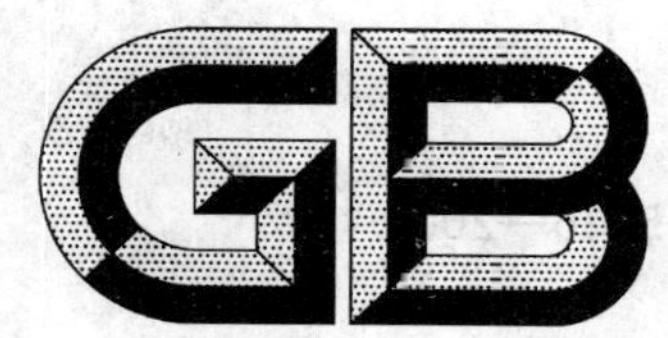

中华人民共和国国家标准

GB/T 5916—2008
代替 GB/T 5916—2004

产蛋后备鸡、产蛋鸡、肉用仔鸡配合饲料

Formula feeds for replacement pullets, layers and broilers

2008-11-21 发布　　2009-02-01 实施

中华人民共和国国家质量监督检验检疫总局
中国国家标准化管理委员会　发布

前 言

本标准代替 GB/T 5916—2004《产蛋后备鸡、产蛋鸡、肉用仔鸡配合饲料》。

本标准与 GB/T 5916—2004 相比主要差异如下：

——修改了产品名称和饲喂阶段；

——修改了营养成分指标；

——取消了表 2 对维生素和微量元素含量的要求；

——修改了试验方法、检验规则和判定规则。

本标准由全国饲料工业标准化技术委员会提出并归口。

本标准起草单位：中国农业大学动物科技学院。

本标准主要起草人：袁建敏、张炳坤、呙于明。

本标准所代替标准的历次版本发布情况为：

——GB/T 5916—1986、GB/T 5916—1993、GB/T 5916—2004。

产蛋后备鸡、产蛋鸡、肉用仔鸡配合饲料

1 范围

本标准规定了产蛋后备鸡、产蛋鸡、肉用仔鸡配合饲料的质量指标、试验方法、检验规则、判定规则以及标签、包装、运输和贮存的要求。

本标准适用于产蛋后备鸡、产蛋鸡、肉用仔鸡的配合饲料，不适用于种鸡及地方品种鸡各阶段的配合饲料要求。

2 规范性引用文件

下列文件中的条款通过本标准的引用而成为本标准的条款。凡是注日期的引用文件，其随后所有的修改单(不包括勘误的内容)或修订版均不适用于本标准，然而，鼓励根据本标准达成协议的各方研究是否可使用这些文件的最新版本。凡是不注日期的引用文件，其最新版本适用于本标准。

GB/T 5917.1 饲料粉碎粒度测定 两层筛筛分法

GB/T 5918 饲料产品混合均匀度的测定

GB/T 6432 饲料中粗蛋白测定方法

GB/T 6433 饲料中粗脂肪的测定(GB/T 6433—2006,ISO 6492:1999,IDT)

GB/T 6434 饲料中粗纤维的含量测定 过滤法(GB/T 6434—2006,ISO 6865:2000,IDT)

GB/T 6435 饲料中水分和其他挥发性物质含量的测定(GB/T 6435—2006,ISO 6496:1999,IDT)

GB/T 6436 饲料中钙的测定

GB/T 6437 饲料中总磷的测定 分光光度法

GB/T 6438 饲料中粗灰分的测定(GB/T 6438—2007,ISO 5984:2002,IDT)

GB/T 6439 饲料中水溶性氯化物的测定(GB/T 6439—2007,ISO 6495:1999,IDT)

GB 10648 饲料标签

GB 13078 饲料卫生标准

GB/T 14699.1 饲料 采样(GB/T 14699.1—2005,ISO 6497:2002,IDT)

GB/T 16764 配合饲料企业卫生规范

GB/T 16765 颗粒饲料通用技术条件

GB/T 18246 饲料中氨基酸的测定

GB/T 18634 饲用植酸酶活性的测定 分光光度法

GB/T 18823 饲料检测结果判定的允许误差

GB/T 19371.2 饲料中蛋氨酸羟基类似物的测定 高效液相色谱法

《饲料药物添加剂使用规范》(农业部公告)

《禁止在饲料和动物饮用水中使用的药物品种目录》(农业部公告)

《食品动物禁用的兽药及其它化合物清单》(农业部公告)

《饲料添加剂目录》(农业部公告)

3 要求

3.1 感官

无霉变、结块及异味、异嗅。

3.2 水分

不高于14.0%。

3.3 加工质量

3.3.1 粒度

a) 粉料:肉用仔鸡、产蛋后备鸡配合饲料应全部通过孔径为5.00 mm的编织筛,产蛋鸡配合饲料应全部通过孔径为7.00 mm的编织筛;

b) 颗粒饲料:应符合GB/T 16765的要求。

3.3.2 混合均匀度

配合饲料应混合均匀,其变异系数应小于等于10%。

3.4 营养成分指标

见表1。

表1 产蛋后备鸡、产蛋鸡、肉用仔鸡配合饲料主要营养成分 %

产品名称		粗蛋白质 ≥	赖氨酸 ≥	蛋氨酸 ≥	粗脂肪 ≥	粗纤维 ≤	粗灰分 ≤	钙	总磷 ≥	食盐
产蛋后备鸡配合饲料	蛋鸡育雏期(蛋小鸡)配合饲料	18.0	0.85	0.32	2.5	6.0	8.0	0.6~1.2	0.55	0.30~0.80
	蛋鸡育成前期(蛋中鸡)配合饲料	15.0	0.66	0.27	2.5	8.0	9.0	0.6~1.2	0.50	0.30~0.80
	蛋鸡育成后期(青年鸡)配合饲料	14.0	0.45	0.20	2.5	8.0	10.0	0.6~1.4	0.45	0.30~0.80
产蛋鸡配合饲料	蛋鸡产蛋前期配合饲料	16.0	0.60	0.30	2.5	7.0	15.0	2.0~3.0	0.50	0.30~0.80
	蛋鸡产蛋高峰期配合饲料	16.0	0.65	0.32	2.5	7.0	15.0	3.0~4.2	0.50	0.30~0.80
	蛋鸡产蛋后期配合饲料	14.0	0.60	0.30	2.5	7.0	15.0	3.0~4.4	0.45	0.30~0.80
肉用仔鸡配合饲料	肉用仔鸡前期(肉小鸡)配合饲料	20.0	1.00	0.40	2.5	6.0	8.0	0.8~1.2	0.60	0.30~0.80
	肉用仔鸡中期(肉中鸡)配合饲料	18.0	0.90	0.35	3.0	7.0	8.0	0.7~1.2	0.55	0.30~0.80
	肉用仔鸡后期(肉大鸡)配合饲料	16.0	0.80	0.30	3.0	7.0	8.0	0.6~1.2	0.50	0.30~0.80

注1:添加植酸酶大于等于300 FTU/kg,产蛋后备鸡配合饲料、产蛋鸡配合饲料总磷可以降低0.10%;肉用仔鸡前期、中期和后期配合饲料中添加植酸酶大于等于750 FTU/kg,总磷可以降低0.08%。

注2:添加液体蛋氨酸的饲料,蛋氨酸可以降低,但应在标签中注明添加液体蛋氨酸,并标明其添加量。

3.5 卫生指标

饲料的卫生指标应符合GB 13078的要求。

3.6 饲料中药物和药物饲料添加剂的使用

饲料中添加药物饲料添加剂时,应符合《饲料药物添加剂使用规范》的规定,不得使用《禁止在饲料和动物饮用水中使用的药物品种目录》和《食品动物禁用的兽药及其它化合物清单》中的药品及化合物。

3.7 营养性饲料添加剂和一般饲料添加剂的使用

饲料中添加营养性饲料添加剂、一般饲料添加剂时，应依据《饲料添加剂目录》规定，使用国家许可生产和经营的饲料添加剂。

4 试验方法

4.1 感官指标：采用目测及嗅觉检验。

4.2 水分：按 GB/T 6435 执行。

4.3 粒度：按 GB/T 5917 执行。

4.4 混合均匀度：按 GB/T 5918 执行。

4.5 粗蛋白质：按 GB/T 6432 执行。

4.6 粗脂肪：按 GB/T 6433 执行。

4.7 粗纤维：按 GB/T 6434 执行。

4.8 粗灰分：按 GB/T 6438 执行。

4.9 钙：按 GB/T 6436 执行。

4.10 总磷：按 GB/T 6437 执行。

4.11 蛋氨酸：蛋氨酸按 GB/T 18246 执行，蛋氨酸羟基类似物按 GB/T 19371.2 执行。

4.12 赖氨酸：按 GB/T 18246 执行。

4.13 食盐：按 GB/T 6439 执行。

4.14 植酸酶活性：按 GB/T 18634 执行。

4.15 卫生指标：按 GB 13078 饲料卫生指标执行。

4.16 药物饲料添加剂：按相应的检测方法执行。

5 检验规则

5.1 采样方法

按 GB/T 14699.1 执行。

5.2 出厂检验

5.2.1 批

以同班、同原料的产品为一批，每批产品进行出厂检验。

5.2.2 出厂检验项目

感官性状、水分、细度、粗蛋白质和粗灰分含量。

5.2.3 判定方法

以本标准的有关试验方法和要求为依据，对抽取样品按出厂检验项目进行检验。检验结果中如有一项指标不符合本标准要求时，应重新加倍抽样进行复检，复检结果如仍有一项指标不符合标准要求，则该批产品不合格。各项成分指标判定合格或验收的界限根据 GB/T 18823 执行。

5.3 型式检验

5.3.1 型式检验项目为第 3 章规定的全部项目。

5.3.2 有下列情况之一，应进行型式检验：

a) 改变配方或生产工艺；

b) 正常生产每半年或停产半年后恢复生产；

c) 国家技术监督部门提出要求时。

5.3.3 判定方法

以本标准的有关试验方法和要求为依据。检验结果中如有一项指标不符合本标准要求时，应重新加倍抽样进行复检，复检结果如仍有一项指标不符合标准要求，则该周期产品不合格。各项成分指标判定合格或验收的界限根据 GB/T 18823 执行。微生物指标不得复检。如型式检验不合格，应停止生产至查明原因。

6 标签、包装、运输和贮存

6.1 标签应符合 GB 10648 的要求。

6.2 包装、运输和贮存应符合 GB/T 16764 中的要求。

ICS 65.120
B 46

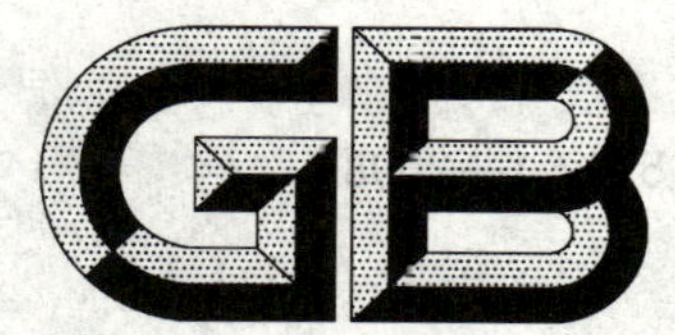

中华人民共和国国家标准

GB/T 5917.1—2008
代替 GB/T 5917—1986

饲料粉碎粒度测定 两层筛筛分法

Determination of feed particle size—Two-sieve screening method

2008-08-01 发布　　2008-11-01 实施

中华人民共和国国家质量监督检验检疫总局
中国国家标准化管理委员会　发布

前　言

GB/T 5917《饲料粉碎粒度测定》包含两部分，第1部分为两层筛筛分法，第2部分为几何平均粒径法。本部分为GB/T 5917的第1部分。

本部分代替GB/T 5917—1986《配合饲料粉碎粒度测定法》。

本部分与GB/T 5917—1986相比主要变化如下：

——标准名称改为“饲料粉碎粒度测定　两层筛筛分法”；

——增加了前言部分；

——将标准的适用范围扩大到配合饲料、浓缩饲料、精料补充料、添加剂预混合饲料、单一饲料、饲料添加剂等；

——引用了GB/T 6005、GB/T 6003.1、GB/T 14699.1—2005；

——规定试验筛质量要符合GB/T 6005、GB/T 6003.1的要求；

——规定了“根据不同饲料产品、单一饲料等的质量要求，选用相应规格的两个标准试验筛、一个盲筛（底筛）及一个筛盖”；

——规定了电动振筛机的振幅、振动频率和筛理运动方式；

——修改了测定步骤，规定了手工筛分的工作条件；

——规定了电动振筛机筛分法为仲裁法；

——将原双试验允许误差不得超过1%，改为“第二层筛筛下物质量的双试验误差不得超过2%”；

——按GB/T 20001.4的要素要求重新编写了标准的章节。

本部分由全国饲料工业标准化技术委员会提出并归口。

本部分起草单位：河南工业大学。

本部分主要起草人：王卫国、张勇、周孟清、刘珍、张慧茹、李浩楠、张粟。

本部分所代替标准的历次版本发布情况为：

——GB/T 5917—1986。

饲料粉碎粒度测定
两层筛筛分法

1 范围

GB/T 5917 的本部分规定了饲料粉碎粒度测定的两层筛筛分法。

本部分适用于配合饲料、浓缩饲料、精料补充料、添加剂预混合饲料、单一饲料的粉碎粒度测定，也可用于饲料添加剂粉碎粒度的测定。

2 规范性引用文件

下列文件中的条款通过 GB/T 5917 的本部分的引用而成为本部分的条款。凡是注日期的引用文件，其随后所有的修改单(不包括勘误的内容)或修订版均不适用于本部分，然而，鼓励根据本部分达成协议的各方研究是否可使用这些文件的最新版本。凡是不注日期的引用文件，其最新版本适用于本部分。

GB/T 6003.1 金属丝编织网试验筛

GB/T 6005 试验筛 金属丝编织网、穿孔板和电成型薄板筛孔的基本尺寸

GB/T 14699.1—2005 饲料 采样

3 原理

用规定的标准试验筛在振筛机上或人工对试料进行筛分，测定各层筛上留存物料质量，计算其占试料总质量的百分数。

4 仪器

4.1 标准试验筛

4.1.1 采用金属丝编织的标准试验筛，筛框直径为 200 mm，高度为 50 mm。试验筛筛孔尺寸和金属丝选配等制作质量应符合 GB/T 6005 和 GB/T 6003.1 的规定。

4.1.2 根据不同饲料产品、单一饲料等的质量要求，选用相应规格的两个标准试验筛、一个盲筛(底筛)及一个筛盖。

4.2 振筛机

采用拍击式电动振筛机，筛体振幅 35 mm±10 mm，振动频率为 220 次/min±20 次/min，拍击次数 150 次/min±10 次/min，筛体的运动方式为平面回转运动。

4.3 天平

感量为 0.01 g 的天平。

5 采样

采样方法按 GB/T 14699.1—2005 的第 4 章、第 5 章、6.1、6.2、6.4、7.1～7.3、8.1、8.3、8.4.2～8.4.6、8.5、第 9 章和第 10 章的规定进行。

6 测定步骤

6.1 将标准试验筛和盲筛(4.1.2)按筛孔尺寸由大到小上下叠放。

6.2 从试样中称取试料 100.0 g,放入叠放好的组合试验筛的顶层筛内(6.1)。

6.3 将装有试料的组合试验筛放入电动振筛机(4.2)上,开动振筛机,连续筛 10 min。在无电振筛机的条件下,可用手工筛理 5 min。筛理时,应使试验筛做平面回转运动,振幅为 25 mm～50mm,振动频率为 120 次/min～180 次/min。

电动振筛机筛分法为仲裁法。

6.4 筛分完后将各层筛上物分别收集、称重(精确到 0.1 g),并记录结果。

7 结果计算与表述

7.1 结果计算

按式(1)计算各层筛上物的质量分数:

$$P_i = \frac{m_i}{m} \times 100 \qquad (1)$$

式中:

P_i——某层试验筛上留存物料质量占试料总质量的百分数($i=1,2,3$),%;

m_i——某层试验筛上留存的物料质量($i=1,2,3$),单位为克(g);

m——试料的总质量,单位为克(g)。

7.2 结果表示

每个试样平行测定两次,以两次测定结果的算术平均值表示,保留至小数点后一位。

筛分时若发现有未经粉碎的谷粒、种子及其他大型杂质,应加以称重并记入实验报告。

8 允许误差

8.1 试料过筛的总质量损失不得超过 1%。

8.2 第二层筛筛下物质量的两个平行测定值的相对误差不超过 2%。

ICS 65.120
B 46

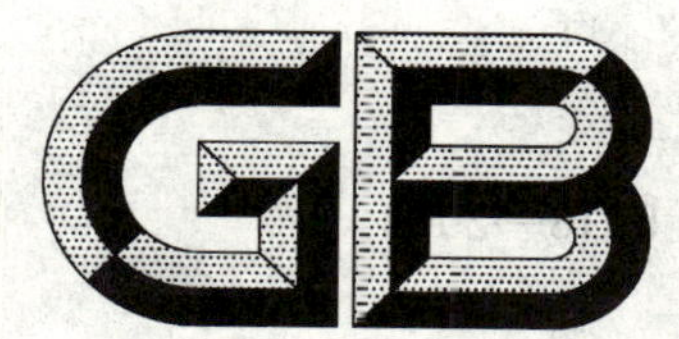

中华人民共和国国家标准

GB/T 5918—2008
代替 GB/T 5918—1997

饲料产品混合均匀度的测定

Determination of mixing homogeneity for feed products

2008-08-01 发布　　2008-11-01 实施

中华人民共和国国家质量监督检验检疫总局
中国国家标准化管理委员会　发布

前　言

本标准代替 GB/T 5918—1997《配合饲料混合均匀度的测定》。

本标准与 GB/T 5918—1997 的主要技术差异如下：

——标准名称改为“饲料产品混合均匀度的测定”；

——增加了前言部分；

——将标准的适用范围改为“配合饲料、浓缩饲料、精料补充料”；

——对采样量统一规定为 200 g；

——对氯离子选择电极法(仲裁法)原理的文字表述、采样与试样制备的内容进行了部分修改；

——对甲基紫法原理的文字表述、示踪物的制备与添加以及测定步骤中的文字表述进行了部分修改；

——删除了注意事项部分；

——按 GB/T 20001.4 的要素要求重新编写了标准的章节。

本标准由全国饲料工业标准化技术委员会提出并归口。

本标准起草单位：河南工业大学、河南省饲料产品质量监督检验站。

本标准主要起草人：王卫国、苏兰利、王金荣、崔朝霞、林慧仙、贾振民、周红霞。

本标准所代替标准的历次版本发布情况为：

——GB/T 5918—1986、GB/T 5918—1997。

饲料产品混合均匀度的测定

1 范围

本标准规定了饲料产品混合均匀度的两种测定方法,即氯离子选择电极法和甲基紫法。

本标准适用于配合饲料、浓缩饲料、精料补充料混合均匀度的检测,也适用于混合机混合性能的测试。

2 规范性引用文件

下列文件中的条款通过本标准的引用而成为本标准的条款。凡是注日期的引用文件,其随后所有的修改单(不包括勘误的内容)或修订版均不适用于本标准,然而,鼓励根据本标准达成协议的各方研究是否可使用这些文件的最新版本。凡是不注日期的引用文件,其最新版本适用于本标准。

GB/T 6682 分析实验室用水规格和试验方法(GB/T 6682—1992,neq ISO 3696:1987)

3 氯离子选择电极法(仲裁法)

3.1 原理

通过氯离子选择电极的电极电位对溶液中氯离子的选择性响应来测定氯离子的含量,以同一批次饲料的不同试样中氯离子含量的差异来反映饲料的混合均匀度。

3.2 试剂

以下试剂除特别注明外,均为分析纯。水为蒸馏水,符合 GB/T 6682 的三级用水规定。

3.2.1 硝酸溶液:浓度约为 0.5 mol/L,吸取浓硝酸 35 mL 用水稀释至 1 000 mL。

3.2.2 硝酸钾溶液:浓度约为 2.5 mol/L,称取 252.75 g 硝酸钾于烧杯中,加水微热溶解,用水稀释至 1 000 mL。

3.2.3 氯离子标准溶液:称取经 550 ℃灼烧 1 h 冷却后的氯化钠 8.244 0 g 于烧杯中,加水微热溶解,转入 1 000 mL 容量瓶中,用水稀释至刻度,摇匀,溶液中含氯离子 5 mg/mL。

3.3 仪器

3.3.1 氯离子选择电极。

3.3.2 双盐桥甘汞电极。

3.3.3 酸度计或电位计:精度 0.2 mV。

3.3.4 磁力搅拌器。

3.3.5 烧杯:100 mL,250 mL。

3.3.6 移液管:1 mL,5 mL,10 mL。

3.3.7 容量瓶:50 mL。

3.3.8 分析天平:感量 0.000 1 g。

3.4 采样

3.4.1 本法所需样品应单独采取。

3.4.2 每一批饲料产品抽取 10 个有代表性的原始样品,每个样品的采样量约 200 g。取样点的确定应考虑各方位的深度、袋数或料流的代表性,但每一个样品应由一点集中取样。取样时不允许有任何翻动或混合。

3.5 试样制备

将每个样品在实验室内充分混合。颗粒饲料样品需粉碎通过 1.40 mm 筛孔。

3.6 分析步骤

3.6.1 标准曲线绘制

精确量取氯离子标准工作溶液(3.2.3)0.1,0.2,0.4,0.6,1.2,2.0,4.0 和 6.0 mL 于 50 mL 容量瓶中,加入 5 mL 硝酸溶液(3.2.1)和 10 mL 硝酸钾溶液(3.2.2),用水稀释至刻度,摇匀,即可得到 0.50,1.00,2.00,3.00,6.00,10.00,20.00 和 30.00 mg/50 mL 的氯离子标准系列,将他们倒入 100 mL 的干燥烧杯中,放入磁力搅拌子一粒,以氯离子选择电极为指示电极,甘汞电极为参比电极,搅拌3 min。在酸度计或电位计上读取电位值(mV),以溶液的电位值为纵坐标,氯离子浓度为横坐标,在半对数坐标纸上绘制出标准曲线。

3.6.2 试液制备

准确称取试料 10.00 g±0.05 g 置于 250 mL 烧杯中,准确加入 100 mL 水,搅拌 10 min,静置澄清,用干燥的中速定性滤纸过滤,滤液作为试液备用。

3.6.3 试液的测定

准确吸取试液 10 mL,置于 50 mL 容量瓶中,加入 5 mL 硝酸溶液(3.2.1)和 10 mL 硝酸钾溶液(3.2.2),用水稀释至刻度,摇匀,然后倒入 100 mL 的干燥烧杯中,放入磁力搅拌子一粒,以氯离子选择电极为指示电极,甘汞电极为参比电极,搅拌 3 min。在酸度计或电位计上读取电位值(mV),从标准曲线上求得氯离子浓度的对应值 X。按此步骤依次测定出同一批次的 10 个试液中的氯离子浓度 X_1,X_2,X_3,…,X_{10}。

3.7 结果计算

3.7.1 试液氯离子浓度平均值 $\bar{X}$

试液氯离子浓度平均值 $\bar{X}$ 按式(1)计算:

$$\bar{X} = \frac{X_1 + X_2 + X_3 + \cdots + X_{10}}{10} \quad \cdots\cdots(1)$$

3.7.2 试液氯离子浓度的标准差 S

试液氯离子浓度的标准差 S 按式(2)计算:

$$S = \sqrt{\frac{(X_1-\bar{X})^2 + (X_2-\bar{X})^2 + (X_3-\bar{X})^2 + \cdots + (X_{10}-\bar{X})^2}{10-1}} \quad \cdots\cdots(2)$$

3.7.3 混合均匀度值

混合均匀度值以同一批次的 10 个试液中氯离子浓度的变异系数 CV 值表示,CV 值越大,混合均匀度越差。

10 个试液中氯离子浓度的变异系数 CV 值(%)按式(3)计算:

$$CV = \frac{S}{\bar{X}} \times 100 \quad \cdots\cdots(3)$$

计算结果精确到小数点后两位。

4 甲基紫法

4.1 适用范围的限定

本法主要适用于混合机和饲料加工工艺中混合均匀度的测定。不适用于添加有苜蓿粉、槐叶粉等含色素组分的饲料产品混合均匀度的测定。

4.2 方法原理

本法以甲基紫色素作为示踪物,在大批饲料加入混合机后,再将甲基紫与添加剂一起加入混合机,混合规定时间,然后取样,以比色法测定样品中甲基紫的含量,以同一批次饲料的不同试样中甲基紫含量的差异来反映饲料的混合均匀度。

4.3 **试剂**

4.3.1 甲基紫(生物染色剂)。

4.3.2 无水乙醇。

4.4 **仪器**

4.4.1 分光光度计:带 5 mm 比色皿。

4.4.2 标准筛:筛孔净孔尺寸 100 μm。

4.4.3 分析天平:感量 0.000 1 g。

4.4.4 烧杯:100 mL,250 mL。

4.5 **示踪物的制备与添加**

将测定用的甲基紫混匀并充分研磨,使其全部通过净孔尺寸为 100 μm 的标准筛。按照混合机混一批饲料量的十万分之一的用量,在大批饲料加入混合机后,再将其与添加剂一起加入混合机,混合规定时间。

4.6 **采样**

本法的采样要求同 3.4。

4.7 **试样制备**

本法的试样制备同 3.5。

4.8 **测定步骤**

称取试料 10.00 g±0.05 g 放在 100 mL 的小烧杯中,加入 30 mL 无水乙醇,不时地加以搅动,烧杯上盖一表面皿,30 min 后用滤纸过滤(定性滤纸,中速)。以无水乙醇作空白调节零点,用分光光度计,以 5 mm 比色皿在 590 nm 的波长下测定滤液的吸光度。

以同一批次 10 个试样测得的吸光度值为 X_1,X_2,X_3,…,X_{10},按式(1)、式(2)和式(3)分别计算平均值 $\overline{X}$、标准差 S 和变异系数 CV 值。

ICS 43.040.20
T 38

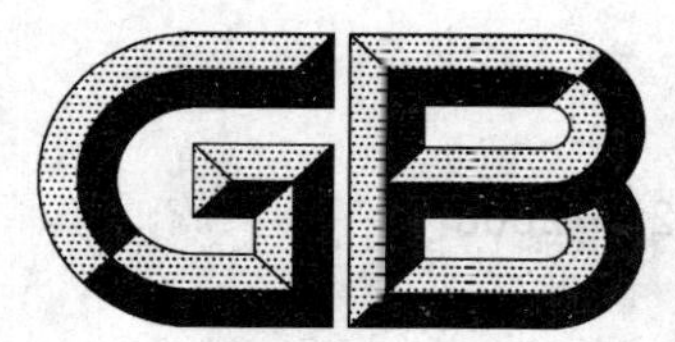

中华人民共和国国家标准

GB 5920—2008
代替 GB 5920—1999

汽车及挂车前位灯、后位灯、示廓灯和制动灯配光性能

Photometric characteristics of front and rear position lamps, end-outline marker lamps and stop lamps for motor vehicles and their trailers

2008-12-31 发布 2010-01-01 实施

中华人民共和国国家质量监督检验检疫总局
中国国家标准化管理委员会 发布

前　言

本标准的全部技术内容为强制性。

本标准对应于联合国欧洲经济委员会 ECE R7 Rev4《关于机动车(除摩托车外)及其挂车前、后位灯,制动灯和示廓灯认证的统一规定》,一致性程度为非等效,主要差异如下:

——删除了管理条款;

——删除了"制造厂一致性检验的最低要求"附件;

——增加了检验规则。

本标准的主要技术要求,如:一般要求、配光性能、光色和试验方法,与 ECE R7 Rev4 一致。

本标准代替 GB 5920—1999《汽车及挂车前位灯、后位灯、示廓灯和制动灯配光性能》,与前版相比较主要变化如下:

——修改增加了前版第 2 章"引用标准"内容,改为本版"规范性引用文件";

——修改了前版第 3 章"定义"内容,改为本版"术语和定义";

——修改了前版 5.8.2 中采用灯丝灯泡配光性能的检测方法;

——修改了前版 6.1 中不同型式的判定原则,改为本版第 4 章"装置的不同型式";

——修改了前版第 6 章的检验规则;

——增加了安装在车内的 S3 类制动灯的检测要求;

——增加了对多个安装位置的灯具的检测要求;

——修改了多个光源的灯具的检测要求;

——增加了两个发光强度级的制动灯的输出光强度衰减时间的检测要求;

——增加了与附加系统共同工作的灯具的检测要求;

——增加了非灯丝灯泡信号灯的检测要求;

——增加了装置安装高度不高于 750 mm 的配光测量要求。

对于新申请型式检验的灯具,本标准自 2010 年 1 月 1 日起实施;对于本标准实施前已通过型式检验的灯具,本标准自 2012 年 1 月 1 日起实施。

本标准由国家发展和改革委员会提出。

本标准由全国汽车标准化技术委员会归口。

本标准起草单位:上海汽车灯具研究所。

本标准主要起草人:费音、章世骏、季银华。

本标准所代替标准的历次版本发布情况为:

——GB 5920—1986、GB 5920—1994、GB 5920—1999。

汽车及挂车前位灯、后位灯、示廓灯和制动灯配光性能

1 范围

本标准规定了汽车及挂车前位灯、后位灯、示廓灯和制动灯的有关配光性能的技术要求、试验方法和检验规则。

本标准适用于 M、N 和 O 类汽车及挂车使用的各种类型的前位灯、后位灯、示廓灯和制动灯。

在本标准中,上述各种信号灯也称为装置。

2 规范性引用文件

下列文件中的条款通过本标准的引用而成为本标准的条款。凡是注日期的引用文件,其随后所有的修改单(不包括勘误的内容)或修订版均不适用于本标准,然而,鼓励根据本标准达成协议的各方研究是否可以使用这些文件的最新版本。凡是不注日期的引用文件,其最新版本适用于本标准。

GB 4599 汽车用灯丝灯泡前照灯

GB 4785 汽车及挂车外部照明和光信号装置的安装规定

GB 15766.1 道路机动车辆灯丝灯泡 尺寸、光电性能要求(GB 15766.1—2000 idt IEC 60809:1995)

ECE R37 关于机动车及其挂车灯具认证用灯丝灯泡认证的统一规定

3 术语和定义

GB 4785 确立的术语和定义适用于本标准。

4 装置的不同型式

在以下主要方面有差异的装置:

a) 商标名称或商标;

b) 光学系统的特性(发光强度等级,光分布最小角,使用的灯丝灯泡或光源模块的种类等);

c) 对于两个发光强度级的制动灯,用来减小夜间光强度所使用的系统。

但是,灯丝灯泡颜色或者滤光片颜色改变可以视为同一型式。

5 要求

5.1 一般规定

5.1.1 前位灯、后位灯、示廓灯和制动灯应设计和制造成在正常使用条件下,即使受到振动,仍应满足使用要求和符合本标准的规定。

5.1.2 前位灯、后位灯可结合成组合灯、复合灯和混合灯,也可作示廓灯使用。

5.1.3 如果使用灯丝灯泡,应符合 GB 15766.1 或 ECE R37 规定。

5.1.4 装置中的光源模块,应当设计为即使在黑暗中也能将其安装在正确的位置上;并且能够防止误操作。

5.1.5 不可更换光源装置的标称电压为 6 V、12 V 或 24 V,它们的光电性能由制造商和用户商定。

5.1.6 与其他功能共用光源混合的位置灯,允许设计为与一个额外的调节发光强度的系统共同运作。

但是，对于与制动灯混合的后位灯，装置应是并联光源电路的一部分，或者装用在配有该功能故障监测系统的车辆上。

5.2 配光性能

5.2.1 前位灯、后位灯、示廓灯和制动灯，在基准轴线方向上的发光强度应符合表1规定。

表1 前位灯、后位灯、示廓灯和制动灯基准轴线方向上的发光强度 单位为坎德拉

发光强度			最小值	最大值		
				单灯	标有“D”的单灯	两个或多个灯
前位灯，前示廓灯			4	60	42	84
与前照灯混合的前位灯			4	100	—	—
后位灯，后示廓灯			4	12	8.5	17
制动灯	一个发光强度级(S1类)		60	185	130	260
	两个发光强度级(S2类)	白天	130	520	366	728
		夜晚	30	80	56	112
	S3类制动灯		25	80	55	110

5.2.2 前位灯、后位灯、示廓灯和制动灯的安装应符合GB 4785的规定，并且在其几何可见度角范围内，发光强度应符合下列规定：

5.2.2.1 前位灯、后位灯、示廓灯和制动灯的光度分布要求见图1和图2，图中格栅线交叉处的数字为百分数，它表示该方向发光强度最小值与基准轴线方向发光强度最小值的比值，图中的HV对应的是基准轴线方向。

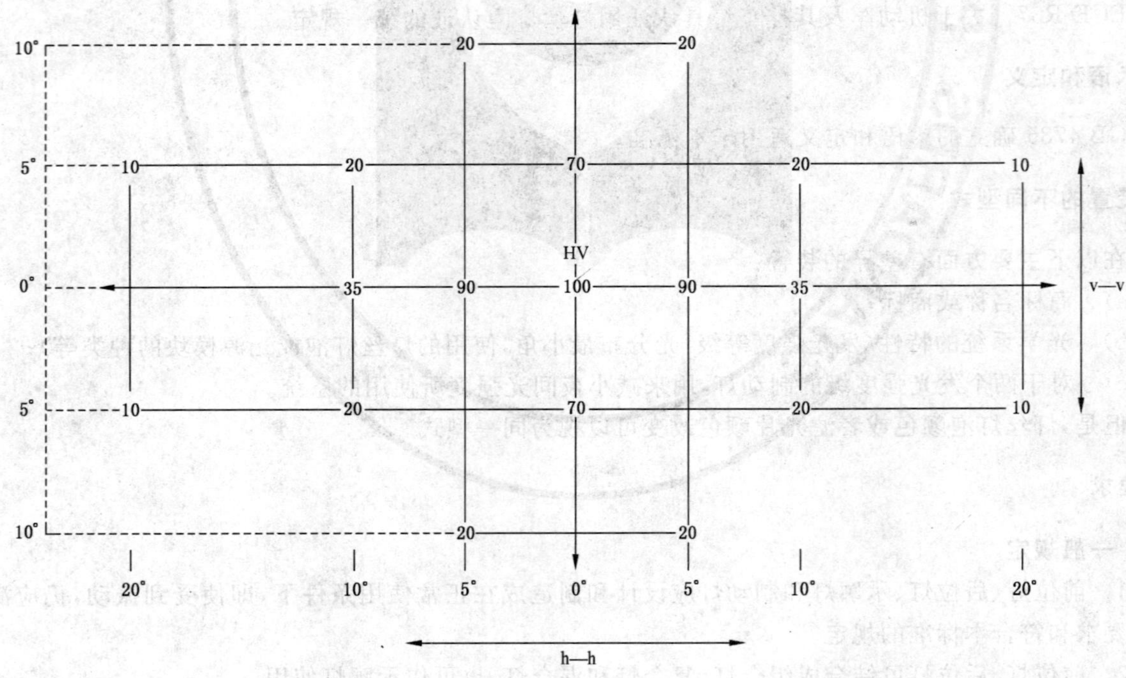

注：图中度数是与h—h线所成的水平角和与v—v线所成的垂直角

图1 前位灯、后位灯、示廓灯和制动灯(S3类除外)配光分布

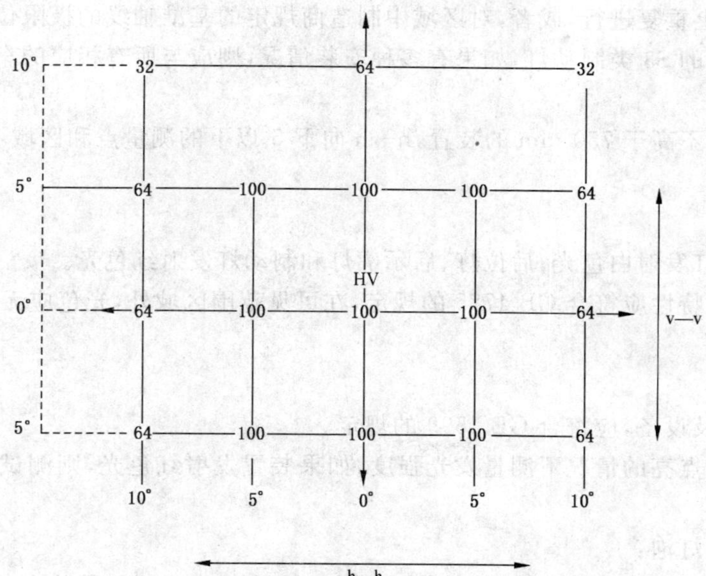

图 2　S3 类制动灯的配光分布

5.2.2.2　在发光强度分布范围内，各种装置发出的光应均匀，即在格栅线围成的范围内任一方向测得的发光强度不应小于该方向周围诸方向中最小的发光强度值。

5.2.2.3　在任一可见方向上的发光强度不应超过表 1 规定的最大值。

5.2.2.4　对于与制动灯混合的后位灯，h—h 向下 5°的平面及其以下，允许发光强度为 60 cd。

5.2.2.5　在任一可见方向上，前位灯、后位灯、示廓灯的发光强度应不小于 0.05 cd。

5.2.2.6　在任一可见方向上，一个发光强度级制动灯的发光强度应不小于 0.3 cd，两个发光强度级制动灯的发光强度，用于白天的不应小于 0.3 cd，用于夜晚的应不小于 0.07 cd。

5.2.2.7　对于与制动灯混合的后位灯，两灯同时点亮和单独点亮后位灯，在 h—h 上下 5°和 v—v 左右 10°所围成的范围内，测量的发光强度之比，应至少为 5∶1。若制动灯具有两个发光强度级，则在夜晚条件下应满足此要求。如果后位灯和/或制动灯包含不止一个光源，且定义为单灯，则测量结果应将所有光源考虑在内。

5.2.3　相同功能的两个灯或者多个灯，对车辆安装而言，根据 GB 4785 中的定义可视为单灯。在这种情况下，当任何一个光源失效时，仍应符合最小发光强度要求。当所有光源都点亮的时候不应超过表 1 中最后一栏对应的最大发光强度值，该最大发光强度由单灯限值乘以 1.4 给出。

5.2.4　对于包含不止一个光源的单灯：

5.2.4.1　所有串联的光源视为一个光源。

5.2.4.2　当一个光源失效时，仍应满足最小发光强度值的要求。但是，对于设计为仅适用两个光源的灯具，如果在技术说明书中指出装用该灯具的车辆上有操作指示器，在其中任何一个光源失效的时候均能够显示，则允许灯具基准轴线上的最小发光强度限值为原值的 50%。

5.2.4.3　当所有的光源都点亮时，对于未标有“D”的单灯，其最大发光强度允许超出单灯的规定值，但不允许超出表 1 中对应的两个或多个灯的规定值。

5.2.5　制动灯具有两个发光强度级时，需要分别测量两个发光强度级在基准轴线上的发光强度从电源接通到衰减至初始值的 90%所需的时间，对应于夜晚的发光强度级测得的时间不应超过对应于白天的发光强度级测得的时间。

5.2.6　如果前位灯含有一个或多个红外辐射发生器，则该前位灯的配光性能和色度性能应在红外辐射发生器工作和不工作的时候均能满足要求。

5.2.7　当装置安装在车辆上，有不止一个的位置或在一个区域内可以有多个不同的位置时，配光性能测量应当在所有位置上重复进行，或者，对区域中制造商规定的基准轴线的极限位置进行测量。

5.2.8 对于装在车内的S3类制动灯，如果有多种安装情况，则应与所有相应的车窗样片组合重复分别进行配光性能的测试。

5.2.9 对于安装高度不高于750 mm的装置，h—h向下5°以下的测量点和区域不需要进行测量。

6 光色

6.1 前位灯、前示廓灯发射白色光；后位灯、后示廓灯和制动灯发射红色光。

6.2 各种光色的色度特性应符合GB 4785的规定，在可见范围区域外，光色应无明显变化。

7 试验方法

7.1 试验暗室、装置及设备，应符合GB 4599的规定。

7.2 应当在光源持续点亮的情况下测量发光强度，如果装置发射红色光，则测试应在发出有色光的情况下进行。

7.3 对可更换的灯丝灯泡：

7.3.1 测量时应在装置中使用标准灯泡，并使它工作于发出试验光通量的状态。

7.3.2 对于发出不止一个发光强度的系统，对特定种类的灯丝灯泡的试验光通量应适用于最亮的发光强度。

7.3.3 当装用数只灯丝灯泡，允许使用批量生产的灯丝灯泡在6.75 V、13.5 V或28.0 V电压下进行测量，应修正所产生的发光强度值。试验光通量与试验电压(6.75 V、13.5 V或28.0 V)下光通量的平均值之比是修正系数，所使用的每个灯丝灯泡的实际光通量与其平均值的偏差应不大于±5%；也可以在每个灯泡的位置上逐一使用工作于试验光通量状态的标准灯泡进行测量，并将每个位置上的单独测量结果相加。

7.4 对于所有装用不可更换光源(灯丝灯泡及其他)的灯具，应使用灯具中的光源，分别在6.75 V、13.5 V或28.0 V下进行配光和色度的测量。

7.5 对于使用特殊电源的光源，电源的输出终端应提供上述7.3或7.4规定的测试电压。检测时允许要求给光源提供电源的制造商提供该电压。

7.6 但是对于制动灯，如果存在附加系统提供夜晚发光信号，则使用测量白天发光强度时的系统电压进行夜晚发光强度的测量。

7.7 当后位灯相应地与两个发光强度级的制动灯组合，并设计为始终与一个限制发光强度的附加系统共同运作，则测量发光强度时，应使用系统的标定电压，如果使用灯丝灯泡，应使灯泡在试验光通量下工作。

7.7.1 与其他功能共用光源混合的位置灯，设计为与一个附加的调节发光强度的系统共同运作，如果该附加系统是装置的一部分，则分别在6.75 V、13.5 V或28.0 V电压下进行配光的测量。

7.7.2 如果该附加系统不是装置的一部分，则应在额定次级设计电压下进行试验。可以要求制造商提供限制发光强度的附加系统。

7.8 对于所有不是装用灯丝灯泡的装置，点亮1 min和30 min时其发光强度测量结果应符合表1最大值和最小值的要求；在点亮后1 min时各点的发光强度应通过由点亮1 min和点亮30 min时在HV点上的发光强度的比值与点亮30 min时各点的发光强度测量结果相乘得到。

7.9 测量前装置应充分预热，使其光性能趋于稳定。

7.10 配光性能的测量距离，应保证能应用光度学中的距离平方反比定律。

7.11 从装置基准中心观察，光接收器的张角是介于10′到1°之间。

7.12 各测量方向的角度偏差应不大于15′。

7.13 按照制造商规定的基准轴线和基准中心确定装置的初始测量位置。

7.14 色度测量应使用 A 光源(色温为 2 856 K)。对于使用不可更换光源的灯具,则应在 6.75 V、13.5 V或 28.0 V 电压下进行测量。对于装在车内的 S3 类制动灯色度的测量,应在灯具和后窗(或样片)的最差组合状态下进行。

8 检验规则

8.1 装置的不同型式按第 4 章规定判定。

8.2 装置应进行型式检验和生产一致性检验。符合 8.3 或 8.4 相关规定的,则认为该装置通过型式检验或生产一致性检验。

8.3 型式检验

8.3.1 如果已经作为前位灯或者后位灯通过型式检验的灯具,可同时认为作为示廓灯通过型式检验。

8.3.2 制造商应提供:

8.3.2.1 应说明需要通过型式检验装置的功能,是否是同种类一对装置中的一只。

8.3.2.2 应说明示廓灯发射的是红光还是白光。

8.3.2.3 S3 类制动灯是安装在车内(后车窗内)还是车外。

8.3.2.4 在申请时,如果装置在车上的安装位置相对于车辆基准平面的基准轴线具有不同的安装角度,或者相对于地面有不同的角度,或者对于装置本身的基准轴线具有不同的旋转角度,这些不同的安装情况(或者安装位置)需要在技术说明书中注明。

8.3.2.5 足以识别该型式装置的图纸一式三份,标明在车上安装的所有几何位置(如果是 S3 类制动灯,则是相对于后窗的位置),标明基准轴线(H=0°,V=0°),基准中心。

8.3.2.6 一份简明的技术说明书。除了不可更换光源模块的装置外,应说明所有可能使用的灯丝灯泡类型,或者光源模块的种类。对于安装在车内的 S3 类制动灯,技术说明书还应包括后窗的光学性质参数(透射率、颜色、倾角等)。

8.3.2.7 对于有两个发光强度级的制动灯,应提供相应的资料和系统说明;如果存在附加系统提供夜间亮度,则附加系统的功能和安装条件应特别说明。

8.3.2.8 样灯 2 只(应包含光源);如果提交申请的装置不是完全一样,而是互相对称,分别安装在车辆左侧和右侧,则样灯可以送两只一样的样品,也可以左右各一只样品;对于两个发光强度级的制动灯,应提供两只包含能够发出两个发光强度功能的所有部件。

8.3.2.9 对于安装在车内的 S3 类制动灯,应随同后窗样片(如果有不止一种安装情况,则应有所有情况对应的样片)。

8.3.3 每只装置应符合 5.1 规定。

8.3.4 按第 7 章规定进行试验,每只装置应符合 5.2 和第 6 章相应规定。

8.4 生产一致性检验

8.4.1 对型式检验合格的产品,用从批量产品中随机抽取的样灯来判定其生产一致性。

8.4.2 随机抽取的样灯应符合 5.1 中相应规定。

8.4.3 按第 7 章规定进行试验,样灯的配光性能应符合 5.2 的相应规定,允许最小发光强度不小于规定值的 80%,最大发光强度不大于规定值的 120%。

8.4.4 按第 7 章规定进行试验,随机抽取的样灯应符合第 6 章相应规定。

ICS 43.040.40
T 24

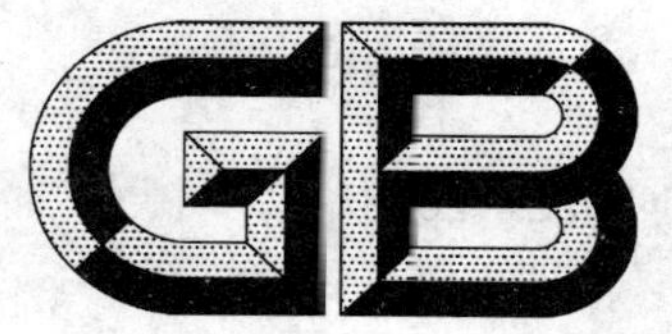

中华人民共和国国家标准

GB/T 5922—2008
代替 GB/T 5922—1986

汽车和挂车 气压制动装置压力测试连接器技术要求

Motor vehicles and towed vehicles—Pressure test connection for compressed-air pneumatic braking equipment

(ISO 3583:1984,Road vehicles—Pressure test connection for compressed-air pneumatic braking equipment,MOD)

2008-10-22 发布 2009-04-01 实施

中华人民共和国国家质量监督检验检疫总局
中国国家标准化管理委员会 发布

前　言

本标准修改采用 ISO 3583:1984《道路车辆　气压制动装置压力测试连接器》(英文版)。

本标准与 ISO 3583:1984 的主要差异参见附录 A。

本标准代替 GB/T 5922—1986《汽车和挂车　气压制动装置压力测试连接器》。

本标准与 GB/T 5922—1986 相比主要变化如下：

——增加规范性引用文件；

——防腐要求标准由 GB 2423.17—81 替换为 GB/T 10125—1997；

——部分技术尺寸有所变动。

本标准的附录 A 为资料性附录。

本标准由国家发展和改革委员会提出。

本标准由全国汽车标准化技术委员会(SAC/TC 114)归口。

本标准起草单位:中国第一汽车集团公司技术中心。

本标准主要起草人:杜婷婷、巨建辉、刘兆英。

本标准所代替标准的历次版本发布情况为：

——GB/T 5922—1986。

汽车和挂车　气压制动装置压力测试连接器技术要求

1　范围

本标准规定了用于检测汽车和挂车气压制动装置反应时间及压力值的连接器的主要尺寸。

本标准也规定了压力测试连接器周围应留有的自由空间和防腐要求。

本标准适用于气压制动系统。

2　规范性引用文件

下列文件中的条款通过本标准的引用而成为本标准的条款。凡是注日期的引用文件，其随后所有的修改单(不包括勘误的内容)或修订版均不适用于本标准，然而，鼓励根据本标准达成协议的各方研究是否可使用这些文件的最新版本。凡未注日期的引用文件，其最新版本适用于本标准。

GB/T 10125—1997　人造气氛腐蚀试验　盐雾试验(eqv ISO 9227:1990)

3　尺寸规格

3.1　压力测试连接器的主要尺寸见图1。

3.2　表1规定了压力测试连接器的尺寸特性。

单位为毫米

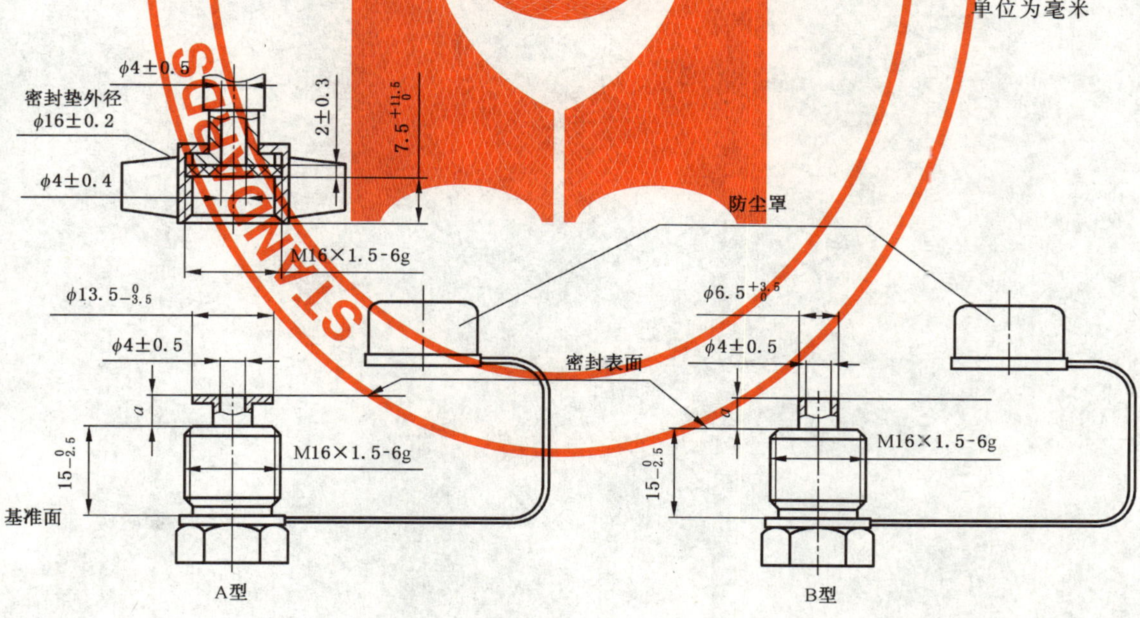

注1：A型和B型两种结构可完全互换。

注2：未加规定的尺寸应根据使用情况合理确定，并保证连接强度及密封性要求。

注3：密封垫和防尘罩应选用耐老化材料。

图1　压力测试连接器的主要尺寸

表 1 压力测试连接器的尺寸特性

型式	a 值(阀门关闭)/ mm	开启行程/ mm	开启力(在 1 MPa 内压下)/ N
A	≤5	≥2	20～200
B	≥2	≥a	20～100
	≤5		

4 压力测试连接器周围应留有自由空间

压力测试连接器应易于连接。连接时应避免软管过度扭挠,防止在使用测试连接器时伤害到测试人员。

5 防腐要求

压力测试连接器应进行防腐处理,按 GB/T 10125—1997 中的中性盐雾试验要求连续喷雾至少 96 h,基体金属应无腐蚀。

附　录　A
（资料性附录）
本标准与 ISO 3583:1984 标准技术性差异及原因

表 A.1 给出了本标准与 ISO 3583:1984 标准的技术性差异及原因。

表 A.1　本标准与 ISO 3583:1984 标准技术性差异及原因

本标准的章条编号	技术性差异	原　因
1	将 ISO 3583:1984 第 2 章的内容合并到本章	该内容与我国标准的本章内容相同
2	增加了引导语； 用 GB/T 10125—1997 代替 ISO 3768	以符合 GB/T 1.1 要求。 便于标准使用。因为 ISO 3768 已被 ISO 9227:1990 标准取代，而 GB/T 10125—1997 标准为等效采用 ISO 9227:1990 标准
3	增加了 3.1 和 3.2 条	以符合 GB/T 1.1 要求
5	用 GB/T 10125—1997 代替 ISO 3768	原因同第 2 章

ICS 91.100.01
Q 10

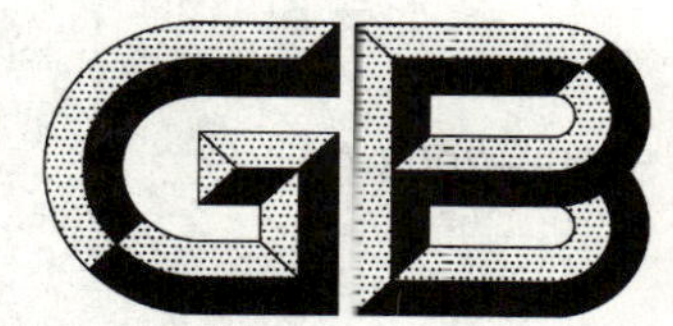

中华人民共和国国家标准

GB/T 5950—2008
代替 GB/T 5950—1996

建筑材料与非金属矿产品白度测量方法

Method for measurement of whiteness of building materials and non-metal mineral products

2008-05-04 发布　　2008-10-01 实施

中华人民共和国国家质量监督检验检疫总局
中国国家标准化管理委员会　发布

前　言

本标准代替 GB/T 5950—1996《建筑材料与非金属矿产品白度测量方法》。

本标准与 GB/T 5950—1996 相比，主要内容变化如下：

——对本标准 6 章中标准白板的选择进行了明确的规定；

——对本标准 9 章中的白度公式进行修订，采用 CIE(2004)推荐的白度计算公式。

本标准的附录 A 是规范性附录。

本标准由中国建筑材料联合会提出。

本标准由全国白度标准样品标准化技术工作组归口。

本标准起草单位：建筑材料工业技术监督研究中心、北京康光仪器有限公司、桂林桂广滑石开发有限公司、山东省平度市滑石矿业有限公司、龙岩高岭土有限公司、辽宁艾海滑石矿业有限公司、中国计量科学研究院、柯尼卡美能达公司、中核华原钛白股份有限公司、大连建筑科学研究设计院股份有限公司、大连市金州区建筑工程质量监督站、北京光学仪器厂、上海劲佳科学仪器有限公司、北京兴光测色仪器公司。

本标准主要起草人：王桓、王峰、卢德云、于忠章、齐颖、吴新涛、尹泰安、陈东华、王国发、于勇、程良喜、李文生、李继红。

本标准所代替标准的历次版本发布情况为：

——GB/T 5950—1986，GB/T 5950—1996。

建筑材料与非金属矿产品白度测量方法

1 范围

本标准规定了建筑材料和非金属矿产品的白度测量方法。

本标准适用于白色和近白色陶瓷、涂料、白水泥、滑石、高岭土、硅灰石、石膏、重质和轻质碳酸钙等建筑材料及非金属矿产品的白度测量。

2 规范性引用文件

下列文件中的条款通过本标准的引用而成为本标准的条款。凡是注日期的引用文件,其随后所有的修改单(不包括勘误的内容)或修订版均不适用于本标准,然而,鼓励根据本标准达成协议的各方研究是否可使用这些文件的最新版本。凡是不注日期的引用文件,其最新版本适用于本标准。

GB/T 3977 颜色的表示方法
GB/T 3978 标准照明体及照明观测条件
GB/T 3979 物体色的测量方法
GB/T 5698 颜色术语
GB/T 7921 均匀色空间和色差公式
GB/T 8170 数值修约规则
GB/T 9086 用于色度和光度测量标准白板
GB/T 11942 彩色建筑材料色度测量方法
GB/T 17749 白度的表示方法
GSB A 67001 氧化镁白度实物标准
GSB A 67002 陶瓷标准白板
GSB A 67006 硫酸钡白度实物标准
GSB Q 30001 无光釉陶瓷系列标准白板
JJG 512—2002 白度计检定规程

3 术语和定义

GB/T 5698 确立的术语和定义适用于本标准。

4 试验方法

当光谱反射比均为1的理想完全反射漫射体的白度为100,光谱反射比均为0的绝对黑体白度为0时,采用本标准规定的条件,测出试样的三刺激值,再用所规定的公式计算白度,并可计算试样的色调角、彩度和试样间的色差。

5 仪器

5.1 光谱测色仪应符合 GB/T 3979 的规定。

5.2 光谱测色仪应符合 GB/T 11942 的规定。

5.3 光电积分类测色仪器应满足 JJG 512—2002 的规定。

5.4 色度计算中,照明体采用 GB/T 3978 规定的标准照明体 D65,标准色度观察者色匹配函数应符合 GB/T 3977,采用10°视场的光谱三刺激值 $\bar{x}_{10}(\lambda)$,$\bar{y}_{10}(\lambda)$和 $\bar{z}_{10}(\lambda)$。

5.5 照明与观测条件应符合 GB/T 3978 的规定，以 0/d 或 d/0 条件为优选。

5.6 仪器配有恒压 HY-3 型号粉体压样器，用光学磨砂玻璃压样。

6 标准白板

6.1 标准白板的选择

6.1.1 测量非金属矿粉体采用的标准白板应符合 GB/T 9086 的规定，选用辐亮度因数在 85±2、90±2 和 95±2 的 GSB Q 30001 无光釉陶瓷系列标准白板 3 块，如有被测样品的蓝光白度超过 95 采用 GSB A 67001 或GSB A 67006，并用符合 GB/T 9086 规定的粉体压样器将其压制成标准白板。

6.1.2 测量非粉体标准样品，根据样品表面的光泽采用的标准白板应符合 GB/T 9086 的规定，低光泽样品采用 GSB Q 30001 无光釉陶瓷系列标准白板，光泽较高的表面采用 GSB A 67002 陶瓷标准白板。

6.2 标准白板的标定

每年由国家标准化行政管理部门授权的单位标定。

7 试样

7.1 取样和处理

7.1.1 按各自有关产品标准规定的取样方法取样，没有取样方法标准的产品应取有代表性的试样，成型制品一般不少于 3 件。

7.1.2 滑石粉的水分应不大于 0.2%，高岭土试样全部通过 0.106 mm 筛孔后于 80℃～90℃烘干至水分不大于 1.5%，并在干燥器中冷却至室温后备用。以喷雾干燥等非研磨工艺成型的高岭土产品，应取适量试样加水调成糊状后，烘干研磨成粉体并全部过 0.106 mm 筛孔后备用。白色陶瓷试样一般情况下不必烘样，如试样受潮影响白度时，需在 105℃～110℃干燥箱中烘 4 h，取出，置于干燥器中冷至室温，备用。制样过程应防止试样的污染。

7.2 制样

7.2.1 白色粉末状试样板的制备。取一定量的粉末状试样放入压样器中，压制成表面平整、无纹理、无疵点、无污点的试样板。每批产品应在相同条件下压制 3 件试样板。

7.2.2 其他白色试样如陶瓷、涂料等，参照其制样标准制样。

8 测量

8.1 仪器的调校

8.1.1 按仪器使用说明预热稳定仪器，调零。

8.1.2 用标准白板调校仪器。

8.2 三刺激值的测量

按 GB/T 11942 进行。

8.3 白色产品色差的测量

按 GB/T 11942 进行。

9 测量结果的计算

9.1 白度的计算方法

白度 W 或 W_{10} 分别按照下列式(1)或者式(2)计算，如果有必要可以采用 GB/T 17749 推荐的计算公式。

$$W = Y + 800(x_n - x) + 1\,700(y_n - y) \quad \cdots\cdots(1)$$

$$W_{10} = Y_{10} + 800(x_{n,10} - x_{10}) + 1\,700(y_{n,10} - y_{10}) \quad \cdots\cdots(2)$$

式中：

W——样品在 XYZ 色度学系统的白度；

Y——样品在 XYZ 色度学系统的三刺激值中的 Y 值；

x、y——样品在 XYZ 色度学系统的三色坐标中的 x、y 值；

x_n、y_n——完全反射漫射体在 XYZ 色度学系统的三色坐标中 x_n、y_n 值(见表 1)；

W_{10}——样品在 X_{10}、Y_{10}、Z_{10} 色度学系统的白度；

Y_{10}——样品在 X_{10}、Y_{10}、Z_{10} 色度学系统的三色坐标中 Y_{10} 值；

x_{10}、y_{10}——样品在 X_{10}、Y_{10}、Z_{10} 色度学系统的三色坐标中 x_{10}、y_{10} 值；

$x_{n,10}$、$y_{n,10}$——完全反射漫射体在 X_{10}、Y_{10}、Z_{10} 色度学系统的三色坐标中 $x_{n,10}$、$y_{n,10}$ 值(见表 1)。

9.2 淡色调指数的计算方法

淡色调指数 T_W 或 $T_{W,10}$ 分别按下列式(3)或式(4)计算：

$$T_W = 1\,000(x_n - x) - 650(y_n - y) \qquad (3)$$

$$T_{W,10} = 900(x_{n,10} - x_{10}) - 650(y_{n,10} - y_{10}) \qquad (4)$$

式中：

T_W——样品在 XYZ 色度学系统的淡色调指数；

x、y——样品在 XYZ 色度学系统的三色坐标中的 x、y 值；

x_n、y_n——完全反射漫射体在 XYZ 色度学系统的三色坐标中 x_n、y_n 值(见表 1)；

$T_{W,10}$——样品在 X_{10}、Y_{10}、Z_{10} 色度学系统的淡色调指数；

x_{10}、y_{10}——样品在 X_{10}、Y_{10}、Z_{10} 色度学系统的三色坐标中 x_{10}、y_{10} 值；

$x_{n,10}$、$y_{n,10}$——完全反射漫射体在 X_{10}、Y_{10}、Z_{10} 色度学系统的三色坐标中 $x_{n,10}$、$y_{n,10}$ 值(见表 1)。

计算结果按 GB/T 8170 修约至小数点后 1 位。

表 1 完全反射漫射体在 D65 标准照明体下的三刺激值和三色坐标

项目		5 nm	10 nm
XYZ 色度学系统	X_n	95.04	95.02
	Y_n	100.00	100.00
	Z_n	108.88	108.81
	x_n	0.312 7	0.312 7
	y_n	0.329 0	0.329 0
	$X_{n,10}$	94.81	94.83
	$Y_{n,10}$	100.00	100.00
	$Z_{n,10}$	107.32	107.38
	$x_{n,10}$	0.313 8	0.313 8
	$y_{n,10}$	0.331 0	0.330 9

9.3 白度和淡色调指数的适用范围

本标准为 CIE 推荐的中性白的评价公式，等淡色调线式近乎于主波长为 466 nm 的平行线。白度公式不适用于彩色样品。式(1)～式(4)中的白度 W 及 W_{10}，淡色调指数 T_W 及 $T_{W,10}$ 分别适用于下列范围的样品：

$40 < W < (5Y - 280)$ 或 $40 < W_{10} < (5Y_{10} - 280)$ $-3.0 < T_W < +3.0$ 或 $-3.0 < T_{W,10} < +3.0$

9.4 试样的色调角和彩度的计算

按 GB/T 7921 规定的公式计算：

$$h_{ab}^{*} = \mathrm{arctg}(b^{*}/a^{*}) \qquad (5)$$

$$C_{ab}^{*} = [(a^{*})^2 + (b^{*})^2]^{1/2} \qquad (6)$$

式中：

h_{ab}^*——试样的色调角；

C_{ab}^*——试样的彩度；

a^*、b^*——试样的色品指数。

计算结果按 GB/T 8170 修约至小数点后 1 位。

9.5 **白色产品的色差的计算**

按 GB/T 7921 规定的公式计算：

$$\Delta E_{ab}^* = [(\Delta L^*)^2 + (\Delta a^*)^2 + (\Delta b^*)^2]^{1/2} \quad \cdots\cdots(7)$$

式中：

ΔE_{ab}^*——被测试样与标准试样间色差；

ΔL^*——被测试样与标准试样间的明度差；

Δa^*，Δb^*——被测试样与标准试样间的色品指数差。

计算结果按 GB/T 8170 修约至小数点后 1 位。

9.6 **结果处理**

以三块试样板的白度平均值为试样的白度。当三块粉体试样板的白度值中有一个超过平均值的±0.5 时，应予剔除，取其余两个测量值的平均值作为白度结果；如有两个超过平均值的±0.5 时，应重做测量。同一试验室内偏差应不超过 0.5。

10 测试报告

测试报告应包括下列内容：

a) 试样的名称、标志、编号、生产厂家或送样单位；

b) 依据标准的编号、名称；

c) 仪器的型号，照明与观测条件，是否消除光泽，视场及照明体类型，测孔面积及所配标准白板；

d) 试样的白度及所用白度评价公式；

e) 试样的彩度；

f) 当试样的彩度大于 3.0 时，同时报出试样的彩度，色调角及色调；

g) 按要求报出试样间的色差；

h) 偏离本标准的其他测量条件；

i) 试验结果；

j) 试验日期；

k) 试验单位、试验人员。

ICS 25.180.10
K 60

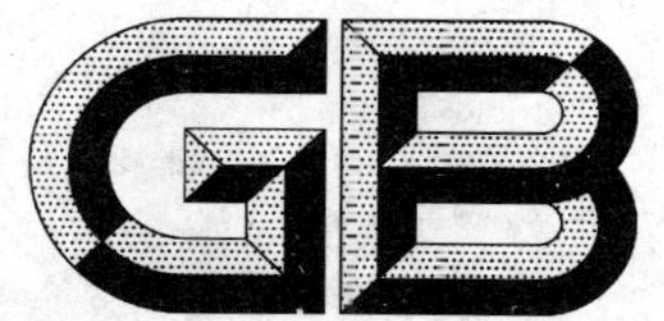

中华人民共和国国家标准

GB 5959.2—2008/IEC 60519-4:2006
代替 GB 5959.2—1998

电热装置的安全 第2部分:对电弧炉装置的特殊要求

Safety in electroheat installations—
Part 2:Particular requirements for arc furnace installations

(IEC 60519-4:2006,Safety in electroheat installations—
Part 4:Particular requirements for arc furnace installation,IDT)

2008-09-19 发布　　2009-06-01 实施

中华人民共和国国家质量监督检验检疫总局
中国国家标准化管理委员会　发布

前言

本部分的全部技术内容为强制性的。

GB 5959《电热装置的安全》有如下 13 个部分：

——第 1 部分：通用要求(GB 5959.1—2005,IEC 60519-1:2003,IDT)；

——第 2 部分：对电弧炉装置的特殊要求(GB 5959.2—2008,IEC 60519-4:2006,IDT)；

——第 3 部分：对感应和导电加热装置以及感应熔炼装置的特殊要求(GB 5959.3—2008,IEC 60519-3:2005,IDT)；

——第 4 部分：对电阻加热装置的特殊要求(GB 5959.4—2008,IEC 60519-2:2006,IDT)；

——第 41 部分：对电阻加热装置——玻璃加热和熔化装置的特殊要求(GB 5959.41—2004,IEC 60519-21:1998,IDT)；

——第 5 部分：等离子设备的安全规范(GB 5959.5—1991,eqv IEC 60519-5:1980)；

——第 6 部分：工业微波加热设备的安全规范(GB 5959.6—2008,IEC 60519-6:2002,IDT)；

——第 7 部分：对具有电子枪的装置的特殊要求(GB 5959.7—2008,IEC 60519-7:2008,IDT)；

——第 8 部分：对电渣重熔炉的特殊要求(GB 5959.8—2007,IEC 60519-8:2005,IDT)；

——第 9 部分：对高频介质加热装置的特殊要求(GB 5959.9—2008,IEC 60519-9:2005,IDT)；

——第 10 部分：对工商业用电阻仿形加热系统的特殊要求(IEC 60519-10:2005,待转化)；

——第 11 部分：对液态金属电磁搅拌、输送或浇注设备的特殊要求(GB 5959.11—2000,idt IEC 60519-11:1997)；

——第 13 部分：对具有爆炸性气氛的电热装置的特殊要求(GB 5959.13—2008)。

这套标准除第 13 部分外，均采用对应的 IEC 60519《电热装置的安全》各部分制定。

本部分为 GB 5959 的第 2 部分。

本部分等同采用 IEC 60519-4:2006《电热装置的安全　第 4 部分：对电弧炉装置的特殊要求》(第三版，英文版)。

为便于使用，对于 IEC 60519-4:2006，本部分做了下列编辑性修改：

——“本国际标准”一词改为“本部分”；

——标准名称由《电热装置的安全　第 4 部分：对电弧炉装置的特殊要求》改为现名；

——删除国际标准的前言。

本部分代替 GB 5959.2—1998《电热设备的安全　第二部分：对电弧炉的特殊要求》，与后者相比主要变化如下：

——调整结构与 GB 5959.1—2005 相符；

——增加定义了电弧炉分类在第二电压区段和可能在第三电压区段的设备(4.2.2)；

——在第 6 章增加了对电磁作用影响的相关规定；

——在第 9 章中增加了直接接触带电部件的规定(9.2.3)；

——在第 11 章中规定了“倾动导轨不能作为返回电路”(11.4.3)；

——在第 16 章中增加了对直流电弧炉的规定。

本部分应与 GB 5959.1—2005 配合使用。

本部分的附录 A 和附录 B 为规范性附录。

本部分由中国电器工业协会提出。

本部分由全国工业电热设备标准化技术委员会(SAC/TC 121)归口。

本部分起草单位:西安电炉研究所有限公司。

本部分主要起草人:范超英。

本部分所代替标准的历次版本发布情况为:

——GB 5959.2—1986;GB 5959.2—1998。

电热装置的安全
第2部分:对电弧炉装置的特殊要求

1 范围

GB 5959的本部分适用于如下电热装置:

——直接电弧加热炉,如:直接电弧炉、埋弧炉、电弧加热钢包炉;

——间接电弧加热炉。

注:当电弧炉的电极通过直流电时,这种电弧炉被称作直流电弧炉。

2 规范性引用文件

下列文件中的条款通过GB 5959的本部分的引用而成为本部分的条款。凡是注日期的引用文件,其随后所有的修改单(不包括勘误的内容)或修订版均不适用于本部分,然而,鼓励根据本部分达成协议的各方研究是否可使用这些文件的最新版本。凡是不注日期的引用文件,其最新版本适用于本部分。

GB/T 2900.23—2008 电工术语 工业电热装置(IEC 60050-841:2004,IDT)

GB 5959.1—2005 电热装置的安全 第1部分:通用要求(IEC 60519-1:2003,IDT)

IEC 60073:2002 人-机接口,标记和鉴别用的基本原理和安全原则 指示设备和调节器的编码原理

IEC 60204-1:2005 机械安全 机械电气设备 第1部分:通用技术条件[1)]

IEC 60364-4-41:2005 低压电气设备 第4-41部分:安全防护 电击防护[2)]

IEC 60364-4-43:2001 建筑物电气设备 第4-43部分:安全防护 过电流保护[3)]

IEC 60479-1:2005 电流对人类和家畜的影响 第1部分:一般特性[4)]

CISPR 11:2006 工业、科学和医疗(ISM)射频设备 电子骚扰特性 限值和测量方法[5)]

3 术语和定义

GB 5959.1—2005和GB/T 2900.23—2008确立的术语和定义适用于本部分。

4 电热设备按电压区段的分类

除下列补充外,按GB 5959.1—2005第4章要求。

4.1 增加:

电压区段是由与电极相连接的线间开路额定电源电压确定的。

1) 采标说明:GB 5226.1—2002 机械安全 机械电气设备 第1部分:通用技术条件(现行有效版本)(IEC 60204-1:2000,IDT)。

2) 采标说明:GB 16895.21—2004 建筑物电气装置 第4-41部分:安全防护 电击防护(现行有效版本)(IEC 60364-4-41:2001,IDT)。

3) 采标说明:GB 16895.5—2000 建筑物电气装置 第4部分:安全防护 第43章:过电流保护(现行有效版本)(IEC 60364-4-43:1977,IDT)。

4) 采标说明:GB/T 13870.1—1992 电流通过人体的效应 第一部分:常用部分(现行有效版本)(neq IEC 60479-1:1984)。

5) 采标说明:GB 4824—2004 工业、科学和医疗(ISM)射频设备 电磁骚扰特性 限值和测量方法(现行有效版本)(CISPR 11:2003,IDT)。

4.2.2 **增加：**

直接电弧炉的电压可以超出第二电压区段，在大于交流1 000 V(或直流1 500 V)，小于交流1 500 V(或直流2 100 V)之间。

应在下列前提下：

a) 在满足操作要求的前提下，根据相关标准设计的电源装置的电压超过交流1 000 V(或直流1 500 V)；

b) 预期指标和附属设备根据15.3满足实际标称电压的要求；

c) 大电流导体对地的绝缘满足相关标准的最低要求。

5 电热设备按频率区段的分类

除下列补充外，按GB 5959.1—2005第5章的要求。

5.1 **增加：**

就电磁干扰特性而言，直流频率为零。

6 一般要求

除下列要求外，按GB 5959.1—2005第6章和附录B。

6.1.1 **替代：**

第三段由下面的内容替代：

对电压超过第二电压区段(交流1 000 V)和不超过第三电压区段交流3 600 V(或直流5 000 V)的电弧炉，其沿表面和在空气中的绝缘距离应考虑在高温、强电场以及在有金属蒸气喷射、溅落和污染等情况下可能发生的电离现象。

6.1.3 **替代：**

甚至在未砌筑耐火炉衬时，也应保证炉子有足够的机械稳定性。对矩形埋弧炉需砌筑耐火炉衬，以保证机械稳定性，设计时应考虑能按照炉子的膨胀情况进行调整。

操作位置应安置在操作者从正常位置能既方便又安全地到达的区域内，尽量做到合理、实用。

操作位置的设计和安置应防止它们的误动作，尽量做到合理、实用。设计用于插头连接的操作装置应有可机械锁定的插接件，并且该插接件不与电源连线一起移动。

6.1.5 **替代：**

各种软管(水管、液压管等)在装置运行期间不应受过强的机械应力。

6.2.1 **替代：**

靠近高温元件安装的电气设备应有足够的抗热强度和防护性。

6.2.3 **替代：**

在由变压器、电抗器、电容器和整流器等组成的电路的正常操作中，会产生瞬态电压。应采取预防措施以避免该瞬态电压对人身的任何危害。电气装置的设计应能抑制和/或承受电弧炉在正常操作时产生的极高过电压。

6.2.6 **替代：**

电气设备的布置应使其在正常运行时不会因物理和化学的作用(如周围环境的热影响，熔融材料和盐的溅射、潮湿、油、冲击、摩擦或由工作电流产生的电磁力等的作用)而损坏。如有必要，应采取适当措施，例如设置保护沟、槽等。

6.3.2 **替代：**

对电磁泄露(杂散场)效应，例如：涡流和感应电压，也应采取类似的预防措施，尽量做到合理、实用。

6.4.1 **替代：**

对于电弧炉产生的电磁干扰的安全限值按CISPR 11:2006的要求。

增加以下新条款：

6.4.6 对于直流电弧炉要采取措施避免直流强磁场对电气装置的影响例如：显示仪表、控制仪表、电磁阀、传感器；并要防止钢制部件的磁化。

6.6 增加：

本要求也适用于电弧炉的其他水冷部分，例如，直流电弧炉的底电极。

6.6.6 增加：

——最大和最小进水压力。

7 隔离和开合

除下列补充外，按 GB 5959.1—2005 第 7 章的要求。

增加下列新条款：

7.3 紧急断开操作装置应按 IEC 60073:2002，明显地标以红色标记。在操作手柄所在处的底面区域应涂以黄色作背衬，使手柄清楚可见。紧急断开操作装置的操作器具应放置在危险区域外操作人员易于接近的地方。

7.4 在上炉顶之前或要在电极附近工作之间，应对包括直流电弧炉的底电极和其他导电部件执行附录 A 中所列的隔离和/或接地程序。应提供防止无意中重新接通电路的措施。

7.5 应特别注意降压—升压电源系统（见图 A.3），以保证在对电极进行作业期间，操作者所处位置被尽可能安全可靠地连接到低压短路和接地装置的接地点。

在停炉期间，电流和电压的特殊指示器应在系统发生任何事故时，使高压断路器跳闸以保证 IEC 60479-1:2005 的电流-时间关系函数 C_1 不超出要求。

7.6 与炉子有关的所有控制装置应设计成"故障安全保护"型，紧急断开功能应与电子元件无关，这些要求应尽量做到既合理又实用。

8 与电网的连接

按 GB 5959.1—2005 第 8 章的要求。

9 触电的防护

除下列补充外，按 GB 5959.1—2005 第 9 章的要求。

9.1 增加：

各国的国家标准应适用于第 3 电压区段的装置，直到另有通告为止。

电击的防护见 4.2.2。

增加下列新条款：

9.2.3 不能直接接触带电部件，但是某些带电部件的操作步骤可以用设计的专用设备和工具来完成。

9.3.2 替代：

出于保证间接接触操作的安全考虑，IEC 60364-4-41:2005 中可适用的要求仅为与 IT 接地系统的有关的部分。

9.4 替代：

电弧炉中，对万一绝缘损坏时易发生偶然带电的所有可接地的金属零件，应在电气上尽可能通过最短路径把它们安全和坚固地与接地端子或连接器插头的接地端相连。

10 过电流保护

除下列补充外，按 GB 5959.1—2005 第 10 章的要求。

替代：

应按有关标准，如 IEC 60364-4-43:2001 和 IEC 60204-1:2005，为电弧炉提供过电流保护措施。

必要时，对过流（过载和短路）应提供超出这些标准规范的防护措施。

注：IEC 60364-4-43:2001 涉及电压高至 1 000 V 的电缆和接线的防护。

增加下列新条款：

10.1 连接电热设备到电源的开关装置应能可靠切断可能发生的所有电流，包括故障电流。

当两只开关串联运行时，它们应能安全通过和可靠切断可能发生的所有电流，包括故障电流。

10.2 过电流的保护措施见 4.2.2 增加的要求中。

11 等电位连接

除下列补充外，按 GB 5959.1—2005 第 11 章的要求。

增加下列新条款：

11.4.3 倾动导轨不能作为返回电路。

12 控制电路和控制功能

按 GB 5959.1—2005 第 12 章的要求。

13 热影响的防护

按 GB 5959.1—2005 第 13 章的要求。

14 防火和防爆

按 GB 5959.1—2005 第 14 章的要求。

15 铭牌、标记和技术文件

除下列补充外，按 GB 5959.1—2005 第 15 章的要求。

15.1.1 **增加：**

l) 主要连接的识别（例如：炉子主要电路图的图号）。

增加下列新条款：

15.2.5 铭牌最好置于电弧炉的主控制屏上。当设备的任何部分在细节上有重要的改变时，应更新铭牌。

15.3 **增加：**

此外，电弧炉制造厂应提供电热装置各部分的功能描述、操作说明、电路图及维护说明。这些文件使用的语言由制造厂和用户协商。

除非另有协议，这些文件应采用该设备安装所在国的语言。

16 电弧炉装置的检查、投入运行、使用和维护

除下列补充外，按 GB 5959.1—2005 第 16 章的要求。

增加下列新条款：

16.1.3 有关电隔离的具体要求应在单独的说明书中规定。这些要求应张贴在开关操作区域和/或给有关人员发放获得认可的说明书。

16.3.4 所有人员应穿戴适合从事炉子操作的防护服，合适的内衣及其他防护用品，例如：

——防护靴；

——防火头盔（不导电）；

——防护面具(例如,面罩和有色眼镜);

——耳套;

——围腰;

——隔热手套;

——有色护目镜。

直流电弧炉的强光适合选择有色护目镜。

16.3.5 除特许人员外,不允许任何人接近带电部分,包括直流炉的底电极。

16.3.6 应告知操作人员与炉子有关的各种危险。此外,应用警告牌警告他们不要接近炉子下面的任何危险区域以及载流导体区域。这些危险区域的入口应用一个或多个栅栏挡住,尽量做到合理、实用。

16.3.7 只有采用了7.4所述的防护措施后,才能进行与电极的松开、夹紧、调换及连接有关的工作以及对电极附件进行的作业。以上要求也适用于电极的自动连接。

16.3.8 如果人身安全得到其他合适的预防措施的全面保障(如:操作人员位于绝缘处,留有足够的安全距离、使用绝缘工具、仅接触一根电极)则允许放松16.3.7的要求。

16.3.9 如果炉子处在通电状态,则工具、氧枪、熔池测温取样枪和其他金属装置应有效接地,或当有可能时,应将其可接近的金属部件绝缘,或只让与地绝缘的人员使用。如果可行,这些器具(包括装料车臂)的长度,应不得使其靠近电极区域。如果不行,则应采取合适的操作程序,即在上述所列的操作期间提升电极并保持提升状态。当采用自动型枪时,这些枪应可靠接地并倾斜一个角度,以使它们在远离电极处浸入熔池。

以上要求不一定适用于直流电弧炉。对直流电弧炉应采取其他合适的防护措施,以免电压对人身的伤害。

有关直流电弧炉的防护措施正在考虑中。

16.4.6 当在炉内从事维修作业时,应采取适当的安全预防措施来防止电极、电极碎片或残余炉料掉进炉内。

16.4.7 当在炉内焊接冷却系统时,应采取下列防护措施:

a) 应关断相关的冷却部件并排空冷却液。

b) 应停止炉子部件的所有危险动作,如有必要,应将其锁定。

c) 如用某种材料覆盖炉底的热部件和/或残留钢液,该材料在其温度上升时,不应产生危险气体。

d) 为保护在热炉内进行焊接的人员,吊筐应作隔热处理。吊筐应按国家标准制造和维护。

e) 用于在炉内作维修工作的焊机和其他电气工具,其类型应适合在钢制容器内工作,并符合国家标准。

16.4.8 负责冲洗炉子冷却水管(例如,用盐酸溶液)的操作人员应受过训练并被很好地保护(穿防护服和采取其他适用于该特殊用途的保护措施,例如,橡胶手套、防酸护目镜、淋浴器、眼睛清洗装置等)。

16.4.9 当使用辅助电源对二次载流导体或在其附近从事维修工作时,应防止接近所有其他绕组及其连接体,除非这些绕组都被短路并接地。强调这个要求的原因是,由于给二次连接体通电时,会在其他绕组中产生危险电压。这种情况主要发生在焊接工作中。

同样的预防措施也适用于二次仪器和控制装置进行试验和/或对其进行其他作业的情况。

如果在接近分接开关期间,其各部分难以很好接地,则应防止在有关的二次侧进行焊接、试验和其他作业。

注:见附录A和9.4。

增加:

17 设计要求

17.1 一般要求

如果随后的其余各条款由于技术的发展不能严格的执行,按照安全的宗旨下面各项必须遵守:

a) 应有可靠的工程措施,保证电极与炉盖之间的绝缘可靠;

b) 要求操作者易接近的炉子各部分安全接地,对于有危险和不能采用接地措施的部分,应采用特殊的措施阻止操作者进入危险区域;

c) 倾炉装置在正常运行的情况下无论发生任何故障,应能提供备用的安全措施;

d) 炉子的结构设计,应考虑吊车操作者能在厂房内安全穿行防止被电击的危险。

17.2 电极及其辅助装置

17.2.1 电极支撑机构应与驱动机构(电极定位机构)和炉架绝缘。驱动机构和炉架应可靠接地。

17.2.2 每个电极的升降系统应供有两只限位开关或类似的装置。第二只限位开关或类似装置可用于检测超行程。另外,应提供机械式的行程终端停止装置。

注:如果在电极升降系统的设计中,已考虑了行程终端停止,就不必有第二只限位开关了。

17.2.3 对自焙电极(索德伯格电极)应注意一定要在电极夹持器松开以前可靠地闭合电极上夹头。对气动型滑行系统,气源应有足够容量的储气罐。

17.2.4 应提供防止电极柱运动失控的机械锁定装置,以保证安全运行。

17.2.5 应采用合适的联锁机构或类似装置来适当地控制电极升降系统的所有运动,以防止损坏部件。

17.2.6 对装有底电极的炉子,应提供底电极监测装置,并限定底电极与接地外壳之间的电压值,以防止绝缘失效。

17.3 水冷电极

17.3.1 复合电极

除了检测流量和温度外,还应提供泄漏监测系统,用于中断炉子的能源供应,切断水源(进、出水管)和提升电极。

17.3.2 喷水冷却

每根电极应配备调节水流量的装置。使水流量在正常运行条件下(包括倾炉和出钢、除渣),所有的水都在电极上蒸发掉。

有必要采取足够的措施在炉子停电时切断喷水冷却(可能延迟一段时间后)。

17.4 炉壳和炉盖

17.4.1 所有类型的炉壳(例如,骨架结构的炉壳)应直接接地或把它们与也应接地的炉壳机座相连接。

注1:埋弧炉的炉盖可与地绝缘。

注2:旋转式埋弧炉的炉壳可通过限流电阻接地,以防止能引起接地线燃烧或损坏转轮轴承的故障电流。

应提供过压继电器,当炉壳与地之间出现危险电压时,切断炉子供电。

17.4.2 应采用合适的联锁机构或类似装置,很好地控制炉子各部分运动,例如,倾炉、炉壳旋转和炉盖旋开,以防止任何误操作或损坏部件。

17.4.3 应提供备用措施以便当倾炉机构发生故障时,能使炉子返回或保持在安全位置上。

17.4.4 炉子的各运动部分应采取机械限位装置,如需要,应采用超行程限位开关。

17.4.5 不允许接近炉子上部结构(炉盖支架和电极臂),除非炉子已可靠地断电。见附录A,例外情况见16.3.8。

17.4.6 应由光信号来显示炉子的运行状况(通电或断电),光信号的位置应使炉子附近的所有人员都能看得见。

17.4.7 炉子应提供提升电极到安全位置的机构。停电时,电极应停在其位置上,或者如有必要,将电极送至安全位置。

注:不适用于埋弧炉。

17.5 装料、除渣和出钢

17.5.1 装料装置是炉子装置的一个完整部件,它应采用实用和可靠的方法接地或采用适当的方法进行电气绝缘。

17.5.2 操作人员所在场所,应具有合适的防护措施和撤离通道,以防御火焰、热粒子、下落炉料等。对装料装置,也应提供类似的防护通道。

17.5.3 在除渣和出钢期间,接近炉子危险区域的人员仅限于与炉子密切有关的、受过训练和批准的人员。

17.6 附加要求

17.6.1 在除渣和出钢区域应避免有积水。万一发生水泄露,应采取各种措施清除出钢区域的所有积水。

本要求不适用于带有粒化设备的炉子装置。在这种情况下,为避免发生爆炸,应遵循特殊的安全预防措施。

17.6.2 需要检查和维护的炉子的各种零部件(电气绝缘件、电极臂、电极支撑装置、冷却部件、伺服电机等)应能容易地接近。为此目的,应提供梯子、平台、通道和其他的一些设施。

所有工作区应配置符合国家标准的防护栏杆。

17.6.3 出钢坑应有充分的自由空间,以便钢包调用。

出钢坑应按国家标准尽可能设置防护栏杆。

17.6.4 当加压的气体储存容器(各种气体钢瓶)、管道系统和有关的设备放置在炉子附近时,应采取措施保护它们避免可能的过热、放电和热料的飞溅。对于便携压力容器(例如,各种气体钢瓶或小车上的各种球状气体容器等)应采取类似的安全预防措施。

17.6.5 当采用钥匙给炉子合闸送电时,除非炉子开关处于断开位置,否则,钥匙应不能拔出。

17.6.6 电炉变压器应只能从主控制屏合闸。在特殊的维修情况下,如有必要,则应允许按规定的安全工作程序对炉子遥控合闸。

17.6.7 炉子的设计应能使导电部件避免与吊车钢丝绳发生任何接触。例如:提供联锁,使带电部件不能与吊车的钢丝绳接触。

对埋弧炉,如有必要在炉子运行时用吊车吊装电极,则必须使用绝缘绳或使吊车与地完全绝缘。

18 过电压保护

应采取特别的预防措施避免在变压器二次侧产生的极高过电压损坏装置。

附　录　A
（规范性附录）
对在电极和二次回路其他带电部分附近工作的人员的附加安全保障系统

考虑到电压的升高和/或新的开关技术，要求满足下列对人身安全的设计要求中的一个：

a)　电炉高压开关或高压断路器处于断开位置，同时高压隔离开关也处于断开位置（见图 A.1）；

b)　电炉高压开关或高压断路器处于断开位置，同时高压接地开关处于闭合位置（见图 A.2）；

c)　对降压—升压—（中间电路）变压器：中间电路开关处于断开位置，同时低压接地和短路装置处于闭合位置（见图 A.3）。

在图 A.1 和图 A.2 的情况下，对二次侧的任何意外馈电没提供防护措施。为使二次侧电位接近地电压，应提供附加的措施。

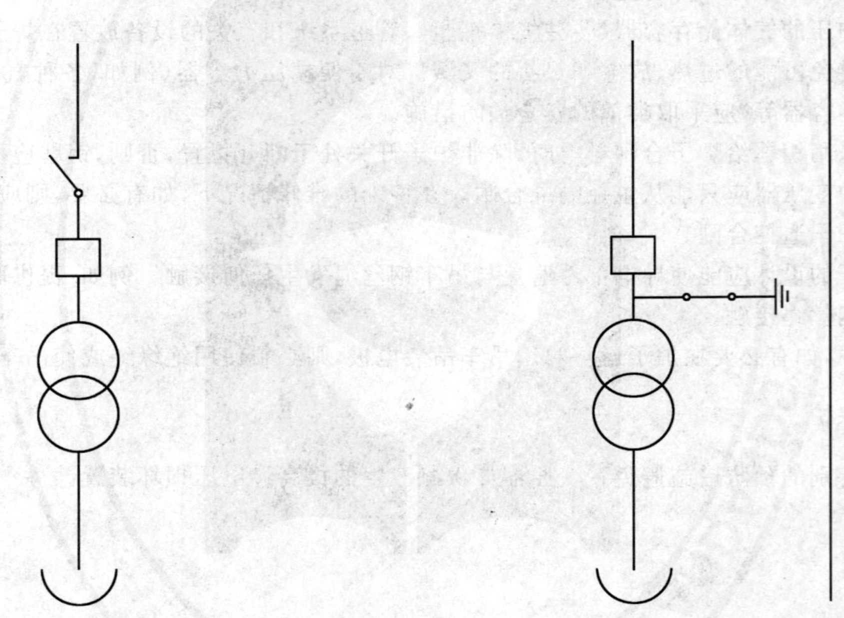

图 A.1　炉子高压开关（或炉子断路器）在断开位置同时高压隔离开关也处于断开位置

图 A.2　炉子高压开关（或炉子断路器）在断开位置同时高压接地开关处于闭合位置

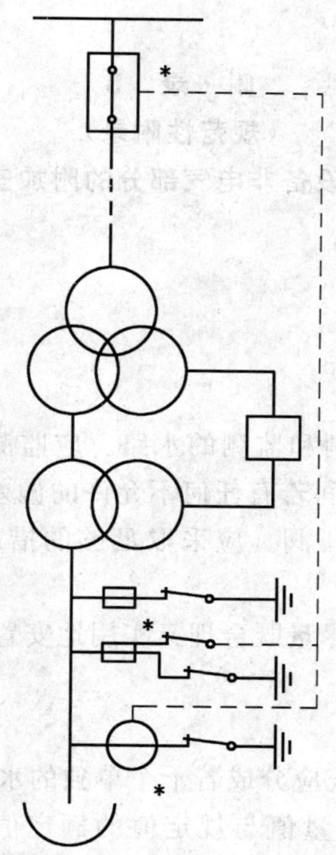

*——应提供特殊的指示器，当停炉期间系统发生任何故障时使高压断路器跳闸

图 A.3　电弧炉升压—降压变压器或中间电路变压器

图 A.1～A.3 图注：

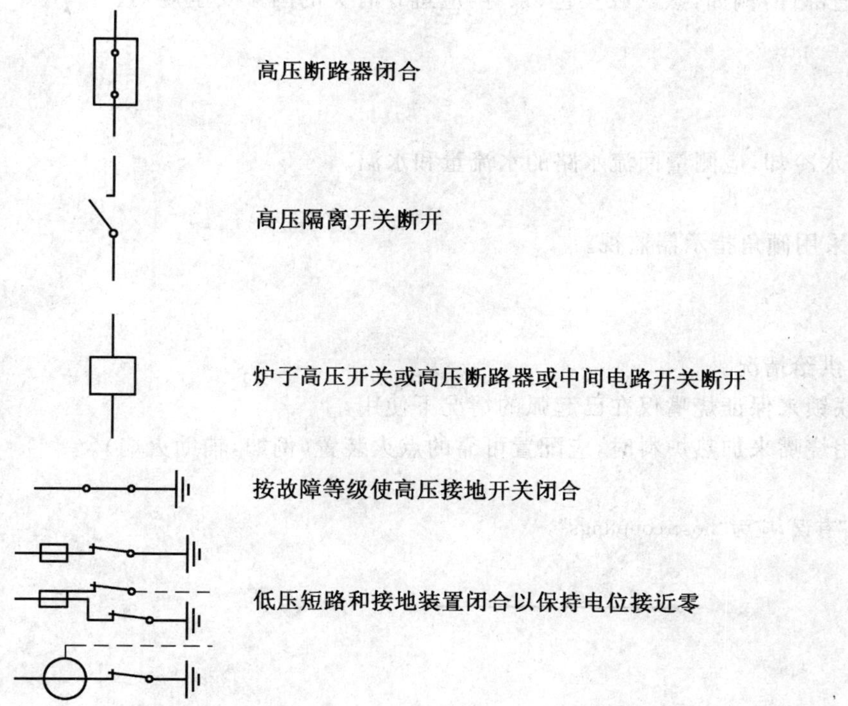

注：所示符号显示了允许电极吊装和进行有关作业，各开关位置应处的开关状态。

附　录　B
（规范性附录）
对电弧炉设备非电气部分的附加安全要求

下列要求是最低安全要求。

B.1　炉壳和炉盖的水冷系统

除6.6外还应符合下列要求。

B.1.1　冷却系统应分成若干个单独控制和监测的水路。应监测水流量，必要时还应监测每组并联支路的出水温度。测量值与规定的额定值间若有任何不允许的偏差时，应作故障显示。

B.1.2　对每个闭合冷却系统应提供过压阀。应采取足够的措施来保证在维修期间不发生不允许的过压。

B.1.3　过压阀、软接头[6]和其他出口应尽量既合理又实用地安置在炉子工作区外。

B.2　炉壳和炉盖的蒸发冷却

B.2.1　对蒸发冷却炉壳炉盖的冷却系统应分成若干个单独的水路。

B.2.2　应监测各个水路的水流量。测量值与规定值的额定值间如有任何不允许的偏差，应作故障显示。

——每个水路应配备调节水流量的装置。

——此外，应能用单向阀和/或手动操作阀来分别关断每个回路。

B.2.3　对于冷却系统的普通部件，例如，蒸气收集包、泵等，应遵守有关的国家安全规则。

B.3　出钢方式

B.3.1　底出钢（中心式）

如果对底出钢法兰提供水冷却，应测量回流水路的水流量和水温。

B.3.2　偏心底出钢

见B.3.1。出钢过程应采用倾角指示器监视。

B.4　烧嘴（辅助烧嘴）

应充分监视每个烧嘴的供给情况。

通过适当的说明和/或联锁来保证烧嘴仅在已起弧的情况下使用。

否则，当炉子停电期间用烧嘴来加热炉料时，应配置可靠的点火装置（例如，辅助火焰）。

6）原文为“hoist couplings”有误，应为“hose couplings”。

ICS 25.180.10
K 60

中华人民共和国国家标准

GB 5959.3—2008/IEC 60519-3:2005
代替 GB 5959.3—1988

电热装置的安全
第3部分:对感应和导电加热装置以及感应熔炼装置的特殊要求

Safety in electroheat installations—Part 3: Particular requirements for induction and conduction heating and induction melting installations

(IEC 60519-3:2005,IDT)

2008-09-19 发布 2009-06-01 实施

中华人民共和国国家质量监督检验检疫总局
中国国家标准化管理委员会 发布

前 言

本部分的全部技术内容为强制性。

GB 5959《电热装置的安全》有如下13个部分:

——第1部分:通用要求(GB 5959.1—2005,IEC 60519-1:2003,IDT);

——第2部分:对电弧炉装置的特殊要求(GB 5959.2—2008,IEC 60519-4:2006,IDT);

——第3部分:对感应和导电加热装置以及感应熔炼装置的特殊要求(GB 5959.3—2008,IEC 60519-3:2005,IDT);

——第4部分:对电阻加热装置的特殊要求(GB 5959.4—2008,IEC 60519-2:2006,IDT);

——第41部分:对电阻加热装置——玻璃加热和熔化装置的特殊要求(GB 5959.41—2004,IEC 60519-21:1998,IDT);

——第5部分:等离子设备的安全规范(GB 5959.5—1991,eqv IEC 60519-5:1980);

——第6部分:工业微波加热设备的安全规范(GB 5959.6—2008,IEC 60519-6:2002,IDT);

——第7部分:对具有电子枪的装置的特殊要求(GB 5959.7—2008,IEC 60519-7:2008,IDT);

——第8部分:对电渣重熔炉的特殊要求(GB 5959.8—2007,IEC 60519-8:2005,IDT);

——第9部分:对高频介质加热装置的特殊要求(GB 5959.9—2008,IEC 60519-9:2005,IDT);

——第10部分:对工商业用电阻仿形加热系统的特殊要求(IEC 60519-10:2005,待转化);

——第11部分:对液态金属电磁搅拌、输送或浇注设备的特殊要求(GB 5959.11—2000,idt IEC 60519-11:1997);

——第13部分:对具有爆炸性气氛的电热装置的特殊要求(GB 5959.13—2008)。

这套标准除第13部分外,均采用对应的IEC 60519《电热装置的安全》各部分制定。

本部分为GB 5959的第3部分。

本部分等同采用IEC 60519-3:2005《电热装置的安全 第3部分:对感应和导电加热装置以及感应熔炼装置的特殊要求》(第三版,英文版)。

为便于使用,对于IEC 60519-3:2005,本部分做了下列编辑性修改:

——“本标准”一词改为“本部分”;

——删除国际标准的前言和序言。

本部分代替GB 5959.3—1988《电热设备的安全 第三部分:对感应和导电加热装置以及感应熔炼装置的特殊要求》,与后者相比主要技术变化如下:

——按GB 5959.1—2005,扩大了其适用范围,也包括不超过交流3 600 V或直流的第三电压区段的设备。

——术语定义与GB/T 2900.23—2008《电工术语 工业电热装置》保持一致。

——在章节上,删去“7 电动发电机式变频机组(变频机)”和“9 铁磁信频器”两章及其他章节中涉及该两种电源的有关内容,如删去了原10.1。由于技术进步,该两种电源已被淘汰。

——4 加热感应器

新增了对高功率加热感应器配置磁轭的有关要求(见4.1);

新增了对加热感应器冷却方面(包括备用冷却源)的技术要求(见4.3、4.4);

新增了配置电压限制系统的要求(见4.6)。

——5 电容器

新增了对串联电容器的放电要求(见5.4);

对液冷电容器的要求改为直接引用 GB 5959.1—2005 中 6.2.8 的规定。

——6　工频电源

新增了最后一段，即设计时应注意由于并联谐振可能的危险。

——7　固体变频器

新增了对发生故障时由于储能作用的防护要求。

——9　电缆、电线和母线

新增了对电缆、电线和母线布置的要求(见 9.1 第一段)。另新增了避免杂散场作用的要求(见 9.1 第三段)。

新增了避免产生过度的内部过流的要求(见 9.3 最后一段)。

——10　液体冷却

新增“应考虑开关阀时可能引起压力急增”的要求(见 10.3 第 2 段)。

新增关于避免冷却到露点以下要求(见 10.4)。

删去原 12.4，该条是我国采标时自行补充的。其内容已在本部分的 4.3、4.4、A.1.6、A.2.6 和 A.2.7 中分别提及。

——13　触电防护

删去了原 15.1.3 和 15.2 的第一段(内容与 GB 5959.1—2005 的 9.2 和 9.3 重复)。

取消了原最大接触电压持续时间表(图)，改为“推荐的限值正在考虑中，应采用现有的国家标准”(见 13.1.1)；

新增了对装有金属移植物、人工起搏器等人员的防护要求(见 13.3.1)。

——附录 B 对感应熔炼装置的特殊要求

删去了原 B.1.8 和 B.1.9 对液压装置和设置紧急倾炉机构的要求。

新增了定期检查炉料接地电极有效性的要求[见 B.4g)]。

删去原“B.6 热保护”(与 GB 5959.1—2005 第 13 章重复)。

本部分应与 GB 5959.1—2005 配合使用。本部分作为对感应和导电加热装置以及感应熔炼装置的特殊要求，在 GB 5959.1—2005 的基础上作了补充和完善。

本部分的附录 A 和附录 B 为规范性附录。

本部分由中国电器工业协会提出。

本部分由全国工业电热设备标准化技术委员会(SAC/TC 121)归口。

本部分起草单位：西安电炉研究所有限公司。

本部分主要起草人：葛华山、刘西萍。

本部分所代替标准的历次版本发布情况为：

——GB 5959.3—1988。

电热装置的安全
第3部分:对感应和导电加热装置以及感应熔炼装置的特殊要求

1 范围

GB 5959的本部分适用于:

——在工频、中频和高频下对固态炉料进行感应和导电加热的装置(对导电加热,也包括使用直流的情况);

——在工频、中频和高频下进行感应熔炼、保温和升温的装置;

——该电热装置中受加热部分影响的传送装置或装卸装置的部件。

应用举例:

——为后续热成形和热处理而对板材、扁锭、棒材、带材、线材、管材、铆钉等进行感应和导电加热的装置;

——具有坩埚式感应炉或沟槽式感应炉的装置。

本部分包括感应和导电加热装置以及感应熔炼装置的通用要求(1~14章),以及对感应和导电加热装置的特殊要求(附录A)和对感应熔炼装置的特殊要求(附录B)

2 规范性引用文件

下列文件中的条款通过GB 5959的本部分的引用而成为本部分的条款,凡是注日期的引用文件,其随后所有的修改单(不包括勘误的内容)或修订版均不适用于本部分,然而,鼓励根据本部分达成协议的各方研究是否可使用这些文件的最新版本,凡是不注日期的引用文件,其最新版本适用于本部分。

GB/T 2900.23—2008 电工术语 工业电热装置(IEC 60050-841:2004,IDT)

GB/T 3984.1—2004 感应加热装置用电力电容器 第1部分:总则(IEC 60110-1:1998,IDT)

GB 5959.1—2005 电热装置的安全 第1部分:通用要求(IEC 60519-1:2003,IDT)

GB/T 6115.1—2008 电力系统用串联电容器 第1部分:总则(IEC 60143-1:2004,MOD)

IEC 60364-4-41:2005 低压电器装置 第4-41部分:安全防护 电击防护[1)]

3 术语和定义

GB/T 2900.23—2008和GB 5959.1—2005确立的以及下列术语和定义适用于本部分。

3.1

感应加热 induction heating

利用感应电流产生的焦耳效应的电加热。

[GB/T 2900.23—2008,841-27-04]

3.2

导电加热 conduction heating

电流通过被加热材料的电阻加热。

1) 采标情况:GB 16895.21—2004 建筑物电气装置 第4-41部分:安全防护 电击防护(现行有效版本)(IEC 60364-4-41:2001,IDT)。

3.3

加热部分　heating section

装置中发生感应或导电加热的部分。

3.4

加热感应器　heating inductor

感应加热或感应熔炼装置的部件,如线圈或线圈组,用来承载交流电并产生磁场在炉料内感应电流。

[GB/T 2900.23—2008,841-27-48]

3.5

接触系统　contact system

导电加热工作台的部件,用它在加热电路上电气连接炉料。

3.6

坩埚式感应炉　induction crucible furnace

利用环绕着坩埚的一个或多个感应器线圈,使热量直接在炉料中或在装有炉料的坩埚中产生的感应熔炼炉或感应保温炉。

[GB/T 2900.23—2008,841-27-32]

3.7

沟槽式感应炉　induction channel furnace

由一个或多个耐火炉衬炉膛构成的感应熔炼炉或感应保温炉,炉膛内放入要熔化或保温的炉料并配置一个或多个沟槽式感应器。

[GB/T 2900.23—2008,841-27-30]

4　加热感应器

4.1　高功率加热感应器可配置磁轭(线圈磁通导向装置),引导感应线圈外的磁通以减少杂散场可能对周围金属结构件的加热。

这些磁轭的设计宜注意其被涡流过度加热的危险。

4.2　当加热感应器或其部件因磨损或满足新的生产要求需更换时,应遵照制造厂的说明书进行。

4.3　如果加热感应器的冷却效果不足而对工作人员造成危险或对设备的主要部件有损害时,应发出报警信号并自动切断加热电源。

4.4　当电热装置采用强迫冷却加热感应器且其炉料和/或炉衬的热容量又高时,建议配置备用冷却源以冷却线圈,并在必要时冷却传送装置直至热料已被移出和炉衬已冷却到安全温度。

4.5　加于加热感应器(例如带有抽头的线圈)上的电压不应超过制造厂的规定值。

4.6　电气设备应配置合适的限压系统以防止加热感应器的电压超过交流 3 600 V 的限值。在这种情况下,额定电压应被选定在低于交流 3 600 V 的合适值上。

5　电容器

本章所涉的是电力电容器。其他的电容器,例如控制电路上的电容器,由 GB 5959.1—2005 的 6.2.4涉及。

5.1　对断电后接触有危险的电容器,应采取一切必要的措施迅速放电。

应在显著位置设置警告牌,说明在接触电容器前应进行放电。

5.2　对永久性并联在加热感应器上或变压器上的电容器,可省去放电装置。

当并联在感应器或变压器上的电容器只可能在断电情况下断开时,也可省去放电装置,但要求在断电与打开电容器开关间有足够的延时使其放电。

如果有直流充电的危险，则放电装置是必不可少的。

5.3 有载操作电容器或通过外部熔断器连接的电容器应配备放电装置。

5.4 对串联电容器的放电要求可参见 GB/T 3984.1—2004 的 6.8、6.9 和 6.10 以及 GB/T 6115.1—2008 的 5.1。

5.5 具有内部串联元件的电容器的端子应在断开前被短路。

注：虽然放电装置已工作，但是由于熔断器熔断、内部连结的断线、电容值的差异或先前充电时由直流成分引起的介质再充电的原因，串联电容器的公共连接处有时会存在残余电荷。

5.6 无电子功率控制的工频装置的电容器应经保护装置连接。当采用内部熔断器时，可不配外部保护装置。中、高频的电容器可不经保护装置连接。

5.7 对液冷电容器，应遵照 GB 5959.1—2005 中 6.2.8 的规定。

6 工频电源

对由三相电源向单向负载供电并采用电容器和电抗器来达到三相电流平衡的工频电源，如果与平衡电路的电容器和电抗器的公共点相接的那相开路（例如熔断器熔断或线路上接触器出现故障），将会产生串联谐振从而引起危及安全的过电压。

对这种情况应采取措施切断电源，如让电源的断路器过压跳闸。

控制三相电源到电抗器—电容器平衡电路的接触器，在设计上应确保连接到电抗器和电容器公共点的触头在合闸时提前闭合，而在跳闸时延迟断开。

设计时应注意由于并联谐振而可能从供电系统吸收谐波电流的危险。

7 固体变频器

7.1 固体变频器应在输入端加以保护，防止电源侧开头操作时可能产生的瞬时过电巨，以确保安全。

7.2 固体变频器应有快速动作的过压和过流保护。

7.3 应采取附加措施，以免由于负载功率的迅速变化而产生危险的瞬时电压。

7.4 应采取合适的措施避免在发生故障时由于储能作用而对工作人员造成伤害。

8 开关装置

8.1 无载开关装置的设计应考虑到变频器、电抗元件（变压器和电抗器）和电容器的时间特性。

8.2 开关装置的设计不仅应考虑电流的基波分量，而且应考虑可能产生的谐波分量。

8.3 当有载分合电容器时，开关装置或开关方式的选择尤其应考虑如下两点：

——合闸时，可能产生幅值很高的高频电流峰值；

——分闸时，应避免开关装置再起弧引起的过电压达到危险值。

9 电缆、电线和母线

9.1 电缆、电线和母线的规格尺寸和布置应考虑其所载电流的大小和频率，使其发热不超过允许值。

注：适合于工频（50 Hz 或 60 Hz）的电缆载流值一般不适用于较高频率的装置。

在并联连接下，应注意避免由于电流分配不均而导致个别导体过热的现象。

应注意避免杂散场对邻近结构产生过度的加热。

9.2 如果电缆、电线和母线采用强迫冷却，则应遵守 GB 5959.1—2005 中 6.2.8、6.6.1 和 6.6.2 的规定。

9.3 对于诸如变频器、变压器、电容器、开关装置、感应器和接触系统之类部件间的内部连接线，如果这些连接线是防短路和防对地漏电的，则装置独自的过流保护装置可省去。

注：若电缆、硬导体和单芯导线相互间保持足够的间隙或采用绝缘垫片，或者将导体铺设在各自的绝缘导管中，或

者使用设计中已提供了短路保护的电缆或电线,这样就可防止它们相互间(也包括与接地部分)的接触,则就属这种情况。对中频和高频装置,如果所设计的变频器(如固体变频装置)能提供可靠的短路保护,则也可省去上述加强短路保护的措施。

设计时应注意避免产生过度的内部过流。

9.4 在加热区域的电缆和电线通常具有高机械强度和耐热强度的绝缘层。在大多数情况下,这种绝缘层对触电防护来说是不够的。因此,如果其工作电压超过允许的接触电压(见 13.1.1),则应采取措施,以防在运行中偶然与这些电缆和电线接触。

10 液体冷却

按 GB 5959.1—2005 的 6.6 和下列补充。

补充:

10.1 对工作在第三电压区段的高频装置,在其冷却系统中应避免形成气泡,因为在气泡里可能会产生打弧而损坏冷却系统。

10.2 用织品加强的软管,潮气有可能沿着织品加强物渗透进去,从而在加强物与冷却液之间产生电位差,该电位差可能会超过软管壁的电气绝缘强度。

因此,在选择软管材料和进行软管布置时应考虑到这一点。

10.3 某些液冷元件(例如:陶瓷电容器、电子管的水冷外壳)对冷却液的压力十分敏感。因此 GB 5959.1—2005 中 6.6.4 的要求不适用于它们,这些液冷元件仅能承受额定工作压力,而它们的接头应承受 1.5 倍的额定工作压力。

应考虑开关阀时可能引起压力急增。

10.4 应避免冷却到露点以下,因为这可能形成结露,如在加热感应器的线圈及其端子上形成结露,从而有可能导致短路。

11 铭牌

按 GB 5959.1—2005 的第 15 章及下列补充。

补充:

电热装置的各主要部件(例如:加热感应器、接触系统)应有各自的铭牌。

12 电气间隙和爬电距离

高频和中频装置的电气间隙和爬电距离,可与工频(50 Hz/60 Hz)下所用的不同。

在采用较小的值时(如在高频发生器中),应采取措施防止产生飞弧而危及安全。

13 触电防护

按 GB 5959.1—2005 的第 9 章及下列补充。

13.1 直接接触防护

13.1.1 允许接触电压与频率的关系

允许接触电压的限值是频率的函数,该值随频率而增加。推荐的限值正在考虑中,应采用现有的国家标准。

13.1.2 加热装置带有电气设备如电容器、电抗器、变压器、加热感应器或接触系统、开关装置、电缆和母线的连接头等的所有部件,都应安装在箱柜内,否则应提供足够的防护,以免直接接触。对第二和第三电压区段的装置,应设计成只有用工具如扳手或由受权人员撑控的钥匙,才能打开箱柜的门或移去外盖,去接近这些部件。

13.1.3 电压高于 500 V 的交流、直流或高频的易接近插头和插座等必须是不可互换的;且在插头和插座断开前或断开时，应自动切断电源，以免危及人身安全。这可采用机械联锁来实现。

13.2 间接接触防护

13.2.1 允许接触电压与持续时间和频率的关系

如在13.1.1中所述，允许的接触电压随频率而增加。在参照现有的工频允许接触电压的限值时，应考虑到这点。

对第三电压区段和非工频的允许接触电压的限值正在考虑中。

13.2.2 由于绝缘材料、炉衬和电气元件(如电容器、水冷绕组)的温度变化，特别是由于所用冷却水的水温和水质的变化，使电热装置的零部件的绝缘电阻在整个工作周期内都是变化的。

一般最小绝缘电阻是不给出的。所以，当装置交付生产整定保护装置(如对地漏电流检测装置)的动作值时，有必要考虑上述这些变化。

感应加热装置具有相当大的漏电流时，需要将电热装置与供电电源进行电气隔离。

13.3 特殊要求

13.3.1 制造厂应在操作手册中作出下列说明：

——在中频和高频强电磁场附近(如在感应器附近)，不应戴金属的环和手镯；

——强电磁场会对装有金属移植物、人工起搏器及其他类似物的人员造成伤害，应按当地有关的安全工作规则采取合适的安全措施。

13.4 接地保护

按GB 5959.1—2005第11章和12.2及下列补充。

13.4.1 如果在与供电电源电气上隔离的装置内，带电部分通过电阻、阻抗或放电器接地，则该接地线的尺寸大小应考虑故障情况的最大电流的热效应和电动力。应监测这些接地连接线中的电流，如果在运行中超过了最大允许值，应给出报警信号并自动切断装置的电源。

对用于静电放电或类似情况的接地连接线，和对其感应器设有防护设施且一旦移去该防护设施即可中止加热器运行的高频装置的接地连接线，可不需要上述的监测。

13.4.2 当采用接地保护时，应考虑频率与由电源、载流导体和接地系统所组成的回路阻抗有关。

13.4.3 有时需要在不接地的情况下操作直接受电磁场影响的金属件，以避免形成闭合的金属回路和将电磁的和热的影响限制在允许的范围内。此时，应采取其他的保护措施。

当这些金属件的工作电压超过允许的接触电压(见13.2.1)时，应使操作人员不可能接近它们。如果因空间太小或由于装置的操作方式所限，不可避免要接触这些金属件，那么应在操作说明书中规定其他保护措施以确保人身安全。

13.4.4 所有铠装电缆、导管或管子，在通过装有第二电压区段的高压电路柜子时，应在通过该柜的那个部位接地。

13.4.5 如果电源变压器的过载监测能立即切断高压电路，则在高频发生器中可采用属于第三电压区段的电路并采用第二电压区段的供电系统的接地保护措施。

注：对第三电压区段的配电系统通常要求单独接地；但对发生器的高频电路而言，由于其短路功率较小，可不必设单独接地。

13.5 保护线

低频设备保护线允许用的材料为铜、铝或镀锌钢带；而对中频或高频装置，宜采用铜或铝。

在确定导线横截面尺寸时，也应计入电容器的放电电流。

电流的透入深度随频率的增加而减小，在确定保护线横截面尺寸时应考虑这点。

14 无线电干扰

宜注意避免电热装置运行时产生无线电干扰。国家标准或国际标准可给出有关导则(也见GB 5959.1—2005的6.4)

附 录 A
(规范性附录)
对感应和导电加热装置的特殊要求

A.1 传送装置和炉料

A.1.1 传送装置应能承受来自炉料温度的影响。

传送装置的设计应考虑电磁场的影响。除选用合适的材料和几何尺寸之外,有必要采取进一步措施(如屏蔽、隔离、避免形成金属闭环和强迫冷却),以使电磁场的和热的影响保持在允许范围内。

设计中也应考虑作用在炉料上的电磁力的影响。

A.1.2 传送装置的设计应适应加热过程中炉料在体积和机械强度上的变化。

A.1.3 应采用其尺寸、形状、物理性能、毛刺和公差都经用户和制造厂同意的料坯,以确保加热装置的安全生产和准确的工作程序。

A.1.4 由于一些特殊的物理现象,通过表面温度的测量不可能准确估计出炉料中的温度分布,因此,不能排除产生炉料过热的可能性,应注意减少这种过热的危险。

A.1.5 金属残渣如氧化皮的存在,可能会影响炉料的传送以及加热装置的可靠性和安全运行。必要时,应按制造厂说明书的要求清除这些残渣和氧化皮。

A.1.6 传送装置或其部件采用强迫冷却(如水冷)时,建议提供备用冷却源,以冷却热炉料达安全温度或热炉料被移出为止。

A.2 接触系统

A.2.1 当接触系统或其部件因磨损或要满足新的生产要求需更换时,应遵照制造厂的说明书进行。

A.2.2 应在加热电源合闸的整个期间,采用合适的装置来维持制造厂规定的接触压力值,例如使用在切断加热电源的情况下由动力操作的释放机构才能打开的锁紧系统。

A.2.3 在正常操作过程中,触头应在加热电源断开的情况下才能闭合或打开,以防止产生打弧和电压冲击。应在设计上采取措施防止产生会危及人身和设备安全的热金属颗粒的溅射。

A.2.4 在快速传送炉料(如管材)的情况下,应采取措施防止由于表面不规则而损坏接触系统或其夹持机构,例如可让这些炉料经通道整形后传送。

A.2.5 当接触系统无电气绝缘且工作在超过允许接触电压(见 13.1.1)时,装置的设计应使在正常使用条件下不可能与该裸露接触系统发生偶然的接触,如采用保护屏蔽或隔开足够的距离。

在不可能采用保护屏蔽或其他保护措施时,应在装置上设置警告说明并应符合 GB 5959.1—2005 中 12.2 的规定。

A.2.6 当接触系统的冷却效果不足并因此而危及人身安全或设备的主要部件时,应给出报警信号并自动切断加热电源。

A.2.7 当加热器采用强迫冷却的接触系统且炉料的热容量又很大时,建议提供备用冷却源用来冷却接触系统,如适用的话也冷却传送设备,直至热炉料已冷却到安全温度或已被移出。

A.3 加热感应器

按第 4 章并补充如下。

A.3.1 当加热感应器无电气绝缘(如淬火、钎焊或退火的情况),且工作在超过允许接触电压(见 13.1.1)时,加热装置的设计应使在正常使用条件下不可能与该裸露感应器发生偶然的接触,如采用保护屏蔽或隔开足够的距离。

在不可能采用保护屏蔽或其他保护措施时，应在装置上设置警告说明并应确保符合 GB 5959.1—2005 中 9.2 的规定。

A.4 特殊要求

按 13.3 并补充如下。

A.4.1 对用于管道、容器或锅炉的制造、处理或修理的感应加热装置，安全规则通常只允许其工作在第一电压区段；必要时，也可用于第二电压区段，但应采取下列预防措施：

——使用电机式变频机或具有分开绕组变压器以及具有极高绝缘耐压强度和很高对地绝缘电阻的变压器；

——使用等电位连接，为操作人员提供一个安全的接触区域，否则应使用绝缘手套和绝缘鞋。该电路不应有接地点，但经由绝缘监测系统接地除外。

如果不可避免地要直接或间接接触其绝缘不能很好防触电的带电部分（如水冷加热电缆），则有必要使用绝缘防护用品或绝缘工具。

A.5 接地保护

按 13.4 及下列补充。

补充：

对炉料或传送系统的活动部分不能可靠接地或不能包括在保护系统中的情况，应采取其他保护措施（见 GB 5959.1—2005 的 9.3）。

附 录 B
(规范性附录)
对感应熔炼装置的特殊要求

B.1 倾炉装置

当炉子装有倾炉机构时,应满足下列要求:

a) 在倾炉机构发生故障时,炉子应停留在已达到的位置上或缓慢地回复到正常位置。复位时不应有任何危险。

b) 如果在倾炉期间,工人有掉入平时被炉子平台盖住的坑的危险,则应采取防护措施。这些措施不应产生其他的如剪切或挤压之类的危险。

c) 在液压倾炉的情况下,泵、工作液贮存箱和管道应布置合理,以免由于熔融金属意外流出而造成任何损坏。

d) 倾炉动作应在两个方向上都有限位。

e) 如果倾炉时,带电部位是易接近的,则只有在炉子处于正常位置时才能给炉子送电。

f) 液压倾炉装置的操纵杆应能自动返回到零位。

g) 对任何倾动装置,按钮和操纵杆在接通位置上应是非保持型的。

B.2 炉子基础

B.2.1 应有一个能在紧急倾炉或漏炉的情况下盛装全部熔融金属的贮存坑或钢包坑。该坑应用栅栏或盖子保护起来。

B.2.2 炉下区域的设计应满足在发生漏炉事故时熔融金属能快速流入炉前的贮存坑,以免损坏炉子和装置的其他部件。

B.2.3 在贮存坑或钢包坑里或在炉子的下面应无积水,因为熔融金属遇水有发生爆炸的危险。

B.3 炉衬

B.3.1 熔融金属穿透炉衬会对人身和装置产生危险。炉衬厚度在其整个使用期内是变化的。而炉衬由于热和机械冲击等原因所造成的突然损坏是可以凭经验判断的。

B.3.2 制造厂应在操作手册中指明,炉衬的状态宜相隔合理时间作定期检查。检查办法:

a) 对装置的电参数进行评估;

b) 肉眼检查;

c) 在不同高度测量坩埚的直径(坩埚炉);

d) 监测沟槽感应器外壳和冷却套的温度或者该冷却套和加热感应器线圈中冷却液的温度。

B.3.3 为了在炉衬的电气绝缘损坏到低于某一临界值且炉衬可能发生漏炉时提高操作者的安全性和减少炉子损坏的危险,建议提供报警装置和切断电源的措施。

B.4 操作

由电热装置的制造厂或供应商提供给用户的操作说明书(见 GB 5959.1—2005 的 16.3)应关注下列内容。

a) 应避免由于熔融金属的过热而可能导致炉衬漏炉。

b) 应以合适的速度向熔池添加固体金属料,使熔池的温度保持在允许范围内。

c) 加料过程不应造成熔融金属表面凝固或使熔池上面的炉料熔结在一起(搭桥)。

d) 为避免过热,应按制造厂说明书测量熔融金属的温度。

e) 如果加入熔池的炉料具有空腔,腔内可能含有潮气,则应采取特别的预防措施避免熔融金属喷出,发生危险。

f) 应采用合适的装置排除熔炼期间可能产生的危险的、有害或有毒的烟气。

g) 应以合适的维护周期检查炉料接地电极的有效性。

B.5 接地保护

按 13.4 和以下补充。

补充:

如有可能,炉料应通过接地电极接地。若不可能接地,则应采取其他的保护措施(见 GB 5959.1—2005 的 9.3)。

ICS 25.180.10
K 60

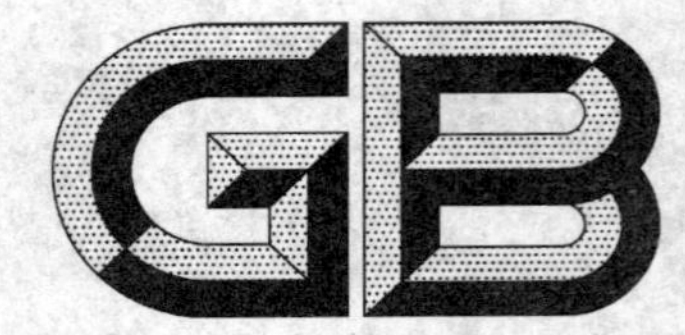

中华人民共和国国家标准

GB 5959.4—2008/IEC 60519-2:2006
代替 GB 5959.4—1992

电热装置的安全
第4部分：对电阻加热装置的特殊要求

Safety in electroheat installations—
Part 4: Particular requirements for safety resistance heating installations

(IEC 60519-2:2006, Safety in electroheat installations—
Part 2: Particular requirements for safety resistance heating equipment, IDT)

2008-09-19 发布　　2009-06-01 实施

中华人民共和国国家质量监督检验检疫总局
中国国家标准化管理委员会　发布

前　言

本部分除第16章外的全部技术内容为强制性。

GB 5959《电热装置的安全》有如下13个部分：

——第1部分：通用要求(GB 5959.1—2005,IEC 60519-1:2003, IDT)；

——第2部分：对电弧炉装置的特殊要求(GB 5959.2—2008,IEC 60519-4:2006,IDT)；

——第3部分：对感应和导电加热装置以及感应熔炼装置的特殊要求(GB 5959.3—2008, IEC 60519-3:2005, IDT)；

——第4部分：对电阻加热装置的特殊要求(GB 5959.4—2008,IEC 60519-2:2006,IDT)；

——第41部分：对电阻加热装置——玻璃加热和熔化装置的特殊要求(GB 5959.41—2004, IEC 60519-21:1998, IDT)；

——第5部分：等离子设备的安全规范(GB 5959.5—1991,eqv IEC 60519-5:1980)；

——第6部分：工业微波加热设备的安全规范(GB 5959.6—2008,IEC 60519-6:2002,IDT)；

——第7部分：对具有电子枪的装置的特殊要求(GB 5959.7—2008,IEC 60519-7:2008,IDT)；

——第8部分：对电渣重熔炉的特殊要求(GB 5959.8—2007,IEC 60519-8:2005,IDT)；

——第9部分：对高频介质加热装置的特殊要求(GB 5959.9—2008,IEC 60519-9:2005,IDT)；

——第10部分：对工商业用电阻仿形加热系统的特殊要求(IEC 60519-10:2005,待转化)；

——第11部分：对液态金属电磁搅拌、输送或浇注设备的特殊要求(GB 5959.11—2000, idt IEC 60519-11:1997)；

——第13部分：对具有爆炸性气氛的电热装置的特殊要求(GB 5959.13—2008)。

这套标准除第13部分外，均采用对应的IEC 60519《电热装置的安全》各部分制定。

本部分为GB 5959的第4部分。

本部分等同采用IEC 60519-2:2006《电热装置的安全　第2部分：对电阻加热设备的特殊要求》(第三版，英文版)。

为便于使用，对于IEC 60519-2:2006，本部分做了下列编辑性修改：

——"本国际标准"一词改为"本部分"；

——标准名称由《电热装置的安全　第2部分：对电阻加热设备的特殊要求》改为现名；

——删除国际标准的前言。

本部分代替GB 5959.4—1992《电热设备的安全　第四部分：对电阻炉的通用要求》，与后者相比主要技术变化如下：

——6　一般要求

a)　6.12.1为新增的。提出了对浸入式加热器的最高允许额定电压的要求。

b)　6.14新增了对真空炉工作电压的要求。

——9.6.7中新增了对泄漏电流、接触电流和保护线电流安全等级的考虑并引用了GB/T 12113—2003和IEC 60479-1:2005。

——15　铭牌、标记和技术文件是新增的。

——16　电热装置的检查、投入运行、使用和维护

a)　16.2.2.1关于泄漏电流，新增了引用GB 4706.1—2005第16章的规定；

b)　16.2.2.3新增了有关接触电流和保护线电流的指标以及电流对人体和家畜效应的内容，并分别引用了GB/T 12113—2003和IEC 60479-1:2005。

本部分应与GB 5959.1—2005配合使用。

本部分由中国电器工业协会提出。

本部分由全国工业电热设备标准化技术委员会(SAC/TC 121)归口。

本部分起草单位:西安电炉研究所有限公司。

本部分主要起草人:范超英、葛华山。

本部分所代替标准的历次版本发布情况为:

——GB 5959.4—1992。

电热装置的安全
第4部分：对电阻加热装置的特殊要求

1 范围

GB 5959 的本部分适用于在下列 a)项和 b)项中分别规定的，工作在第一和第二电压区段的间接电阻加热设备和直接电阻加热设备。

本部分的目的是使下述间接和直接电阻加热设备的安全要求标准化。

a) 间接电阻加热设备

这些特殊要求适用于进行间接电阻加热的设备，它们由直流电压或频率最高为 60 Hz 的单相或多相交流电压供电。

热是由电流在固体金属加热导体、固体非金属加热导体以及辐射管和浸入式加热器中流动而产生的。

间接电阻加热设备通常包括：

——非连续炉，即间歇式炉。如马弗炉、坩埚炉、井式炉、罩式炉、台车式炉、流态粒子炉、采用浸入式加热器的金属浴炉等。

——具有连续或非连续炉料传送装置的连续式炉。如辊底式炉、推送式炉、步进式炉、滚筒式炉、转底式炉、隧道式炉(窑)、连续式马弗炉等。

间接电阻加热设备通常还包括：

——加热固体、液体或气体的设备；

——熔炼和保温设备；

——单独的加热元件组件(可移动的或固定的加热器)。

可能发生特殊危险的间接电阻加热设备包括：

——亚硝酸盐浴炉。

——在热处理过程中在炉内可能产生爆炸性气氛的间接电阻加热设备。如在由氢和甲烷或丙烷与一氧化碳的混合气氛中进行渗碳的炉子。

——具有保护(如氩气)和/或还原气氛的间接电阻加热设备。如进行气体渗碳、气体渗氮、碳氮共渗的炉子。

——具有红外加热元件的设备。

这些要求不适用于在 IEC 60519-10:2005 中所涉的伤形加热系统。

b) 直接电阻加热设备

这些特殊要求也适用于借助于由电极引入电流，通过被加热的炉料或流体来进行直接电阻加热的设备。这些设备包括：

——电极盐浴炉；

——玻璃熔化炉；

——石墨化炉；

——生产碳化硅的炉子。

这些要求不适用于由于所用工艺而在 GB 5959.3—2008、GB 5959.2—2008、GB 5959.8—2007 和 GB 5959.41—2004 中所涉及的直接电阻加热的设备。此外，它们也不适用于电极蒸汽锅炉、快速水加热器和电极压力容器。

2 规范性引用文件

下列文件中的条款通过 GB 5959 的本部分的引用而成为本部分的条款。凡是注日期的引用文件，其随后所有的修改单(不包括勘误的内容)或修订版均不适用于本部分，然而，鼓励根据本部分达成协议的各方研究是否可使用这些文件的最新版本。凡是不注日期的引用文件，其最新版本适用于本部分。

GB/T 2900.23—2008 电工术语 工业电热装置(IEC 60050-841:2004,IDT)

GB 4208—2008 外壳防护等级(IP 代码)(IEC 60529:2001,IDT)

GB 4706.1—2005 家用和类似用途电器的安全 第 1 部分:通用要求(IEC 60335-1:2001,IDT)

GB 5959.1—2005 电热装置的安全 第 1 部分:通用要求(IEC 60519-1:2003, IDT)

GB 5959.2—2008 电热装置的安全 第 2 部分:对电弧炉装置的特殊要求(IEC 60519-4:2006,IDT)

GB 5959.3—2008 电热装置的安全 第 3 部分:对感应和导电加热装置以及感应熔炼装置的特殊要求(IEC 60519-3:2005,IDT)

GB 5959.41—2004 电热装置的安全 第 41 部分:对电阻加热装置——玻璃加热和熔化装置的特殊要求(IEC 60519-21:1998,IDT)

GB 5959.8—2007 电热装置的安全 第 8 部分:对电渣重熔炉的特殊要求(IEC 60519-8:2005,IDT)

GB/T 10066.1—2004 电热设备的试验方法 第 1 部分:通用部分(IEC 60398:1999,MOD)

GB/T 12113—2003 接触电流和保护导体电流的测量方法(IEC 60990:1999,IDT)

GB 16895.2—2005 建筑物电气装置 第 4-42 部分:安全防护 热效应保护(IEC 60364-4-42:2001,IDT)

GB/T 13870.1—2008 电流对人和家畜的效应 第 1 部分:通用部分(IEC 60479-1:2005,IDT)

GB/T 17045—2008 电击防护装置和设备的通用部分(IEC 61140:2001,IDT)

IEC 60364-4-41:2005 低压电器装置 第 4-41 部分:安全防护 电击防护[1)]

IEC 60519-10:2005 电热装置的安全 第 10 部分:对工商业用电阻仿形加热系统的特殊要求

3 术语和定义

GB 5959.1—2005 和 GB/T 2900.23—2008 以及下列的术语和定义适用于本部分。

3.1

电极(适用于直接电阻加热) electrode (for direct resistance heating)

直接电阻加热的部件，它与炉料接触并把电流传送给炉料。

3.2

加热导体 heating conductor

用来把电能转变成热的导体。

注：术语“加热导体”常可与“加热电阻器”交替使用。

3.3

玻璃熔化炉(直接电阻加热) glass-melting furnace (direct resistance heating)

玻璃的熔化是由电流在浴池中直接流动所产生的热来实现的炉子，在该炉中电极浸入浴池中。

3.4

盐浴炉 salt-bath furnace

盐浴主要用作传热流体的炉子。

注：加热可由直接加热或间接加热来实现。对直接加热，加热元件组件(加热器)安放在盐浴里(加热器或电极浸入盐浴内)；对间接加热，加热元件组件(加热器)安放在筒体或坩埚的外面。

---

1) 采标情况：GB 16895.21—2004 建筑物电气装置 第 4-41 部分：安全防护 电击防护(现行有效)(IEC 60364-4-41:2001,IDT)。

3.5

亚硝酸盐和硝酸盐盐浴炉　nitrite and nitrate bath furnace

在金属筒体或坩埚内盛有钾或钠的亚硝酸盐或硝酸盐盐浴，或由这些盐的混合物组成的盐浴的盐浴炉。

3.6

预加热设备（适用于浴炉）　pre-heating equipment (for bath furnace)

使已凝固浴池的上层先熔化的辅助加热装置。

3.7

熔化炉　melting furnace

用于熔化固态炉料的炉子。

3.8

保温炉　holding-temperature furnace

使加入炉内的已熔化炉料，保持在预定温度下的熔化状态的炉子。

3.9

传热流体　heat transfer fluid

用来把热量从加热元件组件（加热器）传递给炉料的液体或气体。

3.10

可移动加热元件　removable heating element

可移动加热元件组件（加热器）　removable heating-element assembly (heater)

可由用户移动或更换，而不拆除任何其他部件（如炉子的隔热材料和耐火材料）的加热元件和/或加热元件组件（加热器）。

注：能在使用时移动，而不中断运行过程的加热元件和/或加热元件组件（加热器）被称为“使用中可移动的”。

3.11

热断路器和熔断器　thermal cut-out and temperature protector

指当温度超过预定值时断开加热设备供电的器件。

注：热断路器是可复位的，而熔断器不可复位，每次动作后需作更换。

3.12

超温限制器　pre-selected temperature limiter

当加热设备的工作温度超过预定值时，断开该设备供电并使其保持在断电状态的器件。

注：超温限制器只能由专业人员来设定、锁定或复位。

3.13

温度控制器　pre-selected temperature controller

控制炉温使其不超过或低于预定值的器件。

注：温度控制器只能由专业人员来设定或锁定。

3.14

（装置的）泄漏电流　leakage current (in an installation)

指在正常运行时由电热装置流入大地或外部导电件的电流。

注1：泄漏电流可有容性分量，包括谨慎使用电容器所引起的容性分量。

注2：电热装置热态和冷态时的泄漏电流值可能不同。

3.15

接触电流　touch current

当人体或家畜接触电热装置或电热设备的一个或多个可接近部件时流过前者的电流。

3.16

保护线电流　protective conductor current

在保护线中流过的电流。

3.17

浸入式加热器　immersion heater

热量通过其绝缘材料和护套传递给浴池的电加热元件。

注：浸入式加热器可为固定的或可移动的。

4　电热设备按电压区段的分类

按 GB 5959.1—2005 的 4.2.1 和 4.2.2。

5　电热设备按频率区段的分类

按 GB 5959.1—2005 第 5 章。

6　一般要求

除以下补充条款外，按 GB 5959.1—2005 第 6 章的要求。

补充条款：

6.7　电阻率

在设计和选择电热设备时，应考虑在某些情况下加热导体的电阻（适用于间接电阻加热）或炉料的电阻（适用于直接电阻加热）在运行期间的变化。

6.8　辅助设备

应对操作、输送和装卸等辅助设备采取防护措施，使其不构成危险。

6.9　裸露加热导体

通常，裸露加热导体的安置应使其在正常运行条件下不与工作人员、炉料或炉料装卸输送设备相接触，但由符合 IEC 60364-4-41:2005 的安全特低电压（SELV）要求的电源供电的裸露加热导体除外。

6.10　泄漏电流

采取的防护措施应使工作人员在正常工作条件下没有发生由泄漏电流引起的电事故的危险。

应采取有效措施，确保流过装有炉料的炉体或流过炉料的泄漏电流不致造成任何电事故的危险。

6.11　由炉料产生的蒸汽、沉淀物和渣滓

对会产生蒸汽、沉淀物和渣滓等的炉料，应考虑其对工作人员和/或加热设备可能产生的物理化学作用。

6.12　盐浴炉和熔化炉

6.12.1　对盐浴炉以及如镀锌或铝液保温用的其他浴炉，其浸入式加热器的最高允许额定电压应为 400 V。

6.12.2　在温度指示器或温度控制器（见 13.9.1）上应清楚地标上盐浴的最高允许温度。

6.12.3　用于处理铝或锻制铝合金的亚硝酸盐盐浴炉不得用来处理由下列材料制成的工件：

——铸铝合金；

——成分未知的铝合金；

——其他轻金属及其合金；

——重金属及其合金；

——钢。

若运行时炉温可能超过 550 ℃，则应在炉壳外表明显处标上“不得用于轻金属”的警告字样。

6.12.4 对内热式炉，浸入式加热元件组件(加热器)的安置应使其上不产生沉积物。

6.12.5 对深度超过 1.5 m 的浴槽，除非采取其他的预防措施，否则应提供能确保预加热时无任何危险的预加热装置，用来在已凝固的浴池中形成垂直的熔化通道。

6.12.6 对外热式炉，加热元件组件(加热器)通常只应安装在炉壁上，以免炉底局部过热。

6.12.7 对大型外热式熔化炉，若无法避免在炉底加热，则应符合下列要求：

——炉底加热的单位表面功率应比炉壁的低，其值应由制造厂根据具体的应用情况作出规定；

——应能单独地控制炉底的加热；

——电路的设计应保证在预加热坩埚时先加热炉壁；

——只有当坩埚内的盛放物单独由炉壁加热并已部分熔化时，才能给炉底加热供电。

6.13 浴槽凝固体的升温

对浴槽内的凝固体进行预加热时，应注意其表面的部分应先液化以免发生表面喷射。

对电极盐浴炉，预加热装置应能在起始阶段产生足够大的电流，以免引起槽内物的喷射。

6.14 真空炉

对真空炉，处于真空状态下的部件所加的电压应不致产生闪络或击穿。

7 隔离和开合

除以下补充规定外，按 GB 5959.1—2005 第 7 章的要求。

7.1 **补充**：应采取预防措施，使手动拉闸切断加热设备的供电时操作者处于安全的位置。

8 与电网的连接和内部连接

按 GB 5959.1—2005 第 8 章的要求。

9 触电的防护

除以下补充规定外，按 GB 5959.1—2005 第 9 章的要求。

补充条款：

9.5 对直接接触的防护

9.5.1 对工作电压超过交流 25 V 或直流 60 V 具有裸露加热导体的电热设备，若其炉门或类似的关闭装置(如盖板或底板)开启后，炉料或工具会与裸露加热导体相接触，则应配备在炉门开启时能可靠切断所有非接地加热导体供电的装置。

9.5.2 若电热设备可触及的零部件(如陶瓷件)在正常工作条件下会变成具有导电性，则该设备也应满足 9.5.1 同样的要求。

9.5.3 对安全开关的触头，应用机械操作杆来可靠地打开。

9.5.4 安全装置的设计和布置，应使其保护功能不会有所减弱，甚至在操作机构的复位弹簧断裂时仍能起保护作用。

9.5.5 当采用瞬时接触式安全限位开关时，应有单独的电路断路器(如接触器)来可靠地断开所有导线(接地线除外)。如有多个安全系统，则它们可动作同一装置。

9.5.6 当有必要采用其他控制装置来替代带有机械操作的常闭触头的安全开关时，则应确保具有同样等级的保护。

注：当控制装置或有关电路发生故障或这些控制装置的供电中断时，仍能起保护作用。

9.5.7 当采用符合 IEC 60364-4-41:2005 要求的“安全超低电压”(SELV)作为防护措施时，则可免除电热设备正常使用时的附加电击防护措施。

9.6 对间接接触的防护

9.6.1 对因操作上的原因需在打开炉门期间继续通电的电热设备,如搪瓷炉、锻造炉、熔化轻金属的膛式炉等,则应特别注意,要采取适当的防护措施,如对伸入炉内的装料机构应采取绝缘或接地措施、操作人员应穿戴合适的鞋和手套、工作场地应保持干燥等并确保这些防护措施完善、可靠。此外,还宜设立危险警告标记,以引起工作人员的注意。

9.6.2 对连续式炉,若因作业方式而不能提供防止与裸露加热导体接触的电气保护时,则其炉口结构应能防止炉料进出时与裸露加热导体相接触。

9.6.3 对某些炉子,若与炉体可分离部分的接地在通过接触器切断炉子电源前就被断开,则宜采取特殊的防护措施(如设置危险标志)。例如带有炉罐的井式炉就属此情况,其炉罐通常是可移动的,它本身又作为加热室的盖板而无专门的炉盖。

9.6.4 如果保护线有被断开的危险,则应采取适当的措施,如:

——GB 5959.1—2005 中 9.2 和 9.3 所述的措施;

——另外单独铺设一条保护线;

——采用具有单独绕组的变压器以便与电源系统隔离;

——采用残余电流操作的断路器;

——监测绝缘状况。

9.6.5 在正常运行或发生故障时,若在传感器(如温度传感器)及其测量电路上可能产生有电击危险的接触电压,则应按 IEC 60364-4-41:2005 采取适当的防护措施。

9.6.6 对电热装置中用来加热液体或其他导电性介质的浸入式加热器,不允许作为电击保护Ⅱ类设备(见 GB/T 17045—2008)。

9.6.7 应考虑泄漏电流、接触电流和保护线电流的合适安全等级(见 GB/T 12113—2003 和 GB/T 13870.1—2008)。

9.6.8 泄漏电流检测系统的安装应确保能检测电绝缘系统的任何故障或失效并马上采取合适的动作。

10 过电流保护

按 GB 5959.1—2005 第 10 章的要求。

11 等电位连接

按 GB 5959.1—2005 第 11 章的要求。

12 控制电路和控制功能

按 GB 5959.1—2005 第 12 章的要求。

13 热影响的防护

除下列补充外,按 GB 5959.1—2005 第 13 章的要求。

补充条款:

13.6 电阻加热设备的表面温度

电热设备的设计、安装和运行,应考虑即使在设备无人看管或无意中合闸通电时,也不会由于设备所产生的热而对工作人员、周围环境和炉料产生任何危害。

与 GB 16895.2—2005 的要求有所不同,这里应按下列要求:

a) 对电热设备中处于伸臂范围内且在正常使用时不需触及的零部件,其表面温度可按

GB 16895.2—2005 表 42A 中给出的值。

b) 对此，应在使用说明书中给出警告并在电热设备上设置适当的警告标记。

13.7 特殊措施

对发生故障(例如温度控制器发生故障)时有可能产生危险的情况，应提供限温安全装置。这些装置在功能上和电气上都应相互独立。

当同时采用电子功率控制器和断路器以及当采用频繁通断的电磁接触器时，应另有一个单独的接触器用来切断电热设备的供电。

对多台炉子的情况，各炉子的控制系统应通过各自的接触器切断各自的炉子供电。

13.8 温度安全装置

为能在温度控制电路发生故障时确保安全，在表 1 中对不同的热安全等级规定了应配备或采取的相应安全装置和安全措施。

这些安全装置包括：

——热断路器(A)；

——熔断器(B)；

——超温限制器(C)；

——温度控制器(D)。

表 1 热安全保护

等级	保护对象	保护范围	安全装置	安全措施
0	电热设备及其环境	—	—	运行时有人看管且炉料无危险性
				结构上采取措施以消除过热现象
1		在发生故障时，电热设备不会造成任何危险	A 或 B	取决于应用情况和安装场地
2	电热设备及其环境和炉料	在发生故障时，电热设备或炉料不会造成任何危险	C 或 D	

注 1：在有人看管的运行情况下，应以合理的时间间隔对电热设备的工作状态作检查。

注 2：在使用说明书中宜给出适用于所述电热设备的安全等级，例如：第 2 热安全等级(根据 13.8)。

13.9 亚硝酸盐和硝酸盐盐浴炉

13.9.1 对轻金属的热处理，为了控制温度和防止过热，炉子应配备下列装置：

——自动温控装置；

——单独作用的限温装置，以便在炉料温度超过其最高允许温度时切断电热设备的电源；

——13.8 中所述的单独作用的温度安全装置，以便在盐浴温度超过 550℃时切断电热设备的电源；

——温度记录装置(对多台盐浴炉可以使用多点记录仪)。

此外，13.8 中所述的限温安全装置应启动报警系统。

13.9.2 对钢件的热处理，13.9.1 中的温度记录装置和任一温度安全装置可以省去。

14 防火和防爆

除下列补充外，按 GB 5959.1—2005 第 14 章的要求。

补充条款：

14.1 亚硝酸盐和硝酸盐盐浴炉

用于轻金属热处理的亚硝酸盐和硝酸盐盐浴炉，在空炉时，其盐浴温度应不超过 550 ℃。

在处理镁合金轻金属时，盐浴的最高允许温度按表 2 规定。

表 2 盐浴最高允许温度

镁含量/%	亚硝酸盐和硝酸盐盐浴的最高允许温度/℃
≤0.5	550
>0.5～2.0	540
>2.0～4.0	490
>4.0～5.5	435
>5.5～10.0	380
注：不允许用内插法来确定中间值。	

盐浴的过热会使铁制件灼烧和煅烧，特别是当轻金属和黏土沉积物埋入盐浴中时会引起爆炸。

15 铭牌、标记和技术文件

除下列补充外，按 GB 5959.1—2005 第 15 章的要求。

15.1.1 补充：

l) 额定温度；

m) 最大功率

当电热设备在冷态时所吸收的功率比在额定温度时的高 30% 以上时，则铭牌上也应给出最大功率；

n) 构件的制造厂名称、型号、额定电压和额定功率

单个备用加热元件组件(加热器)如带套的加热导体，应耐久地标上其制造厂名称、型号、额定电压和额定功率；

o) 防潮等级(如适用时)(见 GB 4208—2008)。

15.2 标记

补充条款：

15.2.5 对加热罩和类似的加热设备，若其使用温度超过 250 ℃且 GB 5959.1—2005 的防护措施不能满足其面对炉料的内表面时，应提供耐久的固定警告标记。

15.3 技术文件

补充：

使用说明书应包括所有重要参数如最高允许工作温度并也应关注 15.2.5 中所述的危险。

16 电热装置的检查、投入运行、使用和维护

除下列补充外，按 GB 5959.1—2005 的第 16 章。

16.2 检查和投入运行须知

补充：

应特别关注绝缘耐压试验和泄漏电流测量。

16.2.1 绝缘耐压试验

16.2.1.1 绝缘耐压试验应按 GB/T 10066.1—2004 的 7.1.3 进行。

16.2.1.2 对额定电压超过交流 25 V 或直流 60 V 的电热设备，绝缘耐压试验应在交付使用时或征得用户同意在制造厂发货之前，待其安装完毕并经充分干燥后进行。

16.2.1.3 对按 GB/T 17045—2006 和 IEC 60364-4-41:2005 属于电击保护Ⅰ类设备(带接地措施的设备)的电热设备，应首先在冷态状态下进行试验，试验电压应为交流 1 500 V。

16.2.1.4 对上述属于电击保护Ⅰ类设备的电热设备，在工作温度下重复同样试验，试验电压应为电热

设备的额定电压。

16.2.1.5 对按 GB/T 17045—2008 和 IEC 60364-4-41:2005 属于电击保护Ⅱ类设备(带有双绝缘的设备)的电热设备,应在工作温度下进行试验,试验电压按 GB 4706.1—2005 应为交流 3 750 V。

16.2.2 **泄漏电流**

16.2.2.1 按 GB 4706.1—2005 第 16 章的一般规定。

16.2.2.2 泄漏电流的测量应紧接在电热设备安装完毕并经充分的透热和干燥后,在额定温度下进行。

16.2.2.3 GB/T 12113—2003 给出了有关接触电流和保护线电流的指标。IEC 60479-1:2005 给出了有关电流对人体和家畜效应的情况。

16.3 **技术文件中的使用说明**

补充条款:

16.3.4 电极和预加热设备应只有在电热设备处于冷态和断开电源时才可插入、移动和更换。这也适用于额定电压低于交流 25 V 和/或直流 60 V 的电热设备。

16.3.5 预加热设备的安装,应使其接头处不会产生火花。

16.3.6 对亚硝酸盐和硝酸盐盐浴炉,应防止能引起钢件灼烧或轻金属爆炸的任何盐浴过热现象。应定期清除沉积物,以免引起过热。

ICS 25.180.10
K 60

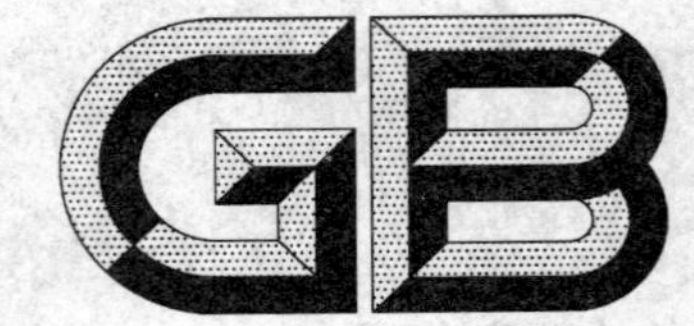

中华人民共和国国家标准

GB 5959.6—2008/IEC 60519-6:2002
代替 GB 5959.6—1987

电热装置的安全 第6部分:工业微波加热设备的安全规范

**Safety in electroheat installations—
Part 6: Specifications for safety in industrial microwave heating equipment**

(IEC 60519-6:2002,IDT)

2008-03-24 发布　　　　2009-01-01 实施

中华人民共和国国家质量监督检验检疫总局
中国国家标准化管理委员会　发布

前　言

本部分的全部技术内容为强制性。

GB 5959《电热装置的安全》有如下 12 个部分：

——第 1 部分：通用要求；

——第 2 部分：对电弧炉装置的特殊要求；

——第 3 部分：对感应和导电加热装置以及感应熔炼装置的特殊要求；

——第 4 部分：对电阻加热设备的特殊要求；

——第 41 部分：对电阻加热设备——玻璃加热和熔化设备的特殊要求；

——第 5 部分：等离子装置的安全规范；

——第 6 部分：工业微波加热设备的安全规范；

——第 7 部分：对具有电子枪的装置的特殊要求；

——第 8 部分：对电渣重熔炉的特殊要求；

——第 9 部分：对高频介质加热装置的特殊要求；

——第 10 部分：对工商业用电阻仿形加热系统的特殊要求；

——第 11 部分：对金属液电磁搅拌、输送或浇注装置的特殊要求。

本部分为 GB 5959 的第 6 部分。

本部分等同采用 IEC 60519-6:2002《电热装置的安全　第 6 部分：工业微波加热设备的安全规范》（第二版，英文版）。

本部分代替 GB 5959.6—1987《电热装置的安全　第 6 部分：对工业微波加热设备的特殊要求》，与后者相比的主要技术变化如下：

1）　在“1　范围”中增加了“本部分适用于工作频率为 300 MHz～300 GHz 的工业微波加热设备。”

2）　增加了“2　规范性引用文件”。

3）　“3　术语和定义”与原标准中“2　术语”相比：

a）　增加了下列术语

——微波加热设备；

——被处理材料；

——微波联锁。

b）　将原标准中“加热器门”改为“应用器门”。

4）　“4　铭牌和标志”中

——将原“产品型号和名称”改为“设备的型号和系列号”；

——删除了原“产品编号”；

——将原“在稳定工作状态下，微波发生器的内部最高电压、微波频率和最大输出功率”改为“微波发生器的内部最高电压、微波频率和按照 GB 4824—2004 测定的微波发生器的最大输出功率”；

——增加了“根据 GB 4824—2004 的等级和类别情况”；

——增加了“此外，应说明本设备仅供工业用”；

——将原标准中“名牌上的字迹应清晰耐久。名牌应装在微波设备主体的醒目部位”改为“注：有关加贴标记的规定，见 GB 5959.1—2005”；

——增加了“使用说明书也应给出发生器的类型和制造厂的完整地址”；

——删除了原标准中第二种警告标记。

5） 增加了参考文献。

本部分由中国电器工业协会提出。

本部分由全国工业电热设备标准化技术委员会归口。

本部分起草单位：西安电炉研究所、贵阳新奇微波工业有限公司。

本部分主要起草人：范超英、吴能福。

本部分所代替标准的历次版本发布情况为：GB 5959.6—1987。

电热装置的安全
第6部分:工业微波加热设备的安全规范

1 范围

GB 5959 的本部分适用于单独利用微波能或利用微波能与其他形式的能一起对材料进行工业加热的设备。

本部分适用于工作频率为300 MHz~300 GHz的工业微波加热设备。

本部分不适用于家用和类似用途的器具(它们由GB 4706.21和IEC 60335-2-90涉及)。

2 规范性引用文件

下列文件中的条款通过GB 5959的本部分的引用而成为本部分的条款。凡是注日期的引用文件,其随后所有的修改单(不包括勘误的内容)或修订版均不适用于本部分,然而,鼓励根据本部分达成协议的各方研究是否可使用这些文件的最新版本。凡是不注日期的引用文件,其最新版本适用于本部分。

GB/T 2900.23 电工术语 工业电热设备(GB/T 2900.23—1995,neq IEC 60050-841:1983)

GB 5959.1—2005 电热设备的安全 第1部分:通用要求(IEC 60519-1:2003,IDT)

GB/T 18662—2002 工业微波加热设备输出功率的测定方法(eqv IEC 61307:1994)

GB 4824—2004 工业、科学和医疗(ISM)射频设备 电磁骚扰特性 限值和测量方法(CISPR 11:2003,IDT)

GB/T 16855.1—2005 机械安全 控制系统有关安全部件 第一部分:设计通则(ISO 13849-1:1999,MOD)

GB 10436—1989 作业场所微波辐射卫生标准

GB 5294—2001 职业照射个人监测规范 外照射监测

3 术语和定义

GB 5959.1—2005第3章、GB/T 2900.23确立的以及下列术语和定义适用于本部分。

3.1

微波能发生器 microwave energy generator

频率范围为300 MHz~300 GHz的电磁能发生器。

3.2

微波加热设备 microwave heating equipment

由电气和机械部件组成用来把微波能传递给被处理材料的总成,通常包括电源、发生器、应用器、连接电缆和波导、控制电路、材料传送装置和通风设备。

3.3

被处理材料 material to be treated

由微波加热设备加热的物质。

3.4

微波泄漏 microwave leakage

从微波加热设备中泄漏出的微波辐射能。

3.5

应用器　applicator

微波加热设备中装载被处理材料并暴露于微波能的那部分。

3.6

应用器门　means of access

应用器的不用工具就能打开或卸掉，以便进出应用器内部的所有结构件。

3.7

机壳门　door

微波加热设备上除应用器外，任何不用工具就能打开或卸掉作为备用入口的所有结构件。

3.8

盖板　cover

微波加热设备上任何使用工具才能打开或卸掉，为日常维修、服务和消耗件的置换等提供入口的结构件。

3.9

进口或出口　entrance or exit port

连续式微波加热设备应用器上的永久性开口，被处理材料通过该口输入或输出应用器。

3.10

易接近部位　accessible location

指除进出口的内部以外，工作人员易接触到的部位。

注：进口或出口外表面的内部认为是不可接近的。

3.11

微波联锁　microwave interlock

微波加热设备的机械或电气安全装置或系统，其功能是在另外级别状态不存在时应禁止一级事故发生。

注1：例如，如果应用器门没关闭，联锁就禁止微波发生器工作。

注2：有关联锁的设计，见GB/T 16855.1—2005。

4　铭牌和标志

固定在每台微波加热设备上的铭牌应包含下列内容：

——制造厂名称；

——制造日期；

——设备的型号和系列号；

——微波警告标志；

——额定输入电压和频率；

——额定视在输入功率(kVA)；

——微波发生器的内部最高电压、微波频率和按照GB 4824—2004测定的微波发生器的最大输出功率；

——根据GB 4824—2004的等级和类别情况。

此外，应说明本设备仅供工业用。

注：有关加贴标记的规定，见GB 5959.1—2005。

使用说明书也应给出发生器的类型和制造厂的完整地址。

对具有进出口或易接近的应用器通风孔的微波加热设备，应在每个进出口或通风孔附近的醒目处，用一种或多种必要文种清晰地标出下列或与此相当的警告：

警 告

微波辐射危险

请勿插入异物

应在铭牌上或在制造厂的文件中给出有关情况。

5 触电的防护

微波加热设备的设计、制造和运行应能充分防止触电的危险。

该设备应符合 GB 5959.1—2005 的有关条款的要求。应注意到 GB 5959.1—2005 中的条款不适用于微波频率的那部分电路。

6 微波泄漏的防护

6.1 微波泄漏限值

6.1.1 微波加热设备的设计、制造和运行应能有效防止微波泄漏所产生的辐射危险。

对应用器可能被人体某部分接触到(见 3.10)并有超过微波泄漏容许限值危险的所有设备,应提供保护措施如装设带有联锁(见 3.11)的机壳门或屏障。

处于"正常运行"状态下的微波加热设备,在距其任何部位的距离等于或大于 0.05 m 处的任何易接近处,其微波泄漏功率密度应不大于 50 W/m^2(5 m W/cm^2);对处于"非正常运行"状态下的设备,则应不超过 100 W/m^2。

应在微波加热系统以 6.3 规定的方式运行时,用满足 6.2 要求的仪器来测量最大微波泄漏以确定是否符合本条款的规定。

6.1.2 设有屏障以限制人员接近而相隔一段距离的微波加热设备,如果该屏障具有符合 6.4.2 的微波联锁,则可按本条款的规定。

6.1.3 本部分规定了在离微波加热设备任何易接近部位的距离为 0.05 m 远处测量的微波泄漏值(指发射值)。

注:GB 10436—1989 对操作人员的微波辐射的最大辐射量作了规定。

6.2 微波泄漏的测量

微波泄漏应采用符合下列要求的仪器测量:

a) 对阶跃输入信号,仪器应在 2 s~3 s 内达到实际稳定值的 90%;

b) 具有一只能在近处工作的非极化辐射检测器;

c) 测量微波加热设备的工作频率时能以 +25%/−20%(±1dB)的准确度测量 50 W/m^2~100 W/m^2 的功率密度(平面波)。

6.3 测量条件

6.3.1 正常运行

应根据制造厂和用户协商的微波加热设备允许工作条件下的微波输入功率范围和材料种类,测量离设备任何部分 0.05 m 或更远的任何可接近处的最大微波泄漏。

6.3.2 有载非正常运行

应在卸掉或打开所有的机壳门、应用器门和盖板的情况下重复 6.3.1 的测量。但在卸掉或打开这些时,其微波联锁能中断微波功率产生的除外。

应在每个装有微波联锁的机壳门、盖板或应用器门被调整到仍能产生微波功率的最不利位置的情况下重复6.3.1的测量。

6.3.3 空载非正常运行

应在应用器中不装被处理材料且微波能发生器被调整到设备联锁装置所允许的最大功率或不至于使微波加热系统受损的最大功率时，重复6.3.1和6.3.2的测量。

6.4 对微波联锁装置的要求

6.4.1 应用器门

微波加热设备的应用器门打开时，至少应有二个微波联锁装置动作，该联锁装置的设计应具有高的安全性和使用寿命长(符合GB/T 16855.1—2005的第2危险等级)。

当应用器门的机械或电气联锁装置发生故障时，应发出警报，同时使微波加热设备停止工作。

任何一个电气或机械构件发生故障时，任何应用器门的所有微波联锁都不应失去作用。

每个应用器门至少应有一个微波联锁装置是隐蔽的，当该应用器门处于打开或任何中间位置时，此联锁装置不可能用人体的任何部位使之动作。

微波联锁装置的设计应使在打开或关闭应用器门时，微波泄漏不超过6.1规定的限值。

6.4.2 机壳门和盖板

如果微波加热设备的机壳门或盖板打开或卸掉时，其微波泄漏超过了6.1的规定值，则每个机壳门或盖板的打开或卸掉应至少有一个微波联锁动作。

为确保安全，通常需要两个彼此独立的联锁。

6.4.3 微波吸收装置

对具有液流微波能吸收装置的微波加热设备，如果任何一个吸收装置在出口处的液体流量减少会使微波泄漏超过6.1规定的限值，则应至少有一个微波联锁装置动作。

6.5 对连续传送带装置的要求

具有传送带系统的连续工作系统应满足下列要求：如果传送带的出入口高度大于10 cm，则滤波器区域的长度应至少为50 cm(见图1)。

6.6 使用和维护说明书

微波加热设备制造厂应对每种型号的产品提供必要文种的使用和维护说明书，其内容包括明确的警告和要采取的预防措施以避免微波泄漏可能引起辐照以及烧伤、起火、爆炸和电离辐射的危险(见第7章)。

说明书应包括下列内容并应字迹清晰地写在标牌上，挂在设备上：

> **注　意**
>
> 严防工作人员受到由微波发生器辐射的微波能的辐照。为了确保微波泄漏不超过规定限值，所有的接头、波导、法兰、衬垫等必须可靠。不得在无吸收负载的情况下使用微波加热装置。为使微波泄漏保持在允许值以内，微波加热设备应定期检修，使其保持在良好的工作状态。

6.7 其他安全装置

每个微波电源应装设当电源合闸时给出适当信号的装置，该信号对每个进入微波加热设备区的人都应醒目可见。

如微波功率能由使用者控制而改变，则应有指示器来显示所用微波功率的大小。

在电源控制盘上应装有安全锁，产生微波功率前需用钥匙开锁。

7 起火、爆炸和电离辐射

7.1 概述

微波加热设备的设计、制造和运行应考虑尽量减少烧伤、起火和爆炸等危险。除 GB 5959.1—2005 的条款外，还应满足下列要求。

7.2 起火

如果由于材料的过热可能引起危及安全的起火，建议必要时尽可能为微波加热设备提供具有下列功能的自动装置：

a) 起火指示；

b) 万一起火时，切断继续输往被处理材料的微波能和其他形式的能；

c) 万一起火时，停止被处理材料向到应用器的输送；

d) 灭火。

由制造厂提供的使用说明书应说明，如果起火可能由于应用器中的电弧引起，则也应采取 7.3.2 的预防措施。

如果微波加热设备在易产生火灾的室内工作，则应采取 7.3 的预防措施。

7.3 爆炸

由制造厂提供的使用说明书应说明，不应在有爆炸危险的室内使用微波加热，通常也不应该用于处理加热时会引起爆炸危险的材料。当必须对这些材料进行微波加热时，应采取下列预防措施。

7.3.1 如果在加热过程中由工件释放出的可燃气体具有潜在的爆炸性，则应采取特殊的预防措施以避免在应用器内形成爆炸性气氛。建议：

——给炉内提供足够的空气，以保证可燃气体与空气之比不超过可燃范围下限的四分之一；

——提供装置，在排气系统发生故障时能自动切断输入应用器的微波功率；

——在容积大于 0.5 m^3 的微波炉内可能出现可燃气体处安置防爆阀。

7.3.2 应采取特殊的预防措施以免在应用器内产生电弧。此外，在制造厂提供的使用说明书中应强调：

——保持应用器门的配合面和应用器内部的清洁；

——确保被处理材料中不夹杂可能会引起电弧的异物，如金属屑。

为了减少形成电弧的危险，应用器门建议采用扼流结构，而不用金属与金属接触的结构。

7.4 电离辐射

在微波加热设备外表面处测得的来自微波能发生器的 X 射线泄漏应不超过 GB 5294—2001 的规定。

8 电磁效应的影响

8.1 发射

射频电磁场的发射应符合 GB 4824—2004 中适用部分的要求。

如有必要，应考虑谐波电流以及电压波动的作用。

注：对每相额定输入电流不大于 16 A 的设备，GB 17625.1《电磁兼容 限值 谐波电流发射限值(设备每相输入电流小于等于 16 A)》和 GB 17625.2《电磁兼容 限值 对额定电流不大于 16 A 的设备在低压供电系统中产生的电压波动和闪烁的限制》适用；对大于 16 A 的，GB/Z 17625.6《电磁兼容 限值 对额定电流大于 16 A 的设备在低压供电系统中产生的谐波电流的限制》和 GB/Z 17625.3《电磁兼容 限值 对额定电流大于 16 A 的

设备在低压供电系统中产生的电压波动和闪烁的限制》适用。对额定输入电流不大于75 A的设备，见IEC 61000-3-11。

8.2 抗扰性如有必要，应考虑对电磁场的抗扰性。

注：有关工业设备抗扰性要求，可按GB/T 17799.2《电磁兼容 通用标准 工业环境中的抗扰度试验》。

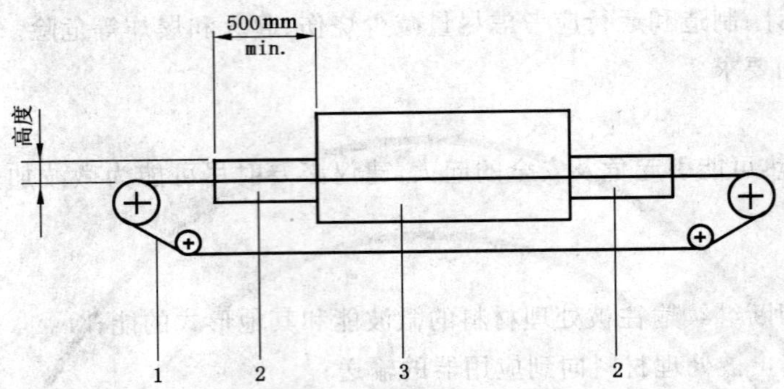

1——传送带；

2——进口和出口（扼流器、滤波器、吸收器等）；

3——腔体。

图1 连续传送带装置

参 考 文 献

[1] GB 17625.1—2003 《电磁兼容 限值 谐波电流发射限值(设备每相输入电流小于等于16 A)》(IEC 61000-3-2:2001 电磁兼容性(EMC) 第3-2部分:限值 对谐波电流发射的限值(每相输入电流不大于16A的设备,IDT)

[2] GB 17625.2—1999 《电磁兼容 限值 对额定电流不大于16 A的设备在低压供电系统中产生的电压波动和闪烁的限制》(IEC 61000-3-3:1994 电磁兼容性(EMC) 第3-3部分:限值 对每相额定电流不大于16A且无限制连接的设备的公用低压供电系统的电压变化、电压波动和闪变的限制,IDT)

[3] GB/Z 17625.6—2003 《电磁兼容 限值 对额定电流大于16 A的设备在低压供电系统中产生的谐波电流的限制》(IEC/TS 61000-3-4:1998 电磁兼容性(EMC) 第3-4部分:限值 对额定电流大于16A的设备的低压供电系统的谐波电流发射的限制,IDT)

[4] GB/Z 17625.3—2000 《电磁兼容 限值 对额定电流大于16 A的设备在低压供电系统中产生的电压波动和闪烁的限制》(IEC/TR2 61000-3-5:1994 电磁兼容性(EMC) 第3部分:限值 第5章:对额定电流大于16A的设备的低压供电系统的电压波动和闪变的限制,IDT)

[5] IEC 61000-3-11 电磁兼容性(EMC) 第3-11部分:限值 公用低压供电系统电压变化、电压波动和闪变的限制 额定电流不大于75 A且有限制连接的设备

[6] GB/T 17799.2—2003 《电磁兼容 通用标准 工业环境中的抗扰度试验》(IEC 61000-6-2:1999 电磁兼容性(EMC) 第6-2部分:一般标准 工业环境的抗扰性,IDT)

ICS 25.180.10
K 60

中华人民共和国国家标准

GB 5959.7—2008/IEC 60519-7:2008
代替 GB 5959.7—1987

电热装置的安全 第7部分:对具有电子枪的装置的特殊要求

Safety in electroheat installations—
Part 7:Particular requirements for installations with electron guns

(IEC 60519-7:2008,IDT)

2008-09-19 发布　　　　2009-06-01 实施

中华人民共和国国家质量监督检验检疫总局
中国国家标准化管理委员会　发布

前 言

本部分除第 16 章外的全部技术内容为强制性。

GB 5959《电热装置的安全》有如下 13 个部分：

——第 1 部分：通用要求(GB 5959.1—2005,IEC 60519-1:2003,IDT)；

——第 2 部分：对电弧炉装置的特殊要求(GB 5959.2—2008,IEC 60519-4:2006,IDT)；

——第 3 部分：对感应和导电加热装置以及感应熔炼装置的特殊要求(GB 5959.3—2008,IEC 60519-3:2005,IDT)；

——第 4 部分：对电阻加热装置的特殊要求(GB 5959.4—2008,IEC 60519-2:2006,IDT)；

——第 41 部分：对电阻加热装置——玻璃加热和熔化装置的特殊要求(GB 5959.41—2004,IEC 60519-21:1998,IDT)；

——第 5 部分：等离子设备的安全规范(GB 5959.5—1991,eqv IEC 60519-5:1980)；

——第 6 部分：工业微波加热设备的安全规范(GB 5959.6—2008,IEC 60519-6:2002,IDT)；

——第 7 部分：对具有电子枪的装置的特殊要求(GB 5959.7—2008,IEC 60519-7:2008,IDT)；

——第 8 部分：对电渣重熔炉的特殊要求(GB 5959.8—2007,IEC 60519-8:2005,IDT)；

——第 9 部分：对高频介质加热装置的特殊要求(GB 5959.9—2008,IEC 60519-9:2005,IDT)；

——第 10 部分：对工商业用电阻仿形加热系统的特殊要求(IEC 60519-10:2005,待转化)；

——第 11 部分：对液态金属电磁搅拌、输送或浇注设备的特殊要求(GB 5959.11—2000,idt IEC 60519-11:1997)；

——第 13 部分：对具有爆炸性气氛的电热装置的特殊要求(GB 5959.13—2008)。

本部分为 GB 5959 的第 7 部分。

本部分与 IEC 60519-7:2008《电热装置的安全　第 7 部分：对具有电子枪的装置的特殊要求》(第二版,英文版)同时起草修订。

IEC 60519-7:2008 根据本部分翻译起草。

为便于使用,对于 IEC 60519-7:2008,本部分做了下列编辑性修改：

——“本标准”一词改为“本部分”；

——删除国际标准的前言和序言；

——考虑到我国保护人身安全的要求和高频介质加热装置为综合性的机电成套设备,其范围扩展到对有关人身和包括必要的机械装置安全的特殊要求；

——增加“GB 18871—2002 电离辐射防护与辐射源安全基本标准”。

本部分代替 GB 5959.7—1987《电热设备的安全　第七部分：对具有电子枪的装置的特殊要求》,与后者相比的主要技术变化如下(仅列项目名称)：

——根据 GB 5959.1—2005 文本结构,将标准由原来的 11 章增加为 16 章,编号、标题全部重新改排；全文“本标准”改为“本部分”；

——全文章条编号和标题按 IEC 60519-7:2008 对应修改,编写按 GB/T 1.1 规定；

——范围：

增加“有关人身装置安全的特殊要求”规定；

修改“适用于具有一支或多支电子枪的电热设备”的适用范围为“适用于所有具有电子枪的电热装置”；

增加“本部分也适用于电子枪装置的预制和使用辉光放电的非加热电子枪装置以及电子枪的

高压电源”；

增加“GB 5959.1—2005《电热装置的安全　第1部分：通用要求》的所有要求适用于本部分。

本部分在第6章至第16章中给出了对电子枪装置的所有附加要求”；

——增加“2　规范性引用文件”章，引用GB/T 2900.23—2008、IEC 60204-1:2005、GB 5959.1—2005、IEC 60364-4-43、GB 18871—2002标准；

——增加3.1～3.13共13条术语和定义；

——增加第4章～第6章；

——增加“7　维修期的电子枪室高压接地”；

增加“7.2　机械式接地装置”；

增加“7.3　自动式接地装置”；

——增加第9章～第11章；

——增加“12　控制电路和控制功能”；

——增加“12.1　控制电路 ”；

——增加“12.2　控制功能”；

——增加“14　某些工艺处理或部件引起的危险”；

——增加“14.1　防火”；

——增加“14.2　爆炸危险”；

——增加“14.3　环境污染”；

——增加“14.4　健康危害”；

——改原标准“9　真空系统”和“9.1”、“9.2”、“9.3”为“14.5 真空系统”；

——删除原标准“9.4”；

——改原标准“6　X-射线和紫外线”为“15　X-射线”；

——增加“16　标记、铭牌、技术文件和说明书”章；

——增加“16.2　检测、交付使用和对具有电子枪装置的使用和维护说明”。

本部分由中国电器工业协会提出。

本部分由全国工业电热设备标准化技术委员会(SAC/TC 121)归口。

本部分起草单位：西安交通大学、西安电炉研究所有限公司。

本部分主要起草人：赵玉清、刘西萍、赵卫平、张英明。

本部分所代替标准的历次版本发布情况为：

——GB 5959.7—1987。

电热装置的安全 第7部分:对具有电子枪的装置的特殊要求

1 范围

GB 5959 的本部分规定了对具有电子枪的装置(以下简称电子枪装置)有关人身装置安全的特殊要求。本部分适用于所有具有电子枪的电热装置。

本部分也适用于电子枪装置的预制和使用辉光放电的非加热电子枪装置以及电子枪的高压电源。GB 5959.1—2005《电热装置的安全　第1部分:通用要求》的所有要求适用于本部分。本部分在第6章至第16章中给出了对电子枪装置的所有附加要求。

2 规范性引用文件

下列文件中的条款通过 GB 5959 的本部分的引用而成为本部分的条款。凡是注日期的引用文件,其随后所有的修改单(不包括勘误的内容)或修订版均不适用于本部分,然而,鼓励根据本部分达成协议的各方研究是否可使用这些文件的最新版本。凡是不注日期的引用文件,其最新版本适用于本部分。

GB/T 2900.23—2008　电工术语　工业电热装置(IEC 60050-841:2004,IDT)

GB 5959.1—2005　电热装置的安全　第1部分:通用要求(IEC 60519-1:2003,IDT)

GB 18871—2002　电离辐射防护与辐射源安全基本标准

IEC 60204-1:2005　机械安全　机械电气设备　第1部分:通用技术条件[1)]

IEC 60364-4-43　建筑物的电气装置　第4部分:安全防护　第43章:过电流保护[2)]

3 术语和定义

GB/T 2900.23—2008 和 GB 5959.1—2005 确立的以及下列术语和定义适用于本标准。

3.1

电子束　electron beam

从一个源(阴极或等离子体)发射的,以高速沿着确定的轨迹运动的电子流。

[GB/T 2900.23—2008　841-30-01,已修改]

3.2

电子(束)枪　electron(beam) gun

产生、形成和加速一束或多束电子束的系统。

[GB/T 2900.23—2008　841-30-08,已修改]

3.3

阳极(电子枪的)　anode (of an electron gun)

能够从具有低导电率介质中引出和加速电子的电极。

[GB/T 2900.23—2008　841-22-31,已修改]

---

1) 采标说明:GB 5226.1—2002　机械安全　机械电气设备　第1部分:通用技术条件(现行有效版本)(IEC 60204-1:2000,IDT)

2) 采标说明:GB 16895.5—2002 建筑物的电气装置　第4部分:安全防护　第43章:过电流保护(现行有效版本)(IEC 60364-4-43:2001,IDT)

3.4

阴极 cathode (of an electron gun)

能够从具有低导电率介质中发射电子的电极。如有需要，也接受正电荷。

[GB/T 2900.23—2008 841-22-32,已修改]

3.5

电子束加速电压 beam accelerating voltage

在阴极与阳极之间形成的电位差，以产生加速电子的电场。

[GB/T 2900.23—2008 841-30-29]

3.6

高压电源 high-voltage power supply

提供电子枪发射电流和加速电压的电源。

3.7

回路导体 return conductor

在内置工件的真空室中，高压电源与电子枪系统的阳极部分之间电气连接。

3.8

连锁 interlock

为防止当设备动作时发生任何形式危害的有关控制部件。

3.9

真空室 vacuum chamber

室内空气稀薄的容器，工件在室内得到处理。

3.10

电子枪室 electron gun chamber

放置电子枪的真空室。

注：该室可利用不同口径的光阑口与工件隔开，以便能在电子枪和工件间建立压差。

3.11

电子束偏转系统 electron beam deflection system

使电子束产生空间位移在加热物体表面移动的电磁线圈或偏转电极系统。

[GB/T 2900.23—2008 841-30-25,已修改]

3.12

电子束弯转系统 electron beam bending system

用于改变电子枪外部的电子束方向的电磁线圈或永磁体。

3.13

电子聚焦系统 electron beam focussing system

用来在炉料受热表面上聚焦电子束的电磁线圈、多个电磁线圈的系统或电容器板。

[GB/T 2900.23—2008 841-30-27,已修改]

4 电子束装置结构

电子束装置主要由下列部分构成：

a) 电子枪；

b) 高压电源；

c) 电子束偏转和聚焦系统，包括必需的电流源和控制系统；

d) 电子束弯转系统；

e) 工作室和工装；

f) 真空系统；

g) 控制系统；

h) 附属装置(电源、冷却液、气动装置、液压装置等)。

注：有些结构仅在特定的装置中有，例如，在许多装置中无弯转系统。

5 电子枪类型

电子枪的电子束主要用于：

——光学(例如CRT、摄像、图像扫描、电子显微镜)；

——一些非加热装置(例如聚合物改性、食品加工、杀菌、消毒)；

——各种电热应用。

例如，典型的电热应用于熔炼、加热、蒸发和表面处理。

电子枪可按用途做如下分类：

——加速电压；

——额定功率；

——电子束图形和；

——电子束的偏转和弯转系统。

6 主要的危险

用于电加热的电子枪，由于其特性，一般可产生下列的危险：

——高压电击(见第7、8、9和11章)；

——X射线(见第15章)；

——真空室内由高能量密度引起形成的热变形(见第14章)。

另外，可能存在电子束装置因诸如真空设备(见第12章)类似的部件所引起危险和电子枪动作(见第14章)引发的危险。

7 维修期的电子枪室高压接地

7.1 移动式接地装置

切断高压电源，打开电子枪室的门或靠近电子枪的位置后，对正常运行期间带电的零部件，在接触之前，必须用移动式接地装置除去任何残留电荷。应使用设计经审查认可的移动式接地装置。

移动式接地装置的高挠度接地导线应永久固定在接地点上。该接地连接点应易见和便于操作人员检查，并要有明显牢固的标记。

7.2 机械式接地装置

可选择安装机械式自动接地装置，当打开枪室时它可自动机械动作接地。提供合适性能的这种机械式自动接地装置在安全距离内能够易于目视检查。

7.3 自动式接地装置

在下列条件下可任选安装一种自动式接地装置：

a) 当电子枪停止工作时，机构自动动作；

b) 由故障自动检测系统检查自动机构的性能是否正常；

c) 有明显信号向打开枪室的人员显示自动接地机构的性能是否正常；

d) 在确认接地装置正确接地前，经审查认可设计的机电联锁机构不能打开枪室。

在紧挨高压电源处，也应在易见位置安装便携式接地装置。

8 高压馈线

8.1 高压馈线电缆

高压馈线应有足够强度的绝缘，以有效的防护机械损伤。

铠装电缆应用于高压馈线或者馈线电缆应内置导管或挠性软管。电缆防护层、导管或挠性软管应牢固地连接在一个等电位上。

当高压馈线电缆布置在导管或挠性软管内时，除回路导线外，其他电缆不得同置其内。每个电子枪应有其自己的导管或挠性软管。

如果高压馈线电缆布置在导管或挠性软管内，则该导管或挠性软管应延伸到高压接线端的连接盒内。

高压馈线电缆和低压电缆可以铺设在一个配备了高压馈线电缆机电保护的电缆沟或电缆槽中，但该沟或槽不能作为保护用。

8.2 回路导线

每个电子枪应有其自己的回路导线以携带束流在规定的路线中返回高压电源。该回路导线的横截面积尺寸应对应于电子枪负载电流，但铜导线的横截面积不得小于 6 mm^2。对于特种电子枪，若使用的回路导线小于 6 mm^2 的铜导线截面，安装时就应特别注意加机械保护，并且，馈线导体尺寸至少与电路导线截面积对应相等。

回路导线应用挠性和绝缘的电缆配置。

回路导线应连接在靠近工件或电子枪的端点接地处。

为能限定回流通路，回路导线不应在高压电源内接地，并且，端点和接地间的电压应用可靠的环节限制。若回路导线也直接在高压电源内接地，就应特别小心注意地面和遵守 EMC 要求。

在额定电流下，整个回路导线的电压降应不超过 1.5 V。电子枪与高压电源间的回路导线应与其馈电电缆一起安装。

注 1：每台装置至少有两根回路导线，这样即使一根发生故障，另一根仍能确保安全。回路导线的排列方式和个数可根据电子枪室和真空室的电气连接方式以及电子枪的个数决定。

注 2：在具有电子枪的装置中，回路电流通过其各室和装置的框架围绕着电子枪流动。

8.3 裸露高压部件间的最小距离

对于电子枪和其电源不受高压设备的安全间隙限制，因为它们工作在干燥、清洁的房间内。但使用条件应在制造商的装置使用说明书中做出规定。

9 触电防护

电子枪电源应在下列情况下被安全联锁切断：

——电子枪室被打开并接近带电部件；

——高压电缆被断开或被错误连接以及；

——高压电源的外壳被打开。

在上述情况下，联锁系统应切断电源，释放高压电容器电荷，采用可靠措施，不允许任何动作发生。

另外，对频繁打开的各种部件，只要可能出现电压，就应联锁。

注：在装置多于 1 个电子枪以上的情况下，连接到高压电源和有关电子枪的几套不同电缆可能存在着触电危险。未连接这些电缆的端部可以这种方式带电。如果在装置中有多余的一些电缆，危险同样存在。

10 过流过压保护

10.1 一般要求

按 GB 5959.1—2005 规定，过电流保护措施应符合有关标准规定，例如，IEC 60364-4-43 和 IEC 60204-1:2005。

10.2 高压电源

高压电源应配置由系统设定值可调的过流和过压保护。

高压电源应不受电网过电压的影响。

11 等电位连接

按 GB 5959.1—2005 中第 11 章规定。

为了防止操作者可能触及金属件间的电压，应在所有的导电体、框架和外壳之间进行等电位互连。真空室、电子枪和高压电源外壳之间的连接特别重要，这也包括工作平台、冷却水、液压传动机构和气管以及其他建造金属结构件的等电位连接。这样，所有这些零件固定接地。

这些导体的横截面尺寸应与电子枪电流相匹配，但铜线不得小于 6 mm^2。

等电位应能携带电子束流环绕被加热的工件和电子枪流向回路连接器的端点，但其电压降不能超过 1.5 V。

12 控制电路和控制功能

12.1 控制电路

控制电路应符合 IEC 60204-1:2005 第 9 章和 GB 5959.1—2005 中第 12 章规定。

12.2 控制功能

为避免电子束引起的损害，电子枪应在满足下列条件时动作：

——在真空室内达到工作压强；

——电子束偏转系统无故障；

——电子束弯转系统动作(如有必要时)；

——冷却水按规定流量流动；

——电子枪阀门被打开(如有)。

13 冷却液

使用液体冷却处(例如，坩埚内)，应按 GB 5959.1—2005 中 6.6 提供适当的监控装置。

要求冷却液的清洁度在电子枪和偏转系统冷却水管内能避免结块阻塞。

制造商应给出冷却液的质量要求。

应显示冷却液的流动方向。

冷却液应有报警和监控装置。

14 某些工艺处理或部件引起的危险

14.1 防火

某些处理材料能够在室壁或防护屏层面上形成多孔结构，高温处理可能使这些多孔层面的材料燃烧，这时处理炉室要通风。对处理这样材料的设备，例如钛，应使操作人员尽可能地快速撤离，并沿炉室长度进行排风。

具有大功率电子枪的装置经常使用位于处理炉室近区用油绝缘的变压器。该变压器应符合设备安装规范。电子枪制造商应告之用户有关变压器的数量和油的性能。应考虑车间地面的油载荷着火和防火。

14.2 爆炸危险

处理炉室在处理不同的材料时，可能会引起爆炸，特别是在冷却水泄漏的情况下。不能忽视任何爆炸的可能性，应采用炉室门锁定机构或更好的措施来避免炉室爆裂。

14.3 环境污染

某些处理材料和高压变压器油可能会造成一些环境污染。

如果高压变压器充注了油,该变压器就应放置在容器或坑中,一旦油有泄漏,容器或坑就可能聚集全部的油。

考虑到各种不同的处理材料,用户要检查和注意危险有害物质,如果它们被真空系统泄露和/或沉积在处理炉室内,用户就应及时采取措施加以处理。

14.4 健康危害

除辐射外(见第15章),被处理材料也可引起其他的危害。

在清洁处理炉室中,应采取吸入防护措施,以避免危害肺部等引起有关疾病。

有些应用,尤其是在稀薄气体中电子束的运行可引起紫外线辐射。应按各国规范采用防护措施。

14.5 真空系统

抽气系统应有足够大的抽气能力,应采取各种防护措施防止操作人员受到辐射。

真空泵的活动零件,例如皮带、皮带轮等,应装有防护设置,以免意外触及。

如果真空室大到足以进人,则应采取防护措施,避免人在真空室内时抽真空。

15 X-射线

带有电子枪设备的设计和安装应能避免在其运行期间对操作者造成的暴露辐射危害。辐射量的大小应不超过GB 18871—2002的规定值。

X-射线的剂量主要取决于高压电压和电子束流的大小,屏蔽的设计和暴露过程中的检测方法应按最大的快速升压和电子束流来考虑。

在维护期间能够再次装卸的与X-射线屏蔽有关的各种零部件,应设计成不重新装配这些零部件电子枪就不可能运行。进一步说,所有与屏蔽有关的零部件也应是真空炉室的零部件。

16 标记、铭牌、技术文件和说明书

16.1 标记、铭牌、技术文件

标记、铭牌和技术文件应符合GB 5959.1—2005第15章规定。

电气设备、产生和分布的高压区域应专门标记,标记应符合当地规范。

带有电子枪装置的制造商在技术文件中应指出有危险标记的装置和设定程序过程中的危险。用户的职责是避免实际工作中所引起的其他的危险,增加相应的标记,提供运行保障。

16.2 检测、交付使用和对具有电子枪装置的使用和维护说明

检测、交付使用和具有电子枪装置的应用和维护说明应符合GB 5959.1—2005第16章规定。

高压电源、高压电缆和连接线以及安全设备的维护应仅限于下列人员进行:

——制造厂的有关员工;

——被制造厂授权和训练的维修人员;

——如果没有聘到授权人员,可用其他熟练的和有经验的人员。

维护说明应指出对所有危险进行防护的必要措施,特别是:

——应经常检查所有的回路导线,例如,连接松动,导体损坏或边缘磨损。

——应按GB 18871—2002的要求做X-射线的检测,应考虑快速升压和电子束流的最大值。在更换有关X-射线屏蔽的零部件后,应再次检测X-射线系统的辐射值。

——为了避免电子束枪装置因撞击导致的破坏,电子束枪的每一个零件都应洁净。对所有的高压部件来说,清洁度是特别重要的。

——按照工艺,用户应注意真空抽气系统和处理炉室的清洁程序(见14.3和14.4)。

ICS 25.180.10
K 60

中华人民共和国国家标准

GB 5959.9—2008/IEC 60519-9:2005
代替 GB 5959.9—1989

电热装置的安全
第9部分:对高频介质加热装置的特殊要求

Safety in electroheat installations—Part 9: Particular requirements for high-frequency dielectric heating installations

(IEC 60519-9:2005,IDT)

2008-09-19 发布　　2009-06-01 实施

中华人民共和国国家质量监督检验检疫总局
中国国家标准化管理委员会　发布

前　言

本部分除第16章外的全部技术内容为强制性。

GB 5959《电热装置的安全》有如下13个部分：

——第1部分：通用要求(GB 5959.1—2005，IEC 60519-1:2003，IDT)；

——第2部分：对电弧炉装置的特殊要求(GB 5959.2—2008，IEC 60519-4:2006，IDT)；

——第3部分：对感应和导电加热装置以及感应熔炼装置的特殊要求(GB 5959.3—2008，IEC 60519-3:2005，IDT)；

——第4部分：对电阻加热装置的特殊要求(GB 5959.4—2008，IEC 60519-2:2006，IDT)；

——第41部分：对电阻加热装置——玻璃加热和熔化装置的特殊要求(GB 5959.41—2004，IEC 60519-21:1998，IDT)；

——第5部分：等离子设备的安全规范(GB 5959.5—1991，eqv IEC 60519-5:1980)；

——第6部分：工业微波加热设备的安全规范(GB 5959.6—2008，IEC 60519-6:2002，IDT)；

——第7部分：对具有电子枪的装置的特殊要求(GB 5959.7—2008，IEC 60519-7:2008，IDT)；

——第8部分：对电渣重熔炉的特殊要求(GB 5959.8—2007，IEC 60519-8:2005，IDT)；

——第9部分：对高频介质加热装置的特殊要求(GB 5959.9—2008，IEC 60519-9:2005，IDT)；

——第10部分：对工商业用电阻仿形加热系统的特殊要求(IEC 60519-10:2005，待转化)；

——第11部分：对液态金属电磁搅拌、输送或浇注设备的特殊要求(GB 5959.11—2000，idt IEC 60519-11:1997)；

——第13部分：对具有爆炸性气氛的电热装置的特殊要求(GB 5959.13—2008)。

本部分为GB 5959的第9部分。

本部分等同采用IEC 60519-9:2005《电热装置的安全　第9部分：对高频介质加热装置的特殊要求》(第二版，英文版)。

为便于使用，对于IEC 60519-9:2005，本部分做了下列编辑性修改：

——“本标准”一词改为“本部分”；

——删除国际标准的前言和序言；

——考虑到我国保护人身安全的要求和高频介质加热装置为综合性的机电成套设备，在采用IEC 60519-9:2005时，其范围扩展到对有关人身和包括必要的机械装置安全的特殊要求。

本部分代替GB 5959.9—1989《电热设备的安全　第9部分：对高频介质加热装置的特殊要求》，与后者相比的主要技术变化如下(仅列项目名称)：

——全文“本标准”改为“本部分”；

——全文章条编号和标题基本按IEC 60519-9:2005对应修改，第1、2、3章标题编写按GB/T 1.1规定；

——范围中增加“注：按CISPR11《工业、科学和医疗(ISM)射频设备　电磁骚扰特性　限值和测量方法》中，为主要的工科医(ISM)频率指定了一些优先选用的频率。”；

——范围增加“GB 5959.1—2005《电热装置的安全　第1部分：通用要求》中的电压区段指的是工频供电电压。在高频介质加热装置的某些电路中(如在内装变压器的发生器中)，直流、交流或射频电压会有更高值。”；

——增加规范性引用文件；

——删除原“3.1～3.9”9条术语和定义；

——增加“3.1　介质加热装置 、3.2　(介质)施加器 、3.3　标准工具”3 条术语和定义；

——“4.5　间隙和爬电距离”中删除原对应标准 5.4 中的“中频”；

——“4.6　内部电气连接”删去原标准对应的 5.5.2 后的注；

——“4.7　电容器”增加了注 2、注 3、注 4 内容和 IEC 60204-1 的引用，删去对 GB 3984 的引用；

——“4.10　射频干扰的抑制”对应原标准的 5.9，增加了 4.10.1 要求；

——“5.3　对间接接触的防护”增加“加热电容器或工作电极通常仅处于高频电压下而无工频 50 Hz/60 Hz 或直流电压成分(塑料热合时防烧化装置中的低压除外)。在发生故障(绝缘击穿)时，50 Hz/60 Hz 或直流电压可能出现在加热电容器或工作电极上。因此，建议通过一个电感(如果在实际电路中无这样的电感)把该电容器或电极接地。”要求；

——5.4.1 增加“注：当在某些情况下高频电极电压超过 10 kV 数量级时，可能产生电弧(在加热电容器的一个电极与周围空间的飞弧)。这种电弧的功率能达 0.5 kW 数量级，通常小于高频有用功率。这样，该电弧不会引起过流装置动作。为了消除该电弧，可有必要手动切断和合上高频电压。”；

——6.3 增加“制造商应规定本试验的条件(如短路元件的电感、材质和形状)。”；

——6.4 增加“注：装置某些部件的温度可能在空载或在实际使用的最低负载情况下达到其最高值。因此，空载试验可能是必要的。而过载试验对发现寄生振荡是有帮助的。”；

——增加“参考文献”。

本部分由中国电器工业协会提出。

本部分由全国工业电热设备标准化技术委员会(SAC/TC 121)归口。

本部分起草单位：西安电炉研究所有限公司。

本部分主要起草人：刘西萍、葛华山。

本部分所代替标准的历次版本发布情况为：

——GB 5959.9—1989。

电热装置的安全
第9部分:对高频介质加热装置的特殊要求

1 范围

GB 5959的本部分规定了对高频介质加热装置(以下简称高频介质加热装置)有关人身装置安全的特殊要求。本部分适用于在自然气氛和保护气氛(例如惰性气体或真空)中,对诸如塑料、木材、橡胶、织品、玻璃、陶瓷、纸张、竹材和食品等部分导电或非导电材料进行熔化、干燥、热合、灭虫和粘结等热加工的工业用高频介质加热装置。

本部分涉及标称频率为1 MHz~300 MHz,额定有用输出功率大于50 W的高频介质加热装置。该装置包括高频发生器和用于加热材料的电容器,根据需要还可包括必要的机械装置。"

注:在CISPR11《工业、科学和医疗(ISM)射频设备 电磁骚扰特性 限值和测量方法》[1)]中,为主要的工科医(ISM)频率指定了一些优先选用的频率。

GB 5959.1—2005《电热装置的安全 第1部分:通用要求》中的电压区段指的是工频供电电压。在高频介质加热装置的某些电路中(如在内装变压器的发生器中),直流、交流或射频电压会有更高值。

2 规范性引用文件

下列文件中的条款通过GB 5959的本部分的引用而成为本部分的条款。凡是注日期的引用文件,其随后所有的修改单(不包括勘误的内容)或修订版均不适用于本部分,然而,鼓励根据本部分达成协议的各方研究是否可使用这些文件的最新版本。凡是不注日期的引用文件,其最新版本适用于本部分。

GB/T 2900.23—2008 电工术语 工业电热装置(IEC 60050-841:2004,IDT)

GB 5959.1—2005 电热装置的安全 第1部分:通用要求(IEC 60519-1:2003,IDT)

3 术语和定义

GB/T 2900.23—2008和GB 5959.1—2005确立的以及下列术语和定义适用于本部分。

3.1

介质加热装置 dielectric heating installation

由介质加热发生器、高频传输线(如有的话)和介质施加器所组成的装置。

3.2

(介质)施加器 (dielectric) applicator

由加热电容器或带有固定和定位系统的工作电极、阻抗匹配电路(如果它不安置在发生器内)、必要的保护和屏蔽装置以及传递、供给和通风设备组成的装置。

3.3

标准工具 standard tool

螺丝刀、活络扳手、扁扳手和钳子等简单工具。

---

1) 采标说明:GB 4824—2004 工业、科学和医疗(ISM)射频设备 电磁骚扰特性 限值和测量方法(现行有效版本)(CISPR11:2003,IDT),现CISPR11已有2006年版本。

4 介质加热发生器的防护措施

4.1 概述

介质加热发生器包括：

a） 包含工频功率的供应和分配所必需的元件的部分；

b） 整流器部分，它通常包括把工频电流转换成高压直流的元件；

c） 振荡器部分，它包括产生和匹配高频能所必需的元件（振荡器部分安放在屏蔽罩内以减少高频辐射）；

d） 控制和监测系统，它包括用于过载保护的联锁安全装置的程序控制器以及开关装置和监测装置。

4.2 对直接接触的防护

4.2.1 一般防护

除介质加热发生器的输出端子外，所有的带电部分应设置在一个或多个对直接接触有足够防护作用的外壳内。

4.2.2 对接近第二电压区段带电部分的防护措施

对用于接近第二电压区段（高至交流 1 000 V 或平滑直流 1 500 V）带电部分的机门和/或可拆卸盖板，应提供用钥匙才能打开的门锁或配置，当门打开或盖板移走时能切断电源的电气联锁。

对很少打开的可拆卸盖板应该用安全螺钉紧固，该安全螺钉不用工具或用标准工具是不能把它们卸掉的。

4.2.3 对接近第三电压区段带电部分的防护措施

对用于接近第三电压区段（超过交流 1 000 V 或平滑直流 1 500 V）带电部分的机门和/或可拆卸盖板，应提供带有断电措施的机械联锁，以免电极上电压撤除前接近该带电部分，或应同时配置机门的电气联锁和机械门锁。

对很少打开的可拆卸盖板应该用安全螺钉紧固，该安全螺钉不用工具或用标准工具是不能把它们卸掉的。

4.2.4 对接近处于高频电压的带电部分的防护措施

在只可能接近处于高频电压的带电部分情况下（不接近处于较低频率如工频 50 Hz/60 Hz 电压的带电部分），应采取下列防护措施。

除了当外物的进入不会同时接触高频部件与防护外壳的机门或盖板或防护外壳能提供全面有效的防护外，在防护外壳的机门或其可移动盖板的开口处应装设动作可靠、不可复位的安全开关或不可复位的联锁装置，以确保当打开机门或移去盖板时不能施加高频电压。

对很少打开的可拆盖板应用安全螺钉紧固，该安全螺钉不用工具或用标准工具是不能从外面把它们卸掉的。

4.2.5 警告标牌

应设置必要的警告标牌。

注：在某些国家，需要设置带有告知非电离辐射标记的警告标牌。

4.3 其他防护措施

4.3.1 本装置应具有以下防护装置：

a） 应设有一个或多个用以保护本装置在非正常运行条件下（如过载情况下）使其免受损坏的装置；

b） 如有必要，应设有一个或多个用以保护本装置使其免受其他设备干扰影响的装置；

c） 如有必要，应设有一个或多个用以保护本装置使其免受自生干扰影响的装置。

4.3.2 如有必要，各保护装置应共同对过温进行防护。

4.3.3 应采取适当措施来减少感应电压或感应电流，使其符合安全水准。

4.3.4 所有的铠装电缆和金属馈电管，在通过内含属于第三电压区段的高压电路的外壳时，应在它们通过外壳处接地。

4.3.5 使用直流电源和50 Hz/60 Hz工频交流电源的装置，其接地应符合GB 5959.1—2005的规定。对装置中传送高频功率的部件应加以防护，以确保操作人员所在处的接触电压为允许值，例如采用接地的防护屏和/或在操作人员所在处接地。

4.4 温升—防火

4.4.1 在介质加热发生器和整流器中，其电路布置应既不使它们承受过高的温升，也不使它们在柜壳内产生的温升超过电气设备通常所允许的值。

4.4.2 用于高频电压部分的材料应不含任何会产生持续燃烧的成分。

4.4.3 当冷却回路的故障会使发生器内的温升超过允许值时，应提供监控装置，用来切断装置的供电或采取其他措施来确保安全。

4.5 间隙和爬电距离

高频装置采用的空气间隙和爬电距离不一定与工频50 Hz/60 Hz装置的相同。

当采用较小的空气间隙和爬电距离时(如在高频电路中)，应采取措施防止产生飞弧以确保安全。

4.6 内部电气连接

4.6.1 传送高频电流的导体和连接装置应由非铁磁材料制造，其覆盖物也应为非铁磁材料。

4.6.2 对所有的低频电路应加以防护，以免受高频的影响，例如配置一个或多个高频滤波器。

4.7 电容器

4.7.1 除非电容器设备与具有放电通路的其他电气设备直接相接，并且该放电通路没有接入断路开关、熔断器或串联电容器，为确保安全，必要时应对属于第二和第三电压区段的电容器设备提供直接连接的放电装置。

注1：放电装置不能用作电容器各端子间的短路和工作人员接触电容器前的接地。

注2：IEC 60204-1[2)] 中6.2.4对工频电源和控制电路中残余电压的防护措施系指携带电荷等于或大于60 μC的电容器。

注3：高压电路中的绝大多数电容器所携带的电荷远小于60 μC，按该条可省去放电装置。

注4：高压电源滤波器中某些电容器的电荷会超过该值，此时该条的防护措施适用。

4.7.2 当能量转换元件(如电子管或半导体器件)的高压电源中使用LC滤波器时，如有必要应提供振荡型阻尼装置，以防电路断开时产生的过电压超过允许值。

4.8 冷却

4.8.1 对水冷部件，应采取适当的措施以限制妨碍正常运行的电解腐蚀。为此，制造商应随装置提供合适的使用说明书。

4.8.2 软水管及其布置应使漏电流不超过安全水准。

注：在冷却系统中，宜尽量避免形成气泡。对软管接头需特别注意。

4.8.3 在传递高频电流的水冷导体上，应避免水的结露。

4.8.4 对强迫风冷式介质加热发生器，应采取预防措施，以防由于尘灰的沉积而降低运行的安全性。

4.9 过载保护

4.9.1 对介质加热发生器的电路和部件，若其温度会超过允许值，则应提供热过载保护装置。

4.9.2 对装置所有部分中可能发生的短路所造成的过载应提供保护。

4.9.3 如有必要，介质加热发生器应设有程序控制装置，以便在不正常运行情况下断电时确保人身和装置的安全。

---

2) 采标说明：GB 5226.1—2002 机械安全 机械电气设备 第1部分：通用技术条(现行有效版本)(IEC 60204-1:2000，IDT)。

4.9.4 若用于处理炉料的装置位于介质加热发生器外，则应提供遥控用的连接端子，至少应提供用于操作“紧急停止”装置的连接端子。

4.10 射频干扰的抑制

4.10.1 应注意避免介质加热装置正常运行期间的射频干扰。

注：在CISPR11中规定了有关射频骚扰限值。

4.10.2 对内含高频电路部分的外壳，其结构应使外泄的高频辐射减到最小。外壳的门和盖板应具有电磁屏蔽功能。

4.10.3 若介质加热的发生器和施加器不装在一起，则应对其间的高频连线加以屏蔽。

4.10.4 对发生器高频部分用于维修、观察和通风的开口，应提供足够的防护措施，使外泄的高频辐射减到最小。

4.10.5 如有必要，对高频发生器的所有电源和控制电路应提供滤波装置，以确保其对电网的干扰不超过限值。

4.10.6 为防止辐射干扰，对处于高频电磁场中的金属导管或屏蔽罩，应用电感很小的导线把它们与导电的外壳相连接。

5 介质施加器使用中的防护措施

5.1 带有机械部件的运动装置

5.1.1 对这些装置应用栅栏或类似的防护设施加以防护，使工作人员的手不可能伸入其中。当这些防护设施从它们的“安全”位置移开时，机械部件的所有运动都应停止。对固定的防护设施，只可用钥匙将它移动。

这些防护措施不适用于正常运行时由工作人员进行的操作。

5.1.2 在适宜的场合，也可用电子或电气装置来代替机械的防护方式；当任一防护装置出现故障而可能危及人身安全时，应停止所有的机械运动。

5.1.3 应注意确保对操作区域内在正常运行的条件下温度可能超过60℃的所有零部件加以防护，以免工作人员接触；或者在这些零部件上标出醒目的标记。

5.1.4 若已提供所有合适的防护措施但对装置上某些具有潜在危险的运动部件(如输送带)由于操作上的原因而不能对其加以防护，则宜设置醒目的警示。

5.1.5 为了符合国家的有关规定，在使用动力操纵的压制机时，应采取预防措施，使操作人员在工作时不可能与危险的运动部件相接触。

5.2 易燃物料的处理

在处理易燃物料时，应采取特殊的预防措施。

5.3 对间接接触的防护

高频辐射能不应在屏蔽罩或外壳以外的部件上感应出任何当操作人员万一与其接触时会危及人身安全的电压或电流。

加热电容器或工作电极通常仅处于高频电压下而无工频50 Hz/60 Hz或直流电压成分(塑料热合时防烧化装置中的低压除外)。在发生故障(绝缘击穿)时，50 Hz/60 Hz或直流电压可能出现在加热电容器或工作电极上。因此，建议通过一个电感(如果在实际电路中无这样的电感)把该电容器或电极接地。

5.4 其他防护措施

5.4.1 对正常运行时不太可能出现的飞弧应给予充分的注意。

注：当在某些情况下高频电极电压超过10 kV数量级时，可能产生电弧(在加热电容器的一个电极与周围空间的飞弧)。这种电弧的功率能达0.5 kW数量级，通常小于高频有用功率。这样，该电弧不会引起过流装置动作。为了消除该电弧，可有必要手动切断和合上高频电压。

5.4.2 绝缘支撑件的设计应充分考虑其抗拉和抗压强度以及温度和电气耐压性能。

5.4.3 对处在高频电磁场作用下的机械零部件应加以防护,使所产生的感应电流既不损坏它们也不影响它们的正常功能。

5.4.4 对易溢出的液态料进行高频处理时,装置应提供尺寸合适的溢流槽。

5.4.5 对暴露在高频电磁场中的电气导管应适当屏蔽。

5.4.6 施加器内部的所有金属件应进行抗静电荷防护。

5.4.7 设备中位于屏蔽物外的金属件应尽可能适当地组合在一起,以防局部过高的温升和/或过强的高频干扰。

5.4.8 操作人员所处场所内的高频辐射能的强弱应符合该装置所用国的国家规定(见 GB 5959.1—2005)

注:有关射频骚扰的情况,见 4.10。

6 防护措施的试验

6.1 试验步骤应综合考虑并应在各种情况下对所有的防护措施进行检查,以确保操作人员的安全。

6.2 对在正常使用时易接近的高频电路,其温度应不超过 150 ℃。这可用适当的方法来检查。

6.3 应将易接近的工作电极或加热电容器短路。在介质加热发生器的功率被设定在最大值的情况下,对装置或操作人员应无损害或危险(例如产生火焰、爆炸或物体喷射等)。制造商应规定本试验的条件(如短路元件的电感、材质和形状)。

6.4 让装置(短周期使用的装置除外)在满负载情况下运行一段时间,使其所有部件的温度都达到稳定状态。此时,所有部件的温度应不超过其允许的限值。

注:装置某些部件的温度可能在空载或在实际使用的最低负载情况下达到其最高值。因此,空载试验可能是必要的。而过载试验对发现寄生振荡是有帮助的。

6.5 对非固定安装的装置,应尽量降低其重心,以确保其机械稳定性。根据装置尺寸的大小并由制造商和用户商定,该稳定性可用下法检验,即把装置放在倾斜 15°的平面上,并依次沿相互垂直的轴线放置。本试验期间该装置应不倾倒。

7 铭牌

铭牌应符合 GB 5959.1—2005 的规定。此外应给出下列数据:

——额定有用输出功率;

——介质加热标称频率,并对在 ITU 指定的频带内工作的设备,必要时给出频率范围。

注:关于国际电信联盟(ITU)指定的频带,见 CISPR11。

参 考 文 献

[1] CISPR11 工业、科学和医疗(ISM)射频设备 电磁骚扰特性 限值和测量方法(GB 4824—2004,CISPR11:2003,IDT,CISPR11 已有 2006 年版)

[2] IEC 60204-1 机械安全 机械电气设备 第 1 部分:通用技术条件(GB 5226.1—2002,IEC 60204-1:2000,IDT,IEC 60204-1 已有 2005 年版)

ICS 25.180.10
K 60

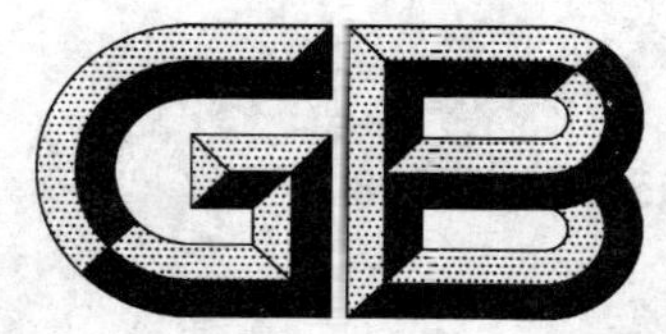

中华人民共和国国家标准

GB 5959.13—2008

电热装置的安全　第13部分：对具有爆炸性气氛的电热装置的特殊要求

Safety in electroheat installations—Part 13: Particular requirements for electroheat installation with explosive atmosphere

2008-05-20 发布　　　　2009-04-01 实施

中华人民共和国国家质量监督检验检疫总局
中国国家标准化管理委员会　发布

前　言

本部分除第16章外的全部技术内容为强制性。

GB 5959《电热装置的安全》有如下13个部分：

——第1部分：通用要求；

——第2部分：对电弧炉装置的特殊要求；

——第3部分：对感应和导电加热装置以及感应熔炼装置的特殊要求；

——第4部分：对电阻加热设备的特殊要求；

——第41部分：对电阻加热设备——玻璃加热和熔化设备的特殊要求；

——第5部分：等离子装置的安全规范；

——第6部分：工业微波加热设备的安全规范；

——第7部分：对具有电子枪的装置的特殊要求；

——第8部分：对电渣重熔炉的特殊要求；

——第9部分：对高频介质加热装置的特殊要求；

——第10部分：对工商业用电阻仿形加热系统的特殊要求；

——第11部分：对金属液电磁搅拌、输送或浇注装置的特殊要求；

——第13部分：对具有爆炸性气氛的电热装置的特殊要求。

本部分为GB 5959的第13部分。

除本部分外，GB 5959的其他部分均采用对应的IEC 60519《电热装置的安全》各部分制定。

本部分由中国电器工业协会提出。

本部分由全国工业电热设备标准化技术委员会归口。

本部分起草单位：西安电炉研究所、株洲天鹰电炉有限公司。

本部分主要起草人：范超英、杨至刚。

本部分为首次制定。

电热装置的安全　第13部分:对具有爆炸性气氛的电热装置的特殊要求

1　范围

本部分规定了对具有爆炸性气氛的电热装置有关人身和装置安全的特殊要求。

本部分适用于具有爆炸性气氛的电热装置,如工件经可燃可爆溶液浸润或喷漆后干燥、固化用烘干炉和其他类似产品。

本部分不适用于保护气氛或控制气氛的电热装置。

本部分应与GB 5959.1配合使用。

2　规范性引用文件

下列文件中的条款通过GB 5959的本部分的引用而成为本部分的条款。凡是注日期的引用文件,其随后所有的修改单(不包括勘误的内容)或修订版均不适用于本部分,然而,鼓励根据本部分达成协议的各方研究是否可使用这些文件的最新版本。凡是不注日期的引用文件,其最新版本适用于本部分。

GB/T 2900.23—1995　电工术语　工业电热设备(neq IEC 60050-841:1983)

GB 3836.1—2000　爆炸性气体环境用电气设备　第1部分:通用要求(idt IEC 60079-0:1998)

GB 3836.13—1997　爆炸性气体环境用电气设备　第13部分:爆炸性气体环境用电气设备的检修(neq IEC 60079-19:1993)

GB 3836.14—2000　危险场所的分类(idt IEC 60079-10:1995)

GB 3836.15—2000　爆炸性气体环境用电气设备　第15部分:危险场所电气安装(eqv IEC 60079-14:1996)

GB 5959.1—2005　电热装置的安全　第1部分:通用要求(IEC 60519-1:2003,IDT)

GB 50058—1992　爆炸和火灾危险环境电力装置设计规范

3　术语和定义

GB/T 2900.23—1995和GB 5959.1—2005中确立的以及下列术语和定义适用于本部分。

3.1

爆炸　explosion

由于化学变化而形成压力急剧上升的现象。可燃气体在密封的空间里,瞬时全面积的燃烧。

3.2

爆炸性气氛　explosive atmosphere

在大气条件下可燃物质以气体或蒸气形态与空气混合形成的,引燃后燃烧会迅速传开,可能发生爆炸的气氛。

3.3

引燃温度　ignition temperature

爆炸性气氛在规定条件下被引燃的最低温度。

3.4

爆炸极限　explosive limit

一种可燃性气体或蒸气和空气的混合物能发生爆炸的范围。空气中含有一定浓度的可燃性气体或蒸气,遇到火花就会使火蔓延而发生爆炸,其最低浓度称为爆炸下限,最高浓度称为爆炸上限。可燃性气体或蒸气的浓度若超过或低于这一范围都不会发生爆炸。

3.5

溶剂量　quantity of solvent

工件带入炉内的溶剂量。

4　电热装置按电压区段的分类

按 GB 5959.1—2005 第 4 章和有关特殊安全要求的规定。

5　电热装置按频率区段的分类

按 GB 5959.1—2005 第 5 章和有关特殊安全要求的规定。

6　一般要求

除下列补充外,按 GB 5959.1—2005 第 6 章和有关特殊安全要求的规定。

6.1　电热设备

6.1.1　炉体

6.1.1.1　炉室的结构设计应避免有产生局部过热的可能性。应配备温度指示(显示)、温度控制、超温控制仪表。

6.1.1.2　炉壳及工件传送机构的结构设计,应保证装置正常运行时不会发生由于局部摩擦、碰撞产生明火。

6.1.1.3　采用传送链输送工件时,应采用低燃点机械润滑剂。

6.1.1.4　炉内应设置放置被处理工件的固定支架。

6.1.1.5　固定支架、炉壳及其保温隔热层必须采用非燃性材料。

6.1.2　加热元件

6.1.2.1　加热元件应有足够的强度,如使用易碎加热元件,应有防护装置,防止因机械损伤引起的火灾及触电事故。

6.1.2.2　加热元件表面温度不应超过工件释放出的易燃性和爆炸性气体引燃温度的 80%。

6.1.2.3　电阻加热元件宜采用管状加热元件,防止明火引起燃烧。管状加热元件的外套应当是气密性的,并且由处于工作温度下能抗氧化的材料制成。

6.1.2.4　加热元件的设置应考虑工件表面的易燃、易爆溶液不宜滴落在加热元件表面上。

6.1.3　空气循环及安全通风

6.1.3.1　通风系统不宜使用自然通风,应设置空气循环系统给炉内提供足够的空气使炉室内的易燃、易爆性气体不产生积聚,保证易燃、易爆性气体最高体积浓度不应超过爆炸下限值的 25%。

6.1.3.2　排气口应设置在易燃、易爆性气体浓度最高的区域。

6.1.3.3　每台装置应单独设置废气排放管道,不宜与其他设备共用排放管道。

6.1.3.4　多区的炉子,允许设一个废气排放总管,但在各种工作状态下,各支管的排气量不得低于设计值。

6.1.3.5　通风系统使用空气流量调节阀时,在系统正常调节范围内应能达到所需的风量,并设置阀门最小安全开度限位装置。

6.1.3.6　空气循环及排气系统中所使用的风机,必须设有防止火花产生的可靠措施。

6.1.3.7　排气管和检修口应保持良好的气密性。

6.1.4　控制与联锁

6.1.4.1　应设置温度自动控制及超温报警装置,以确保低于爆炸性气体的引燃温度。

6.1.4.2 采用强制通风的炉子，循环风机及排气风机启动后，才能启动加热系统及工件输送系统。加热系统及工件输送系统关闭后，风机才能停止运行。通风失灵时，加热系统应能自动关闭。

6.1.4.3 设置安全通风监测装置的炉子，可燃气体浓度监测及报警系统应与加热系统联锁。

6.1.5 防爆及泄压

6.1.5.1 炉室应设置适当尺寸和动作力度的防爆门或防爆阀。每立方米炉膛容积宜设置不小于 0.05 m^2泄压面积。

6.1.5.2 防爆门或阀的位置和机械强度应能保证将释放出的内压力引向不危及到工作人员的区域。

6.2 电气设备

电气设备的设计、安装、检修应符合 GB 50058—1992、GB 3836.1—2000 和 GB 3836.13—1997、GB 3836.14—2000 GB 3836.15—2000 和有关特殊安全要求的规定。

6.2.1 炉子上使用的电机，应采用符合相关防爆型电机标准的要求。

6.2.2 炉子在正常的运行条件下，电流流经各处都不会导致导体、绝缘材料和电热装置的附近部件出现危险的发热。

6.2.3 所选的电气设备的布置应注意使其在正常运行时不因有害气氛的作用而损伤。

6.2.4 加热元件与炉体的常温绝缘电阻应不低于 1 MΩ。

6.2.5 炉体的外壳必须接地，接地电阻应不大于 10 Ω。

6.2.6 应设置静电保护接地，其接地电阻应不大于 100 Ω。

6.2.7 应保证电气接触良好。以免电气设备线路绝缘强度下降或遭破坏时，造成设备外壳带电或静电感应使设备外壳聚集静电；应避免因紧固件锈蚀，引起接地电阻增大，对地放电产生火花，形成爆炸性气体混合物的点燃源。

6.2.8 加热元件与导线应采用可靠的电气连接，接线端的位置应便于检查。加热元件的引入处应密封可靠，以防炉内气体的泄露。

6.3 安装

6.3.1 炉子的择址布置，首先应考虑到尽量远离有高压静电影响的作业区和有易燃易爆物体的工房、仓库以及人口稠密区。

6.3.2 距离地面 2 m 以内的排气管道(超过 70℃)应加防护措施，以免烫伤工作人员。

6.4 其他

6.4.1 对于人工装挂工件的大型间歇式炉子，应设置安全门和炉室内发讯装置，防止误将工作人员关在炉室内。

6.4.2 装置应采用低噪声产品。

7 隔离和开合

按 GB 5959.1—2005 第 7 章和有关特殊安全要求的规定。

8 与电网的连接和内部连接

按 GB 5959.1—2005 第 8 章和有关特殊安全要求的规定。

9 触电的防护

按 GB 5959.1—2005 第 9 章和有关特殊安全要求的规定。

10 过电流保护

按 GB 5959.1—2005 第 10 章和有关特殊安全要求的规定。

11 等电位连接

按 GB 5959.1—2005 第 11 章和有关特殊安全要求的规定。

12 控制电路和控制功能

按 GB 5959.1—2005 第 12 章和有关特殊安全要求的规定。

13 热影响的防护

按 GB 5959.1—2005 第 13 章和有关特殊安全要求的规定。

14 防火、防爆、防窒息和防中毒

除下列补充规定外，其余应按 GB 5959.1—2005 第 14 章和有关特殊安全要求的规定以及本部分第 6 章的补充规定。

14.1 应严格按照制造商提供的使用说明书进行操作。

14.2 应采取有效措施，对可能泄露的易燃、易爆气体或有害气体适时地加以无害处理，以至于不引起爆炸或损害工作人员的健康。建议的措施包括：

——排出的废气应符合环保部门规定的大气排放标准；

——保持工作场所通风良好，设置必要的排气措施，必要时进行强排气处理；

——在工作场所设置爆炸气体和有害气体的监测装置，当其超过安全浓度时发出报警信号并自动启动强排气系统；

——提供必要的灭火器材以及急救器材和用品；

——其他必要的措施。

15 铭牌、标记和技术文件

除下列补充规定外，其余按 GB 5959.1—2005 第 15 章和有关特殊安全的要求。

15.1 应在铭牌上补充安全技术数据的内容：

——炉室工作容积，单位为立方米(m^3)；

——最高工作温度，单位为摄氏度(℃)；

——适用溶剂名称；

——最大允许溶剂量；

注：连续式的单位为千克每小时(kg/h)；间歇式的单位为千克每次(kg/次)。

——额定排气量，单位为立方米每小时(m^3/h)；

——其他安全技术数据。

15.2 对具有爆炸性气氛的电热装置，应在电热装置或炉体的醒目处，用一种或多种必要文字清晰地标出下列或与此相当的警告：

警告

炉内气氛有爆炸危险

16 电热装置的检查、投入运行、使用和维护

除下列补充规定外，其余按 GB 5959.1—2005 第 16 章和有关特殊安全的要求。

16.1 具有爆炸性气氛的电热装置的运行应严格遵守国家或当地有关部门制定的安全操作规范，以防止发生爆炸、窒息和中毒的危险。在产品使用说明书中应先列出应遵循的安全操作规范的名称和代号，并结合产品的特点对安全操作作具体规定或补充说明。如：

——被处理的工件不能直接与加热元件接触；

——进入炉室的工件不应再有余漆(溶剂)滴落；

——加热系统启动之前，炉室必须彻底通风；

——炉室内(包括加热时在炉室停留的工件输送台车、输送系统等)因流挂堆积的漆垢应及时清理；

——其他补充规定。

使用说明书还应包括万一发生爆炸事故、窒息或中毒危险时的应急措施和救护方法。

16.2 装置交付使用前应进行下列安全性能检测：

——名牌规定的排气量；

——浓度报警器(或控制器)、温度控制及超温报警仪表的校验；

——防爆装置的检查；

——其他应检验项目。

16.3 用户应根据制造商提供的技术文件进行定期安全检查。

16.4 当有必要进入炉室内进行检查和维修作业时，应先切断加热系统的供电并确保在进入炉室前和在炉室内停留时炉内的爆炸性气体和有害气体已被置换在安全浓度范围内。工作人员在炉室内作业时所用的电动工具和照明灯具应具备防爆性能，同时炉外应有人实时监视炉内人员的情况。

ICS 27.120
F 81

中华人民共和国国家标准

GB/T 5964—2008
代替 GB/T 5964—1986

核仪器用同轴电缆连接器

Coaxial cable connectors used in nuclear instrumentation

(IEC 60498:1975, High-voltage coaxial connectors used in nuclear instrumentation, IEC 60313:2002, Coaxial connectors used in nuclear laboratory instrumentation, NEQ)

2008-07-18 发布 2009-04-01 实施

中华人民共和国国家质量监督检验检疫总局
中国国家标准化管理委员会 发布

前　言

本标准对应于 IEC 60498:1975《核仪器用高压同轴连接器》和 IEC 60313:2002《用于核实验室仪器的同轴电缆连接器》,与 IEC 60498:1975 和 IEC 60313:2002 一致性程度为非等效。

本标准代替 GB/T 5964—1986《核仪器用高压同轴连接器》。

本标准与 GB/T 5964—1986 的主要差异如下:

——标准名称改为《核仪器用同轴电缆连接器》;

——增加 IEC 60729 等规范性引用文件;

——增加"术语和定义",如"峰值电压"、"安全高压连接器(SHV)"等术语;

——增加附录 A"信号传输用同轴电缆连接器",其内容是 IEC 60313 推荐的 3 种信号传输用同轴电缆连接器。

本标准的附录 A 是规范性附录。

本标准由中国核工业集团公司提出。

本标准由全国核仪器仪表标准化技术委员会归口。

本标准起草单位:中核(北京)核仪器厂、核工业标准化研究所。

本标准主要起草人:殷国利、熊正隆、姜鸿俊。

本标准所代替标准的历次版本发布情况为:GB/T 5964—1986。

核仪器用同轴电缆连接器

1 范围

本标准规定了两种型式的高压同轴连接器结构和配合部分的尺寸及主要电性能。

本标准适用于与核电子仪器相连接的高压同轴连接器。

按本标准规定的结构和尺寸及技术要求制造的产品与国外同类产品在机械和电性能上可达到完全互换。有关信号传输用同轴电缆连接器见附录A推荐的3种信号连接器。

2 规范性引用文件

下列文件中的条款通过本标准的引用而成为本标准的条款。凡是注日期的引用文件，其随后所有的修改单(不包括勘误的内容)或修订版均不适用于本标准，然而，鼓励根据本标准达成协议的各方研究是否可使用这些文件的最新版本。凡是不注日期的引用文件，其最新版本适用于本标准。

GB/T 14865　SMB型射频同轴连接器(GB/T 14865—1993,idt IEC 60169-10:1983)

IEC 60169-8:1978　射频连接器　第8部分:具有卡口锁紧、里面的绝缘体直径为6.5毫米(0.256英寸)的R.F.同轴电缆连接器　特性阻抗50欧姆(BNC型)(包括修改1:1996和修改2:1997)

IEC 60729　CAMAC机箱中的多路控制器

3 术语和定义

下列术语和定义适用于本标准。

3.1

峰值电压　peak voltage

相对基线(OV)的正向或负向最高值电压。

3.2

安全高压连接器　SHV-safe high voltage connector

耐压达到5 kV的高压连接器。

3.3

超微型A类连接器　SMA connector

连接同轴电缆的螺扣锁紧的超微型器件，又称SMA连接器。

3.4

超微型B类连接器　SMB connector

连接同轴电缆的推入锁紧的超微型器件，又称SMB连接器。

4 型式和结构尺寸

4.1 Ⅰ型高压同轴连接器

4.1.1　插头的结构和尺寸，如图1和表1。

4.1.2　插座的结构和尺寸，如图2和表2。

注：Ⅰ型高压同轴连接器是安全高压连接器，其峰值电压可达到5 kV。

4.2 Ⅱ型高压同轴连接器

4.2.1　插头的结构和尺寸，如图3和表3。

4.2.2　插座的结构和尺寸，如图4和表4。

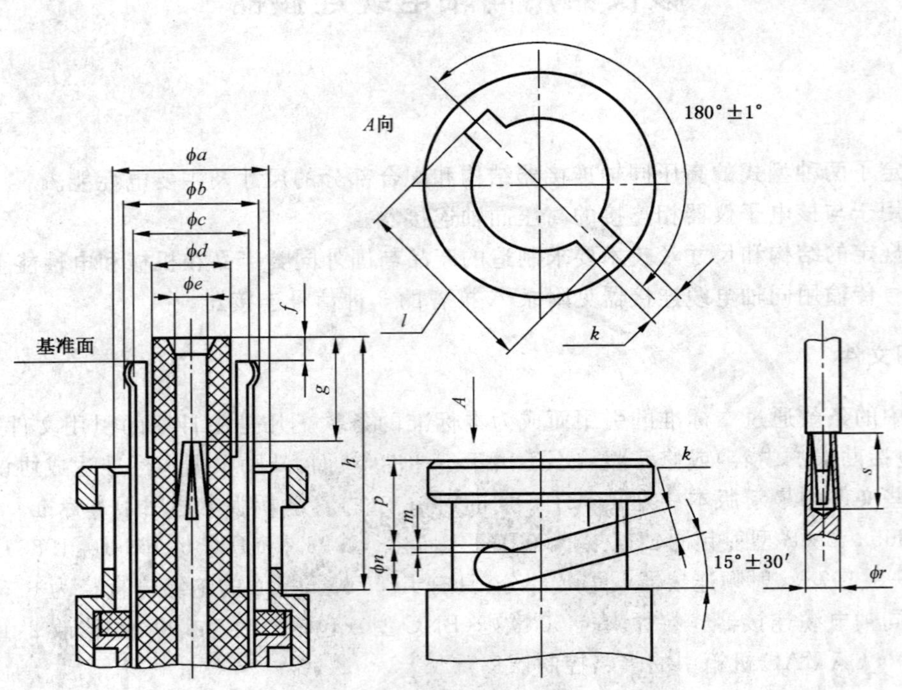

图 1 Ⅰ型高压同轴连接器插头的结构和尺寸

表 1 Ⅰ型高压同轴连接器插头的结构和尺寸

代　号	最小尺寸/mm	最大尺寸/mm	代　号	最小尺寸/mm	最大尺寸/mm
a	9.78	9.91	*k*	2.31	2.46
b	扩张到适合的尺寸		*l*	11.76	12.01
c	6.71	—	*m*	0.46	0.56
d	4.57	4.72	*n*	3.15	—
e	2.08	—	*p*	4.57	4.67
f	1.17	1.63	*r*	2.06	2.11
g	6.05	6.65	*s*	5.44	—
h	15.95	16.05			

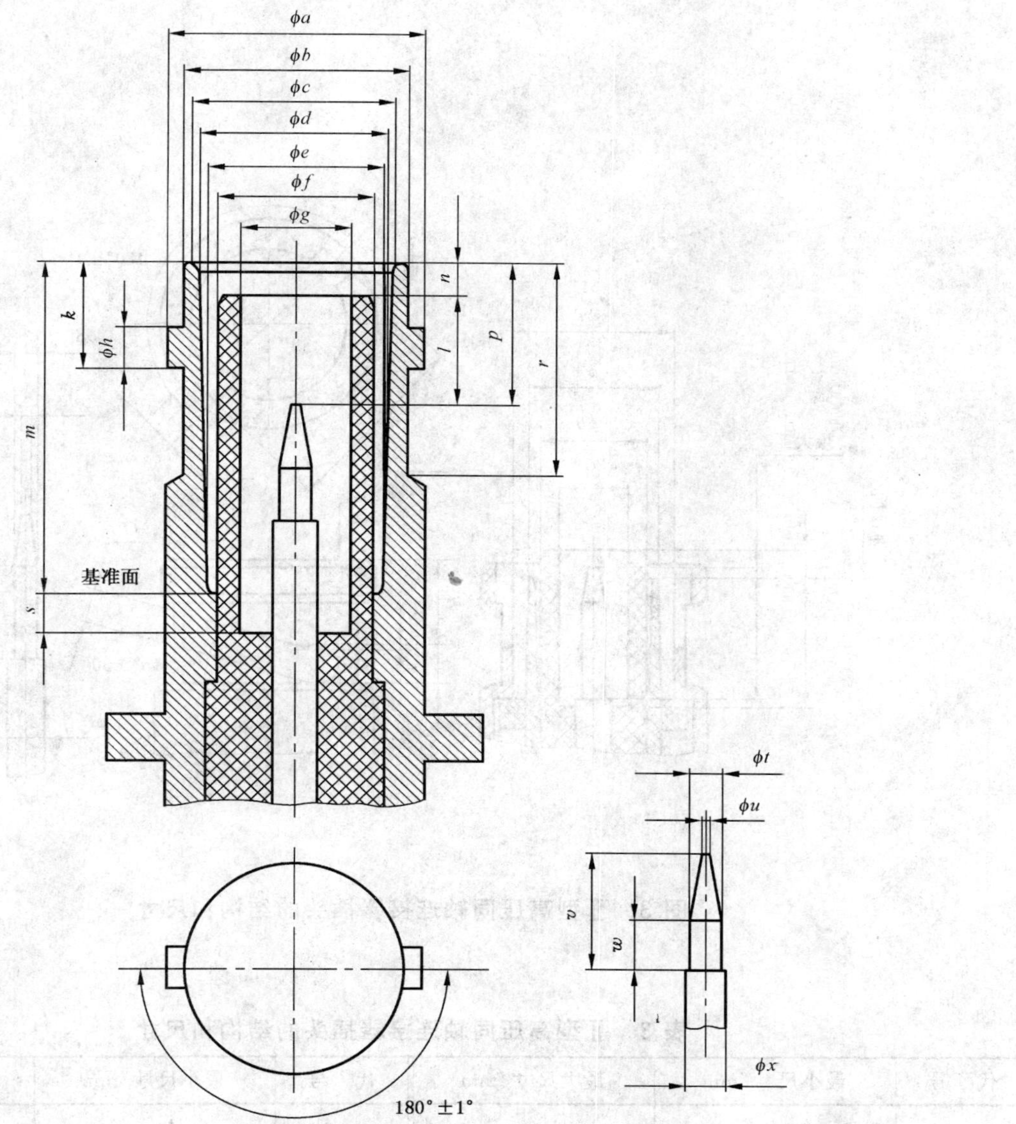

图 2　Ⅰ型高压同轴连接器插座的结构和尺寸

表 2　Ⅰ型高压同轴连接器插座的结构和尺寸

代　号	最小尺寸/mm	最大尺寸/mm	代　号	最小尺寸/mm	最大尺寸/mm
a	10.97	11.07	*m*	15.90	16.00
b	9.60	9.70	*n*	1.55	1.98
c	8.81	9.07	*p*	6.32	7.26
d	8.33	8.46	*r*	10.85	—
e	8.10	8.15	*s*	1.63	2.18
f	—	6.60	*t*	1.32	1.37
g	4.83	4.98	*u*	0.38	0.64
h	1.91	2.06	*v*	5.26	5.44
k	5.18	5.28	*w*	3.30	—
l	4.78	5.28	*x*	2.06	2.11

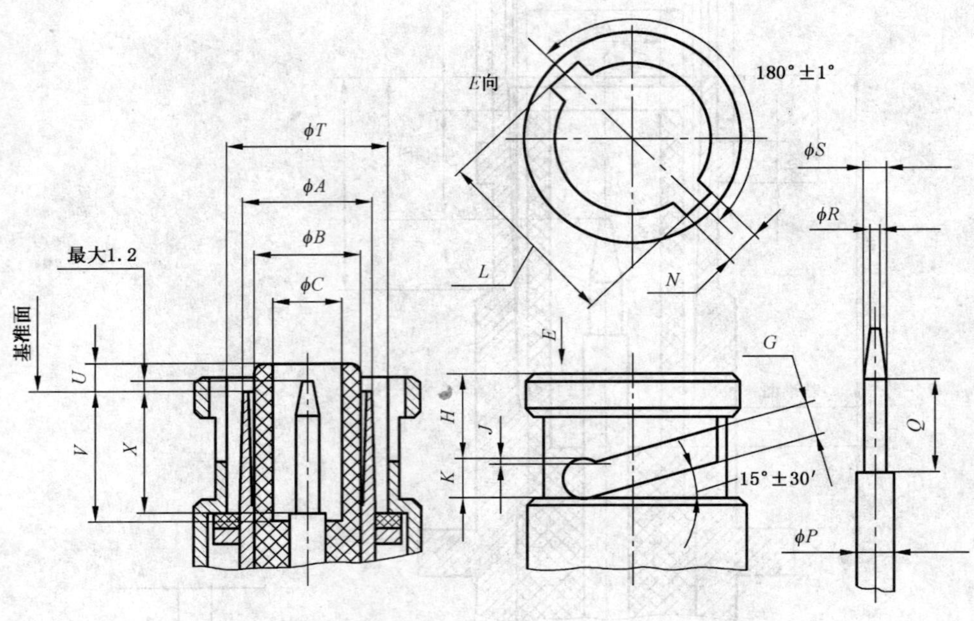

图 3 Ⅱ型高压同轴连接器插头的结构和尺寸

表 3 Ⅱ型高压同轴连接器插头的结构和尺寸

代 号	最小尺寸/mm	最大尺寸/mm	代 号	最小尺寸/mm	最大尺寸/mm
A	扩张到适合的尺寸		*P*	2.26	2.31
B	7.06	7.16	*Q*	5.26	—
C	4.83	4.93	*R*	—	0.64
G	2.31	2.46	*S*	1.32	1.37
H	4.57	4.67	*T*	9.78	9.91
J	0.46	0.56	*U*	—	2.18
K	3.15	—	*V*	7.67	—
L	11.76	12.01	*X*	7.62	—
N	2.31	2.46			

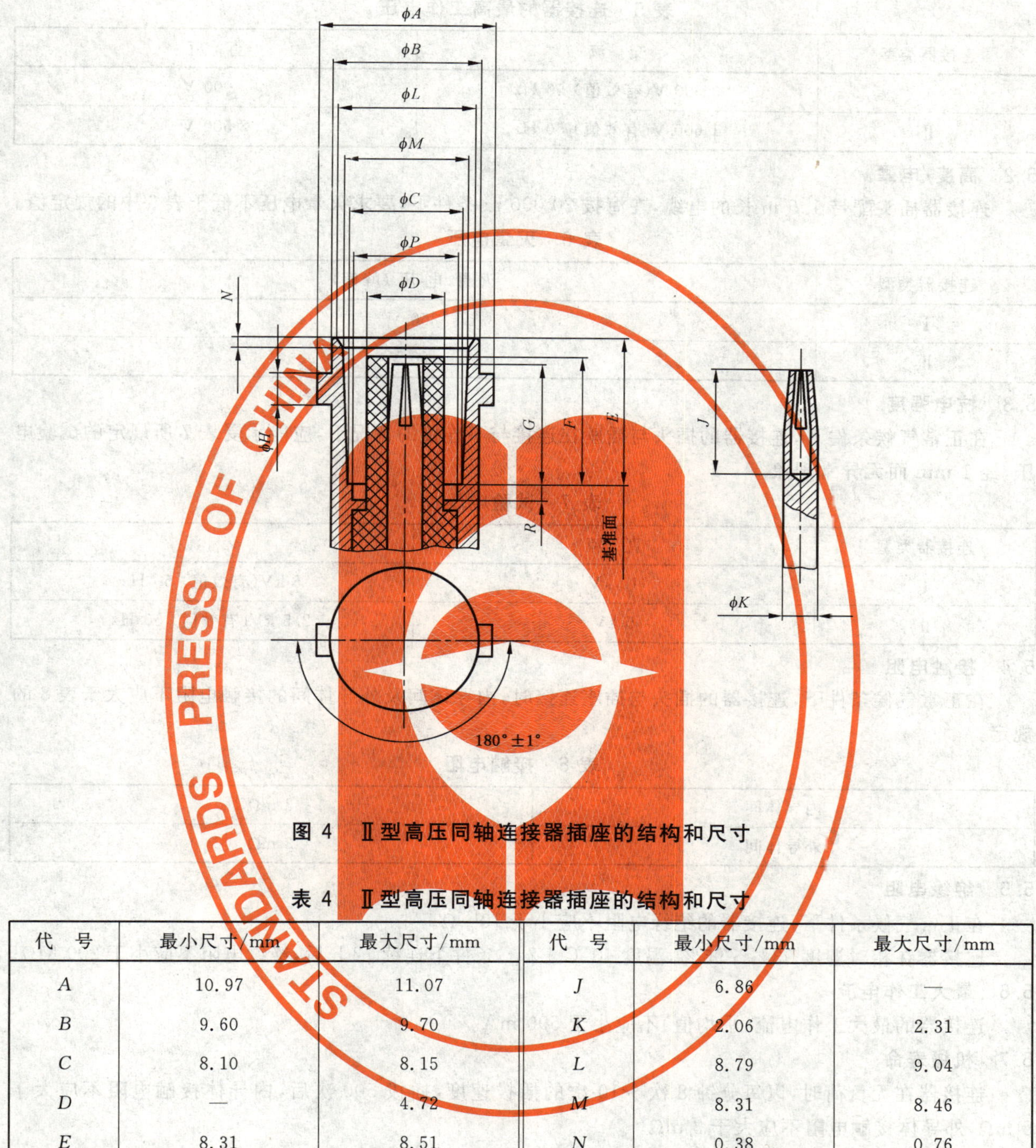

图 4　Ⅱ型高压同轴连接器插座的结构和尺寸

表 4　Ⅱ型高压同轴连接器插座的结构和尺寸

代　号	最小尺寸/mm	最大尺寸/mm	代　号	最小尺寸/mm	最大尺寸/mm
A	10.97	11.07	*J*	6.86	—
B	9.60	9.70	*K*	2.06	2.31
C	8.10	8.15	*L*	8.79	9.04
D	—	4.72	*M*	8.31	8.46
E	8.31	8.51	*N*	0.38	0.76
F	7.34	7.90	*P*	7.21	7.37
J	6.43	7.11	*R*	2.18	—
H	1.91	2.06			

5　电性能

5.1　工作电压

在正常气候条件下，连接器最高工作电压应满足表 5 中的规定值。

表 5 连接器的最高工作电压

连接器类型	交 流	直 流
Ⅰ	3 500 V(有效值) 50 Hz	5 000 V
Ⅱ	1 600 V(有效值) 50 Hz	2 500 V

5.2 高度/电晕

连接器插头配带 1.5 m 长的电缆，在海拔 20 000 m 条件下，要求灭晕电压不低于表 6 中的规定值。

表 6 灭晕电压

连接器类型	灭晕电压(峰值)
Ⅰ	350 V
Ⅱ	160 V

5.3 抗电强度

在正常气候条件下，连接器的插头与插座在连接与不连接的情况下，应能承受表 7 所规定的试验电压，经 1 min 而无异常现象。

表 7 试验电压

连接器类型	直 流	交 流
Ⅰ	10 kV	5 kV(有效值) 50 Hz
Ⅱ	5 kV	2.5 kV(有效值) 50 Hz

5.4 接触电阻

在正常气候条件下，连接器的插头与插座连接时，内导体间及外导体间的接触电阻不应大于表 8 的规定。

表 8 接触电阻

内导体间	3 mΩ
外导体间	3 mΩ

5.5 绝缘电阻

在正常气候条件下，连接器的绝缘电阻不应小于 10^{12} Ω。

连接器在相对湿度 93%～95%，温度 40 ℃±2 ℃条件下连续 72 h 后，绝缘电阻不应小于 200 MΩ。

5.6 最大工作电流

连接器的最大工作电流(平均值)不应小于 500 mA。

5.7 机械寿命

连接器在无负荷时，以每分钟 8 次～10 次的插拔速度，插拔 500 次后，内导体接触电阻不应大于 5 mΩ，外导体接触电阻不应大于 3 mΩ。

附 录 A
（规范性附录）
信号传输用同轴电缆连接器

A.1 推荐的连接器

对核仪器，信号连接器使用的峰值电压不应超过 500 V。推荐使用的连接器如下：

——IEC 60169-8 中定义的 BNC 连接器（射频同轴电缆连接器）；

——IEC 60729 中定义的 LEMO 连接器（电缆和光缆连接器）；

——GB/T 14865 中定义的 SMB 连接器（超微型 B 类连接器）。

A.2 BNC 连接器和 LEMO 连接器

BNC 型连接器是一种连接射频同轴电缆的小型器件，而 LEMO 连接器是一种分别连接电缆与电缆或光缆与光缆的正面扣紧的微型器件，这两种连接器均可广泛应用于核仪器和其他仪器领域。

A.3 SMB 连接器

SMB 是一种连接同轴电缆的推入锁紧的超微型器件。随着固体电路的技术改进，输入和输出连接器不断增加，使得仪表面板变得狭小和拥挤。因此，微型 SMB 连接器既可以在 NIM[1]、CAMAC[2] 和 IEC 60935:1996[3] 仪器中使用，又可在其他很多仪器中使用，即在核仪器和许多其他领域的仪器中都得到了广泛地应用。

参 考 文 献

[1] IEC 60547:1976《基于 NIM 标准(用于核电子仪器)的插件单元和标准 19 英寸机架安装单元》,以及修改 1:1985(GB/T 5962—1995《NIM 标准仪器系统》)

[2] GB/T 5691—1985《数据处理用的模块化仪器系统　CAMAC 系统》(idt IEC 60516:1975)

[3] IEC 60935:1996《核仪器　模块化高速数据获取系统　快总线》

ICS 81.080
Q 40

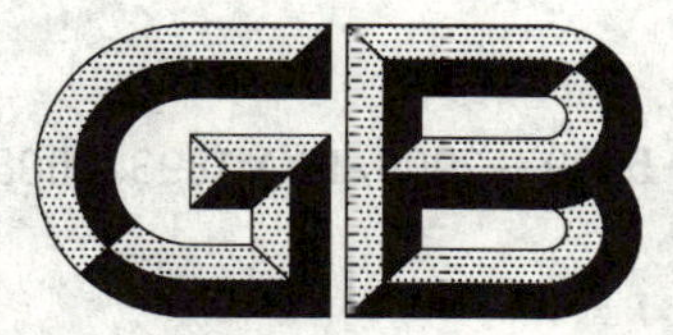

中华人民共和国国家标准

GB/T 5989—2008/ISO 1893:2005
代替 GB/T 5989—1998

耐火材料 荷重软化温度试验方法 示差升温法

Refractory products—Determination of refractoriness-under-load—Differential method with rising temperature

(ISO 1893:2005,IDT)

2008-06-03 发布 2008-12-01 实施

中华人民共和国国家质量监督检验检疫总局
中国国家标准化管理委员会 发布

前言

本标准等同采用ISO 1893:2005《耐火材料 荷重软化温度的测定-示差升温法》。

本标准代替GB/T 5989—1998《耐火制品荷重软化温度试验方法(示差-升温法)》。

本标准与原GB/T 5989—1998相比,主要技术差异如下:

——对标准名称作了修改;

——按ISO 1893:2005重新定义标准的适用范围;

——按ISO 1893:2005增加了部分规范性引用文件;

——按ISO 1893:2005将部分“注”变成了条文。

本标准附录A是资料性附录。

本标准由全国耐火材料标准化技术委员会提出并归口。

本标准起草单位:中钢集团洛阳耐火材料研究院有限公司、中冶集团武汉冶建技术有限公司、山西西小坪耐火材料有限公司。

本标准主要起草人:彭西高、程水明、李永刚、郝良军、章艺、谭丽华。

本标准所代替标准的历次版本发布情况为:

——GB/T 5989—1986、GB/T 5989—1998。

耐火材料　荷重软化温度试验方法
示差升温法

1　范围

本标准规定了示差法测定致密和隔热定形耐火材料在恒定压力下按规定的制度升温而产生变形（荷重软化温度）的方法。本试验最高温度可进行到1 700℃。

2　规范性引用文件

下列文件中的条款通过本标准的引用而成为本标准的条款。凡是注日期的引用文件，其随后所有的修改单（不包括勘误的内容）或修订版均不适用于本标准，然而，鼓励根据本标准达成协议的各方研究是否可使用这些文件的最新版本。凡是不注日期的引用文件，其最新版本适用于本标准。

GB/T 1214.2　游标类卡尺　游标卡尺

GB/T 16839.1　热电偶　第1部分：分度表(GB/T 16839.1—1997,idt IEC 60584-1:1995)

GB/T 16839.2　热电偶　第2部分：允差(GB/T 16839.2—1997,idt IEC 60584-2:1982)

3　术语和定义

本标准采用下列术语和定义。

3.1

荷重软化温度　refractoriness-under-load

耐火材料在规定的升温条件下，承受恒定荷载产生规定变形时的温度。

4　原理

圆柱体试样在规定的恒定载荷和升温速率下加热，直到其产生规定的压缩形变，记录升温时试样的形变，测定在产生规定形变量时的相应温度。

5　设备

5.1　加荷装置

5.1.1　概述

加荷装置应能在整个试验过程中沿加压棒、试样和支承棒的公共轴心线垂直施加压力，加荷装置的具体组成见5.1.2～5.1.4。

恒定载荷竖直向下直接施加于试样上面或间接的通过固定的支承棒施加于试样上面，试样的形变由通过加压棒或支承棒中心的测量装置来测量。

图1和图2示出的测量装置通过支承棒中心位于系统下放。也可将带通孔的支承棒和垫片与不带通孔的支承棒和垫片交换位置，测量装置通过加压棒位于系统上方，如图3所示。

尽管本标准给出了两种装置，但测量装置在整个设备下方则更为可取，如图2所示。原因见附录A。

5.1.2　支承棒

直径至少45 mm，并带有轴向孔(见5.1.5)。

5.1.3　加压棒

直径至少45 mm。

注：上部的加压棒可以固定在炉子上，炉子和加压棒构成可移动的加荷装置。

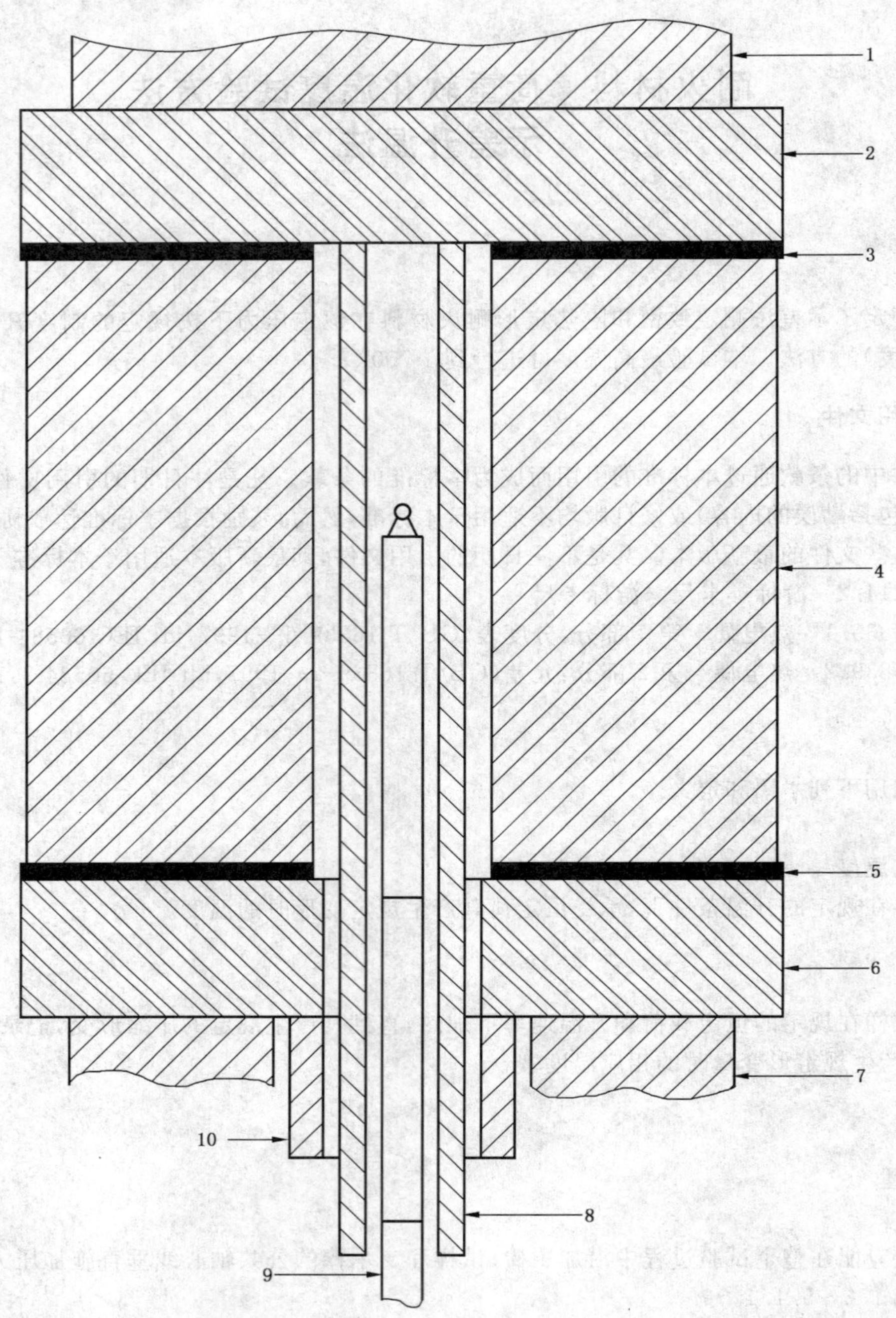

1——加压棒(5.1.3)，外径至少 45 mm*;
2——上垫片(5.1.4)，外径至少 50.5 mm;
3——铂铑垫片，外径 50.5 mm*，内径 12 mm;
4——试样 (6.1)，外径 50±0.5 mm，内径最小 12 mm，最大 13 mm;
5——铂铑垫片，外径 50.5 mm*，内径 10mm;
6——下垫片(5.1.4)，外径 50.5 mm*，内径 10 mm;
7——支承棒(5.1.2)，外径至少 45 mm，内径至少 20 mm;
8——内刚玉管(5.3.2)，外径 8 mm*，内径 5 mm*;
9——中心热电偶(5.4.1);
10——外刚玉管(5.3.1)，外径 15 mm*，内径 10 mm*。

注：带 * 的为典型尺寸。

图 1　试样、压棒、垫片及刚玉管安装示意图

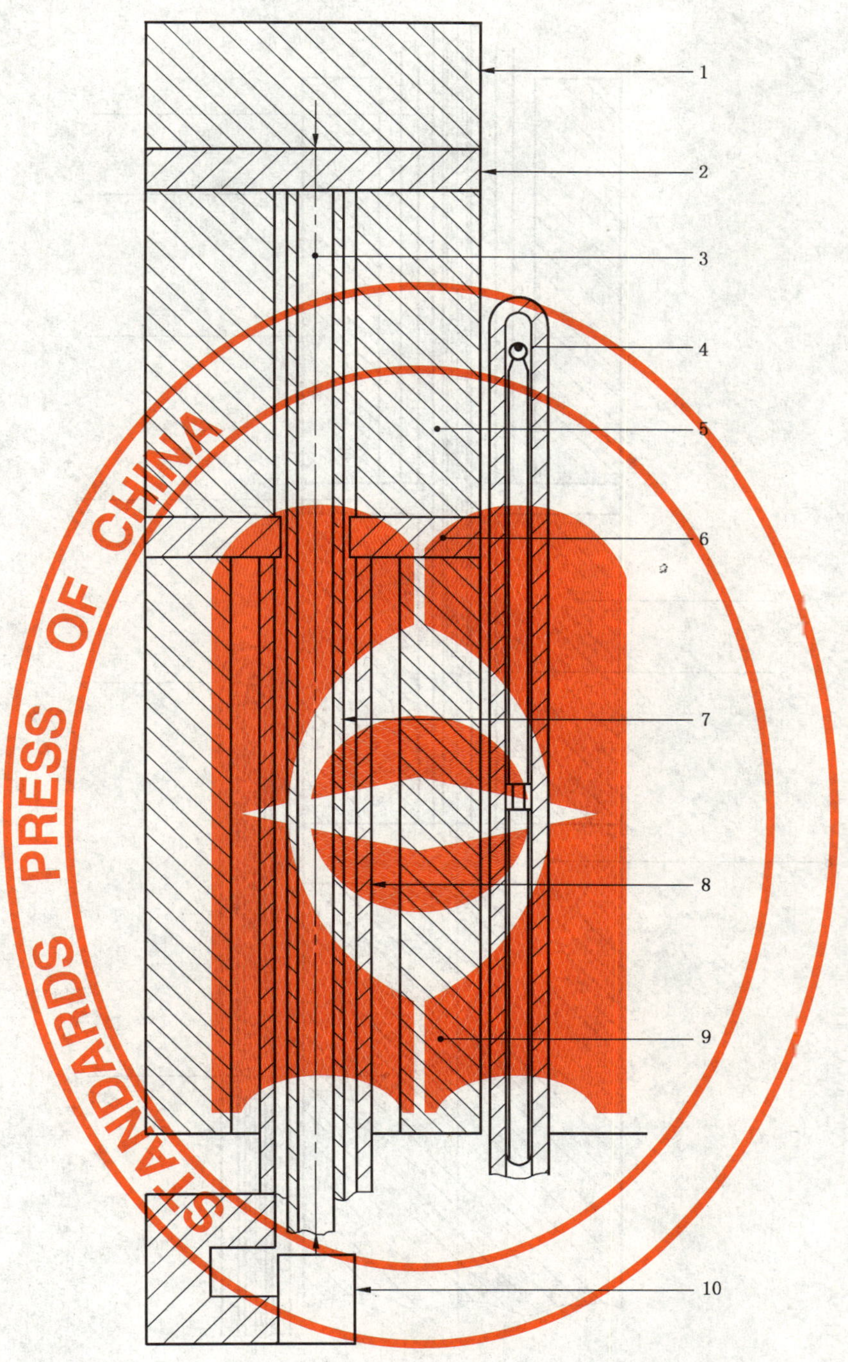

1——加压棒；

2——垫片；

3——中心热电偶；

4——控温热电偶；

5——试样；

6——垫片；

7——内刚玉管；

8——外刚玉管；

9——支承棒；

10——测量仪器。

图 2 试验装置——测量系统在试样下方

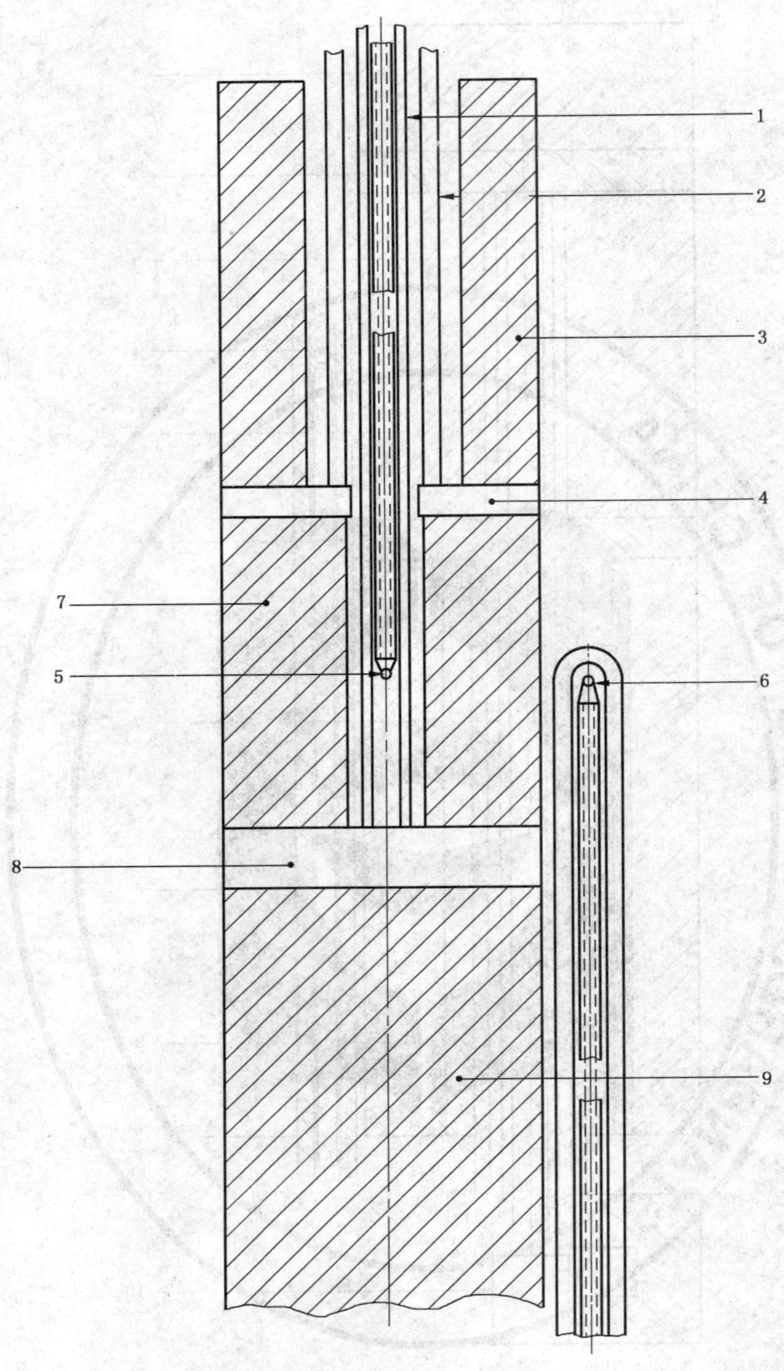

1——内刚玉管；
2——外刚玉管；
3——加压棒；
4——垫片；
5——中心热电偶；
6——控温热电偶；
7——试样；
8——垫片；
9——支承棒。

图 3 试验装置——测量系统在试样上方

5.1.4 上、下垫片

厚度 5 mm～10 mm，直径至少 50.5 mm，不小于试样的实际直径，采用与待测材料相匹配的耐火材料制做。

注：如测量铝硅酸盐制品时采用高温烧成莫来石或氧化铝材料制作垫片，测量碱性制品时采用氧化镁或尖晶石材料制作垫片。

垫片放置在试样和加压棒、支承棒之间，其中放置在支承棒和试样之间的垫片中间应有孔洞(见 5.1.5)。加压棒和支承棒的端面应平整并与轴线垂直，每个垫片的表面应平整且相互平行。

如果试样和垫片之间预期会发生化学反应，试样和垫片之间应放置铂或铂铑垫片(厚度 0.2 mm)。

5.1.5 装置组成

加压棒、支承棒、上、下垫片、铂片(需要时)和试样的放置如图 1 所示。

5.1.6 荷载

加压棒、支承棒和上、下垫片应能承受给定的载荷直到最终的试验温度而不发生明显变形，而且垫片不与加压棒、支承棒发生反应。

上、下垫片所用材料的 T_1 值应大于或等于试样材料的 T_5 值(参见 8.5)。

5.2 试验炉

试验炉(最好具有竖直的轴线)应能在空气中按规定的升温速率(见 7.3)加热试样至最终试验温度。当试验炉温达到 500℃以上时，试样周围(上下 12.5 mm)的温度应均匀，温差保持在±20 K 以内，用固定在试样内外表面不同点的热电偶进行验证。

试验炉的设计应能使整个压棒系统易于安放，可以通过移动支承棒，或当支承棒移入炉体受限制时移动炉体本身，整个装置应是加压棒和试样竖直放置并与支承棒同轴。

5.3 测量装置

测量装置应包括以下几部分。

5.3.1 外刚玉管，放置在支承棒内，紧顶下垫片的下表面，并可在支承棒内自由移动(见 5.3.3)。

5.3.2 内刚玉管，放置在外刚玉管内，并通过下垫片和试样的中心孔紧顶上垫片的下表面，并能在外刚玉管、下垫片和试样之间自由移动(见 5.3.3)。

5.3.3 内、外刚玉管，上、下垫片和试样的布置如图 2 或图 3 所示，图 3 表示测量装置在试样上面的情况，应采取适当的预防措施避免炉体升温对其产生影响。

5.3.4 合适的测量装置(如：一块千分表或一个与自动记录系统相连接的位移传感器)固定在外刚玉管的一端(见 5.3.1)，由内刚玉管传动(见 5.3.2)。测量装置的灵敏度至少 0.005 mm。

5.4 温度测量装置

5.4.1 中心热电偶，插入内刚玉管(见 5.3.2)，焊点置于试样中部，用于测量试样几何中心的温度。

5.4.2 控温热电偶，装在保护管内，放置在试样的外部(见图 1)，用于控制升温速率。

注：对某种结构的试验炉，热电偶可以靠近发热元件。

热电偶(见 5.4.1 和 5.4.2)应由铂或铂铑丝组成，并能适用于最终试验温度，见 GB/T 16839.1 或 GB/T 16839.2。应定期校验热电偶的精度。

热电偶可以连接到温度-位移记录系统，应定期校验温度、位移仪表。

5.5 游标卡尺

分度值 0.1 mm，符合 GB/T 1214.2 的规定。

6 试样

6.1 试样为中心带通孔的圆柱体，直径 50 mm±0.5 mm，高 50 mm±0.5 mm，中心通孔直径 12 mm～13 mm，并与圆柱体同轴。

圆柱体试样的轴向应与制品的压制方向一致。

6.2 试样的上下端面应平整并相互平行(必要时可研磨)，而且应与圆柱体轴线垂直。圆柱体表面不应有肉眼可见的缺陷。用游标卡尺(见 5.5)测量试样的高度，任何两点的高度差不应超过 0.2 mm。用角尺测量时，将试样的一个端面放置在一个平面上，角尺的一边应与此面接触，另一边应与试样圆柱面接触，其柱面与角尺之间的间隙不应超过 0.5 mm。

6.3 为确保试样的上下端面完全平整，可将其两端面依次压在衬有复印纸的硬滤纸(厚度 0.15 mm)上，或采取印邮戳的方式。如果印痕不清晰、不完整则应重新磨平。

注：也可以用直尺测量试样的平整度。

7 试验步骤

7.1 测量试样的高度及内、外径，精确到 0.1 mm。将试样放置在加压棒和支承棒之间，并用垫片隔开，调整测量装置至合适位置，并将其放入炉内。

7.2 对加压棒施加一定的载荷使得作用于试样上的压应力(包括加压棒的质量)达到如下要求：

a) 致密定形耐火材料 0.2 MPa；

b) 定形隔热耐火材料 0.05 MPa。

压应力误差±2%，总压力应精确至整数 1 N。

7.3 按规定的升温速率升温，升温速率由控温热电偶调节(见 5.4.2)，一般为 4.5 K/min～5.5 K/min。

注：对致密定形耐火材料，当温度超过 500℃时，可采用 10 K/min 的升温速率。

7.4 在试验过程中，记录试样中心的温度和测量装置的读数，记录间隔不超过 5 min。当达到最大膨胀点时，温度和变形的记录间隔为 15 s。

7.5 按一定的升温速率连续加热，直到达到允许的最高温度或变形超过试样原始高度的 5%为止。

8 结果计算

8.1 按照第 7 章的试验结果绘制曲线 C_1(见图 4)，C_1 代表试样高度变化百分率与中心热电偶测量温度的关系，不计刚玉管长度的变化(见 5.3.1 和 5.3.2)。

8.2 确定内刚玉管(5.3.2)在试样中心孔的长度变化和温度的关系。绘制内刚玉管的长度变化 H 随温度变化的校正曲线 C_2，见图 4。

注：可利用生产商给定的内刚玉管所用烧结刚玉材料的线膨胀进行校正，直到 1 500℃(如：20℃的热膨胀率=0%，1 000℃的热膨胀率=0.82%)。

8.3 绘制校正后曲线 C_3，在任何给定温度下，$AB=CD$，见图 4。

8.4 通过校正曲线的最高点画平行于温度轴的直线(见图 4)，试样在温度 T 时的变形量 H 等于直线的纵坐标与该温度下校正曲线的纵坐标之差。

8.5 按 8.4 在曲线上标出试样变形量相对于试样初始高度为 0.5%、1%、2%和 5%的点，以及对应的温度 $T_{0.5}$、T_1、T_2 和 T_5。

X:温度,℃　Y:$\Delta L/L_0$,%

$T_{0.5}=1\ 390$℃　$T_1=1\ 405$℃　$T_2=1\ 425$℃　$T_5=1\ 440$℃

$C_3=C_2+C_1$

图 4　在给定温度下试样的变形量与温度关系的实例

9　试验报告

试验报告应包括下列内容:

a)　试验材料的相关信息(如生产者、型号、批次等);

b)　执行的标准;

c)　试验的细节:

　1)　试样在原砖上的取样部位和方向;

　2)　试验炉型号;

　3)　如果不是空气气氛,应注明试验炉气氛;

　4)　采用的升温制度和试验载荷;

d)　试验结果,即根据第 8 章绘制的变形曲线和对应的温度值,如果需要,应说明每一个试样的样品数量;

e)　试验单位;

f)　规定程序的任何偏离;

g)　试验过程中发现的任何异常;

h)　试验日期。

附 录 A
（资料性附录）
测量装置的放置部位（试验炉上部或下部）

测量装置安装在试验炉下部比上部更合适，其理由是：

a) 传感器更容易保持固定的温度；

b) 刚玉管（见 5.3.1 和 5.3.2）热端的机械压力可以保持最小，这对于内刚玉管（5.3.2）更加重要。当传感器在试验炉下方时，内刚玉管热端的压力与传感器弹簧给予的力相等，比内刚玉管的自身重量和穿过其中心的热电偶的重量小；由传感器弹簧施加的压力在任何条件使刚玉管与垫片接触。

ICS 59.120.30
W 90

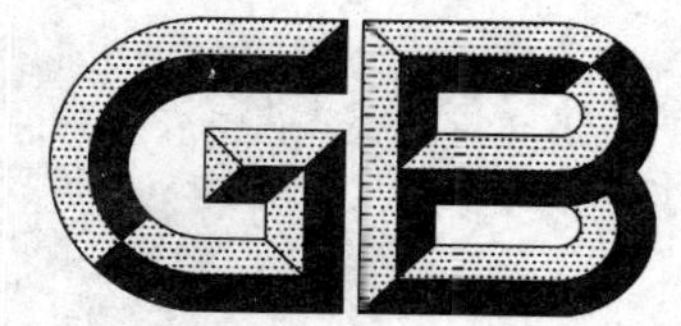

中华人民共和国国家标准

GB/T 6002.9—2008
代替 GB/T 6002.9—1987

纺织机械术语 第9部分:针织机分类和术语

Textile machinery terminology— Part 9:Classification and vocabulary for knitting machines

(ISO 7839:2005,Textile machinery and accessories—knitting machines—vocabulary and classification,MOD)

2008-06-18 发布

2009-03-01 实施

中华人民共和国国家质量监督检验检疫总局
中国国家标准化管理委员会 发布

前　言

GB/T 6002《纺织机械术语》分为以下几个部分：

——第1部分：纺部机械牵伸装置；

——第2部分：纺前准备、纺和并(捻)机械　等效术语一览表；

——第3部分：环锭纺纱、捻线锭子　等效术语一览表；

——第5部分：络筒机；

——第6部分：卷纬机；

——第7部分：转杯纺纱机；

——第9部分：针织机分类和术语；

——第10部分：织造前经纱准备机械；

——第12部分：染整机械及相关机械　分类和名称；

——第13部分：染整机械　拉幅定形机；

——第14部分：卷绕　基本术语。

本部分为GB/T 6002的第9部分。

本部分修改采用ISO 7839:2005《纺织机械与附件　针织机　术语和分类》(英文版)。

本部分根据ISO 7839:2005重新起草。

考虑到我国国情，在采用ISO 7839:2005时，本部分做了一些修改，有关技术性差异在它们所涉及的条款的页边空白处用垂直单线标识，这些技术性差异是：

——在“范围”、“术语和定义”前增加了章的编号，术语的编号相应增加了层次(省略标识)；

——2.1.1.1“单动针针织机”增加了条文注：“单动针”的定义，2.1.1.2“联动针针织机”增加条文注：“联动针”的定义；

——将国际标准中“RL机和单面机”的术语顺序改为：“单面机”在前为首选术语，“RL机”在后为许用术语(本部分2.1.4.1)，同样情况修改的还有2.1.4.2、2.1.4.3、2.2.1.2.1、2.2.1.2.2、2.2.1.2.3、2.2.2.1.1、2.2.2.2.1、2.2.3.1.1、2.2.3.1.2、2.2.3.2.1；

——增加术语中涉及的德文缩写RL、RR、LL的注释(见2.1.4.1～2.1.4.3)；

——增加平型针织机的许用术语“针织横机”(见2.2.1.1)和全成形平型针织机的许用术语“柯登机”(见2.2.2.1)；

——增加了中文索引。

为便于使用，本部分做了下列编辑性修改：

a) 标准名称改为“纺织机械术语　第9部分：针织机分类和术语”；

b) “适用范围”一词改为“范围”，删除关于本国际标准文本语种的注释；

c) “本国际标准”一词改为“本部分”；

d) 删除国际标准的前言；

e) 删除国际标准中法文版、等效的德文(附录)文本。

本部分代替GB/T 6002.9—1987《纺织机械术语　针织机分类和术语》。

本部分与GB/T 6002.9—1987相比主要变化如下：

——标准名称由“纺织机械术语　针织机分类和术语”改为“纺织机械术语　第9部分：针织机分类和术语”；

——文本结构按GB/T 1.1—2000《标准化工作导则　第1部分：标准的结构和编写规则》、国际标

准 ISO 7839:2005 格式进行编辑;

——“引言”改为“范围”;

——删除了附录 A;

——增加了中文索引和英文索引。

本部分由中国纺织工业协会提出。

本部分由全国纺织机械与附件标准化技术委员会(CSBTS/TC 215)归口。

本部分起草单位:中国纺织机械器材工业协会、上海纺织机械总厂第七纺织机械分厂、江南大学纺织服装学院、福建红旗股份有限公司、卡尔迈耶纺织机械有限公司。

本部分主要起草人:王静怡、李大伟、夏风林、吴启亮、林泰来。

本部分所代替标准的历次版本发布情况为:

——GB/T 6002.9—1987。

纺织机械术语
第9部分:针织机分类和术语

1 范围

GB/T 6002的本部分规定了针织工业用的针织机的相关术语,并根据机器的主要特征和通常的机器类型进行了分类。

2 术语和定义

下列术语和定义适用于GB/T 6002的本部分。

2.1 主要特征

2.1.1 织针运动

2.1.1.1

单动针针织机 knitting machine with independent needles

纱线通过单动针成圈方式生产针织物的机器。

注:单动针(independent needles):可以在针床上滑动,而且在成圈过程中作单独运动的织针。

2.1.1.2

联动针针织机 knitting machine with united needles

纱线通过联动针成圈方式生产纬编或经编针织物的机器。

注:联动针(united needles):固定在针床上,而且在成圈过程中只能随针床一起运动的一组织针。

2.1.2 纱线喂入方向

2.1.2.1

纬编机 weft knitting machine

纱线沿织物长度垂直方向喂入,通过成圈方式生产纬编织物的机器。

2.1.2.2

经编机 warp knitting machine

纱线沿织物长度方向喂入,通过成圈方式生产经编织物的机器。

2.1.3 织针配置

2.1.3.1

平型针织机 flat knitting machine

织针安装在平型针床上的针织机。

2.1.3.2

圆型针织机 circular knitting machine

织针安装在圆型针床上的针织机。

2.1.4 针床数量与种类

2.1.4.1

单面机 single machine

RL机 RL machine

用于生产单面织物(RL)的单针床针织机。

注:RL(德文 rechts-links 的缩写)=正—反

2.1.4.2

双面机 double machine

RR 机 RR machine

织针不在两个针床上转移的、用于生产双面织物(RR)的双针床针织机。

注 1：单面织物、棉毛织物或双反面织物也都可以生产。

注 2：RR(德文 rechts-rechts 的缩写)＝正—正

2.1.4.3

双反面针织机 purl knitting machine

LL 针织机 LL knitting machine

织针在两个针床上转移的，用于生产双反面织物(LL)的针织机。

注 1：单面织物或双面织物也都可以生产。

注 2：LL(德文 links-links 的缩写)＝反—反

2.2 一般分类

2.2.1 单动针纬编机

2.2.1.1

平型针织机 flatbed knitting machine

针织横机 flat-bed knitting machine

采用单动针生产针织物的机器，织针安装在平型针床的针槽里移动，纱线喂入方向与织物长度方向垂直，同一横列的线圈一个接一个地顺序形成。

2.2.1.1.1

V 型针床平型针织机 V-bed flat knitting machine

两个针床呈 V 型排列的平型针织机，针槽相错或相对配置。

2.2.1.1.1.1

机头往复运动的 V 型针床平型针织机 V-bed flat knitting machine with traversing carriage

织针受可往复运动的三角控制的平型针织机。

2.2.1.1.1.2

机头单向循环运动的 V 型针床平型针织机 V-bed flat knitting machine with circulating carriage

织针受单向循环运动的三角控制的平型针织机。

2.2.1.1.1.3

无机头的 V 型针床平型针织机 V-bed flat knitting machine without carriage

带有单针控制的平型针织机。

2.2.1.1.2

平板针床针织机 horizontal-bed flat knitting machine

两个针床安装在同一平面的针织机，针槽相对配置。

2.2.1.1.2.1

机头往复运动的平板针床针织机 horizontal-bed flat knitting machine with traversing carriage

织针受可往复运动的三角控制的平型针织机。

2.2.1.1.2.2

机头单向循环运动的平板针床针织机 horizontal-bed flat knitting machine with circulating carriage

织针受单向循环运动的三角控制的平型针织机。

2.2.1.2

圆型针织机 circular knitting machine

采用单动针生产针织物的机器，织针安装在圆型针床的针槽里移动，纱线喂入方向与织物长度方向垂直,同一横列的线圈一个接一个地顺序形成。

2.2.1.2.1

单面圆型针织机 single circular knitting machine

RL 圆型针织机 RL circular knitting machine

用于生产单面织物(RL)的圆型针织机,织针安装在一个圆型针筒槽里。

2.2.1.2.1.1

RL 小筒径圆型针织机 RL small-diameter circular knitting machine

针筒公称直径≤165 mm 的 RL 圆型针织机。

2.2.1.2.1.2

RL 大筒径圆型针织机 RL large-diameter circular knitting machine

针筒公称直径>165 mm 的 RL 圆型针织机。

2.2.1.2.2

双面圆型针织机 double circular knitting machine

RR 圆型针织机 RR circular knitting machine

主要用于生产双面织物(RR)的圆型针织机,一组织针轴向安装在针筒针槽里,一组织针径向安装在针盘针槽里,针筒针槽与针盘针槽相错或相对配置。

2.2.1.2.2.1

RR 小筒径圆型针织机 RR small-diameter circular knitting machine

针筒公称直径≤165 mm 的 RR 圆型针织机。

2.2.1.2.2.2

RR 大筒径圆型针织机 RR large-diameter circular knitting machine

针筒公称直径>165 mm 的 RR 圆型针织机。

2.2.1.2.3

双反面圆型针织机 purl circular knitting machine

LL 圆型针织机 LL circular knitting machine

用于生产双反面织物(LL)的圆型针织机,带有两个针筒,一个针筒在另一个针筒上方,针槽轴向相对配置,织针通过导针片从一个针筒转移到另一个针筒上。

2.2.1.2.3.1

LL 小筒径圆型针织机 LL small-diameter circular knitting machine

针筒公称直径≤165 mm 的 LL 圆型针织机。

2.2.1.2.3.2

LL 大筒径圆型针织机 LL large-diameter circular knitting machine

针筒公称直径>165 mm 的 LL 圆型针织机。

2.2.2 联动针纬编机

2.2.2.1

全成形平型针织机 straight-bar knitting machine

柯登机 Cotton's patent

用于生产柯登织物的针织机,其特点是采用纱线在平直型配置的钩针上作上下运动来成圈。

2.2.2.1.1

单面全成形平型针织机 single straight-bar knitting machine

RL 全成形平型针织机 RL straight-bar knitting machine

织针竖直安装在单个针床上的全成形平型针织机,用于生产单面柯登织物。

2.2.2.2

圆型纬编针织机　circular weft knitting machine

用圆筒形排列的钩针来生产筒状纬编针织物的针织机。

2.2.2.2.1

单面圆型纬编针织机　single circular knitting machine

RL 圆型纬编针织机　RL circular knitting machine

织针水平安装在针盘上、用于生产单面(RL)圆筒型纬编织物的法制圆型纬编机(吊机),其机架外侧的一个或多个沉降片轮上的沉降片引导纱线在织针上形成线圈。

2.2.3　**经编机**

2.2.3.1

平型经编机　flat warp knitting machine

用于生产经编织物的机器,机上的织针平直排列,多根纱线(经纱)径向喂入,织针上的线圈同时形成。

2.2.3.1.1

单针床平型经编机　single flat warp knitting machine

RL 平型经编机　RL flat warp knitting machine

单个针床的平型经编机。

2.2.3.1.1.1

RL 特里科机　RL tricot machine

主要特征是采用复合沉降片(具有握持和脱圈功能)的 RL 平型经编机。

2.2.3.1.1.2

RL 拉舍尔机　RL Raschel machine

主要特征是采用栅状脱圈板和握持沉降片的 RL 平型经编机。

2.2.3.1.1.3

RL 钩编机　RL crochet machine

主要特征是采用栅状脱圈板和托架的 RL 平型经编机。

2.2.3.1.1.4

RL 缝编机　RL stitch bonding machine

主要特征是采用尖头针、带有脱圈沉降片的脱圈板和支架的 RL 平型经编机。

2.2.3.1.2

双针床平型经编机　double flat warp knitting machine

RR 平型经编机　RR flat warp knitting machine

两个针床的平型经编机。

2.2.3.1.2.1

RR 特里科机　RR tricot machine

辛普勒克斯(经编机)　simplex

主要特征是带有脱圈沉降片的 RR 平型经编机。

2.2.3.1.2.2

RR 拉舍尔机　RR Raschel machine

主要特征是带有栅状脱圈板和退圈沉降片的 RR 平型经编机。

2.2.3.2

圆型经编机　circular warp knitting machine

用于生产圆筒状经编织物的机器,织针圆筒形排列,每横列的线圈由径向喂入的多根纱线同时形成。

2.2.3.2.1

单面圆型经编机　single circular warp knitting machine

RL 圆型经编机　RL circular warp knitting machine

用于生产单面圆筒状经编织物的单针床圆型经编机。

2.2.3.2.1.1

RL 小筒径圆型经编机　RL small-diameter circular warp knitting machine

针筒公称直径≤165 mm 的 RL 圆型经编机。

2.2.3.2.1.2

RL 大筒径圆型经编机　RL large-diameter circular warp knitting machine

针筒公称直径＞165 mm 的 RL 圆型经编机。

中 文 索 引

STANDARDS PRESS OF CHINA

英 文 索 引

ICS 19.120
A 28

中华人民共和国国家标准

GB/T 6005—2008
代替 GB/T 6005—1997

试验筛　金属丝编织网、穿孔板和电成型薄板　筛孔的基本尺寸

Test sieves—Metal wire cloth, perforated metal plate and electroformed sheet—Nominal sizes of openings

(ISO 565:1990, MOD)

2008-07-18 发布　　2009-02-01 实施

中华人民共和国国家质量监督检验检疫总局
中国国家标准化管理委员会　发布

前　言

本标准修改采用ISO 565:1990《试验筛　金属丝编织网、穿孔板和电成型薄板　筛孔的基本尺寸》(英文版)。

本标准与ISO 565:1990相比主要变化如下：

——修改了范围；

——将“本国际标准”改为“本标准”；

——用小数点“.”代替作为小数点的逗号“,”；

——删除国际标准中前言、引言部分；

——将内容表述改为适用于我国标准的表述；

——删除了附录A；

——增加了附录A“金属丝编织试验筛网参数对照表”。

本标准代替GB/T 6005—1997《试验筛　金属丝编织网、穿孔板和电成型薄板筛孔的基本尺寸》。

本标准与GB/T 6005—1997相比主要变化如下：

——修改了范围；

——增加规范性引用文件；

——增加了附录A“金属丝编织试验筛网参数对照表”；

——修改了术语和定义。

本标准的附录A为资料性附录。

本标准由全国筛网筛分和颗粒分检方法标准化技术委员会(SAC/TC 168)提出并归口。

本标准起草单位：中机生产力促进中心、新乡市巴山精密滤材有限公司。

本标准主要起草人：余方、刘鹤青。

本标准所代替标准的历次版本发布情况为：

——GB 6005—1985、GB/T 6005—1997。

试验筛　金属丝编织网、穿孔板和电成型薄板　筛孔的基本尺寸

1　范围

本标准规定了作为试验筛筛分介质的金属丝编织网、穿孔板和电成型薄板的筛孔的基本尺寸。

本标准适用于金属丝编织网、穿孔板和电成型薄板。

本标准中金属丝编织网和电成型薄板的筛孔的基本尺寸，小于或等于 32 μm 的，均采用 R′10 系列作为主要尺寸系列。

鉴于尺寸小于 32 μm 的相邻基本尺寸之间的间隔很小，因此，对 R′10 系列基本尺寸的选择作了限制。

系列中相邻尺寸之间的比值见表 1。

表 1

系列	差值百分比	比值
R20/3	约 40%	1.40
R′10	约 25%	1.25
R40/3	约 19%	1.19
R20	约 12%	1.12

2　规范性引用文件

下列文件中的条款通过本标准的引用而成为本标准的条款。凡是注日期的引用文件，其随后所有的修改单(不包括勘误的内容)或修订版均不适用于本标准，然而，鼓励根据本标准达成协议的各方研究是否可使用这些文件的最新版本。凡是不注日期的引用文件，其最新版本适用于本标准。

GB/T 5329　试验筛与筛分试验　术语(GB/T 5329—2003，ISO 2395:1990，MOD)

3　术语和定义

GB/T 5329 中确定的术语和定义适用于本标准。

4　标记

4.1　试验筛的筛孔基本尺寸(对边的中心距或直径)来表示。对于穿孔板和电成型薄板，还应指出孔的类型:方孔或圆孔。

4.2　筛孔尺寸大于或等于 1 mm 的，用 mm 表示;筛孔尺寸小于 1 mm 的，用 μm 表示。

5　网孔的基本尺寸

筛孔的基本尺寸见表 2、表 3。推荐选用主要尺寸系列。但如需要一个小梯度的筛孔尺寸系列，应从 R20 或 R40/3 两个补充尺寸系列中选择一个系列，不允许同时从两者中选取。

5.1　对于金属丝编织网:从 125 mm 到 20 μm。

5.2 对于穿孔板：

——方孔：从 125 mm 到 4 mm；

——圆孔：从 125 mm 到 1 mm。

5.3 对于电成型薄板：方孔或圆孔均从 500 μm 到 5 μm。

表 2

单位为毫米

主要尺寸 R20/3	补充尺寸		主要尺寸 R20/3	补充尺寸	
	R20	R40/3		R20	R40/3
125	125	125	11.2	10	
	112				9.5
		106		9	
	100		8	8	8
90	90	90		7.1	
	80				6.7
		75		6.3	
	71		5.6	5.6	5.6
63	63	63		5	
	56				4.75
		53		4.5	
	50		4	4	4
45	45	45		3.55	
	40				3.35
		37.5		3.15	
	35.5		2.8	2.8	2.8
31.5	31.5	31.5		2.5	
	28				2.36
		26.5		2.24	
	25		2	2	2
22.4	22.4	22.4		1.8	
	20				1.7
		19		1.6	
	18		1.4	1.4	1.4
16	16	16		1.25	
	14				1.18
	12.5	13.2		1.12	
11.2	11.2	11.2	1	1	1

表 3

单位为微米

主要尺寸 R20/3	补充尺寸		主要尺寸 R20/3	补充尺寸	
	R20	R40/3		R20	R40/3
	900			100	
		850	125		
	800		90	90	90
710	710	710		80	
	630				75
		600		71	
	560		63	63	63
500	500	500		56	
	450				53
		425		50	
	400		45	45	45
355	355	355		40	
	315				38
		300		36	
	280				
250	250	250	R′10		
	224				
		212	32		
	200		25		
180	180	180	20		
	160		16		
	140	150	10		
125	125	125	5		
	112				
		106			

附 录 A
（资料性附录）
金属丝编织试验筛网参数对照表

金属丝编织试验筛网参数对照表见表 A.1 和表 A.2。

表 A.1

网孔基本尺寸 W/mm			金属丝直径优选尺寸 d_{nom}/mm	目数/（目/25.4 mm）	单位面积网重[a]/（kg/m²）
主要尺寸	补充尺寸				
R20/3	R20	R40/3			
125	125	125	8	0.191	6.19
	112		8	0.212	6.86
		106	6.3	0.226	4.55
	100		6.3	0.239	4.80
90	90	90	6.3	0.264	5.30
	80		6.3	0.294	5.92
		75	6.3	0.312	6.28
	71		5.6	0.332	5.27
63	63	63	5.6	0.370	5.88
	56		5	0.416	5.27
		53	5	0.438	5.54
	50		5	0.462	5.85
45	45	45	4.5	0.513	5.26
	40		4.5	0.571	5.85
		37.5	4.5	0.605	6.20
	35.5		4	0.643	5.21
31.5	31.5	31.5	4	0.715	5.80
	28		3.55	0.805	5.14
		26.5	3.55	0.845	5.39
	25		3.55	0.890	5.68
22.4	22.4	22.4	3.55	0.979	6.25
	20		3.15	1.097	5.51
		19	3.15	1.147	5.76
	18		3.15	1.201	6.03
16	16	16	3.15	1.326	6.66
	14		2.8	1.512	6.00
		13.2	2.8	1.588	6.30

表 A.1（续）

网孔基本尺寸 W/mm			金属丝直径优选尺寸 d_{nom}/mm	目数/（目/25.4 mm）	单位面积网重[a]/（kg/m²）
主要尺寸	补充尺寸				
R20/3	R20	R40/3			
	12.5		2.5	1.693	5.36
11.2	11.2	11.2	2.5	1.854	5.87
	10		2.5	2.032	6.43
		9.5	2.24	2.164	5.50
	9		2.24	2.260	5.74
8	8	8	2	2.540	5.14
	7.1		1.8	2.854	4.68
		6.7	1.8	2.988	4.90
	6.3		1.8	3.136	5.14
5.6			1.6	3.528	4.57
			1.6	15.875	20.58
		4.75	1.6	4.000	5.19
	4.5		1.4	4.305	4.27
4	4	4	1.4	4.704	4.67
	3.55		1.25	5.292	4.19
		3.35	1.25	5.522	4.37
	3.15		1.25	5.773	4.57
2.8	2.8	2.8	1.12	6.480	4.12
	2.5		1	7.257	3.67
		2.36	1	7.560	3.83
	2.24		0.9	8.089	3.32
2	2	2	0.9	8.759	3.59
	1.8		0.8	9.769	3.17
		1.7	0.8	10.160	3.29
	1.6		0.8	10.583	3.43
1.4	1.4	1.4	0.71	12.038	3.07
	1.25		0.63	13.511	2.72
		1.18	0.63	14.033	2.82
	1.12		0.56	15.119	2.40
1	1	1	0.56	16.282	2.59

[a] 对不锈钢（Cr17%～19%，Ni8%～10%），材料密度 ρ=7 950 kg/m³。

表 A.2

网孔基本尺寸 W/μm			金属丝直径优选尺寸 d_{nom}/μm	目数/(目/25.4 mm)	单位面积网重[a]/(kg/m²)
主要尺寸	补充尺寸				
R20/3	R20	R40/3			
	900		500	18.143	2.30
		850	500	18.815	2.38
	800		450	20.320	2.08
710	710	710	450	21.897	2.25
	630		400	24.660	2.00
		600	400	25.400	2.06
	560		355	27.760	1.77
500	500	500	315	31.166	1.57
	450		280	34.795	1.38
		425	280	36.028	1.43
	400		250	39.077	1.24
355	355	355	224	43.869	1.11
	315		200	49.320	1.00
		300	200	50.800	1.03
	280		180	55.217	0.91
250	250	250	160	61.951	0.80
	224		160	66.146	0.86
		212	140	72.159	0.72
	200		140	74.706	0.74
180	180	180	125	83.279	0.66
	160		112	93.382	0.59
		150	100	101.600	0.51
	140		100	105.833	0.54
125	125	125	90	118.140	0.48
	112		80	132.292	0.43
		106	71	143.503	0.37
	100		71	148.538	0.38
90	90	90	63	166.013	0.33
	80		56	186.765	0.30
		75	50	203.200	0.26
	71		50	209.917	0.27
63	63	63	45	235.185	0.24
	56		40	264.583	0.21

表 A.2（续）

网孔基本尺寸 $W/\mu m$			金属丝直径优选尺寸 $d_{nom}/\mu m$	目数/（目/25.4 mm）	单位面积网重[a]/（kg/m^2）
主要尺寸	补充尺寸				
R20/3	R20	R40/3			
		53	36	285.393	0.19
	50		36	295.349	0.19
45	45	45	32	329.870	0.17
	40		32	352.778	0.18
		38	30	373.529	0.17
R10	36		30	384.848	0.18
32			28	423.333	0.17
25			25	1 016.000	0.32
20			20	1 270.000	0.26

[a] 对不锈钢（Cr17%～19%，Ni8%～10%），材料密度 ρ=7 950 kg/m^3。

ICS 71.080.10
G 15

中华人民共和国国家标准

GB/T 6017—2008
代替 GB/T 6017—1999

工业用丁二烯纯度及烃类杂质的测定 气相色谱法

**Butadiene for industrial use—
Determination of purity and hydrocarbon impurities—
Gas chromatographic method**

2008-06-19 发布 2009-02-01 实施

中华人民共和国国家质量监督检验检疫总局
中国国家标准化管理委员会 发布

前言

本标准与 ASTM D2593:1993(2004)《气相色谱法分析丁二烯纯度及烃类杂质的标准试验方法》(英文版)的一致性程度为非等效。

本标准与 ASTM D2593:1993(2004)的主要差异为:

——色谱柱不同,本标准推荐 Al_2O_3/KCl (PLOT)毛细管柱和癸二腈填充柱;

——本标准对进样装置包括液体进样阀和汽化装置的技术要求做了明确的规定;

——本标准只推荐氢火焰离子化检测器(FID);

——本标准增加了外标法定量的有关内容;

——规范性引用文件中采用现行国家标准;

——采用了自行确定的重复性限(r)。

本标准代替 GB/T 6017—1999《工业用丁二烯纯度及烃类杂质的测定　气相色谱法》。

本标准与 GB/T 6017—1999 相比主要变化如下:

——增加了 Al_2O_3/KCl(PLOT)毛细管柱;保留原标准的填充柱,作为供选择的方法列于附录 A 中;

——进样方式增加了小量液态样品完全汽化的技术要求;

——取消了原标准中 7.1.2 关于校正因子测定的注释;

——重新确定了重复性限(r)。

本标准的附录 A 为规范性附录。

本标准自实施之日起,代替 GB/T 6017—1999。

本标准由中国石油化工集团公司提出。

本标准由全国化学标准化技术委员会石油化学分会(SAC/TC 63/SC 4)归口。

本标准起草单位:中国石油化工股份有限公司上海石油化工研究院。

本标准主要起草人:李继文、唐琦民。

本标准所代替标准的历次版本发布情况为:

——GB/T 6017—1985、GB/T 6017—1999。

工业用丁二烯纯度及烃类杂质的测定 气相色谱法

1 范围

1.1 本标准规定了用气相色谱法测定工业用丁二烯纯度及烃类杂质：丙烷、丙烯、异丁烷、正丁烷、丙二烯、乙炔、反-2-丁烯、异丁烯、1-丁烯、顺-2-丁烯、异戊烷、正戊烷、1,2-丁二烯、丙炔、1-丁炔和乙烯基乙炔的含量。

本标准适用于工业用丁二烯中烃类杂质含量不小于0.000 3%(质量分数)，以及纯度大于98%(质量分数)试样的测定。

1.2 本标准并不是旨在说明与其使用有关的所有安全问题。使用者有责任采取适当的安全与健康措施，保证符合国家有关法规的规定。

2 规范性引用文件

下列文件中的条款通过本标准的引用而成为本标准的条款。凡是注明日期的引用文件，其随后所有的修改单(不包括勘误的内容)或修订版均不适用于本标准，然而，鼓励根据本标准达成协议的各方研究是否可使用这些文件的最新版本。凡是不注明日期的引用文件，其最新版本适用于本标准。

GB/T 3723 工业用化学产品采样安全通则(GB/T 3723—1999,idt ISO 3165:1976)

GB/T 8170 数值修约规则

GB/T 9722—2006 化学试剂 气相色谱法通则

GB/T 13290 工业用丙烯和丁二烯液态采样法

3 方法提要

3.1 校正面积归一化法：在本标准规定条件下，将适量试样注入色谱仪进行分析。测量每个杂质和主组分的峰面积，以校正面积归一化法计算各组分的质量分数。丁二烯二聚物、羰基化合物、阻聚剂和残留物等杂质用相应的标准方法进行测定，并将所得结果对本标准测定结果进行归一化处理。

3.2 外标法：在本标准规定的条件下，将定量试样和外标物分别注入色谱仪进行分析。测定试样中每个杂质和外标物的峰面积，由试样中杂质峰面积和外标物峰面积的比例计算每个杂质的含量。再用100.00减去烃类杂质总量和用其他标准方法测定的丁二烯二聚物、羰基化合物、阻聚剂和残留物等杂质的总量计算丁二烯纯度。测定结果以质量分数表示。

4 试剂与材料

4.1 载气：氮气、氦气或氢气，纯度≥99.99%(体积分数)。

4.2 标准试剂：如1.1所示物质的标准试剂，供测定校正因子和配制外标样用，其纯度应不低于99%(质量分数)。

5 仪器

5.1 气相色谱仪

配置氢火焰离子化检测器(FID)的气相色谱仪。该仪器对本标准所规定的最低测定浓度的杂质所产生的峰高应至少大于噪声的两倍。而且，当采用归一化法分析样品时，仪器的动态线性范围必须满足定量要求。

5.2 色谱柱

推荐的色谱柱及典型操作条件见表1，典型色谱图见图1。附录A的填充柱或能给出同等分离效果的其他色谱柱也可使用。杂质的出峰顺序及相对保留时间取决于 Al_2O_3(PLOT)柱的去活方法，必须用标准样品进行测定。

表 1 推荐的色谱柱及典型操作条件

色谱柱		Al_2O_3/KCl(PLOT)
柱长/m		50
柱内径/mm		0.53
膜厚/μm		10
载气平均流速/(mL/min)		2.5(N_2)或 4.0(He)
柱温	初温/℃	80
	初温保持时间/min	10
	升温速率/(℃/min)	5
	终温/℃	180
	终温保持时间/min	5
进样器温度/℃		150
检测器温度/℃		250
分流比		30 : 1
进样量		液态 0.5 μL;气态 0.25 mL
注：每次分析结束，须执行后运行程序，在 180 ℃条件下待丁二烯二聚物流出才能进行下一次分析，后运行时间约为 30 min，可提高载气流量以缩短后运行时间。Al_2O_3(PLOT)柱加热不能超过200 ℃，以防止柱活性发生变化。		

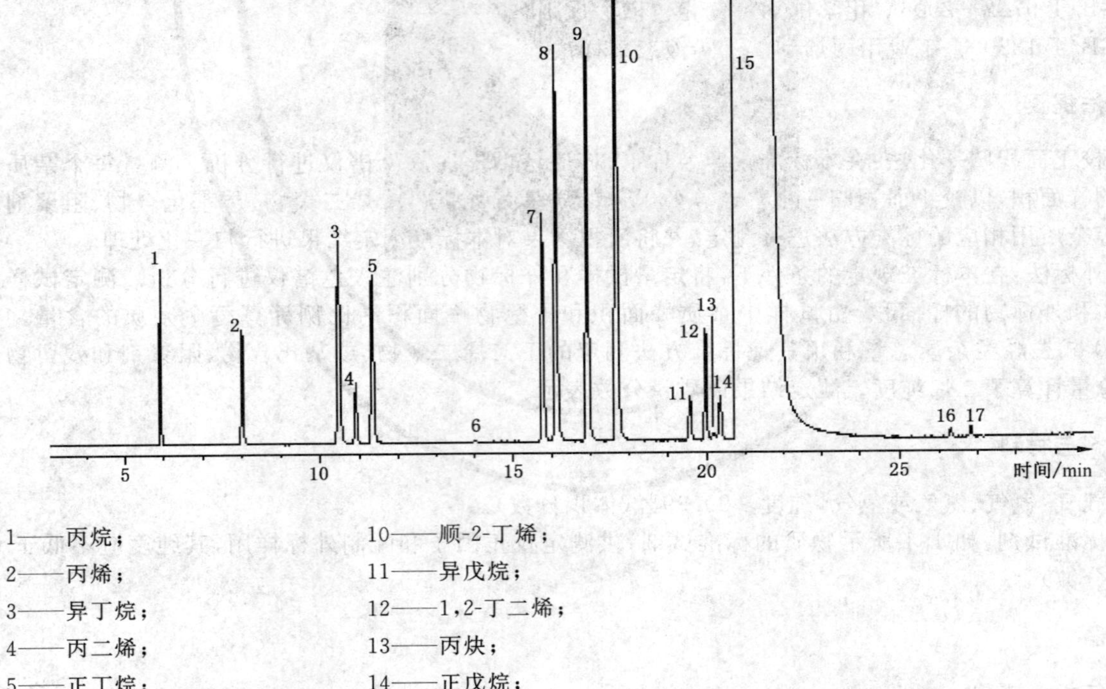

1——丙烷；
2——丙烯；
3——异丁烷；
4——丙二烯；
5——正丁烷；
6——乙炔；
7——反-2-丁烯；
8——1-丁烯；
9——异丁烯；
10——顺-2-丁烯；
11——异戊烷；
12——1,2-丁二烯；
13——丙炔；
14——正戊烷；
15——1,3-丁二烯；
16——乙烯基乙炔；
17——1-丁炔。

图 1 典型色谱图

5.3 进样装置

5.3.1 液体进样阀或合适的其他液体进样装置

凡能满足以下要求的液体进样阀均可使用:在不低于使用温度时的丁二烯蒸气压下,能将丁二烯以液体状态重复进样,并满足色谱分离要求。

液体进样装置的流程示意图见图2。金属过滤器中的不锈钢烧结砂芯孔径为(2~4)μm,以滤除样品中可能存在的机械杂质,保护进样阀。进样阀出口安装适当长度的不锈钢毛细管或减压阀,以避免样品气化,造成失真,影响重复性。进样时,将采样钢瓶出口阀开启,用液态样品冲洗定量管数秒钟后,即可操作进样阀,将试样注入色谱仪,然后关闭钢瓶出口阀。

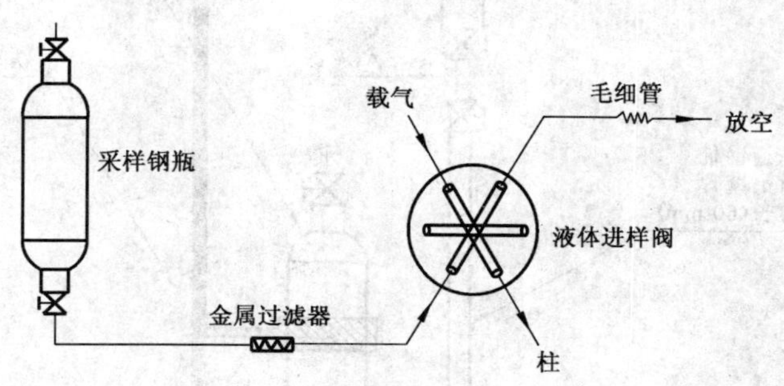

图2 液体进样装置的流程示意图

5.3.2 气体进样阀

5.3.2.1 气体进样可采用图3所示的小量液态样品气化装置,以完全地气化样品,保证样品的代表性。首先在E处卸下容积约为1 700 mL的进样钢瓶,并抽真空(<0.3 kPa)。然后关闭阀B,开启阀C和D,再缓慢开启阀B,控制液态样品流入管道钢瓶,并于阀B处有稳定的液态样品溢出,此时立即依次关闭阀B、C和D,管道钢瓶中即取得了小量液态样品。

将已抽真空的进样钢瓶再连接于E处,先开启阀A,再开启阀B,让液态样品完全气化于进样钢瓶中,连接于进样钢瓶上的真空压力表应指示在(50~100)kPa范围内。最后关闭阀A,卸下进样钢瓶连接于色谱仪的气体进样阀上即可进行分析。

注:盛有液态样品的采样钢瓶应在实验室里放置足够时间,让液态样品的温度与室温达到平衡后再进行上述操作,并且当管道钢瓶中取得小量液态样品后,应尽快完成气化操作,避免充满液态样品的管道钢瓶随停留时间增加爆裂的可能性。

5.3.2.2 气体进样也可采用图4所示的水浴气化装置。不锈钢毛细管的内径为0.2 mm,长(2~4)m,置于(50~70)℃的恒温水浴内。进样时,将采样钢瓶出口阀缓慢开启,控制液态样品的气化速度,以(5~10)mL/min为宜。待约10倍定量管体积的试样冲洗定量管后,关闭钢瓶出口阀,让试样完全气化,并达到压力平衡。此时,操作进样阀将试样注入色谱柱。

5.4 记录装置

积分仪或色谱工作站。

6 采样

按GB /T 3723和GB/T 13290规定的安全与技术要求采取样品。

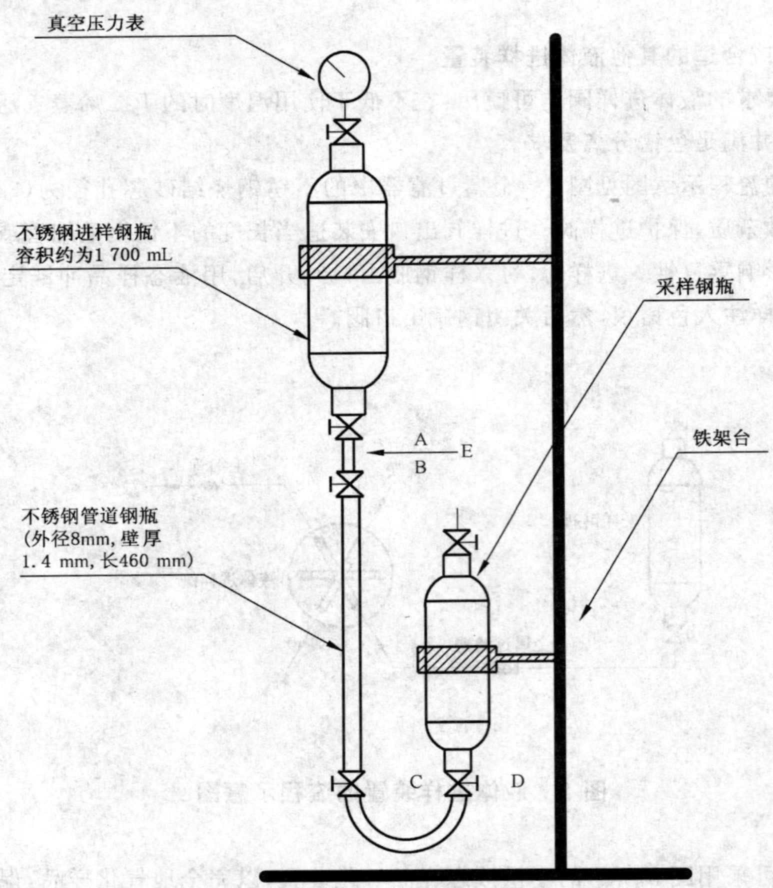

图 3　小量液态样品的气化装置示意图

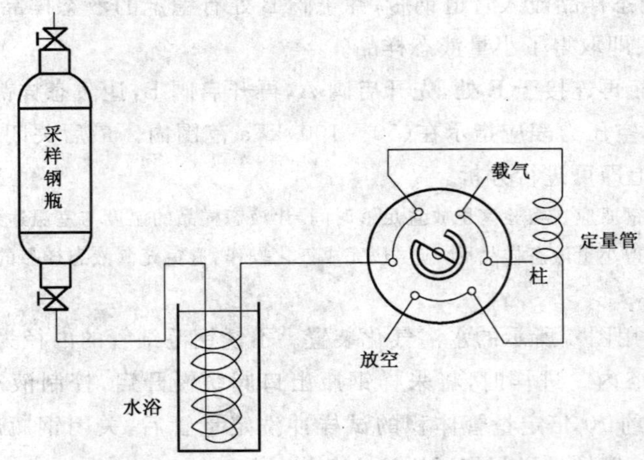

图 4　液体样品的水浴气化装置示意图

7　测定步骤

7.1　校正面积归一化法

7.1.1　设定操作条件

根据仪器操作说明书，在色谱仪中安装并老化色谱柱。然后调节仪器至表 1 所示的操作条件，待仪器稳定后即可开始测定。

7.1.2 **校正因子的测定**

a) 标准样品的制备

已知烃类杂质含量的液态标样可由市场购买有证标样或用重量法自行制备。标样中烃类杂质的含量应与待测试样相近。盛放标样的钢瓶应符合 GB/T 13290 的技术要求。制备时使用的丁二烯本底样品事先在本标准规定条件下进行检查,应在待测组分处无其他杂质峰流出,否则应予以修正。

b) 按 GB/T 9722—2006 中 9.1 规定的要求,用上述标样,在本标准推荐的恒定条件下进行测定,并计算出质量校正因子。

7.1.3 **试样测定**

用符合 5.3 要求的进样装置,将适量试样注入色谱仪,并测量所有杂质和丁二烯的色谱峰面积。

7.1.4 **计算**

按校正面积归一化法计算每个杂质的含量和丁二烯的纯度,并将用其他标准方法测得的丁二烯二聚物、羰基化合物、阻聚剂和残留物等杂质的总量对此结果再进行归一化处理。计算式如式(1)所示,测定结果以质量分数表示:

$$w = \frac{A_i R_i}{\sum A_i R_i} \times (100.00 - w'_i) \quad \cdots\cdots (1)$$

式中:

w——试样中杂质 i 的含量或丁二烯的质量分数,用%表示;

R_i——杂质 i 或丁二烯的质量校正因子;

A_i——试样中杂质 i 或丁二烯的峰面积;

w'_i——其他方法测定的杂质总量的质量分数,用%表示。

7.2 **外标法**

7.2.1 按 7.1.1 待仪器稳定后,用符合 5.3 要求的进样装置,将同等体积的待测样品和外标样分别注入色谱仪,并测量除丁二烯外所有杂质和外标物的峰面积。

外标样两次重复测定的峰面积之差应不大于其平均值的 5%,取其平均值供定量计算用。

7.2.2 计算

计算每个样品杂质的含量,计算式如式(2)所示。

$$w_i = \frac{w_{is} A_i R_i}{A_s R_s} \quad \cdots\cdots (2)$$

式中:

w_i——试样中杂质组分 i 的质量分数,用%表示;

w_{is}——外标样中组分 i 的质量分数,用%表示;

A_s——外标样中组分 i 的峰面积;

R_s——外标样中组分 i 的质量校正因子;

A_i——试样中杂质组分 i 的峰面积;

R_i——杂质 i 的质量校正因子。

以差减法计算丁二烯的纯度,计算式如式(3)所示。

$$w_p = 100.00 - \sum w_i - w'_i \quad \cdots\cdots (3)$$

式中:

w_p——丁二烯的质量分数,用%表示;

w_i——试样中烃类杂质组分 i 的质量分数,用%表示;

w'_i——其他方法测定的杂质质量分数,用%表示。

8 分析结果的表述

8.1 对于任一试样，分析结果的数值修约按 GB/T 8170 规定进行，并以两次重复测定结果的算术平均值表示其分析结果。

8.2 报告每个杂质的质量分数，应精确至 0.000 1%。

8.3 报告丁二烯的质量分数，应精确至 0.01%。

9 重复性

在同一实验室，由同一操作者使用相同设备，按照相同的测试方法，并在短时间内对同一被测对象相互独立进行测试获得的两次独立测试结果的绝对差值不大于下列重复性限(r)，超过重复性限(r)的情况不超过 5%。

杂质组分	≤0.001 0%(质量分数)	为其平均值的 30%
	>0.001 0%(质量分数)～≤0.010%(质量分数)	为其平均值的 20%
	>0.010%(质量分数)	为其平均值的 10%
丁二烯纯度	≥98.0%(质量分数)	为 0.04%(质量分数)

10 报告

报告应包括下列内容：

a) 有关样品的全部资料，例如样品名称、批号、采样地点、采样日期、采样时间等；

b) 本标准编号；

c) 分析结果；

d) 测定中观察到的任何异常现象的细节及其说明；

e) 分析人员的姓名及分析日期等。

附　录　A
（规范性附录）
癸二腈色谱柱条件和色谱图

工业丁二烯纯度及烃类杂质的测定可使用癸二腈填充柱，色谱柱及典型的操作条件列于表 A.1，典型色谱图见图 A.1。

表 A.1　色谱柱及典型操作条件

固定液	癸二腈
固定液(质量分数)/%	20
载体	Chromosorb P NAW
粒径/mm	0.177～0.250 (60 目～80 目)
柱质管材	不锈钢或紫铜
柱长/m	9
内径/mm	3
流速/(mL/min)	30(H_2)
柱温/℃	50
检测器类型	FID
进样器温度/℃	150
检测器温度/℃	200
进样量	1 μL(液态)或 1 mL(气态)
注意：当使用氢气作载气时，必须特别注意安全，保证系统无泄漏。	

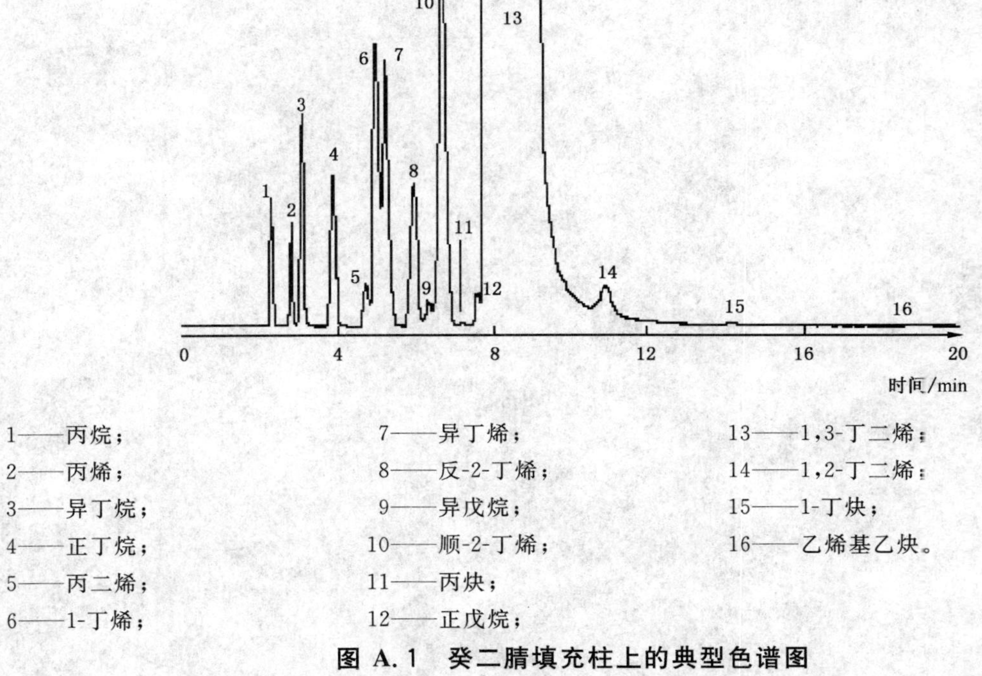

1——丙烷；
2——丙烯；
3——异丁烷；
4——正丁烷；
5——丙二烯；
6——1-丁烯；
7——异丁烯；
8——反-2-丁烯；
9——异戊烷；
10——顺-2-丁烯；
11——丙炔；
12——正戊烷；
13——1,3-丁二烯；
14——1,2-丁二烯；
15——1-丁炔；
16——乙烯基乙炔。

图 A.1　癸二腈填充柱上的典型色谱图

ICS 71.080.10
G 15

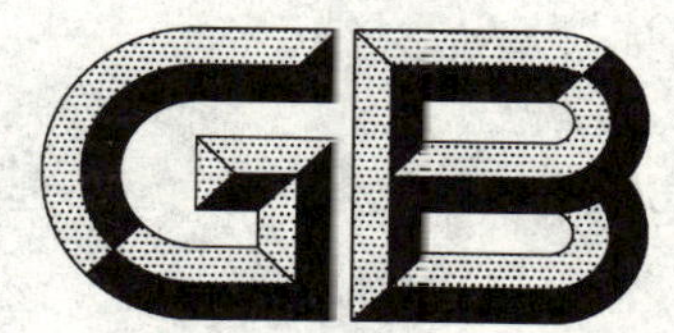

中华人民共和国国家标准

GB/T 6020—2008
代替 GB/T 6020—1999,GB/T 12702—1999

工业用丁二烯中特丁基邻苯二酚（TBC）的测定

Butadiene for industrial use—Determination of tert-butyl-catechol（TBC）

2008-06-19 发布　　　　2009-02-01 实施

中华人民共和国国家质量监督检验检疫总局
中国国家标准化管理委员会　发布

前　言

本标准修改采用 ASTM D1157:1991(2004)《分光光度法测定轻烃中特丁基邻苯二酚(TBC)的标准试验方法》(英文版),本标准与 ASTM D1157 的结构性差异参见附录 A。

本标准与 ASTM D1157:1991(2004)的主要差异为:

——增加了液相色谱法;

——测定范围由 ASTM D1157 规定的 50 mg/kg～500 mg/kg 改为 1 mg/kg～300 mg/kg;

——校准曲线直接采用以 TBC 质量为横坐标;

——在结果计算中引入密度。

本标准代替 GB/T 6020—1999《工业用丁二烯中特丁基邻苯二酚(TBC)的测定 分光光度法》和 GB/T 12702—1999《工业用丁二烯中特丁基邻苯二酚(TBC)的测定　高效液相色谱法》。

本标准分光光度法与 GB/T 6020—1999 的主要差异为:

——名称修改为《工业用丁二烯中特丁基邻苯二酚(TBC)的测定》;

——把测量过程中的参比液统一为蒸馏水。

本标准高效液相色谱法与 GB/T 12702—1999 的主要差异为:

——名称修改为《工业用丁二烯中特丁基邻苯二酚(TBC)的测定》;

——对原来色谱条件中的色谱柱规格及填料粒径作了修改。

本标准的附录 A 为资料性附录。

本标准由中国石油化工集团公司提出。

本标准由全国化学标准化技术委员会石油化学分会(SAC/TC 63/SC 4)归口。

本标准起草单位:中国石油化工股份有限公司上海石油化工研究院。

本标准主要起草人:庄海青。

本标准所代替标准的历次版本发布情况为:

——GB/T 6020—1985,GB/T 6020—1999;

——GB/T 12702—1990,GB/T 12702—1999。

工业用丁二烯中特丁基邻苯二酚(TBC)的测定

1 范围

1.1 本标准规定了工业用丁二烯中特丁基邻苯二酚[即4-(1,1二甲基乙基)-1,2-苯二酚]测定的分光光度法和高效液相色谱法。本标准分光光度法适用的测定范围为1 mg/kg～300 mg/kg,高效液相色谱法适用的测定范围为1 mg/kg～250 mg/kg。

1.2 本标准并不是旨在说明与其使用有关的所有安全问题。因此,使用者有责任采取适当的安全与防护措施,保证符合国家有关法规的规定。

2 规范性引用文件

下列文件中的条款通过本标准的引用而成为本标准的条款。凡是注明日期的引用文件,其随后所有的修改单(不包括勘误的内容)或修订版均不适用于本标准,然而,鼓励根据本标准达成协议的各方研究是否可使用这些文件的最新版本。凡是不注明日期的引用文件,其最新版本适用于本标准。

GB/T 8170 数值修约规则

GB/T 6682 分析实验室用水规格和试验方法(GB/T 6682—2008,ISO 3639:1987,MOD)

GB/T 13290 工业用丙烯和丁二烯液体采样法

3 分光光度法

3.1 方法提要

丁二烯经蒸发后,将剩余残渣用水溶解,并加入过量的三氯化铁。在425 nm波长处,用分光光度计测定黄色络合物的吸光度,并以校准曲线法测定TBC的含量。

3.2 试剂与材料

本方法所用试剂均为分析纯试剂,水为符合GB/T 6682规定的三级水要求。

3.2.1 乙醇:95%(体积分数)。

3.2.2 盐酸(密度1.19 g/mL)。

3.2.3 三氯化铁溶液:称取20.0 g三氯化铁($FeCl_3 \cdot 6H_2O$),用95%乙醇(3.2.1)溶解后移入1 000 mL容量瓶中,加入9.2 mL盐酸(3.2.2),用95%乙醇稀释至刻度。

3.2.4 特丁基邻苯二酚(TBC)标准溶液:

3.2.4.1 6.7 mg/mL的TBC标准溶液:称取0.67 g TBC(精确至0.000 1 g),溶于10 mL 95%乙醇中,移入100 mL容量瓶中,加水稀释到刻度。此溶液不稳定,须临用前配制。

3.2.4.2 0.67 mg/mL的TBC标准溶液:将6.7 mg/mL的TBC标准溶液以水稀释10倍,混匀。此溶液不稳定,须临用前配制。

注意:TBC具有潜在危害,可引起皮肤不适或灼伤,可通过皮肤吸收,可能对呼吸系统产生危害,吞咽后可能造成致命危害。应避免碰到眼睛,否则将灼伤眼组织、损伤视力。使用时应注意通风,应贮存于易燃液体存放的区域。

3.3 仪器

3.3.1 分光光度计:备有1 cm吸收池。

3.3.2 水银温度计：棒状，温度范围（－30～80）℃，最小分度值1℃。

3.3.3 一般实验室仪器和设备。

3.4 采样

按GB/T 13290规定的技术要求采取样品。

3.5 分析步骤

3.5.1 校准曲线的绘制

按照表1给定体积用5 mL吸量管吸取TBC标准溶液（3.2.4.1）或者TBC标准溶液（3.2.4.2），分别注入7个100 mL或50 mL容量瓶中。加水至约90 mL或40 mL，加三氯化铁溶液（3.2.3）5.0 mL或1.0 mL，并用水稀释至刻度，混匀。静置5 min后，以水为参比，在425 nm波长处，用分光光度计测定溶液的吸光度。

将上述各标准溶液的吸光度减去试剂空白的吸光度，以标准溶液中的TBC质量为横坐标，以对应的净吸光度为纵坐标，绘制校准曲线。

表1 分光光度法校准曲线体积与浓度对应表

试样中TBC质量范围/mg	0～20.10		0～3.350[a]	
TBC用量	TBC标准溶液（3.2.4.1）体积/mL	对应的TBC质量/mg	TBC标准溶液（3.2.4.2）体积/mL	对应的TBC质量/mg
	0	0	0	0
	0.50	3.35	0.50	0.335
	1.00	6.70	1.00	0.670
	1.50	10.05	2.00	1.340
	2.00	13.40	3.00	2.010
	2.50	16.75	4.00	2.680
	3.00	20.10	5.00	3.350
稀释体积/mL	100		50	
加入三氯化铁溶液体积/mL	5.0		1.0	

[a] 当试液中的TBC质量在0～3.350 mg范围时，应采用该系列的校准曲线。

3.5.2 试样测定

3.5.2.1 样品的制备

用冷至－20 ℃的量筒取100 mL±1 mL丁二烯样品，用温度计测定液态试样的温度，精确至1℃。将样品倒入250 mL的锥形瓶中，放入通风柜中，在室温下蒸发，然后在水浴上蒸发至完全。

在锥形瓶中加入30 mL水，加盖摇匀。用预先湿润的低灰、快速滤纸过滤此溶液，重复洗涤两次以上，每次都用30 mL的水，将洗涤液并入100 mL容量瓶中，加5.0 mL三氯化铁溶液，并用水稀释至刻度，混匀。

注意：丁二烯为易燃气体，暴露于空气中时可形成易爆的过氧化物，若吸入对身体有害，对眼睛、皮肤和呼吸道黏膜均有刺激性损害。

3.5.2.2 样品的测定

在加入三氯化铁溶液后静置5 min，以水为参比，用分光光度计测定样品溶液的吸光度值。

同时做试剂空白，样品吸光度减去试剂空白的吸光度，其差值即为净吸光度。

3.6 结果计算

3.6.1 计算

在校准曲线上，根据3.5.2.2测得的净吸光度计算TBC的含量(mg)，然后按式(1)计算试样中TBC的含量：

$$w = \frac{m \times 1\,000}{V \times \rho} \qquad \cdots\cdots(1)$$

式中：

w——丁二烯中TBC的含量，单位为毫克每千克(mg/kg)；

m——校准曲线上查得的TBC质量，单位为毫克(mg)；

V——试样体积，单位为毫升(mL)；

ρ——试样在某温度下的密度(见表2)，单位为克每毫升(g/mL)。

表2 丁二烯温度与密度对照表

温度/℃	密度/(g/mL)	温度/℃	密度/(g/mL)
−45	0.698 5	−20	0.6681
−40	0.690 3	−15	0.6625
−35	0.684 8	−10	0.6568
−30	0.679 3	−5	0.6510
−25	0.673 7	0	0.6452

3.6.2 分析结果的表述

取两次重复测定结果的算术平均值作为分析结果。测定结果按GB/T 8170的规定进行修约，精确至0.1 mg/kg。

3.7 精密度

3.7.1 重复性

在同一实验室，由同一操作者使用同一仪器，按相同的测试方法，并在短时间内对同一被测对象相互独立进行测试获得的两次独立测试结果的绝对值，不应超过表3重复性限(r)，超过重复性限(r)的情况不超过5%。

表3 分光光度法的重复性

TBC含量范围/(mg/kg)	重复性限 r/(mg/kg)
50～300	12
<50	8

4 高效液相色谱法

4.1 方法提要

将试样与间硝基酚溶液(内标)混合，在室温下待丁二烯蒸发后，残余溶液经反相高效液相色谱分离和紫外检测器(波长280 nm)检测，测量物质的色谱峰面积或峰高，以内标法测定TBC的含量。

4.2 试剂与材料

除非另有说明，本方法所用试剂均为分析纯试剂，水为符合GB/T 6682规定的二级水要求。

4.2.1 甲醇，HPLC级。

4.2.2 氯仿。

4.2.3 TBC[即4-(1,1二甲基乙基)-1,2-苯二酚]，25 g/L氯仿溶液。

4.2.4 间硝基酚,25 mg/L 水溶液。

4.2.5 乙酸。

4.3 仪器

4.3.1 微量注射器:容积为 10μL,25μL,50μL 和 100μL。

4.3.2 高效液相色谱仪:所用的高效液相色谱仪应符合下列要求,且在检测波长处对浓度为 10 mg/L TBC 所产生的峰高应至少为噪声水平的两倍。

4.3.2.1 输液泵:高压平流泵,其流量范围一般为 0.1 mL/min ~9.9 mL/min,工作压力一般为 0 MPa ~40 MPa,压力脉动应小于±1%。

4.3.2.2 进样装置:配有 20μL 定量管的高效液相色谱手动进样阀或自动进样装置。

4.3.2.3 检测器:紫外(UV)检测器,检测波长为 280 nm

4.3.3 色谱柱:不锈钢材质,长 150 mm,内径 4.6 mm。固定相为十八烷基化学键合相型硅胶,粒度为 5μm。或者能满足分离和定量的其他规格色谱柱。

4.3.4 流动相:V(甲醇):V(水):V(乙酸)=67:32:1(体积比),流量为 1.0 mL/min ~1.5 mL/min。

4.3.5 一般实验室仪器和设备。

4.4 分析步骤

4.4.1 校准曲线的绘制

4.4.1.1 配制标准溶液

在 6 个 50 mL 具塞锥形烧瓶中分别加入 25.0 mL 间硝基酚溶液(4.2.4),然后用注射器按表 4 所示体积逐个加入相应量的 TBC 标准溶液(4.2.3),摇匀。

表 4 TBC 标准溶液体积与浓度对应表

TBC 标准溶液(4.2.4)体积/μL	标准溶液中 TBC 浓度/(mg/L)
0	0
10	10
25	25
50	50
100	100
150	150

4.4.1.2 校准

用注射器将上述配制的标准溶液逐一充满进样阀的样品定量管,并注入色谱仪,记录所得到的 TBC 和间硝基酚的色谱峰面积(或峰高)。

4.4.1.3 绘制校准曲线

以 TBC 浓度(mg/L)为横坐标,以 TBC-间硝基酚的峰面积(或峰高)比值为纵坐标,绘制校准曲线。

4.4.2 试验溶液的准备

将长 1 m,内径 3 mm 的不锈钢盘管和容量为 25 mL 的玻璃量筒冷却至-20℃左右。将盘管与试样钢瓶相连,通过盘管使液态丁二烯流入量筒约 25 mL 左右,准确读取试样体积。测量试样温度,精确至 1℃。然后将此试样倒入已盛有 25 mL 间硝基酚的 50 mL 具塞锥形瓶中,室温下使丁二烯自然挥发。塞上瓶塞,摇匀 1 min。

上述操作应在通风橱中进行,应远离明火,并将钢瓶接地,以防止因静电可能产生的爆炸危险。

4.4.3 测定

用注射器将试验溶液(4.4.2)充满进样阀的样品定量管,并注入色谱仪。记录所得到的 TBC 和间硝基酚的峰面积(或峰高),并计算 TBC-间硝基酚的峰面积(或峰高)的比值。

典型色谱图见图 1。

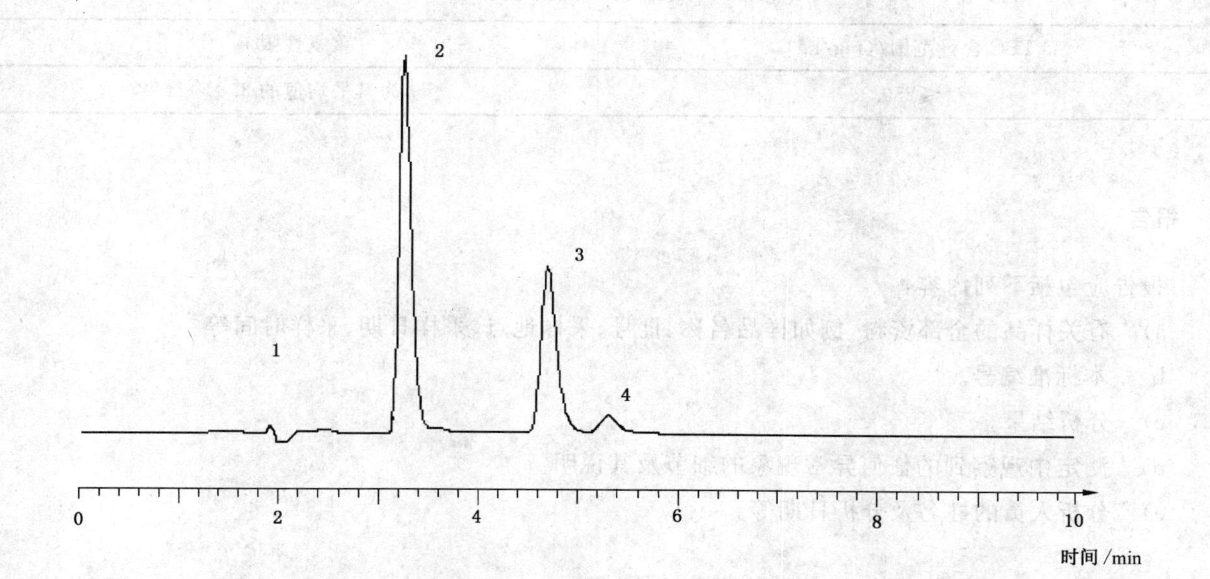

1——溶剂峰;

2——间硝基酚;

3——TBC;

4——TBC 氧化物。

图 1 工业用丁二烯中 TBC 含量测定的典型色谱图

4.5 结果计算

4.5.1 计算

在校准曲线上,根据测定结果(4.4.3),计算试验溶液中的 TBC 含量(mg/L)。然后按式(2)计算试样中 TBC 的含量:

$$w=\frac{\rho_T \times 25}{V \times \rho} \qquad \cdots\cdots(2)$$

式中:

w——试样中 TBC 的含量,单位为毫克每千克(mg/kg);

ρ_T——试验溶液中 TBC 含量,单位为毫克每升(mg/L);

ρ——试样在 4.4.2 所测得温度时的密度(见表 2),单位为克每毫升(g/mL);

V——实际取样量,单位为毫升(mL)。

4.5.2 分析结果的表述

取二次重复测定结果的算术平均值作为分析结果。其数值按 GB/T 8170 的规定进行修约,精确至 0.1 mg/kg。

4.6 重复性

在同一实验室,由同一操作者使用相同设备,按相同的测试方法,并在短时间内对同一被测对象相互独立进行测试获得的两次独立测试结果的绝对值,不应超过表 5 重复性限(r),超过重复性限(r)的情况不超过 5%。

表 5　液相色谱法的重复性

TBC 含量范围/(mg/kg)	重复性限 r
≤250	为其平均值的 3.8%

5　报告

报告应包括下列内容：

a）　有关样品的全部资料，例如样品名称、批号、采样地点、采样日期、采样时间等。

b）　本标准编号。

c）　分析结果。

d）　测定中观察到的任何异常现象的细节及其说明。

e）　分析人员的姓名及分析日期等。

附 录 A
（资料性附录）
本标准章条编号与 ASTM D1157:1991(2004)章条编号对照

表 A.1 给出了本标准章条编号与 ASTM D1157:1991(2004)章条编号对照一览表。

表 A.1 本标准章条编号与 ASTM D1157:1991(2004)章条编号对照

本标准章条编号	ASTM D1157:1991(2004)章条编号
1	1.1、1.3
2	2
3.1	3
—	4
3.2	6
3.3	5
3.4	7
3.5.1	8
3.5.2	9.1
3.6	10
3.7	11
4	—
5	—
—	12

ICS 71.080.10
G 15

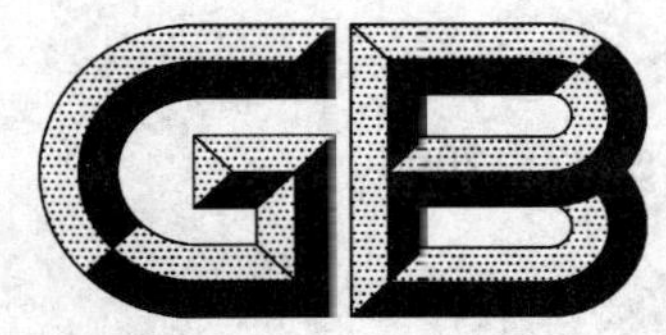

中华人民共和国国家标准

GB/T 6022—2008
代替 GB/T 6022—1999

工业用丁二烯液上气相中氧的测定

Butadiene for industrial use—Determination of oxygen in gaseous phase above liquid butadiene

2008-06-19 发布 2009-02-01 实施

中华人民共和国国家质量监督检验检疫总局
中国国家标准化管理委员会 发布

前　言

本标准代替 GB/T 6022—1999《工业用液态丁二烯液上气相中氧的测定　气相色谱法》。

本标准与 GB/T 6022—1999 相比主要变化如下：

——名称修改为《工业用丁二烯液上气相中氧的测定》；

——增加了薄膜覆盖电池电化学法测定丁二烯液上气相中的氧含量；

——增加了 3.5.2 气相色谱法测定流程图；

——3.5.3 中柱温由原来的 15 ℃～25 ℃改为了 25 ℃～50 ℃；

——标准气中的底气由原来的氩气改为氮气或氩气；

——丁二烯液上气相氧的采样方法修改为 GB/T 6681 中规定的方法。

本标准由中国石油化工集团公司提出。

本标准由全国化学标准化技术委员会石油化学分技术委员会(SAC/TC 63/SC 4)归口。

本标准主要起草单位：中国石化扬子石油化工有限公司。

本标准主要起草人：史春保、陆海萍。

本标准所代替标准的历次版本发布情况为：GB/T 6022—1999。

工业用丁二烯液上气相中氧的测定

1 范围

1.1 本标准规定了测定工业用丁二烯液上气相中氧含量的气相色谱法和薄膜覆盖电池电化学法，气相色谱法测定范围为 100 mL/m³～5 000 mL/m³，薄膜覆盖电池电化学法测定范围为 1 mL/m³～5 000 mL/m³。

1.2 本标准并没有说明与使用有关的所有安全问题。因此，使用者有责任采取适当的安全与健康措施，保证符合国家有关法规的规定。

2 规范性引用文件

下列文件中的条款通过本标准的引用而成为本标准的条款。凡是注日期的引用文件，其随后所有的修改单(不包括勘误的内容)或修订版均不适用于本标准，然而，鼓励根据本标准达成协议的各方研究可使用这些文件的最新版本。凡是不注日期的引用文件，其最新版本适用于本标准。

GB/T 3723 工业用化学产品采样安全通则(GB/T 3723—1999,idt ISO 3165:1976)

GB/T 6681 气体化工产品采样通则

GB/T 8170 数值修约规则

3 气相色谱法

3.1 方法概要

气体试样通过进样装置注入色谱仪，并被载气带入预分离柱，烃类组分被预分离柱吸附后，反吹预分离柱，将烃类组分放空。其余组分进入分离柱分离，用热导检测器检测。由于在环境温度下氧与氩在分离柱上不被分离，因此采用氩气作载气，使样品中的氩在热导池上不产生响应。将得到的氧色谱峰面积与从标准样品得到的氧色谱峰面积相比较，从而测定试样中的氧含量。

3.2 试剂和材料

3.2.1 载气

氩气：纯度不小于 99.99%(体积分数)，氧含量不大于 0.002%(体积分数)，不含有机杂质、水及二氧化碳。

3.2.2 制备标准样品用气体

氮气或氩气：纯度不小于 99.999%(体积分数)，氧含量不大于 2 mL/m³。

氧气：纯度不小于 99.99%(体积分数)。

3.2.3 系列氧标准气：氧含量为 50 mL/m³～5 000 mL/m³，底气为氮气或氩气(3.2.2)。

3.2.4 色谱柱固定相

活性炭(色谱用)：粒径 0.17 mm～0.25 mm(60 目～80 目)；

5A 分子筛(色谱用)：粒径 0.17 mm～0.25 mm(60 目～80 目)。

3.3 仪器和设备

3.3.1 气相色谱仪：具有气体定量进样装置、反吹装置及热导检测器的气相色谱仪，该仪器在本标准给定的操作条件下产生的峰高，至少要大于仪器噪声的两倍。

3.3.2 定量管：1 mL 或 5 mL。

3.3.3 预分离柱

固定相：活性炭(3.2.4)；

柱管:不锈钢,长 1 m,内径 4 mm。

3.3.4 分离柱

固定相:5A 分子筛(3.2.4);

柱管:不锈钢,长 2 m,内径 4 mm;

5A 分子筛的活化:将 5A 分子筛用蒸馏水洗涤去尘,置入烘箱加热至 120 ℃,恒温 4 h,装柱。在氩气流下(约 100 mL/min)将分离柱升温至 310 ℃～320 ℃,恒温 1 h～4 h,以除去水、二氧化碳及痕量有机物。活化时间取决于分子筛吸湿量。

3.3.5 记录装置:电子积分仪或色谱工作站。

3.3.6 气体进样阀。

3.3.7 反吹装置:六通阀。

3.4 采样

按照 GB/T 3723 和 GB/T 6681 规定的方法采取丁二烯液上气相样品。

3.5 测定步骤

3.5.1 仪器准备

用不锈钢毛细管将下列部件按顺序相连:色谱仪汽化室出口、预分离柱、反吹装置、分离柱、色谱仪热导池入口。连接处不得漏气,连接用不锈钢毛细管应尽可能短,其外部应用保温材质保温。

3.5.2 仪器流程图(见图 1)

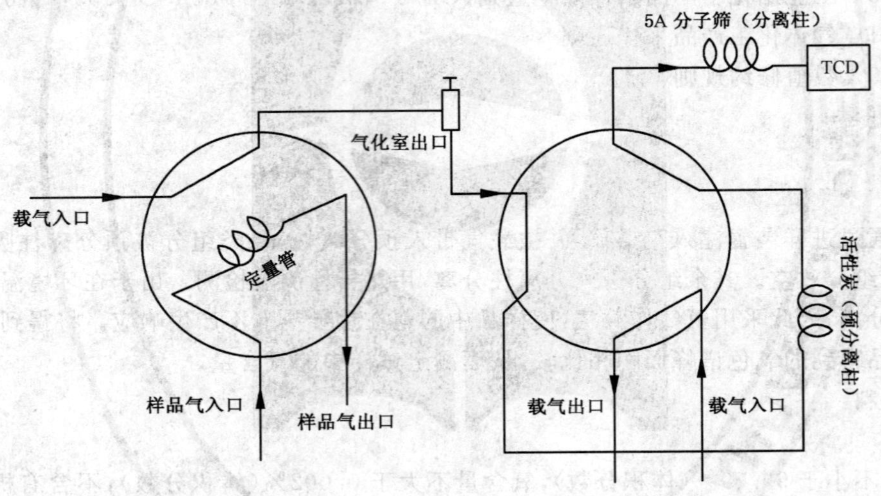

图 1 气相色谱法仪器流程图

3.5.3 设定操作条件

根据仪器操作说明书,在色谱仪中老化色谱柱。然后调节仪器至表 1 所示的操作条件,待仪器稳定后即可开始测定。其他能达到同等分离程度的操作条件也可使用。

表 1 推荐的典型操作条件

柱温/℃		25～50(恒定在±1 ℃)
流速/(mL/min)		30
气化室温度/℃		50
检测器温度/℃		200
定量管	氧含量高于 2 000 mL/m³	1 mL
	氧含量低于 2 000 mL/m³	5 mL

3.5.4 校正

在推荐的操作条件下，用气体进样阀注入与待测试样中氧含量相近的标准样品(3.2.3)，得到相应的氧的峰面积。

3.5.5 测定

取与标准样品相同体积的试样，用气体进样阀注入色谱仪，测定并记录试样中氧的峰面积，并与标准样品比较。

3.5.6 计算

样品中氧含量按式(1)计算：

$$\rho_i = \rho_E \times \frac{A_i}{A_E} \qquad \cdots\cdots(1)$$

式中：

ρ_i——样品中氧含量，单位为毫升每立方米(mL/m^3)；

ρ_E——标准样品氧含量，单位为毫升每立方米(mL/m^3)；

A_i——样品中氧相应峰面积；

A_E——标准样品中氧相应峰面积。

3.5.7 典型色谱图(见图2)

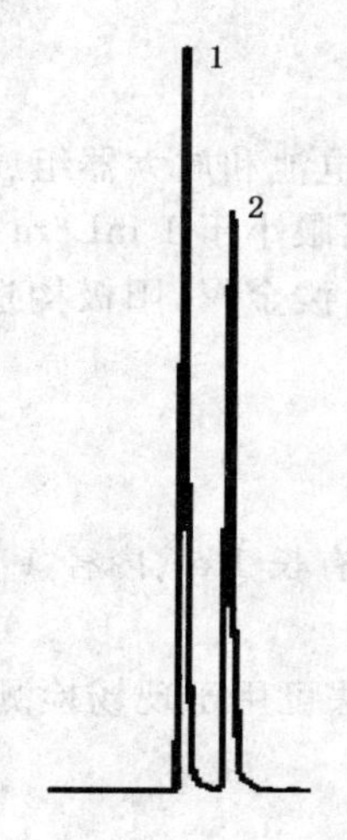

1——氧气；

2——氮气。

图2 典型色谱图

3.6 结果的表示

样品中的氧含量，用两次重复测定值的算术平均值表示，按GB/T 8170修约，精确至1 mL/m^3。

3.7 重复性限

在同一实验室，由同一操作者使用相同设备，按相同的测试方法，并在短时间内对同一被测对象相互独立进行测试获得的两次独立测试结果的差值，不应超过表2重复性限(r)，以超过重复性限(r)的情况不超过5%为前提。

表2 气相色谱法分析样品中氧含量的重复性

样品含氧量/(mL/m^3)	重复性/(mL/m^3)
<200	10
200～<1 000	25
1 000～<2 000	40
2 000～<5 000	50

4 薄膜覆盖电池电化学法

4.1 方法概要

当气体以恒定速率流经装有原电池(燃料电池)的测量室时,气体中的氧分子扩散透过原电池表面覆盖的聚合物薄膜,在不活泼金属制成的阴极发生还原反应,氧分子从外电路得到电子:

$O_2+2H_2O+4e=4OH^-$

同时铅阳极被含水胶状电解质中的 KOH 腐蚀发生氧化反应,向外电路输出电子:

$2OH^-+Pb=PbO+H_2O+2e$

原电池总反应为:

$2Pb+O_2=2PbO$

外电路电流的大小与气体中氧的分压成比例,即在总压恒定下,电流与气体中氧的浓度成比例。

4.2 试剂与材料

4.2.1 制备标准样品用气体

氮气或氩气:纯度不小于 99.999%(体积分数),氧含量不大于 2 mL/m^3。

氧气:纯度不小于 99.99%(体积分数)。

4.2.2 系列氧标准气:氧含量为 50 mL/m^3～5 000 mL/m^3,底气为氮气或氩气。

4.2.3 压缩空气:无油、干燥。

4.3 仪器

4.3.1 测氧仪:用于测定气体样品,由检测电池和放大器组成。检测电池的外部无极性;放大器用于温度补偿和指示电池的电流变化。仪器的检测限小于 1 mL/m^3。

4.3.2 原电池:阴极构造为银、金、铂等不活泼金属;阳极构造为铅或锌。保证电池中含有的胶状电解液处于湿润状态。

4.3.3 流量计:100 mL/min～1 L/min;

4.3.4 螺旋不锈钢管:内径 3 mm,长 5 m;

4.3.5 增湿器:容器中装有塑料筒,其上绕有长 1 m、内径 1 mm 的硅胶管;

4.4 采样

采样步骤同 3.4,薄膜覆盖电池电化学法可用于现场检测。

4.5 测定步骤

4.5.1 仪器组装

依次连接样品或标准气源、流量调节阀、测氧仪,连接管线均为不锈钢管,测氧仪出口接一根 50 cm 长、3 mm 内径不锈钢管,然后再以适当方式连接至流量计。

4.5.2 仪器流程图(见图 3)

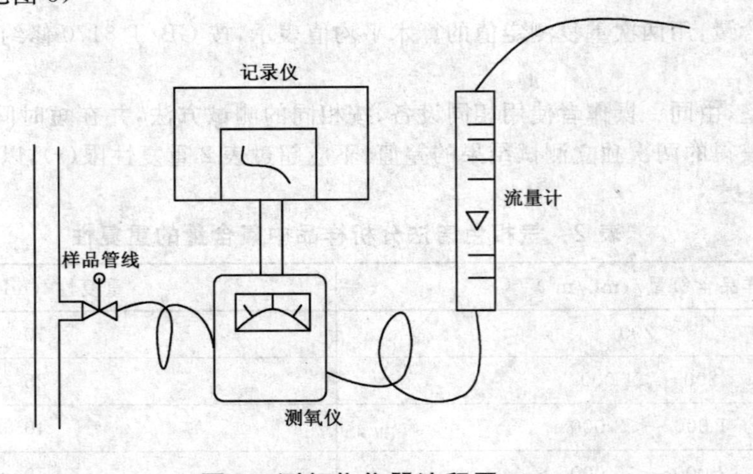

图 3 测氧仪仪器流程图

4.5.3 **测量装置的检查**

在正式测定以前，应检查连接管线和接头是否存在渗漏。将气体流速提高到正式测定所采用的气体流速的两倍，测氧仪的读数应观察不到明显的变化，否则说明测量装置存在渗漏。

4.5.4 **校正**

按仪器使用说明书用大气或适当氧含量的标准气体校正仪器，大气或标准气体的流速应与测定样品时采用的气体流速一致。

4.5.5 **样品测定**

按4.5.1所述组装仪器，并按仪器使用说明准备仪器和调整工作参数。以给定的流速导入气态样品，样品气的流速以测氧仪能获得稳定的读数为宜，读数稳定时间不小于2 min。

为保持仪器良好的工作状态，定期用经增湿器增湿的氮气流以1 L/h～2 L/h的流速流经测量池以保持原电池胶状电解质的水分。在测定前后，用高纯氮气以较低的流速冲洗测量室。

4.6 **结果的表示**

样品中的氧含量，用两次重复测定值的算术平均值表示，按GB/T 8170修约，精确至1 mL/m³。

4.7 **重复性限**

在同一实验室，由同一操作者使用相同设备，按相同的测试方法，并在短时间内对同一被测对象相互独立进行测试获得的两次独立测试结果的差值，不应超过表3重复性限(r)，超过重复性限(r)的情况不超过5%。

表3 薄膜覆盖电池电化学法测定样品氧含量的重复性

样品含氧量/(mL/m³)	重复性/(mL/m³)
<200	10
200～<1 000	20
1 000～<5 000	50

5 **报告**

报告应包括如下内容：

a) 有关样品所需的所有资料，例如样品名称、批号、采样地点、采样日期、采样时间等；

b) 本标准的编号；

c) 标准样品中的氧含量；

d) 测定结果；

e) 分析人员的姓名和分析日期等；

f) 在测定期间观察到的任何异常情况的详细记录。

ICS 71.080.10
G 15

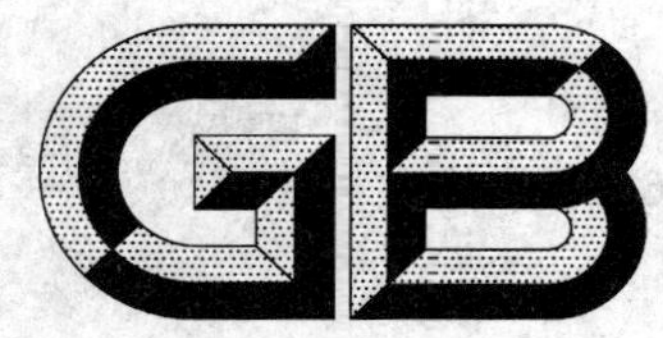

中华人民共和国国家标准

GB/T 6023—2008
代替 GB/T 6023—1999

工业用丁二烯中微量水的测定 卡尔·费休库仑法

**Butadiene for industrial use—
Determination of trace water—
Coulometric Karl Fischer method**

2008-06-19 发布　　2009-02-01 实施

中华人民共和国国家质量监督检验检疫总局
中国国家标准化管理委员会　发布

前 言

本标准代替 GB/T 6023—1999《工业用丁二烯中微量水的测定 卡尔·费休库仑法》。

本标准与 GB/T 6023—1999 相比主要变化如下：

——检测范围由“(10～500)mg/kg”改为“(5～500)mg/kg”；

——增加了采用闪蒸仪气化样品的内容；

——取消了进样钢瓶，改用采样钢瓶直接进样。

本标准由中国石油化工集团公司提出。

本标准由全国化学标准化技术委员会石油化学分会(SAC/TC 63/SC 4)归口。

本标准由中国石油化工股份有限公司上海石油化工研究院起草。

本标准主要起草人：王川、李唯佳。

本标准所代替标准的历次版本发布情况为：

——GB 6023—1985、GB/T 6023—1999。

工业用丁二烯中微量水的测定 卡尔·费休库仑法

1 范围

1.1 本标准规定了用卡尔·费休库仑法测定工业用丁二烯中微量水的含量。

本标准适用于工业用丁二烯及其他碳四烯烃中微量水的测定，测定范围为(5～500)mg/kg。

1.2 本标准并不是旨在说明与其使用有关的所有安全问题。因此，本标准的使用者应有责任事先建立适当的安全与防护措施，并确定适当的规章制度。

2 规范性引用文件

下列文件中的条款通过本标准的引用而成为本标准的条款。凡是注日期的引用文件，其随后所有的修改单(不包括勘误的内容)或修订版均不适用于本标准，然而，鼓励根据本标准达成协议的各方研究是否可使用这些文件的最新版本。凡是不注日期的引用文件，其最新版本适用于本标准。

GB/T 2366—1986　化工产品中水分含量的测定　气相色谱法

GB/T 8170　数值修约规则

GB/T 13290　工业用丙烯和丁二烯液态采样法

3 方法提要

被测样品流经专用气化装置完全气化，在通过卡尔·费休库仑分析仪的电解池时，气化样品中的水与卡尔·费休试剂中的碘、二氧化硫在有机碱(如吡啶)和甲醇存在下，发生下列反应：

$$H_2O+I_2+SO_2+CH_3OH+3RN \longrightarrow (RNH)SO_4CH_3+2(RNH)I$$

消耗的碘由含有碘离子的阳极电解液电解补充：

$$2I^- \longrightarrow I_2+2e$$

反应所需碘的量与通过电解池的电量成正比，因此，记录电解所消耗的电量，根据法拉第电解定律，即可求出试样中的水含量。

4 试剂和材料

4.1 弹性石英毛细管：内径(0.20±0.01)mm，长(1.5±0.1)m；

4.2 微量注射器：100 μL；

4.3 医用注射针：9号；

4.4 压紧螺帽；

4.5 不锈钢卡套：中间开孔，孔径1.5 mm；

4.6 密封垫：硅橡胶；

4.7 塑料隔垫：聚四氟乙烯，中间开孔，孔径1.5 mm；

4.8 苯-水平衡溶液：按照GB/T 2366—1986中5.2.1配制；

4.9 卡尔·费休库仑法电解液(阴极液、阳极液)；

4.10 乙二醇：水的质量分数不大于0.05%；

4.11 氮气：纯度(体积分数)不低于99.995%。

5 仪器和设备

5.1 卡尔·费休库仑仪:检测限应不高于 10 μg;

5.2 电子天平:a) 感量 0.1 g 或 0.01 g,称量范围应满足 5.5 钢瓶称重的要求;

b) 感量 0.1 mg,称量范围(0～160)g;

5.3 鼓风干燥箱;

5.4 水浴;

5.5 进样钢瓶:容积不低于 500 mL,符合 GB/T 13290 规定,内壁应予抛光;

5.6 闪蒸仪:带有质量流量计。

6 采样

采样前钢瓶(5.5)应保持清洁和干燥。按 GB/T 13290 的技术要求采取液态样品。

注:已清洁的钢瓶可置于温度为 110 ℃的鼓风干燥箱中,并通氮气(4.11)30 min 以获得更佳的干燥效果。

7 分析准备

7.1 按仪器使用说明书准备仪器,在电解池中装入卡尔·费休阴极液和阳极液(4.9),液面略低于电解池进样口。

注:可在阳极液中加入适量的乙二醇(如总体积的 10%),以促进样品中微量水的吸收。

7.2 开启仪器并进行空白滴定,使之处于准备进样状态。

7.3 卡尔·费休库仑仪性能检查:用微量注射器(4.2)吸取(50～60)μL 苯-水平衡溶液(4.8)注入电解池中进行滴定。用电子天平(5.2b)以差减法准确称量所加入的苯-水平衡溶液。重复测定两次,计算其平均含水量(两次测定结果之差应不超过其平均值的 5%),该值与苯-水平衡溶液理论含水量(见 GB/T 2366—1986中表 1)的相对误差应不超过±10%。

7.4 进样钢瓶取样后,静置至室温,擦干表面的冷凝水,并确保与毛细管连接的出气口的腔体充分干燥。

8 测定步骤

8.1 毛细管气化法

8.1.1 按图 1 所示组装进样钢瓶(5.5)、钢瓶支架、电子天平(5.2a)、石英毛细管(4.1)、卡尔·费休库仑仪(5.1)。将毛细管(4.1)盘成圆环状,毛细管一端插入医用注射针(4.3)内,并依次插入压紧螺帽(4.4)、不锈钢卡套(4.5)、密封垫(4.6)和塑料隔垫(4.7),然后与进样钢瓶出气口连接(见图 1),连好后拔出注射针,使毛细管留在密封垫内。将毛细管另一端插入医用注射针(4.3)内,一同插入卡尔·费休库仑仪电解池进样口的橡胶隔垫,毛细管口保持在阳极液面以上,拔出注射针,使毛细管留在进样口的橡胶隔垫内。

注:若环境温度低于 25 ℃会影响样品的气化效果,此时可将毛细管盘管浸入(25～35)℃水浴中。

8.1.2 打开进样钢瓶出气口阀门,使样品流出气化,吹扫进样系统至少 30 min,将电解池一端的毛细管口插入到电解池底部,继续吹扫 5 min 后,关闭钢瓶阀门。

8.1.3 根据进样时间设置水分仪的延时时间,水分仪进入测定状态后,用电子天平(5.2a)准确称量进样钢瓶重量。开启钢瓶阀门进样,进样量按表 1 进行控制,进样后关闭钢瓶阀门,启动水分仪进行滴定。进样完成后,将进样钢瓶再次准确称量,二次称量之差即为试样质量。滴定完毕,记录所测得的水分含量。

表 1 毛细管气化法进样控制要求

样品含水量/(mg/kg)	进样量/g
5～20	5～10
>20	3～5

8.2 闪蒸仪气化法

8.2.1 按仪器说明书要求组装进样钢瓶(5.5)和闪蒸仪(5.6),用洁净的聚乙烯管连接闪蒸仪气体出口和卡尔·费休库仑仪(5.1)的滴定池,将聚乙烯管插入滴定池底部。设置闪蒸仪气化温度为 100 ℃,进样速度为 2 L/min。

注:闪蒸仪附带的质量流量计均以氮气为基础进行校准和显示,本节中所涉及的体积设定也均指以氮气为基础的表观数值。

8.2.2 打开进样钢瓶出气口阀门,使样品流经闪蒸仪,采用至少 30 L 样品气吹扫进样系统。

8.2.3 根据表 2 设置闪蒸仪进样体积,并设置水分仪的延时时间。水分仪进入测定状态后,开启闪蒸仪进样,进样结束后启动水分仪进行滴定。滴定完毕,记录所测得的水分含量。

表 2 闪蒸仪气化法进样控制要求

样品含水量/(mg/kg)	进样量(以氮气为基准)/L
5～20	5～10
>20	5

9 结果计算

9.1 毛细管气化法

以质量分数(mg/kg)表示样品中的水分含量(w_1),并按式(1)进行计算:

$$w_1 = \frac{m_1}{m} \quad \cdots\cdots(1)$$

式中:

m_1——仪器显示的水分绝对值,单位为微克(μg);

m——样品质量,单位为克(g)。

9.2 闪蒸仪气化法

以质量分数(mg/kg)表示样品中的水分含量(w_2),并按式(2)进行计算:

$$w_2 = \frac{m_1}{V\rho n} = \frac{22.4 \times m_1}{VMn} \quad \cdots\cdots(2)$$

式中:

m_1——仪器显示的水分绝对值,单位为微克(μg);

V——进样表观体积,单位为升(L);

ρ——样品在 0 ℃、101 325 Pa 条件下的密度，单位为克每升(g/L)；

M——样品的相对分子质量；

n——样品以氮气为基础的质量流量计转换系数(由闪蒸仪仪器制造商提供)。

9.3 取两次重复测定结果的算术平均值作为分析结果，并按 GB/T 8170 的规定修约至 0.1 mg/kg。

10 重复性

在同一实验室，由同一操作者使用相同设备，按相同的测试方法，并在短时间内对同一被测对象相互独立进行测试获得的两次独立测试结果的绝对差值不应超过表 3 列出的重复性限(r)，以超过重复性限(r)的情况不超过 5%为前提。

表 3 重复性

含量/(mg/kg)	重复性/(mg/kg)
≤20	3
>20～≤50	5
>50～≤200	10
>200～≤500	20

11 报告

报告应包括以下内容：

a) 有关样品的全部资料，例如样品名称、批号、采样地点、采样日期、采样时间等；

b) 本标准的编号和测定方法；

c) 测定结果；

d) 测定中观察到的任何异常现象的细节及说明；

e) 分析人员的姓名和分析日期等。

1——电子天平；
2——钢瓶支架；
3——进样钢瓶；
4——毛细管；
5——水浴；
6——干燥管；
7——电解池；
8——卡尔·费休库仑仪主机；
9——进样钢瓶口；
10——塑料隔垫；
11——密封垫；
12——压紧螺帽；
13——不锈钢卡套。

图1 卡尔·费休库仑法仪器组装及钢瓶毛细管连接口示意图

ICS 17.040.30
J 42

中华人民共和国国家标准

GB/T 6060.3—2008
代替 GB/T 6060.3—1986,GB/T 6060.4—1988,GB/T 6060.5—1988

表面粗糙度比较样块 第3部分:电火花、抛(喷)丸、喷砂、研磨、锉、抛光加工表面

Surface roughness comparison specimen—Part 3:Spark-eroded,shot-blasted,grit-blasted,lapped,filed and polished surface

2008-02-28 发布　　2008-08-01 实施

中华人民共和国国家质量监督检验检疫总局
中国国家标准化管理委员会　发布

前　言

GB/T 6060《表面粗糙度比较样块》分为三个部分：

——第1部分：铸造表面；

——第2部分：磨、车、镗、铣、插及刨加工表面；

——第3部分：电火花、抛(喷)丸、喷砂、研磨、锉、抛光加工表面。

本部分为GB/T 6060的第3部分。

本部分代替GB/T 6060.3—1986《表面粗糙度比较样块　电火花加工表面》、GB/T 6060.4—1988《表面粗糙度比较样块　抛光加工表面》和GB/T 6060.5—1988《表面粗糙度比较样块　抛(喷)丸、喷砂加工表面》。

本部分与GB/T 6060.3—1986《表面粗糙度比较样块　电火花加工表面》、GB/T 6060.4—1988《表面粗糙度比较样块　抛光加工表面》和GB/T 6060.5—1988《表面粗糙度比较样块　抛(喷)丸、喷砂加工表面》的主要变化如下：

——编写格式上存在差异；

——增加了研磨、锉加工表面技术要求。

本部分由中国机械工业联合会提出。

本部分由全国量具量仪标准化技术委员会(SAC/TC 132)归口。

本部分由哈尔滨量具刃具集团有限责任公司、中国计量学院负责起草。

本部分主要起草人：王旗、武英、张伟、谷秋梅、赵军。

本部分所代替标准的历次版本发布情况为：

——GB/T 6060.3—1986；

——GB/T 6060.4—1988；

——GB/T 6060.5—1988。

表面粗糙度比较样块 第3部分:电火花、抛(喷)丸、喷砂、研磨、锉、抛光加工表面

1 范围

GB/T 6060的本部分规定了电火花、抛(喷)丸、喷砂、研磨、锉、抛光加工表面粗糙度比较样块的术语和定义、制造方法、表面特征、表面粗糙度参数值、表面粗糙度的评定、结构尺寸、加工纹理、标志与包装等。

本部分适用于电火花、抛(喷)丸、喷砂、研磨、锉、抛光加工表面粗糙度比较样块。该比较样块通过触觉和视觉与同其所表征的材质和加工方法相同的被测件表面作比较,以确定被测件表面粗糙度参数值的表面粗糙度比较样块(以下简称"比较样块")。

2 规范性引用文件

下列文件中的条款通过GB/T 6060的本部分的引用而成为本部分的条款。凡是注日期的引用文件,其随后所有的修改单(不包括勘误的内容)或修订版均不适用于本部分,然而,鼓励根据本部分达成协议的各方研究是否可使用这些文件的最新版本。凡是不注日期的引用文件,其最新版本适用于本部分。

GB/T 1031—1995 表面粗糙度参数及其数值

GB/T 6062—2002 产品几何量技术规范(GPS)表面结构 轮廓法 接触(触针)式仪器的标称特性

GB/T 10610—1998 表面结构轮廓法评定表面结构的规则和方法

GB/T 17164—1997 几何量测量器具术语 产品术语

3 术语和定义

GB/T 17164中确立的以及下列术语和定义适用于GB/T 6060的本部分。

3.1

表面粗糙度比较样块 roughness comparison specimen

采用特定材料和加工方法,具有不同的表面粗糙度参数值,通过触觉和视觉与同其所表征的材料和加工方法相同的被测件表面作比较,以确定被测件表面粗糙度的直接比较测量器具。

3.2

研磨、锉加工表面粗糙度比较样块 surface roughness comparison specimen for lapped filed surface

采用研磨和锉加工方法,已知表面轮廓算术平均偏差*Ra*值的表面粗糙度比较样块。

3.3

平均值公差 average value tolerance

读数的平均值对公称值的偏差。

3.4

加工纹理 lay of processing

通常由加工方法所决定的主要表面的加工痕迹方向。

4 制造方法

比较样块按下列方法制造:

——用电铸法复制出标准表面的阳模;或

——用塑料或其他材料复制出标准表面的阳模;或

——直接用表征的机械加工方法制造的表面。

5 表面特征

比较样块表面应呈现它所要表征的加工方法产生的表面粗糙度特征,而不应含有如在不正常条件下可能产生的不真实的表面特征。

6 表面粗糙度参数值

表面粗糙度参数 *Ra* 公称值应符合 GB/T 1031—1995 的规定。

6.1 电火花、研磨、锉和抛光表面

电火花、研磨、锉和抛光表面比较样块的分类及表面粗糙度参数公称值见表 1 的规定。

表 1

比较样块的分类	研磨	抛光	锉	电火花
	金属或非金属			
表面粗糙度参数 *Ra* 公称值/μm	0.012	0.012	—	—
	0.025	0.025	—	—
	0.05	0.05	—	—
	0.1	0.1	—	—
	—	0.2	—	—
	—	0.4	—	0.4
	—	—	0.8	0.8
	—	—	1.6	1.6
	—	—	3.2	3.2
	—	—	6.3	6.3
	—	—	—	12.5

6.2 抛(喷)丸、喷砂表面

抛(喷)丸、喷砂表面比较样块的分类及表面粗糙度参数公称值见表 2。

表 2

<table>
<tr><th rowspan="2">表面粗糙度参数
Ra 公称值/μm</th><th colspan="3">抛(喷)丸表面比较样块的分类</th><th colspan="3">喷砂表面比较样块的分类</th><th rowspan="2">覆盖率</th></tr>
<tr><th>钢、铁</th><th>铜</th><th>铝、镁、锌</th><th>钢、铁</th><th>铜</th><th>铝、镁、锌</th></tr>
<tr><td>0.2</td><td rowspan="2">☆</td><td rowspan="2">☆</td><td rowspan="2">☆</td><td rowspan="2">—</td><td rowspan="2">—</td><td rowspan="2">—</td><td rowspan="10">98%</td></tr>
<tr><td>0.4</td></tr>
<tr><td>0.8</td><td rowspan="8">※</td><td rowspan="8">※</td><td rowspan="8">※</td><td rowspan="7">※</td><td rowspan="7">※</td><td rowspan="7">※</td></tr>
<tr><td>1.6</td></tr>
<tr><td>3.2</td></tr>
<tr><td>6.3</td></tr>
<tr><td>12.5</td></tr>
<tr><td>25</td></tr>
<tr><td>50</td></tr>
<tr><td>100</td><td>—</td><td>—</td><td>—</td></tr>
<tr><td colspan="8">注 1:"☆"表示采取特殊措施方能达到的表面粗糙度。
注 2:"※"表示采取一般工艺措施可以达到的表面粗糙度。</td></tr>
</table>

7 表面粗糙度的评定

7.1 评定方法

在比较样块标准表面均匀分布的 10 个位置上(有纹理方向的应垂直于纹理方向),测取 *Ra* 值数据,以便能求出平均值和标准偏差。当有争议时,测取 25 个数据。根据数据的分散程度,可适当增加或减少测取 *Ra* 数据的个数。

测量仪器应符合 GB/T 6062—2002 的规定,测量方法应符合 GB/T 10610—1998 的规定。测量仪器如有已知或给定的误差,应予以考虑。

7.2 取样长度

比较样块取样长度的选取见表 3 的规定。

表 3

<table>
<tr><th rowspan="2">表面粗糙度参数
Ra 公称值/μm</th><th colspan="5">取样长度/mm</th></tr>
<tr><th>电火花表面</th><th>抛(喷)丸、喷砂表面</th><th>锉表面</th><th>研磨表面</th><th>抛光表面</th></tr>
<tr><td>0.012</td><td rowspan="5">—</td><td rowspan="5">—</td><td rowspan="6">—</td><td rowspan="2">0.08</td><td rowspan="2">0.08</td></tr>
<tr><td>0.025</td></tr>
<tr><td>0.05</td><td rowspan="2">0.25</td><td rowspan="2">0.25</td></tr>
<tr><td>0.1</td></tr>
<tr><td>0.2</td><td rowspan="10">—</td><td rowspan="3">0.8</td></tr>
<tr><td>0.4</td><td rowspan="3">0.8</td><td rowspan="3">0.8</td></tr>
<tr><td>0.8</td><td rowspan="2">0.8</td></tr>
<tr><td>1.6</td><td rowspan="7">—</td></tr>
<tr><td>3.2</td><td rowspan="2">2.5</td><td rowspan="2">2.5</td><td rowspan="2">2.5</td></tr>
<tr><td>6.3</td></tr>
<tr><td>12.5</td><td>8.0</td><td rowspan="3">8.0</td><td rowspan="2">8.0</td></tr>
<tr><td>25</td><td rowspan="3">—</td></tr>
<tr><td>50</td><td rowspan="2">—</td></tr>
<tr><td>100</td><td>25</td></tr>
</table>

7.3 平均值公差

读数的平均值对公称值的偏差不应大于表 4 所给出的平均值公差(公称值百分率)的范围。

表 4

<table>
<tr><th rowspan="3">比较样块</th><th rowspan="3">平均值公差
(公称值百分率)</th><th colspan="4">标准偏差(有效值百分率)</th></tr>
<tr><th colspan="4">评定长度所包括的取样长度数目</th></tr>
<tr><th>3 个</th><th>4 个</th><th>5 个</th><th>6 个</th></tr>
<tr><td>电火花表面</td><td rowspan="4">(+12%)~(−17%)</td><td rowspan="4">15%</td><td rowspan="4">13%</td><td rowspan="4">12%</td><td rowspan="4">11%</td></tr>
<tr><td>抛(喷)丸、喷砂表面</td></tr>
<tr><td>锉表面</td></tr>
<tr><td>抛光表面</td></tr>
<tr><td>研磨表面</td><td>(+20%)~(−25%)</td><td>12%</td><td>10%</td><td>9%</td><td>8%</td></tr>
</table>

7.4 标准偏差

偏离平均值的标准偏差不应大于表4所给出的标准偏差(有效值百分率)的范围。不同评定长度的标准偏差的最大值,根据评定长度所包括的取样长度的个数,按公式(1)计算。

$$\sigma_n = \sigma_5 \sqrt{\frac{5}{n}} \quad \cdots\cdots(1)$$

式中:

σ_n——实测时,选用的评定长度所包括 n 个取样长度的标准偏差;

σ_5——评定长度所包括5个取样长度的标准偏差;

n——实测时,选用的评定长度所包括的取样长度的个数。

8 结构尺寸

8.1 要求

比较样块的结构尺寸应满足使用以及测量本身表面粗糙度的要求。

8.2 尺寸

比较样块的标准表面为矩形,长边尺寸不应小于20 mm;对轮廓算术平均偏差 Ra 的公称值为6.3 μm~0.012 μm的比较样块,短边尺寸不应小于11 mm;对轮廓算术平均偏差 Ra 的公称值为50 μm、100 μm的比较样块,长边尺寸不应小于50 mm,短边尺寸不应小于20 mm。

9 加工纹理

9.1 方向

加工纹理的总方向应平行于比较样块的短边。

9.2 纹理特征

纹理特征见表5。

表5

纹理式样	具有代表性的加工方法	比较样块形式
多方向性直纹理	机械抛光	平面、凸圆(圆柱形)
	手研	
	锉	
无方向性	机械研磨	
	电化学抛光	
	化学抛光	

10 标志与包装

10.1 比较样块的非标准表面应标志:

a) 制造厂厂名或注册商标;

b) 表面粗糙度参数 Ra 及其公称值(μm);

c) 所表征的加工方法;

注:如"抛光"字样。

d) 本部分的标准号;

e) 产品序号。

10.2 比较样块包装盒上至少应标志:

a) 制造厂厂名或注册商标;

b） 产品名称；

c） 表面粗糙度参数 Ra 及其公称值(μm)。

10.3 比较样块在包装前应经防锈处理并妥善包装，不得因包装不善而在运输过程中损坏产品。

10.4 比较样块经检验符合本部分要求的应附有产品合格证，产品合格证上应标有本部分的标准号、产品序号和出厂日期。

ICS 53.020.20
J 80

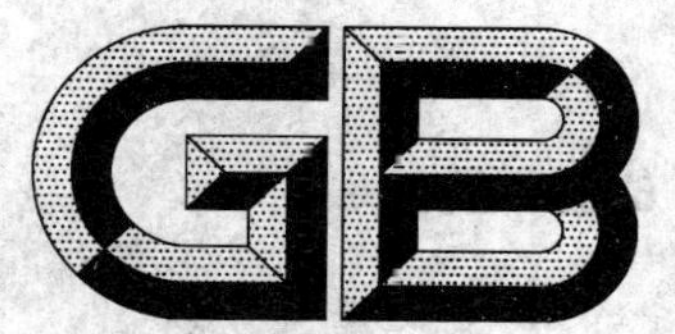

中华人民共和国国家标准

GB/T 6068—2008
代替 GB/T 6068.1～6068.3—2005

汽车起重机和轮胎起重机试验规范

Test code for truck crane and mobile crane

2008-10-22 发布　　　　2009-05-01 实施

中华人民共和国国家质量监督检验检疫总局
中国国家标准化管理委员会　发布

前言

本标准代替 GB/T 6068.1—2005《汽车起重机和轮胎起重机试验规范 第1部分：一般要求》、GB/T 6068.2—2005《汽车起重机和轮胎起重机试验规范 第2部分：性能试验》和 GB/T 6068.3—2005《汽车起重机和轮胎起重机试验规范 第3部分：结构试验》。

本标准与 GB/T 6068.1—2005、GB/T 6068.2—2005 和 GB/T 6068.3—2005 相比主要变化如下：

——将 GB/T 6068.1～6068.3—2005 整合修订为一个标准，标准名称改为“汽车起重机和轮胎起重机试验规范”；

——增加了水平仪、角度指示器、高度限位器、幅度限位器、力矩限制器和起重量指示器的试验方法；

——增加了轮胎起重机的行车制动、停车制动、加速性能和爬陡坡试验以及最高车速、最低稳定车速的测量方法；

——排气污染物测量方法由 GB/T 14761.6《柴油车自由加速烟度排放标准》改为 GB 3847《车用压燃式发动机和压燃式发动机汽车排气烟度排放限值及测量方法》；

——增加了装有两台发动机的起重机在作业状态时发动机的排气污染物测量方法；

——增加了工业性试验；

——删除了起重机底盘的发动机台架试验。

本标准的附录 A 为规范性附录。

本标准由中国机械工业联合会提出。

本标准由全国起重机械标准化技术委员会(SAC/TC 227)归口。

本标准起草单位：长沙建设机械研究院、长沙中联重工科技发展股份有限公司。

本标准主要起草人：韩国起、黄勇、张良栋。

本标准所代替标准的历次版本发布情况为：

——GB/T 6068.1—1985、GB/T 6068.1—2005；

——GB/T 6068.2—1985、GB/T 6068.2—2005；

——GB/T 6068.4—1985、GB/T 6068.3—2005。

汽车起重机和轮胎起重机试验规范

1 范围

本标准规定了汽车起重机和轮胎起重机(以下简称起重机)的试验条件、磨合试验、性能试验、结构试验、作业可靠性试验、工业性试验和检验规则。

本标准适用于汽车起重机和轮胎起重机(通用或越野)。

2 规范性引用文件

下列文件中的条款通过本标准的引用而成为本标准的条款。凡是注日期的引用文件,其随后所有的修改单(不包括勘误的内容)或修订版均不适用于本标准,然而,鼓励根据本标准达成协议的各方研究是否可使用这些文件的最新版本。凡是不注日期的引用文件,其最新版本适用于本标准。

GB 1495 汽车加速行驶车外噪声限值及测量方法(GB 1495—2002,ECE Reg. No. 51,NEQ)

GB/T 3811 起重机设计规范

GB 3847 车用压燃式发动机和压燃式发动机汽车排气烟度排放限值及测量方法(GB 3847—2005,ECE-R24/03:1986,EQV)

GB 4094 汽车操纵件、指示器及信号装置的标志(GB 4094—1999, eqv ECE 93/91,EEC 78/316)

GB 4785 汽车及挂车外部照明和光信号装置的安装规定(GB 4785—2007,ECE-R48:2001,NEQ)

GB/T 5905 起重机试验规范和程序(GB/T 5905—1986, idt ISO 4310:1981)

GB 7258 机动车运行安全技术条件

GB/T 10051.1~10051.5 起重吊钩

GB 11567.1 汽车和挂车侧面防护要求(GB/T 11567.1—2001,idt ECE-R73:1988)

GB 11567.2 汽车和挂车后下部防护要求(GB/T 11567.2—2001,neq ECE-R58:1983)

GB/T 12534 汽车道路试验方法通则

GB/T 12539 汽车爬陡坡试验方法

GB/T 12541 汽车地形通过性试验方法

GB/T 12543 汽车加速性能试验方法

GB/T 12544 汽车最高车速试验方法

GB/T 12547 汽车最低稳定车速试验方法

GB/T 12673 汽车主要尺寸测量方法

GB/T 12674 汽车质量(重量)参数测定方法

GB 15052 起重机械危险部位与标志

GB 15082 汽车用车速表

GB 15084 机动车辆后视镜的性能和安装要求(GB 15084—2006, ECE-R46/01:1998,MOD)

GB 15741 汽车和挂车号牌板(架)及其位置(GB 15741—1995, neq EEC 70/222)

GB 20062 流动式起重机作业噪声限值及测量方法

GB 20891 非道路移动机械用柴油机排气污染物排放限值及测量方法(中国Ⅰ、Ⅱ阶段)

GB/T 21457 起重机和相关设备 试验中参数的测量精度要求(GB/T 21457—2008,ISO 9373:1989,IDT)

JB/T 4030.1 汽车起重机和轮胎起重机试验规范 作业可靠性试验

JB/T 4030.2 汽车起重机和轮胎起重机试验规范 行驶可靠性试验

JB/T 4030.3　汽车起重机和轮胎起重机试验规范　液压系统试验

JB/T 6042　汽车起重机专用底盘

JB/T 9737.1　汽车起重机和轮胎起重机液压油　固体颗粒污染等级

JB/T 9737.2　汽车起重机和轮胎起重机液压油　固体颗粒污染测量方法

JB/T 9738　汽车起重机和轮胎起重机　技术要求

QC/T 252　专用汽车定型试验规程

3　术语和定义

下列术语和定义适用于本标准。

3.1

前伸　front extent

汽车起重机在行驶状态下，分别过车架最前端点（包括前托拖钩、车牌及任何固定在车架前部的刚性部件）和臂架最前端点（包括臂尖滑轮及任何固定在臂架最前端的刚性部件），且垂直于 X 和 Y 平面的两平面之间的距离。

注 1：X 平面是指测量汽车起重机几何参数时，用于支承车轮的平坦、坚实的平面。

注 2：Y 平面是指线段 AB 的垂直平分平面。A 和 B 两点为通过同一轴上两端车轮轴线的 X 平面的垂面同车轮中心平面的交线 Δ 与 X 平面的交点（见图 1）。

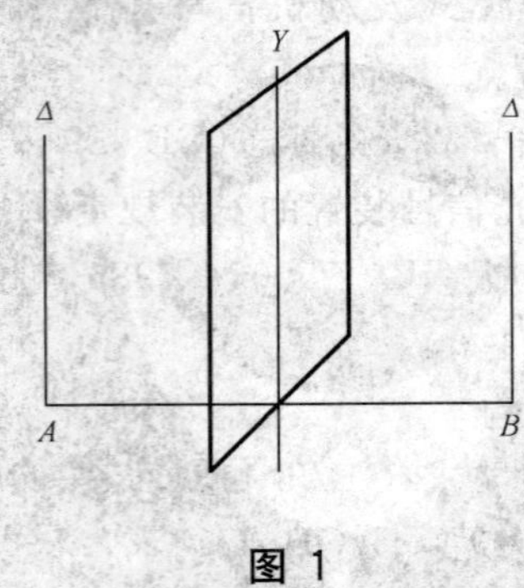

图 1

3.2

后伸　rear extent

汽车起重机在行驶状态下，分别过底盘最后固定端点（包括备胎及固定在车架上的任何刚性部件）和上车最后端点（包括平衡重及固定在转台后端的任何刚性部件），且垂直于 X 和 Y 平面的两平面之间的距离。

3.3

最长臂架　maximum boom length

由最长主臂和最长副臂组成的臂架。最长臂架长度为当主臂与副臂夹角为 0°，主臂全伸时，主臂尾部绞点中心至最长副臂头部定滑轮中心，沿主臂轴线方向的距离。

4　试验条件

4.1　汽车起重机行驶性能试验条件应符合 GB/T 12534 的规定。

4.2　起重机应装上设计规定的工作状态时的全部工作装置。

4.3　燃油箱内应有 $\frac{1}{3}\sim\frac{2}{3}$ 的油量，液压油箱的油面应在油面指示器的规定刻度范围内，水箱加满水。

4.4　轮胎起重机作业时的轮胎充气压力应符合轮胎或起重机制造商的规定，其允差为 ±3%，作业时所有轮胎应摆正。

4.5 地面应水平、坚实，倾斜度不大于1%。

4.6 作业性能试验时，风速应不大于8.3 m/s(这不应理解为必需的或是最不利的作用方向)。

结构应力测试时，风速应不大于4 m/s。

行驶可靠性试验时风速不受上述条件限制。

4.7 环境温度在－15 ℃～＋35 ℃之间。

4.8 试验载荷应标定准确，其允差：

a) 对于垂直载荷为±1%；

b) 对于水平载荷为±3%。

4.9 在不影响试验效果的情况下，试验项目可按试验内容和载荷情况相互穿插或组合进行。

4.10 有特殊要求的起重机按用户订货合同要求的条件进行试验。

5 磨合试验

5.1 起重机在型式试验之前应进行磨合试验。

汽车起重机专用底盘的磨合试验按JB/T 6042的规定。

轮胎起重机底盘磨合总里程不少于20 $v$km(v为轮胎起重机最高行驶速度)。磨合试验分两段进行，每段试验里程各占总里程的50%，其中：

——前半段磨合试验时，发动机转速为额定转速的50%；

——后半段磨合试验时，发动机转速为额定转速的75%。

5.2 对未进行磨合试验的起重机底盘，在整机出厂试验前应进行磨合试验，磨合里程为：

——汽车起重机不少于50 km；

——通用轮胎起重机不少于20 km；

——越野轮胎起重机不少于100 km。

同时还应在产品使用说明书中规定：

——用户在使用前30 h期间内(包括行驶和起重作业)，发动机转速不大于额定转速的75%；

——用户在使用磨合期结束后，应按规定自行更换发动机、变速箱(分动箱)、驱动桥及转向器等传动机构中的润滑油。

5.3 如果在磨合期间发现润滑油杂质过多或变质时，应及时更换润滑油。

6 准备性检验

6.1 资料

6.1.1 试验大纲

试验大纲的主要内容应包括：试验条件、试验项目、循环作业内容、试验方法、合格判定原则等。

6.1.2 试验记录

试验记录一般应包括如下内容：

——样车型号及名称；

——发动机型号及编号、额定功率、燃油消耗量；

——试验日期、环境温度、风力、风向；

——试验项目、技术性能和参数(合格要求、试验数据、合格判定)、作业循环数等；

——试验准备时间、开始时间、停止时间、作业时间等；

——故障名称、原因和处理故障时间；

——产品合格判定；

——操作人员(或司机)、试验人员、校核人员。

6.2 量具及器具

6.2.1 试验用的量具及器具，在试验前应具有法定计量部门或计量鉴定部门委托的校定部门签发的合格证，并在有效期内。

6.2.2 试验中参数测量精度按 GB/T 21457 的规定。

6.3 调试

起重机应进行如下项目的调试：

a) 发动机和液压泵的工作转速符合设计要求；

b) 液压阀的控制压力符合设计要求；

c) 没有在台架上进行调试的机构，应按设计要求进行调试。

6.4 目测检查

6.4.1 总则

对不拆卸任何零部件或打开遮蔽物就能观察到的部位及零部件进行外观检查，这种检查也应包括某些必需的手动操作。

6.4.2 上车部分

汽车起重机应检查下列项目，轮胎起重机应有选择的检查下列相关项目：

a) 整机不应出现渗漏和表面质量缺陷；

b) 保护装置的安装位置和功能；

c) 所有液压和气压元件、管路外观及其工作状态；

d) 所有液压和气压元件的安装、操作手柄和踏板等的操作性能；

e) 压力传感器安装所对应的量程；

f) 电气线路及元器件安装的正确性和可靠性；

g) 吊钩及连接件的可靠性，钢丝绳、滑轮均不得有缺陷；

h) 冷却水、液压油和燃油的数量等；

i) 操纵件、指示器和信号的图形符号应符合 GB 4094 的规定；

j) 吊钩标记应符合 GB/T 10051.1～10051.5 的规定；

k) 钢丝绳防脱装置能有效地防止人手挤入钢丝绳与滑轮之间；

l) 起升高度大于 50 m 的起重机应安装风速仪，即时风速参数应能显示在控制装置中；

m) 压力表的精度不低于 1.5 级。

6.4.3 底盘部分

除 6.4.2 以外，对汽车起重机还应检查下列所有项目，轮胎起重机应有选择的检查下列相关项目：

a) 整车标识、车身反光标识和安全防护装置等应符合 GB 7258 的规定；

b) 照明及信号装置的数量、位置和光色应符合 GB 4785 的规定；

c) 后视镜的安装应符合 GB 15084 的规定；

d) 车用安全玻璃、汽车轮胎等国家规定的强制性认证部件应具有认证标志；

e) 号牌板的形状、尺寸、位置及强度要求应符合 GB 15741 的规定；

f) 危险部位与标志应符合 GB 15052 的规定。

6.5 安全装置检验

6.5.1 侧防护和后防护

汽车起重机侧防护和后防护的检验方法应分别符合 GB 11567.1 和 GB 11567.2 的规定。

6.5.2 水平仪、角度指示器、高度限位器和幅度限位器

在空载试验工况时，对水平仪、角度指示器、高度限位器和幅度限位器应进行调整或试验：

a) 臂架全缩，以转台回转平面为基准调整水平仪的归零状态，误差不大于 3%，然后将水平仪牢靠地锁定在关联部位。

b) 臂架全缩，以水平仪归零状态为基准调整基本臂为水平状态，调定角度指示器归零状态，误差不大于1°。

c) 臂架全缩和最大仰角，起升机构以中速起升吊钩，当吊钩触及到高度限位器时，高度限位器应发出报警信号并切断起升机构向危险方向运行的动作。

d) 臂架从最小仰角逐渐变幅到最大仰角：

——当仰角达到仰角限值的95%～98%时，幅度限位器应发出一种清晰、明显的声或光的持续预警信号；

——当仰角超过仰角限值的100%时，幅度限位器应发出一种清晰、明显的声或光的报警信号，并切断变幅机构向危险方向运行的动作。

6.5.3 力矩限制器

在额定载荷试验工况，对力矩限制器进行试验。

起重机分别在基本臂、中长臂和最长臂的工况下，吊钩先起吊相应额定起重量80%的试验载荷，然后逐步增加到100%的试验载荷：

——当实际起重力矩达到相应工况下额定起重力矩值的90%～100%时，力矩限制器应发出一种清晰、明显的声或光的持续预警信号；

——当实际起重力矩超过相应工况下额定起重力矩值的100%时，力矩限制器应发出一种清晰、明显的声或光的报警信号，并切断向危险方向运动的各项动作。

6.5.4 起重量指示器

在额定载荷试验工况，对起重量限制器进行试验。

起重机分别在基本臂、中长臂和最长臂的工况下，吊钩先起吊相应额定起重量80%的试验载荷，然后逐步增加到100%的试验载荷：

——当起重量达到相应工况额定起重量的90%～95%时，起重量限制器应发出一种清晰、明显的声或光的持续预警信号；

——当起重量达到相应工况额定起重量的100%时，起重量限制器应发出一种清晰、明显的声或光的报警信号。

7 质量参数测量

7.1 测量项目

测量项目包括：

a) 行驶状态下整机总质量和轴荷；

b) 对于拆装运输的起重机，还应测量被拆装零部件的质量，如副臂、附加平衡重、备件等。

7.2 测量方法

按GB/T 12674规定的测量方法。测量结果相对于公称值的误差不大于3%。

8 几何参数测量

8.1 测量项目

8.1.1 汽车起重机行驶状态的几何参数(见图2)测量包括下列所有项目，轮胎起重机(见图3)应有选择的测量下列相关项目：

a) 整车的长、宽、高；

b) 轴距 $Z1$、$Z2$、$Z3$……；

c) 前轮距(单侧单轮胎)$A1$ 和后轮距(双侧双轮胎)$A2$；

d) 最小离地间隙 δ；

e) 最小离地高度 h；

f) 最小转弯直径；

g) 接近角 α 和离去角 β；

h) 前悬 $C1$ 和后悬 $C2$ ；

i) 前伸 $C3$ 和后伸 $C4$。

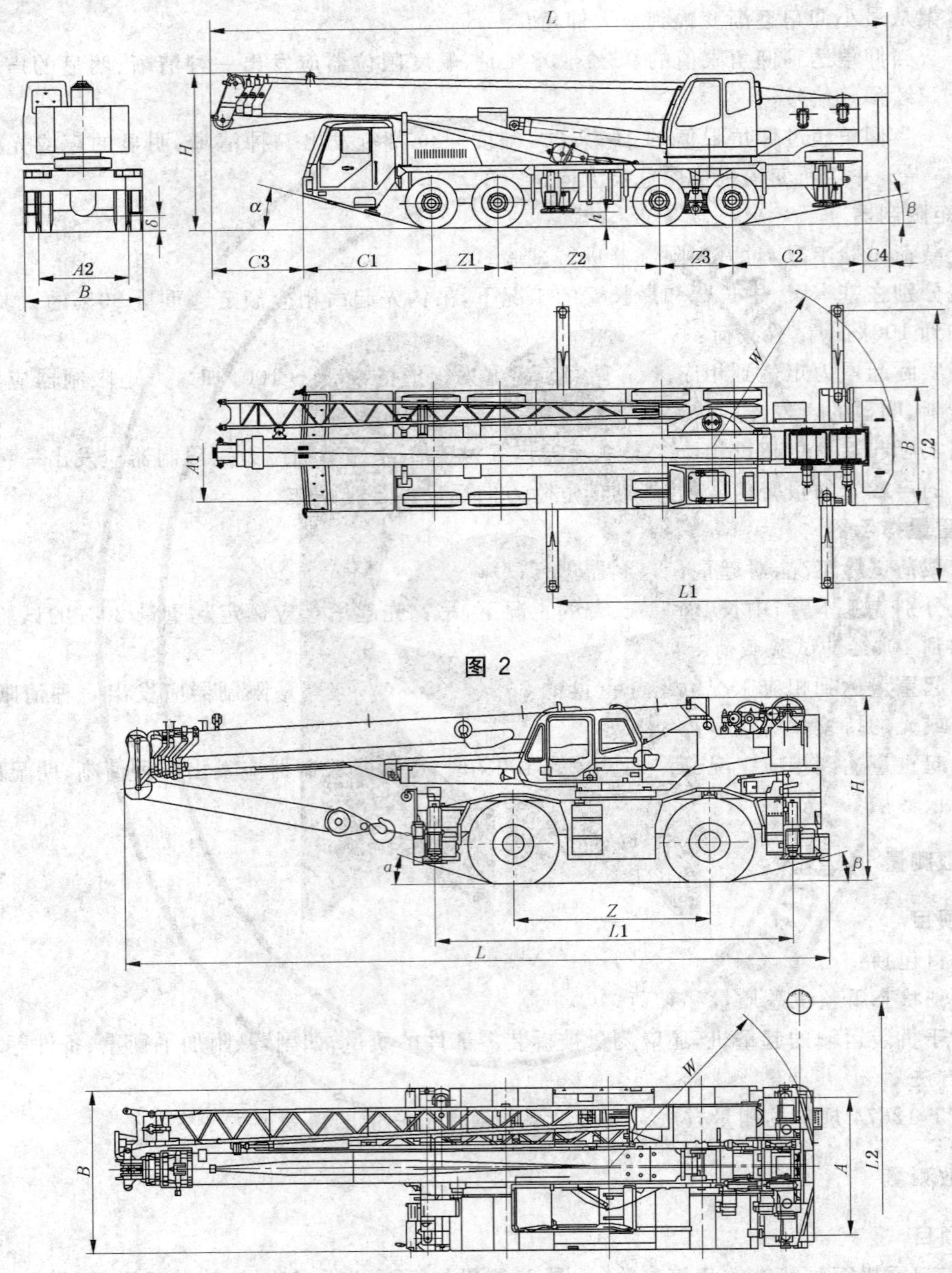

图 2

图 3

8.1.2 汽车起重机作业状态的几何参数测量包括下列所有项目，轮胎起重机应有选择的测量下列相关项目：

a) 基本臂臂长、最长主臂臂长；

b) 臂架的最大仰角和最小仰角；

c) 基本臂和最长主臂的最大起升高度；

d） 支腿的纵向跨距 $L1$ 和横向跨距 $L2$；

e） 尾部回转半径 W。

8.2 测量方法

按 GB/T 12673 规定的方法测量除最小转弯直径以外的几何参数，按 GB 7258 规定的方法测量汽车起重机和轮胎起重机的最小转弯直径。

几何参数测量的结果相对于公称值的允许误差如下：

——尺寸，不大于 1%；

——角度，不大于 1°。

9 行驶性能试验

9.1 车速表检查

汽车起重机按 GB 15082 规定进行车速表的检查。

9.2 行驶试验

9.2.1 汽车起重机出厂前应在符合一、二级公路条件的路面上进行行驶检查，发动机转速不应超过额定转速的 75%。

9.2.2 行驶里程

行驶检查的里程，不应少于：

a） 汽车起重机为 50 km；

b） 通用轮胎起重机为 20 km；

c） 越野轮胎起重机为 100 km。

9.2.3 检查项目

行驶过程中检查项目至少应包括：

a） 整机装配技术状态，包括紧固状况、机械行程和自由间隙等。

b） 各总成的温度（包括发动机水温和机油温度、变速器及驱动桥油温等）是否正常，检查其工作性能及工作状态；

c） 对转向、制动等机构的功能应密切关注，如发现异常应停车检查，找出原因，排除故障；

d） 车辆的外部照明和信号装置的工作状态；

e） 渗漏情况。

9.3 制动性能试验

9.3.1 汽车起重机

9.3.1.1 行车制动

按 QC/T 252 规定的项目和方法进行制动性能试验。

9.3.1.2 停车制动

按 GB 7258 规定的试验方法，进行制动性能试验。

9.3.2 轮胎起重机

9.3.2.1 行车制动

空载工况，基本臂仰角为 45°，吊钩位于最大起升高度的一半，起升和回转制动器均处于制动状态，轮胎起重机在稳定起始制动车速时进行制动。制动起始信号以完全踩下制动踏板瞬间为准，测量由信号发出至完全停车的时间段内，轮胎起重机的滑动距离。制动的起始制动车速为 24 km/h 时，行车制动距离不应大于 9 m。

试验时，轮胎起重机规定的起始制动速度为 24 km/h，如果最高车速大于 24 km/h，则以最高车速试验。

试验时，起始制动车速应稳定在规定值的 10%范围内，并用式（1）进行修正：

$$L_x = L_s (v/v_1)^2 \qquad \cdots\cdots(1)$$

式中：

L_x——修正后的制动距离，单位为米(m)；

L_s——实测的制动距离，单位为米(m)；

v——规定起始制动车速，单位为千米每小时(km/h)；

v_1——实测的起始制动车速，单位为千米每小时(km/h)。

此外，制动减速度按式(2)计算：

$$a = v^2 / 25.9\ L_x \qquad \cdots\cdots(2)$$

式中：

a——制动减速度，单位为米每二次方秒(m/s²)。

9.3.2.2 停车制动

轮胎起重机分别在空载(基本臂仰角为45°，吊钩位于最大起升高度的一半)和基本臂起吊最大额定总起重量两种工况下进行停车制动试验。

轮胎起重机停在干燥、清洁、坡度为20%的沥青或混凝土路面上，用手制动器停车，保持稳定的静止状态；起升和回转制动器均处于制动状态。

手制动器的效能连续考核30 min后，整车转过180°重复上述试验。

试验过程中或试验结束后，轮胎起重机不下滑。

9.4 最高车速测量

9.4.1 汽车起重机

汽车起重机按GB/T 12544规定的试验方法测量最高车速。

9.4.2 轮胎起重机

车速测量区的路段应为水平、硬实的沥青或混凝土路面，纵向坡度不应大于0.4%，横向坡度不应大于1.5%。测量区两段应设置准备路段，其长度应使试验样车在驶入测量区前可达到最高车速。

空载工况，基本臂仰角为45°，吊钩位于最大起升高度的一半，起升和回转制动器均处于制动状态，轮胎起重机以稳定的最高车速通过100 m的测量路段。

试验应选择无雨天气，风力不超过8.3 m/s，轮胎起重机往返试验三次，取平均值，实际最高车速按式(3)计算：

$$v_{max} = 3.6 S_n / t \qquad \cdots\cdots(3)$$

式中：

v_{max}——实际最高车速(或实际最高稳定车速)，单位为千米每小时(km/h)；

S_n——测量区段长度，单位为米(m)；

t——通过测量区的平均时间，单位为秒(s)。

9.5 最低稳定车速测量

9.5.1 汽车起重机

按GB/T 12547规定的试验方法，测定起重机的最低稳定车速。

具有可吊重行驶功能的起重机，还应测定传动系在最低挡，起吊带载行驶所允许的最大额定总起重量的50%时的最低稳定车速。

9.5.2 轮胎起重机

车速测量区的路段为水平、硬实的沥青或混凝土路面，纵向坡度不应大于0.4%，横向坡度不应大于1.5%。测量区两段应设置准备路段，其长度应使试验样车在驶入测量区前可达到最低稳定车速。

空载工况，基本臂调整到最大仰角，吊钩位于最大起升高度的一半，起升和回转制动器均处于制动状态，轮胎起重机以最低稳定车速通过50 m的测量路段。

试验应选择无风无雨天气，轮胎起重机往返试验三次，取平均值，实际的最低稳定车速按式(3)

计算。

9.6 加速性能试验

9.6.1 汽车起重机

汽车起重机按 GB/T 12543 规定的方法，进行直接挡(常用挡)和起步连续换挡的加速性能试验。

9.6.2 轮胎起重机

车速测量区的路段应为水平、硬实的沥青或混凝土路面，纵向坡度不应大于 0.4%，横向坡度不应大于 1.5%。测量区两段应设置准备路段，其长度应使试验样车在驶入测量区前可达到最高稳定车速。

空载工况，基本臂仰角为 45°，吊钩位于最大起升高度的一半，起升和回转制动器均处于制动状态，轮胎起重机以测试挡的最低稳定车速为初始速度，匀速通过准备路段至加速试验路段起点处，急速将油门踩到底加速至该挡最高车速的 90%，用五轮仪记录加速过程，往返试验三次，取其平均值，并做出轮胎起重机加速时间与加速行程的关系曲线。

9.7 爬陡坡试验

9.7.1 汽车起重机

汽车起重机按 GB/T 12539 规定的试验方法测量最大爬陡坡度。

9.7.2 轮胎起重机

爬陡坡试验的坡道上应有压实覆盖层，总长度超过轮胎起重机长度的 3 倍，其中测量区段的坡道应为轮胎起重机长度的 1.5 倍(见图 4)。

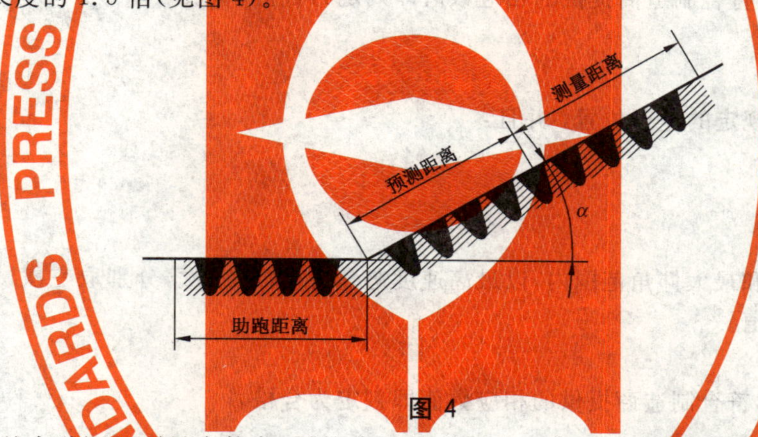

图 4

空载工况，基本臂调整到最大仰角，吊钩位于最大起升高度的一半，起升和回转制动器均处于制动状态。试验开始时，轮胎起重机以最低稳定车速接近爬坡起点，然后迅速将发动机油门置于最大供油位置进行爬坡，直至试验终结。爬坡过程中驻车制动一次。检查爬坡、制动情况，试验重复三次。

当轮胎起重机的功率和附着力有潜力时，在同一坡道上用高一挡的速度重复上述试验，然后折算出轮胎起重机在最低挡能连续通过的最大坡度角。

如果没有适当的坡道，也可以通过计算求得爬坡度。

9.8 通过性试验

越野轮胎起重机按 GB/T 12541 规定的方法进行地形通过性试验。

10 作业参数测定

10.1 起升、下降速度

10.1.1 试验工况

支腿(或轮胎)处于规定的作业位置，并且：

a) 基本臂在最小额定工作幅度、吊钩滑轮组为最大倍率时，主钩空载；

b) 基本臂在最小额定工作幅度、吊钩滑轮组为最大倍率时，主钩起吊最大额定总起重量；

注：最大额定总起重量大于 80 t 的起重机，可用与最大额定单绳拉力相当的工况进行。

c） 最长臂架在相应额定的工作幅度时，副钩空载；

d） 最长臂架在相应额定的工作幅度时，副钩起吊相应的额定总起重量。

10.1.2 试验方法

分别在规定的工况下，以最高速度起升或下降，测量吊钩或载荷通过 2 m（副钩为 10 m）行程所需的时间，试验重复三次，取平均值作为起升或下降速度的测定值。

10.1.3 合格判定

起升或下降速度试验的测定值，符合制造商提供的相应数值即判定为合格。

10.2 回转速度

10.2.1 试验工况

支腿（或轮胎）处于规定的作业位置，并且：

a） 基本臂为最大仰角；

b） 主钩空载。

10.2.2 试验方法

回转机构以最高稳定回转速度左、右连续回转各 720°，试验三次，取平均值作为回转速度的测定值。

10.2.3 合格判定

回转速度的测定值，符合制造商提供的相应数值即判定为合格。

10.3 变幅时间

10.3.1 试验工况

支腿（或轮胎）处于规定的作业位置，并且：

a） 基本臂；

b） 主钩空载。

10.3.2 试验方法

基本臂在最小仰角和最大仰角范围内，以最高速度起臂、落臂各三次，分别取三次试验结果的平均值作为变幅时间的测定值。

10.3.3 合格判定

变幅时间的测定值，符合制造商提供的相应数值即判定为合格。

10.4 主臂伸、缩时间

10.4.1 试验工况

支腿（或轮胎）处于规定作业位置，并且；

a） 主臂仰角为 60°；

b） 主钩空载。

10.4.2 试验方法

主臂以最高速度由全缩（或全伸）状态运动到全伸（或全缩）状态，各试验三次，分别取三次试验结果的平均值作为主臂伸、缩时间的测定值。

对于需要人工或机械作辅助以达到伸缩的主臂，允许分段测量伸、缩时间。

10.4.3 合格判定

主臂伸、缩时间的测定值，符合制造商提供的相应数值即判定为合格。

10.5 活动支腿收放时间

10.5.1 试验工况

试验状态工况为：

a） 起重机置于平坦的沥青或混凝土地面上；

b） 起重机处于行驶状态。

10.5.2 试验方法

水平支腿和垂直支腿以最高速度由全缩(或全伸)状态运动到全伸(全缩)状态,各试验三次,分别取三次试验结果的平均值作为支腿收放时间的测定值。

10.5.3 合格判定

支腿收放时间的测定值,符合制造商提供的相应数值即判定为合格。

11 空载试验

11.1 试验工况及试验方法

11.1.1 使用支腿支撑的起重机,支腿处于规定的作业位置,所有轮胎离地:

a) 以基本臂和最小额定工作幅度在作业范围内进行回转、起升,试验以低速和较高速度各进行三次;

b) 以最长主臂和相应工作幅度在作业范围内进行回转、起升、伸缩和变幅,试验以低速和较高速度各进行三次。

11.1.2 具有带载行驶功能的起重机,臂架全缩、额定作业行驶速度和最小额定工作幅度时:

a) 臂架在正后方,起重机前进 15 m、倒行 15 m;

b) 臂架在正前方,起重机前进 15 m、倒行 15 m。

11.2 合格判定

在试验过程中和试验结束后,符合下列要求应判定为合格:

a) 各机构工作未见异常,没有不正常的声音,各指示装置指示准确,安全装置功能可靠;

b) 液压泵为额定转速(流量)时,液压系统的压力符合设计要求;

c) 回转、起升、伸缩和变幅时,运动平稳、无抖动;

d) 具有带载行驶功能的起重机,在行走过程中,起动和制动平稳。

12 额定载荷试验

12.1 试验条件及试验方法

12.1.1 使用支腿支撑的起重机,支腿处于规定的作业位置,所有轮胎离地。

12.1.2 具有带载行驶功能的起重机,轮胎满足规定的作业条件。

12.1.3 试验应在安全、操作平稳的前提下,分别以最低速和最高速对表 1 所列各工况进行试验。

表 1 额定载荷试验方法

序号	试验工况	一次循环内容	循环次数
1	基本臂; 最小额定工作幅度; 最大额定总起重量[a]	臂架在正侧方,载荷由地面起升到最大高度—下降到某一高度—在作业区范围内全程左回转—右回转至原位(中间制动一、二次)—载荷下降到地面,起升、下降过程中各制动一次	2
2	中长臂; 相应的工作幅度; 相应的额定总起重量的 1/3	臂架在正侧方,载荷起升到离地面 200 mm 左右—起臂到最小工作幅度—落臂到离地面高度 200 mm 左右—在作业区范围内全程左(或右)回转—右(或左)回转至原位—载荷起升到最大高度后再下降到地面,起升、下降过程中各制动一次	2
3	最长主臂; 相应的工作幅度; 相应的额定总起重量	臂架在正侧方,载荷起升到离地面 200 mm 左右—在作业区范围内全程左(或右)回转—右(或左)回转至原位—载荷起升到最大高度后再下降到地面,起升、下降过程中各制动一次	2

表 1（续）

序号	试验工况	一次循环内容	循环次数
4	最长臂架； 相应的工作幅度； 相应的额定总起重量	臂架在正侧方，载荷由地面起升到最大高度—下降到某一高度—在作业区范围内全程左回转—右回转至原位(中间制动一、二次)—载荷下降到地面，起升、下降过程中各制动一次	2
5	臂架允许带载伸缩时： 最长主臂； 允许的臂架仰角； 允许的额定总起重量	臂架在正侧方，载荷起升到离地面 200 mm 左右—全伸主臂—全缩主臂—载荷下降到地面	2
6	具有带载行驶功能的起重机带载行驶试验[b]： 基本臂； 允许带载的行驶速度； 相应的中等工作幅度； 允许的额定总起重量	臂架在正前方，载荷起升到离地面 200 mm 左右，前进 15 m，倒行 15 m，载荷落地； 臂架在正后方，载荷起升到离地面 200 mm 左右，前进 15 m，倒行 15 m，载荷落地	2
[a] 最大额定总起重量大于 80 t 的起重机，允许在最大起重力矩的工况下进行试验。 [b] 只具有正前方或正后方带载行驶功能的起重机，则只需做一个方向的带载行驶试验。			

12.2 合格判定

在试验过程中和试验结束后，符合下列要求应判定为合格：

a) 各部件能完成其性能试验，未发现机构或结构件有损坏，连接处没有松动；

b) 液压泵在设计转速(流量)时，各液压回路的工作压力符合设计要求；

c) 液压系统工作稳定，无异常噪声；

d) 角度指示器、起重量指示器、力矩限制器误差应符合 JB/T 9738 的规定；

e) 各制动器工作可靠、动作准确、起动和制动平稳；

f) 在表 1 序号 1～4 工况试验过程中，臂架在正侧方和正后方时，任何支撑不得松动；

g) 具有带载行驶功能的起重机，在带载行驶过程中，起动和制动平稳、动作准确。

13 动载荷试验

13.1 试验条件及试验方法

13.1.1 使用支腿支撑的起重机，支腿处于规定的作业位置，所有轮胎离地。

13.1.2 具有带载行驶功能的起重机，轮胎满足规定的作业条件。

13.1.3 试验应在安全、操作平稳的前提下，分别以最低速和最高速对表 2 所列各工况进行试验。

13.1.4 试验时，按照使用说明书的要求，把加速度和减速度限制在适合于起重机正常运转的范围。

表 2 动载荷试验方法

序号	试验工况	一次循环内容	循环次数
1	基本臂； 最小额定工作幅度； 最大额定总起重量[a]的 1.1 倍	臂架在正侧方，载荷由地面起升到最大高度—下降到某一高度—在作业区范围内全程左回转—右回转至原位—载荷下降到地面，起升、下降过程中各制动一次	15
2	中长臂； 相应的工作幅度； 相应额定总起重量 $\frac{1}{3}$ 的 1.1 倍	臂架在正侧方，载荷起升到离地面 200 mm 左右—起臂到最小工作幅度—落臂到离地面 200 mm 左右—在作业区范围内全程左(或右)回转—右(或左)回转至原位—载荷起升到最大高度后再下降到地面，起升、下降过程中各制动一次	2

表 2（续）

序号	试验工况	一次循环内容	循环次数
3	最长主臂； 相应的工作幅度； 相应额定总起重量的 1.1 倍	臂架在正侧方，载荷起升到离地面 200 mm 左右—在作业区范围内全程左（或右）回转—右（或左）回转至原位—载荷起升到最大高度后再下降到地面，起升、下降过程中各制动一次	2
4	最长臂架； 相应的工作幅度； 相应额定总起重量的 1.1 倍	臂架在正侧方，载荷起升到离地面 200 mm 左右—在作业区范围内全程左（或右）回转—右（或左）回转至原位—载荷起升到最大高度后再下降到地面，起升、下降过程中各制动一次	2
5	具有带载行驶功能的起重机带载行驶试验[b]： 基本臂； 允许的带载行驶速度； 相应的中等工作幅度； 允许的相应额定总起重量的 1.1 倍	臂架在正后方，载荷起升到离地面 200 mm 左右，前进 15 m，倒行 15 m，载荷落地； 臂架在正前方，载荷起升到离地面 200 mm 左右，前进 15 m，倒行 15 m，载荷落地	1

[a] 最大额定总起重量大于 80 t 的起重机，允许在最大起重力矩的工况下进行试验。

[b] 只具有正前方或正后方带载行驶功能的起重机，则只需做一个方向的带载行驶试验。

13.2 合格判定

在试验过程中和试验结束后，符合下列要求应判定为合格：

a) 基本臂在 15 次循环（表 2 序号 1 试验工况）连续试验结束后，液压油箱内液压油的相对温升不大于 45 ℃，但最高油温不应超过 80 ℃；

b) 试验过程中，在任何起升操作条件下，载荷均不应出现明显的反向动作；

c) 在表 2 序号 1～序号 4 工况试验过程中，臂架在正侧方和正后方时，允许有一个支脚松动，但不应抬离地面；

d) 在序号 5 工况，带载行驶试验过程中，起动和制动平稳、动作准确；

e) 各部件能完成其功能试验，未发现机构或结构件有损坏，连接处也没有出现松动或损坏。

14 静载荷试验

14.1 汽车起重机

14.1.1 试验工况

静载荷试验的工况为：

a) 支腿处于规定的作业位置，所有轮胎离地；

b) 基本臂在最小额定工作幅度时，起吊最大额定总起重量的 1.25 倍；

c) 试验时，臂架分别位于正后方、正侧方及支腿压力最大的位置。

14.1.2 试验方法

静载荷试验的方法为：

a) 臂架分别位于正后方、正侧方时，可以一次低速起吊足额的试验载荷，亦可先起吊 1.1 倍的最大额定总起重量的载荷，再逐步无冲击地添加载荷到规定的数值。

b) 测量支腿最大压力时，允许先在其他方位起吊足额的试验载荷，再回转到规定位置；亦可先在其他方位起吊 1.1 倍的最大额定总起重量的载荷，回转到规定位置后，再逐步无冲击地添加载荷到规定的数值。

注：最大额定总起重量大于 80 t 的起重机，允许在最大起重力矩的工况下进行试验。

c) 载荷起吊到离地面 100 mm～200 mm 高度处(垂直支腿处除外),载荷在空中停留至少 10 min 后再下降到地面。

d) 试验时,允许调整液压系统中溢流阀的压力,但试验后必须调回到规定的数值。

14.1.3 合格判定

在试验过程中和试验结束后,符合下列要求应判定为合格:

a) 机构或结构件未产生裂纹、永久性变形;

b) 未产生对起重性能和安全性能有影响的损坏;

c) 连接处未出现松动或损坏;

d) 油漆无剥落现象;

e) 臂架在规定的作业范围内的任何位置,允许有一个支腿抬起,但其固定支腿最外缘的抬起量不应大于 50 mm。

14.2 轮胎起重机

14.2.1 试验工况

静载荷试验的工况为:

a) 所有轮胎处于规定的工作位置;

b) 基本臂在最小额定工作幅度时,起吊最大额定总起重量的 1.25 倍;

c) 试验时,臂架位于正前方或正后方。

注:同时具有在正前方和正后方带载行驶功能的起重机,应分别进行臂架在正前方和臂架在正后方的试验。

14.2.2 试验方法

静载荷试验的方法为:

a) 臂架在正前方或正后方时,可以一次低速起吊足额的试验载荷,亦可先起吊 1.1 倍的最大额定总起重量的载荷,再逐步无冲击地添加载荷到规定的数值。

b) 载荷起吊到离地面 100 mm～200 mm 高度处,载荷在空中停留至少 10 min 后再下降到地面。

c) 试验时,允许调整液压系统中溢流阀的压力,但试验后必须调回到规定的数值。

14.2.3 合格判定

在试验过程中和试验结束后,符合下列要求应判定为合格:

a) 机构或结构件未产生裂纹、永久性变形;

b) 未产生对起重性能和安全性能有影响的损坏;

c) 连接处未出现松动或损坏;

d) 油漆无剥落现象。

15 整机稳定性试验

15.1 整机抗倾覆稳定性

15.1.1 整机抗倾覆稳定性试验条件为:

a) 汽车起重机的支腿处于规定的作业位置,所有轮胎离地;

b) 轮胎起重机的轮胎气压应满足规定要求,摆正轮胎位置;

c) 臂架处于整机稳定性最小的位置;

d) 风速不大于 8.3 m/s。

15.1.2 试验工况和试验载荷见表 3。

对表中试验载荷的规定如下:

——P 是指在不同幅度下起重机的最大起升载荷。最大起升载荷是由设计规定的。最大起升载荷是指起重机能吊起的额定总起重量(物品的最大质量与可分吊具或不可分吊具质量的总和)的重力。

——F_i 是将主臂质量 G(作用于质心上)或副臂质量 g(作用于质心上)换算到主臂端部或副臂端部的质量的重力。F_i的计算方法应符合 GB/T 5905 的规定。

表 3 试验工况和试验载荷

序号	支撑形式	试验载荷	试验工况
1	起重机支腿伸出[a]	$1.25P+0.1F_i$	基本臂； 中长臂； 最长主臂及最长臂架相对应的工作幅度
2	起重机使用轮胎[a]	$1.33P+0.1F_i$	
3	起重机最大行驶速度不大于 0.4 m/s	$1.33P+0.1F_i$	
4	起重机最大行驶速度大于 0.4 m/s	$1.5P+0.1F_i$	
注："试验载荷"是与不大于 8.3 m/s 的试验风速相对应的。在特殊情况下，如果要求限制最大起升载荷，制造商应明确说明在抗倾覆稳定的校核计算中采用的最大风速值。当考虑其他的最大风速时，制造商也应予以明确说明。			
[a] 与本表相对应的条件是：起重机静止不动，但作升降、变幅、臂架伸缩和回转等动作的载荷试验；或者起重机作整机带载运行，但不作起升、变幅、伸缩臂架和回转等动作。			

15.1.3 稳定性试验时，按标定的臂架长度、幅度、臂架及吊钩处于稳定性最小的位置和状态，试验载荷无冲击地施加在吊钩上，起重机不倾翻，则认为起重机是稳定的。

15.2 抗后倾覆稳定性

15.2.1 试验条件

起重机处于以下支承条件和质量分布状态时，应配备平衡重：

——起重机放置在坚实、水平的支承面上(最大倾斜度为 1%)；

——起重机装有规定的最短臂架，且此臂架处于该臂长的最大推荐臂架角度；

——将吊钩、吊钩滑轮组或其他取物装置放在地面上；

——外伸支腿使汽车起重机的轮胎脱离支承面或轮胎支承轮胎起重机在支承面上。

15.2.2 试验方法及合格判定

当起重机回转的上部结构纵向轴线与承载底架纵向轴线成 90°角时，臂架下面承载侧的支腿或轮胎上的总载荷不小于起重机总质量重力的 15%，则认为起重机是稳定的。

当起重机回转的上部结构纵向轴线与承载底架纵向轴线重合时，在制造商规定的工作区域内承载底架的轻载端，支腿或轮胎上的总载荷不小于起重机总质量重力的 15%，在非工作区域内不小于起重机总质量重力的 10%，则认为起重机是稳定的。

16 密封性能试验

16.1 变幅油缸和垂直支腿油缸

16.1.1 试验工况

变幅油缸和垂直支腿油缸的密封性能试验工况为：

a) 基本臂在最小额定工作幅度下和最长主臂在相应的工作幅度下，分别起吊相应的额定总起重量；

b) 臂架位于垂直支腿压力最大的位置；

c) 试验过程中，环境温度的相对温差不大于±5 ℃。

16.1.2 试验方法

以基本臂和最长主臂分别在相应的工作幅度下，起吊相应的额定总起重量，起升到某一高度后，回转到某一支腿压力最大的位置，试验载荷在空中停稳后，发动机熄火。试验持续 15 min，变幅油缸和垂直支腿油缸的回缩量应不大于 2 mm，载荷下沉量不大于 15 mm。

如果第一次试验结果油缸的回缩量大于 2 mm，可再重复试验两次，取三次试验结果的平均值作为油缸的回缩量。

16.2 水平支腿油缸

起重机按照9.2的规定完成行驶试验后，水平支腿的伸出量不大于3 mm(有插销机构的活动支腿不检查此项内容)。

16.3 合格判定

在空载试验、额定载荷试验、动载荷试验和静载荷试验过程中，或试验结束后15 min内，发动机、燃油箱、液压油箱、油泵、油马达、液压油缸、液压阀、管接头、油堵等连接部位，不滴油为合格。具体的判断如下：

——固定结合面部位手摸无油膜，相对运动部位目测无油渍为不渗油；

——渗出的油渍面积不超过100 cm^2 或15 min不滴一滴油，视为不滴油。

17 支承接地比压测定

17.1 试验法

基本臂在最小额定工作幅度起吊最大额定总起重量，起升到某一高度后，在作业区范围内回转，测量臂架在不同方位时各支承点对地面的压力，并绘制“支承压力-臂架方位”特性曲线，计算支承点对地面的接地比压。

注：最大额定总起重量大于80 t的起重机，允许在最大起重力矩的工况下进行试验。

17.2 计算法

支腿(或轮胎)平均接地比压，用起重机总质量及起吊最大额定总起重量之和的重力对应于支脚(或轮胎)的分力除以相应支脚(或轮胎)接地面积的值来表示，按式(4)计算：

$$Q=F/A \qquad \cdots\cdots(4)$$

式中：

Q——支腿(或轮胎)平均接地比压，单位为千帕(kPa)；

F——起重机总质量及起吊最大额定总起重量之和的重力对应于支脚(或轮胎)的分力，单位为千牛(kN)；

A——支脚(或轮胎)接地面积，单位为平方米(m^2)。

17.3 合格判定

支撑接地比压小于3.5 MPa为合格。

18 液压油固体颗粒污染测量

第11章～第16章试验结束后，按JB/T 9737.2规定的方法，检测液压系统中液压油的固体颗粒污染度，液压油固体颗粒应不超过JB/T 9737.1的规定。

19 液压系统试验

起重机的液压系统试验应符合JB/T 4030.3的规定。

20 作业可靠性试验

起重机的作业可靠性试验应符合JB/T 4030.1的规定。

21 行驶可靠性试验

起重机的行驶可靠性试验应符合JB/T 4030.2的规定。

22 排气污染物测量

如果起重机配有一台发动机，同时供给行驶和起重作业，排气污染物的测量方法应符合GB 3847

的规定。

对配有两台发动机的起重机，底盘发动机的排气污染物测量按 GB 3847 的规定，上车发动机的排气污染物测量按 GB 20891 的规定。

23 噪声测量

23.1 加速行驶车外噪声测量

汽车起重机加速行驶车外噪声测量方法按 GB 1495 的规定。

23.2 作业噪声测量

起重机作业时，机外噪声和司机室内噪声的测量方法按 GB 20062 的规定。

24 结构试验

24.1 结构应力测试

24.1.1 测试工况及载荷

24.1.1.1 结构应力测试工况及测试项目见表 4。

24.1.1.2 侧载可以采用吊重侧向偏移的方法施加于臂架头部，但必须保证在加侧载时不得产生铅垂方向的附加分力。水平侧向载荷的方向应与臂架的纵向轴线垂直。侧载系数 φ 取 5%，或者根据制造商提供的侧载系数进行试验。

24.1.1.3 在加载和测试过程中，回转机构或转台应锁定在规定的位置上。

表 4 结构试验工况及载荷表

序号	试验工况	载荷	试验目的	被测结构	测试项目
1	相应的工作幅度和支腿跨距；臂架在正后方、正侧方及支腿最大压力处，基本臂起吊最大额定总起重量 P_{max}	P_{max}	验证主要结构构件的强度	底架、支腿、臂架、转台和变幅支架	结构件应力
2	相应的工作幅度和支腿跨距；臂架在正后方、正侧方及支腿最大压力处，基本臂起吊 1.25 倍最大额定总起重量 P_{max}	1.25 P_{max}			
3	相应的工作幅度和支腿跨距；基本臂在正侧方起吊最大额定总起重量 P_{max}；臂架在正侧方加侧载 φP_{max}	P_{max} φP_{max}（侧载）	验证臂架刚度	臂架	臂架端部在变幅平面内垂直于臂架轴线方向的静位移；臂架端部在回转平面内的水平静位移
4	相应的工作幅度和支腿跨距；臂架在正侧方，各级主臂全伸起吊相应额定总起重量 P_h；臂架在正侧方加侧载 φP_h	P_h φP_h（侧载）	验证各级主臂的强度和刚度	各级主臂	结构件应力；各级主臂端部在变幅平面内垂直于臂架轴线方向的静位移；各级三臂端部在回转平面内的水平静位移

表 4（续）

序号	试验工况	载荷	试验目的	被测结构	测试项目
5	相应的工作幅度和支腿跨距； 臂架在正侧方，最长臂架起吊相应额定总起重量 P_{fmax}； 臂架在正侧方加侧载 φP_{fmax}	P_{fmax} φP_{fmax}（侧载）	验证主臂和副臂的强度和刚度	主臂、副臂	结构件应力； 副臂端部在变幅平面内垂直于臂架轴线方向的静位移； 副臂端部在回转平面内的水平静位移
6	安装工况	安装状态下的自重载荷	验证各结构件的安装强度	臂架、变幅支架	结构件应力
7	行驶状态	自重载荷	转台、臂架支架强度	转台、臂架支架	结构件应力

注：符号说明

P_{max}——最大额定总起重量（最大额定起重量大于等于 80 t 的起重机，可用最大起重力矩工况时的起重量进行试验）；

P_{h}——各级主臂（全伸）相应额定总起重量；

P_{fmax}——各级副臂相应额定总起重量；

φ——侧载系数。

24.1.2 测试点的规定

24.1.2.1 应力测试点的选择

24.1.2.1.1 在结构受力分析的基础上，确定危险应力区，危险应力区包括以下三种类型：

a) 均匀高应力区：该区应力达到屈服应力时，会引起结构件的永久变形。

b) 应力集中区：该区内屈服应力的出现不会引起结构件整体的永久变形，但应力集中会影响结构件的疲劳寿命，如孔眼、锐角、焊缝、铰点等断面剧变处。

c) 弹性屈曲区：如受压杆的弹性屈曲，从应力看，该区的最大应力并没有达到材料的屈服点，但可因发生挠曲或过大变形而导致结构的破坏。

24.1.2.1.2 在应力集中区内贴的应变片，应尽可能贴在高应力点上。

承受弯矩最大的断面同时作用有集中载荷时，应考虑在下列两个位置贴片：

a) 应变片贴在集中载荷作用处或集中载荷处 20 mm 范围之内；

b) 应变片贴在集中载荷作用处 20 mm 范围之外，承受弯矩接近最大值，且局部挤压应力影响较小处。

例如：支腿伸出段的根部和臂架伸出段的根部的应力测定。

24.1.2.1.3 桁架结构的弦杆和腹杆，应在节间中部对称贴应变片，最后以平均应力来评定该节间的安全度。

24.1.2.1.4 受压杆件的贴片，应贴在杆件的中部或在其可能屈曲部位。

24.1.2.2 二向应力的贴片

结构承受二向应力状态，如果预先能用某些方法（如脆性涂料法）确定主应变方向时，则可沿主应变方向贴上互相垂直的两个应变片。如果主应变的方向无法确定，则必须贴上由三个应变片组成的应变花。关于应变花的数据处理见 24.1.4.2 b)。

24.1.2.3 测点编号

根据选择好的测试部位和确定的测试点，绘制测点分布图，对贴片统一编号，并指明应变片或应变花的粘贴方位。

24.1.3 **试验程序**

24.1.3.1 检查和调整样机，使之处于正常工作状态。

24.1.3.2 调试和检查有关仪器，合理选择灵敏系数，消除一切不正常现象。

24.1.3.3 测量消除自重影响的应变 ε_0。

测量结构件自重应力，如转台主梁的自重引起的应力，须建立结构的零应力即无应力状态，可采用把结构垫起来，或在结构件未装配状态时贴应变片测量应变的基准读数 ε_0。

24.1.3.4 空载应力状态，测量结构件在自重作用下应变 ε_1。

空载应力状态点将起重机调整到表4所规定的测试工况，幅度为测试起重机相应的幅度，吊钩放置地上，回转机构或轮胎应制动或锁住。

如果零应力状态应变基准应变读数 ε_0 无法读出，可以取空载状态作为初始状态，应变仪调零。

24.1.3.5 负载应力状态，测量负载作用下的应变 ε_2。

负载应力状态是起重机按表4所规定的测试工况进行加载，其工作幅度允差不大于±1%。如测试工况规定要加侧向载荷，则必须在臂架两侧分别加侧向载荷测量。

24.1.3.6 卸载至空载应力状态，检查各应变片的回零情况，如果某测点的应变片读数与原数据 ε_1 偏差超过 $\pm 0.03\sigma_s/E$（其中：σ_s——材料的屈服极限，E——材料的弹性模量），认为该测点数据无效，应查明原因，按原测试程序重新测量，直至合格。

由风载荷作用造成的应变偏差属于正常现象，测试时应尽可能选择良好天气，减少风载荷的影响。

24.1.3.7 每次试验应重复做三次，比较测试数据无重大差别。如果误差超过10倍的微应变，则应查明原因，并重新测试，直至稳定。

24.1.3.8 观察结构是否有永久变形或局部损坏。如果出现永久变形或局部损坏，应立即终止试验，进行全面检查和分析。

24.1.3.9 试验数据、观察到的现象、试验说明应随时记录。

24.1.4 **应力测试数据处理和安全判别方法**

24.1.4.1 **计算两个测试状态的应力**

空载应力（自重引起的应力）σ_1 按式(5)计算：

$$\sigma_1 = E(\varepsilon_1 - \varepsilon_0) \qquad \cdots\cdots(5)$$

负载应力 σ_2 按式(6)计算：

$$\sigma_2 = E(\varepsilon_2 - \varepsilon_1) \qquad \cdots\cdots(6)$$

式中：

σ_1——空载应力（不测空载应力时，用计算应力代替），单位为兆帕(MPa)；

σ_2——负载应力，单位为兆帕(MPa)；

ε_0——零应力状态应变仪读数；

ε_1——空载应力状态应变仪读数；

ε_2——负载应力状态应变仪读数。

注：ε_0、ε_1、ε_2 均带正负号，拉应力为正，压应力为负。

结构最大应力取下述两种情况的较大者：

a) 空载应力最大，见式(7)：

$$\sigma_{max} = \sigma_1 \qquad \cdots\cdots(7)$$

b) 空载应力与负载应力的代数和最大，见式(8)：

$$\sigma_{max} = \sigma_1 + \sigma_2 \qquad \cdots\cdots(8)$$

式中：

σ_{max}——最大应力，单位为兆帕(MPa)。

注：σ_1 和 σ_2 各带自己的正负号。

24.1.4.2 二向应力状态的数据处理

对于承受二向应力弹塑性材料，按变形能（第四）强度理论计算，其当量单向应力计算如下：

a) 当主应力（变）的方向已知，并测得了两个方向的主应力时，当量单向应力按式(9)计算：

$$\sigma'=\sqrt{\sigma_x{}^2-\sigma_x\sigma_y+\sigma_y{}^2} \quad\cdots\cdots(9)$$

式中：

σ'——当量单向应力，单位为兆帕(MPa)；

σ_x——最大主应力，单位为兆帕(MPa)；

σ_y——最小主应力，单位为兆帕(MPa)。

主应力可由两个方向的主应变值按式(10)、式(11)计算：

$$\sigma_x=E(\varepsilon_x+\mu\varepsilon_y)/(1-\mu^2) \quad\cdots\cdots(10)$$

$$\sigma_y=E(\varepsilon_y+\mu\varepsilon_x)/(1-\mu^2) \quad\cdots\cdots(11)$$

式中：

E——材料的弹性模量，屈服极限小于 500 N/mm² 时，取 $E=2.06\times10^5$ N/mm²；屈服极限等于或大于 500 N/mm² 时的高强度合金钢，如没有提供 E 和 μ 的数值，应取样实测 E 和 μ 的数值；

ε_x——最大主应变；

ε_y——最小主应变；

μ——泊松比。

b) 主应力（变）的方向未知，可用直角应变花测得三个方向的线应变，当量单向应力按式(12)计算：

$$\sigma'=\frac{E}{2}\left[\frac{\varepsilon_a+\varepsilon_c}{1-\mu}+\frac{\sqrt{2}}{1+\mu}\sqrt{(\varepsilon_a-\varepsilon_b)^2+(\varepsilon_b-\varepsilon_c)^2}\right] \quad\cdots\cdots(12)$$

式中：

ε_a——a 应变片的应变；

ε_b——b 应变片的应变；

ε_c——c 应变片的应变。

应变花的贴片方式如图 5 所示。

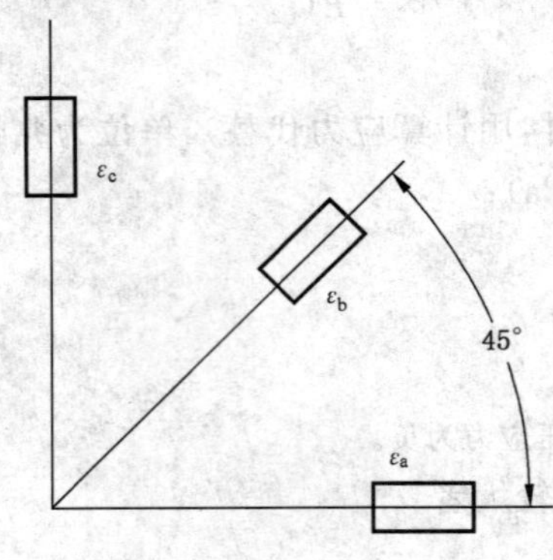

图 5

c) 对于脆性材料，可采用最大应变（第二）强度理论求得当量应力，按式(13)计算：

$$\sigma_x=E\varepsilon_x \quad\cdots\cdots(13)$$

24.1.4.3 测试应力值的安全判别方法

根据表 4 给定的测试工况和载荷进行测试，各危险应力区的安全系数见表 5 的规定；焊缝的许用应力应符合 GB/T 3811 的规定；结构件钢材的许用应力按表 6 的规定。

表 5 结构强度安全系数

试验工况	安全系数最小值 n		
	均匀高应力区(n_{I})	应力集中区(n_{II})	弹性屈曲区(n_{III})
作业状态工况(表 4 序号 1、3、4、5)	1.48	1.1	1.6
作业状态工况和安装工况(表 4 序号 2、6)	1.2	1.05	1.4
行驶状态(表 4 序号 7)	5～7	—	—
注：行驶状态安全系数用于转台和臂架支架的强度判据。起重机底盘有弹性悬挂的，安全系数取小值；无弹性悬挂的，取大值。			

表 6 结构件钢材的许用应力

钢材强度	拉、压、弯 [σ]	剪切 [τ]	承压 [τ_{cd}]	压杆弹性屈曲 [σ_{cr}]
$\sigma_s/\sigma_b<0.7$	σ_s/n	$[\sigma]/\sqrt{3}$	$1.4[\sigma]$	σ_{cr}/n
$\sigma_s/\sigma_b\geqslant0.7$	σ_{Fs}/n			

注 1：$\sigma_{Fs}=0.5\sigma_s+0.35\sigma_p$ 为假想屈服极限

式中：

σ_s——材料的屈服极限，单位为牛每二次方毫米(N/mm²)；

σ_b——材料的抗拉强度极限，单位为牛每二次方毫米(N/mm²)。

注 2：当 $\sigma_{cr}\leqslant\sigma_p$ 时，取：

$$\sigma_{cr}=\frac{\pi^2E}{(KL/r)^2}$$

当 $\sigma_{cr}>\sigma_p$ 时，取：

$$\sigma_{cr}=\sigma_s-\left[\frac{\sigma_p-(\sigma_s-\sigma_p)(KL/r)^2}{\pi^2E}\right]$$

式中：

σ_{cr}——欧拉屈曲临界应力，单位为牛每二次方毫米(N/mm²)；

K——受压杆件长度系数，参见 GB/T 3811；

r——惯性半径，单位为毫米(mm)；

L——受压杆件几何长度，单位为毫米(mm)；

σ_p——材料的比例极限，单位为牛每二次方毫米(N/mm²)；

E——材料的弹性模量，单位为牛每二次方毫米(N/mm²)，对于屈服极限小于 500 N/mm² 时，取 $E=2.06\times10^5$ N/mm²；对于屈服极限等于或高于 500 N/mm² 时的高强度合金钢，如没有提供 E 的数值，应取样实测 E 的数值。

在起重机行驶中，转台承受较大的运行冲击载荷，自重引起的应力是其主要载荷，因此，应给出转台的自重应力安全系数 n。

a) Ⅰ类——均匀高应力区的自重应力安全系数按式(14)计算：

$$n_{\mathrm{I}}=\sigma_s/\sigma_r\text{或}\quad n_{\mathrm{I}}=\sigma_s/\sigma' \qquad\cdots\cdots(14)$$

式中：

σ_r——结构件中被测部位测出的最大拉应力，单位为兆帕(MPa)；

注：对于单向应力：塑性材料 $\sigma_r=\sigma_{max}$；脆性材料 $\sigma_r=\sigma_x$。

σ'——当量单向应力，单位为兆帕(MPa)；

n_{I}——Ⅰ类安全系数。

b) Ⅱ类——应力集中区的自重应力安全系数按式(15)计算：

$$n_{\mathrm{II}}=\sigma_s/\sigma_r\quad\text{或}\quad n_{\mathrm{II}}=\sigma_s/\sigma' \qquad\cdots\cdots(15)$$

式中：

n_{II}——Ⅱ类安全系数。

c) Ⅲ类——弹性屈曲区，对于弦杆和腹杆等受压元件的自重应力安全系数按式(16)计算：

$$n_{\text{III}} = 1/[\sigma_{ra}/\sigma_{cr} + (\sigma_{rm} - \sigma_{ra})/\sigma_s] \quad \cdots\cdots(16)$$

式中：

σ_{ra}——由一个截面上若干个测点的应变读数确定的平均应力，单位为兆帕(MPa)；

σ_{rm}——压杆被测截面上最大的计算压应力，单位为兆帕(MPa)；

σ_{cr}——受压杆发生屈曲的临界压应力(见表6)，单位为兆帕(MPa)；

n_{III}——Ⅲ类安全系数。

d) Ⅳ类——板的局部屈曲区

对板可能产生局部屈曲部位，一般要求对所有的试验工况(包括超载试验工况)Ⅳ类区域的应变片读数，都应回到空载时的读数。

24.2 结构位移测量

24.2.1 测量工况及载荷

结构位移测量的工况及载荷见表4。

表4中只规定测量臂架的变形，其他结构件的变形是否需要测量根据具体情况确定。有条件的情况下，支架、支腿、转台等结构件均应测量主要工况下的变形。

24.2.2 测量方法

结构变形的测量值受测试条件的影响，数据不完全是该结构件的受力弹性位移，同时包括基础下沉、结构连接间隙，以及其他结构件的变形对被测结构的影响等，因此测试时应尽可能排除影响因素，测得比较准确的弹性位移。

臂架端部在变幅平面内的变形，可通过臂架起吊额定总起重量，测量臂架端部在载荷作用下的垂直分量、水平分量和臂架仰角，然后计算臂架在变幅平面内垂直于臂架轴线方向的静位移；或通过臂架头部固定一个十字架式的标尺，其上有水平和垂直刻度，用经纬仪测量。

24.2.3 箱形伸缩式臂架的变形限值

24.2.3.1 在相应工作幅度起吊额定载荷作用下，只考虑臂架端部变形时，臂架端部在变幅平面内垂直于臂架轴线方向的静位移 f_L 按式(17)评定测试结果：

$$f_L \leqslant kL_C{}^2 \quad \cdots\cdots(17)$$

式中：

f_L——静位移，单位为厘米(cm)；

L_C——臂架长度，单位为米(m)；

k——系数，当 L_C<45 m时，k 值取0.1；当 $L_C \geqslant$45 m时，k 值取0.1～0.15。

24.2.3.2 在相应工作幅度起吊额定载荷及在臂架端部施加数值为5%额定载荷的水平侧向力时，臂架端部在回转平面内的水平静位移 Z_L 按以下情况评定测试结果。

a) 对臂长不大于29 m时，按式(18)计算：

$$Z_L \leqslant 0.07L_C{}^2 \quad \cdots\cdots(18)$$

式中：

Z_L——水平静位移，单位为厘米(cm)。

b) 对臂长大于29 m时，臂架端部在回转平面内的水平静位移 Z_L 不大于臂长的2%。

c) 对受压桁架臂架，在吊重平面内臂架头部位移主要是臂架拉索的变形引起的，因此不测量在变幅平面内的变形。侧载作用下，臂架端部在回转平面内的水平静位移 Z_L 不大于臂长的1%。

注：式(17)和式(18)均按一般力学方法进行计算，当结构在大变形状态下，f_L 和 Z_L 宜采用非线性分析方法计算。

24.3 结构动特性测试

24.3.1 测试项目

测试项目如下：

a) 起重机结构件危险应力区危险点的动态应力；

b) 司机室的振动特性。

24.3.2 测试方法

测试方法如下：

a) 额定载荷，正常操作起升离地或以额定速度下降制动时，测试动应力和振动特性；

b) 对有伸缩臂的起重机，臂架全伸状态、仰角在40°～50°，空载，作缩臂运动时产生的振动。

24.3.3 动特性的限值

动特性的值如下：

a) 按24.3.1中a)各部位的最大应力点由振动产生的最大应力不应超过许用应力；

b) 司机室操纵台和座椅处的水平方向和垂直方向加速度应小于 $0.2g_n$（g_n 为标准自由落体加速度）。

24.4 试验报告

24.4.1 试验过程中应做好试验记录和数据整理工作。对不正常现象，应有实况记录，并做出分析意见。

24.4.2 对试验中发现的个别部位的应力、合成应力超出规定值的情况，虽然没有发现破坏或不正常的现象，但报告中应特别指出，并提出分析意见，做出结构是否可正常工作的明确结论。

25 工业性试验

25.1 试验要求与时间

起重机最大额定总起重量超过160 t以上的，可用工业性试验代替作业可靠性试验。

起重机工业性试验的累计时间根据可靠性指标、特殊用途和用户提出的具体要求，在产品出厂后的第一个大修周期范围内选择，或由质量检测机构确定，一般情况的累计时间不少于半年。

25.2 考核项目

采用以实际使用工况的形式，考核起重机作业功能技术水平和整机性能稳定性。进行工业性试验的起重机应考核如下项目：

a) 使用可靠性指标验证；

b) 燃油消耗量统计；

c) 司机劳动条件考核；

d) 技术保养及维修条件；

e) 整机性能稳定性评价。

25.3 试验步骤

25.3.1 起重机通过全面技术检查后，正式投入试验期间的一切操作规程和维护保养均严格按照有关技术文件的规定。

25.3.2 试验期间起重机出现故障应及时排除，并按照表A.1详细记录试验期间各故障相关零部件的损坏和异常现象，记录维修换件情况及工时消耗等。对损坏零部件应及时进行技术分析和精密测量。

25.3.3 在整个工业性试验过程期间的初期、中期和末期，对起重机进行下列项目的测定，并按照表A.2详细记录起重机的各项试验数据。例如：

a) 发动机性能；

b) 最高稳定作业速度；

c) 基本臂、中长臂、最长主臂、最长臂架的最大起重能力；

d) 液压油最高温度；

e) 转台最高稳定回转速度等；

f) 汽车起重机的整机最高稳定行驶速度和行驶制动距离；

g) 轮胎起重机的最高稳定行驶速度和最低稳定行驶速度等。

25.3.4 在整个工业性试验过程期间，每班应按照表A.3详细记录起重机的作业工况、作业性能等。

25.4 试验资料汇总

25.4.1 数据统计

在整个工业性试验过程期间，应按照表A.4定期统计汇总起重机经济效益的各项指标，应按照表A.5定期统计汇总故障。

25.4.2 司机劳动条件考核

司机劳动条件考核、汇总项目如下：

a) 操纵力与结合频繁程度；

b) 司机室的隔音、保暖和通风；

c) 视野与照明；

d) 司机座椅的防震性和舒适性；

e) 发动机的低温起动性能。

25.4.3 起重机的技术保养与维修条件考核

起重机的技术保养与维修条件考核、汇总项目如下：

a) 维修保养劳动量与物资费用支出；

b) 维修保养中的修复工艺性；

c) 维修保养规程的合理性；

d) 改进措施。

25.5 作业功能技术水平和整机性能稳定性评价

工业性试验结束后，根据工业性试验过程的初期、中期和末期的试验数据对比，作出起重机的作业功能技术水平和整机性能稳定性评价。

26 检验规则

26.1 分类

起重机的检验分出厂检验和型式检验。

26.2 出厂检验

起重机应经制造厂质量检验部门检验合格后方可出厂。产品出厂时，应附有质量检验部门签发的产品合格证。出厂检验项目见表7。

26.3 型式检验

26.3.1 进行型式试验的样机应是出厂检验的合格产品。

26.3.2 凡属下面情况之一者，应进行型式检验：

a) 新产品或老产品转厂生产的试制定型时；

b) 产品停产三年后恢复生产时；

c) 正式生产后，如工艺和材料有较大改变，可能影响产品性能时；

d) 出厂检验与定型试验有重大差异时；

e) 国家质量监督机构提出进行型式检验要求时。

26.3.3 型式检验项目见表7。

26.3.4 起重机型式检验时，如属26.3.2中a)、b)和e)三种情况，应按表7规定的内容进行检验；如属26.3.2中c)、d)两种情况，可仅对受影响项目进行检验。

表 7　检验项目表

章节代号		检验项目	出厂检验			型式检验		
			试验	测定	目测	试验	测定	目测
准备性检验	6.4.2	上车部分			○			○
	6.4.3	底盘部分			○			○
	6.5.1	侧防护和后防护			○	○		
	6.5.2	水平仪、角度指示器、高度限位器和幅度限位器	○			○		
	6.5.3	力矩限制器	○			○		
	6.5.4	起重量指示器	○			○		
7		质量参数测量		◇			○	
几何参数测量	8.1.1	a) 整车的长、宽、高		○			○	
		b) 轴距 $Z1$、$Z2$、$Z3$		○			○	
		c) 前轮距 $A1$ 和后轮距 $A2$					○	
		d) 最小离地间隙 δ					○	
		e) 最小离地高度 h					○	
		f) 最小转弯直径				○		
		g) 接近角 α 和离去角 β					○	
		h) 前悬 $C1$ 和后悬 $C2$					○	
		i) 前伸 $C3$ 和后伸 $C4$					○	
	8.1.2	a) 基本臂臂长、最长主臂臂长					○	
		b) 臂架的最大仰角和最小仰角		○			○	
		c) 基本臂和最长主臂的最大起升高度		◇			○	
		d) 支腿的纵向跨距 $L1$ 和横向跨距 $L2$		○			○	
		e) 尾部回转半径 W					○	
行驶性能试验	9.1	车速表检查	○			○		
	9.2	行驶试验	○			○		
	9.3	制动性能试验				○		
	9.4	最高车速测量				○		
	9.5	最低稳定车速测量				○		
	9.6	加速性能试验				○		
	9.7	爬陡坡试验				○		
	9.8	通过性试验				○		
作业参数测定	10.1	起升、下降速度	◇			○		
	10.2	回转速度	◇			○		
	10.3	变幅时间	◇			○		
	10.4	主臂伸、缩时间	◇			○		
	10.5	活动支腿收放时间	◇			○		

表 7（续）

章节代号	检验项目	出厂检验			型式检验		
		试验	测定	目测	试验	测定	目测
11	空载试验	○			○		
12	额定载荷试验	○			○		
13	动载荷试验	○			○		
14	静载荷试验	○			○		
15	整机稳定性试验	○			○		
16	密封性能试验	◇			○		
17	支承接地比压的测定	◇			○		
18	液压油固体颗粒污染测量		○			○	
19	液压系统试验				○		
20 或 25	作业可靠性试验或工业性试验				○		
21	行驶可靠性试验				○		
22	排气污染物测量	◇			○		
23	噪声测量	◇			○		
24	结构试验				○		
注：○为应测项目；◇为制造商认为需要时应测项目。							

附 录 A
（规范性附录）
起重机工业性试验记录

表 A.1 故障记录

样机型号：______________ 制造商：______________

故障发生时间：________年________月________日

试验人员：______________ 记录员：______________

维修人员：______________ 当班司机：______________

<table>
<tr><td rowspan="2">样机累计试验时间/h</td><td rowspan="2">当班作业方式</td><td rowspan="2">故障零部件实际使用时间/h</td><td colspan="2">故障停机时间/h</td></tr>
<tr><td>待料时间</td><td>修理时间</td></tr>
<tr><td></td><td></td><td></td><td></td><td></td></tr>
<tr><td></td><td></td><td></td><td></td><td></td></tr>
<tr><td></td><td></td><td></td><td></td><td></td></tr>
<tr><td></td><td></td><td></td><td></td><td></td></tr>
<tr><td></td><td></td><td></td><td></td><td></td></tr>
<tr><td>故障内容</td><td colspan="4"></td></tr>
<tr><td>故障原因分析</td><td colspan="4"></td></tr>
<tr><td>采取措施及效果</td><td colspan="4"></td></tr>
</table>

表 A.2　初期、中期和末期试验记录

样机型号：＿＿＿＿＿＿＿出厂编号：＿＿＿＿＿＿＿制造商：＿＿＿＿＿＿

当班司机：＿＿＿＿＿＿＿＿＿试验人员：＿＿＿＿＿＿＿＿＿

主管试验员：＿＿＿＿＿＿＿＿记录员：＿＿＿＿＿＿＿＿＿

<table>
<tr><th colspan="3">测 量 项 目</th><th>工业性试验初期/
年 月 日</th><th>工业性试验中期/
年 月 日</th><th>工业性试验末期/
年 月 日</th></tr>
<tr><td rowspan="5">发动机性能</td><td colspan="2">排气污染</td><td></td><td></td><td></td></tr>
<tr><td colspan="2">最低燃油消耗率/[g/(kW·h)]</td><td></td><td></td><td></td></tr>
<tr><td colspan="2">平均油耗/(kg/h)</td><td></td><td></td><td></td></tr>
<tr><td colspan="2">最低空转速度/(r/min)</td><td></td><td></td><td></td></tr>
<tr><td colspan="2">最高空转速度/(r/min)</td><td></td><td></td><td></td></tr>
<tr><td rowspan="10">最高稳定
作业速度/
(m/min)</td><td rowspan="2">基本臂</td><td>起升</td><td></td><td></td><td></td></tr>
<tr><td>下降</td><td></td><td></td><td></td></tr>
<tr><td rowspan="2">中长臂</td><td>起升</td><td></td><td></td><td></td></tr>
<tr><td>下降</td><td></td><td></td><td></td></tr>
<tr><td rowspan="2">最长主臂</td><td>起升</td><td></td><td></td><td></td></tr>
<tr><td>下降</td><td></td><td></td><td></td></tr>
<tr><td rowspan="2">最长臂架</td><td>起升</td><td></td><td></td><td></td></tr>
<tr><td>下降</td><td></td><td></td><td></td></tr>
<tr><td rowspan="2">带载行驶(轮胎起重机)</td><td>前进</td><td></td><td></td><td></td></tr>
<tr><td>后退</td><td></td><td></td><td></td></tr>
<tr><td rowspan="4">最大总起
重量/相应最
小工作幅度
t/m</td><td colspan="2">基本臂</td><td></td><td></td><td></td></tr>
<tr><td colspan="2">中长臂</td><td></td><td></td><td></td></tr>
<tr><td colspan="2">最长主臂</td><td></td><td></td><td></td></tr>
<tr><td colspan="2">最长臂架</td><td></td><td></td><td></td></tr>
<tr><td rowspan="4">最大总起
重量/相应最
大工作幅度
t/m</td><td colspan="2">基本臂</td><td></td><td></td><td></td></tr>
<tr><td colspan="2">中长臂</td><td></td><td></td><td></td></tr>
<tr><td colspan="2">最长主臂</td><td></td><td></td><td></td></tr>
<tr><td colspan="2">最长臂架</td><td></td><td></td><td></td></tr>
<tr><td rowspan="3">轮胎起
重机带
载行驶</td><td rowspan="3">最大总起重量/相应最小
工作幅度/最高稳定
行驶速度
t/m/(km/h)</td><td>基本臂</td><td></td><td></td><td></td></tr>
<tr><td>中长臂</td><td></td><td></td><td></td></tr>
<tr><td>最长主臂</td><td></td><td></td><td></td></tr>
<tr><td rowspan="2">汽车起重机</td><td colspan="2">整机最高稳定行驶速度/(km/h)</td><td></td><td></td><td></td></tr>
<tr><td colspan="2">整机行驶制动距离/m</td><td></td><td></td><td></td></tr>
<tr><td rowspan="2">轮胎起重机</td><td colspan="2">最高稳定行驶速度/(km/h)</td><td></td><td></td><td></td></tr>
<tr><td colspan="2">最低稳定行驶速度/(km/h)</td><td></td><td></td><td></td></tr>
<tr><td colspan="3">液压油最高温度/℃</td><td></td><td></td><td></td></tr>
<tr><td colspan="3">转台最高稳定回转速度/(r/min)</td><td></td><td></td><td></td></tr>
</table>

表 A.3 作业工况、作业性能记录

样机型号：________________ 出厂编号：______________ 制造商：__________

试验日期：________________ 天气：__________ 气温：_______℃ 湿度：__________

当班司机：______________ 试验人员：______________________ 记录员：__________

项目	发动机机油温度/℃		发动机冷却水温度/℃		液压油箱液压油温度/℃
班前					
班后					
时间统计	发动机空转时间________h		技术保养时间________h		
	样机空行时间________h		特殊原因停机时间________h		
	作业始末时间________h		故障原因停机时间________h		
	辅助工作时间________h		纯修理时间________h		
	其他时间________h		纯试验时间________h		
作业工况（汽车起重机）	基本臂	幅度________m	作业工况（轮胎起重机）	基本臂	幅度________m
		起重量________t			起重量________t
	中长臂	幅度________m			行驶速度________km/h
		起重量________t		中长臂	幅度________m
	最长主臂	幅度________m			起重量________t
		起重量________t			行驶速度________km/h
	最长主臂+最短副臂	主臂幅度________m		最长主臂	幅度________m
		起重量________t			起重量________t
		副臂安装角________°			行驶速度________km/h
	最长臂架	主臂幅度________m		最长臂架	幅度________m
		起重量________t			起重量________t
		副臂安装角________°			行驶速度________km/h
	道路行驶	最高稳定行驶速度__km/h		道路行驶	最高稳定行驶速度________km/h
		最低稳定行驶速度__km/h			最低稳定行驶速度________km/h
保养内容及人数					
故障情况及其说明					

表 A.4　经济效益的各项指标统计表(定期统计汇总)

样机型号：＿＿＿＿＿＿＿＿出厂编号：＿＿＿＿＿＿＿＿制造商：＿＿＿＿＿＿＿＿

当班司机：＿＿＿＿＿＿＿＿试验人员：＿＿＿＿＿＿＿＿记录员：＿＿＿＿＿＿＿＿

<table>
<tr><td rowspan="2">试验日期</td><td rowspan="2">工作地点</td><td rowspan="2">总试验时间/h</td><td colspan="4">作业时间/h</td></tr>
<tr><td>总作业时间</td><td>在负荷下的纯作业时间</td><td>作业场地改变时的转移运行时间</td><td>发动机空转时间</td></tr>
<tr><td></td><td></td><td></td><td></td><td></td><td></td><td></td></tr>
</table>

<table>
<tr><td colspan="9">停机时间/h</td><td rowspan="3">作业率/%</td></tr>
<tr><td rowspan="2">施工组织上的原因</td><td rowspan="2">司机休息</td><td rowspan="2">气象原因</td><td rowspan="2">排查故障</td><td rowspan="2">更换零部件</td><td colspan="3">技术保养</td><td rowspan="2">总计</td></tr>
<tr><td>台班累计</td><td>定期保养</td><td>各级预修(大、中修)</td></tr>
<tr><td></td><td></td><td></td><td></td><td></td><td></td><td></td><td></td><td></td><td></td></tr>
</table>

表 A.5　故障汇总统计表(定期统计汇总)

样机型号：＿＿＿＿＿＿＿＿出厂编号：＿＿＿＿＿＿＿＿制造商：＿＿＿＿＿＿＿＿

当班司机：＿＿＿＿＿＿＿＿试验人员：＿＿＿＿＿＿＿＿记录员：＿＿＿＿＿＿＿＿

序号	损坏的零部件名称	损坏特征，损坏时零部件已工作的时间/h	至第一次大修预计的(设计的)使用寿命/h	消除造成损坏原因所采取的技术措施	技术措施所产生的效果
1					
2					

<table>
<tr><td rowspan="2">总作业时间/h</td><td colspan="19">故障发生率(次、百分比)</td></tr>
<tr><td>发动机部分</td><td>变速箱</td><td>取力器</td><td>前桥</td><td>中后桥</td><td>传动机构</td><td>臂架</td><td>变幅机构</td><td>回转机构</td><td>伸缩机构</td><td>起升机构</td><td>操纵机构</td><td>液压系统</td><td>电气系统</td><td>车架</td><td>支腿</td><td>其他</td><td>总计</td></tr>
<tr><td></td><td></td><td></td><td></td><td></td><td></td><td></td><td></td><td></td><td></td><td></td><td></td><td></td><td></td><td></td><td></td><td></td><td></td><td></td></tr>
</table>

ICS 27.020
J 91

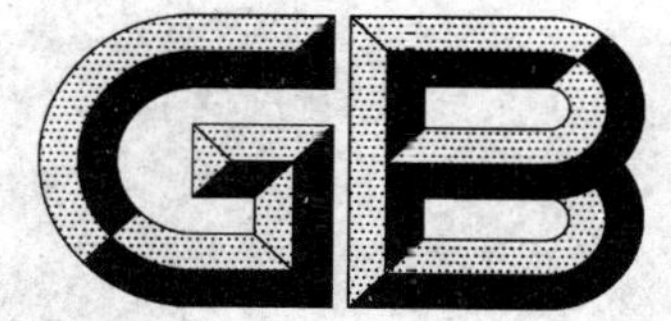

中华人民共和国国家标准

GB/T 6072.1—2008/ISO 3046-1:2002
代替 GB/T 6072.1—2000

往复式内燃机　性能　第1部分:功率、燃料消耗和机油消耗的标定及试验方法　通用发动机的附加要求

Reciprocating internal combustion engines—Performance—Part 1: Declarations of power, fuel and lubricating oil consumptions and test methods—Additional requirements for engines for general use

(ISO 3046-1:2002, IDT)

2008-02-03 发布　　2008-07-01 实施

中华人民共和国国家质量监督检验检疫总局
中国国家标准化管理委员会　发布

前　言

GB/T 6072在《往复式内燃机　性能》的总标题下，由下列各部分组成：

——第1部分：功率、燃料消耗和机油消耗的标定及试验方法　通用发动机的附加要求；

——第3部分：试验测量；

——第4部分：调速；

——第5部分：扭转振动；

——第6部分：超速保护。

本部分是GB/T 6072的第1部分。

本部分等同采用ISO 3046-1:2002《往复式内燃机　性能　第1部分：功率、燃料消耗和机油消耗的标定及试验方法　通用发动机的附加要求》(英文版)。

本部分等同翻译ISO 3046-1:2002。

为便于使用，本部分做了如下编辑性修改：

——"本国际标准"一词改为"本部分"；

——用小数点"."代替作为小数点的"，"；

——删除了国际标准的前言；

——本部分对ISO 3046-1:2002中引用的其他国际标准，凡已被采用为我国标准的，用我国标准代替相对应的国际标准；未被采用为我国标准的，仍直接引用国际标准。

本部分是对GB/T 6072.1—2000的修订。本部分与GB/T 6072.1—2000的主要区别是：

——编写格式与"核心"标准GB/T 21404—2008保持相同。

——术语和符号按GB/T 21404—2008规定。

——功率标定的试验方法、功率修正方法及试验报告按GB/T 21404—2008规定。

——增加了功率代号标记方法及示例。

——删除了原附录D《非调整发动机(预调定发动机)功率修正计算示例》。

本部分作为GB/T 21404—2008《内燃机　发动机功率的确定和测量方法　一般要求》的"卫星"标准，用以规定通用发动机的附加要求。

本部分的附录A为规范性附录，附录B、附录C和附录D为资料性附录。

本部分由中国机械工业联合会提出。

本部分由全国内燃机标准化技术委员会归口。

本部分起草单位：上海内燃机研究所、潍柴动力股份有限公司、北汽福田汽车股份有限公司、宁波雪龙集团有限公司、广西玉柴股份有限公司、浙江新柴股份有限公司。

本部分主要起草人：陈云清、张纪元、陆子平、苏怀林、葛红、张佩莉、杜海明、计维斌、崔华标、谢亚平、瞿俊鸣、毕晔、宋国婵。

本部分所代替标准的历次版本发布情况：

——GB/T 6072.1—2000。

引　言

GB/T 6072 的本部分确定了 ISO 发动机功率测量标准体系中的一个“卫星”标准。应用该标准体系可以避免在发动机功率定义和确定方面存在许多似是而非的 ISO 标准的缺点。该标准体系采用“核心”和“卫星”标准的概念。

“核心”标准 GB/T 21404（ISO 15550）包括各种用途发动机的共同要求，而作为“卫星”标准的 GB/T 6072 的本部分则包括了第 1 章范围内特定用途发动机功率测量和标定所必须满足的要求。

GB/T 6072 的本部分是要和“核心”标准 GB/T 21404（ISO 15550）一起，全面规定对特定用途发动机的要求。因此，“卫星”标准不是一个能单独存在的文件，而是要和“核心”标准 GB/T 21404（ISO 15550）中所规定的要求一起，组成一个完整的标准。

为便于使用，“核心”标准和“卫星”标准均以完全相同的结构形式编写。

采用这一方法的优点是，当将相同或同类发动机用于不同用途时，可以更加合理地使用标准，并能保证各标准在制修订过程中取得协调一致。

对必须符合船级社规范的船舶和海上设施用发动机，应遵守船级社的附加要求。客户在订货前应指明相关船级社。

对不定级发动机，附加要求应由制造厂和客户商定。

如须满足其他管理部门（例如检测和/或立法机构）法规中的特殊要求，客户在订货前应说明该主管部门。

任何进一步的附加要求须经制造厂与客户共同商定。

往复式内燃机　性能　第1部分:功率、燃料消耗和机油消耗的标定及试验方法　通用发动机的附加要求

1　范围

GB/T 6072 的本部分除需满足“核心”标准 GB/T 21404 所规定的基本要求外,还规定了功率、燃料消耗和机油消耗的标定及试验方法。

GB/T 6072 的本部分规定了符合“核心”标准 GB/T 21404 要求的发动机功率代号,以便必要时可简化功率的表述和便于交流。这可适用于诸如发动机铭牌功率的表示。

GB/T 6072 的本部分适用于陆用、轨道牵引和船用往复式内燃机。本部分也可适用于筑路机械和土方机械、工业卡车以及目前尚无合适标准可以使用的其他用途发动机。

本部分为“卫星”标准,只有在与“核心”标准 GB/T 21404 一起使用时,才能全面规定特定用途发动机的技术条件。

2　规范性引用文件

下列文件中的条款通过 GB/T 6072 的本部分的引用而成为本部分的条款。凡是注日期的引用文件,其随后所有的修改单(不包括勘误的内容)或修订版均不适用于本部分,然而,鼓励根据本部分达成协议的各方研究是否可使用这些文件的最新版本。凡是不注日期的引用文件,其最新版本适用于本部分。

GB/T 726—1994　往复式内燃机　旋转方向、气缸和气缸盖上气门的标志及直列式内燃机右机、左机和发动机方位的定义(idt ISO 1204:1990)

GB/T 6072.4—2000　往复式内燃机　性能　第4部分:调速(idt ISO 3046-4:1997)

GB/T 6072.6—2000　往复式内燃机　性能　第6部分:超速保护(idt ISO 3046-6:1990)

GB/T 21404—2008　内燃机　发动机功率的确定和测量方法　一般要求(ISO 15550:2002,IDT)

3　术语和定义

GB/T 6072 的本部分采用 GB/T 21404 所给出的术语和定义见表1所示。

表1　术语和定义

术　语	定　义 (GB/T 21404—2008 的条款号)
有效功率	3.3.3
持续功率	3.3.4
发动机标定转速 从属辅助装置	3.2.4 3.1.1
发动机调整 发动机转速 基本辅助装置	3.2.1 3.2.3 3.1.3
燃料消耗量 油量限定功率	3.4.1 3.3.6

表 1(续)

术语	定义 (GB/T 21404—2008 的条款号)
指示功率 独立辅助装置	3.3.2 3.1.2
ISO 功率 ISO 燃料消耗率 ISO 标准功率	3.3.7 3.4.1.2 3.3.7.1
发动机低怠速(怠速)	3.2.6
机油消耗量	3.4.3
非调整发动机 非基本辅助装置	3.2.2 3.1.4
超负荷功率	3.3.5
功率调整	3.3.9
使用功率 使用标准功率 燃料消耗率	3.3.8 3.3.8.1 3.4.1.1

4 符号

GB/T 6072 的本部分所用符号见 GB/T 21404—2008 的表 2,脚注的含义见 GB/T 21404—2008 的表 3。

5 标准基准状况

按 GB/T 21404—2008 第 5 章的规定。

6 试验方法

6.1 总则

试验方法按 GB/T 21404—2008 中 6.2 规定的试验方法 1 进行。

制造厂应指定在本试验方法中发动机适用于下列何种规程:

a) 功率调整;

b) 功率修正。

6.2 已调整发动机

6.2.1 如有必要,按下列规定的一种或多种方法,用公式(1)～公式(6)(见 10.3)来确定试验功率:

a) 由标准基准状况下的 ISO 功率调整到试验环境状况下的 ISO 功率;

b) 由现场环境状况下的标定使用功率调整到试验环境状况下的功率;

c) 使试验功率等于标定使用功率,并按照 6.2.5 的规定,在人为改变工况的条件下进行现场环境条件的模拟试验;

d) 按照 6.2.5 规定在模拟某些现场环境状况的条件下进行试验,并将标定使用功率调整到允差范围内。

注:只有在现场环境状况下不更换或修改涡轮增压装置或发动机正时时,才可用公式(1)～公式(6)调整功率。

6.2.2 调整功率时,发动机制造厂应指明表 2 中所用结构编号。

如果表 2 中没有适合功率调整的结构编号,制造厂和客户应书面商定调整方法。

6.2.3 若涡轮增压发动机在标准基准状况下按标定功率运行时,没有达到涡轮增压器转速、涡轮进口处排气温度，或最高燃烧压力的相应限值时，则制造厂可根据 10.3.2 的规定提出替代基准状况下的功率调整。

6.2.4　当在现场按试验环境状况调整标定功率时，可能会出现诸如发动机气缸内最大燃烧压力超过容许值的结果。在这种情况下，应在制造厂认为安全的功率下进行发动机试验，使其不超过容许值。

与所需功率相对应的发动机参数值，可按制造厂和客户共同商定的方法，根据实测值由外推法求得。

6.2.5　发动机可以采用下列某一方法在人为环境状况下进行现场环境状况的模拟试验：

a)　用人工加热改变发动机进口处的空气温度；

b)　改变中冷器进口处冷却介质温度等；

c)　制造厂认为安全的其他合适方法。

表 2　功率调整数值

发动机类型	燃料类型	工况		结构编号	系数 c	指数 m	指数 n	指数 s
柴油机和燃用液体燃料的双燃料压燃式发动机	柴油	非涡轮增压	功率受空燃比限制	A	1	1	0.75	0
			功率受热负荷限制	B	0	1	1	0
		涡轮增压无中冷	中低速四冲程发动机	C	0	0.7	2	0
		涡轮增压中冷		D	0	0.7	1.2	1
压燃式(柴油)发动机	柴油	涡轮增压中冷	中低速二冲程发动机	E	0	nr	nr	nr
引燃喷射燃气发动机(双燃料或气-柴油)	使用引燃燃油的气体燃料	涡轮增压中冷	中低速四冲程发动机	F	0	0.57	0.55	1.75
高压气体喷射双燃料发动机	使用引燃燃油的气体燃料	涡轮增压中冷	中低速四冲程发动机	G	0	0.7	1.2	1
			低速二冲程发动机	H	0	nr	nr	nr
火花点燃式(奥托)发动机	汽油、液化石油气和气体燃料	非涡轮增压	高速四冲程发动机	I	1	0.86	0.55	0
	气体燃料	涡轮增压中冷	中低速四冲程发动机	J	0	0.57	0.55	1.75

注 1：结构编号和指数由国际内燃机协会(CIMAC)推出。

注 2：系数和指数系由许多具有代表性机型的发动机经试验后确定。可作为指导值。发动机制造厂可以根据本厂发动机结构选取其他合适值。

注 3：指数 s 值适用于按基准增压空气冷却介质温度进行的功率调整。如增压空气由发动机冷却水套按标定恒温冷却时，该指数 s 值可取为零。

注 4：结构编号 A 和 D 的使用见附录 C 和附录 D 的示例。

注 5：nr 表示无推荐值。由发动机制造厂根据其发动机结构选取合适值。

6.3　非调整发动机(预调定发动机)

当试验状况与标准基准状况不同时，可用 GB/T 21404—2008 第 7 章规定的方法将实测功率修正到标准基准状况(通过计算修正)。

试验可在空调试验室内进行,以控制大气状况,使修正系数尽量接近1。

当采用自动装置控制某一有影响参数时,只要该参数保持在该装置的相应范围内,则不用为该参数进行功率修正。这特别适用于:

a) 自动空气温度控制装置,工作温度为298K(25℃);

b) 自动增压控制装置,当大气压力达到使增压控制装置工作时,即与大气压力无关;

c) 自动燃料控制装置,由调速器调节燃料供给量,使输出功率保持恒定(通过补偿环境压力和温度的影响)。

但是,在a)情况下,如果自动空气温度控制装置在298K(25℃)全负荷时完全关闭(无加热空气进入进气),则应在该装置完全关闭的条件下进行试验,并采用常规修正系数。在c)情况下,压燃式(柴油机)发动机的燃料消耗量应采用功率修正系数的倒数来修正。

6.4 辅助装置

区分影响发动机终端轴输出的辅助装置和发动机持续或重复使用所必需的辅助装置,示例见附录A。

凡安装在发动机上、且拆去后发动机在任何情况下均不能按标定功率运转的装备件,均应被认为是发动机的组成部分,因此不能列为辅助装置。

注:诸如喷油泵、废气涡轮增压器和中冷器等装备件均属该范畴。

7 功率修正方法

功率修正方法按GB/T 21404—2008第7章的要求。

8 排放测量

在完成发动机的功率测量后,用GB/T 8190所规定的方法测量气体和颗粒排放物。

9 试验报告

试验报告按GB/T 21404—2008中9.1的规定。

10 功率调整和燃料消耗率换算方法

10.1 总则

发动机制造厂应指明不必调整功率和换算燃料消耗率时,试验或现场环境状况可与标准基准状况的差异量。

10.2 用途

GB/T 6072的本部分所提供的程序可适用于计算:

a) 由标准基准状况下的已知值推算现场环境状况下的功率和燃料消耗率(见10.3和10.4);

b) 发动机在试验环境状况下的功率和燃料消耗量是否与标定值相对应(见10.3和10.4)。

10.3 不同环境状况下的功率调整

10.3.1 当发动机需要在不同于GB/T 21404—2008第5章规定的标准基准状况下运转,并且还要求将输出功率调整到标准基准状况或由标准基准状况调整到环境状况时,若制造厂未规定其他方法,应采用公式(1)进行计算(见10.3.2注2和10.3.4)。

$$P_x = \alpha \times P_r \qquad (1)$$

注:公式(1)是GB/T 21404—2008第7章中公式(1)和公式(2)的逆运算。

式中功率调整系数α由下式得出:

$$\alpha = k - 0.7(1-k)\left(\frac{1}{\eta_m} - 1\right) \qquad (2)$$

式中指示功率比 k 为：

$$k=\left(\frac{p_{x}-\alpha\phi_{x}p_{sx}}{p_{r}-\alpha\phi_{r}p_{sr}}\right)^{m}\left(\frac{T_{r}}{T_{x}}\right)^{n}\left(\frac{T_{cr}}{T_{cx}}\right)^{s} \quad\cdots\cdots(3)$$

示例见 C.1 和附录 D。

10.3.2 当涡轮增压发动机在标准基准状况下按标定功率运转时，如涡轮增压器转速、涡轮进口温度和最高燃烧压力尚未达到限值，则制造厂可提出替代基准状况下的功率（示例见 C.2）。

在这种情况下：

$$P_{x}=\alpha P_{ra} \quad\cdots\cdots(4)$$

然后用公式(5)和公式(6)代替公式(3)。

如用总气压取代公式(3)中的干空气压力比，则指示功率比为：

$$k=\left(\frac{p_{x}}{p_{ra}}\right)^{m}\left(\frac{T_{ra}}{T_{x}}\right)^{n}\left(\frac{T_{cra}}{T_{cx}}\right)^{s} \quad\cdots\cdots(5)$$

式中替代基准总气压为：

$$p_{ra}=p_{r}\left(\frac{r_{r}}{r_{r,max}}\right) \quad\cdots\cdots(6)$$

系数 α 及指数 m、n 和 s 的数值列于表 2 内（见 10.4）。

注 1：参见附录 B 的数据和附录 C 及附录 D 的数值计算示例。

注 2：当试验或现场环境状况较标准基准状况或替代基准状况更有利时（见 10.3.2），可由制造厂按标准基准状况或替代基准状况下的标定功率来限定试验或现场环境状况下的标定功率。

注 3：如果不知道相对湿度，则对表 2 中的结构编号 A、E 和 G，可假定该值为 30%。对其他所有结构编号，功率调整与湿度无关($\alpha=0$)。

10.3.3 机械效率应由发动机制造厂规定，如未规定，则假定 $\eta_{m}=0.8$。

10.3.4 在标定 ISO 标准功率时，发动机制造厂应指明表 2 中适用的结构编号。

10.4 已调整发动机在试验或现场环境状况下的燃料消耗量的换算

当发动机需要在与 GB/T 21404—2008 第 5 章给定的标准基准状况不一致的试验或现场环境状况下运转时，其燃料消耗率将与标准基准状况下的标定值不同，并应换算到标准基准状况或由标准基准状况换算到试验或现场环境状况。

如果制造厂未规定其他方法，则应采用下列公式：

$$b_{x}=\beta b_{r} \quad\cdots\cdots(7)$$

式中：

$$\beta=\frac{k}{\alpha} \quad\cdots\cdots(8)$$

注：参见附录 B 的数据表和 C.1 的数值计算示例。

11 功率标定

11.1 总则

11.1.1 表示功率的目的

有下列两种主要目的需要表示功率。

a) 用以标定功率的大小；

b) 通过测量验证发动机在相同环境状况下已达到按 a)标定的功率，或在不同环境状况下所发出的功率亦在合适的容许范围内。

为了规定达到标定功率值时的环境状况，标定时应说明：

a) 功率表示的类型，必要时还有环境状况和运转工况（见 11.4）；

b) 功率使用的类型（见 11.3）；

c) 功率的类型(见 11.2);

d) 发动机标定转速(见表 1)。

按照 a)、b)和 c) 表示发动机功率的方法可见图 1 所示。必要时,亦可用相应代号表示,见第 12 章。

注:a)～c)中所用术语也可组合使用,例如油量限定的持续有效使用功率。

对应于发动机的用途和制造方法,发动机所达到的功率可以与标定功率之间有一定的允差,制造厂应标明有这种允差及大小。

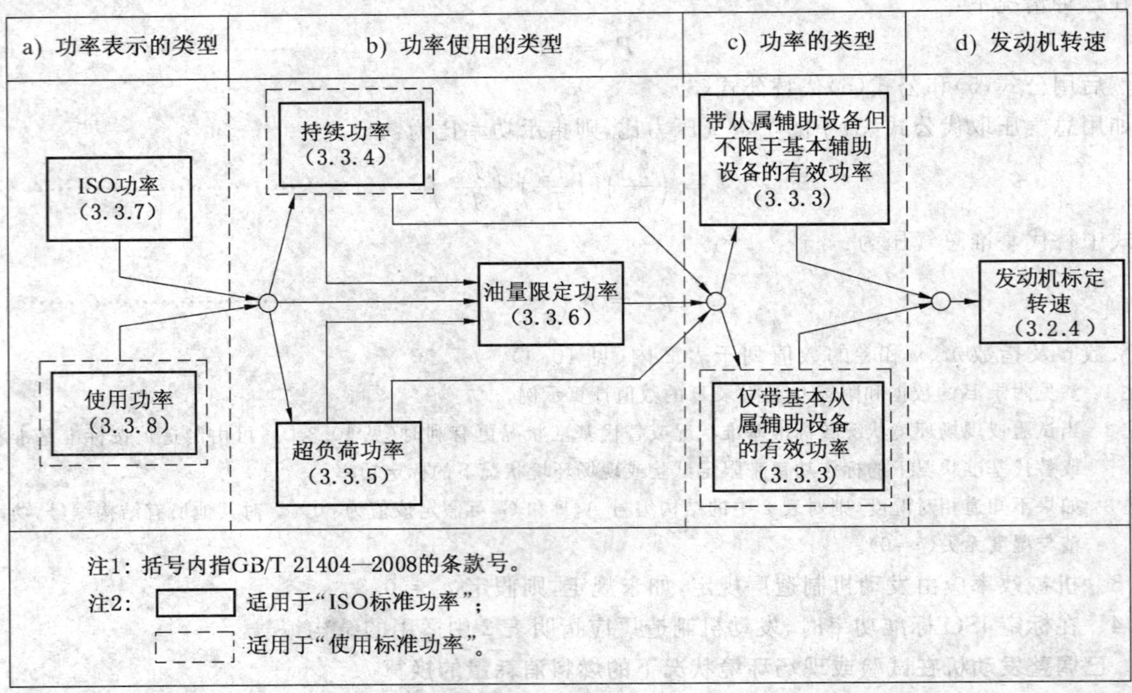

图 1 功率表示方法图解

11.1.2 功率和扭矩

对于由单轴或多轴输出功率的发动机,按照 GB/T 6072 的本部分确定的功率均与计算或实测的平均扭矩和传递该扭矩的单轴或多轴的平均转速成正比。

对于不是由单轴或多轴输出功率的发动机,应参照相应的从动机的标准。

11.1.3 带整体齿轮箱的发动机

在表示装有整体式(内置式)增速或减速机构的发动机功率时,还应给出传动轴终端在发动机标定转速时的转速。

11.2 功率的类型

11.2.1 功率有指示功率和有效功率两种类型。

11.2.2 除 ISO 标准功率和使用标准功率外,在表示任何有效功率时还应按 6.4 和附录 A 的要求提供下列辅助装置表:

a) GB/T 21404—2008 (3.1.1 和 3.1.3)所规定的基本从属辅助装置;

b) GB/T 21404—2008 (3.1.2 和 3.1.3)所规定的基本独立辅助装置;

c) GB/T 21404—2008 (3.1.1 和 3.1.4)所规定的非基本从属辅助装置。

b)和 c)中列出的辅助装置所吸收的功率可能很重要。在这种情况下,应标明其功率要求。

作为使用指南,附录 A 列出了部分典型辅助装置示例。

11.3 功率使用的类型

功率使用的类型有持续功率、超负荷功率和油量限定功率。

允许使用超负荷功率的持续时间和频次取决于使用情况,但在调定发动机油量限制器时应留有足够的裕量,使之能满意地发出允许的超负荷功率。超负荷功率应按持续功率的百分数表示,同时需注明允许运行的持续时间和频次及相应的发动机转速。

除非另有说明,在相应于发动机使用转速时,110%持续功率的超负荷功率,允许在12 h运行期内,间断或不间断地运行1 h。

注1:船用主机的功率通常限定在持续功率,因此在使用中不能给出超负荷功率。但是对特殊用途的船用主机,在使用中可发出超负荷功率。

注2:对发电用发动机,应按GB/T 2820.1—1997中13.3的规定。

11.4 功率表示的类型

功率表示有ISO功率和使用功率两种类型。

确定使用功率时应考虑下列条件:

a) 环境状况或由检测和/或立法机构和/或船级社要求的标称环境状况。由客户规定(见15章)。

注:例如国际船级社联合协会(IACS)对无限航区使用的船用主机和辅机装用的往复式内燃机,应使用下列标称环境状况:

总气压: $p_x = 100$ kPa

空气温度: $T_x = 318$ K ($t_x = 45$℃)

相对湿度: $\phi_x = 60\%$

海水或原水温度(中冷器进口): $T_{cx} = 305$ K ($t_{cx} = 32$℃)

b) 发动机的常用负载。

c) 预定的维修保养周期。

d) 需要监测的特性和量值。

e) 有关发动机在使用中的任何运转信息(见第15章和第16章)。

12 功率标记

12.1 功率代号间的关系

根据11.1.1的要求,按照GB/T 6072的本部分的规定,表示功率由三组不同的字母联合组成,并应标明发动机的转速。组成代号的字母顺序按图2所示。

另外,字母C后可加百分数值,用以表示持续功率可超负荷部分(见表3,序号3)。当持续功率可超出10%的标准值时,则该数值可用字母X代替(见表3,序号4)。

12.2 功率代号标记方法

用代号表示发动机功率可由下列各部分组成:

a) 图2中所注明的字母;

b) 功率数值及单位;

c) 发动机标定转速数值及单位。

示例:

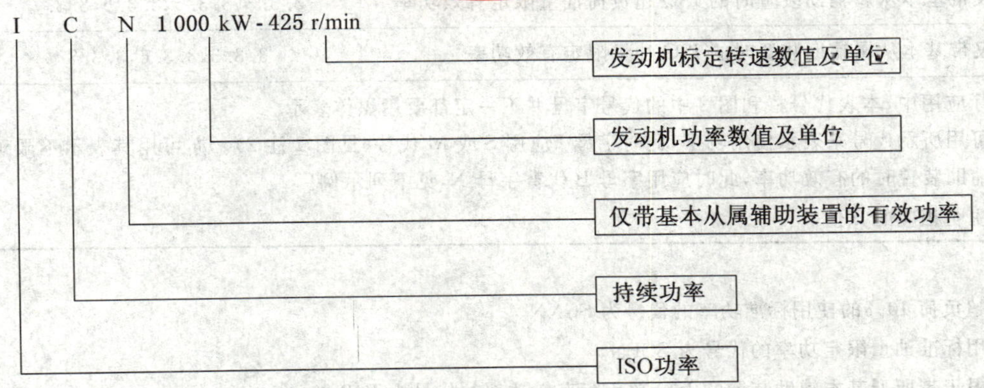

该表示并未规定发动机是否可以超功率。如果发动机可以超功率，应用百分数值来表示，例如ICXN。

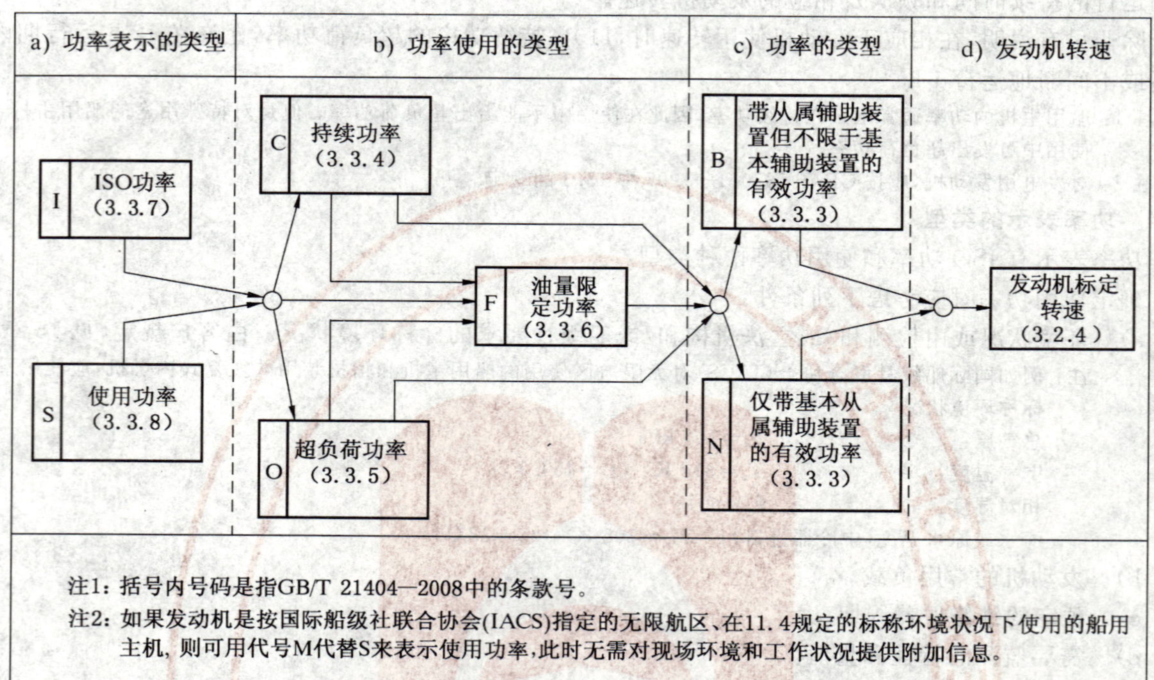

图2 功率代号所用字母顺序图解

12.3 功率代号标记示例

表3包含了常用功率代号的标记示例。

表3 常用功率代号标记示例

序号	功率名称	GB/T 21404—2008 中的条款号	代号[a]
1	ISO 标准功率	3.3.8	ICN
2	ISO 标准油量限定功率	3.3.6,3.3.8	ICFN
3	可超负荷 x% 的 ISO 标准功率	3.3.8(和本标准的 11.3)	ICxN[b]
4	可超负荷 10% 的 ISO 标准功率	3.3.8(和本标准的 11.3)	ICXN
5	仅带基本从属辅助装置时的 ISO 超负荷有效功率	3.3.3,3.3.5,3.3.7	ION
6	仅带基本从属辅助装置时的 ISO 超负荷油量限定有效功率	3.3.3,3.3.5,3.3.6,3.3.7	IOFN
7	仅带基本从属辅助装置时的 ISO 油量限定有效功率	3.3.3,3.3.6,3.3.7	IFN

[a] 实际应用中，本表代号栏和图2中的代号字母并不一定都要用黑体表示。
也可用所示代号来表示使用功率，此时字母I应用S或M代替(见图2注2)。亦可用其表示不限于带所列基本辅助装置时的有效功率，此时应用字母B代替字母N，见下列示例。

[b] 应注明相应的 x 值。

示例：

——可超负荷10%的使用标准功率的代号为SCXN。

——使用标准油量限定功率的代号为SCFN。

——不限于带所列基本辅助装置的ISO超负荷有效功率的代号为IOB。

13 燃料消耗量标定

13.1 燃料消耗

燃用液体燃料量应以质量单位(kg)或能量单位(J)表示。

燃用气体燃料量应以能量单位(J)表示。

如果制造厂无另行规定,标定的燃料消耗率应认为是ISO燃料消耗率。

13.2 燃料热值

13.2.1 液体燃料发动机

当规定燃用馏分燃料时,液体燃料发动机以质量为单位的标定燃料消耗率均以低热值42 700 kJ/kg计。

当规定燃用任何其他类型的燃料时,标定的燃料消耗率应以能量为单位,或者以质量为单位的燃料消耗率和相关的低热值两者来表示。

13.2.2 燃气发动机

燃气发动机的标定燃料消耗率均以规定的燃气低热值计,并应表明燃气的类别。

13.3 燃料消耗率标定

发动机的燃料消耗率应标定在:

a) ISO标准功率;

b) (按专门商定的要求)相应于发动机特定用途的任何其他标定功率和规定转速。

除非另有规定,标定功率时的标定燃料消耗率允差为+5%。

14 机油消耗量标定

14.1 机油消耗量为指导值。应以发动机在标定功率和转速下,每运转1 h所消耗的升或千克数来表示。

14.2 所标定的机油消耗量应是经规定磨合期后的值。

14.3 发动机换油时废弃的机油不应计入机油消耗量的标定值内。

14.4 应标明所用机油。

15 客户应提供的信息

客户应提供下列信息:

a) 发动机用途和要求功率,以及其他有关详细情况。

b) 预计所需功率使用的持续时间和频次,以及相应的发动机转速,最好以负荷分布图表示。

c) 现场状况:

1) 现场气压:最高和最低读数;如无气压数据,可给出海拔高度;

2) 现场一年中最热和最冷月份的月平均最高和最低环境空气温度的平均值;

3) 现场发动机的最高和最低环境空气温度;

4) 现场最高环境空气温度时的相对空气湿度(或用水蒸气分压或干湿球温度代替);

5) 所用冷却水的最高和最低温度。

d) 所用燃料规格和低热值。

e) 发动机是否符合船级社或其他特殊要求。

f) 由客户提供的基本从属辅助装置的特性。

g) 相应于发动机具体用途的任何其他信息。

16 发动机制造厂应提供的信息

发动机制造厂应提供下列信息:

a) 标定的有效功率，必要时还需附有允差。

b) 相应的发动机转速。

注：对某些变速用发动机，通常做法是提供发动机可用于持续和短期运行功率范围内的功率-转速图。
图3给出带固定螺距螺旋桨的船用主机的典型功率-转速图示例，为绘制该图，用户应按照第15章要求提供所需的资料。

c) 旋转方向(见 GB/T 726)。

d) 气缸数和排列(见 GB/T 726)。

e) 发动机是二冲程还是四冲程，是自然吸气、机械增压还是涡轮增压，有无增压空气中冷器。

f) 发动机运转所需空气量，用于：

1) 燃烧和扫气；

2) 冷却和通风。

g) 所装起动设备和所需附加装置的操作规范。

h) 推荐的机油牌号和等级。

i) 调速器型式，必要时还应附调速率(见 GB/T 6072.4 和 GB/T 6072.6)。对变速发动机，要给出工作转速范围和低怠速(怠速)。必要时，还应标明发动机的临界转速。

j) 冷却方式、冷却系统容量和冷却液循环流量。

k) 是否能安装空气导流管(仅指风冷发动机)。

l) 推荐的保养和大修规范。

m) 推荐的燃料规格和低热值。

n) 发动机供油温度和/或黏度。

o) 排气系统最大允许背压和进气系统最大允许负压。

p) 由制造厂提供的基本独立辅助装置的特性。

q) 相应于发动机具体用途的其他信息。

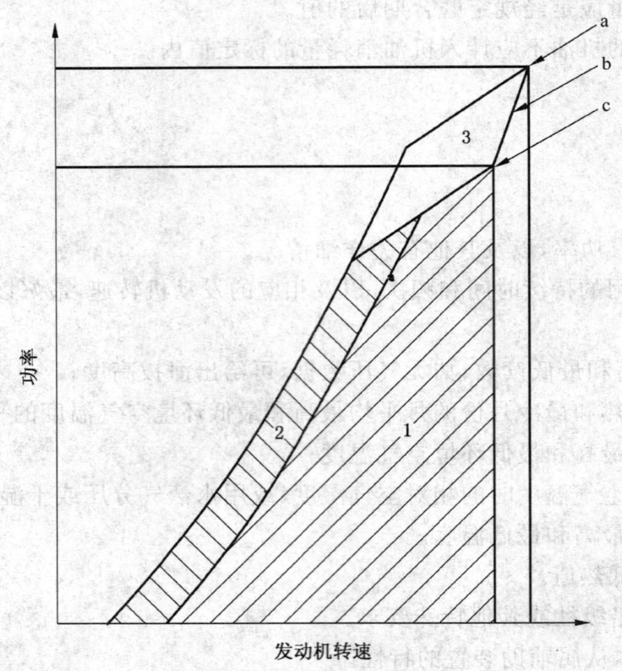

1——持续运转范围；

2——间歇运转范围；

3——特殊用途的短时超负荷运转范围。

a 超负荷功率；

b 标称螺旋桨曲线；

c 持续功率。

图3 功率-转速图示例

附　录　A
（规范性附录）
可能装用的辅助装置示例

A.1　清单 F（基本从属辅助装置）

a）　发动机驱动的机油压力泵。
b）　干式油底壳发动机由发动机驱动的机油吸出泵。
c）　发动机驱动的冷却水泵。
d）　发动机驱动的原水泵。
e）　发动机驱动的散热器冷却风扇。
f）　风冷发动机由发动机驱动的冷却风扇。
g）　发动机驱动的气体燃料压缩机。
h）　发动机驱动的输油泵。
i）　发动机驱动的共轨或伺服喷射系统用燃料增压泵。
j）　发动机驱动的扫气泵和/或进气泵。
k）　发动机驱动的用以向清单 G 中各装置提供动力的发电机、空气压缩机或液压泵。
l）　发动机驱动的气缸润滑泵。
m）　空气滤清器或空气消声器（常规或专用）。
n）　排气消声器（常规或专用）。

A.2　清单 G（基本独立辅助装置）

a）　单独驱动的机油压力泵。
b）　单独驱动的干式油底壳发动机机油吸出泵。
c）　单独驱动的冷却水泵。
d）　单独驱动的原水泵。
e）　单独驱动的散热器冷却风扇。
f）　单独驱动的风冷发动机冷却风扇。
g）　单独驱动的气体燃料压缩机。
h）　单独驱动的输油泵。
i）　单独驱动的共轨或伺服喷射系统用燃料增压泵。
j）　单独驱动的扫气泵和/或充气泵。
k）　单独驱动的曲轴箱抽气风扇。
l）　单独驱动的气缸润滑泵。
m）　由外部动力驱动的调速和控制系统。

A.3　清单 H（非基本从属辅助装置）

a）　发动机驱动的起动空气压缩机。
b）　发动机驱动的用以向清单 G 中各装置提供动力的发电机、空气压缩机或液压泵。
c）　发动机驱动的舱底泵。

d） 发动机驱动的消防泵。

e） 发动机驱动的通风风扇。

f） 发动机驱动的燃料输送泵。

g） 与发动机一体的推力轴承。

附 录 B
（资料性附录）
水蒸气分压、比值和系数确定表

B.1 水蒸气分压的确定

表 B.1 给出不同空气温度 t_x(℃)和相对湿度 ϕ_x 下的水蒸气分压($\phi_x p_{sx}$)，单位为 kPa。

表 B.1 水蒸气分压

t_x/℃	水蒸气分压 $\phi_x p_{sx}$/kPa								
	相对湿度 ϕ_x								
	1.0	0.9	0.8	0.7	0.6	0.5	0.4	0.3	0.2
−10	0.30	0.27	0.24	0.21	0.18	0.15	0.12	0.09	0.06
−9	0.30	0.29	0.26	0.23	0.20	0.16	0.13	0.10	0.07
−8	0.35	0.32	0.28	0.25	0.21	0.18	0.14	0.11	0.07
−7	0.38	0.34	0.30	0.27	0.23	0.19	0.15	0.11	0.08
−6	0.41	0.36	0.32	0.28	0.24	0.20	0.16	0.12	0.08
−5	0.43	0.39	0.35	0.30	0.26	0.22	0.17	0.13	0.09
−4	0.46	0.41	0.37	0.32	0.28	0.23	0.18	0.14	0.09
−3	0.49	0.44	0.39	0.34	0.30	0.25	0.20	0.15	0.10
−2	0.53	0.47	0.42	0.37	0.32	0.26	0.21	0.16	0.10
−1	0.50	0.50	0.45	0.39	0.34	0.28	0.22	0.17	0.11
0	0.60	0.54	0.48	0.42	0.36	0.30	0.24	0.18	0.12
1	0.60	0.58	0.51	0.45	0.39	0.32	0.26	0.19	0.13
2	0.69	0.62	0.55	0.48	0.41	0.34	0.28	0.21	0.14
3	0.74	0.66	0.59	0.52	0.44	0.37	0.30	0.22	0.15
4	0.79	0.71	0.63	0.55	0.47	0.40	0.32	0.24	0.16
5	0.85	0.76	0.68	0.59	0.51	0.42	0.34	0.25	0.17
6	0.91	0.82	0.73	0.64	0.55	0.46	0.36	0.27	0.18
7	0.98	0.88	0.78	0.68	0.59	0.49	0.39	0.29	0.20
8	1.05	0.94	0.84	0.73	0.63	0.52	0.42	0.31	0.21
9	1.12	1.01	0.90	0.78	0.67	0.56	0.45	0.34	0.22
10	1.20	1.08	0.96	0.84	0.72	0.60	0.48	0.36	0.24
11	1.28	1.16	1.03	0.90	0.77	0.64	0.51	0.39	0.26
12	1.37	1.24	1.10	0.96	0.82	0.69	0.55	0.41	0.27
13	1.47	1.32	1.17	1.03	0.88	0.73	0.59	0.44	0.29
14	1.57	1.41	1.25	1.10	0.94	0.78	0.63	0.47	0.31
15	1.67	1.51	1.34	1.17	1.00	0.84	0.67	0.50	0.33

表 B.1(续)

t_x/℃	水蒸气分压 $\phi_x p_{sx}$/kPa								
	相对湿度 ϕ_x								
	1.0	0.9	0.8	0.7	0.6	0.5	0.4	0.3	0.2
16	1.79	1.61	1.43	1.25	1.07	0.89	0.71	0.54	0.36
17	1.90	1.71	1.52	1.33	1.14	0.95	0.76	0.57	0.38
18	2.03	1.83	1.62	1.42	1.22	1.01	0.81	0.61	0.41
19	2.16	1.94	1.73	1.51	1.30	1.08	0.86	0.65	0.43
20	2.30	2.07	1.84	1.61	1.38	1.15	0.92	0.69	0.46
21	2.45	2.20	1.96	1.71	1.47	1.22	0.98	0.73	0.49
22	2.60	2.34	2.08	1.82	1.56	1.30	1.04	0.78	0.52
23	2.77	2.49	2.21	1.94	1.66	1.38	1.11	0.83	0.55
24	2.94	2.65	2.35	2.06	1.76	1.47	1.18	0.88	0.59
25	3.12	2.81	2.50	2.19	1.87	1.56	1.25	0.94	0.62
26	3.32	2.98	2.65	2.32	1.99	1.66	1.33	0.99	0.66
27	3.52	3.17	2.82	2.46	2.11	1.76	1.41	1.06	0.70
28	3.73	3.36	2.99	2.61	2.24	1.87	1.49	1.12	0.75
29	3.96	3.56	3.17	2.77	2.38	1.98	1.58	1.19	0.79
30	4.20	3.78	3.36	2.94	2.52	2.10	1.68	1.26	0.84
31	4.45	4.01	3.56	3.12	2.67	2.23	1.78	1.34	0.89
32	4.72	4.25	3.78	3.30	2.83	2.36	1.89	1.42	0.94
33	5.00	4.50	4.00	3.50	3.00	2.50	2.00	1.50	1.00
34	5.29	4.76	4.24	3.71	3.18	2.65	2.12	1.59	1.06
35	5.60	5.04	4.48	3.92	3.36	2.80	2.24	1.68	1.12
36	5.93	5.34	4.74	4.15	3.56	2.97	2.37	1.78	1.19
37	6.27	5.64	5.02	4.39	3.76	3.14	2.51	1.88	1.25
38	6.63	5.97	5.30	4.64	3.98	3.32	2.65	1.99	1.33
39	7.01	6.31	5.61	4.90	4.20	3.50	2.80	2.10	1.40
40	7.40	6.66	5.92	5.18	4.44	3.70	2.96	2.22	1.48
41	7.81	7.03	6.25	5.47	4.69	3.91	3.12	2.34	1.56
42	8.24	7.42	6.59	5.77	4.94	4.12	3.30	2.47	1.65
43	8.69	7.82	6.95	6.08	5.21	4.34	3.47	2.61	1.74
44	9.15	8.24	7.32	6.41	5.49	4.58	3.66	2.75	1.83
45	9.63	8.67	7.71	6.74	5.78	4.82	3.85	2.89	1.93
46	10.13	9.12	8.11	7.09	6.08	5.07	4.05	3.04	2.03
47	10.65	9.58	8.52	7.45	6.39	5.33	4.26	3.20	2.13
48	11.18	10.07	8.95	7.83	6.71	5.59	4.47	3.36	2.24
49	11.73	10.56	9.39	8.21	7.04	5.87	4.69	3.52	2.35
50	12.30	11.07	9.84	8.61	7.38	6.15	4.92	3.69	2.46

B.2 干空气分压比的确定

表 B.2 给出当结构编号 A、E 和 G(见表 2)中 $\alpha=1$ 和在不同总气压(p_x)及水蒸气分压($\phi_x p_{sx}$)时，公式(3)所用的干空气分压比$\left(\frac{p_x-\alpha\phi_x p_{sx}}{p_r-\alpha\phi_r p_{sr}}\right)$。如果不知道水蒸气分压，可利用表 B.1 由空气温度和相对湿度求得。

注：较简便的计算见 ISO 2533:1975 的 2.7。

表 B.2 干空气分压比

海拔高度/m	总气压/kPa	干空气分压比 $\frac{p_x-\alpha\phi_x p_{sx}}{p_r-\alpha\phi_r p_{sr}}$													
		$\phi_x p_{sx}$/kPa													
		0	1	2	3	4	5	6	7	8	9	10	11	12	13
0	101.3	1.02	1.01	1.00	0.99	0.98	0.97	0.96	0.95	0.94	0.93	0.92	0.91	0.90	0.89
100	100.0	1.01	1.00	0.98	0.97	0.96	0.95	0.94	0.93	0.92	0.91	0.90	0.89	0.88	0.87
200	98.9	0.99	0.98	0.97	0.96	0.95	0.94	0.93	0.92	0.91	0.90	0.89	0.88	0.87	0.86
400	96.7	0.97	0.96	0.95	0.94	0.93	0.92	0.91	0.90	0.89	0.88	0.87	0.86	0.85	0.84
600	94.4	0.95	0.94	0.93	0.92	0.91	0.90	0.89	0.88	0.87	0.86	0.85	0.84	0.83	0.82
800	92.1	0.93	0.92	0.91	0.90	0.88	0.87	0.86	0.85	0.84	0.83	0.82	0.81	0.80	0.79
1 000	89.9	0.90	0.89	0.88	0.87	0.86	0.85	0.84	0.83	0.82	0.81	0.80	0.79	0.78	0.77
1 200	87.7	0.88	0.87	0.86	0.85	0.84	0.83	0.82	0.81	0.80	0.79	0.78	0.77	0.76	0.75
1 400	85.6	0.86	0.85	0.84	0.83	0.82	0.81	0.80	0.79	0.78	0.77	0.76	0.75	0.74	0.73
1 600	83.5	0.84	0.83	0.82	0.81	0.80	0.79	0.78	0.77	0.76	0.75	0.74	0.73	0.72	0.71
1 800	81.5	0.82	0.81	0.80	0.79	0.78	0.77	0.76	0.75	0.74	0.73	0.72	0.71	0.70	0.69
2 000	79.5	0.80	0.79	0.78	0.77	0.76	0.75	0.74	0.73	0.72	0.71	0.70	0.69	0.68	0.67
2 200	77.6	0.78	0.77	0.76	0.75	0.74	0.73	0.72	0.71	0.70	0.69	0.68	0.67	0.66	0.65
2 400	75.6	0.76	0.75	0.74	0.73	0.72	0.71	0.70	0.69	0.68	0.67	0.66	0.65	0.64	0.63
2 600	73.7	0.74	0.73	0.72	0.71	0.70	0.69	0.68	0.67	0.66	0.65	0.64	0.63	0.62	0.61
2 800	71.9	0.72	0.71	0.70	0.69	0.68	0.67	0.66	0.65	0.64	0.63	0.62	0.61	0.60	0.59
3 000	70.1	0.70	0.69	0.68	0.67	0.66	0.65	0.64	0.63	0.62	0.61	0.60	0.59	0.58	0.57
3 200	68.4	0.69	0.68	0.67	0.66	0.65	0.64	0.63	0.62	0.61	0.60	0.58	0.57	0.56	0.55
3 400	66.7	0.67	0.66	0.65	0.64	0.63	0.62	0.61	0.60	0.59	0.58	0.57	0.56	0.55	0.54
3 600	64.9	0.65	0.64	0.63	0.62	0.61	0.60	0.59	0.58	0.57	0.56	0.55	0.54	0.53	0.52
3 800	63.2	0.63	0.62	0.61	0.60	0.59	0.58	0.57	0.56	0.55	0.54	0.53	0.52	0.51	0.50
4 000	61.5	0.62	0.61	0.60	0.59	0.58	0.57	0.56	0.55	0.54	0.53	0.52	0.51	0.50	0.48
4 200	60.1	0.60	0.59	0.58	0.57	0.56	0.55	0.54	0.53	0.52	0.51	0.50	0.49	0.48	0.47
4 400	58.5	0.59	0.58	0.57	0.56	0.55	0.54	0.53	0.52	0.51	0.50	0.48	0.47	0.46	0.45
4 600	56.9	0.57	0.56	0.55	0.54	0.53	0.52	0.51	0.50	0.49	0.48	0.47	0.46	0.45	0.44
4 800	55.3	0.55	0.54	0.53	0.52	0.51	0.50	0.49	0.48	0.47	0.46	0.45	0.44	0.43	0.42
5 000	54.1	0.54	0.53	0.52	0.51	0.50	0.49	0.48	0.47	0.46	0.45	0.44	0.43	0.42	0.41

B.3 指示功率比 k 的确定

公式(3)或公式(5)可以写为：

$$k=(R_1)^{y_1}(R_2)^{y_2}(R_3)^{y_3}$$

式中：

$$R_1=\frac{p_x\ \alpha\ \phi_x p_{sx}}{p_r\ \alpha\ \phi_r p_{sr}}\quad 或\quad R_1=\frac{p_x}{p_{ra}}$$

$$R_2=\frac{T_r}{T_x}\quad 或\quad R_2=\frac{T_{ra}}{T_x}$$

$$R_3=\frac{T_{cr}}{T_{cx}}\quad 或\quad R_3=\frac{T_{cra}}{T_{cx}}$$

和

$$y_1=m;\ y_2=n;\ y_3=s$$

R_1 值可由表 B.2 求得，其他 R 值可由计算得出。m、n、s 值由表 B.3 得出。由已知比值 R 和系数 y，便可由表 B.3 给出 R^y 值。然后将相应的各 R^y 值连乘即可得出 k 值。

表 B.3 确定指示功率比 k 的 R^y 值

R	R^y								
	y								
	0.5	0.55	0.57	0.7	0.75	0.86	1.2	1.7	2.0
0.60	0.775	0.775	0.747	0.699	0.682	0.645	0.542	0.409	0.360
0.62	0.787	0.769	0.762	0.716	0.699	0.663	0.564	0.433	0.384
0.64	0.800	0.782	0.775	0.732	0.716	0.681	0.585	0.458	0.410
0.66	0.812	0.796	0.789	0.748	0.732	0.700	0.607	0.483	0.436
0.68	0.825	0.809	0.803	0.763	0.749	0.718	0.630	0.509	0.462
0.70	0.837	0.822	0.816	0.779	0.765	0.736	0.652	0.536	0.490
0.72	0.849	0.835	0.829	0.795	0.782	0.754	0.674	0.563	0.518
0.74	0.860	0.847	0.842	0.810	0.798	0.772	0.697	0.590	0.548
0.76	0.872	0.860	0.855	0.825	0.814	0.790	0.719	0.619	0.578
0.78	0.883	0.872	0.868	0.840	0.830	0.808	0.742	0.647	0.608
0.80	0.894	0.885	0.881	0.855	0.846	0.825	0.765	0.677	0.640
0.82	0.906	0.897	0.893	0.870	0.862	0.843	0.788	0.707	0.672
0.84	0.917	0.909	0.905	0.885	0.877	0.861	0.811	0.737	0.706
0.86	0.927	0.920	0.918	0.900	0.893	0.878	0.834	0.768	0.740
0.88	0.938	0.932	0.930	0.914	0.909	0.896	0.858	0.800	0.774
0.90	0.949	0.944	0.942	0.929	0.924	0.913	0.881	0.832	0.810
0.92	0.959	0.955	0.954	0.943	0.939	0.931	0.905	0.864	0.846
0.94	0.970	0.967	0.965	0.958	0.955	0.948	0.928	0.897	0.884
0.96	0.980	0.978	0.977	0.972	0.970	0.966	0.952	0.931	0.922
0.98	0.990	0.989	0.989	0.986	0.985	0.983	0.976	0.965	0.960

表 B.3(续)

R	R^y								
	y								
	0.5	0.55	0.57	0.7	0.75	0.86	1.2	1.7	2.0
1.00	1.000	1.000	1.000	1.000	1.000	1.000	1.000	1.000	1.000
1.02	1.010	1.011	1.011	1.014	1.015	1.017	1.024	1.035	1.040
1.04	1.020	1.022	1.023	1.028	1.030	1.034	1.048	1.071	1.082
1.06	1.030	1.033	1.034	1.042	1.045	1.051	1.072	1.107	1.124
1.08	1.038	1.043	1.045	1.055	1.059	1.068	1.097	1.144	1.166
1.10	1.049	1.054	1.056	1.069	1.074	1.085	1.121	1.182	1.210
1.12	1.058	1.064	1.067	1.083	1.089	1.102	1.146	1.219	1.254
1.14	1.068	1.075	1.078	1.096	1.103	1.119	1.170	1.258	1.300
1.16	1.077	1.085	1.088	1.110	1.118	1.136	1.195	1.297	1.346
1.18	1.086	1.095	1.099	1.123	1.132	1.153	1.220	1.336	1.392
1.20	1.095	1.106	1.110	1.135	1.147	1.170	1.245	1.376	1.440

B.4 燃料消耗量换算系数 β 的确定

表 B.4 给出已知指示功率 k 和机械效率 η_m 时的燃料消耗量换算系数 β[见公式(3)]。

k 值[见公式(3)和公式(5)]可由 B.3 确定。η_m 值由制造厂规定。

表 B.4 燃料消耗量换算系数 β

k	β					
	机械效率 η_m					
	0.70	0.75	0.80	0.85	0.90	0.95
0.50	1.429	1.304	1.212	1.141	1.084	1.083
0.52	1.383	1.275	1.193	1.129	1.077	1.035
0.54	1.343	1.248	1.175	1.118	1.071	1.032
0.56	1.308	1.225	1.159	1.108	1.065	1.030
0.58	1.278	1.203	1.145	1.098	1.060	1.027
0.60	1.250	1.184	1.132	1.090	1.055	1.025
0.62	1.225	1.167	1.120	1.082	1.050	1.023
0.64	1.203	1.151	1.109	1.075	1.045	1.021
0.66	1.183	1.137	1.099	1.068	1.042	1.019
0.68	1.164	1.123	1.090	1.062	1.038	1.018
0.70	1.148	1.111	1.081	1.056	1.035	1.016
0.72	1.132	1.100	1.073	1.051	1.031	1.015
0.74	1.118	1.089	1.066	1.045	1.028	1.013
0.76	1.105	1.080	1.059	1.041	1.025	1.012
0.78	1.092	1.070	1.052	1.036	1.022	1.011

表 B.4(续)

k	β					
	机械效率 η_m					
	0.70	0.75	0.80	0.85	0.90	0.95
0.80	1.081	1.062	1.046	1.032	1.020	1.009
0.82	1.071	1.054	1.040	1.028	1.017	1.008
0.84	1.061	1.047	1.035	1.024	1.015	1.007
0.86	1.051	1.040	1.029	1.021	1.013	1.006
0.88	1.043	1.033	1.024	1.017	1.011	1.005
0.90	1.035	1.027	1.020	1.014	1.009	1.004
0.92	1.027	1.021	1.016	1.011	1.007	1.003
0.94	1.020	1.015	1.011	1.008	1.005	1.002
0.96	1.013	1.010	1.007	1.005	1.003	1.002
0.98	1.006	1.005	1.004	1.003	1.002	1.001
1.00	1.000	1.000	1.000	1.000	1.000	1.000
1.02	0.994	0.995	0.997	0.998	0.999	0.999
1.04	0.989	0.991	0.993	0.995	0.997	0.999
1.06	0.983	0.987	0.990	0.993	0.996	0.998
1.08	0.978	0.983	0.987	0.991	0.994	0.997
1.10	0.974	0.979	0.984	0.989	0.993	0.997
1.12	0.969	0.976	0.982	0.987	0.992	0.996
1.14	0.965	0.972	0.979	0.985	0.991	0.996
1.16	0.960	0.969	0.976	0.983	0.989	0.995
1.18	0.956	0.966	0.974	0.982	0.988	0.994
1.20	0.952	0.963	0.972	0.980	0.987	0.994

B.5 功率调整系数 α 的确定

表 B.5 给出已知指示功率比 k 和机械效率 η_m 时的功率调整系数 α[见公式(2)]。

k 值[见公式(3)和公式(5)]可由 B.3 确定。η_m 值由制造厂规定(见 10.3.3)。

表 B.5 功率调整系数 α

k	α					
	机械效率 η_m					
	0.70	0.75	0.80	0.85	0.90	0.95
0.50	0.350	0.383	0.413	0.438	0.461	0.482
0.52	0.376	0.408	0.436	0.461	0.483	0.502
0.54	0.402	0.433	0.460	0.483	0.504	0.523
0.56	0.428	0.457	0.483	0.506	0.526	0.544
0.58	0.454	0.482	0.507	0.528	0.547	0.565

表 B.5(续)

k	α					
	机械效率 η_m					
	0.70	0.75	0.80	0.85	0.90	0.95
0.60	0.480	0.507	0.530	0.551	0.569	0.585
0.62	0.506	0.531	0.554	0.573	0.590	0.606
0.64	0.532	0.556	0.577	0.596	0.612	0.627
0.66	0.558	0.581	0.601	0.618	0.634	0.648
0.68	0.584	0.605	0.624	0.641	0.655	0.668
0.70	0.610	0.630	0.648	0.663	0.677	0.689
0.72	0.636	0.655	0.671	0.685	0.698	0.710
0.74	0.662	0.679	0.695	0.708	0.720	0.730
0.76	0.688	0.704	0.718	0.730	0.741	0.751
0.78	0.714	0.729	0.742	0.753	0.763	0.772
0.80	0.740	0.753	0.765	0.775	0.784	0.793
0.82	0.766	0.778	0.789	0.798	0.806	0.813
0.84	0.792	0.803	0.812	0.820	0.828	0.834
0.86	0.818	0.827	0.836	0.843	0.849	0.855
0.88	0.844	0.852	0.859	0.865	0.871	0.876
0.90	0.870	0.877	0.883	0.888	0.892	0.896
0.92	0.896	0.901	0.906	0.910	0.914	0.917
0.94	0.922	0.926	0.930	0.933	0.935	0.938
0.96	0.948	0.951	0.953	0.955	0.957	0.959
0.98	0.974	0.975	0.977	0.978	0.978	0.979
1.00	1.000	1.000	1.000	1.000	1.000	1.000
1.02	1.026	1.025	1.024	1.023	1.022	1.021
1.04	1.052	1.049	1.047	1.045	1.043	1.042
1.06	1.078	1.074	1.071	1.067	1.065	1.062
1.08	1.104	1.099	1.094	1.090	1.086	1.083
1.10	1.130	1.123	1.118	1.112	1.108	1.104
1.12	1.156	1.148	1.141	1.135	1.129	1.124
1.14	1.182	1.173	1.165	1.157	1.151	1.145
1.16	1.208	1.197	1.188	1.180	1.172	1.166
1.18	1.234	1.222	1.212	1.202	1.194	1.187
1.20	1.260	1.247	1.235	1.225	1.216	1.207

附　录　C
（资料性附录）
由标准基准状况或替代基准状况修正到现场环境状况的功率调整计算和燃料消耗率换算示例

C.1　示例 1

一台非涡轮增压压燃式发动机（柴油机），功率受过量空气不足限制，其 ISO 标准功率为 500 kW，机械效率为 85%，ISO 燃料消耗率为 220 g/(kW·h)。

在现场总气压为 87 kPa，空气温度为 45 ℃和相对湿度为 80%时，试求其使用标准功率和燃料消耗率各为多少？

由表 2 结构编号 A 查得 $\alpha=1$，$m=1$，$n=0.75$，$s=0$。

标准基准状况	现场环境状况
$p_r=100$ kPa	$p_x=87$ kPa
$T_r=298$ K	$T_x=318$ K
$\phi_r=0.3$	$\phi_x=0.8$
及 $\eta_m=0.85$	

由 B.1，在 $t_x=45$ ℃和 $\phi_x=0.8$ 时，查得：

$$\phi_x p_{sx}=7.71\ \text{kPa}$$

由 B.2，在 $p_x=87$ kPa 和 $\phi_x p_{sx}=7.71$ kPa 时，用内插法得：

$$\frac{p_x-\alpha\phi_x p_{sx}}{p_r-\alpha\phi_r p_{sr}}=0.801$$

由 B.3，在 $\frac{T_r}{T_x}=\frac{298}{318}=0.937$ 和 $n=0.75$ 时，用内插法得：

$$\left(\frac{T_r}{T_x}\right)^n=0.952$$

由公式(3)得，$k=0.801\times0.952=0.763$。

由 B.4，在 $k=0.763$ 和 $\eta_m=0.85$ 时，用内插法得：$\beta=1.040$。

由 B.5，在 $k=0.763$ 和 $\eta_m=0.85$ 时，用内插法得：$\alpha=0.7336$。

因此，现场持续有效功率 $=500\times0.7336=366.8$ kW

现场燃料消耗率 $=220\times1.040=228.8$ g/(kW·h)

C.2　示例 2

一台涡轮增压中冷中速四冲程压燃式发动机（柴油机），在标准基准状况下的标定功率为 1 000 kW，机械效率为 90%，增压比为 2。制造厂表示在标准基准状况下，温度和涡轮增压器转速均未达到限值，因此提出替代基准温度为 313 K 和最大可用增压比为 2.36。

试求在海拔高度为 4 000 m，环境温度为 323 K 和中冷器冷却介质温度为 310 K 时，可发出多少功率？

由表 2，结构编号 D 查得 $\alpha=0$，$m=0.7$，$n=1.2$，$s=1$。

由公式(6)，在 $p_r=100$ kPa，$r_r=2$ 和 $r_{max}=2.36$ 时：

$$p_{ra}=\frac{100\times2.0}{2.36}=84.7\ \text{kPa}$$

由 B.2，在海拔高度为 4 000 m 时，$p_x=61.5$ kPa。

替代基准状况

$p_{ra}=84.7\ \text{kPa}$

$T_{ra}=313\ \text{K}$

$T_{cr}=298\ \text{K}$

及 $\eta_m=0.9$

现场环境状况

$p_x=61.5\ \text{kPa}$

$T_x=323\ \text{K}$

$T_{cx}=310\ \text{K}$

因此：

$$\frac{p_x}{p_{ra}}=\frac{61.5}{84.7}=0.726$$

$$\frac{T_{ra}}{T_x}=\frac{313}{323}=0.969$$

$$\frac{T_{cr}}{T_{cx}}=\frac{298}{310}=0.961$$

由公式(5)：

$$k=\left(\frac{p_x}{p_{ra}}\right)^{0.7}\left(\frac{T_{ra}}{T_x}\right)^{1.2}\left(\frac{T_{cr}}{T_{cx}}\right)^{1.0}$$

由 B.3，用内插法得：

$$(0.726)^{0.7}=0.799$$

$$(0.969)^{1.2}=0.963$$

及 $k=0.799\times0.963\times0.961=0.741$。

由 B.5，在 $k=0.740$ 和 $\eta_m=0.9$ 时，$\alpha=0.720$。

因此，在增压比为 2.36 的现场功率 $=0.720\times1\,000=720\ \text{kW}$。

附 录 D
(资料性附录)
已调整发动机由现场环境状况修正到试验环境状况的功率调整及现场环境状况模拟示例

一台四冲程涡轮增压中冷压燃式发动机(柴油机),在现场环境状况下的有效功率 P_x 为 640 kW。试求在试验环境状况下发出的有效功率?

现场环境状况	试验环境状况
$p_x=70$ kPa	$p_y=100$ kPa
$T_x=330$ K	$T_y=300$ K
$T_{cx}=300$ K	$T_{cy}=280$ K

标准基准状况下的机械效率为 85%。

先将原先在现场环境状况下所需的发动机功率调整到标准基准状况下的功率,然后再将所得结果调整到试验环境状况下的功率。

求解该例的第一步是确定在标准基准状况下的有效功率。

调整功率所需的基本公式和符号为 10.3 中的公式(1)、公式(2)和公式(5)。将基本公式移项,便可求出现场环境状况下的有效功率调整到标准基准状况下的有效功率。

为了将现场环境状况下的有效功率(P_x)调整到标准基准状况下的有效功率(P_r),需采用 10.3 中的基本公式(1),并移项如下:

$$P_r=\frac{P_x}{\alpha}$$

将有效功率由现场环境状况调整到标准基准状况的功率调整系数 α 为:

$$\alpha=k-0.7(1-k)\left(\frac{1}{\eta_m}-1\right)$$

将有效功率由现场环境状况调整到标准基准状况所需的功率比 k 为:

$$k=\left(\frac{p_x}{p_r}\right)^m\left(\frac{T_r}{T_x}\right)^n\left(\frac{T_{cr}}{T_{cx}}\right)^s$$

式中 m、n 和 s 各指数由表 2 结构编号 D 中查出:$m=0.7$;$n=1.2$; $s=1.0$。

采用上述公式,并代入本例所给值,得:

$$k=\left(\frac{70}{100}\right)^{0.7}\left(\frac{298}{330}\right)^{1.2}\left(\frac{298}{300}\right)^{1.0}=0.685$$

$$\alpha=0.685-0.7(1-0.685)\left(\frac{1}{0.85}-1\right)=0.685-(0.7\times0.315\times0.176)=0.646$$

所以在标准基准状况下的有效功率为:

$$P_r=\frac{640}{0.646}=991\ \text{kW}$$

这就是在标准基准状况下的功率输出。

下一步就是将有效功率从标准基准状况调整到试验环境状况。

将有效功率从标准基准状况调整到试验环境状况的公式为:

$$P_y=\alpha P_r$$

$$\alpha=k-0.7(1-k)\left(\frac{1}{\eta_m}-1\right)$$

$$k=\left(\frac{p_y}{p_r}\right)^m\left(\frac{T_r}{T_y}\right)^n\left(\frac{T_{cr}}{T_{cy}}\right)^s$$

代入以上所给值，得：

$$k=\left(\frac{100}{100}\right)^{0.7}\left(\frac{298}{300}\right)^{1.2}\left(\frac{298}{280}\right)^{1.0}=1.056$$

$$\alpha=1.056-0.7(1-1.056)\left(\frac{1}{0.85}-1\right)=1.056+(0.7\times0.056\times0.176)=1.063$$

所以在试验环境状况下的有效功率为：

$$P_y=1.063\times991=1\,053\ \text{kW}$$

如果对最高容许燃烧压力有限制，譬如说，限定在 808 kW；制造厂便可决定发动机的试验负荷应不超过 808 kW。为此，可以按照 6.2.5 的方法在试验台上模拟现场环境状况。

参考文献

[1] GB/T 6072.5 往复式内燃机 性能 第5部分:扭转振动

[2] GB/T 8190.1 往复式内燃机 排放测量 第1部分:气体和颗粒排放物的试验台测量

[3] GB/T 8190.2 往复式内燃机 排放测量 第2部分:气体和颗粒排放物的现场测量

[4] GB/T 8190.3 往复式内燃机 排放测量 第3部分:稳态工况排气烟度的定义和测量方法

[5] GB/T 8190.4 往复式内燃机 排放测量 第4部分:不同用途发动机的试验循环

[6] GB/T 8190.5 往复式内燃机 排放测量 第5部分:试验燃料

[7] GB/T 8190.6 往复式内燃机 排放测量 第6部分:测量结果和试验报告

[8] GB/T 8190.7 往复式内燃机 排放测量 第7部分:发动机系族的确定

[9] GB/T 8190.8 往复式内燃机 排放测量 第8部分:发动机系组的确定

[10] GB/T 2820.1—1997 往复式内燃机驱动的交流发电机组 第1部分:用途、定额和性能

[11] ISO 2533:1975 标准大气

[12] ISO 8178-9 往复式内燃机 排放测量 第9部分:压燃式发动机瞬态工况排气烟度试验台测量用试验循环和测试规程

[13] ISO 8178-10 往复式内燃机 排放测量 第10部分:压燃式发动机瞬态工况排气烟度现场测量用试验循环和测试规程

ICS 27.020
J 91

中华人民共和国国家标准

GB/T 6072.3—2008/ISO 3046-3:2006
代替 GB/T 6072.3—2003

往复式内燃机　性能
第3部分:试验测量

Reciprocating internal combustion engines—Performance—Part3:Test measurements

(ISO 3046-3:2006,IDT)

2008-11-04 发布　　2009-04-01 实施

中华人民共和国国家质量监督检验检疫总局
中国国家标准化管理委员会　发布

前言

GB/T 6072《往复式内燃机　性能》分为5个部分：

——第1部分：功率、燃料消耗和机油消耗的标定及试验方法 通用发动机的附加要求；

——第3部分：试验测量；

——第4部分：调速；

——第5部分：扭转振动；

——第6部分：超速保护。

本部分是GB/T 6072的第3部分。

本部分等同采用ISO 3046-3:2006《往复式内燃机　性能 第3部分：试验测量》(英文版)。

本部分等同翻译ISO 3046-3:2006。

为便于使用，本部分做了如下编辑性修改：

——"本国际标准"一词改为"本部分"。

——删除了国际标准的前言。

——本部分对ISO 3046-3:2006中采用的其他国际标准，凡已被采用为我国标准的，用我国标准代替相应的国际标准；未被采用为我国标准的，仍直接采用国际标准。

本部分是对GB/T 6072.3—2003的修订，本部分与GB/T 6072.3—2003的主要区别是：

——补充了规范性引用文件；

——增加了术语和定义；

——修改了参数一览表；

——补充了附录A计算不确定度示例。

本部分自发布之日起，代替GB/T 6072.3—2003。

本部分的附录A为资料性附录。

本部分由中国机械工业联合会提出。

本部分由全国内燃机标准化技术委员会归口。

本部分起草单位：上海内燃机研究所、广西玉柴机器股份有限公司。

本部分主要起草人：毕晔、计维斌、林铁坚、瞿俊鸣、谢亚平、陈云清、宋国婵、陆寿域。

本部分所代替标准的历次版本发布情况：

——GB/T 1105.3—1987、GB/T 6072.3—2003。

往复式内燃机 性能
第3部分:试验测量

1 范围

GB/T 6072 的本部分除 GB/T 21404—2008 所规定的基本要求外,还规定了往复式内燃机主要性能参数的通用测量技术。以便在将实测值与发动机制造厂的规定值进行比较时,能达到要求的测量准确度。必要时,可对具体用途的发动机提出单独要求。

GB/T 6072 的本部分适用于陆用、轨道牵引和船用往复式内燃机。

本部分可适用于驱动筑路机械、工业卡车以及目前尚无合适标准可以使用的其他用途的发动机。

2 规范性引用文件

下列文件中的条款通过 GB/T 6072 的本部分的引用而成为本部分的条款。凡是注日期的引用文件,其随后所有的修改单(不包括勘误的内容)或修订版均不适用于本部分,然而,鼓励根据本部分达成协议的各方研究是否可使用这些文件的最新版本。凡是不注日期的引用文件,其最新版本适用于本部分。

GB/T 21404—2008 内燃机 发动机功率的确定和测量方法 一般要求(ISO 15550:2002,IDT)

GB/T 6072.1—2008 往复式内燃机 性能 第1部分:功率、燃油消耗和机油消耗的标定及试验方法 通用发动机的附加要求(ISO 3046-1:2002,IDT)

3 术语和定义

GB/T 6072 的本部分采用 GB/T 21404—2008 中所给出的术语和定义。

4 符号

GB/T 6072 的本部分所用符号见 GB/T 21404—2008 中的表2,脚注的含义见 GB/T 21404—2008 中的表3。

5 标准基准状况

按照 GB/T 21404—2008 中第5章的规定。

如果发动机使用处理水(t_{cr}=29 ℃)进行测试,则按照 GB/T 21404—2008 中 3.3.4 得出的发动机功率应与发动机使用海水(t_{cr}=25 ℃)测试时所得出的结果相同,反之亦然。

对于船用发动机,使用处理水(淡水)或海水时,规定增压空气冷却介质温度(T_{cr})如下:

使用处理水(淡水)时,T_{cr}=302 K (t_{cr}=29 ℃);

使用海水或生水时,T_{cr}=298 K (t_{cr}=25 ℃)。

T_{cr}考虑了冷却介质源的影响。

注:给定的增压空气冷却介质温度用以说明空气冷却器入口处冷却介质源对增压发动机的影响。发动机的设计师和采购员可以选择海水或淡水作为冷却介质。无论是采用海水或淡水,经过冷却器后的增压空气温度应相同。

使用的空气冷却器应由发动机设计师根据应用的冷却介质源来规定。

6 标准设计条件

作为受国际船级社协会(IACS)成员体监管的船用发动机,在使用处理水(淡水)或海水或生水时,对增压空气冷却介质温度的规定如下：

使用处理水(淡水)时，T_{cr}=309 K (t_{cr}=36 ℃)；

使用海水或生水时，T_{cr}=305 K (t_{cr}=32 ℃)。

标准环境状况见 ISO 6072.1 中的 11.4。

标准设计条件是用于确定发动机冷却器能力的基础，以便在按 GB/T 21404—2008 中 3.3.4 要求确定的发动机功率下，使最高增压空气冷却介质温度必须保持在规定范围内。

注：当应用 IACS 条件时，发动机功率仍应和按照 GB/T 21404—2008 中 3.3.4 所确定的数值一样保持不变。

7 要求

7.1 测量准确度

按 GB/T 21404—2008 中 6.2.4.3.1 的要求。

7.2 运转工况

按 GB/T 21404—2008 中 6.2.4.3.2 的要求。

7.3 测量方法

按 GB/T 21404—2008 中 6.2.4.3.3 的要求。

7.4 参数的允许偏差

按 GB/T 21404—2008 中 6.2.4.3.4 的要求。

7.5 其他规定和要求

对必须符合船级社规范的船舶和海上设施用发动机，应遵守船级社的附加要求。客户在订货前应指明相关船级社。

对不定级的发动机，附加要求应由制造厂和客户商定。

如须满足其他管理部门(例如检测和/或立法机构)法规中的特殊要求，客户在订货前应说明该主管部门。

对基准状况和设计条件的任何进一步的附加要求须经制造厂和客户共同商定。

8 参数一览表

试验所需测量的发动机性能参数列于 GB/T 21404—2008 中的表 4。

附加参数列于表 1。

表 1 参数一览表

参数	定义	符号	单位	允许偏差
发动机有效扭矩[a]	由发动机输出的、在传动轴端部测得的平均扭矩。装有内置式止推轴承的船用发动机在试验台上没有轴向载荷。这与在船舶螺旋桨轴上进行扭矩测量时刚好相反。发动机设计师可以向客户建议止推轴承允许吸收的扭矩。作为指南，可以为发动机扭矩值的 0.5%	T_{tq}	kN·m	±2%
空气冷却器的增压压力降[b,c]	按发动机设计师规定，在冷却器前后各点用差压计测得的压力降	Δp_{ba}	kPa	±10%
机油压力[b,c]	在润滑系统规定点处测得的机油压力(例如在各油路中的机油泵后，滤清器、冷却器和仪表盘的前后)	p_o	kPa	±5%
增压器后的增压空气温度[d,e]	在增压器出口处测得的空气温度	T_b	K	±4K

表 1（续）

参数	定义	符号	单位	允许偏差
机油温度[d,e]	在润滑系统规定点处测得的机油温度（例如在各油路中的冷却器前后）	T_o	K	±2K
燃油温度[d,e]	在发动机和预热器之前测得的燃油温度	T_f	K	±5K

a 用水力测功器、电力测功器或其他类似装置测量。

b 每种压力的允许偏差以表压的百分数表示。

c 可用单位 bar 代替 kPa 或 MPa。

d 用电测法（电阻式温度计或带测量仪表的热电偶）或液体温度计测量。

e 可用单位℃代替 K。

附　录　A
(资料性附录)
计算不确定度示例

A.1　发动机功率

发动机功率由发动机扭矩和转速用公式(A.1)计算:

$$P = \frac{T_{tq} \times n}{95\ 493} \quad \cdots\cdots (A.1)$$

式中:

P——发动机功率,单位为千瓦(kW);

T_{tq}——发动机有效扭矩,单位为千牛米(kN·m);

n——发动机转速,单位为转每分钟(r/min)。

扭矩和转速按照 GB/T 21404—2008 表 4 中的要求标定,每项允许偏差均为±2%。

A.2　功率的总不确定度

发动机功率的总不确定度(A)用公式(A.2)计算:

$$A = \sqrt{a^2 + b^2} \quad \cdots\cdots (A.2)$$

式中:

a——发动机有效扭矩的允许偏差;

b——发动机转速的允许偏差。

$$A = \sqrt{0.02^2 + 0.02^2} = 0.028 \approx 3\%$$

在 GB/T 21404—2008 表 4 中,序号 1.5 给出发动机功率允许的不确定度为±3%。

A.3　燃料消耗率

燃料消耗率由功率和绝对燃料消耗量用公式(A.3)计算:

$$g = B/P \quad \cdots\cdots (A.3)$$

式中:

g——发动机燃料消耗率,单位为克每千瓦时[g/(kW·h)];

B——发动机绝对燃料消耗量,单位为千克每小时(kg/h);

P——发动机功率,单位为千瓦(kW)。

燃料消耗量按照 GB/T 21404—2008 表 4 中序号 4.1 的要求标定,其允许偏差为±3%。

发动机功率按照 GB/T 21404—2008 表 4 中序号 4.5 的要求标定,其允许偏差为±3%。

发动机燃料消耗率的总不确定度(B),用公式(A.4)计算:

$$B = \sqrt{c^2 + d^2} \quad \cdots\cdots (A.4)$$

式中:

c——发动机功率的允许偏差;

d——绝对燃料消耗量的允许偏差。

$$B=\sqrt{0.03^2+0.03^3}=0.042\approx 4\%$$

在 GB/T 21404—2008 表 4 中，序号 4.2 给出燃料消耗率的总不确定度为±3%。

为符合 GB/T 21404—2008 的要求，应选择燃料消耗量和发动机功率的测量不确定度，以保证最后计算的燃料消耗率偏差在±3%的允许偏差范围内。

中国科学技术协会统计年鉴 2022（下）

中国科学技术协会　编

中国科学技术出版社
·北　京·

图书在版编目（CIP）数据

中国科学技术协会统计年鉴 . 2022. 下 / 中国科学技术协会编 . -- 北京：中国科学技术出版社，2023.5

ISBN 978-7-5236-0056-6

Ⅰ. ①中… Ⅱ. ①中… Ⅲ. ①中国科学技术协会 – 统计资料 -2022- 年鉴 Ⅳ. ① G322.25-54

中国国家版本馆 CIP 数据核字（2023）第 036153 号

编印说明

一、《中国科学技术协会统计年鉴 2022（下）》（以下简称《年鉴》）是一本反映各级科协所属学会、协会、研究会（以下简称学会）事业发展情况的资料性年度出版物。《年鉴》收录了2021年度中国科协所属全国学会、省级科协所属省级学会的组织建设、为科技工作者服务、国际及港澳台地区民间科技交流、学术交流、科学普及和科技决策咨询等方面的统计数据。

二、全书内容分为7部分：中国科协2021年度事业发展统计公报、组织建设、为科技工作者服务、国际及港澳台地区民间科技交流、学术交流、科学普及和科技决策咨询。《年鉴》后附有主要指标解释。

三、《年鉴》中有学会名称一行的数据为全国学会数据，下一阴影行的数据为各省级同名学会数据合计。

四、《年鉴》表中的符号“—”表示该项统计指标数据不详或无该项数据；“#”表示其中的主要项。

五、《年鉴》资料来源于中国科学技术协会综合统计调查制度（批准机关：国家统计局；批准文号：国统制〔2019〕216号；有效期至2022年12月）。综合统计调查年报工作由中国科学技术协会战略发展部统一组织开展，所有数据均由基层单位通过网络平台逐级填报、审核和汇总。《年鉴》由中国科学技术出版社出版。

由于时间紧、数据量大，《年鉴》编写过程中难免有疏漏之处，欢迎指正。

目录

一、中国科协 2021 年度事业发展统计公报

一、中国科协2021年度事业发展统计公报①

2022年8月

2021年，在党中央的坚强领导下，中国科协坚持以习近平新时代中国特色社会主义思想为指导，深入贯彻落实党的十九大和十九届历次全会精神，切实履行桥梁纽带职责，团结科技工作者在党史学习教育中明理增信、崇德力行，坚决拥护“两个确立”、增强“四个意识”、坚定“四个自信”、做到“两个维护”，激励科技工作者心怀“国之大者”，勇当高水平科技自立自强排头兵，立足新发展阶段，贯彻新发展理念，构建新发展格局，推动高质量发展和共同富裕，在国家现代化新征程中建功立业。

一、组织建设

（一）科协组织建设

各级科协3184个，其中省级科协32个，市级科协427个，县级科协2724个。各级科协直属单位1909个。各级代表大会代表总人数344976人，其中委员会委员总人数92953人，常务委员会委员总人数36420人。

各级科协从业人员40656人，其中女性从业人员17789人。各级科协2021年收入②总额159.7亿元（图1）。

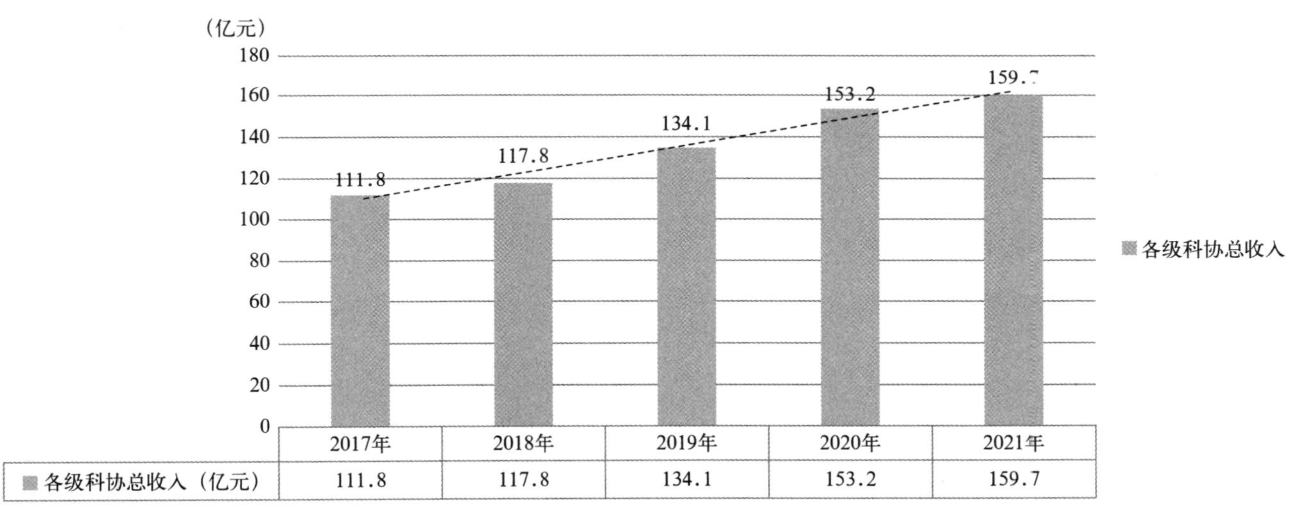

	2017年	2018年	2019年	2020年	2021年
各级科协总收入（亿元）	111.8	117.8	134.1	153.2	159.7

图1　各级科协收入情况

① 本公报中各项统计数据均未包括香港特别行政区、澳门特别行政区和台湾省。部分数据因四舍五入的原因，存在与分项合计不等的情况。
公报中各种范围所表述的含义如下：
各级科协指中国科协机关及直属单位、省级科协、市级科协、县级科协。
地方科协指省级科协、市级科协、县级科协。
学会指各级科协所属学会、协会、研究会。
两级学会指中国科协所属全国学会、省级科协所属省级学会。
全国学会指中国科协所属全国学会、协会、研究会。
省级学会指省级科协所属省级学会、协会、研究会。
市级学会指各市级科协所属市级学会、协会、研究会。
县级学会指各县级科协所属县级学会、协会、研究会。
基层组织指经地方科协审批，在科技工作者集中的高等学校、科研院所、医院、企业、园区、乡镇（街道）、村（社区）等建立的科学技术协会（科学技术普及协会）。主要包括企业科协、高校科协、乡镇（街道）科协、村（社区）科协、农技协等。

② 各级科协2021年收入指2021年度各级科协部门经费总收入，包括科协经费总收入和直属单位经费总收入。考虑到统计调查数据的时效性，公报中的财务类数据均按调查单位确定的时点数据或预计数上报。

企业科协[①]25692个，个人会员298.0万人。高校科协[②]1607个，个人会员79.7万人。乡镇（街道）科协[③]28750个，个人会员154.4万人。村（社区）科协[④]40710个，个人会员60.0万人。农技协[⑤]22664个（图2），个人会员349.6万人。

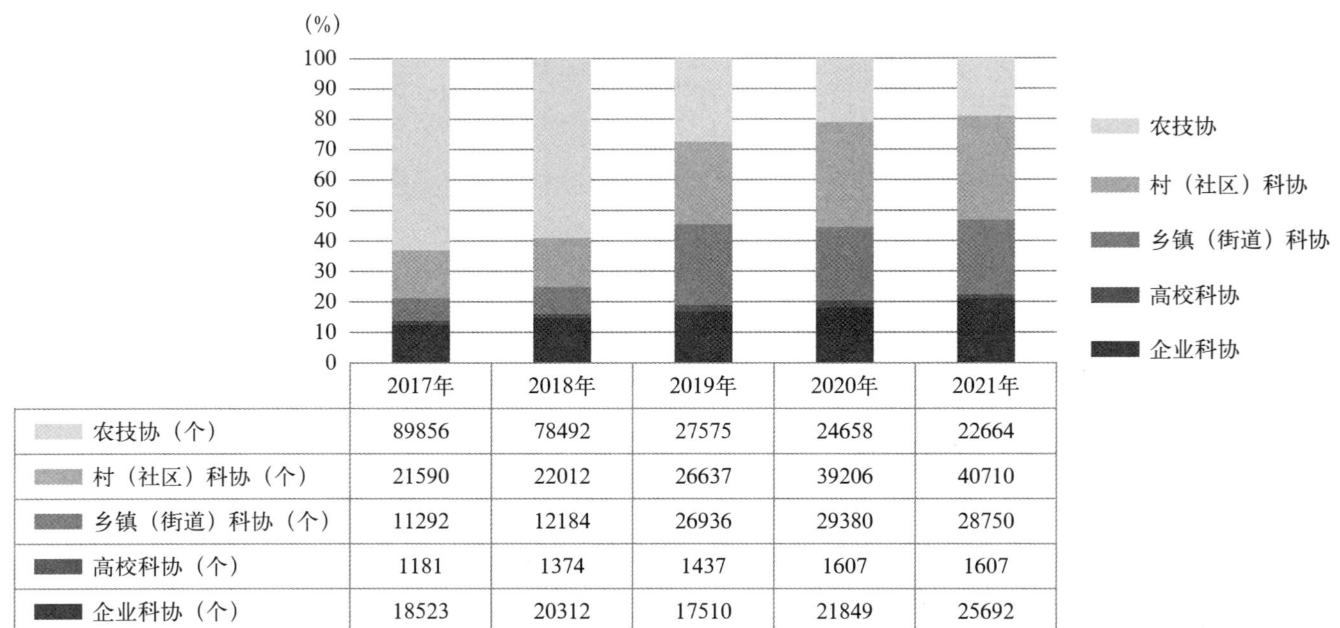

	2017年	2018年	2019年	2020年	2021年
农技协（个）	89856	78492	27575	24658	22664
村（社区）科协（个）	21590	22012	26637	39206	40710
乡镇（街道）科协（个）	11292	12184	26936	29380	28750
高校科协（个）	1181	1374	1437	1607	1607
企业科协（个）	18523	20312	17510	21849	25692

图2　科协基层组织基本情况

（二）学会组织建设

各级科协所属学会22477个，其中中国科协所属全国学会211个，省级科协所属省级学会3938个，市级科协所属市级学会8698个，县级科协所属县级学会9630个。全国学会理事会理事[⑥]3.0万人，省级学会理事会理事28.6万人。

两级学会从业人员66461人，其中全国学会从业人员3991人，省级学会从业人员62470人。

两级学会2021年收入总额101.7亿元，其中全国学会2021年收入总额46.5亿元（图3）。

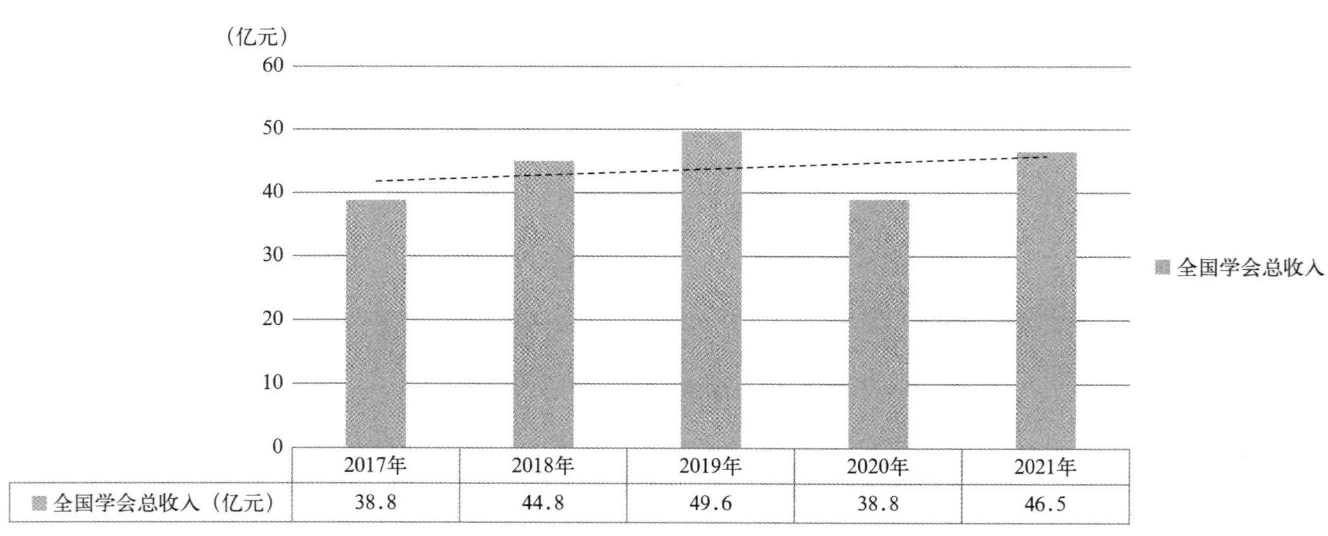

	2017年	2018年	2019年	2020年	2021年
全国学会总收入（亿元）	38.8	44.8	49.6	38.8	46.5

图3　全国学会收入情况

① 企业科协含经地方科协审批，企业、园区等成立的科协基层组织。
② 高校科协含经地方科协审批，高等学校、科研院所成立的科协基层组织。
③ 乡镇（街道）科协指乡镇、街道成立的科协基层组织。
④ 村（社区）科协指村、社区成立的科协基层组织。
⑤ 农技协指经地方科协正式审批接纳或登记备案的农村专业技术协会及各类农村专业技术研究会（农研会）等。
⑥ 理事会理事指经学会会员代表大会选举产生的学会理事。

两级学会个人会员[①]1260.6万人，团体会员36.9万个。其中全国学会个人会员621.5万人，团体会员6.9万个。省级学会个人会员639.1万人（图4），团体会员30.0万个。

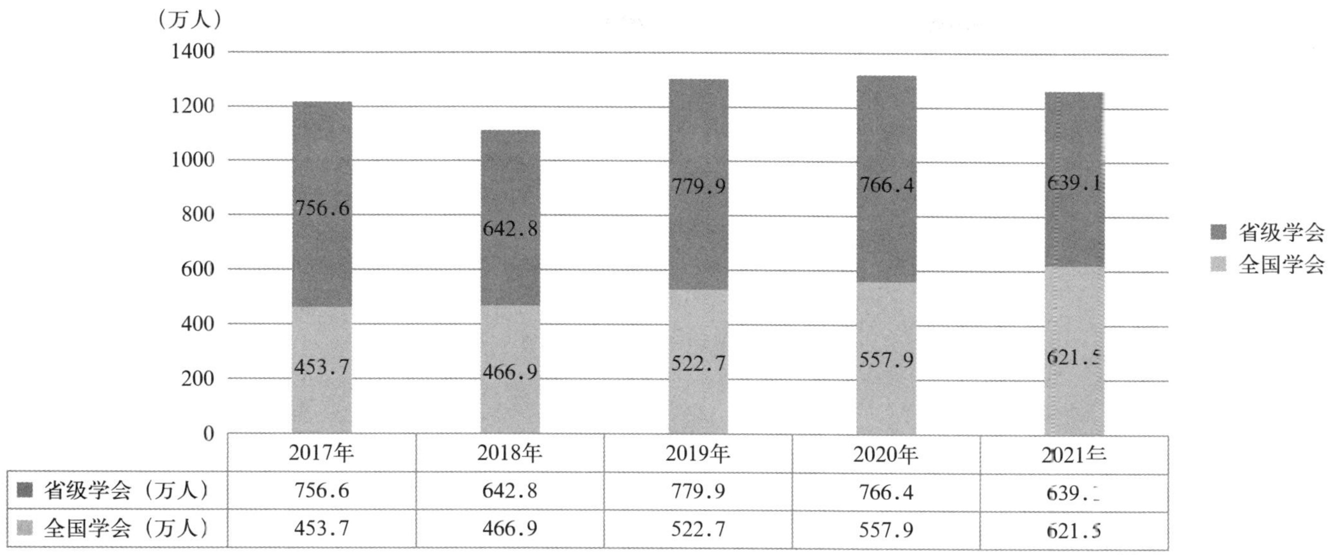

	2017年	2018年	2019年	2020年	2021年
省级学会（万人）	756.6	642.8	779.9	766.4	639.1
全国学会（万人）	453.7	466.9	522.7	557.9	621.5

图4　全国学会和省级学会个人会员情况

二、为科技工作者服务

（一）思想政治教育及能力提升

开展科学道德与学风建设宣讲活动[②]9441场次，宣讲活动受众1303.3万人次。

举办干部教育培训班6301次（期），培训50.0万人次。

举办继续教育培训班22114场次，培训1128.2万人次。

（二）表彰举荐

各级科协和两级学会以科技奖项、人才计划（工程）等为载体，举荐人才11989人次，推荐项目5032项。

设立科技奖项[③]1858项，其中全国学会设立331项。表彰奖励科技工作者16.0万人次，其中女性科技工作者4.2万人次，45岁及以下科技工作者9.1万人次。青年人才托举工程[④]累计培育青年人才约2100人。

（三）媒体宣传

通过媒体宣传科技工作者67.9万人次，其中中央及省级媒体宣传科技工作者13.0万人次。宣传媒介呈多样化，通过电视宣传9.5万人次，通过纸质媒体宣传9.9万人次，通过网络与新媒体宣传53.6万人次。

（四）志愿服务

在基层直接为公众提供科技攻坚、成果转化、人才培养、科技咨询、科学普及等服务的专职科普工作者（科普工作时间占其全部工作时间60%以上的工作人员）8.7万人，兼职科普工作者137.6万人，科技志愿者[⑤]337.9万人。

---

① 学会个人会员指在学会注册登记，并取得本学会会员资格的人员（包括外籍会员）。

② 科学道德与学风建设宣讲活动指各级科协和两级学会主办或牵头组织宣讲科学精神、科学道德、科学伦理和科学规范的会议、培训及活动等。

③ 科技奖项指省级及以上科协组织和两级学会设立的科技奖项，涵盖人物奖、成果奖、科技奖和科普类奖项等。不包括一般的表扬鼓励和专门针对本单位工作人员的表彰奖励。

④ 青年人才托举工程指中国科协于2015年启动实施的一项青年人才培育计划，以每届重点支持200名左右30岁上下的青年科技人才为目标，发挥学会专业优势，创新青年人才选拔、培养机制，指导其在科研黄金期快速成长，打造国家高层次科技人才后备队伍，成为建设创新型国家、德才兼备的国家科技领军人才重要人力资源保障。

⑤ 科技志愿者指不以物质报酬为目的，利用自己的时间、科技技能、科技成果、社会影响力等，自愿为社会或他人提供公益性科技类服务的科技工作者、科技爱好者和热心科技传播的人士等。统计包括各级科协及学会登记注册的科技志愿者人数及原注册科普志愿者。

三、国际及港澳台地区民间科技交流

各级科协和两级学会加入国际民间科技组织①903 个。在国际民间科技组织中任职专家 2446 人，其中担任主席、副主席、执委或相当职务的高级别任职专家 1265 人，其他一般级别任职专家 1182 人。

参加国际科学计划②131 项。参加境外科技活动 1.4 万人次，参加港澳台地区科技活动 0.4 万人次。接待境外专家学者 0.8 万人次。

四、学术交流

（一）推进创新创业服务活动

开展推进创新创业活动 3.3 万项，其中举办竞赛、论坛、展览等活动 8353 项，开展咨询、教育、培训等活动 1.9 万项，开展投融资、成果转化等活动 3264 项。

（二）专家服务

各级科协指导组建专家工作站③8779 个，全年组织进站（中心）专家 8.4 万人次。组建专家服务团队④5041 个，参加服务团队专家 15.0 万人次（图 5）。

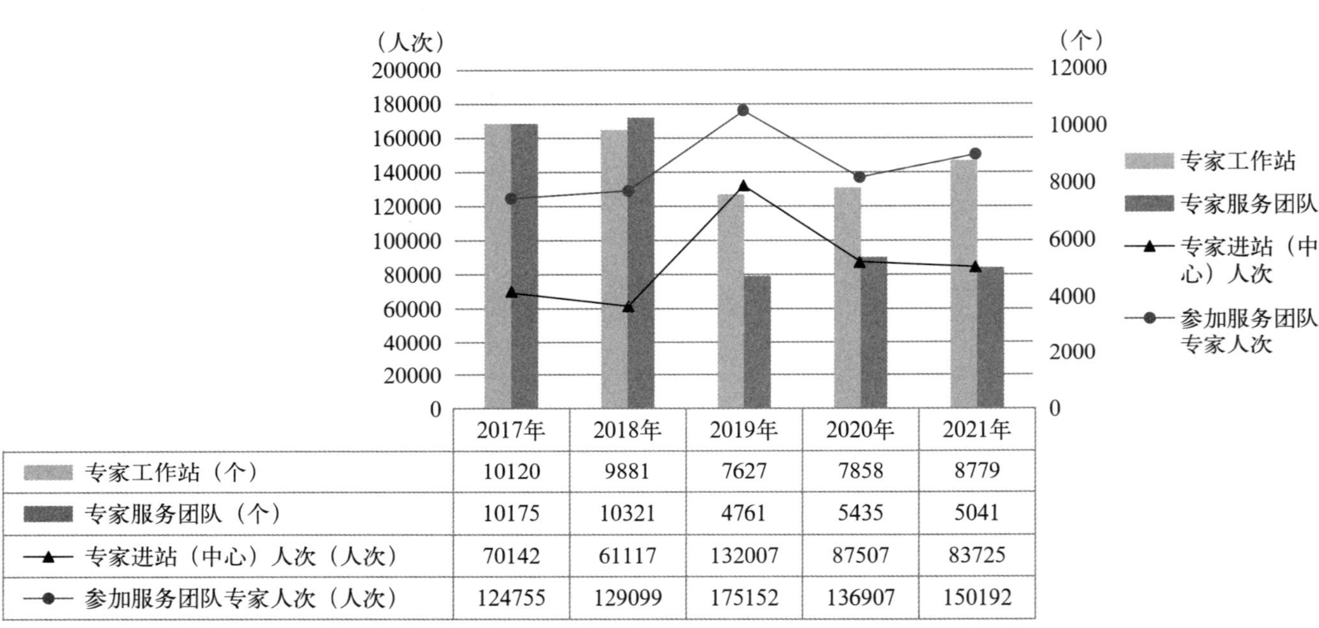

	2017年	2018年	2019年	2020年	2021年
专家工作站（个）	10120	9881	7627	7858	8779
专家服务团队（个）	10175	10321	4761	5435	5041
专家进站（中心）人次（人次）	70142	61117	132007	87507	83725
参加服务团队专家人次（人次）	124755	129099	175152	136907	150192

图 5　各级科协指导组建专家工作站、专家服务团队情况

（三）标准制定

两级学会研制技术标准⑤420 个。两级学会研制团体标准⑥2554 个。

（四）学术会议

各级科协和两级学会共举办学术会议 18740 场次，参加人次 4.0 亿人次，交流论文 80.8 万篇（图 6）。

① 国际民间科技组织指各级科协和两级学会代表国家、地区或学科加入的，经所在国正式注册、具有法人资质的国际民间科技组织。

② 国际科学计划指各级科协和两级学会及所联系的专家参与的，国际民间科技组织发起或主导的国际科学计划。

③ 专家工作站指各级科协组织和两级学会协同有关单位，为高层次专家直接参与经济建设和社会服务组建的科技服务机构。

④ 专家服务团队指各级科协和两级学会根据项目合作需要，按专业特点牵头组织的专家服务团队，主要承担科学普及、科技攻关、决策咨询、工程论证、技术指导、科技扶贫等相关合作项目。

⑤ 技术标准指两级学会经公认机构批准的、非强制执行的、供通用或重复使用的产品或相关工艺和生产方法的规则、指南或特性的文件等。

⑥ 团体标准指两级学会按照团体确立的标准制定程序自主制定发布，由社会自愿采用的标准。

举办国内学术会议①17691 场次，其中举办学术年会 6780 场次。国内学术会议参加人次 3.9 亿人次，交流论文 71.5 万篇。

举办境内国际学术会议②944 场次。境内国际学术会议参加人次 1429.1 万人次，交流论文 8.6 万篇。

举办港澳台地区学术会议③105 场次。港澳台地区学术会议参加人次 5.2 万人次，交流论文 6760 篇。

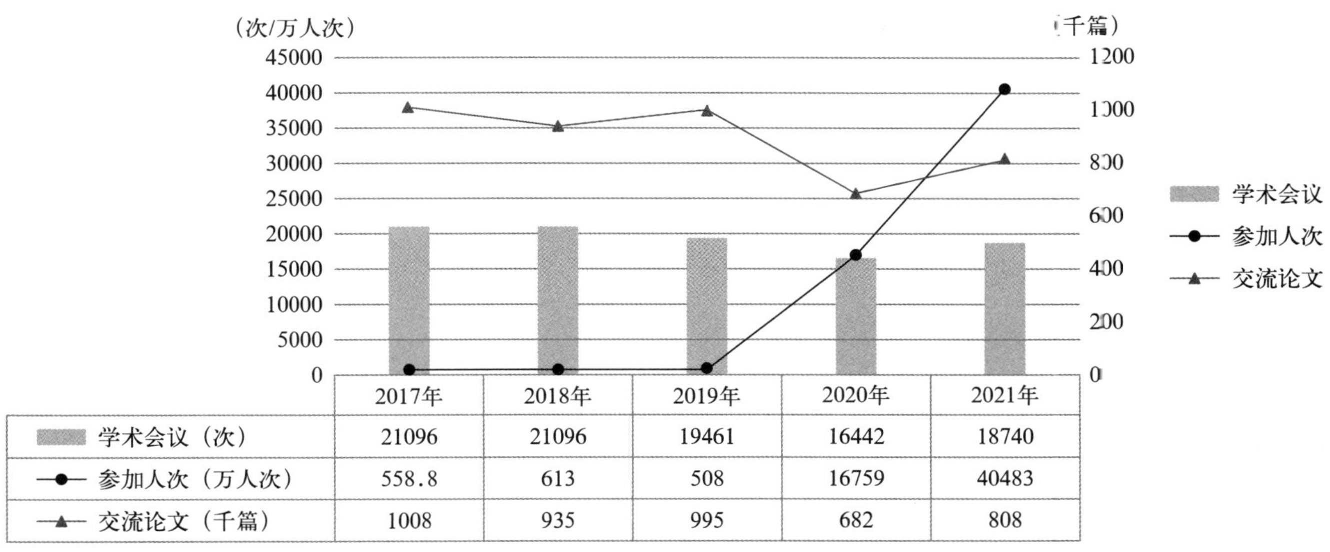

	2017年	2018年	2019年	2020年	2021年
学术会议（次）	21096	21096	19461	16442	18740
参加人次（万人次）	558.8	613	508	16759	40483
交流论文（千篇）	1008	935	995	682	808

图 6　各级科协和两级学会举办学术交流活动情况

（五）学术期刊

各级科协和两级学会主办科技期刊④1722 种。编委会成员 113776 人，编辑部总人数 11458 人。科技期刊总印数 4103.0 万册，发表论文、文章数 56.3 万篇。

五、科学普及

（一）科普基础设施建设

截至 2021 年年底，各级科协拥有所有权或使用权的科技馆⑤1004 个。总建筑面积 553.8 万平方米，展厅面积 296.6 万平方米。已实行免费开放的科技馆 937 个。科技馆全年接待参观人次 5092.4 万人次（图 7）。流动科技馆 1054 个。科普活动站（中心、室）48478 个，全年参加活动（培训）人次 2784.4 万人次。科普画廊建筑面积（宣传栏、宣传橱窗）142.5 万平方米，全年科普画廊展示面积⑥312.5 万平方米。科普大篷车 1311 辆，科普大篷车全年下乡次数 4.1 万次。科普大篷车全年下乡行驶里程 732.5 万千米，受益人次 2589.3 万人次。

---

① 国内学术会议指在我国境内由各级科协和两级学会主办或牵头主办的，以学术交流为目的，由国内有关专家、学者及科技人员参加并提交学术论文的综合交叉性、专业性高端前沿等系列学术研讨会、交流会、报告会和论坛等。

② 境内国际学术会议指在我国境内由各级科协和两级学会主办或牵头主办，受国际组织委托承办的，以学术交流为目的，与会代表来自 3 个或 3 个以上国家或地区（不含港澳台地区）的研讨会、交流会、报告会和论坛等。

③ 港澳台地区学术会议指由各级科协和两级学会与港澳台地区有关组织联合主办的，以学术交流为目的，来自港澳台地区的与会代表人数占总参会人数 1/3 以上的研讨会、交流会、报告会和论坛等。

④ 科技期刊指由各级科协和两级学会主办或合办，具有固定刊名、刊期、年卷或年月顺序编号，以报道科学技术为主要内容的连续出版物，包括学术期刊、综合期刊、技术期刊、科普期刊和检索期刊等，不包括各类内部刊物。

⑤ 科技馆指各级科协拥有所有权或使用权的具备展览教育、培训教育、实验教育等功能，面向公众常年开放的社会科技教育固定设施。

⑥ 科普画廊展示面积指各级科协和两级学会单独或牵头联合有关单位共同建设的科普画廊（宣传栏、橱窗）中，展示科学技术信息图片、文字的实际面积。按实际展示面积计算，单面的计算单面面积，双面的计算双面面积。单个年展示面积 = 每次展示面积 × 展示次数。

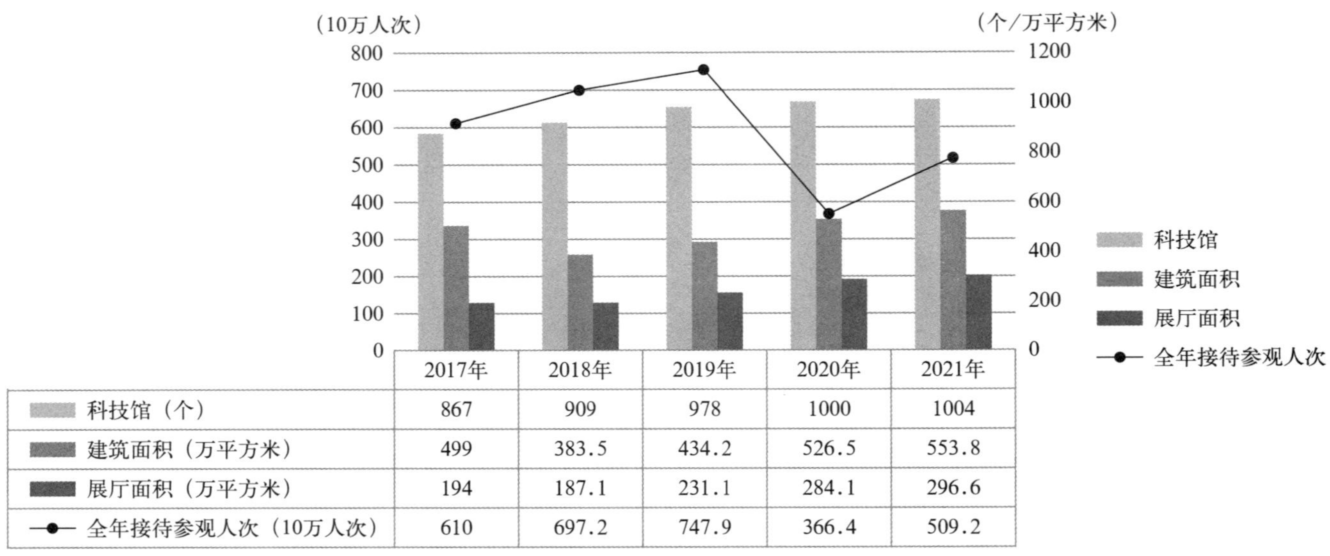

	2017年	2018年	2019年	2020年	2021年
科技馆（个）	867	909	978	1000	1004
建筑面积（万平方米）	499	383.5	434.2	526.5	553.8
展厅面积（万平方米）	194	187.1	231.1	284.1	296.6
全年接待参观人次（10万人次）	610	697.2	747.9	366.4	509.2

图 7　各级科协科技馆建设基本情况

（二）科普宣讲活动

各级科协和两级学会举办科普宣讲活动[①]39.0 万场，其中专家科普报告会 5.0 万场，专题展览 1.3 万场，科技咨询 11.2 万场。科普宣讲活动受众 23.23 亿人次。举办实用技术培训 8.9 万次，接受培训人次 1539.3 万人次。推广新技术、新品种 25520 项（图 8）。各类科普活动覆盖村和社区 28.5 万个。

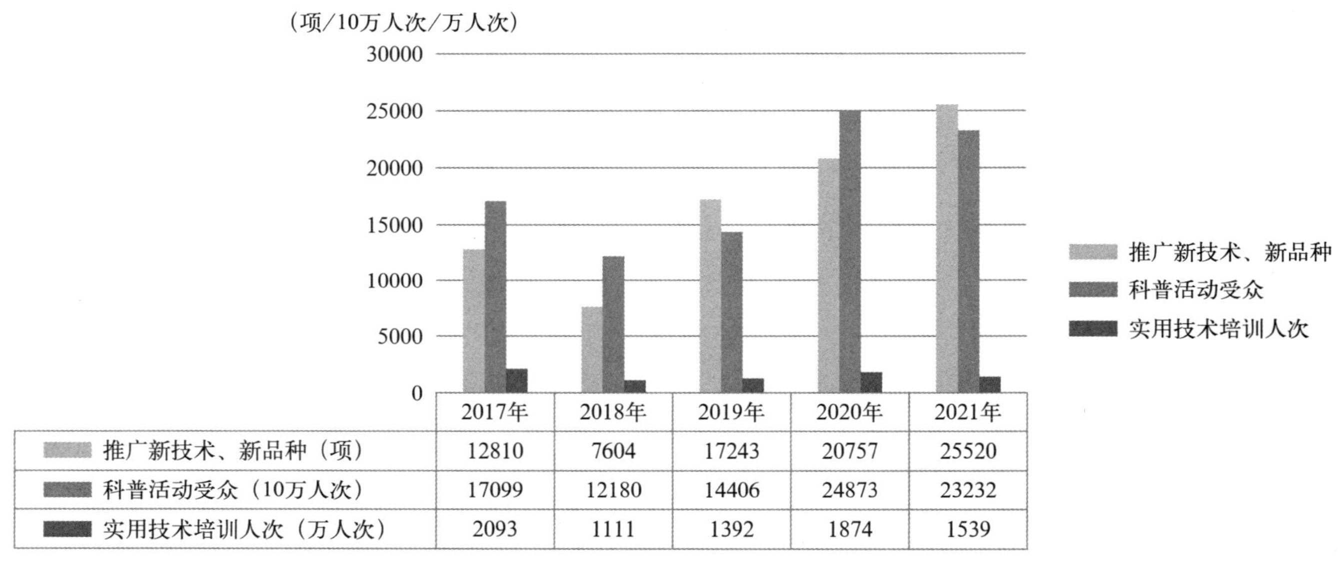

	2017年	2018年	2019年	2020年	2021年
推广新技术、新品种（项）	12810	7604	17243	20757	25520
科普活动受众（10万人次）	17099	12180	14406	24873	23232
实用技术培训人次（万人次）	2093	1111	1392	1874	1539

图 8　各级科协和两级学会科普活动情况

（三）青少年科技教育

各级科协和两级学会举办青少年科普宣讲活动 11.7 万场次，青少年科普宣讲活动受众 3.6 亿人次。举办青少年科技竞赛6136项，参加竞赛的青少年 2915.7万人次。举办青少年科学营[②]781 次，参加人次9.6万人次（图 9）。编印青少年科技教育资料 2722 种，印数 580.9 万册。举办青少年科技教育活动和培训 40845 场次，参加培训人次 6747.2 万人次。通过中学生科技创新后备人才培养项目[③]培养学生 7.5 万人。

① 科普宣讲活动指各级科协和两级学会单独或牵头组织的以报告会、广播、电视、报刊、网络等形式举办的科普讲座和报告，以陈列实物及展示图片等形式举办的各类科普展览，组织相关专业专家组成智力团体，以科学技术为依据，向社会和公众提供的智力服务。

② 青少年科学营指由各级科协和两级学会举办，包括中国科协和教育部举办的，旨在充分利用大学的科技教育资源，激发青少年对科学的兴趣，培养青少年的科学精神、创新意识和实践能力的青少年科学营活动。

③ 中学生科技创新后备人才培养项目指由各级科协和两级学会组织，包括中国科协和教育部组织的，为落实“支持有条件的高中与大学、科研院所合作开展创新人才培养研究和试验，建立创新人才培养基地”的要求，以发现和培养一批具有科学创新潜质的中学生为目的，在专家的指导下由中学生参加的科学研究项目、科技社团活动、学术研讨和科研实践等活动。

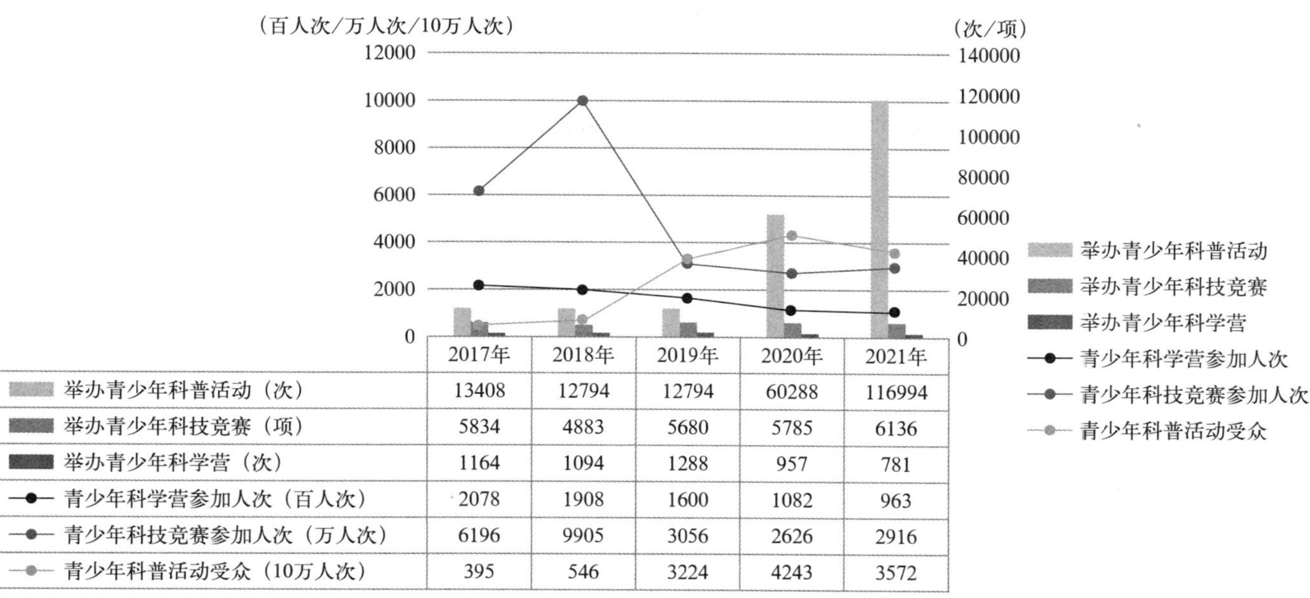

	2017年	2018年	2019年	2020年	2021年
举办青少年科普活动（次）	13408	12794	12794	60288	116994
举办青少年科技竞赛（项）	5834	4883	5680	5785	6136
举办青少年科学营（次）	1164	1094	1288	957	781
青少年科学营参加人次（百人次）	2078	1908	1600	1082	963
青少年科技竞赛参加人次（万人次）	6196	9905	3056	2626	2916
青少年科普活动受众（10万人次）	395	546	3224	4243	3572

图 9　各级科协与两级学会举办的青少年科技教育活动情况

（四）科普传播

各级科协和两级学会编著科技图书 5866 种，印数 5681.6 万册。制作科普挂图 79024 种，印数 1181.4 万张。制作科技广播影视节目总时长 4.5 万小时。制作科普动漫作品总时长 28.3 万小时。

主办科普传播类网站 1572 个，全年浏览量 143.3 亿人次。主办科普 App247 个，下载安装 1333.6 万次。主办科普微信公众号 2767 个，关注数 9683.4 万个。主办科普微博 589 个，粉丝数 6.0 亿个。科普中国平台累计传播量 410.34 亿人次，其中移动端累计传播量 306.43 亿人次。

六、科技决策咨询

（一）科技决策咨询活动

各级科协和两级学会举办决策咨询活动 6250 场次，参与专家 7.3 万人次。开展科技评估[①]12647 项。组织参与立法咨询 525 次。组织政协科协界委员协商或调研活动 1813 场次。

（二）科技决策咨询成果

提供决策咨询报告 6974 篇，其中获上级领导同志批示的报告 1847 篇。反映科技工作者建议 9897 条，其中获上级领导同志批示的建议 1061 条。答复人大（政协）代表（委员）提案 982 件。组织政策解读活动 2315 场次。发布政策解读文章 1197 篇。

（三）科研队伍建设

建立合作关系或共同开展研究项目的企业、高校、科研院所等 6551 个。研究人员 16.2 万人，其中副高级以上职称 8.7 万人。开展研究项目 1.5 万个。

① 科技评估指各级科协和两级学会独立或牵头开展，遵循一定的原则、程序和标准，运用科学、公正和可行的方法，对科技活动有关的政策、计划、项目、成果、专有技术、产品机构、人才等进行专业判断的评估活动。

二、组织建设

2021年各全国学会、省级同名学会组织建设情况

学 会	理事会理事（人）	#常务理事（人）	#女性理事（人）	#45岁及以下的理事（人）
全国学会合计	**30095**	**9313**	**4763**	**4346**
省级同名学会合计	**285546**	**86239**	**59325**	**79205**
全国理科学会小计	**5458**	**1648**	**786**	**842**
省级理科学会小计	**46363**	**14683**	**9992**	**15555**
中国数学会	148	41	18	24
	1937	580	365	680
中国物理学会	100	32	10	10
	3242	1086	498	1034
中国力学学会	176	43	9	21
	1667	545	243	709
中国光学学会	144	36	24	14
	1391	409	219	565
中国声学学会	120	40	12	17
	450	138	61	182
中国化学会	176	43	14	11
	2920	962	445	873
中国天文学会	50	16	3	5
	380	107	81	166
中国气象学会	122	35	14	3
	1633	563	326	482
中国空间科学学会	137	38	14	36
	—	—	—	—
中国地质学会	166	34	4	3
	2247	839	136	408
中国地理学会	150	45	16	10
	2035	661	511	724
中国地球物理学会	150	50	10	11
	680	237	43	183
中国矿物岩石地球化学学会	98	32	9	3
	160	43	12	18
中国古生物学会	71	22	9	9
	137	43	18	39
中国海洋湖沼学会	98	32	3	22
	264	56	31	100

续表 1

学会	理事会理事(人)	#常务理事(人)	#女性理事(人)	#45岁及以下的理事(人)
中国海洋学会	157	45	13	39
	266	63	27	83
中国地震学会	120	28	16	17
	689	200	72	165
中国动物学会	136	43	19	16
	1987	610	461	772
中国植物学会	116	39	17	3
	1345	431	328	515
中国昆虫学会	150	50	26	28
	1235	398	268	541
中国微生物学会	154	42	38	26
	1511	474	455	421
中国生物化学与分子生物学会	140	46	34	19
	996	300	331	285
中国细胞生物学学会	128	43	25	32
	464	121	154	164
中国植物生理与植物分子生物学学会	135	33	28	33
	80	26	10	12
中国生物物理学会	119	39	18	10
	316	113	109	144
中国遗传学会	148	34	28	93
	1237	407	320	467
中国心理学会	111	33	28	5
	1699	564	718	556
中国生态学学会	150	50	12	12
	529	166	100	170
中国环境科学学会	0	0	0	0
	1927	654	340	474
中国自然资源学会	150	50	27	35
	452	159	83	213
中国感光学会	86	29	16	20
	—	—	—	—
中国优选法统筹法与经济数学研究会	150	50	15	43
	103	31	39	55
中国岩石力学与工程学会	179	60	8	22
	1156	287	112	604

续表 2

学　会	理事会理　事（人）	#常　务理　事（人）	#女　性理　事（人）	#45 岁及以下的理事（人）
中国野生动物保护协会	111	37	6	2
	322	110	47	87
中国系统工程学会	150	48	22	24
	644	173	97	193
中国实验动物学会	118	39	17	14
	666	204	218	290
中国青藏高原研究会	108	36	13	23
	—	—	—	—
中国环境诱变剂学会	139	41	58	13
	411	99	162	183
中国运筹学会	149	49	26	65
	820	270	216	379
中国菌物学会	135	42	34	26
	150	52	46	73
中国晶体学会	0	0	0	0
	—	—	—	—
中国神经科学学会	133	43	30	13
	755	205	169	264
中国认知科学学会	54	16	5	2
	32	10	9	1
中国微循环学会	119	37	37	8
	220	53	52	63
国际数字地球协会	0	0	0	0
	—	—	—	—
国际动物学会	7	7	1	0
	1987	610	461	772
全国工科学会小计	**12099**	**3790**	**1158**	**1869**
省级工科学会小计	**79739**	**24776**	**9761**	**23663**
中国机械工程学会	180	59	10	16
	2984	1099	246	663
中国汽车工程学会	218	49	24	37
	997	303	78	257
中国农业机械学会	150	50	13	25
	1145	218	116	296

续表 3

学　会	理事会理　事（人）	#常　务理　事（人）	#女　性理　事（人）	#45 岁及以下的理事（人）
中国农业工程学会	135	45	18	26
	877	288	121	309
中国电机工程学会	196	64	14	11
	2360	771	154	360
中国电工技术学会	191	59	15	27
	967	250	101	270
中国水力发电工程学会	173	62	4	20
	968	334	60	198
中国水利学会	174	56	9	32
	1828	535	157	282
中国内燃机学会	150	49	5	36
	419	110	36	189
中国工程热物理学会	99	30	8	10
	255	87	22	88
中国空气动力学会	145	48	7	61
	—	—	—	—
中国制冷学会	135	45	15	16
	1476	456	193	459
中国真空学会	150	49	20	49
	478	158	51	210
中国自动化学会	180	60	16	39
	1988	667	293	694
中国仪器仪表学会	165	55	16	12
	1096	314	110	542
中国计量测试学会	150	36	18	1
	632	191	70	104
中国标准化协会	153	49	40	4
	547	169	124	166
中国图学学会	141	47	31	38
	842	238	315	337
中国电子学会	193	65	20	16
	1997	612	270	807
中国计算机学会	152	33	19	30
	3090	901	443	1083
中国通信学会	143	45	13	23
	1910	557	186	607

续表 4

学会	理事会理事（人）	#常务理事（人）	#女性理事（人）	#45岁及以下的理事（人）
中国中文信息学会	139	37	20	57
	25	7	10	15
中国测绘学会	178	58	18	18
	2257	729	231	868
中国造船工程学会	128	41	10	3
	681	209	71	179
中国航海学会	131	46	7	39
	581	172	28	108
中国铁道学会	216	75	9	1
	1085	352	50	197
中国公路学会	178	60	7	17
	2585	828	126	429
中国航空学会	214	70	7	7
	539	171	45	124
中国宇航学会	183	45	3	15
	308	106	22	70
中国兵工学会	187	60	5	12
	539	140	104	211
中国金属学会	179	57	10	5
	1919	592	120	445
中国有色金属学会	180	60	13	4
	547	175	32	106
中国稀土学会	174	54	14	30
	76	27	4	42
中国腐蚀与防护学会	150	50	32	43
	623	164	105	325
中国化工学会	182	58	18	4
	2285	801	331	673
中国核学会	150	29	5	5
	1472	444	257	403
中国石油学会	119	38	7	4
	1178	327	57	180
中国煤炭学会	178	60	8	43
	1295	395	12	236
中国可再生能源学会	134	44	10	1
	288	96	50	121

续表 5

学会	理事会理事(人)	#常务理事(人)	#女性理事(人)	#45岁及以下的理事(人)
中国能源研究会	150	50	14	21
	536	182	51	142
中国硅酸盐学会	0	0	0	0
	1448	417	240	443
中国建筑学会	180	60	13	4
	3331	1014	396	962
中国土木工程学会	163	54	15	40
	173	57	16	25
中国生物工程学会	127	35	9	5
	798	259	202	339
中国纺织工程学会	175	57	38	25
	1016	372	193	254
中国造纸学会	98	32	12	4
	636	197	74	197
中国文物保护技术协会	93	27	17	18
	—	—	—	—
中国印刷技术协会	415	138	62	63
	266	0	25	72
中国材料研究学会	261	81	22	40
	179	60	22	40
中国食品科学技术学会	149	49	29	31
	1378	440	374	530
中国粮油学会	146	48	23	26
	165	46	15	38
中国职业安全健康协会	240	80	13	4
	183	53	19	84
中国烟草学会	115	36	14	7
	1395	422	135	292
中国仿真学会	153	51	21	33
	32	4	3	0
中国电影电视技术学会	150	50	17	23
	30	0	2	2
中国振动工程学会	150	49	5	30
	795	235	122	342
中国颗粒学会	144	41	17	27
	164	22	36	78

续表 6

学　会	理事会理事（人）	#常务理事（人）	#女性理事（人）	#45 岁及以下的理事（人）
中国照明学会	147	50	21	16
	1066	343	180	439
中国动力工程学会	123	39	8	27
	56	24	5	39
中国惯性技术学会	139	45	12	32
	52	0	3	8
中国风景园林学会	133	44	29	4
	1075	399	208	238
中国电源学会	142	42	9	38
	237	49	27	104
中国复合材料学会	0	0	0	0
	524	156	42	168
中国消防协会	119	38	4	16
	1237	368	95	371
中国图象图形学学会	155	50	19	43
	78	30	17	21
中国人工智能学会	180	60	26	40
	1543	495	257	724
中国体视学学会	100	33	15	38
	27	5	12	15
中国工程机械学会	121	39	9	38
	—	—	—	—
中国海洋工程咨询协会	0	0	0	0
	—	—	—	—
中国遥感应用协会	169	41	16	31
	—	—	—	—
中国指挥与控制学会	154	42	8	26
	—	—	—	—
中国光学工程学会	340	110	16	183
	69	23	27	31
中国微米纳米技术学会	176	59	18	34
	—	—	—	—
中国密码学会	87	29	11	16
	—	—	—	—
中国大坝工程学会	193	37	11	16
	—	—	—	—
中国卫星导航定位协会	200	51	26	15
	—	—	—	—

续表 7

学　会	理事会理　事(人)	#常　务理　事(人)	#女　性理　事(人)	#45 岁及以下的理事(人)
中国生物材料学会	139	46	21	18
	72	7	9	15
国际粉体检测与控制联合会	0	0	0	0
	—	—	—	—
全国农科学会小计	**2221**	**715**	**295**	**331**
省级农科学会小计	**26895**	**8615**	**4634**	**7372**
中国农学会	142	43	15	9
	1949	666	295	417
中国林学会	168	58	19	12
	3205	1084	452	667
中国土壤学会	142	42	19	33
	709	211	145	175
中国水产学会	150	48	16	15
	1542	541	186	528
中国园艺学会	150	50	22	18
	1691	516	366	544
中国畜牧兽医学会	183	60	25	30
	2523	788	404	774
中国植物病理学会	116	39	17	3
	1937	580	365	680
中国植物保护学会	148	48	17	28
	686	229	151	189
中国作物学会	148	49	9	4
	1881	589	297	404
中国热带作物学会	109	35	12	31
	319	123	25	56
中国蚕学会	132	40	20	5
	305	79	71	58
中国水土保持学会	137	41	14	12
	962	307	141	255
中国茶叶学会	111	35	19	47
	921	280	225	289
中国草学会	150	50	25	33
	1395	422	135	292
中国植物营养与肥料学会	150	50	22	14
	37	13	4	0

续表 8

学　会	理事会理　事（人）	#常　务理　事（人）	#女　性理　事（人）	#45 岁及以下的理事（人）
中国农业历史学会	85	27	24	37
	68	14	1	3
全国医科学会小计	**4638**	**1440**	**1366**	**313**
省级医科学会小计	**85747**	**23716**	**25091**	**19163**
中华医学会	249	72	47	2
	139	49	37	6
中华中医药学会	177	58	35	9
	—	—	—	—
中国中西医结合学会	190	65	34	10
	3000	1014	786	420
中国药学会	168	55	33	4
	8753	2628	2301	1506
中华护理学会	199	67	196	7
	—	—	—	—
中国生理学会	107	38	36	23
	1043	309	404	434
中国解剖学会	93	30	31	3
	833	254	255	201
中国生物医学工程学会	145	48	21	27
	1329	391	253	379
中国病理生理学会	125	40	50	23
	491	138	188	169
中国营养学会	152	52	61	5
	10877	589	944	660
中国药理学会	148	46	56	23
	1462	472	623	511
中国针灸学会	179	60	52	2
	3239	1000	979	1057
中国防痨协会	171	57	64	19
	1782	450	572	610
中国麻风防治协会	136	44	26	28
	396	120	84	79
中国心理卫生协会	139	47	44	2
	1544	477	602	415

续表 9

学　会	理事会理　事（人）	#常　务理　事（人）	#女　性理　事（人）	#45 岁及以下的理事（人）
中国抗癌协会	286	93	43	4
	3157	989	618	420
中国体育科学学会	116	34	22	2
	1275	422	291	426
中国毒理学会	147	55	46	23
	658	244	255	225
中国康复医学会	281	85	86	12
	1952	690	597	384
中国免疫学会	140	40	48	13
	1821	651	725	565
中华预防医学会	188	61	50	13
	—	—	—	—
中国法医学会	130	42	22	28
	360	102	56	193
中华口腔医学会	192	62	47	5
	—	—	—	—
中国医学救援协会	145	43	15	3
	—	—	—	—
中国女医师协会	119	61	119	3
	62	21	62	18
中国研究型医院学会	247	0	0	0
	97	31	44	43
中国睡眠研究会	111	35	49	10
	427	183	144	139
中国卒中学会	158	50	33	10
	1352	408	357	247
全国交叉学科学会小计	**5679**	**1720**	**1158**	**991**
省级其他学科学会小计	**46802**	**14449**	**9847**	**13452**
中国自然辩证法研究会	148	49	27	22
	1061	323	210	230
中国管理现代化研究会	173	60	18	62
	536	222	96	162
中国技术经济学会	204	46	30	38
	163	46	71	60
中国现场统计研究会	119	39	21	56
	325	104	105	174

续表 10

学 会	理事会理事（人）	#常务理事（人）	#女性理事（人）	#45岁及以下的理事（人）
中国未来研究会	103	33	19	13
	257	84	55	66
中国科学技术史学会	90	25	22	27
	187	42	25	87
中国科学技术情报学会	171	57	50	39
	787	297	227	227
中国图书馆学会	173	54	49	8
	1020	365	392	201
中国城市科学研究会	115	29	20	13
	468	172	118	163
中国科学学与科技政策研究会	198	59	48	101
	42	12	28	31
中国农村专业技术协会	214	62	26	23
	1616	544	227	506
中国工业设计协会	0	0	0	0
	150	82	31	45
中国工艺美术学会	150	49	21	8
	996	302	210	320
中国科普作家协会	143	48	25	15
	1202	364	307	294
中国自然科学博物馆协会	135	45	30	18
	137	47	26	18
中国可持续发展研究会	76	16	9	5
	329	70	77	101
中国青少年科技辅导员协会	114	37	43	40
	270	67	78	91
中国科教电影电视协会	177	54	19	94
	162	20	29	50
中国科学技术期刊编辑学会	141	41	56	34
	896	285	338	234
中国流行色协会	110	36	55	37
	—	—	—	—
中国档案学会	151	41	37	28
	454	150	178	71
中国国土经济学会	91	20	16	18
	—	—	—	—
中国土地学会	160	53	27	9
	2334	768	277	761

续表 11

学 会	理事会理事（人）	#常务理事（人）	#女性理事（人）	#45岁及以下的理事（人）
中国科技新闻学会	150	48	33	27
	130	61	36	60
中国老科学技术工作者协会	179	78	23	0
	773	234	90	6
中国科学探险协会	96	31	6	15
	—	—	—	—
中国城市规划学会	222	55	37	10
	320	85	73	50
中国产学研合作促进会	0	0	0	0
	56	23	7	35
中国知识产权研究会	352	70	99	48
	410	160	94	127
中国发明协会	207	48	25	33
	26	5	6	4
中国工程教育专业认证协会	96	24	11	7
	—	—	—	—
中国检验检疫学会	132	44	16	18
	75	28	37	33
中国女科技工作者协会	96	32	96	9
	340	104	192	57
中国创造学会	116	38	23	41
	145	27	14	18
中国经济科技开发国际交流协会	21	15	2	2
	—	—	—	—
中国高科技产业化研究会	138	45	16	27
	—	—	—	—
中国微量元素科学研究会	59	17	19	26
	154	49	52	44
中国基本建设优化研究会	40	12	5	1
	—	—	—	—
中国科技馆发展基金会	12	0	2	4
	—	—	—	—
中国生物多样性保护与绿色发展基金会	14	0	1	1
	—	—	—	—
中国反邪教协会	70	27	8	6
	923	230	157	212
中国高等教育学会	500	183	67	8
	—	—	—	—
詹天佑科学技术发展基金会	23	0	1	0
	—	—	—	—

续表 12

学会	学会个人会员（人）	#女性会员（人）	#高级（资深）会员（人）	#学生会员（人）	#外籍会员（人）	#港澳台会员（人）	#交纳会费会员（人）	#党员会员（人）
全国学会合计	**6215148**	**1848410**	**287496**	**792885**	**4739**	**2861**	**1357279**	**1811977**
省级同名学会合计	**6390680**	**2682986**	**814600**	**321724**	**1069**	**891**	**1817873**	**2145373**
全国理科学会小计	**1146552**	**278148**	**46425**	**166253**	**2086**	**965**	**281576**	**293902**
省级理科学会小计	**635339**	**231350**	**109836**	**93848**	**154**	**86**	**110360**	**237536**
中国数学会	15211	6483	0	834	4	14	0	8541
	28398	8438	11884	544	0	0	4955	12880
中国物理学会	34686	6773	0	10255	22	30	7942	24234
	50543	9183	8969	3704	44	0	9927	15360
中国力学学会	37317	6788	1675	20708	0	52	3373	10089
	28369	5722	4526	13904	3	0	5121	7642
中国光学学会	9776	1797	2678	3713	14	2	2761	1839
	11004	3069	2058	3990	2	4	956	4019
中国声学学会	6074	968	196	997	0	12	766	588
	3544	951	337	806	0	4	189	1372
中国化学会	91635	37677	1261	35097	173	472	49180	0
	37308	8797	5215	6482	204	52	6000	11913
中国天文学会	3525	884	0	0	9	12	0	0
	5369	1830	1280	980	3	0	1465	1318
中国气象学会	41130	16452	28	20	0	3	959	25500
	34675	14575	6586	388	6	0	6966	20728
中国空间科学学会	4275	949	608	154	0	0	291	1809
	—	—	—	—	—	—	—	—
中国地质学会	59512	5396	0	2721	0	0	29091	18739
	56695	11375	15336	325	0	1	18171	21492
中国地理学会	15816	4713	325	1848	6	28	4980	6610
	18745	6511	2270	3202	2	2	2830	5591
中国地球物理学会	22845	3516	17	2827	7	2	5667	0
	9831	1714	3376	1127	0	0	1560	4368
中国矿物岩石地球化学学会	8035	1341	6664	12	2	4	1573	5520
	1622	366	268	200	0	2	0	221
中国古生物学会	3070	890	280	535	0	0	200	1156
	1289	404	499	364	13	0	11	600
中国海洋湖沼学会	10900	2950	237	1760	3	0	0	6954
	2231	622	474	897	0	0	845	499
中国海洋学会	101839	70000	157	10000	1	2	70000	98900
	2514	625	517	290	0	0	75	1091

续表 13

学会	学会个人会员(人)	#女性会员(人)	#高级(资深)会员(人)	#学生会员(人)	#外籍会员(人)	#港澳台会员(人)	#交纳会费会员(人)	#党员会员(人)
中国地震学会	3130	782	1940	0	0	0	0	2096
	5610	1401	1097	10	0	0	245	3240
中国动物学会	13780	5959	0	1152	0	0	316	1145
	14932	4920	2233	2880	0	3	807	4161
中国植物学会	7982	3598	827	85	0	2	1137	4547
	13368	5181	2619	1648	3	18	461	4612
中国昆虫学会	13598	4452	0	2435	0	0	0	8586
	12107	4311	3407	2601	1	0	1655	4689
中国微生物学会	21000	9530	0	0	1	1	18900	6700
	16268	6946	4435	2468	2	1	3474	7083
中国生物化学与分子生物学会	18274	9355	0	2036	5	6	4465	3514
	9470	4734	2136	2407	19	11	2866	2788
中国细胞生物学学会	20000	9200	7263	7098	48	83	13400	3913
	5538	2650	924	1496	21	1	3245	1912
中国植物生理与植物分子生物学学会	7136	3348	485	3110	22	21	1599	1264
	472	225	70	276	0	0	312	9
中国生物物理学会	25389	12457	2436	10423	36	99	10348	5336
	1980	842	133	580	43	0	684	609
中国遗传学会	12682	3424	477	7520	9	0	133	3935
	10585	3908	2398	2578	5	0	1919	3900
中国心理学会	27039	19665	0	20750	8	21	27039	9460
	25334	14668	2803	5387	4	2	11974	6416
中国生态学学会	11598	3384	557	2665	4	1	3000	2427
	4661	1616	481	697	0	0	606	2195
中国环境科学学会	0	0	0	0	0	0	0	0
	35459	11320	6101	2860	5	5	2444	13231
中国自然资源学会	8860	1977	3179	1710	1	3	3138	5652
	3835	786	476	296	0	0	45	1790
中国感光学会	4780	1740	3065	680	0	0	1820	2495
	—	—	—	—	—	—	—	—
中国优选法统筹法与经济数学研究会	7586	1140	3280	2027	0	0	299	2046
	2470	752	0	0	0	0	0	932
中国岩石力学与工程学会	25319	2721	24	3943	10	11	2751	4745
	6410	887	2350	811	0	0	478	2757

续表 14

学会	学会个人会员(人)	#女性会员(人)	#高级(资深)会员(人)	#学生会员(人)	#外籍会员(人)	#港澳台会员(人)	#交纳会费会员(人)	#党员会员(人)
中国野生动物保护协会	410000	0	330	0	0	0	0	0
	13647	3135	48	8431	0	0	116	392
中国系统工程学会	2500	530	220	40	0	0	761	750
	3717	1367	759	772	0	0	193	1204
中国实验动物学会	3120	1226	1091	35	4	0	512	2246
	3595	1226	377	262	0	0	548	1016
中国青藏高原研究会	1732	184	648	658	50	0	0	454
	—	—	—	—	—	—	—	—
中国环境诱变剂学会	5795	2999	2167	531	0	1	5795	4601
	3643	1970	557	1238	0	0	874	1557
中国运筹学会	2672	1021	1630	416	0	22	2646	1645
	4276	1255	395	745	1	0	395	917
中国菌物学会	3995	1219	2145	70	7	7	139	1755
	619	154	80	82	0	0	0	124
中国晶体学会	0	0	0	0	0	0	0	0
	—	—	—	—	—	—	—	—
中国神经科学学会	18533	9272	23	6674	191	50	6447	3482
	6599	2407	2355	1558	1	0	3371	2409
中国认知科学学会	1560	542	512	714	2	2	0	312
	119	39	23	76	0	0	66	44
中国微循环学会	1300	486	0	0	0	0	0	317
	2632	615	215	15	0	0	2372	775
国际数字地球协会	0	0	0	0	0	0	0	0
	—	—	—	—	—	—	—	—
国际动物学会	1546	360	0	0	1447	2	148	0
	14932	4920	2233	2880	0	3	807	4161
全国工科学会小计	**2239840**	**427748**	**159821**	**401416**	**2314**	**1282**	**440836**	**596635**
省级工科学会小计	**1205554**	**252207**	**156035**	**124451**	**330**	**267**	**183916**	**469018**
中国机械工程学会	84263	9067	15981	25679	161	846	19939	11254
	48027	8899	5410	7679	0	6	5704	12386
中国汽车工程学会	68766	11956	106	45958	0	0	13451	4504
	11571	2230	1790	837	0	0	2527	3599
中国农业机械学会	13008	420	1403	93	0	0	0	5100
	9562	1741	3464	2033	0	0	903	3944
中国农业工程学会	12251	3902	1368	1556	0	0	3001	4566
	8308	1585	1100	1299	13	5	112	2654

续表 15

学会	学会个人会员（人）	#女性会员（人）	#高级（资深）会员（人）	#学生会员（人）	#外籍会员（人）	#港澳台会员（人）	#交纳会费会员（人）	#党员会员（人）
中国电机工程学会	120143	15692	5883	7896	30	0	18979	40048
	98398	16568	4797	3142	0	6	18819	36455
中国电工技术学会	52981	258	2998	278	2	2	928	0
	8358	1555	2129	767	0	0	1462	2633
中国水力发电工程学会	36321	7800	19721	1280	1	0	0	8200
	29039	4632	6529	2384	0	0	1048	9453
中国水利学会	89361	18778	534	0	0	0	332	20286
	92753	—	12032	985	0	0	13149	47073
中国内燃机学会	13103	1647	3259	351	17	0	2000	8591
	—	884	1424	384	0	0	416	2862
中国工程热物理学会	3985	591	1550	856	0	3	113	712
	2180	402	370	445	0	0	561	655
中国空气动力学会	2172	225	620	429	0	0	1025	2005
	—	—	—	—	—	—	—	—
中国制冷学会	26221	5296	1369	8547	0	0	21037	7294
	30342	6123	2752	18106	1	2	4555	5764
中国真空学会	3514	483	717	0	6	6	213	1350
	3551	802	564	682	3	3	1255	1047
中国自动化学会	75912	17455	13288	26837	0	5	17392	37108
	27759	4963	4066	3698	203	52	1525	9113
中国仪器仪表学会	53017	4187	6246	15634	5	5	4315	3609
	13335	1948	759	5144	0	1	1248	5858
中国计量测试学会	856	140	0	0	0	0	202	0
	6300	1544	413	480	1	1	28	576
中国标准化协会	3033	520	30	709	0	0	1377	650
	2578	519	99	20	0	0	16	339
中国图学学会	121865	25997	1446	28864	2	8	24530	4568
	7429	2847	2482	794	0	0	1359	3564
中国电子学会	138099	6347	15337	7192	0	0	2074	10215
	34853	5259	3007	9121	1	0	235	7710
中国计算机学会	99237	17276	4252	51700	9	49	99237	104
	21263	5353	4318	2692	1	0	7957	6966
中国通信学会	50037	13209	9129	5575	0	0	17901	25213
	52097	14733	7879	5202	1	11	2034	21234

续表 16

学会	学会个人会员（人）	#女性会员（人）	#高级（资深）会员（人）	#学生会员（人）	#外籍会员（人）	#港澳台会员（人）	#交纳会费会员（人）	#党员会员（人）
中国中文信息学会	5200	1516	139	2279	7	30	629	1460
	140	67	70	0	0	0	0	23
中国测绘学会	45576	0	0	0	0	0	0	0
	25305	7152	3979	1537	0	0	3817	11852
中国造船工程学会	32270	5658	6963	691	55	16	3816	3798
	9113	2039	1838	731	0	48	511	3495
中国航海学会	4909	340	1976	83	0	0	224	3012
	11220	1143	830	367	0	2	5375	6644
中国铁道学会	67912	5810	216	0	0	0	0	0
	34334	5584	2552	25	0	50	5886	16820
中国公路学会	73550	13452	5786	2096	10	8	5000	48413
	60824	12109	11305	212	0	2	3348	28587
中国航空学会	117856	21113	942	37998	8	0	27453	23656
	29718	5489	668	1899	0	1	3684	6140
中国宇航学会	44712	13413	614	12385	0	0	0	27315
	16499	4074	347	362	0	0	1879	8690
中国兵工学会	32351	2771	762	0	6	0	25123	24909
	9468	2696	227	0	0	0	0	3144
中国金属学会	93216	42563	387	3620	4	0	387	59101
	99482	16612	11211	7131	0	0	6056	40123
中国有色金属学会	43000	4984	22	169	0	0	0	26000
	10639	1852	1599	467	0	0	681	4400
中国稀土学会	6896	1500	0	2400	0	0	1000	2100
	654	154	32	68	0	0	29	372
中国腐蚀与防护学会	6287	846	944	266	6	0	4256	2537
	2661	606	770	446	0	0	167	1406
中国化工学会	30218	9362	3637	10088	0	15	3788	6057
	23108	6005	2167	4486	16	8	2081	8250
中国核学会	14123	3318	5823	1128	14	4	0	5123
	12463	3288	685	752	1	0	24	5443
中国石油学会	33775	8450	119	0	0	0	0	19800
	40835	8889	12052	407	0	0	7924	22533
中国煤炭学会	23916	2533	530	6673	0	0	0	13770
	10593	221	816	5	0	0	1432	2964
中国可再生能源学会	5415	1316	3976	1203	8	1	1562	2401
	1637	457	353	477	10	0	900	936

续表 17

学会	学会个人会员(人)	#女性会员(人)	#高级(资深)会员(人)	#学生会员(人)	#外籍会员(人)	#港澳台会员(人)	#交纳会费会员(人)	#党员会员(人)
中国能源研究会	4952	743	100	123	0	0	18	3390
	5881	980	677	880	0	1	1740	1672
中国硅酸盐学会	0	0	0	0	0	0	0	0
	12534	2280	1503	2624	9	0	1701	2462
中国建筑学会	71404	17928	691	4533	0	0	20997	1494
	53749	8224	11509	2305	0	5	29238	20465
中国土木工程学会	45457	10331	0	412	150	136	11663	22674
	7019	1203	1851	229	7	5	2785	4815
中国生物工程学会	3101	622	1519	199	0	0	1712	1110
	7306	2229	1159	2066	24	1	0	2508
中国纺织工程学会	53000	2743	2241	1754	3	0	371	2538
	10240	3291	1821	890	2	0	2478	4037
中国造纸学会	12294	4610	0	0	0	0	0	5901
	3549	1052	531	746	0	0	733	1235
中国文物保护技术协会	1640	508	0	0	0	0	0	720
	—	—	—	—	—	—	—	—
中国印刷技术协会	705	143	61	0	0	0	318	247
	5	1	0	0	0	0	0	5
中国材料研究学会	30522	8061	900	9707	1	0	447	3810
	1248	235	0	7	0	0	18	269
中国食品科学技术学会	1142	519	796	0	15	13	868	519
	7008	2595	742	1893	1	0	509	2483
中国粮油学会	24814	10001	0	3700	0	0	2710	4870
	1857	325	362	19	0	0	418	864
中国职业安全健康协会	9130	2947	419	1378	0	7	0	1866
	872	326	220	52	0	0	61	562
中国烟草学会	12369	1399	1056	0	0	0	0	9941
	38063	11070	812	0	0	0	0	22720
中国仿真学会	24596	6987	395	12145	15	2	0	10321
	1017	221	0	234	0	0	0	581
中国电影电视技术学会	3983	1121	210	1127	0	51	50	586
	626	105	220	8	0	0	0	0
中国振动工程学会	4303	645	655	1008	0	0	1422	1980
	3509	759	793	1235	0	0	105	1527
中国颗粒学会	4883	1409	740	421	0	0	0	1200
	1198	282	197	465	0	0	611	443

续表 18

学会	学会个人会员（人）	#女性会员（人）	#高级（资深）会员（人）	#学生会员（人）	#外籍会员（人）	#港澳台会员（人）	#交纳会费会员（人）	#党员会员（人）
中国照明学会	4100	350	682	0	0	2	180	370
	5980	1062	562	156	0	1	507	1282
中国动力工程学会	1502	20	0	0	0	0	5	1381
	580	60	420	60	0	0	300	0
中国惯性技术学会	4636	818	224	525	0	0	1300	2432
	738	125	0	47	0	0	0	232
中国风景园林学会	12659	5108	276	2620	0	0	1508	1594
	7253	2452	1772	457	0	0	842	2163
中国电源学会	12008	2682	1246	5293	6	28	4216	4036
	1287	264	192	531	0	0	147	270
中国复合材料学会	0	0	0	0	0	0	0	0
	3562	652	795	1704	0	4	1124	996
中国消防协会	3477	980	0	78	0	0	2027	2300
	6779	743	755	384	0	0	763	1602
中国图象图形学学会	12796	3244	331	6036	7	15	8367	6163
	634	209	0	52	0	0	110	235
中国人工智能学会	53270	20509	1689	25398	46	3	30710	11259
	12746	2973	1237	3448	2	0	1644	4037
中国体视学学会	2115	626	332	557	0	0	372	517
	181	88	90	0	0	0	0	82
中国工程机械学会	0	0	0	0	0	0	0	0
	—	—	—	—	—	—	—	—
中国海洋工程咨询协会	0	0	0	0	0	0	0	0
	—	—	—	—	—	—	—	—
中国遥感应用协会	3748	1013	0	476	0	2	2280	2013
	—	—	—	—	—	—	—	—
中国指挥与控制学会	6010	1235	0	1450	0	0	865	5200
	—	—	—	—	—	—	—	—
中国光学工程学会	28506	9883	4730	7108	0	0	19067	15260
	369	157	0	0	0	0	0	146
中国微米纳米技术学会	2570	802	1089	579	0	6	2570	1410
	—	—	—	—	—	—	—	—
中国密码学会	4400	943	206	1754	1	0	747	563
	—	—	—	—	—	—	—	—
中国大坝工程学会	25475	6707	194	177	1719	3	142	2023
	—	—	—	—	—	—	—	—
中国卫星导航定位协会	326	51	0	0	0	0	0	161
	—	—	—	—	—	—	—	—

续表 19

学会	学会个人会员（人）	#女性会员（人）	#高级（资深）会员（人）	#学生会员（人）	#外籍会员（人）	#港澳台会员（人）	#交纳会费会员（人）	#党员会员（人）
中国生物材料学会	4620	1869	966	2345	0	16	4620	1957
	108	75	69	12	0	0	0	55
国际粉体检测与控制联合会	0	0	0	0	0	0	0	0
	—	—	—	—	—	—	—	—
全国农科学会小计	**228813**	**65356**	**22251**	**24859**	**89**	**149**	**23248**	**75874**
省级农科学会小计	**397067**	**91859**	**54334**	**14473**	**37**	**46**	**32762**	**153073**
中国农学会	34430	10903	9903	10234	0	0	10450	21698
	83479	14398	8724	854	0	16	9429	51105
中国林学会	4243	799	1015	739	0	0	0	508
	78904	22334	9382	1110	0	14	5419	27937
中国土壤学会	18500	5500	0	0	0	0	2271	0
	6253	1716	955	793	0	0	157	1191
中国水产学会	21229	5449	1626	4015	0	0	0	6921
	16359	3650	4081	668	1	0	608	6577
中国园艺学会	9923	3779	0	3426	0	0	230	2634
	11010	3146	1622	956	0	0	3785	3525
中国畜牧兽医学会	59620	13189	3053	2022	4	139	6020	8653
	28604	8656	5605	1793	0	0	4971	11982
中国植物病理学会	6655	2793	128	129	69	0	0	2992
	28398	8438	11884	544	0	0	4955	12880
中国植物保护学会	22490	4735	274	350	0	0	20	9971
	7351	2937	1456	1590	2	0	88	3017
中国作物学会	8047	2577	1132	1315	8	0	1499	3117
	14672	3596	4354	488	0	5	1208	7080
中国热带作物学会	3898	1033	168	21	0	0	372	2360
	2648	556	431	330	0	0	75	1140
中国蚕学会	8989	3255	3250	0	0	0	0	1297
	1719	454	298	55	0	0	70	705
中国水土保持学会	12223	6700	0	0	0	0	0	9800
	11007	2804	1982	605	0	0	1328	3615
中国茶叶学会	6380	1847	0	337	8	10	2041	1361
	6966	1968	1503	499	16	8	1223	1930
中国草学会	5338	748	1018	2020	0	0	195	1558
	38063	11070	812	0	0	0	0	22720
中国植物营养与肥料学会	5659	1850	315	251	0	0	150	2585
	306	58	201	105	0	0	37	21

续表 20

学　会	学会个人会员（人）	#女性会员（人）	#高级（资深）会员（人）	#学生会员（人）	#外籍会员（人）	#港澳台会员（人）	#交纳会费会员（人）	#党员会员（人）
中国农业历史学会	1189	199	369	0	0	0	0	419
	627	220	130	386	0	0	0	230
全国医科学会小计	**2090759**	**938689**	**30918**	**80828**	**120**	**384**	**542134**	**775862**
省级医科学会小计	**2917177**	**1802456**	**273650**	**61681**	**406**	**374**	**1393895**	**824009**
中华医学会	699000	279600	0	0	0	0	1232	384450
	11800	6600	1350	0	0	0	0	0
中华中医药学会	27230	11849	742	793	0	1	5589	15457
	—	—	—	—	—	—	—	—
中国中西医结合学会	122600	46614	0	0	0	22	4986	96809
	144556	50268	23687	1061	3	12	59679	49352
中国药学会	5849	2231	4808	310	43	132	1410	2778
	248310	108705	27148	8347	276	234	107165	72935
中华护理学会	233839	220213	7345	9818	0	7	224021	47452
	—	—	—	—	—	—	—	—
中国生理学会	7438	4159	566	1666	3	55	2147	2176
	7924	3789	2000	2032	2	0	1509	2769
中国解剖学会	4975	2825	96	0	0	4	4975	3981
	5340	2027	1367	293	0	0	2037	2346
中国生物医学工程学会	25251	12326	2527	5557	1	30	14325	8850
	21956	7733	1355	2723	2	0	2628	7908
中国病理生理学会	12100	6795	236	3949	0	3	12100	2276
	3531	1784	900	581	2	0	637	1144
中国营养学会	46058	32029	752	6436	8	49	40531	9920
	30667	17357	4043	5977	0	3	17355	6991
中国药理学会	11555	6953	124	968	7	15	11555	8705
	14653	7522	1175	2174	4	0	6197	5727
中国针灸学会	47618	20298	179	1039	5	22	37403	9268
	35865	17348	2722	2779	30	10	20483	11314
中国防痨协会	22202	13911	0	5	0	4	6	3921
	15329	7080	4300	0	0	0	1013	5290
中国麻风防治协会	10129	4644	1513	2	0	0	0	1985
	3979	1203	248	0	0	0	0	1040
中国心理卫生协会	34627	24188	0	0	0	0	0	3400
	14900	8133	2080	684	0	0	2522	2226

续表 21

学会	学会个人会员(人)	#女性会员(人)	#高级(资深)会员(人)	#学生会员(人)	#外籍会员(人)	#港澳台会员(人)	#交纳会费会员(人)	#党员会员(人)
中国抗癌协会	310255	0	0	0	0	0	0	91215
	134593	51800	25621	14312	0	0	12088	44219
中国体育科学学会	6154	2722	14	2741	0	0	6154	2570
	7209	2260	1520	935	3	2	58	2801
中国毒理学会	19032	9959	1623	2160	49	16	11121	3971
	3214	1725	382	542	2	0	1186	1362
中国康复医学会	68159	40280	49	38051	0	3	46188	21160
	33094	14547	5465	53	4	2	11057	12394
中国免疫学会	10051	4544	4487	504	0	12	10051	3707
	16006	7822	5685	1515	4	2	6200	5915
中华预防医学会	111796	48627	183	203	0	8	0	122
	—	—	—	—	—	—	—	—
中国法医学会	7153	2499	0	0	0	0	338	6013
	3070	619	1315	0	0	0	822	1971
中华口腔医学会	129564	67263	0	6542	0	0	102499	40577
	—	—	—	—	—	—	—	—
中国医学救援协会	4424	1571	2380	0	0	0	0	2250
	—	—	—	—	—	—	—	—
中国女医师协会	51200	51200	0	0	0	0	0	0
	1388	1388	1388	0	0	0	1388	125
中国研究型医院学会	0	0	0	0	0	0	0	0
	2923	1512	1680	520	0	0	1680	1640
中国睡眠研究会	5268	1234	0	0	1	1	2209	552
	2755	1362	598	30	0	0	1253	1026
中国卒中学会	57232	20155	3294	84	3	0	3294	2297
	13985	6710	2537	472	0	0	4679	4161
全国交叉学科学会小计	**509184**	**138469**	**28081**	**119529**	**130**	**81**	**69485**	**69704**
省级其他学科学会小计	**1235543**	**305114**	**220745**	**27271**	**142**	**118**	**96940**	**461737**
中国自然辩证法研究会	2061	1215	27	0	0	0	260	617
	2613	863	337	873	0	0	119	1153
中国管理现代化研究会	31000	9850	975	20000	0	0	9000	2400
	1310	426	440	33	0	0	250	645
中国技术经济学会	8057	1716	4955	56	3	0	1159	5230
	0	0	0	0	0	0	0	0
中国现场统计研究会	7055	2034	119	3056	0	0	0	4122
	911	354	279	233	0	0	14	490

续表 22

学 会	学会个人会员（人）	#女性会员（人）	#高级（资深）会员（人）	#学生会员（人）	#外籍会员（人）	#港澳台会员（人）	#交纳会费会员（人）	#党员会员（人）
中国未来研究会	5494	795	33	282	0	5	2394	532
	1045	373	412	144	2	3	19	444
中国科学技术史学会	1300	496	0	198	0	0	0	323
	884	210	34	246	0	0	141	101
中国科学技术情报学会	25000	0	0	0	0	0	0	0
	3703	1665	349	33	0	0	1382	1437
中国图书馆学会	34178	19875	0	11	0	1	29353	15111
	19355	10451	1283	538	0	0	10239	6415
中国城市科学研究会	4373	1087	1681	20	5	2	309	1687
	2170	531	293	52	0	0	20	756
中国科学学与科技政策研究会	5621	2753	198	1279	1	1	0	2484
	70	33	29	0	0	0	70	3
中国农村专业技术协会	1212	26	214	258	0	0	0	820
	95583	8997	1283	693	0	1	901	15312
中国工业设计协会	0	0	0	0	0	0	0	0
	2044	451	376	706	0	1	10	463
中国工艺美术学会	7548	3019	0	0	0	0	3201	2491
	5842	1511	320	24	8	3	946	568
中国科普作家协会	4900	1675	0	67	0	0	1000	2235
	8499	2354	1699	1019	0	5	1535	2370
中国自然科学博物馆协会	476	248	0	0	0	0	476	0
	522	295	0	0	0	0	0	265
中国可持续发展研究会	202	56	83	3	0	0	0	114
	728	262	235	61	0	0	61	374
中国青少年科技辅导员协会	10400	3931	0	115	0	16	3303	3178
	2627	1218	180	0	0	0	180	1015
中国科教电影电视协会	1199	417	53	0	0	0	0	742
	888	357	56	135	0	0	258	523
中国科学技术期刊编辑学会	10164	5378	1100	0	0	0	4533	3506
	6396	2978	229	830	0	0	1886	1823
中国流行色协会	10343	7004	934	3109	12	44	372	117
	—	—	—	—	—	—	—	—
中国档案学会	9980	0	0	0	0	0	0	0
	9287	5917	1641	164	0	0	2036	4268
中国国土经济学会	3087	360	1900	340	0	0	29	318
	—	—	—	—	—	—	—	—
中国土地学会	8701	2495	213	0	0	0	0	5678
	13281	3532	1929	124	0	0	0	5460

续表 23

学会	学会个人会员(人)	#女性会员(人)	#高级(资深)会员(人)	#学生会员(人)	#外籍会员(人)	#港澳台会员(人)	#交纳会费会员(人)	#党员会员(人)
中国科技新闻学会	1163	552	365	7	0	0	51	243
	380	132	150	25	0	0	0	220
中国老科学技术工作者协会	79338	36062	13254	0	0	0	0	4535
	87228	29372	12277	0	0	0	130	61727
中国科学探险协会	1889	708	0	2	1	3	132	130
	—	—	—	—	—	—	—	—
中国城市规划学会	11062	3453	181	139	0	0	9715	6787
	6913	2150	600	67	0	0	113	5202
中国产学研合作促进会	0	0	0	0	0	0	0	0
	300	26	12	102	0	0	0	221
中国知识产权研究会	392	101	40	0	0	0	40	297
	1573	345	48	16	0	1	80	417
中国发明协会	5124	726	42	58	0	0	649	620
	370	20	0	3	0	0	0	40
中国工程教育专业认证协会	51	5	0	0	2	0	0	44
	—	—	—	—	—	—	—	—
中国检验检疫学会	262	103	155	0	0	0	0	143
	98	62	30	0	0	0	98	0
中国女科技工作者协会	23235	23235	0	0	0	1	0	0
	2343	2343	1535	0	0	1	77	1442
中国创造学会	2207	858	0	0	0	0	0	1470
	1226	342	30	20	0	0	323	290
中国经济科技开发国际交流协会	296	67	52	11	5	3	0	233
	—	—	—	—	—	—	—	—
中国高科技产业化研究会	1650	168	1104	51	0	0	32	1049
	—	—	—	—	—	—	—	—
中国微量元素科学研究会	2742	915	0	0	0	0	0	0
	1401	674	360	32	0	5	1052	379
中国基本建设优化研究会	2933	401	317	281	1	0	0	1430
	—	—	—	—	—	—	—	—
中国科技馆发展基金会	0	0	0	0	0	0	0	0
	—	—	—	—	—	—	—	—
中国生物多样性保护与绿色发展基金会	179984	4972	12	90088	100	2	2408	180
	—	—	—	—	—	—	—	—
中国反邪教协会	131	14	74	0	0	0	0	100
	9247	758	3420	31	0	0	0	2720
中国高等教育学会	4374	1699	0	98	0	3	1069	738
	—	—	—	—	—	—	—	—
詹天佑科学技术发展基金会	0	0	0	0	0	0	0	0
	—	—	—	—	—	—	—	—

续表 24

学会	学会从业人员(人)	#女性从业人员(人)	#专职人员(人)	#社会聘用人员(人)	学会总收入(元)
全国学会合计	**3991**	**2207**	**3020**	**2009**	**4460315526**
省级同名学会合计	**137722**	**41300**	**14263**	**9871**	**5522285252**
全国理科学会小计	**444**	**301**	**326**	**200**	**461220650**
省级理科学会小计	**25598**	**7139**	**2204**	**773**	**298861470**
中国数学会	4	3	4	3	18415117
	246	50	11	15	20625965
中国物理学会	3	2	3	1	4222779
	1850	255	54	36	14460610
中国力学学会	23	19	23	13	19320177
	3716	41	17	53	4429712
中国光学学会	5	5	3	2	7749903
	2144	147	12	12	5466992
中国声学学会	32	3	4	3	2404501
	260	57	3	3	4405049
中国化学会	31	25	31	28	54523994
	909	248	32	32	15938749
中国天文学会	2	1	2	0	500385
	49	24	9	5	1604122
中国气象学会	25	19	16	9	8786500
	1914	857	544	11	16202507
中国空间科学学会	8	7	8	2	4431026
	—	—	—	—	—
中国地质学会	28	19	28	11	15226651
	164	58	94	51	26092845
中国地理学会	13	9	12	5	6513663
	1904	718	11	10	6753070
中国地球物理学会	7	5	7	7	12677924
	973	33	21	16	1712434
中国矿物岩石地球化学学会	8	7	8	0	6646905
	10	4	2	0	9157
中国古生物学会	3	1	3	0	664484
	50	18	0	4	217283
中国海洋湖沼学会	14	12	14	0	362238
	21	10	3	12	1268873
中国海洋学会	11	8	3	8	4800653
	13	5	3	1	320495

续表 25

学会	学会从业人员(人)	#女性从业人员(人)	#专职人员(人)	#社会聘用人员(人)	学会总收入(元)
中国地震学会	5	5	2	1	9701345
	111	57	19	1	2710939
中国动物学会	3	3	3	2	5648039
	1173	434	17	20	10487458
中国植物学会	4	3	3	0	2554096
	1434	233	8	2	2425431
中国昆虫学会	3	3	1	2	5156293
	1569	230	5	30	1606731
中国微生物学会	3	3	2	1	1965348
	1313	627	781	47	10225101
中国生物化学与分子生物学会	5	5	5	5	4319752
	243	33	17	16	1797690
中国细胞生物学学会	9	9	9	9	26941300
	1012	648	13	4	8604933
中国植物生理与植物分子生物学学会	3	3	3	0	7065628
	4	2	0	1	278870
中国生物物理学会	11	10	11	6	13834313
	23	10	14	3	690644
中国遗传学会	2	2	2	0	3337812
	2041	722	54	7	4652987
中国心理学会	5	3	5	3	8439927
	675	384	20	19	5338186
中国生态学学会	5	5	5	5	6049152
	912	317	9	8	1488756
中国环境科学学会	0	0	0	0	0
	200	112	143	80	63275666
中国自然资源学会	9	5	3	3	2441156
	201	55	20	18	6036829
中国感光学会	11	6	8	6	4139260
	—	—	—	—	—
中国优选法统筹法与经济数学研究会	6	5	5	6	4768154
	2	0	1	1	9000
中国岩石力学与工程学会	33	13	15	18	20041386
	442	114	9	7	4856354

续表 26

学会	学会从业人员（人）	#女性从业人员（人）	#专职人员（人）	#社会聘用人员（人）	学会总收入（元）
中国野生动物保护协会	35	18	35	20	123500087
	18	5	11	4	2890625
中国系统工程学会	8	7	7	0	4650944
	38	15	2	6	674075
中国实验动物学会	19	18	14	7	4240662
	46	24	10	11	5143425
中国青藏高原研究会	10	4	4	0	1816611
	—	—	—	—	—
中国环境诱变剂学会	9	6	0	0	424698
	176	102	3	11	1214410
中国运筹学会	5	4	1	4	2729386
	310	38	3	65	443394
中国菌物学会	1	1	1	0	259122
	10	3	1	1	20008
中国晶体学会	0	0	0	0	0
	—	—	—	—	—
中国神经科学学会	8	8	8	8	18823266
	39	22	5	10	9294025
中国认知科学学会	7	3	1	0	1317274
	2	1	1	1	261870
中国微循环学会	4	2	0	0	7541809
	6	2	3	3	4886232
国际数字地球协会	0	0	0	0	0
	—	—	—	—	—
国际动物学会	4	2	4	2	2266930
	1173	434	17	20	10487458
全国工科学会小计	**1771**	**990**	**1539**	**902**	**1936926011**
省级工科学会小计	**31723**	**6717**	**3227**	**2055**	**1776710002**
中国机械工程学会	45	33	45	15	73754264
	214	81	93	59	119912474
中国汽车工程学会	107	60	98	9	126586814
	95	43	36	28	9385117
中国农业机械学会	13	7	12	1	5350223
	565	30	32	30	5312191
中国农业工程学会	31	25	31	16	11136751
	406	111	349	11	1222506

续表 27

学 会	学会从业人员（人）	#女性从业人员（人）	#专职人员（人）	#社会聘用人员（人）	学会总收入（元）
中国电机工程学会	51	38	45	28	57544816
	416	75	175	33	41367861
中国电工技术学会	44	24	44	39	45753514
	207	74	20	153	1688251
中国水力发电工程学会	20	7	14	6	12281609
	94	45	33	13	8182698
中国水利学会	28	14	15	13	24627327
	5723	79	53	35	18917564
中国内燃机学会	13	8	12	5	20982543
	233	17	7	2	642551
中国工程热物理学会	5	4	1	1	540168
	13	1	0	2	1136810
中国空气动力学会	6	3	3	3	2386538
	—	—	—	—	—
中国制冷学会	26	15	26	7	27546231
	724	213	34	112	9084347
中国真空学会	4	4	3	3	3315641
	44	16	6	4	2330827
中国自动化学会	16	12	16	14	40500674
	767	197	21	24	7342132
中国仪器仪表学会	33	13	33	12	37768536
	336	19	9	8	1804985
中国计量测试学会	32	20	22	10	20311540
	73	39	50	22	18071442
中国标准化协会	44	21	44	44	34066134
	125	71	81	44	28037003
中国图学学会	13	10	13	13	16147145
	350	194	11	9	3981355
中国电子学会	123	54	123	47	199894649
	415	184	72	54	17675519
中国计算机学会	46	29	46	46	168834822
	185	74	28	57	18358330
中国通信学会	43	25	37	21	40192442
	123	59	74	50	24301436

续表 28

学　会	学会从业人员（人）	#女性从业人员（人）	#专职人员（人）	#社会聘用人员（人）	学会总收入（元）
中国中文信息学会	7	5	7	7	5779595
	8	0	0	0	100
中国测绘学会	19	10	19	9	22597875
	98	42	44	20	13961943
中国造船工程学会	12	7	12	6	12608873
	360	138	15	9	7815596
中国航海学会	18	13	12	12	12002375
	92	26	43	23	11824138
中国铁道学会	19	5	19	0	17990120
	101	34	18	7	2141046
中国公路学会	66	34	66	66	160362485
	272	117	156	65	59397806
中国航空学会	18	8	15	3	47678401
	1938	589	24	5	4863950
中国宇航学会	35	24	35	26	24072349
	43	20	9	6	1928357
中国兵工学会	59	32	50	9	39205345
	394	10	14	4	5447257
中国金属学会	34	13	34	16	29475484
	179	68	81	44	15955881
中国有色金属学会	12	9	12	10	16458561
	59	26	27	13	2262068
中国稀土学会	12	4	12	0	7189640
	10	3	2	3	312827
中国腐蚀与防护学会	13	5	8	3	9515011
	384	56	340	25	1143960
中国化工学会	17	10	17	14	22574855
	2373	697	52	34	23444238
中国核学会	25	17	25	20	18258378
	96	46	12	9	6260882
中国石油学会	24	10	24	0	19786923
	379	130	30	13	5819713
中国煤炭学会	33	13	11	0	15471127
	65	22	23	25	6507634
中国可再生能源学会	18	13	18	18	13581020
	28	17	9	10	1343591

续表 29

学　会	学会从业人员（人）	#女性从业人员（人）	#专职人员（人）	#社会聘用人员（人）	学会总收入（元）
中国能源研究会	14	8	2	12	18723110
	288	80	28	6	18628455
中国硅酸盐学会	0	0	0	0	0
	208	55	29	20	7481696
中国建筑学会	34	20	30	19	22408598
	214	86	93	68	41178335
中国土木工程学会	20	15	20	0	7385661
	10	6	8	4	3129002
中国生物工程学会	5	4	3	2	3295715
	192	66	6	7	4479791
中国纺织工程学会	36	28	36	28	19634322
	67	29	29	24	6983866
中国造纸学会	8	4	7	0	2045748
	95	13	14	7	1071750
中国文物保护技术协会	1	1	0	1	1648751
	—	—	—	—	—
中国印刷技术协会	57	36	44	44	14271615
	20	8	16	4	1660804
中国材料研究学会	14	8	11	11	20890470
	10	5	2	2	1084704
中国食品科学技术学会	20	10	20	13	36744312
	1376	266	11	9	4257201
中国粮油学会	18	15	17	1	9945119
	22	3	3	9	622178
中国职业安全健康协会	66	21	59	59	46574688
	34	13	24	4	18311226
中国烟草学会	11	7	0	0	516228
	537	213	103	6	10477313
中国仿真学会	5	4	5	5	5563069
	3	0	3	0	17265
中国电影电视技术学会	5	3	3	3	5928651
	4	1	4	4	403174
中国振动工程学会	33	8	8	2	6418441
	375	13	6	10	1524540
中国颗粒学会	9	8	9	3	3625496
	17	5	5	6	354400

续表 30

学　会	学会从业人员（人）	#女性从业人员（人）	#专职人员（人）	#社会聘用人员（人）	学会总收入（元）
中国照明学会	10	5	7	3	6830609
	457	79	24	17	6820916
中国动力工程学会	6	5	2	0	733760
	2	2	1	1	10
中国惯性技术学会	9	2	1	0	2422619
	15	6	0	0	248563
中国风景园林学会	20	12	18	0	8387617
	209	69	19	19	8015483
中国电源学会	15	11	15	15	10902575
	115	5	2	3	198219
中国复合材料学会	0	0	0	0	0
	202	46	2	3	878015
中国消防协会	33	14	33	22	53258080
	221	98	169	132	35085422
中国图象图形学学会	9	9	8	9	9619167
	4	1	0	1	140345
中国人工智能学会	15	12	12	13	49615513
	585	98	20	23	8084142
中国体视学学会	4	2	4	3	914205
	150	0	0	0	20160
中国工程机械学会	0	0	0	0	0
	—	—	—	—	—
中国海洋工程咨询协会	0	0	0	0	0
	—	—	—	—	—
中国遥感应用协会	21	8	6	6	3429660
	—	—	—	—	—
中国指挥与控制学会	13	7	12	9	11930008
	—	—	—	—	—
中国光学工程学会	16	10	16	16	35656383
	5	2	1	0	335854
中国微米纳米技术学会	6	5	6	6	7915827
	—	—	—	—	—
中国密码学会	6	2	3	3	5790054
	—	—	—	—	—
中国大坝工程学会	16	8	16	7	10156129
	—	—	—	—	—
中国卫星导航定位协会	15	7	15	5	18958332
	—	—	—	—	—

续表 31

学会	学会从业人员(人)	#女性从业人员(人)	#专职人员(人)	#社会聘用人员(人)	学会总收入(元)
中国生物材料学会	17	13	12	10	10654682
	2	1	2	2	0
国际粉体检测与控制联合会	0	0	0	0	0
	—	—	—	—	—
全国农科学会小计	**529**	**156**	**231**	**347**	**121070034**
省级农科学会小计	**16830**	**3993**	**1771**	**337**	**313929903**
中国农学会	75	32	71	4	17071685
	2217	98	75	54	27718923
中国林学会	37	18	32	5	21048816
	1139	249	57	40	26993820
中国土壤学会	3	2	2	1	8455258
	349	42	8	5	4672128
中国水产学会	17	7	15	2	12915901
	1179	69	130	17	9269133
中国园艺学会	3	2	3	1	3779265
	1278	120	10	8	3708847
中国畜牧兽医学会	46	28	27	28	14190401
	913	455	30	19	12212189
中国植物病理学会	6	6	5	1	3107824
	246	50	11	15	20625965
中国植物保护学会	14	12	14	8	2206699
	360	24	3	3	1299556
中国作物学会	19	18	19	13	15655649
	2577	818	18	14	173748388
中国热带作物学会	260	0	0	260	1447351
	29	14	3	2	607978
中国蚕学会	6	3	2	0	529000
	25	11	4	4	166929
中国水土保持学会	11	7	9	2	8928794
	196	34	16	18	5008063
中国茶叶学会	18	9	18	10	5541090
	87	43	33	21	4616026
中国草学会	8	7	8	8	4974390
	537	213	103	6	10477313
中国植物营养与肥料学会	5	4	5	4	942110
	3	1	0	0	0

续表 32

学会	学会从业人员（人）	#女性从业人员（人）	#专职人员（人）	#社会聘用人员（人）	学会总收入（元）
中国农业历史学会	1	1	1	0	275802
	5	0	0	0	0
全国医科学会小计	**591**	**383**	**494**	**288**	**1620813501**
省级医科学会小计	**50695**	**18916**	**5131**	**5204**	**2571742605**
中华医学会	129	68	129	14	528402927
	15	4	12	3	11999601
中华中医药学会	51	34	51	28	61214045
	—	—	—	—	—
中国中西医结合学会	12	8	4	8	19240373
	938	515	59	28	107492132
中国药学会	25	12	25	6	87159034
	418	209	193	141	238929689
中华护理学会	30	22	30	22	126221896
	—	—	—	—	—
中国生理学会	4	3	4	4	2625938
	1004	494	15	86	3978206
中国解剖学会	3	2	3	2	4488331
	973	349	3	10	4159808
中国生物医学工程学会	11	11	7	4	20906982
	63	39	13	10	30664430
中国病理生理学会	4	4	4	4	10030602
	109	62	5	78	1789220
中国营养学会	19	18	19	19	39713094
	208	97	30	43	11579638
中国药理学会	8	3	7	6	11074053
	1724	64	16	23	30276253
中国针灸学会	17	6	11	6	7270577
	2416	1001	413	355	11008817
中国防痨协会	13	9	13	11	18017768
	1835	841	9	0	7953019
中国麻风防治协会	4	2	3	1	9598203
	1279	143	6	0	269456
中国心理卫生协会	6	5	5	2	11823916
	849	394	84	15	8305578

续表 33

学会	学会从业人员(人)	#女性从业人员(人)	#专职人员(人)	#社会聘用人员(人)	学会总收入(元)
中国抗癌协会	28	23	28	18	121325685
	2631	1140	45	14	230852200
中国体育科学学会	11	7	0	8	8723199
	619	258	22	26	4481737
中国毒理学会	8	6	6	4	9830526
	33	15	4	8	1910517
中国康复医学会	25	12	10	15	67246121
	2506	1507	20	12	40415869
中国免疫学会	5	4	5	5	19003288
	948	485	351	19	28730432
中华预防医学会	56	44	54	52	155246651
	—	—	—	—	—
中国法医学会	10	5	5	8	518042
	236	98	11	5	27332
中华口腔医学会	45	29	30	22	78358666
	—	—	—	—	—
中国医学救援协会	8	5	5	2	8258285
	—	—	—	—	—
中国女医师协会	11	10	3	0	0
	1388	1388	2	2	187
中国研究型医院学会	0	0	0	0	90574869
	56	29	5	28	9455766
中国睡眠研究会	9	6	2	9	123844
	724	351	1	3	605210
中国卒中学会	39	25	31	8	103816586
	1271	892	34	22	23671071
全国交叉学科学会小计	**656**	**377**	**430**	**272**	**320285330**
省级其他学科学会小计	**12876**	**4535**	**1930**	**1502**	**561041272**
中国自然辩证法研究会	14	5	7	4	2896362
	188	46	0	5	698093
中国管理现代化研究会	3	2	2	3	1160800
	33	12	6	15	2868121
中国技术经济学会	20	12	19	0	24957689
	8	4	0	0	72
中国现场统计研究会	67	26	3	1	484386
	168	53	70	0	58969

续表 34

学会	学会从业人员（人）	#女性从业人员（人）	#专职人员（人）	#社会聘用人员（人）	学会总收入（元）
中国未来研究会	4	3	3	1	0
	30	14	4	10	50633
中国科学技术史学会	7	2	0	0	3708290
	163	82	5	6	160794
中国科学技术情报学会	7	6	7	2	1370284
	138	82	18	16	4035035
中国图书馆学会	16	12	16	0	7091089
	72	42	13	3	1440819
中国城市科学研究会	84	46	63	21	38694126
	161	31	8	13	1214935
中国科学学与科技政策研究会	13	9	9	9	13230011
	1	0	0	0	0
中国农村专业技术协会	45	18	7	0	758070
	273	35	23	21	9281599
中国工业设计协会	0	0	0	0	0
	160	8	6	3	948173
中国工艺美术学会	8	5	8	4	3482632
	458	28	23	9	859349
中国科普作家协会	8	7	5	3	1030128
	76	32	16	15	5719462
中国自然科学博物馆协会	8	5	8	0	1655385
	35	27	0	1	123601
中国可持续发展研究会	6	4	3	6	1198245
	215	95	139	13	824763
中国青少年科技辅导员协会	3	3	3	3	5170683
	124	61	4	2	2053426
中国科教电影电视协会	8	6	8	4	1938170
	5	2	5	5	1308556
中国科学技术期刊编辑学会	5	5	5	3	2226655
	96	34	5	10	5150875
中国流行色协会	20	14	20	14	7769412
	—	—	—	—	—
中国档案学会	7	3	6	3	4847754
	88	37	14	3	4704486
中国国土经济学会	19	13	8	11	4794722
	—	—	—	—	—
中国土地学会	21	13	10	10	4317949
	174	79	81	42	25191091

续表 35

学会	学会从业人员(人)	#女性从业人员(人)	#专职人员(人)	#社会聘用人员(人)	学会总收入(元)
中国科技新闻学会	7	5	5	6	3704997
	155	52	6	0	866620
中国老科学技术工作者协会	12	8	7	2	9382586
	57	25	22	25	9502728
中国科学探险协会	5	2	2	1	465799
	—	—	—	—	—
中国城市规划学会	23	17	23	15	17211816
	17	11	5	5	2649927
中国产学研合作促进会	0	0	0	0	0
	7	3	3	4	1043292
中国知识产权研究会	33	19	33	31	15761680
	551	20	21	20	8436161
中国发明协会	25	12	22	17	9364265
	6	3	4	3	1525257
中国工程教育专业认证协会	12	8	0	1	1214001
	—	—	—	—	—
中国检验检疫学会	12	7	12	11	3721527
	5	4	0	0	0
中国女科技工作者协会	3	3	3	3	2391526
	81	5	2	0	232161
中国创造学会	5	5	0	0	221697
	20	14	1	1	1328021
中国经济科技开发国际交流协会	5	1	3	1	0
	—	—	—	—	—
中国高科技产业化研究会	15	6	3	15	7675025
	—	—	—	—	—
中国微量元素科学研究会	4	1	4	4	0
	51	18	8	9	560980
中国基本建设优化研究会	15	8	12	12	4981747
	—	—	—	—	—
中国科技馆发展基金会	11	8	9	2	16912769
	—	—	—	—	—
中国生物多样性保护与绿色发展基金会	30	20	30	30	36903199
	—	—	—	—	—
中国反邪教协会	9	5	7	2	0
	194	59	27	11	7926498
中国高等教育学会	27	17	27	17	50945056
	—	—	—	—	—
詹天佑科学技术发展基金会	10	6	8	0	6644800
	—	—	—	—	—

三、为科技工作者服务

2021 年各全国学会、省级同名学会为科技工作者服务情况

学　会	举办科学道德与学风建设宣讲活　动（次）	科学道德与学风建设宣讲活动受众（人次）	举办干部教育培训班（期）	干部教育培训班参训人次（人次）
全国学会合计	**787**	**843427**	**286**	**27880**
省级同名学会合计	**3020**	**8182374**	**1516**	**77021**
全国理科学会小计	**54**	**361896**	**53**	**1151**
省级理科学会小计	**470**	**48393**	**171**	**8402**
中国数学会	0	0	0	0
	8	2107	3	25
中国物理学会	1	100	0	0
	39	1999	3	78
中国力学学会	3	120	0	0
	12	1424	4	45
中国光学学会	1	154	4	287
	18	2572	5	214
中国声学学会	1	50	0	0
	26	240	0	0
中国化学会	1	100000	0	0
	20	3269	3	212
中国天文学会	0	0	0	0
	20	1311	4	31
中国气象学会	0	0	0	0
	25	4153	10	421
中国空间科学学会	3	357	0	0
	—	—	—	—
中国地质学会	0	0	0	0
	7	791	5	162
中国地理学会	3	220000	0	0
	7	1927	0	0
中国地球物理学会	0	0	0	0
	5	319	1	22
中国矿物岩石地球化学学会	0	0	0	0
	1	154	2	106
中国古生物学会	2	96	0	0
	2	220	0	0
中国海洋湖沼学会	1	100	0	0
	3	70	1	1

续表 1

学 会	举办科学道德与学风建设宣讲活动（次）	科学道德与学风建设宣讲活动受众（人次）	举办干部教育培训班（期）	干部教育培训班参训人次（人次）
中国海洋学会	1	1200	0	0
	1	127	0	0
中国地震学会	0	0	0	0
	6	694	5	182
中国动物学会	1	110	0	0
	23	2971	8	170
中国植物学会	0	0	0	0
	7	635	2	120
中国昆虫学会	0	0	0	0
	10	431	1	1
中国微生物学会	0	0	0	0
	20	1232	40	723
中国生物化学与分子生物学会	0	0	0	0
	13	957	2	35
中国细胞生物学学会	7	23364	0	0
	44	5975	1	24
中国植物生理与植物分子生物学学会	1	650	0	0
	0	0	0	0
中国生物物理学会	2	575	0	0
	1	30	1	10
中国遗传学会	1	50	0	0
	15	1362	3	44
中国心理学会	0	0	0	0
	19	1174	14	1567
中国生态学学会	3	200	3	300
	14	402	0	0
中国环境科学学会	0	0	0	0
	40	3961	13	1562
中国自然资源学会	0	0	2	360
	51	1155	2	20
中国感光学会	0	0	0	0
	—	—	—	—
中国优选法统筹法与经济数学研究会	1	230	0	0
	0	0	0	0
中国岩石力学与工程学会	6	14000	2	33
	4	206	7	199

续表 2

学　会	举办科学道德与学风建设宣讲活　动（次）	科学道德与学风建设宣讲活动受众（人次）	举办干部教育培训班（期）	干部教育培训班参训人次（人次）
中国野生动物保护协会	0	0	40	40
	0	0	0	0
中国系统工程学会	8	150	1	50
	3	45	0	0
中国实验动物学会	0	0	0	0
	2	700	2	36
中国青藏高原研究会	0	0	0	0
	—	—	—	—
中国环境诱变剂学会	0	0	0	0
	10	358	0	0
中国运筹学会	0	0	0	0
	2	70	0	0
中国菌物学会	2	130	1	81
	0	0	0	0
中国晶体学会	0	0	0	0
	—	—	—	—
中国神经科学学会	2	100	0	0
	3	500	3	40
中国认知科学学会	1	40	0	0
	2	150	0	0
中国微循环学会	2	120	0	0
	1	95	1	36
国际数字地球协会	0	0	0	0
	—	—	—	—
国际动物学会	0	0	0	0
	23	2971	3	170
全国工科学会小计	**466**	**421143**	**150**	**6761**
省级工科学会小计	**732**	**51684**	**410**	**18653**
中国机械工程学会	3	142	0	0
	40	3833	18	229
中国汽车工程学会	4	203	3	7
	9	866	1	29
中国农业机械学会	1	78	0	0
	11	242	3	37

续表 3

学　会	举办科学道德与学风建设宣讲活　动（次）	科学道德与学风建设宣讲活动受众（人次）	举办干部教育培训班（期）	干部教育培训班参训人次（人次）
中国农业工程学会	1	218	1	33
	7	772	5	269
中国电机工程学会	3	8090	0	0
	20	1459	9	375
中国电工技术学会	4	176	0	0
	4	100	0	0
中国水力发电工程学会	1	2000	1	14
	5	331	2	101
中国水利学会	21	1100	11	1172
	13	1175	10	470
中国内燃机学会	8	165	0	0
	5	194	0	0
中国工程热物理学会	2	433	1	25
	0	0	0	0
中国空气动力学会	0	0	0	0
	—	—	—	—
中国制冷学会	0	0	0	0
	18	783	4	117
中国真空学会	27	9900	0	0
	3	156	0	0
中国自动化学会	16	3110	10	78
	7	1879	2	200
中国仪器仪表学会	18	1335	12	555
	15	899	2	16
中国计量测试学会	0	0	0	0
	2	29	2	51
中国标准化协会	1	3000	3	35
	5	277	29	2065
中国图学学会	0	0	0	0
	7	374	3	67
中国电子学会	9	878	10	350
	52	1491	14	585
中国计算机学会	25	8100	19	1624
	22	2397	12	860
中国通信学会	1	6554	5	60
	7	885	5	73

续表 4

学 会	举办科学道德与学风建设宣讲活 动（次）	科学道德与学风建设宣讲活动受众（人次）	举办干部教育培训班（期）	干部教育培训班参训人次（人次）
中国中文信息学会	0	0	0	0
	0	0	0	0
中国测绘学会	0	0	0	0
	13	2137	12	1670
中国造船工程学会	0	0	1	38
	3	130	1	40
中国航海学会	27	3567	5	345
	21	413	9	138
中国铁道学会	2	235	1	12
	24	775	10	1020
中国公路学会	1	413	5	615
	9	365	1	98
中国航空学会	2	300000	5	260
	6	240	0	0
中国宇航学会	5	25000	12	360
	0	0	0	0
中国兵工学会	9	1630	1	37
	2	600	33	138
中国金属学会	5	1390	0	0
	12	1577	13	273
中国有色金属学会	0	0	0	0
	2	801	2	50
中国稀土学会	0	0	0	0
	3	200	0	0
中国腐蚀与防护学会	3	575	0	0
	7	606	3	18
中国化工学会	53	1703	19	339
	15	4845	6	521
中国核学会	0	0	1	1
	11	1155	5	80
中国石油学会	0	0	0	0
	5	498	5	242
中国煤炭学会	7	1980	0	0
	26	1235	5	300
中国可再生能源学会	0	0	0	0
	3	58	1	8

续表 5

学会	举办科学道德与学风建设宣讲活动（次）	科学道德与学风建设宣讲活动受众（人次）	举办干部教育培训班（期）	干部教育培训班参训人次（人次）
中国能源研究会	5	2386	0	0
	5	850	3	300
中国硅酸盐学会	0	25	1	9
	4	316	3	32
中国建筑学会	0	0	0	0
	12	792	9	232
中国土木工程学会	0	0	0	0
	3	3	2	50
中国生物工程学会	0	0	0	0
	2	120	0	0
中国纺织工程学会	1	10000	0	0
	12	507	13	577
中国造纸学会	0	0	0	0
	2	233	0	0
中国文物保护技术协会	0	0	0	0
	—	—	—	—
中国印刷技术协会	1	200	0	0
	0	0	0	0
中国材料研究学会	158	8572	16	712
	6	400	4	200
中国食品科学技术学会	1	12000	0	0
	2	115	1	30
中国粮油学会	0	0	0	0
	2	30	0	0
中国职业安全健康协会	0	0	0	0
	3	568	0	0
中国烟草学会	0	0	0	0
	3	165	11	486
中国仿真学会	0	0	0	0
	0	0	0	0
中国电影电视技术学会	0	0	0	0
	0	0	0	0
中国振动工程学会	4	600	0	0
	10	318	2	80
中国颗粒学会	0	0	0	0
	1	40	0	0

续表 6

学　会	举办科学道德与学风建设宣讲活　动（次）	科学道德与学风建设宣讲活动受众（人次）	举办干部教育培训班（期）	干部教育培训班参训人次（人次）
中国照明学会	0	0	0	0
	8	487	3	149
中国动力工程学会	0	0	0	0
	0	0	0	0
中国惯性技术学会	0	0	0	0
	0	0	0	0
中国风景园林学会	0	0	0	0
	41	177	0	0
中国电源学会	0	0	0	0
	1	30	2	126
中国复合材料学会	0	0	0	0
	7	320	1	5
中国消防协会	0	0	0	0
	5	51	6	30
中国图象图形学学会	12	435	0	0
	1	2	0	0
中国人工智能学会	12	4270	2	15
	14	226	4	113
中国体视学学会	1	60	0	0
	0	0	1	25
中国工程机械学会	0	0	0	0
	—	—	—	—
中国海洋工程咨询协会	0	0	0	0
	—	—	—	—
中国遥感应用协会	0	0	0	0
	—	—	—	—
中国指挥与控制学会	0	0	1	40
	—	—	—	—
中国光学工程学会	1	56	0	0
	12	150	3	13
中国微米纳米技术学会	0	0	0	0
	—	—	—	—
中国密码学会	0	0	0	0
	—	—	—	—
中国大坝工程学会	4	64	1	11
	—	—	—	—
中国卫星导航定位协会	1	14	3	14
	—	—	—	—

续表 7

学　会	举办科学道德与学风建设宣讲活　动（次）	科学道德与学风建设宣讲活动受众（人次）	举办干部教育培训班（期）	干部教育培训班参训人次（人次）
中国生物材料学会	6	486	0	0
	0	0	0	0
国际粉体检测与控制联合会	0	0	0	0
	—	—	—	—
全国农科学会小计	**41**	**5961**	**20**	**1738**
省级农科学会小计	**324**	**19458**	**169**	**9764**
中国农学会	1	350	2	560
	16	1564	11	537
中国林学会	3	1870	0	0
	59	826	10	1123
中国土壤学会	1	300	0	0
	18	1684	19	301
中国水产学会	3	1324	11	758
	4	624	1	40
中国园艺学会	7	570	4	160
	28	1796	8	120
中国畜牧兽医学会	5	170	0	0
	26	2867	5	28
中国植物病理学会	0	0	0	0
	8	2107	3	25
中国植物保护学会	0	0	0	0
	2	60	1	9
中国作物学会	13	899	3	260
	73	4644	32	4503
中国热带作物学会	2	260	0	0
	7	197	0	0
中国蚕学会	0	0	0	0
	0	0	0	0
中国水土保持学会	0	0	0	0
	2	57	0	0
中国茶叶学会	0	0	0	0
	4	225	2	69
中国草学会	6	218	0	0
	3	165	11	486
中国植物营养与肥料学会	0	0	0	0
	0	70	0	0

续表 8

学　会	举办科学道德与学风建设宣讲活　动（次）	科学道德与学风建设宣讲活动受众（人次）	举办干部教育培训班（期）	干部教育培训班参训人次（人次）
中国农业历史学会	0	0	0	0
	0	0	0	0
全国医科学会小计	**64**	**26054**	**31**	**15782**
省级医科学会小计	**761**	**1506042**	**430**	**22456**
中华医学会	1	988	2	210
	5	80	12	15
中华中医药学会	0	0	1	50
	—	—	—	—
中国中西医结合学会	0	0	0	0
	42	2434	5	540
中国药学会	2	15337	1	15227
	74	9267	49	7361
中华护理学会	4	3692	0	0
	—	—	—	—
中国生理学会	1	250	0	0
	7	400	0	0
中国解剖学会	2	50	0	0
	28	2714	5	111
中国生物医学工程学会	1	152	0	0
	6	2135	2	62
中国病理生理学会	24	562	1	100
	2	161	0	0
中国营养学会	1	117	0	0
	8	2603	9	157
中国药理学会	2	408	0	0
	17	3505	2	51
中国针灸学会	0	0	0	0
	28	4619	7	305
中国防痨协会	2	400	1	20
	36	590	0	0
中国麻风防治协会	2	52	1	55
	0	142	1	170
中国心理卫生协会	0	0	0	0
	5	6172	4	250

续表 9

学　会	举办科学道德与学风建设宣讲活　动（次）	科学道德与学风建设宣讲活动受众（人次）	举办干部教育培训班（期）	干部教育培训班参训人次（人次）
中国抗癌协会	4	400	0	0
	37	1382181	6	146
中国体育科学学会	4	104	24	120
	11	376	12	2012
中国毒理学会	8	534	0	0
	3	255	0	0
中国康复医学会	0	0	0	0
	14	510	7	49
中国免疫学会	1	100	0	0
	10	706	2	58
中华预防医学会	0	0	0	0
	—	—	—	—
中国法医学会	0	0	0	0
	2	59	1	10
中华口腔医学会	2	2900	0	0
	—	—	—	—
中国医学救援协会	0	0	0	0
	—	—	—	—
中国女医师协会	0	0	0	0
	0	0	0	0
中国研究型医院学会	0	0	0	0
	6	100	8	80
中国睡眠研究会	3	8	0	0
	2	300	0	0
中国卒中学会	0	0	0	0
	10	413	20	2258
全国交叉学科学会小计	**162**	**28373**	**32**	**2448**
省级其他学科学会小计	**733**	**6556797**	**336**	**17746**
中国自然辩证法研究会	1	62	0	0
	7	282	26	1420
中国管理现代化研究会	0	0	0	0
	2	21	1	1
中国技术经济学会	23	2500	1	52
	10	60	0	0
中国现场统计研究会	0	0	1	55
	1	198	0	0

续表 10

学　会	举办科学道德与学风建设宣讲活　动（次）	科学道德与学风建设宣讲活动受众（人次）	举办干部教育培训班（期）	干部教育培训班参训人次（人次）
中国未来研究会	0	0	0	0
	0	0	1	20
中国科学技术史学会	0	0	0	0
	0	0	0	0
中国科学技术情报学会	0	0	0	0
	16	635	14	355
中国图书馆学会	0	0	0	0
	3	288	9	528
中国城市科学研究会	7	150	0	0
	1	63	4	56
中国科学学与科技政策研究会	0	0	0	0
	0	0	0	0
中国农村专业技术协会	0	0	0	0
	6	678	6	200
中国工业设计协会	0	0	0	0
	5	300	0	0
中国工艺美术学会	0	0	1	25
	16	163	0	0
中国科普作家协会	0	0	0	0
	9	6000685	0	0
中国自然科学博物馆协会	0	0	1	60
	0	0	0	0
中国可持续发展研究会	0	0	0	0
	7	240	3	40
中国青少年科技辅导员协会	0	0	2	199
	0	0	1	3
中国科教电影电视协会	4	200	0	0
	32	1000	8	5
中国科学技术期刊编辑学会	2	780	0	0
	4	373	0	0
中国流行色协会	62	12000	0	0
	—	—	—	—
中国档案学会	0	0	0	0
	0	0	1	50
中国国土经济学会	0	0	1	200
	—	—	—	—
中国土地学会	0	0	0	0
	38	940	0	0

续表 11

学　会	举办科学道德与学风建设宣讲活　动（次）	科学道德与学风建设宣讲活动受众（人次）	举办干部教育培训班（期）	干部教育培训班参训人次（人次）
中国科技新闻学会	0	0	0	0
	2	1000	0	0
中国老科学技术工作者协会	0	0	3	225
	0	0	6	510
中国科学探险协会	0	0	0	0
	—	—	—	—
中国城市规划学会	3	5600	3	1380
	0	0	0	0
中国产学研合作促进会	0	0	0	0
	10	52	1	10
中国知识产权研究会	10	290	5	45
	2	200	6	123
中国发明协会	18	396	1	90
	0	0	0	0
中国工程教育专业认证协会	0	0	0	0
	—	—	—	—
中国检验检疫学会	0	0	0	0
	0	0	0	0
中国女科技工作者协会	6	1195	0	0
	5	140	0	0
中国创造学会	0	0	0	0
	0	0	0	0
中国经济科技开发国际交流协会	0	0	0	0
	—	—	—	—
中国高科技产业化研究会	0	0	0	0
	—	—	—	—
中国微量元素科学研究会	0	0	0	0
	6	450	7	40
中国基本建设优化研究会	0	0	0	0
	—	—	—	—
中国科技馆发展基金会	0	0	0	0
	—	—	—	—
中国生物多样性保护与绿色发展基金会	26	5200	13	117
	—	—	—	—
中国反邪教协会	0	0	0	0
	0	0	1	50
中国高等教育学会	0	0	0	0
	—	—	—	—
詹天佑科学技术发展基金会	0	0	0	0
	—	—	—	—

续表 12

学会	举办继续教育培训班 期次（期）	#举办技术创新方法培训班（期）	继续教育培训班参训人次（人次）	#技术创新方法培训班参训人次（人次）	向省部级（含）以上科技奖项、人才计划（工程）举荐的人才数（人次）	向省部级（含）以上科技奖项推荐获奖的项目数（项）
全国学会合计	**2933**	**758**	**2909009**	**895527**	**1330**	**500**
省级同名学会合计	**14821**	**6101**	**7886560**	**2487467**	**7482**	**3043**
全国理科学会小计	**149**	**65**	**22217**	**8315**	**185**	**92**
省级理科学会小计	**599**	**335**	**97757**	**51250**	**970**	**337**
中国数学会	0	0	0	0	2	0
	8	3	957	24	13	8
中国物理学会	8	0	667	0	0	0
	35	31	7775	7620	68	29
中国力学学会	5	0	2366	0	11	0
	11	3	1865	265	50	4
中国光学学会	0	0	0	0	5	0
	47	19	8000	2900	38	16
中国声学学会	15	10	350	350	4	1
	12	10	174	128	1	0
中国化学会	0	0	0	0	11	3
	33	28	2119	1772	61	21
中国天文学会	0	0	0	0	4	1
	24	6	673	83	9	1
中国气象学会	1	1	140	140	0	0
	22	9	1069	615	118	36
中国空间科学学会	0	0	0	0	6	0
	—	—	—	—	—	—
中国地质学会	2	2	300	300	2	44
	44	35	12240	10838	184	81
中国地理学会	3	1	1373	1280	0	0
	13	3	1005	500	15	13
中国地球物理学会	5	0	877	0	0	0
	4	2	1175	1135	24	5
中国矿物岩石地球化学学会	3	3	260	260	0	0
	3	1	52	20	6	4
中国古生物学会	0	0	0	0	1	0
	0	0	0	0	3	3
中国海洋湖沼学会	3	2	280	220	2	0
	2	1	244	244	3	3

续表 13

学　会	举办继续教育培训班				向省部级（含）以上科技奖项、人才计划（工程）举荐的人才数（人次）	向省部级（含）以上科技奖项推荐获奖的项目数（项）
	期　次（期）	# 举办技术创新方法培训班（期）	继续教育培训班参训人次（人次）	# 技术创新方法培训班参训人次（人次）		
中国海洋学会	1	1	80	80	3	20
	0	0	0	0	19	3
中国地震学会	0	0	0	0	6	0
	6	5	348	298	14	3
中国动物学会	0	0	0	0	2	1
	20	10	1761	623	18	9
中国植物学会	0	0	0	0	2	0
	21	17	1167	866	20	6
中国昆虫学会	1	1	90	90	2	0
	57	35	6050	1120	14	3
中国微生物学会	15	15	1200	1200	0	0
	87	74	22728	16978	45	6
中国生物化学与分子生物学会	0	0	0	0	13	3
	2	1	220	150	12	12
中国细胞生物学学会	10	10	2447	2447	52	0
	8	4	892	822	18	7
中国植物生理与植物分子生物学学会	1	1	120	120	5	7
	0	0	0	0	3	0
中国生物物理学会	1	1	125	125	3	0
	1	0	15	0	3	0
中国遗传学会	0	0	0	0	4	3
	33	27	5822	4689	17	6
中国心理学会	0	0	0	0	0	0
	57	32	16058	7841	18	5
中国生态学学会	28	4	2117	337	9	2
	4	2	220	150	11	0
中国环境科学学会	0	0	0	0	0	0
	66	15	15528	962	151	34
中国自然资源学会	2	1	160	6	0	0
	0	0	0	0	1	4
中国感光学会	0	0	0	0	0	0
	—	—	—	—	—	—
中国优选法统筹法与经济数学研究会	0	0	0	0	0	0
	0	0	0	0	0	0
中国岩石力学与工程学会	6	6	500	500	15	3
	6	6	213	110	29	14

续表 14

学会	举办继续教育培训班				向省部级（含）以上科技奖项、人才计划（工程）举荐的人才数（人次）	向省部级（含）以上科技奖项推荐获奖的项目数（项）
	期次（期）	#举办技术创新方法培训班（期）	继续教育培训班参训人次（人次）	#技术创新方法培训班参训人次（人次）		
中国野生动物保护协会	0	0	0	0	0	0
	0	0	0	0	0	0
中国系统工程学会	0	0	0	0	0	0
	1	1	131	131	2	0
中国实验动物学会	12	0	985	0	0	0
	7	4	1463	495	4	2
中国青藏高原研究会	0	0	0	0	0	0
	—	—	—	—	—	—
中国环境诱变剂学会	4	2	350	150	0	0
	2	2	250	250	2	0
中国运筹学会	1	0	70	0	5	2
	2	2	380	380	4	1
中国菌物学会	3	3	410	410	2	0
	0	0	0	0	0	0
中国晶体学会	0	0	0	0	0	0
	—	—	—	—	—	—
中国神经科学学会	17	1	6600	300	6	0
	37	6	234592	200360	4	1
中国认知科学学会	0	0	0	0	8	2
	1	0	46	0	1	1
中国微循环学会	2	0	350	0	0	0
	9	2	1617	524	0	0
国际数字地球协会	0	0	0	0	0	0
	—	—	—	—	—	—
国际动物学会	0	0	0	0	0	0
	20	10	1761	623	18	9
全国工科学会小计	**885**	**322**	**815517**	**698754**	**797**	**310**
省级工科学会小计	**2264**	**1250**	**262817**	**159499**	**3715**	**1427**
中国机械工程学会	29	0	1559	0	5	0
	168	46	14476	5008	300	135
中国汽车工程学会	20	0	2800	0	8	0
	28	15	3407	1287	32	10
中国农业机械学会	1	1	70	70	0	0
	15	12	760	600	26	14

续表 15

学　会	举办继续教育培训班 期　次（期）	举办继续教育培训班 #举办技术创新方法培训班（期）	举办继续教育培训班 继续教育培训班参训人次（人次）	举办继续教育培训班 #技术创新方法培训班参训人次（人次）	向省部级（含）以上科技奖项、人才计划（工程）举荐的人才数（人次）	向省部级（含）以上科技奖项推荐获奖的项目数（项）
中国农业工程学会	3	1	620	130	0	0
	0	0	0	0	11	5
中国电机工程学会	18	1	3796	150	13	0
	22	10	2744	1691	132	79
中国电工技术学会	24	16	1964	1267	7	8
	7	0	380	0	6	9
中国水力发电工程学会	45	4	16933	553	3	0
	7	2	1271	939	43	10
中国水利学会	11	7	1371	1253	39	14
	44	8	15597	1607	67	25
中国内燃机学会	6	6	6500	6500	0	0
	4	3	126	56	22	4
中国工程热物理学会	0	0	0	0	1	0
	20	20	6000	6000	2	0
中国空气动力学会	12	12	1200	1200	6	0
	—	—	—	—	—	—
中国制冷学会	3	0	140	0	0	0
	27	2	766	56	12	7
中国真空学会	1	1	106	106	0	0
	5	3	1080	80	4	0
中国自动化学会	12	10	530	230	70	17
	26	24	1661	1406	33	16
中国仪器仪表学会	41	18	2819	1147	48	28
	53	51	50191	50070	6	3
中国计量测试学会	0	0	0	0	3	1
	49	31	3854	2400	2	2
中国标准化协会	36	18	4000	2000	0	0
	53	5	5233	1118	4	2
中国图学学会	0	0	0	0	2	0
	34	8	2119	1278	8	4
中国电子学会	152	101	23670	13650	92	11
	47	31	1923	1293	169	63
中国计算机学会	11	11	2356	2356	3	0
	41	17	4995	3934	55	14
中国通信学会	3	3	273	273	12	5
	32	10	7346	5186	77	50

续表 16

学会		举办继续教育培训班				向省部级（含）以上科技奖项、人才计划（工程）举荐的人才数（人次）	向省部级（含）以上科技奖项推荐获奖的项目数（项）
		期次（期）	# 举办技术创新方法培训班（期）	继续教育培训班参训人次（人次）	# 技术创新方法培训班参训人次（人次）		
中国中文信息学会		0	0	0	0	0	0
		0	0	0	0	0	0
中国测绘学会		4	0	2322	0	0	0
		79	68	14079	12697	69	83
中国造船工程学会		4	1	163	40	12	2
		31	1	2442	50	7	16
中国航海学会		7	3	318	318	13	110
		16	1	855	487	14	1
中国铁道学会		1	1	35	35	29	2
		6	3	1237	302	35	8
中国公路学会		10	3	2600	900	1	3
		59	37	10607	7735	187	81
中国航空学会		18	1	3655	260	16	0
		39	33	420	180	10	27
中国宇航学会		27	3	688	400	23	1
		0	0	0	0	9	0
中国兵工学会		90	0	19789	0	16	1
		2	1	8404	50	12	5
中国金属学会		7	0	450	0	12	0
		115	46	8724	2901	118	104
中国有色金属学会		39	0	2840	0	16	0
		36	23	2650	1680	11	14
中国稀土学会		0	0	0	0	0	0
		1	1	110	110	1	0
中国腐蚀与防护学会		37	0	14836	0	6	0
		2	2	262	112	10	7
中国化工学会		25	17	1542	865	98	46
		32	15	3825	621	114	25
中国核学会		1	1	120	120	3	5
		9	1	542	15	32	35
中国石油学会		5	1	473	30	8	1
		63	28	1873	337	161	25
中国煤炭学会		4	4	420	420	16	4
		20	5	1150	1150	26	23
中国可再生能源学会		1	1	40	40	1	0
		1	1	24	24	6	2

续表 17

学 会	举办继续教育培训班				向省部级（含）以上科技奖项、人才计划（工程）举荐的人才数（人次）	向省部级（含）以上科技奖项推荐获奖的项目数（项）
	期 次（期）	# 举办技术创新方法培训班（期）	继续教育培训班参训人次（人次）	# 技术创新方法培训班参训人次（人次）		
中国能源研究会	10	4	1103	300	11	0
	4	4	350	350	12	3
中国硅酸盐学会	4	1	205	18	26	7
	6	1	518	76	28	9
中国建筑学会	9	9	121800	121800	8	0
	48	34	7749	3643	671	69
中国土木工程学会	0	0	0	0	8	0
	0	0	0	0	7	3
中国生物工程学会	0	0	0	0	0	0
	1	1	60	60	12	2
中国纺织工程学会	2	0	80	0	10	0
	32	13	1724	1153	28	17
中国造纸学会	0	0	0	0	0	0
	11	10	960	880	9	3
中国文物保护技术协会	0	0	0	0	0	0
	—	—	—	—	—	—
中国印刷技术协会	0	0	0	0	4	2
	0	0	0	0	5	1
中国材料研究学会	2	2	65	65	38	18
	6	6	431	431	9	24
中国食品科学技术学会	3	3	39000	39000	3	0
	4	2	328	231	25	31
中国粮油学会	0	0	0	0	9	0
	1	1	39	39	0	0
中国职业安全健康协会	2	0	80	0	2	0
	4	2	440	400	0	4
中国烟草学会	0	0	0	0	0	0
	347	345	1436	600	23	9
中国仿真学会	0	0	0	0	0	0
	0	0	0	0	0	0
中国电影电视技术学会	1	0	1220	0	0	0
	1	1	50	50	0	0
中国振动工程学会	0	0	0	0	0	0
	0	0	0	0	10	2
中国颗粒学会	1	0	150	0	1	0
	3	3	300	300	5	3

续表 18

学　会		举办继续教育培训班				向省部级（含）以上科技奖项、人才计划（工程）举荐的人才数（人次）	向省部级（含）以上科技奖项推荐获奖的项目数（项）
		期　次（期）	# 举办技术创新方法培训班（期）	继续教育培训班参训人次（人次）	# 技术创新方法培训班参训人次（人次）		
中国照明学会		54	1	2323	91	0	0
		15	13	393	310	13	8
中国动力工程学会		0	0	0	0	0	0
		0	0	0	0	0	0
中国惯性技术学会		3	3	180	180	6	1
		3	3	53	53	8	1
中国风景园林学会		1	1	30	30	0	0
		6	2	1560	160	71	39
中国电源学会		6	6	297	297	1	0
		3	3	295	295	3	1
中国复合材料学会		0	0	0	0	0	0
		0	0	0	0	3	2
中国消防协会		0	0	0	0	2	0
		11	5	87332	988	5	5
中国图象图形学学会		6	0	1200	0	9	0
		0	0	0	0	1	1
中国人工智能学会		45	29	522002	501330	44	14
		10	8	766	766	16	5
中国体视学学会		12	12	730	730	2	0
		0	0	0	0	2	1
中国工程机械学会		0	0	0	0	0	0
		—	—	—	—	—	—
中国海洋工程咨询协会		0	0	0	0	0	0
		—	—	—	—	—	—
中国遥感应用协会		0	0	0	0	0	0
		—	—	—	—	—	—
中国指挥与控制学会		2	0	40	0	0	0
		—	—	—	—	—	—
中国光学工程学会		0	0	0	0	5	0
		13	13	260	110	0	0
中国微米纳米技术学会		0	0	0	0	3	0
		—	—	—	—	—	—
中国密码学会		3	1	2500	100	2	0
		—	—	—	—	—	—
中国大坝工程学会		3	3	300	300	16	6
		—	—	—	—	—	—
中国卫星导航定位协会		3	0	14	0	1	0
		—	—	—	—	—	—

续表 19

学会	举办继续教育培训班				向省部级(含)以上科技奖项、人才计划(工程)举荐的人才数(人次)	向省部级(含)以上科技奖项推荐获奖的项目数(项)
	期次(期)	#举办技术创新方法培训班(期)	继续教育培训班参训人次(人次)	#技术创新方法培训班参训人次(人次)		
中国生物材料学会	5	1	1200	200	4	3
	0	0	0	0	0	0
国际粉体检测与控制联合会	0	0	0	0	0	0
	—	—	—	—	—	—
全国农科学会小计	**173**	**110**	**26342**	**21053**	**224**	**33**
省级农科学会小计	**1184**	**847**	**290940**	**103323**	**526**	**280**
中国农学会	14	10	2800	2200	111	0
	19	10	2538	1035	63	43
中国林学会	20	1	821	100	9	0
	40	15	7773	2408	247	178
中国土壤学会	1	0	200	0	2	0
	28	21	2095	1455	25	20
中国水产学会	0	0	0	0	8	1
	12	4	1188	354	16	8
中国园艺学会	43	34	1785	1335	45	14
	315	309	6820	6565	54	5
中国畜牧兽医学会	4	3	988	248	2	1
	100	18	6239	1097	38	27
中国植物病理学会	0	0	0	0	3	0
	8	3	957	24	13	8
中国植物保护学会	0	0	0	0	2	0
	23	12	875	320	6	1
中国作物学会	57	56	14060	13870	35	17
	115	76	14895	8453	38	25
中国热带作物学会	0	0	0	0	3	0
	31	31	2283	2126	7	2
中国蚕学会	0	0	0	0	0	0
	3	2	50	20	0	0
中国水土保持学会	6	6	3300	3300	2	0
	10	0	1491	0	2	4
中国茶叶学会	18	0	1088	0	0	0
	26	24	2766	2406	14	3
中国草学会	10	0	1300	0	2	0
	347	345	1436	600	23	9
中国植物营养与肥料学会	0	0	0	0	0	0
	40	40	40000	40000	1	0

续表 20

学会		举办继续教育培训班 期次（期）	#举办技术创新方法培训班（期）	继续教育培训班参训人次（人次）	#技术创新方法培训班参训人次（人次）	向省部级（含）以上科技奖项、人才计划（工程）举荐的人才数（人次）	向省部级（含）以上科技奖项推荐获奖的项目数（项）
中国农业历史学会		0	0	0	0	0	0
		0	0	0	0	0	0
全国医科学会小计		**580**	**135**	**1773565**	**123910**	**54**	**11**
省级医科学会小计		**9934**	**3293**	**6695211**	**1935112**	**1394**	**626**
中华医学会		55	24	13460	5636	4	1
		8	2	110	15	2	1
中华中医药学会		22	10	4500	1300	3	1
		—	—	—	—	—	—
中国中西医结合学会		25	0	223482	0	5	0
		568	141	92396	12549	39	35
中国药学会		52	10	1372219	91739	6	0
		1001	364	949769	199594	501	172
中华护理学会		38	8	18027	7128	0	0
		—	—	—	—	—	—
中国生理学会		3	2	350	200	3	2
		12	10	1360	1230	14	3
中国解剖学会		0	0	0	0	2	0
		7	4	912	445	7	2
中国生物医学工程学会		8	0	2160	0	0	0
		28	7	10818	2886	7	8
中国病理生理学会		16	8	4050	1900	0	0
		9	9	1200	1200	2	0
中国营养学会		14	4	2417	454	5	0
		38	22	19942	15098	28	13
中国药理学会		2	1	1800	200	0	0
		59	24	15291	4221	17	14
中国针灸学会		6	0	2066	0	2	0
		98	37	19906	5262	18	6
中国防痨协会		7	7	3670	3670	2	0
		56	17	9897	1899	10	1
中国麻风防治协会		1	0	1032	0	0	0
		5	4	542	369	0	0
中国心理卫生协会		0	0	0	0	0	0
		48	5	9580	830	2	2

续表 21

学　会	举办继续教育培训班				向省部级（含）以上科技奖项、人才计划（工程）举荐的人才数（人次）	向省部级（含）以上科技奖项推荐获奖的项目数（项）
	期　次（期）	# 举办技术创新方法培训班（期）	继续教育培训班参训人次（人次）	# 技术创新方法培训班参训人次（人次）		
中国抗癌协会	55	0	10700	0	7	0
	564	237	223921	43238	47	13
中国体育科学学会	23	3	40100	200	11	7
	32	16	2270	1444	7	4
中国毒理学会	3	0	552	0	2	0
	15	13	1703	1568	3	3
中国康复医学会	103	29	12417	4290	0	0
	142	64	41318	18285	28	10
中国免疫学会	2	0	500	0	0	0
	66	16	14634	8648	30	8
中华预防医学会	46	0	28061	0	2	0
	—	—	—	—	—	—
中国法医学会	0	0	0	0	0	0
	12	4	1428	493	3	0
中华口腔医学会	86	29	30289	7193	0	0
	—	—	—	—	—	—
中国医学救援协会	3	0	200	0	0	0
	—	—	—	—	—	—
中国女医师协会	2	0	1500	0	0	0
	0	0	0	0	0	0
中国研究型医院学会	0	0	0	0	0	0
	50	25	800	800	10	5
中国睡眠研究会	8	0	13	0	0	0
	6	1	1000	500	0	0
中国卒中学会	0	0	0	0	0	0
	112	76	17385	6935	2	1
全国交叉学科学会小计	**1146**	**126**	**271368**	**43495**	**70**	**54**
省级其他学科学会小计	**840**	**376**	**539835**	**238283**	**877**	**373**
中国自然辩证法研究会	0	0	0	0	0	0
	0	0	0	0	8	8
中国管理现代化研究会	0	0	0	0	0	0
	2	1	16	2	0	0
中国技术经济学会	17	7	2110	2050	40	10
	0	0	0	0	0	0
中国现场统计研究会	0	0	0	0	0	0
	1	0	60	0	10	3

续表 22

学会	举办继续教育培训班				向省部级（含）以上科技奖项、人才计划（工程）举荐的人才数（人次）	向省部级（含）以上科技奖项推荐获奖的项目数（项）
	期次（期）	#举办技术创新方法培训班（期）	继续教育培训班参训人次（人次）	#技术创新方法培训班参训人次（人次）		
中国未来研究会	5	0	400	0	0	0
	0	0	0	0	2	2
中国科学技术史学会	0	0	0	0	2	0
	1	1	64	64	1	0
中国科学技术情报学会	7	4	1450	1100	2	0
	26	13	1946	1466	32	10
中国图书馆学会	9	2	7311	3744	0	0
	30	5	10980	1831	0	0
中国城市科学研究会	0	0	0	0	1	3
	4	3	195	181	7	0
中国科学学与科技政策研究会	3	3	700	700	1	7
	0	0	0	0	0	0
中国农村专业技术协会	953	29	200000	2933	3	0
	221	218	16654	14553	13	8
中国工业设计协会	0	0	0	0	0	0
	1	0	58	0	3	0
中国工艺美术学会	0	0	0	0	0	2
	3	2	506	106	379	7
中国科普作家协会	0	0	0	0	4	4
	1	0	85	0	18	8
中国自然科学博物馆协会	4	1	1627	67	0	0
	0	0	0	0	0	0
中国可持续发展研究会	0	0	0	0	0	0
	14	1	5430	20	4	3
中国青少年科技辅导员协会	52	0	19729	0	0	0
	5	0	1240	0	8	8
中国科教电影电视协会	0	0	0	0	2	0
	4	2	7035	4672	16	12
中国科学技术期刊编辑学会	2	0	780	0	0	0
	12	3	2925	515	4	4
中国流行色协会	61	61	722	722	2	0
	—	—	—	—	—	—
中国档案学会	0	0	0	0	0	0
	9	0	4611	0	0	10
中国国土经济学会	0	0	0	0	0	0
	—	—	—	—	—	—
中国土地学会	0	0	0	0	0	19
	35	7	8881	1816	52	20

续表 23

学　会	举办继续教育培训班				向省部级（含）以上科技奖项、人才计划（工程）举荐的人才数（人次）	向省部级（含）以上科技奖项推荐获奖的项目数（项）
	期　次（期）	# 举办技术创新方法培训班（期）	继续教育培训班参训人次（人次）	# 技术创新方法培训班参训人次（人次）		
中国科技新闻学会	0	0	0	0	0	0
	0	0	0	0	0	0
中国老科学技术工作者协会	0	0	0	0	0	0
	0	0	0	0	0	0
中国科学探险协会	0	0	0	0	0	0
	—	—	—	—	—	—
中国城市规划学会	4	4	710	710	8	1
	0	0	0	0	15	3
中国产学研合作促进会	0	0	0	0	0	0
	1	1	110	110	4	0
中国知识产权研究会	12	0	2000	0	0	3
	27	5	10610	350	1	0
中国发明协会	1	1	90	90	2	4
	0	0	0	0	0	0
中国工程教育专业认证协会	4	2	9660	7300	0	0
	—	—	—	—	—	—
中国检验检疫学会	1	1	79	79	0	0
	0	0	0	0	0	0
中国女科技工作者协会	0	0	0	0	0	0
	0	0	0	0	8	2
中国创造学会	0	0	0	0	0	0
	0	0	0	0	1	0
中国经济科技开发国际交流协会	0	0	0	0	0	0
	—	—	—	—	—	—
中国高科技产业化研究会	0	0	0	0	0	0
	—	—	—	—	—	—
中国微量元素科学研究会	0	0	0	0	0	0
	5	2	1162	360	10	1
中国基本建设优化研究会	0	0	0	0	0	0
	—	—	—	—	—	—
中国科技馆发展基金会	0	0	0	0	1	0
	—	—	—	—	—	—
中国生物多样性保护与绿色发展基金会	11	11	24000	24000	2	1
	—	—	—	—	—	—
中国反邪教协会	0	0	0	0	0	0
	0	0	0	0	0	0
中国高等教育学会	0	0	0	0	0	0
	—	—	—	—	—	—
詹天佑科学技术发展基金会	0	0	0	0	0	0
	—	—	—	—	—	—

续表 24

学会	设立科技奖项（个）	#人物类奖项数（个）	#成果类奖项数（个）	表彰奖励科技工作者（人次）	#表彰奖励女性科技工作者（人次）	#表彰奖励45岁及以下科技工作者（人次）
全国学会合计	**354**	**187**	**153**	**41056**	**7169**	**17158**
省级同名学会合计	**1173**	**464**	**652**	**80831**	**20658**	**51376**
全国理科学会小计	**95**	**69**	**24**	**1877**	**321**	**1108**
省级理科学会小计	**230**	**109**	**109**	**6744**	**1874**	**4942**
中国数学会	3	3	0	8	1	4
	3	1	2	21	1	18
中国物理学会	7	7	0	4	2	1
	15	6	7	803	162	542
中国力学学会	10	6	4	114	17	20
	8	5	3	177	46	82
中国光学学会	3	2	1	55	8	52
	7	3	4	242	18	71
中国声学学会	4	2	2	20	4	19
	3	3	0	3	2	3
中国化学会	1	—	0	0	0	0
	15	3	12	102	22	63
中国天文学会	3	3	0	2	0	2
	4	2	2	16	4	8
中国气象学会	4	2	2	0	0	0
	36	16	17	398	157	240
中国空间科学学会	1	1	0	2	0	0
	—	—	—	—	—	—
中国地质学会	5	4	1	456	92	168
	45	25	16	1129	164	846
中国地理学会	7	5	0	6	0	0
	11	5	4	201	79	120
中国地球物理学会	2	1	1	114	12	84
	7	2	4	688	133	470
中国矿物岩石地球化学学会	1	1	0	3	3	3
	1	0	1	2	1	2
中国古生物学会	2	1	1	6	2	6
	0	0	0	0	0	0
中国海洋湖沼学会	2	2	0	3	1	2
	3	1	2	165	32	134

续表 25

学会	设立科技奖项(个)	# 人物类奖项数(个)	# 成果类奖项数(个)	表彰奖励科技工作者(人次)	# 表彰奖励女性科技工作者(人次)	# 表彰奖励45岁及以下科技工作者(人次)
中国海洋学会	1	0	1	428	84	285
	3	0	3	175	49	154
中国地震学会	1	1	0	11	0	11
	1	0	1	46	10	36
中国动物学会	1	1	0	20	4	20
	6	4	2	121	25	111
中国植物学会	2	2	0	3	0	2
	1	1	0	34	9	31
中国昆虫学会	1	1	0	10	3	10
	2	1	1	10	2	4
中国微生物学会	0	0	0	0	0	0
	9	3	6	74	36	61
中国生物化学与分子生物学会	5	1	4	55	18	55
	2	1	1	3	1	3
中国细胞生物学学会	1	1	0	7	1	5
	19	14	5	84	30	32
中国植物生理与植物分子生物学学会	3	3	0	17	12	17
	2	1	1	30	14	27
中国生物物理学会	4	3	1	14	7	12
	0	0	0	0	0	0
中国遗传学会	0	0	0	0	0	0
	5	1	4	82	34	43
中国心理学会	2	2	0	0	0	0
	7	3	4	209	131	181
中国生态学学会	3	2	1	0	0	0
	1	1	0	1	0	1
中国环境科学学会	0	0	0	0	0	0
	14	6	8	787	271	544
中国自然资源学会	0	0	0	0	0	0
	1	0	1	0	0	0
中国感光学会	3	2	1	44	10	28
	—	—	—	—	—	—
中国优选法统筹法与经济数学研究会	2	2	0	42	13	28
	0	0	0	0	0	0
中国岩石力学与工程学会	1	0	1	406	20	251
	4	2	2	169	13	45

续表 26

学会		设立科技奖项（个）	# 人物类奖项数（个）	# 成果类奖项数（个）	表彰奖励科技工作者（人次）	# 表彰奖励女性科技工作者（人次）	# 表彰奖励45岁及以下科技工作者（人次）
中国野生动物保护协会		0	0	0	0	0	0
		0	0	0	0	0	0
中国系统工程学会		0	0	0	0	0	0
		1	1	0	2	0	2
中国实验动物学会		0	0	0	0	0	0
		0	0	0	0	0	0
中国青藏高原研究会		1	1	0	10	5	10
		—	—	—	—	—	—
中国环境诱变剂学会		0	0	0	0	0	0
		0	0	0	0	0	0
中国运筹学会		4	2	2	0	0	0
		0	0	0	0	0	0
中国菌物学会		0	0	0	0	0	0
		0	0	0	0	0	0
中国晶体学会		0	0	0	0	0	0
		—	—	—	—	—	—
中国神经科学学会		3	2	1	12	2	10
		1	1	0	8	6	8
中国认知科学学会		0	0	0	0	0	0
		0	0	0	0	0	0
中国微循环学会		0	0	0	0	0	0
		0	0	0	0	0	0
国际数字地球协会		0	0	0	0	0	0
		—	—	—	—	—	—
国际动物学会		2	2	0	5	0	3
		6	4	2	121	25	111
全国工科学会小计		**169**	**70**	**89**	**29897**	**4180**	**12204**
省级工科学会小计		**527**	**195**	**315**	**49887**	**9794**	**33508**
中国机械工程学会		2	1	1	2755	220	1792
		17	8	7	443	67	276
中国汽车工程学会		2	2	0	8	0	4
		6	3	3	433	93	326
中国农业机械学会		1	0	1	0	0	0
		4	0	4	416	70	224

续表 27

学 会	设立科技奖项（个）	# 人物类奖项数（个）	# 成果类奖项数（个）	表彰奖励科技工作者（人次）	# 表彰奖励女性科技工作者（人次）	# 表彰奖励 45 岁及以下科技工作者（人次）
中国农业工程学会	0	0	0	0	0	0
	0	0	0	0	0	0
中国电机工程学会	4	2	2	111	9	70
	24	10	13	2625	373	1897
中国电工技术学会	1	0	1	621	70	490
	1	0	1	1	0	1
中国水力发电工程学会	3	2	1	544	15	271
	8	2	6	163	30	68
中国水利学会	2	0	2	454	186	198
	16	2	14	5323	1325	3630
中国内燃机学会	1	0	1	48	6	33
	0	0	0	0	0	0
中国工程热物理学会	3	2	1	66	7	57
	2	1	1	37	5	26
中国空气动力学会	0	0	0	0	0	0
	—	—	—	—	—	—
中国制冷学会	2	1	1	103	9	72
	3	1	2	43	8	32
中国真空学会	0	0	0	0	0	0
	6	4	2	24	4	22
中国自动化学会	25	5	17	608	86	376
	15	3	12	102	22	63
中国仪器仪表学会	3	1	2	105	11	14
	4	2	2	69	9	35
中国计量测试学会	1	0	1	201	38	148
	2	0	2	381	107	116
中国标准化协会	0	0	0	0	0	0
	2	1	1	20	9	7
中国图学学会	4	2	2	108	24	69
	1	1	0	1	0	1
中国电子学会	1	0	1	1258	308	950
	12	4	8	2649	572	1660
中国计算机学会	6	5	1	18	5	8
	20	5	15	498	95	321
中国通信学会	1	0	1	355	57	246
	19	9	10	1920	535	1428

续表 28

学　会		设立科技奖项（个）	#人物类奖项数（个）	#成果类奖项数（个）	表彰奖励科技工作者（人次）	#表彰奖励女性科技工作者（人次）	#表彰奖励45岁及以下科技工作者（人次）
中国中文信息学会		3	2	1	9	2	9
		0	0	0	0	0	0
中国测绘学会		5	1	3	3997	6	38
		32	11	20	3062	650	2079
中国造船工程学会		1	0	1	804	217	147
		3	2	1	80	16	55
中国航海学会		5	1	2	362	104	80
		7	2	5	166	26	120
中国铁道学会		2	2	0	131	12	114
		3	2	1	16	0	12
中国公路学会		4	2	2	3639	348	183
		47	23	22	2447	332	1444
中国航空学会		6	4	2	109	4	12
		7	2	5	496	242	357
中国宇航学会		1	1	0	0	0	0
		2	1	1	157	29	114
中国兵工学会		1	1	0	12	1	12
		4	3	1	95	33	63
中国金属学会		3	1	2	1160	232	346
		8	4	4	1388	423	890
中国有色金属学会		1	0	1	0	0	0
		0	0	0	0	0	0
中国稀土学会		1	0	1	19	2	8
		0	0	0	0	0	0
中国腐蚀与防护学会		2	1	1	545	97	401
		2	1	1	52	7	45
中国化工学会		3	2	1	501	138	269
		15	9	6	604	144	468
中国核学会		4	3	1	112	29	48
		8	2	5	90	[illegible]3	67
中国石油学会		0	0	0	0	0	0
		14	7	7	648	105	546
中国煤炭学会		2	1	1	3898	484	2194
		6	1	5	1620	58	892
中国可再生能源学会		1	0	1	27	2	20
		6	3	3	16	4	13

续表 29

学会	设立科技奖项（个）	#人物类奖项数（个）	#成果类奖项数（个）	表彰奖励科技工作者（人次）	#表彰奖励女性科技工作者（人次）	#表彰奖励45岁及以下科技工作者（人次）
中国能源研究会	2	1	1	45	6	45
	8	4	2	170	16	84
中国硅酸盐学会	3	1	0	30	7	30
	7	2	5	214	50	176
中国建筑学会	3	1	2	852	72	203
	37	8	23	8173	1429	5174
中国土木工程学会	1	0	1	524	23	244
	3	1	2	381	92	155
中国生物工程学会	0	0	0	0	0	0
	2	2	0	5	1	4
中国纺织工程学会	3	1	2	136	51	86
	4	1	3	407	148	284
中国造纸学会	1	1	0	0	0	0
	0	0	0	0	0	0
中国文物保护技术协会	0	0	0	0	0	0
	—	—	—	—	—	—
中国印刷技术协会	2	1	1	19	2	1
	0	0	0	0	0	0
中国材料研究学会	4	2	1	141	38	91
	2	1	1	0	0	0
中国食品科学技术学会	2	1	1	81	33	55
	11	2	9	156	89	146
中国粮油学会	1	0	1	6	3	0
	4	3	1	149	44	82
中国职业安全健康协会	2	0	1	1166	290	255
	0	0	0	0	0	0
中国烟草学会	1	1	0	0	0	0
	13	3	9	693	237	525
中国仿真学会	1	0	1	168	32	78
	0	0	0	0	0	0
中国电影电视技术学会	4	2	2	1556	587	652
	0	0	0	0	0	0
中国振动工程学会	2	1	1	58	8	40
	3	2	1	10	2	10
中国颗粒学会	0	0	0	0	0	0
	2	0	2	15	2	11

续表 30

学会		设立科技奖项（个）	# 人物类奖项数（个）	# 成果类奖项数（个）	表彰奖励科技工作者（人次）	# 表彰奖励女性科技工作者（人次）	# 表彰奖励 45 岁及以下科技工作者（人次）
中国照明学会		0	0	0	0	0	0
		8	4	4	197	52	92
中国动力工程学会		1	1	0	7	2	7
		0	0	0	0	0	0
中国惯性技术学会		1	0	1	81	15	60
		0	0	0	0	0	0
中国风景园林学会		1	1	0	26	5	6
		12	5	7	579	15	40
中国电源学会		5	2	3	58	5	43
		0	0	0	0	0	0
中国复合材料学会		0	0	0	0	0	0
		1	0	1	61	23	36
中国消防协会		1	0	1	217	28	146
		3	0	3	31	8	22
中国图象图形学学会		0	0	0	0	0	0
		1	0	1	3	0	3
中国人工智能学会		5	3	2	330	44	242
		9	2	7	72	9	65
中国体视学学会		1	0	1	45	12	38
		0	0	0	0	0	0
中国工程机械学会		0	0	0	0	0	0
		—	—	—	—	—	—
中国海洋工程咨询协会		0	0	0	0	0	0
		—	—	—	—	—	—
中国遥感应用协会		0	0	0	0	0	0
		—	—	—	—	—	—
中国指挥与控制学会		5	2	3	32	5	3
		—	—	—	—	—	—
中国光学工程学会		1	0	1	35	2	21
		0	0	0	0	0	0
中国微米纳米技术学会		0	0	0	0	0	0
		—	—	—	—	—	—
中国密码学会		1	1	0	0	0	0
		—	—	—	—	—	—
中国大坝工程学会		5	1	4	545	38	324
		—	—	—	—	—	—
中国卫星导航定位协会		2	1	1	992	76	821
		—	—	—	—	—	—

续表 31

学会	设立科技奖项（个）	#人物类奖项数（个）	#成果类奖项数（个）	表彰奖励科技工作者（人次）	#表彰奖励女性科技工作者（人次）	#表彰奖励45岁及以下科技工作者（人次）
中国生物材料学会	1	0	1	59	17	34
	0	0	0	0	0	0
国际粉体检测与控制联合会	0	0	0	0	0	0
	—	—	—	—	—	—
全国农科学会小计	**23**	**11**	**10**	**1957**	**602**	**986**
省级农科学会小计	**92**	**29**	**55**	**8226**	**2885**	**4553**
中国农学会	2	1	1	0	0	0
	11	5	6	1563	475	897
中国林学会	3	2	1	1355	422	573
	24	6	16	5631	1928	2732
中国土壤学会	3	2	1	47	17	31
	4	3	1	50	24	30
中国水产学会	1	0	1	0	0	0
	5	3	1	154	23	35
中国园艺学会	1	0	1	0	0	0
	4	2	1	34	13	16
中国畜牧兽医学会	0	0	0	0	0	0
	9	2	7	248	70	127
中国植物病理学会	0	0	0	0	0	0
	3	1	2	21	1	18
中国植物保护学会	1	0	1	0	0	0
	0	0	0	0	0	0
中国作物学会	4	2	0	11	4	10
	6	3	3	55	15	28
中国热带作物学会	1	1	0	7	7	7
	2	1	1	25	10	21
中国蚕学会	0	0	0	0	0	0
	0	0	0	0	0	0
中国水土保持学会	2	0	2	467	125	313
	6	1	5	285	83	229
中国茶叶学会	3	2	1	14	5	9
	5	2	3	133	43	104
中国草学会	0	0	0	0	0	0
	13	3	9	693	237	525
中国植物营养与肥料学会	2	1	1	56	22	43
	0	0	0	0	0	0

续表 32

学 会		设立科技奖项（个）	# 人物类奖项数（个）	# 成果类奖项数（个）	表彰奖励科技工作者（人次）	# 表彰奖励女性科技工作者（人次）	# 表彰奖励 45 岁及以下科技工作者（人次）
中国农业历史学会		0	0	0	0	0	0
		0	0	0	0	0	0
全国医科学会小计		**32**	**14**	**18**	**3353**	**1287**	**1570**
省级医科学会小计		**187**	**77**	**98**	**8986**	**4072**	**4775**
中华医学会		6	2	4	802	251	426
		0	0	0	0	0	0
中华中医药学会		2	1	1	809	305	322
		—	—	—	—	—	—
中国中西医结合学会		1	0	1	0	0	0
		3	1	2	245	92	57
中国药学会		1	0	1	105	63	59
		42	22	20	2185	1113	1538
中华护理学会		2	1	1	106	103	28
		—	—	—	—	—	—
中国生理学会		1	1	0	10	4	10
		4	2	2	35	23	35
中国解剖学会		0	0	0	0	0	0
		0	0	0	0	0	0
中国生物医学工程学会		1	0	1	36	8	19
		5	1	3	70	22	55
中国病理生理学会		0	0	0	0	0	0
		2	1	1	24	18	24
中国营养学会		1	0	1	0	0	0
		9	7	2	154	119	105
中国药理学会		0	0	0	0	0	0
		7	3	4	309	160	226
中国针灸学会		1	0	1	0	0	0
		3	0	3	129	65	69
中国防痨协会		1	0	1	54	25	23
		0	0	0	0	0	0
中国麻风防治协会		0	0	0	0	0	0
		0	0	0	0	0	0
中国心理卫生协会		0	0	0	0	0	0
		4	2	1	48	14	12

续表 33

学会	设立科技奖项（个）	#人物类奖项数（个）	#成果类奖项数（个）	表彰奖励科技工作者（人次）	#表彰奖励女性科技工作者（人次）	#表彰奖励45岁及以下科技工作者（人次）
中国抗癌协会	2	1	1	152	48	93
	2	0	2	55	27	38
中国体育科学学会	2	1	1	193	0	0
	1	0	1	92	21	86
中国毒理学会	4	4	0	5	3	0
	2	1	1	5	0	4
中国康复医学会	1	0	1	446	149	225
	6	1	5	219	120	135
中国免疫学会	1	1	0	13	4	10
	2	1	1	29	0	0
中华预防医学会	1	0	1	300	120	110
	—	—	—	—	—	—
中国法医学会	0	0	0	0	0	0
	0	0	0	0	0	0
中华口腔医学会	1	0	1	300	191	235
	—	—	—	—	—	—
中国医学救援协会	0	0	0	0	0	0
	—	—	—	—	—	—
中国女医师协会	0	0	0	0	0	0
	0	0	0	0	0	0
中国研究型医院学会	0	0	0	0	0	0
	0	0	0	0	0	0
中国睡眠研究会	0	0	0	0	0	0
	0	0	0	0	0	0
中国卒中学会	3	2	1	22	13	10
	0	0	0	0	0	0
全国交叉学科学会小计	**35**	**23**	**12**	**3972**	**779**	**1290**
省级其他学科学会小计	**137**	**54**	**75**	**6988**	**2033**	**3598**
中国自然辩证法研究会	0	0	0	0	0	0
	0	0	0	0	0	0
中国管理现代化研究会	1	0	1	21	4	21
	0	0	0	0	0	0
中国技术经济学会	0	0	0	0	0	0
	0	0	0	0	0	0
中国现场统计研究会	0	0	0	0	0	0
	0	0	0	0	0	0

续表 34

学会	设立科技奖项（个）	#人物类奖项数（个）	#成果类奖项数（个）	表彰奖励科技工作者（人次）	#表彰奖励女性科技工作者（人次）	#表彰奖励45岁及以下科技工作者（人次）
中国未来研究会	0	0	0	0	0	0
	0	0	0	0	0	0
中国科学技术史学会	0	0	0	0	0	0
	0	0	0	0	0	0
中国科学技术情报学会	4	3	1	17	4	4
	8	4	4	195	96	101
中国图书馆学会	0	0	0	0	0	0
	5	3	1	70	38	32
中国城市科学研究会	1	1	0	0	0	0
	0	0	0	0	0	0
中国科学学与科技政策研究会	0	0	0	0	0	0
	0	0	0	0	0	0
中国农村专业技术协会	3	3	0	36	8	16
	4	3	1	62	4	10
中国工业设计协会	0	0	0	0	0	0
	0	0	0	0	0	0
中国工艺美术学会	1	1	0	2	0	0
	2	0	2	9	1	4
中国科普作家协会	1	0	1	0	0	0
	2	1	1	24	8	15
中国自然科学博物馆协会	0	0	0	0	0	0
	0	0	0	0	0	0
中国可持续发展研究会	0	0	0	0	0	0
	0	0	0	0	0	0
中国青少年科技辅导员协会	0	0	0	0	0	0
	1	1	0	8	0	0
中国科教电影电视协会	0	0	0	0	0	0
	0	0	0	0	0	0
中国科学技术期刊编辑学会	3	3	0	0	0	0
	3	2	1	251	164	148
中国流行色协会	0	0	0	0	0	0
	—	—	—	—	—	—
中国档案学会	0	0	0	0	0	0
	11	0	11	103	65	60
中国国土经济学会	0	0	0	0	0	0
	—	—	—	—	—	—
中国土地学会	1	0	1	205	83	102
	5	0	5	721	146	394

续表 35

学会	设立科技奖项(个)	#人物类奖项数(个)	#成果类奖项数(个)	表彰奖励科技工作者(人次)	#表彰奖励女性科技工作者(人次)	#表彰奖励45岁及以下科技工作者(人次)
中国科技新闻学会	0	0	0	0	0	0
	0	0	0	0	0	0
中国老科学技术工作者协会	1	1	0	175	27	0
	3	1	2	46	5	0
中国科学探险协会	0	0	0	0	0	0
	—	—	—	—	—	—
中国城市规划学会	6	5	1	508	181	142
	1	0	1	176	76	69
中国产学研合作促进会	0	0	0	0	0	0
	0	0	0	0	0	0
中国知识产权研究会	0	0	0	0	0	0
	0	0	0	0	0	0
中国发明协会	3	1	2	2541	318	685
	2	1	1	95	19	66
中国工程教育专业认证协会	0	0	0	0	0	0
	—	—	—	—	—	—
中国检验检疫学会	1	0	1	427	152	293
	0	0	0	0	0	0
中国女科技工作者协会	0	0	0	0	0	0
	0	0	0	0	0	0
中国创造学会	0	0	0	0	0	0
	0	0	0	0	0	0
中国经济科技开发国际交流协会	0	0	0	0	0	0
	—	—	—	—	—	—
中国高科技产业化研究会	0	0	0	0	0	0
	—	—	—	—	—	—
中国微量元素科学研究会	0	0	0	0	0	0
	0	0	0	0	0	0
中国基本建设优化研究会	0	0	0	0	0	0
	—	—	—	—	—	—
中国科技馆发展基金会	1	1	0	25	0	25
	—	—	—	—	—	—
中国生物多样性保护与绿色发展基金会	7	3	4	15	2	2
	—	—	—	—	—	—
中国反邪教协会	0	0	0	0	0	0
	0	0	0	0	0	0
中国高等教育学会	0	0	0	0	0	0
	—	—	—	—	—	—
詹天佑科学技术发展基金会	1	1	0	0	0	0
	—	—	—	—	—	—

续表 36

学　会	通过媒体宣传科技工作者（人次）	#中央及省级媒体宣传科技工作者（人次）	#广播电视宣传科技工作者（人次）	#纸质媒体宣专科技工作者（人次）	#网络新媒体宣传科技工作者（人次）
全国学会合计	**185676**	**15237**	**6745**	**10415**	**165887**
省级同名学会合计	**95562**	**13090**	**5761**	**12681**	**77325**
全国理科学会小计	**999**	**158**	**83**	**387**	**812**
省级理科学会小计	**3539**	**1198**	**289**	**394**	**2478**
中国数学会	0	0	0	0	0
	12	0	1	3	6
中国物理学会	0	0	0	0	0
	113	36	30	37	79
中国力学学会	0	0	0	0	0
	20	4	1	5	14
中国光学学会	13	1	1	0	12
	363	43	46	51	176
中国声学学会	1	1	1	0	0
	6	0	1	0	5
中国化学会	9	0	0	0	9
	236	100	72	50	119
中国天文学会	1	0	0	0	1
	48	27	14	10	30
中国气象学会	37	34	4	21	11
	363	108	59	54	195
中国空间科学学会	109	42	22	18	69
	—	—	—	—	—
中国地质学会	300	0	0	300	300
	505	378	7	86	442
中国地理学会	25	0	0	0	25
	36	21	5	6	30
中国地球物理学会	0	0	0	0	0
	42	4	3	25	33
中国矿物岩石地球化学学会	26	0	0	0	2
	5	2	2	2	5
中国古生物学会	43	37	37	37	43
	3	0	0	1	3
中国海洋湖沼学会	48	25	3	7	38
	15	4	1	1	8

续表 37

学　会	通过媒体宣传科技工作者（人次）	# 中央及省级媒体宣传科技工作者（人次）	# 广播电视宣传科技工作者（人次）	# 纸质媒体宣传科技工作者（人次）	# 网络新媒体宣传科技工作者（人次）
中国海洋学会	4	4	0	3	3
	10	1	0	3	7
中国地震学会	7	0	0	0	7
	46	8	3	15	19
中国动物学会	0	0	0	0	0
	84	27	26	15	41
中国植物学会	5	0	0	0	5
	63	19	24	13	31
中国昆虫学会	0	0	0	0	0
	35	13	5	3	24
中国微生物学会	2	0	1	0	2
	52	25	6	7	37
中国生物化学与分子生物学会	0	0	0	0	0
	22	3	2	2	16
中国细胞生物学学会	120	12	4	1	115
	30	25	12	1	22
中国植物生理与植物分子生物学学会	0	0	0	0	0
	2	0	0	0	2
中国生物物理学会	16	0	0	0	16
	1	0	0	0	1
中国遗传学会	0	0	0	0	0
	60	15	12	11	36
中国心理学会	79	0	0	0	79
	133	23	13	73	106
中国生态学学会	16	0	0	0	16
	11	4	5	4	1
中国环境科学学会	0	0	0	0	0
	380	27	3	5	370
中国自然资源学会	0	0	0	0	0
	6	4	1	2	4
中国感光学会	1	0	0	0	1
	—	—	—	—	—
中国优选法统筹法与经济数学研究会	0	0	0	0	0
	0	0	0	0	0
中国岩石力学与工程学会	84	2	1	0	14
	163	162	1	0	162

续表 38

学　会	通过媒体宣传科技工作者（人次）	# 中央及省级媒体宣传科技工作者（人次）	# 广播电视宣传科技工作者（人次）	# 纸质媒体宣传科技工作者（人次）	# 网络新媒体宣传科技工作者（人次）
中国野生动物保护协会	0	0	0	0	0
	8	0	0	0	8
中国系统工程学会	0	0	0	0	0
	0	0	0	0	0
中国实验动物学会	0	0	0	0	0
	17	0	0	0	17
中国青藏高原研究会	18	0	9	0	9
	—	—	—	—	—
中国环境诱变剂学会	0	0	0	0	0
	4	2	1	1	2
中国运筹学会	0	0	0	0	0
	13	1	0	0	13
中国菌物学会	25	0	0	0	25
	0	0	0	0	0
中国晶体学会	0	0	0	0	0
	—	—	—	—	—
中国神经科学学会	10	0	0	0	10
	24	1	9	3	19
中国认知科学学会	0	0	0	0	0
	1	0	0	0	1
中国微循环学会	0	0	0	0	0
	30	4	3	3	3
国际数字地球协会	0	0	0	0	0
	—	—	—	—	—
国际动物学会	0	0	0	0	0
	84	27	26	15	41
全国工科学会小计	**7746**	**1831**	**501**	**2051**	**5988**
省级工科学会小计	**12701**	**1772**	**771**	**3506**	**9927**
中国机械工程学会	104	2	6	15	78
	163	37	6	75	133
中国汽车工程学会	1	0	0	0	1
	59	2	1	0	54
中国农业机械学会	12	3	3	0	9
	205	29	7	33	164

续表 39

学　会	通过媒体宣传科技工作者（人次）	#中央及省级媒体宣传科技工作者（人次）	#广播电视宣传科技工作者（人次）	#纸质媒体宣传科技工作者（人次）	#网络新媒体宣传科技工作者（人次）
中国农业工程学会	9	2	2	0	7
	16	9	3	3	10
中国电机工程学会	132	0	0	111	132
	2275	310	435	548	1888
中国电工技术学会	42	2	1	14	26
	20	0	0	0	18
中国水力发电工程学会	7	5	0	0	7
	27	1	0	0	27
中国水利学会	152	20	23	2	127
	116	3	0	2	114
中国内燃机学会	118	0	0	0	118
	45	20	0	0	44
中国工程热物理学会	0	0	0	0	0
	1	1	0	0	0
中国空气动力学会	3	0	0	3	3
	—	—	—	—	—
中国制冷学会	0	0	0	0	0
	7	4	1	2	6
中国真空学会	10	5	1	3	5
	12	0	0	3	12
中国自动化学会	228	69	37	77	146
	185	78	43	49	81
中国仪器仪表学会	87	9	5	0	78
	24	13	2	8	23
中国计量测试学会	0	0	0	0	0
	63	0	1	1	60
中国标准化协会	0	0	0	0	0
	76	15	6	0	76
中国图学学会	2	0	0	0	2
	9	0	0	1	14
中国电子学会	315	211	23	42	280
	336	6	7	42	270
中国计算机学会	147	0	0	17	130
	142	32	13	30	93
中国通信学会	141	0	0	3	138
	79	7	2	2	71

续表 40

学　会		通过媒体宣传科技工作者（人次）	#中央及省级媒体宣传科技工作者（人次）	#广播电视宣传科技工作者（人次）	#纸质媒体宣传科技工作者（人次）	#网络新媒体宣传科技工作者（人次）
中国中文信息学会		10	10	0	1	9
		0	0	0	0	0
中国测绘学会		189	189	0	54	135
		126	24	4	19	101
中国造船工程学会		75	75	15	3	57
		42	4	1	11	24
中国航海学会		283	185	246	269	283
		35	8	1	11	31
中国铁道学会		656	128	10	656	656
		127	18	5	98	17
中国公路学会		278	0	0	63	215
		482	18	5	249	238
中国航空学会		25	15	3	12	15
		37	19	1	8	23
中国宇航学会		35	10	2	5	28
		7	2	2	0	5
中国兵工学会		4	4	0	4	0
		1	0	0	0	0
中国金属学会		167	167	0	20	167
		422	27	17	54	368
中国有色金属学会		38	38	0	38	38
		334	10	2	7	322
中国稀土学会		0	0	0	0	0
		0	0	0	0	0
中国腐蚀与防护学会		54	0	0	0	54
		20	3	2	1	18
中国化工学会		208	81	17	33	158
		124	20	22	28	87
中国核学会		70	70	0	50	70
		582	110	11	5	113
中国石油学会		83	34	1	17	63
		76	33	10	12	58
中国煤炭学会		615	60	7	60	615
		147	144	0	12	140
中国可再生能源学会		23	0	0	4	19
		121	0	1	2	121

续表 41

学　会	通过媒体宣传科技工作者（人次）	# 中央及省级媒体宣传科技工作者（人次）	# 广播电视宣传科技工作者（人次）	# 纸质媒体宣传科技工作者（人次）	# 网络新媒体宣传科技工作者（人次）
中国能源研究会	45	0	0	45	45
	20	5	5	5	12
中国硅酸盐学会	164	6	1	42	127
	84	4	0	3	80
中国建筑学会	33	3	5	5	33
	1808	15	4	1001	1364
中国土木工程学会	0	0	0	0	0
	450	50	0	280	280
中国生物工程学会	0	0	0	0	0
	37	1	10	11	12
中国纺织工程学会	349	349	0	90	349
	566	27	2	46	516
中国造纸学会	23	0	0	23	23
	27	10	1	10	36
中国文物保护技术协会	10	0	0	0	10
	—	—	—	—	—
中国印刷技术协会	210	3	0	48	210
	5	0	0	0	5
中国材料研究学会	70	10	6	7	54
	3	1	0	0	3
中国食品科学技术学会	2	0	0	2	2
	312	201	101	101	109
中国粮油学会	6	0	0	0	6
	25	0	0	0	25
中国职业安全健康协会	330	0	0	160	170
	22	20	2	2	21
中国烟草学会	20	8	0	6	6
	430	53	2	228	277
中国仿真学会	0	0	0	0	0
	1	1	1	0	0
中国电影电视技术学会	0	0	0	0	0
	1	1	0	1	0
中国振动工程学会	5	1	0	0	5
	4	0	0	0	4
中国颗粒学会	0	0	0	0	0
	5	2	0	0	4

续表 42

学　会	通过媒体宣传科技工作者（人次）	# 中央及省级媒体宣传科技工作者（人次）	# 广播电视宣传科技工作者（人次）	# 纸质媒体宣传科技二作者（人次）	# 网络新媒体宣传科技工作者（人次）
中国照明学会	0	0	0	0	0
	172	99	10	45	52
中国动力工程学会	0	0	0	0	0
	0	0	0	0	0
中国惯性技术学会	2	0	0	0	2
	0	0	0	0	0
中国风景园林学会	0	0	0	0	0
	26	1	2	1	24
中国电源学会	11	0	0	0	11
	0	0	0	0	0
中国复合材料学会	0	0	0	0	0
	49	1	3	8	40
中国消防协会	0	0	0	0	0
	137	8	0	7	125
中国图象图形学学会	53	0	0	0	53
	2	0	0	0	2
中国人工智能学会	832	38	29	13	794
	104	50	13	15	64
中国体视学学会	1	0	0	0	1
	0	0	0	0	0
中国工程机械学会	0	0	0	0	0
	—	—	—	—	—
中国海洋工程咨询协会	0	0	0	0	0
	—	—	—	—	—
中国通感应用协会	0	0	0	0	0
	—	—	—	—	—
中国指挥与控制学会	6	2	0	0	6
	—	—	—	—	—
中国光学工程学会	140	0	46	12	91
	31	0	0	0	15
中国微米纳米技术学会	18	0	0	0	18
	—	—	—	—	—
中国密码学会	13	0	0	0	12
	—	—	—	—	—
中国大坝工程学会	55	10	5	10	30
	—	—	—	—	—
中国卫星导航定位协会	993	0	3	5	40
	—	—	—	—	—

续表 43

学　会	通过媒体宣传科技工作者(人次)	# 中央及省级媒体宣传科技工作者(人次)	# 广播电视宣传科技工作者(人次)	# 纸质媒体宣传科技工作者(人次)	# 网络新媒体宣传科技工作者(人次)
中国生物材料学会	32	7	4	7	21
	0	0	0	0	0
国际粉体检测与控制联合会	0	0	0	0	0
	—	—	—	—	—
全国农科学会小计	**6666**	**2928**	**188**	**2824**	**3362**
省级农科学会小计	**6498**	**832**	**507**	**435**	**5499**
中国农学会	5740	2708	41	2697	2729
	416	104	27	38	329
中国林学会	100	20	0	0	100
	150	45	13	19	83
中国土壤学会	0	0	0	0	0
	108	42	26	20	34
中国水产学会	53	53	0	0	53
	53	4	5	3	51
中国园艺学会	407	99	126	74	223
	271	70	37	41	198
中国畜牧兽医学会	85	5	2	36	20
	4278	106	106	32	4166
中国植物病理学会	0	0	0	0	0
	12	0	1	3	6
中国植物保护学会	5	0	0	0	5
	50	28	9	24	32
中国作物学会	215	32	16	16	176
	147	49	44	21	85
中国热带作物学会	10	10	1	1	8
	2	2	0	0	2
中国蚕学会	0	0	0	0	0
	12	1	1	1	10
中国水土保持学会	0	0	0	0	0
	19	2	2	3	13
中国茶叶学会	36	1	2	0	33
	87	21	11	19	70
中国草学会	15	0	0	0	15
	430	53	2	228	277
中国植物营养与肥料学会	0	0	0	0	0
	10	10	10	0	0

续表 44

学　会		通过媒体宣传科技工作者（人次）	# 中央及省级媒体宣传科技工作者（人次）	# 广播电视宣传科技工作者（人次）	# 纸质媒体宣传科技工作者（人次）	# 网络新媒体宣传科技工作者（人次）
中国农业历史学会		0	0	0	0	0
		0	0	0	0	0
全国医科学会小计		**164088**	**7102**	**5902**	**2657**	**151349**
省级医科学会小计		**54545**	**4029**	**2305**	**5630**	**46927**
中华医学会		20679	2070	3008	639	12714
		10	0	0	0	0
中华中医药学会		139517	2856	2806	1882	134829
		—	—	—	—	—
中国中西医结合学会		53	15	5	3	45
		422	194	167	66	218
中国药学会		10	10	0	0	10
		35611	1156	292	3602	31590
中华护理学会		106	106	60	106	106
		—	—	—	—	—
中国生理学会		16	0	0	4	10
		12	6	1	7	8
中国解剖学会		2	0	0	0	0
		41	2	3	3	41
中国生物医学工程学会		2	0	0	0	2
		50	1	12	7	32
中国病理生理学会		10	2	1	1	6
		3	1	1	3	1
中国营养学会		3	0	0	0	3
		2848	145	256	134	2347
中国药理学会		10	0	0	0	10
		92	7	5	2	87
中国针灸学会		3	3	0	0	3
		81	14	18	7	64
中国防痨协会		2471	2000	0	0	2471
		78	43	32	12	37
中国麻风防治协会		1	1	1	0	1
		1	1	0	0	1
中国心理卫生协会		0	0	0	0	0
		123	36	41	21	64

续表 45

学会	通过媒体宣传科技工作者（人次）	#中央及省级媒体宣传科技工作者（人次）	#广播电视宣传科技工作者（人次）	#纸质媒体宣传科技工作者（人次）	#网络新媒体宣传科技工作者（人次）
中国抗癌协会	8	0	0	0	8
	652	184	147	118	387
中国体育科学学会	42	14	4	6	34
	111	52	20	35	90
中国毒理学会	8	0	0	0	8
	6	3	2	1	5
中国康复医学会	975	0	0	0	975
	1198	68	76	15	1133
中国免疫学会	13	0	0	0	13
	74	11	7	7	70
中华预防医学会	0	0	0	0	0
	—	—	—	—	—
中国法医学会	0	0	0	0	0
	5	2	2	0	3
中华口腔医学会	152	24	16	16	96
	—	—	—	—	—
中国医学救援协会	0	0	0	0	0
	—	—	—	—	—
中国女医师协会	4	0	0	0	4
	0	0	0	0	0
中国研究型医院学会	0	0	0	0	0
	24	4	12	6	22
中国睡眠研究会	3	1	1	0	1
	18	1	6	4	9
中国卒中学会	0	0	0	0	0
	544	18	50	68	384
全国交叉学科学会小计	**6177**	**3218**	**71**	**2496**	**4376**
省级其他学科学会小计	**18279**	**5259**	**1889**	**2716**	**12494**
中国自然辩证法研究会	0	0	0	0	0
	1	1	0	1	0
中国管理现代化研究会	0	0	0	0	0
	30	0	0	0	30
中国技术经济学会	61	6	2	5	20
	8	0	0	0	0
中国现场统计研究会	0	0	0	0	0
	0	0	0	0	0

续表 46

学 会	通过媒体宣传科技工作者（人次）	# 中央及省级媒体宣传科技工作者（人次）	# 广播电视宣传科技工作者（人次）	# 纸质媒体宣传科技工作者（人次）	# 网络新媒体宣传科技工作者（人次）
中国未来研究会	2	1	1	0	1
	17	0	2	1	10
中国科学技术史学会	0	0	0	0	0
	6	2	0	2	4
中国科学技术情报学会	0	0	0	0	0
	85	2	0	0	55
中国图书馆学会	0	0	0	0	0
	28	3	2	6	26
中国城市科学研究会	450	50	30	200	220
	302	1	1	0	301
中国科学学与科技政策研究会	0	0	0	0	0
	0	0	0	0	0
中国农村专业技术协会	174	3	3	0	68
	176	132	23	47	109
中国工业设计协会	0	0	0	0	0
	5	0	0	0	5
中国工艺美术学会	156	156	0	0	156
	107	58	7	20	77
中国科普作家协会	600	10	0	5	500
	144	78	34	64	68
中国自然科学博物馆协会	144	0	0	0	0
	0	0	0	0	0
中国可持续发展研究会	0	0	0	0	0
	29	0	0	0	29
中国青少年科技辅导员协会	31	31	0	12	19
	34	0	0	2	34
中国科教电影电视协会	11	0	0	4	7
	503	25	165	148	276
中国科学技术期刊编辑学会	0	0	0	0	0
	328	5	1	88	225
中国流行色协会	700	0	0	650	50
	—	—	—	—	—
中国档案学会	0	0	0	0	0
	0	0	0	0	0
中国国土经济学会	12	12	0	12	12
	—	—	—	—	—
中国土地学会	12	0	0	0	12
	685	1	0	14	19

续表 47

学　会	通过媒体宣传科技工作者(人次)	#中央及省级媒体宣传科技工作者(人次)	#广播电视宣传科技工作者(人次)	#纸质媒体宣传科技工作者(人次)	#网络新媒体宣传科技工作者(人次)
中国科技新闻学会	23	23	0	0	23
	80	21	10	67	23
中国老科学技术工作者协会	175	0	0	175	175
	214	26	2	111	125
中国科学探险协会	0	0	0	0	0
	—	—	—	—	—
中国城市规划学会	2870	2870	16	1380	2510
	5	5	5	5	5
中国产学研合作促进会	0	0	0	0	0
	3	1	1	1	1
中国知识产权研究会	43	0	0	0	43
	18	0	3	3	11
中国发明协会	42	42	6	14	22
	42	41	0	10	32
中国工程教育专业认证协会	13	0	0	0	0
	—	—	—	—	—
中国检验检疫学会	1	0	0	0	1
	0	0	0	0	0
中国女科技工作者协会	2	0	0	0	2
	56	56	4	4	56
中国创造学会	0	0	0	0	0
	0	0	0	0	0
中国经济科技开发国际交流协会	0	0	0	0	0
	—	—	—	—	—
中国高科技产业化研究会	0	0	0	0	0
	—	—	—	—	—
中国微量元素科学研究会	0	0	0	0	0
	202	55	2	2	60
中国基本建设优化研究会	1	1	0	1	1
	—	—	—	—	—
中国科技馆发展基金会	1	1	0	0	1
	—	—	—	—	—
中国生物多样性保护与绿色发展基金会	573	12	13	38	453
	—	—	—	—	—
中国反邪教协会	0	0	0	0	0
	1	0	1	0	0
中国高等教育学会	80	0	0	0	80
	—	—	—	—	—
詹天佑科学技术发展基金会	0	0	0	0	0
	—	—	—	—	—

续表 48

学　会	举办科技志愿服务活　动（次）	参与科技志愿服务活动人次（人次）	科技志愿服务组织（个）	科技志愿者（人）	专职科普人　员（人）	兼职科普人　员（人）
全国学会合计	**5475**	**3285104**	**1064**	**161833**	**995**	**16440**
省级同名学会合计	**24956**	**9160822**	**5838**	**281427**	**8758**	**149528**
全国理科学会小计	**1140**	**87067**	**204**	**12778**	**168**	**2903**
省级理科学会小计	**2389**	**181784**	**415**	**16126**	**740**	**11398**
中国数学会	0	0	0	0	0	0
	3	23	2	17	0	63
中国物理学会	0	0	0	0	0	50
	65	1572	16	457	13	725
中国力学学会	0	0	0	0	3	5
	30	1239	3	357	4	329
中国光学学会	15	240	4	260	3	310
	307	37469	20	493	3	368
中国声学学会	52	1830	3	137	1	36
	15	348	6	75	5	62
中国化学会	0	0	0	0	1	0
	50	953	10	565	19	496
中国天文学会	0	0	0	0	0	0
	119	8175	12	536	109	267
中国气象学会	164	16047	0	1547	8	144
	310	25934	45	3553	144	3232
中国空间科学学会	0	0	0	0	0	0
	—	—	—	—	—	—
中国地质学会	0	0	0	100	2	202
	181	165641	49	998	86	820
中国地理学会	8	41	1	30	2	7
	28	291	6	327	2	333
中国地球物理学会	0	0	0	0	0	0
	14	697	4	90	9	201
中国矿物岩石地球化学学会	26	178	1	16	0	22
	18	55	2	166	2	69
中国古生物学会	0	0	0	43	60	110
	38	183	3	73	1	47
中国海洋湖沼学会	8	5800	0	900	4	220
	5	37	7	46	4	71

续表 49

学 会	举办科技志愿服务活动（次）	参与科技志愿服务活动人次（人次）	科技志愿服务组织（个）	科技志愿者（人）	专职科普人员（人）	兼职科普人员（人）
中国海洋学会	0	0	0	300	7	300
	3	91	1	75	0	82
中国地震学会	0	0	0	0	1	67
	125	481	10	332	31	310
中国动物学会	6	160	0	0	2	146
	56	51070	5	184	10	215
中国植物学会	40	40	0	32	0	0
	127	877	9	244	10	254
中国昆虫学会	10	65	3	15	0	6
	193	3919	34	473	16	189
中国微生物学会	0	0	0	0	0	1
	72	380	15	373	9	764
中国生物化学与分子生物学会	0	0	0	0	0	0
	17	598	6	295	14	202
中国细胞生物学学会	177	605	16	44	1	39
	49	490	21	365	7	358
中国植物生理与植物分子生物学学会	10	60	0	105	3	30
	5	500	2	48	0	16
中国生物物理学会	40	120	10	210	1	0
	1	30	1	23	0	21
中国遗传学会	1	4	0	0	0	21
	66	722	10	200	47	220
中国心理学会	550	1000	2	700	50	650
	214	7456	80	896	107	717
中国生态学学会	0	0	1	61	1	60
	11	245	2	78	1	143
中国环境科学学会	0	0	0	0	0	0
	328	29345	42	3392	66	516
中国自然资源学会	0	0	0	0	0	6
	10	199	6	162	18	96
中国感光学会	3	16	1	18	0	15
	—	—	—	—	—	—
中国优选法统筹法与经济数学研究会	0	0	0	0	1	2
	0	0	0	0	0	0
中国岩石力学与工程学会	1	130	0	0	0	8
	13	212	4	71	2	150

续表 50

学　会	举办科技志愿服务活动（次）	参与科技志愿服务活动人次（人次）	科技志愿服务组织（个）	科技志愿者（人）	专职科普人员（人）	兼职科普人员（人）
中国野生动物保护协会	2	60000	160	5991	6	2
	0	0	1	51	0	0
中国系统工程学会	0	0	0	0	0	0
	7	72	0	0	0	1
中国实验动物学会	0	0	0	0	1	50
	0	0	0	10	0	3
中国青藏高原研究会	0	0	0	10	8	30
	—	—	—	—	—	—
中国环境诱变剂学会	13	173	0	0	0	173
	17	306	5	200	0	208
中国运筹学会	3	68	1	10	0	15
	3	23	1	18	1	24
中国菌物学会	0	0	0	0	0	0
	0	0	0	0	0	0
中国晶体学会	0	0	0	0	0	0
	—	—	—	—	—	—
中国神经科学学会	6	180	1	230	2	30
	34	4110	4	195	27	181
中国认知科学学会	3	200	0	30	0	15
	1	120	0	0	0	0
中国微循环学会	2	110	0	1988	0	130
	1	35	0	30	0	8
国际数字地球协会	0	0	0	0	0	0
	—	—	—	—	—	—
国际动物学会	0	0	0	1	0	1
	56	51070	5	184	10	215
全国工科学会小计	**793**	**224131**	**336**	**10239**	**260**	**5034**
省级工科学会小计	**2125**	**428131**	**979**	**22652**	**1134**	**12785**
中国机械工程学会	28	287	5	90	5	25
	126	8782	19	1257	23	272
中国汽车工程学会	0	0	0	0	8	0
	14	406	5	396	10	133
中国农业机械学会	0	0	0	0	0	11
	35	640	6	1225	26	151

续表 51

学　会	举办科技志愿服务活　动（次）	参与科技志愿服务活动人次（人次）	科技志愿服务组织（个）	科技志愿者（人）	专职科普人　员（人）	兼职科普人　员（人）
中国农业工程学会	22	30500	14	14	0	5
	11	200	1	18	0	124
中国电机工程学会	6	644	1	644	4	640
	95	4217	33	839	83	566
中国电工技术学会	17	526	7	296	8	284
	17	594	18	372	18	280
中国水力发电工程学会	2	32	1	30	35	6
	10	163	6	245	2	71
中国水利学会	40	2216	18	224	11	251
	48	103062	9	1759	11	3071
中国内燃机学会	3	60	0	120	0	120
	13	224	2	83	1	42
中国工程热物理学会	0	0	0	0	0	2
	0	0	0	0	0	3
中国空气动力学会	5	15	5	50	3	100
	—	—	—	—	—	—
中国制冷学会	0	0	0	0	2	19
	33	2934	191	900	21	349
中国真空学会	3	20	1	88	5	20
	2	16	3	76	4	46
中国自动化学会	54	2089	5	733	5	219
	18	785	6	480	9	460
中国仪器仪表学会	30	1590	52	594	3	141
	10	124	2	117	2	80
中国计量测试学会	0	0	0	10	2	0
	15	763	4	176	22	98
中国标准化协会	3	150	0	0	0	5
	23	981	1	30	5	30
中国图学学会	0	0	0	4	1	20
	3	50	2	65	1	200
中国电子学会	78	1543	4	751	10	456
	68	1619	19	591	103	298
中国计算机学会	88	88	88	680	0	150
	43	4054	16	479	10	196
中国通信学会	11	50	12	355	3	12
	16	16068	50	558	15	237

续表 52

学　会		举办科技志愿服务活动（次）	参与科技志愿服务活动人次（人次）	科技志愿服务组织（个）	科技志愿者（人）	专职科普人员（人）	兼职科普人员（人）
中国中文信息学会		0	0	0	0	0	0
		1	50	1	50	0	0
中国测绘学会		0	0	0	0	2	0
		19	1647	5	522	38	256
中国造船工程学会		23	96	1	30	1	5
		2	8	4	75	9	53
中国航海学会		94	45611	23	154	14	80
		32	473	11	188	38	200
中国铁道学会		3	158	0	0	5	61
		20	681	4	283	16	152
中国公路学会		3	802	2	106	7	67
		72	23321	40	1854	16	241
中国航空学会		0	0	0	300	2	2
		32	1434	7	197	10	262
中国宇航学会		2	218	1	832	7	32
		20	45	7	91	2	49
中国兵工学会		3	200	4	52	11	42
		2	100	3	119	10	75
中国金属学会		0	0	0	0	0	0
		58	247	5	224	8	134
中国有色金属学会		0	0	0	0	3	0
		51	148	1	33	5	50
中国稀土学会		0	0	0	0	2	0
		0	0	0	0	0	22
中国腐蚀与防护学会		2	40	1	40	1	0
		12	659	3	84	11	94
中国化工学会		67	5716	9	497	21	136
		109	617	29	1927	13	234
中国核学会		0	0	0	0	0	0
		32	3025	14	638	53	194
中国石油学会		2	111	3	220	7	111
		15	2663	8	711	12	723
中国煤炭学会		4	903	1	63	7	18
		20	3138	201	59	5	73
中国可再生能源学会		0	0	0	0	3	16
		5	335	1	13	0	112

续表 53

学　会	举办科技志愿服务活　动（次）	参与科技志愿服务活动人次（人次）	科技志愿服务组织（个）	科技志愿者（人）	专职科普人　员（人）	兼职科普人　员（人）
中国能源研究会	2	2000	42	420	2	9
	17	100	1	178	7	50
中国硅酸盐学会	14	5297	2	44	3	98
	16	79	4	158	3	110
中国建筑学会	0	0	0	100	2	6
	8	6115	4	190	2	92
中国土木工程学会	0	0	0	0	0	0
	12	420	0	0	0	10
中国生物工程学会	0	0	0	0	0	0
	13	207	21	94	6	102
中国纺织工程学会	16	117800	2	204	5	50
	33	190	17	326	5	285
中国造纸学会	0	0	0	3	0	2
	13	157	2	56	6	642
中国文物保护技术协会	0	0	0	0	0	0
	—	—	—	—	—	—
中国印刷技术协会	2	300	1	20	2	30
	0	0	0	0	0	0
中国材料研究学会	46	680	4	181	9	150
	6	300	1	50	0	55
中国食品科学技术学会	2	77	0	35	2	23
	70	625	8	298	6	217
中国粮油学会	0	0	1	50	0	4
	9	52	4	33	1	32
中国职业安全健康协会	0	0	0	0	0	0
	1	168	1	169	4	8
中国烟草学会	0	0	0	0	0	2
	167	11137	34	1431	86	799
中国仿真学会	0	0	0	0	0	0
	0	0	0	0	0	0
中国电影电视技术学会	0	0	0	0	1	4
	0	0	0	0	0	0
中国振动工程学会	0	0	0	0	0	12
	6	4	2	9	0	2
中国颗粒学会	0	0	0	0	0	0
	6	202	1	59	2	48

续表 54

学　会	举办科技志愿服务活　动（次）	参与科技志愿服务活动人次（人次）	科技志愿服务组织（个）	科技志愿者（人）	专职科普人　员（人）	兼职科普人　员（人）
中国照明学会	0	0	1	20	2	18
	8	593	3	127	6	138
中国动力工程学会	1	45	1	20	0	2
	0	0	0	0	0	0
中国惯性技术学会	1	10	0	50	0	20
	1	13	0	18	0	18
中国风景园林学会	2	38	1	6	0	1
	5	27	1	55	0	13
中国电源学会	0	0	0	0	1	0
	2	50	1	55	0	18
中国复合材料学会	0	0	0	0	0	0
	9	178	3	62	2	103
中国消防协会	0	0	0	0	0	0
	119	30060	6	482	141	263
中国图象图形学学会	46	300	1	222	1	222
	0	0	0	23	0	6
中国人工智能学会	53	1703	15	1229	21	1166
	24	686	9	417	46	354
中国体视学学会	4	21	0	20	0	14
	3	30	1	50	0	50
中国工程机械学会	0	0	0	0	0	0
	—	—	—	—	—	—
中国海洋工程咨询协会	0	0	0	0	0	0
	—	—	—	—	—	—
中国遥感应用协会	0	0	0	0	0	0
	—	—	—	—	—	—
中国指挥与控制学会	2	200	3	300	0	0
	—	—	—	—	—	—
中国光学工程学会	0	0	0	0	5	56
	11	70	1	75	0	75
中国微米纳米技术学会	0	0	1	21	1	20
	—	—	—	—	—	—
中国密码学会	0	0	0	220	0	10
	—	—	—	—	—	—
中国大坝工程学会	2	65	1	7	3	12
	—	—	—	—	—	—
中国卫星导航定位协会	2	30	1	30	1	5
	—	—	—	—	—	—

续表 55

学　会	举办科技志愿服务活　动（次）	参与科技志愿服务活动人次（人次）	科技志愿服务组织（个）	科技志愿者（人）	专职科普人　员（人）	兼职科普人　员（人）
中国生物材料学会	5	1900	1	60	1	42
	0	0	0	0	0	0
国际粉体检测与控制联合会	0	0	0	0	0	0
	—	—	—	—	—	—
全国农科学会小计	**398**	**35611**	**142**	**3831**	**50**	**1711**
省级农科学会小计	**1977**	**57834**	**387**	**10345**	**427**	**10558**
中国农学会	175	25000	90	2331	5	207
	199	10155	18	1778	92	1140
中国林学会	3	100	1	60	0	60
	200	5804	183	741	19	620
中国土壤学会	0	0	0	0	0	0
	55	266	5	327	1	434
中国水产学会	23	217	22	466	4	462
	83	1951	10	782	21	379
中国园艺学会	88	5438	10	287	38	190
	334	3294	28	788	3	848
中国畜牧兽医学会	4	355	2	48	1	38
	84	1486	10	801	3	1140
中国植物病理学会	0	0	0	0	0	0
	3	23	2	17	0	63
中国植物保护学会	3	188	4	34	0	11
	93	537	2	185	1	157
中国作物学会	47	3965	6	342	0	588
	230	6074	12	378	28	412
中国热带作物学会	35	255	1	155	0	155
	13	2304	2	50	0	30
中国蚕学会	0	0	0	0	0	0
	2	32	0	32	0	0
中国水土保持学会	0	0	0	0	0	0
	10	223	4	97	2	95
中国茶叶学会	20	93	6	108	2	0
	50	2705	14	356	37	321
中国草学会	0	0	0	0	0	0
	167	11137	34	1431	86	799
中国植物营养与肥料学会	0	0	0	0	0	0
	0	0	0	50	50	0

续表 56

学会		举办科技志愿服务活动（次）	参与科技志愿服务活动人次（人次）	科技志愿服务组织（个）	科技志愿者（人）	专职科普人员（人）	兼职科普人员（人）
中国农业历史学会		0	0	0	0	0	0
		0	0	0	0	0	0
全国医科学会小计		**1183**	**1386616**	**95**	**23429**	**187**	**2421**
省级医科学会小计		**13196**	**6915302**	**2119**	**102231**	**1656**	**97747**
中华医学会		0	0	0	0	2	3
		0	0	0	0	0	0
中华中医药学会		2	54	28	800	2	4
		—	—	—	—	—	—
中国中西医结合学会		633	4530	0	0	1	1
		127	2086	85	3953	11	1483
中国药学会		3	370	29	19000	12	3
		1123	6360372	347	13911	173	11943
中华护理学会		0	0	0	0	1	14
		—	—	—	—	—	—
中国生理学会		3	80	1	115	1	45
		35	333	3	234	6	186
中国解剖学会		0	0	1	25	10	30
		49	405	14	296	5	393
中国生物医学工程学会		0	0	0	0	0	0
		12	603	5	563	0	107
中国病理生理学会		9	102	8	58	0	32
		7	213	1	130	0	146
中国营养学会		48	1846	16	212	2	178
		2723	14917	194	3825	194	4784
中国药理学会		11	77930	0	59	1	58
		32	434	1	255	2	230
中国针灸学会		201	1298154	1	621	1	10
		223	20083	40	953	33	1111
中国防痨协会		4	223	1	117	117	0
		41	16171	13	6099	0	1186
中国麻风防治协会		0	0	0	0	0	0
		27	382	1	43	3	45
中国心理卫生协会		0	0	0	0	0	0
		205	30058	16	209	100	235

续表 57

学会	举办科技志愿服务活动(次)	参与科技志愿服务活动人次(人次)	科技志愿服务组织(个)	科技志愿者(人)	专职科普人员(人)	兼职科普人员(人)
中国抗癌协会	46	100	0	0	1	7
	97	6500	424	2917	15	1762
中国体育科学学会	50	303	1	156	14	235
	120	8164	61	626	17	421
中国毒理学会	11	30	1	15	5	45
	43	594	6	944	2	46
中国康复医学会	141	2244	1	1713	12	1701
	91	20693	47	2413	5	140
中国免疫学会	0	0	0	0	0	0
	52	2154	11	602	4	699
中华预防医学会	0	0	0	0	0	0
	—	—	—	—	—	—
中国法医学会	0	0	0	0	0	0
	0	0	0	14	0	14
中华口腔医学会	8	92	0	301	2	1
	—	—	—	—	—	—
中国医学救援协会	4	500	0	200	0	50
	—	—	—	—	—	—
中国女医师协会	0	0	0	0	0	0
	0	0	0	0	0	0
中国研究型医院学会	0	0	0	0	0	0
	35	400	2	80	20	80
中国睡眠研究会	4	8	2	2	2	4
	3	680	3	37	13	33
中国卒中学会	5	50	5	35	1	0
	137	8297	20	2443	2	2539
全国交叉学科学会小计	**1961**	**1551679**	**287**	**111556**	**330**	**4371**
省级其他学科学会小计	**5269**	**1577771**	**1938**	**130073**	**4801**	**17040**
中国自然辩证法研究会	0	0	0	0	0	0
	4	12	0	20	0	20
中国管理现代化研究会	0	0	0	0	0	0
	5	15	0	24	1	0
中国技术经济学会	5	23	0	2	150	34
	0	0	0	0	0	0
中国现场统计研究会	0	0	0	0	0	0
	2	10	0	35	0	30

续表 58

学会	举办科技志愿服务活动（次）	参与科技志愿服务活动人次（人次）	科技志愿服务组织（个）	科技志愿者（人）	专职科普人员（人）	兼职科普人员（人）
中国未来研究会	0	0	0	0	0	0
	2	135	1	35	2	35
中国科学技术史学会	0	0	0	0	0	2
	0	0	0	0	0	5
中国科学技术情报学会	0	0	0	0	0	2
	70	516	3	146	0	131
中国图书馆学会	0	0	0	0	3	404
	12	342	3	132	4	65
中国城市科学研究会	4	600	4	250	60	600
	2	120	0	97	16	75
中国科学学与科技政策研究会	0	0	0	0	0	310
	0	0	0	0	0	0
中国农村专业技术协会	1200	30000	30	2000	22	214
	247	49714	1479	29977	71	1003
中国工业设计协会	0	0	0	0	0	0
	1	30	1	50	0	20
中国工艺美术学会	0	0	0	0	0	0
	17	71	2	93	3	70
中国科普作家协会	1	5	1	30	0	30
	58	7419	7	371	13	108
中国自然科学博物馆协会	0	0	0	0	0	0
	31	103	1	35	0	265
中国可持续发展研究会	0	0	0	0	0	0
	7	52	1	9	1	15
中国青少年科技辅导员协会	0	0	0	0	17	61
	7	240	2	63	1	67
中国科教电影电视协会	0	0	0	0	2	177
	0	0	0	0	3400	245
中国科学技术期刊编辑学会	0	0	0	0	0	13
	7	344	4	398	2	154
中国流行色协会	1	100	1	20	7	266
	—	—	—	—	—	—
中国档案学会	0	0	0	0	0	0
	2	60	0	6	3	78
中国国土经济学会	1	8	1	50	1	9
	—	—	—	—	—	—
中国土地学会	0	0	0	0	0	0
	24	892	16	524	11	479

续表 59

学 会	举办科技志愿服务活动（次）	参与科技志愿服务活动人次（人次）	科技志愿服务组织（个）	科技志愿者（人）	专职科普人员（人）	兼职科普人员（人）
中国科技新闻学会	0	0	0	0	0	0
	3	550	3	80	19	0
中国老科学技术工作者协会	0	0	0	0	0	0
	229	7325	7	49586	7	308
中国科学探险协会	0	0	0	0	0	0
	—	—	—	—	—	—
中国城市规划学会	6	1763	0	501	2	1220
	0	0	1	37	2	37
中国产学研合作促进会	0	0	0	0	0	0
	6	20	2	30	2	10
中国知识产权研究会	0	0	0	0	0	3
	31	1000	7	97	9	87
中国发明协会	0	0	0	0	0	0
	0	0	0	4	4	1
中国工程教育专业认证协会	0	0	0	0	0	0
	—	—	—	—	—	—
中国检验检疫学会	0	0	0	0	6	3
	0	0	0	0	0	0
中国女科技工作者协会	0	0	0	140	0	0
	9	1524	2	324	350	374
中国创造学会	0	0	0	0	0	3
	0	0	0	0	0	3
中国经济科技开发国际交流协会	0	0	0	0	0	0
	—	—	—	—	—	—
中国高科技产业化研究会	0	0	0	45	30	80
	—	—	—	—	—	—
中国微量元素科学研究会	0	0	0	0	0	0
	41	1029	6	144	7	140
中国基本建设优化研究会	0	0	0	0	0	0
	—	—	—	—	—	—
中国科技馆发展基金会	6	8220	1	411	0	411
	—	—	—	—	—	—
中国生物多样性保护与绿色发展基金会	736	1510760	249	108107	30	528
	—	—	—	—	—	—
中国反邪教协会	1	200	0	0	0	1
	88	1276	5	127	25	165
中国高等教育学会	0	0	0	0	0	0
	—	—	—	—	—	—
詹天佑科学技术发展基金会	0	0	0	0	0	0
	—	—	—	—	—	—

四、国际及港澳台地区民间科技交流

2021年各全国学会、省级同名学会国际及港澳台地区民间科技交流情况

学会	加入国际民间科技组织（个）	任职专家（位）	#高级别任职专家（位）	#一般级别任职专家（位）	普通工作人员（人）	组织参加国际科学计划（项）	参加大陆境外科技活动人次（人次）	#参加港澳台地区科技活动人次（人次）	接待大陆境外专家学者（人次）	#接待港澳台地区专家学者（人次）
全国学会合计	**651**	**1479**	**634**	**850**	**89**	**86**	**5063**	**1062**	**2010**	**481**
省级同名学会合计	**234**	**934**	**613**	**317**	**121**	**39**	**7102**	**1305**	**3455**	**776**
全国理科学会小计	**100**	**243**	**108**	**135**	**18**	**6**	**150**	**15**	**400**	**19**
省级理科学会小计	**63**	**85**	**42**	**42**	**8**	**26**	**864**	**35**	**318**	**97**
中国数学会	2	2	2	0	0	0	0	0	0	0
	1	6	0	6	0	0	20	10	16	9
中国物理学会	6	18	4	14	0	0	30	2	0	0
	1	1	0	1	1	0	182	0	21	7
中国力学学会	5	24	5	19	0	0	0	0	0	0
	1	1	1	0	0	0	2	1	1	1
中国光学学会	2	2	1	1	0	0	0	0	0	0
	5	15	15	0	0	0	31	12	3	1
中国声学学会	10	10	6	4	2	0	61	0	0	0
	0	0	0	0	0	0	4	0	0	0
中国化学会	7	26	3	23	0	0	0	0	0	0
	6	8	3	5	0	0	166	4	24	12
中国天文学会	1	3	0	3	12	0	0	0	0	0
	1	1	1	0	0	0	0	0	2	2
中国气象学会	1	0	0	0	0	0	9	0	0	0
	3	4	0	4	2	0	2	1	1	0
中国空间科学学会	1	4	1	3	0	1	0	0	0	0
	—	—	—	—	—	—	—	—	—	—
中国地质学会	7	13	6	7	1	3	0	0	0	0
	1	1	0	0	2	0	0	0	0	0
中国地理学会	3	16	2	14	0	1	0	0	0	0
	2	2	2	0	0	0	0	0	1	1
中国地球物理学会	0	0	0	0	0	0	0	0	0	0
	0	0	0	0	0	0	12	0	0	0
中国矿物岩石地球化学学会	1	1	1	0	0	0	0	0	0	0
	2	3	3	0	0	1	11	0	2	2
中国古生物学会	3	6	5	1	0	0	0	0	0	0
	0	0	0	0	0	0	0	0	0	0
中国海洋湖沼学会	0	0	0	0	0	0	6	6	0	0
	0	0	0	0	0	0	256	0	120	0

续表 1

学会	加入国际民间科技组织(个)	任职专家(位)	#高级别任职专家(位)	#一般级别任职专家(位)	普通工作人员(人)	组织参加国际科学计划(项)	参加大陆境外科技活动人次(人次)	#参加港澳台地区科技活动人次(人次)	接待大陆境外专家学者(人次)	#接待港澳台地区专家学者(人次)
中国海洋学会	0	0	0	0	0	0	0	0	0	0
	13	14	4	10	0	1	19	0	0	0
中国地震学会	0	0	0	0	0	0	0	0	0	0
	0	0	0	0	0	0	1	0	0	0
中国动物学会	5	13	5	8	2	0	0	0	0	0
	3	7	1	6	0	0	6	0	4	2
中国植物学会	1	0	0	0	1	0	0	0	0	0
	1	2	2	0	0	0	53	2	33	12
中国昆虫学会	2	5	0	5	0	0	0	0	0	0
	1	1	1	0	0	0	16	0	1	0
中国微生物学会	1	1	1	0	0	0	0	0	0	0
	4	4	3	1	0	2	0	0	0	0
中国生物化学与分子生物学会	6	10	6	4	0	0	0	0	0	0
	0	0	0	0	0	0	4	3	2	1
中国细胞生物学学会	3	9	5	4	0	0	9	0	109	0
	3	0	0	0	3	0	45	8	5	4
中国植物生理与植物分子生物学学会	1	1	1	0	0	0	0	0	0	0
	0	0	0	0	0	0	0	0	0	0
中国生物物理学会	2	2	2	0	0	0	0	0	52	1
	0	0	0	0	0	0	0	0	0	0
中国遗传学会	0	0	0	0	0	0	0	0	0	0
	11	14	4	10	0	22	7	0	4	1
中国心理学会	4	4	3	1	0	0	0	0	0	0
	0	0	0	0	0	0	50	50	3	3
中国生态学学会	3	5	5	0	0	0	0	0	214	15
	0	0	0	0	0	0	0	0	0	0
中国环境科学学会	0	0	0	0	0	0	0	0	0	0
	2	3	0	3	0	0	3	2	2	1
中国自然资源学会	0	0	0	0	0	0	0	0	0	0
	0	0	0	0	0	0	3	3	0	0
中国感光学会	2	6	4	2	0	0	0	0	0	0
	—	—	—	—	—	—	—	—	—	—
中国优选法统筹法与经济数学研究会	4	14	13	1	0	0	0	0	0	0
	0	0	0	0	0	0	0	0	0	0
中国岩石力学与工程学会	2	17	5	12	0	0	0	0	0	0
	1	0	0	0	0	0	15	0	19	1

续表 2

学会	加入国际民间科技组织（个）	任职专家（位）	#高级别任职专家（位）	#一般级别任职专家（位）	普通工作人员（人）	组织参加国际科学计划（项）	参加大陆外科技活动人次（人次）	#参加港澳台地区科技活动人次（人次）	接待大陆外专家学者（人次）	#接待港澳台地区专家学者（人次）
中国野生动物保护协会	0	0	0	0	0	0	0	0	0	0
	0	0	0	0	0	0	0	0	0	0
中国系统工程学会	1	8	8	0	0	0	0	0	0	0
	1	1	0	1	0	0	0	0	0	0
中国实验动物学会	2	1	1	0	0	0	0	0	0	0
	1	1	0	1	0	0	1	0	0	0
中国青藏高原研究会	0	0	0	0	0	0	0	0	0	0
	—	—	—	—	—	—	—	—	—	—
中国环境诱变剂学会	2	7	7	0	0	0	0	0	0	0
	0	0	0	0	0	0	0	0	0	0
中国运筹学会	2	4	0	4	0	0	0	0	0	0
	0	0	0	0	0	0	1	0	0	0
中国菌物学会	2	4	0	4	0	0	0	0	0	0
	0	0	0	0	0	0	0	0	0	0
中国晶体学会	0	0	0	0	0	0	0	0	0	0
	—	—	—	—	—	—	—	—	—	—
中国神经科学学会	2	4	4	0	0	1	15	2	25	3
	0	0	0	0	0	0	0	0	0	0
中国认知科学学会	3	3	2	1	0	0	20	5	0	0
	0	0	0	0	0	0	0	0	0	0
中国微循环学会	0	0	0	0	0	0	0	0	0	0
	0	0	0	0	0	0	0	0	0	0
国际数字地球协会	0	0	0	0	0	0	0	0	0	0
	—	—	—	—	—	—	—	—	—	—
国际动物学会	1	0	0	0	0	0	0	0	0	0
	3	7	1	6	0	0	6	0	4	2
全国工科学会小计	**321**	**820**	**296**	**529**	**55**	**32**	**3029**	**677**	**860**	**300**
省级工科学会小计	**82**	**168**	**60**	**107**	**93**	**5**	**944**	**606**	**596**	**264**
中国机械工程学会	8	34	9	25	0	0	0	0	0	0
	0	0	0	0	0	0	34	0	31	9
中国汽车工程学会	2	8	6	2	0	0	0	0	0	0
	0	0	0	0	0	0	0	0	0	0
中国农业机械学会	2	6	4	2	0	0	0	0	0	0
	0	0	0	0	0	0	0	0	0	0
中国农业工程学会	1	11	5	6	0	0	0	0	0	0
	2	2	2	0	0	0	7	0	5	1

续表 3

学会	加入国际民间科技组织（个）	任职专家（位）	#高级别任职专家（位）	#一般级别任职专家（位）	普通工作人员（人）	组织参加国际科学计划（项）	参加大陆境外科技活动人次（人次）	#参加港澳台地区科技活动人次（人次）	接待大陆境外专家学者（人次）	#接待港澳台地区专家学者（人次）
中国电机工程学会	4	30	4	26	0	0	137	0	0	0
	19	67	10	56	17	0	24	24	100	20
中国电工技术学会	16	43	11	32	0	0	0	0	58	1
	4	4	2	2	0	1	4	0	0	0
中国水力发电工程学会	8	15	3	12	0	4	0	0	0	0
	0	0	0	0	0	0	0	0	1	1
中国水利学会	21	29	15	14	5	1	34	7	66	56
	3	1	0	1	0	0	0	0	0	0
中国内燃机学会	1	25	3	22	3	2	0	0	11	0
	0	0	0	0	0	0	40	0	8	0
中国工程热物理学会	3	6	6	0	1	0	100	0	8	2
	0	0	0	0	0	0	2	0	2	0
中国空气动力学会	0	0	0	0	0	0	0	0	0	0
	—	—	—	—	—	—	—	—	—	—
中国制冷学会	1	26	5	21	0	0	0	0	0	0
	1	1	0	1	0	0	1	1	0	0
中国真空学会	1	10	2	8	0	0	0	0	0	0
	1	1	0	1	0	0	0	0	0	0
中国自动化学会	24	76	40	36	0	0	1231	26	114	27
	6	8	3	5	0	0	16	4	22	11
中国仪器仪表学会	3	3	0	3	0	0	94	8	40	6
	1	1	1	0	0	0	1	0	2	1
中国计量测试学会	1	2	1	1	0	0	0	0	0	0
	0	0	0	0	0	0	0	0	0	0
中国标准化协会	1	1	1	0	0	0	0	0	0	0
	0	0	0	0	0	0	24	0	0	0
中国图学学会	1	1	1	0	0	0	57	57	0	0
	0	0	0	0	0	0	0	0	0	0
中国电子学会	3	3	0	3	3	0	0	0	24	2
	1	1	1	0	0	0	8	2	33	18
中国计算机学会	0	0	0	0	0	0	286	286	0	0
	7	32	17	15	55	0	367	345	72	67
中国通信学会	1	23	0	23	0	0	0	0	0	0
	0	0	0	0	0	0	1	1	16	10

续表 4

学会	加入国际民间科技组织（个）	任职专家（位）	#高级别任职专家（位）	#一般级别任职专家（位）	普通工作人员（人）	组织参加国际科学计划（项）	参加大陆境外科技活动人次（人次）	#参加港澳台地区科技活动人次（人次）	接待大陆境外专家学者（人次）	#接待港澳台地区专家学者（人次）
中国中文信息学会	1	0	0	0	0	0	0	0	0	0
	0	0	0	0	0	0	0	0	0	0
中国测绘学会	4	10	3	7	0	0	0	0	0	0
	0	0	0	0	0	0	1	1	0	0
中国造船工程学会	8	8	3	5	29	0	105	0	0	0
	0	0	0	0	0	0	0	0	0	0
中国航海学会	5	7	3	4	0	0	5	3	0	0
	0	0	0	0	0	0	61	61	12	12
中国铁道学会	1	2	2	0	0	0	0	0	0	0
	0	0	0	0	0	0	0	0	0	0
中国公路学会	3	5	3	2	0	1	3	0	0	0
	1	1	0	1	0	0	25	25	0	0
中国航空学会	3	15	3	12	0	0	0	0	0	0
	0	0	0	0	0	0	0	0	1	1
中国宇航学会	3	47	6	41	5	8	30	0	71	0
	0	0	0	0	0	0	0	0	0	0
中国兵工学会	1	1	1	0	0	0	0	0	0	0
	0	0	0	0	0	0	0	0	0	0
中国金属学会	4	4	3	1	0	0	67	0	0	0
	1	2	1	1	1	0	0	0	0	0
中国有色金属学会	6	8	8	0	0	0	0	0	0	0
	1	2	1	1	1	0	0	0	0	0
中国稀土学会	1	1	1	0	0	0	0	0	0	0
	0	0	0	0	0	0	0	0	1	0
中国腐蚀与防护学会	3	4	3	1	0	0	67	27	35	21
	0	0	0	0	0	0	1	0	0	0
中国化工学会	7	12	8	4	6	3	163	12	55	9
	1	1	1	0	0	1	6	4	8	2
中国核学会	4	6	4	2	0	0	0	0	0	0
	0	0	0	0	0	0	10	0	31	0
中国石油学会	0	0	0	0	0	0	0	0	0	0
	0	0	0	0	0	0	45	0	0	0
中国煤炭学会	1	5	5	0	0	0	0	0	0	0
	0	0	0	0	0	0	0	0	0	0
中国可再生能源学会	12	21	9	12	0	9	0	0	0	0
	0	0	0	0	0	0	0	0	0	0

续表 5

学会	加入国际民间科技组织（个）	任职专家（位）	#高级别任职专家（位）	#一般级别任职专家（位）	普通工作人员（人）	组织参加国际科学计划（项）	参加大陆境外科技活动人次（人次）	#参加港澳台地区科技活动人次（人次）	接待大陆境外专家学者（人次）	#接待港澳台地区专家学者（人次）
中国能源研究会	1	1	0	1	0	0	0	0	0	0
	1	0	0	0	0	0	16	0	32	0
中国硅酸盐学会	3	5	5	5	0	0	8	1	8	5
	11	11	7	4	0	0	0	0	2	0
中国建筑学会	4	43	0	43	0	0	25	4	0	0
	2	3	3	0	7	0	1	0	80	45
中国土木工程学会	7	3	3	0	0	0	0	0	0	0
	0	0	0	0	0	0	0	0	10	0
中国生物工程学会	0	0	0	0	0	0	0	0	0	0
	0	0	0	0	0	0	2	0	2	0
中国纺织工程学会	2	3	2	1	0	1	0	0	15	2
	1	3	1	2	0	0	0	0	0	0
中国造纸学会	0	0	0	0	0	0	0	0	0	0
	0	0	0	0	0	0	1	0	1	0
中国文物保护技术协会	1	6	6	0	0	0	0	0	0	0
	—	—	—	—	—	—	—	—	—	—
中国印刷技术协会	4	21	5	16	1	0	6	0	0	0
	0	0	0	0	0	0	0	0	0	0
中国材料研究学会	8	28	9	19	0	0	80	20	79	19
	0	0	0	0	0	0	0	0	0	0
中国食品科学技术学会	1	3	1	2	0	0	0	0	0	0
	0	0	0	0	0	0	0	0	0	0
中国粮油学会	3	4	3	1	0	0	5	0	0	0
	0	0	0	0	0	0	0	0	0	0
中国职业安全健康协会	0	0	0	0	0	0	0	0	0	0
	0	0	0	0	0	0	0	0	0	0
中国烟草学会	2	3	3	0	0	1	38	0	0	0
	0	0	0	0	0	0	3	0	0	0
中国仿真学会	0	0	0	0	0	0	0	0	0	0
	0	0	0	0	0	0	1	0	0	0
中国电影电视技术学会	1	1	1	0	0	0	0	0	0	0
	0	0	0	0	0	0	0	0	0	0
中国振动工程学会	0	0	0	0	0	0	0	0	0	0
	2	2	1	1	0	0	15	3	0	0
中国颗粒学会	1	2	2	0	0	0	0	0	0	0
	0	0	0	0	0	0	14	3	2	0

续表 6

学会	加入国际民间科技组织（个）	任职专家（位）	#高级别任职专家（位）	#一般任职专家（位）	普通工作人员（人）	组织参加国际科学计划（项）	参加大陆境外科技活动人次（人次）	#参加港澳台地区科技活动人次（人次）	接待大陆境外专家学者（人次）	#接待港澳台地区专家学者（人次）
中国照明学会	1	8	2	6	0	0	0	0	0	0
	2	2	0	2	0	1	4	3	1	1
中国动力工程学会	0	0	0	0	0	0	0	0	0	0
	0	0	0	0	0	0	0	0	0	0
中国惯性技术学会	0	0	0	0	0	0	0	0	0	0
	0	0	0	0	0	0	0	0	0	0
中国风景园林学会	1	1	0	1	0	0	0	0	0	0
	1	1	1	0	0	0	0	0	0	0
中国电源学会	1	1	1	0	0	0	5	0	0	0
	0	0	0	0	0	0	1	0	0	0
中国复合材料学会	0	0	0	0	0	0	0	0	0	0
	0	0	0	0	0	0	0	0	18	0
中国消防协会	1	1	1	0	2	0	0	0	0	0
	0	0	0	0	0	0	0	0	0	0
中国图象图形学学会	0	0	0	0	0	1	0	0	1	0
	0	0	0	0	0	0	0	0	0	0
中国人工智能学会	104	145	69	76	0	1	355	226	42	10
	2	7	1	6	0	0	27	0	3	1
中国体视学学会	1	1	1	0	0	0	0	0	0	0
	0	0	0	0	0	0	0	0	0	0
中国工程机械学会	0	0	0	0	0	0	0	0	0	0
	—	—	—	—	—	—	—	—	—	—
中国海洋工程咨询协会	0	0	0	0	0	0	0	0	0	0
	—	—	—	—	—	—	—	—	—	—
中国遥感应用协会	0	0	0	0	0	0	0	0	0	0
	—	—	—	—	—	—	—	—	—	—
中国指挥与控制学会	0	0	0	0	0	0	0	0	0	0
	—	—	—	—	—	—	—	—	—	—
中国光学工程学会	0	0	0	0	0	0	0	0	0	0
	0	0	0	0	0	0	5	3	3	2
中国微米纳米技术学会	0	0	0	0	0	0	0	0	152	130
	—	—	—	—	—	—	—	—	—	—
中国密码学会	1	4	0	4	0	0	0	0	0	0
	—	—	—	—	—	—	—	—	—	—
中国大坝工程学会	1	25	1	24	0	0	70	0	0	0
	—	—	—	—	—	—	—	—	—	—
中国卫星导航定位协会	0	0	0	0	0	0	0	0	0	0
	—	—	—	—	—	—	—	—	—	—

续表 7

学会	加入国际民间科技组织（个）	任职专家（位）	#高级别任职专家（位）	#一般级别任职专家（位）	普通工作人员（人）	组织参加国际科学计划（项）	参加大陆境外科技活动人次（人次）	#参加港澳台地区科技活动人次（人次）	接待大陆境外专家学者（人次）	#接待港澳台地区专家学者（人次）
中国生物材料学会	3	3	0	3	0	0	58	0	81	10
	0	0	0	0	0	0	0	0	0	0
国际粉体检测与控制联合会	0	0	0	0	0	0	0	0	0	0
	—	—	—	—	—	—	—	—	—	—
全国农科学会小计	**54**	**84**	**50**	**34**	**5**	**6**	**199**	**3**	**70**	**26**
省级农科学会小计	**14**	**19**	**8**	**11**	**14**	**1**	**108**	**31**	**201**	**89**
中国农学会	9	10	4	6	0	1	0	0	47	19
	0	0	0	0	0	0	1	0	8	2
中国林学会	2	4	2	2	0	0	0	0	0	0
	5	1	1	0	0	0	0	0	42	37
中国土壤学会	2	5	3	2	0	0	0	0	0	0
	0	0	0	0	0	0	4	0	0	0
中国水产学会	2	3	3	0	0	0	0	0	0	0
	0	0	0	0	0	0	0	0	0	0
中国园艺学会	10	11	6	5	5	1	29	3	4	0
	0	0	0	0	0	0	11	0	33	5
中国畜牧兽医学会	1	0	0	0	0	0	52	0	5	5
	3	10	2	8	12	0	17	0	39	1
中国植物病理学会	2	8	1	7	0	0	0	0	0	0
	1	6	0	6	0	0	20	10	16	9
中国植物保护学会	1	2	1	1	0	0	0	0	0	0
	0	0	0	0	0	0	16	0	3	0
中国作物学会	17	24	22	2	0	4	16	0	14	2
	0	0	0	0	0	0	7	0	15	1
中国热带作物学会	3	5	2	3	0	0	2	0	0	0
	0	0	0	0	0	0	0	0	0	0
中国蚕学会	1	2	1	1	0	0	0	0	0	0
	0	0	0	0	0	0	0	0	0	0
中国水土保持学会	1	7	5	2	0	0	0	0	0	0
	0	0	0	0	0	0	10	10	5	5
中国茶叶学会	0	0	0	0	0	0	0	0	0	0
	1	1	1	0	0	0	1	0	1	0
中国草学会	3	3	0	3	0	0	100	0	0	0
	0	0	0	0	0	0	3	0	0	0
中国植物营养与肥料学会	0	0	0	0	0	0	0	0	0	0
	0	0	0	0	0	0	0	0	0	0

续表 8

学会	加入国际民间科技组织（个）	任职专家（位）	#高级别任职专家（位）	#一般级别任职专家（位）	普通工作人员（人）	组织参加国际科学计划（项）	参加大陆境外科技活动人次（人次）	#参加港澳台地区科技活动人次（人次）	接待大陆境外专家学者（人次）	#接待港澳台地区专家学者（人次）
中国农业历史学会	0	0	0	0	0	0	0	0	0	0
	0	0	0	0	0	0	0	0	0	0
全国医科学会小计	**107**	**212**	**134**	**78**	**10**	**22**	**1101**	**343**	**567**	**92**
省级医科学会小计	**59**	**110**	**59**	**50**	**2**	**4**	**4548**	**75**	**1974**	**92**
中华医学会	40	66	29	37	2	17	728	127	488	39
	0	0	0	0	0	0	0	0	0	0
中华中医药学会	4	20	19	1	0	0	0	0	44	44
	—	—	—	—	—	—	—	—	—	—
中国中西医结合学会	0	0	0	0	0	0	0	0	0	0
	0	0	0	0	0	0	0	0	5	0
中国药学会	1	3	1	2	0	0	0	0	0	0
	3	11	5	5	1	1	25	15	19	3
中华护理学会	5	7	5	2	0	0	0	0	0	0
	—	—	—	—	—	—	—	—	—	—
中国生理学会	3	4	4	0	0	0	0	0	0	0
	0	0	0	0	0	0	0	0	6	1
中国解剖学会	4	7	2	5	0	0	0	0	0	0
	2	3	2	1	0	0	9	0	16	0
中国生物医学工程学会	2	6	3	3	0	0	0	0	0	0
	14	8	4	4	0	0	2	0	15	8
中国病理生理学会	7	15	11	4	0	0	11	0	0	0
	0	0	0	0	0	0	0	0	0	0
中国营养学会	2	1	1	0	0	3	0	0	0	0
	0	0	0	0	0	0	17	8	9	4
中国药理学会	2	10	3	7	1	0	0	0	0	0
	2	2	2	0	0	0	30	4	19	7
中国针灸学会	1	8	8	0	7	1	0	0	0	0
	3	9	7	2	0	0	0	0	0	0
中国防痨协会	2	2	2	0	0	0	235	210	2	2
	0	0	0	0	0	0	1	0	1	0
中国麻风防治协会	1	2	2	0	0	0	0	0	0	0
	0	0	0	0	0	0	0	0	0	0
中国心理卫生协会	0	0	0	0	0	0	0	0	0	0
	0	0	0	0	0	0	0	0	1	1

续表 9

学会	加入国际民间科技组织（个）	任职专家（位）	#高级别任职专家（位）	#一般级别任职专家（位）	普通工作人员（人）	组织参加国际科学计划（项）	参加大陆境外科技活动人次（人次）	#参加港澳台地区科技活动人次（人次）	接待大陆境外专家学者（人次）	#接待港澳台地区专家学者（人次）
中国抗癌协会	3	7	7	0	0	1	0	0	0	0
	10	11	7	4	0	0	33	2	6	1
中国体育科学学会	6	7	7	0	0	0	18	2	14	6
	0	0	0	0	0	0	4	0	1	0
中国毒理学会	2	6	2	4	0	0	0	0	0	0
	1	1	1	0	0	0	1	0	2	2
中国康复医学会	6	13	13	0	0	0	0	0	0	0
	0	0	0	0	0	0	0	0	0	0
中国免疫学会	2	5	3	2	0	0	0	0	0	0
	3	2	0	2	1	1	16	0	3	0
中华预防医学会	4	4	4	0	0	0	0	0	0	0
	—	—	—	—	—	—	—	—	—	—
中国法医学会	0	0	0	0	0	0	0	0	0	0
	0	0	0	0	0	0	1	0	0	0
中华口腔医学会	7	14	4	10	0	0	109	4	19	1
	—	—	—	—	—	—	—	—	—	—
中国医学救援协会	0	0	0	0	0	0	0	0	0	0
	—	—	—	—	—	—	—	—	—	—
中国女医师协会	0	0	0	0	0	0	0	0	0	0
	0	0	0	0	0	0	0	0	0	0
中国研究型医院学会	0	0	0	0	0	0	0	0	0	0
	0	0	0	0	0	0	0	0	1	1
中国睡眠研究会	2	4	4	0	0	0	0	0	0	0
	0	0	0	0	0	0	0	0	0	0
中国卒中学会	1	1	0	1	0	0	0	0	0	0
	2	1	1	0	0	0	1	0	1	0
全国交叉学科学会小计	**69**	**120**	**46**	**74**	**1**	**20**	**584**	**24**	**113**	**44**
省级其他学科学会小计	**16**	**552**	**444**	**107**	**4**	**3**	**638**	**508**	**366**	**234**
中国自然辩证法研究会	1	1	0	1	0	0	0	0	0	0
	0	0	0	0	0	0	1	1	0	0
中国管理现代化研究会	0	0	0	0	0	0	0	0	0	0
	0	0	0	0	0	0	0	0	0	0
中国技术经济学会	1	1	1	0	0	2	0	0	0	0
	0	0	0	0	0	0	0	0	0	0
中国现场统计研究会	0	0	0	0	0	0	0	0	0	0
	0	0	0	0	0	0	1	1	16	2

续表 10

学会	加入国际民间科技组织（个）	任职专家（位）	#高级别任职专家（位）	#一般级别任职专家（位）	普通工作人员（人）	组织参加国际科学计划（项）	参加大陆境外科技活动人次（人次）	#参加港澳台地区科技活动人次（人次）	接待大陆境外专家学者（人次）	#接待港澳台地区专家学者（人次）
中国未来研究会	1	1	1	0	0	0	0	0	0	0
	0	0	0	0	0	0	1	0	0	0
中国科学技术史学会	2	2	1	1	0	0	0	0	0	0
	0	0	0	0	0	0	1	0	0	0
中国科学技术情报学会	0	0	0	0	0	0	0	0	0	0
	1	0	0	0	0	0	2	2	0	0
中国图书馆学会	1	45	0	45	0	1	0	0	0	0
	1	2	2	0	0	0	0	0	0	0
中国城市科学研究会	4	5	5	0	0	0	0	0	10	5
	0	0	0	0	0	0	0	0	2	2
中国科学学与科技政策研究会	4	8	6	2	0	0	0	0	11	2
	0	0	0	0	0	0	0	0	0	0
中国农村专业技术协会	0	0	0	0	0	0	0	0	20	20
	1	1	1	0	0	0	40	21	32	25
中国工业设计协会	0	0	0	0	0	0	0	0	0	0
	0	0	0	0	0	0	0	0	0	0
中国工艺美术学会	0	0	0	0	0	0	0	0	0	0
	0	0	0	0	0	0	0	0	0	0
中国科普作家协会	0	0	0	0	0	0	0	0	0	0
	0	0	0	0	0	0	0	0	0	0
中国自然科学博物馆协会	4	10	4	6	0	0	0	0	0	0
	0	0	0	0	0	0	0	0	0	0
中国可持续发展研究会	0	0	0	0	0	0	0	0	0	0
	0	0	0	0	0	0	0	0	0	0
中国青少年科技辅导员协会	0	0	0	0	0	0	0	0	0	0
	0	0	0	0	0	0	0	0	0	0
中国科教电影电视协会	1	0	0	0	0	0	0	0	0	0
	0	0	0	0	0	0	0	0	0	0
中国科学技术期刊编辑学会	1	1	0	1	0	0	0	0	0	0
	0	0	0	0	0	0	0	0	1	0
中国流行色协会	1	1	1	0	0	1	2	0	0	0
	—	—	—	—	—	—	—	—	—	—
中国档案学会	2	1	0	1	0	0	0	0	0	0
	0	0	0	0	0	0	0	0	0	0
中国国土经济学会	0	0	0	0	0	0	0	0	0	0
	—	—	—	—	—	—	—	—	—	—
中国土地学会	2	0	0	0	0	0	0	0	0	0
	0	0	0	0	0	0	0	0	0	0

续表 11

学会	加入国际民间科技组织（个）	任职专家（位）	#高级别任职专家（位）	#一般级别任职专家（位）	普通工作人员（人）	组织参加国际科学计划（项）	参加大陆外科技活动人次（人次）	#参加港澳台地区科技活动人次（人次）	接待大陆外专家学者（人次）	#接待港澳台地区专家学者（人次）
中国科技新闻学会	1	0	0	0	0	0	0	0	0	0
	0	0	0	0	0	0	0	0	0	0
中国老科学技术工作者协会	0	0	0	0	0	0	0	0	0	0
	0	0	0	0	0	0	0	0	0	0
中国科学探险协会	0	0	0	0	0	0	0	0	0	0
	—	—	—	—	—	—	—	—	—	—
中国城市规划学会	1	3	1	2	0	0	0	0	39	16
	0	0	0	0	0	0	270	270	0	0
中国产学研合作促进会	0	0	0	0	0	0	0	0	0	0
	0	0	0	0	0	0	0	0	0	0
中国知识产权研究会	0	0	0	0	0	0	210	0	0	0
	0	0	0	0	0	0	5	5	0	0
中国发明协会	1	1	1	0	0	0	1	0	0	0
	0	0	0	0	0	0	0	0	0	0
中国工程教育专业认证协会	1	0	0	0	0	0	0	0	0	0
	—	—	—	—	—	—	—	—	—	—
中国检验检疫学会	0	0	0	0	0	0	0	0	0	0
	0	0	0	0	0	0	0	0	0	0
中国女科技工作者协会	0	0	0	0	0	0	0	0	0	0
	0	0	0	0	0	0	30	0	4	0
中国创造学会	0	0	0	0	0	0	0	0	0	0
	0	0	0	0	0	0	0	0	0	0
中国经济科技开发国际交流协会	0	0	0	0	0	0	0	0	0	0
	—	—	—	—	—	—	—	—	—	—
中国高科技产业化研究会	0	0	0	0	0	0	0	0	5	0
	—	—	—	—	—	—	—	—	—	—
中国微量元素科学研究会	0	0	0	0	0	0	0	0	0	0
	0	0	0	0	0	0	1	1	4	4
中国基本建设优化研究会	0	0	0	0	0	0	0	0	1	0
	—	—	—	—	—	—	—	—	—	—
中国科技馆发展基金会	0	0	0	0	0	0	0	0	0	0
	—	—	—	—	—	—	—	—	—	—
中国生物多样性保护与绿色发展基金会	40	40	25	15	1	16	371	24	27	1
	—	—	—	—	—	—	—	—	—	—
中国反邪教协会	0	0	0	0	0	0	0	0	0	0
	0	0	0	0	0	0	0	0	0	0
中国高等教育学会	0	0	0	0	0	0	0	0	0	0
	—	—	—	—	—	—	—	—	—	—
詹天佑科学技术发展基金会	0	0	0	0	0	0	0	0	0	0
	—	—	—	—	—	—	—	—	—	—

五、学术交流

2021 年各全国学会、省级同名学会学术交流情况

学会	开展推进创新创业活动：活动数（项）	#举办竞赛、论坛、展览等（场次）	#开展咨询、教育、培训等（场次）	#开展投融资、成果转化等（项）	参与服务活动的科技工作者（人次）	专家服务工作站（中心）数（个）	专家进站（中心）人次（人次）
全国学会合计	**4864**	**776**	**2546**	**848**	**765865**	**589**	**5677**
省级同名学会合计	**15232**	**3857**	**9410**	**1105**	**801312**	**834**	**19554**
全国理科学会小计	**123**	**49**	**59**	**15**	**69469**	**17**	**286**
省级理科学会小计	**1326**	**521**	**655**	**103**	**39303**	**96**	**1579**
中国数学会	0	0	0	0	0	0	0
	40	30	10	0	445	0	0
中国物理学会	0	0	0	0	0	0	0
	46	31	11	2	379	4	19
中国力学学会	1	1	0	0	80	2	108
	39	20	7	6	1221	9	48
中国光学学会	18	14	4	0	380	0	0
	88	53	30	3	24243	13	145
中国声学学会	17	3	14	0	200	0	0
	14	5	8	1	22	0	0
中国化学会	42	7	27	8	55269	0	0
	102	37	19	44	1367	6	139
中国天文学会	0	0	0	0	0	0	0
	89	22	61	0	817	3	149
中国气象学会	3	0	2	1	2	0	0
	76	55	20	0	2882	2	27
中国空间科学学会	1	0	0	1	13	0	0
	—	—	—	—	—	—	—
中国地质学会	11	7	3	1	4000	1	50
	88	33	53	1	11315	3	63
中国地理学会	5	3	2	0	3035	0	0
	24	8	15	0	232	0	0
中国地球物理学会	0	0	0	0	0	7	87
	12	6	3	2	21	3	7
中国矿物岩石地球化学学会	0	0	0	0	0	0	0
	1	0	1	0	6	0	0
中国古生物学会	0	0	0	0	0	0	0
	5	3	2	0	24	0	0
中国海洋湖沼学会	0	0	0	0	0	0	0
	11	6	5	0	6	0	0

续表 1

学会	开展推进创新创业活动					专家服务工作站（中心）数（个）	专家进站（中心）人次（人次）
	活动数（项）	# 举办竞赛、论坛、展览等（场次）	# 开展咨询、教育、培训等（场次）	# 开展投融资、成果转化等（项）	参与服务活动的科技工作者（人次）		
中国海洋学会	0	0	0	0	0	0	0
	0	0	0	0	0	0	0
中国地震学会	0	0	0	0	0	0	0
	13	7	5	1	82	0	0
中国动物学会	0	0	0	0	0	0	0
	67	33	31	1	371	2	17
中国植物学会	1	0	1	0	5	0	0
	39	23	10	6	451	2	5
中国昆虫学会	0	0	0	0	0	1	7
	71	13	41	0	454	9	66
中国微生物学会	3	3	0	0	700	0	0
	88	18	67	2	153	9	47
中国生物化学与分子生物学会	0	0	0	0	0	0	0
	23	10	12	0	1061	1	15
中国细胞生物学学会	5	3	1	1	45	0	0
	53	7	43	3	1987	0	0
中国植物生理与植物分子生物学学会	0	0	0	0	0	0	0
	0	0	0	0	5	1	10
中国生物物理学会	1	1	0	0	5	0	0
	1	0	1	0	7	0	0
中国遗传学会	1	1	0	0	7	0	0
	33	18	15	0	407	8	93
中国心理学会	0	0	0	0	0	0	0
	48	21	23	0	177	3	95
中国生态学学会	0	0	0	0	0	1	4
	3	0	2	0	6	0	0
中国环境科学学会	0	0	0	0	0	0	0
	149	30	65	53	5138	18	532
中国自然资源学会	0	0	0	0	0	0	0
	4	2	2	0	155	1	1
中国感光学会	4	1	1	2	260	1	1
	—	—	—	—	—	—	—
中国优选法统筹法与经济数学研究会	1	1	0	0	8	0	0
	0	0	0	0	0	0	0
中国岩石力学与工程学会	1	1	0	0	5160	0	0
	16	5	9	2	2054	1	65

续表 2

学会	开展推进创新创业活动					专家服务工作站（中心）数（个）	专家进站（中心）人次（人次）
	活动数（项）	# 举办竞赛、论坛、展览等（场次）	# 开展咨询、教育、培训等（场次）	# 开展投融资、成果转化等（项）	参与服务活动的科技工作者（人次）		
中国野生动物保护协会	0	0	0	0	0	0	0
	0	0	0	0	0	0	0
中国系统工程学会	0	0	0	0	0	0	0
	7	6	1	0	46	3	8
中国实验动物学会	0	0	0	0	0	0	0
	11	3	8	0	48	0	0
中国青藏高原研究会	0	0	0	0	0	0	0
	—	—	—	—	—	—	—
中国环境诱变剂学会	0	0	0	0	0	0	0
	8	4	4	0	74	2	11
中国运筹学会	0	0	0	0	0	0	0
	6	3	3	0	1636	0	0
中国菌物学会	0	0	0	0	0	4	29
	0	0	0	0	0	0	0
中国晶体学会	0	0	0	0	0	0	0
	—	—	—	—	—	—	—
中国神经科学学会	8	3	4	1	300	0	0
	21	9	12	0	1330	0	0
中国认知科学学会	0	0	0	0	0	0	0
	1	1	0	0	63	0	0
中国微循环学会	0	0	0	0	0	0	0
	1	0	1	0	15	0	0
国际数字地球协会	0	0	0	0	0	0	0
	—	—	—	—	—	—	—
国际动物学会	0	0	0	0	0	0	0
	67	33	31	1	371	2	17
全国工科学会小计	**1178**	**451**	**449**	**228**	**186782**	**117**	**2440**
省级工科学会小计	**4510**	**1333**	**2585**	**440**	**294225**	**353**	**10654**
中国机械工程学会	21	9	6	6	12557	9	102
	380	72	258	35	8537	24	391
中国汽车工程学会	3	0	0	3	0	0	0
	38	24	12	1	2648	6	149
中国农业机械学会	3	1	1	1	25	2	28
	29	6	22	1	569	1	24
中国农业工程学会	7	7	0	0	28860	0	0
	23	9	9	5	89	2	20

续表 3

学会	开展推进创新创业活动					专家服务	
	活动数(项)	#举办竞赛、论坛、展览等(场次)	#开展咨询、教育、培训等(场次)	#开展投融资、成果转化等(项)	参与服务活动的科技工作者(人次)	工作站(中心)数(个)	专家进站(中心)人次(人次)
中国电机工程学会	10	4	5	1	979	4	54
	105	48	43	1	136032	5	51
中国电工技术学会	18	8	10	0	273	0	0
	25	11	8	6	347	4	17
中国水力发电工程学会	8	4	4	0	1573	0	0
	17	9	8	0	1045	0	0
中国水利学会	24	10	10	2	847	0	0
	91	33	62	1	10340	5	123
中国内燃机学会	6	1	5	0	412	0	0
	10	9	1	0	210	0	0
中国工程热物理学会	4	1	2	1	21	0	0
	3	1	2	0	5	0	0
中国空气动力学会	3	1	1	1	300	0	0
	—	—	—	—	—	—	—
中国制冷学会	0	0	0	0	0	0	0
	69	23	37	0	1238	6	66
中国真空学会	6	3	3	0	40690	2	57
	8	3	5	0	236	0	0
中国自动化学会	129	68	49	12	43172	2	90
	85	25	15	43	427	6	139
中国仪器仪表学会	150	49	93	4	2715	1	1
	51	9	36	4	945	4	25
中国计量测试学会	0	0	0	0	0	4	100
	50	4	46	0	2002	1	13
中国标准化协会	40	4	20	0	4000	0	0
	30	5	24	0	260	3	1220
中国图学学会	4	2	2	0	0	0	0
	36	16	20	0	405	2	18
中国电子学会	102	58	14	27	1966	0	0
	243	86	134	23	6631	11	277
中国计算机学会	10	9	1	0	33	0	0
	114	66	43	5	2837	10	479
中国通信学会	60	7	2	51	25626	3	95
	58	16	40	0	4996	4	115

续表 4

学　会	开展推进创新创业活动					专家服务工作站(中心)数(个)	专家进站(中心)人次(人次)
	活动数(项)	# 举办竞赛、论坛、展览等(场次)	# 开展咨询、教育、培训等(场次)	# 开展投融资、成果转化等(项)	参与服务活动的科技工作者(人次)		
中国中文信息学会	20	15	5	0	0	0	0
	4	2	2	0	11	0	0
中国测绘学会	12	5	7	0	96	0	0
	89	32	32	19	7562	5	183
中国造船工程学会	8	7	0	1	158	0	0
	69	37	28	4	3484	5	101
中国航海学会	29	7	19	1	597	0	0
	49	16	32	1	1348	12	221
中国铁道学会	0	0	0	0	0	0	0
	63	25	28	0	414	0	0
中国公路学会	12	2	6	2	4200	1	30
	99	21	52	26	9793	9	1904
中国航空学会	1	1	0	0	180	0	0
	44	14	28	2	1021	2	13
中国宇航学会	13	4	2	7	150	1	124
	2	2	0	0	476	0	0
中国兵工学会	3	0	3	0	107	16	86
	21	3	17	1	57	9	19
中国金属学会	0	0	0	0	0	4	40
	111	37	51	17	3502	12	691
中国有色金属学会	1	1	0	0	0	0	0
	34	10	4	15	75	3	12
中国稀土学会	0	0	0	0	0	1	30
	0	0	0	0	0	0	0
中国腐蚀与防护学会	1	1	0	0	17	3	53
	13	6	4	1	421	0	0
中国化工学会	64	27	19	13	1162	18	464
	129	31	82	16	2592	22	242
中国核学会	8	0	8	0	50	0	0
	95	32	11	52	4098	3	245
中国石油学会	0	0	0	0	0	1	5
	31	15	13	3	3055	1	24
中国煤炭学会	5	1	3	1	533	5	69
	14	3	11	0	853	17	642
中国可再生能源学会	0	0	0	0	0	5	33
	14	8	3	3	161	1	4

续表 5

学 会	开展推进创新创业活动					专家服务工作站(中心)数(个)	专家进站(中心)人次(人次)
	活动数(项)	# 举办竞赛、论坛、展览等(场次)	# 开展咨询、教育、培训等(场次)	# 开展投融资、成果转化等(项)	参与服务活动的科技工作者(人次)		
中国能源研究会	44	13	20	1	2200	1	100
	14	5	7	2	117	3	33
中国硅酸盐学会	18	3	13	1	582	4	390
	28	10	12	6	416	2	17
中国建筑学会	0	0	0	0	0	0	0
	760	76	673	0	9825	25	297
中国土木工程学会	0	0	0	0	0	0	0
	0	0	0	0	0	0	0
中国生物工程学会	0	0	0	0	0	4	26
	9	4	4	0	505	0	0
中国纺织工程学会	34	3	29	2	169	11	122
	48	12	31	4	1140	16	245
中国造纸学会	6	2	1	3	5	1	25
	17	4	10	3	379	0	0
中国文物保护技术协会	3	1	2	0	10	0	0
	—	—	—	—	—	—	—
中国印刷技术协会	6	3	1	2	15	4	21
	13	7	5	1	191	0	0
中国材料研究学会	33	6	22	5	294	1	8
	7	2	5	0	53	3	75
中国食品科学技术学会	3	3	0	0	310	0	0
	30	16	13	0	538	5	516
中国粮油学会	2	2	0	0	30	0	0
	9	4	4	1	78	0	0
中国职业安全健康协会	1	1	0	0	550	1	132
	136	4	82	0	606	0	0
中国烟草学会	0	0	0	0	0	0	0
	52	31	10	2	3011	14	172
中国仿真学会	0	0	0	0	0	0	0
	0	0	0	0	0	0	0
中国电影电视技术学会	0	0	0	0	0	0	0
	10	10	0	0	400	0	0
中国振动工程学会	0	0	0	0	0	0	0
	40	11	19	10	118	22	123
中国颗粒学会	0	0	0	0	0	0	0
	7	3	3	1	208	4	19

续表 6

学会	开展推进创新创业活动					专家服务工作站（中心）数（个）	专家进站（中心）人次（人次）
	活动数（项）	# 举办竞赛、论坛、展览等（场次）	# 开展咨询、教育、培训等（场次）	# 开展投融资、成果转化等（项）	参与服务活动的科技工作者（人次）		
中国照明学会	0	0	0	0	0	0	0
	39	14	24	0	1348	0	0
中国动力工程学会	0	0	0	0	0	0	0
	0	0	0	0	0	0	0
中国惯性技术学会	0	0	0	0	0	0	0
	3	0	3	0	39	0	0
中国风景园林学会	4	3	1	0	5	0	0
	20	12	8	0	760	0	0
中国电源学会	1	0	0	1	11	0	0
	12	4	7	1	495	0	0
中国复合材料学会	0	0	0	0	0	0	0
	4	0	2	2	27	1	17
中国消防协会	0	0	0	0	0	0	0
	88	11	73	4	3691	2	203
中国图象图形学学会	8	7	1	0	80	1	30
	2	1	1	0	31	0	0
中国人工智能学会	150	52	28	70	2132	4	56
	120	68	42	8	8270	4	8
中国体视学学会	7	0	3	4	0	0	0
	0	0	0	0	0	0	0
中国工程机械学会	0	0	0	0	0	0	0
	—	—	—	—	—	—	—
中国海洋工程咨询协会	0	0	0	0	0	0	0
	—	—	—	—	—	—	—
中国遥感应用协会	0	0	0	0	0	0	0
	—	—	—	—	—	—	—
中国指挥与控制学会	0	0	0	0	0	1	3
	—	—	—	—	—	—	—
中国光学工程学会	16	4	3	4	1800	1	40
	9	7	1	0	150	1	11
中国微米纳米技术学会	7	7	0	0	4100	0	0
	—	—	—	—	—	—	—
中国密码学会	5	3	2	0	170	0	0
	—	—	—	—	—	—	—
中国大坝工程学会	24	3	20	1	980	0	0
	—	—	—	—	—	—	—
中国卫星导航定位协会	20	17	3	0	2000	1	26
	—	—	—	—	—	—	—

续表 7

学会	开展推进创新创业活动					专家服务工作站(中心)数(个)	专家进站(中心)人次(人次)
	活动数(项)	#举办竞赛、论坛、展览等(场次)	#开展咨询、教育、培训等(场次)	#开展投融资、成果转化等(项)	参与服务活动的科技工作者(人次)		
中国生物材料学会	1	1	0	0	40	0	0
	0	0	0	0	0	0	0
国际粉体检测与控制联合会	0	0	0	0	0	0	0
	—	—	—	—	—	—	—
全国农科学会小计	**692**	**45**	**627**	**18**	**6316**	**69**	**437**
省级农科学会小计	**2293**	**285**	**1824**	**109**	**22085**	**122**	**2051**
中国农学会	120	1	117	0	3162	4	37
	438	16	411	7	2569	4	21
中国林学会	27	6	20	1	821	1	5
	107	36	65	4	2565	5	30
中国土壤学会	0	0	0	0	0	0	0
	43	12	30	1	959	6	32
中国水产学会	0	0	0	0	0	25	74
	116	16	92	2	2852	3	45
中国园艺学会	509	23	480	6	1071	5	28
	333	31	278	2	755	14	251
中国畜牧兽医学会	4	3	1	0	132	2	14
	230	18	193	4	961	25	174
中国植物病理学会	0	0	0	0	0	0	0
	40	30	10	0	445	0	0
中国植物保护学会	0	0	0	0	0	0	0
	14	4	9	1	241	3	32
中国作物学会	30	10	9	11	482	6	124
	269	18	183	63	3185	16	64
中国热带作物学会	1	1	0	0	623	4	119
	64	3	60	1	36	4	37
中国蚕学会	1	1	0	0	25	1	6
	3	0	3	0	50	4	14
中国水土保持学会	0	0	0	0	0	0	0
	16	10	7	0	1029	2	735
中国茶叶学会	0	0	0	0	0	21	30
	97	31	66	0	1038	12	121
中国草学会	0	0	0	0	0	0	0
	52	31	10	2	3011	14	172
中国植物营养与肥料学会	0	0	0	0	0	0	0
	40	1	39	0	30	0	0

续表 8

学 会	开展推进创新创业活动					专家服务工作站（中心）数（个）	专家进站（中心）人次（人次）
	活动数（项）	# 举办竞赛、论坛、展览等（场次）	# 开展咨询、教育、培训等（场次）	# 开展投融资、成果转化等（项）	参与服务活动的科技工作者（人次）		
中国农业历史学会	0	0	0	0	0	0	0
	0	0	0	0	0	0	0
全国医科学会小计	**229**	**95**	**127**	**0**	**464748**	**62**	**798**
省级医科学会小计	**3776**	**834**	**2289**	**187**	**294903**	**144**	**2667**
中华医学会	59	59	0	0	206792	0	0
	0	0	0	0	0	0	0
中华中医药学会	40	0	40	0	3948	49	601
	—	—	—	—	—	—	—
中国中西医结合学会	0	0	0	0	0	0	0
	118	17	100	0	2070	1	13
中国药学会	22	3	19	0	233839	2	6
	386	155	210	18	145620	20	933
中华护理学会	0	0	0	0	0	0	0
	—	—	—	—	—	—	—
中国生理学会	4	2	2	0	0	0	0
	25	5	19	1	92	0	0
中国解剖学会	0	0	0	0	0	0	0
	25	15	10	0	163	0	0
中国生物医学工程学会	0	0	0	0	0	6	137
	11	5	5	1	183	4	12
中国病理生理学会	5	3	2	0	48	0	0
	4	3	1	0	6	0	0
中国营养学会	7	0	7	0	597	4	48
	262	20	209	2	3168	14	98
中国药理学会	9	0	9	0	17910	0	0
	121	6	16	97	779	2	7
中国针灸学会	1	1	0	0	300	1	6
	45	8	36	1	457	3	22
中国防痨协会	23	16	0	0	202	0	0
	12	1	11	0	546	1	29
中国麻风防治协会	0	0	0	0	0	0	0
	4	1	2	0	70	10	20
中国心理卫生协会	0	0	0	0	0	0	0
	130	2	127	0	161	0	0

续表 9

学会	开展推进创新创业活动					专家服务工作站（中心）数（个）	
	活动数（项）	#举办竞赛、论坛、展览等（场次）	#开展咨询、教育、培训等（场次）	#开展投融资、成果转化等（项）	参与服务活动的科技工作者（人次）		专家进站（中心）人次（人次）
中国抗癌协会	0	0	0	0	0	0	0
	72	9	63	0	1110	0	0
中国体育科学学会	7	4	3	0	207	0	0
	10	3	7	0	472	0	0
中国毒理学会	0	0	0	0	0	0	0
	14	4	10	0	1414	0	0
中国康复医学会	0	0	0	0	0	0	0
	48	4	28	0	890	0	0
中国免疫学会	0	0	0	0	0	0	0
	45	28	11	0	1455	2	52
中华预防医学会	0	0	0	0	0	0	0
	—	—	—	—	—	—	—
中国法医学会	0	0	0	0	0	0	0
	9	4	5	0	521	0	0
中华口腔医学会	3	1	2	0	0	0	0
	—	—	—	—	—	—	—
中国医学救援协会	3	1	2	0	450	0	0
	—	—	—	—	—	—	—
中国女医师协会	33	0	33	0	453	0	0
	0	0	0	0	0	0	0
中国研究型医院学会	0	0	0	0	0	0	0
	18	6	7	4	800	0	0
中国睡眠研究会	13	5	8	0	2	0	0
	9	4	3	0	87	0	0
中国卒中学会	0	0	0	0	0	0	0
	89	13	75	1	2488	0	0
全国交叉学科学会小计	**2642**	**136**	**1284**	**587**	**38550**	**324**	**1716**
省级其他学科学会小计	**3327**	**884**	**2057**	**266**	**150796**	**119**	**2603**
中国自然辩证法研究会	0	0	0	0	0	0	0
	8	7	1	0	38	0	0
中国管理现代化研究会	6	3	2	1	1598	0	0
	3	1	1	0	85	0	0
中国技术经济学会	33	1	0	0	0	1	15
	1	1	0	0	70	0	0
中国现场统计研究会	0	0	0	0	0	0	0
	9	7	0	2	10	0	0

续表 10

学会	开展推进创新创业活动					专家服务	
	活动数（项）	#举办竞赛、论坛、展览等（场次）	#开展咨询、教育、培训等（场次）	#开展投融资、成果转化等（项）	参与服务活动的科技工作者（人次）	工作站（中心）数（个）	专家进站（中心）人次（人次）
中国未来研究会	0	0	0	0	0	0	0
	1	0	1	0	0	0	0
中国科学技术史学会	0	0	0	0	0	0	0
	1	0	1	0	64	1	1
中国科学技术情报学会	13	7	6	0	22250	0	0
	79	9	70	0	155	0	0
中国图书馆学会	0	0	0	0	0	0	0
	15	8	6	0	662	0	0
中国城市科学研究会	4	4	0	0	70	0	0
	7	3	4	0	51	1	1
中国科学学与科技政策研究会	12	6	3	3	1740	1	42
	0	0	0	0	0	0	0
中国农村专业技术协会	953	0	953	0	2700	258	774
	208	15	190	3	660	0	0
中国工业设计协会	0	0	0	0	0	0	0
	12	7	5	0	40	1	2
中国工艺美术学会	0	0	0	0	0	0	0
	63	42	16	0	1199	0	0
中国科普作家协会	30	15	10	0	5000	0	0
	39	22	17	0	376	4	20
中国自然科学博物馆协会	1	0	0	0	50	0	0
	1	0	1	0	30	0	0
中国可持续发展研究会	0	0	0	0	0	0	0
	14	3	8	3	32	0	0
中国青少年科技辅导员协会	0	0	0	0	0	0	0
	95	22	72	0	1500	0	0
中国科教电影电视协会	8	3	5	0	100	0	0
	0	0	0	0	0	0	0
中国科学技术期刊编辑学会	0	0	0	0	0	0	0
	8	4	3	1	210	1	4
中国流行色协会	72	11	61	0	59	8	77
	—	—	—	—	—	—	—
中国档案学会	0	0	0	0	0	0	0
	10	5	5	0	1246	0	0
中国国土经济学会	6	0	2	3	17	5	31
	—	—	—	—	—	—	—
中国土地学会	0	0	0	0	0	0	0
	42	23	19	0	2572	0	0

续表 11

学　会	开展推进创新创业活动					专家服务工作站（中心）数（个）	专家进站（中心）人次（人次）
	活动数（项）	# 举办竞赛、论坛、展览等（场次）	# 开展咨询、教育、培训等（场次）	# 开展投融资、成果转化等（项）	参与服务活动的科技工作者（人次）		
中国科技新闻学会	0	0	0	0	0	1	30
	2	1	0	1	300	0	0
中国老科学技术工作者协会	0	0	0	0	0	0	0
	377	201	163	13	244	20	156
中国科学探险协会	0	0	0	0	0	0	0
	—	—	—	—	—	—	—
中国城市规划学会	11	6	5	0	1230	3	45
	3	1	2	0	500	1	150
中国产学研合作促进会	0	0	0	0	0	0	0
	3	1	0	0	120	0	0
中国知识产权研究会	141	0	123	18	45	0	0
	15	6	6	3	256	1	8
中国发明协会	2	1	0	1	50	20	201
	10	2	6	2	6	0	0
中国工程教育专业认证协会	0	0	0	0	0	0	0
	—	—	—	—	—	—	—
中国检验检疫学会	3	2	1	0	230	19	471
	0	0	0	0	0	0	0
中国女科技工作者协会	2	0	2	0	30	0	0
	18	6	10	2	3539	0	0
中国创造学会	8	4	4	0	430	0	0
	12	0	12	0	317	2	80
中国经济科技开发国际交流协会	3	3	0	0	360	0	0
	—	—	—	—	—	—	—
中国高科技产业化研究会	0	0	0	0	0	4	16
	—	—	—	—	—	—	—
中国微量元素科学研究会	0	0	0	0	0	0	0
	7	3	3	1	23	0	0
中国基本建设优化研究会	3	3	0	0	400	0	0
	—	—	—	—	—	—	—
中国科技馆发展基金会	0	0	0	0	0	0	0
	—	—	—	—	—	—	—
中国生物多样性保护与绿色发展基金会	243	61	103	79	1579	4	14
	—	—	—	—	—	—	—
中国反邪教协会	0	0	0	0	0	0	0
	1	0	1	0	98	0	0
中国高等教育学会	1088	6	4	482	612	0	0
	—	—	—	—	—	—	—
詹天佑科学技术发展基金会	0	0	0	0	0	0	0
	—	—	—	—	—	—	—

续表 12

学会	专家服务团队（个）	参加服务团队专家人次（人次）	技术标准研制数量（个）	团体标准研制数量（个）	国内学术会议			
					次数（次）	#学术年会（次）	参加人次（人次）	交流论文、报告数（篇）
全国学会合计	**528**	**30428**	**107**	**1372**	**3591**	**1515**	**343046546**	**439973**
省级同名学会合计	**1665**	**64622**	**290**	**1127**	**11924**	**4717**	**45302857**	**244849**
全国理科学会小计	**73**	**1637**	**0**	**19**	**664**	**293**	**2236189**	**94710**
省级理科学会小计	**294**	**7897**	**18**	**29**	**816**	**336**	**1244835**	**30445**
中国数学会	0	0	0	1	4	1	1660	335
	0	0	0	0	27	11	3700	269
中国物理学会	0	0	0	0	39	13	18384	8512
	15	330	0	0	69	25	10718	2784
中国力学学会	3	113	0	0	54	31	152701	6170
	5	90	0	0	47	27	7512	2833
中国光学学会	0	0	0	0	28	3	52085	3155
	11	461	3	0	34	18	601697	1190
中国声学学会	2	34	0	0	2	1	130990	360
	1	5	0	0	16	11	2827	466
中国化学会	15	158	0	0	32	13	35952	32341
	17	794	0	3	60	15	16250	2018
中国天文学会	0	0	0	0	7	1	2333	781
	5	362	0	0	8	1	772	224
中国气象学会	1	8	0	0	22	9	4760	1602
	15	1143	1	3	45	24	9154	4885
中国空间科学学会	3	46	0	0	5	4	1645	883
	—	—	—	—	—	—	—	—
中国地质学会	3	45	0	0	7	6	3047	1067
	22	495	2	0	52	9	23940	709
中国地理学会	4	92	0	0	34	27	283130	6749
	6	79	0	0	49	19	47422	3210
中国地球物理学会	8	58	0	0	31	1	11199	2597
	1	6	0	0	16	5	2922	952
中国矿物岩石地球化学学会	0	0	0	0	6	0	7200	2608
	1	10	0	0	2	1	280	17
中国古生物学会	0	0	0	0	2	2	296	154
	0	0	0	0	2	2	13200	893
中国海洋湖沼学会	6	134	0	0	6	0	800	119
	1	6	0	0	8	3	662	84

续表 13

学会	专家服务团队(个)	参加服务团队专家人次(人次)	技术标准研制数量(个)	团体标准研制数量(个)	国内学术会议			
					次数(次)	#学术年会(次)	参加人次(人次)	交流论文、报告数(篇)
中国海洋学会	0	0	0	1	4	0	950	39
	4	53	0	0	9	2	1172	151
中国地震学会	3	34	0	1	18	1	10581	835
	3	57	0	0	17	2	3321	251
中国动物学会	0	0	0	0	11	7	37736	955
	4	152	0	1	28	16	4890	1171
中国植物学会	0	0	0	0	6	5	1763	708
	18	247	0	0	18	7	208607	569
中国昆虫学会	2	62	0	0	7	1	1855	671
	16	261	0	0	11	7	2072	625
中国微生物学会	0	0	0	0	11	10	9135	1342
	10	97	1	4	53	19	9069	1298
中国生物化学与分子生物学会	0	0	0	0	16	14	25996	1030
	2	87	0	0	13	11	3555	300
中国细胞生物学学会	0	0	0	6	21	5	27776	1356
	75	830	0	0	48	24	46584	554
中国植物生理与植物分子生物学学会	0	0	0	0	8	2	3650	1151
	0	0	0	0	6	3	155	25
中国生物物理学会	3	81	0	0	30	21	75068	2407
	0	0	0	0	3	3	900	278
中国遗传学会	0	0	0	0	12	5	12883	408
	12	275	0	2	12	8	3308	498
中国心理学会	0	0	0	0	31	24	957196	4401
	9	363	1	0	16	9	8984	717
中国生态学学会	0	0	0	0	32	18	9240	3095
	0	0	0	0	10	4	2692	54
中国环境科学学会	0	0	0	0	0	0	0	0
	30	1566	0	16	43	12	116522	1058
中国自然资源学会	0	0	0	0	37	4	81143	1225
	3	25	0	0	11	0	1262	63
中国感光学会	1	47	0	0	5	1	5634	593
	—	—	—	—	—	—	—	—
中国优选法统筹法与经济数学研究会	17	420	0	0	26	15	28082	1380
	0	0	0	0	0	0	0	0
中国岩石力学与工程学会	1	200	0	10	12	0	85779	404
	7	175	4	2	11	1	1743	310

续表 14

学会		专家服务团队（个）	参加服务团队专家人次（人次）	技术标准研制数量（个）	团体标准研制数量（个）	国内学术会议			
						次数（次）	#学术年会（次）	参加人次（人次）	交流论文、报告数（篇）
中国野生动物保护协会		0	0	0	0	0	0	0	0
		0	0	0	0	1	1	150	88
中国系统工程学会		0	0	0	0	11	10	7581	391
		1	5	0	0	8	6	6220	137
中国实验动物学会		0	0	0	0	5	2	14507	151
		2	136	0	0	11	1	1563	45
中国青藏高原研究会		0	0	0	0	0	0	0	0
		—	—	—	—	—	—	—	—
中国环境诱变剂学会		0	0	0	0	6	2	1050	177
		1	120	0	0	14	7	1873	212
中国运筹学会		0	0	0	0	17	7	21629	787
		0	0	0	0	12	4	1361	175
中国菌物学会		0	0	0	0	2	0	1060	11
		0	0	0	0	0	0	0	0
中国晶体学会		0	0	0	0	0	0	0	0
		—	—	—	—	—	—	—	—
中国神经科学学会		1	105	0	0	23	12	14804	1853
		0	0	0	0	40	11	2543166	897
中国认知科学学会		0	0	0	0	4	1	720	94
		0	0	0	0	2	2	210	2
中国微循环学会		0	0	0	0	27	14	94054	1771
		0	0	0	0	15	13	3830	193
国际数字地球协会		0	0	0	0	0	0	0	0
		—	—	—	—	—	—	—	—
国际动物学会		0	0	0	0	3	0	135	42
		4	152	0	1	28	16	4890	1171
全国工科学会小计		**168**	**9771**	**78**	**919**	**1738**	**613**	**313584565**	**89000**
省级工科学会小计		**518**	**20047**	**181**	**697**	**2232**	**722**	**7045274**	**38777**
中国机械工程学会		10	308	1	31	72	28	359273	2300
		54	1114	1	35	114	46	20883	1388
中国汽车工程学会		2	60	0	88	14	10	3591	469
		9	550	0	4	22	15	3532	638
中国农业机械学会		3	211	0	25	14	2	8255	108
		9	557	13	2	17	9	1764	195
中国农业工程学会		0	0	0	0	9	3	36630	470
		8	139	3	0	21	3	1679	97

续表 15

学会	专家服务团队(个)	参加服务团队专家人次(人次)	技术标准研制数量(个)	团体标准研制数量(个)	国内学术会议			
					次数(次)	#学术年会(次)	参加人次(人次)	交流论文、报告数(篇)
中国电机工程学会	3	371	0	132	94	31	451919	2213
	26	636	8	26	149	26	142637	1803
中国电工技术学会	5	113	7	40	70	25	35654	2237
	1	13	0	0	6	3	698	85
中国水力发电工程学会	1	16	5	15	22	12	102661	776
	3	50	1	0	22	10	3440	457
中国水利学会	4	90	6	13	56	27	19739	2273
	9	500	0	2	55	8	12601	673
中国内燃机学会	2	73	0	0	27	7	14306	285
	0	0	0	0	13	4	919	149
中国工程热物理学会	2	10	0	0	6	6	91440	2067
	1	9	0	0	4	1	310	225
中国空气动力学会	0	0	0	0	9	8	2326	807
	—	—	—	—	—	—	—	—
中国制冷学会	0	0	1	5	4	0	1400	123
	13	193	5	6	30	14	11525	320
中国真空学会	1	50	0	0	0	0	0	0
	0	0	0	3	8	6	1075	321
中国自动化学会	10	363	5	0	54	18	27627	7866
	13	684	0	1	30	11	6255	659
中国仪器仪表学会	8	394	4	9	55	13	11709	803
	7	80	0	0	19	7	2670	406
中国计量测试学会	4	100	0	3	28	1	3135	269
	2	66	0	7	14	13	730	64
中国标准化协会	0	0	0	125	3	1	490	245
	6	794	89	291	21	2	1299	147
中国图学学会	4	106	0	5	11	6	52791	205
	3	96	0	0	10	9	6269	74
中国电子学会	4	109	0	46	64	27	95996	3928
	10	292	0	3	44	14	9480	337
中国计算机学会	0	0	0	0	29	23	15998	2050
	20	471	0	7	141	39	32615	1999
中国通信学会	4	662	0	13	4	3	898	544
	23	652	0	1	44	16	567692	1256

续表 16

学会		专家服务团队（个）	参加服务团队专家人次（人次）	技术标准研制数量（个）	团体标准研制数量（个）	国内学术会议			
						次数（次）	#学术年会（次）	参加人次（人次）	交流论文、报告数（篇）
中国中文信息学会		0	0	0	0	11	1	35590	487
		0	0	0	0	0	0	0	0
中国测绘学会		0	0	0	18	1	1	2000	147
		13	240	1	0	64	12	17046	564
中国造船工程学会		1	107	0	14	42	1	14121	1184
		5	196	0	1	22	5	2637	130
中国航海学会		3	385	0	4	32	16	6416	480
		7	167	1	0	20	8	3562	153
中国铁道学会		0	0	0	0	35	5	14278	1488
		1	4	0	0	8	2	466	226
中国公路学会		6	613	0	29	32	9	22633	1369
		17	2296	5	8	99	15	20833	1477
中国航空学会		1	50	0	10	40	13	6279	1633
		2	13	0	0	15	6	2670	377
中国宇航学会		2	151	0	7	67	31	13787	3434
		0	0	0	0	27	6	2338	881
中国兵工学会		2	221	0	4	30	14	5466	1489
		1	16	0	0	4	3	870	86
中国金属学会		2	84	0	24	44	22	24710	1349
		14	133	8	1	77	46	111887	2928
中国有色金属学会		4	810	0	56	17	1	8210	4245
		8	32	8	1	18	10	2532	368
中国稀土学会		0	0	0	1	5	1	2170	699
		0	0	0	0	2	2	842	72
中国腐蚀与防护学会		1	26	0	3	4	1	2300	764
		1	12	0	0	13	3	1223	244
中国化工学会		20	698	2	11	52	33	13031	4253
		8	783	0	24	60	21	9332	2136
中国核学会		0	0	0	11	4	1	1980	1079
		8	270	0	0	33	12	4845	778
中国石油学会		1	20	0	0	34	12	116508	4224
		2	130	0	2	55	15	19212	1717
中国煤炭学会		4	180	1	2	20	17	294924	426
		14	196	2	2	14	5	2170	332
中国可再生能源学会		1	102	0	12	13	2	18560	952
		3	68	0	0	8	5	1855	226

续表 17

学会	专家服务团队(个)	参加服务团队专家人次(人次)	技术标准研制数量(个)	团体标准研制数量(个)	国内学术会议			
					次数(次)	#学术年会(次)	参加人次(人次)	交流论文、报告数(篇)
中国能源研究会	2	297	0	4	12	0	894393	141
	3	59	0	1	25	4	16039	324
中国硅酸盐学会	2	37	3	8	24	15	6424	1258
	4	90	0	9	25	6	9390	764
中国建筑学会	2	110	0	11	102	28	450563	3095
	29	2518	16	22	191	58	177133	1626
中国土木工程学会	0	0	0	14	46	8	14245	2648
	0	0	0	3	12	0	1670	30
中国生物工程学会	0	0	0	0	13	0	727264	898
	3	138	0	0	13	5	2545	271
中国纺织工程学会	2	218	0	48	20	5	37717	694
	20	329	0	18	22	6	3272	558
中国造纸学会	1	185	0	0	5	1	1668	54
	2	28	0	1	12	7	986	164
中国文物保护技术协会	0	0	0	0	5	0	611	82
	—	—	—	—	—	—	—	—
中国印刷技术协会	2	60	18	0	3	0	900	41
	0	0	0	0	0	0	0	0
中国材料研究学会	2	114	17	4	39	20	21905	6398
	1	25	0	10	2	0	316	23
中国食品科学技术学会	1	50	2	6	5	0	2000	347
	10	672	0	21	16	6	3200	705
中国粮油学会	0	0	0	6	6	5	1675	95
	2	15	0	0	2	2	159	31
中国职业安全健康协会	0	0	0	7	1	1	600	50
	0	0	0	0	0	0	0	0
中国烟草学会	1	22	0	0	0	0	0	0
	8	747	5	0	17	11	1797	910
中国仿真学会	0	0	0	0	9	3	8210	272
	0	0	0	0	0	0	0	0
中国电影电视技术学会	0	0	0	4	4	2	750	29
	0	0	0	0	1	0	300	36
中国振动工程学会	0	0	0	0	7	3	4350	1479
	5	65	0	0	10	7	1322	170
中国颗粒学会	2	200	0	1	5	0	1485	630
	6	58	0	2	6	3	625	308

续表 18

学会		专家服务团队（个）	参加服务团队专家人次（人次）	技术标准研制数量（个）	团体标准研制数量（个）	国内学术会议			
						次数（次）	#学术年会（次）	参加人次（人次）	交流论文、报告数（篇）
中国照明学会		0	0	0	1	9	1	2283	116
		7	105	5	2	25	10	5591	367
中国动力工程学会		0	0	0	0	6	4	1199	115
		0	0	0	0	0	0	0	0
中国惯性技术学会		0	0	0	0	1	1	203	75
		0	0	0	0	1	1	34	28
中国风景园林学会		1	8	1	1	15	12	4580	128
		2	152	0	0	22	6	42749	132
中国电源学会		1	119	0	14	15	1	12316	1124
		0	0	0	0	5	3	5780	667
中国复合材料学会		0	0	0	0	0	0	0	0
		1	12	0	1	12	7	760	63
中国消防协会		0	0	0	0	1	1	2720	30
		4	87	6	17	9	4	10174	96
中国图象图形学学会		2	729	1	0	47	19	60495	1194
		0	0	0	0	3	1	1723	17
中国人工智能学会		14	382	0	0	128	27	308920273	2864
		4	119	0	1	27	13	556225	329
中国体视学学会		0	0	0	0	16	1	7986	96
		0	0	0	0	1	1	150	10
中国工程机械学会		0	0	0	0	0	0	0	0
		—	—	—	—	—	—	—	—
中国海洋工程咨询协会		0	0	0	0	0	0	0	0
		—	—	—	—	—	—	—	—
中国遥感应用协会		0	0	0	0	0	0	0	0
		—	—	—	—	—	—	—	—
中国指挥与控制学会		2	120	0	7	20	3	19010	881
		—	—	—	—	—	—	—	—
中国光学工程学会		9	79	0	0	14	1	6238	2484
		1	12	0	0	2	0	220	20
中国微米纳米技术学会		0	0	0	0	5	1	72638	1278
		—	—	—	—	—	—	—	—
中国密码学会		0	0	0	0	14	13	65670	179
		—	—	—	—	—	—	—	—
中国大坝工程学会		1	397	4	6	2	0	1580	146
		—	—	—	—	—	—	—	—
中国卫星导航定位协会		1	55	0	3	1	1	4200	135
		—	—	—	—	—	—	—	—

续表 19

学会	专家服务团队（个）	参加服务团队专家人次（人次）	技术标准研制数量（个）	团体标准研制数量（个）	国内学术会议			
					次数（次）	#学术年会（次）	参加人次（人次）	交流论文、报告数（篇）
中国生物材料学会	5	106	0	18	10	4	289613	204
	0	0	0	0	0	0	0	0
国际粉体检测与控制联合会	0	0	0	0	0	0	0	0
	—	—	—	—	—	—	—	—
全国农科学会小计	**69**	**4481**	**6**	**62**	**172**	**78**	**113715**	**13725**
省级农科学会小计	**245**	**7376**	**40**	**151**	**418**	**150**	**155959**	**7843**
中国农学会	13	2317	0	0	25	12	7713	1915
	13	1053	0	63	52	18	8885	721
中国林学会	3	70	0	25	10	0	5330	274
	10	272	0	6	56	16	48416	522
中国土壤学会	0	0	0	0	14	11	8080	1947
	7	64	4	0	12	6	4780	258
中国水产学会	1	325	0	14	9	8	1756	1281
	16	540	4	1	36	10	5832	454
中国园艺学会	26	844	0	2	22	13	5329	718
	12	598	1	10	36	17	4458	499
中国畜牧兽医学会	3	100	2	0	31	17	18304	4168
	33	625	1	0	36	16	47309	1237
中国植物病理学会	0	0	0	0	3	1	5045	844
	0	0	0	0	27	11	3700	269
中国植物保护学会	0	0	0	0	9	0	1572	179
	11	400	0	0	12	5	1622	133
中国作物学会	13	457	0	0	25	7	54671	961
	30	557	5	0	53	8	6316	1832
中国热带作物学会	6	99	0	0	9	5	1164	316
	14	211	3	0	4	3	323	55
中国蚕学会	1	15	0	0	1	1	185	178
	3	62	2	0	7	5	431	40
中国水土保持学会	0	0	0	0	6	0	1600	215
	3	763	2	1	12	4	2590	195
中国茶叶学会	2	186	0	21	3	1	595	214
	22	261	3	14	8	4	1642	239
中国草学会	1	68	0	0	2	1	1600	327
	8	747	5	0	17	11	1797	910
中国植物营养与肥料学会	0	0	4	0	2	1	680	133
	1	6	0	0	1	0	50	10

续表 20

学会	专家服务团队（个）	参加服务团队专家人次（人次）	技术标准研制数量（个）	团体标准研制数量（个）	国内学术会议 次数（次）	#学术年会（次）	参加人次（人次）	交流论文、报告数（篇）
中国农业历史学会	0	0	0	0	1	0	91	55
	0	0	0	0	0	0	0	0
全国医科学会小计	**156**	**4818**	**1**	**150**	**760**	**453**	**17479313**	**228505**
省级医科学会小计	**380**	**13044**	**34**	**63**	**7626**	**3266**	**35268914**	**155035**
中华医学会	9	267	0	0	157	65	283233	130196
	0	0	0	0	37	37	74629	204
中华中医药学会	84	2442	0	33	100	81	12107636	9037
	—	—	—	—	—	—	—	—
中国中西医结合学会	0	0	0	27	73	57	226033	6413
	10	619	1	0	673	354	251533	10411
中国药学会	20	470	0	6	52	28	437959	4752
	39	4603	12	26	1391	455	4780618	17279
中华护理学会	0	0	0	22	35	35	52013	52515
	—	—	—	—	—	—	—	—
中国生理学会	0	0	0	0	5	2	2101	573
	6	191	0	0	33	25	14536	1031
中国解剖学会	0	0	0	0	13	1	2150	1285
	1	9	0	0	36	14	14472	459
中国生物医学工程学会	2	274	0	18	17	5	11851	2014
	4	31	0	0	109	42	79788	1292
中国病理生理学会	0	0	0	0	11	8	55110	1238
	3	150	0	0	24	19	12566	734
中国营养学会	3	367	1	6	29	15	880048	530
	16	324	0	6	43	32	30166	947
中国药理学会	2	41	0	0	22	13	289428	2111
	2	66	2	0	69	31	8149164	2140
中国针灸学会	0	0	0	0	1	0	87	46
	5	150	0	0	40	32	40820	448
中国防痨协会	1	66	0	7	20	9	99460	226
	3	192	0	0	20	3	17864	383
中国麻风防治协会	7	211	0	0	3	1	1384	278
	2	26	0	0	2	2	59	18
中国心理卫生协会	0	0	0	0	1	1	290	32
	1	124	0	2	14	11	12404	211

续表 21

学会	专家服务团队(个)	参加服务团队专家人次(人次)	技术标准研制数量(个)	团体标准研制数量(个)	国内学术会议			
					次数(次)	#学术年会(次)	参加人次(人次)	交流论文、报告数(篇)
中国抗癌协会	0	0	0	0	11	10	8800	1421
	5	121	0	1	486	177	10712616	9127
中国体育科学学会	2	42	0	0	16	7	5407	2943
	1	7	0	0	8	1	4442	588
中国毒理学会	3	77	0	0	6	4	1040	302
	3	59	4	1	20	6	17505	370
中国康复医学会	0	0	0	1	51	39	35684	2362
	0	0	0	2	140	66	50892	2119
中国免疫学会	0	0	0	0	3	1	2770	957
	1	30	0	0	120	48	83600	1599
中华预防医学会	0	0	0	1	76	30	2789145	3047
	—	—	—	—	—	—	—	—
中国法医学会	0	0	0	0	0	0	0	0
	0	0	0	0	10	0	1070	16
中华口腔医学会	23	561	0	5	36	29	47424	5519
	—	—	—	—	—	—	—	—
中国医学救援协会	0	0	0	24	5	0	3105	29
	—	—	—	—	—	—	—	—
中国女医师协会	0	0	0	0	0	0	0	0
	0	0	0	0	0	0	0	0
中国研究型医院学会	0	0	0	0	0	0	0	0
	0	0	0	0	24	12	3993	476
中国睡眠研究会	0	0	0	0	1	1	800	257
	0	0	0	0	3	1	950	46
中国卒中学会	0	0	0	0	16	11	136355	422
	3	134	0	0	36	15	133052	875
全国交叉学科学会小计	**62**	**9721**	**22**	**222**	**257**	**78**	**9632764**	**14033**
省级其他学科学会小计	**228**	**16258**	**17**	**187**	**832**	**243**	**1587875**	**12749**
中国自然辩证法研究会	0	0	0	0	11	1	1331	459
	1	7	0	0	11	7	845	194
中国管理现代化研究会	0	0	0	0	23	6	15990	3380
	0	0	0	0	5	2	854	19
中国技术经济学会	1	20	10	162	13	8	21844	987
	0	0	0	0	0	0	0	0
中国现场统计研究会	0	0	0	0	11	2	1572	416
	0	0	0	0	4	2	615	76

续表 22

学会	专家服务团队（个）	参加服务团队专家人次（人次）	技术标准研制数量（个）	团体标准研制数量（个）	国内学术会议 次数（次）	#学术年会（次）	参加人次（人次）	交流论文、报告数（篇）
中国未来研究会	1	24	0	0	16	0	4380	95
	2	9	0	0	5	2	308	52
中国科学技术史学会	0	0	0	0	6	2	530	195
	0	0	0	0	3	1	214	44
中国科学技术情报学会	0	0	0	0	6	2	3780	364
	0	0	0	0	23	7	7383	253
中国图书馆学会	1	6	0	0	13	2	21606	150
	4	65	0	0	18	3	12968	114
中国城市科学研究会	2	70	0	18	11	7	2250	1100
	1	7	0	0	17	3	1805	253
中国科学学与科技政策研究会	2	13	0	2	22	11	24403	970
	0	0	0	0	0	0	0	0
中国农村专业技术协会	1	130	0	0	1	0	150	26
	30	1181	0	0	11	4	2488	127
中国工业设计协会	0	0	0	0	0	0	0	0
	0	0	0	0	1	1	200	4
中国工艺美术学会	0	0	0	0	5	2	8445	72
	5	60	0	0	8	4	2667	41
中国科普作家协会	1	6547	0	0	2	1	500	155
	4	217	0	0	19	6	3596	744
中国自然科学博物馆协会	0	0	0	0	2	2	620	156
	1	4	0	0	3	0	2098	3
中国可持续发展研究会	0	0	0	0	2	0	130	2
	0	0	3	0	7	5	1310	39
中国青少年科技辅导员协会	5	169	0	0	1	1	8735000	29
	0	0	0	0	0	0	0	0
中国科教电影电视协会	1	30	0	0	2	0	300	9
	0	0	0	0	0	0	0	0
中国科学技术期刊编辑学会	0	0	0	0	2	0	12800	85
	7	24	1	0	16	4	3484	143
中国流行色协会	3	204	0	0	4	0	22600	340
	—	—	—	—	—	—	—	—
中国档案学会	0	0	0	0	4	0	12500	21
	2	94	0	0	10	2	780	218
中国国土经济学会	2	7	0	2	7	0	310330	57
	—	—	—	—	—	—	—	—
中国土地学会	0	0	0	0	1	1	50000	98
	5	368	0	0	21	10	15232	472

续表 23

学会	专家服务团队(个)	参加服务团队专家人次(人次)	技术标准研制数量(个)	团体标准研制数量(个)	国内学术会议			
					次数(次)	#学术年会(次)	参加人次(人次)	交流论文、报告数(篇)
中国科技新闻学会	1	20	0	0	9	0	2400	69
	0	0	0	0	0	0	0	0
中国老科学技术工作者协会	0	0	0	0	0	0	0	0
	19	792	0	0	4	0	233	47
中国科学探险协会	0	0	0	0	0	0	0	0
	—	—	—	—	—	—	—	—
中国城市规划学会	16	758	3	10	37	20	89328	4110
	1	154	0	0	20	0	9391	129
中国产学研合作促进会	0	0	0	0	0	0	0	0
	1	60	0	0	1	1	550	112
中国知识产权研究会	1	13	0	0	0	0	0	0
	0	0	1	0	13	12	2450	326
中国发明协会	1	120	0	0	1	0	500	5
	1	15	0	0	0	0	0	0
中国工程教育专业认证协会	1	1124	0	0	5	0	534	25
	—	—	—	—	—	—	—	—
中国检验检疫学会	4	148	0	12	1	1	100	14
	0	0	0	0	0	0	0	0
中国女科技工作者协会	1	126	0	0	2	0	420	14
	1	6	0	0	1	1	50	3
中国创造学会	0	0	0	0	1	1	148	20
	2	17	0	1	0	0	0	0
中国经济科技开发国际交流协会	0	0	0	0	1	1	65	5
	—	—	—	—	—	—	—	—
中国高科技产业化研究会	4	16	0	1	5	0	159865	37
	—	—	—	—	—	—	—	—
中国微量元素科学研究会	0	0	0	0	0	0	0	0
	0	0	0	0	2	0	14631	35
中国基本建设优化研究会	1	20	0	0	14	4	26933	95
	—	—	—	—	—	—	—	—
中国科技馆发展基金会	0	0	0	0	0	0	0	0
	—	—	—	—	—	—	—	—
中国生物多样性保护与绿色发展基金会	12	156	9	15	14	3	810	246
	—	—	—	—	—	—	—	—
中国反邪教协会	0	0	0	0	0	0	0	0
	0	0	0	0	5	2	528	197
中国高等教育学会	0	0	0	0	1	0	100000	216
	—	—	—	—	—	—	—	—
詹天佑科学技术发展基金会	0	0	0	0	1	0	600	11
	—	—	—	—	—	—	—	—

续表 24

学会	境内国际学术会议				港澳台地区学术会议		
	次数（次）	参加人次（人次）	#境外专家学者（人次）	交流论文、报告数（篇）	次数（次）	参加人次（人次）	交流论文、报告数（篇）
全国学会合计	**432**	**5313058**	**53588**	**59811**	**35**	**11917**	**1543**
省级同名学会合计	**388**	**8805188**	**5516**	**23347**	**49**	**31040**	**4106**
全国理科学会小计	**89**	**98015**	**4924**	**10484**	**3**	**878**	**106**
省级理科学会小计	**78**	**250100**	**1210**	**5748**	**5**	**830**	**208**
中国数学会	2	2300	1010	519	0	0	0
	1	100	10	36	2	120	30
中国物理学会	9	1079	315	491	0	0	0
	6	821	64	207	0	0	0
中国力学学会	6	2843	318	816	0	0	0
	4	1281	172	568	0	0	0
中国光学学会	9	4898	149	1758	0	0	0
	6	99393	251	234	0	0	0
中国声学学会	0	0	0	0	0	0	0
	1	29	18	21	0	0	0
中国化学会	3	71	18	31	0	0	0
	7	5857	107	399	0	0	0
中国天文学会	1	298	100	201	1	128	51
	0	0	0	0	0	0	0
中国气象学会	0	0	0	0	0	0	0
	1	150	25	21	1	110	17
中国空间科学学会	1	20	1	7	0	0	0
	—	—	—	—	—	—	—
中国地质学会	0	0	0	0	0	0	0
	1	68	6	5	0	0	0
中国地理学会	4	1300	402	617	0	0	0
	3	1000	20	248	0	0	0
中国地球物理学会	0	0	0	0	0	0	0
	0	0	0	0	0	0	0
中国矿物岩石地球化学学会	0	0	0	0	0	0	0
	0	0	0	0	0	0	0
中国古生物学会	0	0	0	0	0	0	0
	0	0	0	0	0	0	0
中国海洋湖沼学会	0	0	0	0	0	0	0
	0	0	0	0	0	0	0

续表 25

学会	境内国际学术会议				港澳台地区学术会议		
	次数（次）	参加人次（人次）	#境外专家学者（人次）	交流论文、报告数（篇）	次数（次）	参加人次（人次）	交流论文、报告数（篇）
中国海洋学会	0	0	0	0	0	0	0
	0	0	0	0	0	0	0
中国地震学会	0	0	0	0	0	0	0
	1	150	20	32	0	0	0
中国动物学会	2	637	116	262	0	0	0
	3	700	72	220	0	0	0
中国植物学会	1	200	25	161	0	0	0
	2	500	65	26	0	0	0
中国昆虫学会	1	395	15	45	0	0	0
	0	0	0	0	0	0	0
中国微生物学会	0	0	0	0	0	0	0
	6	990	32	285	0	0	0
中国生物化学与分子生物学会	2	400	15	61	0	0	0
	1	200	3	30	0	0	0
中国细胞生物学学会	8	21929	570	215	0	0	0
	8	28100	40	40	0	0	0
中国植物生理与植物分子生物学学会	4	8150	630	350	0	0	0
	0	0	0	0	0	0	0
中国生物物理学会	4	32035	44	754	0	0	0
	1	99	13	77	0	0	0
中国遗传学会	1	500	10	92	0	0	0
	2	270	26	39	0	0	0
中国心理学会	3	5181	14	67	0	0	0
	2	31000	14	65	1	200	160
中国生态学学会	6	1030	234	713	1	150	25
	0	0	0	0	0	0	0
中国环境科学学会	0	0	0	0	0	0	0
	3	4300	18	43	0	0	0
中国自然资源学会	1	1000	8	28	0	0	0
	0	0	0	0	0	0	0
中国感光学会	0	0	0	0	0	0	0
	—	—	—	—	—	—	—
中国优选法统筹法与经济数学研究会	5	1241	129	388	0	0	0
	0	0	0	0	0	0	0
中国岩石力学与工程学会	1	5160	202	1208	0	0	0
	4	1327	35	451	0	0	0

续表 26

学　会	境内国际学术会议				港澳台地区学术会议		
	次　数（次）	参　加人　次（人次）	#境外专家学　者（人次）	交流论文、报告数（篇）	次　数（次）	参　加人　次（人次）	交流论文、报告数（篇）
中国野生动物保护协会	1	607	50	389	0	0	0
	0	0	0	0	0	0	0
中国系统工程学会	0	0	0	0	0	0	0
	1	120	30	128	0	0	0
中国实验动物学会	0	0	0	0	0	0	0
	2	400	4	58	0	0	0
中国青藏高原研究会	0	0	0	0	0	0	0
	—	—	—	—	—	—	—
中国环境诱变剂学会	1	432	7	150	0	0	0
	1	50	1	10	0	0	0
中国运筹学会	3	839	31	723	0	0	0
	2	232	18	13	0	0	0
中国菌物学会	0	0	0	0	0	0	0
	0	0	0	0	0	0	0
中国晶体学会	0	0	0	0	0	0	0
	—	—	—	—	—	—	—
中国神经科学学会	5	4350	33	159	0	0	0
	6	1849410	28	119	0	0	0
中国认知科学学会	0	0	0	0	1	600	30
	0	0	0	0	0	0	0
中国微循环学会	0	0	0	0	0	0	0
	0	0	0	0	0	0	0
国际数字地球协会	0	0	0	0	0	0	0
	—	—	—	—	—	—	—
国际动物学会	5	1120	478	279	0	0	0
	3	700	72	220	0	0	0
全国工科学会小计	**265**	**4285569**	**42044**	**34754**	**13**	**3969**	**953**
省级工科学会小计	**129**	**118765**	**2543**	**7605**	**20**	**9824**	**660**
中国机械工程学会	10	29570	143	267	0	0	0
	13	1910	116	117	1	200	35
中国汽车工程学会	1	3000	50	1471	0	0	0
	1	300	1	9	0	0	0
中国农业机械学会	5	990	122	115	0	0	0
	0	0	0	0	0	0	0
中国农业工程学会	9	3050	78	562	0	0	0
	5	1290	440	207	0	0	0

续表 27

学会	境内国际学术会议				港澳台地区学术会议		
	次数（次）	参加人次（人次）	#境外专家学者（人次）	交流论文、报告数（篇）	次数（次）	参加人次（人次）	交流论文、报告数（篇）
中国电机工程学会	9	29700	2444	3361	1	850	276
	3	3621	350	80	2	900	88
中国电工技术学会	14	7373	615	3611	0	0	0
	2	1030	36	269	0	0	0
中国水力发电工程学会	3	343	47	21	0	0	0
	0	0	0	0	0	0	0
中国水利学会	4	560	148	32	1	400	13
	2	1180	5	77	0	0	0
中国内燃机学会	9	80220	285	1172	0	0	0
	0	0	0	0	0	0	0
中国工程热物理学会	5	1464	348	818	0	0	0
	1	50	6	8	0	0	0
中国空气动力学会	1	3000	50	120	0	0	0
	—	—	—	—	—	—	—
中国制冷学会	4	8881	198	17	0	0	0
	2	20075	21	55	0	0	0
中国真空学会	1	350	40	339	0	0	0
	1	50	5	6	0	0	0
中国自动化学会	11	12988	616	805	0	0	0
	5	4707	72	260	0	0	0
中国仪器仪表学会	14	10363	405	834	0	0	0
	5	50612	66	854	0	0	0
中国计量测试学会	0	0	0	0	0	0	0
	0	0	0	0	0	0	0
中国标准化协会	0	0	0	0	0	0	0
	0	0	0	0	0	0	0
中国图学学会	2	30999	112	181	0	0	0
	0	0	0	0	0	0	0
中国电子学会	16	32278	261	3159	0	0	0
	7	2010	47	427	1	100	70
中国计算机学会	2	546	8	122	1	286	57
	8	3421	81	877	3	370	64
中国通信学会	1	200	15	30	1	150	65
	2	380	28	16	1	150	67

续表 28

学会	境内国际学术会议				港澳台地区学术会议		
	次数（次）	参加人次（人次）	#境外专家学者（人次）	交流论文、报告数（篇）	次数（次）	参加人次（人次）	交流论文、报告数（篇）
中国中文信息学会	1	300	5	49	0	0	0
	0	0	0	0	0	0	0
中国测绘学会	0	0	0	0	0	0	0
	1	300	30	30	2	4000	39
中国造船工程学会	0	0	0	0	1	140	64
	6	700	24	32	0	0	0
中国航海学会	4	3199	36	54	1	147	4
	0	0	0	0	2	152	87
中国铁道学会	1	1000	101	289	0	0	0
	0	0	0	0	0	0	0
中国公路学会	11	5083	1168	1162	1	300	14
	3	6640	21	336	1	25	17
中国航空学会	11	3793	787	969	0	0	0
	7	1413	12	125	0	0	0
中国宇航学会	7	641960	208	3290	0	0	0
	0	0	0	0	0	0	0
中国兵工学会	2	403	24	112	0	0	0
	0	0	0	0	0	0	0
中国金属学会	9	5529	249	504	0	0	0
	1	195	3	44	0	0	0
中国有色金属学会	0	0	0	0	0	0	0
	1	195	3	44	0	0	0
中国稀土学会	1	120	7	23	0	0	0
	1	120	4	10	0	0	0
中国腐蚀与防护学会	1	600	5	26	0	0	0
	1	210	4	25	0	0	0
中国化工学会	2	700	220	210	0	0	0
	4	990	154	88	0	0	0
中国核学会	0	0	0	0	0	0	0
	2	750	305	279	0	0	0
中国石油学会	1	65	59	12	0	0	0
	3	2373	29	876	0	0	0
中国煤炭学会	4	401050	28	238	0	0	0
	1	300	2	29	0	0	0
中国可再生能源学会	3	20400	41	266	0	0	0
	1	140	30	30	0	0	0

续表 29

学会	境内国际学术会议				港澳台地区学术会议		
	次数(次)	参加人次(人次)	#境外专家学者(人次)	交流论文、报告数(篇)	次数(次)	参加人次(人次)	交流论文、报告数(篇)
中国能源研究会	0	0	0	0	0	0	0
	1	2650	35	450	0	0	0
中国硅酸盐学会	4	952	9	199	0	0	0
	1	150	5	11	0	0	0
中国建筑学会	10	103615	30330	424	0	0	0
	6	535	19	38	3	295	13
中国土木工程学会	3	1000	13	239	0	0	0
	1	300	4	25	0	0	0
中国生物工程学会	2	22300	7	56	0	0	0
	4	833	15	281	0	0	0
中国纺织工程学会	2	160	11	20	0	0	0
	4	3250	104	15	0	0	0
中国造纸学会	1	363	9	117	0	0	0
	1	346	32	206	0	0	0
中国文物保护技术协会	2	150	6	22	0	0	0
	—	—	—	—	—	—	—
中国印刷技术协会	0	0	0	0	0	0	0
	0	0	0	0	0	0	0
中国材料研究学会	8	2806	360	800	0	0	0
	0	0	0	0	0	0	0
中国食品科学技术学会	1	400	20	75	0	0	0
	5	1850	222	466	0	0	0
中国粮油学会	1	20	4	3	0	0	0
	0	0	0	0	0	0	0
中国职业安全健康协会	0	0	0	0	0	0	0
	0	0	0	0	0	0	0
中国烟草学会	0	0	0	0	0	0	0
	0	0	0	0	0	0	0
中国仿真学会	0	0	0	0	0	0	0
	0	0	0	0	0	0	0
中国电影电视技术学会	1	8000	3	11	0	0	0
	0	0	0	0	0	0	0
中国振动工程学会	1	600	70	537	1	260	122
	0	0	0	0	0	0	0
中国颗粒学会	1	400	6	400	0	0	0
	1	80	10	4	0	0	0

续表 30

学　会		境内国际学术会议				港澳台地区学术会议		
		次　数（次）	参　加人　次（人次）	#境外专家学　者（人次）	交流论文、报告数（篇）	次　数（次）	参　加人　次（人次）	交流论文、报告数（篇）
中国照明学会		2	560	62	74	1	100	8
		1	4	3	1	0	0	0
中国动力工程学会		2	250	82	96	0	0	0
		0	0	0	0	0	0	0
中国惯性技术学会		0	0	0	0	0	0	0
		0	0	0	0	0	0	0
中国风景园林学会		1	320	3	5	0	0	0
		1	2000	8	10	0	0	0
中国电源学会		1	178	12	208	0	0	0
		0	0	0	0	0	0	0
中国复合材料学会		0	0	0	0	0	0	0
		1	200	3	10	0	0	0
中国消防协会		0	0	0	0	0	0	0
		0	0	0	0	0	0	0
中国图象图形学学会		3	1300	21	266	0	0	0
		1	80	2	45	0	0	0
中国人工智能学会		21	1188835	1310	1975	3	836	100
		3	526	18	279	0	0	0
中国体视学学会		3	880	94	150	0	0	0
		1	200	15	150	0	0	0
中国工程机械学会		0	0	0	0	0	0	0
		—	—	—	—	—	—	—
中国海洋工程咨询协会		0	0	0	0	0	0	0
		—	—	—	—	—	—	—
中国遥感应用协会		0	0	0	0	0	0	0
		—	—	—	—	—	—	—
中国指挥与控制学会		1	270	50	270	0	0	0
		—	—	—	—	—	—	—
中国光学工程学会		8	6270	119	1847	0	0	0
		0	0	0	0	0	0	0
中国微米纳米技术学会		1	72	36	12	1	500	230
		—	—	—	—	—	—	—
中国密码学会		0	0	0	0	0	0	0
		—	—	—	—	—	—	—
中国大坝工程学会		2	491	460	28	0	0	0
		—	—	—	—	—	—	—
中国卫星导航定位协会		1	3300	10	717	0	0	0
		—	—	—	—	—	—	—

续表 31

学会	境内国际学术会议				港澳台地区学术会议		
	次数(次)	参加人次(人次)	#境外专家学者(人次)	交流论文、报告数(篇)	次数(次)	参加人次(人次)	交流论文、报告数(篇)
中国生物材料学会	3	1602000	14	1962	0	0	0
	0	0	0	0	0	0	0
国际粉体检测与控制联合会	0	0	0	0	0	0	0
	—	—	—	—	—	—	—
全国农科学会小计	**11**	**311659**	**1127**	**487**	**3**	**3393**	**256**
省级农科学会小计	**34**	**13369**	**422**	**1045**	**1**	**300**	**40**
中国农学会	1	80	10	65	0	0	0
	6	1780	32	179	0	0	0
中国林学会	0	0	0	0	0	0	0
	1	2000	8	10	0	0	0
中国土壤学会	1	260	50	59	0	0	0
	0	0	0	0	0	0	0
中国水产学会	1	34	3	21	0	0	0
	1	100	3	4	0	0	0
中国园艺学会	2	500	56	79	0	0	0
	0	0	0	0	0	0	0
中国畜牧兽医学会	0	0	0	0	1	150	31
	3	1300	10	57	0	0	0
中国植物病理学会	0	0	0	0	0	0	0
	1	100	10	36	2	120	30
中国植物保护学会	1	200	20	13	0	0	0
	1	260	1	30	0	0	0
中国作物学会	1	380	13	38	0	0	0
	4	380	40	36	0	0	0
中国热带作物学会	0	0	0	0	0	0	0
	0	0	0	0	0	0	0
中国蚕学会	0	0	0	0	0	0	0
	0	0	0	0	0	0	0
中国水土保持学会	0	0	0	0	1	180	40
	1	780	3	16	0	0	0
中国茶叶学会	1	310000	965	108	1	3063	185
	0	0	0	0	0	0	0
中国草学会	2	95	7	23	0	0	0
	0	0	0	0	0	0	0
中国植物营养与肥料学会	0	0	0	0	0	0	0
	1	60	20	10	0	0	0

续表 32

学 会		境内国际学术会议				港澳台地区学术会议		
		次 数（次）	参 加 人 次（人次）	# 境外专家学者（人次）	交流论文、报告数（篇）	次 数（次）	参 加 人 次（人次）	交流论文、报告数（篇）
中国农业历史学会		1	110	3	81	0	0	0
		0	0	0	0	0	0	0
全国医科学会小计		**30**	**582090**	**4701**	**12381**	**7**	**2979**	**90**
省级医科学会小计		**113**	**5587699**	**982**	**7629**	**13**	**9366**	**2668**
中华医学会		1	1111	55	6168	1	200	5
		0	0	0	0	0	0	0
中华中医药学会		4	103060	4243	275	2	870	25
		—	—	—	—	—	—	—
中国中西医结合学会		1	23540	10	670	0	0	0
		2	201500	7	183	0	0	0
中国药学会		5	396444	22	807	0	0	0
		17	2521964	150	493	0	0	0
中华护理学会		0	0	0	0	0	0	0
		—	—	—	—	—	—	—
中国生理学会		0	0	0	0	0	0	0
		1	380	8	52	0	0	0
中国解剖学会		0	0	0	0	1	1500	28
		4	5120	29	142	0	0	0
中国生物医学工程学会		1	215	4	201	0	0	0
		3	2450	24	98	0	0	0
中国病理生理学会		1	620	8	210	0	0	0
		0	0	0	0	0	0	0
中国营养学会		0	0	0	0	0	0	0
		0	0	0	0	0	0	0
中国药理学会		4	33600	80	532	0	0	0
		7	353150	136	280	0	0	0
中国针灸学会		1	500	30	100	0	0	0
		0	0	0	0	0	0	0
中国防痨协会		1	300	12	14	1	205	15
		0	0	0	0	0	0	0
中国麻风防治协会		0	0	0	0	0	0	0
		0	0	0	0	0	0	0
中国心理卫生协会		0	0	0	0	0	0	0
		0	0	0	0	0	0	0

续表 33

学会	境内国际学术会议				港澳台地区学术会议		
	次数(次)	参加人次(人次)	#境外专家学者(人次)	交流论文、报告数(篇)	次数(次)	参加人次(人次)	交流论文、报告数(篇)
中国抗癌协会	0	0	0	0	0	0	0
	16	147285	79	529	0	0	0
中国体育科学学会	5	7338	143	1908	0	0	0
	2	900	22	41	0	0	0
中国毒理学会	2	9858	63	539	1	180	8
	1	563	27	295	0	0	0
中国康复医学会	0	0	0	0	0	0	0
	0	0	0	0	0	0	0
中国免疫学会	0	0	0	0	0	0	0
	8	6477	37	164	0	0	0
中华预防医学会	3	1004	21	13	1	24	9
	—	—	—	—	—	—	—
中国法医学会	0	0	0	0	0	0	0
	0	0	0	0	0	0	0
中华口腔医学会	0	0	0	0	0	0	0
	—	—	—	—	—	—	—
中国医学救援协会	0	0	0	0	0	0	0
	—	—	—	—	—	—	—
中国女医师协会	0	0	0	0	0	0	0
	0	0	0	0	0	0	0
中国研究型医院学会	0	0	0	0	0	0	0
	0	0	0	0	0	0	0
中国睡眠研究会	0	0	0	0	0	0	0
	0	0	0	0	0	0	0
中国卒中学会	1	4500	10	944	0	0	0
	2	126000	6	83	0	0	0
全国交叉学科学会小计	**37**	**35725**	**792**	**1705**	**9**	**698**	**138**
省级其他学科学会小计	**34**	**2835255**	**359**	**1320**	**10**	**10720**	**530**
中国自然辩证法研究会	0	0	0	0	0	0	0
	0	0	0	0	0	0	0
中国管理现代化研究会	4	710	25	320	0	0	0
	0	0	0	0	0	0	0
中国技术经济学会	1	150	4	27	0	0	0
	0	0	0	0	0	0	0
中国现场统计研究会	2	620	23	40	0	0	0
	0	0	0	0	0	0	0

续表 34

学会		境内国际学术会议				港澳台地区学术会议		
		次数（次）	参加人次（人次）	#境外专家学者（人次）	交流论文、报告数（篇）	次数（次）	参加人次（人次）	交流论文、报告数（篇）
中国未来研究会		0	0	0	0	0	0	0
		1	120	3	50	0	0	0
中国科学技术史学会		0	0	0	0	0	0	0
		0	0	0	0	0	0	0
中国科学技术情报学会		0	0	0	0	0	0	0
		0	0	0	0	0	0	0
中国图书馆学会		0	0	0	0	0	0	0
		1	50	4	6	0	0	0
中国城市科学研究会		1	800	10	500	0	0	0
		1	300	6	8	0	0	0
中国科学学与科技政策研究会		2	650	16	98	0	0	0
		0	0	0	0	0	0	0
中国农村专业技术协会		0	0	0	0	2	360	41
		0	0	0	0	1	300	40
中国工业设计协会		0	0	0	0	0	0	0
		0	0	0	0	0	0	0
中国工艺美术学会		0	0	0	0	0	0	0
		0	0	0	0	0	0	0
中国科普作家协会		0	0	0	0	0	0	0
		0	0	0	0	1	150	102
中国自然科学博物馆协会		1	261	18	36	0	0	0
		0	0	0	0	0	0	0
中国可持续发展研究会		0	0	0	0	0	0	0
		0	0	0	0	0	0	0
中国青少年科技辅导员协会		1	300	6	8	0	0	0
		0	0	0	0	0	0	0
中国科教电影电视协会		1	4000	2	20	0	0	0
		0	0	0	0	0	0	0
中国科学技术期刊编辑学会		0	0	0	0	0	0	0
		2	1100	35	160	0	0	0
中国流行色协会		1	12000	3	9	0	0	0
		—	—	—	—	—	—	—
中国档案学会		0	0	0	0	1	80	13
		0	0	0	0	0	0	0
中国国土经济学会		0	0	0	0	0	0	0
		—	—	—	—	—	—	—
中国土地学会		0	0	0	0	0	0	0
		1	220	2	8	0	0	0

续表 35

学会	境内国际学术会议				港澳台地区学术会议		
	次数（次）	参加人次（人次）	#境外专家学者（人次）	交流论文、报告数（篇）	次数（次）	参加人次（人次）	交流论文、报告数（篇）
中国科技新闻学会	1	1500	4	120	0	0	0
	0	0	0	0	0	0	0
中国老科学技术工作者协会	0	0	0	0	0	0	0
	0	0	0	0	0	0	0
中国科学探险协会	0	0	0	0	0	0	0
	—	—	—	—	—	—	—
中国城市规划学会	3	750	45	106	0	0	0
	0	0	0	0	1	100	6
中国产学研合作促进会	0	0	0	0	0	0	0
	0	0	0	0	0	0	0
中国知识产权研究会	0	0	0	0	0	0	0
	0	0	0	0	0	0	0
中国发明协会	0	0	0	0	0	0	0
	1	150	6	5	0	0	0
中国工程教育专业认证协会	1	11200	207	31	0	0	0
	—	—	—	—	—	—	—
中国检验检疫学会	1	100	4	14	0	0	0
	0	0	0	0	0	0	0
中国女科技工作者协会	2	512	7	7	1	194	77
	0	0	0	0	0	0	0
中国创造学会	0	0	0	0	0	0	0
	0	0	0	0	0	0	0
中国经济科技开发国际交流协会	0	0	0	0	0	0	0
	—	—	—	—	—	—	—
中国高科技产业化研究会	1	200	5	30	0	0	0
	—	—	—	—	—	—	—
中国微量元素科学研究会	0	0	0	0	0	0	0
	0	0	0	0	0	0	0
中国基本建设优化研究会	1	200	48	48	0	0	0
	—	—	—	—	—	—	—
中国科技馆发展基金会	0	0	0	0	0	0	0
	—	—	—	—	—	—	—
中国生物多样性保护与绿色发展基金会	12	1492	164	265	5	64	7
	—	—	—	—	—	—	—
中国反邪教协会	0	0	0	0	0	0	0
	0	0	0	0	0	0	0
中国高等教育学会	1	280	201	26	0	0	0
	—	—	—	—	—	—	—
詹天佑科学技术发展基金会	0	0	0	0	0	0	0
	—	—	—	—	—	—	—

续表 36

学会	主办科技期刊（种）	编委会成员人数（人）	#两院院士人数（人）	#国际编委人数（人）	编辑部总人数（人）	#高级技术职称人数（人）	#硕士、博士及以上学位人数（人）	科技期刊印刷量（册）	科技期刊发表文章数（篇）
全国学会合计	**1002**	**85359**	**4775**	**8506**	**6333**	**2956**	**3864**	**24196731**	**250512**
省级同名学会合计	**643**	**26474**	**675**	**756**	**4577**	**2368**	**1955**	**9191350**	**290723**
全国理科学会小计	**221**	**15197**	**1217**	**2483**	**1007**	**541**	**733**	**7349639**	**41137**
省级理科学会小计	**87**	**3678**	**137**	**344**	**587**	**298**	**322**	**694034**	**17881**
中国数学会	9	309	37	26	37	16	22	212406	1964
	5	147	2	3	34	26	32	38300	4598
中国物理学会	11	592	101	103	60	51	46	197912	3680
	9	351	21	7	94	52	34	51350	1481
中国力学学会	18	965	73	182	96	47	64	68664	2458
	3	112	1	44	58	11	36	4784	276
中国光学学会	12	798	96	171	86	42	65	489940	3298
	3	89	7	46	37	25	31	812	280
中国声学学会	1	67	0	0	8	6	3	5400	260
	1	49	0	0	4	2	3	6000	129
中国化学会	17	1661	188	196	102	39	63	84847	4249
	2	84	6	0	14	4	4	26212	786
中国天文学会	4	120	7	10	17	14	15	196420	636
	0	0	0	0	0	0	0	0	0
中国气象学会	4	364	37	59	19	12	11	34890	462
	15	565	27	13	48	35	22	53650	1260
中国空间科学学会	1	69	7	7	3	3	2	3502	102
	—	—	—	—	—	—	—	—	—
中国地质学会	6	420	54	23	21	15	17	22260	803
	9	405	18	0	62	33	21	23000	1093
中国地理学会	20	1339	69	187	83	46	62	5095513	2984
	0	0	0	0	0	0	0	0	0
中国地球物理学会	4	301	37	41	14	11	7	15600	768
	0	0	0	0	0	0	0	0	0
中国矿物岩石地球化学学会	7	394	54	11	23	13	20	25600	694
	2	88	4	1	5	3	5	1600	139
中国古生物学会	1	43	3	7	2	2	2	5000	44
	0	0	0	0	0	0	0	0	0
中国海洋湖沼学会	4	239	13	34	14	6	13	15000	650
	1	45	3	0	5	1	1	534	132

续表 37

学会	主办科技期刊(种)	编委会成员人数(人)	#两院院士人数(人)	#国际编委人数(人)	编辑部总人数(人)	#高级技术职称人数(人)	#硕士、博士及以上学位人数(人)	科技期刊印刷量(册)	科技期刊发表文章数(篇)
中国海洋学会	12	736	66	67	66	34	53	14956	1101
	2	124	15	1	10	6	10	3200	118
中国地震学会	3	278	11	7	8	3	5	6840	189
	4	145	2	0	22	15	11	6500	142
中国动物学会	9	418	15	93	19	12	11	93790	770
	3	216	1	3	11	5	8	14900	262
中国植物学会	9	795	57	137	26	13	22	132637	1207
	6	438	18	29	24	15	14	20321	763
中国昆虫学会	7	406	9	79	23	11	19	23840	720
	4	178	0	8	11	4	8	8500	303
中国微生物学会	7	584	36	46	27	17	15	31888	1702
	4	140	1	19	23	19	17	14300	419
中国生物化学与分子生物学会	2	210	11	10	11	9	7	19100	593
	0	0	0	0	0	0	0	0	0
中国细胞生物学学会	5	377	31	168	19	12	19	7180	668
	2	250	6	157	21	2	6	26400	1430
中国植物生理与植物分子生物学学会	2	197	10	85	11	7	10	2350	480
	0	0	0	0	0	0	0	0	0
中国生物物理学会	3	213	22	81	12	6	9	8862	262
	0	0	0	0	0	0	0	0	0
中国遗传学会	4	369	35	54	12	7	11	10760	458
	0	0	0	0	0	0	0	0	0
中国心理学会	2	120	0	6	10	5	8	60000	306
	2	92	0	0	27	11	20	3208	166
中国生态学学会	8	730	38	211	45	22	34	23432	2284
	0	0	0	0	0	0	0	0	0
中国环境科学学会	0	0	0	0	0	0	0	0	0
	2	66	0	0	16	5	9	19200	395
中国自然资源学会	2	138	14	3	11	3	7	24000	334
	1	58	0	0	5	2	0	3000	62
中国感光学会	2	53	1	0	6	3	5	10000	278
	—	—	—	—	—	—	—	—	—
中国优选法统筹法与经济数学研究会	1	78	0	7	6	5	5	240000	271
	0	0	0	0	0	0	0	0	0
中国岩石力学与工程学会	5	463	36	106	33	18	23	10600	1112
	5	114	8	10	28	19	15	12120	548

续表 38

学会	主办科技期刊（种）	编委会成员人数（人）	#两院院士人数（人）	#国际编委人数（人）	编辑部总人数（人）	#高级技术职称人数（人）	#硕士、博士及以上学位人数（人）	科技期刊印刷量（册）	科技期刊发表文章数（篇）
中国野生动物保护协会	2	68	4	0	11	4	9	64000	278
	0	0	0	0	0	0	0	0	0
中国系统工程学会	5	348	15	84	34	14	24	47750	593
	0	0	0	0	0	0	0	0	0
中国实验动物学会	3	393	13	51	9	3	8	2300	417
	2	171	0	3	8	4	6	11000	171
中国青藏高原研究会	0	0	0	0	0	0	0	0	0
	—	—	—	—	—	—	—	—	—
中国环境诱变剂学会	1	108	1	7	3	0	2	5000	89
	0	0	0	0	0	0	0	0	0
中国运筹学会	3	135	3	17	10	7	7	17400	507
	0	0	0	0	0	0	0	0	0
中国菌物学会	3	100	2	18	3	2	1	16000	3233
	0	0	0	0	0	0	0	0	0
中国晶体学会	0	0	0	0	0	0	0	0	0
	—	—	—	—	—	—	—	—	—
中国神经科学学会	1	130	9	48	3	1	3	1000	160
	1	126	0	0	3	1	2	24000	185
中国认知科学学会	0	0	0	0	0	0	0	0	0
	1	0	0	0	0	0	0	0	0
中国微循环学会	0	0	0	0	0	0	0	0	0
	1	140	0	0	5	2	0	10000	160
国际数字地球协会	0	0	0	0	0	0	0	0	0
	—	—	—	—	—	—	—	—	—
国际动物学会	1	69	2	41	4	0	4	3000	73
	3	216	1	3	11	5	3	14900	262
全国工科学会小计	**303**	**21754**	**2179**	**2690**	**1984**	**1051**	**1223**	**8485807**	**75094**
省级工科学会小计	**267**	**8017**	**279**	**89**	**1953**	**1117**	**691**	**2576293**	**63118**
中国机械工程学会	33	2525	235	211	206	99	109	1301501	10480
	11	392	13	2	92	47	26	118630	4581
中国汽车工程学会	3	89	10	39	7	2	5	264300	265
	5	80	0	0	34	13	17	42300	1986
中国农业机械学会	1	117	7	10	6	5	5	6000	550
	5	75	0	0	22	14	8	37900	2420
中国农业工程学会	3	795	38	270	32	9	22	68900	2473
	1	6	0	0	4	1	0	9500	160

续表 39

学会	主办科技期刊(种)	编委会成员人数(人)	#两院院士人数(人)	#国际编委人数(人)	编辑部总人数(人)	#高级技术职称人数(人)	#硕士、博士及以上学位人数(人)	科技期刊印刷量(册)	科技期刊发表文章数(篇)
中国电机工程学会	9	668	74	88	78	31	41	1310236	3083
	12	417	29	0	82	63	31	182000	1627
中国电工技术学会	3	165	20	20	16	7	6	62400	842
	2	10	0	0	10	3	8	380	295
中国水力发电工程学会	1	30	6	13	13	11	12	4800	172
	8	214	2	0	38	21	10	60600	1357
中国水利学会	16	1146	88	82	168	135	130	402060	6954
	14	433	1	0	113	59	34	150350	1467
中国内燃机学会	3	135	6	0	17	11	12	25800	251
	1	30	0	0	7	4	3	15000	98
中国工程热物理学会	1	82	23	0	3	2	3	9000	439
	1	25	0	0	3	2	2	2500	188
中国空气动力学会	2	116	3	29	7	3	6	1500	118
	—	—	—	—	—	—	—	—	—
中国制冷学会	2	91	5	3	9	5	6	30750	244
	5	151	0	0	41	30	21	37700	367
中国真空学会	1	46	6	0	5	1	2	21000	177
	0	0	0	0	0	0	0	0	0
中国自动化学会	15	780	49	101	91	43	64	108640	2080
	2	84	6	0	14	4	4	26212	786
中国仪器仪表学会	14	660	59	88	116	67	72	96090	3585
	2	53	3	0	12	6	3	57000	490
中国计量测试学会	1	40	6	0	4	2	2	400	254
	1	24	0	0	24	24	0	16800	104
中国标准化协会	5	255	10	1	25	5	15	353100	923
	1	37	0	0	12	2	8	100000	500
中国图学学会	3	161	2	22	7	1	2	9150	298
	0	0	0	0	0	0	0	0	0
中国电子学会	12	615	92	133	94	40	54	255780	4638
	6	150	4	2	34	11	12	103100	3245
中国计算机学会	6	503	49	47	26	7	14	36475	974
	5	113	15	7	40	13	18	62650	14200
中国通信学会	3	282	22	34	14	5	9	37300	667
	13	149	3	0	91	65	33	138500	2334

续表 40

学会	主办科技期刊（种）	编委会成员人数（人）	#两院院士人数（人）	#国际编委人数（人）	编辑部总人数（人）	#高级技术职称人数（人）	#硕士、博士及以上学位人数（人）	科技期刊印刷量（册）	科技期刊发表文章数（篇）
中国中文信息学会	1	67	7	8	3	1	2	12600	170
	0	0	0	0	0	0	0	0	0
中国测绘学会	3	197	29	24	10	8	8	15600	344
	10	268	15	0	68	40	22	70000	1328
中国造船工程学会	13	886	51	73	80	37	36	587050	3095
	4	114	3	1	44	33	9	22680	404
中国航海学会	2	70	0	0	20	8	8	9000	216
	8	217	4	0	57	19	13	47550	573
中国铁道学会	0	0	0	0	0	0	0	0	0
	11	126	0	0	51	39	3	36100	880
中国公路学会	2	170	18	16	28	12	14	21800	539
	14	312	6	0	115	78	43	141450	1753
中国航空学会	7	494	79	56	42	18	23	953150	1821
	1	19	0	0	2	1	0	95	132
中国宇航学会	8	635	104	32	43	21	30	168200	1916
	0	21	0	0	2	0	2	1200	60
中国兵工学会	13	732	73	83	79	47	48	748682	1714
	2	221	15	0	4	2	0	12400	544
中国金属学会	6	523	48	90	25	13	20	42470	1718
	17	734	46	10	77	60	33	64450	1389
中国有色金属学会	7	604	163	149	40	23	29	26720	1606
	6	308	31	8	27	21	10	23400	374
中国稀土学会	3	215	46	36	12	10	6	550	394
	2	0	0	0	3	3	0	3600	960
中国腐蚀与防护学会	3	295	4	46	17	10	10	48300	521
	1	51	4	2	7	2	5	3150	170
中国化工学会	21	1443	112	164	184	145	126	291377	4488
	10	267	20	0	48	32	12	69851	2266
中国核学会	2	107	6	1	23	9	8	12915	663
	3	102	1	1	20	9	8	14103	89
中国石油学会	8	660	100	58	55	34	33	99180	1093
	3	259	5	5	24	10	10	37150	551
中国煤炭学会	3	192	28	31	16	10	11	36650	868
	5	210	9	0	30	15	12	93950	2074
中国可再生能源学会	2	220	8	0	24	2	2	24000	751
	1	34	0	0	5	3	3	12000	240

续表 41

学会	主办科技期刊(种)	编委会成员人数(人)	#两院院士人数(人)	#国际编委人数(人)	编辑部总人数(人)	#高级技术职称人数(人)	#硕士、博士及以上学位人数(人)	科技期刊印刷量(册)	科技期刊发表文章数(篇)
中国能源研究会	1	198	13	30	6	3	3	65000	431
	5	143	2	6	27	17	17	17100	571
中国硅酸盐学会	1	33	0	0	5	4	5	2000	25
	1	13	0	0	10	5	0	12000	670
中国建筑学会	3	153	25	7	30	8	18	163469	779
	14	594	29	4	141	96	43	168821	2939
中国土木工程学会	1	78	14	0	5	1	0	15300	143
	0	0	0	0	0	0	0	0	0
中国生物工程学会	2	190	31	7	0	2	4	4900	214
	1	0	0	0	0	0	0	9000	146
中国纺织工程学会	2	192	9	19	10	4	7	17700	582
	4	80	1	4	41	18	12	76000	566
中国造纸学会	5	347	7	46	19	10	13	31200	1104
	3	46	0	0	9	5	4	12800	298
中国文物保护技术协会	0	0	0	0	0	0	0	0	0
	—	—	—	—	—	—	—	—	—
中国印刷技术协会	3	76	0	2	6	3	1	56000	185
	0	0	0	0	0	0	0	0	0
中国材料研究学会	11	947	189	176	79	41	54	31300	2451
	0	0	0	0	0	0	0	0	0
中国食品科学技术学会	2	61	5	1	14	5	6	50000	1483
	2	255	0	2	38	32	32	10200	294
中国粮油学会	2	111	1	1	12	6	6	18000	469
	2	40	20	0	46	18	6	62000	144
中国职业安全健康协会	1	67	11	6	7	2	4	1712	328
	0	0	0	0	0	0	0	0	0
中国烟草学会	1	47	1	0	3	2	3	18000	77
	9	150	0	0	86	31	20	102700	1917
中国仿真学会	1	141	5	9	6	3	2	9600	309
	1	12	1	4	3	2	1	1000	930
中国电影电视技术学会	0	0	0	0	0	0	0	0	0
	0	0	0	0	0	0	0	0	0
中国振动工程学会	2	225	10	0	11	3	6	6680	1063
	1	108	3	0	9	5	4	12744	912
中国颗粒学会	2	171	4	48	10	6	6	6000	209
	1	24	0	0	7	1	3	0	0

续表 42

学会		主办科技期刊（种）	编委会成员人数（人）	#两院院士人数（人）	#国际编委人数（人）	编辑部总人数（人）	#高级技术职称人数（人）	#硕士、博士及以上学位人数（人）	科技期刊印刷量（册）	科技期刊发表文章数（篇）
中国照明学会		1	98	2	7	9	6	7	12000	172
		2	21	0	0	13	5	2	37000	136
中国动力工程学会		1	58	6	0	4	0	3	27000	153
		0	0	0	0	0	0	0	0	0
中国惯性技术学会		2	67	13	0	13	7	8	114600	257
		0	0	0	0	0	0	0	0	0
中国风景园林学会		1	120	0	11	6	1	4	78830	349
		3	153	1	0	24	7	8	20200	141
中国电源学会		2	159	7	55	11	3	5	13000	183
		0	0	0	0	0	0	0	0	0
中国复合材料学会		0	0	0	0	0	0	0	0	0
		0	0	0	0	0	0	0	0	0
中国消防协会		0	0	0	0	0	0	0	0	0
		2	20	0	0	14	2	1	36100	194
中国图象图形学学会		1	164	9	1	4	1	3	17400	223
		0	0	0	0	0	0	0	0	0
中国人工智能学会		4	347	23	94	16	4	12	18181	923
		0	0	0	0	0	0	0	0	0
中国体视学学会		1	99	1	5	4	3	2	2000	47
		0	0	0	0	0	0	0	0	0
中国工程机械学会		0	0	0	0	0	0	0	0	0
		—	—	—	—	—	—	—	—	—
中国海洋工程咨询协会		0	0	0	0	0	0	0	0	0
		—	—	—	—	—	—	—	—	—
中国遥感应用协会		0	0	0	0	0	0	0	0	0
		—	—	—	—	—	—	—	—	—
中国指挥与控制学会		1	110	34	6	7	3	2	3600	55
		—	—	—	—	—	—	—	—	—
中国光学工程学会		1	161	20	14	8	5	5	6600	521
		0	0	0	0	0	0	0	0	0
中国微米纳米技术学会		2	124	10	28	9	4	7	9032	371
		—	—	—	—	—	—	—	—	—
中国密码学会		1	77	7	8	3	1	3	1200	74
		—	—	—	—	—	—	—	—	—
中国大坝工程学会		2	166	17	9	14	8	6	176077	300
		—	—	—	—	—	—	—	—	—
中国卫星导航定位协会		1	82	10	0	2	2	2	6000	140
		—	—	—	—	—	—	—	—	—

续表 43

学会	主办科技期刊（种）	编委会成员人数（人）	#两院院士人数（人）	#国际编委人数（人）	编辑部总人数（人）	#高级技术职称人数（人）	#硕士、博士及以上学位人数（人）	科技期刊印刷量（册）	科技期刊发表文章数（篇）
中国生物材料学会	1	74	9	42	6	1	6	0	90
	0	0	0	0	0	0	0	0	0
国际粉体检测与控制联合会	0	0	0	0	0	0	0	0	0
	—	—	—	—	—	—	—	—	—
全国农科学会小计	**50**	**3771**	**279**	**676**	**288**	**141**	**199**	**462221**	**10836**
省级农科学会小计	**93**	**2520**	**27**	**15**	**584**	**308**	**264**	**1392475**	**19028**
中国农学会	9	879	75	205	60	32	37	31360	2180
	13	402	5	1	90	49	33	153965	3543
中国林学会	1	83	9	4	6	5	2	12000	230
	21	720	3	2	121	64	61	158580	2088
中国土壤学会	5	388	31	95	27	15	22	12198	891
	1	58	13	0	3	1	2	9000	268
中国水产学会	4	236	27	22	28	12	19	298400	956
	8	221	3	1	39	28	20	295000	993
中国园艺学会	3	176	6	45	24	12	8	30400	296
	2	54	0	0	13	5	7	38000	2068
中国畜牧兽医学会	6	492	42	112	39	16	23	22470	2359
	14	395	0	0	102	52	56	443680	4614
中国植物病理学会	2	99	7	26	4	2	2	3450	143
	5	147	2	3	34	26	32	38300	4598
中国植物保护学会	2	158	9	12	11	4	11	12200	487
	0	0	0	0	0	0	0	0	0
中国作物学会	5	487	44	92	31	13	27	4565	854
	3	167	0	0	28	18	8	17600	381
中国热带作物学会	1	54	1	2	6	4	6	3600	476
	2	80	0	0	20	12	5	15200	224
中国蚕学会	1	55	0	0	4	2	4	6000	77
	3	38	0	0	9	7	6	7500	26
中国水土保持学会	1	80	1	5	5	4	4	3000	105
	1	19	0	0	3	3	0	5600	48
中国茶叶学会	2	72	4	20	5	2	5	1700	92
	6	131	2	3	57	28	21	52600	1924
中国草学会	5	351	18	29	27	10	19	5110	1127
	9	150	0	0	86	31	20	102700	1917
中国植物营养与肥料学会	2	119	5	4	7	5	6	9768	486
	0	0	0	0	0	0	0	0	0

续表 44

学会	主办科技期刊（种）	编委会成员人数（人）	#两院院士人数（人）	#国际编委人数（人）	编辑部总人数（人）	#高级技术职称人数（人）	#硕士、博士及以上学位人数（人）	科技期刊印刷量（册）	科技期刊发表文章数（篇）
中国农业历史学会	1	42	0	3	4	3	4	6000	77
	0	0	0	0	0	0	0	0	0
全国医科学会小计	**373**	**42547**	**992**	**2580**	**2499**	**960**	**1380**	**6417968**	**107271**
省级医科学会小计	**123**	**10356**	**140**	**264**	**927**	**435**	**483**	**2896852**	**40579**
中华医学会	192	24129	398	1062	1132	434	671	3408501	37434
	0	0	0	0	0	0	0	0	0
中华中医药学会	40	3505	77	196	336	107	179	1041810	26480
	—	—	—	—	—	—	—	—	—
中国中西医结合学会	9	1024	47	85	55	21	32	102906	1960
	5	388	8	51	32	13	18	86375	2748
中国药学会	24	3321	201	261	162	84	93	263824	7787
	24	1767	12	9	168	99	104	308929	7534
中华护理学会	4	613	0	36	16	4	15	219540	754
	—	—	—	—	—	—	—	—	—
中国生理学会	3	177	6	10	16	11	13	13000	332
	0	0	0	0	0	0	0	0	0
中国解剖学会	7	545	9	6	61	38	50	12373	1095
	3	151	4	1	10	4	7	24000	391
中国生物医学工程学会	4	261	6	22	21	13	14	18000	405
	4	464	17	3	16	9	5	30000	444
中国病理生理学会	3	329	7	25	24	12	12	14000	827
	0	0	0	0	0	0	0	0	0
中国营养学会	2	106	0	26	5	2	5	10600	207
	2	67	1	0	12	6	5	2000	148
中国药理学会	7	922	60	76	49	25	34	38620	1751
	1	128	18	0	14	0	0	710000	600
中国针灸学会	3	240	2	47	21	9	15	62600	608
	2	156	0	5	10	4	5	15050	1080
中国防痨协会	2	447	0	14	14	8	4	5600	313
	1	30	0	0	12	8	0	6000	0
中国麻风防治协会	1	58	0	0	8	3	4	6000	237
	0	0	0	0	0	0	0	0	0
中国心理卫生协会	3	23	0	0	45	0	0	530000	28
	0	0	0	0	0	0	0	0	2

续表 45

学会	主办科技期刊(种)	编委会成员人数(人)	#两院院士人数(人)	#国际编委人数(人)	编辑部总人数(人)	#高级技术职称人数(人)	#硕士、博士及以上学位人数(人)	科技期刊印刷量(册)	科技期刊发表文章数(篇)
中国抗癌协会	7	963	58	194	49	13	29	20680	1052
	4	440	10	16	32	15	13	51200	1267
中国体育科学学会	3	168	1	48	17	7	10	83060	341
	6	112	0	1	30	19	20	22700	842
中国毒理学会	3	128	2	7	20	20	20	14000	345
	0	0	0	0	0	0	0	0	0
中国康复医学会	8	876	12	178	97	14	20	173150	8671
	1	67	0	0	8	3	1	4200	192
中国免疫学会	6	562	42	80	31	14	19	62780	1328
	1	41	0	1	4	1	3	9000	103
中华预防医学会	35	3563	52	80	285	105	121	246624	14377
	—	—	—	—	—	—	—	—	—
中国法医学会	1	33	0	0	9	3	3	4500	164
	0	0	0	0	0	0	0	0	0
中华口腔医学会	4	298	6	55	17	8	11	45000	282
	—	—	—	—	—	—	—	—	—
中国医学救援协会	1	125	3	0	6	3	4	20000	372
	—	—	—	—	—	—	—	—	—
中国女医师协会	0	0	0	0	0	0	0	0	0
	0	0	0	0	0	0	0	0	0
中国研究型医院学会	0	0	0	0	0	0	0	0	0
	0	0	0	0	0	0	0	0	0
中国睡眠研究会	0	0	0	0	0	0	0	0	0
	0	0	0	0	0	0	0	0	0
中国卒中学会	1	131	3	72	3	2	2	800	121
	0	0	0	0	0	0	0	0	0
全国交叉学科学会小计	**55**	**2090**	**108**	**77**	**555**	**263**	**329**	**1481096**	**16174**
省级其他学科学会小计	**73**	**1903**	**92**	**44**	**526**	**210**	**195**	**1631696**	**150117**
中国自然辩证法研究会	2	246	8	0	16	3	13	36400	620
	1	40	0	0	6	4	6	2180	117
中国管理现代化研究会	1	18	0	0	4	1	2	49310	174
	0	0	0	0	0	0	0	0	0
中国技术经济学会	5	187	32	0	112	96	95	37664	2937
	0	0	0	0	0	0	0	0	0
中国现场统计研究会	1	38	0	0	25	23	21	9316	87
	0	0	0	0	0	0	0	0	0

续表 46

学会	主办科技期刊（种）	编委会成员人数（人）	# 两院院士人数（人）	# 国际编委人数（人）	编辑部总人数（人）	# 高级技术职称人数（人）	# 硕士、博士及以上学位人数（人）	科技期刊印刷量（册）	科技期刊发表文章数（篇）
中国未来研究会	2	43	1	0	15	6	1	221600	911
	0	0	0	0	0	0	0	0	0
中国科学技术史学会	2	94	0	10	10	3	10	12100	110
	1	10	0	0	2	2	0	1000	17
中国科学技术情报学会	2	78	0	10	16	8	13	15627	180
	5	74	0	0	40	16	28	18916	1444
中国图书馆学会	1	27	0	3	4	2	4	23700	50
	7	126	0	4	43	21	19	128400	1071
中国城市科学研究会	2	107	5	2	14	9	7	70500	896
	3	92	0	0	22	6	3	7600	125
中国科学学与科技政策研究会	4	128	1	21	30	18	22	6700	647
	0	0	0	0	0	0	0	0	0
中国农村专业技术协会	0	0	0	0	0	0	0	0	0
	1	9	0	0	10	1	4	100000	106
中国工业设计协会	0	0	0	0	0	0	0	0	0
	1	66	1	15	15	7	10	5027	759
中国工艺美术学会	1	33	0	2	8	3	5	11431	190
	1	6	0	0	6	2	1	2000	20
中国科普作家协会	2	69	3	5	13	6	4	46000	184
	3	35	0	0	43	8	9	976800	139049
中国自然科学博物馆协会	1	34	2	0	11	5	7	9000	64
	0	0	0	0	0	0	0	0	0
中国可持续发展研究会	1	26	5	0	7	6	7	30000	224
	0	0	0	0	0	0	0	0	0
中国青少年科技辅导员协会	1	23	1	6	3	1	1	60000	378
	0	0	0	0	0	0	0	0	0
中国科教电影电视协会	2	108	6	0	50	4	3	10800	873
	0	0	0	0	0	0	0	0	0
中国科学技术期刊编辑学会	1	42	0	0	3	2	2	13800	159
	2	11	0	0	11	5	7	18500	315
中国流行色协会	1	33	0	0	7	3	4	12000	650
	—	—	—	—	—	—	—	—	—
中国档案学会	1	20	0	0	2	2	1	18000	125
	0	0	0	0	0	0	0	0	0
中国国土经济学会	1	109	0	0	10	2	1	13200	154
	—	—	—	—	—	—	—	—	—
中国土地学会	1	73	0	0	9	5	8	11760	152
	5	184	0	0	41	13	5	73250	383

续表 47

学　会	主办科技期刊（种）	编委会成员人数（人）	#两院院士人数（人）	#国际编委人数（人）	编辑部总人数（人）	#高级技术职称人数（人）	#硕士、博士及以上学位人数（人）	科技期刊印刷量（册）	科技期刊发表文章数（篇）
中国科技新闻学会	8	71	30	0	85	18	27	485116	4191
	0	0	0	0	0	0	0	0	0
中国老科学技术工作者协会	1	0	0	0	17	6	17	24000	136
	2	45	0	0	12	7	3	22000	226
中国科学探险协会	1	10	2	0	8	0	1	9000	40
	—	—	—	—	—	—	—	—	—
中国城市规划学会	5	224	10	12	44	21	31	128632	552
	0	0	0	0	0	0	0	0	0
中国产学研合作促进会	0	0	0	0	0	0	0	0	0
	0	0	0	0	0	0	0	0	0
中国知识产权研究会	1	41	1	0	6	3	6	48000	82
	1	4	0	0	3	1	3	0	5
中国发明协会	1	48	0	0	6	2	5	31500	138
	0	0	0	0	0	0	0	0	0
中国工程教育专业认证协会	0	0	0	0	0	0	0	0	0
	—	—	—	—	—	—	—	—	—
中国检验检疫学会	1	87	0	0	2	0	1	140	234
	0	0	0	0	0	0	0	0	0
中国女科技工作者协会	0	0	0	0	0	0	0	0	0
	0	0	0	0	0	0	0	0	0
中国创造学会	0	0	0	0	0	0	0	0	0
	0	0	0	0	0	0	0	0	0
中国经济科技开发国际交流协会	0	0	0	0	0	0	0	0	0
	—	—	—	—	—	—	—	—	—
中国高科技产业化研究会	0	0	0	0	0	0	0	0	0
	—	—	—	—	—	—	—	—	—
中国微量元素科学研究会	0	0	0	0	0	0	0	0	0
	0	0	0	0	0	0	0	0	0
中国基本建设优化研究会	0	0	0	0	0	0	0	0	0
	—	—	—	—	—	—	—	—	—
中国科技馆发展基金会	0	0	0	0	0	0	0	0	0
	—	—	—	—	—	—	—	—	—
中国生物多样性保护与绿色发展基金会	1	21	1	6	10	3	3	1000	135
	—	—	—	—	—	—	—	—	—
中国反邪教协会	0	0	0	0	0	0	0	0	0
	1	0	0	0	5	4	0	3240	190
中国高等教育学会	1	52	0	0	8	2	2	34800	901
	—	—	—	—	—	—	—	—	—
詹天佑科学技术发展基金会	0	0	0	0	0	0	0	0	0
	—	—	—	—	—	—	—	—	—

六、科学普及

2021 年各全国学会、省级同名学会科学普及情况

学　会	举办科普宣讲活动								
	次数（次）	#专家科普报告会（次）	#专题展览（次）	#开展科技咨询（次）	#全国科普日、科普周活动（次）	#青少年科普活动（次）	科普活动受众（人次）	#全国科普日、科普周活动受众（人次）	#青少年科普活动受众（人次）
全国学会合计	**78640**	**8219**	**2239**	**55109**	**6493**	**6417**	**1561433841**	**122707367**	**135776925**
省级同名学会合计	**97709**	**18866**	**2678**	**13262**	**19631**	**35097**	**275157844**	**105700582**	**40941698**
全国理科学会小计	**2106**	**927**	**166**	**87**	**484**	**919**	**57667276**	**37075270**	**42472320**
省级理科学会小计	**5712**	**2158**	**505**	**616**	**979**	**2108**	**88284712**	**40354197**	**27197633**
中国数学会	8	8	0	0	0	0	50000	0	0
	54	40	0	0	1	5	22990	20	9590
中国物理学会	15	6	0	0	0	0	16181	0	0
	368	209	16	10	26	158	101987	30110	66827
中国力学学会	117	30	0	0	3	84	100000	60000	80000
	78	46	4	11	14	15	69309	51227	32620
中国光学学会	25	10	1	0	9	19	650000	173500	631000
	249	85	38	68	17	51	2479282	952828	493845
中国声学学会	40	15	2	1	2	20	3000000	2500000	980000
	84	47	19	15	9	33	6776	1900	3225
中国化学会	2	0	0	0	0	2	61691	0	61691
	61	29	6	8	19	15	18595	7032	11480
中国天文学会	5	4	0	0	0	1	6000	0	1000
	369	193	58	39	83	188	986428	105220	211820
中国气象学会	186	105	0	36	77	21	37348993	29888600	33000443
	915	302	89	117	180	314	58832776	37798355	23481210
中国空间科学学会	79	79	0	0	6	71	6100000	2100000	4000000
	—	—	—	—	—	—	—	—	—
中国地质学会	5	3	0	2	0	4	30000	0	2000
	238	48	28	23	45	127	1169204	315054	654595
中国地理学会	68	45	2	4	1	1	74200	3000	32050
	145	38	8	9	19	80	72362	17372	24196
中国地球物理学会	42	37	5	0	2	26	800000	500000	600000
	71	20	7	8	11	30	25956	8150	15656
中国矿物岩石地球化学学会	56	20	6	3	17	10	320000	300000	20000
	60	47	5	0	6	5	342079	304430	8800
中国古生物学会	6	6	0	0	2	2	13000	950	2600
	88	12	13	0	25	59	132338	28354	108984
中国海洋湖沼学会	38	36	1	1	19	29	169000	128000	137000
	17	9	5	1	3	9	4330	2700	1487

续表 1

学　会	举办科普宣讲活动								
	次数（次）	# 专家科普报告会（次）	# 专题展览（次）	# 开展科技咨询（次）	# 全国科普日、科普周活动（次）	# 青少年科普活动（次）	科普活动受众（人次）	# 全国科普日、科普周活动受众（人次）	# 青少年科普活动受众（人次）
中国海洋学会	242	81	48	0	83	146	216101	143446	164276
	27	9	0	2	5	9	6000	1300	4100
中国地震学会	12	7	0	0	0	5	6901	0	5200
	288	82	12	6	113	132	1625300	611600	162000
中国动物学会	3	1	1	0	0	1	33357	0	33000
	295	64	21	16	41	200	104858	80552	75811
中国植物学会	39	37	2	0	13	31	10176	1833	9126
	386	154	54	78	50	110	223348	171943	37265
中国昆虫学会	47	0	21	0	5	21	117000	12000	105000
	287	89	8	69	19	71	269628	79979	187162
中国微生物学会	26	26	0	0	21	26	6100	4400	6100
	127	63	32	15	40	25	174214	3426	145286
中国生物化学与分子生物学会	47	0	0	0	47	0	4000	4000	0
	36	16	5	5	15	6	65331	4146	1187
中国细胞生物学学会	177	42	1	24	115	149	3006500	823300	1925730
	187	75	0	29	64	49	361485	35946	30637
中国植物生理与植物分子生物学学会	26	20	6	0	10	21	100000	90000	90000
	11	1	1	6	2	1	800	700	100
中国生物物理学会	56	34	0	0	2	20	345000	30000	315000
	10	5	0	1	3	4	1850	670	140
中国遗传学会	8	8	0	0	0	0	40048	0	0
	63	22	9	10	9	12	1815831	3461	1795740
中国心理学会	110	57	17	6	5	25	90000	23000	60000
	515	326	26	29	29	53	108065	33080	27213
中国生态学学会	308	151	31	4	9	44	3169960	216030	100024
	106	78	6	7	5	85	23418	8458	14000
中国环境科学学会	0	0	0	0	0	0	0	0	0
	529	73	15	46	66	201	534473	337522	131555
中国自然资源学会	27	15	10	0	1	9	222208	2000	89300
	13	4	1	1	5	6	8330	825	3225
中国感光学会	4	3	1	0	1	3	2200	2000	2200
	—	—	—	—	—	—	—	—	—
中国优选法统筹法与经济数学研究会	1	1	0	0	0	1	300	0	300
	0	0	0	0	0	0	0	0	0
中国岩石力学与工程学会	23	3	3	3	10	14	12000	8000	8600
	22	6	5	6	7	8	3941	1773	2213

续表 2

学　会	举办科普宣讲活动 次数（次）	#专家科普报告会（次）	#专题展览（次）	#开展科技咨询（次）	#全国科普日、科普周活动（次）	#青少年科普活动（次）	科普活动受众（人次）	#全国科普日、科普周活动受众（人次）	#青少年科普活动受众（人次）
中国野生动物保护协会	184	2	2	0	11	92	15700	1200	8500
	35	1	0	0	29	4	33700	33400	240
中国系统工程学会	6	6	0	0	6	0	5251	5251	0
	7	2	1	2	1	2	670	200	620
中国实验动物学会	5	1	4	0	2	2	1620	1120	1120
	2	1	0	0	1	0	360	210	0
中国青藏高原研究会	4	0	0	3	1	0	300	300	0
	—	—	—	—	—	—	—	—	—
中国环境诱变剂学会	13	3	0	0	1	0	1182000	50000	0
	34	13	11	11	7	13	7388	3568	6590
中国运筹学会	11	2	0	0	1	8	1100	206	400
	5	3	0	0	0	2	320	0	20
中国菌物学会	9	9	0	0	0	2	15000	0	500
	0	0	0	0	0	0	0	0	0
中国晶体学会	0	0	0	0	0	0	0	0	0
	—	—	—	—	—	—	—	—	—
中国神经科学学会	15	4	2	0	1	9	2994	2834	160
	66	9	2	8	24	8	377712	41612	1100
中国认知科学学会	3	2	0	0	1	0	300	300	0
	0	0	0	0	0	0	0	0	0
中国微循环学会	7	7	0	0	0	0	322000	0	0
	6	3	0	2	0	1	98	0	98
国际数字地球协会	0	0	0	0	0	0	0	0	0
	—	—	—	—	—	—	—	—	—
国际动物学会	1	1	0	0	0	0	95	0	0
	295	64	21	16	41	200	104858	80552	75811
全国工科学会小计	**4021**	**1737**	**471**	**512**	**1124**	**794**	**99711785**	**28530536**	**45687751**
省级工科学会小计	**10542**	**1204**	**489**	**1005**	**1023**	**941**	**9759890**	**4306431**	**1595205**
中国机械工程学会	16	8	0	0	1	2	147341	126483	5380
	164	51	16	85	45	50	71888	46950	13185
中国汽车工程学会	192	172	7	0	2	11	824382	3039	5082
	25	6	6	8	4	2	3280	2680	300
中国农业机械学会	90	70	0	12	0	0	600000	0	0
	65	5	22	10	11	3	5997	1290	895
中国农业工程学会	22	9	2	5	4	3	44000	1000	1200
	53	12	5	30	3	3	2100	385	230

续表 3

学会	举办科普宣讲活动								
	次数(次)	# 专家科普报告会(次)	# 专题展览(次)	# 开展科技咨询(次)	# 全国科普日、科普周活动(次)	# 青少年科普活动(次)	科普活动受众(人次)	# 全国科普日、科普周活动受众(人次)	# 青少年科普活动受众(人次)
中国电机工程学会	60	29	23	5	51	12	39034	14744	10793
	181	30	40	25	83	60	37396	21008	17272
中国电工技术学会	109	29	10	70	8	6	13930	4200	3500
	16	5	0	6	6	0	1545	785	800
中国水力发电工程学会	28	2	1	23	1	2	102070	100000	2070
	23	5	5	5	10	8	5590	3240	1010
中国水利学会	83	32	11	7	21	15	55391	44987	5682
	90	27	13	7	32	14	2902691	2783976	10586
中国内燃机学会	17	10	2	0	2	3	1800	260	180
	7	3	3	1	0	4	1057	0	841
中国工程热物理学会	2	2	0	0	2	0	100000	100000	0
	5	4	0	0	1	0	200	40	0
中国空气动力学会	20	9	3	9	3	6	9000	3000	5000
	—	—	—	—	—	—	—	—	—
中国制冷学会	70	7	25	15	65	23	19952	19152	800
	80	18	2	14	46	13	11365	6109	2597
中国真空学会	0	0	0	0	0	0	0	0	0
	14	5	0	5	0	5	1460	100	1198
中国自动化学会	67	54	5	3	4	39	102495	10800	91043
	28	15	1	6	7	8	7700	5300	2720
中国仪器仪表学会	120	71	10	10	62	28	585489	579420	304310
	19	9	1	2	6	2	4750	2200	2850
中国计量测试学会	110	30	20	53	11	10	156789	5500	6300
	15	7	4	5	5	3	15960	1419	300
中国标准化协会	2	0	0	0	0	2	500	0	500
	67	39	1	23	3	4	3747	861	250
中国图学学会	0	0	0	0	0	0	0	0	0
	14	2	0	0	0	3	2358	258	2100
中国电子学会	117	21	10	18	13	76	128327	42249	84638
	156	54	16	30	15	56	63847	10802	17963
中国计算机学会	15	4	2	2	2	5	20000	10000	1000
	71	26	1	12	15	26	11630	4645	7228
中国通信学会	21	14	2	3	3	18	7070000	6010000	1060000
	51	14	8	19	14	7	1097233	37314	315241

续表 4

学　会		举办科普宣讲活动								
		次数（次）	# 专家科普报告会（次）	# 专题展览（次）	# 开展科技咨询（次）	# 全国科普日、科普周活动（次）	# 青少年科普活动（次）	科普活动受众（人次）	# 全国科普日、科普周活动受众（人次）	# 青少年科普活动受众（人次）
中国中文信息学会		0	0	0	0	0	0	0	0	0
		1	1	0	0	0	0	50	0	0
中国测绘学会		1	0	0	0	1	0	1000	1000	0
		52	16	14	12	14	5	108567	6130	101805
中国造船工程学会		75	45	0	0	0	3	15891	1541	12111
		11	3	1	0	1	5	4315	2000	3770
中国航海学会		240	11	13	6	59	99	21053898	353346	4726022
		51	8	8	5	11	29	30940	21481	21131
中国铁道学会		150	30	17	0	150	11	30000	30000	1000
		63	9	19	0	23	5	69070	49400	8031
中国公路学会		258	30	80	3	110	35	183000	180000	3000
		119	59	9	29	41	13	36191	11731	4196
中国航空学会		0	0	0	0	0	0	0	0	0
		72	36	10	1	8	33	33309	5853	28209
中国宇航学会		48	36	2	5	3	8	15000000	150000	12000000
		42	36	0	0	10	30	18600	6700	11160
中国兵工学会		23	11	1	6	2	3	6200	4000	2000
		43	1	17	0	23	4	21974	7841	1023
中国金属学会		20	15	2	0	5	5	42000	10000	5000
		83	21	9	24	23	2	27344	20716	995
中国有色金属学会		30	30	0	0	0	0	100000	0	0
		21	7	2	1	2	1	1100	850	600
中国稀土学会		2	2	0	0	0	0	14000	0	0
		0	0	0	0	0	0	0	0	0
中国腐蚀与防护学会		3	0	0	37	2	0	5500	4300	0
		50	13	17	12	3	5	3707	1818	1744
中国化工学会		122	52	2	25	26	21	140225	83867	33373
		102	37	7	13	14	62	21555	6174	8920
中国核学会		107	104	1	0	1	2	1500000	600000	900000
		104	38	37	7	17	20	110193	99498	88946
中国石油学会		9	6	3	0	7	1	257360	257100	55400
		106	5	10	3	28	23	50968	10127	6679
中国煤炭学会		6	3	0	3	3	0	533000	380000	0
		22	4	1	13	4	1	1955	1005	200
中国可再生能源学会		5	0	2	0	0	3	1500	0	1500
		1	1	0	0	0	0	139	139	139

续表 5

学会	举办科普宣讲活动								
	次数(次)	#专家科普报告会(次)	#专题展览(次)	#开展科技咨询(次)	#全国科普日、科普周活动(次)	#青少年科普活动(次)	科普活动受众(人次)	#全国科普日、科普周活动受众(人次)	#青少年科普活动受众(人次)
中国能源研究会	3	3	0	0	2	2	2000	2000	50
	24	9	5	7	9	5	7510	3060	1550
中国硅酸盐学会	102	3	0	91	3	3	3675	1440	140
	31	15	5	6	9	6	20518	14464	4692
中国建筑学会	95	32	4	0	1	4	1116100	18200	10000
	78	43	4	19	12	6	11412	5645	767
中国土木工程学会	187	17	155	13	0	2	302110	0	2040
	1	1	0	0	0	0	110	0	0
中国生物工程学会	0	0	0	0	0	0	0	0	0
	5	0	1	1	1	3	320	200	200
中国纺织工程学会	20	15	5	20	10	12	117800	84600	42500
	68	35	5	6	15	2	32436	1260	230
中国造纸学会	0	0	0	0	0	0	0	0	0
	35	2	0	31	2	0	1370	1030	186
中国文物保护技术协会	11	10	1	0	0	0	5000	0	0
	—	—	—	—	—	—	—	—	—
中国印刷技术协会	32	6	6	7	10	3	600000	500000	100000
	0	0	0	0	0	0	0	0	0
中国材料研究学会	65	20	3	20	5	22	16062	2800	3292
	25	3	1	10	2	10	2150	600	1850
中国食品科学技术学会	89	64	0	4	18	3	43536000	15530000	25350000
	29	11	1	3	11	6	3430	2580	550
中国粮油学会	59	22	12	2	12	3	175747	53447	639
	4	1	0	0	1	1	500	300	200
中国职业安全健康协会	71	60	6	0	1	1	629383	472731	613371
	4	4	0	0	1	0	910	200	0
中国烟草学会	10	2	1	0	10	1	980000	980000	100
	329	40	37	101	91	6	818103	134869	14100
中国仿真学会	0	0	0	0	0	0	0	0	0
	0	0	0	0	0	0	0	0	0
中国电影电视技术学会	3	1	0	1	1	2	16000	9000	5000
	10	5	2	0	2	0	300	100	0
中国振动工程学会	0	0	0	0	0	0	0	0	0
	12	0	1	0	2	1	1165	355	168
中国颗粒学会	16	9	0	0	0	7	753636	0	2730
	5	3	0	1	1	0	787	200	200

续表 6

学　会		举办科普宣讲活动								
		次数（次）	# 专家科普报告会（次）	# 专题展览（次）	# 开展科技咨询（次）	# 全国科普日、科普周活动（次）	# 青少年科普活动（次）	科普活动受众（人次）	# 全国科普日、科普周活动受众（人次）	# 青少年科普活动受众（人次）
中国照明学会		18	0	0	0	0	0	7929	0	0
		53	9	0	31	11	4	4050	3270	930
中国动力工程学会		1	0	0	0	0	1	55	0	55
		0	0	0	0	0	0	0	0	0
中国惯性技术学会		15	2	0	0	0	15	500	0	500
		3	2	0	0	0	1	118	0	48
中国风景园林学会		4	1	1	1	1	0	1200	1200	0
		71	3	0	0	5	4	995670	8835	4670
中国电源学会		2	2	0	0	1	0	5500	500	0
		5	0	0	1	0	4	750	0	750
中国复合材料学会		0	0	0	0	0	0	0	0	0
		12	5	0	4	3	2	700	320	300
中国消防协会		740	400	0	0	400	200	500000	300000	100000
		6464	9	34	156	159	37	1135082	107900	194280
中国图象图形学学会		19	9	6	0	5	12	62500	51000	1800
		18	10	1	1	2	4	400	200	200
中国人工智能学会		140	87	7	10	6	30	1581317	1364000	51700
		91	37	2	8	7	55	168743	5133	160226
中国体视学学会		11	6	2	1	3	6	5000	430	3250
		3	0	0	0	2	0	500	500	300
中国工程机械学会		0	0	0	0	0	0	0	0	0
		—	—	—	—	—	—	—	—	—
中国海洋工程咨询协会		0	0	0	0	0	0	0	0	0
		—	—	—	—	—	—	—	—	—
中国遥感应用协会		0	0	0	0	0	0	0	0	0
		—	—	—	—	—	—	—	—	—
中国指挥与控制学会		0	0	0	0	0	0	0	0	0
		—	—	—	—	—	—	—	—	—
中国光学工程学会		22	4	3	18	0	0	189647	0	0
		13	5	1	4	1	1	700	500	450
中国微米纳米技术学会		0	0	0	0	0	0	0	0	0
		—	—	—	—	—	—	—	—	—
中国密码学会		4	1	0	0	1	2	19500	8500	11000
		—	—	—	—	—	—	—	—	—
中国大坝工程学会		6	2	1	2	3	3	85200	5200	1500
		—	—	—	—	—	—	—	—	—
中国卫星导航定位协会		6	4	1	0	0	1	80000	0	60000
		—	—	—	—	—	—	—	—	—

续表 7

学会	举办科普宣讲活动								
	次数（次）	# 专家科普报告会（次）	# 专题展览（次）	# 开展科技咨询（次）	# 全国科普日、科普周活动（次）	# 青少年科普活动（次）	科普活动受众（人次）	# 全国科普日、科普周活动受众（人次）	# 青少年科普活动受众（人次）
中国生物材料学会	10	7	1	2	7	7	15850	15500	1200
	0	0	0	0	0	0	0	0	0
国际粉体检测与控制联合会	0	0	0	0	0	0	0	0	0
	—	—	—	—	—	—	—	—	—
全国农科学会小计	**1023**	**202**	**46**	**615**	**137**	**77**	**23220932**	**6725526**	**1051043**
省级农科学会小计	**3662**	**997**	**166**	**1744**	**488**	**341**	**1630028**	**413174**	**103923**
中国农学会	131	27	12	60	77	5	10235000	2450000	5880
	397	55	28	250	75	34	56090	19331	6100
中国林学会	14	1	0	1	1	1	200000	106697	67360
	381	33	26	25	36	41	1141810	111205	38478
中国土壤学会	30	6	3	6	4	11	6670	1100	1960
	77	16	0	47	14	7	12720	6820	2800
中国水产学会	22	8	2	9	16	0	46000	3000	0
	95	17	6	8	55	21	14151	8292	4220
中国园艺学会	554	62	21	422	25	20	205237	12565	4363
	293	89	4	152	51	2	49100	27103	181
中国畜牧兽医学会	50	12	1	34	2	1	12520	8440	100
	475	159	38	199	18	18	48438	17121	2906
中国植物病理学会	0	0	0	0	0	0	0	0	0
	54	40	0	0	1	5	22990	20	9590
中国植物保护学会	8	1	0	4	0	3	3950	0	1780
	331	5	0	323	3	6	2017	55	295
中国作物学会	128	58	2	50	6	15	7569215	3589701	754283
	350	97	11	131	45	65	133050	6540	13637
中国热带作物学会	44	1	1	21	2	18	251040	46023	205017
	22	2	3	13	5	1	3090	1480	800
中国蚕学会	0	0	0	0	0	0	0	0	0
	9	0	1	2	3	0	2522	2322	0
中国水土保持学会	1	0	1	1	1	0	2000	2000	0
	21	2	0	1	8	10	2860	1870	1090
中国茶叶学会	26	20	1	5	1	0	4650000	500000	0
	190	54	4	33	107	24	137925	88635	12480
中国草学会	0	0	0	0	0	0	0	0	0
	329	40	37	101	91	6	818103	134869	14100
中国植物营养与肥料学会	0	0	0	0	0	0	0	0	0
	1	1	0	0	0	0	100	0	0

续表 8

学会	举办科普宣讲活动								
	次数（次）	# 专家科普报告会（次）	# 专题展览（次）	# 开展科技咨询（次）	# 全国科普日、科普周活动（次）	# 青少年科普活动（次）	科普活动受众（人次）	# 全国科普日、科普周活动受众（人次）	# 青少年科普活动受众（人次）
中国农业历史学会	15	6	2	2	2	3	39300	6000	10300
	0	0	0	0	0	0	0	0	0
全国医科学会小计	**69052**	**4774**	**1031**	**52874**	**4647**	**4145**	**1163097334**	**41708372**	**842724**
省级医科学会小计	**60793**	**9910**	**867**	**4837**	**14098**	**29064**	**151241737**	**55961162**	**7172069**
中华医学会	8593	11	0	5	2	0	323272056	1000	0
	12	8	0	0	0	0	8000	8000	0
中华中医药学会	21	0	0	10	1	1	15087000	14917000	2920
中国中西医结合学会	418	43	38	0	41	5	668542	19927	408
	653	471	5	121	65	14	312030	58485	7649
中国药学会	17	5	0	1	3	0	29157500	501000	0
	1340	749	53	200	235	133	13918302	2221236	1037660
中华护理学会	53946	1275	769	51902	4324	4043	35650391	10583912	94218
	—	—	—	—	—	—	—	—	—
中国生理学会	5	1	0	1	1	2	800	100	500
	46	26	2	10	5	14	16648	5152	10185
中国解剖学会	15	5	5	0	4	5	13602	4766	8836
	103	15	16	6	18	45	85560	16440	23720
中国生物医学工程学会	2	1	0	0	0	0	200	0	0
	33	18	0	1	5	6	16300	12000	850
中国病理生理学会	18	5	0	0	12	1	123600	62000	21232
	18	18	0	0	2	2	1580	75	325
中国营养学会	85	25	0	4	37	0	610492000	10008000	0
	18676	3095	149	2692	9992	1398	31469904	20186715	807340
中国药理学会	11	9	0	0	0	0	73730	0	0
	81	43	0	22	27	6	9489	3780	760
中国针灸学会	270	170	12	31	0	0	1248420	0	0
	337	209	13	48	38	42	176965	8275	3732
中国防痨协会	15	15	15	15	1	1	5620000	200	180000
	26938	26	4	6	67	26633	3606875	56560	3426423
中国麻风防治协会	3	2	1	1	2	0	1100	550	0
	14	1	2	0	10	2	15995	13788	700
中国心理卫生协会	0	0	0	0	0	0	0	0	0
	536	376	0	87	39	48	114927	36095	33390

续表 9

学会	举办科普宣讲活动								
	次数(次)	# 专家科普报告会(次)	# 专题展览(次)	# 开展科技咨询(次)	# 全国科普日、科普周活动(次)	# 青少年科普活动(次)	科普活动受众(人次)	# 全国科普日、科普周活动受众(人次)	# 青少年科普活动受众(人次)
中国抗癌协会	4110	2994	159	840	112	5	83560000	135300	15600
	998	562	9	108	482	1	19753034	17362510	21500
中国体育科学学会	174	83	16	7	9	38	648119	110500	304850
	90	48	11	15	10	10	794987	152285	602854
中国毒理学会	29	13	11	6	5	8	57154	1500	20000
	59	20	6	5	4	8	12633	973	4418
中国康复医学会	235	73	3	50	79	30	5008000	5000000	4000
	93	37	8	29	29	15	310581	34760	2650
中国免疫学会	0	0	0	0	0	0	0	0	0
	128	56	3	4	68	9	35677	23901	1110
中华预防医学会	35	35	0	0	0	0	43000000	0	0
	—	—	—	—	—	—	—	—	—
中国法医学会	0	0	0	0	0	0	0	0	0
	6	2	0	3	0	1	560	0	60
中华口腔医学会	31	0	1	1	11	5	8301715	293524	180660
	—	—	—	—	—	—	—	—	—
中国医学救援协会	5	2	0	0	0	1	10000	0	9500
	—	—	—	—	—	—	—	—	—
中国女医师协会	1006	0	0	0	0	0	1024000	0	0
	0	0	0	0	0	0	0	0	0
中国研究型医院学会	0	0	0	0	0	0	0	0	0
	12	3	1	2	1	1	700	300	200
中国睡眠研究会	5	5	0	0	2	0	78655	68593	0
	13	7	0	0	8	0	18730	18530	250
中国卒中学会	3	2	1	0	1	0	800	500	0
	352	260	37	129	30	0	21837	8837	500
全国交叉学科学会小计	**2438**	**579**	**525**	**1021**	**101**	**482**	**217736464**	**8667663**	**45723087**
省级其他学科学会小计	**17000**	**4597**	**651**	**5060**	**3043**	**2643**	**24241477**	**4665618**	**4872868**
中国自然辩证法研究会	0	0	0	0	0	0	0	0	0
	56	39	0	8	3	7	3190	550	2620
中国管理现代化研究会	2	0	0	1	1	0	9500	2000	7500
	2	2	0	0	0	0	412	0	0
中国技术经济学会	13	4	0	0	0	0	2500	0	0
	0	0	0	0	0	0	0	0	0
中国现场统计研究会	0	0	0	0	0	0	0	0	0
	13	8	0	0	0	0	385	0	20

续表 10

学会	举办科普宣讲活动								
	次数（次）	# 专家科普报告会（次）	# 专题展览（次）	# 开展科技咨询（次）	# 全国科普日、科普周活动（次）	# 青少年科普活动（次）	科普活动受众（人次）	# 全国科普日、科普周活动受众（人次）	# 青少年科普活动受众（人次）
中国未来研究会	5	5	0	0	0	0	1400	0	0
	2	0	0	2	0	0	700	0	0
中国科学技术史学会	4	0	0	0	0	4	500	0	500
	3	3	0	0	0	1	900	0	300
中国科学技术情报学会	0	0	0	0	0	0	0	0	0
	3790	178	4	1506	2207	1	1991730	1480680	510050
中国图书馆学会	48	7	34	0	1	22	18638000	5000	320000
	72	20	11	4	13	12	10344313	707246	151676
中国城市科学研究会	0	0	0	0	0	0	0	0	0
	8	7	0	0	1	1	2080	380	100
中国科学学与科技政策研究会	37	10	0	27	0	0	26600	0	0
	0	0	0	0	0	0	0	0	0
中国农村专业技术协会	1440	21	446	953	30	0	200000	30000	0
	637	172	7	375	53	12	1133600	77520	16900
中国工业设计协会	0	0	0	0	0	0	0	0	0
	0	0	0	0	0	0	0	0	0
中国工艺美术学会	29	0	28	0	25	5	1000000	800000	200000
	1195	1164	16	0	10	768	98057	33200	32735
中国科普作家协会	50	40	0	0	6	4	1000000	50000	200000
	399	125	4	14	20	228	2927619	77140	1831230
中国自然科学博物馆协会	7	0	3	0	2	1	40000	400	30000
	69	1	4	0	3	63	133500	21232	112268
中国可持续发展研究会	0	0	0	0	0	0	0	0	0
	4	2	0	1	2	0	352	100	0
中国青少年科技辅导员协会	56	55	1	0	0	0	117350000	0	0
	145	62	7	0	5	81	244449	26600	217849
中国科教电影电视协会	8	7	0	0	0	1	550000	500000	4000
	63	20	19	8	3	5	20520	10000	15000
中国科学技术期刊编辑学会	0	0	0	0	0	0	0	0	0
	36	11	3	21	3	2	3278	1420	160
中国流行色协会	57	54	0	0	0	3	101427	0	300
	—	—	—	—	—	—	—	—	—
中国档案学会	0	0	0	0	0	0	0	0	0
	131	0	118	2	2	14	35000	12000	5400
中国国土经济学会	7	1	0	0	2	0	517290	517290	0
	—	—	—	—	—	—	—	—	—
中国土地学会	11	7	0	0	3	1	10000	2000	3000
	36	9	3	6	16	4	81682	49288	720

续表 11

学会	举办科普宣讲活动								
	次数（次）	# 专家科普报告会（次）	# 专题展览（次）	# 开展科技咨询（次）	# 全国科普日、科普周活动（次）	# 青少年科普活动（次）	科普活动受众（人次）	# 全国科普日、科普周活动受众（人次）	# 青少年科普活动受众（人次）
中国科技新闻学会	2	0	0	0	0	1	30000000	0	30000000
	2	1	0	0	0	0	400	0	0
中国老科学技术工作者协会	245	245	0	0	5	200	122500	3000	120000
	1805	447	36	1016	80	232	384119	74611	171740
中国科学探险协会	8	4	1	1	5	3	50000	1000	1000
	—	—	—	—	—	—	—	—	—
中国城市规划学会	9	4	5	0	4	0	21005400	6253800	0
	27	20	5	0	1	1	29213	58	78
中国产学研合作促进会	0	0	0	0	0	0	0	0	0
	3	0	1	0	1	1	550	450	100
中国知识产权研究会	16	16	0	0	0	0	3000	0	0
	59	36	0	12	8	2	3442	293	341
中国发明协会	1	0	1	0	0	0	5000	0	0
	25	24	0	0	1	1	2000	500	100
中国工程教育专业认证协会	1	0	0	0	0	0	2700000	0	0
	—	—	—	—	—	—	—	—	—
中国检验检疫学会	82	56	0	0	3	23	32614	368	3926
	0	0	0	0	0	0	0	0	0
中国女科技工作者协会	4	4	0	0	0	4	20060650	0	12036620
	12	8	2	6	2	1	500240	300200	50000
中国创造学会	0	0	0	0	0	0	0	0	0
	9	3	0	0	0	6	308000	8000	8200
中国经济科技开发国际交流协会	0	0	0	0	0	0	0	0	0
	—	—	—	—	—	—	—	—	—
中国高科技产业化研究会	39	5	1	33	0	3	6041	0	2400
	—	—	—	—	—	—	—	—	—
中国微量元素科学研究会	0	0	0	0	0	0	0	0	0
	118	60	8	30	17	7	7826	2243	1665
中国基本建设优化研究会	1	0	0	0	1	0	55	55	0
	—	—	—	—	—	—	—	—	—
中国科技馆发展基金会	3	0	0	0	0	1	632334	0	630000
	—	—	—	—	—	—	—	—	—
中国生物多样性保护与绿色发展基金会	248	26	1	6	11	204	3517903	502000	2113841
	—	—	—	—	—	—	—	—	—
中国反邪教协会	1	8	0	0	0	0	3000	0	0
	418	133	138	78	237	159	1253400	366900	139906
中国高等教育学会	2	0	2	0	0	0	100000	0	0
	—	—	—	—	—	—	—	—	—
詹天佑科学技术发展基金会	2	0	2	0	2	2	50750	750	50000
	—	—	—	—	—	—	—	—	—

续表 12

学　会	举办科普宣讲活动：参加活动科技人员、专　家（人次）	举办科普宣讲活动：参加科普宣讲活动的学会、协会、研究会（个）	举办科普宣讲活动：科普宣讲活动覆盖村（社区）（个）	举办实用技术培训（次）	实用技术培训人次（人次）	推广新技术、新品种（项）
全国学会合计	**1155121**	**3190**	**59077**	**4695**	**3183290**	**1143**
省级同名学会合计	**317271**	**11440**	**67986**	**16883**	**2876483**	**7805**
全国理科学会小计	**9039**	**400**	**854**	**159**	**23744**	**28**
省级理科学会小计	**16630**	**952**	**4392**	**1311**	**92020**	**215**
中国数学会	0	0	0	0	0	0
	183	4	3	1	30	0
中国物理学会	258	1	0	0	0	0
	1971	57	52	23	685	2
中国力学学会	90	6	15	3	1562	0
	305	9	3	1	75	0
中国光学学会	408	3	37	4	581	0
	379	18	3019	19	3098	4
中国声学学会	450	5	0	10	1000	2
	111	9	10	9	165	0
中国化学会	40	2	0	0	0	0
	208	24	7	13	547	1
中国天文学会	0	0	0	0	0	0
	437	58	81	4	50	0
中国气象学会	889	86	88	4	169	0
	2990	90	857	36	3354	8
中国空间科学学会	31	1	0	0	0	0
	—	—	—	—	—	—
中国地质学会	3	32	6	0	0	0
	1408	22	69	12	3845	0
中国地理学会	75	1	0	0	0	0
	262	19	37	4	580	0
中国地球物理学会	50	1	6	0	0	0
	109	14	31	23	685	2
中国矿物岩石地球化学学会	120	1	2	0	0	0
	26	15	10	3	50	0
中国古生物学会	90	3	0	0	0	0
	43	5	7	0	0	0
中国海洋湖沼学会	76	12	36	62	3670	18
	41	8	5	1	300	0

续表 13

学　会	举办科普宣讲活动			举办实用技术培训（次）		推广新技术、新品种（项）
	参加活动科技人员、专　家（人次）	参加科普宣讲活动的学会、协会、研究会（个）	科普宣讲活动覆盖村（社区）（个）		实用技术培训人次（人次）	
中国海洋学会	1693	8	15	1	30	0
	30	4	4	0	0	0
中国地震学会	34	7	1	1	120	0
	336	70	157	0	0	0
中国动物学会	2	1	0	0	0	0
	281	36	63	27	2338	2
中国植物学会	32	0	39	1	700	0
	325	49	152	20	809	13
中国昆虫学会	20	7	8	0	0	0
	260	19	186	598	28057	37
中国微生物学会	2	1	0	15	1200	0
	222	51	47	131	15775	23
中国生物化学与分子生物学会	1000	0	0	0	0	0
	206	7	13	7	552	3
中国细胞生物学学会	175	96	91	0	0	0
	481	81	467	15	1525	20
中国植物生理与植物分子生物学学会	68	3	0	0	0	0
	24	4	3	12	2051	21
中国生物物理学会	86	17	0	2	53	0
	1306	5	3	0	0	0
中国遗传学会	4	0	0	0	0	0
	218	13	57	88	7524	45
中国心理学会	1600	50	120	20	2500	0
	493	53	248	128	4016	5
中国生态学学会	1023	6	3	8	920	8
	120	10	4	17	795	0
中国环境科学学会	0	0	0	0	0	0
	3949	72	1564	46	7614	4
中国自然资源学会	109	19	4	4	550	0
	89	4	2	0	0	0
中国感光学会	10	1	1	0	0	0
	—	—	—	—	—	—
中国优选法统筹法与经济数学研究会	3	1	0	1	12	0
	0	0	0	0	0	0
中国岩石力学与工程学会	20	12	0	5	500	0
	140	14	1	3	123	5

续表 14

学会	举办科普宣讲活动 参加活动科技人员、专家（人次）	参加科普宣讲活动的学会、协会、研究会（个）	科普宣讲活动覆盖村（社区）（个）	举办实用技术培训（次）	实用技术培训人次（人次）	推广新技术、新品种（项）
中国野生动物保护协会	2	5	281	1	77	0
	10	6	14	3	300	2
中国系统工程学会	6	1	0	0	0	0
	25	2	0	0	0	0
中国实验动物学会	20	0	0	0	0	0
	83	2	0	10	1803	0
中国青藏高原研究会	30	0	0	0	0	0
	—	—	—	—	—	—
中国环境诱变剂学会	173	1	100	0	0	0
	52	11	9	0	0	0
中国运筹学会	10	1	0	0	0	0
	304	2	0	0	0	0
中国菌物学会	16	1	0	3	500	0
	0	0	0	0	0	0
中国晶体学会	0	0	0	0	0	0
	—	—	—	—	—	—
中国神经科学学会	100	0	1	6	500	0
	218	9	17	5	66	0
中国认知科学学会	4	0	0	0	0	0
	0	0	0	1	46	0
中国微循环学会	215	5	0	7	8800	0
	12	1	1	1	22	1
国际数字地球协会	0	0	0	0	0	0
	—	—	—	—	—	—
国际动物学会	2	3	0	1	300	0
	281	36	63	27	2338	2
全国工科学会小计	**78155**	**466**	**2298**	**779**	**964768**	**182**
省级工科学会小计	**60786**	**1792**	**16544**	**1351**	**129411**	**2002**
中国机械工程学会	150	0	0	0	0	0
	4855	29	23	118	6328	194
中国汽车工程学会	600	3	0	172	119605	0
	51	13	6	14	1222	578
中国农业机械学会	200	1	300	0	0	0
	288	14	104	24	1621	20
中国农业工程学会	550	8	0	2	250	1
	227	12	476	54	1996	16

续表 15

学 会	举办科普宣讲活动			举办实用技术培训（次）	实用技术培训人次（人次）	推广新技术、新品种（项）
	参加活动科技人员、专 家（人次）	参加科普宣讲活动的学会、协会、研究会（个）	科普宣讲活动覆盖村（社区）（个）			
中国电机工程学会	434	48	70	4	4199	10
	639	88	72	36	3724	6
中国电工技术学会	289	57	19	21	2777	40
	47	4	2	4	127	4
中国水力发电工程学会	360	1	0	0	0	0
	1689	7	7	5	430	0
中国水利学会	236	14	12	7	10332	2
	4413	88	508	17	4312	68
中国内燃机学会	20	2	0	0	0	0
	29	4	5	3	358	1
中国工程热物理学会	2	2	0	0	0	0
	3	3	0	0	0	0
中国空气动力学会	50	1	6	8	500	2
	—	—	—	—	—	—
中国制冷学会	1213	16	40	0	0	0
	236	13	25	14	660	4
中国真空学会	0	0	0	0	0	0
	30	2	0	1	40	0
中国自动化学会	356	8	12	7	290	0
	93	14	2	11	345	1
中国仪器仪表学会	1956	38	52	29	2741	8
	255	8	4	0	0	0
中国计量测试学会	260	0	0	0	0	0
	155	5	21	94	6569	1
中国标准化协会	25	0	0	20	4000	0
	199	41	8	29	1659	0
中国图学学会	0	0	0	0	0	0
	71	5	10	28	991	1
中国电子学会	1356	30	45	70	18460	11
	311	134	111	47	2810	43
中国计算机学会	150	2	0	2	300	0
	429	18	53	15	1130	11
中国通信学会	280	0	5	3	330	12
	13950	67	5918	13	2980	151

续表 16

学会	举办科普宣讲活动			举办实用技术培训（次）	实用技术培训人次（人次）	推广新技术、新品种（项）
	参加活动科技人员、专家（人次）	参加科普宣讲活动的学会、协会、研究会（个）	科普宣讲活动覆盖村（社区）（个）			
中国中文信息学会	0	0	0	0	0	0
	0	0	0	0	0	0
中国测绘学会	0	0	0	0	0	0
	613	26	8	31	5968	27
中国造船工程学会	150	8	15	0	0	0
	66	4	2	9	353	1
中国航海学会	376	7	22	5	718	0
	228	7	32	8	202	0
中国铁道学会	700	0	0	0	0	0
	475	20	54	4	330	2
中国公路学会	135	15	2	0	0	0
	756	97	15	27	3698	22
中国航空学会	0	0	0	0	0	0
	291	6	5	7	252	1
中国宇航学会	586	4	0	2	1500	0
	120	2	0	5	54	0
中国兵工学会	160	5	17	0	0	0
	68	5	1	1	90	0
中国金属学会	2000	0	0	0	0	0
	15715	35	21	34	1792	22
中国有色金属学会	40000	1	0	0	0	0
	281	5	3	18	1000	11
中国稀土学会	0	0	0	0	0	0
	0	0	0	0	0	0
中国腐蚀与防护学会	34	1	0	37	11836	0
	353	16	50	44	844	200
中国化工学会	308	33	26	10	668	14
	578	12	16	13	1130	7
中国核学会	100	10	10	0	0	0
	509	41	23	8	1104	2
中国石油学会	7350	7	2	12	325	0
	483	8	6	24	1052	3
中国煤炭学会	152	23	3	4	370	0
	78	6	5	11	450	5
中国可再生能源学会	15	1	0	0	0	0
	3	0	0	0	0	0

续表 17

学　会	举办科普宣讲活动			举办实用技术培训（次）	实用技术培训人次（人次）	推广新技术、新品种（项）
	参加活动科技人员、专　家（人次）	参加科普宣讲活动的学会、协会、研究会（个）	科普宣讲活动覆盖村（社区）（个）			
中国能源研究会	15	0	0	0	0	0
	57	18	8	6	450	2
中国硅酸盐学会	1187	18	11	8	590	21
	343	10	12	9	917	5
中国建筑学会	2165	3	2	11	580000	0
	306	18	12	44	3120	17
中国土木工程学会	10119	11	0	281	200300	20
	0	2	0	0	0	0
中国生物工程学会	0	0	0	0	0	0
	135	1	1	1	150	2
中国纺织工程学会	19	1	1	2	80	0
	315	6	13	25	965	21
中国造纸学会	0	0	0	0	0	0
	95	9	12	9	256	20
中国文物保护技术协会	12	1	0	0	0	0
	—	—	—	—	—	—
中国印刷技术协会	200	8	0	7	600	5
	0	0	0	0	0	0
中国材料研究学会	96	7	13	7	335	15
	73	1	0	2	400	0
中国食品科学技术学会	59	1	0	0	0	0
	86	10	9	2	100	6
中国粮油学会	590	6	925	7	390	5
	32	0	7	3	200	3
中国职业安全健康协会	60	3	3	0	0	0
	313	2	2	3	556	2
中国烟草学会	143	27	500	0	0	0
	667	91	271	60	7133	29
中国仿真学会	0	0	0	0	0	0
	0	0	0	0	0	0
中国电影电视技术学会	50	0	0	0	0	0
	13	0	0	0	0	0
中国振动工程学会	0	0	0	0	0	0
	26	2	1	3	70	0
中国颗粒学会	26	1	0	0	0	0
	10	2	0	2	41	1

续表 18

学　会		举办科普宣讲活动			举办实用技术培训（次）	实用技术培训人次（人次）	推广新技术、新品种（项）
		参加活动科技人员、专　家（人次）	参加科普宣讲活动的学会、协会、研究会（个）	科普宣讲活动覆盖村（社区）（个）			
中国照明学会		0	0	0	0	0	0
		127	4	7	21	290	16
中国动力工程学会		8	1	0	0	0	0
		0	0	0	0	0	0
中国惯性技术学会		30	1	0	0	0	0
		6	2	0	3	48	6
中国风景园林学会		38	3	0	1	98	1
		165	3	11	7	1192	1
中国电源学会		0	1	0	6	297	0
		2	4	0	3	402	0
中国复合材料学会		0	0	0	0	0	0
		205	11	2	6	179	2
中国消防协会		120	7	150	0	0	0
		590	131	8075	10	3106	2
中国图象图形学学会		25	0	1	0	0	0
		16	2	1	0	0	0
中国人工智能学会		2086	15	21	13	1087	1
		158	25	71	16	4330	45
中国体视学学会		26	0	0	13	730	9
		7	0	0	0	0	0
中国工程机械学会		0	0	0	0	0	0
		—	—	—	—	—	—
中国海洋工程咨询协会		0	0	0	0	0	0
		—	—	—	—	—	—
中国遥感应用协会		0	0	0	0	0	0
		—	—	—	—	—	—
中国指挥与控制学会		0	0	0	0	0	0
		—	—	—	—	—	—
中国光学工程学会		18	0	0	0	0	3
		40	2	2	4	70	5
中国微米纳米技术学会		0	0	0	0	0	0
		—	—	—	—	—	—
中国密码学会		170	1	0	0	0	0
		—	—	—	—	—	—
中国大坝工程学会		20	1	10	4	480	2
		—	—	—	—	—	—
中国卫星导航定位协会		150	2	0	3	500	0
		—	—	—	—	—	—

续表 19

学　会	举办科普宣讲活动			举办实用技术培训（次）	实用技术培训人次（人次）	推广新技术、新品种（项）
	参加活动科技人员、专　家（人次）	参加科普宣讲活动的学会、协会、研究会（个）	科普宣讲活动覆盖村（社区）（个）			
中国生物材料学会	170	1	3	1	80	0
	0	0	0	0	0	0
国际粉体检测与控制联合会	0	0	0	0	0	0
	—	—	—	—	—	—
全国农科学会小计	**4412**	**108**	**672**	**1097**	**640536**	**616**
省级农科学会小计	**10415**	**592**	**6930**	**5790**	**1008071**	**2983**
中国农学会	556	11	82	32	176000	10
	1784	82	288	1052	88933	552
中国林学会	31	2	0	0	0	0
	1421	31	2049	138	254088	420
中国土壤学会	900	1	4	2	110	0
	130	17	39	86	4760	53
中国水产学会	217	1	13	29	9200	5
	414	18	56	93	5978	35
中国园艺学会	575	36	311	703	53750	299
	1059	30	418	745	40062	596
中国畜牧兽医学会	200	9	45	48	351880	10
	1292	44	998	523	27595	206
中国植物病理学会	0	0	0	0	0	0
	183	4	3	1	30	0
中国植物保护学会	33	1	1	24	6477	5
	198	12	62	154	11792	26
中国作物学会	1383	22	169	76	29132	270
	1375	33	413	1319	118425	398
中国热带作物学会	322	1	45	176	13560	7
	305	12	10	68	4096	20
中国蚕学会	0	0	0	0	0	0
	37	0	18	4	950	5
中国水土保持学会	25	2	2	0	0	0
	245	7	5	3	503	1
中国茶叶学会	130	20	0	7	427	10
	617	28	724	76	22996	34
中国草学会	0	0	0	0	0	0
	667	91	271	60	7133	29
中国植物营养与肥料学会	0	0	0	0	0	0
	0	5	50	40	40000	3

续表 20

学　会	举办科普宣讲活动：参加活动科技人员、专　家（人次）	举办科普宣讲活动：参加科普宣讲活动的学会、协会、研究会（个）	举办科普宣讲活动：科普宣讲活动覆盖村（社区）（个）	举办实用技术培训（次）	实用技术培训人次（人次）	推广新技术、新品种（项）
中国农业历史学会	40	2	0	0	0	0
	0	0	0	0	0	0
全国医科学会小计	**1028303**	**1559**	**53245**	**496**	**1063869**	**58**
省级医科学会小计	**168847**	**2732**	**29812**	**4476**	**1312538**	**587**
中华医学会	16961	0	0	9	1957	0
	0	0	0	0	0	0
中华中医药学会	202	0	0	0	0	0
	—	—	—	—	—	—
中国中西医结合学会	638	41	142	21	19896	0
	4014	34	351	75	9420	14
中国药学会	3070	0	1	29	683152	2
	14725	176	1304	293	451638	80
中华护理学会	26622	1155	5369	261	151831	23
	—	—	—	—	—	—
中国生理学会	8	1	3	0	0	0
	420	14	43	36	3330	41
中国解剖学会	11	4	0	0	0	0
	281	24	12	8	355	60
中国生物医学工程学会	50	0	1	6	300	0
	252	10	17	9	852	1
中国病理生理学会	320	7	85	6	700	0
	231	4	17	2	700	0
中国营养学会	388631	78	38525	1	20	0
	16060	244	2571	35	2775	5
中国药理学会	58	1	3	0	0	0
	221	15	31	16	6351	4
中国针灸学会	621	15	140	65	29561	16
	739	80	120	69	8581	16
中国防痨协会	80	20	3500	0	8620	15
	23902	17	5114	14	1423	2
中国麻风防治协会	109	2	4	0	0	0
	86	9	44	6	618	0
中国心理卫生协会	0	0	0	0	0	0
	256	147	244	40	1700	0

续表 21

学　会	举办科普宣讲活动			举办实用技术培训（次）	实用技术培训人次（人次）	推广新技术、新品种（项）
	参加活动科技人员、专　家（人次）	参加科普宣讲活动的学会、协会、研究会（个）	科普宣讲活动覆盖村（社区）（个）			
中国抗癌协会	585600	56	5300	0	0	0
	22844	396	263	51	12681	16
中国体育科学学会	362	16	21	45	6932	2
	229	25	81	61	6130	0
中国毒理学会	72	3	14	1	102	0
	157	10	19	16	1212	2
中国康复医学会	1200	72	111	3	300	0
	431	13	148	38	2565	1
中国免疫学会	0	0	0	0	0	0
	251	31	39	23	3530	7
中华预防医学会	70	1	0	45	160000	0
	—	—	—	—	—	—
中国法医学会	0	0	0	0	0	0
	55	2	1	8	1400	5
中华口腔医学会	1726	17	10	1	198	0
	—	—	—	—	—	—
中国医学救援协会	1000	3	15	3	300	0
	—	—	—	—	—	—
中国女医师协会	0	0	0	0	0	0
	0	0	0	0	0	0
中国研究型医院学会	0	0	0	0	0	0
	100	1	5	2	60	1
中国睡眠研究会	792	66	0	0	0	0
	77	8	40	6	463	1
中国卒中学会	100	1	1	0	0	0
	2865	30	490	85	13193	8
全国交叉学科学会小计	**35212**	**657**	**2008**	**2164**	**490373**	**259**
省级其他学科学会小计	**60593**	**5372**	**10308**	**3955**	**334443**	**2018**
中国自然辩证法研究会	0	0	0	0	0	0
	56	7	12	6	60	5
中国管理现代化研究会	0	0	0	0	0	0
	0	1	2	0	0	0
中国技术经济学会	0	0	0	8	220	2
	0	0	0	0	0	0
中国现场统计研究会	0	0	0	0	0	0
	12	2	2	0	0	0

续表 22

学会	举办科普宣讲活动			举办实用技术培训（次）	实用技术培训人次（人次）	推广新技术、新品种（项）
	参加活动科技人员、专家（人次）	参加科普宣讲活动的学会、协会、研究会（个）	科普宣讲活动覆盖村（社区）（个）			
中国未来研究会	5	1	0	4	5500	0
	40	0	0	0	0	0
中国科学技术史学会	0	0	0	0	0	0
	3	0	0	1	64	3
中国科学技术情报学会	0	0	0	0	0	0
	131	3780	151	14	1200	15
中国图书馆学会	3	31	0	0	0	0
	112	9	45	2	896	0
中国城市科学研究会	0	0	0	0	0	0
	343	26	1	2	150	0
中国科学学与科技政策研究会	26600	0	0	0	0	0
	0	0	0	0	0	0
中国农村专业技术协会	1385	514	258	2000	30000	127
	959	378	2336	1894	155236	235
中国工业设计协会	0	0	0	0	0	0
	0	0	0	0	0	0
中国工艺美术学会	3000	18	0	0	0	0
	112	4	238	4	310	0
中国科普作家协会	200	4	8	0	0	0
	336	23	187	20	5150	5
中国自然科学博物馆协会	0	0	0	0	0	0
	159	0	23	0	0	0
中国可持续发展研究会	0	0	0	0	0	0
	15	0	1	2	42	3
中国青少年科技辅导员协会	55	1	0	0	0	0
	152	11	76	0	0	0
中国科教电影电视协会	100	2	10	0	0	0
	20	10	14	15	6000	0
中国科学技术期刊编辑学会	0	0	0	0	0	0
	53	21	19	19	2300	2
中国流行色协会	104	1	0	61	722	20
	—	—	—	—	—	—
中国档案学会	0	0	0	0	0	0
	10	11	5	2	2071	0
中国国土经济学会	40	3	568	0	0	0
	—	—	—	—	—	—
中国土地学会	25	0	0	0	0	0
	523	18	16	10	2296	0

续表 23

学　会	举办科普宣讲活动			举办实用技术培训（次）	实用技术培训人次（人次）	推广新技术、新品种（项）
	参加活动科技人员、专　家（人次）	参加科普宣讲活动的学会、协会、研究会（个）	科普宣讲活动覆盖村（社区）（个）			
中国科技新闻学会	16	0	0	0	0	0
	3	2	2	3	220	0
中国老科学技术工作者协会	30	10	30	0	0	0
	8624	103	363	486	69628	22
中国科学探险协会	15	0	0	0	0	0
	—	—	—	—	—	—
中国城市规划学会	1391	15	13	0	0	0
	29135	3	0	0	0	0
中国产学研合作促进会	0	0	0	0	0	0
	50	10	4	4	100	1
中国知识产权研究会	25	1	0	12	2000	0
	522	5	0	26	400	0
中国发明协会	0	0	0	0	0	0
	24	0	24	0	0	0
中国工程教育专业认证协会	25	13	0	0	0	0
	—	—	—	—	—	—
中国检验检疫学会	26	1	28	1	80	104
	0	0	0	0	0	0
中国女科技工作者协会	17	5	0	0	0	0
	62	12	710	0	0	0
中国创造学会	0	0	0	0	0	0
	3	3	6	0	0	0
中国经济科技开发国际交流协会	0	0	0	0	0	0
	—	—	—	—	—	—
中国高科技产业化研究会	196	0	0	64	1651	0
	—	—	—	—	—	—
中国微量元素科学研究会	0	0	0	0	0	0
	175	32	48	21	653	18
中国基本建设优化研究会	55	1	0	2	200	0
	—	—	—	—	—	—
中国科技馆发展基金会	1023	0	1023	0	0	0
	—	—	—	—	—	—
中国生物多样性保护与绿色发展基金会	428	23	70	12	450000	6
	—	—	—	—	—	—
中国反邪教协会	50	0	0	0	0	0
	254	68	580	44	1600	0
中国高等教育学会	338	11	0	0	0	0
	—	—	—	—	—	—
詹天佑科学技术发展基金会	60	2	0	0	0	0
	—	—	—	—	—	—

续表 24

学　会		举　办青少年科　技竞　赛（项）	参加人次（人次）	获奖人次（人次）	青少年参加国际及港澳台地区科技交流活动（次）	参加人次（人次）	举办青少年高校科学营（次）	参加人次（人次）
全国学会合计		**146**	**3639463**	**229599**	**49**	**722**	**41**	**11202**
省级同名学会合计		**1169**	**3678413**	**254826**	**548**	**10537**	**148**	**19369**
全国理科学会小计		**32**	**1804713**	**188632**	**3**	**18**	**23**	**8318**
省级理科学会小计		**231**	**955090**	**112539**	**525**	**962**	**57**	**3990**
中国数学会		3	55940	689	1	6	5	556
		22	90780	22184	0	0	2	303
中国物理学会		3	914164	483	0	0	1	90
		44	386145	26750	502	859	4	540
中国力学学会		1	30369	6913	0	0	1	3000
		9	8664	3465	0	0	2	90
中国光学学会		1	7349	232	0	0	4	3216
		7	2573	708	1	30	2	130
中国声学学会		0	0	0	0	0	1	207
		0	0	0	0	0	0	0
中国化学会		2	61691	15644	0	0	0	0
		12	23835	5748	0	0	4	278
中国天文学会		1	163	49	0	0	0	0
		15	27951	2833	1	2	2	98
中国气象学会		1	1152	594	0	0	0	0
		27	69716	494	0	0	1	6
中国空间科学学会		0	0	0	0	0	1	62
		—	—	—	—	—	—	—
中国地质学会		6	500	80	0	0	0	0
		10	64386	2217	0	0	1	44
中国地理学会		1	556098	88465	1	4	0	0
		2	100	20	0	0	3	240
中国地球物理学会		0	0	0	0	0	0	0
		1	60	12	0	0	0	0
中国矿物岩石地球化学学会		0	0	0	0	0	0	0
		0	0	0	0	0	1	50
中国古生物学会		0	0	0	0	0	0	0
		2	220	20	0	0	3	500
中国海洋湖沼学会		1	58	42	0	0	4	570
		1	300	40	0	0	1	150

续表 25

学 会	举办青少年科技竞赛(项)	参加人次(人次)	获奖人次(人次)	青少年参加国际及港澳台地区科技交流活动(次)	参加人次(人次)	举办青少年高校科学营(次)	参加人次(人次)
中国海洋学会	0	0	0	0	0	0	0
	0	0	0	0	0	0	0
中国地震学会	1	20000	7509	1	8	0	0
	3	2864	292	18	19	1	37
中国动物学会	2	43862	15727	0	0	0	0
	20	50828	4001	1	3	4	280
中国植物学会	1	4	4	0	0	0	0
	15	54514	7708	0	0	3	154
中国昆虫学会	0	0	0	0	0	0	0
	2	320	36	0	0	11	440
中国微生物学会	0	0	0	0	0	0	0
	1	32490	3033	1	40	0	0
中国生物化学与分子生物学会	0	0	0	0	0	0	0
	2	25700	751	0	0	3	126
中国细胞生物学学会	0	0	0	0	0	0	0
	0	0	0	0	0	0	0
中国植物生理与植物分子生物学学会	0	0	0	0	0	0	0
	0	0	0	0	0	0	0
中国生物物理学会	0	0	0	0	0	0	0
	0	0	0	0	0	0	0
中国遗传学会	0	0	0	0	0	0	0
	3	2508	2324	0	0	2	78
中国心理学会	1	800	200	0	0	0	0
	2	68	24	0	0	0	0
中国生态学学会	2	80288	37028	0	0	4	270
	0	0	0	0	0	0	0
中国环境科学学会	0	0	0	0	0	0	0
	3	3121	354	0	0	0	0
中国自然资源学会	1	1580	92	0	0	1	103
	2	1708	210	0	0	0	0
中国感光学会	0	0	0	0	0	0	0
	—	—	—	—	—	—	—
中国优选法统筹法与经济数学研究会	4	30695	14881	0	0	0	0
	0	0	0	0	0	0	0
中国岩石力学与工程学会	0	0	0	0	0	0	0
	1	50	30	0	0	1	46

续表 26

学 会	举办青少年科技竞赛（项）	参加人次（人次）	获奖人次（人次）	青少年参加国际及港澳台地区科技交流活动（次）	参加人次（人次）	举办青少年高校科学营（次）	参加人次（人次）
中国野生动物保护协会	0	0	0	0	0	0	0
	0	0	0	0	0	0	0
中国系统工程学会	0	0	0	0	0	0	0
	1	500	50	0	0	0	0
中国实验动物学会	0	0	0	0	0	0	0
	0	0	0	0	0	0	0
中国青藏高原研究会	0	0	0	0	0	0	0
	—	—	—	—	—	—	—
中国环境诱变剂学会	0	0	0	0	0	0	0
	0	0	0	0	0	0	0
中国运筹学会	0	0	0	0	0	0	0
	0	0	0	0	0	0	0
中国菌物学会	0	0	0	0	0	0	0
	0	0	0	0	0	0	0
中国晶体学会	0	0	0	0	0	0	0
	—	—	—	—	—	—	—
中国神经科学学会	0	0	0	0	0	1	244
	0	0	0	0	0	1	100
中国认知科学学会	0	0	0	0	0	0	0
	0	0	0	0	0	0	0
中国微循环学会	0	0	0	0	0	0	0
	0	0	0	0	0	0	0
国际数字地球协会	0	0	0	0	0	0	0
	—	—	—	—	—	—	—
国际动物学会	0	0	0	0	0	0	0
	20	50828	4001	1	3	4	280
全国工科学会小计	**99**	**505954**	**38807**	**14**	**657**	**18**	**2884**
省级工科学会小计	**689**	**281954**	**55189**	**13**	**2348**	**53**	**6136**
中国机械工程学会	1	2000	320	0	0	0	0
	7	5236	1978	0	0	3	150
中国汽车工程学会	4	5104	1600	0	0	0	0
	1	458	229	0	0	0	0
中国农业机械学会	0	0	0	0	0	0	0
	0	0	0	0	0	0	0
中国农业工程学会	0	0	0	0	0	0	0
	1	62	15	1	10	1	35

续表 27

学会	举办青少年科技竞赛(项)	参加人次(人次)	获奖人次(人次)	青少年参加国际及港澳台地区科技交流活动(次)	参加人次(人次)	举办青少年高校科学营(次)	参加人次(人次)
中国电机工程学会	2	15583	4638	0	0	0	0
	4	1625	86	0	0	0	0
中国电工技术学会	6	400	200	0	0	0	0
	1	100	50	0	0	0	0
中国水力发电工程学会	0	0	0	0	0	0	0
	2	535	127	0	0	0	0
中国水利学会	0	0	0	0	0	0	0
	0	0	0	0	0	0	0
中国内燃机学会	0	0	0	0	0	0	0
	1	724	121	0	0	0	0
中国工程热物理学会	0	0	0	0	0	0	0
	0	0	0	0	0	1	30
中国空气动力学会	0	0	0	0	0	3	1000
	—	—	—	—	—	—	—
中国制冷学会	1	213	158	0	0	0	0
	4	8656	715	0	0	0	0
中国真空学会	0	0	0	0	0	0	0
	0	0	0	0	0	0	0
中国自动化学会	12	10089	2431	6	11	0	0
	5	1075	237	0	0	3	198
中国仪器仪表学会	1	180	15	0	0	3	4
	2	1000	160	1	1	0	0
中国计量测试学会	0	0	0	0	0	0	0
	1	150	50	0	0	0	0
中国标准化协会	0	0	0	1	10	0	0
	1	198	42	0	0	0	0
中国图学学会	0	0	0	0	0	0	0
	2	1057	355	0	0	0	0
中国电子学会	4	27743	13398	0	0	0	0
	37	31467	13822	0	0	1	300
中国计算机学会	1	300	256	2	40	0	0
	44	53942	7720	6	2268	3	2451
中国通信学会	2	317000	815	0	0	0	0
	0	0	0	0	0	0	0

续表 28

学 会		举办青少年科技竞赛（项）	参加人次（人次）	获奖人次（人次）	青少年参加国际及港澳台地区科技交流活动（次）	参加人次（人次）	举办青少年高校科学营（次）	参加人次（人次）
中国中文信息学会		0	0	0	0	0	0	0
		0	0	0	0	0	0	0
中国测绘学会		0	0	0	0	0	0	0
		3	1086	197	0	0	1	100
中国造船工程学会		3	8985	4800	0	0	0	0
		2	2054	68	0	0	0	0
中国航海学会		3	1260	110	0	0	1	500
		3	821	66	0	0	0	0
中国铁道学会		0	0	0	0	0	0	0
		0	0	0	0	0	0	0
中国公路学会		1	1179	340	0	0	0	0
		1	120	48	0	0	0	0
中国航空学会		15	3000	1500	0	0	1	100
		13	5389	1160	1	1	2	130
中国宇航学会		0	0	0	1	500	1	450
		6	35000	10300	2	10	1	50
中国兵工学会		0	0	0	0	0	1	110
		0	0	0	0	0	0	0
中国金属学会		0	0	0	0	0	0	0
		0	0	0	0	0	0	0
中国有色金属学会		0	0	0	0	0	0	0
		0	0	0	0	0	0	0
中国稀土学会		0	0	0	0	0	0	0
		0	0	0	0	0	1	186
中国腐蚀与防护学会		0	0	0	0	0	0	0
		0	0	0	0	0	0	0
中国化工学会		5	21230	983	1	60	1	70
		490	88805	11087	0	0	0	0
中国核学会		0	0	0	0	0	2	120
		3	9685	168	0	0	0	0
中国石油学会		1	178	54	0	0	0	0
		0	0	0	0	0	0	0
中国煤炭学会		0	0	0	0	0	0	0
		0	0	0	0	0	0	0
中国可再生能源学会		0	0	0	0	0	0	0
		0	0	0	0	0	0	0

续表 29

学会	举办青少年科技竞赛(项)	参加人次(人次)	获奖人次(人次)	青少年参加国际及港澳台地区科技交流活动(次)	参加人次(人次)	举办青少年高校科学营(次)	参加人次(人次)
中国能源研究会	0	0	0	0	0	0	0
	0	0	0	0	0	0	0
中国硅酸盐学会	0	0	0	0	0	0	0
	0	0	0	0	0	1	120
中国建筑学会	0	0	0	0	0	0	0
	9	4620	638	1	18	0	0
中国土木工程学会	3	745	269	0	0	0	0
	0	0	0	0	0	0	0
中国生物工程学会	0	0	0	0	0	0	0
	1	300	175	0	0	0	0
中国纺织工程学会	1	82	6	0	0	0	0
	0	0	0	0	0	0	0
中国造纸学会	0	0	0	0	0	0	0
	1	236	98	0	0	0	0
中国文物保护技术协会	0	0	0	0	0	0	0
	—	—	—	—	—	—	—
中国印刷技术协会	0	0	0	0	0	0	0
	0	0	0	0	0	0	0
中国材料研究学会	2	324	30	2	6	2	370
	1	1000	74	0	0	0	0
中国食品科学技术学会	7	13900	521	0	0	0	0
	0	0	0	0	0	0	0
中国粮油学会	0	0	0	0	0	0	0
	0	0	0	0	0	0	0
中国职业安全健康协会	1	12	8	0	0	0	0
	0	0	0	0	0	0	0
中国烟草学会	0	0	0	0	0	0	0
	0	0	0	0	0	0	0
中国仿真学会	3	17645	786	0	0	0	0
	0	0	0	0	0	0	0
中国电影电视技术学会	0	0	0	0	0	0	0
	0	0	0	0	0	0	0
中国振动工程学会	0	0	0	0	0	0	0
	0	0	0	0	0	0	0
中国颗粒学会	0	0	0	0	0	0	0
	1	105	18	0	0	0	0

续表 30

学　会		举办青少年科技竞赛（项）	参加人次（人次）	获奖人次（人次）	青少年参加国际及港澳台地区科技交流活动（次）	参加人次（人次）	举办青少年高校科学营（次）	参加人次（人次）
中国照明学会		0	0	0	0	0	0	0
		0	0	0	0	0	0	0
中国动力工程学会		0	0	0	0	0	0	0
		0	0	0	0	0	0	0
中国惯性技术学会		0	0	0	0	0	1	50
		0	0	0	0	0	0	0
中国风景园林学会		1	1080	50	0	0	0	0
		2	1092	192	0	0	0	0
中国电源学会		1	205	54	0	0	0	0
		0	0	0	0	0	0	0
中国复合材料学会		0	0	0	0	0	0	0
		0	0	0	0	0	0	0
中国消防协会		0	0	0	0	0	0	0
		0	0	0	0	0	0	0
中国图象图形学学会		0	0	0	0	0	0	0
		0	0	0	0	0	0	0
中国人工智能学会		14	40634	3315	0	0	2	110
		15	6017	1723	0	0	0	0
中国体视学学会		0	0	0	1	30	0	0
		0	0	0	0	0	0	0
中国工程机械学会		0	0	0	0	0	0	0
		—	—	—	—	—	—	—
中国海洋工程咨询协会		0	0	0	0	0	0	0
		—	—	—	—	—	—	—
中国遥感应用协会		0	0	0	0	0	0	0
		—	—	—	—	—	—	—
中国指挥与控制学会		1	16000	2000	0	0	0	0
		—	—	—	—	—	—	—
中国光学工程学会		1	133	30	0	0	0	0
		2	400	150	0	0	1	30
中国微米纳米技术学会		0	0	0	0	0	0	0
		—	—	—	—	—	—	—
中国密码学会		0	0	0	0	0	0	0
		—	—	—	—	—	—	—
中国大坝工程学会		0	0	0	0	0	0	0
		—	—	—	—	—	—	—
中国卫星导航定位协会		2	750	120	0	0	0	0
		—	—	—	—	—	—	—

续表 31

学会	举办青少年科技竞赛（项）	参加人次（人次）	获奖人次（人次）	青少年参加国际及港澳台地区科技交流活动（次）	参加人次（人次）	举办青少年高校科学营（次）	参加人次（人次）
中国生物材料学会	0	0	0	0	0	0	0
	0	0	0	0	0	0	0
国际粉体检测与控制联合会	0	0	0	0	0	0	0
	—	—	—	—	—	—	—
全国农科学会小计	**0**	**0**	**0**	**0**	**0**	**0**	**0**
省级农科学会小计	**8**	**5636**	**1290**	**0**	**0**	**5**	**450**
中国农学会	0	0	0	0	0	0	0
	0	0	0	0	0	1	50
中国林学会	0	0	0	0	0	0	0
	3	3082	392	0	0	0	0
中国土壤学会	0	0	0	0	0	0	0
	0	0	0	0	0	1	200
中国水产学会	0	0	0	0	0	0	0
	0	0	0	0	0	3	200
中国园艺学会	0	0	0	0	0	0	0
	0	0	0	0	0	0	0
中国畜牧兽医学会	0	0	0	0	0	0	0
	0	0	0	0	0	0	0
中国植物病理学会	0	0	0	0	0	0	0
	22	90780	22184	0	0	2	303
中国植物保护学会	0	0	0	0	0	0	0
	0	0	0	0	0	0	0
中国作物学会	0	0	0	0	0	0	0
	0	0	0	0	0	0	0
中国热带作物学会	0	0	0	0	0	0	0
	0	0	0	0	0	0	0
中国蚕学会	0	0	0	0	0	0	0
	0	0	0	0	0	0	0
中国水土保持学会	0	0	0	0	0	0	0
	0	0	0	0	0	0	0
中国茶叶学会	0	0	0	0	0	0	0
	0	0	0	0	0	0	0
中国草学会	0	0	0	0	0	0	0
	0	0	0	0	0	0	0
中国植物营养与肥料学会	0	0	0	0	0	0	0
	0	0	0	0	0	0	0

续表 32

学会		举办青少年科技竞赛（项）	参加人次（人次）	获奖人次（人次）	青少年参加国际及港澳台地区科技交流活动（次）	参加人次（人次）	举办青少年高校科学营（次）	参加人次（人次）
中国农业历史学会		0	0	0	0	0	0	0
		0	0	0	0	0	0	0
全国医科学会小计		**0**	**0**	**0**	**0**	**0**	**0**	**0**
省级医科学会小计		**28**	**4495**	**341**	**2**	**60**	**2**	**85**
中华医学会		0	0	0	0	0	0	0
		0	0	0	0	0	0	0
中华中医药学会		0	0	0	0	0	0	0
		—	—	—	—	—	—	—
中国中西医结合学会		0	0	0	0	0	0	0
		0	0	0	0	0	0	0
中国药学会		0	0	0	0	0	0	0
		3	218	44	0	0	0	0
中华护理学会		0	0	0	0	0	0	0
		—	—	—	—	—	—	—
中国生理学会		0	0	0	0	0	0	0
		0	0	0	0	0	0	0
中国解剖学会		0	0	0	0	0	0	0
		4	682	49	0	0	0	0
中国生物医学工程学会		0	0	0	0	0	0	0
		0	0	0	0	0	0	0
中国病理生理学会		0	0	0	0	0	0	0
		0	0	0	0	0	0	0
中国营养学会		0	0	0	0	0	0	0
		7	1150	70	0	0	0	0
中国药理学会		0	0	0	0	0	0	0
		0	0	0	0	0	0	0
中国针灸学会		0	0	0	0	0	0	0
		1	300	10	0	0	0	0
中国防痨协会		0	0	0	0	0	0	0
		2	400	20	0	0	0	0
中国麻风防治协会		0	0	0	0	0	0	0
		0	0	0	0	0	0	0
中国心理卫生协会		0	0	0	0	0	0	0
		0	0	0	0	0	0	0

续表 33

学　会	举办青少年科技竞赛（项）	参加人次（人次）	获奖人次（人次）	青少年参加国际及港澳台地区科技交流活动（次）	参加人次（人次）	举办青少年高校科学营（次）	参加人次（人次）
中国抗癌协会	0	0	0	0	0	0	0
	0	0	0	0	0	0	0
中国体育科学学会	0	0	0	0	0	0	0
	0	0	0	0	0	0	0
中国毒理学会	0	0	0	0	0	0	0
	0	0	0	0	0	0	0
中国康复医学会	0	0	0	0	0	0	0
	0	0	0	0	0	0	0
中国免疫学会	0	0	0	0	0	0	0
	0	0	0	0	0	0	0
中华预防医学会	0	0	0	0	0	0	0
	—	—	—	—	—	—	—
中国法医学会	0	0	0	0	0	0	0
	0	0	0	0	0	0	0
中华口腔医学会	0	0	0	0	0	0	0
	—	—	—	—	—	—	—
中国医学救援协会	0	0	0	0	0	0	0
	—	—	—	—	—	—	—
中国女医师协会	0	0	0	0	0	0	0
	0	0	0	0	0	0	0
中国研究型医院学会	0	0	0	0	0	0	0
	1	60	10	0	0	0	0
中国睡眠研究会	0	0	0	0	0	0	0
	0	0	0	0	0	0	0
中国卒中学会	0	0	0	0	0	0	0
	0	0	0	0	0	0	0
全国交叉学科学会小计	**15**	**1328796**	**2160**	**32**	**47**	**0**	**0**
省级其他学科学会小计	**213**	**2431238**	**85467**	**8**	**7167**	**31**	**8708**
中国自然辩证法研究会	0	0	0	0	0	0	0
	1	450	60	0	0	2	350
中国管理现代化研究会	3	5360	116	0	0	0	0
	0	0	0	0	0	0	0
中国技术经济学会	0	0	0	0	0	0	0
	0	0	0	0	0	0	0
中国现场统计研究会	0	0	0	0	0	0	0
	0	0	0	0	0	0	0

续表 34

学会	举办青少年科技竞赛（项）	参加人次（人次）	获奖人次（人次）	青少年参加国际及港澳台地区科技交流活动（次）	参加人次（人次）	举办青少年高校科学营（次）	参加人次（人次）
中国未来研究会	0	0	0	0	0	0	0
	0	0	0	0	0	1	50
中国科学技术史学会	0	0	0	0	0	0	0
	0	0	0	0	0	0	0
中国科学技术情报学会	0	0	0	0	0	0	0
	0	0	0	0	0	0	0
中国图书馆学会	0	0	0	0	0	0	0
	2	215	76	0	0	0	0
中国城市科学研究会	4	8000	800	0	0	0	0
	0	0	0	0	0	0	0
中国科学学与科技政策研究会	0	0	0	0	0	0	0
	0	0	0	0	0	0	0
中国农村专业技术协会	0	0	0	0	0	0	0
	1	15	12	0	0	0	0
中国工业设计协会	0	0	0	0	0	0	0
	0	0	0	0	0	0	0
中国工艺美术学会	0	0	0	0	0	0	0
	1	35	9	0	0	0	0
中国科普作家协会	1	650000	0	0	0	0	0
	7	300043	3402	0	0	0	0
中国自然科学博物馆协会	0	0	0	0	0	0	0
	0	0	0	0	0	0	0
中国可持续发展研究会	0	0	0	0	0	0	0
	0	0	0	0	0	0	0
中国青少年科技辅导员协会	1	645	249	0	0	0	0
	20	108152	4392	0	0	3	1115
中国科教电影电视协会	1	8000	300	0	0	0	0
	2	15000	200	0	0	6	4000
中国科学技术期刊编辑学会	0	0	0	0	0	0	0
	0	0	0	0	0	0	0
中国流行色协会	1	2201	38	0	0	0	0
	—	—	—	—	—	—	—
中国档案学会	0	0	0	0	0	0	0
	0	0	0	0	0	0	0
中国国土经济学会	0	0	0	0	0	0	0
	—	—	—	—	—	—	—
中国土地学会	1	1200	123	0	0	0	0
	2	350	215	0	0	0	0

续表 35

学会	举办青少年科技竞赛（项）	参加人次（人次）	获奖人次（人次）	青少年参加国际及港澳台地区科技交流活动（次）	参加人次（人次）	举办青少年高校科学营（次）	参加人次（人次）
中国科技新闻学会	0	0	0	0	0	0	0
	0	0	0	0	0	0	0
中国老科学技术工作者协会	0	0	0	0	0	0	0
	0	0	0	0	0	0	0
中国科学探险协会	0	0	0	0	0	0	0
	—	—	—	—	—	—	—
中国城市规划学会	0	0	0	0	0	0	0
	0	0	0	0	0	0	0
中国产学研合作促进会	0	0	0	0	0	0	0
	0	0	0	0	0	0	0
中国知识产权研究会	0	0	0	0	0	0	0
	0	0	0	0	0	0	0
中国发明协会	1	306	216	1	15	0	0
	0	0	0	0	0	0	0
中国工程教育专业认证协会	0	0	0	0	0	0	0
	—	—	—	—	—	—	—
中国检验检疫学会	0	0	0	0	0	0	0
	0	0	0	0	0	0	0
中国女科技工作者协会	0	0	0	0	0	0	0
	0	0	0	0	0	0	0
中国创造学会	1	1084	83	0	0	0	0
	0	0	0	0	0	0	0
中国经济科技开发国际交流协会	0	0	0	0	0	0	0
	—	—	—	—	—	—	—
中国高科技产业化研究会	0	0	0	0	0	0	0
	—	—	—	—	—	—	—
中国微量元素科学研究会	0	0	0	0	0	0	0
	0	0	0	0	0	0	0
中国基本建设优化研究会	0	0	0	0	0	0	0
	—	—	—	—	—	—	—
中国科技馆发展基金会	0	0	0	0	0	0	0
	—	—	—	—	—	—	—
中国生物多样性保护与绿色发展基金会	1	652000	235	31	32	0	0
	—	—	—	—	—	—	—
中国反邪教协会	0	0	0	0	0	0	0
	0	0	0	0	0	0	0
中国高等教育学会	0	0	0	0	0	0	0
	—	—	—	—	—	—	—
詹天佑科学技术发展基金会	0	0	0	0	0	0	0
	—	—	—	—	—	—	—

续表 36

学会	编印青少年科技教育资料（种）	总印数（册）	举办青少年科技教育活动和培训（次）	参加人次（人次）	中学生英才计划培养学生（人次）	编著科技图书（种）	总印数（册）
全国学会合计	**75**	**338735**	**786**	**23058041**	**977**	**447**	**1555912**
省级同名学会合计	**562**	**1127735**	**3225**	**678572**	**5330**	**1384**	**4360918**
全国理科学会小计	**16**	**102210**	**313**	**21744033**	**20**	**71**	**145007**
省级理科学会小计	**103**	**363760**	**834**	**171075**	**509**	**104**	**226891**
中国数学会	0	0	0	0	0	0	0
	2	420	3	910	74	8	15000
中国物理学会	0	0	0	0	0	0	0
	5	1730	21	8281	53	1	5000
中国力学学会	4	5000	2	200	0	0	0
	0	0	5	300	0	1	2000
中国光学学会	0	0	4	2310	0	0	0
	3	13000	6	3850	100	1	10000
中国声学学会	1	100	1	5000	0	0	0
	0	0	0	0	0	0	0
中国化学会	0	0	1	448	0	0	0
	4	700	8	710	5	7	20200
中国天文学会	0	0	0	0	0	0	0
	3	54050	420	64585	0	2	4000
中国气象学会	1	2000	65	4550	0	3	3000
	22	117200	43	59858	6	20	53800
中国空间科学学会	0	0	0	0	0	18	40000
	—	—	—	—	—	—	—
中国地质学会	0	0	5	400	0	0	0
	2	2460	8	771	4	5	10500
中国地理学会	0	0	2	1175	0	10	15000
	3	150	6	480	30	2	2040
中国地球物理学会	0	0	0	0	0	0	0
	2	80	11	1531	0	1	5000
中国矿物岩石地球化学学会	0	0	0	0	0	0	0
	0	0	1	50	0	2	1000
中国古生物学会	0	0	0	0	0	0	0
	0	0	0	0	0	0	0
中国海洋湖沼学会	0	0	0	0	0	0	0
	2	5000	3	150	46	3	9000

续表 37

学会	编印青少年科技教育资料（种）	总印数（册）	举办青少年科技教育活动和培训（次）	参加人次（人次）	中学生英才计划培养学生（人次）	编著科技图书（种）	总印数（册）
中国海洋学会	1	3500	0	0	0	1	600
	0	0	0	0	0	2	12000
中国地震学会	0	0	0	0	0	1	2000
	11	151000	71	4800	0	4	32000
中国动物学会	0	0	0	0	0	0	0
	2	160	13	3087	131	3	301
中国植物学会	0	0	0	0	0	0	0
	4	1100	54	3783	0	8	8800
中国昆虫学会	0	0	0	0	0	3	3000
	1	160	24	4220	0	6	18550
中国微生物学会	0	0	0	0	0	0	0
	0	0	4	600	39	3	4200
中国生物化学与分子生物学会	0	0	0	0	0	0	0
	0	0	18	662	10	2	300
中国细胞生物学学会	2	1350	9	21719800	0	7	27000
	0	0	0	0	5	2	26400
中国植物生理与植物分子生物学学会	0	0	0	0	0	1	3500
	1	100	0	0	0	0	0
中国生物物理学会	0	0	0	0	20	0	0
	0	0	0	0	0	0	0
中国遗传学会	0	0	0	0	0	0	0
	0	0	2	1071	0	1	860
中国心理学会	1	2200	2	300	0	4	5000
	0	0	3	5967	0	2	2000
中国生态学学会	2	2300	2	350	0	9	4400
	1	60	5	300	0	0	0
中国环境科学学会	0	0	0	0	0	0	0
	8	850	52	5000	0	5	8100
中国自然资源学会	0	0	0	0	0	0	0
	0	0	1	181	0	0	0
中国感光学会	0	0	0	0	0	0	0
	—	—	—	—	—	—	—
中国优选法统筹法与经济数学研究会	2	73760	0	0	0	0	0
	0	0	0	0	0	0	0
中国岩石力学与工程学会	0	0	0	0	0	7	7
	13	1000	2	53	0	18	2000

续表 38

学　会	编印青少年科技教育资料（种）	总印数（册）	举办青少年科技教育活动和培训（次）	参加人次（人次）	中学生英才计划培养学生（人次）	编著科技图书（种）	总印数（册）
中国野生动物保护协会	2	12000	210	8500	0	5	31000
	5	14000	5	150	0	0	0
中国系统工程学会	0	0	0	0	0	0	0
	0	0	0	0	0	0	0
中国实验动物学会	0	0	0	0	0	0	0
	0	0	0	0	0	0	0
中国青藏高原研究会	0	0	0	0	0	1	10000
	—	—	—	—	—	—	—
中国环境诱变剂学会	0	0	0	0	0	0	0
	6	4000	0	0	0	0	0
中国运筹学会	0	0	0	0	0	0	0
	0	0	0	0	0	0	0
中国菌物学会	0	0	0	0	0	0	0
	0	0	0	0	0	0	0
中国晶体学会	0	0	0	0	0	0	0
	—	—	—	—	—	—	—
中国神经科学学会	0	0	10	1000	0	1	500
	2	1000	8	1000	0	0	0
中国认知科学学会	0	0	0	0	0	0	0
	0	0	0	0	0	0	0
中国微循环学会	0	0	0	0	0	0	0
	0	0	1	26	0	1	2500
国际数字地球协会	0	0	0	0	0	0	0
	—	—	—	—	—	—	—
国际动物学会	0	0	0	0	0	0	0
	2	160	13	3087	131	3	301
全国工科学会小计	**48**	**215525**	**291**	**1045251**	**946**	**162**	**786227**
省级工科学会小计	**42**	**27340**	**911**	**227157**	**646**	**687**	**477428**
中国机械工程学会	3	6000	3	1800	0	14	16406
	0	0	15	490	0	7	56850
中国汽车工程学会	5	1500	6	3039	0	4	2000
	0	0	1	80	0	1	12
中国农业机械学会	0	0	0	0	0	0	0
	0	0	0	0	0	1	480
中国农业工程学会	0	0	0	0	0	0	0
	0	0	4	195	0	5	6300

续表 39

学会	编印青少年科技教育资料（种）	总印数（册）	举办青少年科技教育活动和培训（次）	参加人次（人次）	中学生英才计划培养学生（人次）	编著科技图书（种）	总印数（册）
中国电机工程学会	1	7500	18	8353	0	4	9600
	2	2000	16	2420	0	6	11404
中国电工技术学会	0	0	3	80	0	2	3800
	0	0	0	0	0	1	300
中国水力发电工程学会	0	0	2	67	0	10	6020
	1	100	1	430	0	3	2001
中国水利学会	4	5000	2	728	0	7	21200
	16	5260	0	0	0	2	1200
中国内燃机学会	0	0	0	0	0	0	0
	0	0	1	213	0	0	0
中国工程热物理学会	0	0	0	0	0	0	0
	0	0	0	0	0	0	0
中国空气动力学会	1	5000	6	600	0	2	2000
	—	—	—	—	—	—	—
中国制冷学会	0	0	0	0	0	1	6000
	0	0	0	0	0	2	3150
中国真空学会	0	0	0	0	0	0	0
	0	0	0	0	0	0	0
中国自动化学会	0	0	5	2652	0	3	2000
	3	600	5	600	0	7	20200
中国仪器仪表学会	2	10025	11	1437	5	3	27500
	1	1000	1	58	0	0	0
中国计量测试学会	0	0	0	0	0	2	4000
	1	1000	1	100	0	3	3120
中国标准化协会	0	0	2	45	0	3	4000
	0	0	6	200	0	0	0
中国图学学会	0	0	0	0	0	0	0
	0	0	1	30	0	1	15000
中国电子学会	2	42000	67	400031	0	1	1800
	5	3000	58	30800	0	2	51000
中国计算机学会	1	1000	3	200	0	5	353100
	6	8050	18	3109	205	8	32000
中国通信学会	0	0	18	460000	0	0	0
	1	1500	2	370	0	6	15650

续表 40

学会		编印青少年科技教育资料（种）	总印数（册）	举办青少年科技教育活动和培训（次）	参加人次（人次）	中学生英才计划培养学生（人次）	编著科技图书（种）	总印数（册）
中国中文信息学会		0	0	0	0	0	0	0
		0	0	0	0	0	0	0
中国测绘学会		0	0	0	0	0	0	0
		2	1000	2	250	0	4	17100
中国造船工程学会		1	80000	12	3000	0	2	10000
		1	1000	0	0	0	0	0
中国航海学会		0	0	6	104024	0	3	2800
		1	240	1	32	0	3	5930
中国铁道学会		0	0	0	0	0	3	3300
		0	0	0	0	0	5	34000
中国公路学会		0	0	0	0	0	0	0
		0	0	1	123	0	503	16506
中国航空学会		3	15000	3	200	0	3	15000
		1	400	146	12190	1	1	1400
中国宇航学会		2	1500	50	2000	0	10	140000
		1	3000	17	2114	0	1	1200
中国兵工学会		0	0	0	0	0	1	2000
		0	0	1	1000	0	0	0
中国金属学会		8	8000	0	0	0	10	10000
		0	0	2	420	0	3	4000
中国有色金属学会		0	0	0	0	0	0	0
		0	0	0	0	0	0	0
中国稀土学会		0	0	0	0	0	1	2000
		0	0	1	178	0	0	0
中国腐蚀与防护学会		0	0	0	0	0	1	300
		0	0	0	0	0	10	3000
中国化工学会		0	0	23	6020	4	8	18200
		3	500	4	634	0	6	32000
中国核学会		10	10000	2	500	0	12	40000
		0	0	5	3500	0	8	17400
中国石油学会		0	0	0	0	0	0	0
		2	300	8	800	0	2	1000
中国煤炭学会		0	0	0	0	0	1	2500
		0	0	0	0	0	2	1440
中国可再生能源学会		1	20000	0	0	0	0	0
		0	0	0	0	0	0	0

续表 41

学会	编印青少年科技教育资料（种）	总印数（册）	举办青少年科技教育活动和培训（次）	参加人次（人次）	中学生英才计划培养学生（人次）	编著科技图书（种）	总印数（册）
中国能源研究会	1	2000	0	0	0	2	3000
	1	1200	4	200	0	1	2000
中国硅酸盐学会	0	0	0	0	0	2	5200
	0	0	1	100	0	1	91
中国建筑学会	0	0	0	0	0	0	0
	0	0	1	310	0	11	7200
中国土木工程学会	0	0	0	0	0	11	7100
	0	0	1	15	0	0	0
中国生物工程学会	0	0	0	0	0	0	0
	0	0	0	0	0	0	0
中国纺织工程学会	0	0	12	42500	0	0	0
	0	0	0	0	0	4	6250
中国造纸学会	0	0	0	0	0	1	2000
	0	0	2	73	0	0	0
中国文物保护技术协会	0	0	0	0	0	2	400
	—	—	—	—	—	—	—
中国印刷技术协会	0	0	4	2000	0	0	0
	0	0	0	0	0	0	0
中国材料研究学会	2	950	6	2530	477	2	11000
	0	0	0	0	0	0	0
中国食品科学技术学会	0	0	0	0	0	0	0
	0	0	0	0	0	0	0
中国粮油学会	0	0	0	0	0	0	0
	0	0	0	0	0	0	0
中国职业安全健康协会	0	0	2	60	0	2	2000
	0	0	0	0	0	1	6000
中国烟草学会	0	0	0	0	0	0	0
	0	0	0	0	0	23	4093
中国仿真学会	0	0	0	0	0	0	0
	0	0	0	0	0	0	0
中国电影电视技术学会	0	0	0	0	0	0	0
	0	0	0	0	0	0	0
中国振动工程学会	0	0	0	0	0	0	0
	0	0	8	660	0	0	0
中国颗粒学会	0	0	0	0	0	0	0
	0	0	0	0	0	0	0

续表 42

学会		编印青少年科技教育资料（种）	总印数（册）	举办青少年科技教育活动和培训（次）	参加人次（人次）	中学生英才计划培养学生（人次）	编著科技图书（种）	总印数（册）
中国照明学会		0	0	0	0	0	0	0
		0	0	2	130	0	2	8900
中国动力工程学会		0	0	0	0	0	0	0
		0	0	0	0	0	0	0
中国惯性技术学会		0	0	1	20	0	8	5000
		0	0	0	0	0	0	0
中国风景园林学会		0	0	1	85	0	1	1000
		0	0	0	0	0	1	9200
中国电源学会		0	0	0	0	0	2	1000
		0	0	0	0	0	0	0
中国复合材料学会		0	0	0	0	0	0	0
		0	0	0	0	0	0	0
中国消防协会		0	0	0	0	0	0	0
		2	500	461	145500	0	2	700
中国图象图形学学会		0	0	0	0	0	0	0
		0	0	0	0	0	0	0
中国人工智能学会		1	50	9	718	60	5	19001
		0	0	3	420	0	2	500
中国体视学学会		0	0	4	550	0	0	0
		0	0	0	0	0	0	0
中国工程机械学会		0	0	0	0	0	0	0
		—	—	—	—	—	—	—
中国海洋工程咨询协会		0	0	0	0	0	0	0
		—	—	—	—	—	—	—
中国遥感应用协会		0	0	0	0	0	0	0
		—	—	—	—	—	—	—
中国指挥与控制学会		0	0	0	0	0	1	3000
		—	—	—	—	—	—	—
中国光学工程学会		0	0	0	0	0	0	0
		0	0	1	35	15	0	0
中国微米纳米技术学会		0	0	0	0	0	0	0
		—	—	—	—	—	—	—
中国密码学会		0	0	0	0	0	2	15000
		—	—	—	—	—	—	—
中国大坝工程学会		0	0	3	1132	0	2	2500
		—	—	—	—	—	—	—
中国卫星导航定位协会		0	0	5	600	400	1	1500
		—	—	—	—	—	—	—

续表 43

学会	编印青少年科技教育资料（种）	总印数（册）	举办青少年科技教育活动和培训（次）	参加人次（人次）	中学生英才计划培养学生（人次）	编著科技图书（种）	总印数（册）
中国生物材料学会	0	0	2	280	0	2	2000
	0	0	0	0	0	0	0
国际粉体检测与控制联合会	0	0	0	0	0	0	0
	—	—	—	—	—	—	—
全国农科学会小计	**0**	**0**	**15**	**9962**	**3**	**67**	**119098**
省级农科学会小计	**336**	**33270**	**52**	**19583**	**0**	**137**	**944906**
中国农学会	0	0	3	1500	0	0	0
	5	8600	10	450	0	19	170615
中国林学会	0	0	0	0	0	0	0
	3	3800	9	15650	0	10	37500
中国土壤学会	0	0	0	0	0	0	0
	1	1000	1	200	0	8	5000
中国水产学会	0	0	0	0	0	0	0
	304	1100	0	0	0	3	6600
中国园艺学会	0	0	5	855	3	18	22770
	0	0	2	200	0	9	321480
中国畜牧兽医学会	0	0	0	0	0	21	45200
	0	0	2	60	0	25	275531
中国植物病理学会	0	0	0	0	0	0	0
	2	420	3	910	74	8	15000
中国植物保护学会	0	0	0	0	0	0	0
	0	0	0	0	0	0	0
中国作物学会	0	0	1	250	0	20	24128
	0	0	7	1260	0	15	15130
中国热带作物学会	0	0	0	0	0	0	0
	0	0	2	800	0	0	0
中国蚕学会	0	0	0	0	0	0	0
	0	0	0	0	0	2	4200
中国水土保持学会	0	0	0	0	0	0	0
	0	0	2	45	0	1	500
中国茶叶学会	0	0	3	57	0	3	17000
	0	0	0	0	0	1	8000
中国草学会	0	0	0	0	0	0	0
	0	0	0	0	0	23	4093
中国植物营养与肥料学会	0	0	0	0	0	0	0
	0	0	0	0	0	0	0

续表 44

学会	编印青少年科技教育资料（种）	总印数（册）	举办青少年科技教育活动和培训（次）	参加人次（人次）	中学生英才计划培养学生（人次）	编著科技图书（种）	总印数（册）
中国农业历史学会	0	0	3	7300	0	5	10000
	0	0	0	0	0	0	0
全国医科学会小计	**1**	**4000**	**35**	**2460**	**0**	**123**	**412080**
省级医科学会小计	**44**	**312520**	**163**	**38206**	**351**	**232**	**1525590**
中华医学会	0	0	0	0	0	60	177000
	0	0	0	0	0	0	0
中华中医药学会	0	0	0	0	0	0	0
	—	—	—	—	—	—	—
中国中西医结合学会	0	0	0	0	0	5	14600
	0	0	0	0	0	35	225103
中国药学会	0	0	0	0	0	3	9000
	3	3900	10	1852	0	67	120100
中华护理学会	0	0	0	0	0	0	0
	—	—	—	—	—	—	—
中国生理学会	0	0	0	0	0	0	0
	1	120	4	240	0	0	0
中国解剖学会	0	0	30	600	0	1	1000
	0	0	3	62	0	4	10300
中国生物医学工程学会	0	0	0	0	0	2	10000
	0	0	1	50	0	0	0
中国病理生理学会	0	0	2	1200	0	2	4100
	0	0	1	10	0	0	0
中国营养学会	0	0	0	0	0	1	3000
	2	10000	27	3660	0	8	108100
中国药理学会	0	0	0	0	0	1	1500
	2	4000	2	113	0	3	593000
中国针灸学会	0	0	0	0	0	0	0
	5	5000	15	1000	0	7	10804
中国防痨协会	0	0	0	0	0	3	9000
	2	32000	1	6000	0	0	0
中国麻风防治协会	0	0	0	0	0	0	0
	0	0	0	0	0	2	11000
中国心理卫生协会	0	0	0	0	0	0	0
	0	0	10	2200	0	0	0

续表 45

学会	编印青少年科技教育资料(种)	总印数(册)	举办青少年科技教育活动和培训(次)	参加人次(人次)	中学生英才计划培养学生(人次)	编著科技图书(种)	总印数(册)
中国抗癌协会	0	0	0	0	0	26	87300
	0	0	1	500	0	9	70300
中国体育科学学会	0	0	0	0	0	15	55580
	0	0	0	0	0	2	21000
中国毒理学会	0	0	0	0	0	0	0
	1	200	2	87	0	3	2040
中国康复医学会	0	0	0	0	0	0	0
	0	0	0	0	0	8	5730
中国免疫学会	0	0	0	0	0	0	0
	0	0	0	0	0	11	3500
中华预防医学会	0	0	0	0	0	3	10000
	—	—	—	—	—	—	—
中国法医学会	0	0	0	0	0	0	0
	0	0	0	0	0	0	0
中华口腔医学会	1	4000	3	660	0	0	0
	—	—	—	—	—	—	—
中国医学救援协会	0	0	0	0	0	1	30000
	—	—	—	—	—	—	—
中国女医师协会	0	0	0	0	0	0	0
	0	0	0	0	0	0	0
中国研究型医院学会	0	0	0	0	0	0	0
	0	0	0	0	0	0	0
中国睡眠研究会	0	0	0	0	0	0	0
	0	0	0	0	0	0	0
中国卒中学会	0	0	0	0	0	0	0
	0	0	0	0	0	0	0
全国交叉学科学会小计	**10**	**17000**	**132**	**256335**	**8**	**24**	**93500**
省级其他学科学会小计	**37**	**390845**	**1265**	**222551**	**3824**	**224**	**1186103**
中国自然辩证法研究会	0	0	0	0	0	0	0
	1	1000	2	350	0	6	9100
中国管理现代化研究会	0	0	2	86	0	0	0
	0	0	0	0	0	1	70
中国技术经济学会	0	0	0	0	0	0	0
	0	0	0	0	0	0	0
中国现场统计研究会	0	0	0	0	0	0	0
	0	0	0	0	0	0	0

续表 46

学会	编印青少年科技教育资料（种）	总印数（册）	举办青少年科技教育活动和培训（次）	参加人次（人次）	中学生英才计划培养学生（人次）	编著科技图书（种）	总印数（册）
中国未来研究会	0	0	0	0	0	1	2000
	0	0	0	0	0	0	0
中国科学技术史学会	0	0	0	0	0	0	0
	0	0	0	0	0	4	8000
中国科学技术情报学会	0	0	0	0	0	0	0
	0	0	1	300	0	2	8300
中国图书馆学会	0	0	0	0	0	0	0
	0	0	6	27063	0	0	0
中国城市科学研究会	1	1000	0	0	0	0	0
	0	0	0	0	0	1	2400
中国科学学与科技政策研究会	0	0	0	0	0	1	1500
	0	0	0	0	0	0	0
中国农村专业技术协会	0	0	0	0	0	3	15000
	0	0	7	600	0	44	57000
中国工业设计协会	0	0	0	0	0	0	0
	0	0	1	45	0	0	0
中国工艺美术学会	0	0	0	0	0	0	0
	0	0	763	24435	0	0	0
中国科普作家协会	1	2000	10	30000	0	2	20000
	0	0	4	1610	36	55	447000
中国自然科学博物馆协会	0	0	3	96673	0	4	400
	0	0	0	0	0	0	0
中国可持续发展研究会	0	0	0	0	0	0	0
	0	0	0	0	0	2	4600
中国青少年科技辅导员协会	0	0	1	3695	0	0	0
	4	2112	27	16570	15	0	0
中国科教电影电视协会	0	0	0	0	0	0	0
	1	6042	2	5000	0	2	500
中国科学技术期刊编辑学会	0	0	0	0	0	0	0
	0	0	0	0	0	1	82000
中国流行色协会	0	0	0	0	0	1	12000
	—	—	—	—	—	—	—
中国档案学会	0	0	0	0	0	0	0
	0	0	0	0	0	0	0
中国国土经济学会	0	0	0	0	0	1	13200
	—	—	—	—	—	—	—
中国土地学会	0	0	0	0	0	1	1000
	1	500	1	100	0	2	51500

续表 47

学会	编印青少年科技教育资料(种)	总印数(册)	举办青少年科技教育活动和培训(次)	参加人次(人次)	中学生英才计划培养学生(人次)	编著科技图书(种)	总印数(册)
中国科技新闻学会	0	0	0	0	0	0	0
	0	0	0	0	0	0	0
中国老科学技术工作者协会	0	0	0	0	0	0	0
	0	0	17	6000	0	26	79820
中国科学探险协会	0	0	0	0	0	0	0
	—	—	—	—	—	—	—
中国城市规划学会	0	0	0	0	0	10	28400
	0	0	0	0	0	0	0
中国产学研合作促进会	0	0	0	0	0	0	0
	0	0	0	0	0	0	0
中国知识产权研究会	0	0	0	0	0	0	0
	1	1	1	131	0	0	0
中国发明协会	1	6000	1	30000	0	0	0
	0	0	0	0	0	0	0
中国工程教育专业认证协会	0	0	0	0	0	0	0
	—	—	—	—	—	—	—
中国检验检疫学会	0	0	0	0	0	0	0
	0	0	0	0	0	0	0
中国女科技工作者协会	0	0	0	0	0	0	0
	0	0	0	0	0	0	0
中国创造学会	0	0	0	0	0	0	0
	0	0	0	0	0	0	0
中国经济科技开发国际交流协会	0	0	0	0	0	0	0
	—	—	—	—	—	—	—
中国高科技产业化研究会	0	0	0	0	0	0	0
	—	—	—	—	—	—	—
中国微量元素科学研究会	0	0	0	0	0	0	0
	0	0	1	200	0	1	3000
中国基本建设优化研究会	0	0	0	0	0	0	0
	—	—	—	—	—	—	—
中国科技馆发展基金会	1	3000	1	65000	0	0	0
	—	—	—	—	—	—	—
中国生物多样性保护与绿色发展基金会	6	5000	114	30881	8	0	0
	—	—	—	—	—	—	—
中国反邪教协会	0	0	0	0	0	0	0
	11	310000	15	3000	0	12	167500
中国高等教育学会	0	0	0	0	0	0	0
	—	—	—	—	—	—	—
詹天佑科学技术发展基金会	0	0	0	0	0	0	0
	—	—	—	—	—	—	—

续表 48

学　会	主办科技报纸（种）	总印数（份）	制作科普挂图（种）	总印数（张）	主办科普App或设置科普栏目的综合类App（个）	科普App下载安装数（次）	科普App更新数（次）
全国学会合计	**5**	**925139**	**3862**	**1083186**	**12**	**431040**	**5470**
省级同名学会合计	**61**	**4145786**	**41542**	**5205483**	**26**	**1483282**	**18264**
全国理科学会小计	**1**	**60000**	**84**	**122044**	**1**	**0**	**0**
省级理科学会小计	**6**	**105550**	**425**	**105992**	**2**	**153200**	**3509**
中国数学会	0	0	0	0	0	0	0
	1	100	0	0	0	0	0
中国物理学会	0	0	0	0	0	0	0
	0	0	15	152	0	0	0
中国力学学会	0	0	0	0	0	0	0
	0	0	0	0	0	0	0
中国光学学会	0	0	0	0	0	0	0
	0	0	12	732	0	0	0
中国声学学会	0	0	2	200	0	0	0
	0	0	6	200	0	0	0
中国化学会	0	0	0	0	0	0	0
	1	1000	14	1180	0	0	0
中国天文学会	0	0	0	0	0	0	0
	0	0	52	715	0	0	0
中国气象学会	0	0	1	400	0	0	0
	0	0	45	32123	1	3200	3500
中国空间科学学会	0	0	0	0	0	0	0
	—	—	—	—	—	—	—
中国地质学会	0	0	5	15	0	0	0
	0	0	7	1079	0	0	0
中国地理学会	0	0	0	0	0	0	0
	1	50	4	151	0	0	0
中国地球物理学会	0	0	0	0	0	0	0
	0	0	13	112	0	0	0
中国矿物岩石地球化学学会	0	0	20	100	0	0	0
	0	0	100	100	0	0	0
中国古生物学会	0	0	0	0	0	0	0
	0	0	0	0	0	0	0
中国海洋湖沼学会	0	0	0	0	0	0	0
	1	300	1	10	0	0	0

续表 49

学会	主办科技报纸（种）	总印数（份）	制作科普挂图（种）	总印数（张）	主办科普 App 或设置科普栏目的综合类 App（个）	科普 App 下载安装数（次）	科普 App 更新数（次）
中国海洋学会	1	60000	0	0	0	0	0
	0	0	0	0	0	0	0
中国地震学会	0	0	0	0	0	0	0
	1	5000	3	15500	0	0	0
中国动物学会	0	0	0	0	1	0	0
	0	0	0	0	0	0	0
中国植物学会	0	0	0	0	0	0	0
	0	0	6	45	1	150000	9
中国昆虫学会	0	0	0	0	0	0	0
	0	0	21	10270	0	0	0
中国微生物学会	0	0	0	0	0	0	0
	0	0	4	4	0	0	0
中国生物化学与分子生物学会	0	0	0	0	0	0	0
	0	0	29	59	0	0	0
中国细胞生物学学会	0	0	0	0	0	0	0
	0	0	0	0	0	0	0
中国植物生理与植物分子生物学学会	0	0	2	500	0	0	0
	0	0	1	100	0	0	0
中国生物物理学会	0	0	0	0	0	0	0
	0	0	0	0	0	0	0
中国遗传学会	0	0	0	0	0	0	0
	0	0	0	0	0	0	0
中国心理学会	0	0	6	200	0	0	0
	0	0	12	1500	0	0	0
中国生态学学会	0	0	5	5	0	0	0
	0	0	3	215	0	0	0
中国环境科学学会	0	0	0	0	0	0	0
	0	0	45	29832	0	0	0
中国自然资源学会	0	0	0	0	0	0	0
	0	0	0	0	0	0	0
中国感光学会	0	0	0	0	0	0	0
	—	—	—	—	—	—	—
中国优选法统筹法与经济数学研究会	0	0	0	0	0	0	0
	0	0	0	0	0	0	0
中国岩石力学与工程学会	0	0	0	0	0	0	0
	1	100	16	16	0	0	0

续表 50

学　会		主办科技报纸（种）	总印数（份）	制作科普挂图（种）	总印数（张）	主办科普App或设置科普栏目的综合类App（个）	科普App下载安装数（次）	科普App更新数（次）
中国野生动物保护协会		0	0	13	120000	0	0	0
		0	0	3	300	0	0	0
中国系统工程学会		0	0	0	0	0	0	0
		0	0	0	0	0	0	0
中国实验动物学会		0	0	24	24	0	0	0
		0	0	0	0	0	0	0
中国青藏高原研究会		0	0	0	0	0	0	0
		—	—	—	—	—	—	—
中国环境诱变剂学会		0	0	5	500	0	0	0
		0	0	4	1500	0	0	0
中国运筹学会		0	0	0	0	0	0	0
		0	0	0	0	0	0	0
中国菌物学会		0	0	0	0	0	0	0
		0	0	0	0	0	0	0
中国晶体学会		0	0	0	0	0	0	0
		—	—	—	—	—	—	—
中国神经科学学会		0	0	1	100	0	0	0
		0	0	0	0	0	0	0
中国认知科学学会		0	0	0	0	0	0	0
		0	0	46	57	0	0	0
中国微循环学会		0	0	0	0	0	0	0
		0	0	0	0	0	0	0
国际数字地球协会		0	0	0	0	0	0	0
		—	—	—	—	—	—	—
国际动物学会		0	0	0	0	0	0	0
		0	0	0	0	0	0	0
全国工科学会小计		**3**	**107200**	**678**	**49479**	**5**	**269600**	**5090**
省级工科学会小计		**17**	**446003**	**13593**	**251000**	**7**	**24194**	**1315**
中国机械工程学会		0	0	51	650	0	0	0
		0	0	3	8001	1	1142	851
中国汽车工程学会		0	0	0	0	0	0	0
		0	0	4	4	0	0	0
中国农业机械学会		0	0	0	0	1	229500	8
		0	0	0	0	0	0	0
中国农业工程学会		0	0	0	0	0	0	0
		0	0	6	260	0	0	0

续表 51

学会	主办科技报纸(种)	总印数(份)	制作科普挂图(种)	总印数(张)	主办科普App或设置科普栏目的综合类App(个)	科普App下载安装数(次)	科普App更新数(次)
中国电机工程学会	2	85600	18	36	0	0	0
	5	48200	85	2166	0	0	0
中国电工技术学会	1	21600	0	0	0	0	0
	1	19800	0	0	0	0	0
中国水力发电工程学会	0	0	1	60	0	0	0
	1	1	7	21	1	1	1
中国水利学会	0	0	9	208	0	0	0
	0	0	22	17969	0	0	0
中国内燃机学会	0	0	0	0	1	0	0
	1	1500	9	100	0	0	0
中国工程热物理学会	0	0	0	0	0	0	0
	0	0	0	0	0	0	0
中国空气动力学会	0	0	0	0	0	0	0
	—	—	—	—	—	—	—
中国制冷学会	0	0	0	0	0	0	0
	0	0	0	0	0	0	0
中国真空学会	0	0	0	0	0	0	0
	0	0	0	0	0	0	0
中国自动化学会	0	0	0	0	0	0	0
	1	1000	3	100	0	0	0
中国仪器仪表学会	0	0	4	10820	0	0	0
	0	0	0	0	0	0	0
中国计量测试学会	0	0	1	1	0	0	0
	0	0	0	0	0	0	0
中国标准化协会	0	0	0	0	0	0	0
	0	0	1	450	0	0	0
中国图学学会	0	0	0	0	0	0	0
	0	0	0	0	0	0	0
中国电子学会	0	0	0	0	0	0	0
	0	0	0	0	0	0	0
中国计算机学会	0	0	0	0	0	0	0
	0	0	0	0	0	0	0
中国通信学会	0	0	10	110	0	0	0
	1	350000	10	500	0	0	0

续表 52

学　会	主办科技报纸（种）	总印数（份）	制作科普挂图（种）	总印数（张）	主办科普 App 或设置科普栏目的综合类 App（个）	科普 App 下载安装数（次）	科普 App 更新数（次）
中国中文信息学会	0	0	0	0	0	0	0
	0	0	0	0	0	0	0
中国测绘学会	0	0	0	0	0	0	0
	0	0	15	5600	0	0	0
中国造船工程学会	0	0	1	20	0	0	0
	0	0	0	0	0	0	0
中国航海学会	0	0	15	5000	1	100	80
	0	0	3008	3008	2	478	13
中国铁道学会	0	0	0	0	0	0	0
	1	2000	11	21321	0	0	0
中国公路学会	0	0	10	5000	0	0	0
	0	0	20	20	0	0	0
中国航空学会	0	0	5	10000	1	30000	2
	0	0	2	77	0	0	0
中国宇航学会	0	0	0	0	1	10000	5000
	0	0	0	0	0	0	0
中国兵工学会	0	0	15	1500	0	0	0
	0	0	0	0	0	0	0
中国金属学会	0	0	0	0	0	0	0
	1	8500	26	375	0	0	0
中国有色金属学会	0	0	0	0	0	0	0
	1	8500	14	28	0	0	0
中国稀土学会	0	0	1	200	0	0	0
	0	0	0	0	0	0	0
中国腐蚀与防护学会	0	0	7	100	0	0	0
	0	0	100	2000	0	0	0
中国化工学会	0	0	0	0	0	0	0
	0	0	4	5020	0	0	0
中国核学会	0	0	0	0	0	0	0
	0	0	6	383	0	0	0
中国石油学会	0	0	0	0	0	0	0
	0	0	49	501	0	0	0
中国煤炭学会	0	0	0	0	0	0	0
	0	0	0	0	0	0	0
中国可再生能源学会	0	0	0	0	0	0	0
	0	0	1	3	0	0	0

续表 53

学　会	主办科技报纸（种）	总印数（份）	制作科普挂图（种）	总印数（张）	主办科普 App 或设置科普栏目的综合类 App（个）	科普 App 下载安装数（次）	科普 App 更新数（次）
中国能源研究会	0	0	0	0	0	0	0
	0	0	3	16	0	0	0
中国硅酸盐学会	0	0	0	0	0	0	0
	0	0	0	0	0	0	0
中国建筑学会	0	0	0	0	0	0	0
	0	0	2	432	0	0	0
中国土木工程学会	0	0	500	500	0	0	0
	0	0	0	0	0	0	0
中国生物工程学会	0	0	0	0	0	0	0
	0	0	0	0	0	0	0
中国纺织工程学会	0	0	5	24	0	0	0
	0	0	15	6000	1	102	20
中国造纸学会	0	0	0	0	0	0	0
	0	0	0	0	0	0	0
中国文物保护技术协会	0	0	0	0	0	0	0
	—	—	—	—	—	—	—
中国印刷技术协会	0	0	10	2000	0	0	0
	0	0	0	0	0	0	0
中国材料研究学会	0	0	1	540	0	0	0
	0	0	0	0	0	0	0
中国食品科学技术学会	0	0	3	6000	0	0	0
	0	0	2	2	0	0	0
中国粮油学会	0	0	7	3500	0	0	0
	0	0	0	0	0	0	0
中国职业安全健康协会	0	0	0	0	0	0	0
	0	0	12	2000	0	0	0
中国烟草学会	0	0	1	3200	0	0	0
	1	5000	10030	12762	0	0	0
中国仿真学会	0	0	0	0	0	0	0
	0	0	0	0	0	0	0
中国电影电视技术学会	0	0	0	0	0	0	0
	0	0	0	0	0	0	0
中国振动工程学会	0	0	0	0	0	0	0
	0	0	0	0	0	0	0
中国颗粒学会	0	0	0	0	0	0	0
	0	0	2	200	0	0	0

续表 54

学 会		主办科技报纸（种）	总印数（份）	制作科普挂图（种）	总印数（张）	主办科普App或设置科普栏目的综合类App（个）	科普App下载安装数（次）	科普App更新数（次）
中国照明学会		0	0	0	0	0	0	0
		0	0	31	36	0	0	0
中国动力工程学会		0	0	0	0	0	0	0
		0	0	0	0	0	0	0
中国惯性技术学会		0	0	0	0	0	0	0
		0	0	0	0	0	0	0
中国风景园林学会		0	0	0	0	0	0	0
		0	0	0	0	0	0	0
中国电源学会		0	0	0	0	0	0	0
		0	0	0	0	0	0	0
中国复合材料学会		0	0	0	0	0	0	0
		0	0	0	0	0	0	0
中国消防协会		0	0	0	0	0	0	0
		0	0	17	130000	0	0	0
中国图象图形学学会		0	0	0	0	0	0	0
		0	0	0	0	0	0	0
中国人工智能学会		0	0	0	0	0	0	0
		0	0	0	0	0	0	0
中国体视学学会		0	0	0	0	0	0	0
		0	0	0	0	0	0	0
中国工程机械学会		0	0	0	0	0	0	0
		—	—	—	—	—	—	—
中国海洋工程咨询协会		0	0	0	0	0	0	0
		—	—	—	—	—	—	—
中国遥感应用协会		0	0	0	0	0	0	0
		—	—	—	—	—	—	—
中国指挥与控制学会		0	0	0	0	0	0	0
		—	—	—	—	—	—	—
中国光学工程学会		0	0	0	0	0	0	0
		0	0	0	0	0	0	0
中国微米纳米技术学会		0	0	0	0	0	0	0
		—	—	—	—	—	—	—
中国密码学会		0	0	0	0	0	0	0
		—	—	—	—	—	—	—
中国大坝工程学会		0	0	3	10	0	0	0
		—	—	—	—	—	—	—
中国卫星导航定位协会		0	0	0	0	0	0	0
		—	—	—	—	—	—	—

续表 55

学会	主办科技报纸(种)	总印数(份)	制作科普挂图(种)	总印数(张)	主办科普App或设置科普栏目的综合类App(个)	科普App下载安装数(次)	科普App更新数(次)
中国生物材料学会	0	0	0	0	0	0	0
	0	0	0	0	0	0	0
国际粉体检测与控制联合会	0	0	0	0	0	0	0
	—	—	—	—	—	—	—
全国农科学会小计	**0**	**0**	**115**	**122454**	**1**	**2200**	**1**
省级农科学会小计	**6**	**297089**	**11267**	**207651**	**3**	**27840**	**13**
中国农学会	0	0	0	0	0	0	0
	0	0	29	9019	1	40	3
中国林学会	0	0	0	0	0	0	0
	1	2000	6	4306	0	0	0
中国土壤学会	0	0	0	0	0	0	0
	0	0	5	7500	0	0	0
中国水产学会	0	0	1	6000	0	0	0
	0	0	17	161	0	0	0
中国园艺学会	0	0	13	4712	0	0	0
	1	8000	2	420	0	0	0
中国畜牧兽医学会	0	0	1	260	0	0	0
	2	280000	18	10606	0	0	0
中国植物病理学会	0	0	0	0	0	0	0
	1	100	0	0	0	0	0
中国植物保护学会	0	0	4	80000	0	0	0
	1	89	30	3000	0	0	0
中国作物学会	0	0	14	31400	0	0	0
	0	0	1023	6022	0	0	0
中国热带作物学会	0	0	82	82	0	0	0
	0	0	22	22	0	0	0
中国蚕学会	0	0	0	0	0	0	0
	0	0	0	0	0	0	0
中国水土保持学会	0	0	0	0	0	0	0
	0	0	0	0	0	0	0
中国茶叶学会	0	0	0	0	1	2200	1
	1	7000	51	58	0	0	0
中国草学会	0	0	0	0	0	0	0
	1	5000	10030	12762	0	0	0
中国植物营养与肥料学会	0	0	0	0	0	0	0
	0	0	0	0	0	0	0

续表 56

学　会		主办科技报纸（种）	总印数（份）	制作科普挂图（种）	总印数（张）	主办科普App或设置科普栏目的综合类App（个）	科普App下载安装数（次）	科普App更新数（次）
中国农业历史学会		0	0	0	0	0	0	0
		0	0	0	0	0	0	0
全国医科学会小计		**1**	**757939**	**885**	**772392**	**1**	**4638**	**9**
省级医科学会小计		**23**	**3252740**	**570**	**3138570**	**10**	**947601**	**13389**
中华医学会		0	0	0	0	0	0	0
		0	0	0	0	0	0	0
中华中医药学会		0	0	0	0	0	0	0
		—	—	—	—	—	—	—
中国中西医结合学会		0	0	7	18	1	4638	9
		0	0	9	2560	0	0	0
中国药学会		0	0	18	18	0	0	0
		12	37500	133	10052	1	20000	200
中华护理学会		0	0	522	736093	0	0	0
		—	—	—	—	—	—	—
中国生理学会		0	0	3	10	0	0	0
		0	0	0	0	0	0	0
中国解剖学会		0	0	0	0	0	0	0
		0	0	0	0	0	0	0
中国生物医学工程学会		0	0	10	100	0	0	0
		0	0	2	200	0	0	0
中国病理生理学会		0	0	3	820	0	0	0
		0	0	0	0	0	0	0
中国营养学会		0	0	4	5000	0	0	0
		0	0	50	254195	0	0	0
中国药理学会		0	0	252	252	0	0	0
		0	0	6	8000	0	0	0
中国针灸学会		0	0	0	0	0	0	0
		0	0	1	2	0	0	0
中国防痨协会		0	0	0	0	0	0	0
		2	248240	11	97000	0	0	0
中国麻风防治协会		0	0	2	9000	0	0	0
		0	0	10	123800	0	0	0
中国心理卫生协会		0	0	0	0	0	0	0
		0	0	0	0	0	0	0

续表 57

学会	主办科技报纸（种）	总印数（份）	制作科普挂图（种）	总印数（张）	主办科普App或设置科普栏目的综合类App（个）	科普App下载安装数（次）	科普App更新数（次）
中国抗癌协会	0	0	38	21000	0	0	0
	2	246000	22	4740	0	0	0
中国体育科学学会	0	0	16	61	0	0	0
	0	0	17	8000	0	0	0
中国毒理学会	0	0	0	0	0	0	0
	0	0	3	16	0	0	0
中国康复医学会	0	0	0	0	0	0	0
	0	0	17	18	0	0	0
中国免疫学会	0	0	0	0	0	0	0
	0	0	0	0	1	100	2
中华预防医学会	1	757939	0	0	0	0	0
	—	—	—	—	—	—	—
中国法医学会	0	0	0	0	0	0	0
	0	0	0	0	0	0	0
中华口腔医学会	0	0	0	0	0	0	0
	—	—	—	—	—	—	—
中国医学救援协会	0	0	10	20	0	0	0
	—	—	—	—	—	—	—
中国女医师协会	0	0	0	0	0	0	0
	0	0	0	0	0	0	0
中国研究型医院学会	0	0	0	0	0	0	0
	0	0	6	6	2	100	7
中国睡眠研究会	0	0	0	0	0	0	0
	0	0	0	0	0	0	0
中国卒中学会	0	0	0	0	0	0	0
	0	0	1	6000	0	0	0
全国交叉学科学会小计	**0**	**0**	**2100**	**16817**	**4**	**154602**	**370**
省级其他学科学会小计	**9**	**44404**	**15687**	**1502270**	**4**	**330447**	**38**
中国自然辩证法研究会	0	0	0	0	0	0	0
	0	0	0	0	0	0	0
中国管理现代化研究会	0	0	0	0	0	0	0
	0	0	0	0	0	0	0
中国技术经济学会	0	0	0	0	0	0	0
	0	0	0	0	0	0	0
中国现场统计研究会	0	0	0	0	0	0	0
	0	0	0	0	0	0	0

续表 58

学会	主办科技报纸（种）	总印数（份）	制作科普挂图（种）	总印数（张）	主办科普 App 或设置科普栏目的综合类 App（个）	科普 App 下载安装数（次）	科普 App 更新数（次）
中国未来研究会	0	0	0	0	0	0	0
	0	0	0	0	0	0	0
中国科学技术史学会	0	0	0	0	0	0	0
	0	0	0	0	0	0	0
中国科学技术情报学会	0	0	0	0	0	0	0
	0	0	5	380	0	0	0
中国图书馆学会	0	0	0	0	1	6500	11
	0	0	7	1200000	1	327600	35
中国城市科学研究会	0	0	0	0	0	0	0
	0	0	0	0	0	0	0
中国科学学与科技政策研究会	0	0	0	0	0	0	0
	0	0	0	0	0	0	0
中国农村专业技术协会	0	0	1087	1087	0	0	0
	0	0	1	1000	0	0	0
中国工业设计协会	0	0	0	0	0	0	0
	0	0	0	0	0	0	0
中国工艺美术学会	0	0	0	0	0	0	0
	0	0	0	0	0	0	0
中国科普作家协会	0	0	0	0	0	0	0
	0	0	42	1200	0	0	0
中国自然科学博物馆协会	0	0	0	0	0	0	0
	0	0	0	0	0	0	0
中国可持续发展研究会	0	0	0	0	0	0	0
	0	0	0	0	0	0	0
中国青少年科技辅导员协会	0	0	0	0	0	0	0
	0	0	1	100	0	0	0
中国科教电影电视协会	0	0	0	0	0	0	0
	1	5000	8	5000	0	0	0
中国科学技术期刊编辑学会	0	0	0	0	0	0	0
	0	0	0	0	0	0	0
中国流行色协会	0	0	0	0	0	0	0
	—	—	—	—	—	—	—
中国档案学会	0	0	0	0	0	0	0
	0	0	0	0	0	0	0
中国国土经济学会	0	0	0	0	0	0	0
	—	—	—	—	—	—	—
中国土地学会	0	0	0	0	0	0	0
	0	0	34	89	0	0	0

续表 59

学会	主办科技报纸(种)	总印数(份)	制作科普挂图(种)	总印数(张)	主办科普App或设置科普栏目的综合类App(个)	科普App下载安装数(次)	科普App更新数(次)
中国科技新闻学会	0	0	0	0	0	0	0
	0	0	0	0	0	0	0
中国老科学技术工作者协会	0	0	0	0	0	0	0
	0	0	0	0	0	0	0
中国科学探险协会	0	0	0	0	0	0	0
	—	—	—	—	—	—	—
中国城市规划学会	0	0	4	500	1	21581	5
	0	0	0	0	0	0	0
中国产学研合作促进会	0	0	0	0	0	0	0
	0	0	0	0	0	0	0
中国知识产权研究会	0	0	0	0	0	0	0
	0	0	0	0	0	0	0
中国发明协会	0	0	0	0	0	0	0
	0	0	0	0	0	0	0
中国工程教育专业认证协会	0	0	0	0	0	0	0
	—	—	—	—	—	—	—
中国检验检疫学会	0	0	0	0	0	0	0
	0	0	0	0	0	0	0
中国女科技工作者协会	0	0	0	0	0	0	0
	0	0	0	0	0	0	0
中国创造学会	0	0	0	0	0	0	0
	0	0	0	0	0	0	0
中国经济科技开发国际交流协会	0	0	0	0	0	0	0
	—	—	—	—	—	—	—
中国高科技产业化研究会	0	0	6	230	0	0	0
	—	—	—	—	—	—	—
中国微量元素科学研究会	0	0	0	0	0	0	0
	0	0	60	964	0	0	0
中国基本建设优化研究会	0	0	0	0	1	10000	350
	—	—	—	—	—	—	—
中国科技馆发展基金会	0	0	0	0	0	0	0
	—	—	—	—	—	—	—
中国生物多样性保护与绿色发展基金会	0	0	3	5000	1	116521	4
	—	—	—	—	—	—	—
中国反邪教协会	0	0	1000	10000	0	0	0
	1	144000	15023	235800	0	0	0
中国高等教育学会	0	0	0	0	0	0	0
	—	—	—	—	—	—	—
詹天佑科学技术发展基金会	0	0	0	0	0	0	0
	—	—	—	—	—	—	—

续表 60

学会		主办科普微信公众号(个)	关注数(个)	全年阅读量(次)	主办科普微博(个)	关注数(个)
全国学会合计		**359**	**6981975**	**252371620**	**160**	**4989662**
省级同名学会合计		**937**	**37282115**	**3302625559**	**155**	**578297489**
全国理科学会小计		**68**	**1018727**	**11825060**	**5**	**76400**
省级理科学会小计		**140**	**706248**	**6479400**	**52**	**572260775**
中国数学会		1	117000	777028	0	0
		0	0	0	0	0
中国物理学会		1	155907	2030000	0	0
		7	11755	83206	0	0
中国力学学会		1	6439	16384	0	0
		3	203	1478	0	0
中国光学学会		1	6500	89000	0	0
		4	432771	1145485	0	0
中国声学学会		1	8300	65000	0	0
		3	3403	53503	0	0
中国化学会		1	88430	1080588	0	0
		9	4268	55963	0	0
中国天文学会		1	4478	19946	0	0
		8	257080	199656	0	0
中国气象学会		3	50493	239500	1	400
		9	140328	2335092	11	556883390
中国空间科学学会		1	2669	57550	0	0
		—	—	—	—	—
中国地质学会		1	16179	100000	0	0
		7	8931	126012	9	4519
中国地理学会		3	177225	3602898	1	21000
		6	8887	206641	3	5157
中国地球物理学会		2	3100	19200	0	0
		2	2330	23050	0	0
中国矿物岩石地球化学学会		1	8558	314372	0	0
		1	785	20000	0	0
中国古生物学会		2	2428	12687	0	0
		1	763	7391	0	0
中国海洋湖沼学会		1	5696	128900	0	0
		0	0	0	1	2500

续表 61

学　会	主办科普微信公众号（个）	关注数（个）	全年阅读量（次）	主办科普微博（个）	关注数（个）
中国海洋学会	1	14000	64869	0	0
	1	665	14382	0	0
中国地震学会	2	12778	132504	0	0
	5	69054	438000	7	13944323
中国动物学会	0	0	0	0	0
	7	7389	37682	0	0
中国植物学会	2	13403	70985	0	0
	6	5002	34275	3	1262000
中国昆虫学会	0	0	0	0	0
	4	4327	39753	1	200
中国微生物学会	0	0	0	0	0
	4	43307	1385170	0	0
中国生物化学与分子生物学会	0	0	0	0	0
	1	5000	10000	1	12000
中国细胞生物学学会	1	40021	775000	1	32000
	4	23456	289916	2	7095
中国植物生理与植物分子生物学学会	1	11534	109800	0	0
	0	0	0	0	0
中国生物物理学会	2	42433	411176	0	0
	1	44	1000	0	0
中国遗传学会	0	0	0	0	0
	5	3647	28663	0	0
中国心理学会	2	8830	51897	2	23000
	9	18209	84908	10	6500
中国生态学学会	1	1873	5963	0	0
	2	1100	4151	0	0
中国环境科学学会	0	0	0	0	0
	15	43184	580464	0	0
中国自然资源学会	1	7150	69299	0	0
	0	0	0	0	0
中国感光学会	1	400	1200	0	0
	—	—	—	—	—
中国优选法统筹法与经济数学研究会	10	49144	596112	0	0
	0	0	0	0	0
中国岩石力学与工程学会	13	105673	148541	0	0
	1	836	18200	0	0

续表 62

学会	主办科普微信公众号（个）	关注数（个）	全年阅读量（次）	主办科普微博（个）	关注数（个）
中国野生动物保护协会	0	0	0	0	0
	4	3122	64372	0	0
中国系统工程学会	1	5799	42533	0	0
	3	2751	8526	0	0
中国实验动物学会	1	557	822	0	0
	4	5573	25016	0	0
中国青藏高原研究会	1	13608	137957	0	0
	—	—	—	—	—
中国环境诱变剂学会	2	1350	6056	0	0
	2	4200	72000	0	0
中国运筹学会	2	22698	365707	0	0
	0	0	0	0	0
中国菌物学会	1	10000	250000	0	0
	0	0	0	0	0
中国晶体学会	0	0	0	0	0
	—	—	—	—	—
中国神经科学学会	1	2400	19586	0	0
	2	1418	5089	0	0
中国认知科学学会	1	1674	12000	0	0
	1	500	600	1	500
中国微循环学会	0	0	0	0	0
	0	0	0	0	0
国际数字地球协会	0	0	0	0	0
	—	—	—	—	—
国际动物学会	0	0	0	0	0
	7	7389	37682	0	0
全国工科学会小计	**147**	**2655633**	**202970952**	**117**	**2485239**
省级工科学会小计	**272**	**925573**	**19814003**	**24**	**115221**
中国机械工程学会	9	117891	1200010	0	0
	13	19400	123025	0	0
中国汽车工程学会	2	76974	18177763	2	36192
	7	11521	87863	0	0
中国农业机械学会	1	61849	720852	0	0
	3	8689	70091	0	0
中国农业工程学会	1	4571	38000	0	0
	2	588	3067	0	0

续表 63

学　会	主办科普微信公众号(个)	关注数(个)	全年阅读量(次)	主办科普微博(个)	关注数(个)
中国电机工程学会	1	21000	80000	0	0
	7	15926	384357	1	21
中国电工技术学会	4	5170	154985	2	12527
	3	850	10558	0	0
中国水力发电工程学会	1	8209	215000	0	0
	5	3374	97224	1	1
中国水利学会	5	27108	1286820	0	0
	4	5823	89356	0	0
中国内燃机学会	1	10175	193584	0	0
	1	910	9000	1	190
中国工程热物理学会	1	4685	235850	0	0
	0	0	0	0	0
中国空气动力学会	1	5000	15000	0	0
	—	—	—	—	—
中国制冷学会	0	0	0	0	0
	8	11481	84376	1	1200
中国真空学会	1	4433	20991	0	0
	1	1349	3120	0	0
中国自动化学会	8	92182	2515821	2	85200
	7	4114	54763	0	0
中国仪器仪表学会	11	10049	115525	10	400
	3	684	6309	0	0
中国计量测试学会	0	0	0	0	0
	4	3091	34573	0	0
中国标准化协会	1	5591	46234	0	0
	6	12470	106345	0	0
中国图学学会	1	67232	233808	0	0
	0	0	0	0	0
中国电子学会	1	18097	23000	0	0
	11	149257	6466812	2	30000
中国计算机学会	1	160	8700000	1	26000
	6	12263	208841	0	0
中国通信学会	1	7498	105000	0	0
	12	11071	1965720	0	0

续表 64

学会		主办科普微信公众号（个）	关注数（个）	全年阅读量（次）	主办科普微博（个）	关注数（个）
中国中文信息学会		0	0	0	0	0
		0	0	0	0	0
中国测绘学会		1	81042	2866458	0	0
		7	10160	42446	0	0
中国造船工程学会		2	25767	213681	1	1060000
		3	2056	25970	1	40
中国航海学会		3	114975	603215	81	5302
		2	2735	14787	0	0
中国铁道学会		0	0	0	0	0
		0	0	0	0	0
中国公路学会		1	35500	180000	1	2600
		4	24992	70072	2	360
中国航空学会		1	210000	140000000	2	500000
		6	5629	76183	1	200
中国宇航学会		3	28000	277000	1	280000
		3	5494	88338	0	0
中国兵工学会		1	66032	1911122	1	422000
		1	9010	25568	0	0
中国金属学会		1	4000	10000	0	0
		5	9797	24427	0	0
中国有色金属学会		1	13378	420000	0	0
		1	1301	5931	0	0
中国稀土学会		1	5100	30000	0	0
		1	65	98	0	0
中国腐蚀与防护学会		3	40645	920056	0	0
		1	200	1000	0	0
中国化工学会		15	667606	8083277	0	0
		1	2100	27000	1	1200
中国核学会		1	25000	1000000	0	0
		3	1245	34300	0	0
中国石油学会		3	6206	146910	0	0
		0	0	0	0	0
中国煤炭学会		2	9512	460561	0	0
		2	479	93704	0	0
中国可再生能源学会		6	65336	209148	0	0
		3	19183	101284	0	0

续表 65

学会	主办科普微信公众号（个）	关注数（个）	全年阅读量（次）	主办科普微博（个）	关注数（个）
中国能源研究会	1	7140	173792	0	0
	3	4990	30872	0	0
中国硅酸盐学会	4	38739	969000	0	0
	4	10962	23297	0	0
中国建筑学会	1	50073	265120	0	0
	10	28897	295768	0	0
中国土木工程学会	1	8855	42497	0	0
	1	7150	181329	0	0
中国生物工程学会	0	0	0	0	0
	2	2058	2211	0	0
中国纺织工程学会	1	2367	83686	0	0
	5	4173	64042	0	0
中国造纸学会	0	0	0	0	0
	1	112	1500	0	0
中国文物保护技术协会	0	0	0	0	0
	—	—	—	—	—
中国印刷技术协会	3	19200	446765	0	0
	0	0	0	0	0
中国材料研究学会	3	15537	314738	4	15000
	0	0	0	0	0
中国食品科学技术学会	2	44970	437585	0	0
	4	6757	53472	0	0
中国粮油学会	5	22762	404631	0	0
	2	797	20670	0	0
中国职业安全健康协会	0	0	0	0	0
	0	0	0	0	0
中国烟草学会	1	8757	15000	1	500
	3	93260	1172745	0	0
中国仿真学会	0	0	0	0	0
	0	0	0	0	0
中国电影电视技术学会	0	0	0	0	0
	0	0	0	0	0
中国振动工程学会	1	7661	25320	0	0
	2	1456	9821	0	0
中国颗粒学会	0	0	0	0	0
	1	552	4500	0	0

续表 66

学　会		主办科普微信公众号（个）	关注数（个）	全年阅读量（次）	主办科普微博（个）	关注数（个）
中国照明学会		0	0	0	0	0
		4	4602	33754	0	0
中国动力工程学会		1	2064	12557	0	0
		0	0	0	0	0
中国惯性技术学会		1	7914	177231	0	0
		1	370	1073	0	0
中国风景园林学会		0	0	0	0	0
		6	15277	204447	0	0
中国电源学会		1	22135	202079	1	1600
		0	0	0	0	0
中国复合材料学会		0	0	0	0	0
		0	0	0	0	0
中国消防协会		1	30025	200000	0	0
		8	107100	2646699	1	28000
中国图象图形学学会		1	12060	327534	0	0
		0	0	0	0	0
中国人工智能学会		11	185508	1257856	4	10289
		5	6443	203233	1	16
中国体视学学会		2	2257	36255	0	0
		0	0	0	0	0
中国工程机械学会		0	0	0	0	0
		—	—	—	—	—
中国海洋工程咨询协会		0	0	0	0	0
		—	—	—	—	—
中国遥感应用协会		0	0	0	0	0
		—	—	—	—	—
中国指挥与控制学会		1	127519	4562328	0	0
		—	—	—	—	—
中国光学工程学会		4	50229	946742	1	23897
		1	1350	4500	0	0
中国微米纳米技术学会		1	9180	89600	1	3532
		—	—	—	—	—
中国密码学会		0	0	0	0	0
		—	—	—	—	—
中国大坝工程学会		1	15600	380000	1	200
		—	—	—	—	—
中国卫星导航定位协会		1	10423	7965	0	0
		—	—	—	—	—

续表 67

学会	主办科普微信公众号(个)	关注数(个)	全年阅读量(次)	主办科普微博(个)	关注数(个)
中国生物材料学会	1	8685	183000	0	0
	1	100	80	0	0
国际粉体检测与控制联合会	0	0	0	0	0
	—	—	—	—	—
全国农科学会小计	**31**	**290010**	**2642642**	**3**	**1082**
省级农科学会小计	**54**	**116614**	**1299864**	**4**	**1005**
中国农学会	1	84000	101000	0	0
	5	9238	138815	0	0
中国林学会	1	384	10000	0	0
	14	27764	266458	1	270
中国土壤学会	1	3600	100000	0	0
	1	249	7000	0	0
中国水产学会	0	0	0	0	0
	2	546	9906	0	0
中国园艺学会	4	15314	63683	0	0
	2	448	10300	0	0
中国畜牧兽医学会	8	18372	185515	1	16
	9	20505	288045	0	0
中国植物病理学会	0	0	0	0	0
	0	0	0	0	0
中国植物保护学会	1	23000	141728	0	0
	0	0	0	0	0
中国作物学会	12	34276	491211	1	550
	1	500	11000	0	0
中国热带作物学会	0	0	0	0	0
	1	500	11000	0	0
中国蚕学会	0	0	0	0	0
	1	49	347	0	0
中国水土保持学会	0	0	0	0	0
	1	355	141566	0	0
中国茶叶学会	1	108718	1510000	1	516
	6	21828	180862	0	0
中国草学会	2	2346	39505	0	0
	3	93260	1172745	0	0
中国植物营养与肥料学会	0	0	0	0	0
	0	0	0	0	0

续表 68

学　会		主办科普微信公众号（个）	关注数（个）	全年阅读量（次）	主办科普微博（个）	关注数（个）
中国农业历史学会		0	0	0	0	0
		0	0	0	0	0
全国医科学会小计		**41**	**1883414**	**21087890**	**16**	**894666**
省级医科学会小计		**296**	**34681082**	**3249186982**	**32**	**2529290**
中华医学会		1	3686	22738	0	0
		0	0	0	0	0
中华中医药学会		1	6730	1810	0	0
		—	—	—	—	—
中国中西医结合学会		3	59125	61867	1	16443
		17	117565	472494	0	0
中国药学会		1	96639	382804	1	537000
		31	388777	5049927	3	4547
中华护理学会		0	0	0	0	0
		—	—	—	—	—
中国生理学会		1	1227	51227	0	0
		3	10858	24089	0	0
中国解剖学会		1	62652	402222	3	135444
		1	22	2938	0	0
中国生物医学工程学会		1	16016	224234	0	0
		3	2056	28223	0	0
中国病理生理学会		4	5280	88828	0	0
		2	814	12089	0	0
中国营养学会		1	298741	3756314	1	67500
		18	44618	395953	3	2103302
中国药理学会		4	21546	262565	0	0
		5	34721	142650	2	115300
中国针灸学会		0	0	0	0	0
		9	34542	279213	0	0
中国防痨协会		1	371881	323000	0	0
		5	763448	915939	0	0
中国麻风防治协会		1	388	1827	1	38062
		0	0	0	0	0
中国心理卫生协会		0	0	0	0	0
		6	12003	140676	0	0

续表 69

学会	主办科普微信公众号(个)	关注数(个)	全年阅读量(次)	主办科普微博(个)	关注数(个)
中国抗癌协会	1	11814	143810	4	3892
	13	69260	582001	2	2200
中国体育科学学会	7	353209	12364407	2	60000
	7	65264	149410	0	0
中国毒理学会	3	11777	40280	0	0
	4	3301	11372	0	0
中国康复医学会	1	38025	399597	0	0
	5	16768	92560	1	6
中国免疫学会	1	14534	10900	0	0
	6	12296	95401	0	0
中华预防医学会	4	196137	1299422	0	0
	—	—	—	—	—
中国法医学会	0	0	0	0	0
	1	307	293	0	0
中华口腔医学会	1	239219	607200	1	33000
	—	—	—	—	—
中国医学救援协会	1	4613	56320	0	0
	—	—	—	—	—
中国女医师协会	0	0	0	0	0
	0	0	0	0	0
中国研究型医院学会	0	0	0	0	0
	0	0	0	0	0
中国睡眠研究会	1	35278	583238	2	3325
	1	1500	70000	0	0
中国卒中学会	1	34897	3280	0	0
	4	19219	88371	0	0
全国交叉学科学会小计	**72**	**1134191**	**13845076**	**19**	**1532275**
省级其他学科学会小计	**175**	**852598**	**25845310**	**43**	**3391198**
中国自然辩证法研究会	0	0	0	0	0
	0	0	0	2	392
中国管理现代化研究会	0	0	0	0	0
	0	0	0	0	0
中国技术经济学会	2	737	2790	0	0
	0	0	0	0	0
中国现场统计研究会	1	99	1506	0	0
	0	0	0	0	0

续表 70

学　会	主办科普微信公众号（个）	关注数（个）	全年阅读量（次）	主办科普微博（个）	关注数（个）
中国未来研究会	0	0	0	0	0
	1	135	410	0	0
中国科学技术史学会	0	0	0	0	0
	1	17712	200000	1	1052000
中国科学技术情报学会	0	0	0	0	0
	0	0	0	0	0
中国图书馆学会	1	89682	1903373	0	0
	5	115304	4967359	0	0
中国城市科学研究会	12	59901	706991	0	0
	1	2	2	0	0
中国科学学与科技政策研究会	1	6936	155812	0	0
	0	0	0	0	0
中国农村专业技术协会	1	16565	63998	0	0
	6	117783	562444	0	0
中国工业设计协会	0	0	0	0	0
	0	0	0	0	0
中国工艺美术学会	1	20000	900000	0	0
	1	4041	78964	0	0
中国科普作家协会	1	12032	200000	1	40000
	9	9133	197036	2	112659
中国自然科学博物馆协会	0	0	0	0	0
	1	53	3	0	0
中国可持续发展研究会	1	1214	2189	0	0
	1	120	489	0	0
中国青少年科技辅导员协会	2	44435	925792	1	881
	1	76	80	0	0
中国科教电影电视协会	1	183	26300	0	0
	0	0	0	0	0
中国科学技术期刊编辑学会	0	0	0	0	0
	2	2445	48623	0	0
中国流行色协会	4	125174	430000	1	43000
	—	—	—	—	—
中国档案学会	1	9130	70131	0	0
	0	0	0	0	0
中国国土经济学会	3	2210	33000	1	403000
	—	—	—	—	—
中国土地学会	1	15618	277319	0	0
	8	11530	147346	0	0

续表 71

学　会	主办科普微　信公众号（个）	关注数（个）	全年阅读量（次）	主办科普微　博（个）	关注数（个）
中国科技新闻学会	1	1915	11369	1	1915
	0	0	0	0	0
中国老科学技术工作者协会	2	13567	205917	0	0
	2	1663	30970	1	62
中国科学探险协会	1	2418	3000	0	0
	—	—	—	—	—
中国城市规划学会	17	539290	5906058	5	117340
	2	1857	60364	0	0
中国产学研合作促进会	0	0	0	0	0
	0	0	0	0	0
中国知识产权研究会	0	0	0	0	0
	1	2078	7727	1	8
中国发明协会	1	6088	30000	0	0
	0	0	0	0	0
中国工程教育专业认证协会	0	0	0	0	0
	—	—	—	—	—
中国检验检疫学会	0	0	0	0	0
	0	0	0	0	0
中国女科技工作者协会	0	0	0	0	0
	0	0	0	0	0
中国创造学会	1	865	6735	0	0
	3	765	1300	0	0
中国经济科技开发国际交流协会	0	0	0	0	0
	—	—	—	—	—
中国高科技产业化研究会	1	3825	4695	0	0
	—	—	—	—	—
中国微量元素科学研究会	0	0	0	0	0
	1	700	3000	2	354
中国基本建设优化研究会	2	11300	29208	0	0
	—	—	—	—	—
中国科技馆发展基金会	0	0	0	0	0
	—	—	—	—	—
中国生物多样性保护与绿色发展基金会	12	148673	1728893	9	926139
	—	—	—	—	—
中国反邪教协会	1	2334	220000	0	0
	4	107021	2085885	1	21000
中国高等教育学会	0	0	0	0	0
	—	—	—	—	—
詹天佑科学技术发展基金会	0	0	0	0	0
	—	—	—	—	—

七、科技决策咨询

2021年各全国学会、省级同名学会科技决策咨询情况

学会	开展科技评估（项）	举办决策咨询活动 次数（次）	#接受媒体采访或发表声明（场次）	参加活动专家数（人次）	组织政协科协界委员协商或调研活动（次）	组织政策解读活动（次）	组织参与立法咨询（次）
全国学会合计	**2585**	**1121**	**300**	**20110**	**109**	**242**	**118**
省级同名学会合计	**9562**	**3767**	**544**	**34126**	**428**	**1210**	**234**
全国理科学会小计	**102**	**60**	**7**	**1278**	**2**	**1**	**6**
省级理科学会小计	**834**	**652**	**87**	**4444**	**56**	**133**	**25**
中国数学会	0	0	0	0	0	0	0
	2	0	0	10	0	0	0
中国物理学会	0	1	0	32	0	0	0
	7	14	3	59	0	6	0
中国力学学会	0	0	0	0	0	0	0
	7	25	0	131	2	10	0
中国光学学会	4	3	1	20	0	0	0
	4	17	1	112	3	5	0
中国声学学会	3	0	0	0	0	0	1
	2	2	0	75	0	0	0
中国化学会	0	1	0	33	0	0	0
	19	21	2	187	1	1	0
中国天文学会	0	0	0	0	0	0	0
	4	0	0	0	0	0	0
中国气象学会	8	0	0	0	1	0	0
	26	42	7	299	2	7	6
中国空间科学学会	0	1	0	12	1	0	1
	—	—	—	—	—	—	—
中国地质学会	5	5	0	35	0	0	0
	264	27	3	650	2	12	3
中国地理学会	1	7	2	138	0	0	2
	46	33	2	105	3	3	3
中国地球物理学会	17	0	0	0	0	0	0
	7	6	0	32	0	0	0
中国矿物岩石地球化学学会	0	0	0	0	0	0	0
	0	1	1	4	0	0	0
中国古生物学会	0	0	0	0	0	0	0
	1	0	0	0	1	0	1
中国海洋湖沼学会	2	0	0	0	0	0	0
	10	2	0	10	0	0	1

续表 1

学会	开展科技评估（项）	举办决策咨询活动			组织政协科协界委员协商或调研活动（次）	组织政策解读活动（次）	组织参与立法咨询（次）
		次数（次）	#接受媒体采访或发表声明（场次）	参加活动专家数（人次）			
中国海洋学会	9	3	0	20	0	0	0
	3	5	0	114	1	0	1
中国地震学会	3	0	0	0	0	0	0
	1	2	1	65	0	1	1
中国动物学会	2	0	0	0	0	0	0
	53	27	11	92	3	1	3
中国植物学会	0	0	0	0	0	0	0
	100	13	7	76	4	6	6
中国昆虫学会	1	1	1	9	0	0	0
	52	14	5	76	0	0	0
中国微生物学会	0	1	0	5	0	0	0
	2	4	2	71	5	4	0
中国生物化学与分子生物学会	0	0	0	0	0	0	0
	3	9	1	59	2	2	0
中国细胞生物学学会	3	7	2	177	0	0	0
	40	5	0	107	0	2	0
中国植物生理与植物分子生物学学会	0	2	0	36	0	0	0
	0	0	0	0	0	0	0
中国生物物理学会	0	0	0	0	0	1	0
	0	0	0	0	0	0	0
中国遗传学会	0	0	0	0	0	0	0
	33	22	18	223	6	3	1
中国心理学会	0	0	0	0	0	0	0
	4	23	13	102	8	4	0
中国生态学学会	1	17	0	152	0	0	2
	1	2	1	23	2	0	0
中国环境科学学会	0	0	0	0	0	0	0
	133	306	0	1652	3	52	0
中国自然资源学会	0	0	0	0	0	0	0
	7	10	0	20	3	2	0
中国感光学会	0	0	0	0	0	0	0
	—	—	—	—	—	—	—
中国优选法统筹法与经济数学研究会	2	1	0	8	0	0	0
	0	0	0	0	0	0	0
中国岩石力学与工程学会	37	6	0	481	0	0	0
	15	14	2	172	1	3	1

续表 2

学　会	开展科技评估（项）	举办决策咨询活动 次数（次）	#接受媒体采访或发表声明（场次）	参加活动专家数（人次）	组织政协科协界委员协商或调研活动（次）	组织政策解读活动（次）	组织参与立法咨询（次）
中国野生动物保护协会	0	0	0	0	0	0	0
	6	8	4	15	0	0	0
中国系统工程学会	0	0	0	0	0	0	0
	12	4	1	25	0	7	0
中国实验动物学会	0	0	0	0	0	0	0
	26	2	0	30	0	0	0
中国青藏高原研究会	3	0	0	0	0	0	0
	—	—	—	—	—	—	—
中国环境诱变剂学会	0	0	0	0	0	0	0
	0	0	0	0	0	0	0
中国运筹学会	0	1	0	15	0	0	0
	0	0	0	0	0	0	0
中国菌物学会	0	0	0	0	0	0	0
	0	0	0	0	0	0	0
中国晶体学会	0	0	0	0	0	0	0
	—	—	—	—	—	—	—
中国神经科学学会	1	3	1	105	0	0	0
	0	0	0	0	0	0	0
中国认知科学学会	0	0	0	0	0	0	0
	0	0	0	0	0	0	0
中国微循环学会	0	0	0	0	0	0	0
	2	2	0	4	0	0	0
国际数字地球协会	0	0	0	0	0	0	0
	—	—	—	—	—	—	—
国际动物学会	0	0	0	0	0	0	0
	53	27	11	92	3	1	3
全国工科学会小计	**2101**	**607**	**125**	**13795**	**27**	**107**	**36**
省级工科学会小计	**5071**	**1364**	**88**	**11672**	**159**	**374**	**52**
中国机械工程学会	81	10	3	319	0	0	0
	267	79	12	1058	6	29	0
中国汽车工程学会	19	6	0	300	0	1	0
	37	13	1	138	1	4	0
中国农业机械学会	1	2	0	20	0	2	0
	43	28	2	286	21	6	0
中国农业工程学会	13	0	0	0	0	0	0
	11	3	0	27	0	1	0

续表 3

学会	开展科技评估（项）	举办决策咨询活动			组织政协科协界委员协商或调研活动（次）	组织政策解读活动（次）	组织参与立法咨询（次）
		次数（次）	# 接受媒体采访或发表声明（场次）	参加活动专家数（人次）			
中国电机工程学会	273	6	1	81	0	0	1
	1535	3	1	1448	0	10	0
中国电工技术学会	104	3	0	12	0	2	0
	15	1	0	14	0	4	0
中国水力发电工程学会	74	0	0	0	1	2	1
	7	4	0	47	1	1	1
中国水利学会	86	35	4	599	0	10	2
	195	17	0	709	1	2	1
中国内燃机学会	13	2	0	42	0	0	0
	1	1	0	15	0	0	1
中国工程热物理学会	1	2	0	65	0	0	0
	0	1	1	3	0	0	0
中国空气动力学会	8	8	0	100	1	0	0
	—	—	—	—	—	—	—
中国制冷学会	8	0	0	0	0	0	0
	20	19	2	97	0	1	0
中国真空学会	0	0	0	0	0	1	0
	5	0	0	26	0	0	0
中国自动化学会	46	37	0	247	0	3	5
	19	17	2	157	1	1	0
中国仪器仪表学会	48	26	3	307	2	7	1
	4	34	1	214	0	0	0
中国计量测试学会	8	0	0	0	0	0	0
	36	0	0	0	0	0	0
中国标准化协会	3	0	0	0	0	0	0
	23	1	0	46	0	0	0
中国图学学会	0	0	0	0	0	0	0
	5	3	0	36	0	2	0
中国电子学会	112	38	2	966	2	6	7
	57	46	4	130	4	10	0
中国计算机学会	0	152	69	5000	0	4	0
	31	15	2	97	9	8	1
中国通信学会	50	17	2	500	0	0	3
	30	4	0	152	0	1	0

续表 4

学　会	开展科技评估（项）	举办决策咨询活动			组织政协科协界委员协商或调研活动（次）	组织政策解读活动（次）	组织参与立法咨询（次）
		次数（次）	#接受媒体采访或发表声明（场次）	参加活动专家数（人次）			
中国中文信息学会	0	0	0	0	0	0	0
	0	0	0	0	0	0	0
中国测绘学会	0	0	0	0	0	0	0
	33	14	0	106	3	8	5
中国造船工程学会	86	1	0	20	0	1	0
	7	4	0	26	3	10	0
中国航海学会	127	12	1	126	11	12	3
	49	17	2	370	0	3	0
中国铁道学会	6	5	2	45	1	12	2
	6	4	3	50	0	0	0
中国公路学会	265	8	0	270	0	3	1
	220	263	0	1450	0	7	4
中国航空学会	50	10	1	100	0	0	0
	18	32	3	170	3	0	0
中国宇航学会	0	4	0	80	0	0	0
	1	0	0	0	0	0	0
中国兵工学会	1	6	0	30	1	0	0
	1	2	0	21	0	1	0
中国金属学会	38	3	0	20	0	0	0
	89	38	3	274	0	8	1
中国有色金属学会	22	0	0	0	0	0	0
	5	3	3	13	0	2	1
中国稀土学会	4	4	4	50	0	0	0
	0	0	0	0	0	0	0
中国腐蚀与防护学会	18	1	0	128	0	0	0
	3	8	0	15	8	16	0
中国化工学会	61	22	2	246	5	3	1
	69	10	1	193	6	5	0
中国核学会	5	5	0	60	1	0	0
	3	0	0	33	2	0	0
中国石油学会	15	0	0	0	0	0	0
	2	1	0	5	0	1	0
中国煤炭学会	17	1	0	7	0	2	0
	21	0	0	1	0	1	0
中国可再生能源学会	11	0	0	0	0	0	0
	1	1	0	3	0	0	1

续表 5

学　会	开展科技评估（项）	举办决策咨询活动			组织政协科协界委员协商或调研活动（次）	组织政策解读活动（次）	组织参与立法咨询（次）
		次　数（次）	#接受媒体采访或发表声明（场次）	参加活动专家数（人次）			
中国能源研究会	10	10	0	60	0	0	2
	2	8	3	25	0	4	1
中国硅酸盐学会	8	3	0	129	0	2	0
	8	4	1	50	0	0	0
中国建筑学会	1	8	2	72	0	3	1
	874	285	3	820	0	6	0
中国土木工程学会	1	0	0	0	0	0	1
	197	0	0	0	0	0	0
中国生物工程学会	0	0	0	0	0	0	0
	0	0	0	0	0	0	0
中国纺织工程学会	0	38	1	200	0	4	0
	20	18	0	73	3	17	5
中国造纸学会	0	1	0	3	0	0	0
	12	6	0	46	3	3	0
中国文物保护技术协会	61	0	0	10	0	0	0
	—	—	—	—	—	—	—
中国印刷技术协会	2	5	4	200	2	1	0
	0	0	0	0	0	0	0
中国材料研究学会	16	13	1	267	0	3	0
	11	0	0	0	0	5	0
中国食品科学技术学会	16	5	5	30	0	0	1
	24	4	2	163	1	0	0
中国粮油学会	39	0	0	0	0	0	0
	0	0	0	0	0	0	0
中国职业安全健康协会	109	15	0	660	0	0	0
	0	0	0	0	0	0	0
中国烟草学会	0	0	0	0	0	0	0
	9	19	0	103	1	6	1
中国仿真学会	0	0	0	0	0	0	0
	0	0	0	0	0	0	0
中国电影电视技术学会	4	0	0	0	0	0	0
	4	0	0	0	0	0	0
中国振动工程学会	0	0	0	0	0	0	1
	402	18	0	61	0	0	0
中国颗粒学会	0	0	0	0	0	0	0
	3	2	0	8	0	0	0

续表 6

学　会	开展科技评估（项）	举办决策咨询活动			组织政协科协界委员协商或调研活动（次）	组织政策解读活动（次）	组织参与立法咨询（次）
		次　数（次）	# 接受媒体采访或发表声明（场次）	参加活动专家数（人次）			
中国照明学会	0	0	0	0	0	0	0
	5	6	0	38	1	1	0
中国动力工程学会	0	0	0	0	0	0	0
	0	0	0	0	0	0	0
中国惯性技术学会	0	0	0	0	0	0	0
	0	0	0	0	0	0	0
中国风景园林学会	0	0	0	0	0	0	0
	65	11	0	249	0	0	6
中国电源学会	1	0	0	0	0	0	0
	0	0	0	0	2	0	0
中国复合材料学会	0	0	0	0	0	0	0
	3	4	1	24	0	0	0
中国消防协会	0	0	0	0	0	0	0
	43	5	5	30	1	35	9
中国图象图形学学会	8	1	0	5	0	11	0
	2	0	0	0	0	0	0
中国人工智能学会	81	21	6	61	0	1	0
	13	12	4	114	1	4	1
中国体视学学会	0	0	0	0	0	0	0
	0	0	0	0	0	0	0
中国工程机械学会	0	0	0	0	0	0	0
	—	—	—	—	—	—	—
中国海洋工程咨询协会	0	0	0	0	0	0	0
	—	—	—	—	—	—	—
中国遥感应用协会	0	0	0	0	0	0	0
	—	—	—	—	—	—	—
中国指挥与控制学会	3	3	0	100	0	1	0
	—	—	—	—	—	—	—
中国光学工程学会	9	1	0	79	0	1	0
	1	2	0	10	0	0	0
中国微米纳米技术学会	0	7	0	1278	0	0	0
	—	—	—	—	—	—	—
中国密码学会	1	0	0	0	0	2	0
	—	—	—	—	—	—	—
中国大坝工程学会	29	18	2	180	0	3	2
	—	—	—	—	—	—	—
中国卫星导航定位协会	28	15	10	300	0	4	1
	—	—	—	—	—	—	—

续表 7

学 会	开展科技评估（项）	举办决策咨询活动 次数（次）	#接受媒体采访或发表声明（场次）	参加活动专家数（人次）	组织政协科协界委员协商或调研活动（次）	组织政策解读活动（次）	组织参与立法咨询（次）
中国生物材料学会	0	17	0	421	0	0	0
	0	0	0	0	0	0	0
国际粉体检测与控制联合会	0	0	0	0	0	0	0
	—	—	—	—	—	—	—
全国农科学会小计	**205**	**111**	**60**	**1509**	**12**	**16**	**8**
省级农科学会小计	**729**	**436**	**102**	**2809**	**51**	**200**	**67**
中国农学会	44	7	3	248	0	3	1
	129	17	1	751	2	2	1
中国林学会	78	8	2	400	2	0	1
	230	25	2	608	12	6	7
中国土壤学会	0	0	0	0	0	0	1
	6	9	4	39	2	1	1
中国水产学会	6	2	0	132	0	0	2
	19	5	3	75	0	10	0
中国园艺学会	25	35	29	204	10	7	3
	18	11	3	94	1	8	0
中国畜牧兽医学会	3	6	1	52	0	2	0
	90	19	3	149	3	9	1
中国植物病理学会	0	0	0	0	0	0	0
	2	0	0	10	0	0	0
中国植物保护学会	1	0	0	0	0	0	0
	3	6	0	25	0	3	0
中国作物学会	41	39	25	400	0	4	0
	122	104	38	165	3	45	41
中国热带作物学会	2	13	0	45	0	0	0
	5	1	0	28	1	4	0
中国蚕学会	2	0	0	0	0	0	0
	0	0	0	0	0	0	0
中国水土保持学会	0	0	0	0	0	0	0
	3	1	0	5	2	1	0
中国茶叶学会	3	1	0	28	0	0	0
	6	14	6	57	1	5	4
中国草学会	0	0	0	0	0	0	0
	9	19	0	103	1	6	1
中国植物营养与肥料学会	0	0	0	0	0	0	0
	1	14	5	20	1	1	0

续表 8

学会	开展科技评估（项）	举办决策咨询活动			组织政协科协界委员协商或调研活动（次）	组织政策解读活动（次）	组织参与立法咨询（次）
		次数（次）	#接受媒体采访或发表声明（场次）	参加活动专家数（人次）			
中国农业历史学会	0	0	0	0	0	0	0
	0	0	0	0	0	0	0
全国医科学会小计	**21**	**104**	**14**	**1740**	**57**	**18**	**15**
省级医科学会小计	**503**	**423**	**136**	**5268**	**49**	**199**	**23**
中华医学会	5	59	0	263	0	4	1
	0	0	0	0	0	0	0
中华中医药学会	0	0	0	0	0	0	0
	—	—	—	—	—	—	—
中国中西医结合学会	0	0	0	0	0	0	0
	3	2	0	33	0	1	0
中国药学会	5	10	0	360	1	3	4
	49	65	6	1286	2	32	4
中华护理学会	0	0	0	0	0	0	0
	—	—	—	—	—	—	—
中国生理学会	0	0	0	0	0	0	0
	1	4	0	11	0	0	0
中国解剖学会	0	0	0	0	0	0	0
	3	2	0	22	2	1	1
中国生物医学工程学会	0	0	0	0	0	0	3
	12	2	0	35	1	1	0
中国病理生理学会	1	1	0	6	4	5	2
	0	0	0	0	0	0	0
中国营养学会	0	17	11	790	0	3	2
	27	38	11	83	0	6	0
中国药理学会	0	0	0	0	0	0	0
	5	4	0	29	1	2	0
中国针灸学会	0	0	0	0	0	0	0
	1	3	1	203	0	1	0
中国防痨协会	4	2	0	41	52	0	0
	3	4	1	28	2	1	0
中国麻风防治协会	0	0	0	0	0	0	0
	1	0	0	0	0	0	0
中国心理卫生协会	0	0	0	0	0	0	0
	0	0	0	0	0	12	0

续表 9

学　会	开展科技评估（项）	举办决策咨询活动 次数（次）	#接受媒体采访或发表声明（场次）	参加活动专家数（人次）	组织政协科协界委员协商或调研活动（次）	组织政策解读活动（次）	组织参与立法咨询（次）
中国抗癌协会	0	0	0	0	0	0	0
	1	1	0	10	1	1	1
中国体育科学学会	5	5	0	10	0	2	0
	2	3	1	15	0	0	1
中国毒理学会	1	0	0	0	0	0	0
	7	5	2	46	0	2	0
中国康复医学会	0	0	0	0	0	0	0
	0	0	0	0	0	0	0
中国免疫学会	0	0	0	0	0	0	0
	28	0	0	8	0	0	0
中华预防医学会	0	0	0	0	0	0	3
	—	—	—	—	—	—	—
中国法医学会	0	0	0	0	0	0	0
	0	1	0	10	0	0	0
中华口腔医学会	0	10	3	270	0	0	0
	—	—	—	—	—	—	—
中国医学救援协会	0	0	0	0	0	0	0
	—	—	—	—	—	—	—
中国女医师协会	0	0	0	0	0	1	0
	0	0	0	0	0	0	0
中国研究型医院学会	0	0	0	0	0	0	0
	1	1	1	300	1	1	1
中国睡眠研究会	0	0	0	0	0	0	0
	0	0	0	0	0	0	0
中国卒中学会	0	0	0	0	0	0	0
	5	1	0	123	0	1	0
全国交叉学科学会小计	**156**	**239**	**94**	**1788**	**11**	**100**	**53**
省级其他学科学会小计	**2425**	**892**	**131**	**9933**	**113**	**304**	**67**
中国自然辩证法研究会	0	0	0	0	0	0	0
	22	18	5	65	0	8	1
中国管理现代化研究会	0	3	0	3	0	0	0
	4	1	0	7	2	6	0
中国技术经济学会	0	0	0	0	0	0	0
	0	0	0	0	0	0	0
中国现场统计研究会	0	0	0	0	0	0	0
	5	1	0	30	2	2	0

续表 10

学　会	开展科技评估（项）	举办决策咨询活动			组织政协科协界委员协商或调研活动（次）	组织政策解读活动（次）	组织参与立法咨询（次）
		次　数（次）	# 接受媒体采访或发表声明（场次）	参加活动专家数（人次）			
中国未来研究会	0	0	0	0	0	0	0
	1	1	0	9	0	0	0
中国科学技术史学会	0	0	0	0	0	0	0
	0	1	0	10	1	1	0
中国科学技术情报学会	0	5	0	30	0	0	0
	171	25	0	31	0	13	2
中国图书馆学会	0	0	0	0	0	0	2
	0	11	0	35	0	0	1
中国城市科学研究会	0	30	9	20	0	0	0
	0	2	0	55	3	1	1
中国科学学与科技政策研究会	34	2	0	200	1	1	7
	0	0	0	0	0	0	0
中国农村专业技术协会	0	22	2	70	0	2	0
	8	33	1	290	0	12	1
中国工业设计协会	0	0	0	0	0	0	0
	0	0	0	0	0	2	0
中国工艺美术学会	0	0	0	0	0	0	0
	1	3	0	60	1	0	5
中国科普作家协会	0	0	0	0	0	0	0
	11	10	3	790	1	1	0
中国自然科学博物馆协会	0	1	0	60	0	0	0
	0	3	0	5	0	0	0
中国可持续发展研究会	0	0	0	0	0	1	0
	3	7	0	71	4	7	0
中国青少年科技辅导员协会	0	0	0	0	0	0	0
	0	0	0	0	0	0	0
中国科教电影电视协会	0	4	4	4	5	10	2
	0	0	0	0	0	0	0
中国科学技术期刊编辑学会	0	0	0	0	0	0	0
	1	3	0	172	1	1	1
中国流行色协会	0	0	0	0	0	0	0
	—	—	—	—	—	—	—
中国档案学会	0	0	0	0	0	0	0
	0	2	2	2	0	1	0
中国国土经济学会	2	5	0	245	0	4	0
	—	—	—	—	—	—	—
中国土地学会	0	0	0	0	0	0	0
	6	6	0	19	6	5	4

续表 11

学　会	开展科技评估（项）	举办决策咨询活动			组织政协科协界委员协商或调研活动（次）	组织政策解读活动（次）	组织参与立法咨询（次）
		次数（次）	#接受媒体采访或发表声明（场次）	参加活动专家数（人次）			
中国科技新闻学会	0	0	0	0	0	0	0
	0	0	0	0	0	0	0
中国老科学技术工作者协会	0	8	0	80	0	0	2
	2	15	0	632	0	6	1
中国科学探险协会	0	0	0	0	0	0	0
	—	—	—	—	—	—	—
中国城市规划学会	10	15	3	296	0	52	0
	0	6	0	2723	0	0	0
中国产学研合作促进会	0	0	0	0	0	0	0
	0	0	0	0	0	0	0
中国知识产权研究会	11	2	0	25	0	2	2
	3	18	0	8	3	40	4
中国发明协会	0	0	0	0	0	0	0
	0	0	0	0	0	0	0
中国工程教育专业认证协会	0	0	0	0	0	0	0
	—	—	—	—	—	—	—
中国检验检疫学会	3	1	0	42	0	0	0
	0	0	0	0	0	0	0
中国女科技工作者协会	0	0	0	0	0	0	0
	0	0	0	0	0	0	0
中国创造学会	0	0	0	0	0	0	0
	0	0	0	0	0	0	0
中国经济科技开发国际交流协会	0	0	0	0	0	0	0
	—	—	—	—	—	—	—
中国高科技产业化研究会	77	2	2	308	0	8	0
	—	—	—	—	—	—	—
中国微量元素科学研究会	0	0	0	0	0	0	0
	28	15	13	48	1	3	1
中国基本建设优化研究会	0	3	0	14	0	1	0
	—	—	—	—	—	—	—
中国科技馆发展基金会	0	0	0	0	0	0	0
	—	—	—	—	—	—	—
中国生物多样性保护与绿色发展基金会	19	125	65	289	5	18	37
	—	—	—	—	—	—	—
中国反邪教协会	0	0	0	0	0	0	0
	0	1	0	2	0	0	0
中国高等教育学会	0	11	9	102	0	1	1
	—	—	—	—	—	—	—
詹天佑科学技术发展基金	0	0	0	0	0	0	0
	—	—	—	—	—	—	—

续表 12

学　会	反映科技工作者建议（篇）	#获上级领导批示科技工作者建议篇数（篇）	#获上级领导批示条数（条）	答复人大（政协）代表（委员）提案数（件）	提供决策咨询报告篇数（篇）	#获上级领导批示决策咨询报告篇数（篇）	#获上级领导批示条数（条）
全国学会合计	**544**	**123**	**55**	**146**	**1048**	**165**	**93**
省级同名学会合计	**1915**	**464**	**422**	**91**	**3313**	**1007**	**395**
全国理科学会小计	**64**	**16**	**12**	**0**	**75**	**23**	**7**
省级理科学会小计	**198**	**76**	**48**	**4**	**1150**	**375**	**99**
中国数学会	0	0	0	0	0	0	0
	0	0	0	0	0	0	0
中国物理学会	1	0	0	0	1	0	0
	9	1	0	0	3	2	2
中国力学学会	4	0	0	0	0	0	0
	4	0	0	0	2	1	1
中国光学学会	3	3	3	0	2	2	0
	4	0	0	0	5	1	0
中国声学学会	0	0	0	0	0	0	0
	2	0	1	0	2	0	1
中国化学会	0	0	0	0	0	0	0
	22	0	0	0	6	1	1
中国天文学会	0	0	0	0	0	0	0
	0	0	0	1	1	0	0
中国气象学会	0	0	0	0	11	2	2
	23	14	0	0	705	50	50
中国空间科学学会	1	0	0	0	1	0	0
	—	—	—	—	—	—	—
中国地质学会	0	0	0	0	1	1	0
	16	2	3	1	9	2	1
中国地理学会	0	0	0	0	4	0	0
	51	26	16	0	62	33	27
中国地球物理学会	0	0	0	0	0	0	0
	0	0	0	0	0	0	0
中国矿物岩石地球化学学会	0	0	0	0	0	0	0
	1	0	0	0	1	0	1
中国古生物学会	0	0	0	0	0	0	0
	0	0	0	0	1	0	0
中国海洋湖沼学会	0	0	0	0	0	0	0
	6	2	0	0	5	2	0

续表 13

学会	反映科技工作者建议（篇）	# 获上级领导批示科技工作者建议篇数（篇）	# 获上级领导批示条数（条）	答复人大（政协）代表（委员）提案数（件）	提供决策咨询报告篇数（篇）	# 获上级领导批示决策咨询报告篇数（篇）	# 获上级领导批示条数（条）
中国海洋学会	5	5	5	0	5	5	5
	0	0	0	0	0	0	0
中国地震学会	0	0	0	0	1	1	0
	1	0	0	0	1	0	0
中国动物学会	0	0	0	0	0	0	0
	5	1	1	0	7	4	2
中国植物学会	0	0	0	0	0	0	0
	6	5	1	0	0	0	0
中国昆虫学会	0	0	0	0	0	0	0
	0	0	0	0	1	0	0
中国微生物学会	0	0	0	0	1	0	0
	6	3	1	0	19	2	0
中国生物化学与分子生物学会	0	0	0	0	0	0	0
	2	1	1	1	3	1	1
中国细胞生物学学会	10	0	0	0	2	0	0
	1	0	0	0	6	1	0
中国植物生理与植物分子生物学学会	0	0	0	0	1	0	0
	0	0	0	0	0	0	0
中国生物物理学会	0	0	0	0	0	0	0
	0	0	0	0	1	0	0
中国遗传学会	1	1	0	0	0	0	0
	3	0	0	0	1	0	0
中国心理学会	0	0	0	0	0	0	0
	10	8	6	0	16	7	5
中国生态学学会	12	3	0	0	11	3	0
	0	0	0	1	5	4	1
中国环境科学学会	0	0	0	0	0	0	0
	2	0	0	0	260	254	2
中国自然资源学会	8	1	1	0	12	0	0
	6	5	4	0	6	5	3
中国感光学会	0	0	0	0	0	0	0
	—	—	—	—	—	—	—
中国优选法统筹法与经济数学研究会	0	0	0	0	8	5	0
	0	0	0	0	0	0	0
中国岩石力学与工程学会	3	3	3	0	6	0	0
	23	5	14	0	12	2	2

续表 14

学　会		反映科技工作者建议（篇）	#获上级领导批示科技工作者建议篇数（篇）	#获上级领导批示条数（条）	答复人大（政协）代表（委员）提案数（件）	提供决策咨询报告篇数（篇）	#获上级领导批示决策咨询报告篇数（篇）	#获上级领导批示条数（条）
中国野生动物保护协会		6	0	0	0	0	0	0
		0	0	0	0	0	0	0
中国系统工程学会		10	0	0	0	4	4	0
		6	0	0	0	9	0	2
中国实验动物学会		0	0	0	0	1	0	0
		1	0	0	0	1	1	0
中国青藏高原研究会		0	0	0	0	0	0	0
		—	—	—	—	—	—	—
中国环境诱变剂学会		0	0	0	0	0	0	0
		0	0	0	0	0	0	0
中国运筹学会		0	0	0	0	0	0	0
		0	0	0	0	0	0	0
中国菌物学会		0	0	0	0	0	0	0
		0	0	0	0	0	0	0
中国晶体学会		0	0	0	0	0	0	0
		—	—	—	—	—	—	—
中国神经科学学会		0	0	0	0	3	0	0
		0	0	0	0	0	0	0
中国认知科学学会		0	0	0	0	0	0	0
		0	0	0	0	0	0	0
中国微循环学会		0	0	0	0	0	0	0
		0	0	0	0	0	0	0
国际数字地球协会		0	0	0	0	0	0	0
		—	—	—	—	—	—	—
国际动物学会		0	0	0	0	0	0	0
		5	1	1	0	7	4	2
全国工科学会小计		**207**	**27**	**19**	**138**	**510**	**62**	**35**
省级工科学会小计		**479**	**102**	**63**	**21**	**707**	**180**	**72**
中国机械工程学会		7	1	1	0	13	1	1
		11	0	0	0	19	7	0
中国汽车工程学会		0	0	0	0	14	0	0
		5	0	0	0	6	2	2
中国农业机械学会		0	0	0	0	1	1	1
		7	0	0	0	11	2	2
中国农业工程学会		0	0	0	0	0	0	0
		3	0	0	0	3	0	0

续表 15

学会	反映科技工作者建议(篇)	# 获上级领导批示科技工作者建议篇数(篇)	# 获上级领导批示条数(条)	答复人大(政协)代表(委员)提案数(件)	提供决策咨询报告篇数(篇)	# 获上级领导批示决策咨询报告篇数(篇)	# 获上级领导批示条数(条)
中国电机工程学会	1	0	0	0	6	1	1
	3	1	1	1	11	2	1
中国电工技术学会	12	0	0	0	1	0	0
	0	0	0	0	1	0	0
中国水力发电工程学会	1	1	1	0	0	0	0
	2	2	0	0	6	0	0
中国水利学会	13	10	1	135	53	28	2
	4	1	3	0	2	1	0
中国内燃机学会	0	0	0	0	0	0	0
	0	0	0	0	0	0	0
中国工程热物理学会	1	0	0	0	1	0	0
	0	0	0	0	0	0	0
中国空气动力学会	0	0	0	0	0	0	0
	—	—	—	—	—	—	—
中国制冷学会	0	0	0	0	0	0	0
	1	1	0	0	1	1	0
中国真空学会	0	0	0	0	0	0	0
	1	0	0	0	0	0	0
中国自动化学会	1	0	0	0	102	1	1
	22	0	0	0	1	1	0
中国仪器仪表学会	0	0	0	0	2	0	0
	1	0	0	0	2	0	1
中国计量测试学会	2	0	0	0	0	0	0
	0	0	0	0	0	0	0
中国标准化协会	0	0	0	0	0	0	0
	0	0	0	0	1	0	0
中国图学学会	0	0	0	0	0	0	0
	0	0	0	0	0	0	0
中国电子学会	16	3	0	0	49	4	5
	7	1	4	0	10	1	4
中国计算机学会	0	0	0	0	0	0	0
	22	10	13	0	6	6	6
中国通信学会	8	1	1	0	14	0	0
	3	3	0	0	5	1	3

续表 16

学会		反映科技工作者建议（篇）	#获上级领导批示科技工作者建议篇数（篇）	#获上级领导批示条数（条）	答复人大（政协）代表（委员）提案数（件）	提供决策咨询报告篇数（篇）	#获上级领导批示决策咨询报告篇数（篇）	#获上级领导批示条数（条）
中国中文信息学会		0	0	0	0	0	0	0
		0	0	0	0	1	0	0
中国测绘学会		0	0	0	0	0	0	0
		40	13	8	1	5	3	2
中国造船工程学会		0	0	0	0	1	0	0
		3	1	0	0	5	0	0
中国航海学会		0	0	0	1	7	2	0
		15	3	0	0	18	9	0
中国铁道学会		12	4	4	0	10	6	6
		18	6	2	0	7	3	2
中国公路学会		10	0	0	0	6	0	0
		2	1	1	0	273	6	0
中国航空学会		13	0	0	0	10	0	0
		4	1	1	1	6	4	1
中国宇航学会		40	0	0	0	10	3	3
		1	0	0	0	0	0	0
中国兵工学会		2	0	0	0	5	0	0
		1	0	1	0	2	0	0
中国金属学会		6	1	0	0	2	0	0
		26	1	0	0	24	5	0
中国有色金属学会		0	0	0	0	0	0	0
		1	0	0	0	0	0	0
中国稀土学会		0	0	0	0	4	4	4
		0	0	0	0	0	0	0
中国腐蚀与防护学会		0	0	0	0	10	0	0
		3	3	2	8	3	1	0
中国化工学会		4	3	1	2	6	2	0
		19	3	1	0	3	2	0
中国核学会		2	0	0	0	2	0	0
		1	1	1	0	2	0	0
中国石油学会		0	0	0	0	0	0	0
		2	0	0	0	9	0	8
中国煤炭学会		1	0	0	0	3	1	0
		2	2	0	0	2	2	0
中国可再生能源学会		0	0	0	0	0	0	0
		0	0	0	0	0	0	0

续表 17

学　会	反映科技工作者建议（篇）	# 获上级领导批示科技工作者建议篇数（篇）	# 获上级领导批示条数（条）	答复人大（政协）代表（委员）提案数（件）	提供决策咨询报告篇数（篇）	# 获上级领导批示决策咨询报告篇数（篇）	# 获上级领导批示条数（条）
中国能源研究会	6	1	8	0	11	1	8
	6	1	1	0	2	1	1
中国硅酸盐学会	0	0	0	0	6	0	0
	1	0	0	0	3	0	0
中国建筑学会	2	0	0	0	6	0	0
	5	1	0	0	3	0	0
中国土木工程学会	0	0	0	0	0	0	0
	1	1	0	0	0	0	0
中国生物工程学会	0	0	0	0	0	0	0
	0	0	0	0	0	0	0
中国纺织工程学会	2	0	0	0	4	0	0
	3	3	3	0	5	3	3
中国造纸学会	0	0	0	0	0	0	0
	1	0	0	0	1	0	0
中国文物保护技术协会	0	0	0	0	61	0	0
	—	—	—	—	—	—	—
中国印刷技术协会	0	0	0	0	2	1	0
	0	0	0	0	0	0	0
中国材料研究学会	9	1	1	0	8	3	1
	1	1	1	0	1	1	1
中国食品科学技术学会	24	0	0	0	45	0	0
	1	1	0	0	0	0	0
中国粮油学会	0	0	0	0	0	0	0
	0	0	0	0	0	0	0
中国职业安全健康协会	0	0	0	0	0	0	0
	0	0	0	0	1	0	0
中国烟草学会	0	0	0	0	0	0	0
	17	7	8	2	47	7	6
中国仿真学会	0	0	0	0	0	0	0
	0	0	0	0	0	0	0
中国电影电视技术学会	0	0	0	0	0	0	0
	0	0	0	0	0	0	0
中国振动工程学会	0	0	0	0	0	0	0
	0	0	0	0	1	0	0
中国颗粒学会	0	0	0	0	0	0	0
	0	0	0	0	3	0	0

续表 18

学　会	反映科技工作者建议（篇）	#获上级领导批示科技工作者建议篇数（篇）	#获上级领导批示条数（条）	答复人大（政协）代表（委员）提案数（件）	提供决策咨询报告篇数（篇）	#获上级领导批示决策咨询报告篇数（篇）	#获上级领导批示条数（条）
中国照明学会	0	0	0	0	0	0	0
	5	1	0	0	1	1	0
中国动力工程学会	0	0	0	0	0	0	0
	0	0	0	0	0	0	0
中国惯性技术学会	0	0	0	0	0	0	0
	0	0	0	0	0	0	0
中国风景园林学会	0	0	0	0	0	0	0
	4	1	0	0	10	8	2
中国电源学会	0	0	0	0	1	0	0
	0	0	0	0	0	0	0
中国复合材料学会	0	0	0	0	0	0	0
	1	0	0	0	0	0	0
中国消防协会	0	0	0	0	0	0	0
	1	0	0	0	1	0	0
中国图象图形学学会	0	0	0	0	0	0	0
	0	0	0	0	0	0	0
中国人工智能学会	6	1	1	0	28	1	1
	6	1	0	3	2	0	0
中国体视学学会	1	0	0	0	0	0	0
	0	0	0	0	0	0	0
中国工程机械学会	0	0	0	0	0	0	0
	—	—	—	—	—	—	—
中国海洋工程咨询协会	0	0	0	0	0	0	0
	—	—	—	—	—	—	—
中国遥感应用协会	0	0	0	0	0	0	0
	—	—	—	—	—	—	—
中国指挥与控制学会	0	0	0	0	0	0	0
	—	—	—	—	—	—	—
中国光学工程学会	0	0	0	0	0	0	0
	3	0	0	0	1	0	0
中国微米纳米技术学会	0	0	0	0	0	0	0
	—	—	—	—	—	—	—
中国密码学会	0	0	0	0	0	0	0
	—	—	—	—	—	—	—
中国大坝工程学会	3	0	0	0	1	1	0
	—	—	—	—	—	—	—
中国卫星导航定位协会	0	0	0	0	2	1	1
	—	—	—	—	—	—	—

续表 19

学会	反映科技工作者建议（篇）	#获上级领导批示科技工作者建议篇数（篇）	#获上级领导批示条数（条）	答复人大（政协）代表（委员）提案数（件）	提供决策咨询报告篇数（篇）	#获上级领导批示决策咨询报告篇数（篇）	#获上级领导批示条数（条）
中国生物材料学会	2	0	0	0	3	0	0
	0	0	0	0	0	0	0
国际粉体检测与控制联合会	0	0	0	0	0	0	0
	—	—	—	—	—	—	—
全国农科学会小计	**34**	**9**	**9**	**2**	**65**	**8**	**7**
省级农科学会小计	**188**	**27**	**22**	**23**	**348**	**61**	**63**
中国农学会	12	3	4	0	9	0	0
	49	7	4	0	24	6	4
中国林学会	8	1	1	0	10	1	1
	37	2	1	7	21	10	2
中国土壤学会	0	0	0	0	0	0	0
	7	4	3	3	6	2	3
中国水产学会	2	0	0	0	2	0	0
	3	0	0	3	2	1	2
中国园艺学会	2	1	1	2	8	2	1
	1	0	0	0	1	0	0
中国畜牧兽医学会	1	0	0	0	2	0	0
	3	1	0	1	20	6	5
中国植物病理学会	0	0	0	0	0	0	0
	0	0	0	0	0	0	0
中国植物保护学会	0	0	0	0	2	0	0
	0	0	0	0	1	1	0
中国作物学会	3	1	1	0	28	4	5
	5	1	0	1	35	6	22
中国热带作物学会	6	3	2	0	3	0	0
	0	0	0	0	1	1	1
中国蚕学会	0	0	0	0	0	0	0
	0	0	0	0	0	0	0
中国水土保持学会	0	0	0	0	0	0	0
	0	0	0	0	1	0	0
中国茶叶学会	0	0	0	0	1	1	0
	2	1	1	1	10	4	6
中国草学会	0	0	0	0	0	0	0
	17	7	8	2	47	7	6
中国植物营养与肥料学会	0	0	0	0	0	0	0
	0	0	0	0	1	1	0

续表 20

学会		反映科技工作者建议（篇）	#获上级领导批示科技工作者建议篇数（篇）	#获上级领导批示条数（条）	答复人大（政协）代表（委员）提案数（件）	提供决策咨询报告篇数（篇）	#获上级领导批示决策咨询报告篇数（篇）	#获上级领导批示条数（条）
中国农业历史学会		0	0	0	0	0	0	0
		0	0	0	0	0	0	0
全国医科学会小计		**32**	**2**	**0**	**5**	**168**	**19**	**11**
省级医科学会小计		**319**	**79**	**91**	**25**	**200**	**84**	**18**
中华医学会		1	1	0	1	3	3	0
		0	0	0	0	0	0	0
中华中医药学会		0	0	0	0	0	0	0
		—	—	—	—	—	—	—
中国中西医结合学会		0	0	0	0	0	0	0
		53	4	0	4	1	0	0
中国药学会		6	0	0	0	76	1	2
		13	2	2	6	21	6	3
中华护理学会		0	0	0	0	0	0	0
		—	—	—	—	—	—	—
中国生理学会		0	0	0	0	0	0	0
		2	0	0	0	6	0	0
中国解剖学会		0	0	0	0	0	0	0
		7	3	0	0	1	0	0
中国生物医学工程学会		2	0	0	0	0	0	0
		2	1	2	0	2	0	0
中国病理生理学会		12	0	0	0	0	0	0
		0	0	0	0	2	0	0
中国营养学会		2	0	0	3	1	1	0
		10	2	1	0	29	4	0
中国药理学会		0	0	0	0	0	0	0
		14	12	7	1	3	2	2
中国针灸学会		0	0	0	0	0	0	0
		19	1	0	1	12	1	0
中国防痨协会		0	0	0	0	0	0	0
		7	4	0	2	3	1	0
中国麻风防治协会		0	0	0	0	0	0	0
		0	0	0	0	0	0	0
中国心理卫生协会		0	0	0	0	0	0	0
		4	2	0	0	0	0	0

续表 21

学会	反映科技工作者建议(篇)	#获上级领导批示科技工作者建议篇数(篇)	#获上级领导批示条数(条)	答复人大(政协)代表(委员)提案数(件)	提供决策咨询报告篇数(篇)	#获上级领导批示决策咨询报告篇数(篇)	#获上级领导批示条数(条)
中国抗癌协会	0	0	0	0	0	0	0
	3	1	1	3	2	1	0
中国体育科学学会	5	1	0	1	81	14	9
	2	1	1	0	4	1	1
中国毒理学会	4	0	0	0	0	0	0
	4	2	1	1	1	1	0
中国康复医学会	0	0	0	0	0	0	0
	0	0	0	0	0	0	0
中国免疫学会	0	0	0	0	2	0	0
	6	2	4	0	0	0	0
中华预防医学会	0	0	0	0	0	0	0
	—	—	—	—	—	—	—
中国法医学会	0	0	0	0	0	0	0
	0	0	0	0	0	0	0
中华口腔医学会	0	0	0	0	5	0	0
	—	—	—	—	—	—	—
中国医学救援协会	0	0	0	0	0	0	0
	—	—	—	—	—	—	—
中国女医师协会	0	0	0	0	0	0	0
	0	0	0	0	0	0	0
中国研究型医院学会	0	0	0	0	0	0	0
	1	1	1	0	1	1	1
中国睡眠研究会	0	0	0	0	0	0	0
	0	0	0	0	0	0	0
中国卒中学会	0	0	0	0	0	0	0
	0	0	0	0	0	0	0
全国交叉学科学会小计	**207**	**69**	**15**	**1**	**230**	**53**	**33**
省级其他学科学会小计	**731**	**180**	**198**	**18**	**908**	**307**	**143**
中国自然辩证法研究会	0	0	0	0	0	0	0
	22	0	0	0	45	11	7
中国管理现代化研究会	0	0	0	0	10	10	0
	0	0	0	0	0	0	0
中国技术经济学会	0	0	0	0	0	0	0
	0	0	0	0	0	0	0
中国现场统计研究会	0	0	0	0	0	0	0
	0	0	0	0	0	0	0

续表 22

学会	反映科技工作者建议（篇）	#获上级领导批示科技工作者建议篇数（篇）	#获上级领导批示条数（条）	答复人大（政协）代表（委员）提案数（件）	提供决策咨询报告篇数（篇）	#获上级领导批示决策咨询报告篇数（篇）	#获上级领导批示条数（条）
中国未来研究会	0	0	0	0	21	3	0
	0	0	0	0	3	0	0
中国科学技术史学会	0	0	0	0	0	0	0
	1	0	0	0	1	0	0
中国科学技术情报学会	0	0	0	0	5	0	0
	9	2	4	2	246	162	29
中国图书馆学会	0	0	0	0	0	0	0
	4	0	0	3	2	0	0
中国城市科学研究会	0	0	0	0	12	12	12
	1	0	0	0	3	1	0
中国科学学与科技政策研究会	11	1	0	0	29	0	0
	0	0	0	0	0	0	0
中国农村专业技术协会	0	0	0	0	1	0	0
	48	4	2	2	7	0	1
中国工业设计协会	0	0	0	0	0	0	0
	1	1	0	0	0	0	0
中国工艺美术学会	0	0	0	0	0	0	0
	45	41	41	0	0	0	0
中国科普作家协会	2	2	2	0	3	3	0
	2	1	1	0	11	0	0
中国自然科学博物馆协会	0	0	0	0	0	0	0
	0	0	0	0	0	0	0
中国可持续发展研究会	3	0	0	0	0	0	0
	7	0	2	1	11	2	4
中国青少年科技辅导员协会	0	0	0	1	5	0	0
	0	0	0	0	0	0	0
中国科教电影电视协会	3	0	0	0	0	0	0
	0	0	0	0	0	0	0
中国科学技术期刊编辑学会	0	0	0	0	0	0	0
	8	0	0	0	8	0	0
中国流行色协会	0	0	0	0	0	0	0
	—	—	—	—	—	—	—
中国档案学会	0	0	0	0	0	0	0
	0	0	0	0	0	0	0
中国国土经济学会	0	0	0	0	8	1	0
	—	—	—	—	—	—	—
中国土地学会	0	0	0	0	0	0	0
	14	7	0	0	7	4	2

续表 23

学 会	反映科技工作者建议（篇）	#获上级领导批示科技工作者建议篇数（篇）	#获上级领导批示条数（条）	答复人大(政协)代表(委员)提案数（件）	提供决策咨询报告篇数（篇）	#获上级领导批示决策咨询报告篇数（篇）	#获上级领导批示条数（条）
中国科技新闻学会	0	0	0	0	0	0	0
	0	0	0	0	0	0	0
中国老科学技术工作者协会	2	1	1	0	7	6	7
	162	16	0	0	112	13	14
中国科学探险协会	0	0	0	0	0	0	0
	—	—	—	—	—	—	—
中国城市规划学会	71	0	0	0	71	0	0
	0	0	0	0	6	0	0
中国产学研合作促进会	0	0	0	0	0	0	0
	0	0	0	0	0	0	0
中国知识产权研究会	0	0	0	0	8	1	2
	0	0	0	0	2	1	1
中国发明协会	0	0	0	0	0	0	0
	0	0	0	0	0	0	0
中国工程教育专业认证协会	0	0	0	0	0	0	0
	—	—	—	—	—	—	—
中国检验检疫学会	2	1	0	0	0	0	0
	0	0	0	0	0	0	0
中国女科技工作者协会	0	0	0	0	0	0	0
	2	2	2	0	10	3	3
中国创造学会	0	0	0	0	0	0	0
	0	0	0	0	0	0	0
中国经济科技开发国际交流协会	0	0	0	0	0	0	0
	—	—	—	—	—	—	—
中国高科技产业化研究会	0	0	0	0	1	0	0
	—	—	—	—	—	—	—
中国微量元素科学研究会	0	0	0	0	0	0	0
	3	1	0	0	0	0	0
中国基本建设优化研究会	0	0	0	0	0	0	0
	—	—	—	—	—	—	—
中国科技馆发展基金会	0	0	0	0	0	0	0
	—	—	—	—	—	—	—
中国生物多样性保护与绿色发展基金会	75	32	12	0	39	12	5
	—	—	—	—	—	—	—
中国反邪教协会	0	0	0	0	0	0	0
	0	0	0	0	2	0	0
中国高等教育学会	38	32	0	0	10	5	7
	—	—	—	—	—	—	—
詹天佑科学技术发展基金会	0	0	0	0	0	0	0
	—	—	—	—	—	—	—

续表 24

学会	发表论文、文章等（篇）	#发布政策解读文章（篇）	出版科技决策咨询类图书（种）	印刷量（册）
全国学会合计	**5923**	**375**	**91**	**461416**
省级同名学会合计	**23535**	**605**	**192**	**318959**
全国理科学会小计	**33**	**9**	**4**	**203**
省级理科学会小计	**7459**	**134**	**39**	**44480**
中国数学会	0	0	0	0
	400	0	0	0
中国物理学会	0	0	0	0
	305	0	0	0
中国力学学会	0	0	0	0
	44	0	0	0
中国光学学会	0	0	0	0
	292	0	0	0
中国声学学会	0	0	0	0
	0	0	0	0
中国化学会	0	0	0	0
	286	1	7	9000
中国天文学会	0	0	0	0
	20	0	0	0
中国气象学会	0	0	3	3
	316	15	1	10000
中国空间科学学会	0	0	0	0
	—	—	—	—
中国地质学会	0	0	0	0
	279	86	1	680
中国地理学会	21	3	0	0
	666	0	1	0
中国地球物理学会	0	0	0	0
	0	0	0	0
中国矿物岩石地球化学学会	0	0	0	0
	812	0	0	0
中国古生物学会	0	0	0	0
	50	0	0	0
中国海洋湖沼学会	0	0	0	0
	5	1	0	0

续表 25

学　会	发表论文、文章等（篇）	#发布政策解读文章（篇）	出版科技决策咨询类图　书（种）	印刷量（册）
中国海洋学会	2	2	0	0
	0	0	0	0
中国地震学会	0	0	0	0
	357	0	0	0
中国动物学会	0	0	0	0
	451	0	0	0
中国植物学会	1	0	0	0
	321	1	3	300
中国昆虫学会	0	0	0	0
	205	0	0	0
中国微生物学会	0	0	0	0
	242	2	2	11000
中国生物化学与分子生物学会	0	0	0	0
	569	2	0	0
中国细胞生物学学会	0	0	0	0
	115	1	0	0
中国植物生理与植物分子生物学学会	0	0	0	0
	0	0	0	0
中国生物物理学会	0	0	0	0
	0	0	0	0
中国遗传学会	0	0	0	0
	290	0	0	0
中国心理学会	0	0	0	0
	135	3	0	0
中国生态学学会	0	0	0	0
	20	0	0	0
中国环境科学学会	0	0	0	0
	140	3	1	300
中国自然资源学会	0	0	0	0
	0	0	0	0
中国感光学会	0	0	0	0
	—	—	—	—
中国优选法统筹法与经济数学研究会	4	4	0	0
	0	0	0	0
中国岩石力学与工程学会	0	0	0	0
	365	15	28	10200

续表 26

学　会	发表论文、文章等（篇）	# 发布政策解读文章（篇）	出版科技决策咨询类图　书（种）	印刷量（册）
中国野生动物保护协会	0	0	0	0
	0	0	0	0
中国系统工程学会	0	0	0	0
	76	5	3	500
中国实验动物学会	0	0	0	0
	180	0	0	0
中国青藏高原研究会	3	0	0	0
	—	—	—	—
中国环境诱变剂学会	0	0	0	0
	88	2	1	3000
中国运筹学会	0	0	0	0
	200	0	0	0
中国菌物学会	0	0	0	0
	0	0	0	0
中国晶体学会	0	0	0	0
	—	—	—	—
中国神经科学学会	2	0	1	200
	561	1	0	0
中国认知科学学会	0	0	0	0
	0	0	0	0
中国微循环学会	0	0	0	0
	65	0	0	0
国际数字地球协会	0	0	0	0
	—	—	—	—
国际动物学会	0	0	0	0
	451	0	0	0
全国工科学会小计	**3130**	**55**	**47**	**302413**
省级工科学会小计	**4090**	**178**	**56**	**66890**
中国机械工程学会	1	0	3	9900
	400	12	1	2000
中国汽车工程学会	1	0	0	0
	41	2	0	0
中国农业机械学会	0	0	0	0
	55	0	1	700
中国农业工程学会	0	0	0	0
	12	0	0	0

续表 27

学会	发表论文、文章等（篇）	#发布政策解读文章（篇）	出版科技决策咨询类图书（种）	印刷量（册）
中国电机工程学会	3	2	1	5000
	2	0	0	0
中国电工技术学会	0	0	0	0
	2	0	1	240
中国水力发电工程学会	6	2	0	0
	0	0	0	0
中国水利学会	452	0	6	181000
	30	0	0	0
中国内燃机学会	0	0	0	0
	0	0	0	0
中国工程热物理学会	0	0	0	0
	0	0	0	0
中国空气动力学会	0	0	0	0
	—	—	—	—
中国制冷学会	0	0	0	0
	50	0	0	0
中国真空学会	0	0	0	0
	0	0	0	0
中国自动化学会	45	2	0	0
	211	1	7	9000
中国仪器仪表学会	95	0	0	0
	0	0	0	0
中国计量测试学会	0	0	0	0
	0	0	0	0
中国标准化协会	0	0	0	0
	2	0	1	500
中国图学学会	0	0	0	0
	19	0	0	0
中国电子学会	751	13	3	11700
	62	0	0	0
中国计算机学会	26	0	0	0
	52	0	0	0
中国通信学会	0	0	0	0
	118	0	1	2000

续表 28

学　会	发表论文、文章等（篇）	#发布政策解读文章（篇）	出版科技决策咨询类图书（种）	印刷量（册）
中国中文信息学会	0	0	0	0
	15	0	0	0
中国测绘学会	0	0	1	3000
	34	1	3	1400
中国造船工程学会	2	1	0	0
	3	3	0	0
中国航海学会	24	0	0	0
	7	0	0	0
中国铁道学会	30	10	8	40000
	21	0	1	4000
中国公路学会	1	1	1	200
	222	0	5	15160
中国航空学会	0	0	0	0
	1	1	0	0
中国宇航学会	4	4	2	600
	0	0	0	0
中国兵工学会	0	0	0	0
	0	0	0	0
中国金属学会	0	0	0	0
	417	10	0	0
中国有色金属学会	0	0	0	0
	120	0	0	0
中国稀土学会	0	0	0	0
	0	0	0	0
中国腐蚀与防护学会	138	0	0	0
	5	3	16	230
中国化工学会	31	5	1	18000
	515	0	1	6000
中国核学会	2	0	11	11000
	330	0	0	0
中国石油学会	0	0	0	0
	295	0	0	0
中国煤炭学会	1	0	0	0
	29	1	1	1200
中国可再生能源学会	0	0	0	0
	0	0	0	0

续表 29

学　会	发表论文、文章等（篇）	#发布政策解读文章（篇）	出版科技决策咨询类图　书（种）	印刷量（册）
中国能源研究会	0	0	0	0
	4	1	0	0
中国硅酸盐学会	116	0	0	0
	20	7	1	86
中国建筑学会	0	0	0	0
	51	3	3	2600
中国土木工程学会	0	0	0	0
	0	0	0	0
中国生物工程学会	0	0	0	0
	159	13	1	9000
中国纺织工程学会	6	0	0	0
	0	0	0	0
中国造纸学会	0	0	0	0
	86	5	0	0
中国文物保护技术协会	0	0	0	0
	—	—	—	—
中国印刷技术协会	36	12	1	5000
	0	0	0	0
中国材料研究学会	1290	0	0	0
	0	0	0	0
中国食品科学技术学会	1	0	1	2000
	0	0	0	0
中国粮油学会	0	0	0	0
	0	0	0	0
中国职业安全健康协会	0	0	0	0
	0	0	0	0
中国烟草学会	0	0	0	0
	297	54	1	50
中国仿真学会	0	0	0	0
	0	0	0	0
中国电影电视技术学会	0	0	0	0
	0	0	0	0
中国振动工程学会	0	0	0	0
	4	0	0	0
中国颗粒学会	0	0	0	0
	0	0	0	0

续表 30

学会		发表论文、文章等（篇）	#发布政策解读文章（篇）	出版科技决策咨询类图书（种）	印刷量（册）
中国照明学会		0	0	0	0
		13	1	1	500
中国动力工程学会		0	0	0	0
		0	0	0	0
中国惯性技术学会		0	0	0	0
		0	0	0	0
中国风景园林学会		0	0	0	0
		7	5	0	0
中国电源学会		0	0	0	0
		0	0	0	0
中国复合材料学会		0	0	0	0
		53	0	0	0
中国消防协会		0	0	0	0
		26	2	0	0
中国图象图形学学会		16	0	1	1450
		0	0	0	0
中国人工智能学会		16	2	1	263
		2	0	0	0
中国体视学学会		0	0	0	0
		0	0	0	0
中国工程机械学会		0	0	0	0
		—	—	—	—
中国海洋工程咨询协会		0	0	0	0
		—	—	—	—
中国遥感应用协会		0	0	0	0
		—	—	—	—
中国指挥与控制学会		0	0	0	0
		—	—	—	—
中国光学工程学会		0	0	0	0
		7	0	0	0
中国微米纳米技术学会		0	0	0	0
		—	—	—	—
中国密码学会		0	0	1	1000
		—	—	—	—
中国大坝工程学会		5	0	2	4000
		—	—	—	—
中国卫星导航定位协会		30	1	3	8300
		—	—	—	—

续表 31

学　会	发表论文、文章等（篇）	#发布政策解读文章（篇）	出版科技决策咨询类图　书（种）	印刷量（册）
中国生物材料学会	1	0	0	0
	15	0	0	0
国际粉体检测与控制联合会	0	0	0	0
	—	—	—	—
全国农科学会小计	**1302**	**11**	**11**	**8600**
省级农科学会小计	**3637**	**48**	**34**	**131211**
中国农学会	0	0	0	0
	393	9	4	3001
中国林学会	7	0	0	0
	81	5	2	2060
中国土壤学会	0	0	0	0
	124	1	1	1000
中国水产学会	0	0	2	800
	23	2	3	8000
中国园艺学会	1191	6	2	1300
	146	0	7	2000
中国畜牧兽医学会	90	5	0	0
	585	4	0	0
中国植物病理学会	0	0	0	0
	400	0	0	0
中国植物保护学会	0	0	0	0
	76	0	0	0
中国作物学会	14	0	1	500
	634	4	5	500
中国热带作物学会	0	0	6	6000
	0	0	0	0
中国蚕学会	0	0	0	0
	0	0	0	0
中国水土保持学会	0	0	0	0
	30	3	0	0
中国茶叶学会	0	0	0	0
	11	0	0	0
中国草学会	0	0	0	0
	297	54	1	50
中国植物营养与肥料学会	0	0	0	0
	0	0	0	0

续表 32

学　会		发表论文、文章等（篇）	#发布政策解读文章（篇）	出版科技决策咨询类图　书（种）	印刷量（册）
中国农业历史学会		0	0	0	0
		0	0	0	0
全国医科学会小计		**117**	**17**	**12**	**76000**
省级医科学会小计		**5859**	**60**	**34**	**48101**
中华医学会		0	0	0	0
		0	0	0	0
中华中医药学会		0	0	0	0
		—	—	—	—
中国中西医结合学会		0	0	0	0
		4	0	0	0
中国药学会		0	0	5	14000
		112	6	1	1
中华护理学会		0	0	0	0
		—	—	—	—
中国生理学会		0	0	0	0
		30	0	0	0
中国解剖学会		0	0	0	0
		76	0	12	600
中国生物医学工程学会		0	0	0	0
		2	0	0	0
中国病理生理学会		16	0	0	0
		0	0	0	0
中国营养学会		0	0	0	0
		148	0	1	1000
中国药理学会		0	0	0	0
		1936	0	0	0
中国针灸学会		0	0	0	0
		90	0	5	5000
中国防痨协会		0	0	0	0
		84	1	1	3000
中国麻风防治协会		0	0	0	0
		20	0	2	11000
中国心理卫生协会		0	0	0	0
		2	0	0	0

续表 33

学　会	发表论文、文章等（篇）	#发布政策解读文章（篇）	出版科技决策咨询类图　书（种）	印刷量（册）
中国抗癌协会	0	0	0	0
	246	0	7	13000
中国体育科学学会	101	17	7	62000
	11	0	0	0
中国毒理学会	0	0	0	0
	112	0	0	0
中国康复医学会	0	0	0	0
	0	0	0	0
中国免疫学会	0	0	0	0
	545	0	0	0
中华预防医学会	0	0	0	0
	—	—	—	—
中国法医学会	0	0	0	0
	0	0	0	0
中华口腔医学会	0	0	0	0
	—	—	—	—
中国医学救援协会	0	0	0	0
	—	—	—	—
中国女医师协会	0	0	0	0
	0	0	0	0
中国研究型医院学会	0	0	0	0
	1	1	0	0
中国睡眠研究会	0	0	0	0
	0	0	0	0
中国卒中学会	0	0	0	0
	260	2	0	0
全国交叉学科学会小计	**1341**	**283**	**17**	**74200**
省级其他学科学会小计	**2490**	**185**	**29**	**28277**
中国自然辩证法研究会	0	0	0	0
	184	15	0	0
中国管理现代化研究会	0	0	0	0
	17	17	1	80
中国技术经济学会	0	0	0	0
	0	0	0	0
中国现场统计研究会	0	0	0	0
	28	0	0	0

续表 34

学　会	发表论文、文章等（篇）	#发布政策解读文章（篇）	出版科技决策咨询类图　书（种）	印刷量（册）
中国未来研究会	2	0	0	0
	3	0	1	100
中国科学技术史学会	0	0	0	0
	43	4	0	0
中国科学技术情报学会	0	0	11	16500
	26	0	5	3300
中国图书馆学会	0	0	0	0
	0	0	0	0
中国城市科学研究会	0	0	0	0
	1	0	0	0
中国科学学与科技政策研究会	13	12	1	1500
	0	0	0	0
中国农村专业技术协会	4	0	0	0
	0	0	0	0
中国工业设计协会	0	0	0	0
	0	0	0	0
中国工艺美术学会	0	0	0	0
	5	0	0	0
中国科普作家协会	0	0	0	0
	23	1	1	1000
中国自然科学博物馆协会	0	0	0	0
	0	0	0	0
中国可持续发展研究会	0	0	0	0
	46	8	0	0
中国青少年科技辅导员协会	0	0	0	0
	0	0	0	0
中国科教电影电视协会	0	0	0	0
	0	0	0	0
中国科学技术期刊编辑学会	0	0	0	0
	15	0	1	3500
中国流行色协会	0	0	0	0
	—	—	—	—
中国档案学会	0	0	0	0
	0	0	0	0
中国国土经济学会	39	2	1	13200
	—	—	—	—
中国土地学会	0	0	0	0
	20	0	1	600

续表 35

学　会	发表论文、文章等（篇）	#发布政策解读文章（篇）	出版科技决策咨询类图　书（种）	印刷量（册）
中国科技新闻学会	0	0	0	0
	0	0	0	0
中国老科学技术工作者协会	6	0	1	200
	1	0	1	900
中国科学探险协会	0	0	0	0
	—	—	—	—
中国城市规划学会	850	130	0	0
	0	0	0	0
中国产学研合作促进会	0	0	0	0
	0	0	0	0
中国知识产权研究会	20	19	1	3000
	27	7	0	0
中国发明协会	0	0	0	0
	0	0	0	0
中国工程教育专业认证协会	0	0	0	0
	—	—	—	—
中国检验检疫学会	0	0	0	0
	0	0	0	0
中国女科技工作者协会	0	0	0	0
	10	10	0	0
中国创造学会	0	0	0	0
	0	0	0	0
中国经济科技开发国际交流协会	0	0	0	0
	—	—	—	—
中国高科技产业化研究会	0	0	1	5000
	—	—	—	—
中国微量元素科学研究会	0	0	0	0
	6	0	1	3000
中国基本建设优化研究会	0	0	0	0
	—	—	—	—
中国科技馆发展基金会	0	0	0	0
	—	—	—	—
中国生物多样性保护与绿色发展基金会	382	115	0	0
	—	—	—	—
中国反邪教协会	0	0	0	0
	1	0	0	0
中国高等教育学会	25	5	1	34800
	—	—	—	—
詹天佑科学技术发展基金会	0	0	0	0
	—	—	—	—

主要指标解释

中国科协基层组织 各级科协在科技工作者集中的企业、事业单位，高等院校，有条件的乡镇（街道）、村（社区）、农村等建立的科学技术协会（科学技术普及协会）等。主要包括企业科协、高校科协、乡镇（街道）科协、村（社区）科协、农技协等。

企业（园区）科协 截至2021年12月31日，各级科协批复由企业（园区）成立的科协基层组织，以及在民政部门登记、经各级科协正式审批接纳的在国家和各级地方政府批准成立的自主创新示范区、经济技术开发区和高新技术产业开发区等企业密集区域和众创空间等新经济组织内建立的科协组织。

企业（园区）科协个人会员 截至2021年12月31日，企业（园区）建立的科学技术协会（科学技术普及协会）发展的个人会员。

高校科协 截至2021年12月31日，各级科协批复由高等院校成立的科协基层组织。

高校科协个人会员 截至2021年12月31日，高等院校建立的科学技术协会（科学技术普及协会）发展的个人会员（取得本协会会员资格的人员）。

乡镇（街道）科协 截至2021年12月31日，在乡镇、街道设立的科学技术协会（科学技术普及协会）等。

乡镇（街道）科协个人会员 截至2021年12月31日，乡镇、街道建立的科学技术协会（科学技术普及协会）发展的个人会员（取得本协会会员资格的人员）。

农村（社区）科协 截至2021年12月31日，在村、社区一级设立的科学技术协会（科学技术普及协会）等。

农村（社区）科协个人会员 截至2021年12月31日，村、社区一级建立的科学技术协会（科学技术普及协会）发展的个人会员（取得本协会会员资格的人员）。

农技协 截至2021年12月31日，经各级科协正式审批接纳或登记备案的农村专业技术协会及各类农村专业技术研究会（农研会）等。

农技协个人会员 截至2021年12月31日，农技协发展的个人会员（取得本协会会员资格的人员），其中，农村一户计为一个农技协个人会员。

本级科协代表大会人数 截至2021年12月31日，本届本级科协代表大会的代表人数。

委员会委员人数 截至2021年12月31日，本届本级科协代表大会委员会委员的人数。

常务委员会委员人数 截至2021年12月31日，本届本级科协代表大会常务委员会委员的人数。

从业人员平均人数 2021年度平均拥有的从业人员数。

本级科协部门经费总收入 2021年度本级科协部门经费总收入，包括科协本级经费总收入和直属单位经费总收入。

本级科协部门经费总支出 2021年度本级科协部门经费总支出，包括科协本级经费总收入和直属单位经费总支出。

上级补助收入 2021年度上一级科协以项目资助或委托等形式拨付的经费。

事业收入 2021年度本部门开展业务活动及其辅助活动取得的收入，包括科研经费、技术收入、学术活动收入、科普活动收入和试制产品收入等。

经营收入 2021年度本部门在专业业务活动及辅助活动之外开展的非独立核算的生产经营活动取得的收入，包括产品销售收入、经营服务收入、工程承包收入、租赁收入和其他经营收入等。

其他收入 2021年度本单位经费筹集总额中除上述收入外的所有收入。

学会分支结构 学会按机构管理要求设置的常设专业委员会、工作委员会、分会和专项基金管理委员会等。

学会团体（单位）会员 截至2021年12月31日，在学会注册登记，通过无条件提供经费、志愿服务、物品等方式积极支持本学会事业发展的个人会员或单位会员。

理事会理事 截至2021年12月31日，经会员代表大会选举产生的学会理事。

常务理事 截至2021年12月31日，经学会会员代表大会或理事会选举产生的常务理事。

学会个人会员 截至2021年12月31日，在学会注册登记，并取得会员资格的人员（包括外籍会员）。

高级（资深）会员 截至2021年12月31日，符合学会章程所规定的高级会员或资深会员标准的会员。如果章程中无此项规定，则按具备高级专业技术资格的会员数填报。

交纳会费会员 截至2021年12月31日，在学会登记注册，并取得本学会会员资格并按年长期交纳会费的人员。

学会个人会员中党员人数 截至2021年12月31日，在学会登记注册，并取得本学会会员资格的中共党员。

从业人员平均人数 2021年度平均拥有的从业人员数。

举办各类思想政治教育培训班及活动 2021年度本单位主办或牵头组织的以传播党的政治理论观点、路线方针政策、科学学风道德为主要内容，增强科技工作者对党的政治认同、思想认同、理论认同和情感认同的各类培训及活动，包括科协党校主题教育培训、科学道德与学风建设宣讲培训及活动等，不包括日常业务培训及活动等。

科协党校主题教育培训班 2021年度本单位组织或牵头组织的，以学习习近平新时代中国特色社会主义思想，学习党的政治理论观点、路线方针政策，学习党的光辉历史和优良传统为主要内容，通过课堂讲授、现场体验、研讨交流、情景教学、音像教学、座谈会等方式开展教学的各类主题培训班。

科学道德与学风建设宣讲活动 2021年度本单位主办或牵头组织宣讲科学精神、科学道德、科学伦理和科学规范的会议、培训及活动。

向省部级（含）以上科技奖项、人才计划（工程）举荐获奖人才数 2021年度本单位向省部级（含）以上科技奖项（人物奖）、人才计划（工程）举荐并获得奖励、支持的人才数。

向省部级（含）以上科技奖项推荐获奖项目数 2021年度本单位向省部级（含）以上科技奖项（成果奖）举荐的项目数，以及获得奖励的项目数。

科技人才信息库 截至2021年12月31日，本单位或本单位牵头建设、运行维护、开发利用的，为充分发挥科协联系科技工作者的桥梁纽带作用，进一步推进科技决策的科学化和民主化水平，推动科技领域专家在科技管理和决策中发挥咨询和参谋作用，建设的主要以自然科学领域各主要学科与行业的高层次科技人才专家为主体的信息库，包括科技人才库、科技工作者信息库、学会会员信息库等。

举荐院士候选人次 2021年度本单位向中国科协推选的院士候选人次。

科技奖项名称 截至2021年12月31日，本单位设立的奖项名称，涵盖人物奖、成果奖、科技奖和科普类奖项等，不包括一般的表扬鼓励和专门针对本单位工作人员的表彰奖励。注意，由本单位设立的奖项，包括本年度暂未开展表彰活动但奖项实际存在的奖项，不包括本单位或单位人员在其他单位获得的奖项。

表彰奖励科技工作者 2021年度本单位正式行文表彰（含命名）的，在科技工作中有特殊贡献的科技人员。不包括一般的表扬鼓励和专门针对本单位工作人员的表彰奖励。

通过媒体宣传科技工作者人次 2021年度本单位从宣传党和政府对科技事业的重视和支持、展示我国科技事业的重大进展和成就、推出优秀科技工作者和团队典型、弘扬科学精神和科学思想及传播科学知识和科学方法五个重点宣传内容方面宣传的科技工作者。

科技志愿服务活动 2021年度本单位或本单位牵头组织科技志愿者、科技志愿服务组织为服务科技工作者、服务创新驱动发展、服务全民科学素质提高、服务党和政府科学决策，在科技攻关、成果转化、人才培养、智库咨询、科学普及、脱贫攻坚等方面自愿、无偿向社会或他人提供的公益性科技类服务活动。

科技志愿服务组织 截至2021年12月31日，各级科协、学会和相关机构成立的科技志愿者协会、科技志愿者队伍、科技志愿服务团（队）等。

科技志愿者人数 截至2021年12月31日，本单位登记注册的科技志愿者人数，包括原科普志愿者。科技志愿者指不以物质报酬为目的，利用自己的时间、科技技能、科技成果、社会影响力等，自愿为社会或他人提供公益性科技类服务的科技工作者、科技爱好者和热心科技传播的人士等。

科普专职人员 截至2021年12月31日，本级科协系统中从事科普工作时间占其全部工作时间60%及以上且领取报酬的人员。包括科普管理工作者，从事专业科普研究和创作的人员，专职科普作家，各类科普场馆的相关工作人员，科普类图书、报刊科技（科普）专栏版的编辑，电台、电视台科普频道、栏目的编导，科普网站信息加工人员等。

科普兼职人员 截至2021年12月31日，在本级科协系统非职业范围内从事科普工作，仅在某些科普活动中从事宣传、辅导、演讲等工作的人员，以及工作时间不能满足科普专职人员要求的从事科普工作且领取报酬的人员。包括进行科普讲座等科普活动的科技人员、中小学兼职科技辅导员等。

开展维护科技工作者权益活动 2021年度本单位组织开展或牵头组织开展的，主动代表科技工作者通过合法渠道、正常途径，合理伸展利益诉求，以加强服务科技工作者和维护科技工作者合法权益为目的，为科技工作者提供创业就业、心理疏导、法律援助、大病救助、困难群体慰问、婚恋交友、居家养老等服务的活动。

通过群众来信、信访热线等方式服务科技工作者 2021年度本单位通过群众来信、信访热线等方式接到服务科技工作者诉求，并提供有效服务的次数及受益人数。

加入国际民间科技组织 截至2021年12月31日，本单位代表国家、地区或学科加入国际民间科技组织的数量，其中正式国际民间科技组织是经所在国正式注册，具有法人资质的国际组织。

任职专家 截至2021年12月31日，经本单位培养推荐且已在国际民间科技组织中任职的专家总数。

高级别任职专家 截至2021年12月31日，在核心领导层任职专家为高级别任职专家，包括主席、副主席、执委、秘书长、司库或相当职务的任职专家等。

一般级别任职专家 截至2021年12月31日，在核心领导层以外的专委会或其他常设机构任职的专家。

普通工作人员 截至2021年12月31日，经本单位培养推荐，且已在国际民间科技组织中任职的普通工作（非专家）人员总数。

参加国际科学计划 截至2021年12月31日，本单位及所联系的专家参与国际民间科技组织发起或主导的国际科学计划。

参加大陆境外科技活动人次 2021年度本单位组织参加的大陆境外（含港澳台地区）会议、展览、经贸、访问考察、科研、培训等科技活动的总人次。

接待大陆境外专家学者 2021年度本单位单独或牵头接待的来自大陆境外（含港澳台地区）参加学术交流活动、科技人文交流活动、专业技术培训、应用项目对接洽谈、科学教研等科技活动的专家学者。

海外人才离岸创新创业基地 截至2021年12月31日，本级科协已建立或认定的，为促进海内外创新创业服务机构和创新创业团队的交流合作，促进海外人才离岸创新创业工作，推动更多海外人才回国创业及更多海外创新成果在中国落地转化的创新创业基地。

海智计划工作基地 截至2021年12月31日，本级科协已建立或认定的，为加强与海外华人科技团体的联系，充分发挥海外人才和智力优势，切实发挥出海智平台以才引才、以才聚才的作用，发动全国学会和地方科协共同参与，为海外人才回国工作、为国服务搭建的海智计划工作平台。

开展推进创新创业活动 2021年度本单位为推进创新创业而开展的各项工作、举办的各项活动。活动期间在中国各地举办政策宣传、展览展示、经验交流、信息发布、文化传播、互动对接、投资交易、成果转化等活动，促进各类创业创新要素聚集、交流、对接，在全社会营造良好的创业创新氛围。

举办竞赛、论坛、展览等 2021年度本单位主办或承办的各种创新创业竞赛、论坛、对话会、座谈会、讨论会、展览、展示等营造创业创新氛围、展示“双创”成果、探讨“双创”理论与实践的活动。

开展咨询、教育、培训等 2021年度本单位主办或承办的各种创新创业咨询、启蒙、培训、教育等宣传创新创业理念、培育创新创业人才、解答疑惑、助力发展的活动。

开展投融资、成果转化等 2021年度本单位开展或参加的各种创新创业项目路演、发布、投融资、对接、洽谈、交易、转化、技术咨询、课题攻关等推进创新创业项目健康发展和转化的活动。

参与服务的科技工作者 2021年度本单位在组织实施创新创业活动过程中，参与中国科协、地方科协和各级学会组织的决策咨询、评价评估、成果转化、技术推广、项目对接、技术服务、培训讲座等“双创”工作的科技工作者。

专家 在学术、技术等方面有专项技能和专业知识的副高级职称及以上人员。

专家服务工作站（中心） 截至2021年12月31日，本单位同有关单位，为高层次专家直接参与经济建设和社会服务而组建的专家科技服务机构。

专家进站（中心）人次 截至2021年12月31日，本单位以设站单位名义聘请进入专家工作站的专家人次。由颁发证书单位填报。

专家服务团队 截至2021年12月31日，本单位根据项目合作需要，按专业特点牵头组织的专家服务团队，打破单位界限，进行专家资源的整合，承担科学普及、科技攻关、决策咨询、工程论证、技术指导、科技扶贫等相关合作。

参加服务团队专家人次 截至2021年12月31日，参加本单位牵头组织专家服务团队的专家人次。

技术标准研制数量 截至2021年12月31日，经公认机构批准的、非强制执行的、供通用或重复使用的产品或相关工艺和生产方法的规则、指南或特性的文件等，其实质是对一个或几个生产技术设立的必须符合要求的条件及能达到此标准的实施技术。团体标准研制数量由团体按照团体确立的标准制定程序自主制定发布，由社会自愿采用的标准。

团体标准研制数量 截至2021年12月31日，由团体按照团体确立的标准制定程序自主制定发布，由社会自愿采用的标准。

国内学术会议 2021年度在我国境内，由本单位主办或牵头主办的综合交叉性、专业性高端前沿等系列学术研讨会、交流会、报告会和论坛等。注意，同一会议分论坛场次不重复统计。

学术年会 学术年会是学术会议中一种制度性的会议形式，通常是定期（一年或多年）召开的一种大型综合性或主题型学术年会，与会代表涵盖全学科或全专业领域。

国内学术会议参加人次 2021年度本单位主办的国内学术会议参加总人次。

国内学术会议交流论文、报告 2021年度本单位主办的国内学术会议交流论文、报告等的篇数。

境内国际学术会议 2021年度在我国境内，由本单位主办或牵头主办及受国际组织委托承办的以学术交流为目的研讨会、交流会、报告会和论坛等。与会代表来自3个或3个以上国家或地区（不含港澳台地区）。以提交学术论文、做学术报告、展示学术海报等形式参与交流。注意，同一会议分论坛场次不重复统计。

境内国际学术会议参加人次 2021年度本单位主办的境内国际学术会议参加总人次。

境外专家学者 2021年度本单位主办的境内国际学术会议参加人员中的境外专家人数。

境内国际学术会议交流论文、报告 2021年度本单位主办的境内国际学术会议交流论文、报告等的篇数。

港澳台地区学术会议 2021年度由本单位和港澳台地区有关组织联合主办的以学术交流为目的研讨会、交流会、报告会和论坛等。来自港澳台地区的与会代表人数占参会总数的1/3以上。以提交学术论文、做学术报告、展示学术海报等形式参与交流。注意，同一会议分论坛场次不重复统计。

港澳台地区学术会议参加人次 2021年度本单位主办的港澳台地区学术会议参加总人次。

港澳台地区学术会议交流论文、报告 2021年度本单位主办的港澳台地区学术会议交流论文、报告等的篇数。

主办科技期刊 截至2021年12月31日，由本单位主办，具有固定刊名、刊期、年卷或年月顺序编号、印刷成册、以报道科学技术为主要内容的连续出版物。包括学术期刊、综合期刊、技术期刊、科普期刊和检索期刊，不包括各类内部刊物。两个以上主办单位合办期刊须确定一个主办单位。

实行开放存取的期刊 截至2021年12月31日，由本单位主办的开放获取期刊，是在线出版物，采用数字化出版、网络传播、作者或机构付费（版权属于作者）、读者免费获得的出版模式。

科技期刊发行量 2021年度本单位主办的本科技期刊的发行量。

实体科技馆数量 截至2021年12月31日，本单位拥有所有权或使用权，具备展览教育、培训教育、实验教育等功能，面向公众已建成且常年开馆的社会科技教育固定设施。

实行免费开放的科技馆 截至2021年12月31日，本级科协所属，符合科技馆建设标准，具有展教功能，免费向公众开放的科技馆。

实体科技馆建筑面积 截至2021年12月31日，本单位拥有所有权或使用权的科技馆的展览教育、公众服务、业务研究、管理保障等用房主体建筑面积总和。

实体科技馆展厅面积 截至2021年12月31日，本单位拥有所有权或使用权的科技馆内专门用于布置常设展览和短期展览的用房（场所）的使用面积。

科技馆参观人次 2021年度接待参观科技馆的总人次。

数字科技馆数量 截至2021年12月31日，本单位以激发公众科学兴趣、提高公众科学素质为目标，面向全体公众，特别是青少年群体，搭建的基于互联网传播的公益性科普服务平台或网络科普园地。

流动科技馆 截至2021年12月31日，本单位获得中国科协配发或自行研发的用于科普活动的流动科技馆。由配发或自行研发单位填报。

流动科技馆巡展受众人次 2021年度本单位单独或牵头组织的流动科技馆巡展所覆盖的总人次。

科普活动站（中心、室）数量 截至2021年12月31日，长期或定期从事向青少年科普，向公众进行科学技术传播，开展示范性、导向性科学普及活动，开展青少年科技教育，组织青少年科技竞赛等工作的社会公益性机构和场所。

全年参加活动（培训）人次 2021年度参加科普活动站（中心、室）举办活动的总人次。

科普大篷车数量 截至2021年12月31日，本单位获得中国科协配发和自行开发的用于科普活动的大篷车。由使用大篷车的单位填报。省级科协负责审核各级数量。

科普大篷车下乡次数 2021年度本单位科普大篷车当年下乡开展科普活动的次数。

科普大篷车覆盖人次 2021年度本单位科普大篷车当年下乡开展科普活动所覆盖的总人次。

科普大篷车行驶里程 2021年度本单位科普大篷车当年开展科普活动累计行驶的千米数。

科普大篷车展品数量 2021年度本单位科普大篷车全部展品的数量。

科普画廊建筑面积（宣传栏、科技宣传橱窗） 截至2021年12月31日，由本单位单独或牵头联合有关单位共同在广场、社区、村寨、公园、路边等建设的，直接向公众宣传科学技术信息的具有展示功能的宣传栏、橱窗等固定科普设施。按实际建筑面积计算，单面的计算单面面积，双面的计算双面面积。单个建筑面积之和等于总面积。

科普画廊展示面积 截至2021年12月31日，在本单位单独或牵头联合有关单位共同建设的科普画廊（宣传栏、橱窗）中，展示科学技术信息图片、文字的实际面积。按实际展示面积计算，单面的计算单面面积，双面的计算双面面积。单个年展示面积之和等于年展示总面积。单个年展示面积＝每次展示面积×展示次数。

举办科普宣讲活动 2021年度本单位单独或牵头组织的以报告会、广播、电视、报刊、网络或其他形式举办的科普讲座和报告，以陈列实物及展示图片等形式举办的各类科普展览，组织相关专业专家组成智力团体，以科学技术为依据，向社会和公众提供的智力服务。按实际举办次数统计。包括青少年科普活动次数。

科普活动受众人次 2021年度本单位单独或牵头组织的科普宣讲活动所覆盖的总人次。

参加活动科技人员总数 2021年度参与本单位单独或牵头组织的各类科普活动的全部科技人员，包括志愿者、被邀请的专家和科技专业人员等。

专家人次 2021年度参与本单位单独或牵头组织的各类科普活动的全部科技人员中专家的数量。

参加活动的学会、协会、研究会 2021年度参与本单位单独或牵头组织的各类科普活动的各类学会、协会、研究会的数量。

推广新技术、新品种 2021 年度本单位推广的用于农业生产方面的科学新技术及农作物新产品，包括种植、养殖、化肥农药的用法、各种生产资料的鉴别、高效农业生产模式等。

青少年 泛指 18 周岁以下的人。

举办青少年科技竞赛 2021 年度本单位独立举办或牵头组织举办的旨在推动青少年科技活动蓬勃开展，培养青少年创新精神和实践能力，提高青少年科技素质，鼓励优秀人才涌现，推进科技普及发展的各类科技竞赛活动。

参加人次 2021 年度本单位举办的青少年科技竞赛参加人次。

获奖人次 2021 年度本单位举办的青少年科技竞赛获奖人次。

青少年参加国际及港澳台科技交流活动 2021 年度本单位组织国内优秀青少年参加国际及港澳台地区青少年科技竞赛、交流活动及代表国家参加国际奥林匹克学科竞赛。

举办青少年高校科学营 2021 年度由中国科协、教育部共同主办的青少年高校科学营活动。

参加人次 2021 年度由中国科协、教育部共同主办的青少年高校科学营活动参加人次。

编印青少年科技教育资料 2021 年度本单位编印的以青少年科技教育为题材的论文集、画册、活动指导手册、宣传资料、汇编等。

举办青少年科技教育活动和培训次数 2021 年度本单位单独或牵头组织的向青少年、科技辅导员和各级管理工作者普及科学技术、提供展示和交流平台的主题性科普活动，以及相关的实用技术和技能培训活动。

中学生英才计划培养学生 2021 年度本单位根据中国科协和教育部联合开展、落实“支持有条件的高中与大学、科研院所合作开展创新人才培养研究和试验，建立创新人才培养基地”的要求，发现和培养一批有潜质的科技创新后备人才的数量。

编著科技图书种数 截至 2021 年 12 月 31 日，本单位组织编著的科技综合类、信息类、普及类、专业技术类等图书。只统计在新闻出版机构登记、有正式书号的科技图书。

科技图书总印数 2021 年度本单位编著科技图书的总出版册数。

主办科技报纸种数 截至 2021 年 12 月 31 日，本单位出版的自然科学和科学技术方面的报刊，主要任务是介绍先进科学技术、传播科技信息、交流科学方法、开发智力资源、培养科技人才、促进科研成果转化为生产力、普及科技知识、提高全民科学技术文化水平。

报纸总印数 2021 年度本单位主办的科技报纸的总印数。

制作科普挂图种数 截至 2021 年 12 月 31 日，本单位独立或牵头组织编创的，用于各项科普宣传活动的挂图。以主题进行统计，一个主题计为一种。

科普挂图总印数 2021 年度本单位制作的科普挂图的总印数。

制作科技广播、影视节目套数 截至 2021 年 12 月 31 日，本单位本年度独立或牵头组织制作的以宣传科学技术为主要内容的广播节目、电影和电视节目的套数。

制作科普动漫作品套数 截至 2021 年 12 月 31 日，本单位以“科普创意”为核心，以动画、漫画为表现形式，以网络为技术传播手段制作的动漫作品的套数。

制作科普动漫播放时长 2021 年度本单位制作动漫的总播放时间，按分钟计。

开设科教栏目的电视台 截至 2021 年 12 月 31 日，开设专门科教栏目，利用固定时段播放科普节目的电视台。由各级科协填报本级电视台数据。

开设科教栏目的广播电台 截至 2021 年 12 月 31 日，开设专门科教栏目，利用固定时段播放科普节目的广播电台。由各级科协填报本级广播电台数据。

主办科技传播网站 截至 2021 年 12 月 31 日，本单位主办的面向社会公众弘扬科学精神、传播科学知识、普及科学技术的网站。

科技传播网站浏览人次 2021 年度本单位主办的科技传播网站的浏览人次。

主办科普 App 截至 2021 年 12 月 31 日，本单位开发运营的科普类手机移动端应用个数。

科普 App 下载安装数 截至 2021 年 12 月 31 日，主办科普 App 的下载安装数。

主办科普微信公众号 截至 2021 年 12 月 31 日，本单位在微信公众平台上申请的，主要用于面向公众弘扬科学精神、传播科学知识、普及科学技术等的应用账号。

科普微信公众号关注数 截至2021年12月31日，本单位主办科普微信公众号的关注数。

科普微信公众号年度总阅读数 2021年度本单位主办科普微信公众号发表文章的总阅读数。

主办科普微博 截至2021年12月31日，本单位在新浪微博上申请，主要用于面向公众弘扬科学精神、传播科学知识、普及科学技术等的应用账号个数。

科普微博关注数 截至2021年12月31日，主办科普微博的关注数。

研究人员数量 截至2021年12月31日，本单位具有较强研究能力，掌握着本学科领域内的国际、国内最新进展，取得过高水平的研究成果，主要负责参与并完成科研任务的人员，包括在职研究人员、兼职研究人员及连续工作一年及以上的非在编研究人员数。不包括单位管理人员及短期合作的研究人员。

本单位研究人员数量 截至2021年12月31日，在本单位主要从事研究工作、领取劳动报酬的在编人员和连续工作一年及以上的非在编研究人员数。

举办决策咨次数 2021年度本单位举办的会议、论坛、调研等决策咨询活动的次数。

组织政协科协界委员协商或调研活动 2021年度本单位组织的政协科协界委员协商或调研活动的次数。

组织参与立法咨询次数 2021年度本单位或本部门组织专家或专业研究人员参与的立法咨询的次数。

开展科技工作者专项调查次数 2021年度本单位或本部门组织开展的科技工作者专项调查次数。

组织政策解读活动 2021年度本单位主办的政策解读活动的次数。

开展科技创新评估 2021年度本单位牵头开展的对科技政策、计划、项目、成果、专有技术、产品机构、人才等科技活动有关的评估行为，遵循一定的原则、程序和标准，运用科学、公正和可行的方法进行的专业判断活动的次数。

提供决策咨询报告 2021年度本单位向党和国家机关提交的科技工作者建议、科技界情况、调研动态评估报告等，有助于提升决策质量的咨询报告的数量。

获上级领导批示条数 2021年度本单位向党和国家机关提交的科技工作者建议、科技界情况、调研动态评估报告等，有助于提升决策质量的咨询报告获得上级领导批示的数量，包括报同级单位党委领导批示的条数。

答复人大（政协）代表（委员）提案 2021年度本单位负责并完成答复人大和政协的有关机构交办的议案的数量。

中国科学技术协会统计年鉴 2022（上）

中国科学技术协会　编

中国科学技术出版社
·北　京·

图书在版编目（CIP）数据

中国科学技术协会统计年鉴．2022. 上 / 中国科学技术协会编．-- 北京：中国科学技术出版社，2023.5

ISBN 978-7-5236-0056-6

Ⅰ．①中… Ⅱ．①中… Ⅲ．①中国科学技术协会－统计资料－2022－年鉴 Ⅳ．① G322.25-54

中国国家版本馆 CIP 数据核字（2023）第 036156 号

策划编辑	符晓静
责任编辑	李 洁 史朋飞
图文设计	中文天地
责任校对	吕传新
责任印制	徐 飞
出 版	中国科学技术出版社
发 行	中国科学技术出版社有限公司发行部
地 址	北京市海淀区中关村南大街16号
邮 编	100081
发行电话	010-62173865
传 真	010-62179148
网 址	http://www.cspbooks.com.cn
开 本	880mm × 1230mm 1/16
字 数	900千字
印 张	31.5
版 次	2023年5月第1版
印 次	2023年5月第1次印刷
印 刷	北京荣泰印刷有限公司
书 号	ISBN 978-7-5236-0056-6 / G・1001
定 价	398.00元

编印说明

一、《中国科学技术协会统计年鉴2022（上）》（以下简称《年鉴》）是一本反映各级科协及所属团体事业发展情况的资料性年度出版物。《年鉴》收录了2021年度中国科协（仅指中国科协机关和直属单位，下同）、省级科协、市级科协、县级科协、所属全国学会、省级学会的组织建设、为科技工作者服务、国际及港澳台地区民间科技交流、学术交流、科学普及、科技决策咨询等方面的统计数据。

二、全书内容分为8部分：中国科协2021年度事业发展统计公报、综合、组织建设、为科技工作者服务、国际及港澳台地区民间科技交流、学术交流、科学普及、科技决策咨询，在各部分前编有简要说明。《年鉴》后附有主要指标解释。

三、《年鉴》各项统计数据均未包括香港特别行政区、澳门特别行政区和台湾省的数据。

四、《年鉴》中以“学会”统称各类科协所属学会、协会、研究会。

五、《年鉴》表中的符号“—”表示该项统计指标数据不详或无该项数据；“#”表示其中的主要项；“*”表示表下另有注释。

六、《年鉴》资料来源于中国科学技术协会综合统计调查制度（批准机关：国家统计局；批准文号：国统制〔2019〕216号；有效期至2022年12月）。综合统计调查年报工作由中国科学技术协会战略发展部统一组织开展，所有数据均由基层单位通过网络平台逐级填报、审核和汇总。《年鉴》由中国科学技术出版社出版。

由于时间紧、数据量大，《年鉴》编写过程中难免有疏漏之处，欢迎指正。

目录

一、中国科协 2021 年度事业发展统计公报

一、中国科协2021年度事业发展统计公报[①]

2022年8月

2021年，在党中央的坚强领导下，中国科协坚持以习近平新时代中国特色社会主义思想为指导，深入贯彻落实党的十九大和十九届历次全会精神，切实履行桥梁纽带职责，团结科技工作者在党史学习教育中明理增信、崇德力行，坚决拥护“两个确立”、增强“四个意识”、坚定“四个自信”、做到“两个维护”，激励科技工作者心怀“国之大者”，勇当高水平科技自立自强排头兵，立足新发展阶段，贯彻新发展理念，构建新发展格局，推动高质量发展和共同富裕，在国家现代化新征程中建功立业。

一、组织建设

（一）科协组织建设

各级科协3184个，其中省级科协32个，市级科协427个，县级科协2724个。各级科协直属单位1909个。各级代表大会代表总人数344976人，其中委员会委员总人数92953人，常务委员会委员总人数36420人。

各级科协从业人员40656人，其中女性从业人员17789人。各级科协2021年收入[②]总额159.7亿元（图1）。

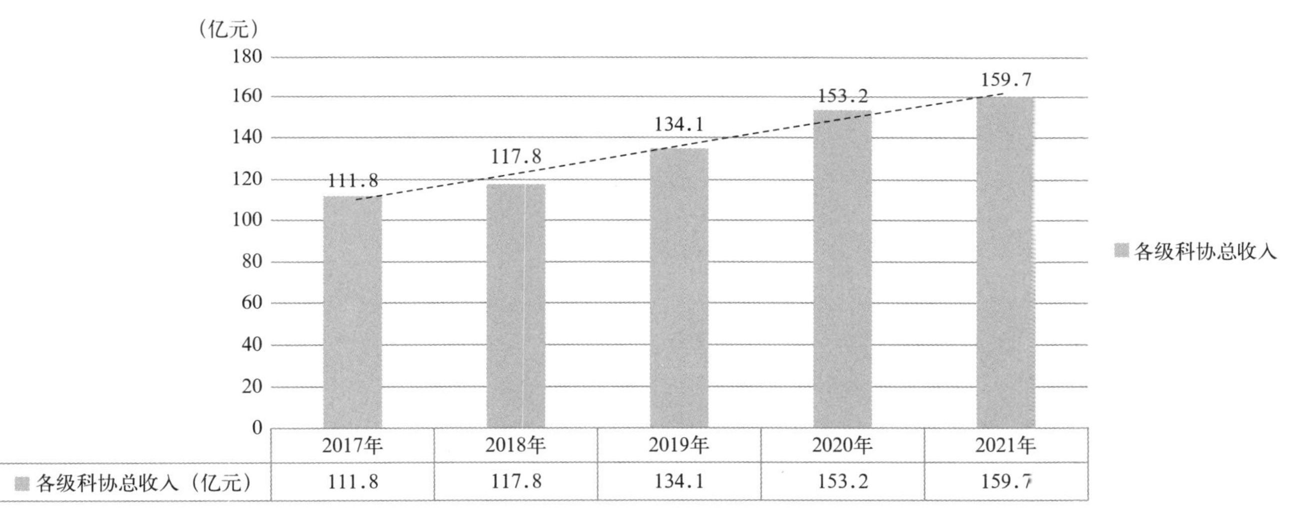

	2017年	2018年	2019年	2020年	2021年
各级科协总收入（亿元）	111.8	117.8	134.1	153.2	159.7

图1　各级科协收入情况

① 本公报中各项统计数据均未包括香港特别行政区、澳门特别行政区和台湾省。部分数据因四舍五入的原因，存在与分项合计不等的情况。

公报中各种范围所表述的含义如下：

各级科协指中国科协机关及直属单位、省级科协、市级科协、县级科协。

地方科协指省级科协、市级科协、县级科协。

学会指各级科协所属学会、协会、研究会。

两级学会指中国科协所属全国学会、省级科协所属省级学会。

全国学会指中国科协所属全国学会、协会、研究会。

省级学会指省级科协所属省级学会、协会、研究会。

市级学会指各市级科协所属市级学会、协会、研究会。

县级学会指各县级科协所属县级学会、协会、研究会。

基层组织指经地方科协审批，在科技工作者集中的高等学校、科研院所、医院、企业、园区、乡镇（街道）、村（社区）等建立的科学技术协会（科学技术普及协会）。主要包括企业科协、高校科协、乡镇（街道）科协、村（社区）科协、农技协等。

② 各级科协2021年收入指2021年度各级科协部门经费总收入，包括科协经费总收入和直属单位经费总收入。考虑到统计调查数据的时效性，公报中的财务类数据均按调查单位确定的时点数据或预计数上报。

企业科协[①]25692个，个人会员298.0万人。高校科协[②]1607个，个人会员79.7万人。乡镇（街道）科协[③]28750个，个人会员154.4万人。村（社区）科协[④]40710个，个人会员60.0万人。农技协[⑤]22664个（图2），个人会员349.6万人。

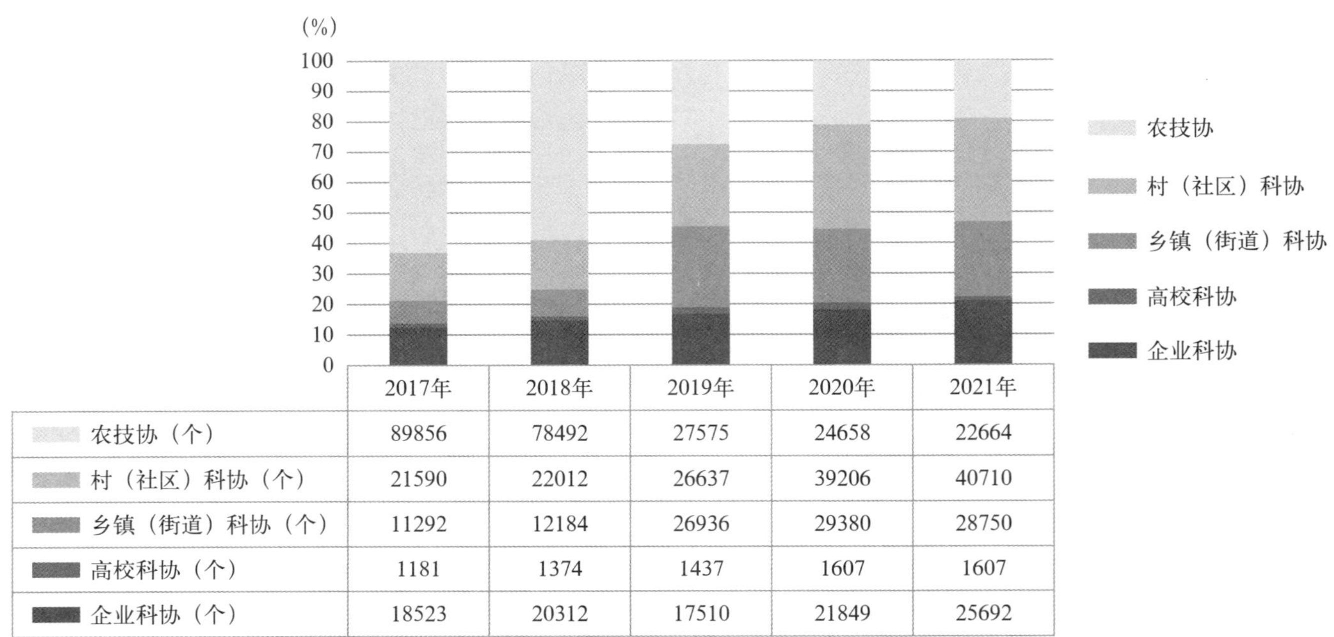

	2017年	2018年	2019年	2020年	2021年
农技协（个）	89856	78492	27575	24658	22664
村（社区）科协（个）	21590	22012	26637	39206	40710
乡镇（街道）科协（个）	11292	12184	26936	29380	28750
高校科协（个）	1181	1374	1437	1607	1607
企业科协（个）	18523	20312	17510	21849	25692

图2　科协基层组织基本情况

（二）学会组织建设

各级科协所属学会22477个，其中中国科协所属全国学会211个，省级科协所属省级学会3938个，市级科协所属市级学会8698个，县级科协所属县级学会9630个。全国学会理事会理事[⑥]3.0万人，省级学会理事会理事28.6万人。

两级学会从业人员66461人，其中全国学会从业人员3991人，省级学会从业人员62470人。

两级学会2021年收入总额101.7亿元，其中全国学会2021年收入总额46.5亿元（图3）。

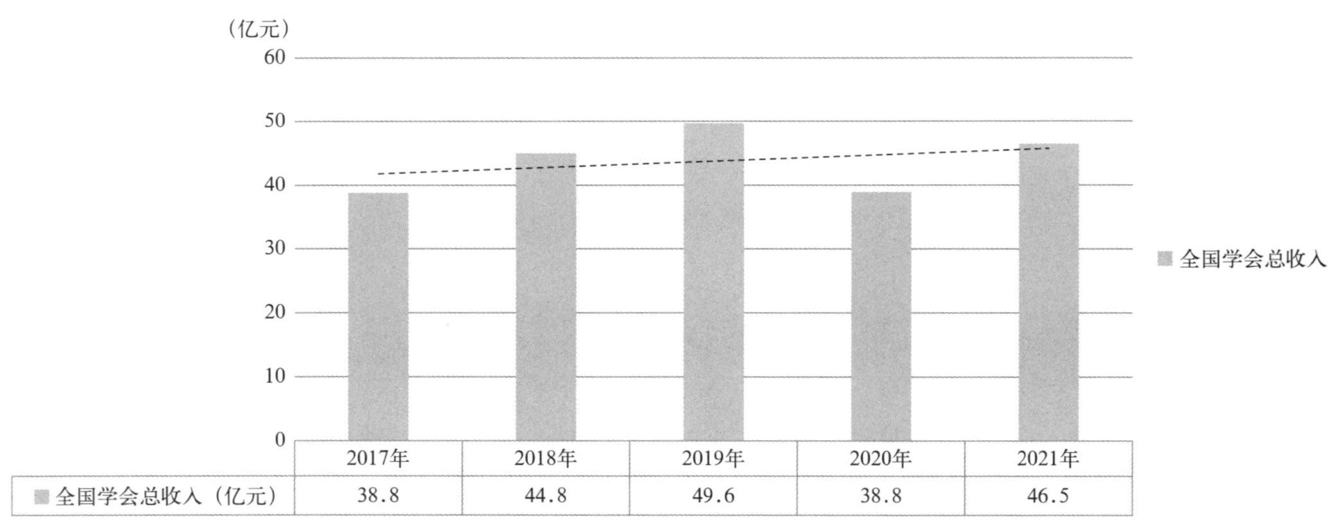

	2017年	2018年	2019年	2020年	2021年
全国学会总收入（亿元）	38.8	44.8	49.6	38.8	46.5

图3　全国学会收入情况

① 企业科协含经地方科协审批，企业、园区等成立的科协基层组织。
② 高校科协含经地方科协审批，高等学校、科研院所成立的科协基层组织。
③ 乡镇（街道）科协指乡镇、街道成立的科协基层组织。
④ 村（社区）科协指村、社区成立的科协基层组织。
⑤ 农技协指经地方科协正式审批接纳或登记备案的农村专业技术协会及各类农村专业技术研究会（农研会）等。
⑥ 理事会理事指经学会会员代表大会选举产生的学会理事。

两级学会个人会员①1260.6 万人，团体会员 36.9 万个。其中全国学会个人会员 621.5 万人，团体会员 6.9 万个。省级学会个人会员 639.1 万人（图 4），团体会员 30.0 万个。

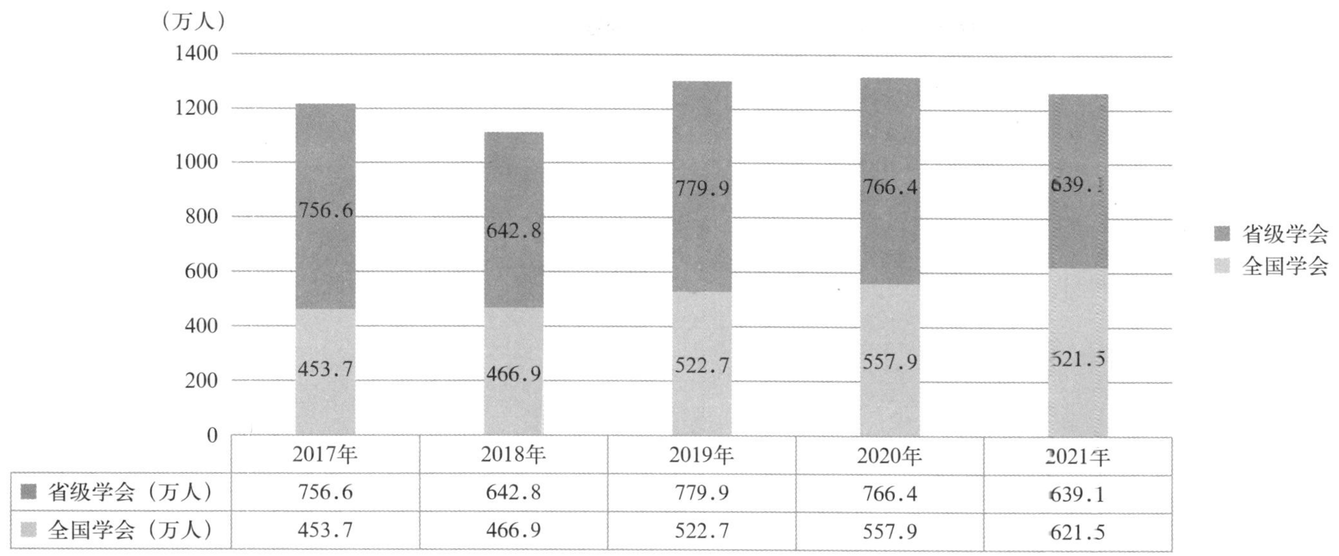

	2017年	2018年	2019年	2020年	2021年
省级学会（万人）	756.6	642.8	779.9	766.4	639.1
全国学会（万人）	453.7	466.9	522.7	557.9	621.5

图 4　全国学会和省级学会个人会员情况

二、为科技工作者服务

（一）思想政治教育及能力提升

开展科学道德与学风建设宣讲活动②9441 场次，宣讲活动受众 1303.3 万人次。

举办干部教育培训班 6301 次（期），培训 50.0 万人次。

举办继续教育培训班 22114 场次，培训 1128.2 万人次。

（二）表彰举荐

各级科协和两级学会以科技奖项、人才计划（工程）等为载体，举荐人才 11989 人次，推荐项目 5032 项。

设立科技奖项③1858 项，其中全国学会设立 331 项。表彰奖励科技工作者 16.0 万人次，其中女性科技工作者 4.2 万人次，45 岁及以下科技工作者 9.1 万人次。青年人才托举工程④累计培育青年人才约 2100 人。

（三）媒体宣传

通过媒体宣传科技工作者 67.9 万人次，其中中央及省级媒体宣传科技工作者 13.0 万人次。宣传媒介呈多样化，通过电视宣传 9.5 万人次，通过纸质媒体宣传 9.9 万人次，通过网络与新媒体宣传 53.6 万人次。

（四）志愿服务

在基层直接为公众提供科技攻坚、成果转化、人才培养、科技咨询、科学普及等服务的专职科普工作者（科普工作时间占其全部工作时间 60% 以上的工作人员）8.7 万人，兼职科普工作者 137.6 万人，科技志愿者⑤337.9 万人。

---

① 学会个人会员指在学会注册登记，并取得本学会会员资格的人员（包括外籍会员）。

② 科学道德与学风建设宣讲活动指各级科协和两级学会主办或牵头组织宣讲科学精神、科学道德、科学伦理和科学规范的会议、培训及活动等。

③ 科技奖项指省级及以上科协组织和两级学会设立的科技奖项，涵盖人物奖、成果奖、科技奖和科普类奖项等。不包括一般的表扬鼓励和专门针对本单位工作人员的表彰奖励。

④ 青年人才托举工程指中国科协于 2015 年启动实施的一项青年人才培育计划，以每届重点支持 200 名左右 30 岁上下的青年科技人才为目标，发挥学会专业优势，创新青年人才选拔、培养机制，指导其在科研黄金期快速成长，打造国家高层次科技人才后备队伍，成为建设创新型国家、德才兼备的国家科技领军人才重要人力资源保障。

⑤ 科技志愿者指不以物质报酬为目的，利用自己的时间、科技技能、科技成果、社会影响力等，自愿为社会或他人提供公益性科技类服务的科技工作者、科技爱好者和热心科技传播的人士等。统计包括各级科协及学会登记注册的科技志愿者人数及原注册科普志愿者。

三、国际及港澳台地区民间科技交流

各级科协和两级学会加入国际民间科技组织[1]903个。在国际民间科技组织中任职专家2446人，其中担任主席、副主席、执委或相当职务的高级别任职专家1265人，其他一般级别任职专家1182人。

参加国际科学计划[2]131项。参加境外科技活动1.4万人次，参加港澳台地区科技活动0.4万人次。接待境外专家学者0.8万人次。

四、学术交流

（一）推进创新创业服务活动

开展推进创新创业活动3.3万项，其中举办竞赛、论坛、展览等活动8353项，开展咨询、教育、培训等活动1.9万项，开展投融资、成果转化等活动3264项。

（二）专家服务

各级科协指导组建专家工作站[3]8779个，全年组织进站（中心）专家8.4万人次。组建专家服务团队[4]5041个，参加服务团队专家15.0万人次（图5）。

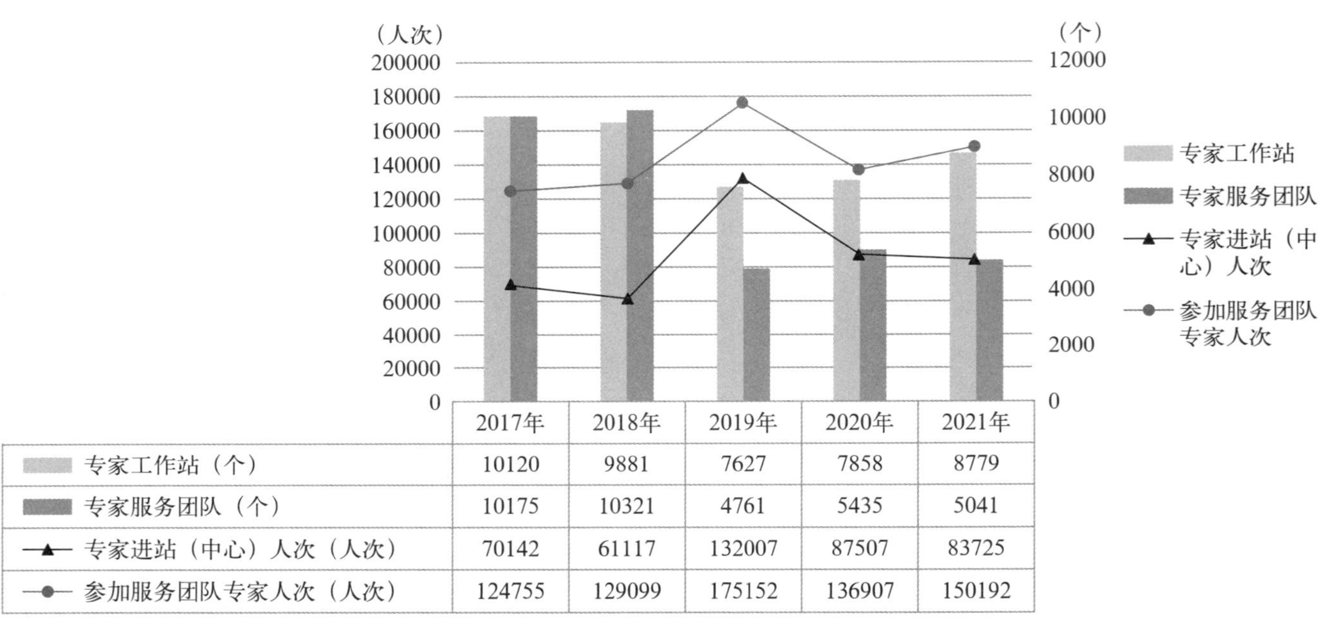

	2017年	2018年	2019年	2020年	2021年
专家工作站（个）	10120	9881	7627	7858	8779
专家服务团队（个）	10175	10321	4761	5435	5041
专家进站（中心）人次（人次）	70142	61117	132007	87507	83725
参加服务团队专家人次（人次）	124755	129099	175152	136907	150192

图5　各级科协指导组建专家工作站、专家服务团队情况

（三）标准制定

两级学会研制技术标准[5]420个。两级学会研制团体标准[6]2554个。

（四）学术会议

各级科协和两级学会共举办学术会议18740场次，参加人次4.0亿人次，交流论文80.8万篇（图6）。

---

① 国际民间科技组织指各级科协和两级学会代表国家、地区或学科加入的，经所在国正式注册、具有法人资质的国际民间科技组织。

② 国际科学计划指各级科协和两级学会及所联系的专家参与的，国际民间科技组织发起或主导的国际科学计划。

③ 专家工作站指各级科协组织和两级学会协同有关单位，为高层次专家直接参与经济建设和社会服务组建的科技服务机构。

④ 专家服务团队指各级科协和两级学会根据项目合作需要，按专业特点牵头组织的专家服务团队，主要承担科学普及、科技攻关、决策咨询、工程论证、技术指导、科技扶贫等相关合作项目。

⑤ 技术标准指两级学会经公认机构批准的、非强制执行的、供通用或重复使用的产品或相关工艺和生产方法的规则、指南或特性的文件等。

⑥ 团体标准指两级学会按照团体确立的标准制定程序自主制定发布，由社会自愿采用的标准。

举办国内学术会议[①]17691 场次，其中举办学术年会 6780 场次。国内学术会议参加人次 3.9 亿人次，交流论文 71.5 万篇。

举办境内国际学术会议[②]944 场次。境内国际学术会议参加人次 1429.1 万人次，交流论文 8.6 万篇。

举办港澳台地区学术会议[③]105 场次。港澳台地区学术会议参加人次 5.2 万人次，交流论文 6760 篇。

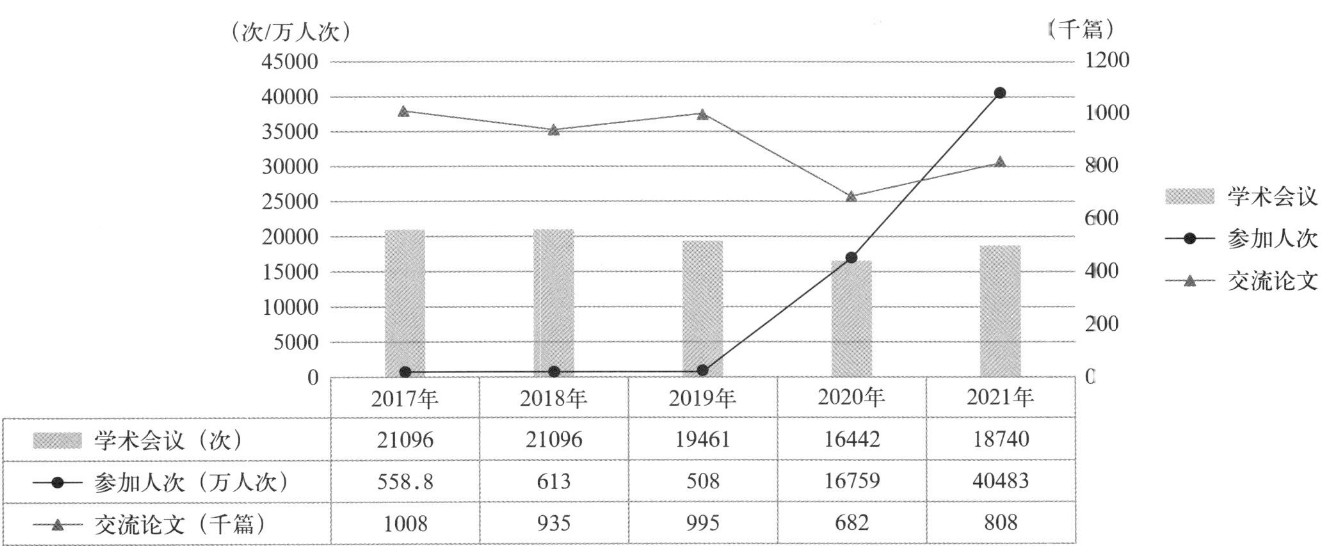

	2017年	2018年	2019年	2020年	2021年
学术会议（次）	21096	21096	19461	16442	18740
参加人次（万人次）	558.8	613	508	16759	40483
交流论文（千篇）	1008	935	995	682	808

图 6　各级科协和两级学会举办学术交流活动情况

（五）学术期刊

各级科协和两级学会主办科技期刊[④]1722 种。编委会成员 113776 人，编辑部总人数 11458 人。科技期刊总印数 4103.0 万册，发表论文、文章数 56.3 万篇。

五、科学普及

（一）科普基础设施建设

截至 2021 年年底，各级科协拥有所有权或使用权的科技馆[⑤]1004 个。总建筑面积 553.8 万平方米，展厅面积 296.6 万平方米。已实行免费开放的科技馆 937 个。科技馆全年接待参观人次 5092.4 万人次（图 7）。流动科技馆 1054 个。科普活动站（中心、室）48478 个，全年参加活动（培训）人次 2784.4 万人次。科普画廊建筑面积（宣传栏、宣传橱窗）142.5 万平方米，全年科普画廊展示面积[⑥]312.5 万平方米。科普大篷车 1311 辆，科普大篷车全年下乡次数 4.1 万次。科普大篷车全年下乡行驶里程 732.5 万千米，受益人次 2589.3 万人次。

---

① 国内学术会议指在我国境内由各级科协和两级学会主办或牵头主办的，以学术交流为目的，由国内有关专家、学者及科技人员参加并提交学术论文的综合交叉性、专业性高端前沿等系列学术研讨会、交流会、报告会和论坛等。

② 境内国际学术会议指在我国境内由各级科协和两级学会主办或牵头主办，受国际组织委托承办的，以学术交流为目的，与会代表来自 3 个或 3 个以上国家或地区（不含港澳台地区）的研讨会、交流会、报告会和论坛等。

③ 港澳台地区学术会议指由各级科协和两级学会与港澳台地区有关组织联合主办的，以学术交流为目的，来自港澳台地区的与会代表人数占总参会人数 1/3 以上的研讨会、交流会、报告会和论坛等。

④ 科技期刊指由各级科协和两级学会主办或合办，具有固定刊名、刊期、年卷或年月顺序编号，以报道科学技术为主要内容的连续出版物，包括学术期刊、综合期刊、技术期刊、科普期刊和检索期刊等，不包括各类内部刊物。

⑤ 科技馆指各级科协拥有所有权或使用权的具备展览教育、培训教育、实验教育等功能，面向公众常年开放的社会科技教育固定设施。

⑥ 科普画廊展示面积指各级科协和两级学会单独或牵头联合有关单位共同建设的科普画廊（宣传栏、橱窗）中，展示科学技术信息图片、文字的实际面积。按实际展示面积计算，单面的计算单面面积，双面的计算双面面积。单个年展示面积 = 每次展示面积 × 展示次数。

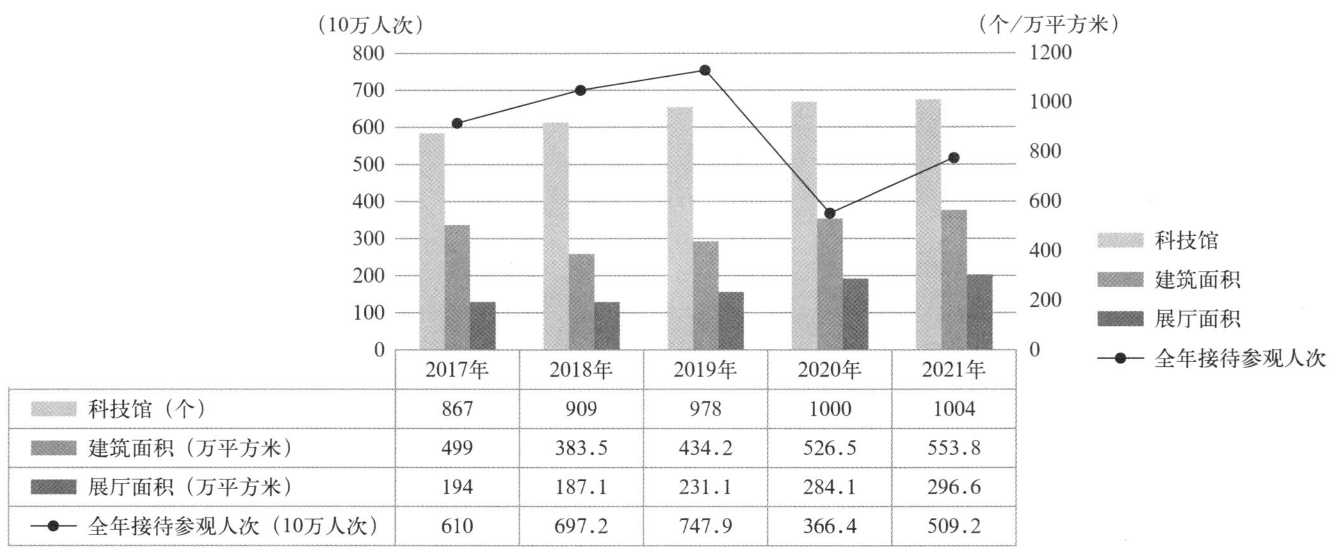

	2017年	2018年	2019年	2020年	2021年
科技馆（个）	867	909	978	1000	1004
建筑面积（万平方米）	499	383.5	434.2	526.5	553.8
展厅面积（万平方米）	194	187.1	231.1	284.1	296.6
全年接待参观人次（10万人次）	610	697.2	747.9	366.4	509.2

图 7　各级科协科技馆建设基本情况

（二）科普宣讲活动

各级科协和两级学会举办科普宣讲活动[①]39.0 万场，其中专家科普报告会 5.0 万场，专题展览 1.3 万场，科技咨询 11.2 万场。科普宣讲活动受众 23.23 亿人次。举办实用技术培训 8.9 万次，接受培训人次 1539.3 万人次。推广新技术、新品种 25520 项（图 8）。各类科普活动覆盖村和社区 28.5 万个。

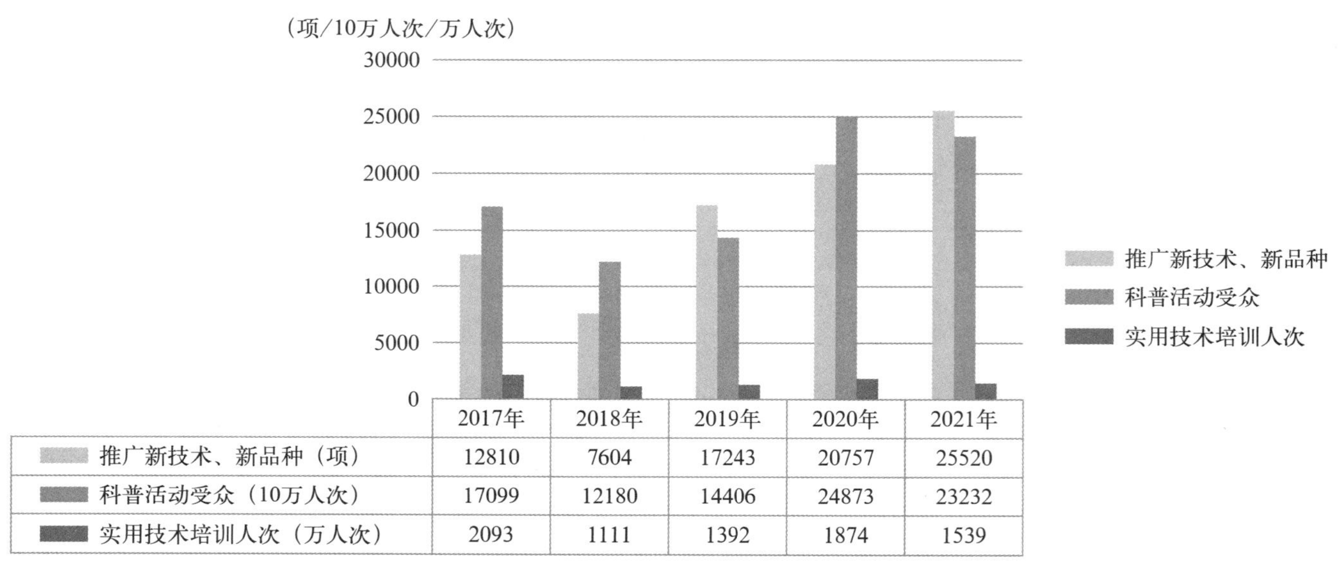

	2017年	2018年	2019年	2020年	2021年
推广新技术、新品种（项）	12810	7604	17243	20757	25520
科普活动受众（10万人次）	17099	12180	14406	24873	23232
实用技术培训人次（万人次）	2093	1111	1392	1874	1539

图 8　各级科协和两级学会科普活动情况

（三）青少年科技教育

各级科协和两级学会举办青少年科普宣讲活动 11.7 万场次，青少年科普宣讲活动受众 3.6 亿人次。举办青少年科技竞赛6136项，参加竞赛的青少年 2915.7 万人次。举办青少年科学营[②]781 次，参加人次 9.6 万人次（图 9）。编印青少年科技教育资料 2722 种，印数 580.9 万册。举办青少年科技教育活动和培训 40845 场次，参加培训人次 6747.2 万人次。通过中学生科技创新后备人才培养项目[③]培养学生 7.5 万人。

① 科普宣讲活动指各级科协和两级学会单独或牵头组织的以报告会、广播、电视、报刊、网络等形式举办的科普讲座和报告，以陈列实物及展示图片等形式举办的各类科普展览，组织相关专业专家组成智力团体，以科学技术为依据，向社会和公众提供的智力服务。

② 青少年科学营指由各级科协和两级学会举办，包括中国科协和教育部举办的，旨在充分利用大学的科技教育资源，激发青少年对科学的兴趣，培养青少年的科学精神、创新意识和实践能力的青少年科学营活动。

③ 中学生科技创新后备人才培养项目指由各级科协和两级学会组织，包括中国科协和教育部组织的，为落实“支持有条件的高中与大学、科研院所合作开展创新人才培养研究和试验，建立创新人才培养基地”的要求，以发现和培养一批具有科学创新潜质的中学生为目的，在专家的指导下由中学生参加的科学研究项目、科技社团活动、学术研讨和科研实践等活动。

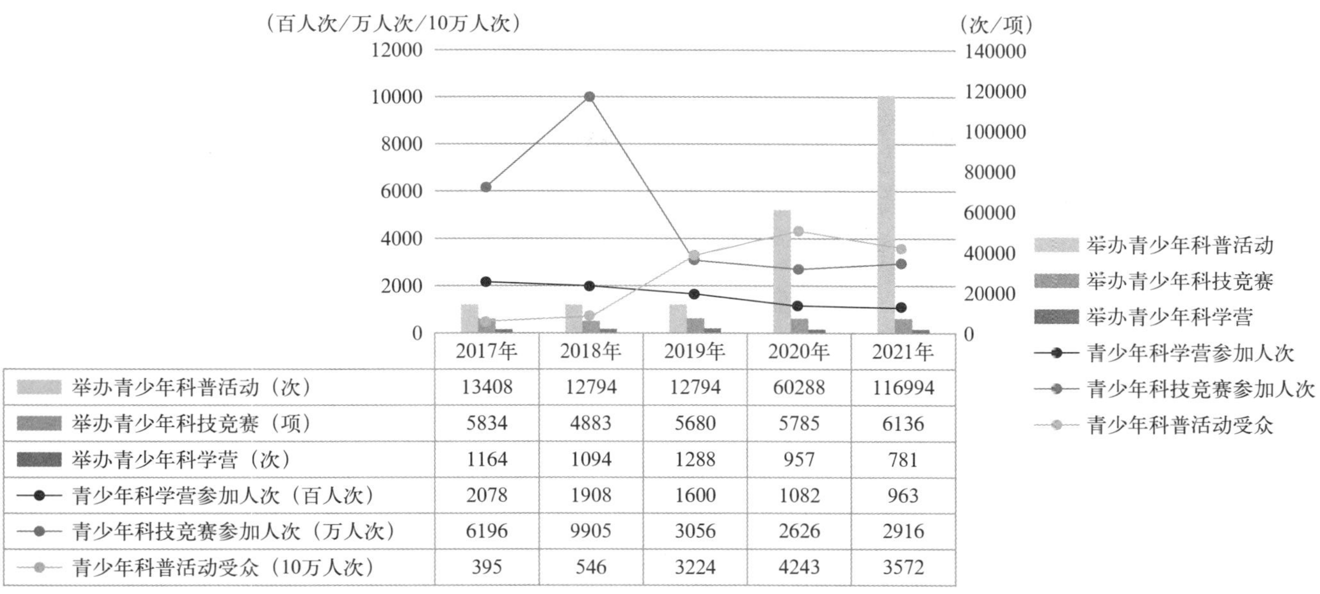

	2017年	2018年	2019年	2020年	2021年
举办青少年科普活动（次）	13408	12794	12794	60288	116994
举办青少年科技竞赛（项）	5834	4883	5680	5785	6136
举办青少年科学营（次）	1164	1094	1288	957	781
青少年科学营参加人次（百人次）	2078	1908	1600	1082	963
青少年科技竞赛参加人次（万人次）	6196	9905	3056	2626	2916
青少年科普活动受众（10万人次）	395	546	3224	4243	3572

图 9　各级科协与两级学会举办的青少年科技教育活动情况

（四）科普传播

各级科协和两级学会编著科技图书 5866 种，印数 5681.6 万册。制作科普挂图 79024 种，印数 1181.4 万张。制作科技广播影视节目总时长 4.5 万小时。制作科普动漫作品总时长 28.3 万小时。

主办科普传播类网站 1572 个，全年浏览量 143.3 亿人次。主办科普 App247 个，下载安装 1333.6 万次。主办科普微信公众号 2767 个，关注数 9683.4 万个。主办科普微博 589 个，粉丝数 6.0 亿个。科普中国平台累计传播量 410.34 亿人次，其中移动端累计传播量 306.43 亿人次。

六、科技决策咨询

（一）科技决策咨询活动

各级科协和两级学会举办决策咨询活动 6250 场次，参与专家 7.3 万人次。开展科技评估[①]12647 项。组织参与立法咨询 525 次。组织政协科协界委员协商或调研活动 1813 场次。

（二）科技决策咨询成果

提供决策咨询报告 6974 篇，其中获上级领导同志批示的报告 1847 篇。反映科技工作者建议 9897 条，其中获上级领导同志批示的建议 1061 条。答复人大（政协）代表（委员）提案 982 件。组织政策解读活动 2315 场次。发布政策解读文章 1197 篇。

（三）科研队伍建设

建立合作关系或共同开展研究项目的企业、高校、科研院所等 6551 个。研究人员 15.2 万人，其中副高级以上职称 8.7 万人。开展研究项目 1.5 万个。

① 科技评估指各级科协和两级学会独立或牵头开展，遵循一定的原则、程序和标准，运用科学、公正和可行的方法，对科技活动有关的政策、计划、项目、成果、专有技术、产品机构、人才等进行专业判断的评估活动。

二、综　合

简要说明

本部分主要指标数据是从各章节提取或经过简单加工的，旨在总体反映 2021 年科协系统组织建设和主要业务活动的情况。

2021年科协系统综合统计主要数据汇总表

指 标		总 计		科协小计		中国科协机关及直属单位	
		2020年	2021年	2020年	2021年	2020年	2021年
科协基本情况							
科协数	(个)	3097	3184	3097	3184	1	1
从业人员数（科协机关＋直属单位）	(人／个)	37431	40652	37431	40652	1237	1545
企业科协	(个)	21849	25692	21849	25692	0	0
会员数	(人／个)	2522162	2980179	2522162	2980179	0	0
高校科协	(个)	1607	1607	1607	1607	0	0
会员数	(人／个)	837939	797066	837939	797066	0	0
乡镇(街道)科协	(个)	29380	28750	29380	28750	0	0
会员数	(人／个)	1536885	1543900	1536885	1543900	0	0
村(社区)科协	(个)	39206	40710	39206	40710	0	0
会员数	(人／个)	588994	600351	588994	600351	0	0
农技协	(个)	24658	22664	24658	22664	0	0
会员数	(人／个)	3941670	3495616	3941670	3495616	0	0
学会基本情况							
各级科协所属学会	(个)	23123	22477	23123	22477	209	211
学会个人会员	(人／个)	13243028	12605828	—	—	—	—
举办干部教育培训班	(期)	5037	6301	3667	4499	19	46
干部教育培训班参训人次	(人次)	478106	499728	404030	394827	4948	2179
举办继续教育培训班	(期)	17583	22114	4407	4360	1	0
继续教育培训班参训人次	(人次)	27702127	11282480	415613	486911	76	0
表彰举荐							
向省部级（含）以上科技奖项、人才计划（工程）举荐的人才数	(人次)	10760	11989	2679	3177	1	13
向省部级（含）以上科技奖项推荐获奖的项目数	(项)	4570	5035	1238	1492	0	25
表彰奖励科技工作者	(人次)	147265	159636	31279	37749	446	418
媒体宣传							
通过媒体宣传科技工作者	(人次)	421607	678699	329940	397461	28389	795
志愿服务							
专职科普人员	(人)	74932	86836	66620	77083	536	535
兼职科普人员	(人)	1041660	1375698	872646	1209730	668	270

续表 1

指 标		省级科协		市级科协		县级科协	
		2020 年	2021 年	2020 年	2021 年	2020 年	2021 年
科协基本情况							
科协数	（个）	32	32	418	427	2646	2724
从业人员数（科协机关＋直属单位）	（人／个）	7364	8340	9346	9800	19526	20967
企业科协	（个）	1726	1622	7182	10021	12949	14049
会员数	（人／个）	949197	1099839	978837	1245804	593593	634536
高校科协	（个）	701	695	804	823	103	89
会员数	（人／个）	447230	429904	375276	352721	15433	14441
乡镇（街道）科协	（个）	0	0	2855	2860	26653	25890
会员数	（人／个）	0	0	105380	115508	1430295	1428392
村（社区）科协	（个）	1	0	5270	3523	33866	37187
会员数	（人／个）	120	0	24102	22224	562759	578127
农技协	（个）	2468	2469	1571	1516	20758	18679
会员数	（人／个）	17209	65489	254862	381538	3669260	3048589
学会基本情况							
各级科协所属学会	（个）	3599	3938	8654	8698	10680	9630
学会个人会员	（人／个）	—	—	—	—	—	—
举办干部教育培训班	（期）	237	323	565	893	2850	3237
干部教育培训班参训人次	（人次）	19412	17713	40965	58626	340789	316309
举办继续教育培训班	（期）	405	393	679	1238	3328	2729
继续教育培训班参训人次	（人次）	49101	69967	84665	142115	282334	274829
表彰举荐							
向省部级（含）以上科技奖项、人才计划（工程）举荐的人才数	（人次）	684	664	1353	1717	627	783
向省部级（含）以上科技奖项推荐获奖的项目数	（项）	294	342	572	756	368	369
表彰奖励科技工作者	（人次）	2425	6643	13319	14241	15045	16447
媒体宣传							
通过媒体宣传科技工作者	（人次）	18615	20507	18856	19377	263972	356782
志愿服务							
专职科普人员	（人）	3895	4013	11744	14174	50417	58361
兼职科普人员	（人）	17335	46885	250089	344989	607652	817586

续表 2

指 标		学会小计		全国学会		省级学会	
		2020 年	2021 年	2020 年	2021 年	2020 年	2021 年
科协基本情况							
科协数	（个）	—	—	—	—	—	—
从业人员数（科协机关 + 直属单位）	（人／个）	—	—	—	—	—	—
企业科协	（个）	—	—	—	—	—	—
会员数	（人／个）	—	—	—	—	—	—
高校科协	（个）	—	—	—	—	—	—
会员数	（人／个）	—	—	—	—	—	—
乡镇（街道）科协	（个）	—	—	—	—	—	—
会员数	（人／个）	—	—	—	—	—	—
村（社区）科协	（个）	—	—	—	—	—	—
会员数	（人／个）	—	—	—	—	—	—
农技协	（个）	—	—	—	—	—	—
会员数	（人／个）	—	—	—	—	—	—
学会基本情况							
各级科协所属学会	（个）	—	—	—	—	—	—
学会个人会员	（人／个）	13243028	12605828	5578979	6215148	7664049	6390680
举办干部教育培训班	（期）	1360	1802	175	286	1185	1516
干部教育培训班参训人次	（人次）	73961	104901	10286	27880	63675	77021
举办继续教育培训班	（期）	13048	17754	1740	2933	11308	14821
继续教育培训班参训人次	（人次）	27244030	10795569	2335736	2909009	24908294	7886560
表彰举荐							
向省部级（含）以上科技奖项、人才计划（工程）举荐的人才数	（人次）	8048	8812	1521	1330	6527	7482
向省部级（含）以上科技奖项推荐获奖的项目数	（项）	3344	3543	592	500	2752	3043
表彰奖励科技工作者	（人次）	116070	121887	43641	41056	72429	80831
媒体宣传							
通过媒体宣传科技工作者	（人次）	91701	281238	38764	185676	52937	95562
志愿服务							
专职科普人员	（人）	8299	9753	860	995	7439	8758
兼职科普人员	（人）	168241	165968	48807	16440	119434	149528

续表 3

指标		总计		科协小计		中国科协机关及直属单位	
		2020 年	2021 年	2020 年	2021 年	2020 年	2021 年
国际及港澳台地区民间科技交流							
加入国际民间科技组织	（个）	889	903	31	18	4	13
任职专家	（位）	2248	2446	7	33	3	30
参加大陆境外科技活动人次	（人次）	61950	13847	3131	1682	36	141
学术交流							
开展推进创新创业活动	（项）	30808	33424	11751	13328	1377	1539
参与服务活动的科技工作者	（人次）	67675453	3597250	66680091	2030073	54381000	1513449
国内学术会议	（次）	15692	17691	2129	2176	17	11
参加人次	（人次）	163144343	390483893	1780851	2134490	6233	7177
交流论文、报告数	（篇）	629272	714846	28933	30024	569	534
境内国际学术会议	（次）	678	944	104	124	7	8
参加人次	（人次）	4415991	14290430	64901	172184	3130	3728
交流论文、报告数	（篇）	49940	85951	2741	2793	429	359
港澳台地区学术会议	（次）	72	105	18	21	0	0
参加人次	（人次）	28687	52121	4442	9164	0	0
交流论文、报告数	（篇）	3256	6760	688	1111	0	0
科技期刊							
主办科技期刊	（种）	1819	1722	129	77	7	7
科技期刊印刷量	（册）	42706301	41030022	9135690	7641941	339027	115930
科技期刊发表文章数	（篇）	582819	562694	37432	21459	1079	817
科普基础设施建设							
实体科技馆	（座）	1000	1000	890	914	1	1
建筑面积	（平方米）	5264738	5639608	4688453	5094543	102000	204000
全年参观人次	（人次）	36640620	51614000	34275682	49985061	689628	3049278
流动科技馆	（个）	1202	1130	1173	1110	76	76
全年流动科技馆巡展受众人次	（人次）	33034588	22927700	32838139	22753087	7983156	0
科普大篷车	（辆）	1265	1311	1246	1296	0	0
科普大篷车覆盖人次	（人次）	45887524	25892880	45729928	25754959	0	0

续表 4

指 标		省级科协		市级科协		县级科协	
		2020 年	2021 年	2020 年	2021 年	2020 年	2021 年
国际及港澳台地区民间科技交流							
加入国际民间科技组织	（个）	1	1	4	4	2	0
任职专家	（位）	0	0	3	3	1	0
参加大陆境外科技活动人次	（人次）	1046	1058	118	456	1931	27
学术交流							
开展推进创新创业活动	（项）	1176	1348	3517	3860	5700	6581
参与服务活动的科技工作者	（人次）	12004370	194920	162138	192489	135962	129215
国内学术会议	（次）	320	317	1489	1586	303	262
参加人次	（人次）	1163076	775401	501828	994211	109219	357701
交流论文、报告数	（篇）	8691	7948	16012	18644	3688	2898
境内国际学术会议	（次）	36	45	43	52	18	19
参加人次	（人次）	10430	8055	46623	153624	4718	6777
交流论文、报告数	（篇）	745	798	1340	1409	227	227
港澳台地区学术会议	（次）	6	12	9	8	3	1
参加人次	（人次）	2662	4804	1370	4260	410	100
交流论文、报告数	（篇）	607	1032	55	78	26	1
科技期刊							
主办科技期刊	（种）	28	23	34	21	35	26
科技期刊印刷量	（册）	8091833	6923021	144980	122040	559850	480950
科技期刊发表文章数	（篇）	31340	17303	4098	2750	915	589
科普基础设施建设							
实体科技馆	（座）	27	26	189	198	521	689
建筑面积	（平方米）	866407	841407	1993506	2189067	1762426	1860069
全年参观人次	（人次）	7373626	11334492	14787151	22524281	11461999	13077010
流动科技馆	（个）	239	219	284	262	575	553
全年流动科技馆巡展受众人次	（人次）	9125181	10521891	7879781	5548141	6374485	6683055
科普大篷车	（辆）	69	74	267	260	741	962
科普大篷车覆盖人次	（人次）	24564257	1931018	6630594	7127416	12546736	16696526

续表 5

指标		学会小计		全国学会		省级学会	
		2020 年	2021 年	2020 年	2021 年	2020 年	2021 年
国际及港澳台地区民间科技交流							
加入国际民间科技组织	（个）	825	885	613	651	212	234
任职专家	（位）	2203	2413	1295	1479	908	934
参加大陆境外科技活动人次	（人次）	8816	12165	3490	5063	5326	7102
学术交流							
开展推进创新创业活动	（项）	18929	20096	2204	4864	16725	15232
参与服务活动的科技工作者	（人次）	986870	1567177	381456	765865	605414	801312
国内学术会议	（次）	13716	15515	3487	3591	10229	11924
参加人次	（人次）	161076613	388349403	26727842	343046546	134348771	45302857
交流论文、报告数	（篇）	597912	684822	365631	439973	232281	244849
境内国际学术会议	（次）	573	820	279	432	294	388
参加人次	（人次）	4300070	14118246	2587784	5313058	1712286	8805188
交流论文、报告数	（篇）	47240	83158	27017	59811	20223	23347
港澳台地区学术会议	（次）	54	84	13	35	41	49
参加人次	（人次）	24245	42957	14661	11917	9584	31040
交流论文、报告数	（篇）	2568	5649	694	1543	1874	4106
科技期刊							
主办科技期刊	（种）	1596	1645	965	1002	631	643
科技期刊印刷量	（册）	33214298	33388081	23712120	24196731	9502178	9191350
科技期刊发表文章数	（篇）	544148	541235	247726	250512	296422	290723
科普基础设施建设							
实体科技馆	（座）	91	86	51	16	40	70
建筑面积	（平方米）	576285	545066	363840	173299	212445	371767
全年参观人次	（人次）	2364938	1628939	1601704	145262	763234	1483677
流动科技馆	（个）	29	20	2	1	27	19
全年流动科技馆巡展受众人次	（人次）	45829	174613	18362	3875	27467	170738
科普大篷车	（辆）	16	15	0	0	16	15
科普大篷车覆盖人次	（人次）	156084	137921	0	0	156084	137921

续表 6

指　标		总　计		科协小计		中国科协机关及直属单位	
		2020 年	2021 年	2020 年	2021 年	2020 年	2021 年
科普画廊建筑面积	（平方米）	1832803	1425480	1795227	1381982	0	0
科普画廊展示面积	（平方米）	4251142	3124577	4214763	3087568	0	0
科普宣讲活动							
举办科普宣讲活动	（次）	267396	390381	170292	214032	17548	23159
科普活动受众	（人次）	2487338748	2323203143	722254193	486611458	97656214	132478163
# 青少年科普活动受众	（人次）	424274976	357150873	156864418	180432250	71489748	105625449
参加活动科技人员、专家人次	（人次）	1482184	1846765	372725	374373	42	4
青少年科技教育							
举办青少年科技竞赛	（项）	5785	6136	4525	4821	2	4
参加人次	（人次）	26255591	29157246	22971345	21839370	29593	62100
青少年参加国际及港澳台地区科技交流活动	（次）	2206	1686	1442	1089	10	0
参加人次	（人次）	24552	25336	13090	14077	80	0
举办青少年高校科学营	（次）	957	781	784	592	68	71
参加人次	（人次）	108231	96346	81526	65775	11940	13000
举办青少年科技教育活动和培训	（次）	35270	40845	32248	36834	16869	16791
参加人次	（人次）	98999644	67472163	98016187	43735550	74591347	26325279
科普传播							
编著科技图书	（种）	6525	5866	4728	4035	1394	1373
总印数	（册）	62246896	56876177	55173164	50959347	44303572	41495105
主办科技报纸	（种）	586	549	500	483	0	0
总印数	（份）	67596168	64370730	50634065	59299805	0	0
主办科普微信公众号	（个）	2521	2767	1413	1471	18	11
全年阅读量	（次）	1456246050	4072162966	511848504	517165787	317306818	350479793
科技决策咨询							
开展科技评估	（项）	8927	12647	394	500	23	0
举办决策咨询活动	（次）	4922	6250	1298	1362	72	21
反映科技工作者建议	（篇）	10586	9897	7738	7438	29	17

续表 7

指　标		省级科协		市级科协		县级科协	
		2020 年	2021 年	2020 年	2021 年	2020 年	2021 年
科普画廊建筑面积	（平方米）	8048	7141	265048	191636	1150076	1183205
科普画廊展示面积	（平方米）	7932	6269	652392	439583	2655918	2641715
科普宣讲活动							
举办科普宣讲活动	（次）	13605	19365	53787	75573	85420	95935
科普活动受众	（人次）	469152207	154783254	73362381	83388781	80398496	115961260
# 青少年科普活动受众	（人次）	54205976	36545281	13310100	16050148	17708934	22211372
参加活动科技人员、专家人次	（人次）	21357	20297	121711	119468	230327	234604
青少年科技教育							
举办青少年科技竞赛	（项）	166	150	1091	1320	3269	3347
参加人次	（人次）	10031521	7008678	6342241	8142091	6581811	6626501
青少年参加国际及港澳台地区科技交流活动	（次）	19	24	31	17	1383	1048
参加人次	（人次）	381	1072	6940	8242	5690	4763
举办青少年高校科学营	（次）	40	39	361	241	315	241
参加人次	（人次）	18969	15604	13680	8208	40477	28963
举办青少年科技教育活动和培训	（次）	3322	5030	4045	5445	8024	9568
参加人次	（人次）	17620595	8774204	2329170	4380213	3472583	4255854
科普传播							
编著科技图书	（种）	176	133	253	189	2906	2340
总印数	（册）	2252898	1624097	1707168	1307800	6880676	6532345
主办科技报纸	（种）	24	24	14	15	463	444
总印数	（份）	44809902	57261034	4483471	630628	1340982	1408143
主办科普微信公众号	（个）	123	120	398	410	872	930
全年阅读量	（次）	91164181	59718133	64333544	71360899	38618853	35606962
科技决策咨询							
开展科技评估	（项）	66	49	102	214	207	237
举办决策咨询活动	（次）	205	210	353	430	670	701
反映科技工作者建议	（篇）	1424	1435	1955	1901	4321	4085

续表 8

指 标		学会小计		全国学会		省级学会	
		2020 年	2021 年	2020 年	2021 年	2020 年	2021 年
科普画廊建筑面积	（平方米）	25278	43498	3100	2915	22178	40583
科普画廊展示面积	（平方米）	24191	37009	2166	2355	22025	34654
科普宣讲活动							
举办科普宣讲活动	（次）	96823	176349	42617	78640	54206	97709
科普活动受众	（人次）	1761943597	1836591685	1478008916	1561433841	283934681	275157844
# 青少年科普活动受众	（人次）	264399279	176718623	225287105	135776925	39112174	40941698
参加活动科技人员、专家人次	（人次）	1108669	1472392	868346	1155121	240323	317271
青少年科技教育							
举办青少年科技竞赛	（项）	1260	1315	113	146	1147	1169
参加人次	（人次）	3300194	7317876	1725049	3639463	1575145	3678413
青少年参加国际及港澳台地区科技交流活动	（次）	764	597	15	49	749	548
参加人次	（人次）	11462	11259	393	722	11069	10537
举办青少年高校科学营	（次）	172	189	40	41	132	148
参加人次	（人次）	26505	30571	7955	11202	18550	19369
举办青少年科技教育活动和培训	（次）	3017	4011	439	786	2578	3225
参加人次	（人次）	982982	23736613	402360	23058041	580622	678572
科普传播							
编著科技图书	（种）	1724	1831	321	447	1403	1384
总印数	（册）	6842432	5916830	1570666	1555912	5271766	4360918
主办科技报纸	（种）	86	66	7	5	79	61
总印数	（份）	16962103	5070925	547400	925139	16414703	4145786
主办科普微信公众号	（个）	1098	1296	306	359	792	937
全年阅读量	（次）	937880798	3554997179	784738832	252371620	153141966	3302625559
科技决策咨询							
开展科技评估	（项）	8523	12147	2356	2585	6167	9562
举办决策咨询活动	（次）	3534	4888	764	1121	2770	3767
反映科技工作者建议	（篇）	2816	2459	867	544	1949	1915

三、组织建设

简要说明

本篇统计资料为：

1．汇总数据，反映中国科协、地方科协、全国学会和省级学会组织建设的基本情况。

2．地方科协统计数据，分别反映各省级科协、市级科协、县级科协的组织建设情况，包括 2021 年度科协数、会员数等情况。

3．基层组织统计数据，分别反映乡镇、街道、高校、企业、农村和社区的基层组织建设情况。

4．省级学会统计数据，按行政区划反映省级学会 2021 年度理事会理事、学会会员、学会从业人员等情况。

3-1　2021年各级科协组织建设汇总表

指　标		总　计		科协小计		中国科协机关及直属单位	
		2020年	2021年	2020年	2021年	2020年	2021年
科协数	（个）	3097	3088	3097	3088	1	1
本级科协直属单位	（个）	2016	1909	2016	1909	16	16
本级科协基层组织							
企业科协	（个）	21849	25692	21849	25692	0	0
会员数	（人／个）	2522162	2980179	2522162	2980179	0	0
高校科协	（个）	1607	1607	1607	1607	0	0
会员数	（人／个）	837939	797066	837939	797066	0	0
乡镇（街道）科协	（个）	29380	28750	29380	28750	0	0
会员数	（人／个）	1536885	1543900	1536885	1543900	0	0
村（社区）科协	（个）	39206	40710	39206	40710	0	0
会员数	（人／个）	588994	600351	588994	600351	0	0
农技协	（个）	24658	22664	24658	22664	0	0
会员数	（人／个）	3941670	3495616	3941670	3495616	0	0

3-1 续表

指 标		省级科协		市级科协		县级科协	
		2020 年	2021 年	2020 年	2021 年	2020 年	2021 年
科协数	(个)	30	32	418	418	2648	2637
本级科协直属单位	(个)	149	129	503	476	1348	1288
本级科协基层组织							
企业科协	(个)	1726	1622	7182	10021	12941	14049
会员数	(人/个)	949197	1099839	978837	1245804	594128	634536
高校科协	(个)	701	695	804	823	102	89
会员数	(人/个)	447230	429904	375276	352721	15433	14441
乡镇（街道）科协	(个)	0	0	2855	2860	26525	25890
会员数	(人/个)	0	0	105380	115508	1431505	1428392
村（社区）科协	(个)	1	0	5270	3523	33935	37187
会员数	(人/个)	120	0	24102	22224	564772	578127
农技协	(个)	2468	2469	1571	1516	20619	18679
会员数	(人/个)	17209	65489	254862	381538	3669599	3048589

3-2 2021年全国学会、省级学会组织建设汇总表

指 标		学会合计		全国学会		省级学会	
		2020年	2021年	2020年	2021年	2020年	2021年
学会分支机构	（个）	34156	36126	5651	6020	28505	30106
# 专业委员会	（个）	24705	26536	4143	4369	20562	22167
# 工作委员会	（个）	4739	4858	1070	1145	3669	3713
# 专项基金管理委员会	（个）	88	104	34	40	54	64
学会团体（单位）会员	（个）	321323	369261	63735	69423	257588	299838
理事会理事	（人）	307662	315641	29997	30095	277665	285546
# 常务理事	（人）	96316	95552	9455	9313	86861	86239
# 女性理事	（人）	61078	64088	4621	4763	56457	59325
#45岁及以下的理事	（人）	79951	83551	4627	4346	75324	79205
学会个人会员	（人）	13243028	12605828	5578979	6215148	7664049	6390680
# 女性会员	（人）	4360128	4531396	1788865	1848410	2571263	2682986
# 高级（资深）会员	（人）	1193349	1102096	377759	287496	815590	814600
# 学生会员	（人）	930990	1114609	604205	792885	326785	321724
# 外籍会员	（人）	5499	5808	4397	4739	1102	1069
# 港澳台会员	（人）	3857	3752	2523	2861	1334	891
# 交纳会费会员	（人）	2865803	3175152	1139932	1357279	1725871	1817873
# 党员会员	（人）	4105276	3957350	1771117	1811977	2334159	2145373
学会从业人员	（人）	63593	141712	4009	3991	59584	137722
# 女性从业人员	（人）	26719	43506	2201	2207	24518	41300
# 专职人员	（人）	16587	17283	3008	3020	13579	14263
# 社会聘用人员	（人）	7577	11880	2098	2009	5479	9871

3–3　2021 年各省级科协组织建设情况

地　区	科协数（个）	本级科协直属单位（个）	企业科协（个）	会员数（人／个）	高校科协（个）	会员数（人／个）	农技协（个）	会员数（人／个）
合　计	**32**	**129**	**1622**	**1099839**	**695**	**429904**	**2469**	**65489**
北　京	1	8	130	547458	29	81188	1	416
天　津	1	2	0	0	0	0	0	0
河　北	1	6	0	0	0	0	1	1000
山　西	1	11	241	9554	17	4878	1	560
内蒙古	1	3	46	7696	37	7437	1	256
辽　宁	1	1	0	0	0	0	1	184
吉　林	1	7	343	74880	28	2644	0	0
黑龙江	1	3	82	79464	22	19880	0	0
上　海	1	5	0	0	12	13866	0	0
江　苏	1	8	0	0	25	42379	0	0
浙　江	1	5	10	19478	13	22185	0	0
安　徽	1	4	3	5097	43	17100	0	0
福　建	1	5	0	0	19	15712	1	510
江　西	1	0	0	0	0	0	0	0
山　东	1	4	13	15910	129	47110	2	40400
河　南	1	6	0	0	39	390	1	136
湖　北	1	6	26	90638	50	32324	1	30
湖　南	1	6	0	0	0	0	0	0
广　东	1	2	0	0	45	17032	0	0
广　西	1	4	8	820	41	20185	0	0
海　南	1	2	12	7576	7	2048	1	9228
重　庆	1	3	428	67545	27	31271	1	77
四　川	1	1	0	0	0	0	0	0
贵　州	1	4	48	10633	75	7487	0	0
云　南	1	7	0	0	0	0	0	0
西　藏	1	1	0	0	0	0	0	0
陕　西	1	5	207	153835	34	43988	2455	12275
甘　肃	1	6	0	0	0	0	0	0
青　海	1	4	17	7985	3	800	1	105
宁　夏	1	0	7	204	0	0	0	0
新　疆	1	0	1	1066	0	0	1	312
新疆生产建设兵团	1	0	0	0	0	0	0	0

3-4 2021 年各地区市级科协组织建设情况

地区	科协数（个）	本级科协直属单位（个）	企业科协（个）	会员数（人／个）	高校科协（个）	会员数（人／个）
合计	**418**	**476**	**10021**	**1245804**	**823**	**352721**
北京	16	11	557	87550	2	528
天津	15	6	196	9866	1	100
河北	11	19	167	50818	52	14174
山西	11	13	89	33381	21	3826
内蒙古	12	12	87	10704	12	4319
辽宁	14	6	185	81374	40	34079
吉林	9	10	135	7520	28	5491
黑龙江	13	8	64	28295	21	18558
上海	16	9	213	11475	1	150
江苏	13	16	553	109260	79	76209
浙江	11	18	969	78269	62	21536
安徽	16	19	320	34065	27	17819
福建	9	16	365	23066	42	6704
江西	10	15	237	16621	40	7029
山东	16	21	863	66712	124	54476
河南	18	36	393	138828	28	11009
湖北	13	19	123	5504	23	11429
湖南	14	18	2447	168904	77	20720
广东	21	19	954	101868	53	19308
广西	14	15	241	42059	7	1525
海南	2	1	0	0	0	0
重庆	27	13	408	37987	0	0
四川	21	21	120	33641	22	10653
贵州	9	22	27	1909	29	4860
云南	16	25	84	6294	9	1784
西藏	6	19	1	50	0	0
陕西	12	10	139	45153	11	3086
甘肃	14	19	29	11119	6	2619
青海	8	5	0	0	0	0
宁夏	5	2	20	619	0	0
新疆	14	28	25	2273	5	730

3-4 续表

地区	乡镇（街道）科协（个）	会员数（人/个）	村（社区）科协（个）	会员数（人/个）	农技协（个）	会员数（人/个）
合　计	**2860**	**115508**	**3523**	**22224**	**1516**	**381538**
北　京	340	20735	264	273	20	5343
天　津	236	9263	2327	10680	15	1045
河　北	325	2643	0	0	46	28214
山　西	63	237	0	0	106	363
内蒙古	152	2072	0	0	61	5691
辽　宁	57	1193	529	1058	63	5029
吉　林	0	0	0	0	76	11586
黑龙江	0	0	0	0	15	1216
上　海	209	12368	352	8800	8	561
江　苏	0	0	0	0	31	3141
浙　江	10	166	0	0	7	555
安　徽	0	0	0	0	2	172
福　建	0	0	0	0	8	873
江　西	108	1391	1	20	72	12030
山　东	205	7829	0	0	60	2455
河　南	74	6537	2	216	55	30798
湖　北	0	0	0	0	3	505
湖　南	0	0	0	0	3	5549
广　东	160	8339	5	15	2	163
广　西	0	0	0	0	9	1234
海　南	0	0	0	0	8	745
重　庆	633	28848	9	151	428	46923
四　川	174	9469	1	61	222	186347
贵　州	0	0	2	20	3	162
云　南	103	4311	0	0	162	27401
西　藏	0	0	0	0	0	0
陕　西	8	85	0	0	8	1168
甘　肃	3	22	31	930	10	781
青　海	0	0	0	0	1	105
宁　夏	0	0	0	0	8	1180
新　疆	0	0	0	0	0	0

3–5 2021年各地区县级科协组织建设情况

地　区	科协数（个）	本级科协直属单位（个）	企业科协（个）	会员数（人/个）	高校科协（个）	会员数（人/个）
合　计	**2637**	**1288**	**14049**	**634536**	**89**	**14441**
河　北	167	82	344	8075	3	65
山　西	117	22	107	9424	1	1560
内蒙古	103	20	262	8766	1	15
辽　宁	100	17	100	7301	2	1500
吉　林	57	56	30	793	0	0
黑龙江	107	23	20	243	1	9
江　苏	97	43	3211	134241	4	438
浙　江	89	54	2258	126829	5	442
安　徽	102	37	389	14391	0	0
福　建	83	55	1271	50627	2	92
江　西	84	48	270	9056	8	558
山　东	137	82	1417	71828	20	2667
河　南	158	91	233	10551	7	353
湖　北	102	105	760	25290	6	1361
湖　南	122	82	1669	47733	5	1145
广　东	119	24	256	23153	4	678
广　西	109	36	157	3992	1	1
海　南	18	9	0	0	0	0
重　庆	12	7	52	2727	0	0
四　川	179	179	762	55983	14	3490
贵　州	87	36	42	1380	0	0
云　南	129	52	126	8762	0	0
西　藏	40	11	0	0	0	2
陕　西	95	34	96	5279	2	9
甘　肃	84	23	52	2224	1	1
青　海	28	10	2	140	0	0
宁　夏	21	4	132	4258	0	0
新　疆	91	46	31	1490	2	55

注：本表数据不含北京、天津和上海地区。

3-5 续表

地 区	乡镇（街道）科协（个）	会员数（人／个）	村（社区）科协（个）	会员数（人／个）	农技协（个）	会员数（人／个）
合 计	**25890**	**1428392**	**37187**	**578127**	**18679**	**3048589**
河 北	1509	39873	32	2412	441	130099
山 西	1083	56106	761	18883	279	36597
内蒙古	868	22907	269	1379	285	51711
辽 宁	1004	46095	226	3825	367	63381
吉 林	433	16611	93	2572	370	48167
黑龙江	444	44877	259	9569	449	48718
江 苏	1059	117927	4280	88106	951	115255
浙 江	1305	74508	4893	53149	390	38751
安 徽	1388	56124	481	8885	958	132581
福 建	1092	38179	1372	10580	593	59945
江 西	1221	42408	35	1283	457	40582
山 东	1485	137582	3627	65259	1059	267046
河 南	1710	119071	251	7966	1304	263134
湖 北	1086	60797	537	12508	527	84564
湖 南	1706	161262	16788	227093	796	125336
广 东	1184	66800	313	2461	398	39317
广 西	847	25074	323	3590	613	89177
海 南	121	3131	173	636	105	9051
重 庆	380	19973	7	343	338	28861
四 川	2177	103779	585	17529	2738	701707
贵 州	772	36993	43	1712	486	58617
云 南	1068	37795	550	8171	2699	291550
西 藏	8	9	0	1	1	1
陕 西	788	34965	212	3437	779	143909
甘 肃	663	25660	204	2444	941	100364
青 海	82	26363	18	16896	120	40557
宁 夏	198	7856	348	4623	143	22350
新 疆	209	5667	507	2815	92	17261

3-6 2021年各地区省级学会组织建设情况

地 区	理事会理事（人）	#常务理事（人）	#女性理事（人）	#45岁及以下的理事（人）
合 计	**285546**	**86239**	**59325**	**79205**
北 京	10413	2890	3067	2961
天 津	7250	1771	2107	2308
河 北	13878	4655	3658	4170
山 西	10572	3571	2519	2598
内蒙古	11422	3981	3043	2994
辽 宁	9431	2630	2572	2760
吉 林	11854	4087	3238	3583
黑龙江	4491	1464	1347	1410
上 海	9578	2291	2199	2518
江 苏	12369	3795	2057	3444
浙 江	19838	3630	1940	2810
安 徽	12316	3695	1985	3379
福 建	10996	3299	2080	3207
江 西	4843	1561	1065	1251
山 东	13989	4460	2733	4081
河 南	11145	3674	2308	3254
湖 北	13079	3765	2413	3713
湖 南	15762	5319	2853	4871
广 东	17232	5678	2904	4777
广 西	8504	2509	1651	3239
海 南	1719	601	341	448
重 庆	8178	2490	1712	2925
四 川	9566	3079	1938	3149
贵 州	5282	1357	1251	1619
云 南	6628	2101	1475	1310
西 藏	894	341	228	324
陕 西	9277	2931	1880	2519
甘 肃	2390	770	353	665
青 海	2442	646	480	584
宁 夏	2618	849	511	710
新 疆	7590	2349	1417	1624

3-6 续表 1

地 区	学会个人会员（人）	# 女性会员（人）	# 高级（资深）会员（人）	# 学生会员（人）	# 外籍会员（人）	# 港澳台会员（人）	# 交纳会费会员（人）	# 党员会员（人）
合 计	**6390680**	**2682986**	**814600**	**321724**	**1069**	**891**	**1817873**	**2145373**
北 京	432608	197294	58460	13785	38	20	121890	94549
天 津	136550	68201	11864	7311	8	5	50833	47538
河 北	218528	122384	20633	6202	53	14	89916	93242
山 西	145378	73745	9769	7841	1	0	4361	40393
内蒙古	247543	148644	25974	4829	1	0	21087	86150
辽 宁	200961	103494	18453	13695	205	50	68000	64347
吉 林	106312	43852	17118	8651	4	0	18587	30976
黑龙江	28597	8673	3139	6789	3	0	2168	9044
上 海	315077	151475	39569	16067	128	96	184249	101515
江 苏	506715	200732	114273	65000	43	21	193576	125249
浙 江	257596	113289	26358	17234	324	156	90494	88923
安 徽	281269	79678	18734	20049	9	12	26007	88266
福 建	245033	124322	39148	10534	17	176	129961	108646
江 西	217168	117093	34053	4094	0	0	20873	57468
山 东	475156	203332	44751	25814	3	0	116577	175458
河 南	247273	62399	39494	8333	0	1	15671	117559
湖 北	134102	33509	17855	6897	11	3	19907	58805
湖 南	507803	172100	34996	10259	41	31	117718	234458
广 东	457466	187316	36721	14672	102	260	173523	68351
广 西	130103	69099	14688	3581	9	0	58338	46885
海 南	40219	24924	2048	2474	0	14	24653	4320
重 庆	121010	57663	19075	6037	4	2	30154	41792
四 川	220850	62356	62850	7771	48	13	55929	93347
贵 州	59909	16054	7624	2079	0	0	7551	21782
云 南	129246	35571	25072	3387	2	12	43243	37619
西 藏	8749	2421	928	371	0	0	421	2428
陕 西	254836	90266	48924	17175	13	0	51164	129019
甘 肃	19949	5638	2296	4551	0	2	4957	6891
青 海	44369	18426	2458	1417	0	0	13592	11451
宁 夏	59829	30690	5156	2190	0	0	22252	16702
新 疆	140476	58346	12119	2635	2	3	40221	42200

3-6 续表 2

地 区	学会从业人员（人）	#女性从业人员（人）	#专职人员（人）	#社会聘用人员（人）
合 计	**137722**	**41300**	**14263**	**9871**
北 京	1225	672	576	312
天 津	2298	802	98	158
河 北	5927	2025	307	240
山 西	3604	1373	607	98
内蒙古	9951	3217	2385	2292
辽 宁	4337	1803	233	177
吉 林	3619	777	187	863
黑龙江	5286	2915	190	853
上 海	3112	2094	632	481
江 苏	1789	855	1279	346
浙 江	685	368	330	210
安 徽	5009	1622	225	201
福 建	528	271	194	177
江 西	3390	1433	547	385
山 东	3560	1146	508	347
河 南	6656	1883	901	114
湖 北	9571	2869	819	407
湖 南	1766	529	294	192
广 东	1595	796	874	481
广 西	3011	1159	539	174
海 南	1169	312	81	59
重 庆	2181	1321	244	157
四 川	1214	606	428	292
贵 州	15128	2387	363	108
云 南	3499	1049	259	213
西 藏	1072	179	63	5
陕 西	27444	3710	570	197
甘 肃	3108	1031	88	86
青 海	2260	642	53	75
宁 夏	2210	883	105	64
新 疆	1518	571	284	107

四、为科技工作者服务

简要说明

本篇统计资料为：

1. 汇总数据，反映中国科协、地方科协、全国学会、省级学会为科技工作者服务的基本情况。

2. 省级科协的统计数据为2021年度向省部级（含）以上科技奖项、人才计划（工程）举荐人才，设立科技奖项，表彰奖励科技工作者，举办继续教育培训班，通过媒体宣传科技工作者等情况。

3. 市级科协的统计数据为2021年度向省部级（含）以上科技奖项、人才计划（工程）举荐人才，设立科技奖项，表彰奖励科技工作者，举办继续教育培训班，通过媒体宣传科技工作者等情况。

4. 县级科协的统计数据为2021年度向省部级（含）以上科技奖项、人才计划（工程）举荐人才，设立科技奖项，表彰奖励科技工作者，通过媒体宣传科技工作者等情况。

5. 省级学会的统计数据为2021年度向省部级（含）以上科技奖项、人才计划（工程）举荐人才，表彰奖励科技工作者，举办继续教育培训班，通过媒体宣传科技工作者等情况。

4-1 2021 年各级科协为科技工作者服务汇总表

指　标		合　计		科协小计		中国科协机关及直属单位	
		2020 年	2021 年	2020 年	2021 年	2020 年	2021 年
思想政治教育及能力提升							
举办科学道德与学风建设宣讲活动	（次）	8745	9441	4018	5634	0	318
科学道德与学风建设宣讲活动受众	（人次）	4428025	13032531	1615863	4005730	1100	2158478
举办干部教育培训班	（期）	5037	6301	3667	4499	19	46
干部教育培训班参训人次	（人次）	478106	499728	404030	394827	4948	2179
举办继续教育培训班	（期）	17583	22114	4407	4360	1	0
继续教育培训班参训人次	（人次）	27702127	11282480	415613	486911	76	0
表彰举荐							
向省部级（含）以上科技奖项、人才计划（工程）举荐的人才数	（人次）	10760	11989	2679	3177	1	13
向省部级（含）以上科技奖项推荐获奖的项目数	（项）	4570	5035	1238	1492	0	25
设立科技奖项数	（个）	2634	2584	1077	1057	7	1
# 人物类奖项数	（个）	1497	1417	768	766	7	0
# 成果类奖项数	（个）	998	1058	247	253	0	0
表彰奖励科技工作者	（人次）	147265	159636	31279	37749	446	418
# 表彰奖励女性科技工作者	（人次）	40131	42048	11405	14221	73	175
# 表彰奖励 45 岁及以下科技工作者	（人次）	83964	90636	19332	22102	185	355
媒体宣传							
通过媒体宣传科技工作者	（人次）	421607	678699	329940	397461	28389	795
按照媒体级别分类							
# 中央及省级媒体宣传科技工作者	（人次）	37981	129767	10564	101440	918	123
按照媒体介质分类							
# 广播电视宣传科技工作者	（人次）	90083	94595	81277	82089	18	54
# 纸质媒体宣传科技工作者	（人次）	92213	99403	74257	76307	377	120
# 网络新媒体宣传科技工作者	（人次）	291447	535537	225982	292325	27479	720
志愿服务							
举办科技志愿服务活动	（次）	120416	181409	99525	150978	515	14
参与科技志愿服务活动人次	（人次）	19534436	31119524	15995597	18673598	7712	33
科技志愿服务组织	（个）	64137	53881	58390	46979	3	4
科技志愿者	（人）	2536719	3379087	2232131	2935827	239	230
专职科普人员	（人）	74932	86836	66620	77083	536	535
兼职科普人员	（人）	1041660	1375698	872646	1209730	668	270

4-1 续表

指 标		省级科协		市级科协		县级科协	
		2020 年	2021 年	2020 年	2021 年	2020 年	2021 年
思想政治教育及能力提升							
举办科学道德与学风建设宣讲活动	（次）	514	472	416	564	3088	4280
科学道德与学风建设宣讲活动受众	（人次）	701210	761891	86804	174203	826749	912158
举办干部教育培训班	（期）	237	323	565	893	2846	3237
干部教育培训班参训人次	（人次）	19412	17713	40965	58626	338705	316309
举办继续教育培训班	（期）	405	393	679	1238	3322	2729
继续教育培训班参训人次	（人次）	49101	69967	84665	142115	281771	274829
表彰举荐							
向省部级（含）以上科技奖项、人才计划（工程）举荐的人才数	（人次）	684	664	1353	1717	641	783
向省部级（含）以上科技奖项推荐获奖的项目数	（项）	294	342	572	756	372	369
设立科技奖项数	（个）	72	52	270	278	728	726
# 人物类奖项数	（个）	47	45	196	175	518	546
# 成果类奖项数	（个）	22	6	63	85	162	162
表彰奖励科技工作者	（人次）	2425	6643	13319	14241	15089	16447
# 表彰奖励女性科技工作者	（人次）	699	2362	5020	5157	5613	6527
# 表彰奖励 45 岁及以下科技工作者	（人次）	1591	3648	8350	7867	9206	10232
媒体宣传							
通过媒体宣传科技工作者	（人次）	18615	20507	18856	19377	264080	356782
按照媒体级别分类							
# 中央及省级媒体宣传科技工作者	（人次）	7365	8413	1198	1646	1083	91258
按照媒体介质分类							
# 广播电视宣传科技工作者	（人次）	1070	1121	2502	2510	77687	78404
# 纸质媒体宣传科技工作者	（人次）	3278	3577	4415	4423	66187	68187
# 网络新媒体宣传科技工作者	（人次）	13138	15104	13736	13644	171629	262857
志愿服务							
举办科技志愿服务活动	（次）	26558	39840	25718	39176	46734	71948
参与科技志愿服务活动人次	（人次）	12066169	12429325	921663	1705283	3000053	4538957
科技志愿服务组织	（个）	12929	14011	6439	12164	39019	20800
科技志愿者	（人）	609422	707848	554392	787932	1068078	1439817
专职科普人员	（人）	3895	4013	11744	14174	50445	58361
兼职科普人员	（人）	17335	46885	250089	344989	604554	817586

4-2　2021年全国学会、省级学会为科技工作者服务汇总表

指　标		学会小计		全国学会		省级学会	
		2020年	2021年	2020年	2021年	2020年	2021年
思想政治教育及能力提升							
举办科学道德与学风建设宣讲活动	（次）	4727	3807	580	787	4147	3020
科学道德与学风建设宣讲活动受众	（人次）	2812162	9025801	498464	843427	2313698	8182374
举办干部教育培训班	（期）	1370	1802	175	286	1195	1516
干部教育培训班参训人次	（人次）	74076	104901	10276	27880	63800	77021
举办继续教育培训班	（期）	13176	17754	1745	2933	11431	14821
继续教育培训班参训人次	（人次）	27286514	10795569	2335283	2909009	24951231	7886560
表彰举荐							
向省部级（含）以上科技奖项、人才计划（工程）举荐的人才数	（人次）	8081	8812	1518	1330	6563	7482
向省部级（含）以上科技奖项推荐获奖的项目数	（项）	3332	3543	589	500	2743	3043
设立科技奖项数	（个）	1557	1527	365	354	1192	1173
# 人物类奖项数	（个）	729	651	201	187	528	464
# 成果类奖项数	（个）	751	805	149	153	602	652
表彰奖励科技工作者	（人次）	115986	121887	43448	41056	72538	80831
# 表彰奖励女性科技工作者	（人次）	28726	27827	7787	7169	20939	20658
# 表彰奖励45岁及以下科技工作者	（人次）	64632	68534	21374	17158	43258	51376
媒体宣传							
通过媒体宣传科技工作者	（人次）	91667	281238	38619	185676	53048	95562
按照媒体级别分类							
# 中央及省级媒体宣传科技工作者	（人次）	27417	28327	11567	15237	15850	13090
按照媒体介质分类							
# 广播电视宣传科技工作者	（人次）	8806	12506	3606	6745	5200	5761
# 纸质媒体宣传科技工作者	（人次）	17956	23096	8946	10415	9010	12681
# 网络新媒体宣传科技工作者	（人次）	65465	243212	28476	165887	36989	77325
志愿服务							
举办科技志愿服务活动	（次）	20891	30431	3031	5475	17860	24956
参与科技志愿服务活动人次	（人次）	3538839	12445926	401064	3285104	3137775	9160822
科技志愿服务组织	（个）	5747	6902	2508	1064	3239	5838
科技志愿者	（人）	304588	443260	85765	161833	218823	281427
专职科普人员	（人）	8312	9753	859	995	7453	8758
兼职科普人员	（人）	169014	165968	48813	16440	120201	149528

4–3 2021年各省级科协为科技工作者服务情况

地 区	举办科学道德与学风建设宣讲活动（次）	科学道德与学风建设宣讲活动受众（人次）	举办干部教育培训班（期）	干部教育培训班参训人次（人次）	举办继续教育培训班（期）	继续教育培训班参训人次（人次）
合 计	**472**	**761891**	**323**	**17713**	**393**	**69967**
北 京	0	0	7	817	21	11876
天 津	7	30717	36	3137	12	1046
河 北	2	100	3	179	8	150
山 西	2	1500	14	1010	10	210
内蒙古	3	138	6	572	24	5742
辽 宁	100	50000	1	60	14	8200
吉 林	4	5769	4	360	6	1000
黑龙江	1	45000	0	0	1	764
上 海	5	10500	2	1724	1	1180
江 苏	1	102300	6	469	0	0
浙 江	35	25600	0	0	1	117
安 徽	0	0	7	372	1	16
福 建	2	679	9	685	11	1211
江 西	1	10000	1	100	8	576
山 东	5	360	4	109	4	300
河 南	2	5060	71	2090	0	0
湖 北	3	24800	3	135	1	91
湖 南	8	4246	2	143	64	6900
广 东	0	0	1	40	4	184
广 西	1	530	6	720	0	0
海 南	1	160000	5	469	0	0
重 庆	258	91352	6	380	27	1644
四 川	0	0	0	0	1	21
贵 州	1	820	3	220	0	0
云 南	2	55000	3	210	152	25180
西 藏	4	200	1	30	0	0
陕 西	16	128988	13	1008	5	771
甘 肃	1	6500	4	762	4	250
青 海	2	1000	1	50	2	160
宁 夏	0	0	3	170	3	104
新 疆	5	732	101	1692	8	2274
新疆生产建设兵团	0	0	0	0	0	0

4-3 续表 1

地 区	向省部级（含）以上科技奖项、人才计划（工程）举荐的人才数（人次）	向省部级（含）以上科技奖项推荐获奖的项目数（项）	设立科技奖项数（个）	# 人物类奖项数（个）	# 成果类奖项数（个）
合 计	**664**	**342**	**52**	**45**	**6**
北 京	72	0	4	4	0
天 津	24	0	1	1	0
河 北	10	0	0	0	0
山 西	20	3	0	0	0
内蒙古	23	0	0	0	0
辽 宁	7	2	2	2	0
吉 林	0	0	2	1	0
黑龙江	0	0	2	2	0
上 海	3	0	0	0	0
江 苏	1	0	1	1	0
浙 江	30	0	0	0	0
安 徽	4	0	1	1	0
福 建	5	0	8	6	2
江 西	25	0	2	2	0
山 东	20	5	1	1	0
河 南	10	4	3	1	2
湖 北	0	0	0	0	0
湖 南	35	300	4	4	0
广 东	39	5	2	2	0
广 西	16	3	2	2	0
海 南	0	0	0	0	0
重 庆	4	0	2	2	0
四 川	15	0	1	1	0
贵 州	28	4	3	3	0
云 南	0	0	2	2	0
西 藏	22	1	1	1	0
陕 西	25	4	0	0	0
甘 肃	8	2	1	0	1
青 海	68	1	1	1	0
宁 夏	130	0	4	4	0
新 疆	20	8	2	1	1
新疆生产建设兵团	0	0	0	0	0

4-3 续表 2

地区	表彰奖励科技工作者（人次）	#表彰奖励女性科技工作者（人次）	#表彰奖励45岁及以下科技工作者（人次）	通过媒体宣传科技工作者（人次）	举办科技志愿服务活动（次）	参与科技志愿服务活动人次（人次）
合计	**6643**	**2362**	**3648**	**20507**	**39840**	**12429325**
北京	39	18	39	938	206	2218
天津	30	9	30	318	13609	40028
河北	0	0	0	4220	877	20028
山西	0	0	0	660	418	63500
内蒙古	0	0	0	224	1160	311310
辽宁	46	6	46	80	0	0
吉林	63	21	63	48	277	387614
黑龙江	0	0	0	56	15	183
上海	0	0	0	454	7	18
江苏	0	0	0	387	3	31
浙江	0	0	0	703	13656	41153
安徽	25	2	9	4188	151	404
福建	172	51	109	814	179	28146
江西	20	2	20	0	732	86620
山东	98	16	32	1916	88	1337
河南	5230	2010	2730	422	5526	11300208
湖北	0	0	0	33	84	20052
湖南	100	21	65	761	25	4114
广东	50	6	12	645	279	2889
广西	40	9	34	738	556	11100
海南	0	0	0	12	307	2444
重庆	58	17	58	949	1171	4462
四川	50	10	50	188	5	15
贵州	130	38	93	220	5	50
云南	24	7	15	41	210	10000
西藏	20	3	8	23	2	25
陕西	0	0	0	529	13	11230
甘肃	190	34	20	199	0	0
青海	108	28	68	100	52	738
宁夏	130	51	130	323	159	50617
新疆	20	3	17	318	68	28791
新疆生产建设兵团	0	0	0	0	0	0

4-3 续表 3

地 区	科技志愿服务组织（个）	科技志愿者（人）	专职科普人员（人）	兼职科普人员（人）
合 计	**14011**	**707848**	**4013**	**46885**
北 京	173	6158	300	305
天 津	3623	135106	172	0
河 北	873	34509	36	0
山 西	267	31941	78	80
内蒙古	7	1968	66	1247
辽 宁	0	0	279	1703
吉 林	213	25245	17	164
黑龙江	4	409	161	0
上 海	2	50	0	25
江 苏	1	11	63	20
浙 江	2334	46659	301	295
安 徽	1	750	126	404
福 建	38	2276	97	0
江 西	1987	101330	4	0
山 东	15	178	5	0
河 南	1385	206328	141	19
湖 北	2	61	6	61
湖 南	9	1661	162	377
广 东	1292	39058	19	49
广 西	4	959	218	291
海 南	90	2444	6	0
重 庆	221	40090	1108	39882
四 川	0	1444	141	1438
贵 州	7	103	0	103
云 南	0	0	68	12
西 藏	1	45	1	45
陕 西	1	98	25	11
甘 肃	0	12	12	0
青 海	2	63	201	0
宁 夏	3	204	33	206
新 疆	1456	28688	167	148
新疆生产建设兵团	0	0	0	0

4-4 2021年各地区市级科协为科技工作者服务情况

地 区	举办科学道德与学风建设宣讲活动（次）	科学道德与学风建设宣讲活动受 众（人次）	举办干部教育培训班（期）	干部教育培训班参训人次（人次）	举办继续教育培训班（期）	继续教育培训班参训人次（人次）
合 计	**564**	**174203**	**893**	**58626**	**1238**	**142115**
北 京	3	1242	18	4315	14	1878
天 津	1	900	61	6177	5	276
河 北	6	570	8	840	14	885
山 西	13	2867	4	626	8	580
内蒙古	7	515	37	1184	7	780
辽 宁	3	7850	13	706	9	511
吉 林	0	0	1	50	2	220
黑龙江	5	980	9	1010	23	2763
上 海	2	100	46	1716	42	15815
江 苏	19	8278	22	1685	27	1471
浙 江	4	418	14	923	2	111
安 徽	11	1380	19	1063	21	1520
福 建	8	492	6	171	33	786
江 西	11	5700	3	93	4	367
山 东	28	5965	77	2477	9	478
河 南	16	3430	15	4248	178	10160
湖 北	33	670	41	2414	28	2779
湖 南	25	6137	17	790	30	1688
广 东	101	55349	101	4110	66	7915
广 西	7	885	15	1068	15	1147
海 南	2	300	2	400	1	150
重 庆	85	15610	57	4179	63	2750
四 川	40	21913	59	3463	70	4173
贵 州	60	6089	51	1020	4	457
云 南	24	1400	71	7851	173	10818
西 藏	0	0	3	42	2	50
陕 西	5	910	15	854	140	34032
甘 肃	11	4780	55	1738	8	1155
青 海	1	1366	10	425	6	12231
宁 夏	2	500	5	350	6	220
新 疆	19	572	36	2493	12	229
新疆生产建设兵团	12	17035	2	2	2	23720

4-4 续表 1

地 区	向省部级（含）以上科技奖项、人才计划（工程）举荐的人才数（人次）	向省部级（含）以上科技奖项推荐获奖的项目数（项）	设立科技奖项数（个）	# 人物类奖项数（个）	# 成果类奖项数（个）
合 计	**1717**	**756**	**278**	**175**	**85**
北 京	76	25	2	1	1
天 津	35	9	3	3	0
河 北	38	5	5	5	0
山 西	38	0	4	4	0
内蒙古	117	13	17	14	1
辽 宁	48	5	17	11	6
吉 林	68	10	0	0	0
黑龙江	69	0	4	3	1
上 海	84	37	2	1	1
江 苏	76	36	28	20	5
浙 江	49	21	26	9	17
安 徽	89	7	11	9	1
福 建	53	2	2	2	0
江 西	5	0	7	4	0
山 东	129	18	15	11	4
河 南	83	129	28	11	12
湖 北	29	14	3	3	0
湖 南	115	12	17	13	4
广 东	31	3	16	9	5
广 西	80	14	6	3	3
海 南	7	9	3	0	3
重 庆	92	237	19	11	8
四 川	33	9	10	9	1
贵 州	20	9	2	1	1
云 南	12	0	2	1	0
西 藏	6	1	0	0	0
陕 西	55	71	11	7	4
甘 肃	13	1	6	5	1
青 海	6	0	0	0	0
宁 夏	47	3	0	0	0
新 疆	18	10	2	1	0
新疆生产建设兵团	96	46	10	4	6

4-4 续表 2

地 区	表彰奖励科技工作者（人次）	#表彰奖励女性科技工作者（人次）	#表彰奖励45岁及以下科技工作者（人次）	通过媒体宣传科技工作者（人次）	举办科技志愿服务活动（次）	参与科技志愿服务活动人次（人次）
合 计	**14241**	**5157**	**7867**	**19377**	**39176**	**1705283**
北 京	97	46	67	219	173	3531
天 津	12	2	9	247	13001	121785
河 北	140	47	70	374	236	24369
山 西	245	74	110	354	200	10117
内蒙古	409	185	231	648	363	51630
辽 宁	1004	447	657	185	193	18804
吉 林	0	0	0	142	93	6635
黑龙江	196	50	80	896	180	16529
上 海	15	2	7	369	1060	64013
江 苏	1173	380	564	1311	2744	42625
浙 江	443	157	263	744	2130	34670
安 徽	345	57	108	650	3791	115328
福 建	30	6	25	124	171	66533
江 西	83	10	56	246	586	27853
山 东	1536	594	630	1014	841	318215
河 南	4175	1477	3042	729	2342	128398
湖 北	70	13	33	2010	762	22545
湖 南	1047	295	436	692	1667	127588
广 东	383	101	168	3607	832	100736
广 西	248	71	145	403	338	28424
海 南	80	22	74	7	20	20000
重 庆	501	212	394	1064	3110	107325
四 川	870	331	161	1190	1084	12714
贵 州	50	28	32	161	256	2104
云 南	79	24	0	194	252	8894
西 藏	0	0	0	55	52	595
陕 西	881	499	476	367	893	32479
甘 肃	64	14	23	617	366	109606
青 海	0	0	0	23	30	3612
宁 夏	0	0	0	98	394	67620
新 疆	1	1	1	240	336	4099
新疆生产建设兵团	64	12	5	397	680	5907

4-4 续表 3

地 区	科技志愿服务组织（个）	科技志愿者（人）	专职科普人员（人）	兼职科普人员（人）
合 计	**12164**	**787932**	**14174**	**344989**
北 京	22	8769	334	9029
天 津	1796	111297	161	47991
河 北	131	6020	405	4022
山 西	114	13617	284	359
内蒙古	574	26605	327	12487
辽 宁	117	16881	275	1689
吉 林	80	5347	195	4964
黑龙江	34	15488	150	1658
上 海	46	13297	453	5587
江 苏	1190	49015	186	3056
浙 江	480	79194	392	42644
安 徽	2435	79410	647	64194
福 建	35	8687	269	3359
江 西	575	30047	152	3329
山 东	301	4955	315	5237
河 南	498	27067	714	18311
湖 北	266	13782	560	5313
湖 南	1043	103016	691	27969
广 东	377	28106	459	4831
广 西	69	14286	473	5642
海 南	2	227	36	30
重 庆	124	25476	524	9406
四 川	306	29824	2041	3317
贵 州	11	4948	974	902
云 南	195	7810	288	2877
西 藏	2	50	14	83
陕 西	436	10676	654	2845
甘 肃	41	9512	1332	8934
青 海	169	12417	61	10753
宁 夏	331	16710	353	18880
新 疆	209	13469	277	13150
新疆生产建设兵团	155	1927	178	2141

4–5 2021年各地区县级科协为科技工作者服务情况

地 区	举办科学道德与学风建设宣讲活动（次）	科学道德与学风建设宣讲活动受众（人次）	举办干部教育培训班（期）	干部教育培训班参训人次（人次）	举办继续教育培训班（期）	继续教育培训班参训人次（人次）
合 计	**4280**	**912158**	**3237**	**316309**	**2729**	**274829**
河 北	170	20439	200	10076	149	9210
山 西	61	9829	130	12279	74	6355
内蒙古	91	18241	276	12418	70	3025
辽 宁	49	13657	61	4849	48	3472
吉 林	43	23941	25	2469	55	2854
黑龙江	26	8143	52	24690	60	8830
江 苏	153	52627	107	8238	109	15749
浙 江	72	7467	66	4308	359	65600
安 徽	80	15378	124	9609	104	9604
福 建	74	7311	47	1499	46	4580
江 西	35	5873	55	4464	54	9841
山 东	106	19236	156	24381	111	11044
河 南	163	65384	115	18381	159	15390
湖 北	179	23272	112	7330	147	8887
湖 南	180	40771	183	13618	150	18258
广 东	84	14459	84	9202	53	6705
广 西	183	16391	121	5895	106	2780
海 南	32	27464	55	12829	17	1296
重 庆	56	4370	28	1330	10	300
四 川	591	101105	198	13553	207	18923
贵 州	106	22060	112	10805	51	8893
云 南	123	17553	315	27382	93	7662
西 藏	42	12266	43	415	126	7171
陕 西	68	52040	134	10901	193	13051
甘 肃	69	74908	128	24221	54	2038
青 海	28	3820	27	770	19	641
宁 夏	14	850	28	7956	33	2988
新 疆	1402	233303	255	32441	72	9682

注：本表数据不含北京、天津和上海地区。

4-5 续表 1

地 区	向省部级（含）以上科技奖项、人才计划（工程）举荐的人才数（人次）	向省部级（含）以上科技奖项推荐获奖的项目数（项）	设立科技奖项数（个）	# 人物类奖项数（个）	# 成果类奖项数（个）
合 计	**783**	**369**	**726**	**546**	**162**
河 北	61	21	31	31	0
山 西	38	21	12	9	3
内蒙古	17	4	19	13	6
辽 宁	20	25	10	10	0
吉 林	5	0	5	5	0
黑龙江	5	4	6	4	2
江 苏	16	8	66	58	8
浙 江	112	29	32	19	12
安 徽	49	20	43	35	7
福 建	24	4	4	2	2
江 西	32	13	28	21	7
山 东	48	22	100	68	32
河 南	16	11	54	42	9
湖 北	27	21	29	21	5
湖 南	102	52	67	56	10
广 东	15	4	15	11	4
广 西	3	2	5	5	0
海 南	17	13	15	3	11
重 庆	12	2	6	2	3
四 川	20	24	58	50	8
贵 州	12	6	24	16	7
云 南	4	4	9	7	2
西 藏	14	3	3	3	0
陕 西	21	7	42	30	7
甘 肃	13	20	21	14	7
青 海	4	2	3	1	2
宁 夏	55	10	2	1	1
新 疆	21	17	17	9	7

4-5 续表 2

地 区	表彰奖励科技工作者（人次）	# 表彰奖励女性科技工作者（人次）	# 表彰奖励 45 岁及以下科技工作者（人次）	通过媒体宣传科技工作者（人次）	举办科技志愿服务活动（次）	参与科技志愿服务人次（人次）
合 计	**16447**	**6527**	**10232**	**356782**	**71948**	**4538957**
河 北	502	187	297	832	934	77612
山 西	709	406	679	1809	1114	154346
内蒙古	459	248	388	602	1747	179770
辽 宁	190	82	108	185	866	95888
吉 林	57	21	15	414	658	13286
黑龙江	76	38	61	385	544	32521
江 苏	1781	479	1085	1969	2421	217043
浙 江	992	389	669	1646	5322	121174
安 徽	989	382	669	1679	14394	216634
福 建	119	53	70	485	1573	146957
江 西	240	56	141	665	1024	74989
山 东	2076	774	1238	1345	2441	323635
河 南	1161	467	570	1476	2348	205995
湖 北	272	84	126	1259	3650	1118106
湖 南	1060	267	535	91135	15490	314014
广 东	311	132	133	570	2425	123863
广 西	66	38	42	560	1626	70769
海 南	863	420	526	38	219	8177
重 庆	61	14	36	122	294	26031
四 川	2050	942	1402	5748	1922	94800
贵 州	518	234	299	353	1208	70077
云 南	244	100	145	15297	1859	336413
西 藏	10	4	9	59191	295	34772
陕 西	576	197	297	594	1380	49518
甘 肃	745	383	432	20638	918	47737
青 海	28	4	20	115	194	10138
宁 夏	190	97	170	116	1767	37209
新 疆	102	29	70	147554	3315	337483

4-5 续表 3

地 区	科技志愿服务组织（个）	科技志愿者（人）	专职科普人员（人）	兼职科普人员（人）
合 计	**20800**	**1439817**	**58361**	**817586**
河 北	292	20810	1702	14358
山 西	298	46662	1724	20682
内蒙古	831	59301	1321	49431
辽 宁	301	33330	979	13826
吉 林	250	25954	952	12058
黑龙江	149	14490	579	6257
江 苏	869	78925	6586	127366
浙 江	889	111534	1067	64747
安 徽	6165	158965	5553	106263
福 建	795	39114	1806	19656
江 西	528	49867	4180	10324
山 东	468	65917	2395	45504
河 南	662	60291	2959	25662
湖 北	922	65540	6262	30238
湖 南	1666	195290	4441	110718
广 东	399	57574	750	13220
广 西	659	17509	1102	16883
海 南	74	34065	148	2784
重 庆	67	4691	94	2301
四 川	805	82628	5169	41791
贵 州	200	26384	1101	8624
云 南	693	56245	1715	21212
西 藏	220	1081	583	903
陕 西	882	49575	1889	21730
甘 肃	182	22895	803	9351
青 海	75	6978	1430	4129
宁 夏	635	22927	428	3201
新 疆	824	31275	643	14367

4−6 2021年各地区省级学会为科技工作者服务情况

地区	举办科学道德与学风建设宣讲活动（次）	科学道德与学风建设宣讲活动受众（人次）	举办干部教育培训班（期）	干部教育培训班参训人次（人次）	举办继续教育培训班（期）	继续教育培训班参训人次（人次）
合计	**3020**	**8182374**	**1516**	**77021**	**14821**	**7886560**
北京	118	15432	53	1189	512	1543259
天津	83	8543	36	1102	248	287066
河北	97	1218085	91	5018	302	236025
山西	46	5199	53	2338	102	9489
内蒙古	50	3635	15	500	69	12560
辽宁	104	11331	30	763	268	378370
吉林	52	10482	99	1733	261	313645
黑龙江	30	1375	4	118	76	165572
上海	9	718	29	1243	694	416448
江苏	225	23850	77	2756	584	239229
浙江	60	11396	79	8955	2703	1118783
安徽	110	7068	18	906	589	135859
福建	74	9911	33	1818	291	66949
江西	31	2742	23	1176	91	63062
山东	191	17014	114	7718	662	307750
河南	64	14928	20	1002	208	290037
湖北	101	7575	23	270	526	64661
湖南	184	13331	48	4817	1554	617512
广东	136	11795	78	3191	1175	190730
广西	116	6005371	30	2744	580	69613
海南	32	5149	13	888	93	15355
重庆	194	6274	100	3503	378	59069
四川	183	683405	42	7167	512	425276
贵州	173	7532	17	2657	251	22003
云南	85	20006	85	1960	235	141779
西藏	65	3593	13	108	71	9664
陕西	66	9873	80	1682	618	463150
甘肃	86	5874	44	4673	124	15900
青海	32	32538	19	1180	584	69719
宁夏	85	2698	24	1676	212	91023
新疆	138	5651	126	2170	248	47003

4-6 续表 1

地 区	向省部级（含）以上科技奖项、人才计划（工程）举荐的人才数（人次）	向省部级（含）以上科技奖项推荐获奖的项目数（项）	设立科技奖项数（个）	# 人物类奖项数（个）	# 成果类奖项数（个）
合 计	**7482**	**3043**	**1173**	**464**	**652**
北 京	733	87	46	19	24
天 津	218	67	33	15	16
河 北	120	85	20	5	13
山 西	624	28	21	13	6
内蒙古	188	101	31	8	19
辽 宁	163	88	60	32	28
吉 林	232	82	23	12	8
黑龙江	24	12	5	2	3
上 海	185	120	102	46	52
江 苏	360	250	125	38	84
浙 江	579	114	64	29	32
安 徽	177	106	29	12	15
福 建	168	88	51	16	33
江 西	143	65	14	6	7
山 东	714	263	115	45	69
河 南	181	122	22	10	12
湖 北	146	79	30	12	15
湖 南	333	170	51	17	31
广 东	515	260	79	26	53
广 西	138	47	11	4	7
海 南	62	29	15	9	6
重 庆	83	57	32	13	17
四 川	303	181	51	20	23
贵 州	129	44	29	12	15
云 南	50	34	7	4	3
西 藏	44	15	2	0	2
陕 西	203	128	46	14	29
甘 肃	195	78	8	4	4
青 海	57	35	7	4	1
宁 夏	189	123	21	8	13
新 疆	226	85	23	7	12

4-6 续表 2

地 区	表彰奖励科技工作者（人次）	#表彰奖励女性科技工作者（人次）	#表彰奖励45岁及以下科技工作者（人次）	通过媒体宣传科技工作者（人次）	举办科技志愿服务活动（次）	参与科技志愿服务活动人次（人次）
合 计	**80831**	**20658**	**51376**	**95562**	**24956**	**9160822**
北 京	3095	1269	2349	2063	818	1338953
天 津	1792	451	1362	319	314	13660
河 北	2516	750	1284	3305	544	36118
山 西	983	321	741	967	4668	19393
内蒙古	786	347	566	512	319	8874
辽 宁	4004	1311	2145	1480	330	33561
吉 林	1343	440	865	2586	730	6371483
黑龙江	100	41	36	733	50	1575
上 海	5086	1770	2921	2031	2198	282883
江 苏	9012	2543	6227	7270	713	111810
浙 江	2809	486	1412	2635	593	36596
安 徽	1574	393	1073	2776	291	12856
福 建	2131	476	1617	1365	816	61202
江 西	754	161	373	216	693	11163
山 东	14968	3269	9353	39038	667	24908
河 南	4377	737	3311	1153	544	20807
湖 北	1216	369	705	2334	425	10228
湖 南	4424	1110	2367	2790	1308	135616
广 东	9724	1791	6445	4282	981	46411
广 西	401	110	263	529	557	44377
海 南	187	41	93	829	163	1694
重 庆	837	307	389	666	831	19000
四 川	1750	513	929	7923	280	44123
贵 州	1936	488	1243	687	279	18505
云 南	759	100	599	1095	1504	113369
西 藏	30	5	4	23	66	995
陕 西	2793	676	1784	3248	2388	33868
甘 肃	351	64	278	813	216	20708
青 海	90	22	60	309	272	15544
宁 夏	289	69	179	250	666	169776
新 疆	714	228	403	1335	732	100766

4-6 续表 3

地 区	科技志愿服务组织（个）	科技志愿者（人）	专职科普人 员（人）	兼职科普人 员（人）
合 计	**5838**	**281427**	**8758**	**149528**
北 京	172	4404	200	4453
天 津	137	2947	55	2005
河 北	166	5091	178	5567
山 西	54	17216	35	19429
内蒙古	97	2794	140	2336
辽 宁	82	3387	94	1845
吉 林	58	4302	158	3677
黑龙江	10	907	52	394
上 海	97	38717	210	1419
江 苏	222	12243	3995	17819
浙 江	157	4397	471	3502
安 徽	77	3607	135	2213
福 建	108	5733	101	4294
江 西	54	2643	32	3150
山 东	81	5783	471	6873
河 南	219	6069	62	5655
湖 北	136	1989	246	2266
湖 南	284	14053	188	3920
广 东	318	14420	112	6909
广 西	73	1518	121	1417
海 南	23	3813	30	755
重 庆	301	4061	357	5362
四 川	431	52570	201	7287
贵 州	260	1209	310	3217
云 南	43	6105	120	5992
西 藏	16	668	41	1185
陕 西	452	5767	219	2620
甘 肃	93	1495	142	717
青 海	21	12061	24	11957
宁 夏	39	5504	48	4701
新 疆	1557	35954	210	6592

五、国际及港澳台地区民间科技交流

简要说明

本篇统计资料为：

1. 汇总数据，反映中国科协、地方科协、全国学会和省级学会国际及港澳台地区民间科技交流情况。

2. 省级科协的统计数据为 2021 年度加入国际民间科技组织、参加国际科学计划、开展推进创新创业活动等情况。

3. 省级科协、市级科协、县级科协、省级学会的统计数据为 2021 年度加入国际民间科技组织、参加国际科学计划、开展推进创新创业活动等情况。

5-1 2021年各级科协国际及港澳台地区民间科技交流汇总表

指标		合计		科协小计		中国科协机关及直属单位	
		2020年	2021年	2020年	2021年	2020年	2021年
加入国际民间科技组织	（个）	889	903	31	18	4	13
任职专家	（位）	2248	2446	7	33	3	30
# 高级别任职专家	（位）	1173	1265	6	18	3	16
# 一般级别任职专家	（位）	1060	1182	0	15	0	14
普通工作人员	（人）	168	210	0	0	0	0
参加大陆境外科技活动人次	（人次）	61950	13847	3131	1682	36	141
# 参加港澳台地区科技活动人次	（人次）	2580	3529	1103	1162	14	141
接待大陆境外专家学者	（人次）	8205	7575	2146	2110	7	249
# 接待港澳台地区专家学者	（人次）	2497	2216	728	959	1	73

5-1 续表

指标		省级科协		市级科协		县级科协	
		2020 年	2021 年	2020 年	2021 年	2020 年	2021 年
加入国际民间科技组织	(个)	1	1	4	4	22	0
任职专家	(位)	0	0	3	3	1	0
# 高级别任职专家	(位)	0	0	3	2	0	0
# 一般级别任职专家	(位)	0	0	0	1	0	0
普通工作人员	(人)	0	0	0	0	0	0
参加大陆境外科技活动人次	(人次)	1046	1058	118	456	1931	27
# 参加港澳台地区科技活动人次	(人次)	942	965	91	43	56	13
接待大陆境外专家学者	(人次)	935	1063	580	407	624	391
# 接待港澳台地区专家学者	(人次)	600	741	88	104	39	41

5-2 2021年全国学会、省级学会国际及港澳台地区民间科技交流汇总表

指 标		学会小计		全国学会		省级学会	
		2020年	2021年	2020年	2021年	2020年	2021年
加入国际民间科技组织	（个）	858	885	612	651	246	234
任职专家	（位）	2241	2413	1333	1479	908	934
# 高级别任职专家	（位）	1167	1247	559	634	608	613
# 一般级别任职专家	（位）	1060	1167	775	850	285	317
普通工作人员	（人）	168	210	65	89	103	121
参加大陆境外科技活动人次	（人次）	58819	12165	53490	5063	5329	7102
# 参加港澳台地区科技活动人次	（人次）	1477	2367	443	1062	1034	1305
接待大陆境外专家学者	（人次）	6059	5465	2734	2010	3325	3455
# 接待港澳台地区专家学者	（人次）	1769	1257	1199	481	570	776

5-3　2021年各省级科协国际及港澳台地区民间科技交流情况

地　区	加入国际民间科技组织					参加国际科学计划（项）
	组织数（个）	任职专家（位）	# 高级别任职专家（位）	# 一般级别任职专家（位）	普通工作人员（人）	
合　计	**1**	**0**	**0**	**0**	**0**	**1**
北　京	1	0	0	0	0	0
天　津	0	0	0	0	0	0
河　北	0	0	0	0	0	0
山　西	0	0	0	0	0	0
内蒙古	0	0	0	0	0	0
辽　宁	0	0	0	0	0	0
吉　林	0	0	0	0	0	0
黑龙江	0	0	0	0	0	0
上　海	0	0	0	0	0	0
江　苏	0	0	0	0	0	1
浙　江	0	0	0	0	0	0
安　徽	0	0	0	0	0	0
福　建	0	0	0	0	0	0
江　西	0	0	0	0	0	0
山　东	0	0	0	0	0	0
河　南	0	0	0	0	0	0
湖　北	0	0	0	0	0	0
湖　南	0	0	0	0	0	0
广　东	0	0	0	0	0	0
广　西	0	0	0	0	0	0
海　南	0	0	0	0	0	0
重　庆	0	0	0	0	0	0
四　川	0	0	0	0	0	0
贵　州	0	0	0	0	0	0
云　南	0	0	0	0	0	0
西　藏	0	0	0	0	0	0
陕　西	0	0	0	0	0	0
甘　肃	0	0	0	0	0	0
青　海	0	0	0	0	0	0
宁　夏	0	0	0	0	0	0
新　疆	0	0	0	0	0	0
新疆生产建设兵团	0	0	0	0	0	0

5-3 续表

地 区	参加大陆境外科技活动人次（人次）	#参加港澳台地区科技活动人次（人次）	接待大陆境外专家学者（人次）	#接待港澳台地区专家学者（人次）
合 计	**1058**	**965**	**1063**	**741**
北 京	29	8	230	17
天 津	100	100	1	1
河 北	1	1	0	0
山 西	0	0	11	11
内蒙古	0	0	4	0
辽 宁	0	0	0	0
吉 林	0	0	0	0
黑龙江	0	0	0	0
上 海	0	0	12	4
江 苏	884	816	59	26
浙 江	0	0	1	0
安 徽	0	0	42	42
福 建	0	0	477	458
江 西	0	0	0	0
山 东	0	0	0	0
河 南	12	8	0	0
湖 北	0	0	38	0
湖 南	0	0	0	0
广 东	32	32	180	180
广 西	0	0	0	0
海 南	0	0	0	0
重 庆	0	0	3	0
四 川	0	0	2	2
贵 州	0	0	3	0
云 南	0	0	0	0
西 藏	0	0	0	0
陕 西	0	0	0	0
甘 肃	0	0	0	0
青 海	0	0	0	0
宁 夏	0	0	0	0
新 疆	0	0	0	0
新疆生产建设兵团	0	0	0	0

5-4 2021年各地区省级学会国际及港澳台地区民间科技交流情况

地 区	加入国际民间科技组织				
	组织数(个)	任职专家(位)	# 高级别任职专家(位)	# 一般级别任职专家(位)	普通工作人员(人)
合 计	**234**	**934**	**934**	**613**	**317**
北 京	33	80	80	18	62
天 津	20	17	17	7	10
河 北	3	4	4	3	1
山 西	0	0	0	0	0
内蒙古	1	14	14	1	13
辽 宁	7	4	4	2	2
吉 林	1	7	7	2	5
黑龙江	0	0	0	0	0
上 海	10	541	541	438	103
江 苏	30	65	65	38	24
浙 江	35	48	48	31	17
安 徽	2	2	2	1	1
福 建	11	16	16	5	11
江 西	0	0	0	0	0
山 东	4	4	4	3	1
河 南	4	3	3	1	2
湖 北	13	15	15	9	6
湖 南	21	33	33	8	24
广 东	6	8	8	8	0
广 西	2	4	4	2	2
海 南	0	0	0	0	0
重 庆	6	9	9	2	7
四 川	8	35	35	27	8
贵 州	1	0	0	0	0
云 南	1	1	1	0	1
西 藏	0	0	0	0	0
陕 西	8	17	17	5	12
甘 肃	1	1	1	0	1
青 海	2	2	2	0	2
宁 夏	0	0	0	0	0
新 疆	4	4	4	2	2

5-4 续表

地 区	参加大陆境外科技活动人次（人次）	#参加港澳台地区科技活动人次（人次）	接待大陆境外专家学者（人次）	#接待港澳台地区专家学者（人次）
合 计	**39**	**7102**	**1305**	**3455**
北 京	2	651	158	82
天 津	1	292	271	37
河 北	1	28	0	22
山 西	1	48	5	34
内蒙古	0	0	0	2
辽 宁	0	181	0	2
吉 林	0	22	5	28
黑龙江	0	8	0	0
上 海	0	83	20	56
江 苏	3	516	166	333
浙 江	2	211	41	149
安 徽	0	37	6	42
福 建	0	124	104	160
江 西	0	87	16	54
山 东	0	229	40	43
河 南	1	21	2	61
湖 北	1	74	45	84
湖 南	22	23	8	8
广 东	1	399	362	317
广 西	0	7	1	27
海 南	0	12	12	3
重 庆	0	18	0	30
四 川	2	21	9	75
贵 州	0	11	11	11
云 南	0	4	0	2
西 藏	0	0	0	0
陕 西	1	99	23	79
甘 肃	0	25	0	24
青 海	1	3868	0	1688
宁 夏	0	1	0	2
新 疆	0	2	0	0

六、学术交流

简要说明

本篇统计资料为：

1. 汇总数据，反映中国科协、地方科协、全国学会和省级学会开展的各类学术交流总体情况。

2. 地方科协和省级学会统计数据，分别反映各省级科协及其所属学会、市级科协、县级科协开展的各类学术交流情况。

3. 相关统计指标包括中国境内开展的国内学术会议、境内国际学术会议、港澳台地区学术会议及各类学术会议的交流论文、报告数等。

6–1　2021年各级科协学术交流汇总表

指　标		合　计		科协小计		中国科协机关及直属单位	
		2020年	2021年	2020年	2021年	2020年	2021年
推进创新创业服务活动							
开展推进创新创业活动	（项）	30808	33424	11751	13328	1377	1539
# 举办竞赛、论坛、展览等	（场次）	7615	8353	3535	3720	785	917
# 开展咨询、教育、培训等	（场次）	18679	19163	5957	7207	277	305
# 开展投融资、成果转化等	（项）	2291	3264	1199	1311	315	317
参与服务活动的科技工作者	（人次）	67675453	3597250	66680091	2030073	54381000	1513449
专家服务							
专家服务工作站（中心）数	（个）	7858	8779	6796	7356	26	0
专家进站（中心）人次	（人次）	87507	83725	54570	58494	245	0
专家服务团队	（个）	5435	5041	3115	2848	120	0
参加服务团队专家人次	（人次）	136907	150192	55469	55142	525	0
标准制定							
技术标准研制数	（个）	518	420	37	23	0	0
团体标准研制数	（个）	1785	2554	87	55	0	0
学术会议							
国内学术会议	（次）	15692	17691	2129	2176	17	11
# 学术年会	（次）	6588	6780	701	548	5	5
参加人次	（人次）	163144343	390483893	1780851	2134490	6233	7177
交流论文、报告数	（篇）	629272	714846	28933	30024	569	534
境内国际学术会议	（次）	678	944	104	124	7	8
参加人次	（人次）	4415991	14290430	64901	172184	3130	3728
# 境外专家学者	（人次）	18556	61351	1459	2247	135	605
交流论文、报告数	（篇）	49940	85951	2741	2793	429	359
港澳台地区学术会议	（次）	72	105	18	21	0	0
参加人次	（人次）	28687	52121	4442	9164	0	0
交流论文、报告数	（篇）	3256	6760	688	1111	0	0
科技期刊							
主办科技期刊	（种）	1819	1722	129	77	7	7
编委会成员人数	（人）	109020	113776	1946	1943	592	495
# 两院院士人数	（人）	5288	5574	146	124	104	84
# 国际编委人数	（人）	8846	9434	120	172	38	101
编辑部总人数	（人）	11387	11458	642	548	54	51
# 高级技术职称人数	（人）	5236	5428	136	104	18	21
# 硕士、博士及以上学位人数	（人）	5611	5930	139	111	32	43
科技期刊印刷量	（册）	42706301	41030022	9135690	7641941	339027	115930
科技期刊发表文章数	（篇）	582819	562694	37432	21459	1079	817

6-1 续表

指标		省级科协		市级科协		县级科协	
		2020年	2021年	2020年	2021年	2020年	2021年
推进创新创业服务活动							
开展推进创新创业活动	（项）	1176	1348	3517	3860	5681	6581
# 举办竞赛、论坛、展览等	（场次）	280	338	858	931	1612	1534
# 开展咨询、教育、培训等	（场次）	657	827	2102	2363	2921	3712
# 开展投融资、成果转化等	（项）	139	110	351	440	394	444
参与服务活动的科技工作者	（人次）	12004370	194920	162138	192489	132583	129215
专家服务							
专家服务工作站（中心）数	（个）	2198	2230	2220	2603	2352	2523
专家进站（中心）人次	（人次）	17886	16336	17733	21437	18706	20721
专家服务团队	（个）	575	511	836	883	1584	1454
参加服务团队专家人次	（人次）	8543	7784	18225	20173	28176	27185
标准制定							
技术标准研制数	（个）	12	2	9	7	16	14
团体标准研制数	（个）	40	0	22	34	25	21
学术会议							
国内学术会议	（次）	320	317	1489	1586	303	262
# 学术年会	（次）	41	37	522	412	133	94
参加人次	（人次）	1163076	775401	501828	994211	109714	357701
交流论文、报告数	（篇）	8691	7948	16012	18644	3661	2898
境内国际学术会议	（次）	36	45	43	52	18	19
参加人次	（人次）	10430	8055	46623	153624	4718	6777
# 境外专家学者	（人次）	561	472	525	1036	238	134
交流论文、报告数	（篇）	745	798	1340	1409	227	227
港澳台地区学术会议	（次）	6	12	9	8	3	1
参加人次	（人次）	2662	4804	1370	4260	410	100
交流论文、报告数	（篇）	607	1032	55	78	26	1
科技期刊							
主办科技期刊	（种）	28	23	34	21	60	26
编委会成员人数	（人）	664	787	548	532	142	129
# 两院院士人数	（人）	29	28	9	9	4	3
# 国际编委人数	（人）	70	69	0	0	12	2
编辑部总人数	（人）	247	200	214	172	127	125
# 高级技术职称人数	（人）	68	37	30	27	20	19
# 硕士、博士及以上学位人数	（人）	68	35	26	26	13	7
科技期刊印刷量	（册）	8091833	6923021	144980	122040	559850	480950
科技期刊发表文章数	（篇）	31340	17303	4098	2750	915	589

6–2　2021 年全国学会、省级学会学术交流汇总表

指　标		学会小计		全国学会		省级学会	
		2020 年	2021 年	2020 年	2021 年	2020 年	2021 年
推进创新创业服务活动							
开展推进创新创业活动	（项）	19057	20096	2229	4864	16828	15232
# 举办竞赛、论坛、展览等	（场次）	4080	4633	570	776	3510	3857
# 开展咨询、教育、培训等	（场次）	12722	11956	1376	2546	11346	9410
# 开展投融资、成果转化等	（项）	1092	1953	254	848	838	1105
参与服务活动的科技工作者	（人次）	995362	1567177	389500	765865	605862	801312
专家服务							
专家服务工作站（中心）数	（个）	1062	1423	292	589	770	834
专家进站（中心）人次	（人次）	32937	25231	3686	5677	29251	19554
专家服务团队	（个）	2320	2193	612	528	1708	1665
参加服务团队专家人次	（人次）	81438	95050	25843	30428	55595	64622
标准制定							
技术标准研制数	（个）	481	397	97	107	384	290
团体标准研制数	（个）	1698	2499	965	1372	733	1127
学术会议							
国内学术会议	（次）	13563	15515	3304	3591	10259	11924
# 学术年会	（次）	5887	6232	1420	1515	4467	4717
参加人次	（人次）	161363492	388349403	27006936	343046546	134356556	45302857
交流论文、报告数	（篇）	600339	684822	367081	439973	233258	244849
境内国际学术会议	（次）	574	820	280	432	294	388
参加人次	（人次）	4351090	14118246	2638804	5313058	1712286	8805188
# 境外专家学者	（人次）	17097	59104	11665	53588	5432	5516
交流论文、报告数	（篇）	47199	83158	26976	59811	20223	23347
港澳台地区学术会议	（次）	54	84	13	35	41	49
参加人次	（人次）	24245	42957	14661	11917	9584	31040
交流论文、报告数	（篇）	2568	5649	694	1543	1874	4106
科技期刊							
主办科技期刊	（种）	1690	1645	986	1002	704	643
编委会成员人数	（人）	107074	111833	81608	85359	25466	26474
# 两院院士人数	（人）	5142	5450	4484	4775	658	675
# 国际编委人数	（人）	8726	9262	7920	8506	806	756
编辑部总人数	（人）	10745	10910	6131	6333	4614	4577
# 高级技术职称人数	（人）	5100	5324	2815	2956	2285	2368
# 硕士、博士及以上学位人数	（人）	5472	5819	3641	3864	1831	1955
科技期刊印刷量	（册）	33570611	33388081	24069233	24196731	9501378	9191350
科技期刊发表文章数	（篇）	545387	541235	249048	250512	296339	290723

6–3 2021年各省级科协学术交流情况

地 区	开展推进创新创业活动（项）	参与服务活动的科技工作者（人次）	专家服务工作站（中心）数（个）	专家进站（中心）人次（人次）	专家服务团队（个）	参加服务团队专家人次（人次）
合 计	**1348**	**194920**	**2230**	**16336**	**511**	**7784**
北 京	94	2590	90	1674	71	1377
天 津	15	13617	0	0	0	0
河 北	25	0	0	0	0	0
山 西	17	272	0	0	0	0
内蒙古	14	5535	22	22	1	165
辽 宁	24	12	0	0	0	0
吉 林	9	1260	120	492	10	108
黑龙江	10	4200	0	0	1	52
上 海	1	460	564	3076	0	0
江 苏	53	3389	17	196	5	85
浙 江	4	157	280	6192	270	2960
安 徽	2	780	6	57	1	183
福 建	10	362	391	2600	1	168
江 西	22	393	0	0	0	0
山 东	142	131200	16	69	0	0
河 南	8	10	0	0	14	172
湖 北	23	950	568	580	23	194
湖 南	164	11054	28	571	28	571
广 东	2	339	57	285	57	285
广 西	1	10	2	6	1	105
海 南	26	12	0	0	0	0
重 庆	381	3236	28	178	13	203
四 川	1	402	0	0	0	0
贵 州	19	1590	1	4	1	6
云 南	4	0	36	275	2	645
西 藏	1	0	0	0	0	0
陕 西	156	10553	1	25	2	145
甘 肃	5	348	0	0	0	0
青 海	3	20	3	34	0	0
宁 夏	86	1724	0	0	7	260
新 疆	26	445	0	0	3	100
新疆生产建设兵团	0	0	0	0	0	0

6-3　续表 1

地　区	技术标准研制数（个）	团体标准研制数（个）	国内学术会议			
			次　数（次）	#学术年会（次）	参加人次（人次）	交流论文、报告数（篇）
合　计	**2**	**0**	**317**	**37**	**775401**	**7948**
北　京	0	0	22	0	2050	89
天　津	0	0	2	1	150	25
河　北	0	0	2	0	260	6
山　西	0	0	10	3	918	588
内蒙古	0	0	6	4	3090	1288
辽　宁	0	0	5	1	103300	1771
吉　林	0	0	6	1	1200	102
黑龙江	1	0	10	0	11590	108
上　海	0	0	5	0	1000	39
江　苏	0	0	9	1	1260	43
浙　江	0	0	4	1	2150	160
安　徽	0	0	3	1	1496	72
福　建	0	0	5	1	1136	24
江　西	0	0	15	1	4800	750
山　东	1	0	129	1	502360	389
河　南	0	0	22	1	10932	1181
湖　北	0	0	2	1	8000	4
湖　南	0	0	6	6	6500	32
广　东	0	0	11	0	3676	357
广　西	0	0	3	1	290	91
海　南	0	0	2	1	400	16
重　庆	0	0	10	0	101830	123
四　川	0	0	1	1	500	93
贵　州	0	0	2	1	320	59
云　南	0	0	0	0	0	0
西　藏	0	0	0	0	0	0
陕　西	0	0	3	3	1768	177
甘　肃	0	0	2	1	118	13
青　海	0	0	0	0	0	0
宁　夏	0	0	13	4	1617	315
新　疆	0	0	7	1	2690	33
新疆生产建设兵团	0	0	0	0	0	0

6-3 续表 2

地 区	境内国际学术会议（次）	参加人次（人次）	# 境外专家学者（人次）	交流论文、报告数（篇）
合 计	**45**	**8055**	**472**	**798**
北 京	3	770	62	46
天 津	0	0	0	0
河 北	1	400	2	6
山 西	0	0	0	0
内蒙古	1	180	14	102
辽 宁	0	0	0	0
吉 林	0	0	0	0
黑龙江	0	0	0	0
上 海	3	430	52	31
江 苏	17	1740	105	49
浙 江	4	415	129	121
安 徽	0	0	0	0
福 建	0	0	0	0
江 西	2	140	11	17
山 东	2	730	15	58
河 南	0	0	0	0
湖 北	4	1330	38	5
湖 南	0	0	0	0
广 东	0	0	0	0
广 西	2	350	12	27
海 南	2	600	7	205
重 庆	4	970	25	131
四 川	0	0	0	0
贵 州	0	0	0	0
云 南	0	0	0	0
西 藏	0	0	0	0
陕 西	0	0	0	0
甘 肃	0	0	0	0
青 海	0	0	0	0
宁 夏	0	0	0	0
新 疆	0	0	0	0
新疆生产建设兵团	0	0	0	0

6–3 续表 3

地 区	港澳台地区学术会议（次）	参加人次（人次）	交流论文、报告数（篇）
合 计	**12**	**4804**	**1032**
北 京	1	85	25
天 津	0	0	0
河 北	0	0	0
山 西	0	0	0
内蒙古	1	100	15
辽 宁	0	0	0
吉 林	0	0	0
黑龙江	0	0	0
上 海	2	700	57
江 苏	1	400	80
浙 江	0	0	0
安 徽	1	200	15
福 建	3	2411	682
江 西	0	0	0
山 东	0	0	0
河 南	0	0	0
湖 北	0	0	0
湖 南	0	0	0
广 东	3	908	158
广 西	0	0	0
海 南	0	0	0
重 庆	0	0	0
四 川	0	0	0
贵 州	0	0	0
云 南	0	0	0
西 藏	0	0	0
陕 西	0	0	0
甘 肃	0	0	0
青 海	0	0	0
宁 夏	0	0	0
新 疆	0	0	0
新疆生产建设兵团	0	0	0

6-3 续表 4

地 区	主办科技期刊(种)	编委会成员人数(人)	#两院院士人数(人)	#国际编委人数(人)
合 计	**23**	**787**	**28**	**69**
北 京	1	33	0	0
天 津	0	0	0	0
河 北	0	0	0	0
山 西	6	282	0	0
内蒙古	0	0	0	0
辽 宁	0	0	0	0
吉 林	0	0	0	0
黑龙江	0	0	0	0
上 海	1	82	0	67
江 苏	3	23	5	0
浙 江	2	37	4	0
安 徽	0	0	0	0
福 建	2	197	11	0
江 西	0	0	0	0
山 东	1	20	0	0
河 南	0	0	0	0
湖 北	0	0	0	0
湖 南	0	0	0	0
广 东	0	0	0	0
广 西	2	84	8	2
海 南	0	0	0	0
重 庆	0	0	0	0
四 川	2	0	0	0
贵 州	0	0	0	0
云 南	1	17	0	0
西 藏	0	0	0	0
陕 西	0	0	0	0
甘 肃	0	0	0	0
青 海	0	0	0	0
宁 夏	0	0	0	0
新 疆	2	12	0	0
新疆生产建设兵团	0	0	0	0

6-3 续表 5

地 区	编辑部总人数（人）	# 高级技术职称人数（人）	# 硕士、博士及以上学位人数（人）	科技期刊印刷量（册）	科技期刊发表文章数（篇）
合 计	**200**	**37**	**35**	**6923021**	**17303**
北 京	33	0	8	510300	685
天 津	0	0	0	0	0
河 北	0	0	0	0	0
山 西	45	8	6	124270	10354
内蒙古	0	0	0	0	0
辽 宁	0	0	0	0	0
吉 林	0	0	0	0	0
黑龙江	0	0	0	0	0
上 海	4	2	4	1200	64
江 苏	23	3	4	2251494	730
浙 江	12	4	0	850100	481
安 徽	0	0	0	0	0
福 建	8	2	2	36600	463
江 西	0	0	0	0	0
山 东	10	6	4	3000	2400
河 南	0	0	0	0	0
湖 北	0	0	0	0	0
湖 南	0	0	0	0	0
广 东	0	0	0	0	0
广 西	20	5	7	964000	1311
海 南	0	0	0	0	0
重 庆	0	0	0	0	0
四 川	24	1	0	1581000	353
贵 州	0	0	0	0	0
云 南	11	3	0	457057	0
西 藏	0	0	0	0	0
陕 西	0	0	0	0	0
甘 肃	0	0	0	0	0
青 海	0	0	0	0	0
宁 夏	0	0	0	0	0
新 疆	10	3	0	144000	462
新疆生产建设兵团	0	0	0	0	0

6-4 2021年各地区市级科协学术交流情况

地区	开展推进创新创业活动（项）	参与服务活动的科技工作者（人次）	专家服务工作站（中心）数（个）	专家进站（中心）人次（人次）	专家服务团队（个）	参加服务团队专家人次（人次）
合计	**3860**	**192489**	**2603**	**21437**	**883**	**20173**
北京	91	23219	4	150	8	105
天津	43	786	6	39	4	110
河北	1	100	81	149	3	566
山西	3	0	62	483	52	728
内蒙古	30	1759	34	609	10	526
辽宁	36	1265	312	929	18	331
吉林	62	3732	20	117	6	270
黑龙江	41	620	3	19	2	47
上海	66	15187	36	235	11	364
江苏	222	5340	59	183	59	1770
浙江	401	59167	664	6045	211	6093
安徽	124	2479	16	91	0	0
福建	23	580	111	628	23	251
江西	69	526	49	288	22	172
山东	327	6652	88	1121	40	769
河南	80	6869	18	297	20	750
湖北	30	2989	298	917	147	734
湖南	25	1333	93	636	21	1080
广东	403	35627	239	5599	99	2563
广西	62	4317	14	191	4	243
海南	0	0	0	0	0	0
重庆	185	8958	23	388	29	633
四川	89	4380	212	1126	38	309
贵州	49	444	3	34	4	702
云南	9	770	44	504	7	172
西藏	2	8	0	0	0	0
陕西	20	1165	85	433	10	256
甘肃	6	15	19	91	14	244
青海	5	310	0	0	0	0
宁夏	13	355	3	24	4	45
新疆	521	1185	1	32	2	99

6-4 续表 1

地 区	技术标准研制数（个）	团体标准研制数（个）	国内学术会议			
			次 数（次）	# 学术年会（次）	参加人次（人次）	交流论文、报告数（篇）
合 计	**7**	**34**	**1586**	**412**	**994211**	**18644**
北 京	0	0	4	1	30080	14
天 津	0	0	31	0	7030	132
河 北	0	0	43	15	6987	117
山 西	0	0	12	1	2110	65
内蒙古	0	0	17	4	2804	491
辽 宁	0	0	84	9	10740	569
吉 林	0	0	8	0	795	60
黑龙江	0	0	11	3	1309	155
上 海	0	0	59	16	15469	431
江 苏	3	6	81	37	29773	2398
浙 江	0	17	192	34	181507	2262
安 徽	0	0	42	21	5393	391
福 建	0	0	9	9	151064	289
江 西	0	0	4	0	428	3
山 东	0	3	109	47	31856	635
河 南	0	0	178	28	45065	1593
湖 北	0	0	126	16	21832	2067
湖 南	1	0	40	13	9633	1241
广 东	0	8	159	45	233076	1640
广 西	0	0	11	3	2748	289
海 南	0	0	1	0	2500	0
重 庆	0	0	32	9	6617	340
四 川	0	0	215	72	139192	1700
贵 州	0	0	21	3	7731	129
云 南	0	0	19	7	1600	267
西 藏	0	0	0	0	0	0
陕 西	0	0	63	16	42820	1186
甘 肃	0	0	7	3	1100	134
青 海	0	0	0	0	0	0
宁 夏	0	0	7	0	1902	43
新 疆	0	0	0	0	0	0

6-4 续表 2

地 区	境内国际学术会议（次）	参加人次（人次）	#境外专家学者（人次）	交流论文、报告数（篇）
合 计	**52**	**153624**	**1036**	**1409**
北 京	0	0	0	0
天 津	0	0	0	0
河 北	0	0	0	0
山 西	0	0	0	0
内蒙古	0	0	0	0
辽 宁	0	0	0	0
吉 林	0	0	0	0
黑龙江	0	0	0	0
上 海	5	48182	120	329
江 苏	5	960	33	39
浙 江	6	1351	80	95
安 徽	0	0	0	0
福 建	0	0	0	0
江 西	0	0	0	0
山 东	2	1500	60	160
河 南	0	0	0	0
湖 北	5	420	22	25
湖 南	0	0	0	0
广 东	9	67180	599	474
广 西	7	26830	45	158
海 南	2	351	39	34
重 庆	2	500	20	30
四 川	0	0	0	0
贵 州	0	0	0	0
云 南	0	0	0	0
西 藏	0	0	0	0
陕 西	9	6350	18	65
甘 肃	0	0	0	0
青 海	0	0	0	0
宁 夏	0	0	0	0
新 疆	0	0	0	0

6-4 续表 3

地 区	港澳台地区学术会议（次）	参加人次（人次）	交流论文、报告数（篇）
合 计	**8**	**4260**	**78**
北 京	0	0	0
天 津	0	0	0
河 北	0	0	0
山 西	1	100	7
内蒙古	0	0	0
辽 宁	0	0	0
吉 林	0	0	0
黑龙江	0	0	0
上 海	0	0	0
江 苏	0	0	0
浙 江	1	3000	30
安 徽	1	300	9
福 建	0	0	0
江 西	0	0	0
山 东	0	0	0
河 南	0	0	0
湖 北	0	0	0
湖 南	0	0	0
广 东	5	860	32
广 西	0	0	0
海 南	0	0	0
重 庆	0	0	0
四 川	0	0	0
贵 州	0	0	0
云 南	0	0	0
西 藏	0	0	0
陕 西	0	0	0
甘 肃	0	0	0
青 海	0	0	0
宁 夏	0	0	0
新 疆	0	0	0

6-4 续表 4

地 区	主办科技期刊（种）	编委会成员人数（人）	#两院院士人数（人）	#国际编委人数（人）
合 计	**21**	**532**	**9**	**0**
北 京	1	9	0	0
天 津	0	0	0	0
河 北	1	39	0	0
山 西	1	25	0	0
内蒙古	1	36	0	0
辽 宁	1	3	0	0
吉 林	0	0	0	0
黑龙江	0	0	0	0
上 海	0	0	0	0
江 苏	3	55	0	0
浙 江	0	0	0	0
安 徽	1	109	0	0
福 建	0	0	0	0
江 西	2	23	0	0
山 东	0	0	0	0
河 南	0	0	0	0
湖 北	0	0	0	0
湖 南	2	65	0	0
广 东	2	32	0	0
广 西	0	0	0	0
海 南	0	0	0	0
重 庆	0	0	0	0
四 川	1	12	0	0
贵 州	0	0	0	0
云 南	2	29	0	0
西 藏	0	0	0	0
陕 西	0	0	0	0
甘 肃	1	33	0	0
青 海	0	0	0	0
宁 夏	0	0	0	0
新 疆	0	0	0	0

6-4 续表 5

地 区	编辑部总人数（人）	# 高级技术职称人数（人）	# 硕士、博士及以上学位人数（人）	科技期刊印刷量（册）	科技期刊发表文章数（篇）
合 计	**172**	**27**	**26**	**122040**	**2750**
北 京	9	0	0	60	150
天 津	0	0	0	0	0
河 北	2	0	0	4000	110
山 西	13	0	0	6000	0
内蒙古	16	3	0	6500	2
辽 宁	3	0	0	100	8
吉 林	0	0	0	0	0
黑龙江	0	0	0	0	0
上 海	0	0	0	0	0
江 苏	42	5	13	51600	169
浙 江	0	0	0	0	0
安 徽	5	0	0	10800	157
福 建	0	0	0	0	0
江 西	0	0	0	12000	486
山 东	0	0	0	0	0
河 南	0	0	0	0	0
湖 北	0	0	0	0	0
湖 南	15	3	1	2480	700
广 东	10	0	3	7800	152
广 西	0	0	0	0	0
海 南	0	0	0	0	0
重 庆	0	0	0	0	0
四 川	16	4	0	1000	564
贵 州	0	0	0	0	0
云 南	12	3	1	4200	26
西 藏	0	0	0	0	0
陕 西	0	0	0	0	0
甘 肃	18	0	0	1500	34
青 海	0	0	0	0	0
宁 夏	0	0	0	0	0
新 疆	0	0	0	0	0

6-5 2021年各地区县级科协学术交流情况

地 区	开展推进创新创业活 动（项）	参与服务活动的科技工作者（人次）	专家服务工作站（中心）数（个）	专家进站（中心）人 次（人次）	专家服务团队（个）	参加服务团队专家人次（人次）
合 计	**6581**	**129215**	**2523**	**20721**	**1454**	**27185**
河 北	175	3410	146	638	61	1010
山 西	85	1410	12	1160	33	348
内蒙古	87	776	9	75	44	519
辽 宁	82	611	154	639	75	986
吉 林	61	195	4	90	8	177
黑龙江	176	1434	6	40	24	646
江 苏	750	5391	102	1080	59	1183
浙 江	454	16441	659	6092	228	2977
安 徽	332	8778	51	277	33	421
福 建	254	10205	195	1063	63	768
江 西	117	1451	63	446	41	618
山 东	394	5062	73	446	89	1190
河 南	237	23406	31	390	72	2932
湖 北	311	4404	323	1540	138	1151
湖 南	651	5026	32	303	67	2247
广 东	328	14323	37	92	10	334
广 西	76	844	6	44	29	522
海 南	17	34	1	9	7	186
重 庆	17	485	1	1	4	111
四 川	610	16785	283	2469	143	3293
贵 州	124	855	28	700	39	1890
云 南	69	1534	112	1756	33	1046
西 藏	183	271	1	5	1	6
陕 西	77	1398	159	938	80	1029
甘 肃	150	1286	16	250	45	1124
青 海	176	1344	4	46	8	110
宁 夏	172	635	9	87	8	38
新 疆	416	1421	6	45	12	323

注：本表数据不含北京、天津和上海地区。

6–5 续表 1

地 区	技术标准研制数（个）	团体标准研制数（个）	国内学术会议			
			次 数（次）	#学术年会（次）	参加人次（人次）	交流论文、报告数（篇）
合 计	**14**	**21**	**262**	**94**	**357701**	**2898**
河 北	2	0	3	2	2645	99
山 西	0	0	1	0	200	1
内蒙古	1	0	0	0	0	0
辽 宁	0	0	0	0	0	0
吉 林	0	0	0	0	0	0
黑龙江	0	0	1	1	7	7
江 苏	0	1	59	19	64466	708
浙 江	3	8	69	19	251759	562
安 徽	0	0	5	3	295	65
福 建	2	4	12	9	1509	346
江 西	0	0	8	0	637	27
山 东	2	0	22	5	4035	256
河 南	0	1	3	1	840	23
湖 北	0	0	16	7	2568	87
湖 南	0	0	9	7	1566	167
广 东	0	0	7	1	1028	93
广 西	0	0	2	0	20000	8
海 南	0	0	1	0	80	3
重 庆	0	0	0	0	0	0
四 川	2	1	26	8	4015	278
贵 州	0	0	1	1	300	20
云 南	1	0	2	2	13	13
西 藏	0	0	0	0	0	0
陕 西	1	0	8	5	588	97
甘 肃	0	0	5	3	1148	36
青 海	0	1	0	0	0	0
宁 夏	0	5	0	0	0	0
新 疆	0	0	2	1	2	2

6-5 续表 2

地 区	境内国际学术会议(次)	参加人次(人次)	#境外专家学者(人次)	交流论文、报告数(篇)
合 计	**19**	**6777**	**134**	**227**
河 北	0	0	0	0
山 西	0	0	0	0
内蒙古	0	0	0	0
辽 宁	0	0	0	0
吉 林	0	0	0	0
黑龙江	0	0	0	0
江 苏	11	4025	71	122
浙 江	6	2611	52	100
安 徽	0	0	0	0
福 建	0	0	0	0
江 西	0	0	0	0
山 东	1	56	1	2
河 南	0	0	0	0
湖 北	0	0	0	0
湖 南	0	0	0	0
广 东	0	0	0	0
广 西	0	0	0	0
海 南	0	0	0	0
重 庆	0	0	0	0
四 川	1	85	10	3
贵 州	0	0	0	0
云 南	0	0	0	0
西 藏	0	0	0	0
陕 西	0	0	0	0
甘 肃	0	0	0	0
青 海	0	0	0	0
宁 夏	0	0	0	0
新 疆	0	0	0	0

6–5 续表 3

地 区	港澳台地区学术会议（次）	参加人次（人次）	交流论文、报告数（篇）
合 计	**1**	**100**	**1**
河 北	0	0	0
山 西	0	0	0
内蒙古	0	0	0
辽 宁	0	0	0
吉 林	0	0	0
黑龙江	0	0	0
江 苏	1	100	1
浙 江	0	0	0
安 徽	0	0	0
福 建	0	0	0
江 西	0	0	0
山 东	0	0	0
河 南	0	0	0
湖 北	0	0	0
湖 南	0	0	0
广 东	0	0	0
广 西	0	0	0
海 南	0	0	0
重 庆	0	0	0
四 川	0	0	0
贵 州	0	0	0
云 南	0	0	0
西 藏	0	0	0
陕 西	0	0	0
甘 肃	0	0	0
青 海	0	0	0
宁 夏	0	0	0
新 疆	0	0	0

6-5 续表 4

地 区	主办科技期刊（种）	编委会成员人数（人）	# 两院院士人数（人）	# 国际编委人数（人）
合 计	**26**	**129**	**3**	**2**
河 北	5	3	0	0
山 西	2	0	0	0
内蒙古	1	2	0	0
辽 宁	0	0	0	0
吉 林	0	0	0	0
黑龙江	0	0	0	0
江 苏	2	25	0	0
浙 江	2	14	0	0
安 徽	0	0	0	0
福 建	0	0	0	0
江 西	0	0	0	0
山 东	1	12	0	0
河 南	4	22	0	0
湖 北	2	10	3	2
湖 南	1	5	0	0
广 东	0	0	0	0
广 西	0	0	0	0
海 南	0	0	0	0
重 庆	0	0	0	0
四 川	2	5	0	0
贵 州	2	23	0	0
云 南	0	0	0	0
西 藏	0	0	0	0
陕 西	1	0	0	0
甘 肃	1	0	0	0
青 海	0	0	0	0
宁 夏	0	0	0	0
新 疆	0	8	0	0

6–5 续表 5

地 区	编辑部总人数（人）	#高级技术职称人数（人）	#硕士、博士及以上学位人数（人）	科技期刊印刷量（册）	科技期刊发表文章数（篇）
合 计	**125**	**19**	**7**	**480950**	**589**
河 北	3	1	0	850	0
山 西	0	0	0	10000	0
内蒙古	1	1	0	6000	12
辽 宁	0	0	0	0	0
吉 林	0	0	0	1500	0
黑龙江	0	0	0	0	0
江 苏	8	5	3	4200	3
浙 江	16	0	0	76000	240
安 徽	0	0	0	0	0
福 建	0	0	0	0	0
江 西	0	0	0	0	0
山 东	12	1	1	21000	64
河 南	17	4	0	53000	61
湖 北	11	5	3	123500	58
湖 南	3	0	0	1900	3
广 东	0	0	0	0	0
广 西	0	0	0	0	34
海 南	0	0	0	0	0
重 庆	0	0	0	0	0
四 川	14	2	0	181200	28
贵 州	40	0	0	1800	86
云 南	0	0	0	0	0
西 藏	0	0	0	0	0
陕 西	0	0	0	0	0
甘 肃	0	0	0	0	0
青 海	0	0	0	0	0
宁 夏	0	0	0	0	0
新 疆	0	0	0	0	0

6-6 2021年各地区省级学会学术交流情况

地 区	开展推进创新创业活 动（项）	参与服务活动的科技工作者（人次）	专家服务工作站（中心）数（个）	专家进站（中心）人 次（人次）	专家服务团队（个）	参加服务团队专家人次（人次）
合 计	**15232**	**801312**	**834**	**19554**	**1665**	**64622**
北 京	764	31340	25	777	112	2770
天 津	283	11813	1	150	42	1470
河 北	486	8830	19	736	27	1195
山 西	138	4909	23	181	19	884
内蒙古	97	35109	4	62	21	834
辽 宁	544	8379	165	816	172	4018
吉 林	200	16829	19	769	29	1542
黑龙江	70	3355	2	10	7	46
上 海	677	62438	5	110	3	209
江 苏	771	40335	101	1056	175	4433
浙 江	918	28673	51	1386	117	4907
安 徽	514	11755	18	635	34	2524
福 建	727	21026	75	904	80	10506
江 西	140	7291	13	44	28	297
山 东	1154	167117	67	1781	85	3517
河 南	399	14354	8	282	37	1003
湖 北	389	7018	7	203	19	768
湖 南	425	21021	21	2695	45	4080
广 东	1239	178536	45	1253	144	6322
广 西	416	7591	4	1207	18	1076
海 南	390	3103	4	122	4	135
重 庆	442	9046	40	1040	158	2341
四 川	1144	11442	19	605	92	2861
贵 州	378	8892	11	152	37	1598
云 南	678	7228	6	142	25	1196
西 藏	169	1713	0	0	1	17
陕 西	266	8851	39	1507	35	1286
甘 肃	203	5353	3	47	13	417
青 海	678	41197	7	159	40	436
宁 夏	243	6071	25	455	17	624
新 疆	290	10697	7	268	29	1310

6-6 续表 1

地 区	技术标准研制数（个）	团体标准研制数（个）	国内学术会议			
			次 数（次）	#学术年会（次）	参加人次（人次）	交流论文、报告数（篇）
合 计	**290**	**1127**	**11924**	**4717**	**45302857**	**244849**
北 京	26	95	944	270	31053109	22488
天 津	2	8	405	174	869349	7140
河 北	2	13	337	140	495653	10648
山 西	1	5	161	84	100154	2325
内蒙古	2	6	79	47	41208	2774
辽 宁	16	1	399	217	951546	7901
吉 林	1	5	366	162	605477	5347
黑龙江	0	3	21	12	24356	433
上 海	11	29	1264	318	763376	26403
江 苏	17	96	669	248	1104372	18493
浙 江	19	135	669	301	713164	18699
安 徽	2	1	216	123	227487	5599
福 建	16	9	217	122	653913	4720
江 西	5	0	160	92	144366	5210
山 东	46	135	826	395	563145	9394
河 南	5	12	179	97	542838	5732
湖 北	5	27	282	119	388801	6923
湖 南	48	28	363	207	400188	7111
广 东	23	214	1600	539	2329486	35186
广 西	1	141	214	134	52764	3373
海 南	0	4	45	13	5120	718
重 庆	6	7	713	239	238022	8720
四 川	4	18	765	239	1203934	10517
贵 州	8	23	122	62	31888	3555
云 南	0	9	88	40	379104	2103
西 藏	1	1	14	9	720	126
陕 西	11	4	282	138	1216205	7464
甘 肃	0	2	17	5	1630	139
青 海	3	19	265	79	76941	1659
宁 夏	9	68	103	19	87679	1735
新 疆	0	9	139	73	36862	2214

6-6 续表 2

地 区	境内国际学术会议（次）	参加人次（人次）	#境外专家学者（人次）	交流论文、报告数（篇）
合 计	**388**	**8805188**	**5516**	**23347**
北 京	31	4670379	276	907
天 津	9	207086	157	813
河 北	17	98462	96	230
山 西	3	1472	52	425
内蒙古	0	0	0	0
辽 宁	14	32455	272	596
吉 林	13	2530307	66	346
黑龙江	7	927	43	463
上 海	38	186501	566	1915
江 苏	64	93288	1467	6247
浙 江	32	150202	689	2264
安 徽	1	1000	8	32
福 建	6	820	61	313
江 西	5	558	19	76
山 东	12	3963	40	175
河 南	2	260	5	17
湖 北	17	59907	193	1692
湖 南	5	8500	191	653
广 东	26	399975	293	1109
广 西	2	4100	17	116
海 南	2	205	26	5
重 庆	9	3291	29	145
四 川	41	273048	255	2883
贵 州	2	315	2	19
云 南	2	390	20	16
西 藏	0	0	0	0
陕 西	18	75926	556	1806
甘 肃	0	0	0	0
青 海	3	421	8	27
宁 夏	1	500	1	20
新 疆	6	930	108	37

6-6 续表 3

地 区	港澳台地区学术会议（次）	参加人次（人次）	交流论文、报告数（篇）
合 计	**49**	**31040**	**4106**
北 京	4	2212	36
天 津	4	2220	55
河 北	0	0	0
山 西	1	200	35
内蒙古	0	0	0
辽 宁	0	0	0
吉 林	0	0	0
黑龙江	0	0	0
上 海	1	15	3
江 苏	7	1910	427
浙 江	0	0	0
安 徽	0	0	0
福 建	15	4198	1183
江 西	0	0	0
山 东	0	0	0
河 南	0	0	0
湖 北	1	25	17
湖 南	1	400	30
广 东	13	19475	2311
广 西	0	0	0
海 南	0	0	0
重 庆	0	0	0
四 川	1	185	8
贵 州	0	0	0
云 南	0	0	0
西 藏	0	0	0
陕 西	1	200	1
甘 肃	0	0	0
青 海	0	0	0
宁 夏	0	0	0
新 疆	0	0	0

6-6 续表 4

地 区	主办科技期刊(种)	编委会成员人数(人)	#两院院士人数(人)	#国际编委人数(人)
合 计	**643**	**26474**	**675**	**756**
北 京	22	1433	15	8
天 津	20	1065	23	5
河 北	19	641	26	5
山 西	13	310	10	2
内蒙古	9	182	0	0
辽 宁	26	1228	16	159
吉 林	13	423	7	47
黑龙江	5	131	3	15
上 海	59	3123	111	109
江 苏	38	1732	61	87
浙 江	42	1522	35	27
安 徽	17	1035	8	13
福 建	35	921	4	8
江 西	16	644	24	11
山 东	37	1582	20	26
河 南	18	563	9	3
湖 北	22	890	34	19
湖 南	21	795	15	6
广 东	40	1665	120	51
广 西	15	583	7	6
海 南	4	89	0	0
重 庆	26	1490	37	20
四 川	27	1151	26	87
贵 州	21	619	5	0
云 南	14	359	6	27
西 藏	2	27	1	0
陕 西	25	1009	43	10
甘 肃	2	108	0	5
青 海	13	264	1	0
宁 夏	12	252	1	0
新 疆	10	638	7	0

6–6 续表 5

地 区	编辑部总人数（人）	# 高级技术职称人数（人）	# 硕士、博士及以上学位人数（人）	科技期刊印刷量（册）	科技期刊发表文章数（篇）
合 计	**4577**	**2368**	**1955**	**9191350**	**290723**
北 京	118	39	48	483594	5609
天 津	97	47	39	387600	4009
河 北	199	133	99	233539	6854
山 西	63	41	20	51380	3612
内蒙古	60	33	22	65265	1031
辽 宁	179	66	71	184020	5360
吉 林	115	72	38	71212	5347
黑龙江	27	10	13	41239	1702
上 海	403	182	174	2228313	16078
江 苏	266	104	112	452883	5571
浙 江	247	126	110	512605	16823
安 徽	108	58	34	123200	4316
福 建	266	176	89	291426	7208
江 西	84	50	33	104700	5604
山 东	296	168	124	361834	8886
河 南	199	129	81	248200	3243
湖 北	143	67	61	323965	5411
湖 南	102	54	58	327880	3796
广 东	364	230	223	449720	9558
广 西	90	46	32	156700	3233
海 南	42	22	9	9350	1301
重 庆	308	110	164	465500	5074
四 川	176	68	92	1113153	141502
贵 州	160	90	54	103156	2695
云 南	90	47	26	92700	2376
西 藏	9	7	2	2300	77
陕 西	132	81	49	158100	10466
甘 肃	12	4	7	3600	111
青 海	85	50	22	33404	1487
宁 夏	92	37	29	37212	1175
新 疆	45	21	20	73550	1208

七、科学普及

简要说明

本篇统计资料为：

1. 汇总数据，反映中国科协、地方科协、全国学会和省级学会开展科学普及总体情况。

2. 地方科协和省级学会统计数据，分别反映各省级科协及其所属学会、市级科协、县级科协开展科学普及的基本情况。

3. 相关统计指标包括实体科技馆数量、流动科技馆数量、科普大篷车数量、科普宣讲活动次数、青少年科技教育次数、科普传播次数等。

7–1　2021 年各级科协科学普及汇总表

指　标		合　计		科协小计		中国科协机关及直属单位	
		2020 年	2021 年	2020 年	2021 年	2020 年	2021 年
科普基础设施建设							
实体科技馆	（座）	1000	1000	890	914	1	1
# 实行免费开放的科技馆	（座）	933	937	844	862	0	0
建筑面积	（平方米）	5264738	5639608	4688453	5094543	102000	204000
展厅面积	（平方米）	2841402	3028505	2503376	2769180	62080	124160
全年参观人次	（人次）	36640620	51614000	34275682	49985061	689628	3049278
科普（技）活动站（室、中心）	（个）	59486	48478	58486	46239	0	0
全年参加活动（培训）人次	（人次）	34970197	27843566	33530998	24867145	0	0
科普大篷车	（辆）	1265	1311	1246	1296	0	0
科普大篷车下乡次数	（次）	34973	40925	34800	40828	0	0
科普大篷车覆盖人次	（人次）	45887524	25892880	45729928	25754959	0	0
科普大篷车行驶里程	（千米）	7201673	7324775	7152356	7304911	0	0
科普大篷车展品数量	（件）	66075	87147	65886	86917	0	0

7-1 续表 1

指 标		省级科协		市级科协		县级科协	
		2020 年	2021 年	2020 年	2021 年	2020 年	2021 年
科普基础设施建设							
实体科技馆	（座）	27	26	189	198	673	689
# 实行免费开放的科技馆	（座）	27	26	184	191	633	645
建筑面积	（平方米）	866407	841407	1993506	2189067	1726540	1860069
展厅面积	（平方米）	435829	405034	1060504	1158463	944963	1081524
全年参观人次	（人次）	7373626	11334492	14787151	22524281	11425277	13077010
科普（技）活动站（室、中心）	（个）	303	183	9772	8014	48411	38042
全年参加活动（培训）人次	（人次）	368228	191013	7914405	4800503	25248365	19875629
科普大篷车	（辆）	69	74	267	260	910	962
科普大篷车下乡次数	（次）	2300	2553	6467	10295	26033	27980
科普大篷车覆盖人次	（人次）	24564257	1931018	6630594	7127416	14535077	16696526
科普大篷车行驶里程	（千米）	447045	563077	1347045	1249281	5358266	5492553
科普大篷车展品数量	（件）	12306	1880	11057	22073	42523	62964

7-1 续表 2

指 标		合 计		科协小计		中国科协机关及直属单位	
		2020 年	2021 年	2020 年	2021 年	2020 年	2021 年
科普画廊建筑面积	（平方米）	1832803	1425480	1795227	1381982	0	0
科普画廊展示面积	（平方米）	4251142	3124577	4214763	3087568	0	0
科普宣讲活动							
举办科普宣讲活动	（次）	267396	390381	170292	214032	17548	23159
# 专家科普报告会	（次）	43327	50248	21559	23163	416	88
# 专题展览	（次）	12145	12728	7091	7811	45	56
# 开展科技咨询	（次）	78538	111734	36779	43363	207	0
# 全国科普日、科普周活动	（次）	51990	73940	35059	47816	99	13
# 青少年科普活动	（次）	60288	116994	47814	75480	16773	23031
科普活动受众	（人次）	2487338748	2323203143	722254193	486611458	97656214	132478163
# 全国科普日、科普周活动受众	（人次）	704070008	374760884	328103687	146352935	23442	15352
# 青少年科普活动受众	（人次）	424274976	357150873	156864418	180432250	71489748	105625449
参加活动的科技人员、专家人次	（人次）	1482184	1846765	372725	374373	42	4
参加科普宣讲活动的学会、协会、研究会	（个）	28897	34451	19716	19821	8	0
科普宣讲活动覆盖村（社区）	（个）	246186	285482	153751	158419	1281	0
举办实用技术培训	（次）	80871	89240	61595	67662	7	6
实用技术培训人次	（人次）	18741502	15392846	12760562	9233073	5782	360
推广新技术、新品种	（项）	20757	25520	14297	16572	98	0

7-1 续表 3

指 标		省级科协		市级科协		县级科协	
		2020 年	2021 年	2020 年	2021 年	2020 年	2021 年
科普画廊建筑面积	（平方米）	8048	7141	265048	191636	1522131	1183205
科普画廊展示面积	（平方米）	7932	6269	652392	439583	3554439	2641715
科普宣讲活动							
举办科普宣讲活动	（次）	13605	19365	53787	75573	85352	95935
# 专家科普报告会	（次）	4531	5141	7919	8349	8693	9585
# 专题展览	（次）	928	422	1662	2145	4456	5188
# 开展科技咨询	（次）	1121	1245	9837	15423	25614	26695
# 全国科普日、科普周活动	（次）	2241	2187	12194	19577	20525	26039
# 青少年科普活动	（次）	4201	9623	13701	18682	13139	24144
科普活动受众	（人次）	469152207	154783254	73362381	83388781	82083391	115961260
# 全国科普日、科普周活动受众	（人次）	246609719	32609188	30607361	33027831	50863165	80700564
# 青少年科普活动受众	（人次）	54205976	36545281	13310100	16050148	17858594	22211372
参加活动的科技人员、专家人次	（人次）	21357	20297	121711	119468	229615	234604
参加科普宣讲活动的学会、协会、研究会	（个）	973	1110	5267	5056	13468	13655
科普宣讲活动覆盖村（社区）	（个）	22629	20242	33127	31928	96714	106249
举办实用技术培训	（次）	8428	8191	10858	11025	42302	48440
实用技术培训人次	（人次）	5107399	1819939	2858810	2395316	4788571	5117458
推广新技术、新品种	（项）	311	1396	3201	3773	10687	11403

7-1 续表 4

指 标		合 计		科协小计		中国科协机关及直属单位	
		2020 年	2021 年	2020 年	2021 年	2020 年	2021 年
青少年科技教育							
举办青少年科技竞赛	（项）	5785	6136	4525	4821	2	4
参加人次	（人次）	26255591	29157246	22971345	21839370	29593	62100
获奖人次	（人次）	1309032	1460819	961971	976394	7595	343
青少年参加国际及港澳台地区科技交流活动	（次）	2206	1686	1442	1089	10	0
参加人次	（人次）	24552	25336	13090	14077	80	0
举办青少年高校科学营	（次）	957	781	784	592	68	71
参加人次	（人次）	108231	96346	81526	65775	11940	13000
编印青少年科技教育资料	（种）	3187	2722	2501	2085	7	13
总印数	（册）	7436190	5809158	5305705	4342688	225009	16000
举办青少年科技教育活动和培训	（次）	35270	40845	32248	36834	16869	16791
参加人次	（人次）	98999644	67472163	98016187	43735550	74591347	26325279
中学生英才计划培养学生人次	（人次）	52205	74970	44955	68663	970	1105
科普传播							
纸质媒体							
编著科技图书	（种）	6525	5866	4728	4035	1394	1373
总印数	（册）	62246896	56876177	55173164	50959347	44303572	41495105

7−1 续表 5

指 标		省级科协		市级科协		县级科协	
		2020 年	2021 年	2020 年	2021 年	2020 年	2021 年
青少年科技教育							
举办青少年科技竞赛	（项）	166	150	1091	1320	3266	3347
参加人次	（人次）	10031521	7008678	6342241	8142091	6567990	6626501
获奖人次	（人次）	195611	190080	411692	428984	347073	356987
青少年参加国际及港澳台地区科技交流活动	（次）	19	24	31	17	1382	1048
参加人次	（人次）	381	1072	6940	8242	5689	4763
举办青少年高校科学营	（次）	40	39	361	241	315	241
参加人次	（人次）	18969	15604	13680	8208	36937	28963
编印青少年科技教育资料	（种）	186	30	251	191	2057	1851
总印数	（册）	533930	90782	645070	659062	3901696	3576844
举办青少年科技教育活动和培训	（次）	3322	5030	4045	5445	8012	9568
参加人次	（人次）	17620595	8774204	2329170	4380213	3475075	4255854
中学生英才计划培养学生人次	（人次）	1261	1601	634	31615	42090	34342
科普传播							
纸质媒体							
编著科技图书	（种）	176	133	253	189	2905	2340
总印数	（册）	2252898	1624097	1707168	1307800	6909526	6532345

7-1　续表 6

指　标		合　计		科协小计		中国科协机关及直属单位	
		2020 年	2021 年	2020 年	2021 年	2020 年	2021 年
主办科技报纸	（种）	586	549	500	483	0	0
总印数	（份）	67596168	64370730	50634065	59299805	0	0
制作科普挂图	（种）	65899	79024	24736	33620	268	0
总印数	（张）	9615783	11814092	6037362	5525423	159752	0
非纸质媒体							
制作科技广播、影视节目	（套）	10180	11518	7023	8276	908	680
制作节目播放时长	（分钟）	2861346	2679829	2091555	2348793	28882	16840
播放科技广播、影视节目时长	（分钟）	8378100	32728498	7834759	16287321	16440	16440
# 电台、电视台播放科技节目时长	（分钟）	3282340	3446084	2960160	3111857	16440	16440
制作科普动漫作品	（套）	1763	3694	745	2131	30	10
科普动漫作品播放时长	（分钟）	1822448	16998479	222508	581597	4049	1512
主办科普 App 或设置科普栏目的综合类 App	（个）	257	247	223	209	4	4
科普 App 下载安装数	（次）	16714040	13336437	15498692	11422115	9785180	7669740
科普 App 更新数	（次）	9358712	12329130	9354070	12305396	86	61
主办科普微信公众号	（个）	2521	2767	1413	1471	18	11
关注数	（个）	58566319	96834368	42966350	52570278	8411596	9910595
全年阅读量	（次）	1456246050	4072162966	511848504	517165787	317306818	350479793
主办科普微博	（个）	2574	589	262	274	5	5
关注数	（个）	48782738	602986458	22452981	19699307	16868778	13582000

7-1　续表 7

指　标		省级科协		市级科协		县级科协	
		2020 年	2021 年	2020 年	2021 年	2020 年	2021 年
主办科技报纸	（种）	24	24	14	15	462	444
总印数	（份）	44809902	57261034	4483471	630628	1340692	1408143
制作科普挂图	（种）	366	200	4311	1247	19791	32173
总印数	（张）	1590296	1006588	1202913	1302233	3084401	3216602
非纸质媒体							
制作科技广播、影视节目	（套）	1720	1264	2284	3416	2111	2916
制作节目播放时长	（分钟）	515162	562843	482327	552437	1065184	1216673
播放科技广播、影视节目时长	（分钟）	2673630	3169706	3938242	4656084	1206447	8445091
# 电台、电视台播放科技节目时长	（分钟）	623364	547944	1386395	1300178	933961	1247295
制作科普动漫作品	（套）	218	348	234	1476	263	297
科普动漫作品播放时长	（分钟）	18285	361610	177785	98242	22389	120233
主办科普 App 或设置科普栏目的综合类 App	（个）	18	12	16	15	185	178
科普 App 下载安装数	（次）	3548275	1746508	286154	324539	1879083	1681328
科普 App 更新数	（次）	1926	9186	3994	9420	9348064	12286729
主办科普微信公众号	（个）	123	120	398	410	874	930
关注数	（个）	13822345	16050689	15092038	20685345	5640371	5923649
全年阅读量	（次）	91164181	59718133	64333544	71360899	39043961	35606962
主办科普微博	（个）	37	36	58	53	162	180
关注数	（个）	4283510	4493808	736972	887229	563721	736270

7-2　2021 年全国学会、省级学会科学普及汇总表

指　标		学会小计		全国学会		省级学会	
		2020 年	2021 年	2020 年	2021 年	2020 年	2021 年
科普宣讲活动							
举办科普宣讲活动	（次）	97104	176349	42776	78640	54328	97709
# 专家科普报告会	（次）	21768	27085	8431	8219	13337	18866
# 专题展览	（次）	5054	4917	2197	2239	2857	2678
# 开展科技咨询	（次）	41759	68371	29074	55109	12685	13262
# 全国科普日、科普周活动	（次）	16931	26124	1958	6493	14973	19631
# 青少年科普活动	（次）	12474	41514	5735	6417	6739	35097
科普活动受众	（人次）	1765084555	1836591685	1481163316	1561433841	283921239	275157844
# 全国科普日、科普周活动受众	（人次）	375966321	228407949	306401889	122707367	69564432	105700582
# 青少年科普活动受众	（人次）	267410558	176718623	228288105	135776925	39122453	40941698
参加活动的科技人员、专家人次	（人次）	1109459	1472392	868550	1155121	240909	317271
参加科普宣讲活动的学会、协会、研究会	（个）	9181	14630	1385	3190	7796	11440
科普宣讲活动覆盖村（社区）	（个）	92435	127063	52830	59077	39605	67986
举办实用技术培训	（次）	19276	21578	2067	4695	17209	16883
实用技术培训人次	（人次）	5980940	6059773	3014634	3183290	2966306	2876483
推广新技术、新品种	（项）	6460	8948	900	1143	5560	7805

7−2 续表 1

指标		学会小计		全国学会		省级学会	
		2020 年	2021 年	2020 年	2021 年	2020 年	2021 年
青少年科技教育							
举办青少年科技竞赛	（项）	1260	1315	112	146	1148	1169
参加人次	（人次）	3284246	7317876	1711049	3639463	1573197	3678413
获奖人次	（人次）	347061	484425	122838	229599	224223	254826
青少年参加国际及港澳台地区科技交流活动	（次）	764	597	15	49	749	548
参加人次	（人次）	11462	11259	393	722	11069	10537
举办青少年高校科学营	（次）	173	189	41	41	132	148
参加人次	（人次）	26705	30571	8155	11202	18550	19369
编印青少年科技教育资料	（种）	686	637	81	75	605	562
总印数	（册）	2130485	1466470	847644	338735	1282841	1127735
举办青少年科技教育活动和培训	（次）	3022	4011	439	786	2583	3225
参加人次	（人次）	983457	23736613	402360	23058041	581097	678572
中学生英才计划培养学生数	（人次）	7250	6307	3927	977	3323	5330
科普传播							
纸质媒体							
编著科技图书	（种）	1797	1831	384	447	1413	1384
总印数	（册）	7073732	5916830	1798166	1555912	5275566	4360918

7-2 续表 2

指 标		学会小计		全国学会		省级学会	
		2020 年	2021 年	2020 年	2021 年	2020 年	2021 年
主办科技报纸	（种）	86	66	7	5	79	61
总印数	（份）	16962103	5070925	547400	925139	16414703	4145786
制作科普挂图	（种）	41163	45404	1979	3862	39184	41542
总印数	（张）	3578421	6288669	1291028	1083186	2287393	5205483
非纸质媒体							
制作科技广播、影视节目	（套）	3157	3242	954	1121	2203	2121
制作节目播放时长	（分钟）	769791	331036	52259	47150	717532	283886
播放科技广播、影视节目时长	（分钟）	543341	16441177	186999	16085167	356343	356010
# 电台、电视台播放科技节目时长	（分钟）	322180	334227	15916	18829	306264	315398
制作科普动漫作品	（套）	1018	1563	332	679	686	884
科普动漫作品播放时长	（分钟）	1599940	16416882	1561982	15872600	37958	544282
主办科普 App 或设置科普栏目的综合类 App	（个）	34	38	10	12	24	26
科普 App 下载安装数	（次）	1215348	1914322	254820	431040	960528	1483282
科普 App 更新数	（次）	4642	23734	237	5470	4405	18264
主办科普微信公众号	（个）	1108	1296	311	359	797	937
关注数	（个）	15599969	44264090	6968201	6981975	8631768	37282115
全年阅读量	（次）	944397546	3554997179	791247785	252371620	153149761	3302625559
主办科普微博	（个）	2312	315	156	160	2156	155
关注数	（个）	26329757	583287151	3894817	4989662	22434940	578297489

7-3 2021年各省级科协科学普及情况

地区	实体科技馆				
	数量（座）	#实行免费开放的科技馆（座）	建筑面积（平方米）	展厅面积（平方米）	全年参观人次（人次）
合计	**26**	**30**	**1036915**	**493725**	**12539291**
北京	1	1	43500	16237	216800
天津	1	1	18000	11861	395562
河北	1	1	28000	8400	85744
山西	1	1	30000	15570	909566
内蒙古	1	1	48300	28830	676320
辽宁	1	2	205016	74670	1700000
吉林	1	2	86000	33508	699271
黑龙江	1	3	75000	36000	685050
上海	0	0	0	0	0
江苏	0	0	0	0	0
浙江	1	1	30452	16042	387000
安徽	1	1	12000	5000	206000
福建	1	1	8000	4000	335000
江西	0	0	0	0	0
山东	1	1	21000	12000	450000
河南	1	1	21334	1200	5500
湖北	1	1	70300	44000	4209
湖南	1	1	28113	15248	230346
广东	1	1	7979	1000	58074
广西	1	1	38988	22500	920000
海南	0	0	0	0	0
重庆	1	1	48388	31805	1854529
四川	1	1	41800	25000	1169800
贵州	1	1	15865	7040	363000
云南	1	1	9590	3550	137728
西藏	0	0	0	0	0
陕西	1	1	9770	4946	94399
甘肃	1	1	50075	30000	281583
青海	1	1	33179	18100	316810
宁夏	1	1	29664	16101	300000
新疆	1	1	26602	11117	57000
新疆生产建设兵团	0	0	0	0	0

7–3 续表 1

地 区	数字科技馆及科技馆官方网站个数（个）	日均页面浏览量（次）	科普资源总量（个）	流动科技馆（个）	全年流动科技馆巡展站点数（个）	全年流动科技馆巡展受众（人次）
合 计	**38**	**89605**	**13445**	**242**	**680**	**10521891**
北 京	1	1348	1	1	12	15000
天 津	3	600	1	0	0	0
河 北	2	53	1	21	63	813000
山 西	1	734	0	10	31	257000
内蒙古	1	184	0	31	142	1742607
辽 宁	4	2055	1384	10	20	400000
吉 林	4	843	10	5	8	388292
黑龙江	6	30670	10	18	28	320000
上 海	0	0	0	6	12	41000
江 苏	0	0	0	0	0	0
浙 江	1	520	1	8	14	80000
安 徽	0	0	0	0	0	0
福 建	2	102	0	5	18	337000
江 西	0	0	0	0	0	0
山 东	0	0	0	0	0	0
河 南	0	0	0	1	34	890000
湖 北	1	20000	1	13	29	350000
湖 南	1	1367	1	14	19	584707
广 东	1	60	1	1	3	25268
广 西	2	1000	1	16	36	750000
海 南	0	0	0	8	9	150000
重 庆	1	1700	1	2	6	99360
四 川	1	8200	30	33	30	1025000
贵 州	1	110	1	0	18	197672
云 南	0	0	0	0	44	819587
西 藏	0	0	0	2	8	6278
陕 西	0	0	0	1	14	260000
甘 肃	1	18365	0	31	66	766020
青 海	1	22	0	1	8	59100
宁 夏	1	1500	1	4	8	145000
新 疆	2	172	12000	0	0	0
新疆生产建设兵团	0	0	0	0	0	0

7-3 续表 2

地区	科普（技）活动站（室、中心）（个）	全年参加活动（培训）人次（人次）	科普大篷车（辆）	科普大篷车下乡次数（次）	科普大篷车行驶里程（千米）	科普大篷车覆盖人次（人次）	科普大篷车展品数量（件）
合计	**183**	**191013**	**74**	**2553**	**563077**	**1931018**	**1880**
北京	0	0	0	0	0	0	0
天津	0	0	0	0	0	0	0
河北	0	0	23	433	36823	571189	434
山西	5	450	1	9	1226	7628	25
内蒙古	11	6750	1	50	2000	43128	25
辽宁	13	3950	1	27	6330	40500	102
吉林	0	0	1	6	10000	13000	26
黑龙江	21	72000	3	36	10200	46000	73
上海	0	0	0	0	0	0	0
江苏	0	0	2	140	26000	61000	49
浙江	0	0	1	25	1435	15000	22
安徽	0	0	1	20	6000	28000	30
福建	2	48000	0	0	0	0	0
江西	0	0	0	0	0	0	0
山东	0	0	1	16	3000	16000	40
河南	0	0	0	0	0	0	0
湖北	0	120	1	7	920	5500	25
湖南	0	0	1	26	9800	31018	28
广东	0	0	1	23	2500	38700	44
广西	1	20500	3	129	19414	155254	84
海南	0	125	2	119	13318	73984	77
重庆	0	0	1	19	6358	43317	40
四川	6	4128	2	72	10327	91350	49
贵州	0	0	1	30	3278	28957	25
云南	98	4436	3	63	25357	55700	80
西藏	0	0	2	144	13000	27050	27
陕西	0	0	6	285	46057	149516	124
甘肃	0	800	8	526	210539	152039	161
青海	1	14574	4	243	49028	43860	43
宁夏	7	2980	2	97	14168	131000	72
新疆	18	12200	2	8	36000	62328	175
新疆生产建设兵团	0	0	0	0	0	0	0

7-3 续表 3

地 区	科普中国e站（个）	科普画廊建筑面积（平方米）	科普画廊展示面积（平方米）
合 计	**23490**	**7141**	**5141**
北 京	0	2	166
天 津	0	12	250
河 北	0	0	49
山 西	879	879	106
内蒙古	6405	145	1173
辽 宁	0	0	59
吉 林	429	574	44
黑龙江	0	20	19
上 海	2714	0	5
江 苏	0	0	155
浙 江	0	0	73
安 徽	0	0	173
福 建	0	655	334
江 西	0	0	150
山 东	0	0	159
河 南	6059	0	16
湖 北	4	30	130
湖 南	0	0	3
广 东	316	0	0
广 西	0	0	260
海 南	3991	0	4
重 庆	235	106	34
四 川	1272	84	95
贵 州	0	0	11
云 南	7	0	228
西 藏	135	1500	53
陕 西	651	34	975
甘 肃	0	0	54
青 海	0	3000	31
宁 夏	93	100	4
新 疆	300	0	328
新疆生产建设兵团	0	0	0

7-3 续表 4

地 区	举办科普宣讲活动					
	次 数（次）	# 专家科普报告会（次）	# 专题展览（次）	# 开展科技咨询（次）	# 全国科普日、科普周活动（次）	# 青少年科普活动（次）
合 计	**6269**	**5141**	**422**	**1245**	**2187**	**9623**
北 京	10	166	16	1	43	231
天 津	12	250	94	120	247	371
河 北	0	49	2	81	13	111
山 西	50	106	7	1	2	2
内蒙古	900	1173	9	370	63	72
辽 宁	0	59	3	20	3	11
吉 林	848	44	1	42	49	8
黑龙江	28	19	16	210	37	19
上 海	0	5	1	0	12	10
江 苏	0	155	4	3	104	101
浙 江	0	73	6	4	12	81
安 徽	0	173	5	0	11	129
福 建	655	334	24	23	14	465
江 西	0	150	10	8	26	20
山 东	0	159	3	1	23	4
河 南	0	16	6	10	2	1
湖 北	30	130	0	0	2	19
湖 南	0	3	2	0	5	46
广 东	0	0	1	0	3	38
广 西	0	260	126	20	27	838
海 南	0	4	0	6	10	18
重 庆	432	34	8	1	336	1186
四 川	84	95	14	0	10	5025
贵 州	0	11	1	6	3	0
云 南	0	228	6	162	2	98
西 藏	700	53	0	0	48	17
陕 西	20	975	3	2	988	328
甘 肃	0	54	41	30	8	219
青 海	2400	31	3	0	2	17
宁 夏	100	4	2	20	11	25
新 疆	0	328	8	104	71	113
新疆生产建设兵团	0	0	0	0	0	0

7-3 续表 5

地 区	举办科普宣讲活动					
	科普活动受 众（人次）	# 全国科普日、科普周活动受 众（人次）	# 青少年科普活动受 众（人次）	参加活动科技人员、专家人次（人次）	参加科普宣讲活动的学会、协会、研究会（个）	科普宣讲活动覆盖村（社区）（个）
合 计	**154783254**	**32609188**	**36545281**	**20297**	**1110**	**20242**
北 京	31008577	2044495	8761494	462	14	25
天 津	15579020	997227	4462226	712	260	392
河 北	2561028	110012	35897	255	14	1063
山 西	4973160	2600	9380	1000	0	4
内蒙古	3152076	120720	641076	3338	21	954
辽 宁	770072	700000	70000	104	66	1711
吉 林	2452000	1437500	120006	742	36	9370
黑龙江	209490	725000	157490	360	12	189
上 海	90256	44600	34456	2138	36	113
江 苏	261660	159880	112420	2139	120	26
浙 江	8495441	3958000	2406181	59	39	25
安 徽	1935000	185500	524300	765	22	137
福 建	142516	21000	97500	510	40	62
江 西	14500000	8000000	2300000	560	15	1880
山 东	26500	6500	13000	536	0	4
河 南	295050	125050	110020	563	28	22
湖 北	542801	10500	530301	289	40	4
湖 南	617725	5060	32048	82	15	30
广 东	7904800	5060100	2844700	1125	40	23
广 西	11296900	1536478	9994215	2012	17	25
海 南	796500	516500	130300	27	10	22
重 庆	4483600	2636350	1784950	422	33	22
四 川	30880212	35000	186800	134	17	39
贵 州	2817000	1510000	8000	177	28	27
云 南	3018100	1910000	180000	500	26	3050
西 藏	58500	51000	4050	70	6	0
陕 西	4313199	460880	90946	174	45	0
甘 肃	492386	58336	436286	263	24	33
青 海	116239	4100	112139	15	0	45
宁 夏	303500	17500	214400	156	15	750
新 疆	689946	159300	140700	608	71	195
新疆生产建设兵团	0	0	0	0	0	0

7-3 续表 6

地 区	举办实用技术培训（次）	实用技术培训人次（人次）	推广新技术、新品种（项）	举办青少年科技竞赛（项）	参加人次（人次）	获奖人次（人次）
合 计	**8191**	**1819939**	**1396**	**150**	**7008678**	**190080**
北 京	637	157158	347	1	1000	488
天 津	220	4500	87	8	128240	7374
河 北	1516	491000	753	2	1531	428
山 西	4	400	0	2	1000	600
内蒙古	24	2481	0	4	4153	576
辽 宁	35	5500	15	3	2000	2000
吉 林	21	13220	10	7	16000	5840
黑龙江	31	4746	3	9	10800	2194
上 海	0	0	0	4	337842	6459
江 苏	35	4280	10	15	2296295	34359
浙 江	12	827	1	10	16500	6000
安 徽	5	17	0	8	14418	6833
福 建	2	300	0	6	64388	3256
江 西	0	0	0	0	0	0
山 东	61	4000	10	7	237361	66500
河 南	5	260	5	3	1586600	5015
湖 北	1213	162134	0	1	12	0
湖 南	0	0	0	0	0	0
广 东	0	0	0	6	19600	9000
广 西	22	109300	104	7	52631	4311
海 南	20	1124	0	8	2902	1182
重 庆	0	0	15	6	66318	4607
四 川	0	0	0	5	2037300	12233
贵 州	34	1700	14	5	2869	1501
云 南	0	0	0	3	1280	1214
西 藏	21	992	0	5	4600	1091
陕 西	2650	110174	15	2	3200	2500
甘 肃	16	8000	3	2	15712	1325
青 海	3	166	4	3	62152	678
宁 夏	148	53600	0	3	10000	750
新 疆	1456	684060	0	5	11974	1766
新疆生产建设兵团	0	0	0	0	0	0

7-3 续表 7

地 区	青少年参加国际及港澳台地区科技交流活动（次）	参加人次（人次）	举办青少年高校科学营（次）	参加人次（人次）	编印青少年科技教育资料（种）	总印数（册）
合 计	**24**	**1072**	**39**	**15604**	**30**	**90782**
北 京	0	0	0	0	0	0
天 津	2	101	1	1001	3	1500
河 北	0	0	1	540	0	0
山 西	0	0	1	400	0	0
内蒙古	1	1	1	539	0	0
辽 宁	0	0	3	600	3	2800
吉 林	0	0	2	360	0	0
黑龙江	0	0	2	777	4	60000
上 海	4	28	1	1280	1	500
江 苏	3	300	1	1080	0	0
浙 江	6	7	1	374	4	2000
安 徽	0	0	1	290	0	0
福 建	1	55	1	143	1	200
江 西	0	0	0	0	0	0
山 东	1	16	1	480	0	0
河 南	0	0	1	450	1	700
湖 北	1	4	5	594	3	2770
湖 南	0	0	0	0	1	2000
广 东	1	55	1	1000	0	0
广 西	1	500	2	480	2	15500
海 南	0	0	2	472	1	100
重 庆	0	0	1	430	1	100
四 川	2	4	1	308	0	0
贵 州	0	0	1	440	0	0
云 南	0	0	1	500	0	0
西 藏	0	0	2	468	0	0
陕 西	1	1	1	1300	0	0
甘 肃	0	0	1	143	1	500
青 海	0	0	1	385	2	112
宁 夏	0	0	1	370	0	0
新 疆	0	0	1	400	2	2000
新疆生产建设兵团	0	0	0	0	0	0

7-3 续表 8

地 区	举办青少年科技教育活动和培训（次）	参加人次（人次）	中学生英才计划培养学生数（人次）
合 计	**5030**	**8774204**	**1601**
北 京	8	84218	0
天 津	19	63863	34
河 北	1	300	30
山 西	134	77509	0
内蒙古	662	6650	24
辽 宁	9	20000	24
吉 林	848	8260	75
黑龙江	210	21500	98
上 海	35	3600	77
江 苏	45	14941	62
浙 江	15	5000	44
安 徽	3	330	39
福 建	450	480000	70
江 西	0	0	0
山 东	160	350000	79
河 南	2	150	100
湖 北	17	609750	84
湖 南	1	23	0
广 东	2	33000	600
广 西	660	2493872	0
海 南	9	4717	0
重 庆	1543	4268100	15
四 川	4	680	60
贵 州	2	500	0
云 南	102	100789	0
西 藏	8	3550	0
陕 西	18	20620	40
甘 肃	3	700	46
青 海	41	86112	0
宁 夏	4	11000	0
新 疆	15	4470	0
新疆生产建设兵团	0	0	0

7-3 续表 9

地 区	编著科技图书（种）	总印数（册）	主办科技报纸（种）	总印数（份）	制作科普挂图（种）	总印数（张）
合 计	**133**	**1624097**	**24**	**57261034**	**200**	**1006588**
北 京	11	41700	2	645300	10	51652
天 津	1	30	0	0	17	1314
河 北	15	1500	1	25000	0	0
山 西	4	10000	2	4679000	16	800
内蒙古	14	69000	1	528000	0	0
辽 宁	0	0	0	0	0	0
吉 林	17	82000	0	0	27	30000
黑龙江	2	37000	0	0	41	260000
上 海	0	0	1	2193634	1	300
江 苏	4	4000	1	3168000	7	8000
浙 江	0	0	0	0	0	0
安 徽	0	0	1	807500	0	0
福 建	0	0	0	0	1	5000
江 西	0	0	0	0	1	1000
山 东	2	1600	1	14480000	1	80
河 南	2	423000	1	1880000	4	85000
湖 北	0	0	0	0	0	0
湖 南	1	60000	1	12500000	16	6000
广 东	0	0	3	530000	8	40000
广 西	4	15000	2	6865400	0	0
海 南	0	0	0	0	0	0
重 庆	2	30000	0	0	24	15252
四 川	32	242000	1	1230000	11	70
贵 州	2	22000	0	0	0	0
云 南	3	472057	1	1200000	2	302000
西 藏	0	0	1	2150000	0	0
陕 西	2	6600	1	3291200	6	180000
甘 肃	13	101610	1	144000	7	20120
青 海	0	0	2	944000	0	0
宁 夏	2	5000	0	0	0	0
新 疆	0	0	0	0	0	0
新疆生产建设兵团	0	0	0	0	0	0

7–3 续表 10

地 区	主办科普 App 或设置科普栏目的综合类 App (个)	科普 App 下载安装数 (次)	科普 App 更新数 (次)
合 计	**12**	**1746508**	**9186**
北 京	1	615000	4
天 津	0	0	0
河 北	0	0	0
山 西	0	0	0
内蒙古	2	3456	3958
辽 宁	0	0	0
吉 林	0	0	0
黑龙江	1	1500	0
上 海	0	0	0
江 苏	1	179209	850
浙 江	1	89560	7
安 徽	1	317	280
福 建	0	0	0
江 西	0	0	0
山 东	0	0	0
河 南	1	420000	3600
湖 北	1	20124	1
湖 南	1	1000	2
广 东	0	0	0
广 西	1	884	472
海 南	0	0	0
重 庆	0	0	0
四 川	0	0	0
贵 州	0	0	0
云 南	1	415458	12
西 藏	0	0	0
陕 西	0	0	0
甘 肃	0	0	0
青 海	0	0	0
宁 夏	0	0	0
新 疆	0	0	0
新疆生产建设兵团	0	0	0

7–3 续表 11

地 区	主办科普微信公众号（个）	关注数（个）	全年阅读量（次）	主办科普微博（个）	关注数（个）
合 计	**120**	**16050689**	**59718133**	**36**	**4493808**
北 京	7	597954	4746428	4	1550502
天 津	4	352509	1946500	2	1530
河 北	2	107253	639129	1	255
山 西	24	393803	1332060	2	42138
内蒙古	5	298929	1255473	3	13923
辽 宁	1	830000	1430000	0	0
吉 林	2	70417	249031	1	10084
黑龙江	2	187707	262000	1	7483
上 海	2	1276	43000	0	0
江 苏	8	1493641	2812057	1	56845
浙 江	4	473091	1850675	3	649684
安 徽	4	216368	587657	0	0
福 建	3	196185	1501911	0	0
江 西	1	980000	1430000	0	0
山 东	2	873269	1236861	0	0
河 南	3	78936	1569481	3	204328
湖 北	2	102564	436152	0	0
湖 南	2	1928083	20633122	0	0
广 东	3	1631715	5925485	1	48900
广 西	7	811094	1718979	1	189647
海 南	1	158000	506000	0	0
重 庆	3	745000	1271000	3	204020
四 川	4	1989452	2745667	2	1277000
贵 州	1	213000	710000	0	0
云 南	3	57579	206560	1	101081
西 藏	2	65147	67000	0	0
陕 西	4	169862	608998	3	113535
甘 肃	3	343789	485964	0	0
青 海	4	105279	458378	2	833
宁 夏	3	275185	276327	0	0
新 疆	4	303602	776238	2	22020
新疆生产建设兵团	0	0	0	0	0

7–4 2021年各地区市级科协科学普及情况

地区	实体科技馆				
	数量（座）	#实行免费开放的科技馆（座）	建筑面积（平方米）	展厅面积（平方米）	全年参观人次（人次）
合计	**198**	**193**	**2189727**	**1158943**	**22567281**
北京	4	4	12200	5931	17400
天津	9	9	7038	3936	111176
河北	4	4	49480	30830	128163
山西	2	2	32170	15580	250000
内蒙古	10	10	153210	72758	502581
辽宁	8	8	45108	30928	270456
吉林	4	4	17519	9790	15800
黑龙江	6	6	23962	16176	581500
上海	6	5	18937	9380	262074
江苏	6	6	115766	66465	1397312
浙江	9	9	193038	99164	3390159
安徽	12	12	169610	76173	2685944
福建	7	7	85658	43423	848038
江西	6	5	116390	61552	447492
山东	15	14	225449	132266	2923204
河南	11	11	120750	66053	1679613
湖北	12	12	135412	60246	1439485
湖南	7	7	66381	37755	888020
广东	11	11	111775	53418	965958
广西	3	3	80339	34057	728998
海南	1	1	1000	1000	15520
重庆	4	4	16369	11900	589000
四川	5	4	43282	25399	492345
贵州	4	3	49280	27620	218743
云南	6	6	47822	29258	388111
西藏	2	4	1320	960	48000
陕西	6	6	71721	42750	640524
甘肃	6	4	43814	23685	140860
青海	2	2	8034	5663	27000
宁夏	4	4	31584	18796	215320
新疆	5	5	80309	41480	192485

7-4　续表 1

地　区	数字科技馆及科技馆官方网站个数（个）	日均页面浏览量（次）	科普资源总量（个）	流动科技馆（个）	全年流动科技馆巡展站点数（个）	全年流动科技馆巡展受众（人次）
合　计	**53**	**308368**	**69840**	**270**	**1021**	**5548141**
北　京	1	161	2	1	1	1700
天　津	0	0	0	1	10	2300
河　北	0	0	0	9	24	150291
山　西	2	3156	5	0	7	13000
内蒙古	1	400	1030	26	29	440027
辽　宁	0	0	0	3	16	5600
吉　林	0	10000	0	0	8	101000
黑龙江	1	238	1330	1	1	32000
上　海	1	10000	15121	9	141	78650
江　苏	3	6050	86	4	74	92400
浙　江	6	21039	372	6	156	166974
安　徽	5	7001	72	7	17	188000
福　建	2	1148	500	7	53	236689
江　西	0	0	0	14	16	408210
山　东	6	5637	583	25	27	165120
河　南	4	3933	1439	12	42	513871
湖　北	5	4975	47093	12	19	176806
湖　南	1	109	10	4	12	220000
广　东	5	9966	4	3	46	95600
广　西	2	85	0	15	21	450784
海　南	0	0	0	1	1	66488
重　庆	2	273	100	0	0	0
四　川	1	55	1	18	30	832066
贵　州	0	0	0	5	6	63000
云　南	1	350	157	10	23	361610
西　藏	0	0	0	16	23	42533
陕　西	2	223737	1934	3	7	39000
甘　肃	1	40	0	8	41	301100
青　海	0	0	0	6	77	23974
宁　夏	1	15	1	7	63	114100
新　疆	0	0	0	31	27	151200

7-4 续表 2

地区	科普（技）活动站（室、中心）（个）	全年参加活动（培训）人次（人次）	科普大篷车（辆）	科普大篷车下乡次数（次）	科普大篷车行驶里程（千米）	科普大篷车覆盖人次（人次）	科普大篷车展品数量（件）
合 计	**8014**	**4800503**	**260**	**10295**	**1249281**	**7127416**	**22073**
北 京	832	760662	5	65	21571	23050	3186
天 津	1953	837968	9	413	18193	82646	260
河 北	66	13200	3	325	13250	891500	157
山 西	0	0	3	84	16300	18600	79
内蒙古	117	54815	11	380	56075	246876	9570
辽 宁	207	51783	7	102	17645	101858	200
吉 林	10	1633	3	30	4800	10300	128
黑龙江	60	21446	11	221	36822	106070	400
上 海	799	801910	1	38	1167	23230	8
江 苏	41	37782	4	121	18656	79971	95
浙 江	19	102273	7	255	19473	166174	394
安 徽	304	492481	13	258	38167	210340	388
福 建	106	95342	6	145	10376	142397	126
江 西	4	10300	4	106	10338	89450	108
山 东	556	287150	15	246	49447	536300	419
河 南	384	64779	13	375	66461	553030	360
湖 北	71	119349	10	184	20279	160117	260
湖 南	5	4100	8	159	34520	289363	217
广 东	13	45144	10	256	28675	287899	1199
广 西	139	129758	13	372	97908	420648	355
海 南	11	67694	0	0	0	0	0
重 庆	1735	305410	13	339	159279	221520	287
四 川	210	13570	14	3301	65400	282690	407
贵 州	4	7607	8	172	32673	158839	221
云 南	6	32939	15	322	44337	489370	600
西 藏	77	29400	3	47	22165	63828	43
陕 西	15	67221	10	210	57381	188010	203
甘 肃	52	58062	13	758	130091	648000	1053
青 海	7	3750	6	276	46885	123200	149
宁 夏	8	62865	5	322	34677	230700	152
新 疆	91	110154	11	306	42966	253940	317

7-4 续表 3

地 区	科普中国e站 （个）	科普画廊建筑面积 （平方米）	科普画廊展示面积 （平方米）
合 计	**30623**	**191636**	**439583**
北 京	25	9212	33116
天 津	1922	12898	26665
河 北	783	1716	1813
山 西	28	2883	7675
内蒙古	2209	2462	3377
辽 宁	500	3529	6452
吉 林	545	2183	1145
黑龙江	29	2814	3486
上 海	1249	18790	66985
江 苏	1187	22231	20711
浙 江	2122	1999	1809
安 徽	72	18054	59512
福 建	985	411	724
江 西	208	7404	16564
山 东	1066	6480	29347
河 南	5256	7676	15566
湖 北	814	12379	10645
湖 南	269	200	212
广 东	322	3099	6560
广 西	377	1665	2282
海 南	30	32	28
重 庆	254	28720	94834
四 川	1208	2842	2585
贵 州	335	3064	3204
云 南	1096	978	930
西 藏	54	136	491
陕 西	412	1612	3361
甘 肃	311	7988	8500
青 海	136	1480	1480
宁 夏	397	672	752
新 疆	6256	2175	2755

7-4 续表 4

地区	举办科普宣讲活动					
	次数(次)	# 专家科普报告会(次)	# 专题展览(次)	# 开展科技咨询(次)	# 全国科普日、科普周活动(次)	# 青少年科普活动(次)
合 计	**75573**	**8349**	**2145**	**15423**	**19577**	**18682**
北 京	1320	483	58	222	250	170
天 津	39185	1278	184	11338	11481	6176
河 北	236	50	16	6	93	93
山 西	383	135	11	14	94	117
内蒙古	1166	427	131	441	117	157
辽 宁	552	79	48	70	164	115
吉 林	241	17	6	100	91	38
黑龙江	217	34	12	24	68	84
上 海	2036	211	51	56	1135	304
江 苏	2643	398	99	189	801	1179
浙 江	3973	1392	124	79	410	2049
安 徽	1778	154	164	135	746	564
福 建	360	119	21	25	43	182
江 西	371	206	39	36	51	110
山 东	4259	1030	34	628	905	1285
河 南	2817	128	192	144	847	264
湖 北	1465	201	40	77	334	760
湖 南	189	47	62	14	28	84
广 东	3234	823	275	135	302	1968
广 西	1365	90	26	45	260	1021
海 南	474	3	4	160	81	245
重 庆	2620	198	44	178	340	413
四 川	523	70	76	87	151	116
贵 州	211	28	20	37	32	47
云 南	306	68	19	43	97	82
西 藏	69	2	8	20	18	15
陕 西	539	65	57	181	103	123
甘 肃	478	53	92	151	68	125
青 海	228	11	13	11	171	35
宁 夏	513	22	128	77	117	200
新 疆	973	242	60	181	126	508

7-4 续表 5

地 区	举办科普宣讲活动					
	科普活动受 众（人次）	# 全国科普日、科普周活动受众（人次）	# 青少年科普活动受 众（人次）	参加活动的科技人员、专家人次（人次）	参加科普宣讲活动的学会、协会、研究会（个）	科普宣讲活动覆盖村（社区）（个）
合 计	**83388781**	**33027831**	**16050148**	**119468**	**5056**	**31928**
北 京	1410632	1048270	234070	2507	96	1556
天 津	2257415	1129983	583865	7981	28	4246
河 北	941170	648050	133420	1671	131	302
山 西	2475120	913968	977565	317	67	738
内蒙古	1367371	1149990	164766	1789	78	521
辽 宁	691952	520860	229052	546	69	614
吉 林	148633	61250	17450	576	8	150
黑龙江	217806	114031	80107	793	70	141
上 海	2287797	1813920	204989	10615	166	2543
江 苏	3825376	2306836	1714900	27147	830	2841
浙 江	8823647	3601023	2133761	4953	367	2330
安 徽	822897	373556	296243	2156	152	627
福 建	2431626	1773630	1435896	2885	72	1078
江 西	928837	280032	136616	900	77	1263
山 东	1768180	903500	1205350	7085	185	1437
河 南	3561933	1406846	1145167	8362	277	1510
湖 北	2803645	1769300	571445	1775	107	739
湖 南	1068468	621030	430486	2823	135	331
广 东	19028613	5110176	767056	8118	666	1466
广 西	1225248	582225	649968	1109	138	345
海 南	121976	46020	53956	12	93	33
重 庆	13068458	934570	269888	2986	269	2067
四 川	4535014	1267760	498144	7853	241	1537
贵 州	529828	422350	75778	2223	105	163
云 南	995754	904060	109290	1048	221	331
西 藏	91600	60800	10700	88	12	86
陕 西	2806730	1661600	839520	4255	155	493
甘 肃	1144600	425500	409050	3005	121	200
青 海	290112	146612	55800	412	45	363
宁 夏	472000	192130	209870	448	19	130
新 疆	1102354	751437	353907	2607	50	1579

7-4 续表 6

地 区	举办实用技术培训（次）	实用技术培训人次（人次）	推广新技术、新品种（项）	举办青少年科技竞赛（项）	参加人次（人次）	获奖人次（人次）
合 计	**11025**	**2395316**	**3773**	**1320**	**8142091**	**428984**
北 京	209	9300	26	91	147274	18354
天 津	992	57142	179	56	43476	8654
河 北	52	12025	5	34	225510	11610
山 西	45	8220	29	19	131750	15677
内蒙古	305	45200	40	28	30968	6573
辽 宁	251	35590	43	33	52800	11238
吉 林	120	6523	9	18	45224	5938
黑龙江	633	60535	24	28	14738	2242
上 海	269	17901	64	182	1470142	34775
江 苏	359	44112	201	120	1632507	81698
浙 江	405	49290	56	65	102959	25177
安 徽	118	7438	55	73	91722	12898
福 建	79	4997	10	34	354599	7102
江 西	13	1035	4	28	68858	8705
山 东	307	32855	84	62	361419	31684
河 南	273	204048	60	39	1009764	36399
湖 北	357	163155	78	15	146902	5764
湖 南	27	7480	633	22	21652	6007
广 东	142	18066	1294	69	222214	15944
广 西	311	23882	31	25	185110	15282
海 南	61	3396	6	11	3511	1443
重 庆	385	79430	102	76	135193	12147
四 川	902	816102	236	27	930668	18802
贵 州	162	10786	12	17	59550	4819
云 南	523	70059	79	29	92503	7955
西 藏	12	850	0	1	665	228
陕 西	1044	104480	155	20	355124	7128
甘 肃	179	16820	25	16	79831	3893
青 海	104	6129	42	7	3430	580
宁 夏	174	14158	52	21	37964	3509
新 疆	1953	418870	15	35	20224	2799

7-4 续表 7

地　区	青少年参加国际及港澳台地区科技交流活动（次）	参加人次（人次）	举办青少年高校科学营（次）	参加人次（人次）	编印青少年科技教育资料（种）	总印数（册）
合　计	**17**	**8242**	**241**	**8208**	**191**	**659062**
北　京	0	0	0	0	0	0
天　津	0	0	3	82	0	0
河　北	0	0	9	344	2	9000
山　西	0	0	9	256	3	5180
内蒙古	0	0	10	416	2	15000
辽　宁	1	16	11	262	3	20875
吉　林	0	0	2	25	0	0
黑龙江	1	3	11	377	8	9950
上　海	3	50	1	80	9	21500
江　苏	1	90	13	571	14	33350
浙　江	0	0	8	186	13	55000
安　徽	3	4	11	401	7	87000
福　建	0	0	11	265	7	5300
江　西	0	0	9	150	1	100
山　东	0	0	13	136	3	1500
河　南	0	0	17	308	13	38000
湖　北	0	0	10	1277	6	25050
湖　南	0	0	6	135	12	48000
广　东	4	7736	6	125	23	37850
广　西	3	188	7	280	7	4500
海　南	0	0	1	33	0	0
重　庆	0	0	2	20	3	5500
四　川	0	0	15	265	15	65800
贵　州	1	155	6	325	2	5560
云　南	0	0	8	386	8	29700
西　藏	0	0	4	180	0	0
陕　西	0	0	9	255	1	300
甘　肃	0	0	8	242	13	48747
青　海	0	0	0	0	6	14600
宁　夏	0	0	4	263	5	15200
新　疆	0	0	8	383	1	50000

7-4 续表 8

地 区	举办青少年科技教育活动和培训（次）	参加人次（人次）	中学生英才计划培养学生数（人次）
合 计	**5445**	**4380213**	**31615**
北 京	59	72029	44
天 津	230	53559	6
河 北	273	63343	0
山 西	14	15409	0
内蒙古	80	15619	24
辽 宁	78	127134	27
吉 林	7	3143	20
黑龙江	58	22755	130
上 海	218	166555	30152
江 苏	102	44745	14
浙 江	849	1689358	0
安 徽	210	42651	0
福 建	22	2373	83
江 西	13	1892	0
山 东	597	1288623	508
河 南	101	95989	380
湖 北	294	110734	0
湖 南	51	9420	45
广 东	882	65666	4
广 西	195	117349	0
海 南	26	1620	0
重 庆	334	63385	0
四 川	70	10420	177
贵 州	52	100853	0
云 南	76	10594	1
西 藏	6	3400	0
陕 西	373	63010	0
甘 肃	76	16682	0
青 海	1	200	0
宁 夏	54	72350	0
新 疆	13	7481	0

7–4 续表 9

地 区	编著科技图书（种）	总印数（册）	主办科技报纸（种）	总印数（份）	制作科普挂图（种）	总印数（张）
合 计	**189**	**1307800**	**15**	**630628**	**1247**	**1302233**
北 京	7	52004	0	0	2	17612
天 津	1	5000	0	0	26	15050
河 北	7	40000	1	3000	2	40000
山 西	7	24000	0	0	3	15050
内蒙古	6	38800	0	0	224	34610
辽 宁	9	44000	0	0	11	12880
吉 林	1	700	1	800	2	3500
黑龙江	3	41650	0	0	9	4150
上 海	1	4500	0	0	77	66404
江 苏	12	92000	0	0	75	90000
浙 江	13	86020	2	24000	46	129070
安 徽	8	13020	0	0	51	25412
福 建	7	23200	0	0	0	0
江 西	1	18000	0	0	4	600
山 东	7	52000	0	0	41	146339
河 南	5	47560	0	0	28	37230
湖 北	21	137300	2	208	5	156
湖 南	0	0	0	0	24	5835
广 东	7	45046	2	503500	409	73708
广 西	1	1500	0	0	5	50000
海 南	0	0	0	0	0	0
重 庆	5	71000	0	0	5	78000
四 川	8	86000	0	0	6	40000
贵 州	2	9000	0	0	1	87000
云 南	11	78300	2	54000	2	60
西 藏	0	0	0	0	0	5100
陕 西	3	19000	1	45000	19	43800
甘 肃	5	54500	0	0	65	287
青 海	10	34200	0	0	1	5000
宁 夏	3	45000	4	120	80	80
新 疆	5	96000	0	0	14	264000

7-4 续表 10

地 区	主办科普 App 或设置科普栏目的综合类 App（个）	科普 App 下载安装数（次）	科普 App 更新数（次）
合 计	**15**	**324539**	**9420**
北 京	0	0	0
天 津	0	0	0
河 北	1	1300	42
山 西	0	0	0
内蒙古	1	80000	2
辽 宁	0	0	0
吉 林	2	46820	832
黑龙江	1	120	120
上 海	0	0	0
江 苏	0	0	0
浙 江	0	0	0
安 徽	0	0	0
福 建	0	0	0
江 西	2	243	2106
山 东	1	9000	1
河 南	1	60	5
湖 北	0	0	0
湖 南	1	0	265
广 东	1	72638	1
广 西	0	0	0
海 南	0	0	0
重 庆	0	0	0
四 川	0	0	0
贵 州	1	113802	3605
云 南	1	365	1819
西 藏	0	0	0
陕 西	1	0	621
甘 肃	1	191	1
青 海	0	0	0
宁 夏	0	0	0
新 疆	0	0	0

7-4 续表 11

地　区	主办科普微信公众号（个）	关注数（个）	全年阅读量（次）	主办科普微博（个）	关注数（个）
合　计	**410**	**20685345**	**71360899**	**53**	**887229**
北　京	15	218109	1067765	1	221
天　津	12	117788	1054227	2	154
河　北	14	217800	1442091	2	1546
山　西	11	4567258	2811879	0	0
内蒙古	15	137308	542450	2	1188
辽　宁	12	54402	332848	0	0
吉　林	4	9380	51000	0	0
黑龙江	11	4240464	5924916	0	0
上　海	17	405150	2125352	2	23119
江　苏	15	1082830	4021890	3	19527
浙　江	18	966573	4716624	2	14175
安　徽	20	831150	3162728	4	4144
福　建	11	342581	763371	1	266
江　西	12	463613	1605746	1	9264
山　东	23	710569	9924837	0	0
河　南	27	1765648	9033773	7	8827
湖　北	16	994960	3700174	3	72034
湖　南	11	452330	4377608	0	0
广　东	28	785013	2126103	4	3221
广　西	17	407597	1771030	0	0
海　南	2	26800	105000	0	0
重　庆	22	110654	600042	5	421
四　川	13	886009	5621328	3	501176
贵　州	10	311577	894061	0	0
云　南	18	57357	467767	3	27344
西　藏	1	2169	4924	0	0
陕　西	11	232983	1789062	3	303
甘　肃	10	65614	384644	2	2425
青　海	5	93085	111578	0	0
宁　夏	5	97613	381456	3	197874
新　疆	2	30438	435650	0	0

7–5 2021年各地区县级科协科学普及情况

地区	实体科技馆				
	数量（座）	#实行免费开放的科技馆（座）	建筑面积（平方米）	展厅面积（平方米）	全年参观人次（人次）
合计	**689**	**645**	**1860069**	**1081524**	**13077010**
河北	28	28	67279	39492	275460
山西	18	18	25460	14940	113840
内蒙古	67	62	114783	79696	906390
辽宁	5	5	2165	1920	6800
吉林	21	20	27947	15581	262557
黑龙江	23	21	53582	23022	96470
江苏	10	10	74031	34522	751700
浙江	43	32	152621	66801	911492
安徽	21	21	81112	46284	507310
福建	30	29	98142	46669	701709
江西	16	14	42470	25077	196101
山东	57	54	277186	167325	1673859
河南	21	19	100947	67572	1242275
湖北	70	66	116945	66122	844398
湖南	10	9	29568	14805	174302
广东	19	19	67536	45131	877573
广西	1	1	2000	700	1000
海南	5	5	5400	3600	72239
重庆	4	4	10480	9072	58500
四川	42	41	38700	28834	767187
贵州	15	13	15635	10845	157300
云南	31	31	150712	110249	349436
西藏	22	20	5276	4253	246910
陕西	30	28	51319	46881	419097
甘肃	18	17	45111	28809	451156
青海	3	3	1600	1180	13263
宁夏	23	23	95070	18150	359056
新疆	36	32	106993	63992	639630

注：本表数据不含北京、天津和上海地区。

7-5 续表 1

地 区	数字科技馆及科技馆官方网站个数（个）	日均页面浏览量（次）	科普资源总量（个）	流动科技馆（个）	全年流动科技馆巡展站点数（个）	全年流动科技馆巡展受众（人次）
合 计	**31**	**94184**	**249449**	**553**	**4810**	**6683055**
河 北	3	60001	26	37	39	454895
山 西	0	0	0	20	46	95529
内蒙古	2	13557	379	24	86	188655
辽 宁	0	0	0	9	33	80775
吉 林	0	0	0	4	9	37761
黑龙江	1	1	1	6	7	20840
江 苏	4	6035	2804	28	1081	988786
浙 江	1	1000	20	21	70	53110
安 徽	0	0	0	20	96	268306
福 建	1	326	1	25	116	210313
江 西	0	0	0	15	18	276772
山 东	1	87	1	34	142	125516
河 南	3	6000	1	24	92	556260
湖 北	3	1956	11258	24	71	232486
湖 南	3	95	4500	15	21	494889
广 东	0	0	0	5	73	123351
广 西	0	0	0	11	21	135619
海 南	0	0	0	5	7	131089
重 庆	0	0	0	1	1	1100
四 川	4	1706	201650	16	43	408120
贵 州	0	0	0	11	2011	132535
云 南	1	1256	26456	20	52	395622
西 藏	3	183	722	6	38	6995
陕 西	0	0	0	4	22	246700
甘 肃	0	0	0	35	43	600449
青 海	0	0	0	4	41	29800
宁 夏	0	0	0	10	88	180452
新 疆	1	1981	1630	119	443	206330

7-5 续表 2

地区	科普（技）活动站（室、中心）（个）	全年参加活动（培训）人次（人次）	科普大篷车（辆）	科普大篷车下乡次数（次）	科普大篷车行驶里程（千米）	科普大篷车覆盖人次（人次）	科普大篷车展品数量（件）
合 计	**38042**	**19875629**	**962**	**27980**	**5492553**	**16696526**	**62964**
河 北	620	453202	15	305	38962	142740	374
山 西	534	753436	19	709	107243	218851	682
内蒙古	491	359298	84	2416	448456	1013026	2252
辽 宁	2207	486634	5	122	16623	16280	125
吉 林	492	112452	30	757	225923	175278	504
黑龙江	401	194740	25	632	123737	251764	605
江 苏	3841	2845118	21	402	156661	403668	359
浙 江	2284	1756330	19	483	85316	316018	595
安 徽	1733	803922	26	631	241259	504897	548
福 建	2442	471936	17	309	47876	252272	1534
江 西	467	162325	21	810	112670	640224	431
山 东	5987	2683193	45	1108	252234	399113	1184
河 南	2724	1217658	58	2484	290365	1029311	1254
湖 北	1537	1075035	31	616	139535	354010	652
湖 南	1841	672127	17	672	224189	982357	460
广 东	1262	1022750	11	211	10989	196516	412
广 西	1045	377547	23	399	55643	403877	542
海 南	196	58454	10	779	85960	128124	312
重 庆	411	52420	4	137	55234	60800	130
四 川	2252	1316945	66	1876	314456	907369	1602
贵 州	849	448350	71	1273	187742	700697	4868
云 南	1720	790659	84	1951	393680	2677627	3063
西 藏	192	97648	30	524	358672	107056	1013
陕 西	425	310983	59	1672	359362	486052	1434
甘 肃	347	259018	59	2862	502493	1444773	1927
青 海	37	37914	20	535	81636	546159	10072
宁 夏	321	160044	16	1144	95975	1415050	2277
新 疆	1384	895491	76	2161	479663	922617	23753

7-5 续表 3

地 区	科普中国e站（个）	科普画廊建筑面积（平方米）	科普画廊展示面积（平方米）
合 计	**40303**	**1183205**	**9585**
河 北	1538	28661	154
山 西	679	29759	264
内蒙古	3300	14141	546
辽 宁	860	45675	175
吉 林	363	7289	28
黑龙江	43	22941	61
江 苏	6554	93417	763
浙 江	1815	105267	1803
安 徽	815	26225	740
福 建	2262	43591	887
江 西	221	17052	139
山 东	1502	275599	1066
河 南	5315	123352	185
湖 北	558	74403	501
湖 南	421	53847	178
广 东	452	40526	561
广 西	712	25133	149
海 南	147	1762	69
重 庆	142	8780	56
四 川	1125	38266	118
贵 州	775	12403	79
云 南	3408	22028	158
西 藏	36	1179	9
陕 西	403	14829	133
甘 肃	367	13289	79
青 海	109	2915	7
宁 夏	480	19142	21
新 疆	5901	21734	656

7-5 续表 4

地区	举办科普宣讲活动					
	次数（次）	# 专家科普报告会（次）	# 专题展览（次）	# 开展科技咨询（次）	# 全国科普日、科普周活动（次）	# 青少年科普活动（次）
合　计	**2641715**	**9585**	**5188**	**26695**	**26039**	**24144**
河　北	80916	154	130	440	699	506
山　西	36568	264	83	1276	813	421
内蒙古	15030	546	128	567	573	513
辽　宁	138929	175	123	216	433	184
吉　林	13599	28	58	213	419	7879
黑龙江	36287	61	23	276	475	160
江　苏	146189	763	334	1151	2771	1282
浙　江	245789	1803	196	1177	2313	2503
安　徽	92310	740	421	989	5110	1116
福　建	142694	887	257	525	1000	739
江　西	21897	139	184	308	340	311
山　东	663276	1066	226	474	1307	611
河　南	189987	185	277	575	1075	511
湖　北	108811	501	498	532	1605	658
湖　南	71076	178	335	12319	560	833
广　东	93527	561	449	573	950	1814
广　西	64043	149	86	303	468	542
海　南	5062	69	37	48	74	138
重　庆	32280	56	23	51	72	105
四　川	223913	118	266	667	1245	773
贵　州	36824	79	82	309	371	306
云　南	68673	158	218	940	576	509
西　藏	1578	9	9	100	82	175
陕　西	30245	133	117	693	507	346
甘　肃	15425	79	181	418	405	389
青　海	2410	7	64	184	151	115
宁　夏	19100	21	26	128	248	135
新　疆	45277	656	357	1243	1397	570

7-5 续表 5

地 区	举办科普宣讲活动					
	科普活动受 众（人次）	# 全国科普日、科普周活动受众（人次）	# 青少年科普活动受 众（人次）	参加活动的科技人员、专家人次（人次）	参加科普宣讲活动的学会、协会、研究会（个）	科普宣讲活动覆盖村（社区）（个）
合 计	**115961260**	**80700564**	**22211372**	**234604**	**13655**	**106249**
河 北	1650844	881417	508838	4385	406	5234
山 西	2114183	1438005	639948	13563	181	3984
内蒙古	948100	409700	316496	3670	235	2352
辽 宁	574914	340406	110277	1722	277	2904
吉 林	1223217	927457	165534	1209	114	1627
黑龙江	634046	395316	175105	1856	157	1546
江 苏	6533964	3593663	1755045	10175	767	6837
浙 江	9436967	6388691	1460139	19590	1302	8641
安 徽	3181086	1796277	869516	13435	992	4561
福 建	3738488	2036429	658303	12105	768	5382
江 西	1223916	401238	251410	2824	472	2713
山 东	2336754	1318139	656301	8395	877	8693
河 南	4151697	2157530	1483232	7742	684	6002
湖 北	5215132	1751325	908122	5744	405	4520
湖 南	4238309	2504070	1414870	12673	885	6861
广 东	5426843	2814955	2940257	13453	743	4201
广 西	1535616	875865	554569	4125	396	2448
海 南	364540	175943	122243	574	34	578
重 庆	362600	130100	130800	1186	159	418
四 川	47004083	41759503	3872956	20995	1163	6161
贵 州	1678643	1006665	471232	7746	399	2345
云 南	6614870	4579862	903023	29572	867	4042
西 藏	92798	63432	23875	260	13	1704
陕 西	1655607	846099	457467	29695	560	3610
甘 肃	1419646	822001	432417	2561	346	2168
青 海	622340	147856	117850	1033	119	826
宁 夏	769720	515410	509610	886	71	1004
新 疆	1212337	623210	301937	3430	163	4887

7–5 续表 6

地　区	举办实用技术培训（次）	实用技术培训人次（人次）	推广新技术、新品种（项）	举办青少年科技竞赛（项）	参加人次（人次）	获奖人次（人次）
合　计	**48440**	**5117458**	**11403**	**3347**	**6626501**	**356987**
河　北	968	114100	443	120	72522	4454
山　西	798	102442	209	88	94612	11381
内蒙古	910	112442	371	100	70372	5507
辽　宁	498	51724	115	69	45851	3243
吉　林	711	91378	135	46	17397	2646
黑龙江	774	120844	229	52	24448	1014
江　苏	2237	237243	451	263	842531	51880
浙　江	3569	219356	430	310	706365	36939
安　徽	1172	158000	612	142	100498	17513
福　建	555	69641	190	168	56909	8228
江　西	521	67901	118	61	37426	1696
山　东	815	150025	281	225	305557	22182
河　南	1394	364017	287	166	498366	16363
湖　北	1291	161765	287	140	392641	14206
湖　南	2387	230909	526	199	531338	22484
广　东	549	82158	192	178	318399	31546
广　西	1013	81682	214	126	388910	11821
海　南	212	21200	39	53	25574	2044
重　庆	176	55380	14	21	254650	2507
四　川	2319	261392	4453	213	926775	42825
贵　州	6328	222323	128	118	288883	11699
云　南	4690	430941	316	125	148568	9688
西　藏	389	13513	77	7	2149	98
陕　西	2032	350055	307	116	191549	7507
甘　肃	701	136406	478	112	180909	10776
青　海	383	27997	151	21	25668	1084
宁　夏	228	58211	60	23	13132	1689
新　疆	10820	1124413	290	85	64502	3967

7-5 续表 7

地 区	青少年参加国际及港澳台地区科技交流活动（次）	参加人次（人次）	举办青少年高校科学营（次）	参加人次（人次）	编印青少年科技教育资料（种）	总印数（册）
合 计	**1048**	**4763**	**241**	**28963**	**1851**	**3576844**
河 北	2	51	13	620	67	262350
山 西	0	0	4	26	56	124720
内蒙古	0	0	9	935	25	63860
辽 宁	2	28	4	1448	7	13000
吉 林	15	15	3	35	8	21100
黑龙江	25	90	6	125	20	36409
江 苏	472	2619	23	4929	31	170480
浙 江	1	3	13	477	35	57505
安 徽	421	561	15	3339	67	293761
福 建	0	0	3	121	14	61160
江 西	0	0	2	82	20	118440
山 东	0	0	12	1642	32	55600
河 南	0	0	13	1268	76	554250
湖 北	3	4	11	3743	344	210370
湖 南	6	14	20	347	81	389700
广 东	93	1208	6	179	87	197008
广 西	6	167	6	243	40	120300
海 南	1	1	12	181	46	175570
重 庆	0	0	1	10	2	2000
四 川	1	2	20	7529	66	273525
贵 州	0	0	4	55	20	64100
云 南	0	0	11	639	19	135828
西 藏	0	0	0	0	6	1606
陕 西	0	0	12	721	24	69702
甘 肃	0	0	10	98	322	71870
青 海	0	0	0	0	225	23030
宁 夏	0	0	2	110	2	7000
新 疆	0	0	6	61	109	2600

7-5 续表 8

地区	举办青少年科技教育活动和培训（次）	培训人次（人次）	中学生英才计划培养学生数（人次）
合　计	**9568**	**4255854**	**34342**
河　北	227	141396	1355
山　西	188	76808	851
内蒙古	468	97023	202
辽　宁	439	55773	200
吉　林	52	42046	10
黑龙江	105	55878	3910
江　苏	453	242434	3441
浙　江	723	174144	623
安　徽	324	93817	0
福　建	1166	92097	388
江　西	167	63689	381
山　东	459	315808	2025
河　南	269	256051	7607
湖　北	528	385137	1
湖　南	343	305342	4225
广　东	1311	225012	1
广　西	260	116436	1407
海　南	123	51728	0
重　庆	50	25598	0
四　川	547	459491	242
贵　州	142	126011	0
云　南	303	120033	500
西　藏	25	14191	25
陕　西	253	107778	920
甘　肃	149	135686	5000
青　海	59	23290	0
宁　夏	125	365984	0
新　疆	310	87173	1028

7-5 续表 9

地 区	编著科技图书（种）	总印数（册）	主办科技报纸（种）	总印数（份）	制作科普挂图（种）	总印数（张）
合 计	**2340**	**6532345**	**444**	**1408143**	**32173**	**3216602**
河 北	108	321900	1	35000	396	214198
山 西	209	325050	7	31800	183	113051
内蒙古	71	312100	5	2272	255	40744
辽 宁	44	120010	4	18730	435	81099
吉 林	22	76200	0	0	686	18716
黑龙江	133	71881	0	0	10099	24042
江 苏	7	18500	3	508300	879	206592
浙 江	95	273020	5	276000	342	460228
安 徽	38	76862	1	5600	164	82445
福 建	25	100500	0	0	68	29342
江 西	17	122600	0	0	35	37410
山 东	37	176251	2	53000	520	551705
河 南	141	1462581	3	311000	209	182280
湖 北	33	161300	2	1025	299	118780
湖 南	163	752700	2	715	262	138723
广 东	26	84938	1	5000	333	44250
广 西	26	127000	0	0	102	35910
海 南	61	104326	0	0	44	6289
重 庆	6	3800	0	0	5	4000
四 川	68	425285	2	148000	16147	335442
贵 州	237	374150	0	0	77	165275
云 南	49	180321	0	0	56	82384
西 藏	6	23200	2	600	16	12092
陕 西	62	316720	1	5200	48	48740
甘 肃	97	329900	2	5500	211	13797
青 海	521	101300	401	401	247	27472
宁 夏	10	38000	0	0	12	43200
新 疆	28	51950	0	0	43	98396

7-5 续表 10

地 区	主办科普 App 或设置科普栏目的综合类 App (个)	科普 App 下载安装数 (次)	科普 App 更新数 (次)
合 计	**178**	**1681328**	**12286729**
河 北	4	3254	560
山 西	1	9623	1
内蒙古	19	85235	2384832
辽 宁	5	19059	163625
吉 林	8	78023	235166
黑龙江	3	15737	335
江 苏	9	690019	1455978
浙 江	0	0	0
安 徽	0	0	0
福 建	6	8947	30362
江 西	3	6224	5152
山 东	3	6036	4956
河 南	9	65834	163250
湖 北	5	20191	359
湖 南	14	106165	3524133
广 东	5	28371	674
广 西	0	0	0
海 南	0	0	0
重 庆	1	1300	110
四 川	11	160380	50160
贵 州	7	170105	577510
云 南	14	36628	1163658
西 藏	1	35	35
陕 西	14	129449	180367
甘 肃	14	13784	170995
青 海	6	5237	317
宁 夏	3	15089	1982881
新 疆	11	6274	6626

7–5 续表 11

地　区	主办科普微信公众号（个）	关注数（个）	全年阅读量（次）	主办科普微博（个）	关注数（个）
合　计	**930**	**5923649**	**35606962**	**180**	**736270**
河　北	43	244933	598028	5	1292
山　西	31	45813	253397	2	56
内蒙古	51	42815	382956	3	303
辽　宁	19	13727	97644	0	0
吉　林	8	61416	98177	0	0
黑龙江	17	92197	1250312	0	0
江　苏	52	268056	2390657	5	4835
浙　江	59	585635	5080214	15	332593
安　徽	38	1116453	720476	9	26631
福　建	40	326523	1480073	4	1095
江　西	44	140259	1240548	5	1707
山　东	72	323271	1938698	6	3294
河　南	67	571783	4842651	14	21243
湖　北	49	769324	4537545	0	0
湖　南	18	227199	604293	32	60840
广　东	37	390877	900077	1	2200
广　西	13	5243	78667	1	10
海　南	6	5003	67520	0	0
重　庆	8	1716	17384	10	93
四　川	60	213382	3874482	20	94826
贵　州	19	21845	45618	10	2551
云　南	73	198760	2142469	29	169718
西　藏	4	1500	8313	0	0
陕　西	45	146320	1950498	6	7575
甘　肃	31	54380	232506	3	5408
青　海	8	3169	409685	0	0
宁　夏	11	23399	279388	0	0
新　疆	7	28651	84686	0	0

7–6 2021年各地区省级学会科学普及情况

地区	实体科技馆				
	数量（座）	#实行免费开放的科技馆（座）	建筑面积（平方米）	展厅面积（平方米）	全年参观人次（人次）
合计	**70**	**61**	**371767**	**174865**	**1483677**
北京	0	0	0	0	0
天津	2	1	12800	3490	14600
河北	3	3	65300	12774	91384
山西	1	1	2000	2000	3000
内蒙古	3	3	49570	29600	679520
辽宁	4	4	10450	4440	7119
吉林	3	3	20804	9993	162000
黑龙江	1	1	80	40	400
上海	0	0	0	0	0
江苏	0	0	0	0	0
浙江	5	4	15886	12736	123323
安徽	1	1	1620	600	2500
福建	8	8	16400	4220	14855
江西	0	0	0	0	0
山东	7	5	78527	39603	49915
河南	0	0	0	0	0
湖北	6	6	17242	10870	24800
湖南	1	1	317	113	1000
广东	2	1	1940	1500	1271
广西	1	1	100	85	147
海南	1	1	500	300	500
重庆	0	0	0	0	0
四川	6	4	7550	5266	22070
贵州	4	3	19418	6645	9830
云南	2	1	9723	8373	163658
西藏	0	0	0	0	0
陕西	1	1	1200	1000	9000
甘肃	0	0	0	0	0
青海	3	3	19463	8017	32564
宁夏	2	2	13177	6200	66981
新疆	3	3	7700	7000	3240

7-6 续表 1

地 区	数字科技馆及科技馆官方网站个数（个）	日均页面浏览量（次）	科普资源总量（个）	流动科技馆（个）	全年流动科技馆巡展站点数（个）	全年流动科技馆巡展受众（人次）
合 计	**57**	**37241902**	**512522**	**19**	**180**	**170738**
北 京	4	1919	496070	2	6	700
天 津	0	0	0	0	0	0
河 北	3	2000	4200	2	31	30510
山 西	2	2345	302	3	2	567
内蒙古	6	813	940	0	0	0
辽 宁	0	0	0	0	2	20
吉 林	0	0	0	0	0	60
黑龙江	1	30	600	0	0	0
上 海	0	0	0	0	0	0
江 苏	12	234658	8001	0	0	0
浙 江	4	6050	730	0	0	0
安 徽	0	0	0	0	0	0
福 建	0	0	0	0	0	0
江 西	0	0	0	2	3	432
山 东	0	0	0	0	0	0
河 南	1	20	13	0	0	0
湖 北	0	0	0	0	1	200
湖 南	0	0	0	0	0	0
广 东	2	1201	501	1	6	1720
广 西	1	15	10	0	5	65909
海 南	1	252	66	1	2	200
重 庆	0	0	0	0	0	0
四 川	7	6405	664	4	103	9070
贵 州	1	302	202	0	0	0
云 南	0	0	0	0	0	0
西 藏	1	42	200	0	0	0
陕 西	1	200	1	1	1	350
甘 肃	6	2410	9	0	0	0
青 海	2	3240	12	0	0	0
宁 夏	0	0	0	1	1	1000
新 疆	2	36980000	1	2	17	60000

7-6 续表 2

地区	科普（技）活动站（室、中心）（个）	全年参加活动（培训）人次（人次）	科普大篷车（辆）	科普大篷车下乡次数（次）	科普大篷车行驶里程（千米）	科普大篷车覆盖人次（人次）	科普大篷车展品数量（件）
合计	**877**	**1432567**	**15**	**97**	**19864**	**137921**	**230**
北京	7	3400	3	3	220	8800	5
天津	14	3428	1	1	172	1040	3
河北	105	316825	0	0	0	0	0
山西	17	85730	0	0	0	0	0
内蒙古	16	4367	1	8	1000	1368	25
辽宁	7	24012	0	0	0	0	0
吉林	8	4022	0	0	0	0	0
黑龙江	2	3755	0	0	0	0	0
上海	0	0	0	0	0	0	0
江苏	302	119900	0	0	0	0	0
浙江	22	17876	1	24	10000	10000	50
安徽	41	15085	1	2	764	2200	46
福建	50	13065	0	0	0	0	0
江西	5	496	0	0	0	0	0
山东	27	5050	0	0	0	0	0
河南	21	3585	0	0	0	0	0
湖北	39	26364	0	0	0	0	0
湖南	7	4510	0	0	0	0	0
广东	25	8552	0	0	0	0	0
广西	4	344	0	0	0	0	0
海南	9	29975	0	0	0	0	0
重庆	0	0	0	0	0	0	0
四川	15	623730	1	15	800	4500	25
贵州	18	27234	5	35	819	6013	9
云南	2	6174	0	0	0	0	0
西藏	15	1350	0	0	0	0	0
陕西	27	7976	1	1	3389	4000	55
甘肃	13	3139	0	0	0	0	0
青海	6	9546	1	8	2700	100000	12
宁夏	17	8845	0	0	0	0	0
新疆	36	54232	0	0	0	0	0

7-6 续表 3

地 区	科普中国e站（个）	科普画廊建筑面积（平方米）	科普画廊展示面积（平方米）
合 计	**38**	**40583**	**18866**
北 京	0	0	1597
天 津	0	0	252
河 北	1	756	204
山 西	2	200	268
内蒙古	1	750	223
辽 宁	0	0	621
吉 林	0	325	253
黑龙江	0	0	67
上 海	0	0	554
江 苏	24	29820	825
浙 江	0	1068	1052
安 徽	0	1	594
福 建	0	98	778
江 西	0	0	1651
山 东	0	210	1217
河 南	0	50	494
湖 北	1	135	494
湖 南	0	0	1159
广 东	1	270	829
广 西	0	100	727
海 南	0	0	130
重 庆	0	0	247
四 川	2	780	1186
贵 州	0	85	138
云 南	0	0	715
西 藏	0	860	49
陕 西	1	1810	738
甘 肃	0	1000	142
青 海	2	340	142
宁 夏	0	500	192
新 疆	3	1425	1328

7-6 续表 4

地 区	举办科普宣讲活动					
	次 数（次）	# 专家科普报告会（次）	# 专题展览（次）	# 开展科技咨询（次）	# 全国科普日、科普周活动（次）	# 青少年科普活动（次）
合 计	**34654**	**18866**	**2678**	**13262**	**19631**	**35097**
北 京	0	1597	80	747	91	946
天 津	0	252	269	308	1256	240
河 北	756	204	69	373	238	91
山 西	150	268	39	284	57	92
内蒙古	330	223	104	238	119	200
辽 宁	0	621	41	157	640	138
吉 林	267	253	30	186	169	69
黑龙江	0	67	4	1	4	9
上 海	0	554	79	246	462	483
江 苏	17644	825	154	372	601	495
浙 江	973	1052	141	234	415	258
安 徽	100	594	43	163	251	126
福 建	404	778	181	950	392	411
江 西	0	1651	30	68	2719	737
山 东	470	1217	97	308	834	330
河 南	120	494	74	309	101	204
湖 北	100	494	68	91	186	147
湖 南	0	1159	248	162	273	155
广 东	222	829	168	1276	2119	748
广 西	80	727	33	539	634	26836
海 南	5020	130	26	183	66	39
重 庆	0	247	52	450	1691	790
四 川	668	1186	80	385	1258	164
贵 州	85	138	38	130	70	81
云 南	0	715	41	269	208	118
西 藏	860	49	13	25	48	31
陕 西	207	738	146	2205	1531	615
甘 肃	5000	142	30	136	36	111
青 海	250	142	32	77	180	58
宁 夏	500	192	23	294	192	115
新 疆	448	1328	245	2096	2790	260

7-6 续表 5

地 区	举办科普宣讲活动					
	科普活动受 众（人次）	# 全国科普日、科普周活动受 众（人次）	# 青少年科普活动受 众（人次）	参加活动的科技人员、专家人次（人次）	参加科普宣讲活动的学会、协会、研究会（个）	科普宣讲活动覆盖村（社区）（个）
合 计	**275157844**	**105700582**	**40941698**	**317271**	**11440**	**67986**
北 京	49635959	8918603	3925554	23410	373	7939
天 津	3307454	825848	471999	37651	749	1071
河 北	5402219	3524810	532619	3651	445	4739
山 西	557049	169676	39685	1848	113	1175
内蒙古	740863	57014	43578	3810	94	750
辽 宁	857281	447080	167741	12211	173	1312
吉 林	8045189	999913	48762	15239	104	345
黑龙江	1027802	24147	2338	232	17	64
上 海	17550018	13794173	547287	18868	208	719
江 苏	2117760	1485840	661919	8312	392	906
浙 江	7678049	1855842	236198	28294	417	9286
安 徽	647469	356983	112715	5099	408	658
福 建	2420888	907952	130768	4547	299	1824
江 西	7967176	7710848	223976	7812	57	207
山 东	12699575	2584933	2489384	30290	428	2658
河 南	10687508	10355242	30874	5739	452	3832
湖 北	6234833	4658703	993841	2882	208	9108
湖 南	60132254	32163110	21169995	11216	260	1310
广 东	14332596	8060957	1436285	9267	374	6607
广 西	5790252	658461	5176988	27697	126	5384
海 南	149086	33834	34848	2414	74	271
重 庆	1257743	632318	343781	8801	250	1242
四 川	33986555	1020697	109715	13032	218	558
贵 州	872480	111880	35471	1422	92	236
云 南	1226801	526914	226103	7119	446	1237
西 藏	36660	22507	11825	937	28	101
陕 西	4245336	475946	234851	11955	484	1355
甘 肃	300063	32573	253774	1203	85	459
青 海	473798	310125	140156	2486	84	228
宁 夏	249715	38822	155182	2082	55	200
新 疆	14527413	2934831	953486	7745	3927	2205

7-6 续表 6

地 区	举办实用技术培训（次）	实用技术培训人次（人次）	推广新技术、新品种（项）	举办青少年科技竞赛（项）	参加人次（人次）	获奖人次（人次）
合 计	**16883**	**2876483**	**7805**	**1169**	**3678413**	**254826**
北 京	272	52828	623	12	94709	10066
天 津	98	12040	178	29	18337	7539
河 北	1463	240782	1094	9	10200	1811
山 西	1827	274506	72	12	13499	5976
内蒙古	57	5821	189	14	11473	3200
辽 宁	750	32189	150	11	72241	8443
吉 林	131	42404	44	14	32620	7862
黑龙江	106	161544	9	4	2849	1448
上 海	325	33372	291	41	104336	17396
江 苏	422	169053	742	104	230204	48546
浙 江	773	122381	1072	51	133002	25655
安 徽	301	21657	471	52	20336	6665
福 建	289	23854	271	28	23582	4707
江 西	94	10821	12	7	4480	1263
山 东	1146	193169	650	40	165683	13968
河 南	555	88327	282	13	9847	2624
湖 北	272	31392	116	16	59242	6659
湖 南	610	364170	87	22	19571	10027
广 东	599	278619	140	36	100411	21817
广 西	413	54477	89	19	95571	12725
海 南	326	22113	216	487	10266	1328
重 庆	247	68263	96	35	309268	11067
四 川	804	119163	145	20	1683491	10443
贵 州	188	14247	77	24	36984	1690
云 南	399	33672	44	14	10861	1794
西 藏	162	19589	59	4	3111	188
陕 西	517	83493	46	19	36154	2902
甘 肃	237	12664	306	4	240773	1344
青 海	114	26209	25	6	62522	747
宁 夏	146	8187	42	8	13700	1720
新 疆	3240	255477	167	14	49090	3206

7–6 续表 7

地 区	青少年参加国际及港澳台地区科技交流活动（次）	参加人次（人次）	举办青少年高校科学营（次）	参加人次（人次）	编印青少年科技教育资料（种）	总印数（册）
合 计	**548**	**10537**	**148**	**19369**	**562**	**1127735**
北 京	501	740	2	296	12	35550
天 津	1	150	4	670	1	1000
河 北	0	0	5	250	301	8300
山 西	0	0	0	0	17	5250
内蒙古	0	0	2	40	3	3501
辽 宁	0	0	1	50	14	14580
吉 林	0	0	0	0	4	13000
黑龙江	0	0	0	0	1	53000
上 海	2	10	15	971	16	9950
江 苏	5	1711	53	7147	45	90372
浙 江	5	9	10	749	5	4130
安 徽	1	400	0	0	3	1960
福 建	3	319	1	100	20	444400
江 西	0	0	0	0	3	600
山 东	1	2	5	664	7	22150
河 南	2	13	2	2230	8	11060
湖 北	17	17	5	385	6	60000
湖 南	0	0	3	208	10	7240
广 东	3	381	7	699	17	214330
广 西	1	35	2	480	2	300
海 南	1	8	6	1295	0	0
重 庆	0	0	2	456	3	60500
四 川	3	79	5	228	6	1330
贵 州	1	10	1	46	22	6600
云 南	1	6653	6	980	6	27200
西 藏	0	0	0	0	1	210
陕 西	0	0	6	590	12	6350
甘 肃	0	0	1	80	0	0
青 海	0	0	1	385	11	22412
宁 夏	0	0	0	0	1	260
新 疆	0	0	3	370	5	2200

7-6 续表 8

地区	举办青少年科技教育活动和培训(次)	培训人次(人次)	中学生英才计划培养学生数(人次)
合 计	**3225**	**678572**	**5330**
北 京	848	58065	81
天 津	131	95610	43
河 北	34	6260	0
山 西	10	1780	0
内蒙古	16	2299	5
辽 宁	535	124640	2120
吉 林	13	11120	5
黑龙江	3	100	5
上 海	145	12990	90
江 苏	243	59471	205
浙 江	67	15391	263
安 徽	28	3613	0
福 建	93	23004	26
江 西	30	950	49
山 东	110	24890	61
河 南	12	3005	29
湖 北	9	1195	0
湖 南	24	3786	0
广 东	73	13670	1111
广 西	118	21400	0
海 南	36	7992	670
重 庆	44	9922	15
四 川	30	16995	307
贵 州	46	6333	0
云 南	44	5370	0
西 藏	2	170	0
陕 西	393	102225	185
甘 肃	19	545	60
青 海	23	10901	0
宁 夏	5	860	0
新 疆	41	34020	0

7-6 续表 9

地 区	编著科技图书(种)	总印数(册)	主办科技报纸(种)	总印数(份)	制作科普挂图(种)	总印数(张)
合 计	**1384**	**4360918**	**61**	**4145786**	**41542**	**5205483**
北 京	44	79962	2	3240	38	264680
天 津	9	179571	1	2	15	66126
河 北	16	23800	4	287000	11	33640
山 西	13	48640	1	8000	72	2710
内蒙古	18	47050	1	30000	77	28460
辽 宁	32	85850	4	12800	10086	35164
吉 林	30	109604	3	5000	97	77119
黑龙江	0	0	0	0	8	84618
上 海	36	808150	3	34000	55	76474
江 苏	61	289101	3	105300	200	68449
浙 江	65	272901	3	2841000	42	242079
安 徽	18	68400	2	18089	102	48544
福 建	35	92606	1	7000	130	78995
江 西	16	137600	0	0	58	4360
山 东	31	432208	2	247500	39	30958
河 南	18	31291	13	20400	31	25832
湖 北	66	433019	1	4	15033	31094
湖 南	40	202062	0	0	104	1885009
广 东	94	352135	2	9000	247	82855
广 西	15	22330	2	108000	71	233170
海 南	11	3000	0	0	101	1733
重 庆	21	45460	0	0	34	82025
四 川	50	121220	0	0	108	6892
贵 州	32	32900	2	14100	3037	76754
云 南	14	194351	2	356000	39	43992
西 藏	11	15100	0	0	3	2560
陕 西	525	159680	3	20850	115	177051
甘 肃	29	13262	2	101	11104	13307
青 海	8	20104	2	6900	50	119807
宁 夏	7	4830	0	0	40	19339
新 疆	19	34731	2	11500	395	1261687

7-6 续表 10

地 区	主办科普 App 或设置科普栏目的综合类 App (个)	科普 App 下载安装数 (次)	科普 App 更新数 (次)
合 计	**26**	**1483282**	**18264**
北 京	4	899673	13375
天 津	0	0	0
河 北	1	20000	200
山 西	0	0	0
内蒙古	0	0	0
辽 宁	1	2200	1
吉 林	0	0	0
黑龙江	1	25100	7
上 海	0	0	0
江 苏	4	242	30
浙 江	0	0	0
安 徽	0	0	0
福 建	2	22584	22
江 西	0	0	0
山 东	2	27790	25
河 南	0	0	0
湖 北	1	100	2
湖 南	3	4692	4352
广 东	1	600	2
广 西	1	2700	3
海 南	0	0	0
重 庆	0	0	0
四 川	0	0	0
贵 州	0	0	0
云 南	1	150000	9
西 藏	0	0	0
陕 西	2	0	200
甘 肃	1	1	1
青 海	0	0	0
宁 夏	0	0	0
新 疆	1	327600	35

7-6 续表 11

地 区	主办科普微信公众号（个）	关注数（个）	全年阅读量（次）	主办科普微博（个）	关注数（个）
合 计	**937**	**37282115**	**3302625559**	**155**	**578297489**
北 京	74	1911371	9274204	15	304790
天 津	23	281342	1770232	3	2105067
河 北	19	55970	1000067	4	121209
山 西	19	25842	194657	2	2202
内蒙古	16	19942	322682	2	208
辽 宁	31	65120	750445	5	35217
吉 林	22	202761	1140740	2	1002
黑龙江	3	3604	9429	2	7786
上 海	78	440899	5152770	8	282238
江 苏	72	265272	4009482	15	38204
浙 江	51	873653	22770127	15	555038429
安 徽	20	28587617	3202861643	8	273842
福 建	50	171433	1501464	3	150562
江 西	5	8655	133672	0	0
山 东	50	775285	3582238	6	85070
河 南	20	63493	586443	4	1532100
湖 北	28	50944	3575798	1	335
湖 南	43	132094	1965511	3	655530
广 东	96	1012270	18657584	8	119194
广 西	15	85302	260117	2	1216
海 南	5	2586	11901	0	0
重 庆	35	137890	8292937	8	1461059
四 川	36	218701	7217550	10	140728
贵 州	14	76252	166483	0	0
云 南	14	850345	767433	5	1535117
西 藏	0	0	0	0	0
陕 西	27	677677	1022307	10	1173488
甘 肃	6	2952	19099	9	28216
青 海	40	141241	491827	1	180
宁 夏	12	17021	149803	0	0
新 疆	13	124581	4966914	3	13204500

八、科技决策咨询

简要说明

本篇统计资料为：

1. 汇总数据，反映中国科协、地方科协、全国学会和省级学会科技决策咨询情况。

2. 地方科协和省级学会统计数据，分别反映各省级科协及其所属学会、市级科协、县级科协开展的科技决策咨询工作。

3. 相关统计指标包括举办决策咨询活动、科技评估、组织参与立法咨询、组织政协科协界委员协商或调研活动、提供决策咨询报告、反映科技工作者建议、答复人大（政协）代表（委员）提案、组织政策解读活动、发布政策解读文章等情况。

8-1 2021年各级科协科技决策咨询汇总表

指　标		合　计		科协小计		中国科协机关及直属单位	
		2020年	2021年	2020年	2021年	2020年	2021年
决策咨询活动							
开展科技评估	（次）	8927	12647	394	500	23	0
参加决策咨询活动专家数	（人次）	61687	73252	17283	19016	255	185
组织政协科协界委员协商或调研活动	（次）	1667	1813	1167	1276	0	0
组织政策解读活动	（次）	1938	2315	738	863	1	1
组织参与立法咨询	（次）	476	525	169	173	2	2
反映科技工作者建议							
反映科技工作者建议	（篇）	10586	9897	7738	7438	29	17
# 获上级领导批示条数	（条）	933	1061	472	584	1	0
科技决策咨询报告、书籍、刊物及宣传							
提供决策咨询报告篇数	（篇）	5099	6974	2203	2613	63	129
# 获上级领导批示决策咨询报告篇数	（篇）	1422	1847	676	675	31	57
# 获上级领导批示条数	（条）	728	854	375	366	33	25
发表论文、文章等	（篇）	27060	32573	1081	3115	150	372
# 发布政策解读文章	（篇）	946	1197	141	217	2	22
出版科技决策咨询类图书	（种）	295	372	73	89	8	15
印刷量	（册）	703581	1009022	237062	228647	7200	6777

8-1 续表

指 标		省级科协		市级科协		县级科协	
		2020 年	2021 年	2020 年	2021 年	2020 年	2021 年
决策咨询活动							
开展科技评估	（次）	66	49	102	214	203	237
参加决策咨询活动专家数	（人次）	3013	4890	3559	3565	10456	10376
组织政协科协界委员协商或调研活动	（次）	45	34	490	524	632	718
组织政策解读活动	（次）	32	27	223	223	482	612
组织参与立法咨询	（次）	35	28	6	13	126	130
反映科技工作者建议							
反映科技工作者建议	（篇）	1424	1435	1955	1901	4330	4085
# 获上级领导批示条数	（条）	179	220	117	145	175	219
科技决策咨询报告、书籍、刊物及宣传							
提供决策咨询报告篇数	（篇）	394	429	1037	1320	709	735
# 获上级领导批示决策咨询报告篇数	（篇）	102	122	202	178	341	318
# 获上级领导批示条数	（条）	109	132	130	103	103	106
发表论文、文章等	（篇）	144	189	550	2300	237	254
# 发布政策解读文章	（篇）	17	23	91	128	31	44
出版科技决策咨询类图书	（种）	8	7	8	13	49	54
印刷量	（册）	5762	4000	12300	20176	211800	197694

8–2 2021 年全国学会、省级学会科技决策咨询汇总表

指标		学会小计		全国学会		省级学会	
		2020 年	2021 年	2020 年	2021 年	2020 年	2021 年
决策咨询活动							
开展科技评估	（次）	8533	12147	2368	2585	6165	9562
参加决策咨询活动专家数	（人次）	44404	54236	12509	20110	31895	34126
组织政协科协界委员协商或调研活动	（次）	500	537	79	109	421	428
组织政策解读活动	（次）	1200	1452	190	242	1010	1210
组织参与立法咨询	（次）	307	352	100	118	207	234
反映科技工作者建议							
反映科技工作者建议	（篇）	2848	2459	883	544	1965	1915
# 获上级领导批示条数	（条）	461	477	92	55	369	422
科技决策咨询报告、书籍、刊物及宣传							
提供决策咨询报告篇数	（篇）	2896	4361	1013	1048	1883	3313
# 获上级领导批示决策咨询报告篇数	（篇）	746	1172	223	165	523	1007
# 获上级领导批示条数	（条）	353	488	117	93	236	395
发表论文、文章等	（篇）	25979	29458	6368	5923	19611	23535
# 发布政策解读文章	（篇）	805	980	388	375	417	605
出版科技决策咨询类图书	（种）	222	283	43	91	179	192
印刷量	（册）	466519	780375	308504	461416	158015	318959

8–3 2021年各省级科协科技决策咨询情况

地区	开展科技评估（次）	举办决策咨询活动 次数（次）	#接受媒体采访或发表声明（次）	参加活动专家数（人次）	组织政协科协界委员协商或调研活动（次）
合计	**49**	**210**	**41**	**4890**	**34**
北京	0	40	12	345	3
天津	0	6	0	100	5
河北	0	0	0	10	0
山西	0	16	0	366	3
内蒙古	0	2	0	4	0
辽宁	0	0	0	0	0
吉林	0	11	0	95	0
黑龙江	0	13	0	1850	0
上海	0	10	0	130	5
江苏	4	16	11	26	3
浙江	0	7	5	35	4
安徽	0	0	0	0	1
福建	0	0	0	0	0
江西	0	1	0	10	0
山东	2	24	5	470	0
河南	0	0	0	0	0
湖北	0	8	0	151	0
湖南	6	0	0	0	0
广东	0	5	1	78	0
广西	0	0	0	0	0
海南	0	0	0	0	0
重庆	1	3	3	890	6
四川	0	0	0	0	0
贵州	0	2	2	30	0
云南	0	0	0	0	0
西藏	0	0	0	0	0
陕西	36	40	0	200	0
甘肃	0	1	0	10	0
青海	0	0	0	0	0
宁夏	0	0	0	0	3
新疆	0	5	2	90	1
新疆生产建设兵团	0	0	0	0	0

8-3 续表 1

地 区	组织政策解读活动（次）	组织参与立法咨询（次）	反映科技工作者建议（篇）	# 获上级领导批示科技工作者建议篇数（篇）	# 获上级领导批示条数（条）
合 计	**27**	**28**	**1435**	**165**	**220**
北 京	0	1	121	9	15
天 津	1	1	4	3	6
河 北	0	0	34	0	0
山 西	4	5	70	2	1
内蒙古	0	1	35	6	0
辽 宁	0	0	170	4	5
吉 林	0	0	70	0	0
黑龙江	2	3	7	0	0
上 海	0	0	28	9	15
江 苏	3	12	23	16	29
浙 江	0	0	28	22	58
安 徽	0	0	25	8	11
福 建	0	0	34	4	4
江 西	0	0	0	0	0
山 东	0	0	21	17	17
河 南	7	0	8	1	0
湖 北	0	0	0	0	0
湖 南	0	0	0	0	0
广 东	0	0	123	13	0
广 西	2	0	11	6	9
海 南	0	0	8	4	4
重 庆	2	0	50	30	42
四 川	0	0	4	0	0
贵 州	3	4	0	0	0
云 南	0	0	325	2	0
西 藏	0	0	2	0	0
陕 西	0	0	151	1	0
甘 肃	0	0	10	0	0
青 海	0	0	6	0	0
宁 夏	3	0	8	6	0
新 疆	0	1	59	2	4
新疆生产建设兵团	0	0	0	0	0

8-3 续表 2

地 区	答复人大（政协）代表（委员）提案数（件）	提供决策咨询报告篇数（篇）	# 获上级领导批示决策咨询报告篇数（篇）	# 获上级领导批示条数（条）
合 计	**119**	**429**	**122**	**132**
北 京	11	28	9	15
天 津	0	5	3	3
河 北	1	34	0	0
山 西	3	35	0	0
内蒙古	3	0	0	0
辽 宁	0	21	4	5
吉 林	0	3	3	0
黑龙江	5	8	0	0
上 海	10	9	0	0
江 苏	8	41	1	0
浙 江	6	4	4	4
安 徽	11	25	8	11
福 建	6	12	4	4
江 西	0	6	3	4
山 东	5	22	18	18
河 南	2	2	2	0
湖 北	1	63	9	8
湖 南	2	7	1	1
广 东	4	7	5	0
广 西	0	11	6	9
海 南	0	0	0	0
重 庆	13	50	30	42
四 川	0	5	1	1
贵 州	2	5	2	3
云 南	0	3	2	0
西 藏	0	2	0	0
陕 西	0	4	3	3
甘 肃	0	0	0	0
青 海	0	2	0	0
宁 夏	2	5	3	0
新 疆	24	10	1	1
新疆生产建设兵团	0	0	0	0

8-3　续表 3

地　区	发表论文、文章等（篇）	# 发布政策解读文章（篇）	出版科技决策咨询类图书（种）	印刷量（册）
合　计	**189**	**23**	**7**	**4000**
北　京	0	0	0	0
天　津	0	0	0	0
河　北	0	0	0	0
山　西	0	0	4	200
内蒙古	0	0	0	0
辽　宁	0	0	0	0
吉　林	0	0	0	0
黑龙江	0	0	0	0
上　海	0	0	0	0
江　苏	20	16	0	0
浙　江	0	0	0	0
安　徽	0	0	0	0
福　建	33	0	0	0
江　西	0	0	0	0
山　东	68	2	0	0
河　南	0	0	0	0
湖　北	0	0	0	0
湖　南	0	0	0	0
广　东	1	0	1	300
广　西	1	0	0	0
海　南	0	0	0	0
重　庆	60	5	1	2700
四　川	0	0	0	0
贵　州	0	0	0	0
云　南	0	0	0	0
西　藏	2	0	0	0
陕　西	0	0	0	0
甘　肃	0	0	0	0
青　海	0	0	0	0
宁　夏	0	0	1	800
新　疆	4	0	0	0
新疆生产建设兵团	0	0	0	0

8-4 2021年各地区市级科协科技决策咨询情况

地区	开展科技评估（次）	举办决策咨询活动			组织政协科协界委员协商或调研活动（次）
		次数（次）	#接受媒体采访或发表声明（次）	参加活动专家数（人次）	
合计	**214**	**430**	**51**	**3565**	**524**
北京	0	14	1	71	3
天津	0	0	0	0	0
河北	0	0	0	0	0
山西	0	0	0	0	8
内蒙古	5	8	1	60	3
辽宁	0	17	3	162	0
吉林	33	11	3	171	5
黑龙江	0	4	0	14	5
上海	12	22	1	48	9
江苏	7	25	2	128	11
浙江	17	88	14	689	27
安徽	0	5	0	50	8
福建	0	37	3	177	4
江西	0	1	0	3	2
山东	8	28	3	240	5
河南	1	13	1	218	2
湖北	2	14	0	191	8
湖南	9	28	11	285	17
广东	101	4	0	72	7
广西	5	9	0	176	18
海南	0	0	0	0	0
重庆	5	46	0	453	39
四川	2	8	0	115	6
贵州	4	31	6	75	8
云南	0	2	0	8	4
西藏	0	0	0	0	0
陕西	1	10	1	120	1
甘肃	2	0	0	0	1
青海	0	0	0	0	0
宁夏	0	2	0	28	3
新疆	0	3	1	11	0

8-4　续表 1

地　区	组织政策解读活动（次）	组织参与立法咨询（次）	反映科技工作者建议（篇）	# 获上级领导批示科技工作者建议篇数（篇）	# 获上级领导批示条数（条）
合　计	**223**	**13**	**1901**	**291**	**145**
北　京	1	0	35	2	0
天　津	3	0	0	0	0
河　北	0	0	215	4	1
山　西	1	0	26	2	0
内蒙古	2	0	75	15	18
辽　宁	0	0	62	5	4
吉　林	5	1	13	5	5
黑龙江	2	0	12	2	0
上　海	55	0	27	1	0
江　苏	4	0	236	37	17
浙　江	0	0	66	24	34
安　徽	7	1	80	9	4
福　建	0	0	37	7	0
江　西	0	0	61	18	11
山　东	6	1	101	11	2
河　南	4	0	40	8	4
湖　北	1	0	207	52	6
湖　南	23	0	80	7	5
广　东	5	6	23	4	2
广　西	10	1	103	3	1
海　南	0	0	0	0	0
重　庆	9	1	202	42	19
四　川	20	2	47	10	0
贵　州	9	0	1	0	0
云　南	12	0	35	0	0
西　藏	0	0	0	0	0
陕　西	8	0	16	2	0
甘　肃	0	0	26	9	0
青　海	0	0	5	0	0
宁　夏	0	0	43	6	4
新　疆	3	0	19	5	2

8-4 续表 2

地　区	答复人大（政协）代表（委员）提案数（件）	提供决策咨询报告篇数（篇）	# 获上级领导批示决策咨询报告篇数（篇）	# 获上级领导批示条数（条）
合　计	**283**	**1320**	**178**	**103**
北　京	5	5	1	0
天　津	4	1	0	0
河　北	1	12	2	2
山　西	0	0	0	0
内蒙古	3	19	8	8
辽　宁	5	44	1	0
吉　林	2	14	5	5
黑龙江	0	7	0	0
上　海	75	35	1	1
江　苏	13	456	23	4
浙　江	36	49	19	10
安　徽	10	18	5	5
福　建	12	25	1	1
江　西	0	62	8	14
山　东	9	38	7	0
河　南	5	11	3	2
湖　北	9	144	20	2
湖　南	7	13	7	1
广　东	17	25	10	13
广　西	2	31	0	0
海　南	1	0	0	0
重　庆	13	175	36	18
四　川	7	15	5	5
贵　州	34	66	1	1
云　南	4	4	0	0
西　藏	1	0	0	0
陕　西	0	16	1	1
甘　肃	2	0	0	0
青　海	1	0	0	0
宁　夏	1	1	0	1
新　疆	3	12	9	0

8-4 续表 3

地　区	发表论文、文章等（篇）	#发布政策解读文章（篇）	出版科技决策咨询类图书（种）	印刷量（册）
合　计	**2300**	**128**	**13**	**20176**
北　京	0	0	0	0
天　津	0	0	0	0
河　北	0	0	0	0
山　西	0	0	0	0
内蒙古	1	0	1	200
辽　宁	14	0	1	100
吉　林	0	0	0	0
黑龙江	0	0	0	0
上　海	80	80	1	256
江　苏	2	1	1	500
浙　江	10	0	0	0
安　徽	1	0	0	0
福　建	0	0	0	0
江　西	0	0	4	12620
山　东	6	0	0	0
河　南	3	0	0	0
湖　北	4	0	4	6000
湖　南	2	1	0	0
广　东	149	0	0	0
广　西	0	0	1	500
海　南	0	0	0	0
重　庆	10	0	0	0
四　川	0	0	0	0
贵　州	35	23	0	0
云　南	0	0	0	0
西　藏	0	0	0	0
陕　西	0	0	0	0
甘　肃	0	0	0	0
青　海	0	0	0	0
宁　夏	0	0	0	0
新　疆	0	0	0	0

8-5 2021年各地区县级科协科技决策咨询情况

地 区	开展科技评估(次)	举办决策咨询活动			组织政协科协界委员协商或调研活动(次)
		次 数(次)	# 接受媒体采访或发表声明(次)	参加活动专家数(人次)	
合 计	**237**	**701**	**100**	**10376**	**718**
河 北	8	19	5	102	30
山 西	1	6	2	121	17
内蒙古	3	9	1	60	17
辽 宁	5	24	2	90	10
吉 林	4	9	6	36	4
黑龙江	6	11	4	59	10
江 苏	29	37	2	213	87
浙 江	24	144	38	2215	99
安 徽	7	18	5	124	35
福 建	6	25	2	103	16
江 西	6	16	2	122	21
山 东	16	80	6	644	72
河 南	17	61	2	330	32
湖 北	24	43	2	272	40
湖 南	25	32	5	367	61
广 东	0	2	1	9	6
广 西	5	1	0	27	11
海 南	1	2	1	53	1
重 庆	4	9	0	112	10
四 川	15	67	5	496	46
贵 州	5	22	2	96	19
云 南	5	6	0	799	25
西 藏	7	9	3	3593	4
陕 西	6	29	0	217	20
甘 肃	1	10	3	75	6
青 海	1	2	0	2	3
宁 夏	0	1	0	2	8
新 疆	6	7	1	37	8

注：本表数据不含北京、天津和上海地区。

8-5 续表 1

地区	组织政策解读活动（次）	组织参与立法咨询（次）	反映科技工作者建议（篇）	#获上级领导批示科技工作者建议篇数（篇）	#获上级领导批示条数（条）
合 计	**612**	**130**	**4085**	**934**	**219**
河 北	21	12	143	16	7
山 西	27	4	172	28	1
内蒙古	18	2	132	14	1
辽 宁	7	1	43	8	2
吉 林	39	1	9	2	0
黑龙江	2	0	72	18	3
江 苏	39	7	536	87	20
浙 江	51	5	354	77	64
安 徽	41	7	135	33	37
福 建	10	0	78	14	1
江 西	12	1	241	58	10
山 东	39	3	433	125	8
河 南	26	13	319	78	5
湖 北	23	5	241	57	4
湖 南	37	13	336	144	21
广 东	10	0	36	2	2
广 西	2	2	32	6	0
海 南	2	0	19	8	0
重 庆	2	0	56	9	3
四 川	77	10	257	59	6
贵 州	31	5	55	11	2
云 南	22	8	122	27	7
西 藏	9	6	2	2	0
陕 西	29	12	125	34	11
甘 肃	8	3	104	14	1
青 海	3	2	1	0	0
宁 夏	3	0	24	0	1
新 疆	22	8	8	3	2

8-5 续表 2

地 区	答复人大（政协）代表（委员）提案数（件）	提供决策咨询报告篇数（篇）	# 获上级领导批示决策咨询报告篇数（篇）	# 获上级领导批示条数（条）
合 计	**343**	**735**	**318**	**106**
河 北	7	14	7	5
山 西	9	9	7	1
内蒙古	9	16	5	0
辽 宁	3	5	2	0
吉 林	3	1	1	0
黑龙江	6	4	3	1
江 苏	40	91	32	8
浙 江	41	143	53	27
安 徽	31	22	9	8
福 建	10	9	5	1
江 西	4	30	20	7
山 东	34	80	42	4
河 南	14	55	37	4
湖 北	18	25	10	2
湖 南	16	26	17	5
广 东	26	30	1	1
广 西	2	4	2	0
海 南	4	1	1	1
重 庆	0	14	5	4
四 川	23	73	27	14
贵 州	5	11	1	3
云 南	17	12	8	1
西 藏	0	4	0	0
陕 西	4	28	16	6
甘 肃	5	17	4	1
青 海	2	0	0	0
宁 夏	6	5	1	0
新 疆	4	6	2	2

8-5 续表 3

地 区	发表论文、文章等（篇）	# 发布政策解读文章（篇）	出版科技决策咨询类图书（种）	印刷量（册）
合 计	**254**	**44**	**54**	**197694**
河 北	3	0	4	83000
山 西	1	0	7	18000
内蒙古	3	2	1	5000
辽 宁	1	0	0	0
吉 林	0	0	1	1500
黑龙江	0	0	1	1344
江 苏	35	1	0	0
浙 江	14	0	1	7000
安 徽	45	9	5	16100
福 建	5	1	0	0
江 西	16	0	0	0
山 东	9	2	3	7500
河 南	14	9	5	22000
湖 北	35	5	4	250
湖 南	58	15	1	6000
广 东	0	0	3	3000
广 西	0	0	1	6000
海 南	0	0	0	0
重 庆	0	0	0	0
四 川	3	0	0	0
贵 州	0	0	10	12000
云 南	2	0	0	0
西 藏	1	0	0	0
陕 西	7	0	0	0
甘 肃	1	0	1	1000
青 海	1	0	0	0
宁 夏	0	0	6	8000
新 疆	0	0	0	0

8-6 2021年各地区省级学会科技决策咨询情况

地区	开展科技评估（次）	举办决策咨询活动			组织政协科协界委员协商或调研活动（次）
		次数（次）	#接受媒体采访或发表声明（次）	参加活动专家数（人次）	
合计	**9562**	**3767**	**544**	**34126**	**428**
北京	532	142	15	1220	5
天津	32	62	10	3264	9
河北	53	74	7	317	2
山西	149	127	3	115	5
内蒙古	8	45	11	218	4
辽宁	491	131	17	778	14
吉林	51	18	1	196	3
黑龙江	6	20	12	68	2
上海	567	392	15	3502	3
江苏	378	256	22	3041	26
浙江	415	167	23	1759	39
安徽	311	139	31	1572	0
福建	177	83	18	808	10
江西	162	21	10	401	8
山东	529	385	38	2722	27
河南	184	48	15	672	61
湖北	52	133	13	717	6
湖南	163	96	23	2089	8
广东	2429	139	43	3234	19
广西	1338	45	6	285	2
海南	35	3	0	48	8
重庆	142	159	40	1002	2
四川	220	481	22	2089	93
贵州	88	109	17	586	4
云南	179	74	16	551	6
西藏	7	12	0	28	1
陕西	110	77	15	361	5
甘肃	215	163	66	469	29
青海	215	39	7	221	4
宁夏	35	38	9	1037	10
新疆	289	89	19	756	13

8-6 续表 1

地 区	组织政策解读活动（次）	组织参与立法咨询（次）	反映科技工作者建议（篇）	# 获上级领导批示科技工作者建议篇数（篇）	# 获上级领导批示条数（条）
合 计	**1210**	**234**	**1915**	**464**	**422**
北 京	97	20	317	59	51
天 津	24	5	24	16	4
河 北	21	2	16	6	8
山 西	5	1	8	4	3
内蒙古	15	7	12	5	3
辽 宁	66	3	34	7	5
吉 林	6	0	69	5	3
黑龙江	5	0	2	0	1
上 海	28	7	16	2	1
江 苏	102	16	259	96	134
浙 江	101	17	127	25	28
安 徽	25	2	50	17	13
福 建	33	14	41	2	1
江 西	10	5	13	6	3
山 东	50	9	138	40	29
河 南	32	2	15	7	6
湖 北	22	4	29	14	13
湖 南	47	7	34	10	3
广 东	136	14	57	12	6
广 西	18	2	27	4	2
海 南	8	1	21	8	4
重 庆	48	9	275	42	36
四 川	91	8	50	19	10
贵 州	26	4	48	16	18
云 南	23	8	55	20	2
西 藏	0	0	5	2	0
陕 西	7	2	16	1	1
甘 肃	77	49	27	6	4
青 海	11	7	6	2	0
宁 夏	20	2	12	4	4
新 疆	56	7	112	7	26

8-6 续表 2

地 区	答复人大（政协）代表（委员）提案数（件）	提供决策咨询报告篇数（篇）	#获上级领导批示决策咨询报告篇数（篇）	#获上级领导批示条数（条）
合 计	**91**	**3313**	**1007**	**395**
北 京	6	122	13	12
天 津	3	30	6	5
河 北	1	50	12	25
山 西	3	7	4	1
内蒙古	0	6	1	2
辽 宁	2	36	11	5
吉 林	3	12	4	1
黑龙江	0	1	1	0
上 海	1	280	248	1
江 苏	4	105	33	21
浙 江	10	130	53	38
安 徽	1	71	24	16
福 建	6	44	4	5
江 西	1	6	4	1
山 东	1	193	44	39
河 南	2	10	3	4
湖 北	0	131	44	28
湖 南	8	79	39	9
广 东	4	189	154	34
广 西	1	17	0	0
海 南	1	7	4	3
重 庆	1	53	15	8
四 川	0	413	33	23
贵 州	5	33	10	13
云 南	6	181	10	14
西 藏	6	0	0	0
陕 西	3	717	57	50
甘 肃	8	94	7	11
青 海	1	147	141	2
宁 夏	1	27	7	2
新 疆	2	122	21	22

8-6 续表 3

地 区	发表论文、文章等（篇）	#发布政策解读文章（篇）	出版科技决策咨询类图书（种）	印刷量（册）
合 计	**23535**	**605**	**192**	**318959**
北 京	295	9	6	5200
天 津	947	11	1	80
河 北	1215	8	3	851
山 西	1023	3	1	800
内蒙古	205	16	1	550
辽 宁	125	11	2	2300
吉 林	244	15	1	50
黑龙江	927	2	2	18000
上 海	421	91	1	3000
江 苏	455	85	5	6780
浙 江	191	45	9	14276
安 徽	2137	12	1	300
福 建	850	2	11	27800
江 西	589	1	5	17200
山 东	699	17	10	13301
河 南	1169	20	22	10986
湖 北	1351	26	1	1
湖 南	983	22	22	27754
广 东	2392	66	5	7200
广 西	577	8	0	0
海 南	260	19	1	0
重 庆	215	2	1	3500
四 川	941	50	4	8900
贵 州	274	12	16	100960
云 南	1074	18	3	20600
西 藏	298	0	2	1000
陕 西	689	3	16	8840
甘 肃	1377	14	24	3730
青 海	753	0	2	2000
宁 夏	207	1	2	2200
新 疆	652	16	6	10800

主要指标解释

中国科协基层组织　各级科协在科技工作者集中的企业、事业单位，高等院校，有条件的乡镇（街道）、村（社区）、农村等建立的科学技术协会（科学技术普及协会）等。主要包括企业科协、高校科协、乡镇（街道）科协、村（社区）科协、农技协等。

企业（园区）科协　截至2021年12月31日，各级科协批复由企业（园区）成立的科协基层组织，以及在民政部门登记、经各级科协正式审批接纳的在国家和各级地方政府批准成立的自主创新示范区、经济技术开发区和高新技术产业开发区等企业密集区域和众创空间等新经济组织内建立的科协组织。

企业（园区）科协个人会员　截至2021年12月31日，企业（园区）建立的科学技术协会（科学技术普及协会）发展的个人会员。

高校科协　截至2021年12月31日，各级科协批复由高等院校成立的科协基层组织。

高校科协个人会员　截至2021年12月31日，高等院校建立的科学技术协会（科学技术普及协会）发展的个人会员（取得本协会会员资格的人员）。

乡镇（街道）科协　截至2021年12月31日，在乡镇、街道设立的科学技术协会（科学技术普及协会）等。

乡镇（街道）科协个人会员　截至2021年12月31日，乡镇、街道建立的科学技术协会（科学技术普及协会）发展的个人会员（取得本协会会员资格的人员）。

农村（社区）科协　截至2021年12月31日，在村、社区一级设立的科学技术协会（科学技术普及协会）等。

农村（社区）科协个人会员　截至2021年12月31日，村、社区一级建立的科学技术协会（科学技术普及协会）发展的个人会员（取得本协会会员资格的人员）。

农技协　截至2021年12月31日，经各级科协正式审批接纳或登记备案的农村专业技术协会及各类农村专业技术研究会（农研会）等。

农技协个人会员　截至2021年12月31日，农技协发展的个人会员（取得本协会会员资格的人员），其中，农村一户计为一个农技协个人会员。

本级科协代表大会人数　截至2021年12月31日，本届本级科协代表大会的代表人数。

委员会委员人数　截至2021年12月31日，本届本级科协代表大会委员会委员的人数。

常务委员会委员人数　截至2021年12月31日，本届本级科协代表大会常务委员会委员的人数。

从业人员平均人数　2021年度平均拥有的从业人员数。

本级科协部门经费总收入　2021年度本级科协部门经费总收入，包括科协本级经费总收入和直属单位经费总收入。

本级科协部门经费总支出　2021年度本级科协部门经费总支出，包括科协本级经费总收入和直属单位经费总支出。

上级补助收入　2021年度上一级科协以项目资助或委托等形式拨付的经费。

事业收入　2021年度本部门开展业务活动及其辅助活动取得的收入，包括科研经费、技术收入、学术活动收入、科普活动收入和试制产品收入等。

经营收入　2021年度本部门在专业业务活动及辅助活动之外开展的非独立核算的生产经营活动取得的收入，包括产品销售收入、经营服务收入、工程承包收入、租赁收入和其他经营收入等。

其他收入　2021年度本单位经费筹集总额中除上述收入外的所有收入。

学会分支结构　学会按机构管理要求设置的常设专业委员会、工作委员会、分会和专项基金管理委员会等。

学会团体（单位）会员 截至2021年12月31日，在学会注册登记，通过无条件提供经费、志愿服务、物品等方式积极支持本学会事业发展的个人会员或单位会员。

理事会理事 截至2021年12月31日，经会员代表大会选举产生的学会理事。

常务理事 截至2021年12月31日，经学会会员代表大会或理事会选举产生的常务理事。

学会个人会员 截至2021年12月31日，在学会注册登记，并取得会员资格的人员（包括外籍会员）。

高级（资深）会员 截至2021年12月31日，符合学会章程所规定的高级会员或资深会员标准的会员。如果章程中无此项规定，则按具备高级专业技术资格的会员数填报。

交纳会费会员 截至2021年12月31日，在学会登记注册，并取得本学会会员资格并按年长期交纳会费的人员。

学会个人会员中党员人数 截至2021年12月31日，在学会登记注册，并取得本学会会员资格的中共党员。

从业人员平均人数 2021年度平均拥有的从业人员数。

举办各类思想政治教育培训班及活动 2021年度本单位主办或牵头组织的以传播党的政治理论观点、路线方针政策、科学学风道德为主要内容，增强科技工作者对党的政治认同、思想认同、理论认同和情感认同的各类培训及活动，包括科协党校主题教育培训、科学道德与学风建设宣讲培训及活动等，不包括日常业务培训及活动等。

科协党校主题教育培训班 2021年度本单位组织或牵头组织的，以学习习近平新时代中国特色社会主义思想，学习党的政治理论观点、路线方针政策，学习党的光辉历史和优良传统为主要内容，通过课堂讲授、现场体验、研讨交流、情景教学、音像教学、座谈会等方式开展教学的各类主题培训班。

科学道德与学风建设宣讲活动 2021年度本单位主办或牵头组织宣讲科学精神、科学道德、科学伦理和科学规范的会议、培训及活动。

向省部级（含）以上科技奖项、人才计划（工程）举荐获奖人才数 2021年度本单位向省部级（含）以上科技奖项（人物奖）、人才计划（工程）举荐并获得奖励、支持的人才数。

向省部级（含）以上科技奖项推荐获奖项目数 2021年度本单位向省部级（含）以上科技奖项（成果奖）举荐的项目数，以及获得奖励的项目数。

科技人才信息库 截至2021年12月31日，本单位或本单位牵头建设、运行维护、开发利用的，为充分发挥科协联系科技工作者的桥梁纽带作用，进一步推进科技决策的科学化和民主化水平，推动科技领域专家在科技管理和决策中发挥咨询和参谋作用，建设的主要以自然科学领域各主要学科与行业的高层次科技人才专家为主体的信息库，包括科技人才库、科技工作者信息库、学会会员信息库等。

举荐院士候选人次 2021年度本单位向中国科协推选的院士候选人次。

科技奖项名称 截至2021年12月31日，本单位设立的奖项名称，涵盖人物奖、成果奖、科技奖和科普类奖项等，不包括一般的表扬鼓励和专门针对本单位工作人员的表彰奖励。注意，由本单位设立的奖项，包括本年度暂未开展表彰活动但奖项实际存在的奖项，不包括本单位或单位人员在其他单位获得的奖项。

表彰奖励科技工作者 2021年度本单位正式行文表彰（含命名）的，在科技工作中有特殊贡献的科技人员。不包括一般的表扬鼓励和专门针对本单位工作人员的表彰奖励。

通过媒体宣传科技工作者人次 2021年度本单位从宣传党和政府对科技事业的重视和支持、展示我国科技事业的重大进展和成就、推出优秀科技工作者和团队典型、弘扬科学精神和科学思想及传播科学知识和科学方法五个重点宣传内容方面宣传的科技工作者。

科技志愿服务活动 2021年度本单位或本单位牵头组织科技志愿者、科技志愿服务组织为服务科技工作者、服务创新驱动发展、服务全民科学素质提高、服务党和政府科学决策，在科技攻关、成果转化、人才培养、智库咨询、科学普及、脱贫攻坚等方面自愿、无偿向社会或他人提供的公益性科技类服务活动。

科技志愿服务组织 截至2021年12月31日，各级科协、学会和相关机构成立的科技志愿者协会、科技志愿者队伍、科技志愿服务团（队）等。

科技志愿者人数 截至2021年12月31日，本单位登记注册的科技志愿者人数，包括原科普志愿者。科技志愿者指不以物质报酬为目的，利用自己的时间、科技技能、科技成果、社会影响力等，自愿为社会或他人提供公益性科技类服务的科技工作者、科技爱好者和热心科技传播的人士等。

科普专职人员 截至2021年12月31日，本级科协系统中从事科普工作时间占其全部工作时间60%及以上且领取报酬的人员。包括科普管理工作者，从事专业科普研究和创作的人员，专职科普作家，各类科普场馆的相关工作人员，科普类图书、报刊科技（科普）专栏版的编辑，电台、电视台科普频道、栏目的编导，科普网站信息加工人员等。

科普兼职人员 截至2021年12月31日，在本级科协系统非职业范围内从事科普工作，仅在某些科普活动中从事宣传、辅导、演讲等工作的人员，以及工作时间不能满足科普专职人员要求的从事科普工作且领取报酬的人员。包括进行科普讲座等科普活动的科技人员、中小学兼职科技辅导员等。

开展维护科技工作者权益活动 2021年度本单位组织开展或牵头组织开展的，主动代表科技工作者通过合法渠道、正常途径，合理伸展利益诉求，以加强服务科技工作者和维护科技工作者合法权益为目的，为科技工作者提供创业就业、心理疏导、法律援助、大病救助、困难群体慰问、婚恋交友、居家养老等服务的活动。

通过群众来信、信访热线等方式服务科技工作者 2021年度本单位通过群众来信、信访热线等方式接到服务科技工作者诉求，并提供有效服务的次数及受益人数。

加入国际民间科技组织 截至2021年12月31日，本单位代表国家、地区或学科加入国际民间科技组织的数量，其中正式国际民间科技组织是经所在国正式注册，具有法人资质的国际组织。

任职专家 截至2021年12月31日，经本单位培养推荐且已在国际民间科技组织中任职的专家总数。

高级别任职专家 截至2021年12月31日，在核心领导层任职专家为高级别任职专家，包括主席、副主席、执委、秘书长、司库或相当职务的任职专家等。

一般级别任职专家 截至2021年12月31日，在核心领导层以外的专委会或其他常设机构任职的专家。

普通工作人员 截至2021年12月31日，经本单位培养推荐，且已在国际民间科技组织中任职的普通工作（非专家）人员总数。

参加国际科学计划 截至2021年12月31日，本单位及所联系的专家参与国际民间科技组织发起或主导的国际科学计划。

参加大陆境外科技活动人次 2021年度本单位组织参加的大陆境外（含港澳台地区）会议、展览、经贸、访问考察、科研、培训等科技活动的总人次。

接待大陆境外专家学者 2021年度本单位单独或牵头接待的来自大陆境外（含港澳台地区）参加学术交流活动、科技人文交流活动、专业技术培训、应用项目对接洽谈、科学教研等科技活动的专家学者。

海外人才离岸创新创业基地 截至2021年12月31日，本级科协已建立或认定的，为促进海内外创新创业服务机构和创新创业团队的交流合作，促进海外人才离岸创新创业工作，推动更多海外人才回国创业及更多海外创新成果在中国落地转化的创新创业基地。

海智计划工作基地 截至2021年12月31日，本级科协已建立或认定的，为加强与海外华人科技团体的联系，充分发挥海外人才和智力优势，切实发挥出海智平台以才引才、以才聚才的作用，发动全国学会和地方科协共同参与，为海外人才回国工作、为国服务搭建的海智计划工作平台。

开展推进创新创业活动 2021年度本单位为推进创新创业而开展的各项工作、举办的各项活动。活动期间在中国各地举办政策宣传、展览展示、经验交流、信息发布、文化传播、互动对接、投资交易、成果转化等活动，促进各类创业创新要素聚集、交流、对接，在全社会营造良好的创业创新氛围。

举办竞赛、论坛、展览等 2021年度本单位主办或承办的各种创新创业竞赛、论坛、对话会、座谈会、讨论会、展览、展示等营造创业创新氛围、展示“双创”成果、探讨“双创”理论与实践的活动。

开展咨询、教育、培训等 2021年度本单位主办或承办的各种创新创业咨询、启蒙、培训、教育等宣传创新创业理念、培育创新创业人才、解答疑惑、助力发展的活动。

开展投融资、成果转化等 2021年度本单位开展或参加的各种创新创业项目路演、发布、投融资、对接、洽谈、交易、转化、技术咨询、课题攻关等推进创新创业项目健康发展和转化的活动。

参与服务的科技工作者 2021年度本单位在组织实施创新创业活动过程中，参与中国科协、地方科协和各级学会组织的决策咨询、评价评估、成果转化、技术推广、项目对接、技术服务、培训讲座等“双创”工作的科技工作者。

专家 在学术、技术等方面有专项技能和专业知识的副高级职称及以上人员。

专家服务工作站（中心） 截至2021年12月31日，本单位同有关单位，为高层次专家直接参与经济建设和社会服务而组建的专家科技服务机构。

专家进站（中心）人次 截至2021年12月31日，本单位以设站单位名义聘请进入专家工作站的专家人次。由颁发证书单位填报。

专家服务团队 截至2021年12月31日，本单位根据项目合作需要，按专业特点牵头组织的专家服务团队，打破单位界限，进行专家资源的整合，承担科学普及、科技攻关、决策咨询、工程论证、技术指导、科技扶贫等相关合作。

参加服务团队专家人次 截至2021年12月31日，参加本单位牵头组织专家服务团队的专家人次。

技术标准研制数量 截至2021年12月31日，经公认机构批准的、非强制执行的、供通用或重复使用的产品或相关工艺和生产方法的规则、指南或特性的文件等，其实质是对一个或几个生产技术设立的必须符合要求的条件及能达到此标准的实施技术。团体标准研制数量由团体按照团体确立的标准制定程序自主制定发布，由社会自愿采用的标准。

团体标准研制数量 截至2021年12月31日，由团体按照团体确立的标准制定程序自主制定发布，由社会自愿采用的标准。

国内学术会议 2021年度在我国境内，由本单位主办或牵头主办的综合交叉性、专业性高端前沿等系列学术研讨会、交流会、报告会和论坛等。注意，同一会议分论坛场次不重复统计。

学术年会 学术年会是学术会议中一种制度性的会议形式，通常是定期（一年或多年）召开的一种大型综合性或主题型学术年会，与会代表涵盖全学科或全专业领域。

国内学术会议参加人次 2021年度本单位主办的国内学术会议参加总人次。

国内学术会议交流论文、报告 2021年度本单位主办的国内学术会议交流论文、报告等的篇数。

境内国际学术会议 2021年度在我国境内，由本单位主办或牵头主办及受国际组织委托承办的以学术交流为目的研讨会、交流会、报告会和论坛等。与会代表来自3个或3个以上国家或地区（不含港澳台地区）。以提交学术论文、做学术报告、展示学术海报等形式参与交流。注意，同一会议分论坛场次不重复统计。

境内国际学术会议参加人次 2021年度本单位主办的境内国际学术会议参加总人次。

境外专家学者 2021年度本单位主办的境内国际学术会议参加人员中的境外专家人数。

境内国际学术会议交流论文、报告 2021年度本单位主办的境内国际学术会议交流论文、报告等的篇数。

港澳台地区学术会议 2021年度由本单位和港澳台地区有关组织联合主办的以学术交流为目的研讨会、交流会、报告会和论坛等。来自港澳台地区的与会代表人数占参会总数的1/3以上。以提交学术论文、做学术报告、展示学术海报等形式参与交流。注意，同一会议分论坛场次不重复统计。

港澳台地区学术会议参加人次 2021年度本单位主办的港澳台地区学术会议参加总人次。

港澳台地区学术会议交流论文、报告 2021年度本单位主办的港澳台地区学术会议交流论文、报告等的篇数。

主办科技期刊 截至2021年12月31日，由本单位主办，具有固定刊名、刊期、年卷或年月顺序编号、印刷成册、以报道科学技术为主要内容的连续出版物。包括学术期刊、综合期刊、技术期刊、科普期刊和检索期刊，不包括各类内部刊物。两个以上主办单位合办期刊须确定一个主办单位。

实行开放存取的期刊　截至2021年12月31日，由本单位主办的开放获取期刊，是在线出版物，采用数字化出版、网络传播、作者或机构付费（版权属于作者）、读者免费获得的出版模式。

科技期刊发行量　2021年度本单位主办的本科技期刊的发行量。

实体科技馆数量　截至2021年12月31日，本单位拥有所有权或使用权，具备展览教育、培训教育、实验教育等功能，面向公众已建成且常年开馆的社会科技教育固定设施。

实行免费开放的科技馆　截至2021年12月31日，本级科协所属，符合科技馆建设标准，具有展教功能，免费向公众开放的科技馆。

实体科技馆建筑面积　截至2021年12月31日，本单位拥有所有权或使用权的科技馆的展览教育、公众服务、业务研究、管理保障等用房主体建筑面积总和。

实体科技馆展厅面积　截至2021年12月31日，本单位拥有所有权或使用权的科技馆内专门用于布置常设展览和短期展览的用房（场所）的使用面积。

科技馆参观人次　2021年度接待参观科技馆的总人次。

数字科技馆数量　截至2021年12月31日，本单位以激发公众科学兴趣、提高公众科学素质为目标，面向全体公众，特别是青少年群体，搭建的基于互联网传播的公益性科普服务平台或网络科普园地。

流动科技馆　截至2021年12月31日，本单位获得中国科协配发或自行研发的用于科普活动的流动科技馆。由配发或自行研发单位填报。

流动科技馆巡展受众人次　2021年度本单位单独或牵头组织的流动科技馆巡展所覆盖的总人次。

科普活动站（中心、室）数量　截至2021年12月31日，长期或定期从事向青少年科普，向公众进行科学技术传播，开展示范性、导向性科学普及活动，开展青少年科技教育，组织青少年科技竞赛等工作的社会公益性机构和场所。

全年参加活动（培训）人次　2021年度参加科普活动站（中心、室）举办活动的总人次。

科普大篷车数量　截至2021年12月31日，本单位获得中国科协配发和自行开发的用于科普活动的大篷车。由使用大篷车的单位填报。省级科协负责审核各级数量。

科普大篷车下乡次数　2021年度本单位科普大篷车当年下乡开展科普活动的次数。

科普大篷车覆盖人次　2021年度本单位科普大篷车当年下乡开展科普活动所覆盖的总人次。

科普大篷车行驶里程　2021年度本单位科普大篷车当年开展科普活动累计行驶的千米数。

科普大篷车展品数量　2021年度本单位科普大篷车全部展品的数量。

科普画廊建筑面积（宣传栏、科技宣传橱窗）　截至2021年12月31日，由本单位单独或牵头联合有关单位共同在广场、社区、村寨、公园、路边等建设的，直接向公众宣传科学技术信息的具有展示功能的宣传栏、橱窗等固定科普设施。按实际建筑面积计算，单面的计算单面面积，双面的计算双面面积。单个建筑面积之和等于总面积。

科普画廊展示面积　截至2021年12月31日，在本单位单独或牵头联合有关单位共同建设的科普画廊（宣传栏、橱窗）中，展示科学技术信息图片、文字的实际面积。按实际展示面积计算，单面的计算单面面积，双面的计算双面面积。单个年展示面积之和等于年展示总面积。单个年展示面积 = 每次展示面积 × 展示次数。

举办科普宣讲活动　2021年度本单位单独或牵头组织的以报告会、广播、电视、报刊、网络或其他形式举办的科普讲座和报告，以陈列实物及展示图片等形式举办的各类科普展览，组织相关专业专家组成智力团体，以科学技术为依据，向社会和公众提供的智力服务。按实际举办次数统计。包括青少年科普活动次数。

科普活动受众人次　2021年度本单位单独或牵头组织的科普宣讲活动所覆盖的总人次。

参加活动科技人员总数　2021年度参与本单位单独或牵头组织的各类科普活动的全部科技人员，包括志愿者、被邀请的专家和科技专业人员等。

专家人次　2021年度参与本单位单独或牵头组织的各类科普活动的全部科技人员中专家的数量。

参加活动的学会、协会、研究会　2021年度参与本单位单独或牵头组织的各类科普活动的各类学会、协会、研究会的数量。

推广新技术、新品种 2021年度本单位推广的用于农业生产方面的科学新技术及农作物新产品，包括种植、养殖、化肥农药的用法、各种生产资料的鉴别、高效农业生产模式等。

青少年 泛指18周岁以下的人。

举办青少年科技竞赛 2021年度本单位独立举办或牵头组织举办的旨在推动青少年科技活动蓬勃开展，培养青少年创新精神和实践能力，提高青少年科技素质，鼓励优秀人才涌现，推进科技普及发展的各类科技竞赛活动。

参加人次 2021年度本单位举办的青少年科技竞赛参加人次。

获奖人次 2021年度本单位举办的青少年科技竞赛获奖人次。

青少年参加国际及港澳台科技交流活动 2021年度本单位组织国内优秀青少年参加国际及港澳台地区青少年科技竞赛、交流活动及代表国家参加国际奥林匹克学科竞赛。

举办青少年高校科学营 2021年度由中国科协、教育部共同主办的青少年高校科学营活动。

参加人次 2021年度由中国科协、教育部共同主办的青少年高校科学营活动参加人次。

编印青少年科技教育资料 2021年度本单位编印的以青少年科技教育为题材的论文集、画册、活动指导手册、宣传资料、汇编等。

举办青少年科技教育活动和培训次数 2021年度本单位单独或牵头组织的向青少年、科技辅导员和各级管理工作者普及科学技术、提供展示和交流平台的主题性科普活动，以及相关的实用技术和技能培训活动。

中学生英才计划培养学生 2021年度本单位根据中国科协和教育部联合开展、落实“支持有条件的高中与大学、科研院所合作开展创新人才培养研究和试验，建立创新人才培养基地”的要求，发现和培养一批有潜质的科技创新后备人才的数量。

编著科技图书种数 截至2021年12月31日，本单位组织编著的科技综合类、信息类、普及类、专业技术类等图书。只统计在新闻出版机构登记、有正式书号的科技图书。

科技图书总印数 2021年度本单位编著科技图书的总出版册数。

主办科技报纸种数 截至2021年12月31日，本单位出版的自然科学和科学技术方面的报刊，主要任务是介绍先进科学技术、传播科技信息、交流科学方法、开发智力资源、培养科技人才、促进科研成果转化为生产力、普及科技知识、提高全民科学技术文化水平。

报纸总印数 2021年度本单位主办的科技报纸的总印数。

制作科普挂图种数 截至2021年12月31日，本单位独立或牵头组织编创的，用于各项科普宣传活动的挂图。以主题进行统计，一个主题计为一种。

科普挂图总印数 2021年度本单位制作的科普挂图的总印数。

制作科技广播、影视节目套数 截至2021年12月31日，本单位本年度独立或牵头组织制作的以宣传科学技术为主要内容的广播节目、电影和电视节目的套数。

制作科普动漫作品套数 截至2021年12月31日，本单位以“科普创意”为核心，以动画、漫画为表现形式，以网络为技术传播手段制作的动漫作品的套数。

制作科普动漫播放时长 2021年度本单位制作动漫的总播放时间，按分钟计。

开设科教栏目的电视台 截至2021年12月31日，开设专门科教栏目，利用固定时段播放科普节目的电视台。由各级科协填报本级电视台数据。

开设科教栏目的广播电台 截至2021年12月31日，开设专门科教栏目，利用固定时段播放科普节目的广播电台。由各级科协填报本级广播电台数据。

主办科技传播网站 截至2021年12月31日，本单位主办的面向社会公众弘扬科学精神、传播科学知识、普及科学技术的网站。

科技传播网站浏览人次 2021年度本单位主办的科技传播网站的浏览人次。

主办科普App 截至2021年12月31日，本单位开发运营的科普类手机移动端应用个数。

科普App下载安装数 截至2021年12月31日，主办科普App的下载安装数。

主办科普微信公众号 截至2021年12月31日，本单位在微信公众平台上申请的，主要用于面向公众弘扬科学精神、传播科学知识、普及科学技术等的应用账号。

科普微信公众号关注数 截至2021年12月31日，本单位主办科普微信公众号的关注数。

科普微信公众号年度总阅读数 2021年度本单位主办科普微信公众号发表文章的总阅读数。

主办科普微博 截至2021年12月31日，本单位在新浪微博上申请，主要用于面向公众弘扬科学精神、传播科学知识、普及科学技术等的应用账号个数。

科普微博关注数 截至2021年12月31日，主办科普微博的关注数。

研究人员数量 截至2021年12月31日，本单位具有较强研究能力，掌握着本学科领域内的国际、国内最新进展，取得过高水平的研究成果，主要负责参与并完成科研任务的人员，包括在职研究人员、兼职研究人员及连续工作一年及以上的非在编研究人员数。不包括单位管理人员及短期合作的研究人员。

本单位研究人员数量 截至2021年12月31日，在本单位主要从事研究工作、领取劳动报酬的在编人员和连续工作一年及以上的非在编研究人员数。

举办决策咨次数 2021年度本单位举办的会议、论坛、调研等决策咨询活动的次数。

组织政协科协界委员协商或调研活动 2021年度本单位组织的政协科协界委员协商或调研活动的次数。

组织参与立法咨询次数 2021年度本单位或本部门组织专家或专业研究人员参与的立法咨询的次数。

开展科技工作者专项调查次数 2021年度本单位或本部门组织开展的科技工作者专项调查次数。

组织政策解读活动 2021年度本单位主办的政策解读活动的次数。

开展科技创新评估 2021年度本单位牵头开展的对科技政策、计划、项目、成果、专有技术、产品机构、人才等科技活动有关的评估行为，遵循一定的原则、程序和标准，运用科学、公正和可行的方法进行的专业判断活动的次数。

提供决策咨询报告 2021年度本单位向党和国家机关提交的科技工作者建议、科技界情况、调研动态评估报告等，有助于提升决策质量的咨询报告的数量。

获上级领导批示条数 2021年度本单位向党和国家机关提交的科技工作者建议、科技界情况、调研动态评估报告等，有助于提升决策质量的咨询报告获得上级领导批示的数量，包括报同级单位党委领导批示的条数。

答复人大（政协）代表（委员）提案 2021年度本单位负责并完成答复人大和政协的有关机构交办的议案的数量。